ANSYS Workbench 2024
完全自学一本通

许进峰 编著

電子工業出版社
Publishing House of Electronics Industry
北京·BEIJING

内容简介

本书针对 ANSYS Workbench 2024 平台，详细介绍了其功能及应用。本书内容丰富且涉及领域较广，读者在掌握软件操作的同时可以掌握解决相关工程领域实际问题的思路与方法，并自如地解决本领域所出现的问题。

全书分为 4 篇，共 20 章，第 1 篇从有限元分析着手，讲解工程问题的数学物理方程及 ANSYS Workbench 平台的基础应用知识；第 2 篇以基础范例为指导，讲解结构静力学分析、模态分析、谐响应分析、响应谱分析、随机振动分析及瞬态动力学分析；第 3 篇作为进阶部分，讲解接触分析、显式动力学分析、线性屈曲分析、疲劳分析及压电分析；第 4 篇以项目范例为指导，讲解稳态热力学分析、瞬态热力学分析、计算流体动力学分析、电场分析及磁场分析。本书配套资源中附赠两篇内容，其中一篇作为高级应用篇，讲解结构优化分析、复合材料分析、APDL 编程与分析、声学分析及非线性分析；另一篇主要讲解多物理场耦合分析，包括电磁振动分析、电磁热分析、单双向流固耦合分析及电磁噪声分析等。

本书工程实例丰富、讲解详尽，内容安排循序渐进、深入浅出，适合理工类院校的机械工程、力学、电气工程等相关专业的本科生、研究生及教师阅读，并且可以作为相关工程技术人员从事工程研究的参考书。

图书在版编目（CIP）数据

ANSYS Workbench 2024 完全自学一本通 / 许进峰编著. -- 北京 : 电子工业出版社, 2025. 3. -- ISBN 978-7-121-49630-1

Ⅰ. O241.82-39

中国国家版本馆 CIP 数据核字第 20256SU990 号

责任编辑：高　鹏
印　　刷：三河市鑫金马印装有限公司
装　　订：三河市鑫金马印装有限公司
出版发行：电子工业出版社
　　　　　北京市海淀区万寿路 173 信箱　　　　邮编：100036
开　　本：787×1092　1/16　印张：31.75　字数：762 千字
版　　次：2025 年 3 月第 1 版
印　　次：2025 年 3 月第 1 次印刷
定　　价：89.00 元

凡所购买电子工业出版社图书有缺损问题，请向购买书店调换。若书店售缺，请与本社发行部联系，联系及邮购电话：（010）88254888，88258888。

质量投诉请发邮件至 zlts@phei.com.cn，盗版侵权举报请发邮件至 dbqq@phei.com.cn。

本书咨询联系方式：（010）88254161～88254167 转 1897。

前言
PREFACE

ANSYS Workbench 平台作为多物理场及优化分析平台，将流体市场占据份额最大的 Fluent 及 CFX 软件集成起来，同时将电磁行业分析标准的 Ansoft 系列软件集成到该平台中，并提供了软件之间的数据耦合，给用户提供了巨大便利。

ANSYS Workbench 平台所提供的 CAD 双向参数连接互动、项目数据自动更新机制、全面的参数管理和无缝集成的优化设计工具等，使 ANSYS 在“仿真驱动产品设计”方面达到了前所未有的高度。

ANSYS Workbench 平台具有强大的结构、流体、热、电磁及其耦合分析的功能，除此之外，ANSYS Workbench 平台还增加了电磁与谐响应分析耦合功能。通过该功能，用户可以很容易地进行电机等电气产品的电磁振动分析，并通过 Extension 模块加载噪声分析程序集进行噪声分析。

1. 本书特点

由浅入深，循序渐进：本书从有限元基本原理及 ANSYS Workbench 2024 使用基础入手，并辅以 ANSYS Workbench 平台在工程中的应用实例，帮助读者尽快掌握利用 ANSYS Workbench 平台进行有限元分析的技能。

步骤详尽，内容新颖：本书结合作者多年的 ANSYS Workbench 平台使用经验与实际工程应用实例，详细讲解了 ANSYS Workbench 平台的使用方法与技巧。本书内容新颖，并在讲解过程中辅以相应图片，使读者在阅读时一目了然，从而快速掌握相应内容。

实例典型，轻松易学：学习实际工程实例的具体操作是快速掌握 ANSYS Workbench 平台最好的方式。本书通过综合应用实例，透彻、详尽地讲解了 ANSYS Workbench 平台在各方面的应用。

2. 本书内容

本书在必要的理论基础上，通过大量的典型实例对 ANSYS Workbench 平台中的模块进行详细介绍，并结合实际工程与生活中的常见问题进行详细讲解，内容简洁、明快，给人耳目一新的感觉。

全书分为 4 篇，共 20 章，介绍了 ANSYS Workbench 平台在结构、电磁、热力学、噪声、流体力学、压电材料、复合材料及疲劳分析等领域中的有限元分析及操作过程。

第 1 篇：本篇介绍有限元分析和 ANSYS Workbench 平台中的常用命令、几何建模与导入方法、网格划分及网格质量评价方法，以及结果后处理操作等方面的内容，共包括以下 4 章。

第 1 章：有限元分析概述　　**第 2 章**：几何建模
第 3 章：网格划分　　**第 4 章**：后处理

第 2 篇：本篇介绍 ANSYS Workbench 平台基础分析的相关内容，包括结构静力学分析、模态分析、谐响应分析、响应谱分析、随机振动分析及瞬态动力学分析方面的内容，共包括以下 6 章。

第 5 章：结构静力学分析　　**第 6 章**：模态分析
第 7 章：谐响应分析　　**第 8 章**：响应谱分析
第 9 章：随机振动分析　　**第 10 章**：瞬态动力学分析

第 3 篇：本篇为 ANSYS Workbench 平台进阶应用部分，包括接触分析、显式动力学分析、线性屈曲分析、疲劳分析及压电分析方面的内容，共包括以下 5 章。

第 11 章：接触分析　　**第 12 章**：显式动力学分析
第 13 章：线性屈曲分析　　**第 14 章**：疲劳分析
第 15 章：压电分析

第 4 篇：本篇介绍 ANSYS Workbench 平台在电磁场、热力学及流体动力学方面的内容，共包括以下 5 章。

第 16 章：稳态热力学分析　　**第 17 章**：瞬态热力学分析
第 18 章：计算流体动力学分析　　**第 19 章**：电场分析
第 20 章：磁场分析

本书配套资源中附赠两篇内容，其中一篇介绍基于 ANSYS Workbench 平台的高级分析功能，包括结构优化分析、复合材料分析、APDL 编程与分析、声学分析及非线性分析方面的内容，共包括以下 5 章。

第 21 章：结构优化分析　　**第 22 章**：复合材料分析
第 23 章：APDL 编程与分析　　**第 24 章**：声学分析
第 25 章：非线性分析

另一篇介绍基于 ANSYS Workbench 平台的多物理场耦合分析功能，包括电磁振动分析、电磁热分析、单双向流固耦合分析及电磁噪声分析等方面的内容。这些内容都集中在第 26 章进行讲解。

第 26 章：多物理场耦合分析

说明：电磁场分析模块（Maxwell）、疲劳分析模块（nCode）及复合材料分析模块（ANSYS ACP）需要读者单独安装；另外，本书部分章节的内容需要安装接口程序。

3. 素材内容

本书素材主要包括书中实例的模型文件与工程文件，这些文件存放于配套资源相关章节的文件夹中，以便读者查询和使用。

例如，第 9 章的第二个操作实例“实例 2——建筑物随机振动分析”的几何体文件和工程文件放置在“素材\Chapter09\char09-2\”路径文件夹下。

另外，编著者专门为本书录制了配套教学视频，以便广大读者学习。依据编著者经验，建议读者认真按照图书的操作步骤进行学习，教学视频仅仅为辅助手段。

4. 读者对象

本书适合 ANSYS Workbench 平台的初学者和期望提高有限元分析及建模仿真工程应用能力的读者，具体说明如下：

★ 相关从业人员
★ 初学 ANSYS Workbench 的技术人员
★ 大、中专院校的教师和在校生
★ 相关培训机构的教师和学员
★ 参加工作实习的“菜鸟”
★ ANSYS Workbench 爱好者
★ 广大科研工作人员
★ 初中级 ANSYS Workbench 从业人员

虽然本书在编写过程中力求叙述准确、完善，但由于编著者水平所限，书中欠妥之处在所难免，希望广大读者不吝赐教，共同促进本书质量的提高。

最后，再次希望本书能为读者的学习和工作提供帮助！

特别说明：本书涉及的内容非常广泛，由于 ANSYS Workbench 平台的部分模块功能依然为英文版，因此本书涉及的部分内容截图依然为英文版界面。

读 者 服 务

为了解决本书的疑难问题，针对本书建立了 QQ 交流群（791300332），方便读者学习交流。读者在学习过程中遇到与本书有关的技术问题时，通过**“仿真技术”**公众号获取帮助，我们会尽快针对相应问题进行解答，并竭诚为读者服务。

同时，读者也可以关注“有艺”公众号，通过公众号与我们取得联系。此外，通过关注“有艺”公众号，读者还可以获取更多的新书资讯、书单推荐、优惠活动等相关信息。

扫一扫关注“有艺”

资源下载方法：关注“有艺”公众号，在“有艺学堂”的“资源下载”中获取下载链接，如果遇到无法下载的情况，可以通过以下 3 种方式与我们取得联系。

1．关注“有艺”公众号，通过“读者反馈”功能提交相关信息；

2．请发邮件至 art@phei.com.cn，邮件标题命名方式：资源下载+书名；

3．读者服务热线：（010）88254161～88254167 转 1897。

投稿、团购合作：请发邮件至 art@phei.com.cn。

目录 CONTENTS

第 1 篇

第2篇

第 3 篇

第 4 篇

第 1 篇

第 1 章
有限元分析概述

本章内容

有限元法是求解数理方程的一种数值计算方法，是将弹性理论、计算数学和计算机软件有机地结合在一起的一种数值分析技术，是解决实际工程问题的一种数值计算工具。

目前，有限元法在许多科学技术领域和实际工程问题中得到了广泛的应用，如机械制造、材料科学、航海航空、土木工程、电气工程、国防军工、石油化工及汽车能源等，受到了普遍的重视。

现有的商业化软件已经成功地应用于固体力学、流体力学、传热学、电磁学、声学及生物等领域，能够求解弹塑性问题和各种场分布问题，如水流管道的流动分析、压力分析，以及多物理场的相互作用分析等。

学习要求

知　识　点	学　习　目　标			
	了解	理解	应用	实践
有限元法发展综述	√			
工程问题的数学物理方程		√		
有限元法的解题步骤		√		

1.1 有限元法发展综述

随着科学技术的发展，人们正在不断地研发更为快速的交通工具、更大功率的发电机组和更为精密的机械设备，并建造更大规模的建筑物和更大跨度的桥梁。这一切都要求工程技术人员在设计阶段就能精确地预测出产品和工程的技术性能，对结构的静力强度、动力强度，以及温度场、流场、电磁场和渗流等技术参数进行分析计算。

例如，分析计算高层建筑和大跨度桥梁在地震时受到的影响，预测是否会发生破坏性事故；分析计算核反应堆的温度场，确定传热和冷却系统是否合理；分析计算涡轮机叶片内的流体动力学参数，以提高其运转效率。然而，将这些问题都归结为求解物理问题的控制偏微分方程式往往是不可能的。

近年来，在计算机技术和数值分析方法的支持下发展起来的有限元分析（Finite Element Analysis，FEA）方法则为解决这些复杂的工程分析计算问题提供了有效的途径。

有限元分析方法（简称“有限元法”）是一种高效能的、常用的计算方法。有限元法在早期是以变分原理为基础发展起来的，所以它被广泛地应用于以拉普拉斯方程和泊松方程描述的各类物理场中（这些物理场与泛函的极值问题有着紧密的联系）。

自 1969 年以来，某些学者在流体力学中应用加权余量法中的伽辽金法（Galerkin）或最小二乘法等也获得了有限元方程，因此有限元法可应用于以任何微分方程描述的各类物理场中，而不再要求这类物理场和泛函的极值问题有所联系。

1.1.1 有限元法的孕育和发展

大约在 300 年前，牛顿和莱布尼茨发明了积分运算，证明了该运算具有整体对局部的可加性。虽然积分运算与有限元分析对定义域的划分是不同的，前者进行的是无限划分，而后者进行的是有限划分，但积分运算为实现有限元分析奠定了理论基础。

在此之后大约 100 年，著名数学家高斯提出了加权余量法及线性代数方程组的解法。这两项成果的前者被用于将微分方程改写为积分表达式，后者被用于求解有限元法所得出的代数方程组。在 18 世纪，另一位数学家拉格朗日提出了泛函分析。泛函分析是将偏微分方程改写为积分表达式的另一种途径。

在 19 世纪末或 20 世纪初，数学家瑞雷和里兹首先提出了对全定义域运用展开函数来表达其上的未知函数。1915 年，数学家伽辽金提出了选择展开函数中形函数的伽辽金法，该方法被广泛地用于有限元分析。1943 年，数学家库朗德第一次提出了在定义域内分片地使用展开函数来表达其上的未知函数——有限元法。

至此，实现有限元分析的第二个理论基础也已确立。

20 世纪 50 年代，大型电子计算机被投入解算大型代数方程组的工作中，这为实现有限元分析准备好了物质条件。1960 年前后，美国的 R.W.Clough 及我国的冯康教授分别在论文中提出了“有限单元”这样的名词。此后，这样的叫法被大家接受，有限元分析从此正式诞生。

1990 年 10 月，美国波音公司开始在计算机上对新型客机 B777 进行“无纸设计”，仅用了 3 年多的时间，第一架 B777 就于 1994 年 4 月试飞成功，这在制造技术史上具有划时代的意义，其在结构设计和评判中就大量采用了有限元分析这一手段。

在有限元法的发展初期，由于其基本思想和原理的“简单”和“朴素”，以致许多学术权威机构都对其学术价值有些鄙视，如国际著名刊物 *Journal of Applied Mechanics* 许多年来都拒绝刊登有关有限元分析的文章。然而现在，有限元分析已经成为数值计算的主流，不但国际上存在 ANSYS 等数种通用有限元分析软件，而且涉及有限元分析的杂志也有几十种。

1.1.2　有限元法的基本思想

有限元法与其他求解边值问题的近似方法的根本区别在于，它的近似性仅限于相对较小的子域。20 世纪 60 年代初，首次提出结构力学计算有限元概念的克拉夫（Clough）将其形象地描绘为“有限元法=Rayleigh Ritz 法＋分片函数”，即有限元法是 Rayleigh Ritz 法的一种局部化情况。

有限元法的基础是变分原理和加权余量法，其基本求解思想是把计算域划分为有限个互不重叠的单元，并在每个单元内选择一些合适的节点作为求解函数的插值点，将微分方程中的变量改写成由各变量或其导数的节点值与所选用的插值函数组成的线性表达式，借助于变分原理或加权余量法，对微分方程进行离散求解。

采用不同的权函数和插值函数形式，可以构成不同的有限元法。有限元法最早应用于结构力学，后来随着计算机的发展逐渐应用于流体力学的数值模拟。

在有限元法中，将计算域离散划分为有限个互不重叠且相互连接的单元，在每个单元内选择基函数，使用单元基函数的线性组合来逼近单元中的真解，将整个计算域内总体的基函数看作是由每个单元基函数组成的，则整个计算域内的解可以被看作是由所有单元上的近似解构成的。在河道数值模拟中，常见的有限元法是由变分原理和加权余量法发展而来的里兹法、伽辽金法、最小二乘法等。

根据所采用的权函数和插值函数的不同，有限元法可划分为多种计算格式：从权函数的选择来划分，可划分为配置法、矩量法、最小二乘法和伽辽金法；从计算单元网格的形状来划分，可划分为三角形网格、四边形网格和多边形网格；从插值函数的精度来划分，可划分为线性插值函数和高次插值函数等不同的组合。

对于权函数来说，伽辽金法将权函数设为逼近函数中的基函数；最小二乘法令权函数等于余量本身，而内积的极小值则为待求系数的平方误差最小值；配置法先在计算域内选定 N 个配置点，再令近似解在选定的 N 个配置点上严格满足微分方程，即在配置点上令方程余量为 0。

插值函数一般由不同次幂的多项式组成，但也有采用三角函数或指数函数组成的乘积表示的，最常用的为多项式插值函数。有限元插值函数分为两大类：一类只要求插值多项式本身在插值点取已知值，称为拉格朗日（Lagrange）多项式插值；另一类不仅要求插值多项式本身，还要求它的导数值在插值点取已知值，称为哈密特（Hermite）多项式插值。

单元坐标有笛卡儿直角坐标系和无因次自然坐标，有对称和不对称形式等。常采用的无因次自然坐标是一种局部坐标系，它的定义取决于单元的几何形状：如果单元的几何形状是一维的，则它被看作长度比；如果单元的几何形状是二维的，则它被看作面积比；如果单元的几何形状是三维的，则它被看作体积比。

在二维有限元中，三角形单元的应用最早，而近年来四边形等单元的应用也越来越广。对于二维三角形和四边形单元来说，常采用的插值函数为 Lagrange 插值直角坐标系中的线性插值函数、二阶或更高阶插值函数，以及面积坐标系中的线性插值函数、二阶或更高阶插值函数等。

1.1.3 有限元法的发展趋势

有限元法的应用范围相当广泛。它不仅涉及工程结构、传热、流体运动、电磁等连续介质的力学分析，而且在气象、地球物理、医学等领域也得到了应用和发展。电子计算机的出现和发展，使得有限元法在许多实际问题中的应用变为现实，并且具有广阔的前景。

早在 20 世纪 50 年代末、60 年代初，国际上就投入大量的人力和物力开发具有强大功能的有限元分析程序。其中最著名的是由美国国家航空航天局（NASA）在 1965 年委托美国计算科学公司和贝尔航空系统公司开发的 Nastran 有限元分析程序。该程序发展至今已有几十个版本，是目前世界上规模最大、功能最强的有限元分析程序。

从那时到现在，世界各地的研究机构和大学也研发了一批规模较小但使用灵活、价格较低的专用或通用有限元分析软件，主要包括德国的 ASKA、英国的 PAFEC、法国的 SYSTUS，以及美国的 ABAQUS、ADINA、ANSYS、BERSAFE、BOSOR、COSMOS、ELAS、MARC 和 STARDYNE 等。目前，有限元法和软件的发展呈现以下趋势特征。

1. 从单纯的结构力学计算发展到求解许多物理场问题

有限元法最早是从结构化矩阵分析发展而来的，并逐渐推广到板、壳和实体等连续体的固体力学分析中。实践证明，这是一种非常有效的数值分析方法。同时，从理论上也已经证明，只要用于离散求解对象的单元足够小，所得到的解就可以足够逼近精确值。所以，近年来有限元法已发展到对流体力学、温度场、电传导、磁场、渗流和声场等问题进行求解计算，最近又发展到求解几个交叉学科的问题。

例如，当气流流过一个很高的铁塔时，就会使铁塔产生变形，而铁塔的变形反过来又会影响气流的流动……这就需要使用固体力学和流体动力学的有限元分析结果进行交叉迭代求解，即所谓的“流固耦合”问题。

2. 从求解线性工程问题发展到分析非线性问题

随着科学技术的发展，线性理论已经远远不能满足设计要求。例如，建筑行业中高层建筑和大跨度悬索桥的设计，就要求考虑结构的大位移和大应变等几何非线性问题；航天和动力工程的高温部件存在热变形与热应力，也要求考虑材料的非线性问题。因为随着塑料、橡胶和复合材料等各种新材料的出现，仅依靠线性理论不足以解决所遇到的问题，只有采用非线性有限元算法才能解决。

众所周知，非线性的数值计算是很复杂的，它涉及很多专门的数学问题和运算技巧，工程技术人员一般很难掌握。为此，近年来一些公司花费了大量的人力和投资来开发 MARC、ABAQUS 和 ADINA 等专门用于求解非线性问题的有限元分析软件，并将其广泛应用于工程实践中。这些软件的共同特点是具有高效的非线性求解器，以及丰富和实用的非线性材料库。

3. 增强可视化的前置建模和后置数据处理功能

早期有限元分析软件的研究重点在于推导新的高效率的求解方法和高精度的单元。随着数值分析方法的逐渐完善，尤其是计算机运算速度的飞速发展，整个计算系统用于运算求解的时间越来越少，而数据准备和运算结果的表现问题开始日益突出。

对于现在的工程工作站，求解一个包含大约 10 万个方程的有限元模型只需要花费几十分钟，但是如果采用手工方式来建立这个模型，再处理大量的运算结果，则需要花费几周的时间。可以毫不夸张地说，工程技术人员在分析计算一个工程问题时有 80%以上的精力都花费在数据准备和结果分析上。因此，目前几乎所有的商业化有限元分析软件都有功能很强的前置建模和后置数据处理模块。

在强调“可视化”的今天，很多程序都建立了对用户非常友好的 GUI（Graphics User Interface，图形用户界面），使用户能够以可视图形的方式直观、快速地进行网格的自动划分，生成有限元分析所需的数据，并按要求将大量的运算结果整理成变形分析云图、等值分布云图，以便进行极值搜索和所需数据的列表输出。

4. 与 CAD 软件的无缝集成

目前，有限元分析软件的另一个特点是与 CAD 软件的无缝集成，即在使用 CAD 软件完成部件和零件的造型设计后，自动生成有限元网格并进行计算。如果分析结果不符合设计要求，则重新进行造型和计算，直到满意为止，从而极大地提高设计水平和效率。

目前，工程技术人员可以在集成的 CAD 和有限元分析软件环境中快捷地解决一个以前无法应付的复杂工程分析问题。所以当今所有的商业化有限元分析软件提供商都开发了 CAD 软件的接口，如 SpaceClaim、Creo、CATIA、Unigraphics、SolidEdge、SolidWorks、IDEAS、Bentley 和 AutoCAD 等。

5. 在 Wintel 平台上的发展

早期的有限元分析软件基本上都是在大中型计算机（主要是 Mainframe）上进行开发和

运行的，随后发展到以 EWS（Engineering Work Station，工程工作站）为平台，它们的共同特点是采用 UNIX 系统。PC 的出现使计算机的应用发生了根本性的变化，使工程技术人员渴望在办公桌上完成复杂工程分析的梦想成为现实。

但是早期的 PC 采用 16 位 CPU 和 DOS 系统，其内存的公共数据块受到限制，因此当时计算模型的规模不能超过 10000 阶方程。Microsoft Windows 系统和 32 位的 Intel Pentium 处理器的推出为 PC 用于进行有限元分析提供了必需的软件和硬件支撑平台。因此，国际上著名的有限元分析程序研究和发展机构纷纷将他们的软件移植到 Wintel 平台上。

在大力推广 CAD 技术的今天，从自行车到航天飞机，所有的设计和制造都离不开有限元分析，有限元法在工程设计和分析中得到了越来越广泛的应用。目前，以分析、优化和仿真为特征的 CAE（Computer Aided Engineering，计算机辅助工程）技术在世界范围内蓬勃发展。有限元法通过先进的 CAE 技术快速、有效地分析产品的各种特性，揭示结构的各类参数变化对产品性能的影响，进行设计方案的修改和调整，使产品在性能和质量上达到最优并实现原材料的消耗量最低。

1.2 工程问题的数学物理方程

下面通过求解微分方程的变分形式，给出微分方程的解。由于物理问题的边界条件是由变分形式自然给出的，因此求解问题的变分形式常常包含了某些边界条件。

为了便于阐述基本概念，所论述的变分函数将不考虑边界条件，典型微分方程的边界条件由相应的物理条件给出。

1.2.1 工程问题的数学物理方程（控制方程）概述

工程问题的控制方程通常由其基本方程和平衡方程给出。下面具体介绍不同物理问题的一维控制方程。控制方程在基本形式上大体是一致的，并采用与相关工程领域中的用法一致的数学符号。

从变分原理出发，可以给出相应的物理问题的有限元模型。对于质量、力、长度、时间、温度及能量等物理量，分别使用 M、F、L、t、T 和 E 来表示。

1. 一维弹性问题

在法向应力和轴向外力的作用下，直杆上的力的平衡问题可以表示为一阶微分方程。假设截面 x 处的应力分布为 $\sigma(x)$，截面积为 $A(x)$，轴向外力为 $f(x)$，则直杆在该处的应力为 $\sigma(x)A(x)$，考虑到外力对直杆的作用，可以得到基本方程

$$\frac{\mathrm{d}[\sigma(x)A(x)]}{\mathrm{d}x}+f(x)A(x)=0 \tag{1-1}$$

由胡克（Hooke）定律可知，应力和截面 x 处的伸长率（即应变）ε之间的关系由构成直

杆材料的弹性系数 $\varepsilon(x)$ 给出。利用弹性模量定律，应力与轴向位移 $\mu(x)$之间的关系为

$$\sigma(x)=E(x)\varepsilon(x) \text{ 和 } \varepsilon(x)=\frac{\mathrm{d}\mu(x)}{\mathrm{d}x} \tag{1-2}$$

或者

$$\sigma(x)=E(x)\frac{\mathrm{d}\mu(x)}{\mathrm{d}x} \tag{1-3}$$

联合式（1-2）和式（1-3）可以得到关于位移 $\mu(x)$的二阶微分方程，即

$$\frac{\mathrm{d}}{\mathrm{d}x}[E(x)A(x)\frac{\mathrm{d}\mu(x)}{\mathrm{d}x}]+f(x)A(x)=0 \tag{1-4}$$

上述方程有两类不同形式的边界条件：一类为自然边界条件；另一类为几何边界条件，或者称为本质边界条件。其中，关于 $\mu(x)$的边界条件为本质边界条件；关于 $\sigma(x)$ 的边界条件为自然边界条件。

相关物理量的单位：$\sigma(x)$ 为 F/L^2，$A(x)$ 为 L^2，$f(x)$ 为 F/L^3，ε 为 L/L，$E(x)$ 为 F/L^2，$\mu(x)$为 L。

将力的守恒方程与定义悬索的斜率的基本几何方程相结合，可以将发生微小弯曲后的悬索的平衡问题视为弹性问题。利用小扰动原理，假设悬索的张力 T 为常量，则作用在悬索上的合力满足方程

$$T\frac{\mathrm{d}\theta(x)}{\mathrm{d}x}-k(x)v(x)=-f(x) \tag{1-5}$$

式中，$\theta(x)$ 为悬索的斜率，$v(x)$ 为悬索在垂直方向上的扰动量，$k(x)$ 为悬索的弹性模量，$f(x)$ 为作用在悬索上的、沿着垂直方向的载荷。利用小扰动原理，得知 θ 为一个极小量。从而可以得出悬索的基本几何方程，即 θ 可以被近似地表示为

$$\theta=\frac{\mathrm{d}v}{\mathrm{d}x} \tag{1-6}$$

由式（1-5）可以得出，张力沿着垂直方向的分量为

$$F_y=T\frac{\mathrm{d}v}{\mathrm{d}x} \tag{1-7}$$

联合式（1-5）和式（1-6）可以得到控制方程

$$T\frac{\mathrm{d}^2v(x)}{\mathrm{d}x^2}-k(x)v(x)=-f(x) \tag{1-8}$$

式中，关于 $v(x)$ 的边界条件为本质边界条件；由式（1-7）给出的关于 F_y 的边界条件为自然边界条件。值得注意的是，上述边界条件应与给定的 θ 等价。

相关物理量的单位：T 为 F，$\theta(x)$ 为 L/L，$v(x)$ 为 L，$f(x)$ 为 F/L，$k(x)$ 为 F/L^2。

2．热传导问题

从能量守恒方程和基本方程可以推导出描述一维定常热传导问题的基本方程。能量守恒原理要求热通量 q 的变化与外部的热源 Q 相等，即

$$\frac{\mathrm{d}[q(x)A(x)]}{\mathrm{d}x}=Q(x)A(x) \tag{1-9}$$

式中，$A(x)$ 为传热面积，Q 的相反数表示系统传出去的热量，其基本方程（也称傅里叶定律）为

$$q(x)=-k(x)\frac{\mathrm{d}T(x)}{\mathrm{d}x} \tag{1-10}$$

式中，T 表示温度，k 为热传导系数。联合式（1-9）和式（1-10）可以得到二阶控制微分方程，即

$$\frac{\mathrm{d}}{\mathrm{d}x}[k(x)A(x)\frac{\mathrm{d}T(x)}{\mathrm{d}x}]+Q(x)A(x)=0 \tag{1-11}$$

式中，关于 T 的边界条件为本质边界条件；关于 $q(x)$ 的边界条件为自然边界条件。

相关物理量的单位：$q(x)$为 E/tL^2，$A(x)$为 L^2，$Q(x)$为 E/tL^3，$T(x)$为 T，$k(x)$为 E/tLT。

3．位势流

作为流体力学领域中的一个特殊方面，位势流被广泛应用于地下水流动问题中。在上述应用中，可以假设流体为定常不可压缩流动，从而可以完全由连续方程或质量守恒方程描述上述问题。假设面积为一个定常数，则一元势函数可以假设为

$$\varphi(x)=-K(x)h(x)=-K(x)(\frac{z+p}{\gamma}) \tag{1-12}$$

或者

$$\mu(x)=\frac{\varphi(x)}{\mathrm{d}x} \tag{1-13}$$

式中，μ 为流动速度，h 为压力头，z 为高度头，γ 为地下水流动问题中水的比重，p 为压力，K 为渗透率或水力学传导系数。其基本方程由达西（Darcy）定律给出，即

$$\mu(x)=-K\frac{\mathrm{d}h(x)}{\mathrm{d}x} \tag{1-14}$$

上式表明，达西定律与由式（1-12）给出的位势流的定义是相关的。而一维定常不可压缩流动满足 $\mathrm{d}\mu/\mathrm{d}x=0$，联合式（1-12）～式（1-14）有

$$\frac{\mathrm{d}\varphi^2}{\mathrm{d}^2x}=0 \tag{1-15}$$

式（1-15）的解为线性函数，因此一维地下水流动问题的速度为一个常数。然而，与之相应的二维地下水流动问题的解却比较复杂。在上述问题中，关于 φ 的边界条件为本质边界条件；关于速度的边界条件为自然边界条件。

相关物理量的单位：$\varphi(x)$ 为 L^2/t，$h(x)$ 为 L，$K(x)$ 为 L/t，$\mu(x)$ 为 L/t。

4．质量输运方程

对于大多数的基本位势流问题，如果其流动是定常的且控制方程与式（1-15）相似，则会发生扩散现象。在此类问题中，质量输运方程的平衡将以稀释混合项的形式写出。上述理论被广泛应用于物理问题中。特别地，当把地下水流动问题视为位势流问题时，可以假设某种物质与地下水构成混合物来共同流动，并同时在混合物中进行扩散，从而可以将位势流理

论与质量扩散理论相结合，得到对主要物理问题的一个较为全面的描述。假设截面积为一个定常数，则稀释混合项的质量可以表示为

$$\mu(x)\frac{\mathrm{d}C(x)}{\mathrm{d}x}+\frac{\mathrm{d}j(x)}{\mathrm{d}x}+K_rC(x)=m \tag{1-16}$$

式中，$\mu(x)$表示混合物的流动速度；$C(x)$、$j(x)$分别表示稀释项的浓缩系数和流通量；K_r表示稀释项与其周围物质之间的反应速度，如化学反应速度；m 为外部的质量源函数。其基本方程称为 Fick 定律，可以表示为

$$j(x)=-D(x)\frac{\mathrm{d}C(x)}{\mathrm{d}x} \tag{1-17}$$

式中，$D(x)$ 为扩散系数，联合式（1-16）和式（1-17）可以得到控制方程

$$\mu(x)\frac{\mathrm{d}C(x)}{\mathrm{d}x}+\frac{\mathrm{d}}{\mathrm{d}x}\left[D(x)\frac{\mathrm{d}C(x)}{\mathrm{d}x}\right]+K_rC(x)=m \tag{1-18}$$

这里假设 $\mu(x)$是已知的。其中，关于 $C(x)$的边界条件为本质边界条件；关于 $j(x)$的边界条件为自然边界条件。

相关物理量的单位：$C(x)$为 M/L^3，$D(x)$为 L^2/t，$\mu(x)$为 L/t，K_r为 t^{-1}，$j(x)$为 M/L^2t。

5. 电流

静电控制方程与热传导方程是相似的。下面的电荷平衡方程给出了电量分布 $D(x)$与电荷密度 $\rho(x)$之间的关系，即

$$\frac{\mathrm{d}[A(x)D(x)]}{\mathrm{d}x}=\rho(x)A(x) \tag{1-19}$$

式中，$A(x)$ 为垂直于 X 轴的横截面面积，电场 $E(x)$ 与电势 $\varphi(x)$ 之间的关系满足

$$E(x)=-\frac{\mathrm{d}\varphi(x)}{\mathrm{d}x} \tag{1-20}$$

相应的基本方程为

$$D(x)=\varepsilon(x)E(x)=-\varepsilon(x)\frac{\mathrm{d}\varphi(x)}{\mathrm{d}x} \tag{1-21}$$

式中，$\varepsilon(x)$ 表示材料的电容。联合式（1-19）和式（1-21）可以得到控制方程

$$\frac{\mathrm{d}}{\mathrm{d}x}\left[\varepsilon(x)A(x)\frac{\mathrm{d}\varphi(x)}{\mathrm{d}x}\right]+\rho(x)A(x)=0 \tag{1-22}$$

其中，关于 φ 的边界条件为本质边界条件；关于 D 的边界条件为自然边界条件。

相关物理量的单位：$D(x)$为 Q/L^2，$A(x)$为 L^2，$\rho(x)$为 Q/L^3，$E(x)$为 V/L，$\varphi(x)$为 V，$\varepsilon(x)$为 C/L。

1.2.2　变分函数

变分计算是求泛函极值问题的一种数学方法。作为一种积分形式，如果将某个函数代入一个泛函中，则该泛函具有一个确定的数值。变分计算的主要问题是求函数 $f(x)$，使得函数的变差 $\delta f(x)$ 不至于改变原来的泛函。研究变差的计算并将其应用于有限元分析理论，会

涉及线性代数、泛函分析和拓扑学原理等相关知识。

本节将介绍变分计算的基本理论，并由此介绍如何将泛函变分用于构造有限元模型。需要注意的是，上面各个方程的变分函数的用法，与应变能和最小势能原理在弹性理论和结构理论中的用法是相似的。

除含有一阶导数项的方程以外，1.2.1 节中其他控制方程的变分函数可以写成统一的形式。在本书的后续内容中，由于有限单元中的面积和材料弹性系数等被视作常数，因此上述方程中的相应项也将被视作常数。将 $f(x)$ 记为 f，有

$$J_1(f)=\int_V \frac{1}{2}[\alpha(\frac{\mathrm{d}f}{\mathrm{d}x})^2+\beta f^2-2\gamma f]\mathrm{d}V \tag{1-23}$$

含有一阶导数项的方程则不一定有相应的变分函数。然而，为了得到上述方程的有限元模型，可以采用伪变分函数或拟变分函数来表示相应的控制微分方程。如果将式（1-16）中的 $C(x)$ 记为 C，则与其相应的拟变分函数为

$$J_2(C)=\int_V \frac{1}{2}[D(\frac{\mathrm{d}C}{\mathrm{d}x})^2+Cu\frac{\mathrm{d}C}{\mathrm{d}x}+K_r C^2-2mC]\mathrm{d}V \tag{1-24}$$

对于本节所论述的控制微分方程，式（1-23）经过适当的变形即可得到相应方程的特征变分函数，而采用类似的分析过程却不能将式（1-24）经过适当变形导出式（1-16）的特征变分函数。但是，可以由式（1-24）导出式（1-16）的有限元模型。

在一般情况下，变分函数中包含边界条件，因此从这个角度来讲，式（1-23）的表示方式并不完善。然而，变分函数给出了函数与微分方程之间的对应关系，并成为初步研究有限元法的必要条件。

1.2.3 插值函数

有限元法的基本概念是将连续函数近似地表示为离散模型。这里的离散模型是由一个或多个插值多项式组成的，而连续函数被分为有限段（或有限片、有限块），即有限个单元且每个单元都由一个插值函数定义，用于刻画单元在端点之间的状态。有限单元的端点被称为节点。

1.2.4 形函数

形函数（也称形状函数）常用字母 N 来表示，通常为插值多项式的系数。在某个有限单元中，不同的节点有不同的形函数值，例如，某形函数在某节点处的函数值为 1，而在该单元中的其他节点处的函数值为 0。插值多项式和形函数这两个概念经常交替使用。

1.2.5 刚度矩阵

刚度矩阵这个名词来源于结构分析，而有限元法的最早期应用类似于矩阵的结构分析，用于描述力和位移之间的矩阵关系。温度与热通量之间的矩阵关系也称刚度矩阵。

有限元法定义了两个刚度矩阵：单元刚度矩阵，对应于独立的某个单元；整体刚度矩阵，由所有单元刚度矩阵组合而成，定义的是整个系统的刚度矩阵。

1.2.6　连通性

连通性是指有限元模型汇总的一个单元与相邻单元的连接特征。在本章所论述的内容中，对于每个节点处有一个未知量的一维线性两节点单元来说，局部单元上的微分运算是主要的。上述单元左端点的编号为 1，右端点的编号为 2。显然，整体模型中的所有点不能都记为点 1 或点 2。整体模型和局部模型之间通过连通度矩阵进行联系。如果整体模型中含有 N_{el} 个有限单元，每个单元中含有 N_{node} 个节点，则连通度矩阵的维数为 $N_{el} \times N_{node}$。如图 1-1 所示，整体模型中含有 5 个使用罗马字母表示的单元，而局部模型和整体模型之间通过一个如表 1-1 所示的 5×2 阶连通度矩阵进行联系。

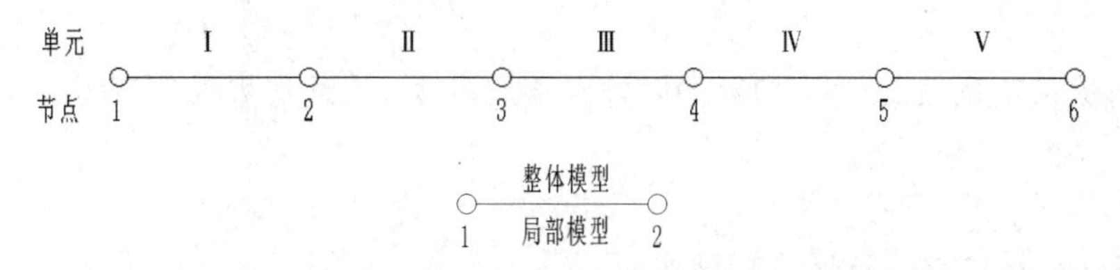

图 1-1　整体模型和局部模型

表1-1　连通度矩阵

整体模型单元	局部模型单元	
	节点 1	节点 2
I	1	2
II	2	3
III	3	4
IV	4	5
V	5	6

1.2.7　边界条件

在 1.2.1 节中，边界条件分为本质边界条件和自然边界条件两类，采用解析法可以得到类似于本章所介绍的二阶方程的解，但是这里需要计算两个积分常数。为了计算上述积分常数，必须给出两个边界条件，这些边界条件通常在问题的一维定义域的两端分别给出。边界条件一般按照未知量的具体数学形式进行分类。

在数学术语中，本质边界条件也称狄利克雷（Dirichlet）边界条件。根据式（1-10），可以将长度为 L 的等截面均匀直杆的一维定常状态的热传导问题表示为狄利克雷问题，即

$$\frac{\mathrm{d}^2 T}{\mathrm{d}x^2} + Q = 0 \tag{1-25}$$

$$T(0) = T_0 \text{ 和 } T(L) = T_L \tag{1-26}$$

式中的两个边界条件都是针对温度给定的。

实际问题的诺依曼（Neumann）边界条件（属于自然边界条件）在两个边界点上给出的都是一阶导数值，这类问题称为诺依曼问题。对于热传导问题，其诺依曼边界条件给出的是通量所满足的条件。例如，联合式（1-25）和式（1-26）可得

$$k_0 \frac{\mathrm{d}T(0)}{\mathrm{d}x} = q_0 \text{ 和 } k_0 \frac{\mathrm{d}T(L)}{\mathrm{d}x} = q_L \tag{1-27}$$

这类边界条件给理论求解和数值求解都带来了不少困难，只有在给定某一温度的条件下，上述问题才是唯一可解的。本章不讨论类似于式（1-27）的边界条件的有限元分析。

第三类边界条件称为混合边界条件。这类边界条件相当于式（1-26）和式（1-27）的组合形式，是最常用的一类边界条件。实际上，混合边界条件有两类：第一类混合边界条件是指一个边界条件为本质边界条件，另一个边界条件为自然边界条件；第二类混合边界条件，如热传导方程的边界条件为

$$k\frac{\mathrm{d}T}{\mathrm{d}x} + h(T - T^{\infty}) = 0 \tag{1-28}$$

式中，h 为对流换热系数，T^{∞} 为边界面以外介质的温度。上述边界条件表明边界通量与边界温度结合等于某一已知温度。

1.2.8　圆柱坐标系中的问题

类似于热传导和静电分布等的一维轴对称微分方程与式（1-10）和式（1-22）是相似的，与式（1-22）相对应的轴对称柱面坐标系下的电势方程为

$$\varepsilon\frac{\mathrm{d}^2\varphi}{\mathrm{d}r^2} + \frac{\varepsilon}{r}\frac{\mathrm{d}\varphi}{\mathrm{d}r} + \rho = 0 \tag{1-29}$$

由于此处的定义域对应于柱面边界的轴线，因此面积为常数。式（1-29）可以简写为

$$\frac{\varepsilon}{r}\frac{\mathrm{d}}{\mathrm{d}r}(r\frac{\mathrm{d}\varphi}{\mathrm{d}r}) + \rho = 0 \tag{1-30}$$

与之相对应的变分函数为

$$J(\varphi) = \int_{r1}^{r2} [\pi r \varepsilon (\frac{\mathrm{d}\varphi}{\mathrm{d}r})^2 - 2\pi r \rho \varphi]\,\mathrm{d}r \tag{1-31}$$

式中，$2\pi r\mathrm{d}r$ 替代了 $\mathrm{d}V$。

1.2.9　直接方法

直接方法通常用于叙述从矩阵结构分析到有限元分析常用概念的发展过程，其主要目的是利用从材料力学推导出的直杆或梁单元问题的解法。例如，在材料力学中，在定常外力 P 的作用下，直杆上的轴向应力为 $\sigma = P / A$，将以上定义与式（1-31）相结合，可以推导出直杆沿着轴向受到均匀外力的作用下的变形，即

$$\mu = \frac{PL}{AE} \tag{1-32}$$

式中，μ 表示直杆的两端在沿着轴向受到均匀外力 P 的作用下，长度为 L 的直杆的整体变形。

根据式（1-32），可以给出刚度矩阵。基于式（1-32）的推导过程一般被包括在桁架的应力分析中，这里每个桁架都可以被视为一个单元。外力 P 通常为桁架节点处的载荷。

1.3　有限元法的解题步骤

有限元法的解题步骤可归纳如下。

（1）建立积分表达式。根据变分原理或方程余量与权函数正交化原理，建立与微分方程初边值问题等价的积分表达式，这是有限元法的出发点。

（2）划分区域单元。根据求解区域的形状及实际问题的物理特点，将区域划分为若干个相互连接、互不重叠的单元。划分区域单元属于采用有限元法的前期准备工作，这部分工作量比较大，除了需要给计算单元和节点编号并确定相互之间的关系，还需要表示节点的位置坐标，同时需要列出自然边界和本质边界的节点序号及相应的边界值。

（3）确定单元基函数。根据单元中的节点数量及对近似解精度的要求，选择满足一定插值条件的插值函数作为单元基函数。有限元法中的基函数是在单元中选取的，由于各单元具有规则的几何形状，因此在选取基函数时可以遵循一定的规则。

（4）单元分析。将各个单元中的求解函数使用单元基函数的线性组合表达式进行逼近，再将近似函数代入积分表达式，并对单元区域进行积分，可以获得含有待定系数（即单元中各节点的参数值）的代数方程组，称为单元有限元方程。

（5）总体合成。在获得单元有限元方程之后，将区域中所有单元有限元方程按一定规则进行累加，形成总体有限元方程。

（6）处理边界条件。一般边界条件有 3 种形式，分为本质边界条件（狄利克雷边界条件）、自然边界条件（诺依曼边界条件）、混合边界条件（柯西边界条件）。对于自然边界条件，一般在积分表达式中可以自动得到满足；对于本质边界条件和混合边界条件，则需要按照一定规则对总体有限元方程进行修正来得到满足。

（7）求解有限元方程。根据边界条件修正的总体有限元方程，是包含所有未知量的封闭方程，采用适当的数值计算方法求解，可以求得各节点的函数值。

1.4　本章小结

本章对有限元法的发展进行了概述，同时对其发展趋势进行了展望。本章还针对工程问题的数学物理方程的求解进行了简单的阐述，给出了有限元法的解题步骤，读者可以根据需要进行学习，这些都是应用有限元分析软件进行数值分析的基础，需要深入学习的读者请查阅相关有限元分析书籍。

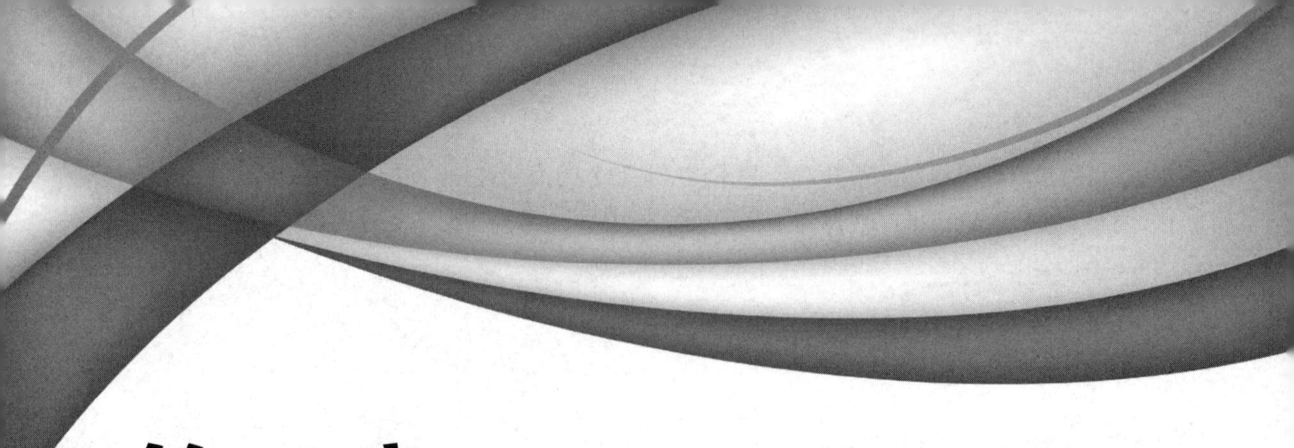

第 2 章

几何建模

本章内容

ANSYS Workbench 2024 是 ANSYS 公司开发的最新多物理场分析平台（截至作者完成本书的编写时），它提供了大量先进功能，有助于用户更好地掌握设计情况，从而提升产品性能和完整性，实现更加深入和广泛的物理场研究，并通过扩展来满足用户不断变化的需求。

ANSYS Workbench 平台可以精确地简化各种仿真应用的工作流程。同时，ANSYS Workbench 平台提供了多种关键的多物理场解决方案、前处理和网格划分强化功能，以及一种全新的参数化高性能计算（HPC）许可模式，可以使设计工作更具扩展性。

学习要求

知 识 点	学习目标			
	了解	理解	应用	实践
ANSYS Workbench 平台及各个模块的主要功能		√		
ANSYS Workbench 几何建模步骤			√	√
ANSYS Workbench 草绘命令的使用方法			√	√

2.1　ANSYS Workbench 平台及模块

选择“开始”→“所有程序”→“ANSYS 2024 R1”→“Workbench 2024 R1”命令，如图 2-1 所示，即可启动 ANSYS Workbench 平台。也可以使用鼠标右键将 Workbench 2024 R1 图标添加到“开始”菜单中，如图 2-2 所示，单击该图标即可快速启动 ANSYS Workbench 平台。

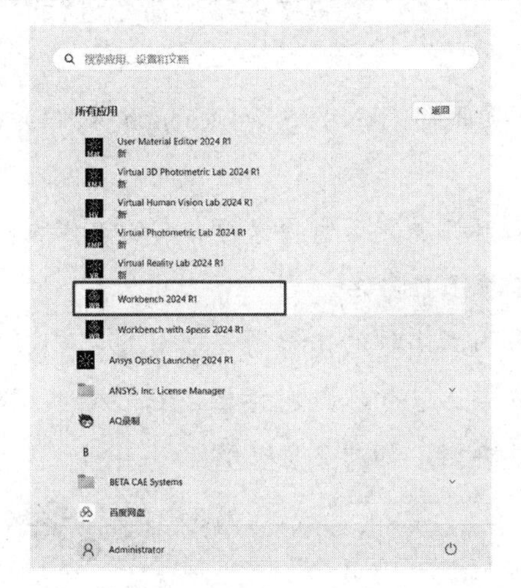

图 2-1　ANSYS Workbench 平台的启动方法

图 2-2　ANSYS Workbench 平台的快速启动方法

2.1.1　ANSYS Workbench 平台主界面

ANSYS Workbench 平台主界面如图 2-3 所示。可以根据个人喜好选择在下次启动时是否开启导读对话框，如果不想启动导读对话框，则单击导读对话框底部的√图标来取消选择。

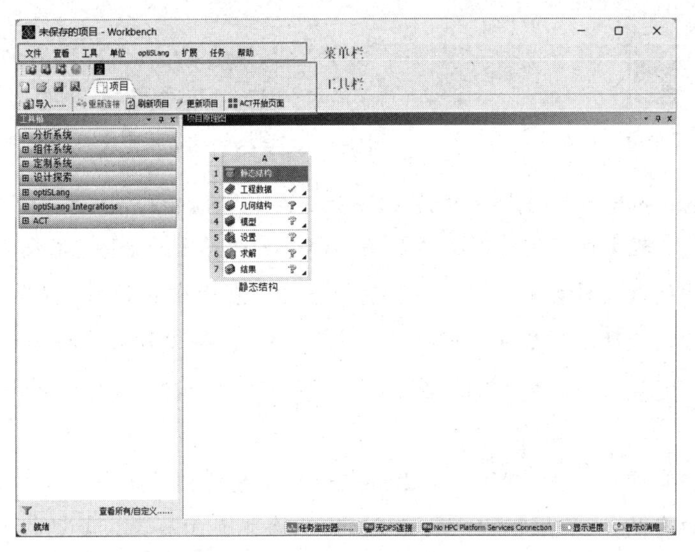

图 2-3　ANSYS Workbench 平台主界面

如图 2-3 所示，ANSYS Workbench 平台主界面由菜单栏、工具栏、“工具箱”窗格及“项目原理图”窗格 4 部分组成。

2.1.2 菜单栏

菜单栏中包括“文件”、“查看”、“工具”、“单位”、“optiSLang”、“扩展”、“任务”及“帮助”8 个菜单。

（1）“文件”菜单中的命令如图 2-4 所示。下面对“文件”菜单中的常用命令进行简单介绍。

- 新：建立一个新的工程项目。在建立新的工程项目前，ANSYS Workbench 软件会提示用户是否需要保存当前的工程项目。
- 打开：打开一个已经存在的工程项目，同时会提示用户是否需要保存当前的工程项目。
- 保存：保存一个工程项目，同时为新建立的工程项目命名。
- 另存为：将已经存在的工程项目另存为一个采用新名称的工程项目。
- 导入：导入外部文件。选择“导入”命令，会弹出“导入”对话框。在“导入”对话框的文件类型下拉列表中可以选择多种文件类型，如图 2-5 所示。

图 2-4 “文件”菜单中的命令

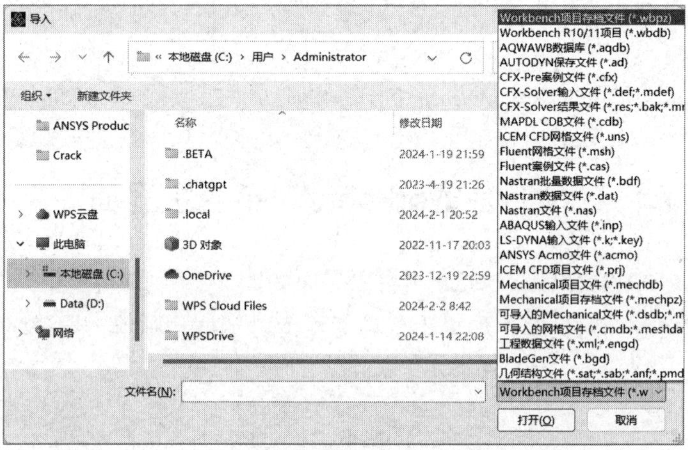

图 2-5 “导入”对话框中支持的文件类型

ANSYS Workbench 平台支持 ANSYS HFSS、ANSYS Maxwell 及 ANSYS Simplorer。

- 存档：将工程文件存档。选择“存档”命令，在弹出的如图 2-6 所示的“保存存档”对话框中输入文件名称并单击“保存”按钮，在弹出的如图 2-7 所示的“存档选项”对话框中勾选所有复选框并单击“存档”按钮，将工程文件存档。

（2）“查看”菜单中的命令如图 2-8 所示。下面对“查看”菜单中的常用命令进行简单介绍。

- 重置工作空间：将 ANSYS Workbench 平台恢复到初始状态。
- 重置窗口布局：将 ANSYS Workbench 平台主界面布局恢复到初始状态，如图 2-9 所示。

● 工具箱：选择"工具箱"命令，可以决定是否隐藏 ANSYS Workbench 平台主界面左侧的"工具箱"窗格。若"工具箱"命令前面显示√图标，则说明"工具箱"窗格处于显示状态。此时选择"工具箱"命令，可以取消显示前面的√图标，将"工具箱"窗格隐藏。

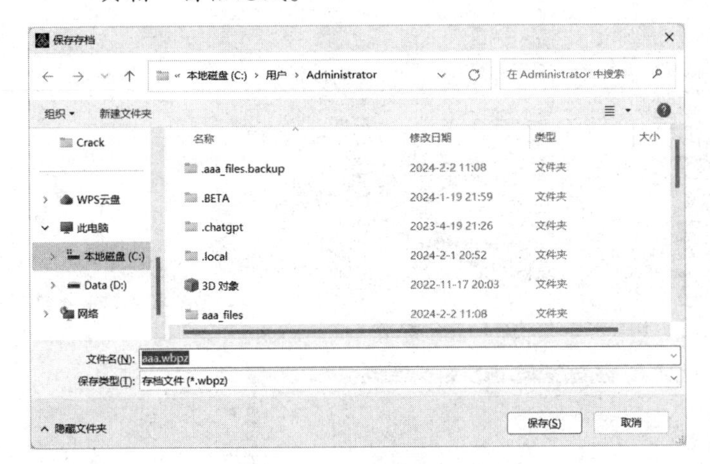

图 2-6 "保存存档"对话框

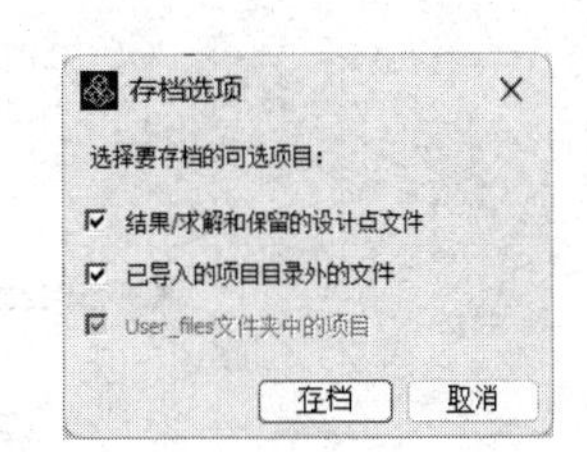

图 2-7 "存档选项"对话框

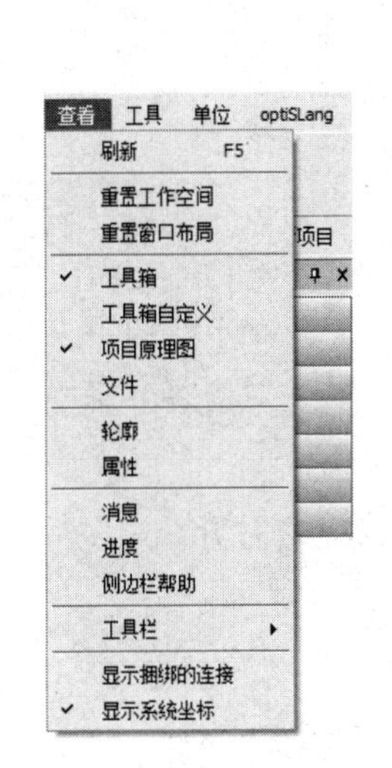

图 2-8 "查看"菜单中的命令

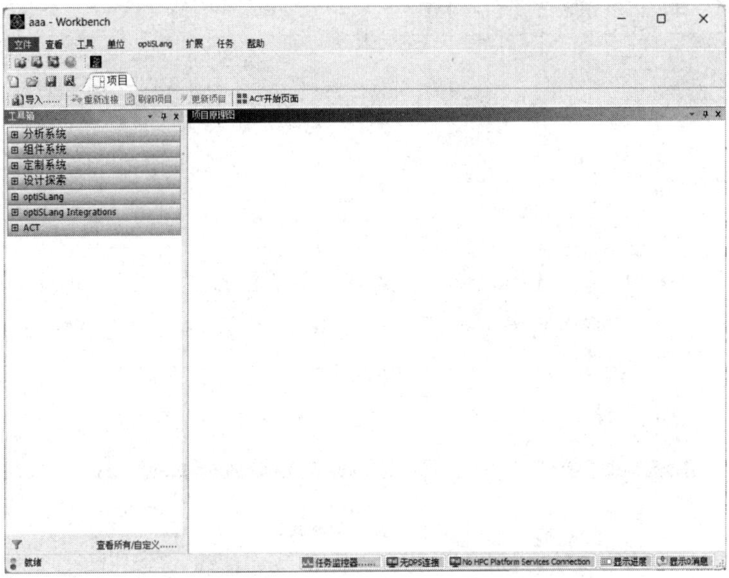

图 2-9 ANSYS Workbench 平台主界面布局的初始状态

● 工具箱自定义：选择此命令，会弹出如图 2-10 所示的"工具箱自定义"窗格。用户可以通过勾选或取消勾选各个模块前面的复选框来选择是否在"工具箱"窗格中显示该模块。

● 项目原理图：选择此命令，可以决定是否在 ANSYS Workbench 平台主界面中显示"项目原理图"窗格。

● 文件：选择此命令，会在 ANSYS Workbench 平台主界面下侧弹出如图 2-11 所示的"文件"窗格，该窗格中显示了当前工程项目涉及的所有文件及文件路径等重要信息。

工具箱自定义

	B	C	D	E
1	名称	物理场	求解器类型	AnalysisType
2	分析系统			
3	LS-DYNA	Explicit	LSDYNA@LSDYNA	结构
4	LS-DYNA重新启动	Explicit	RestartLSDYNA@LSDYNA	结构
5	Speos	任意	任意	任意
6	电气	电气	Mechanical APDL	稳态导电
7	刚体动力学	结构	刚体动力学	瞬态
8	结构优化	结构	Mechanical APDL	结构优化
9	静磁的	电磁	Mechanical APDL	静磁的
10	静态结构	结构	Mechanical APDL	静态结构
11	静态结构（ABAQUS）	结构	ABAQUS	静态结构
12	静态结构（Samcef）	结构	Samcef	静态结构
13	静态声学	多物理场	Mechanical APDL	静态
14	流体动力学响应	瞬态	Aqwa	流体动力学响应
15	流体动力学衍射	模态	Aqwa	流体动力学衍射
16	流体流动（CFX）	流体	CFX	
17	流体流动（Fluent）	流体	FLUENT	任意
18	流体流动（Polyflow）	流体	Polyflow	任意
19	流体流动（带有Fluent网格划分功能的Flu	流体	FLUENT	任意
20	模态	结构	Mechanical APDL	模态
21	模态（ABAQUS）	结构	ABAQUS	模态
22	模态（Samcef）	结构	Samcef	模态
23	模态声学	多物理场	Mechanical APDL	模态
24	耦合场静态	多物理场	Mechanical APDL	静态
25	耦合场模态	多物理场	Mechanical APDL	模态
26	耦合场瞬态	多物理场	Mechanical APDL	瞬态

图 2-10 “工具箱自定义”窗格

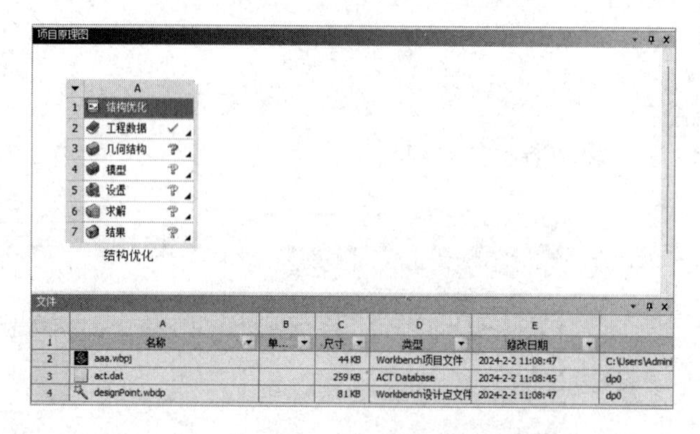

图 2-11 “文件”窗格

● 属性：选择此命令，再单击 A7 栏的“结果”，此时会在 ANSYS Workbench 平台主界面右侧弹出如图 2-12 所示的“属性 原理图 A7：结果”窗格。该窗格中显示的是 A7 栏中的“结果”相关信息，此处不再赘述。

（3）“工具”菜单中的命令如图 2-13 所示。下面对其中的常用命令进行介绍。

图 2-12 “属性 原理图 A7：结果”窗格

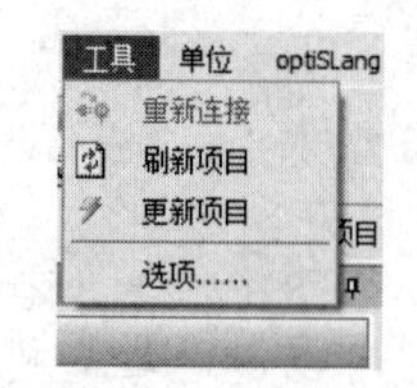

图 2-13 “工具”菜单中的命令

● 刷新项目：当上一行数据中的内容发生变化时，需要刷新板块（更新也会刷新板块）。

● 更新项目：由于数据已更改，因此必须重新生成板块的数据输出。

● 选项：选择此命令，会弹出如图 2-14 所示的“选项”窗口。该窗口中主要包括以下选项卡。

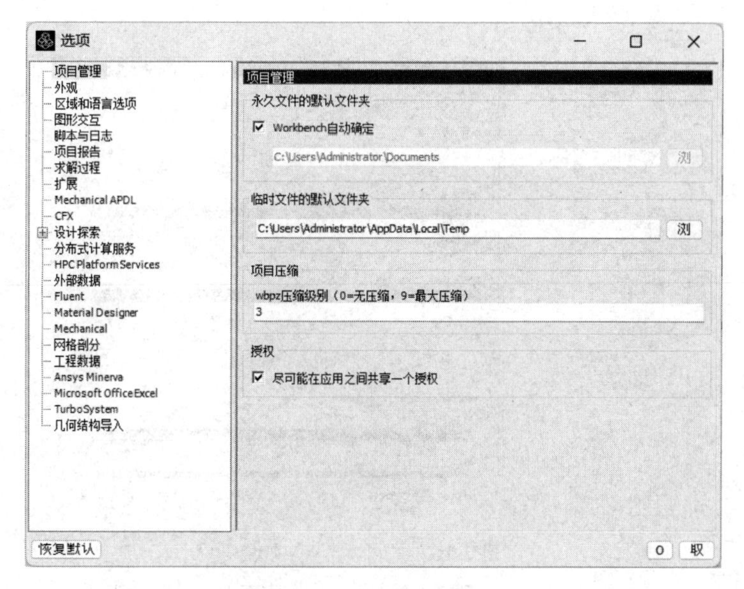

图 2-14　“选项”窗口

■　“项目管理”选项卡：在如图 2-15 所示的“项目管理”选项卡中，可以设置 ANSYS Workbench 平台启动的默认文件夹和临时文件的位置、是否启动导读对话框及是否加载新闻信息等参数。

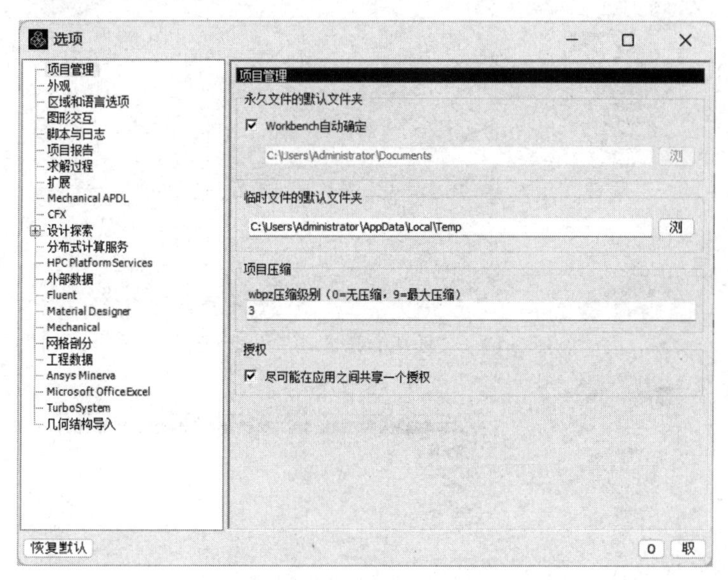

图 2-15　“项目管理”选项卡

■　“外观”选项卡：在如图 2-16 所示的“外观”选项卡中，可以对软件的背景、文字、几何图形的边等进行颜色设置。

■　“区域和语言选项”选项卡：在如图 2-17 所示的“区域和语言选项”选项卡中，可以设置 ANSYS Workbench 平台的语言，包括德语、英语、法语、日语和中文。

■　“图形交互”选项卡：在如图 2-18 所示的“图形交互”选项卡中，可以设置鼠标对图形的操作，如平移、旋转、放大、缩小和多体选择等。

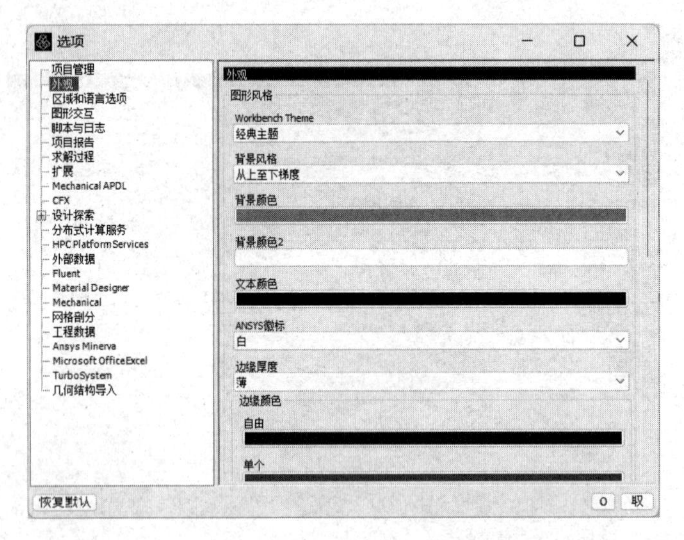

图 2-16 “外观”选项卡

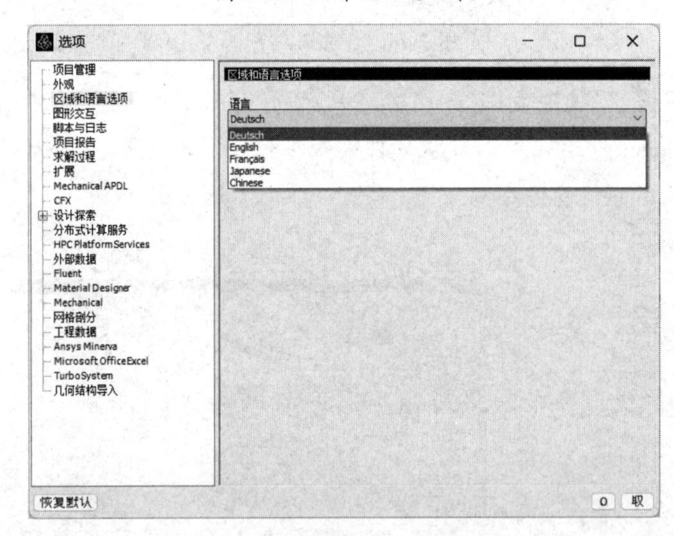

图 2-17 “区域和语言选项”选项卡

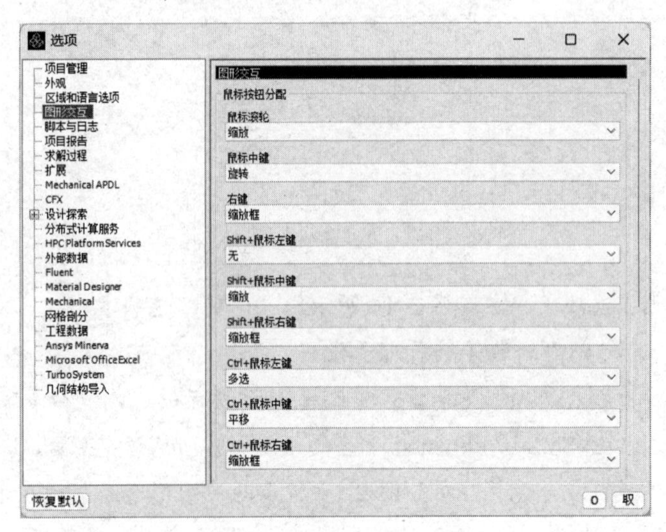

图 2-18 “图形交互”选项卡

■ “扩展”选项卡：在如图 2-19 所示的“扩展”选项卡中，可以添加一些用户自己编写的 Python 程序代码，如一些前后处理的代码。这部分内容在后面有介绍，这里不再赘述。

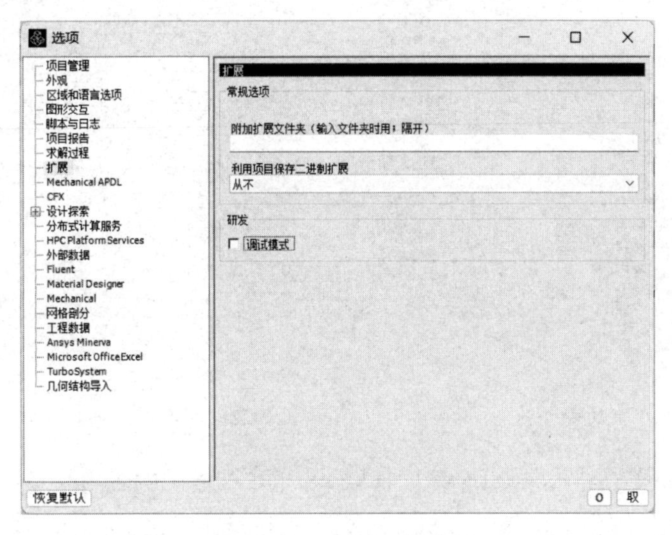

图 2-19 “扩展”选项卡

■ “几何结构导入”选项卡：在如图 2-20 所示的“几何结构导入”选项卡中，可以选择几何建模工具，如“DesignModeler”和“SpaceClaim 直接建模器”。如果选择后者，则需要 SpaceClaim 软件的支持，该软件在后面会有介绍。

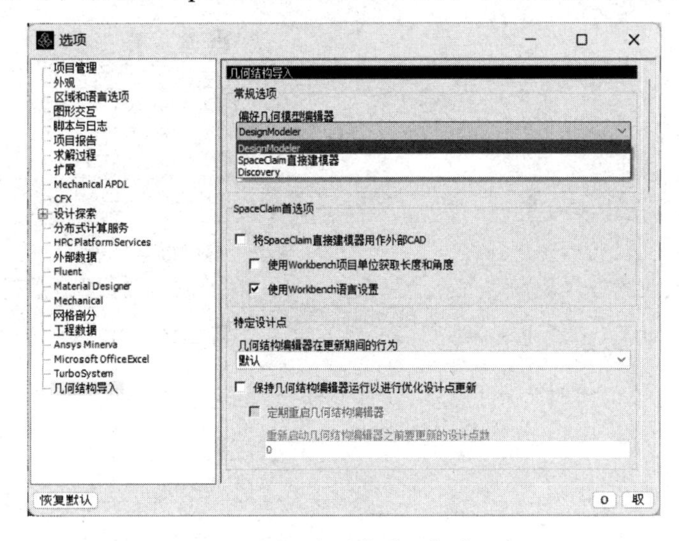

图 2-20 “几何结构导入”选项卡

这里仅对 ANSYS Workbench 平台的一些与建模及分析相关的常用选项进行了简单介绍，对于其余选项，读者可以参考帮助文档中的相关内容。

（4）“单位”菜单中的命令如图 2-21 所示。在此菜单中，可以设置国际单位、米制单位、美制单位及用户自定义单位。选择“单位系统”命令，在弹出的如图 2-22 所示的“单位系统”窗口中可以设置自己喜欢的单位格式。

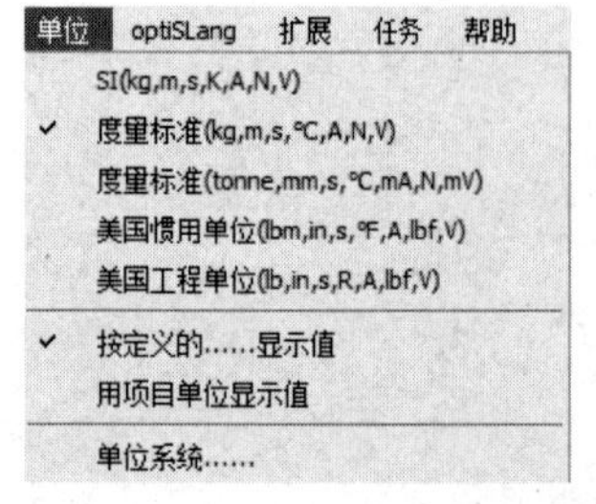

图 2-21 “单位”菜单中的命令

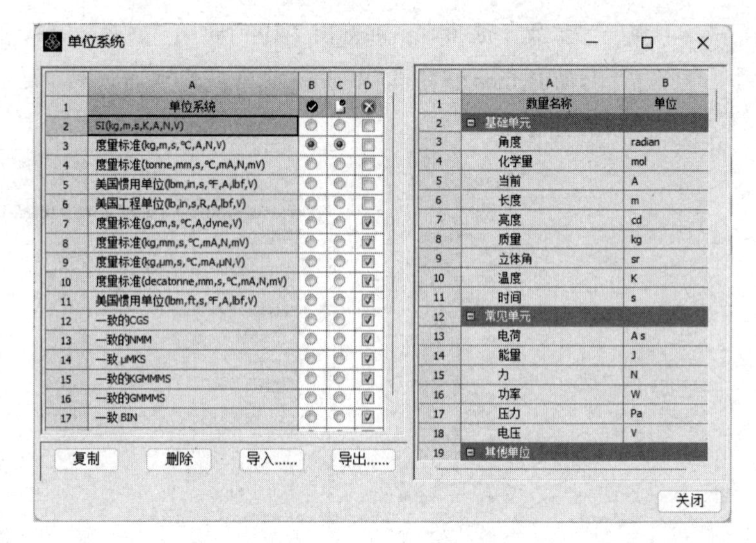

图 2-22 “单位系统”窗口

（5）“optiSLang”菜单：optiSLang是ANSYS平台产品中的重要一员，是集敏感性分析、多学科优化、稳健性评估、可靠性分析、过程集成与设计优化于同一环境的平台软件。

（6）“扩展”菜单中的命令如图2-23所示。在此菜单中，可以添加ACT（客户化应用工具套件）。

（7）“任务”菜单中的命令如图2-24所示。在此菜单中，可以查看任务运行状态并进行高性能计算设置。

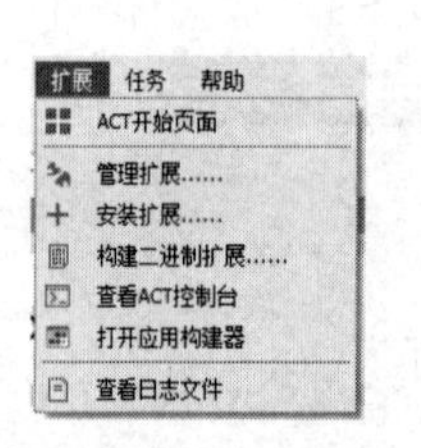

图 2-23 “扩展”菜单中的命令

图 2-24 “任务”菜单中的命令

（8）“帮助”菜单可实时为用户提供软件操作及理论上的帮助。

2.1.3 工具栏

工具栏如图2-25所示，其中的命令已经在前面的菜单中介绍过，这里不再赘述。

图 2-25 工具栏

2.1.4 “工具箱”窗格

“工具箱”窗格位于 ANSYS Workbench 平台的左侧，如图 2-26 所示。“工具箱”窗格中包括各类分析模块，下面针对这 7 个模块及其内容进行简单介绍。

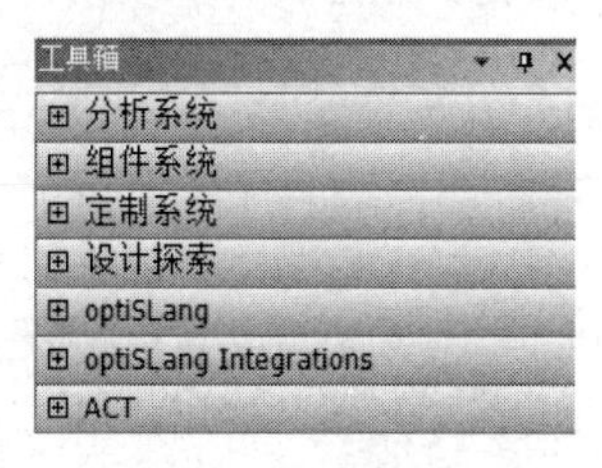

图 2-26 “工具箱”窗格

- 分析系统：“分析系统”模块包括不同的分析类型，如静力学分析、热分析、流体分析等。同时该模块支持使用不同种类的求解器求解相同的分析类型，如静力学分析就包括使用 ANSYS 求解器分析和使用 Samcef 求解器分析两种类型。“分析系统”模块如图 2-27 所示，显示了其所包含的分析模块。

注意

在“分析系统”模块中，需要单独安装的分析模块有二维电磁场分析模块、三维电磁场分析模块、电机分析模块、多领域系统分析模块及疲劳分析模块。读者可以单独安装这些模块。

- 组件系统：“组件系统”模块包括应用于各种领域的几何建模工具及性能评估工具，如图 2-28 所示。

注意

“组件系统”模块中的 ACP 复合材料建模模块需要单独安装。

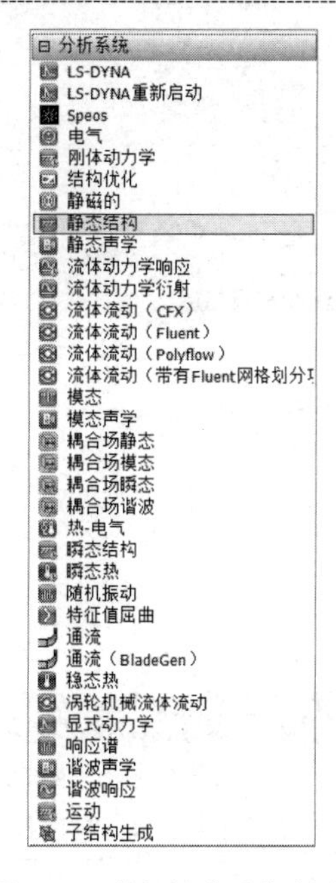

图 2-27 “分析系统”模块

图 2-28 “组件系统”模块

- 定制系统：除了软件默认的几个多物理场耦合分析工具，ANSYS Workbench 平台还允许用户自定义常用的多物理场耦合分析工具，如图 2-29 所示。
- 设计探索：在“设计探索”模块中，允许用户使用多种方式对零件产品的目标值进行优化设计及分析，如图 2-30 所示。
- optiSLang：用户可以通过多学科优化、鲁棒性、敏感性进行分析设计，如图 2-31 所示。

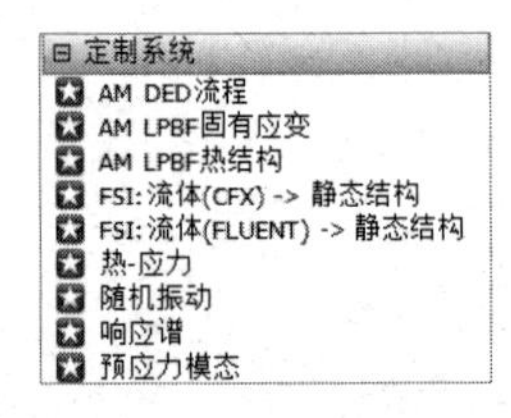

图 2-29 “定制系统”模块

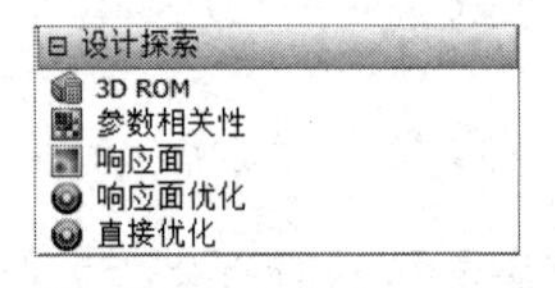

图 2-30 “设计探索”模块

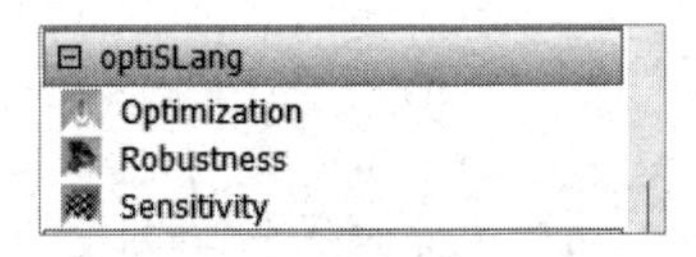

图 2-31 “optiSLang”模块

- optiSLang Integrations：用于数据的发送及接收，MOP 求解器调用等。
- ACT：用于创建工作流程。

下面使用一个简单的实例来说明如何在用户自定义系统中建立自己的分析模块。

① 在启动 ANSYS Workbench 平台后，在“工具箱”窗格中选择“分析系统”→“流体流动（Fluent）”命令，并将其直接拖曳到“项目原理图”窗格中，即可创建 Fluent 分析项目，如图 2-32 所示。此时会在“项目原理图”窗格中生成一个如同 Excel 表格的 Fluent 分析流程图表。

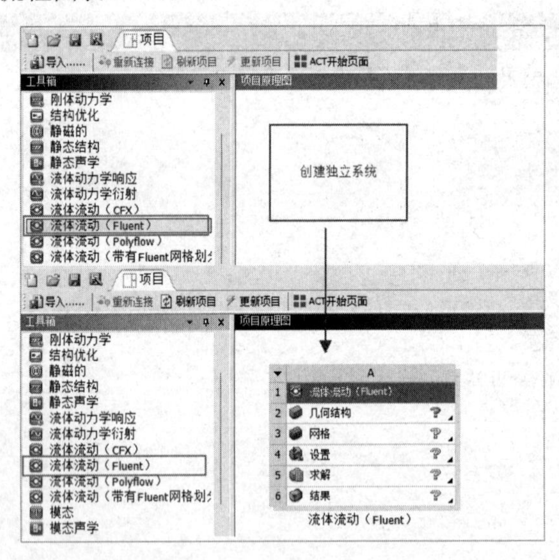

图 2-32 创建 Fluent 分析项目

注意

Fluent 分析流程图表显示了执行 Fluent 分析的工作流程，其中每个单元格的命令都代表一个分析流程步骤。根据 Fluent 分析流程图表从上往下执行每个单元格的命令，就可以完成流体的数值模拟工作，具体流程如下所述。

A2：几何结构，得到模型的几何数据。

A3：网格，进行网格的控制与划分。

A4：设置，进行边界条件的设定与载荷的施加。

A5：求解，进行分析计算。

A6：结果，进行后处理显示，包括流体流速、压力等结果。

② 双击“分析系统”→“静态结构”命令，此时会在“项目原理图”窗格中生成静态结构分析项目 B，如图 2-33 所示。

图 2-33　创建静态结构分析项目 B

③ 双击“组件系统”→“系统耦合”命令，此时会在“项目原理图”窗格中生成系统耦合分析项目 C，如图 2-34 所示。

④ 在创建好 3 个项目后，单击 A2 栏的“几何结构”并将其直接拖曳到 B3 栏的“几何结构”中，如图 2-35 所示。

图 2-34　创建系统耦合分析项目 C

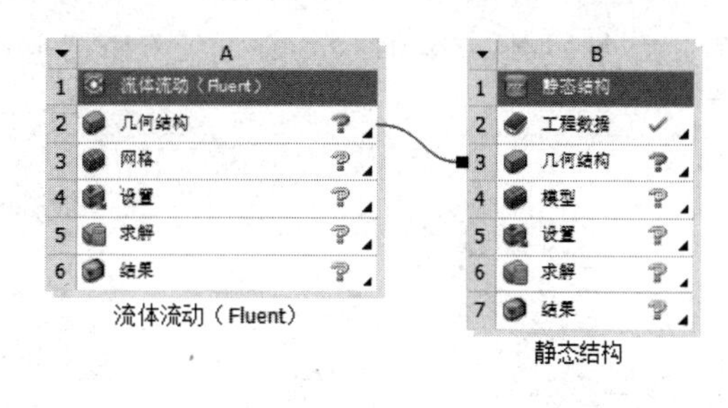

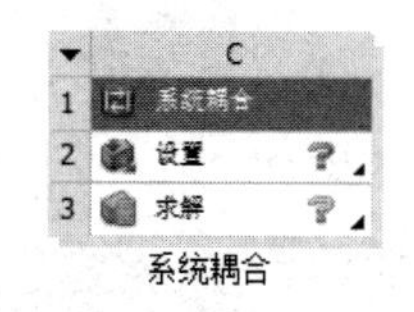

图 2-35　几何数据共享

⑤ 进行同样的操作，将 B5 栏的“设置”拖曳到 C2 栏的“设置”中，将 A4 栏的“设置”拖曳到 C2 栏的“设置”中。在操作完成后，项目的连接形式如图 2-36 所示，此时项目 A 和项目 B 中“求解”前面的图标变成了，即实现了工程数据传递。

注意

在项目分析流程图表之间如果存在（一端是小正方形），则表示数据共享；在项目分析流程图表之间如果存在（一端是小圆点），则表示实现数据传递。

⑥ 在 ANSYS Workbench 平台的“项目原理图”窗格中右击，在弹出的快捷菜单中选择“添加到定制”命令（见图 2-36）。

⑦ 在弹出的“添加项目模板”对话框的“名称”文本框中输入“FLUENT to Static for two way”，如图 2-37 所示，并单击“OK”按钮。

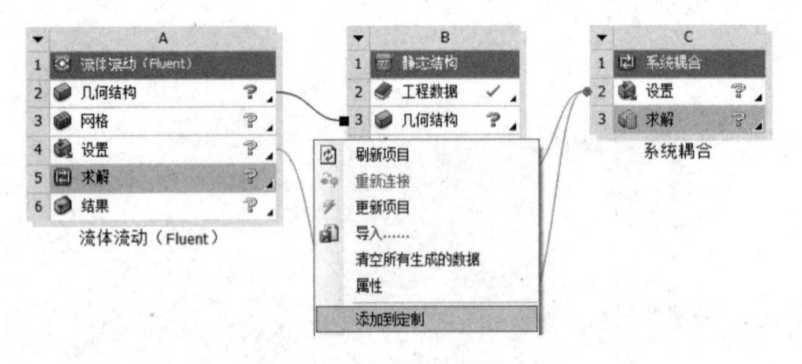

图 2-36 项目的连接形式

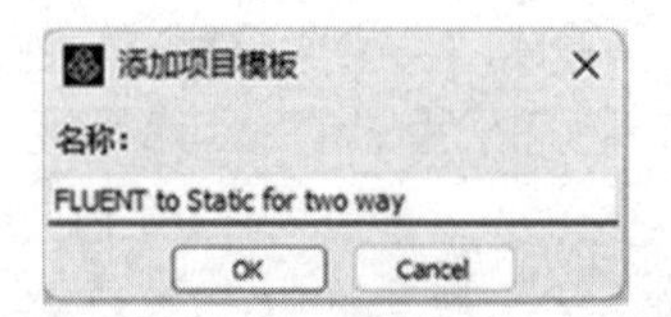

图 2-37 “添加项目模板”对话框

⑧ 在完成用户自定义的分析流程模板添加后，在“工具箱”窗格中单击“定制系统”前面的＋按钮，展开用户自定义的分析流程模板，如图 2-38 所示。可见，刚才定义的分析流程模板已经被成功添加到“定制系统”模块中。

提示

选择菜单栏中的“文件”→“新”命令，新建一个工程项目，然后在“工具箱”窗格中双击“定制系统”→“FLUENT to Static for two way”命令，此时在“项目原理图”窗格中会出现如图 2-39 所示的分析流程图表。

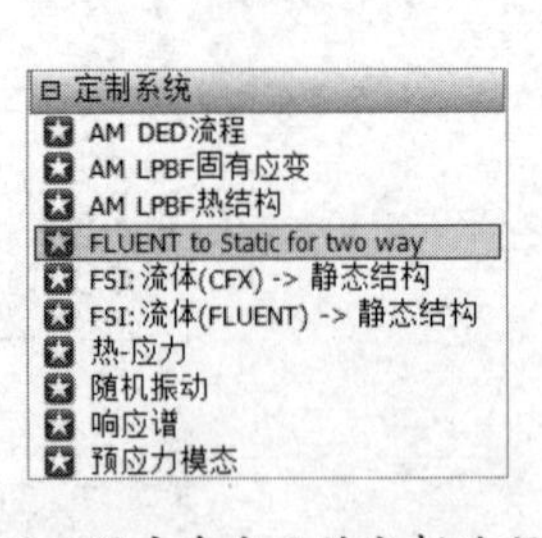

图 2-38 用户自定义的分析流程模板

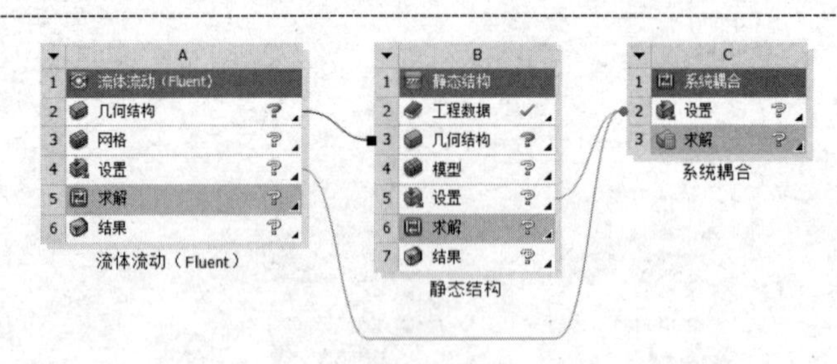

图 2-39 分析流程图表

注意

在分析流程创建完成后，要想进行分析还需要添加几何体文件及边界条件等，后续章节会对相关操作进行介绍，这里不再赘述。

在 ANSYS Workbench 平台安装完成后，系统会自动创建部分用户自定义系统。

2.2　几何建模概述

在进行有限元分析之前，最重要的工作就是几何建模，这是因为几何建模的好坏会直接影响计算结果的正确性。一般在整个有限元分析过程中，几何建模工作会占据非常多的时间，是非常重要的过程。

本节将着重介绍使用 ANSYS Workbench 平台自带的几何建模工具——DesignModeler 进行几何建模的方法。

2.2.1　几何建模平台

刚启动的 DesignModeler（几何建模）平台界面如图 2-40 所示，与其他 CAD 软件一样，DesignModeler 平台界面由以下几个关键部分构成：菜单栏、工具栏、常用命令栏、“图形”窗格、“树轮廓”窗格及“详细信息视图”窗格等。

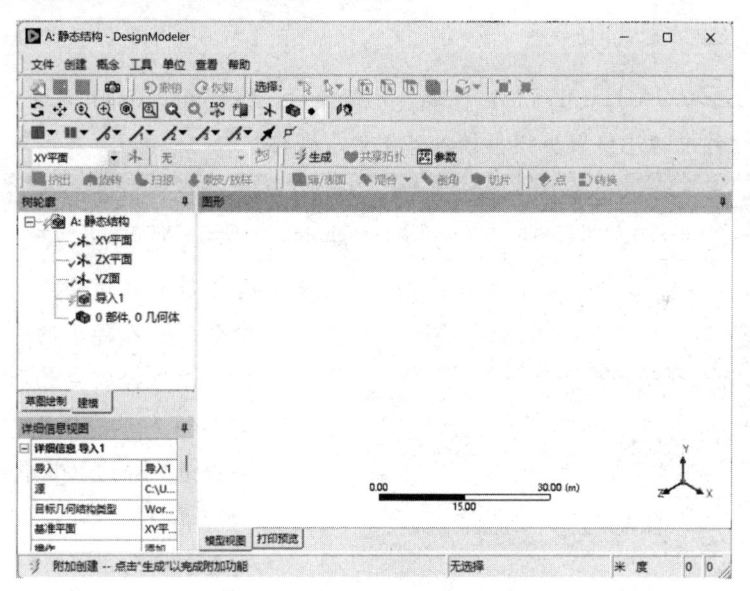

图 2-40　DesignModeler 平台界面

2.2.2　菜单栏

菜单栏中包括“文件”、“创建”、“概念”、“工具”、“单位”、“查看”及“帮助” 7 个基本菜单。

1．“文件”菜单

“文件”菜单中的命令如图 2-41 所示。下面对“文件”菜单中的常用命令进行简单介绍。

- 刷新输入：当几何数据发生变化时，选择此命令可以保持几何体文件同步。
- 保存项目：选择此命令可以保存工程项目文件，如果是新建立、未保存的工程项目文件，则会提示用户输入文件名。
- 导出：在选择此命令后，会弹出如图 2-42 所示的“另存为”对话框。在该对话框的“保存类型”下拉列表中，可以选择需要的几何数据类型。

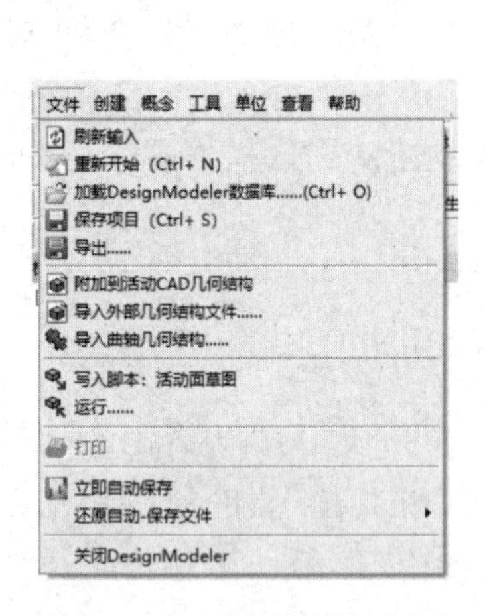

图 2-41 “文件”菜单中的命令

图 2-42 “另存为”对话框

- 附加到活动 CAD 几何结构：在选择此命令后，DesignModeler 平台会将当前活动的 CAD 软件中的几何数据模型读入“图形”窗格。

提示

如果在 CAD 软件中创建的几何体文件未保存，DesignModeler 平台就读不出几何体文件。

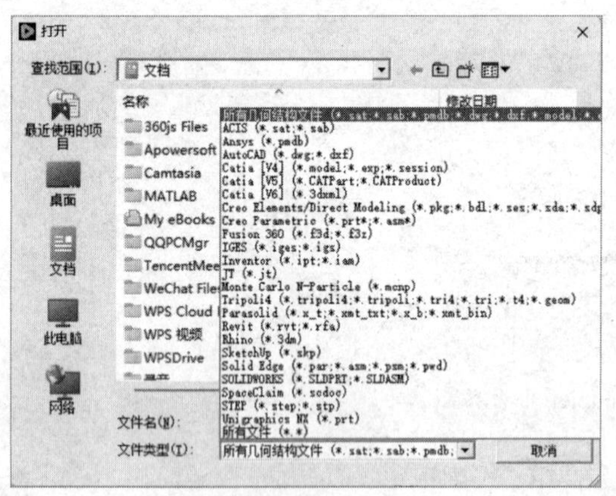

图 2-43 “打开”对话框

- 导入外部几何结构文件：在选择此命令后，在弹出的“打开”对话框中可以选择需要读取的文件名，如图 2-43 所示。此外，DesignModeler 平台支持的所有外部文件格式在“打开”对话框的“文件类型”下拉列表中被列出。

其余命令这里不再讲述，请读者参考帮助文档的相关内容。

2. “创建”菜单

“创建”菜单中的命令如图 2-44 所示。该菜单中包含对实体进行操作的一系列命令，如挤出、旋转、扫掠等。下面对“创建”菜单中的常用命令进行简单介绍。

（1）新平面：在选择此命令后，会在“详细信息视图”窗格中出现如图 2-45 所示的平面设置面板。在“平面 4”→“类型”栏中，显示了 8 种设置新平面的方式，下面主要介绍其中 6 种常用的方式。

- 从平面：通过已有的平面创建新平面。
- 从面：通过已有的表面创建新平面。
- 从点和边：通过已经存在的一条边和一个不在这条边上的点创建新平面。
- 从点和法线：通过一个已经存在的点和一条边界方向的法线创建新平面。
- 从三点：通过已经存在的 3 个点创建一个新平面。
- 从坐标：通过设置坐标系相对位置创建新平面。

当选择以上 6 种方式中的任何一种方式来创建新平面时，“类型”栏中的选项会有所变化，具体请参考帮助文档。

（2）挤出：在选择此命令后，会在“详细信息视图”窗格中出现如图 2-46 所示的挤出设置面板。使用此命令可以将二维的平面图形拉伸成三维的立体图形，即对已经草绘完成的二维平面图形沿着其所在平面的法线方向进行拉伸操作。

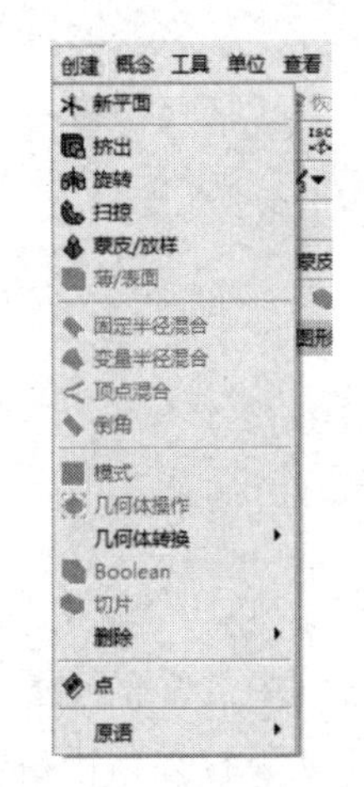

图 2-44　“创建”菜单中的命令

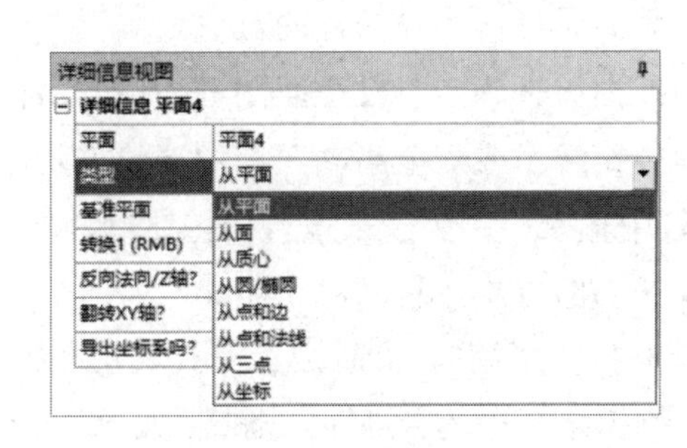

图 2-45　平面设置面板

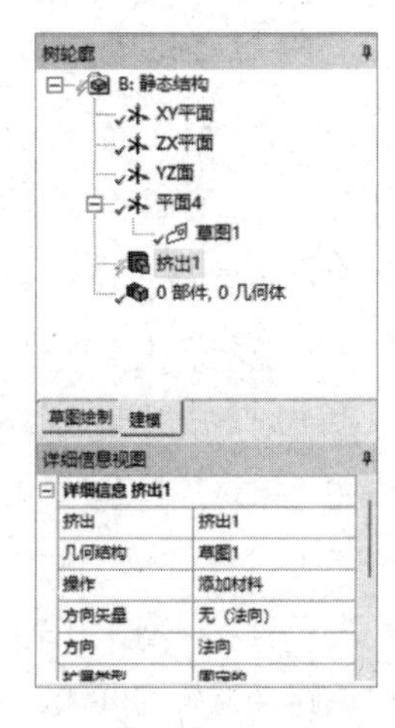

图 2-46　挤出设置面板

在“操作”栏中可以选择以下 2 种操作方式。

- 添加材料：与常规的 CAD 软件拉伸方式相同，这里不再赘述。
- 添加冻结：添加冻结零件，后面会提到。

在“方向”栏中可以选择以下 4 种拉伸方向。

- 法向：默认设置的拉伸方向。
- 已反转：此拉伸方向与“法向”方向相反。
- 双-对称：沿着两个方向同时拉伸指定的拉伸深度。
- 双-非对称：沿着两个方向同时拉伸指定的拉伸深度，但是两侧的拉伸深度不同，需要在下面的选项中设定。

在“按照薄/表面？”栏中设置是否选择薄壳拉伸，如果选择“是”选项，则需要分别输入薄壳的内壁和外壁的厚度值。

（3）旋转：在选择此命令后，会出现如图 2-47 所示的旋转操作面板。

在“几何结构”栏中选择需要进行旋转操作的二维平面图形。

在“轴”栏中选择旋转二维平面图形所需要的轴线。

在“合并拓扑”栏中选择“是”选项，表示优化特征体拓扑；选择“否”选项，表示不改变特征体拓扑。

“操作”“按照薄/表面？”栏的选项可参考“挤出”命令的相关内容。

在“方向”栏中选择旋转方向。

（4）扫掠：在选择此命令后，会弹出如图 2-48 所示的扫掠操作面板。

详细信息视图	
⊟ 详细信息 旋转1	
旋转	旋转1
几何结构	草图1
轴	2D边
操作	添加材料
方向	法向
☐ FD1, 角度(>0)	360°

图 2-47　旋转操作面板

详细信息视图	
⊟ 详细信息 扫掠1	
扫掠	扫掠1
轮廓	1 边
路径	1 边
操作	添加材料
对齐	路径切线
☐ FD4, 比例(>0)	1
扭曲规范	无扭曲
按照薄/表面?	否
合并拓扑?	否
⊟ 轮廓: 1	
边	1

图 2-48　扫掠操作面板

在“轮廓”栏中选择二维平面图形作为要扫掠的对象。

在“路径”栏中选择直线或曲线来确定二维平面图形扫掠的路径。

在“对齐”栏中选择“路径切线”或“全局轴”扫掠调整方式。

在“FD4，比例（>0）”栏中输入比例因子来设置扫掠比例。

在“扭曲规范”栏中选择扭曲的方式，包括“无扭曲”、“匝数”及“俯仰”。“无扭曲”方式表示扫掠出来的图形是沿着扫掠路径的。“匝数”方式表示在扫掠过程中二维平面图形绕扫掠路径旋转的圈数，如果扫掠路径是闭合环路，则圈数必须是整数；如果扫掠路径是开路，则圈数可以是任意数值。“俯仰”方式表示在扫掠过程中扫掠的螺距。

（5）蒙皮/放样：在选择此命令后，会弹出如图 2-49 所示的蒙皮/放样操作面板。

在“轮廓选择方法”栏中有“选择所有文件”和“选择单个文件”两种方式可供选择。在选择完成后，会在“轮廓”栏下面出现所选择的所有文件对应的几何图形名称。

（6）薄/表面：在选择此命令后，会弹出如图 2-50 所示的薄/表面操作面板。

详细信息视图	
⊟ 详细信息 蒙皮1	
蒙皮/放样	蒙皮1
轮廓选择方法	选择所有文件
轮廓	未选择
操作	添加材料
按照薄/表面?	否
合并拓扑?	否

图 2-49　蒙皮/放样操作面板

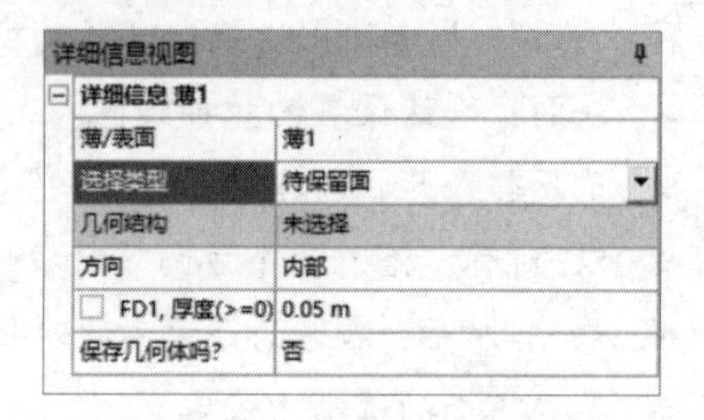

详细信息视图	
⊟ 详细信息 薄1	
薄/表面	薄1
选择类型	待保留面
几何结构	未选择
方向	内部
☐ FD1, 厚度(>=0)	0.05 m
保存几何体吗?	否

图 2-50　薄/表面操作面板

在“选择类型”栏中可以选择以下 3 种方式。

- 待保留面：在选择此选项后，会对保留的面进行抽壳处理。
- 待移除面：在选择此选项后，会对选中的面进行移除操作。
- 仅几何体：在选择此选项后，会对选中的实体进行抽壳处理。

在“方向”栏中可以选择以下3种方式。

- 内部：在选择此选项后，会对实体进行壁面向内部抽壳处理。
- 外部：在选择此选项后，会对实体进行壁面向外部抽壳处理。
- 中间平面：在选择此选项后，会对实体进行中间壁面抽壳处理。

（7）固定半径混合：在选择此命令后，会弹出如图2-51所示的固定半径混合设置面板。

在“FD1，半径（>0）”栏中输入圆角的半径值。

在“几何结构”栏中选择要倒圆角的棱边或平面。如果选择的是平面，则会将平面周围的几条棱边全部倒成圆角。

（8）变量半径混合：在选择此命令后，会弹出如图2-52所示的变量半径混合设置面板。

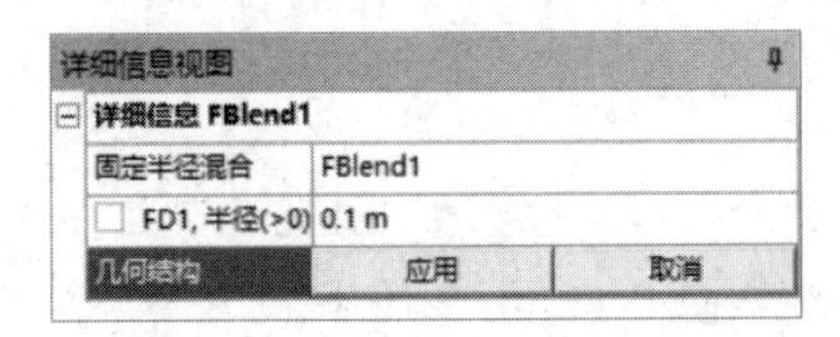

图2-51　固定半径混合设置面板

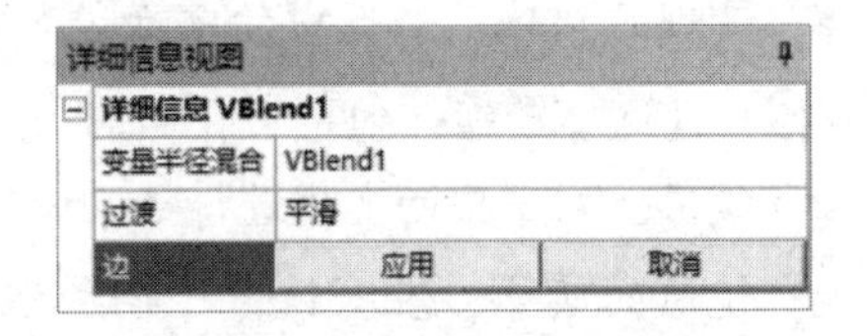

图2-52　变量半径混合设置面板

在“过渡”栏中选择“平滑”或“线性”过渡方式。

在“边”栏中选择要倒圆角的棱边。

在“起始半径（>=0）”栏中输入初始半径值。

在“终点半径（>=0）”栏中输入尾部半径值。

（9）顶点混合：在选择此命令后，会弹出顶点混合操作面板，可以选择需要混合的顶点。

（10）倒角：在选择此命令后，会弹出如图2-53所示的倒角设置面板。

在“几何结构”栏中选择实体棱边或表面，当选择表面时，会将表面周围的所有棱边全部倒角。

在“类型”栏中可以选择以下3种数值输入方式：“左-右”，在选择此选项后，可以在下面的栏中输入两侧的长度值；“FD1，左长度（>0）”，在选择此选项后，可以在下面的栏中输入左侧长度值和一个角度值；“FD1，右长度（>0）”，在选择此选项后，可以在下面的栏中输入右侧长度值和一个角度值。

（11）模式：在选择此命令后，会弹出如图2-54所示的模式设置面板。

详细信息视图
详细信息 倒角1
倒角　倒角1
几何结构　未选择
类型　左-右
FD1, 左长度(>0)　0.1 m
FD2, 右长度(>0)　0.1 m

图2-53　倒角设置面板

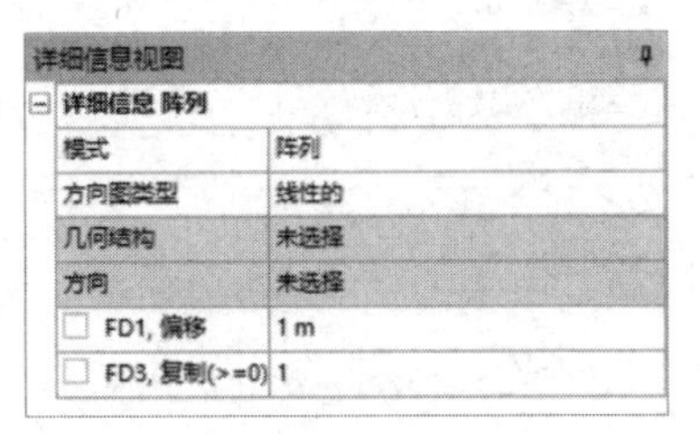

图2-54　模式设置面板

在“方向图类型”栏中可以选择以下3种阵列样式：“线性的”，在选择此选项后，阵列的方式为沿着某一方向阵列，需要在“方向”栏中选择要阵列的方向，并设置偏移距离和阵列数量；“圆形”，在选择此选项后，阵列的方式为沿着某条轴线阵列一圈，需要在“轴”栏中选择轴线，并设置偏移距离和阵列数量；“矩形”，在选择此选项后，阵列的方式为沿着两条相互垂直的边或轴线阵列，需要选择两个阵列方向，并设置偏移距离和阵列数量。

（12）几何体操作：在选择此命令后，会弹出如图2-55所示的几何体操作设置面板。

在“类型”栏中可以选择以下几种几何体操作样式。

- 缝补：在对有缺陷的实体进行补片复原后，对复原部位进行缝补操作。
- 简化：对选中的材料进行简化操作。
- 去除材料：对选中的实体进行去除材料操作。
- 表面印记：对选中的实体进行表面印记操作。
- 材料切片：需要在一个完全冻结的实体上，对选中的材料进行材料切片操作。
- 清理几何体：对选中的平面进行删除操作。

（13）几何体转换：包括以下几种几何体转换命令。

- 镜像：对选中的实体进行镜像操作。在选择此命令后，需要在“几何体”栏中选择要镜像的实体；在“镜像平面”栏中选择一个平面，如*XY*平面等。
- 移动：对选中的实体进行移动操作。在选择此命令后，需要在“几何体”栏中选择要移动的实体；在“源平面”栏中选择一个平面作为初始平面，如*XY*平面等；在“D目标平面”栏中选择一个平面作为目标平面，且这两个平面可以不平行，本操作主要应用于多个零件的装配。
- 比例：对选中的实体进行等比例放大或缩小操作。在选择此命令后，在“缩放原点”栏中可以选择“全局坐标系原点”、“实体的质心”及“点”3个选项；在“FD1，全局比例因子（>0）”栏中输入缩放比例。
- 平移：对选中的实体进行平移操作。在选择此命令后，需要在“方向选择”栏中选择一条边作为平移的方向矢量。
- 旋转：对选中的实体进行旋转操作。在选择此命令后，需要在“轴线选择”栏中选择一条边作为旋转的轴线。

（14）Boolean：在选择此命令后，会弹出如图2-56所示的Boolean设置面板。

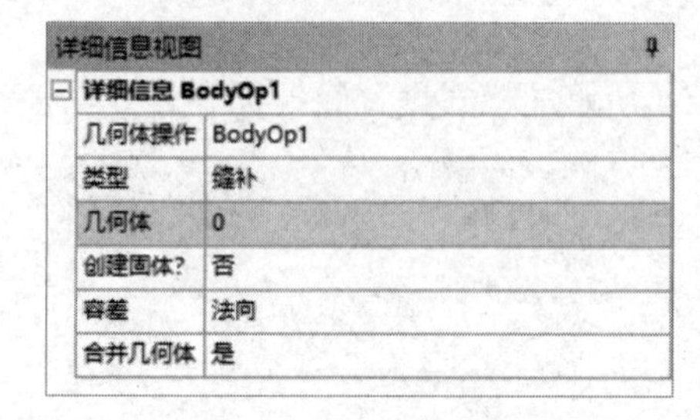

图2-55　几何体操作设置面板

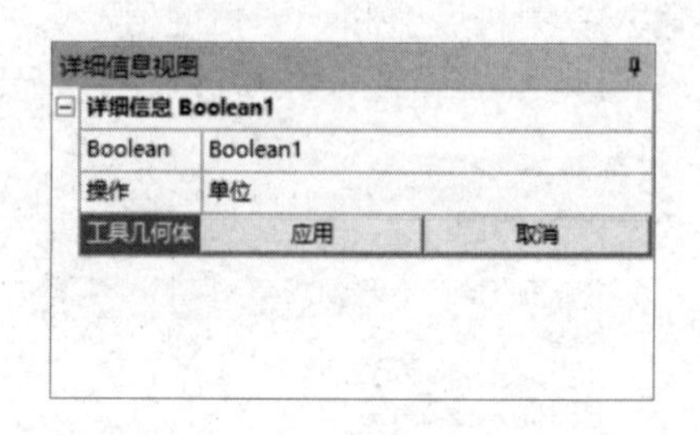

图2-56　Boolean设置面板

在“操作”栏中可以选择以下4种操作方式。

- 单位：将多个实体合并到一起，形成一个实体。此操作需要在“工具几何体”栏中选中所有进行合并的实体。
- 提取：将一个实体从另一个实体中去除。此操作需要在“目标几何体”栏中选择所要切除材料的实体，在“工具几何体”栏中选择要切除的实体工具。
- 交叉：将两个实体相交部分取出来，其余的实体被删除。
- 压印面：生成一个实体与另一个实体相交处的面。此操作需要在“目标几何体”和“工具几何体”栏中分别选择两个实体。

（15）切片：增强了 DesignModeler 平台的可用性，可以产生用来划分映射网格的可扫掠分网的实体。当模型完全由冻结的几何体组成时，此命令才可用。在选择此命令后，会弹出如图 2-57 所示的切片设置面板。

在“切割类型”栏中可以选择以下几种方式对实体进行切片操作。

- 按平面切割：利用已有的平面对实体进行切片操作，且平面必须经过实体。在“基准平面”栏中选择平面。
- 用表面偏移平面切割：在模型上选中一些面，这些面大概形成一定的凹面，使用此选项时将切开这些面。
- 按曲面切割：利用已有的曲面对实体进行切片操作。在“目标面”栏中选择曲面。
- 按边做切割：选择切割边，使用切割出的边创建分离实体。
- 按封闭棱边切割：在实体模型上选择一条封闭的棱边来创建切片。

（16）删除：用于撤销倒角和去除材料等，可以将倒角、材料等特征从实体上移除。在选择“删除”→“面删除”命令后，会弹出如图 2-58 所示的面删除设置面板。

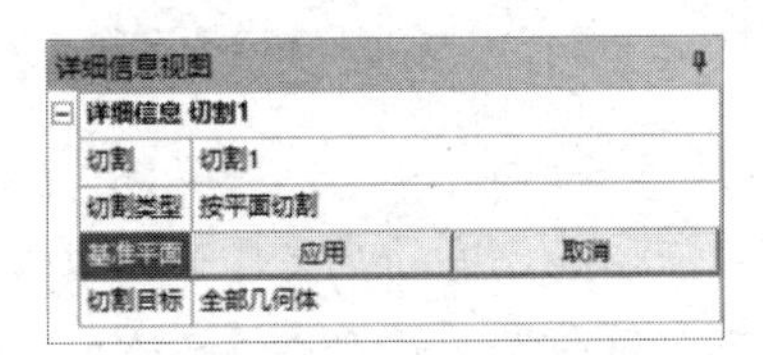

图 2-57　切片设置面板

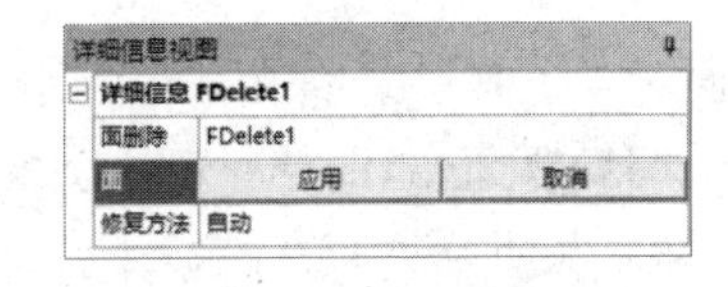

图 2-58　面删除设置面板

在“修复方法”栏中可以选择以下几种方式来删除面。

- 自动：在选择此选项后，在“面”栏中选择要删除的面，即可将面删除。
- 自然修复：对几何体进行自然修复。
- 补丁修复：对几何体进行补丁修复。
- 无修复：不进行任何修复。

“边删除”、“几何体删除”与“面删除”命令的作用相似，这里不再赘述。

（17）点：使用此命令可以创建一些焊点、构造点、点载荷等。

3.“概念”菜单

“概念”菜单中的命令如图 2-59 所示，包含对线、体和面进行操作的一系列命令，如“草图线”、“草图表面”与“分离”等命令。

4．“工具”菜单

“工具”菜单中的命令如图 2-60 所示，包含对线、面和体进行操作的一系列命令，如“冻结”、“解冻”、“命名的选择”、“属性”、“接头”和“填充”等命令。

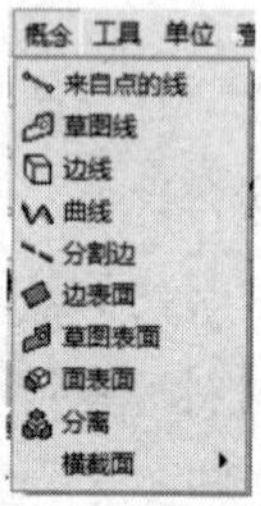

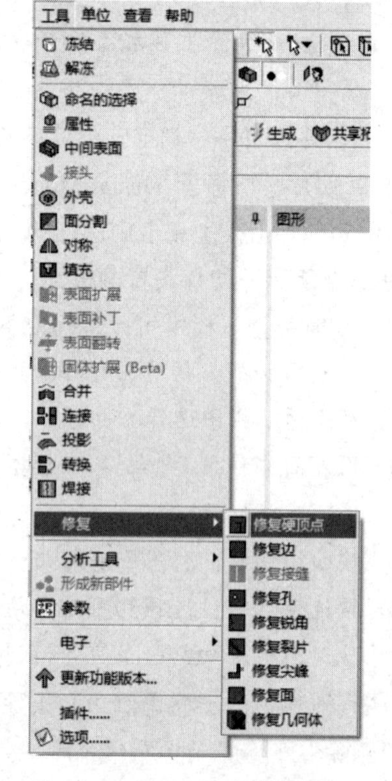

图 2-59 “概念”菜单中的命令

图 2-60 “工具”菜单中的命令

下面对“工具”菜单中的常用命令进行简单介绍。

- 冻结：DesignModeler 平台会默认将新创建的几何体和已有的几何体合并以保持单独的个体。如果想将新创建的几何体与已有的几何体分开，就需要将已有的几何体进行冻结处理。

“冻结”命令可以将所有的几何体转到冻结状态，但是在建模过程中除切片操作以外，其他命令都不能用于冻结的几何体。

- 解冻：冻结的几何体可以通过此命令解冻。
- 命名的选择：用于对几何体中的节点、边线、面和体等进行命名。
- 中间表面：用于将等厚度的薄壁类结构简化成“壳”模型。
- 接头：在几何体附近创建周围区域以便模拟场区域，主要应用于计算流体动力学（CFD）及电磁场有限元分析（EMAG）等相关计算的前处理。使用此命令可以创建物体的外部流场或绕组的电场、磁场计算域模型。
- 填充：与“接头”命令相似，此命令主要为几何体创建内部计算域，如管道中的流场等。

5. “单位”菜单

“单位”菜单主要用于常用单位的选取。

6. “查看”菜单

“查看”菜单中的命令如图 2-61 所示，主要是针对几何体显示的操作命令，这里不再赘述。

7. “帮助”菜单

“帮助”菜单中的命令如图 2-62 所示，提供了在线帮助的相关命令。

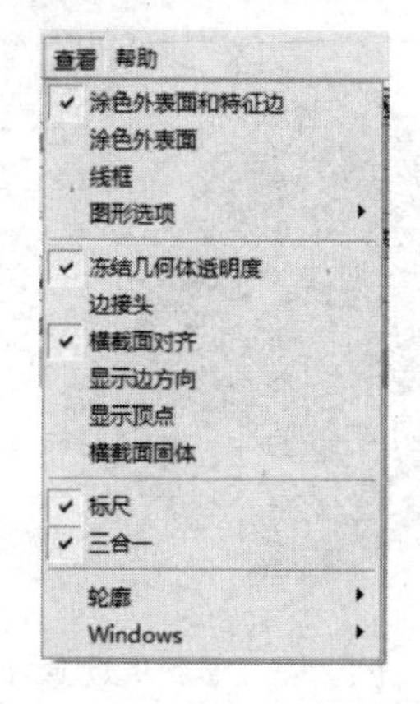

图 2-61　“查看”菜单中的命令

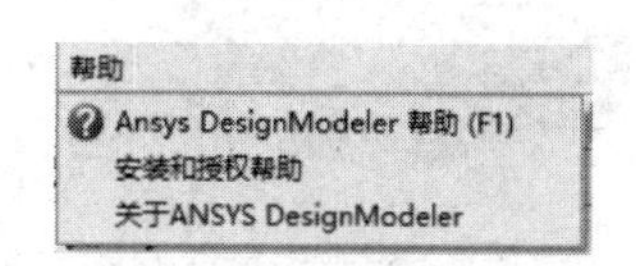

图 2-62　“帮助”菜单中的命令

2.2.3　工具栏

工具栏中包含 DesignModeler 平台默认的常用工具命令，如图 2-63 所示。这些命令在菜单栏中均可找到。下面对建模过程中经常用到的命令进行介绍。

图 2-63　工具栏

以三键鼠标为例，鼠标左键可以用于实现基本控制，包括几何体的选择和拖曳，与键盘的部分按键结合使用可以实现不同的操作。

- Ctrl+鼠标左键：执行添加/移除选定几何体操作。
- Shift+鼠标中键：执行放大/缩小几何体操作。
- Ctrl+鼠标中键：执行几何体平移操作。

另外，按住鼠标右键框选几何体，可以实现几何体的快速缩放操作。在“图形”窗格中右击可以弹出快捷菜单，如图 2-64 所示。使用快捷菜单中的命令可以完成相关操作。

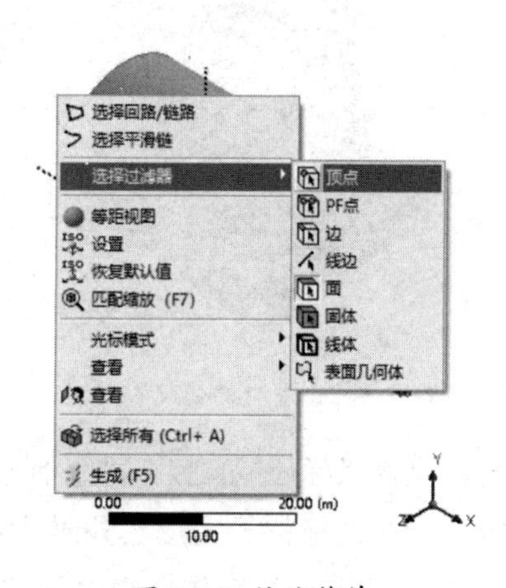

图 2-64　快捷菜单

1．选择过滤器

在建模过程中，经常需要选择实体的某个面、某条边或某个点等，这时可以在工具栏的相应过滤器中进行选择切换。如图 2-65 所示，如果想选择齿轮上某个齿的面，则只需要先单击工具栏中的按钮，然后选择需要操作的面；如果想要选择线或点，则只需要先单击工具栏中的或按钮，然后选择需要操作的线或点。

如图 2-66 所示，如果需要对多个面进行选择，则可以先单击工具栏中的按钮，在弹出的下拉列表中选择框选择选项，然后单击按钮，在“图形”窗格中框选需要操作的面。

图 2-65 面选择过滤器

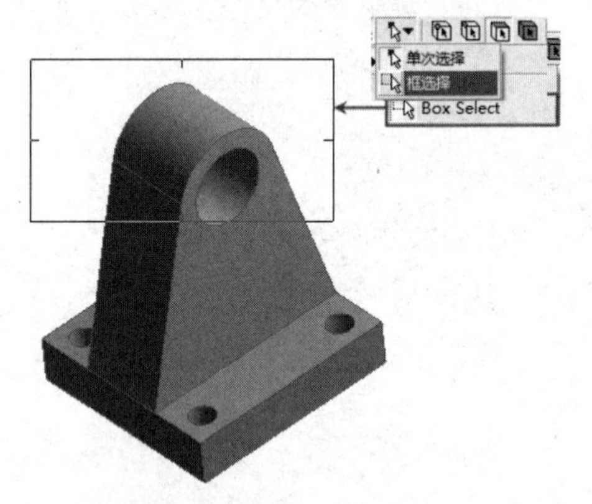

图 2-66 面框选过滤器

线或点的框选与面类似，这里不再赘述。

在框选时有方向性，具体说明如下。

- 鼠标从左到右拖动：选中所有完全包含在选择框中的对象。
- 鼠标从右到左拖动：选中包含于选择框或选择框经过的对象。

利用鼠标还能直接对几何模型进行控制（见图 2-66）。

图 2-67 控制窗口的快捷按钮

2．窗口控制

DesignModeler 平台的工具栏中有各种控制窗口的快捷按钮，单击不同的按钮，可以实现不同的控制操作，如图 2-67 所示。

- 按钮用来实现几何旋转操作。
- 按钮用来实现几何平移操作。
- 按钮用来实现图形的放大或缩小操作。
- 按钮用来实现窗口的缩放操作。
- 按钮用来实现自动匹配窗口大小的操作。

利用鼠标还能直接在“图形”窗格中控制图形：当鼠标位于图形的中心区域时相当于操作；当鼠标位于图形之外时为绕 Z 轴旋转的操作；当鼠标位于图形的上下边界附近时为绕 X 轴旋转的操作；当鼠标位于图形的左右边界附近时为绕 Y 轴旋转的操作。

2.2.4　常用命令栏

DesignModeler 平台默认的常用命令栏如图 2-68 所示，其中的命令在菜单栏中均可找到，这里不再赘述。

图 2-68　常用命令栏

2.2.5　“树轮廓”窗格

“树轮廓”窗格中包括两个模块，即“草图绘制”和“建模”，在“树轮廓”窗格下面单击“草图绘制”按钮，切换到“草图绘制”模块，此时会出现“草图工具箱”窗格，如图 2-69 所示。下面对“草图工具箱”窗格中的命令进行详细介绍。

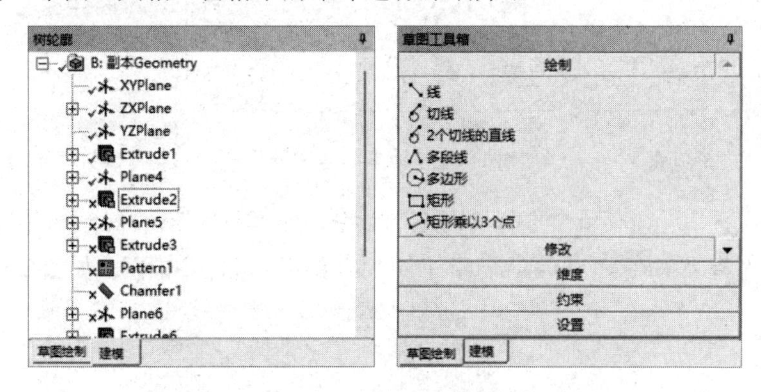

图 2-69　“树轮廓”窗格和“草图工具箱”窗格

- 绘制：“绘制”卷帘菜单如图 2-70 所示。该菜单中包括创建二维草绘图形需要的所有工具，如“线”“切线”“矩形”等，操作方法与其他 CAD 软件的相同。
- 修改：“修改”卷帘菜单如图 2-71 所示。该菜单中包括修改二维草绘图形需要的所有工具，如“圆角”“倒角”“拐角”“修剪”“扩展”“分割”等，操作方法与其他 CAD 软件的相同。

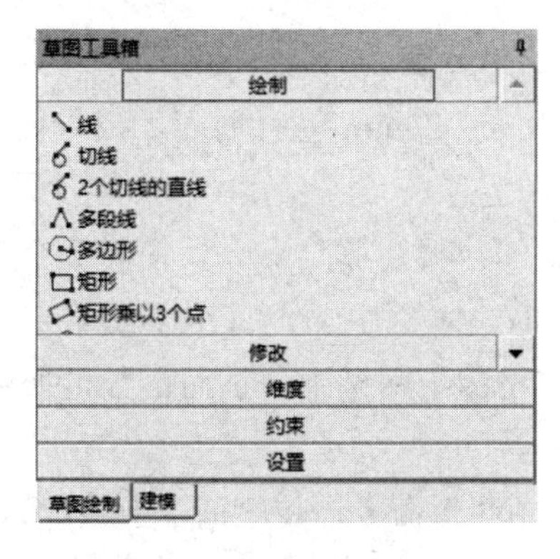

图 2-70　“绘制”卷帘菜单

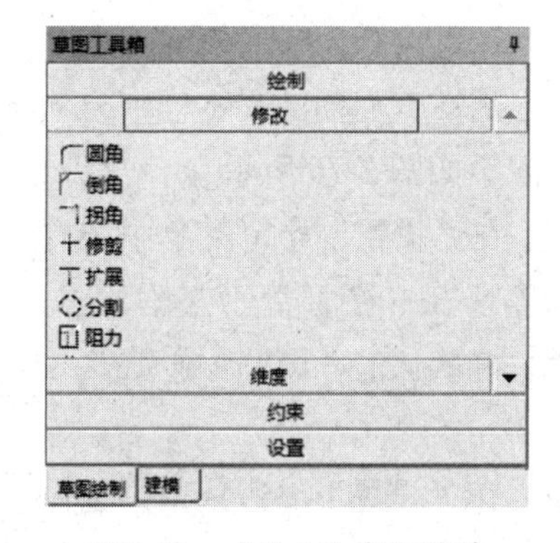

图 2-71　“修改”卷帘菜单

- 维度：“维度”卷帘菜单如图 2-72 所示。该菜单中包括标注二维图形尺寸需要的所有工具，如“通用”“水平的”“顶点”“长度/距离”“半径”“直径”“角度”等，操作方法与其他 CAD 软件的相同。
- 约束：“约束”卷帘菜单如图 2-73 所示。该菜单中包括约束二维图形需要的所有工具，如“固定的”“水平的”“顶点”“垂直”“切线”“重合”等，操作方法与其他 CAD 软件的相同。
- 设置：“设置”卷帘菜单如图 2-74 所示，主要用于设置“图形”窗格中的网格及主网格间距等。

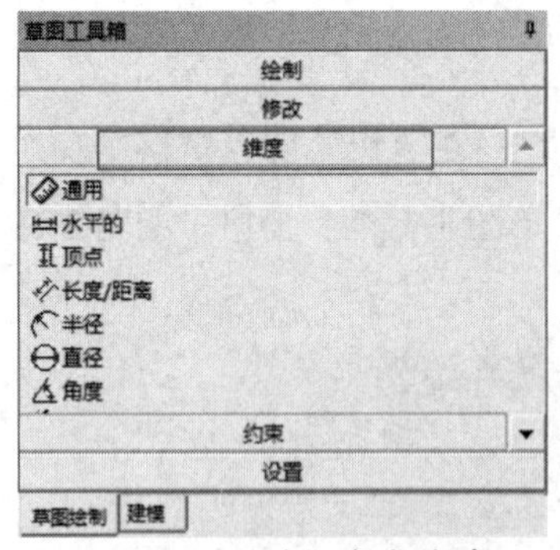

图 2-72 “维度”卷帘菜单

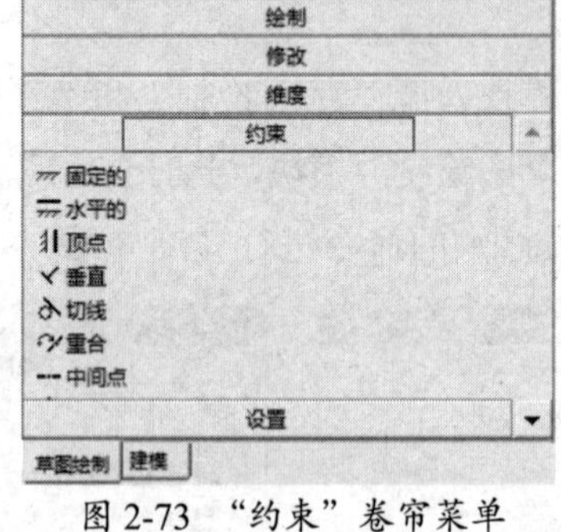

图 2-73 “约束”卷帘菜单

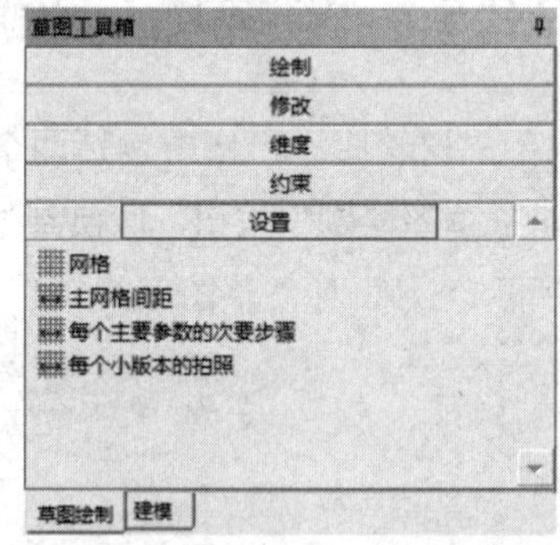

图 2-74 “设置”卷帘菜单

（1）在“设置”卷帘菜单中选择“网格”命令，使“网格”图标处于凹陷状态，之后勾选其后面的复选框 在2D内显示 ☑ 捕捉：☑ ，此时“图形”窗格中的网格如图 2-75 所示。

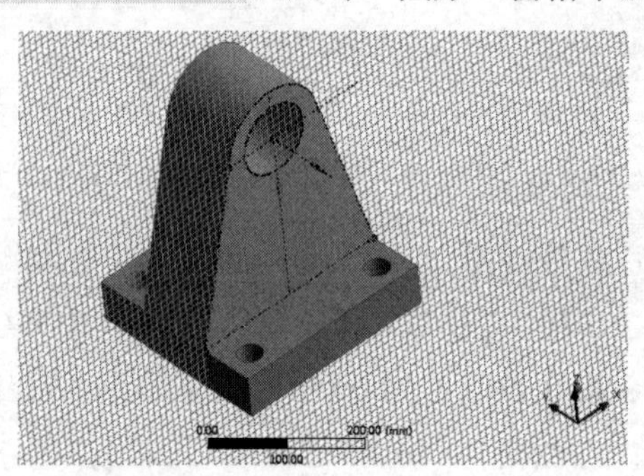

图 2-75 网格

（2）在“设置”卷帘菜单中选择“主网格间距”命令，使“主网格间距”图标处于凹陷状态，之后在其后面的文本框中将默认的“10mm”改成“20mm”，此时“图形”窗格中的主网格间距如图 2-76 所示。

（3）在“设置”卷帘菜单中选择“每个主要参数的次要步骤”命令，使“每个主要参数的次要步骤”图标处于凹陷状态，之后在其后面的文本框中输入每个主网格中划分的网格数，将默认的“10”改成“5”，此时在“图形”窗格的主网格中的小网格数量如图 2-77 所示。

（4）在“设置”卷帘菜单中选择“每个小版本的拍照”命令，使“每个小版本的拍照”图标处于凹陷状态，之后在其后面的文本框中输入每个小网格捕捉的次数，将默认的“1”

改为“2”。选择草绘直线命令，在“图形”窗格中单击直线的第一个点，接下来移动鼠标，此时吸盘会在每个小网格 4 条边的中间位置被吸一次，如果值是默认的 1，则在 4 个角点处被吸住。

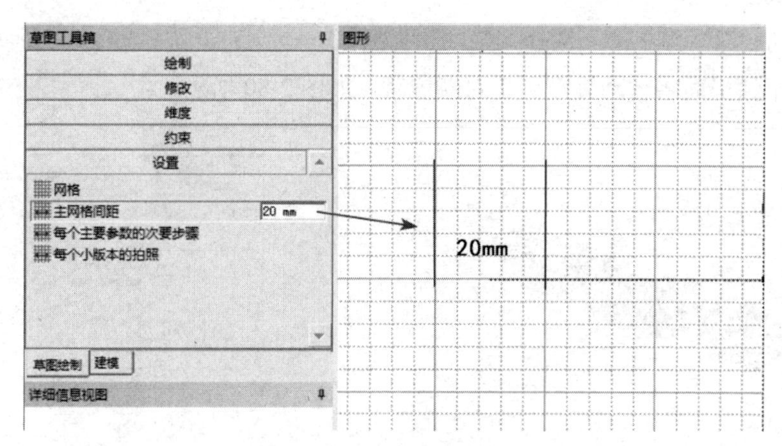

图 2-76　主网格间距

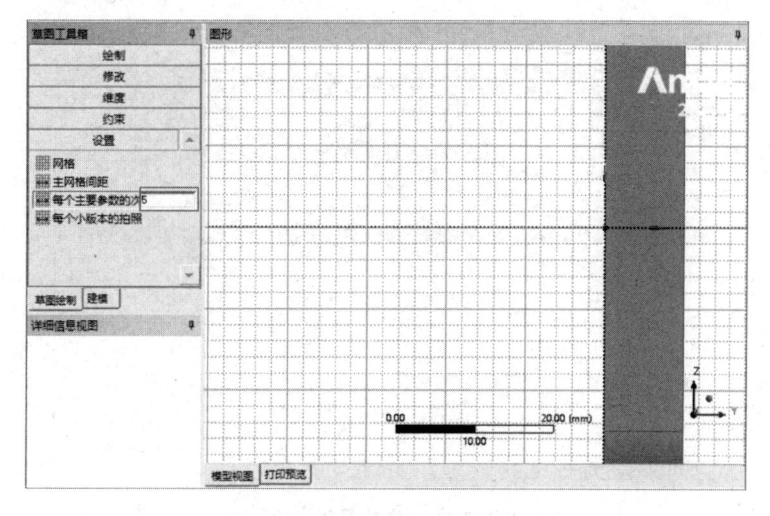

图 2-77　主网格中的小网格数量

前面几节简单介绍了 DesignModeler 平台，下面将利用相关工具对较复杂的几何模型进行建模。

2.2.6　几何建模实例——连接扣

本实例将创建一个如图 2-78 所示的连接扣模型，在模型的创建过程中介绍了简单的拉伸和去除材料命令的使用。

模型文件	无
结果文件	配套资源\Chapter02\char02-1\post.wbpj

① 启动 ANSYS Workbench 软件，新创建一个项目 A，之后右击项目 A 中 A2 栏的“几何结构”，在弹出的快捷菜单中选择“新的 DesignModeler 几何结构”命令，如图 2-79

所示。

② 启动 DesignModeler 平台，在菜单栏中选择“单位”→“毫米”命令，设置长度单位为“mm”。

③ 在“树轮廓”窗格中，选择“A：几何结构”→“ZX 平面”命令，之后单击按钮，这时草绘平面将自动旋转到正对着屏幕，如图 2-80 所示。

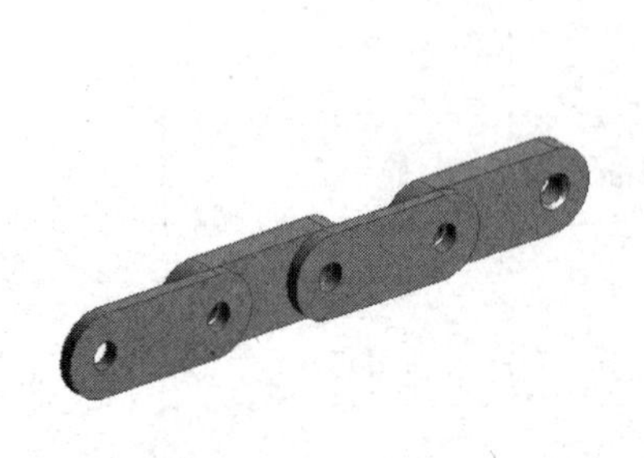

图 2-78　连接扣模型

图 2-79　选择“新的 DesignModeler 几何结构”命令

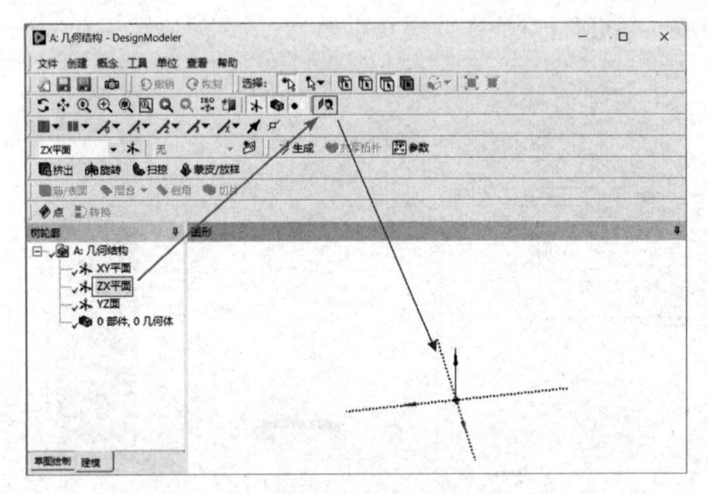

图 2-80　旋转草绘平面

④ 切换到“草图绘制”模块，在出现的“草图工具箱”窗格中选择“绘制”→“椭圆形”命令，在“图形”窗格中绘制两端倒圆角的鹅卵形，使其中心点落在坐标原点上，如图 2-81 所示。

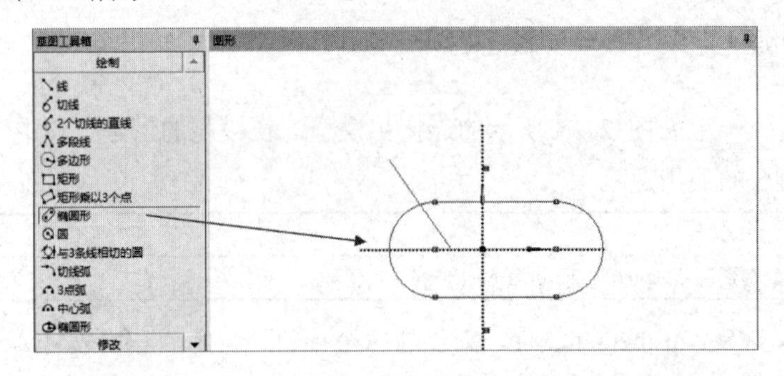

图 2-81　绘制鹅卵形

⑤ 选择“维度”→“通用”命令，之后标注图形的长度和半径等尺寸，如图 2-82 所示。在“详细信息视图”窗格的“维度：3”→“H3”栏中输入“25mm”，在“R1”栏中输入“5mm”，在“H2”栏中输入“50mm”，并按 Enter 键。

在使用“通用”命令标注图形尺寸时，除了对长度进行标注，还可以对距离、半径等尺寸进行智能标注。也可以使用“水平的”命令对水平方向的尺寸进行标注，使用“垂直”命令对竖直方向的尺寸进行标注，使用“半径”命令对圆形进行半径标注。

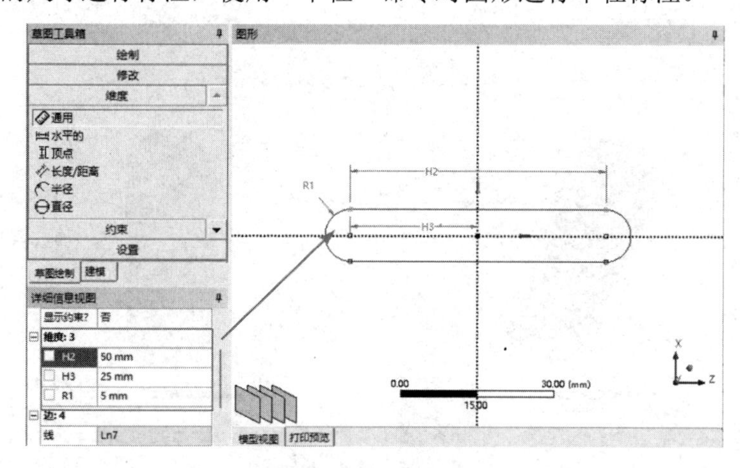

图 2-82　标注长度和半径

⑥ 切换到“建模”模块，在常用命令栏中单击 挤出 按钮进行拉伸，如图 2-83 所示，在下面的“详细信息视图”窗格中进行以下设置。

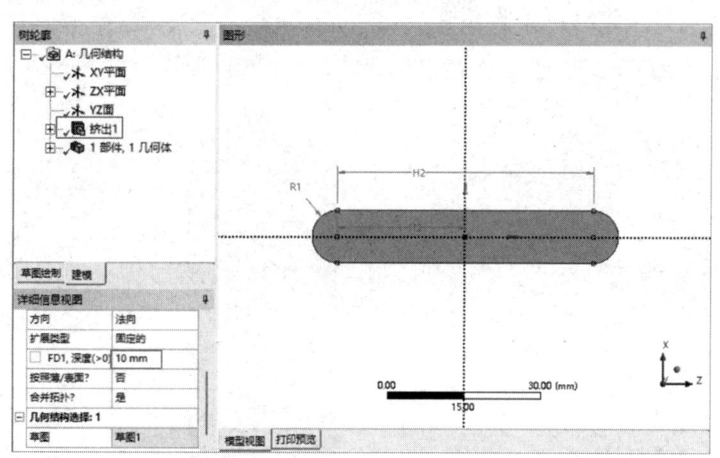

图 2-83　拉伸设置（1）

在“几何结构”栏中确保“草图 1”被选中。

在“FD1，深度（>0）”栏中输入“10mm”，之后单击常用命令栏中的 生成 按钮，完成拉伸操作。

⑦ 单击常用命令栏中的 按钮，关闭草绘平面的显示，如图 2-84 所示。

⑧ 创建沉孔特征。在常用命令栏中单击 按钮，显示如图 2-85 所示的草绘平面，并使其处于加亮状态。之后单击常用命令栏中的 按钮，使加亮平面正对屏幕。

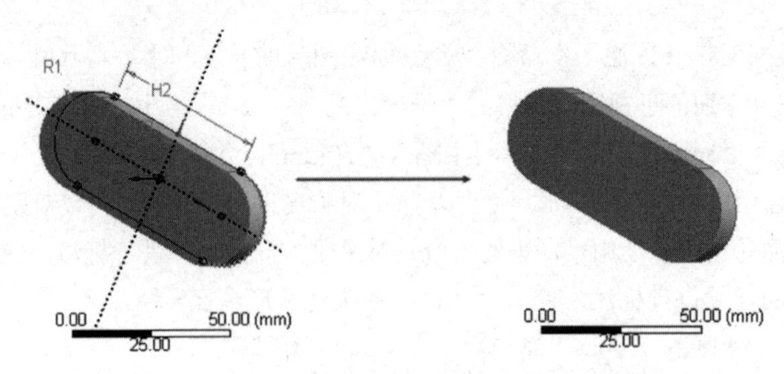

图 2-84　关闭草绘平面的显示

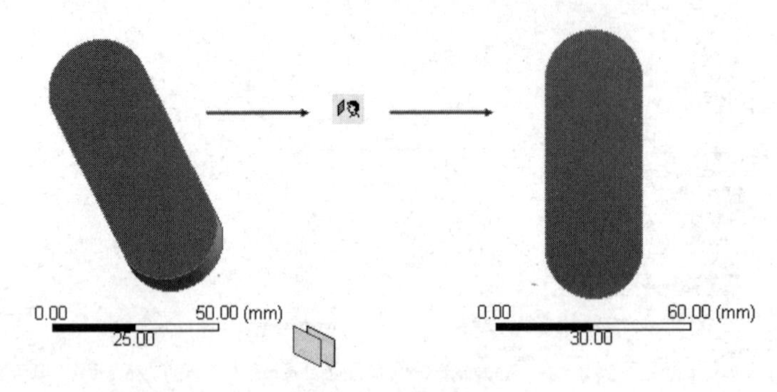

图 2-85　草绘平面

⑨ 切换到“草图绘制”模块，在出现的“草图工具箱”窗格中选择“绘制”→“圆”命令，在“图形”窗格中绘制如图 2-86 所示的圆。之后对圆进行标注，在“详细信息视图”窗格中进行以下设置。

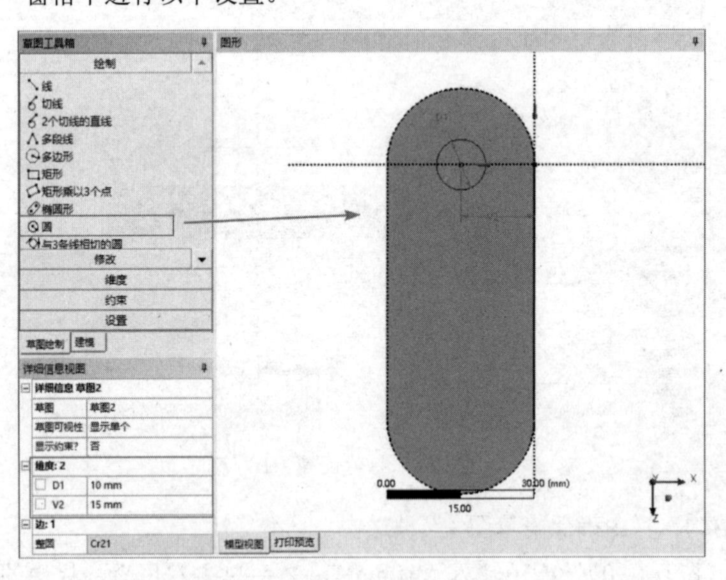

图 2-86　创建圆

在“维度：2”→“D1”栏中输入“10mm”，在“V2”栏中输入“15mm”，并按 Enter 键。

⑩ 单击常用命令栏中的 挤出 按钮，在“图形”窗格中创建如图 2-87 所示的孔，在“详细信息视图”窗格中进行以下设置。

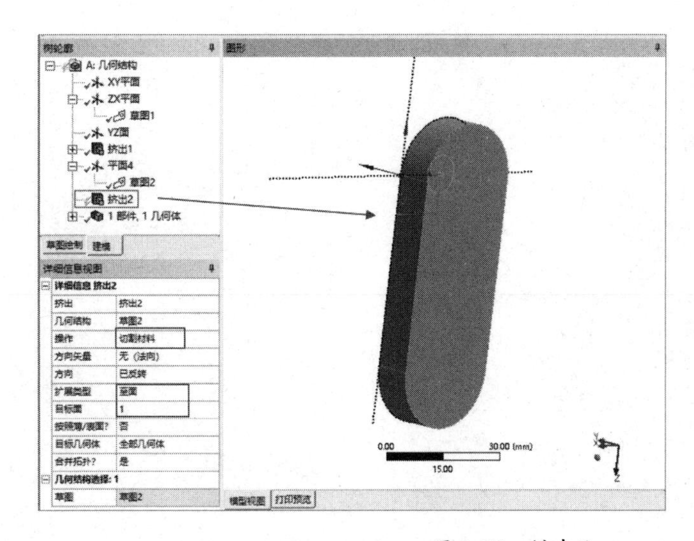
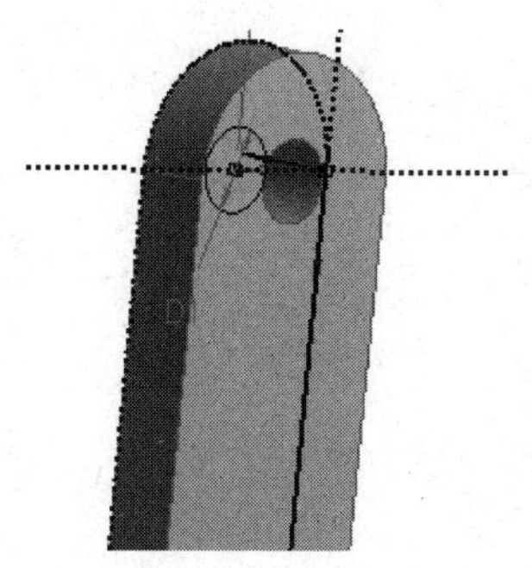

图 2-87　创建孔

在“几何结构”栏中确保“草图 2”被选中。

在“操作”栏中选择“切割材料”选项。

在“扩展类型”栏中选择“至面”选项。

选择如图 2-87 所示的加亮面，此时在“目标面”栏中会显示数字“1”，表示已经有一个面被选中，其余选项保持默认设置即可。单击常用命令栏中的生成按钮，完成孔的创建。

⑪ 创建对称平面。单击常用命令栏中的按钮，在“图形”窗格中创建如图 2-88 所示的对称平面。之后在“详细信息视图”窗格中进行以下设置。

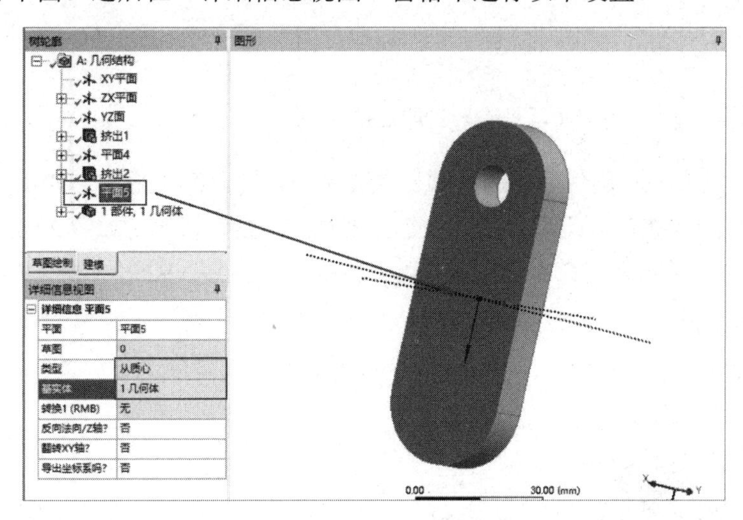

图 2-88　创建对称平面

在“类型”栏中选择“从质心”选项。

在“基实体”栏中确保实体被选中，此时在该栏中会显示“1 几何体”。

其余选项保持默认设置，之后单击常用命令栏中的生成按钮，完成对称平面的创建。

⑫ 实体投影。右击“平面 5”命令，在弹出的快捷菜单中选择“插入”→“草图投影”命令，如图 2-89 所示。

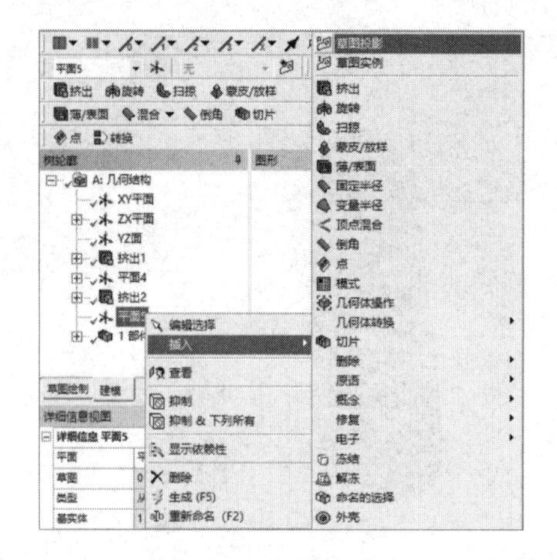

图 2-89　选择“草图投影”命令

⑬ 选择面。在如图 2-90 所示的“详细信息视图”窗格中进行以下设置。

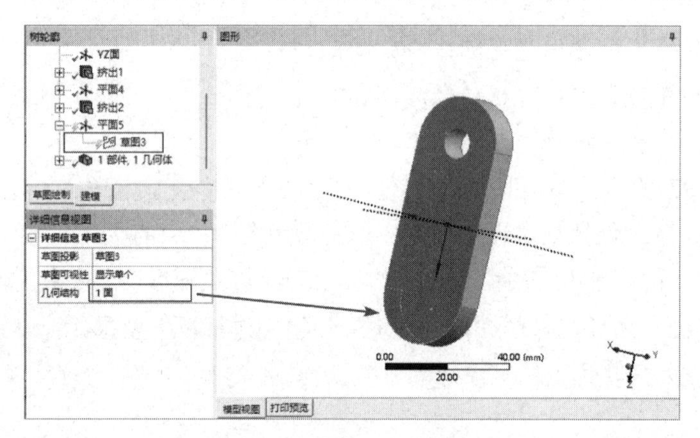

图 2-90　“详细信息视图”窗格（选择面设置）

在“几何结构”栏中确保一侧的半圆柱面被选中，此时在该栏中会显示“1 面”，单击常用命令栏中的生成按钮，此时会在平面 5 上创建一个投影草绘，如图 2-91 所示。

⑭ 去除材料。单击常用命令栏中的挤出按钮，在如图 2-92 所示的“详细信息视图”窗格中进行以下设置。

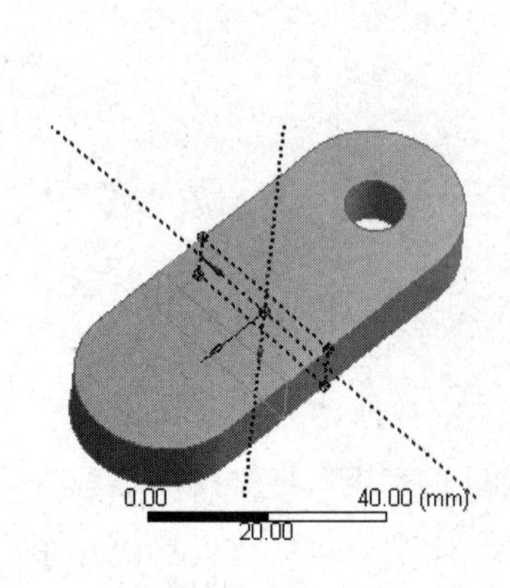

图 2-91　投影草绘

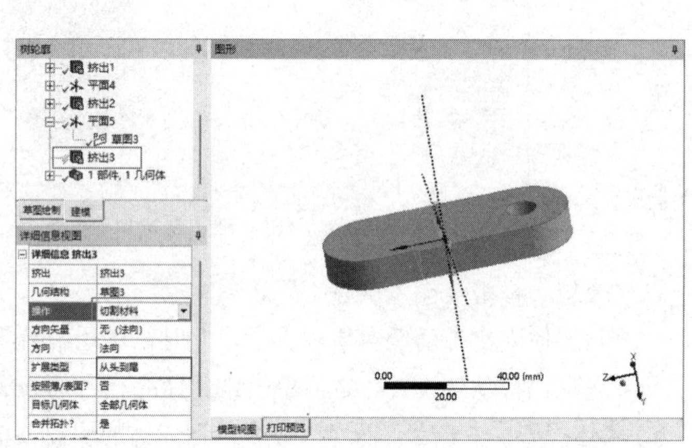

图 2-92　“详细信息视图”窗格（去除材料设置）

在“几何结构”栏中确保“草图 3”被选中。

在“操作”栏中选择“切割材料”选项。

在“扩展类型”栏中选择“从头到尾”选项。

其余选项保持默认设置，然后单击常用命令栏中的 生成 按钮，完成去除材料操作。

⑮ 实体旋转。选择菜单栏中的“创建”→“模式”命令，在如图 2-93 所示的“详细信息视图”窗格中进行以下设置。

在“方向图类型”栏中选择“圆的”选项。

在“几何结构”栏中确保几何体被选中，此时在该栏中会显示“1 几何体”，表示一个实体被选中。

在“轴”栏中确保竖直方向的坐标被选中，此时在该栏中会显示“2D 边”。

在“FD2，角”栏中输入“180°”。

其余选项保持默认设置，单击常用命令栏中的 生成 按钮，完成实体旋转操作，如图 2-94 所示。

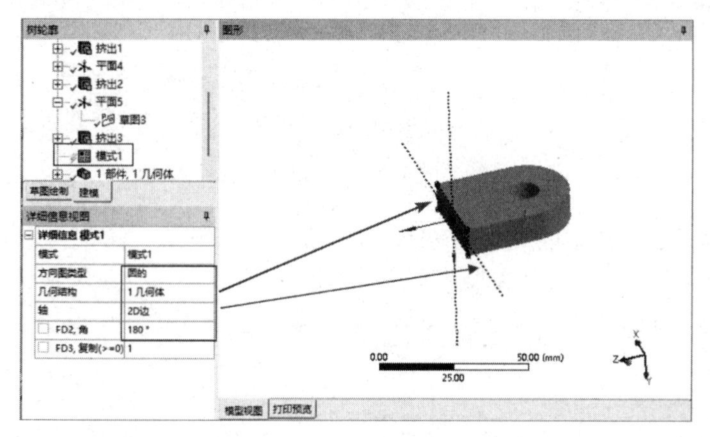

图 2-93 “实体旋转”设置

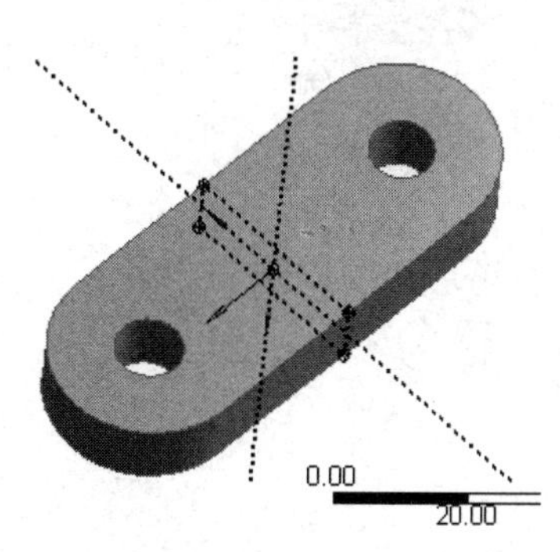

图 2-94 实体旋转

⑯ 创建倒角。单击常用命令栏中的 倒角 按钮，在如图 2-95 所示的“详细信息视图”窗格中进行以下设置。

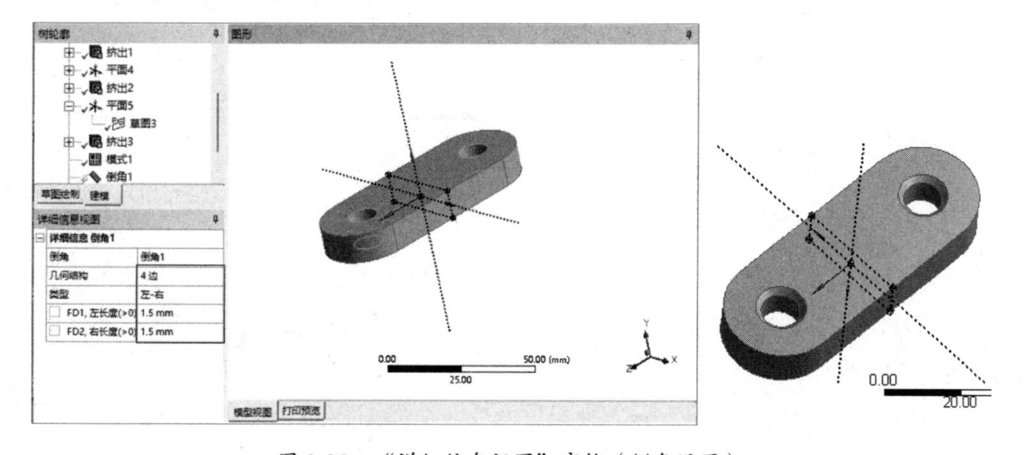

图 2-95 “详细信息视图”窗格（倒角设置）

在“FD1，左长度（>0）”和“FD2，右长度（>0）”栏中分别输入“1.5mm”。

在“几何结构”栏中确保图中的 4 条圆边界被选中，此时在该栏中会显示“4 边”，表示 4 条边界被选中。单击常用命令栏中的生成按钮，完成倒角的创建。

⑰ 创建如图 2-96 所示的平面，单击常用命令栏中的生成按钮，完成草绘平面的创建。

⑱ 创建如图 2-97 所示的鹅卵形草绘，并在“详细信息视图”窗格的“R1”栏中输入“15mm”，在“H2”栏中输入“50mm”，在“D3”栏中输入“10mm”，在“D4”栏中输入“10mm”。

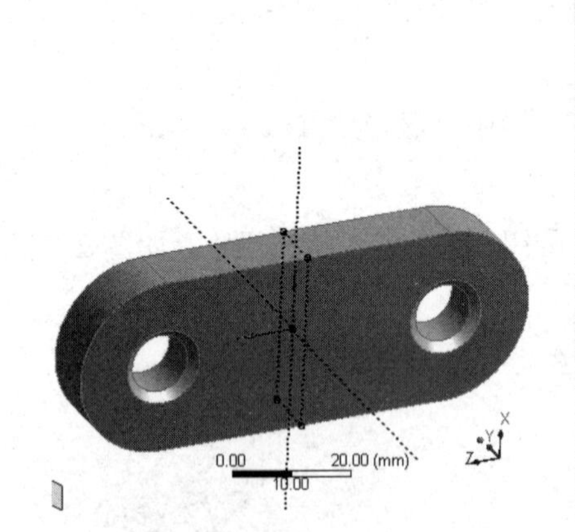

图 2-96 创建平面

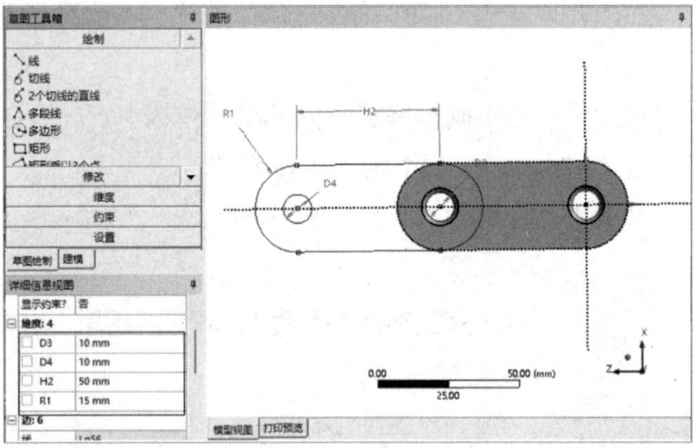

图 2-97 创建鹅卵形草绘

⑲ 如图 2-98 所示，单击常用命令栏中的挤出按钮，在“详细信息视图”窗格中进行以下设置。

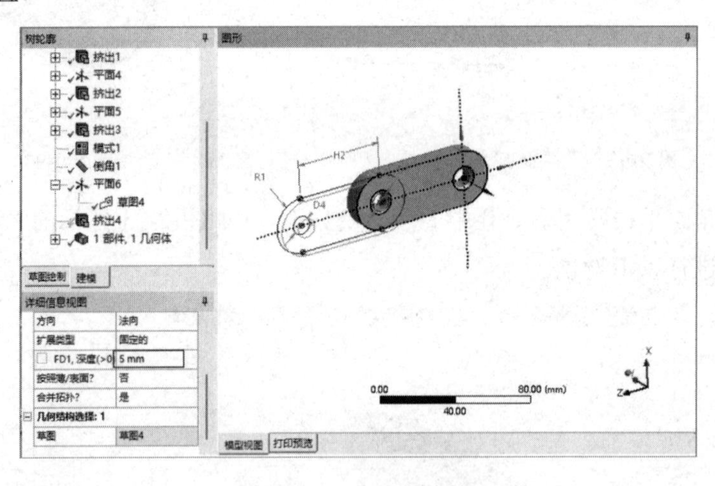

图 2-98 拉伸设置（2）

在“几何结构”栏中确保“草图 6”被选中。

在“FD1，深度（>0）”栏中输入拉伸厚度值“5mm”，其余选项保持默认设置，单击常用命令栏中的生成按钮。

⑳ 选择菜单栏中的“创建”→“模式”命令，在如图 2-99 所示的“详细信息视图”窗格中进行以下设置。

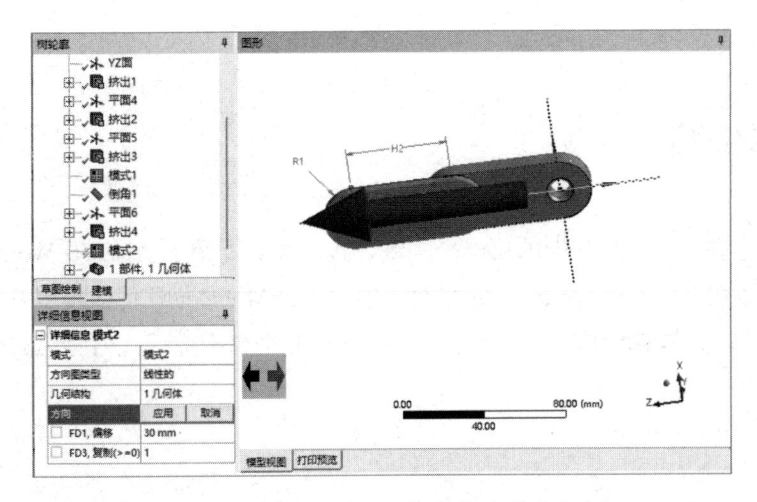

图 2-99　“详细信息视图”窗格（阵列设置）

在“方向图类型”栏中选择“线性的”选项。

在“几何结构”栏中选择几何体，此时在该栏中会显示“1 几何体”。

在“方向”栏中选择一条几何体的边。

在“FD1，偏移”栏中输入“100mm”，阵列效果如图 2-100 所示。

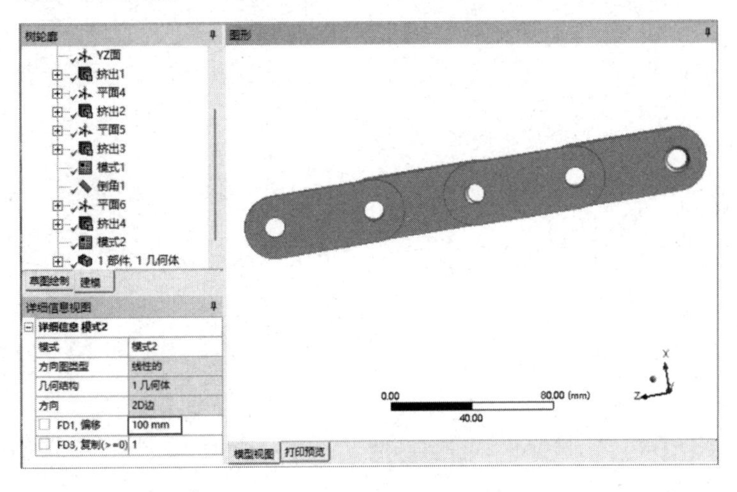

图 2-100　阵列效果

在“FD3，复制（>=0）”栏中输入“1”，其余选项保持默认设置，单击常用命令栏中的生成按钮。

㉑ 单击工具栏中的“保存”按钮，在弹出的“保存”对话框中输入文件名“post”并单击“保存”按钮，之后单击界面右上角的“关闭”按钮，关闭 DesignModeler 平台。

DesignModeler 平台除了能对几何体进行建模，还能对多个几何体进行装配操作。由于篇幅限制，本实例仅简单介绍了在 DesignModeler 平台中进行几何建模的基本方法，并未对复杂几何体进行讲解，请读者根据以上操作及帮助文档进行学习。

2.3 本章小结

几何建模是进行有限元分析的第一个关键过程，本章介绍了 ANSYS Workbench 几何建模的方法及集成在 ANSYS Workbench 平台上的 DesignModeler 几何建模工具的建模方法。另外，通过一个应用实例讲解了在 ANSYS Workbench 平台中进行几何建模的操作方法。

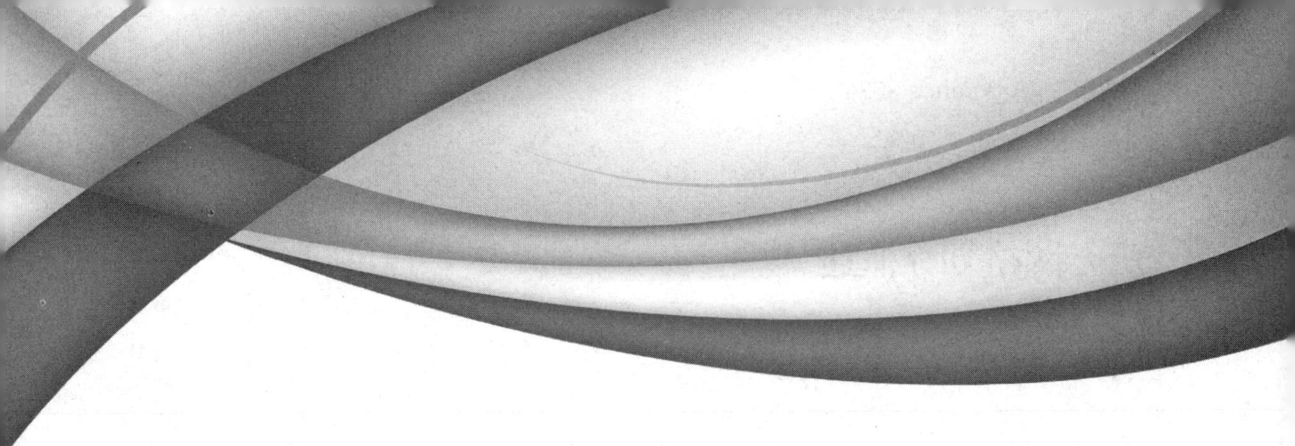

第3章
网格划分

本章内容

在有限元分析中，只有网格的节点和单元参与计算。在求解开始时，ANSYS Workbench 的网格平台会自动生成默认的网格，用户可以使用默认的网格，并检查网格是否满足要求。如果自动生成的网格不能满足工程计算的要求，则需要人工划分网格、细化网格。

网格的结构和网格的疏密程度直接影响计算结果的精度，但是网格加密会增加 CPU 计算时间且需要更大的存储空间。在理想的情况下，用户需要的是结果不再随网格加密而改变的网格密度，即当网格细化后，解没有明显改变。但是，细化网格不能弥补不准确的假设和输入引起的错误，这一点需要读者注意。

学习要求

知识点	学习目标			
	了解	理解	应用	实践
网格划分方法		√		
网格质量检测			√	√
网格参数设置			√	√
外部网格数据的导入			√	√

3.1 网格划分概述

3.1.1 网格划分适用领域

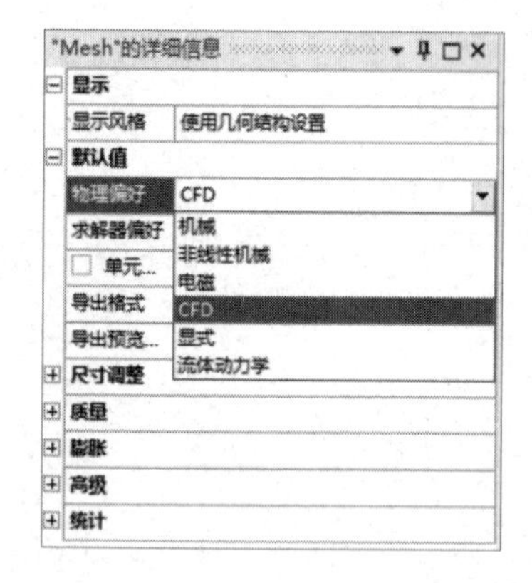

图 3-1 网格划分的物理场参照类型

ANSYS Workbench 的网格平台可以根据不同的物理场需求提供不同的网格划分方法，网格划分的物理场参照类型如图 3-1 所示。

- 机械：为结构及热力学有限元分析提供网格划分方法。
- 电磁：为电磁场有限元分析提供网格划分方法。
- CFD：为计算流体动力学分析提供网格划分方法，如 CFX 及 Fluent 求解器。
- 显式：为显式动力学分析提供网格划分方法，如 Autodyn 及 LS-DYNA 求解器。

3.1.2 网格划分方法

对于三维几何体来说，网格平台有以下几种不同的网格划分方法。

（1）自动。

（2）四面体。当选择此选项时，网格划分方法又可以细分为以下两种。

① 补丁适形（Workbench 自带功能）。

- 默认考虑所有的面和边（尽管在收缩控制和虚拟拓扑时会改变，默认损伤外貌基于最小尺寸限制）。
- 适度简化 CAD（如 Native CAD、Para 固体、ACIS 等）。
- 在多体部件中可以结合使用扫掠网格划分方法生成共形的混合四面体/棱柱和六面体网格。
- 有高级尺寸功能。
- 由表面网格生成体网格。

② 补丁独立（基于 ICEM CFD 软件）。

- 对 CAD 有长边的面、许多面的修补、短边等有用。
- 内置排便/简化基于网格技术。
- 由体网格生成表面网格。

（3）六面体主导。当选择此选项时，将采用六面体单元进行网格划分，但是会包含少量的金字塔单元和四面体单元。

（4）扫掠。

（5）多区域。

（6）膨胀。

对于二维几何体来说，网格平台有以下几种不同的网格划分方法。

（1）四边形主导。

（2）三角形。

（3）四边形/三角形。

（4）四边形。

图 3-2 所示为采用自动网格划分方法得出的网格分布。

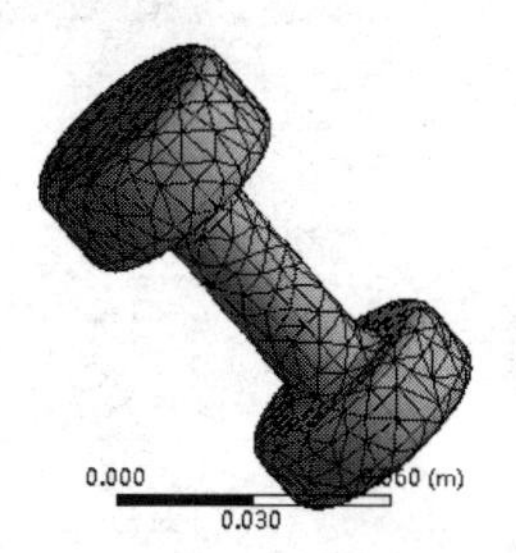

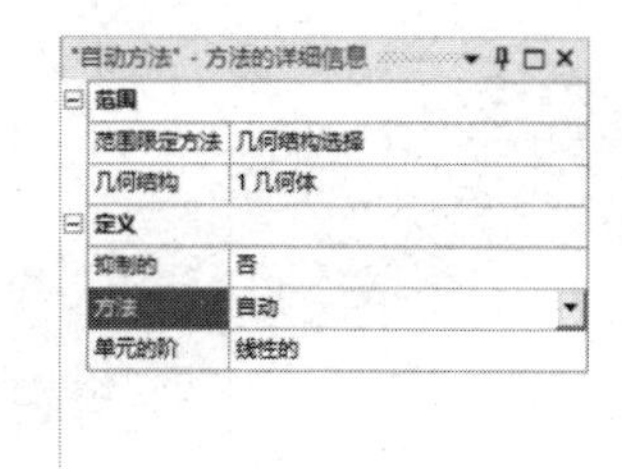

图 3-2　自动网格划分方法

图 3-3 所示为采用四面体（补丁适形）网格划分方法得出的网格分布。

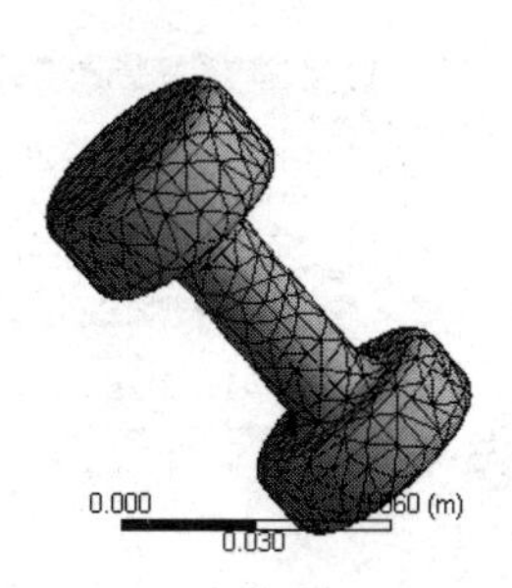

图 3-3　四面体（补丁适形）网格划分方法

图 3-4 所示为采用四面体（补丁独立）网格划分方法得出的网格分布。

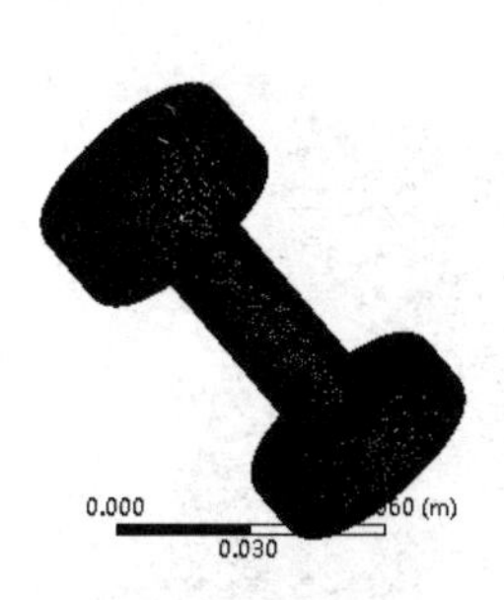

图 3-4　四面体（补丁独立）网格划分方法

图 3-5 所示为采用六面体主导网格划分方法得出的网格分布。

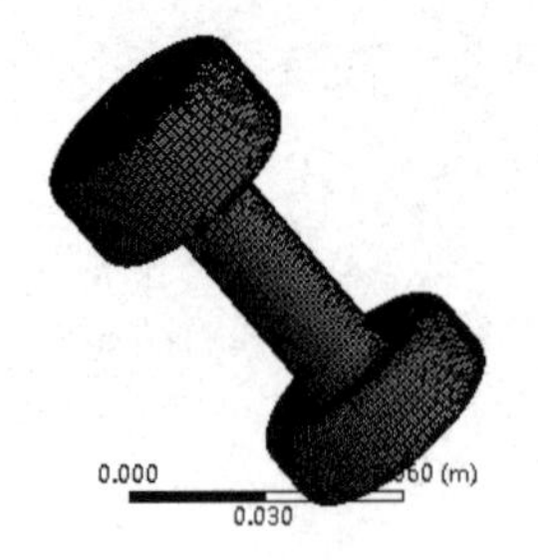

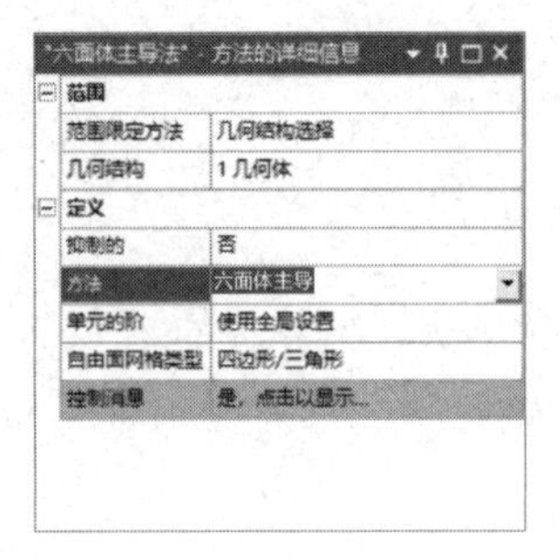

图 3-5　六面体主导网格划分方法

图 3-6 所示为采用扫掠网格划分方法得出的网格分布。

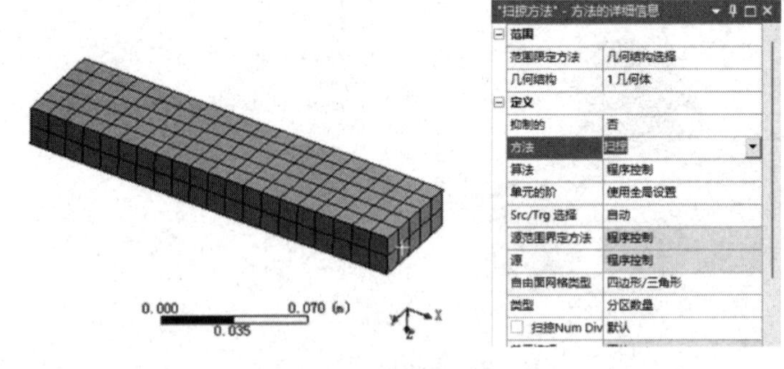

图 3-6　扫掠网格划分方法

图 3-7 所示为采用多区域网格划分方法得出的网格分布。

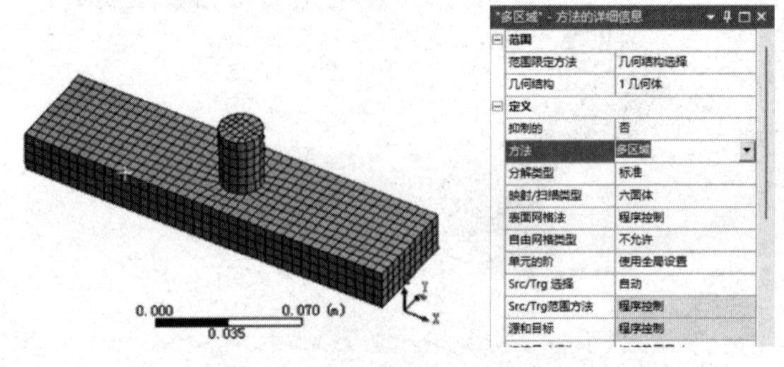

图 3-7　多区域网格划分方法

图 3-8 所示为采用膨胀网格划分方法得出的网格分布。

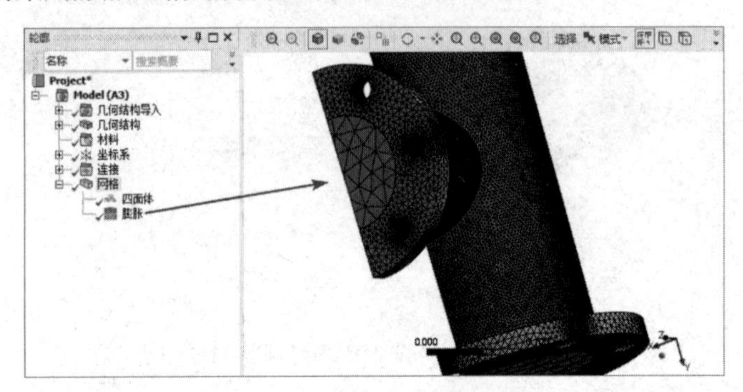

图 3-8　膨胀网格划分方法

3.1.3　网格默认设置

网格平台的网格默认设置可以在网格模块下进行操作。在“树轮廓”窗格中选择“网格”命令，在出现的“‘网格’的详细信息”窗格的“默认”设置面板中进行物理模型选择和相关设置。

图 3-9～图 3-12 所示为 1mm×1mm×1mm 的立方体在默认网格设置下，结构分析、电磁场分析、流体动力学分析及显式动力学分析 4 个不同物理模型的节点数量和单元数量。

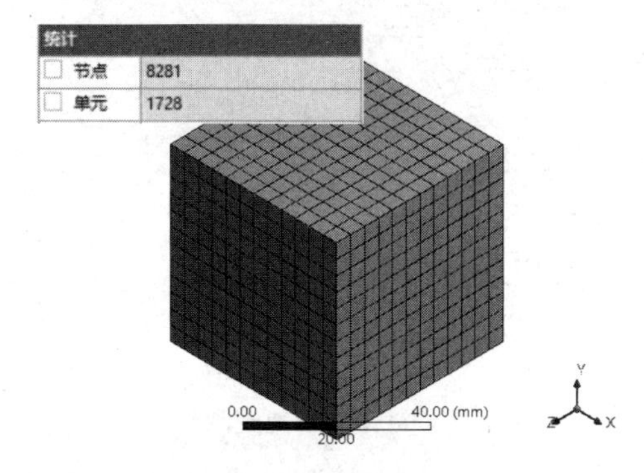

图 3-9　结构分析网格

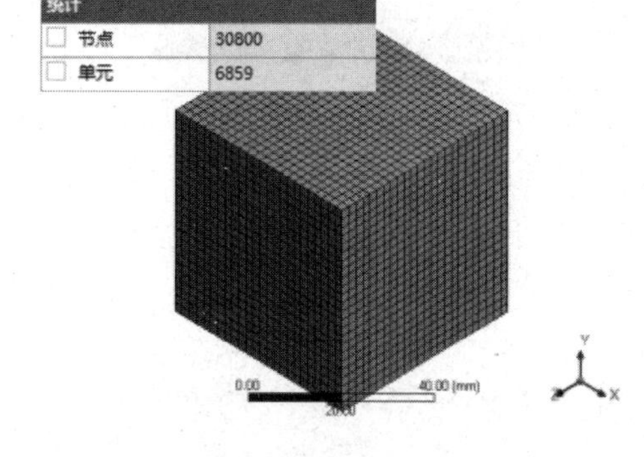

图 3-10　电磁场分析网格

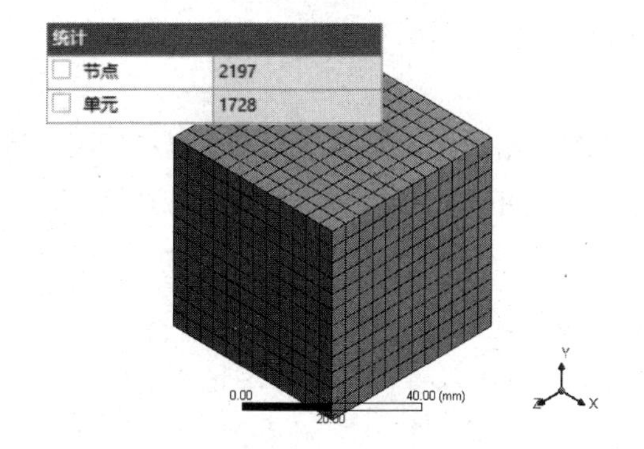

图 3-11　流体动力学分析网格

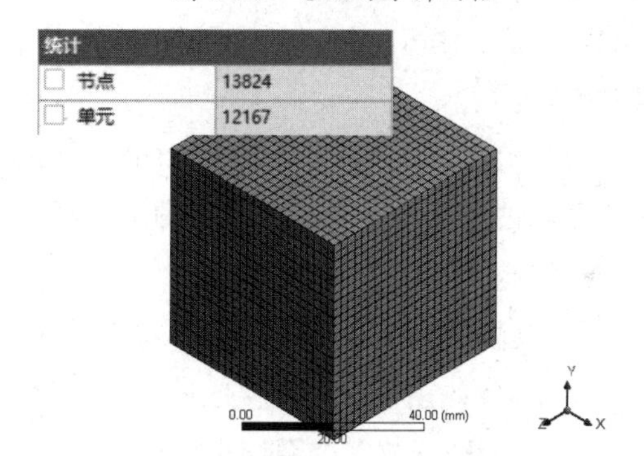

图 3-12　显式动力学分析网格

从这些图中可以看出，在程序默认网格设置下，单元数量由小到大的顺序为流体动力学分析网格=结构分析网格<电磁场分析网格<显式动力学分析网格；节点数量由小到大的顺序为流体动力学分析网格<结构分析网格<显式动力学分析网格<电磁场分析网格。

3.1.4　网格尺寸设置

网格平台的网格尺寸设置可以在网格模块下进行操作。在“树轮廓”窗格中选择“网格”命令，在出现的“‘网格’的详细信息”窗格的“尺寸调整”设置面板中进行网格尺寸的相关设置。“尺寸调整”设置面板如图 3-13 所示。

（1）使用自适应尺寸调整：网格细化的方法，此选项默认为关闭（否）状态。单击后面的▼下拉按钮，选择“是”选项，表示使用网格自适应的方式进行网格划分。

（2）当“使用自适应尺寸调整”被设置为“否”时，可以设置“捕获曲率”和“捕获邻近度”。当二者被设置为“是”时，面板就会增加网格控制设置相关选项，如图 3-14 所示。

尺寸调整	
使用自适应尺寸调整	是
分辨率	默认 (2)
网格特征清除	否
过渡	快速
跨度角中心	大尺度
初始尺寸种子	装配体
边界框对角线	1.7321 mm
平均表面积	1.0 mm²
最小边缘长度	1.0 mm

图 3-13　“尺寸调整”设置面板

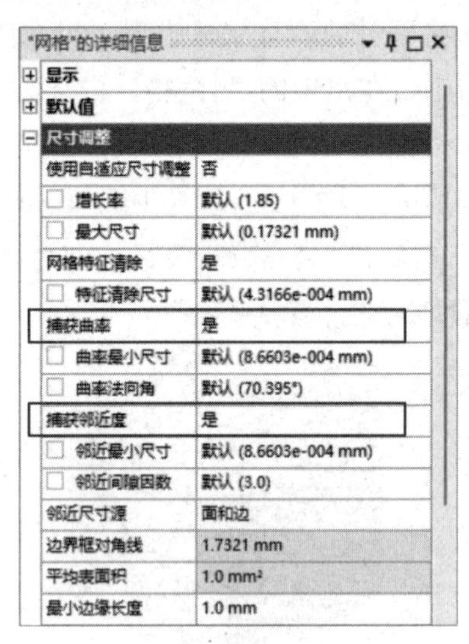

图 3-14　网格控制设置相关选项

针对“捕获曲率”和“捕获邻近度”的设置，网格平台会根据几何模型的尺寸，提供相应的默认值。读者也可以结合工程需要对其下各个选项进行修改与设置，以满足工程仿真计算的要求。

（3）初始尺寸种子：此选项用来控制每个部件的初始种子。如果单元尺寸已被定义，则此选项会被忽略。在“初始尺寸种子”栏中有两个选项可供选择，即“装配体”及“零件”。下面对这两个选项分别进行讲解。

① 装配体：基于这个设置，将初始种子放入未抑制部件，网格可以改变。

② 零件：由于抑制部件的网格不改变，因此基于这个设置，在进行网格划分时可以将初始种子放入个别特殊部件。

（4）过渡：控制邻近单元增长速度的设置选项，有以下两种设置方式。

① 快速：在结构分析和电磁场分析网格中产生网格过渡。

② 慢速：在流体动力学分析和显式动力学分析网格中产生网格过渡。

（5）跨度角中心：设置基于边的细化的曲度目标，网格在弯曲区域被细分，直到单独单元跨越这个角，有以下几种选择。

① 大尺度：角度范围为-90° ～60° 。

② 中等：角度范围为-75° ～24° 。

③ 精细：角度范围为-36° ～12° 。

图 3-15 和图 3-16 所示为当“跨度角中心”栏被设置为“大尺度”和“精细”时的网格。可以看出，当“跨度角中心”栏的设置由“大尺度”改为“精细”时，中心圆孔的网格数量会增加，网格角度会变小。

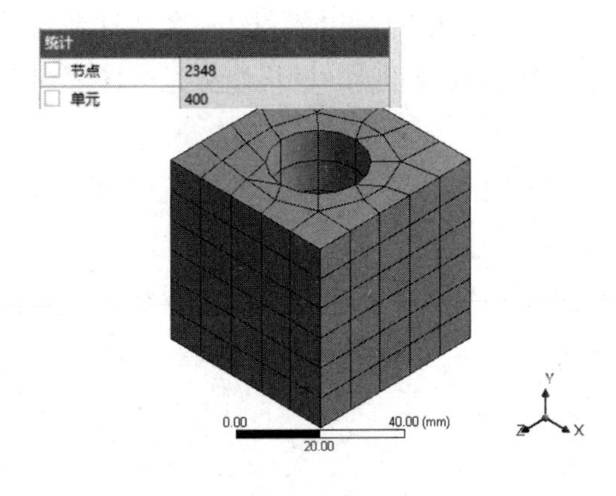

图 3-15 跨度角中心-大尺度

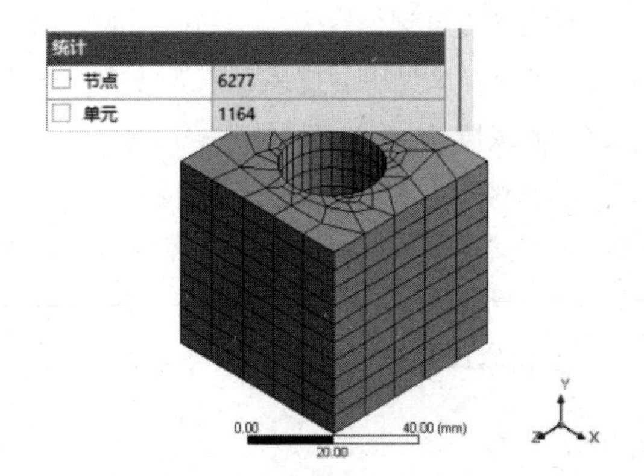

图 3-16　跨度角中心-精细

3.1.5　网格质量设置

网格平台的网格质量设置可以在网格模块下进行操作。在“树轮廓”窗格中选择“网格”命令，在出现的“‘网格’的详细信息”窗格的“质量”设置面板中进行网格质量的相关设置。“质量”设置面板如图 3-17 所示。

质量	
检查网格质量	是，错误
误差限值	强力机械
目标单元质量	默认 (5.e-002)
平滑	低
网格度量标准	无

图 3-17　“质量”设置面板

（1）检查网格质量：该栏中包括“否”、“是，错误”、“是，错误和警告”和“网格质量工作表”4 个选项。

（2）误差限值：该栏中包括适用于线性模型的“强力机械”和适用于大变形模型的“标准机械”两个选项。

（3）目标单元质量：默认为“默认（5.e−002）”，可自定义大小。

（4）平滑：该栏中包括“低”、“中等”和“高”3 个选项。

（5）网格度量标准：默认为“无”，用户可以从中选择相应的网格质量检查工具来检查网格质量。

① 单元质量：在选择此选项后，会出现如图 3-18 所示的“网格度量标准”窗格，并在该窗格内显示网格质量划分图表。

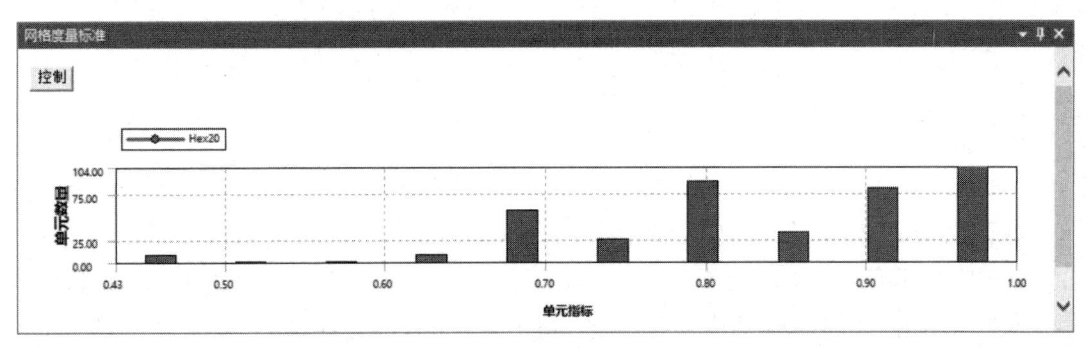

图 3-18　“网格度量标准”窗格（1）

在网格质量划分图表中，横坐标的值由 0 到 1，表示网格质量由坏到好，衡量标准为网格的边长比；纵坐标的值表示单元数量，单元数量与矩形条成正比，网格质量划分图表中横坐标的值越接近 1，说明网格质量越好。

单击网格质量划分图表上方的“控制”按钮，会弹出如图 3-19 所示的单元质量控制对话框。在该对话框中可以进行单元数量及最大、最小单元设置。

② 纵横比：在选择此选项后，会出现如图 3-20 所示的“网格度量标准”窗格，并在该窗格内显示网格质量划分图表。

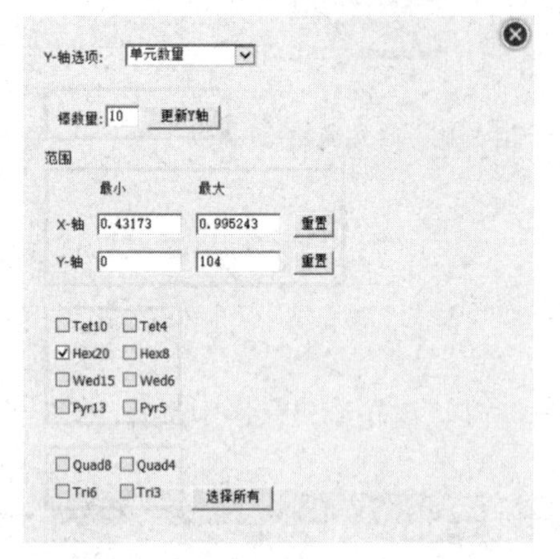

图 3-19　单元质量控制对话框

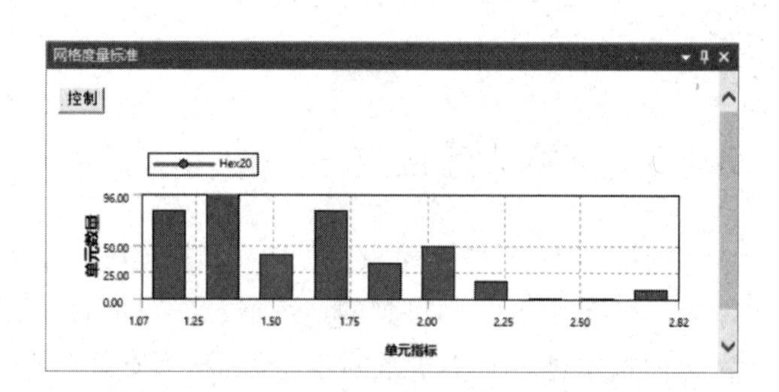

图 3-20　“网格度量标准”窗格（2）

对于三角形网格来说，按法则判断如下。

如图 3-21 所示，先从三角形的一个顶点引出对边的中线，再将另外两条边的中点相连，构成线段 KR、ST；分别绘制两个矩形，以中线 ST 为平行线，分别过点 R、K 构造矩形的两条对边，另外两条对边分别过点 S、T，之后以中线 KR 为平行线，分别过点 S、T 构造矩形的两条对边，另外两条对边分别过点 R、K；对另外两个顶点也按上面步骤绘制矩形，共绘制 6 个矩形；找出各矩形的长边与短边之比并开立方，数值最大者为该三角形的纵横比。

若纵横比=1，则三角形 IJK 为等边三角形，说明此时划分的网格质量最好。

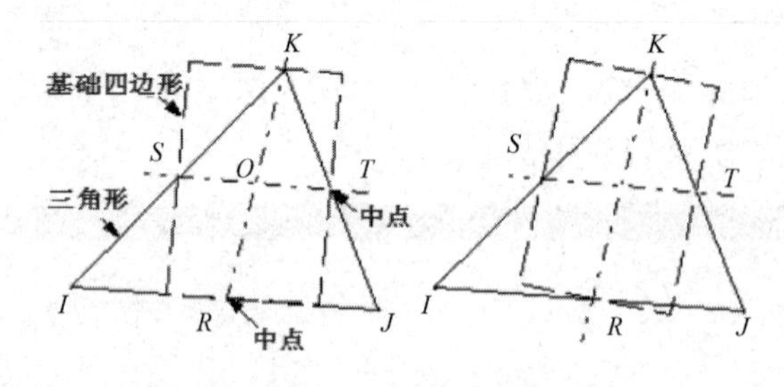

图 3-21　三角形判断法则

对于四边形网格来说，按法则判断如下。

如图 3-22 所示，如果单元不在一个平面上，则各节点将被投影到节点坐标平均值所在的平面上；画出两条矩形对边中点的连线，相交于点 O；以交点 O 为中心，分别过 4 个中点构造两个矩形；找出两个矩形的长边和短边之比的最大值，就是该四边形的纵横比。

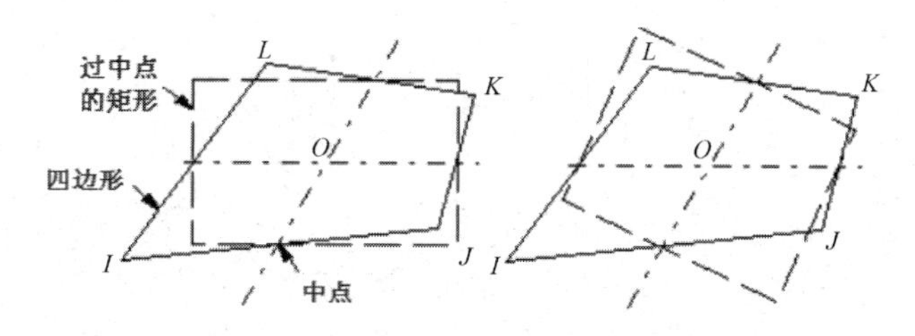

图 3-22　四边形判断法则

若纵横比=1，则四边形 *IJKL* 为正方形，说明此时划分的网格质量最好。

③ 雅可比比率：适应性较广，一般用于处理带有中间节点的单元。在选择此选项后，会出现如图 3-23 所示的“网格度量标准”窗格，并在该窗格内显示网格质量划分图表。

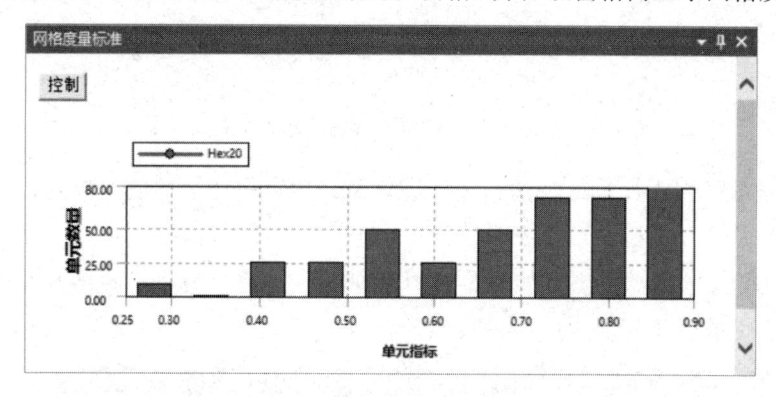

图 3-23　“网格度量标准”窗格（3）

雅可比比率计算法则如下。

计算单元内各样本点的雅可比矩阵的行列式值 R_j；雅可比比率是样本点中行列式最大值与最小值的比值；若二者正负号不同，则雅可比比率将为−100，此时该单元不可接受。

三角形单元的雅可比比率：如果三角形的每个中间节点都在三角形边的中点上，则这个三角形的雅可比比率为 1。图 3-24 所示为雅可比比率分别为 1、30、1000 时的三角形网格。

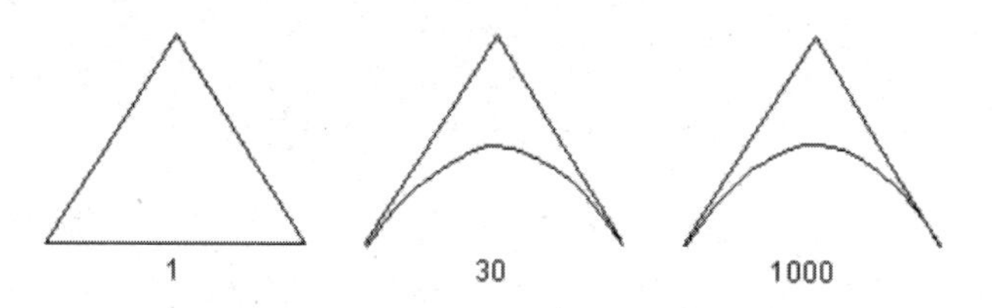

图 3-24　三角形网格的雅可比比率及相应图形

四边形单元的雅可比比率：任何一个矩形单元或平行四边形单元，无论是否含有中间节点，其雅可比比率都为 1，如果沿着垂直于一条边的方向向内或者向外移动这条边上的中间节点，则可以增加雅可比比率。图 3-25 所示为雅可比比率分别为 1、30、100 时的四边形网格。

六面体单元的雅可比比率：满足以下两个条件的四边形单元和块单元的雅可比比率为 1。

- 所有对边都相互平行。
- 任何边上的中间节点都位于两个角点的中间位置。

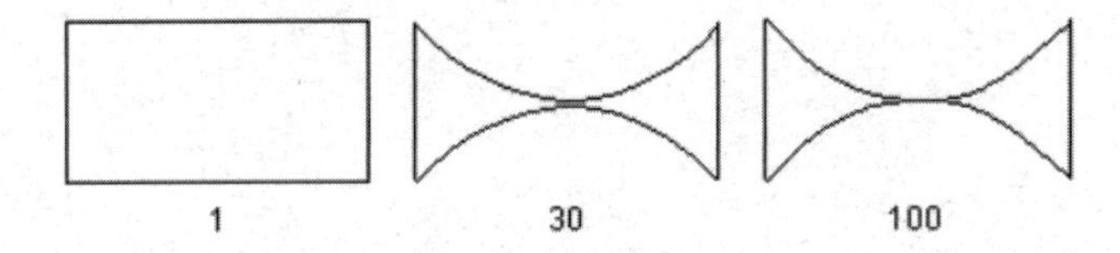

图 3-25 四边形网格的雅可比比率及相应图形（1）

图 3-26 所示为雅可比比率分别为 1、30、1000 时的四边形网格，此四边形网格可以生成雅可比比率为 1 的六面体网格。

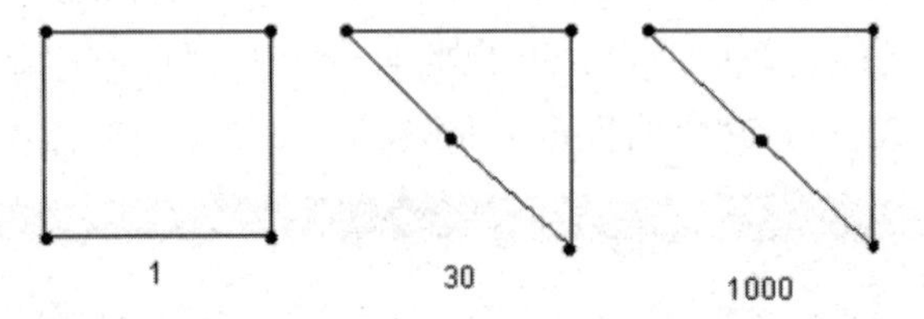

图 3-26 四边形网格的雅可比比率及相应图形（2）

④ 扭曲系数：用于计算或评估四边形壳单元、含有四边形面的块单元、楔形单元及金字塔单元等。高扭曲系数表示单元控制方程不能很好地控制单元，需要重新划分。在选择此选项后，会出现如图 3-27 所示的“网格度量标准”窗格，并在该窗格内显示网格质量划分图表。

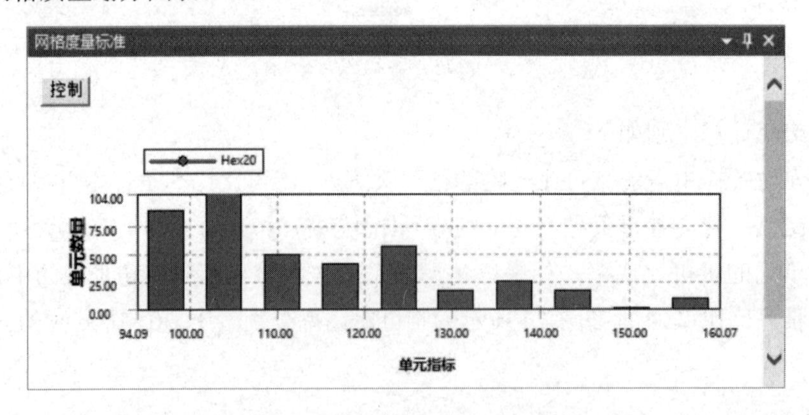

图 3-27 “网格度量标准”窗格（4）

图 3-28 所示为二维四边形壳单元的扭曲系数逐渐增加的二维网格变化图形。可以看出，在扭曲系数由 0.0 增大到 5.0 的过程中，网格扭曲程度逐渐增加。

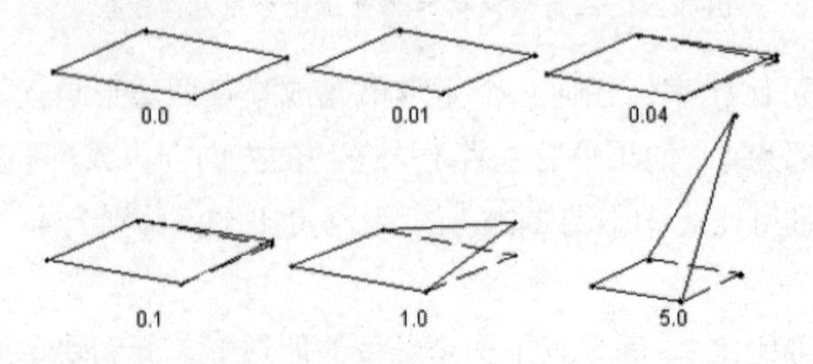

图 3-28 二维四边形壳单元的扭曲系数及相应图形

对于三维块单元的扭曲系数来说，可以比较 6 个面的扭曲系数，并从中选择最大值作为扭曲系数，如图 3-29 所示。

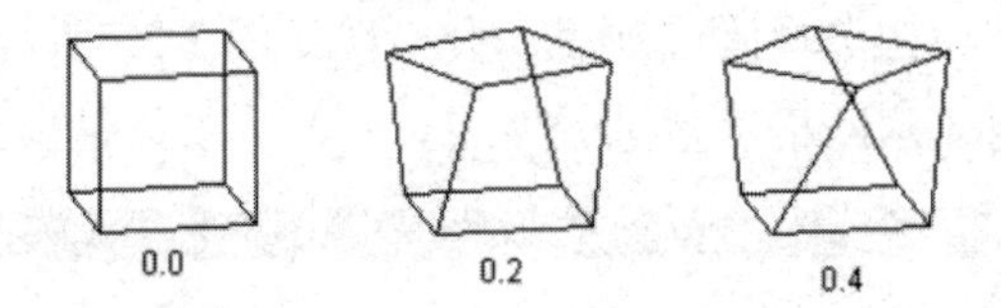

图 3-29　三维块单元的扭曲系数及相应图形

⑤ 偏度：用于计算对边矢量的点积，并通过点积中的余弦值求出最大的夹角。对四边形单元而言，偏度为 0 最好，此时两对边平行。在选择此选项后，会出现如图 3-30 所示的“网格度量标准”窗格，并在该窗格内显示网格质量划分图表。

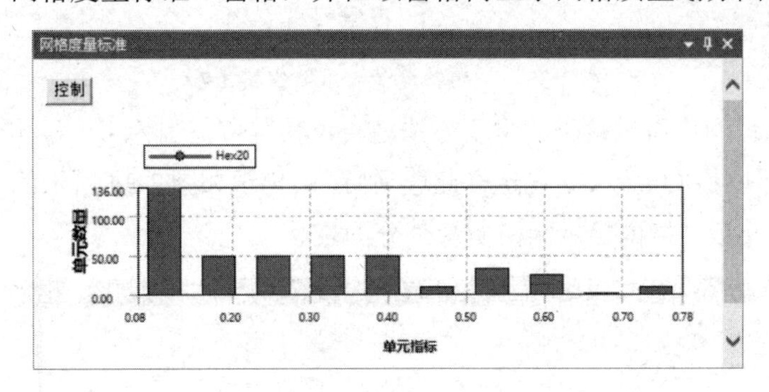

图 3-30　“网格度量标准”窗格（5）

图 3-31 所示为偏度分别为 0、70、100、150、170 时的二维四边形单元变化图形。

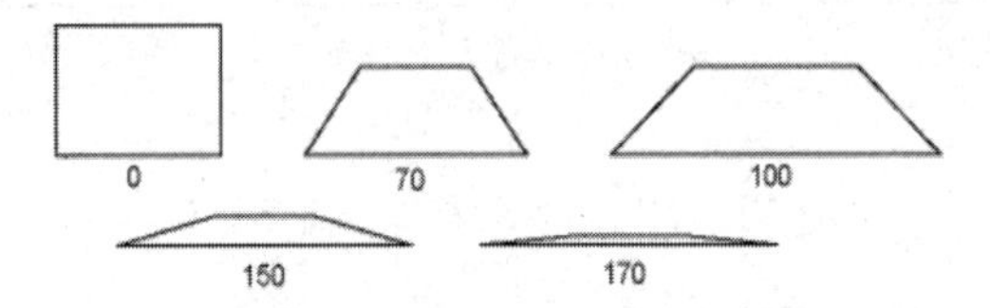

图 3-31　二维四边形单元的偏度及相应图形

⑥ 最大三角：用于计算最大角度。对三角形而言，最大三角角度为 60° 最好，此时为等边三角形。对四边形而言，最大三角角度为 90° 最好，此时为矩形。在选择此选项后，会出现如图 3-32 所示的“网格度量标准”窗格，并在该窗格内显示网格质量划分图表。

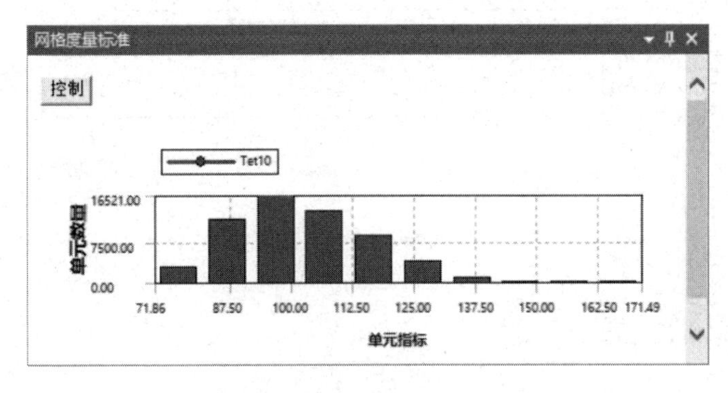

图 3-32　“网格度量标准”窗格（6）

⑦ 偏斜：网格质量检查的主要方法之一，其取值范围为 0～1，0 表示网格质量最好，1 表示网格质量最差。在选择此选项后，会出现如图 3-33 所示的“网格度量标准”窗格，并在该窗格内显示网格质量划分图表。

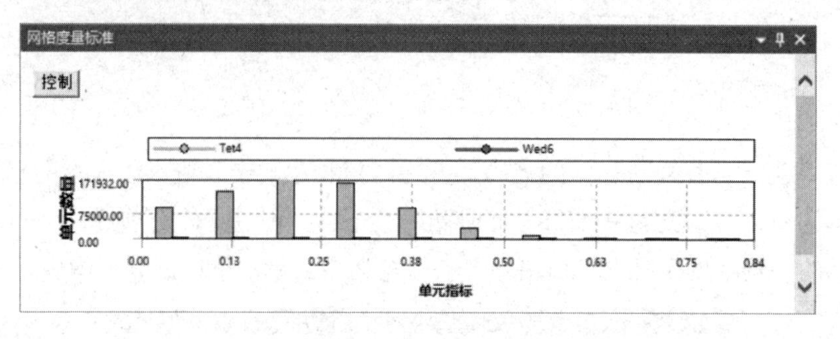

图 3-33 “网格度量标准”窗格（7）

⑧ 正交质量：网格质量检查的主要方法之一，其取值范围为 0～1，0 表示网格质量最差，1 表示网格质量最好。在选择此选项后，会出现如图 3-34 所示的“网格度量标准”窗格，并在该窗格内显示网格质量划分图表。

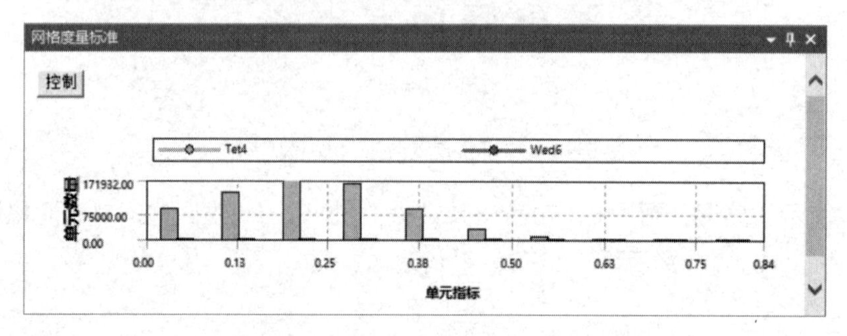

图 3-34 “网格度量标准”窗格（8）

⑨ 特征长度：网格质量检查的主要方法之一，二维单元是面积的平方根，三维单元是体积的立方根。在选择此选项后，会出现如图 3-35 所示的“网格度量标准”窗格，并在该窗格内显示网格质量划分图表。

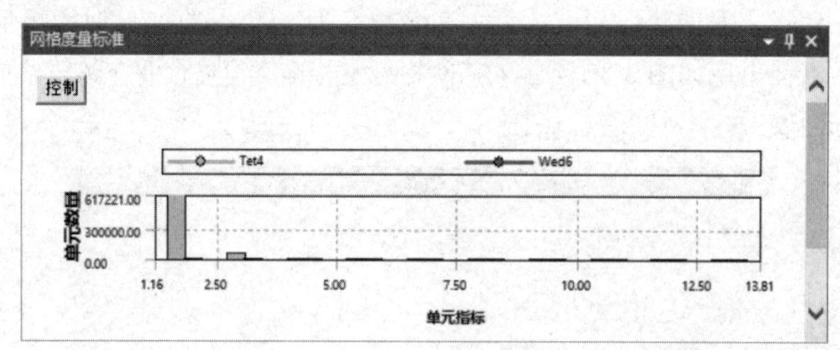

图 3-35 “网格度量标准”窗格（9）

3.1.6 网格膨胀设置

网格平台的网格膨胀设置可以在网格模块下进行操作。在“树轮廓”窗格中选择“网格”

命令，在出现的"'网格'的详细信息"窗格的"膨胀"设置面板中进行网格膨胀的相关设置。"膨胀"设置面板如图 3-36 所示。

（1）使用自动膨胀：默认为"无"，有 3 个可供选择的选项。

① 无：程序默认选项，即不需要人工控制，程序即可自动进行膨胀参数控制。

② 程序控制：人工控制生成膨胀的方法，通过设置总厚度、第一层厚度、平滑过渡等来控制生成膨胀的方法。

③ 选定的命名选择中的所有面：通过选取已经被命名的面来生成膨胀。

（2）膨胀选项："膨胀选项"栏对于二维分析和四面体网格划分的默认设置为"平滑过渡"，除此之外，"膨胀选项"栏还有以下几个可供选择的选项。

① 总厚度：需要输入网格的最大厚度值。

② 第一层厚度：需要输入第一层网格的厚度值。

③ 第一纵横比：程序默认的纵横比为 5，用户可以修改纵横比。

④ 最后的纵横比：需要输入第一层网格的厚度值。

（3）过渡比：程序默认的过渡比为 0.272，用户可以根据需要对其进行更改。

（4）最大层数：程序默认的最大层数为 5，用户可以根据需要对其进行更改。

（5）增长率：相邻两侧网格中内层与外层的比例，默认为 1.2，用户可以根据需要对其进行更改。

（6）膨胀算法："膨胀算法"栏包括"前"和"后期"两种算法。

① 前：基于 T 网格算法，是所有物理模型的默认设置。首先表面网格膨胀，然后生成体网格，可应用于扫掠和二维网格的划分，但是不支持将邻近面设置为不同的层数。

② 后期：基于 ICEM CFD 算法，使用一种在四面体网格生成后作用的后处理技术。该选项只对补丁适形和补丁独立四面体网格有效。

（7）膨胀单元类型：有"楔形"和"四面体"两种类型。

（8）查看高级选项：当此选项被设置为"是"时，"膨胀"设置面板会增加如图 3-37 所示的膨胀高级选项。

膨胀	
使用自动膨胀	无
膨胀选项	平滑过渡
过渡比	0.272
最大层数	5
增长率	1.2
膨胀算法	前
膨胀单元类型	楔形
查看高级选项	否

图 3-36　"膨胀"设置面板

膨胀	
使用自动膨胀	无
膨胀选项	平滑过渡
过渡比	0.272
最大层数	5
增长率	1.2
膨胀算法	后期
膨胀单元类型	楔形
查看高级选项	是
避免冲突	梯步
间隙因数	0.5
底部上的最大高度	1
增长率选项	几何
最大角度	140.0°
圆角率	1
使用后平滑	是
平滑迭代	5

图 3-37　膨胀高级选项

3.1.7 网格高级选项设置

网格平台的网格高级选项设置可以在网格模块下进行操作。在“树轮廓”窗格中选择“网格”命令，在出现的“‘网格’的详细信息”窗格的“高级”设置面板中进行网格高级选项的相关设置。“高级”设置面板如图 3-38 所示。

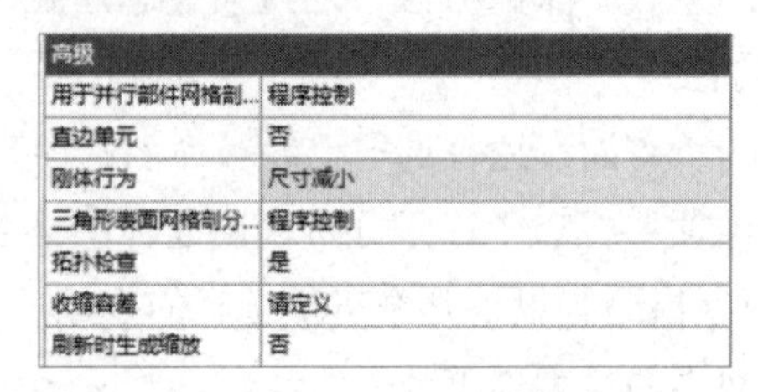

高级	
用于并行部件网格剖...	程序控制
直边单元	否
刚体行为	尺寸减小
三角形表面网格剖分...	程序控制
拓扑检查	是
收缩容差	请定义
刷新时生成缩放	否

图 3-38 “高级”设置面板

（1）直边单元：默认为“否”。

（2）刚体行为：默认为“尺寸减小”。

（3）三角形表面网格剖分器：有“程序控制”和“前沿”两个选项可供选择。

（4）拓扑检查：默认为“否”，可修改为“是”，即使用拓扑检查。

（5）收缩容差：网格在生成时会产生缺陷，而收缩容差定义了收缩控制功能。用户可以自己定义网格收缩容差的控制值。收缩控制只能对顶点和边起作用，对面和体不起作用。以下网格方法支持收缩控制。

① 补丁适形四面体。

② 薄实体扫掠。

③ 六面体控制划分。

④ 四边形控制表面划分。

⑤ 所有三角形表面划分。

（6）刷新时生成缩放：默认为“否”。

3.1.8 网格统计设置

网格平台的网格统计设置可以在网格模块下进行操作。在“树轮廓”窗格中选择“网格”命令，在出现的“‘网格’的详细信息”窗格的“统计”设置面板中进行网格统计及质量评估的相关设置。“统计”设置面板如图 3-39 所示。

统计	
节点	2348
单元	400
显示详细的统计数据	是
拐角节点	657
中间节点	1691
固体单元	400
Hex20	400

图 3-39 “统计”设置面板

（1）节点：当几何模型的网格划分完成后，此栏中会显示节点数量。

（2）单元：当几何模型的网格划分完成后，此栏中会显示单元数量。

（3）显示详细的统计数据：默认为“否”，如果设置为“是”，则会显示详细的统计数据（见图 3-39）。

3.2　网格划分实例

前文简单介绍了网格平台进行网格划分的基本方法及一些常用的网格质量评估工具，下面通过几个实例简单介绍一下网格平台进行网格划分的操作步骤及常见的网格格式的导入方法。

3.2.1　实例 1——网格尺寸控制

模型文件	无
结果文件	配套资源\Chapter03\char03-1\PIPE_Model.wbpj

图 3-40 所示为某模型（含流体模型），本实例主要讲解网格尺寸和质量的全局控制与局部控制，包括高级尺寸功能中的曲率、接近度及膨胀的使用。下面对其进行网格划分。

① 在 Windows 系统下执行“开始”→“所有程序”→“ANSYS 2024 R1”→“Workbench 2024 R1”命令，启动 ANSYS Workbench 平台，进入主界面。

② 双击主界面“工具箱”窗格中的“组件系统”→“网格”命令，即可在“项目原理图”窗格中创建分析项目 A，如图 3-41 所示。

图 3-40　模型（含流体模型）

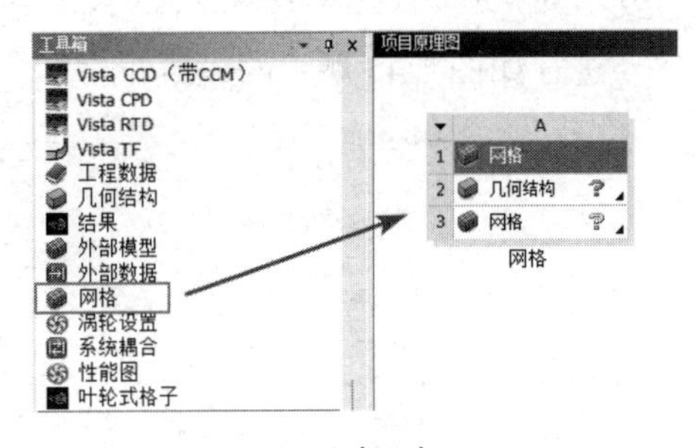

图 3-41　创建分析项目 A

③ 右击项目 A 中 A2 栏的“几何结构”，在弹出的快捷菜单中选择“导入几何模型”→“浏览”命令，如图 3-42 所示。

④ 如图 3-43 所示，在弹出的“打开”对话框中进行以下设置。

选择“PIPE_Model.agdb”文件，并单击“打开”按钮。

⑤ 双击项目 A 中 A2 栏的“几何结构”，此时会弹出 DesignModeler 平台界面。单击常用命令栏中的生成按钮，生成几何模型，如图 3-44 所示。

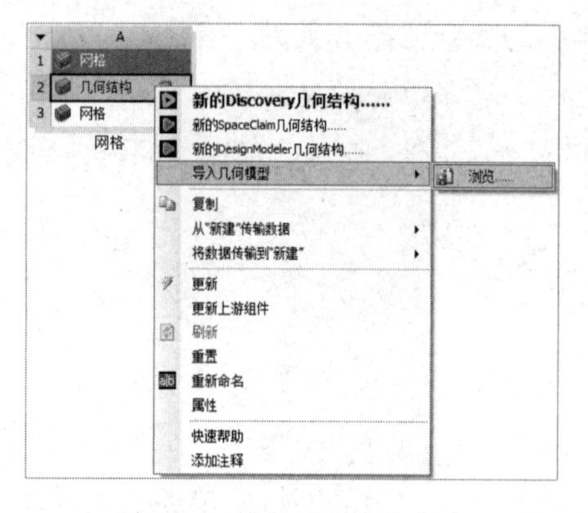

图 3-42　选择“浏览”命令

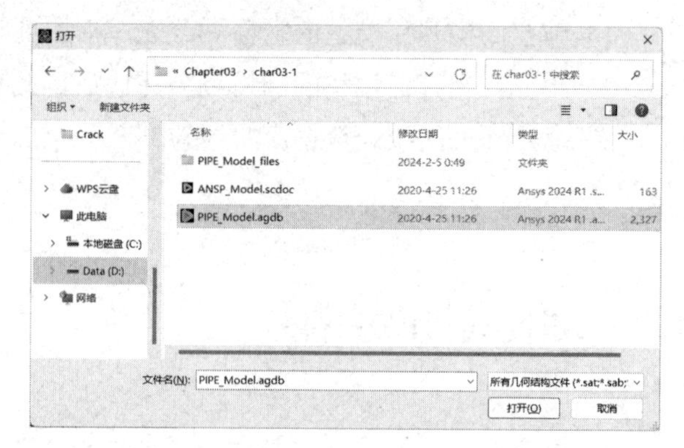

图 3-43　选择文件

图 3-44　生成几何模型

⑥ 填充操作。选择菜单栏中的“工具”→“填充”命令，在“详细信息视图”窗格中进行如图 3-45 所示的设置。

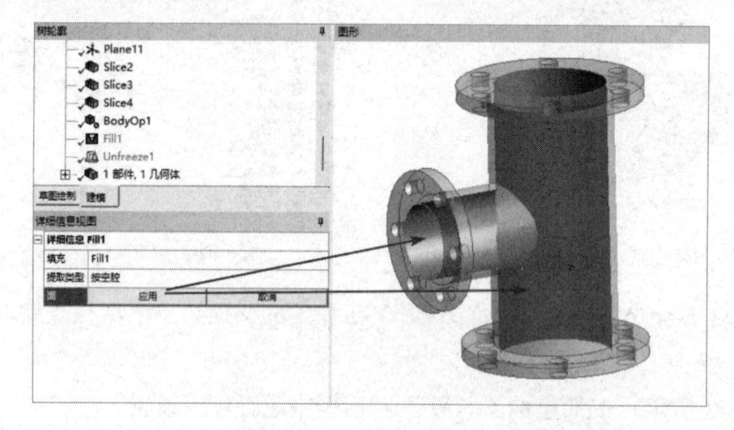

图 3-45　填充操作

在“面”栏中确保模型的两个内表面被选中。

单击常用命令栏中的生成按钮，生成实体。

⑦ 实体命名。右击“树轮廓”窗格中的命令，在弹出的快捷菜单中选择“重新命名”

命令，如图 3-46 所示，在命名区域中输入名称“PIPE”。

⑧ 使用同样的操作方法将另一个实体命名为“water”，命名结果如图 3-47 所示。

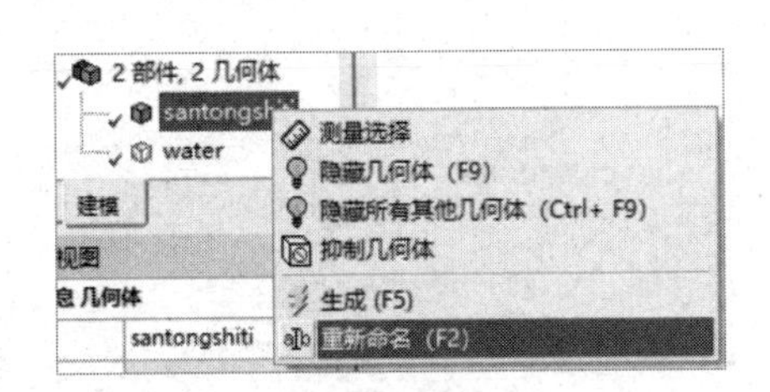

图 3-46　命名操作

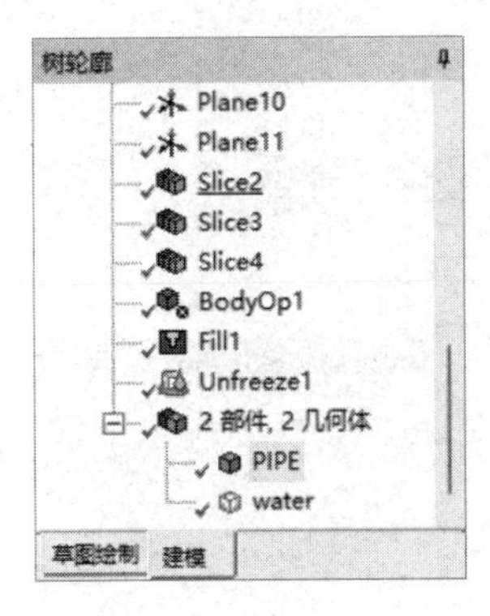

图 3-47　命名结果

⑨ 单击 DesignModeler 平台界面右上角的“关闭”按钮，关闭 DesignModeler 平台。

⑩ 返回 ANSYS Workbench 平台主界面，右击项目 A 中 A3 栏的“网格”，在弹出的快捷菜单中选择“编辑”命令，如图 3-48 所示。

⑪ 网格平台被加载，其中的几何模型如图 3-49 所示。

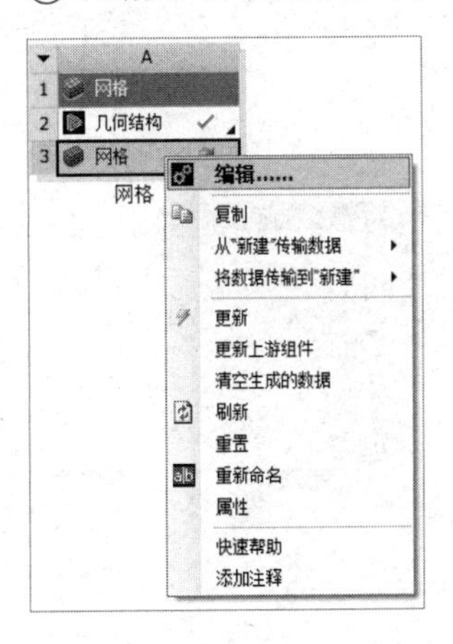

图 3-48　选择“编辑”命令

图 3-49　网格平台中的几何模型

⑫ 选择“轮廓”窗格中的“项目”→“模型（A3）”→“几何结构”→“PIPE”命令，并在“‘PIPE’的详细信息”窗格中进行以下设置。

在“材料”→“流体/固体”栏中将默认的“复合材料定义（固体）”修改为“固体”，如图 3-50 所示。

⑬ 使用同样的操作方法将“water”实体的“材料”→“流体/固体”栏默认的“复合材料定义（固体）”修改为“流体”，如图 3-51 所示。

⑭ 右击“轮廓”窗格中的“项目”→“模型（A3）”→“网格”命令，在弹出的快捷菜单中选择“插入”→“方法”命令，此时在“网格”命令下面会出现“自动方法”命令，如图 3-52 所示。

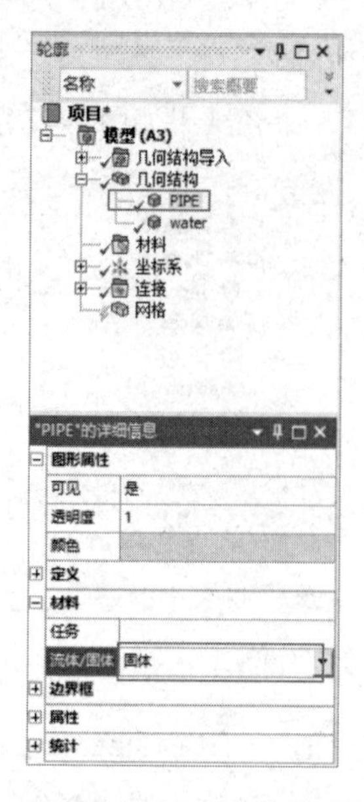

图 3-50 修改“PIPE”实体的属性

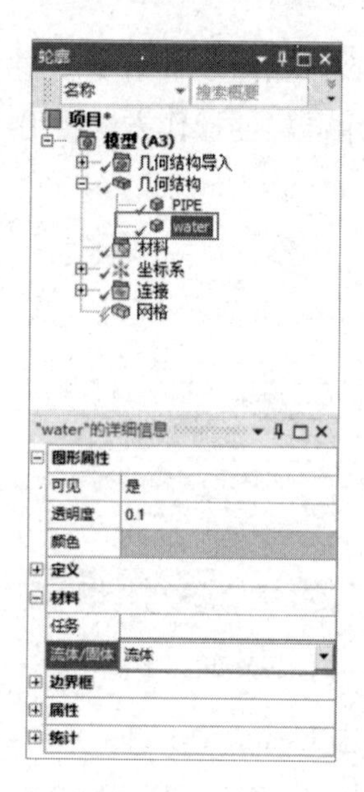

图 3-51 修改“water”实体的属性

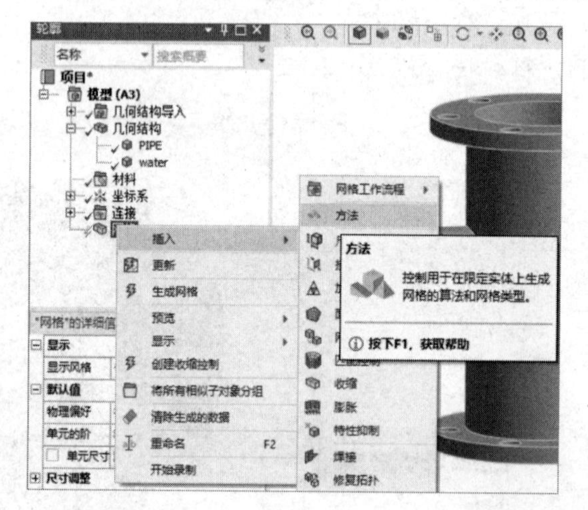

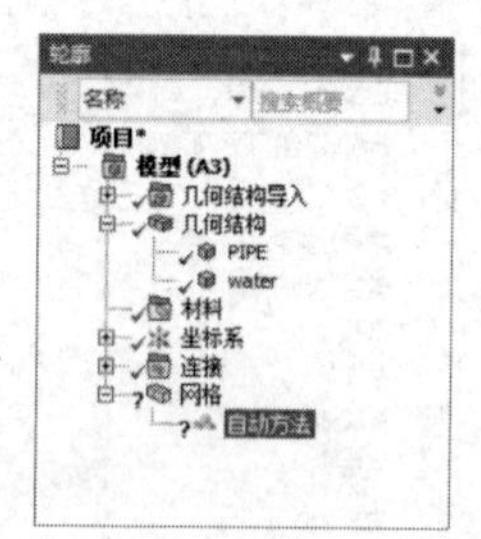

图 3-52 插入“自动方法”命令

⑮ 选择“自动方法”命令，在“‘自动方法’-方法的详细信息”窗格中进行以下设置。

在绘图窗格中选择“PIPE”实体，并单击“几何结构”栏中的“应用”按钮，此时在“几何结构”栏中会显示“1 几何体”，表示一个实体被选中。

在“定义”→“方法”栏中选择“四面体”选项。

在“算法”栏中选择“补丁适形”选项，结果如图 3-53 所示。

注意

在以上选项设置完成后，窗格名称会由“‘自动方法’-方法的详细信息”变成“‘补丁适形法’-方法的详细信息”，以后操作都会出现类似情况，不再赘述。

⑯ 右击“轮廓”窗格中的“项目”→“模型（A3）”→“网格”命令，在弹出的快捷菜单中选择“插入”→“膨胀”命令，此时在“网格”命令下面会出现“膨胀”命令，如图 3-54 所示。

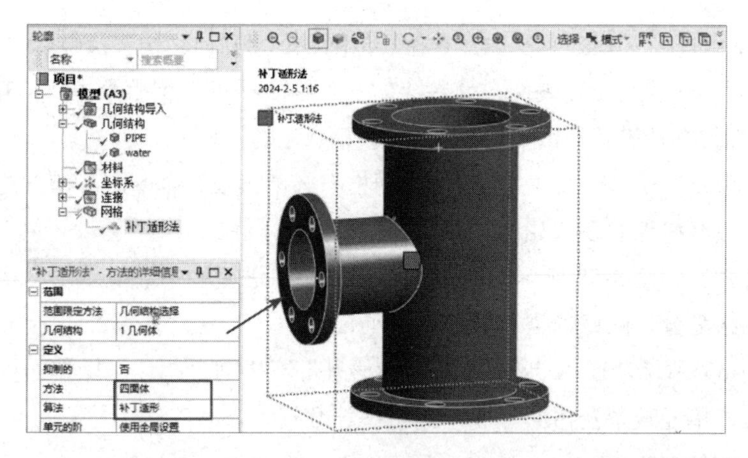

图 3-53　设置网格划分方法

图 3-54　插入“膨胀”命令

⑰ 右击“项目”→“模型（A3）”→“几何结构”→“PIPE”命令，在弹出的快捷菜单中选择“隐藏几何体”命令，如图 3-55 所示，或者按 F9 键，隐藏“PIPE”实体。

⑱ 选择“项目”→“模型（A3）”→“网格”→“膨胀”命令，如图 3-56 所示，在下面的“‘膨胀’-膨胀的详细信息”窗格中进行以下设置。

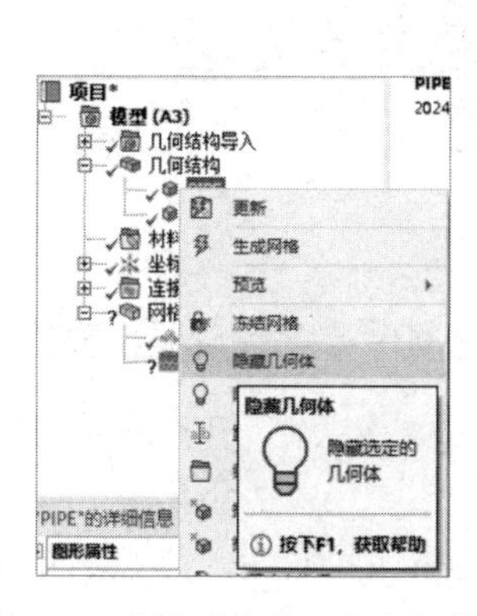

图 3-55　选择“隐藏几何体”命令

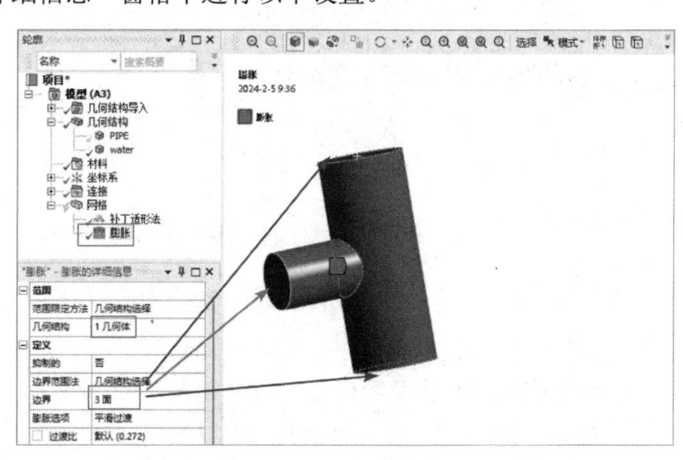

图 3-56　膨胀设置

在绘图窗格中选择“water”实体，并在“范围”→“几何结构”栏中单击“应用”按钮。选择两个圆柱体的 3 个外表面，并在“定义”→“边界”栏中单击“应用”按钮。其余选项保持默认设置，即可完成膨胀设置。

⑲ 右击“项目”→“模型（A3）”→“网格”→“膨胀”命令，在弹出的快捷菜单中选择“生成网格”命令，如图 3-57 所示。

⑳ 此时会弹出如图 3-58 所示的网格划分进度栏，进度栏中会显示出网格划分的进度。

㉑ 完成网格划分，网格模型如图 3-59 所示。

㉒ 如图 3-60 所示，在“‘网格’的详细信息”窗格的“统计”操作面板中可以看到节点数量、单元数量及扭曲程度等网格统计数据。

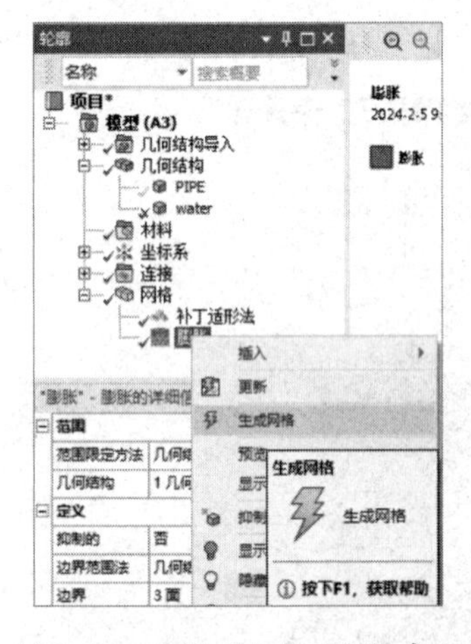

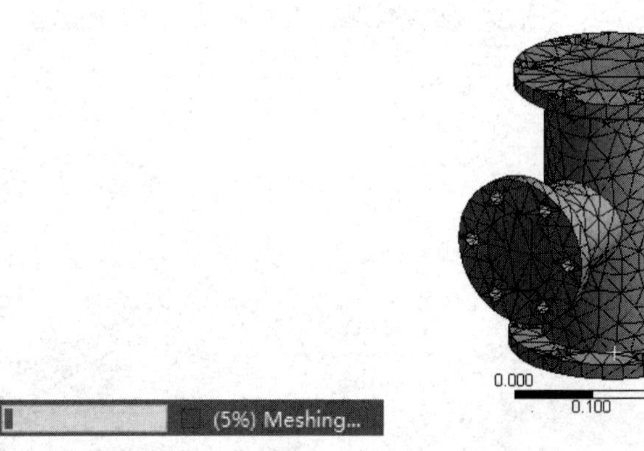

图 3-57　选择“生成网格”命令　　图 3-58　网格划分进度栏　　图 3-59　网格模型

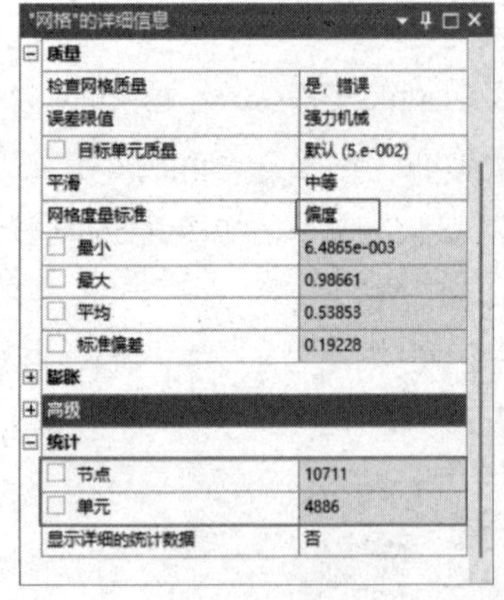

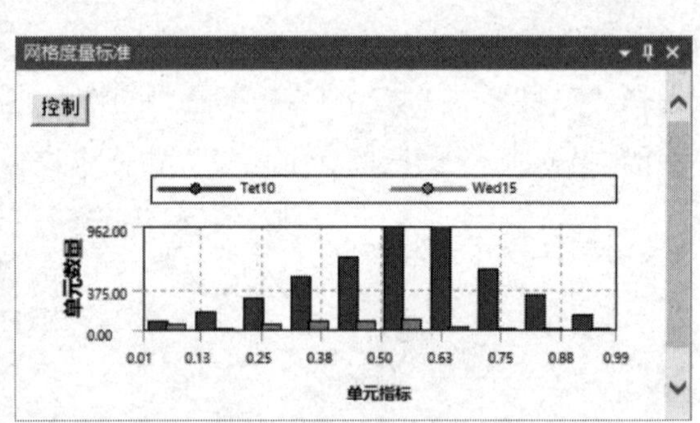

图 3-60　网格统计数据

㉓ 如图 3-61 所示，将“物理偏好”修改为“CFD”，其余选项保持默认设置，重新划分网格。

㉔ 划分完成的网格及网格统计数据如图 3-62 所示。

㉕ 如图 3-63 所示，首先在绘图窗格中单击 Z 坐标，使几何模型正对用户，然后单击工具栏中的 截面 按钮，接着单击几何模型上端并向下拉出一条直线，最后单击几何模

型下端确定创建截面。

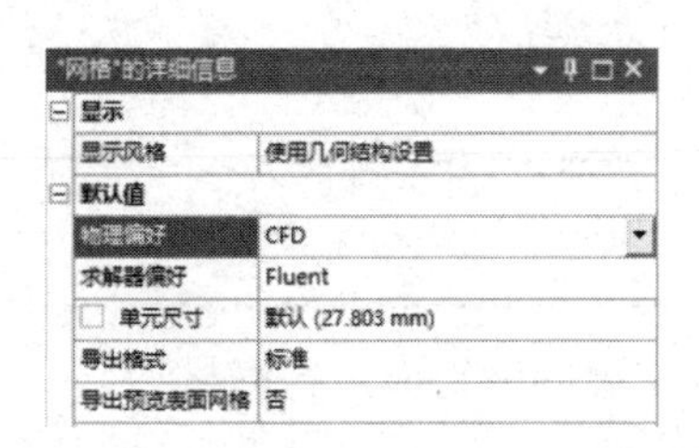

图 3-61　修改"物理偏好"

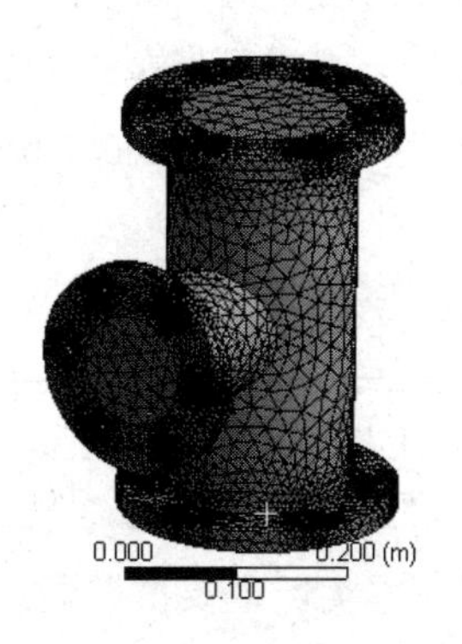

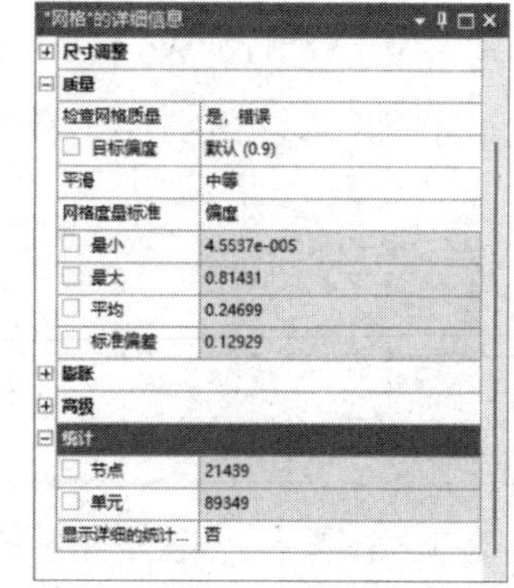

图 3-62　划分完成的网格及网格统计数据

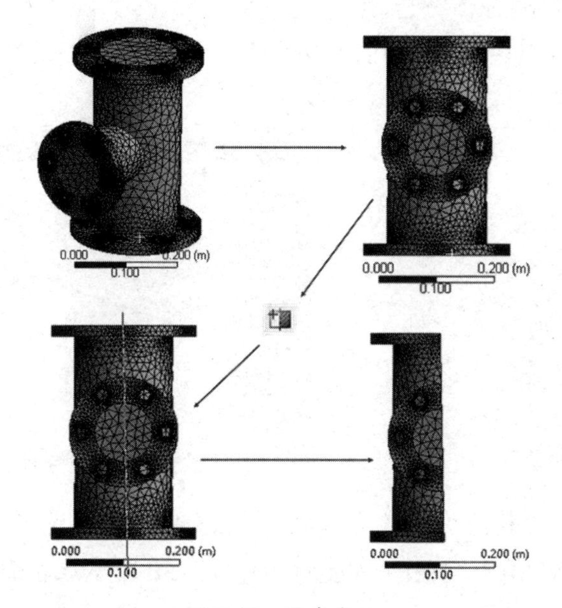

图 3-63　创建截面

㉖ 如图 3-64 所示，在旋转几何模型时，可以看到截面网格。

㉗ 如图 3-65 所示，单击右下角"Section 平面"窗格中的按钮，此时可以显示截面的完整网格。

图 3-64　截面网格

图 3-65 显示截面的完整网格

㉘ 单击网格平台上的“关闭”按钮，关闭网格平台。

㉙ 返回 ANSYS Workbench 平台主界面，单击工具栏中的“保存”按钮，在弹出的“另存为”对话框中输入文件名“PIPE_Model.wbpj”，单击“保存”按钮。

3.2.2 实例 2——扫掠网格划分

模型文件	配套资源\Chapter03\char03-2\PIPE_Sweep.step
结果文件	配套资源\Chapter03\char03-2\PIPE_Sweep.wbpj

图 3-66 所示为某钢管模型，本实例主要讲解通过扫掠网格的映射面进行网格划分。下面对网格的映射面进行网格划分。

① 启动 ANSYS Workbench 平台，进入主界面。

② 双击主界面“工具箱”窗格中的“组件系统”→“网格”命令，即可在“项目原理图”窗格中创建分析项目 A，如图 3-67 所示。

图 3-66 钢管模型

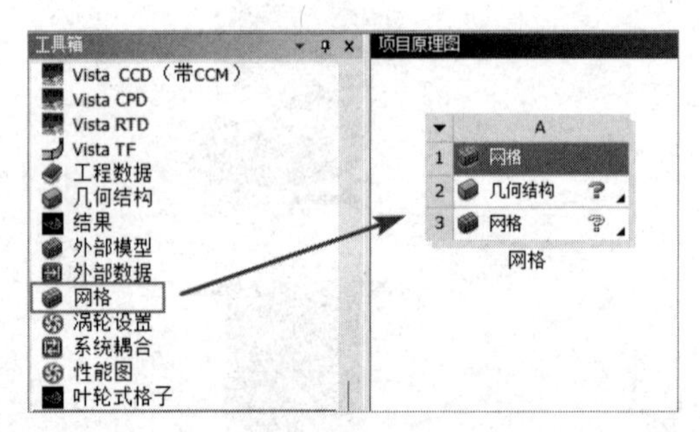

图 3-67 创建分析项目 A

③ 右击项目 A 中 A2 栏的“几何结构”，在弹出的快捷菜单中选择“导入几何模型”→“浏览”命令。在弹出的“打开”对话框中选择“PIPE_Sweep.step”文件，并单击“打开”按钮。

④ 双击项目 A 中 A2 栏的“几何结构”，此时会弹出如图 3-68 所示的 DesignModeler 平台界面。

⑤ 单击常用命令栏中的生成按钮，生成几何模型，如图 3-69 所示。

⑥ 单击 DesignModeler 平台界面右上角的“关闭”按钮，关闭 DesignModeler 平台。

⑦ 返回 ANSYS Workbench 平台主界面，右击项目 A 中 A3 栏的“网格”，在弹出的快捷菜单中选择“编辑”命令，如图 3-70 所示。

⑧ 网格平台被加载，其中的几何模型如图 3-71 所示。

⑨ 右击“轮廓”窗格中的“项目”→“模型（A3）”→“网格”命令，在弹出的快捷菜单中选择“插入”→“方法”命令，此时在“网格”命令下面会出现“自动方法”命令，如图 3-72 所示。

⑩ 选择“自动方法”命令，在“‘自动方法’-方法的详细信息”窗格中进行以下设置。

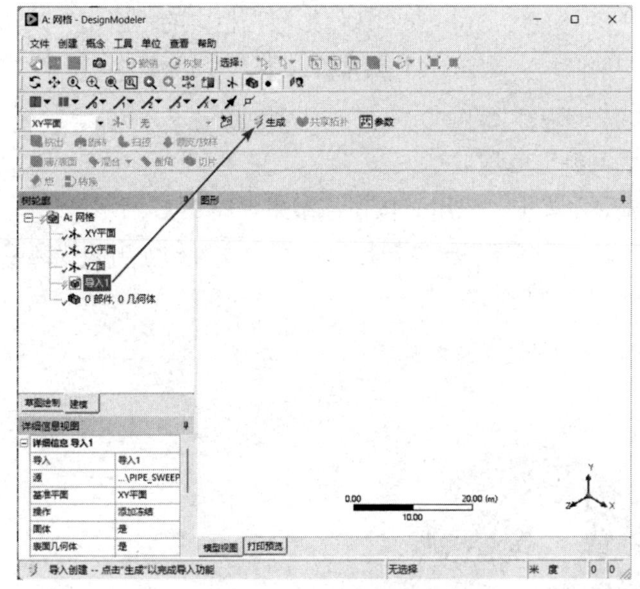

图 3-68　DesignModeler 平台界面

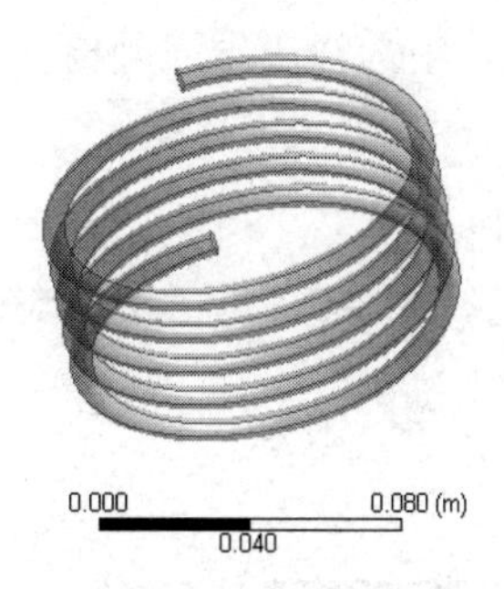

图 3-69　几何模型

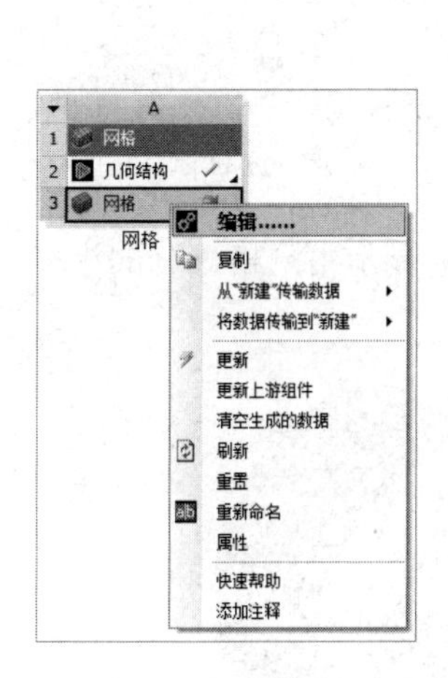

图 3-70　选择“编辑”命令

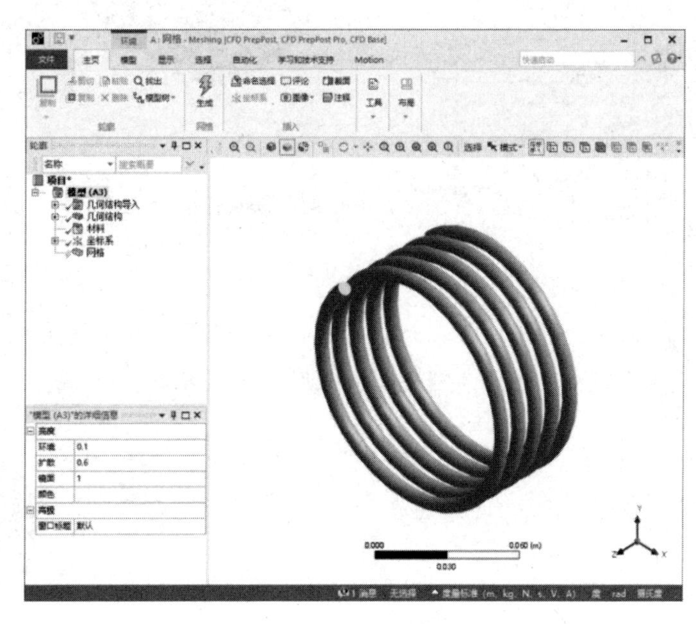

图 3-71　网格平台中的几何模型

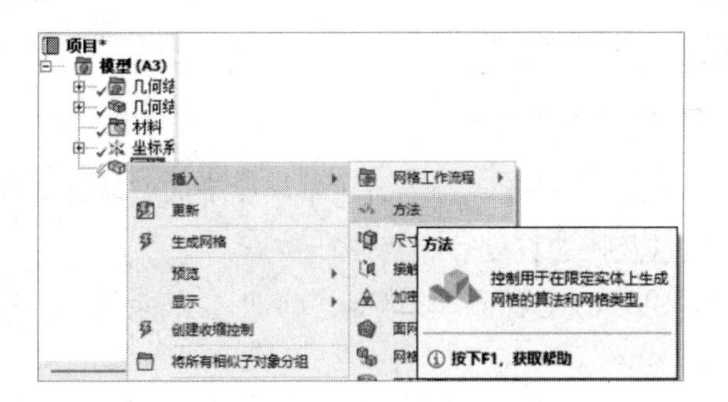

图 3-72　插入“自动方法”命令

在绘图窗格中选择“PIPE_SWEEP”实体，并单击“几何结构”栏中的“应用”按钮，此时在“几何结构”栏中会显示“1 几何体”，表示一个实体被选中。

在“定义”→“方法”栏中选择“扫掠”选项。

在“Src/Trg 选择”栏中选择“手动源”选项。

在“源”栏中确保一个端面被选中，单击“应用”按钮，结果如图 3-73 所示。

⑪ 右击“项目”→“模型（A3）”→“网格”→“扫掠方法”命令，在弹出的快捷菜单中选择“生成网格”命令，如图 3-74 所示。

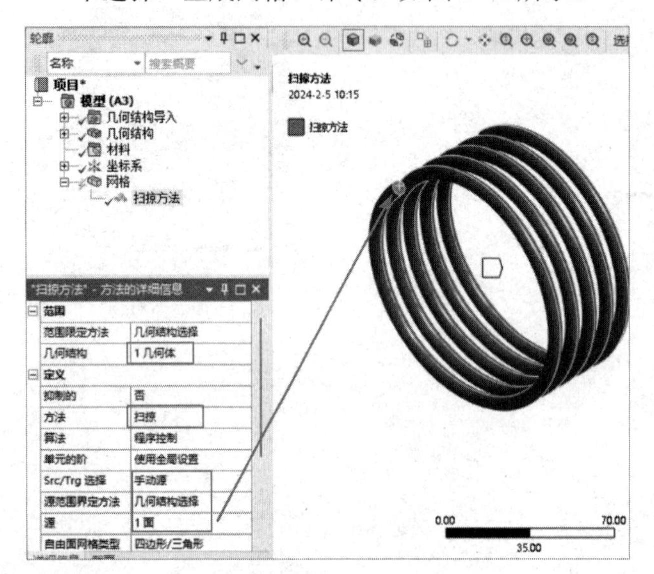

图 3-73　设置网格划分方法

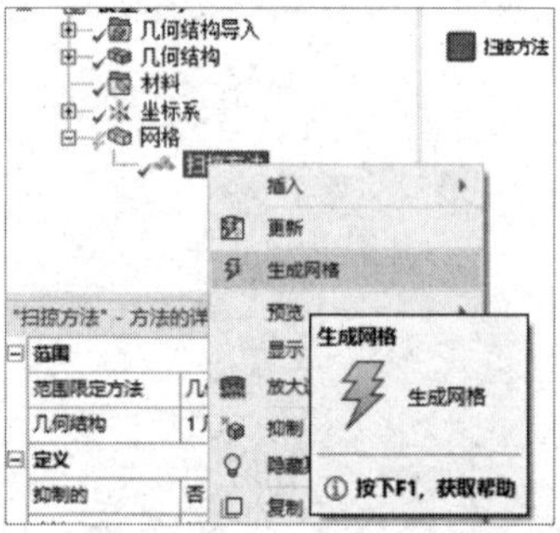

图 3-74　选择“生成网格”命令

⑫ 此时会弹出如图 3-75 所示的网格划分进度栏，进度栏中会显示出网格划分的进度。

⑬ 完成网格划分，网格模型如图 3-76 所示。

图 3-75　网格划分进度栏

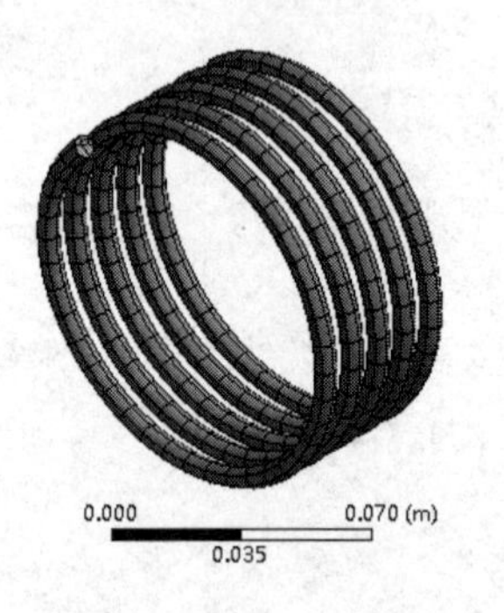

图 3-76　网格模型

⑭ 如图 3-77 所示，在“‘网格’的详细信息”窗格的“统计”操作面板中可以看到节点数量、单元数量及扭曲程度等网格统计数据。

⑮ 如图 3-78 所示，将“物理偏好”修改为“CFD”，其余选项保持默认设置，重新划分网格。

⑯ 划分完成的网格及网格统计数据如图 3-79 所示。

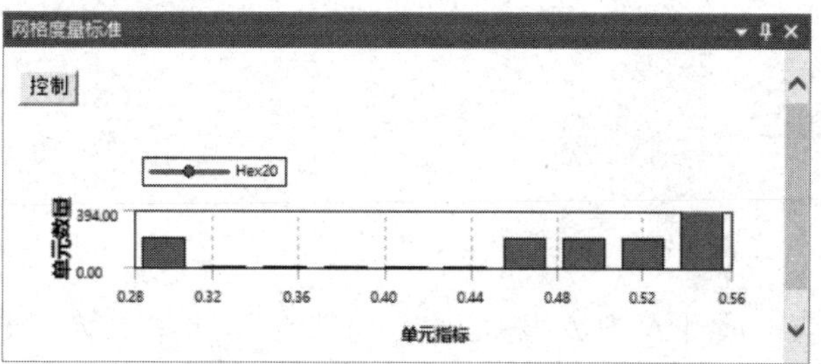

图 3-77　网格统计数据

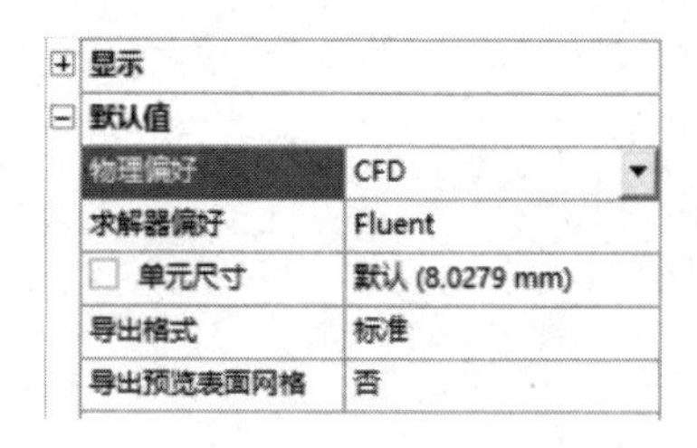

图 3-78　修改“物理偏好”

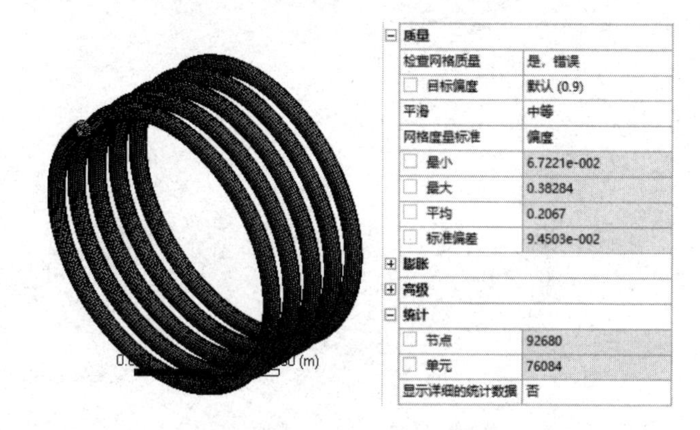

图 3-79　划分完成的网格及网格统计数据

⑰ 单击网格平台上的“关闭”按钮，关闭网格平台。

⑱ 返回 ANSYS Workbench 平台主界面，单击工具栏中的“保存”按钮，在弹出的“另存为”对话框中输入文件名“PIPE_Sweep.wbpj”，单击“保存”按钮。

3.2.3　实例 3——多区域网格划分

模型文件	配套资源\Chapter03\char03-3\MULTIZONE.step
结果文件	配套资源\Chapter03\char03-3\MULTIZONE.wbpj

图 3-80 所示为某三通管道模型，本实例主要讲解多区域方法的基本使用，对膨胀的简单几何体生成六面体网格。在生成网格时，多区扫掠网格划分器会自动选择源面。下面对其进行网格划分。

① 启动 ANSYS Workbench 平台，进入主界面。

② 双击主界面“工具箱”窗格中的“组件系统”→“网格”命令，即可在“项目原理图”窗格中创建分析项目 A，如图 3-81 所示。

③ 右击项目 A 中 A2 栏的“几何结构”，在弹出的快捷菜单中选择“导入几何模型”→“浏览”命令。在弹出的“打开”对话框中选择“MULTIZONE.step”文件，并单击“打开”按钮。

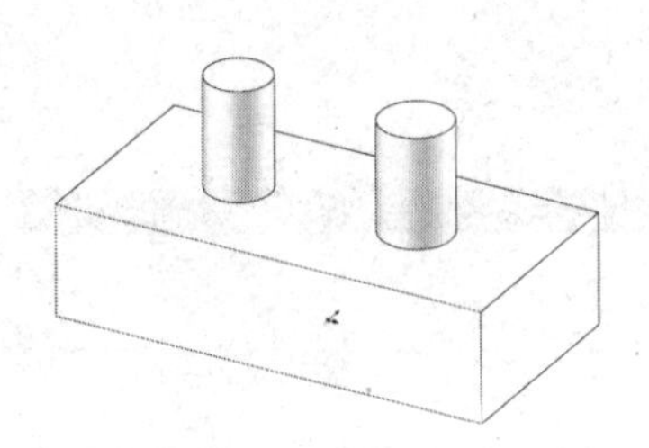

图 3-80　三通管道模型

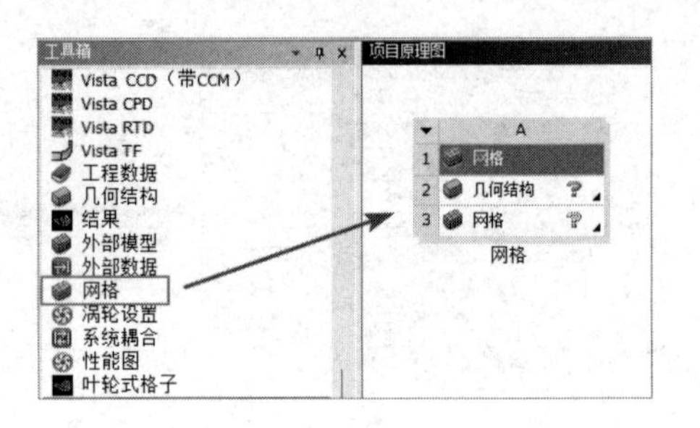

图 3-81　创建分析项目 A

④ 双击项目 A 中 A2 栏的“几何结构”，此时会弹出 DesignModeler 平台界面。单击常用命令栏中的生成按钮，生成几何模型，如图 3-82 所示。

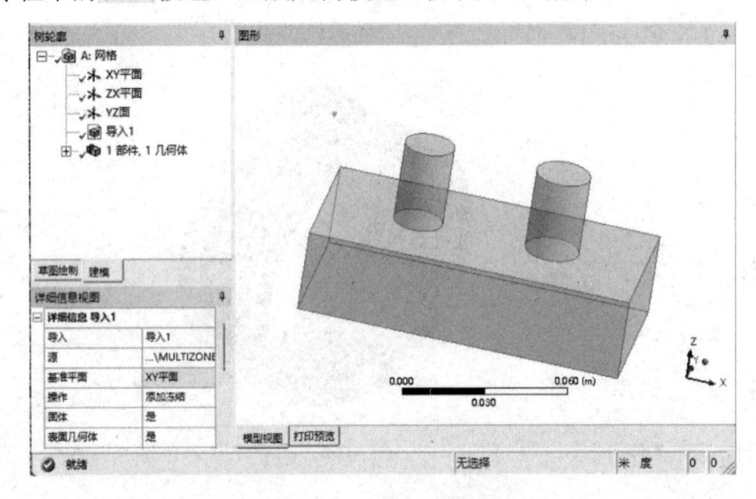

图 3-82　生成几何模型

⑤ 单击 DesignModeler 平台界面右上角的“关闭”按钮，关闭 DesignModeler 平台。

⑥ 返回 ANSYS Workbench 平台主界面，右击项目 A 中 A3 栏的“网格”，在弹出的快捷菜单中选择“编辑”命令，如图 3-83 所示。

⑦ 网格平台被加载，其中的几何模型如图 3-84 所示。

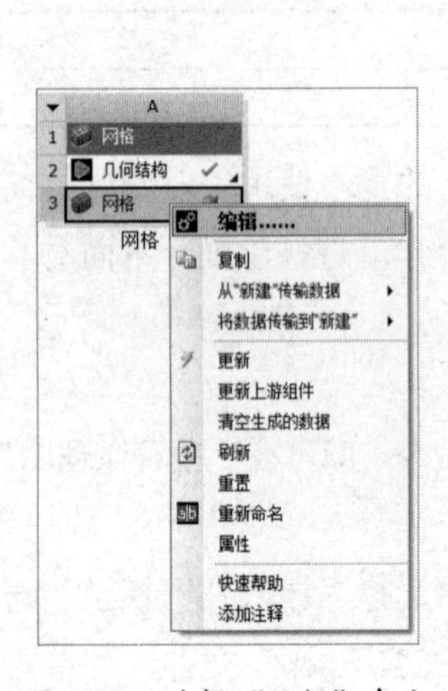

图 3-83　选择“编辑”命令

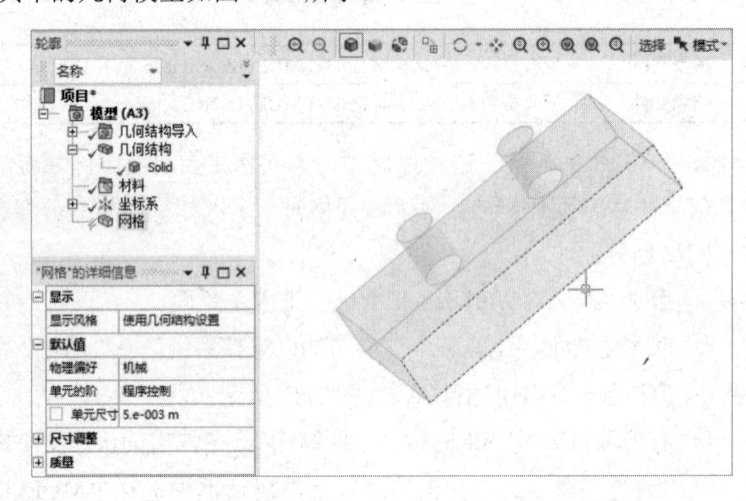

图 3-84　网格平台中的几何模型

⑧ 右击“轮廓”窗格中的“项目”→“模型（A3）”→“网格”命令，在弹出的快捷菜单中选择“插入”→“方法”命令，此时在“网格”命令下面会出现“自动方法”命令，如图 3-85 所示。

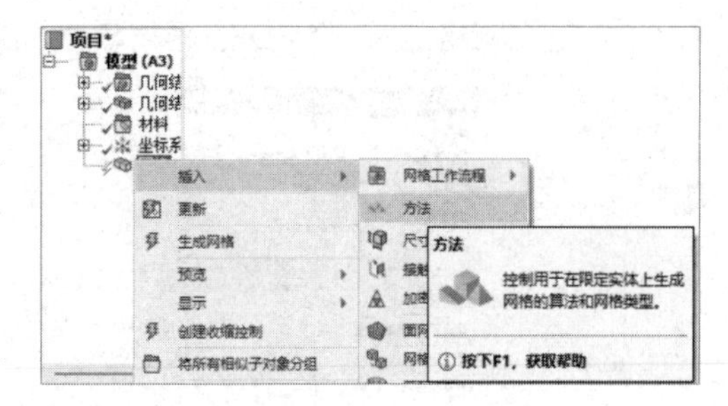

图 3-85　插入“自动方法”命令

⑨ 选择“自动方法”命令，在“‘自动方法’-方法的详细信息”窗格中进行以下设置。

在绘图窗格中选择“固体”实体，并单击“范围”→“几何结构”栏中的“应用”按钮，此时在“几何结构”栏中会显示“1 几何体”，表示一个实体被选中。

在“定义”→“方法”栏中选择“多区域”选项。

其余选项保持默认设置，结果如图 3-86 所示。

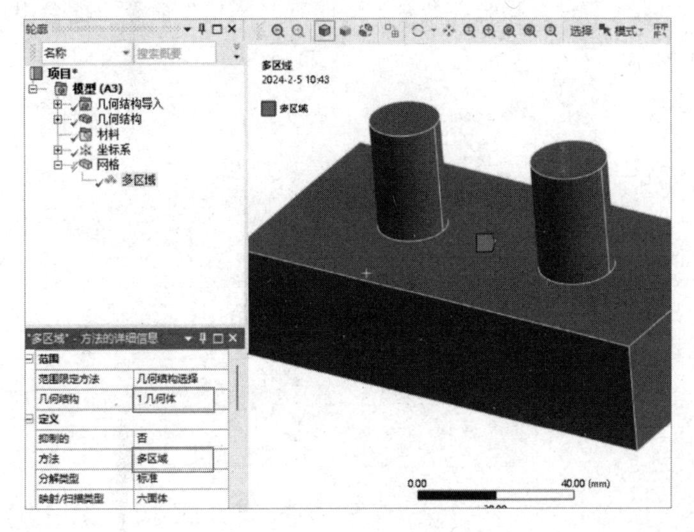

图 3-86　设置网格划分方法

⑩ 右击“项目”→“模型（A3）”→“网格”→“多区域”命令，在弹出的快捷菜单中选择“生成网格”命令，如图 3-87 所示。

⑪ 完成网格划分，网格模型如图 3-88 所示。

图 3-87　选择“生成网格”命令

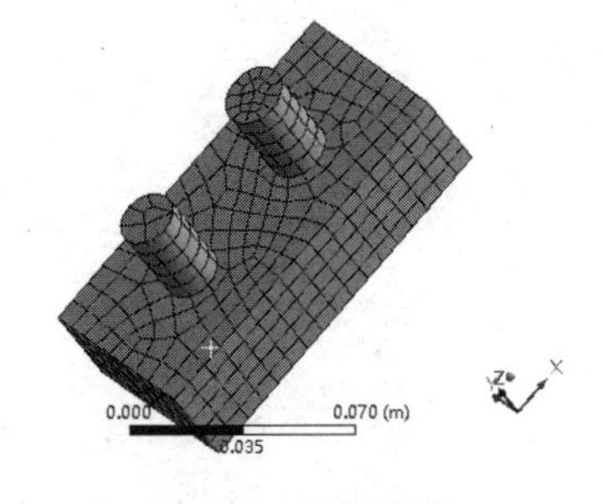

图 3-88　网格模型

⑫ 如图 3-89 所示，将“物理偏好”修改为“CFD”，将“单元尺寸”设置为“1.e-003m”，其余选项保持默认设置，重新划分网格。

⑬ 完成网格划分，CFD 的网格模型如图 3-90 所示。

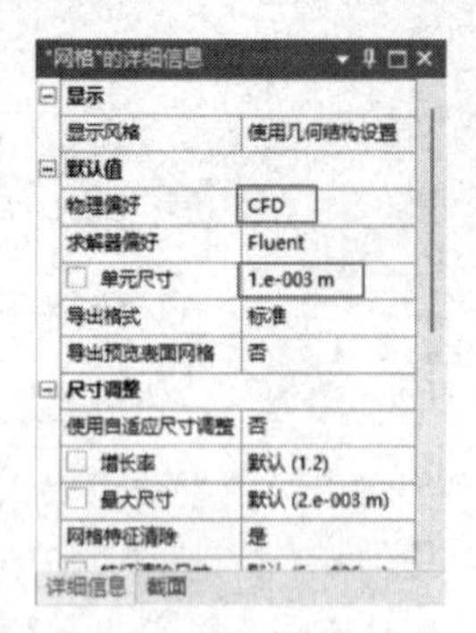

图 3-89 修改网格参数

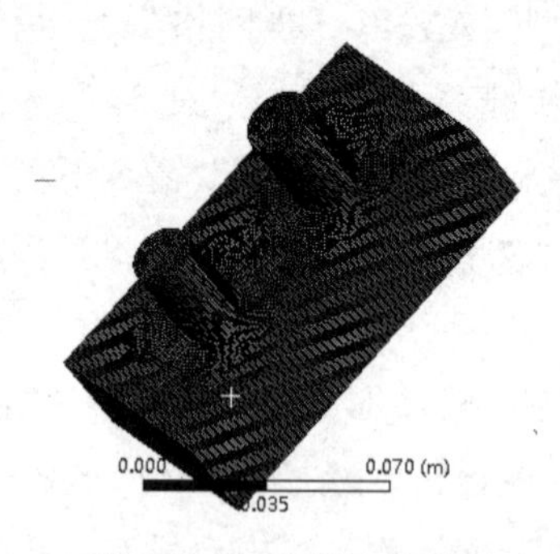

图 3-90 CFD 的网格模型

⑭ 右击“轮廓”窗格中的“项目”→“模型（A3）”→“网格”命令，在弹出的快捷菜单中选择“插入”→“膨胀”命令，此时在“网格”命令下面会出现“膨胀”命令，如图 3-91 所示。

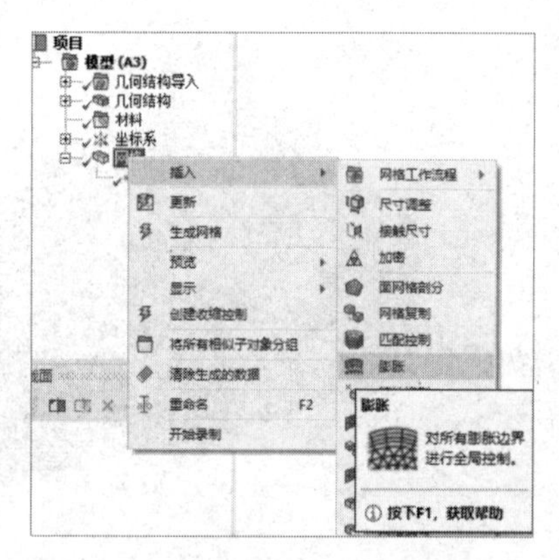

图 3-91 插入“膨胀”命令

⑮ 如图 3-92 所示，选择“膨胀”命令，在下面出现的“‘膨胀’-膨胀的详细信息”窗格中进行以下设置。在绘图窗格中选择“固体”实体，并在“范围”→“几何结构”栏中单击“应用”按钮。

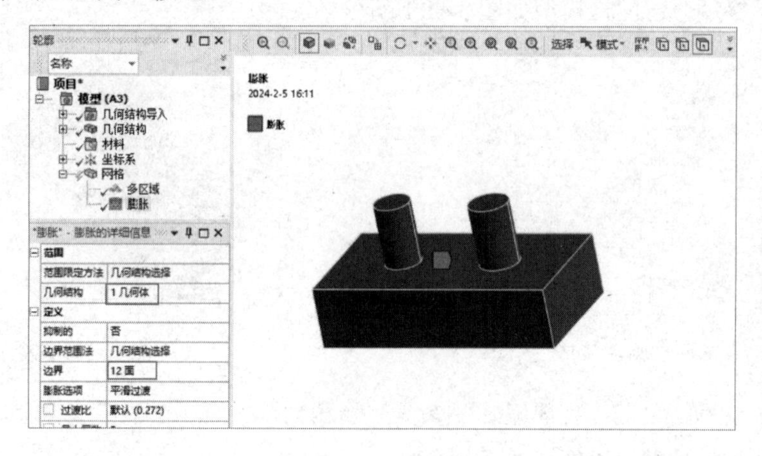

图 3-92 膨胀设置

选择圆柱体和长方体的外表面，并在“定义”→“边界”栏中单击“应用”按钮。其余选项保持默认设置，即可完成膨胀设置。

⑯ 右击“项目”→“模型（A3）”→“网格”命令，在弹出的快捷菜单中选择“生成网格”命令，如图 3-93 所示。

⑰ 完成网格划分，网格模型如图 3-94 所示。

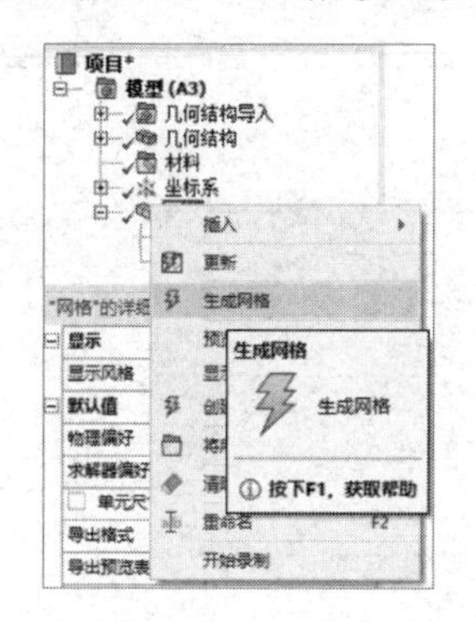

图 3-93　选择“生成网格”命令

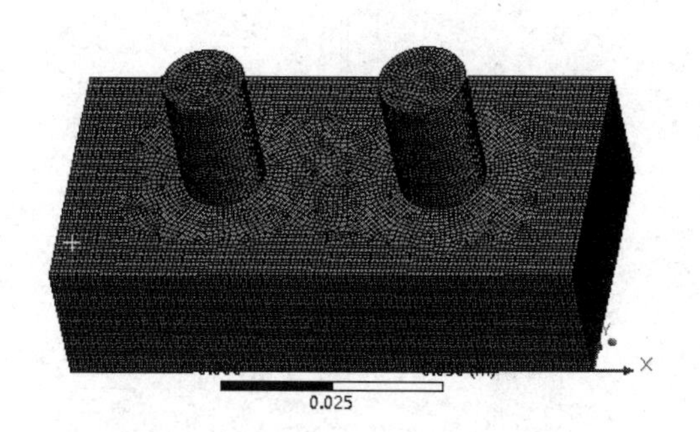

图 3-94　网格模型

⑱ 单击网格平台上的“关闭”按钮，关闭网格平台。

⑲ 返回 ANSYS Workbench 平台主界面，单击工具栏中的“保存”按钮，在弹出的“另存为”对话框中输入文件名“MULTIZONE.wbpj”，单击“保存”按钮。

3.2.4　实例 4——CDB 网格导入

模型文件	配套资源\Chapter03\char03-4\CDB2FEM.x_t
结果文件	配套资源\Chapter03\char03-4\ CDB2FEM.wbpj

ANSYS 是功能强大的多物理场分析软件，在各个分析领域中都有非常出色的表现，在网格划分方面也做得比较出色，下面对 ANSYS 划分完成的网格导入 ANSYS Workbench 平台的过程进行简单介绍。

注意

本节涉及的部分内容尚无中文版界面，因此在编写时采用的依然是英文版界面。

① 在 Windows 系统下执行“开始”→“所有程序”→“ANSYS 2024 R1”→“Mechanical APDL”命令，启动 ANSYS APDL 平台，进入主界面。

② 选择菜单栏中的“File”→“Import”→“PARA”命令，如图 3-95 所示。

③ 在弹出的对话框中选择“CDB2FEM.x_t”文件，单击“OK”按钮，导入几何体文件，如图 3-96 所示。此时在绘图窗格中会显示几何体，如图 3-97 所示。

④ 如图 3-98 所示，选择“Main Menu”→“Preprocessor”→“Element Type”→“Add/Edit/Delete”命令，在弹出的“Element Types”对话框中单击“Add”按钮，在弹出的“Library of Element Types”对话框中选择“Solid”和“20node 186”选项，单击“OK”按钮，之后单击“Close”按钮。

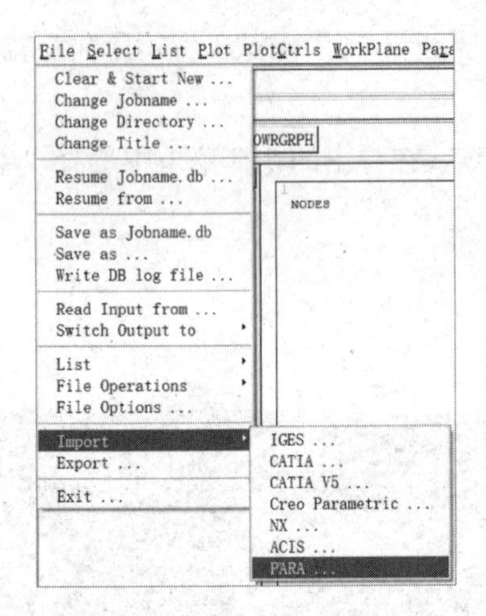

图 3-95 选择“PARA”命令

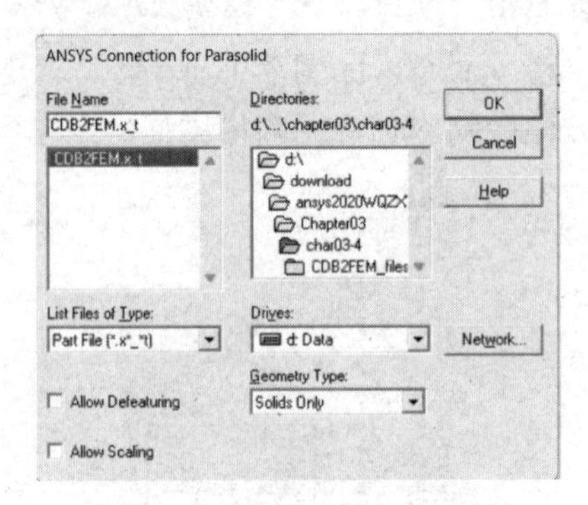

图 3-96 导入几何体文件

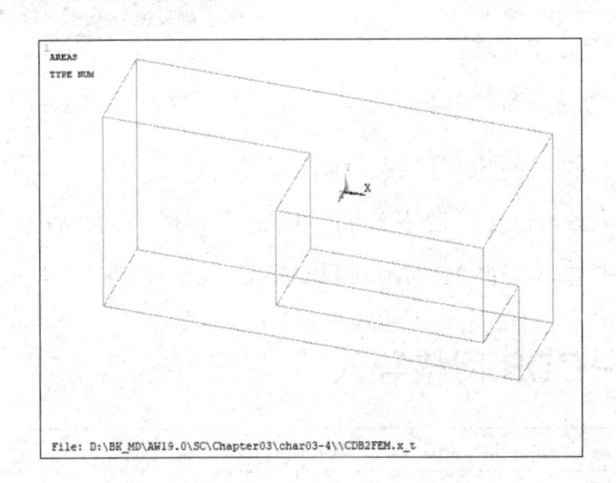

图 3-97 显示几何体

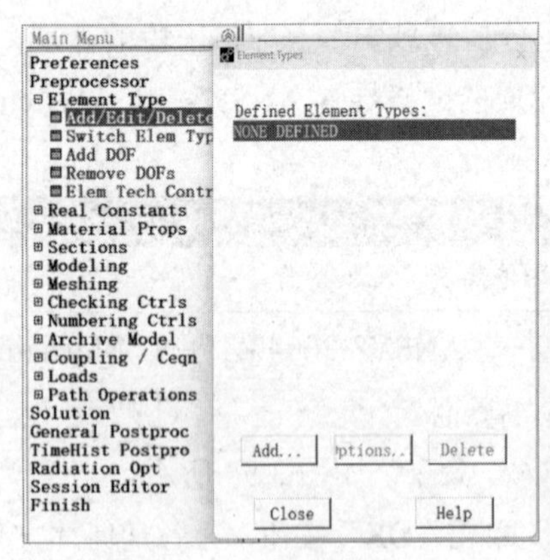

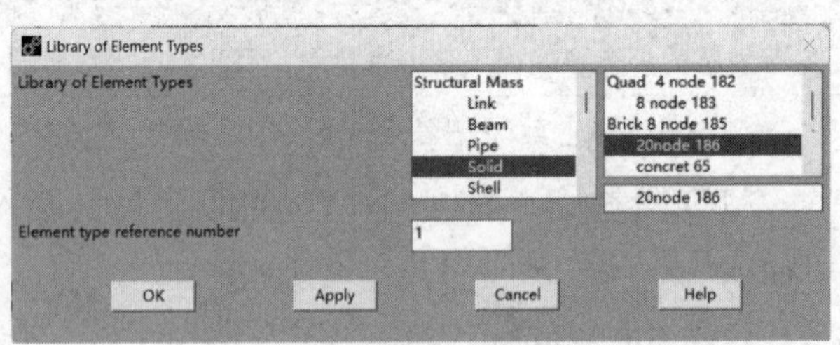

图 3-98 选择单元

⑤ 选择“Main Menu”→“Preprocessor”→“Meshing”→“Mesh Tool”命令，在弹出的对话框中选择“Size Cntrls”→“Lines”→“All Lines”选项，在弹出的对话框中单击“Pick All”按钮，此时会弹出如图 3-99 所示的对话框。在“NDIV No. of element divisions”文本框中输入“20”，将网格划分为 20 份，单击“OK”按钮。

⑥ 选择“Main Menu”→“Preprocessor”→“Meshing”→“Mesh Tool”命令，在弹出的对话框中选择“Mesh”选项，在弹出的对话框中单击“Pick All”按钮，完成网格划分，网格模型如图 3-100 所示。

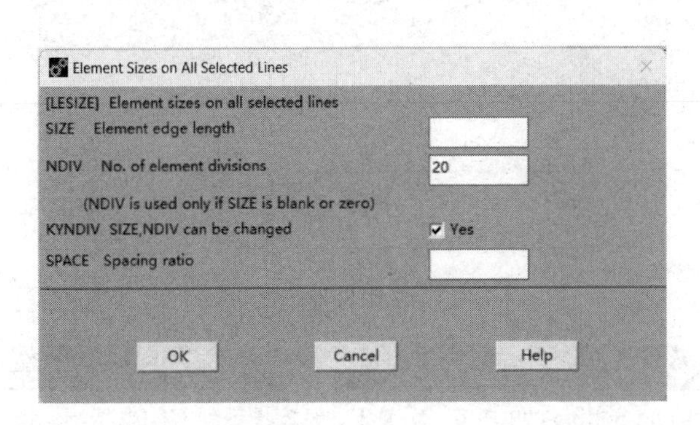

图 3-99　“Element Sizes on All Selected Lines”对话框

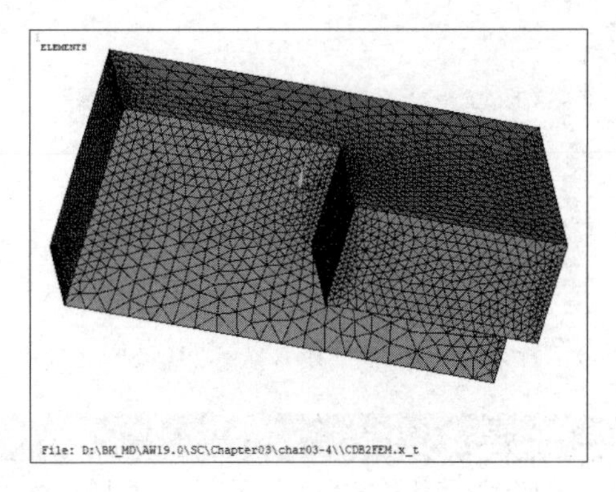

图 3-100　网格模型

⑦ 选择“Main Menu”→“Preprocessor”→“Archive Model”→“Write”命令，在弹出的对话框中单击“Archive file”选项组中的...按钮，在弹出的对话框中输入文件名“CDB2FEM.cdb”，单击“保存”按钮，之后单击“OK”按钮，完成几何体及网格文件的保存，如图 3-101 所示。

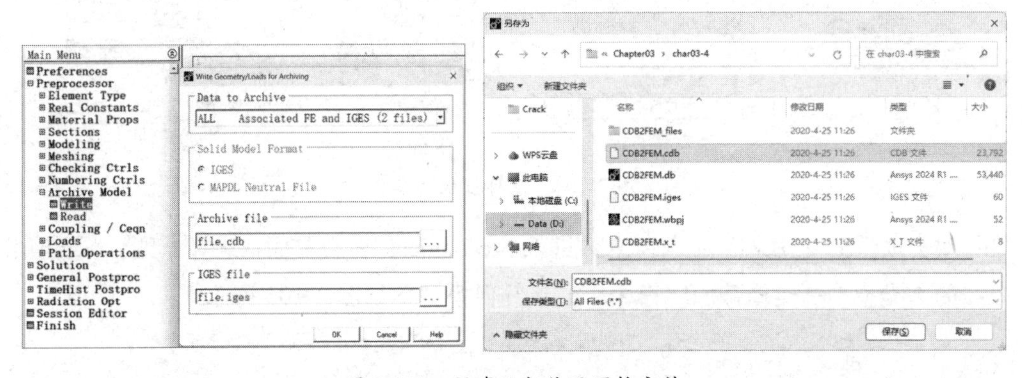

图 3-101　保存几何体及网格文件

注意

保存的网格文件的路径可能只包含文件名，请读者引起注意，文件的路径在启动目录中。

⑧ 关闭 ANSYS APDL 平台。

⑨ 启动 ANSYS Workbench 平台。

⑩ 选择主界面“工具箱”窗格中的“组件系统”→“外部模型”命令，并将其直接拖曳到“项目原理图”窗格中，如图 3-102 所示。

⑪ 右击项目 A 中 A2 栏的“设置”，在弹出的快捷菜单中选择“编辑”命令，弹出“打开文件”对话框，如图 3-103 所示，在该对话框中进行以下设置。

选择“CDB2FEM.cdb”文件并单击“打开”按钮。

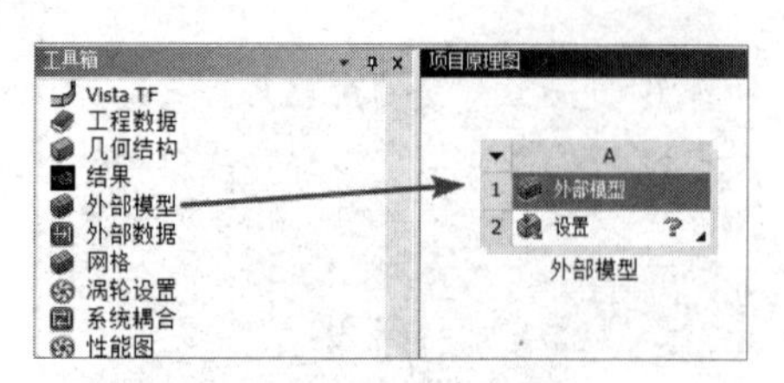

图 3-102 拖曳“外部模型”命令

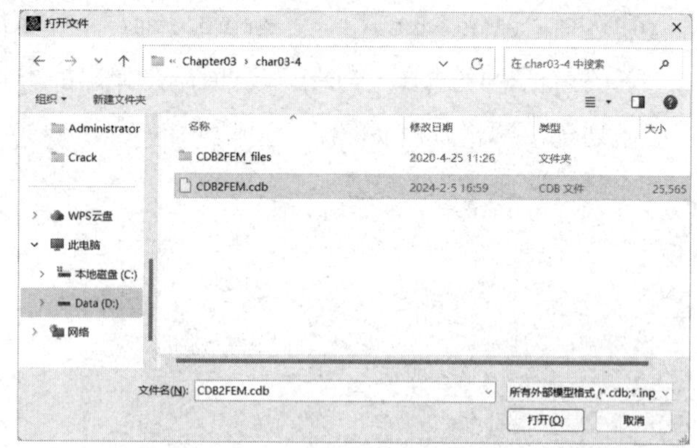

图 3-103 “打开文件”对话框

注意

ANSYS 默认的输出文件在“系统盘\Documents and Settings\用户名”目录下，如果找不到 CDB2FEM.cdb 文件，则到上述目录下找“文件名.cdb”文件即可。

⑫ 右击项目 A 中 A2 栏的“设置”，在弹出的快捷菜单中选择“更新”命令。选择“工具箱”窗格中的“Mechanical 模型”命令，并将其直接拖曳到“项目原理图”窗格中，之后将 A2 栏的“设置”拖曳到 B4 栏中，如图 3-104 所示。

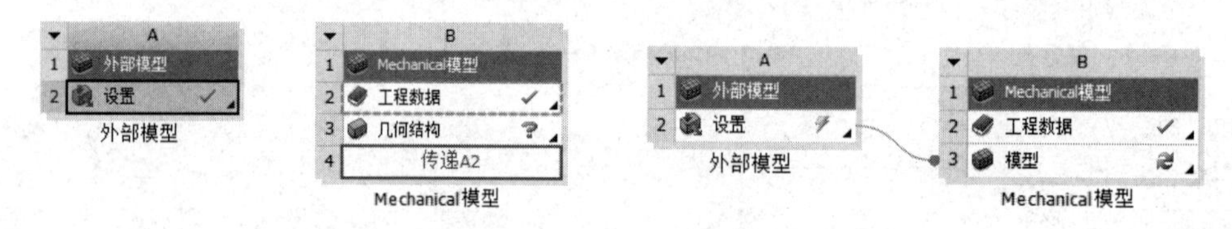

图 3-104 项目数据共享

⑬ 双击项目 B 中 B3 栏的“模型”，进入 Mechanical 平台界面，选择“显示”选项卡中的“类型”→“横截面”命令，显示几何模型，如图 3-105 所示。

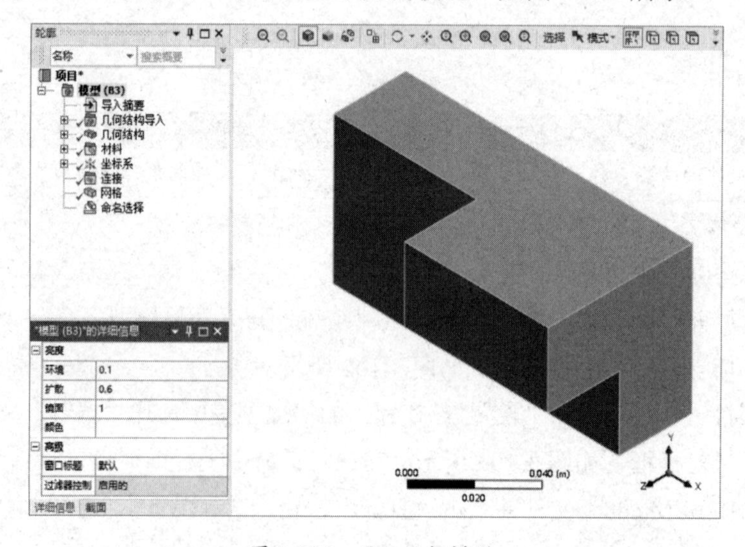

图 3-105 显示几何模型

⑭ 选择“轮廓”窗格中的“项目”→“模型（B3）”→“网格”命令，会显示如图 3-106 所示的网格模型。

⑮ 关闭外部模型平台，这里不对外部模型有限元处理平台进行过多介绍，请读者参考帮助文档进行学习。

⑯ 返回 ANSYS Workbench 平台主界面，项目管理结果如图 3-107 所示。

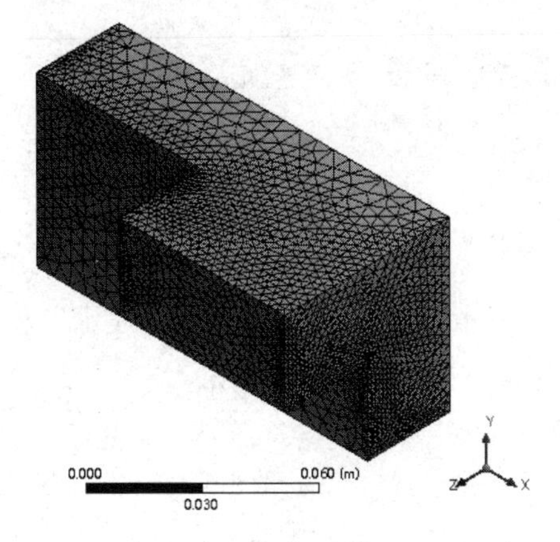

图 3-106　网格模型

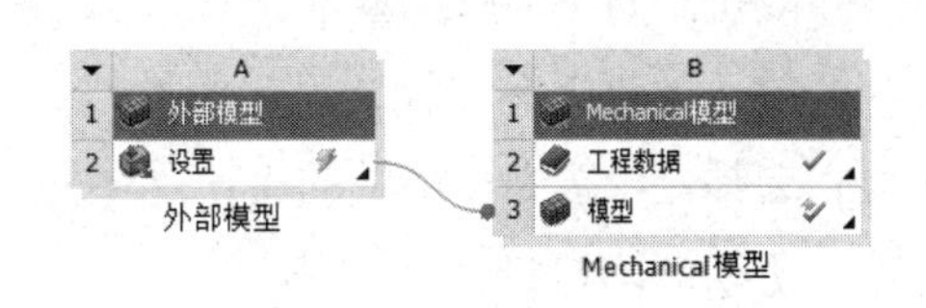

图 3-107　项目管理结果

⑰ 保存文件，设置“文件名”为“CDB2FEM.wbpj”，关闭 ANSYS Workbench 平台。

通过以上操作步骤，读者应该对网格导入的方法有一个比较详细的了解，尽管实例比较简单，但操作步骤大同小异。

接下来通过一个简单的实例介绍将使用 Nastran 软件创建的有限元模型导入 ANSYS Workbench 平台的方法。

3.2.5　实例 5——BDF 网格导入

模型文件	配套资源\Chapter03\char03-5\mesh_gearbox.bdf
结果文件	配套资源\Chapter03\char03-5\Import_bdf.wbpj

① 启动 ANSYS Workbench 平台。

② 选择主界面“工具箱”窗格中的“组件系统”→“外部模型”命令，并将其直接拖曳到“项目原理图”窗格中，如图 3-108 所示。

③ 右击项目 A 中 A2 栏的“设置”，在弹出的快捷菜单中选择“编辑”命令。在弹出的“打开文件”对话框中选择“mesh_gearbox.bdf”文件并单击“打开”按钮，如图 3-109 所示。

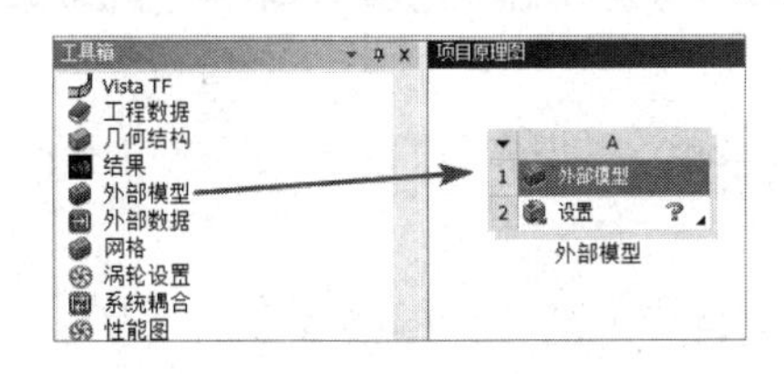

图 3-108　拖曳“外部模型”命令

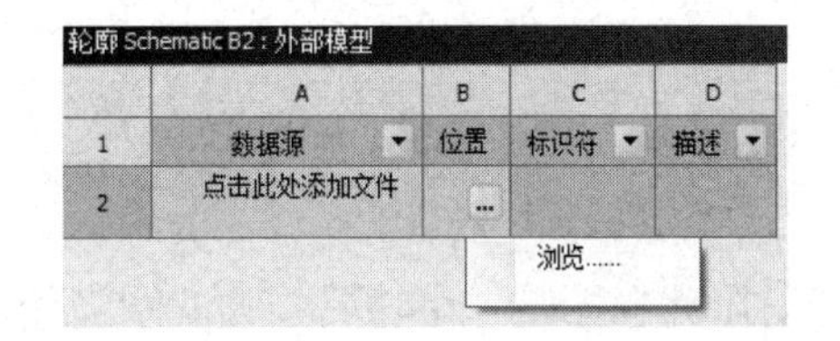

图 3-109　打开文件

注意

本实例并未对如何在 Nastran 软件中划分网格进行介绍。

④ 右击项目 A 中 A2 栏的“设置”，在弹出的快捷菜单中选择“更新”命令。选择“工具箱”窗格中的“Mechanical 模型”命令，并将其直接拖曳到“项目原理图”窗格中，之后将 A2 栏的“设置”拖曳至 B4 栏中，如图 3-110 所示。

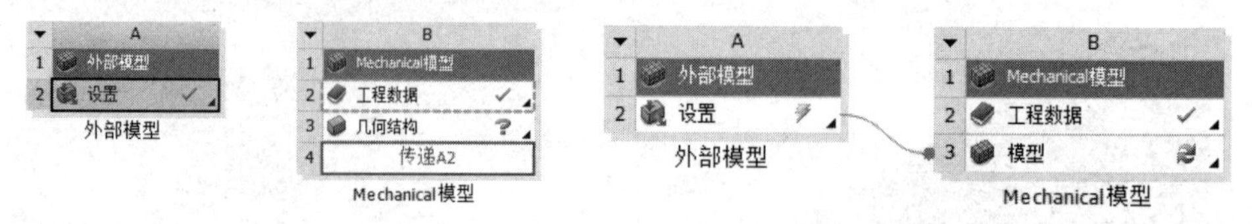

图 3-110 项目数据共享

⑤ 双击项目 B 中 B3 栏的“模型”，进入 Mechanical 平台界面，选择“显示”选项卡中的“类型”→“横截面”命令，显示几何模型，如图 3-111 所示。

⑥ 选择“轮廓”窗格中的“项目”→“模型（B3）”→“网格”命令，会显示如图 3-112 所示的网格模型。

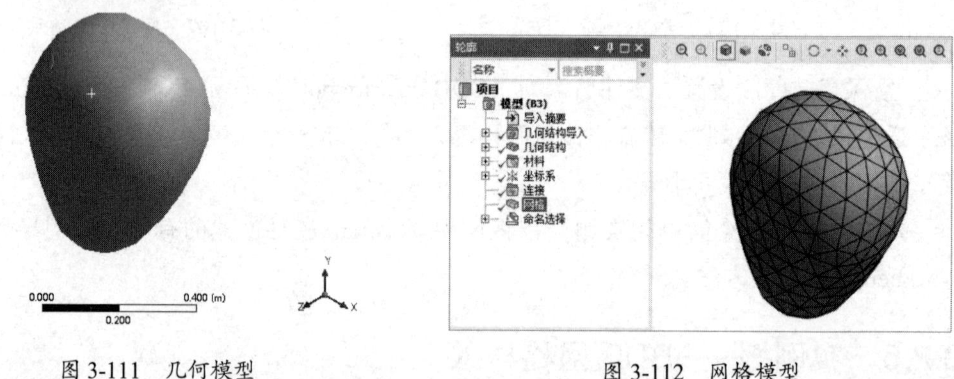

图 3-111 几何模型

图 3-112 网格模型

⑦ 关闭外部模型平台。

⑧ 返回 ANSYS Workbench 平台主界面，项目管理结果如图 3-113 所示。

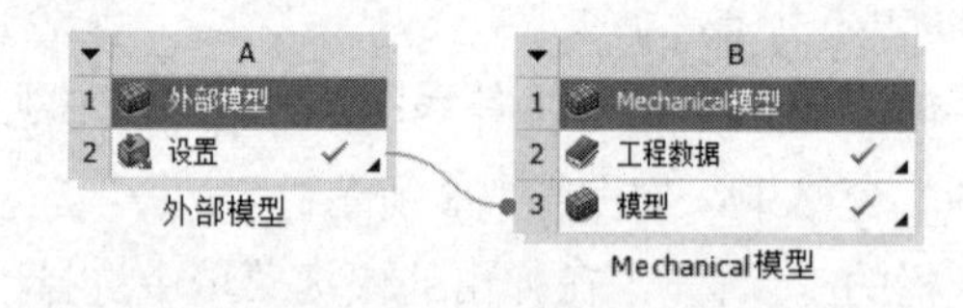

图 3-113 项目管理结果

注意

由于本实例的模型较大，因此根据计算机性能不同，更新需要的时间也不尽相同，请读者耐心等待。

⑨ 保存文件，设置“文件名”为“Import_bdf.wbpj”，如图 3-114 所示，关闭 ANSYS Workbench 平台。

有限元模型是一个功能强大的网格处理平台，支持导入的外部网格数据的类型很多。有限元模型支持的网格数据类型如图 3-115 所示。有限元模型还可以将网格数据导出到

ANSYS、Nastran、ABAQUS 等软件中直接读取，这里不详细介绍。

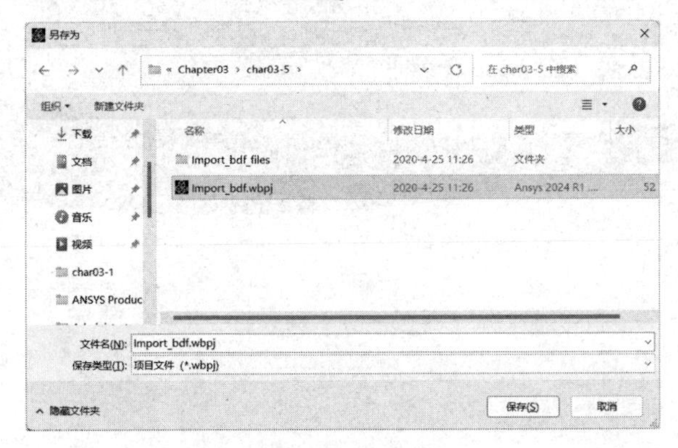

图 3-114　保存文件

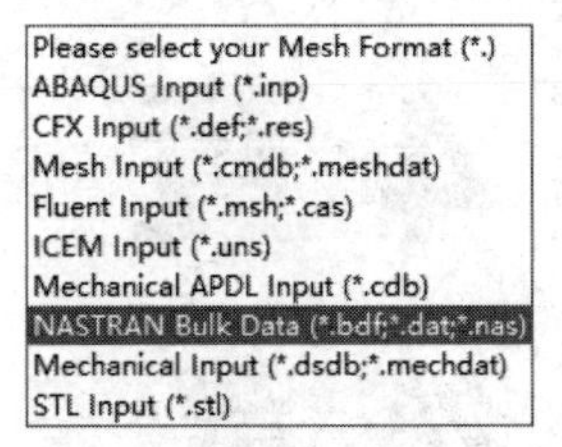

图 3-115　有限元模型支持的网格数据类型

3.3　本章小结

本章详细介绍了 ANSYS Workbench 网格平台的一些相关参数设置与网格质量检测方法，并通过 3 个网格划分实例介绍了不同类型网格划分的方法及操作过程，最后通过 2 个实例介绍了外部网格数据的导入方法。

第 4 章
后 处 理

本章内容

后处理技术以其对计算数据的优秀处理能力，被众多有限元分析软件和计算软件应用。输出结果是为了方便对计算数据的处理而产生的，减少了大量数据的分析过程，可读性强，便于理解。

有限元分析的最后一个关键步骤为数据的后处理。在后处理过程中，用户可以很方便地对结构的计算结果进行相关操作，以输出自己感兴趣的结果，如变形、应力、应变等。另外，一些高级用户还可以通过简单的代码编写，输出一些特殊的结果。

ANSYS Workbench 平台的后处理功能非常丰富，可以完成众多数据类型的后处理，本章将详细介绍 ANSYS Workbench 新版软件的后处理设置与操作方法。

学习要求

知 识 点	学 习 目 标			
	了解	理解	应用	实践
后处理功能		√		
结果查看方法			√	√
结果显示方式			√	√
自定义后处理			√	√

4.1　后处理概述

ANSYS Workbench 平台的后处理包括查看结果、显示结果、输出结果、坐标系和方向解、结果组合、应力奇异、误差估计、收敛状况等内容。

4.1.1　查看结果

当选择一个结果对应的选项时，“结果”选项卡就会显示该结果所要表达的内容，如图 4-1 所示。

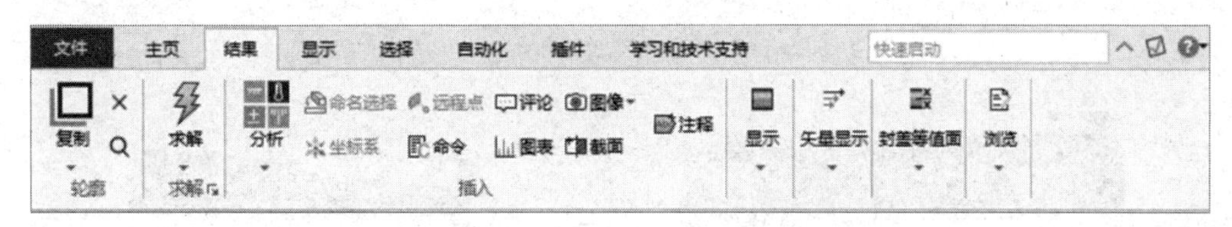

图 4-1　“结果”选项卡

缩放比例：对于结构分析（如静态、模态、屈曲分析等），模型的变形情况将发生变化。在默认状态下，为了更清楚地显示结构的变化，比例会被自动放大。用户可以将结构改变为非变形或实际变形情况，默认的比例因子如图 4-2 所示，同时用户可以自行输入比例因子，如图 4-3 所示。

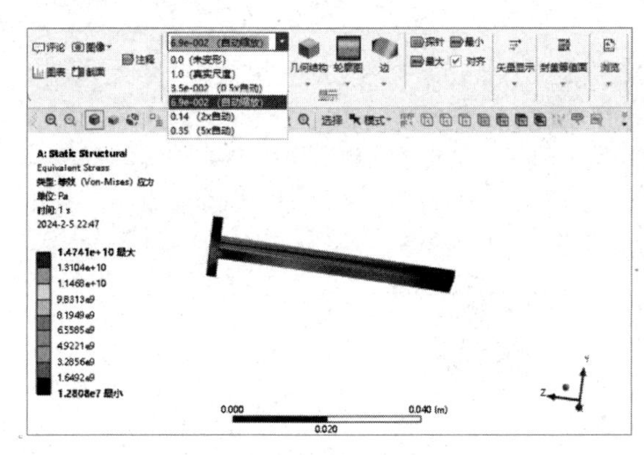

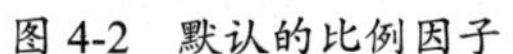
图 4-2　默认的比例因子

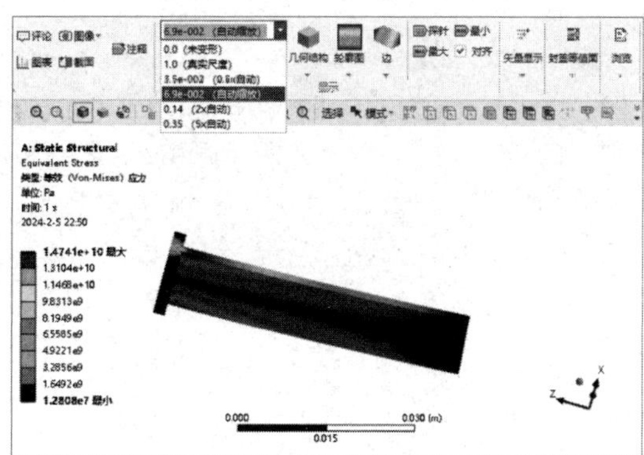

图 4-3　输入比例因子

显示方式：“几何结构”命令可以控制云图显示方式，共有以下 4 种可供选择的选项。

- 外部：默认的显示方式且是最常用的方式，如图 4-4 所示。
- 等值面：对于显示相同的值域是非常有用的，如图 4-5 所示。
- 封盖等值面：指删除模型的一部分之后的显示结果，并且删除的部分是可变的，高于或低于某个指定值的部分会被删除，如图 4-6 和图 4-7 所示。

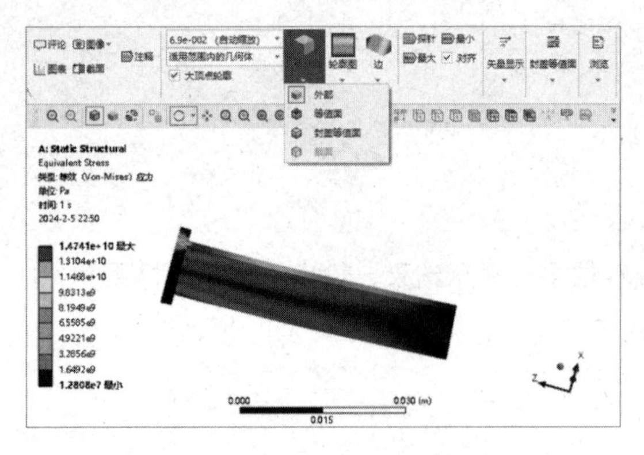

图 4-4　外部

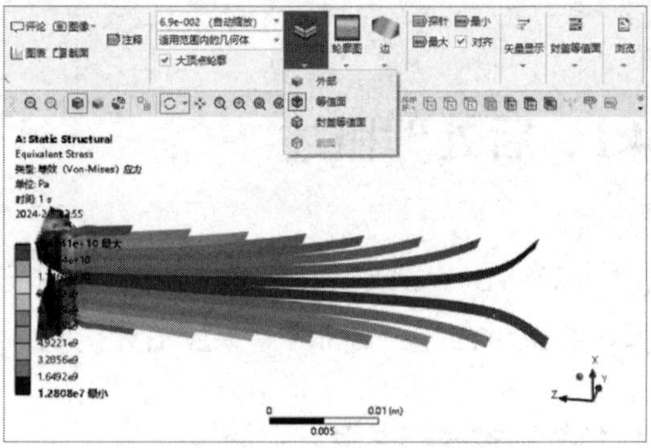

图 4-5　等值面

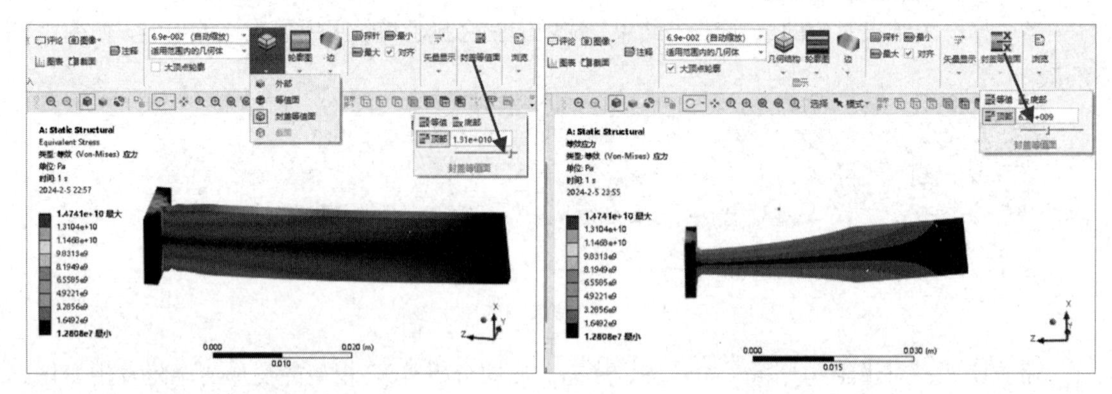

图 4-6　封盖等值面（1）

图 4-7　封盖等值面（2）

- 截面：需要先创建一个截面，允许用户真实地切模型，然后显示剩余部分的云图，如图 4-8 所示。

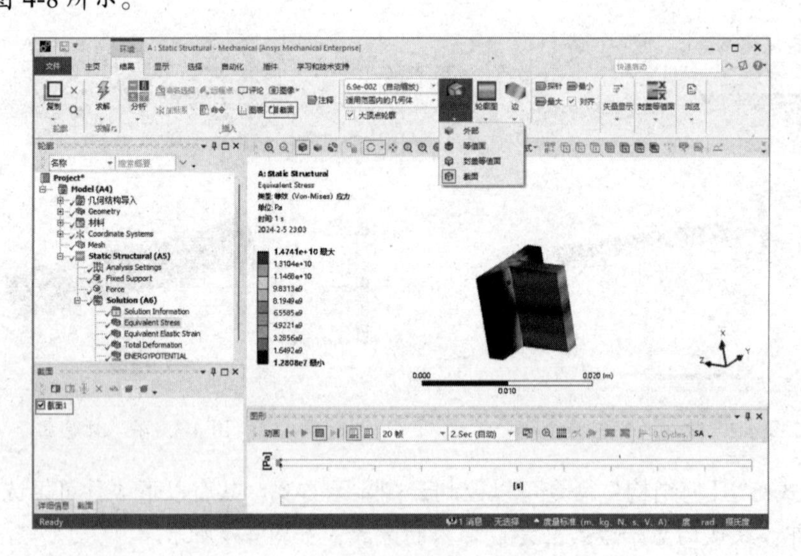

图 4-8　截面

色条设置：“轮廓图”命令可以控制模型的云图显示方式。

- 平滑的轮廓线：光滑显示云图，颜色变化光滑过渡，如图 4-9 所示。
- 轮廓带：云图的显示有明显的色带区域，如图 4-10 所示。

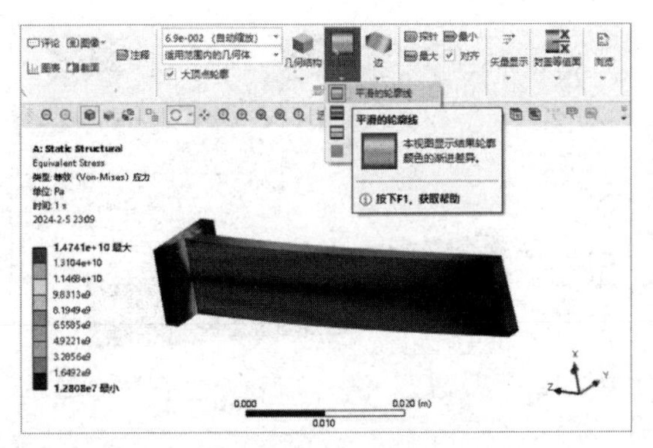

图 4-9　平滑的轮廓线

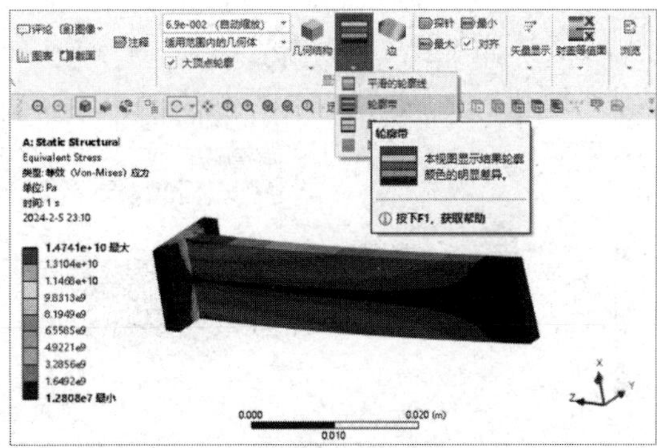

图 4-10　轮廓带

● 等值线：以模型等值线的方式显示云图，如图 4-11 所示。

● 固体填充：不在模型上显示云图，如图 4-12 所示。

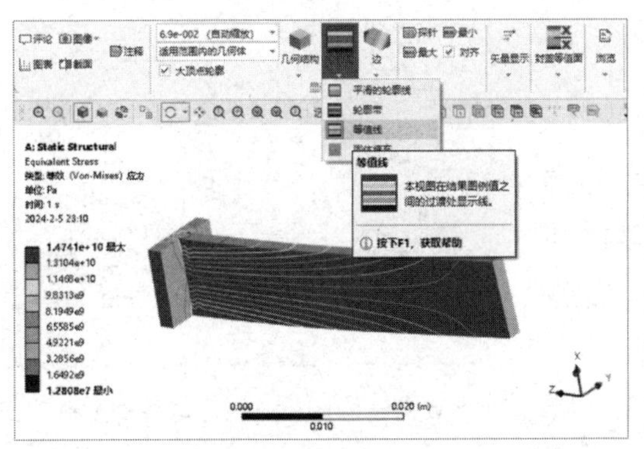

图 4-11　等值线

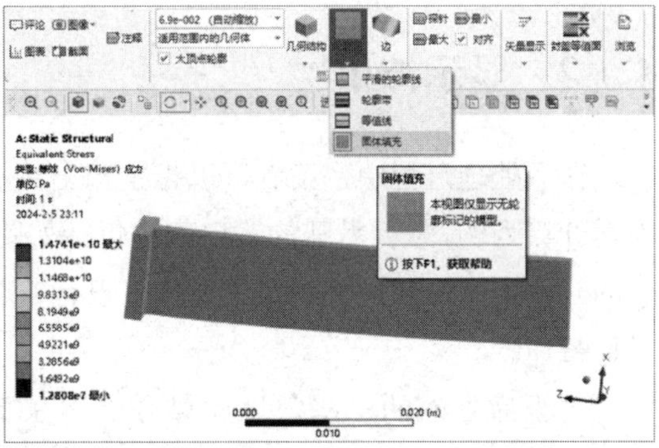

图 4-12　固体填充

外形显示："边" 命令允许显示未变形的模型或划分网格的模型。

● 无线框：不显示几何轮廓线，如图 4-13 所示。

● 显示未变形的线框：显示未变形的几何轮廓线，如图 4-14 所示。

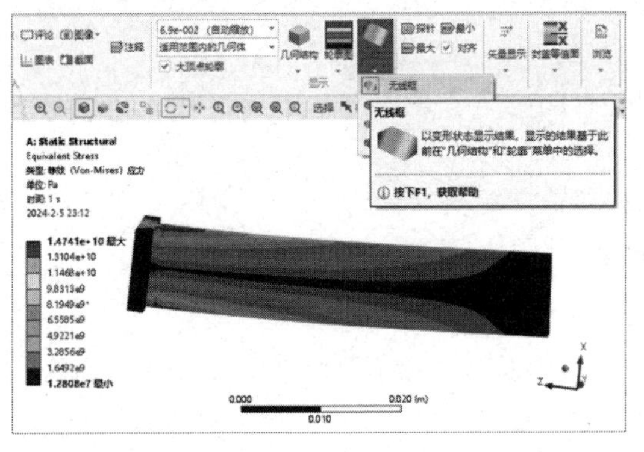

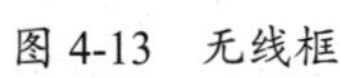

图 4-13　无线框

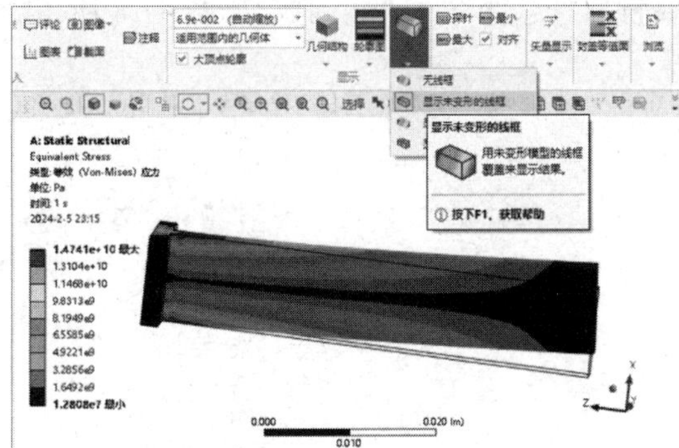

图 4-14　显示未变形的线框

● 显示未变形的模型：显示未变形的模型，如图 4-15 所示。

● 显示单元：显示单元，如图 4-16 所示。

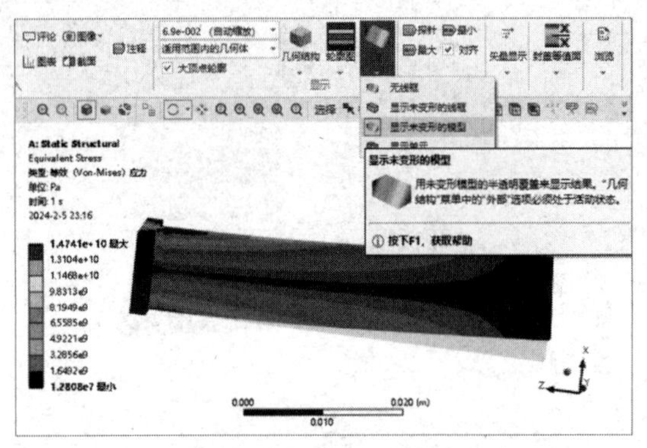

图 4-15　显示未变形的模型

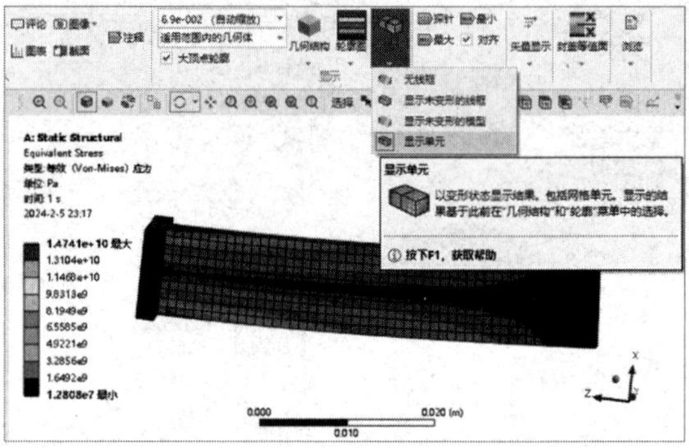

图 4-16　显示单元

最大、最小与探针工具：单击相应按钮，在图形中会显示最大值、最小值和探针位置的数值。

4.1.2　显示结果

在后处理过程中，读者可以指定输出结果。以静力学计算为例，软件默认的输出结果包括如图 4-17 所示的一些类型，其他分析结果请读者自行查看，这里不再赘述。

关于后处理的一些常见计算方法将在下文中详细介绍。

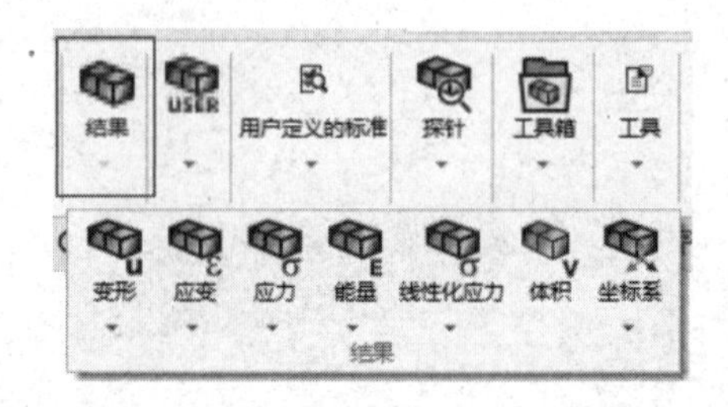

图 4-17　后处理的输出结果类型

4.1.3　显示变形

在 Workbench Mechanical 的计算结果中，可以显示模型的变形量。变形量的分析命令主要包括“总计”及“定向”，如图 4-18 所示。

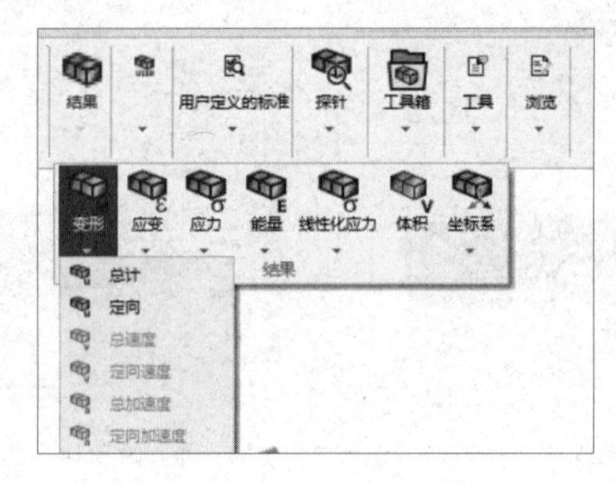

图 4-18　变形量的分析命令

（1）总计：总计是一个标量，由式（4-1）决定。

$$U_{\text{Total}}=\sqrt{U_x^2+U_y^2+U_z^2} \tag{4-1}$$

（2）定向：包括 x、y 和 z 方向上的变形，它们是通过“定向”命令指定的，并显示在整体或局部坐标系中。

Workbench Mechanical 中可以给出变形的矢量图，表明变形的方向，如图 4-19 所示。

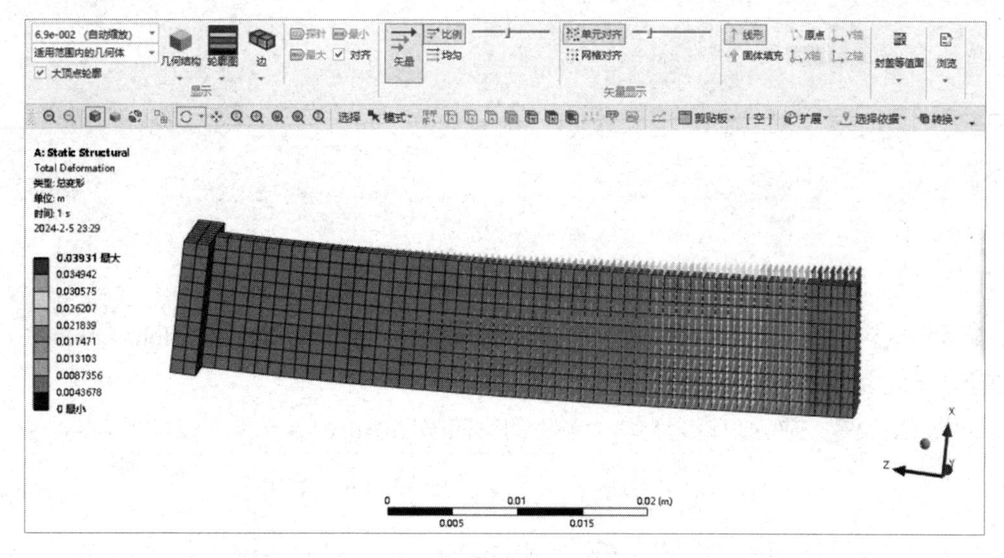

图 4-19　变形的矢量图

4.1.4　应力和应变

Workbench Mechanical 中给出了应力分析命令和应变分析命令，如图 4-20 和图 4-21 所示，这里的应变实际上指的是弹性应变。

图 4-20　应力分析命令

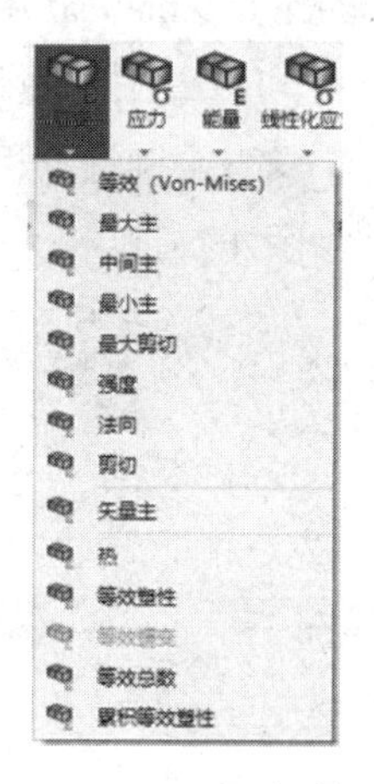

图 4-21　应变分析命令

在分析结果中，应力和应变有 6 个分量（x、y、z、xy、yz、xz），热应变有 3 个分量（x、y、z）。对应力和应变而言，它们的分量可以通过“法向”和“剪切”命令指定，而热应变是通过“热”命令指定的。

由于应力为一个张量，因此仅从应力分量上很难判断出系统的响应。在 Workbench Mechanical 中，可以利用安全系数对系统响应做出判断，而安全系数主要取决于所采用的强度理论。使用不同安全系数的应力工具，都可以绘制出安全边界及应力比。

应力工具可以利用 Workbench Mechanical 的计算结果，只需要操作时在“应力工具”子菜单下选择合适的强度理论即可，如图 4-22 所示。

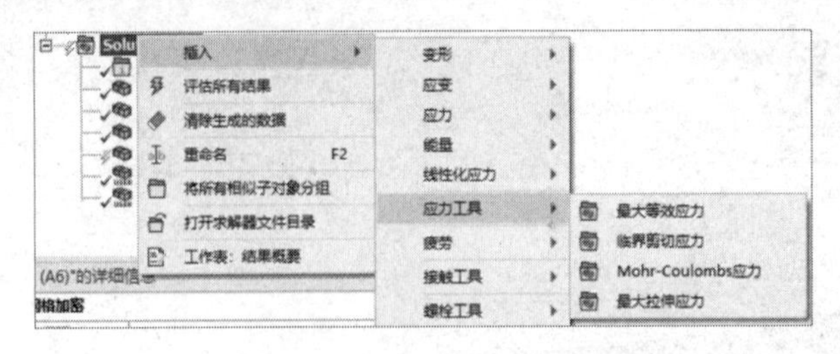

图 4-22 “应力工具”子菜单

最大等效应力理论及临界剪切应力理论适用于塑性材料（Ductile），Mohr-Coulombs 应力理论及最大拉伸应力理论适用于脆性材料（Brittle）。

其中，最大等效应力理论为材料力学中的第四强度理论，定义为

$$\sigma_e = \sqrt{\frac{1}{2}\left[(\sigma_1-\sigma_2)^2+(\sigma_2-\sigma_3)^2+(\sigma_3-\sigma_1)^2\right]} \tag{4-2}$$

临界剪切应力定义为$\tau_{\max}=\dfrac{\sigma_1-\sigma_3}{2}$，通过塑性材料的$\tau_{\max}$与屈服强度相比，可以预测屈服极限。

4.1.5 接触结果

在 Workbench Mechanical 中，选择“求解”选项卡中的“工具箱”→“接触工具”命令，如图 4-23 所示，可以得到接触分析结果。

使用接触工具下的接触分析选项可以求解相应的接触分析结果，包括压力、摩擦应力、滑动距离等，如图 4-24 所示。

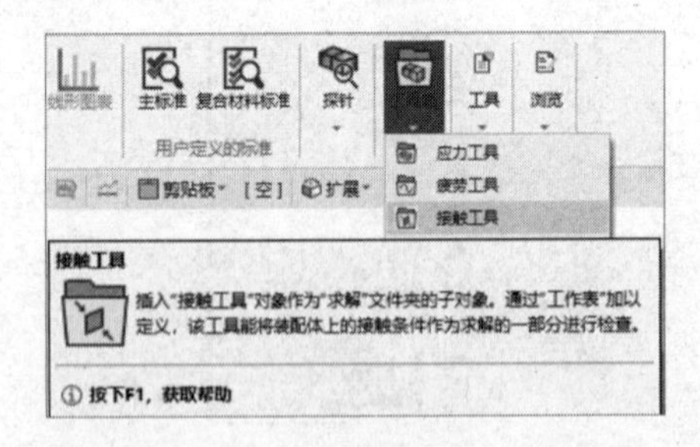

图 4-23 选择“接触工具”命令

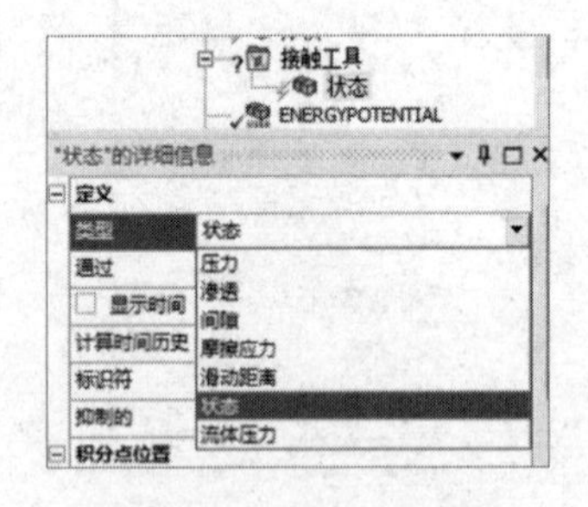

图 4-24 接触分析选项

为接触工具选择接触域有两种方法。

（1）工作表查看详细信息：从表单中选择接触域，包括接触面、目标面，或者同时选择二者。

（2）几何结构：在绘图窗格中选择接触域。

接触分析的相关内容在后面有单独的介绍，这里不再赘述。

4.1.6　显示自定义结果

在 Workbench Mechanical 中，除了可以查看标准结果，还可以根据需要插入自定义结果，包括数学表达式和多个结果的组合等。自定义结果的显示有两种方式。

（1）选择“求解”选项卡中的“用户定义的结果”命令，如图 4-25 所示。

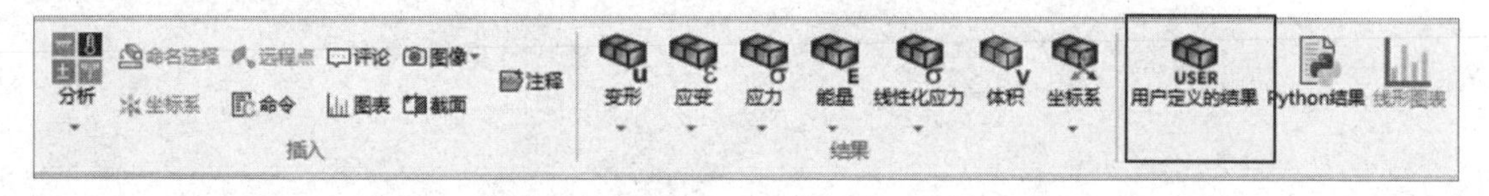

图 4-25　选择“用户定义的结果”命令（1）

（2）在求解工作表中选中结果后右击，在弹出的快捷菜单中选择“插入”→“用户定义的结果”命令，如图 4-26 所示。

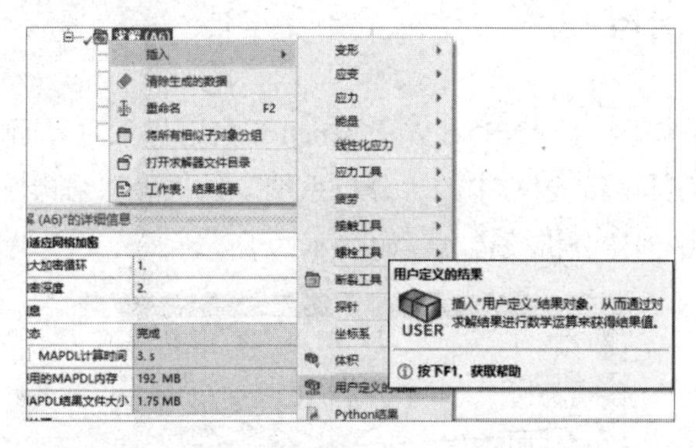

图 4-26　选择“用户定义的结果”命令（2）

在显示自定义结果的参数设置列表中，表达式允许使用各种数学操作符号，包括平方根、绝对值、指数等，如图 4-27 所示。

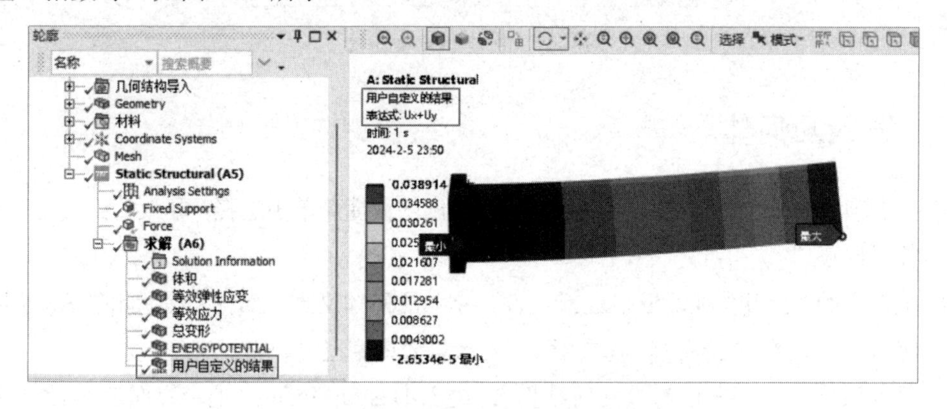

图 4-27　显示自定义结果的参数设置列表

4.2　实例分析

4.1 节介绍了后处理的常用方法及步骤，下面通过一个简单的实例来介绍后处理的操作方法。

4.2.1 问题描述

图 4-28 所示为某铝合金模型，请使用 ANSYS Workbench 平台分析作用在其侧面的压力为 11000N 时，中间圆杆的变形及应力分布情况。

图 4-28 铝合金模型

4.2.2 创建分析项目

① 在 Windows 系统下启动 ANSYS Workbench 平台，进入主界面。

② 双击主界面“工具箱”窗格中的“分析系统”→“静态结构”命令，即可在“项目原理图”窗格中创建分析项目 A，如图 4-29 所示。

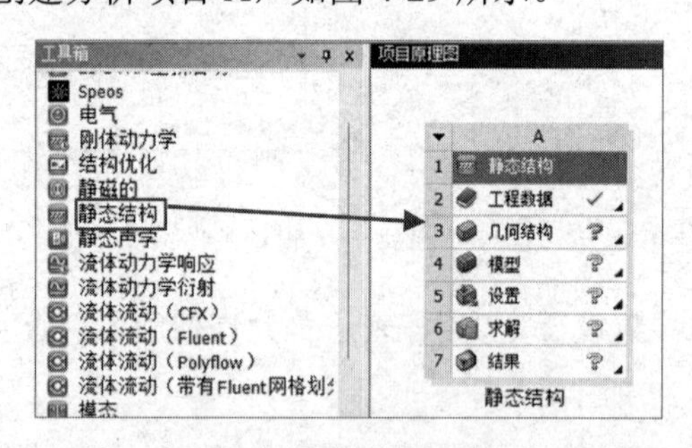

图 4-29 创建分析项目 A

4.2.3 导入几何体

① 右击项目 A 中 A3 栏的“几何结构”，在弹出的快捷菜单中选择“导入几何模型”→“浏览”命令。

② 在弹出的“打开”对话框中选择文件，导入几何体文件“部件.stp”，此时 A3 栏的“几何结构”后的？图标变为✓图标，表示实体模型已经存在。

③ 双击项目 A 中 A3 栏的“几何结构”，进入 DesignModeler 平台界面。选择菜单栏中的“单位”→“毫米”命令，设置长度单位为“mm”，此时在“树轮廓”窗格中的“导入 1”命令前会显示⚡图标，表示需要生成几何体，同时“图形”窗格中没有图形显示，如图 4-30 所示。

④ 单击⚡生成按钮，即可在“图形”窗格中显示生成的几何体，如图 4-31 所示，此时可以在几何体上进行其他操作，本实例无须进行操作。

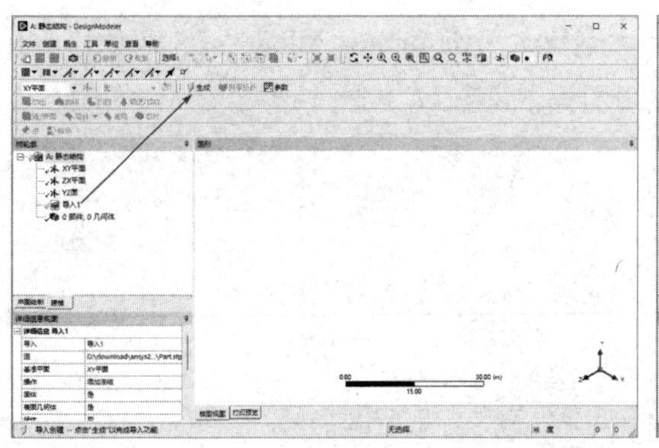

图 4-30 生成几何体前的 DesignModeler 平台界面

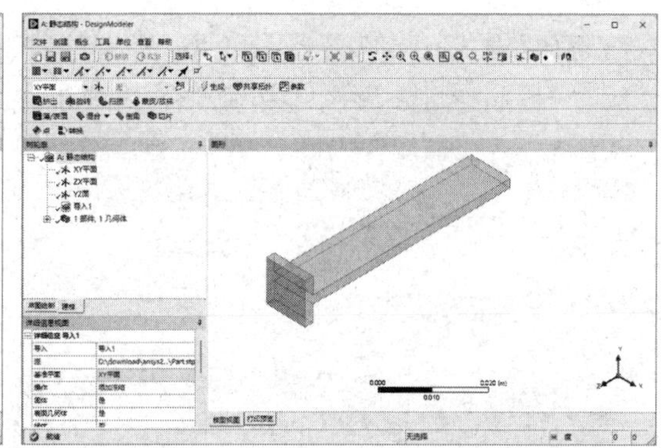

图 4-31 生成几何体后的 DesignModeler 平台界面

⑤ 单击 DesignModeler 平台界面右上角的“关闭”按钮，关闭 DesignModeler 平台，返回 ANSYS Workbench 平台主界面。

4.2.4 添加材料库

① 双击项目 A 中 A2 栏的“工程数据”，进入如图 4-32 所示的材料参数设置界面，在该界面中可以进行材料参数设置。

② 在界面的空白处右击，在弹出的快捷菜单中选择“工程数据源”命令，此时的界面会变为如图 4-33 所示的界面。原界面中的“轮廓 原理图 A2：工程数据”表消失，出现“工程数据源”及“轮廓 偏好”表。

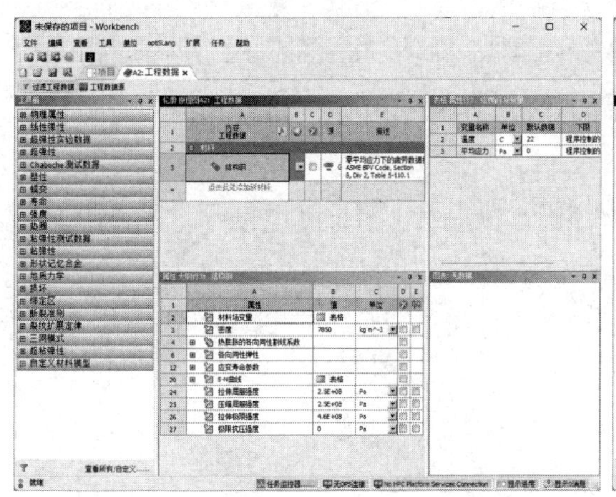

图 4-32 材料参数设置界面（1）

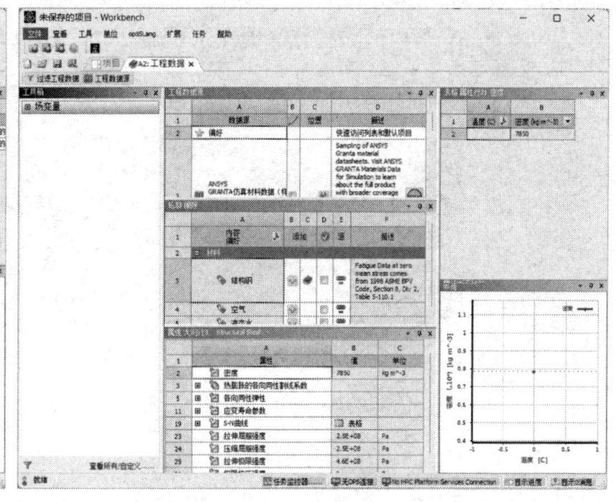

图 4-33 材料参数设置界面（2）

③ 在“工程数据源”表中单击 A4 栏的“一般材料”（“轮廓偏好”表会自动变为“轮廓 General Materials”表，后文情况类似），之后单击“轮廓 General Materials”表中 A5 栏的“铝合金”后 B5 栏的（添加）按钮，此时在 C5 栏中会显示（使用中）图标，如图 4-34 所示，表示添加材料成功。

④ 同步骤②，在界面的空白处右击，在弹出的快捷菜单中选择“工程数据源”命令，返回初始界面。

⑤ 根据实际工程材料的特性，在“属性 大纲行 5：Aluminum Alloy”表中可以修改材料的特性，如图 4-35 所示，本实例采用的是默认值。

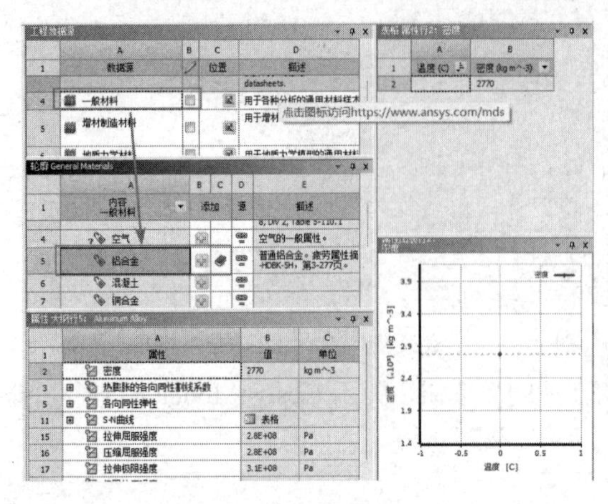

图 4-34　添加材料

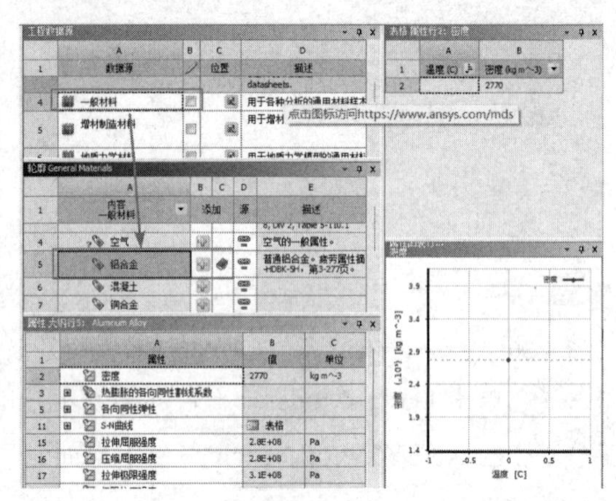

图 4-35　修改材料的特性

提示

用户也可以通过材料参数设置界面自行创建新材料并将其添加到材料库中，这在后面的讲解中会涉及，本实例不介绍。

⑥ 单击工具栏中的“项目”按钮，返回 ANSYS Workbench 平台主界面，完成材料库的添加。

4.2.5　添加模型材料属性

① 双击项目 A 中 A4 栏的“模型”，进入如图 4-36 所示的 Mechanical 平台界面，在该界面中可以进行网格的划分、分析设置、结果观察等操作。

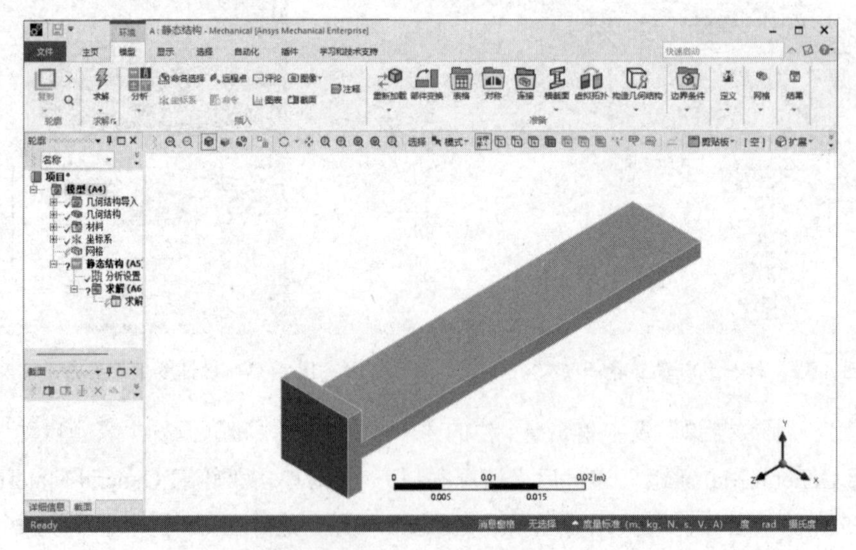

图 4-36　Mechanical 平台界面

提示

ANSYS Workbench 平台默认的材料为“结构钢”。

② 选择 Mechanical 平台界面左侧“轮廓”窗格中的“几何结构”→“1”命令，即可在“‘1’的详细信息”窗格中给模型添加材料。

③ 单击“材料”→“任务”栏后的▸按钮，会出现刚刚设置的材料“铝合金”，选择该选项即可将其添加到模型中，如图 4-37 所示。如图 4-38 所示，表示材料已经添加成功。

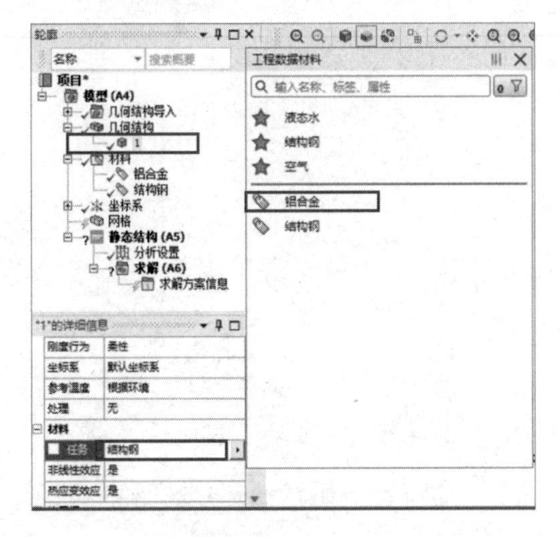

图 4-37　添加材料

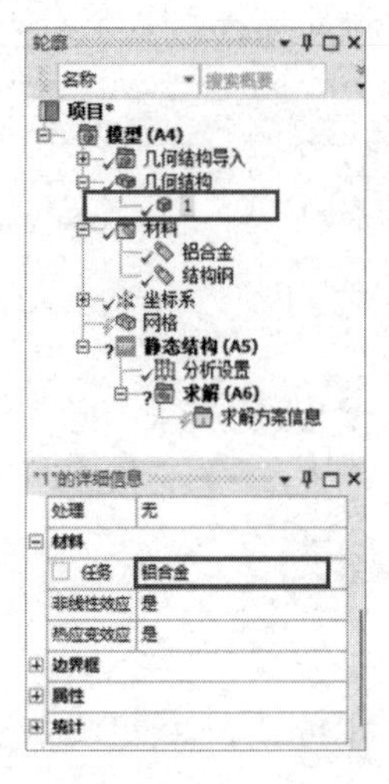

图 4-38　材料添加成功

4.2.6　划分网格

① 选择“轮廓”窗格中的“网格”命令，即可在“‘网格’的详细信息”窗格中修改网格参数，本实例在“默认值”→“单元尺寸”栏中输入“1.e-003m”，其余选项保持默认设置，如图 4-39 所示。

② 右击“轮廓”窗格中的“网格”命令，在弹出的快捷菜单中选择“生成网格”命令，最终的网格效果如图 4-40 所示。

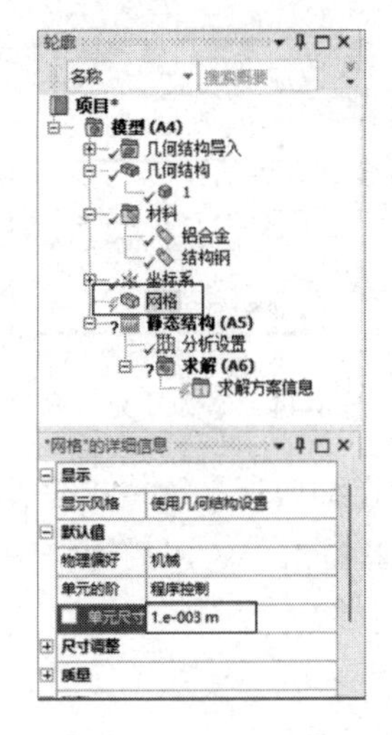

图 4-39　修改网格参数

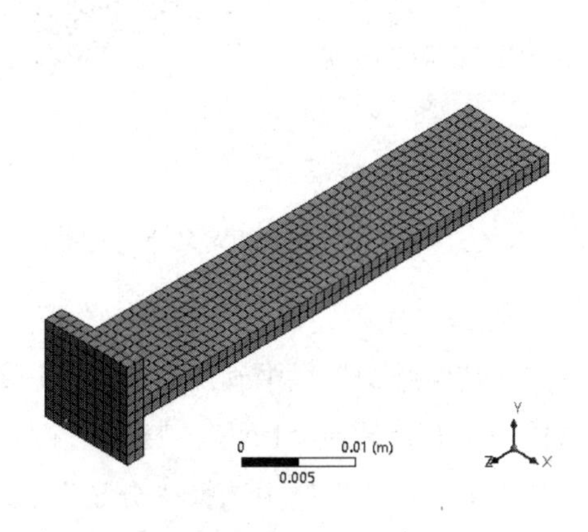

图 4-40　网格效果

4.2.7 施加载荷与约束

① 选择“轮廓”窗格中的“静态结构（A5）”命令，此时会出现如图 4-41 所示的“环境”选项卡。

② 选择“环境”选项卡中的“结构”→“固定的”命令，此时在“轮廓”窗格中会出现“固定支撑”命令，如图 4-42 所示。

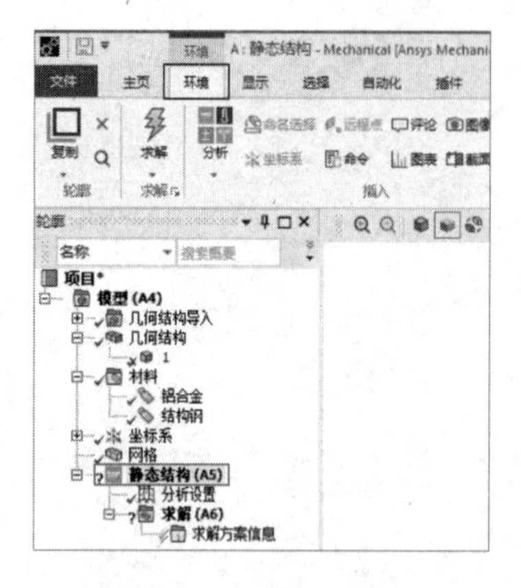

图 4-41 “环境”选项卡

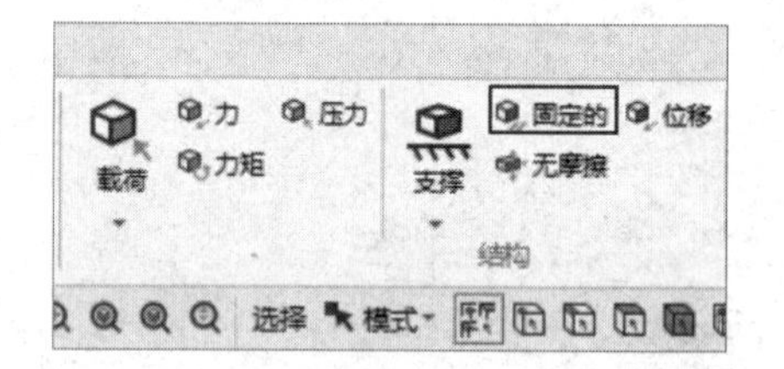

图 4-42 添加“固定支撑”命令

③ 选择“轮廓”窗格中的“固定支撑”命令，并选择需要施加固定约束的面，单击“‘固定支撑’的详细信息”窗格中“几何结构”栏的“应用”按钮，即可在选中的面上施加固定约束，如图 4-43 所示。

④ 同步骤②，选择“环境”选项卡中的“结构”→“力”命令，此时在“轮廓”窗格中会出现“力”命令，如图 4-44 所示。

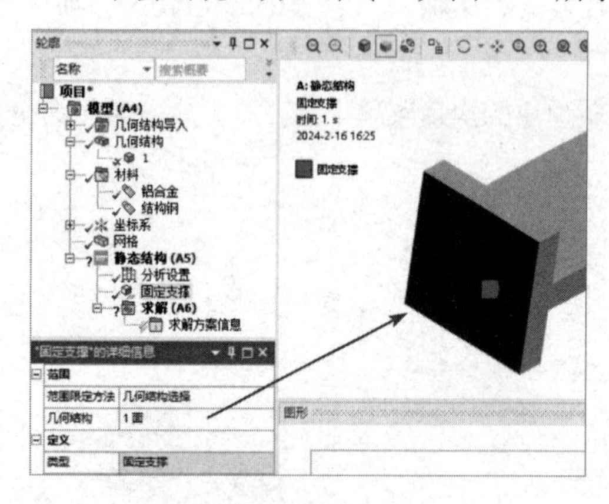

图 4-43 施加固定约束

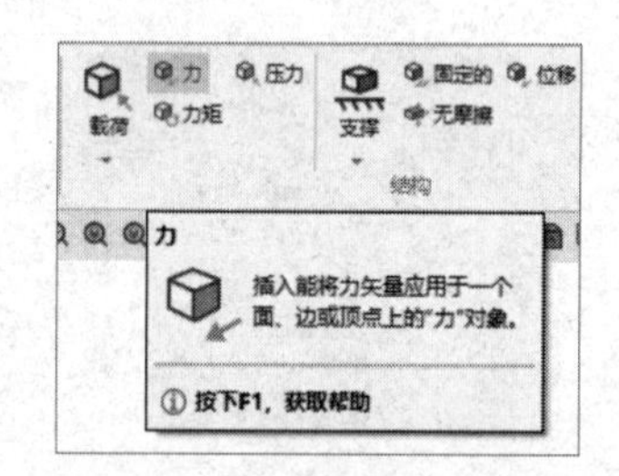

图 4-44 添加“力”命令

⑤ 选择“轮廓”窗格中的“力”命令，在“‘力’的详细信息”窗格中进行以下设置。

在“几何结构”栏中确保如图 4-45 所示的面被选中并单击“应用”按钮，此时在“几何结构”栏中会显示“1 面”，表明一个面已经被选中。

在“定义依据”栏中选择“分量”选项。

在“X 分量”栏中输入“10000N（斜坡）”，其余选项保持默认设置。

⑥ 右击“轮廓”窗格中的“静态结构（A5）”命令，在弹出的快捷菜单中选择“求解”命令，进行计算，如图 4-46 所示。

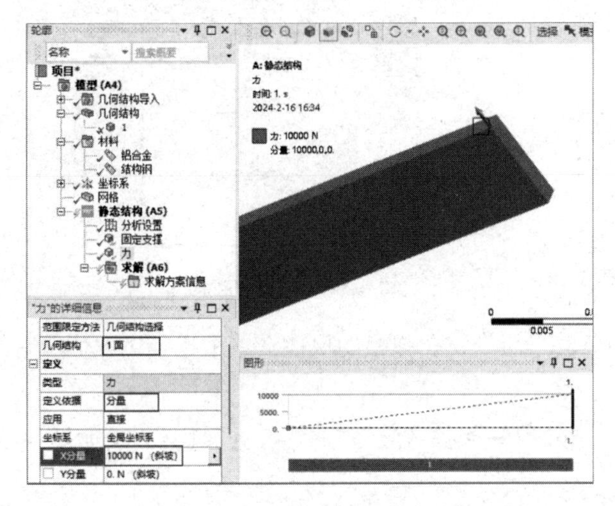

图 4-45　施加载荷

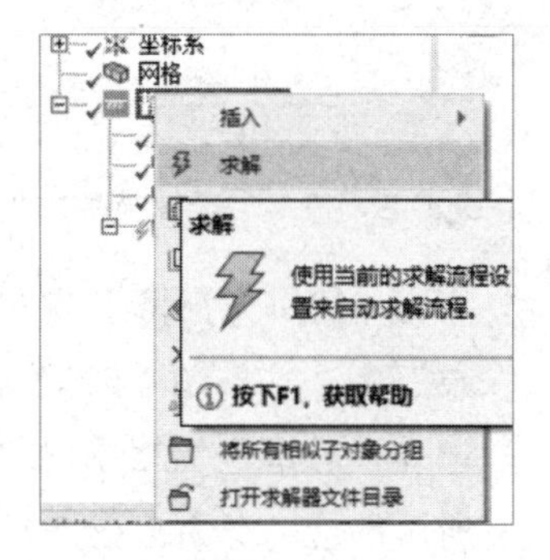

图 4-46　选择“求解”命令

4.2.8　结果后处理

① 选择“轮廓”窗格中的“求解（A6）”命令，此时会出现如图 4-47 所示的“求解”选项卡。

② 选择“求解”选项卡中的“结果”→“应力”→“等效（Von-Mises）”命令，此时在“轮廓”窗格中会出现“等效应力”命令，如图 4-48 所示。

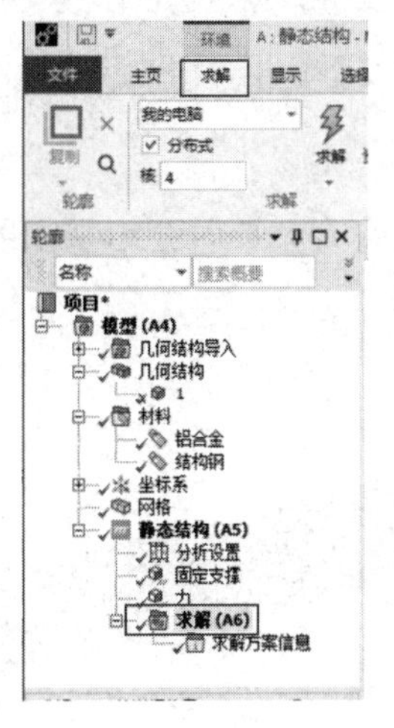

图 4-47　“求解”选项卡

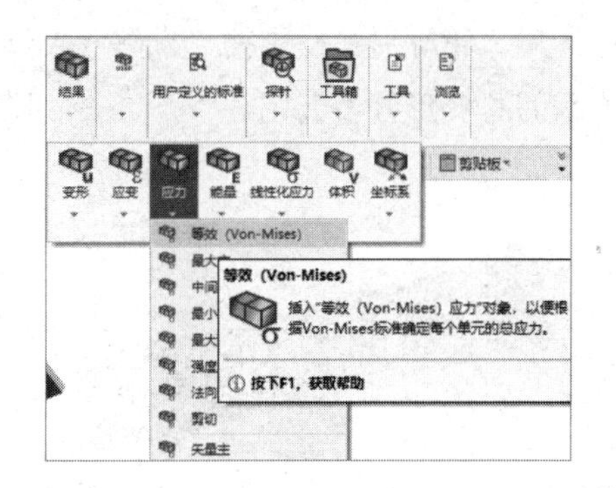

图 4-48　添加“等效应力”命令

③ 同步骤②，选择“求解”选项卡中的“结果”→“应变”→“等效（Von-Mises）”命令，此时在“轮廓”窗格中会出现“等效弹性应变”命令，如图 4-49 所示。

④ 同步骤②，选择“求解”选项卡中的“结果”→“变形”→“总计”命令，此时在“轮廓”窗格中会出现“总变形”命令，如图 4-50 所示。

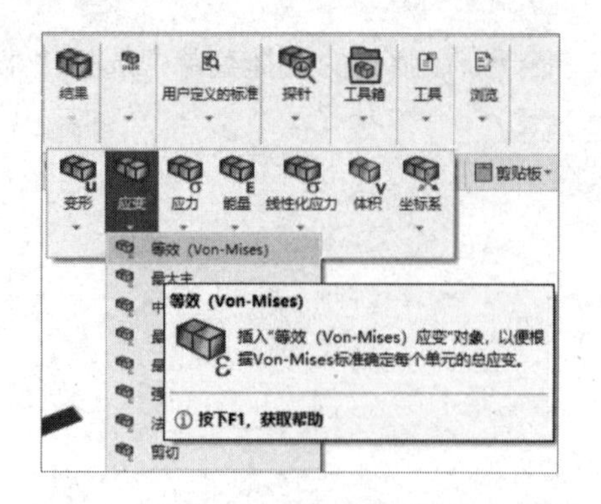

图 4-49　添加“等效弹性应变”命令

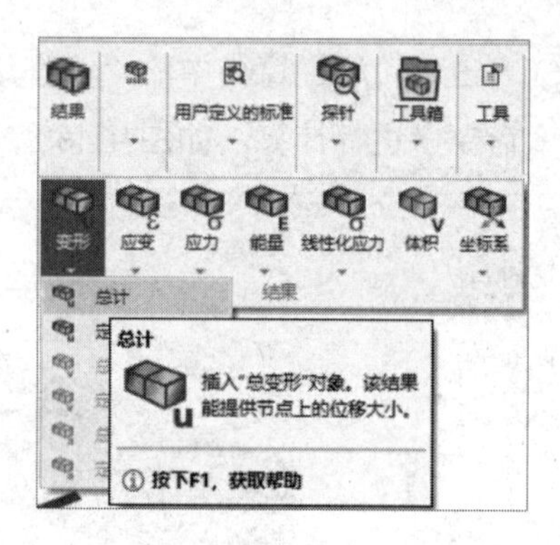

图 4-50　添加“总变形”命令

⑤ 右击“轮廓”窗格中的“求解（A6）”命令，在弹出的快捷菜单中选择“评估所有结果”命令，如图 4-51 所示。

⑥ 选择“轮廓”窗格中的“求解（A6）”→“等效应力”命令，此时会出现如图 4-52 所示的应力分析云图。

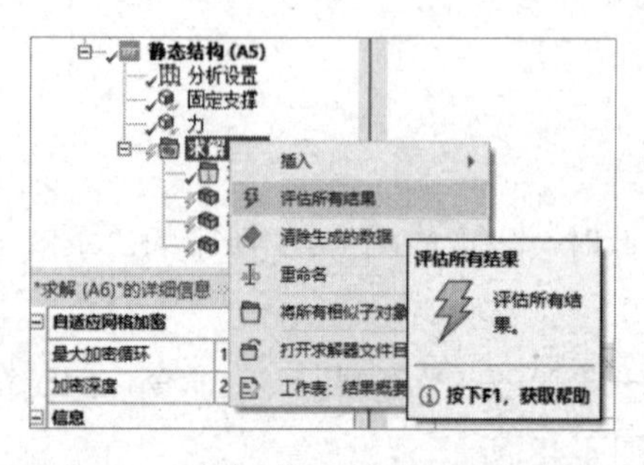

图 4-51　选择“评估所有结果”命令

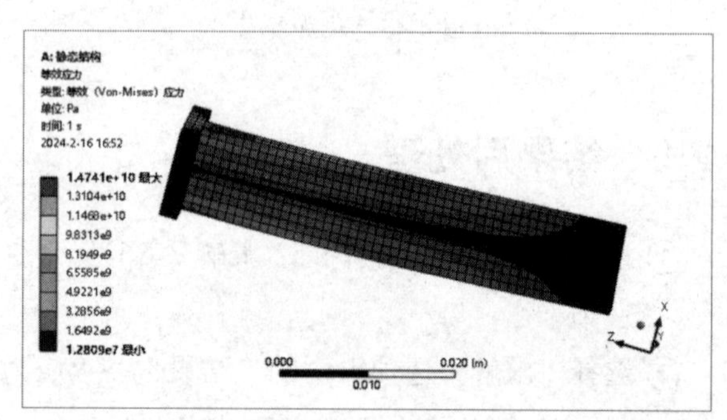

图 4-52　应力分析云图（1）

⑦ 选择“轮廓”窗格中的“求解（A6）”→“等效弹性应变”命令，此时会出现如图 4-53 所示的应变分析云图。

⑧ 选择“轮廓”窗格中的“求解（A6）”→“总变形”命令，此时会出现如图 4-54 所示的总变形分析云图。

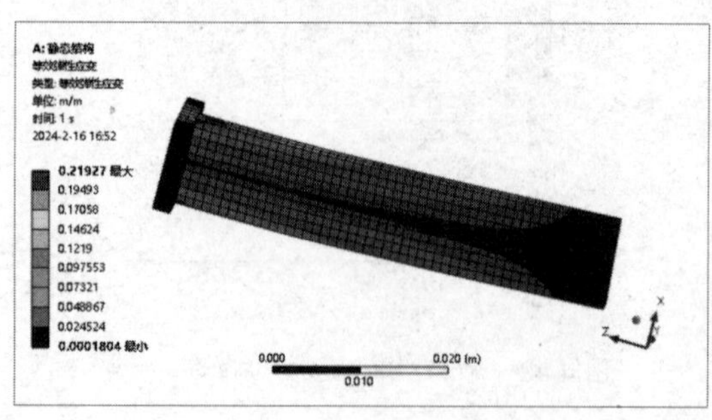

图 4-53　应变分析云图（1）

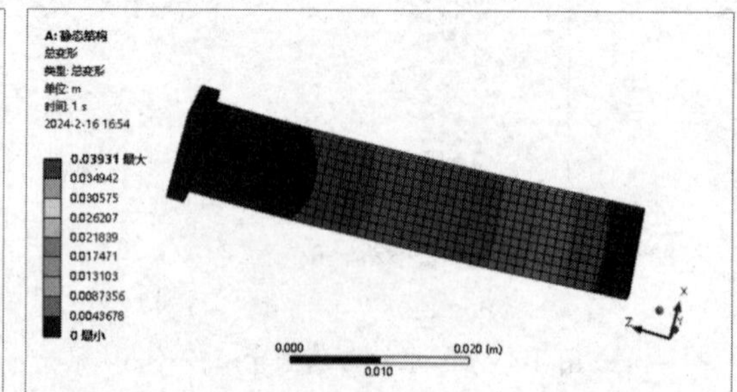

图 4-54　总变形分析云图（1）

⑨ 选择“结果”选项卡中“显示”命令下的 平滑的轮廓线 命令，此时分别显示的应力、应变及总变形分析云图如图 4-55～图 4-57 所示。

⑩ 选择“结果”选项卡中“显示”命令下的 等值线 命令，此时分别显示的应力、应变及总变形分析线图如图 4-58～图 4-60 所示。

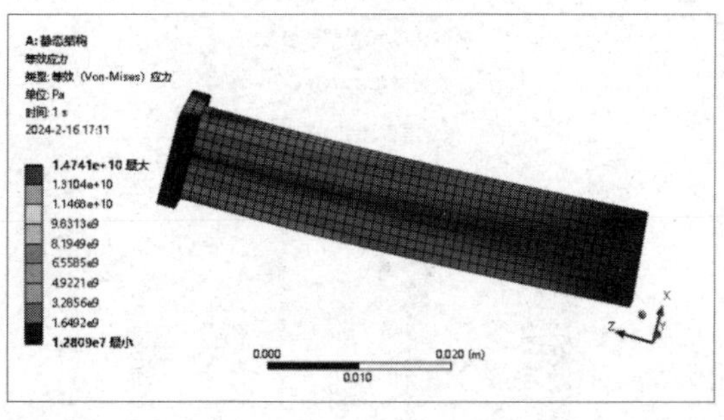

图 4-55　应力分析云图（2）

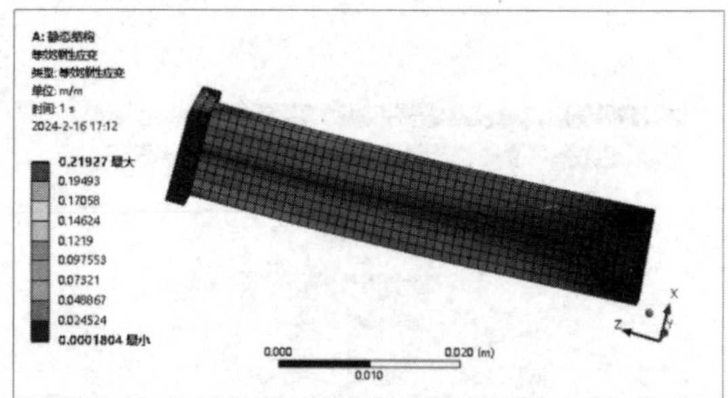

图 4-56　应变分析云图（2）

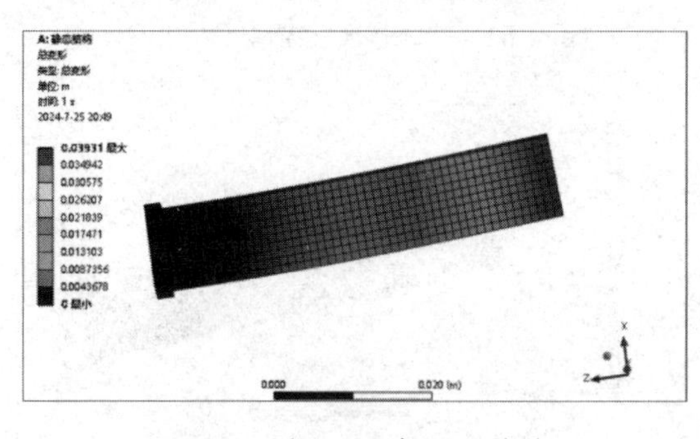

图 4-57　总变形分析云图（2）

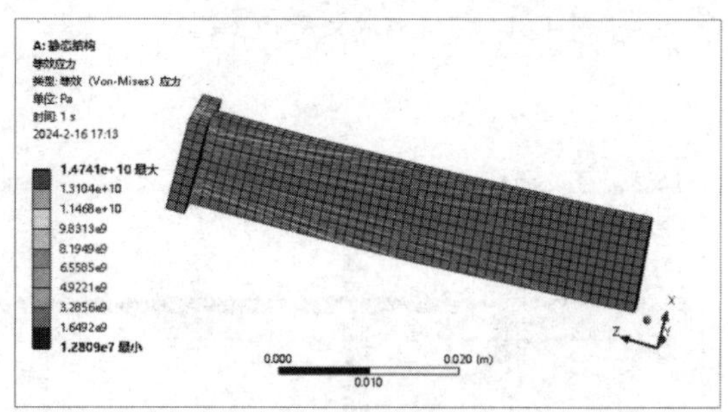

图 4-58　应力分析线图

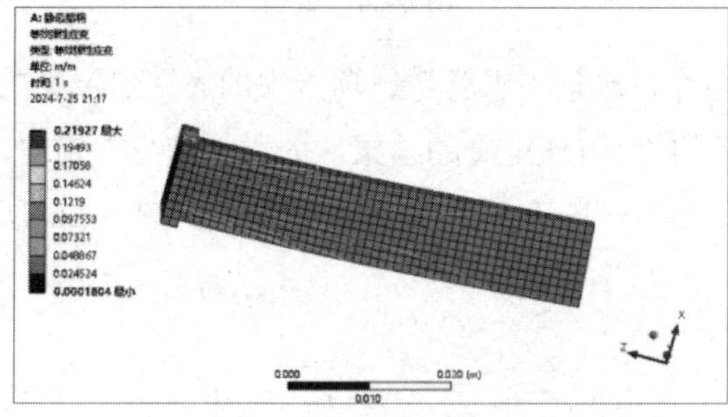

图 4-59　应变分析线图

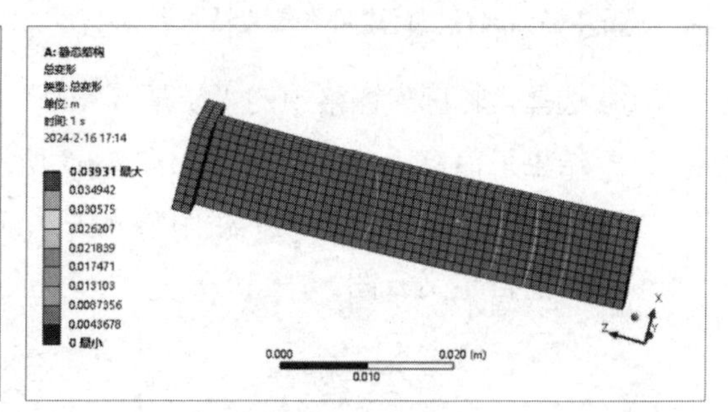

图 4-60　总变形分析线图

⑪ 选择“轮廓”窗格中的“求解（A6）”命令，单击按钮，选择“工作表：结果概要”选项，此时会弹出如图 4-61 所示的“工作表”窗格。

⑫ 选中“可用的求解方案数量”单选按钮，此时会显示如图 4-62 所示的“工作表”窗格。

⑬ 右击“ENERGY”选项，在弹出的快捷菜单中选择“创建用户定义结果”命令，如图 4-63 所示。

⑭ 在“轮廓”窗格中出现“ENERGYPOTENTIAL”命令，右击该命令，在弹出的快捷菜单中选择“评估所有结果”命令，此时在绘图窗格中会显示如图 4-64 所示的云图。

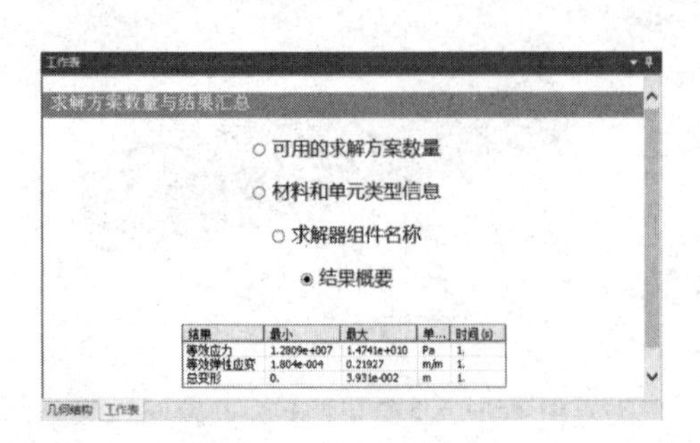

图 4-61 “工作表”窗格（1）

图 4-62 “工作表”窗格（2）

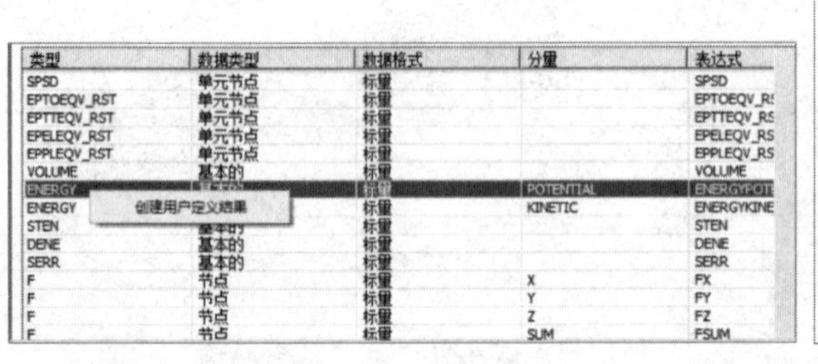

图 4-63 选择“创建用户定义结果”命令

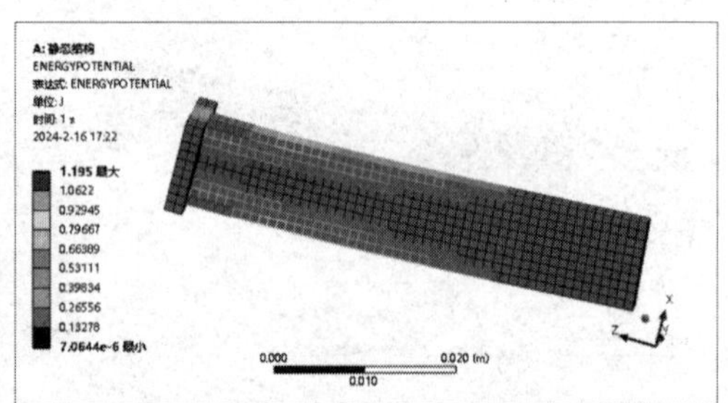

图 4-64 云图

⑮ 选择“轮廓”窗格中的“求解（A6）”命令，选择“求解”选项卡中的“用户定义的结果”命令，此时会出现如图 4-65 所示的“‘用户定义的结果’的详细信息”窗格，在该窗格的“表达式”栏中输入关系式“=Ux+Uy”进行计算，会显示如图 4-66 所示的自定义云图。

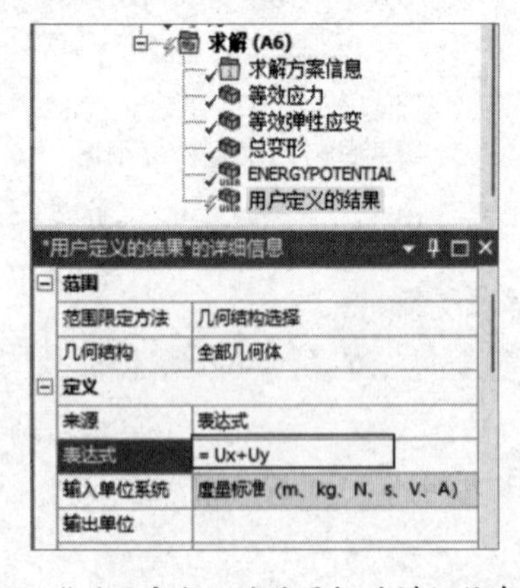

图 4-65 “‘用户定义的结果’的详细信息”窗格

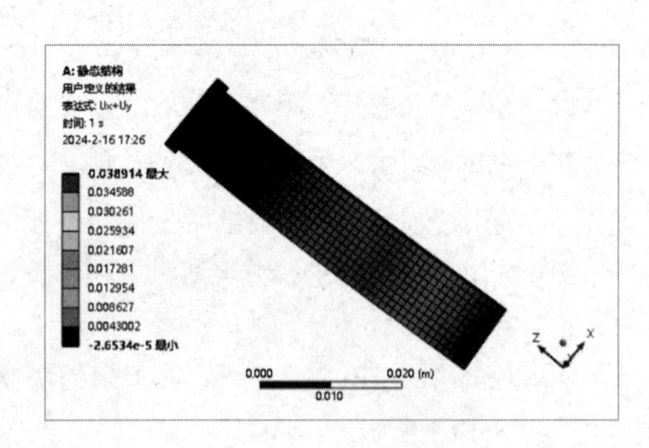

图 4-66 自定义云图

4.2.9 保存与退出

① 单击 Mechanical 平台界面右上角的“关闭”按钮，关闭 Mechanical 平台，返回 ANSYS

Workbench 平台主界面。

② 在 ANSYS Workbench 平台主界面中单击工具栏中的“保存”按钮，设置“文件名”为“部件.wbpj”，保存包含分析结果的文件。

③ 单击右上角的“关闭”按钮，关闭 ANSYS Workbench 平台，完成项目分析。

4.3　本章小结

本章以有限元分析的一般过程为总线，分别介绍了 ANSYS Workbench 平台后处理的意义和后处理工具命令的使用方法。另外，本章通过应用实例讲解了 ANSYS Workbench 平台后处理常用的选项及工具命令的使用方法。

第 2 篇

第 5 章

结构静力学分析

本章内容

结构静力学分析是有限元分析中最简单的，也是最基础的分析方法。一般在工程计算中最常用的分析方法就是结构静力学分析。

本章首先对线性静力学分析的一般原理进行介绍，然后通过几个典型实例对 ANSYS Workbench 平台的结构静力学分析模块进行详细讲解，包括几何建模（外部几何数据的导入）、材料赋予、网格设置与划分、边界条件的设定和后处理操作等。

学习要求

知 识 点	学 习 目 标			
	了解	理解	应用	实践
线性静力学分析的基本知识	√			
结构静力学分析的计算过程			√	√

5.1　线性静力学分析概述

线性静力学分析是非常基础、应用广泛的分析类型，用于线弹性材料静态加载的情况。

线性分析有两方面的含义：材料为线性，应力应变关系为线性，变形是可恢复的；结构发生的是小位移、小应变、小转动，结构刚度不因变形而变化。

线性分析除了包括线性静力学分析，还包括线性动力学分析，而线性动力学分析又包括以下几种典型的分析：模态分析、谐响应分析、响应谱分析、随机振动分析、瞬态动力学分析及线性屈曲分析等。

与线性分析相对应的就是非线性分析，非线性分析主要分析的是大变形等。ANSYS Workbench 平台可以很容易地完成上述任何一种分析及任意几种分析的联合计算。

5.1.1　线性静力学分析简介

所谓静力，是指结构受到静态载荷的作用，可以忽略惯性和阻尼。在静态载荷的作用下，结构处于静力平衡状态，此时必须充分约束，但由于不考虑惯性，因此质量对结构没有影响。在很多情况下，如果载荷周期远远大于结构自振周期（即缓慢加载），则结构的惯性效应可以被忽略，这种情况可以被简化为线性静力学分析。

ANSYS Workbench 平台的线性静力学分析可以将多种载荷组合到一起进行分析，即可以进行多工况的力学分析。

图 5-1 所示为 ANSYS Workbench 平台进行静力学分析的流程图表，其中项目 A 为利用 ANSYS 软件自带求解器进行静力学分析的流程卡。

图 5-1　静力学分析流程图表（1）

在项目 A 中有 A1～A7 共 7 个栏目（如同 Excel 表格），从上到下进行设置，即可完成一个静力学分析流程。

A1：静态结构，即求解的类型和求解器的类型。

A2：工程数据，即材料库，从中可以选择和设置工程材料。

A3：几何结构，即几何建模工具或导入外部几何数据的平台。

A4：模型，即前处理，如几何模型材料赋予及模型网格设置与划分。

A5：设置，即对分析过程所需的边界条件等参数进行设置。

A6：求解，即求解计算有限元模型。

A7：结果，即后处理，如完成应力分析及位移响应等云图的显示。

5.1.2　线性静力学分析流程

图 5-2 所示为静力学分析流程图表，在每个栏目右侧都有一个提示图标，如对号（✓）、

问号（?）等。在流程分析过程中遇到的各种提示图标及含义如图 5-3 所示。

图 5-2　静力学分析流程图表（2）

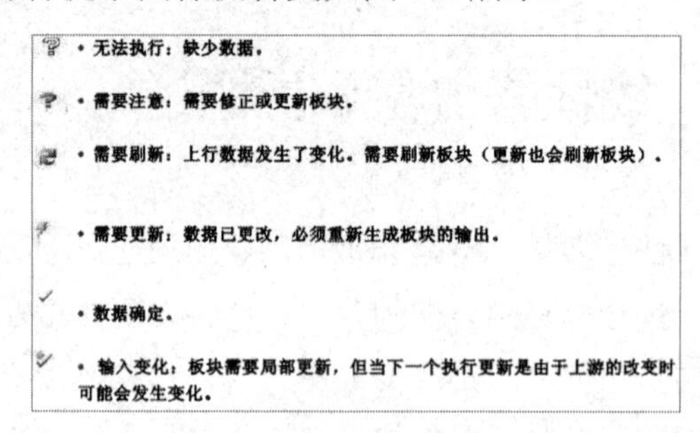

图 5-3　提示图标及含义

5.1.3　线性静力学分析基础

由经典力学理论可知，物体的动力学通用方程为

$$\boldsymbol{M}\boldsymbol{x}'' + \boldsymbol{C}\boldsymbol{x}' + \boldsymbol{K}\boldsymbol{x} = \boldsymbol{F}(t) \tag{5-1}$$

式中，$\boldsymbol{M}$ 是质量矩阵；$\boldsymbol{C}$ 是阻尼矩阵；$\boldsymbol{K}$ 是刚度矩阵；$\boldsymbol{x}$ 是位移矢量；$\boldsymbol{F}(t)$ 是力矢量；$\boldsymbol{x}'$ 是速度矢量；$\boldsymbol{x}''$ 是加速度矢量。

而在线性结构分析中，与时间 t 相关的量都将被忽略，于是上式可以简化为

$$\boldsymbol{K}\boldsymbol{x} = \boldsymbol{F} \tag{5-2}$$

下面通过几个简单的实例介绍一下结构静力学分析的方法和步骤。

5.2　实例 1——实体静力学分析

本节主要介绍使用 ANSYS Workbench 平台的 DesignModeler 模块进行外部几何体导入的操作，并对模型进行静力学分析。

学习目标：

（1）熟练掌握使用 ANSYS Workbench 平台的 DesignModeler 模块进行外部几何体导入的方法，了解 DesignModeler 模块支持的外部几何体文件的类型。

（2）掌握 ANSYS Workbench 实体静力学分析的方法及过程。

模型文件	配套资源\Chapter05\char05-1\Bar.stp
结果文件	配套资源\Chapter05\char05-1\SolidStaticStructure.wbpj

5.2.1　问题描述

图 5-4 所示为某铝合金模型，请使用 ANSYS Workbench 平台分析作用在其上端面的压力为 11000N 时，中间圆杆的变形及应力分布情况。

5.2.2　创建分析项目

① 在 Windows 系统下启动 ANSYS Workbench 平台，进入主界面。

② 双击主界面“工具箱”窗格中的“分析系统”→“静态结构”命令，即可在“项目原理图”窗格中创建分析项目 A，如图 5-5 所示。

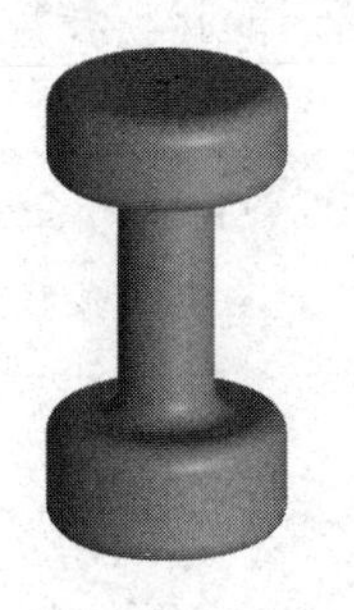

图 5-4　铝合金模型

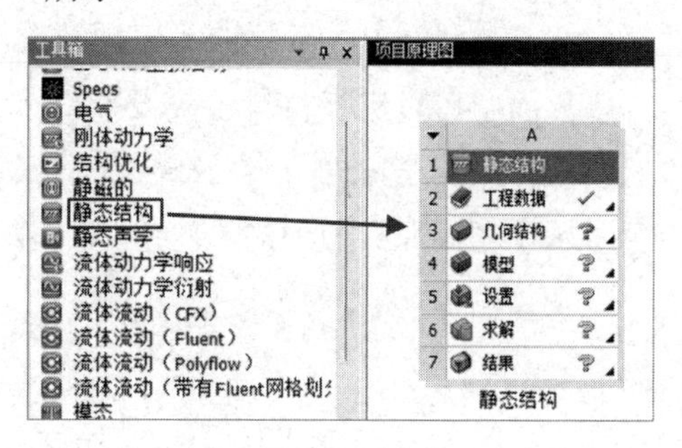

图 5-5　创建分析项目 A

5.2.3　导入几何体

① 右击项目 A 中 A3 栏的“几何结构”，在弹出的快捷菜单中选择“导入几何模型”→“浏览”命令。

② 在弹出的“打开”对话框中选择文件，导入几何体文件“Bar.stp”，此时 A3 栏的“几何结构”后的 ? 图标变为 ✓ 图标，表示实体模型已经存在。

③ 双击项目 A 中 A3 栏的“几何结构”，进入 DesignModeler 平台界面。选择菜单栏中的“单位”→“毫米”命令，设置长度单位为“mm”，此时在“树轮廓”窗格中的“导入 1”命令前会显示⚡图标，表示需要生成几何体，同时“图形”窗格中没有图形显示，如图 5-6 所示。

④ 单击 生成 按钮，即可在“图形”窗格中显示生成的几何体，如图 5-7 所示，此时可以在几何体上进行其他操作，本实例无须进行操作。

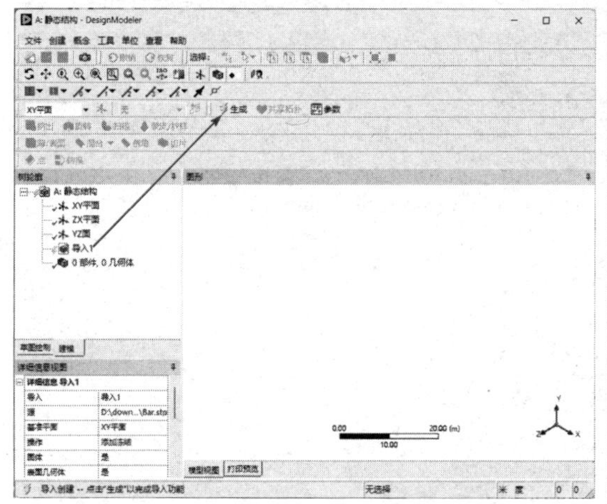

图 5-6　生成几何体前的 DesignModeler 平台界面

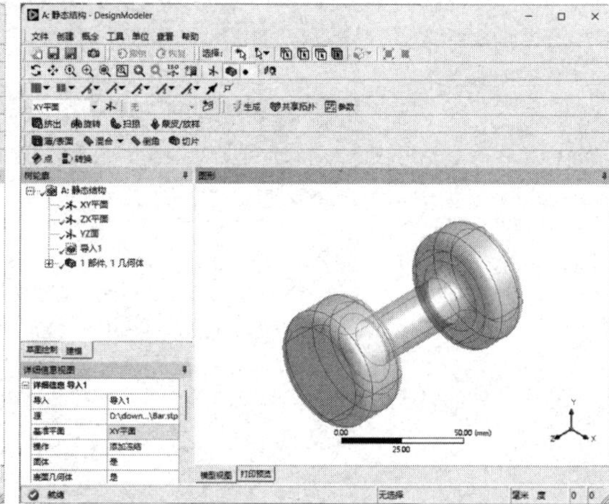

图 5-7　生成几何体后的 DesignModeler 平台界面

⑤ 单击 DesignModeler 平台界面右上角的“关闭”按钮，关闭 DesignModeler 平台，返回 ANSYS Workbench 平台主界面。

5.2.4 添加材料库

① 双击项目 A 中 A2 栏的“工程数据”，进入如图 5-8 所示的材料参数设置界面，在该界面中可以进行材料参数设置。

② 在界面的空白处右击，在弹出的快捷菜单中选择“工程数据源”命令，如图 5-9 所示，之后原界面中的“轮廓 原理图 A2：工程数据”表消失，出现“工程数据源”及“轮廓 偏好”表。

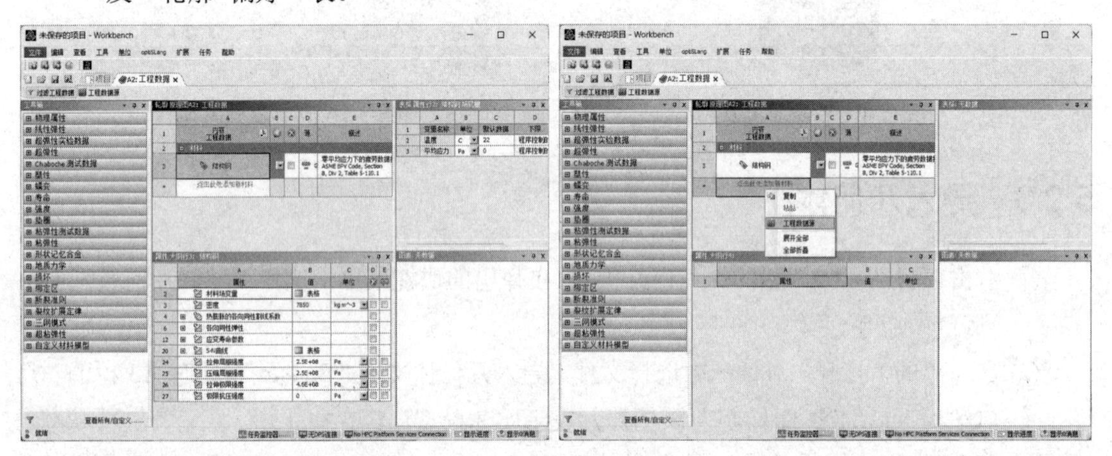

图 5-8 材料参数设置界面　　图 5-9 选择“工程数据源”命令

③ 在“工程数据源”表中单击 A4 栏的“一般材料”，之后单击“轮廓 General Materials”表中 A11 栏的“铝合金”后 B11 栏的（添加）按钮，此时在 C11 栏中会显示（使用中）图标，如图 5-10 所示，表示添加材料成功。

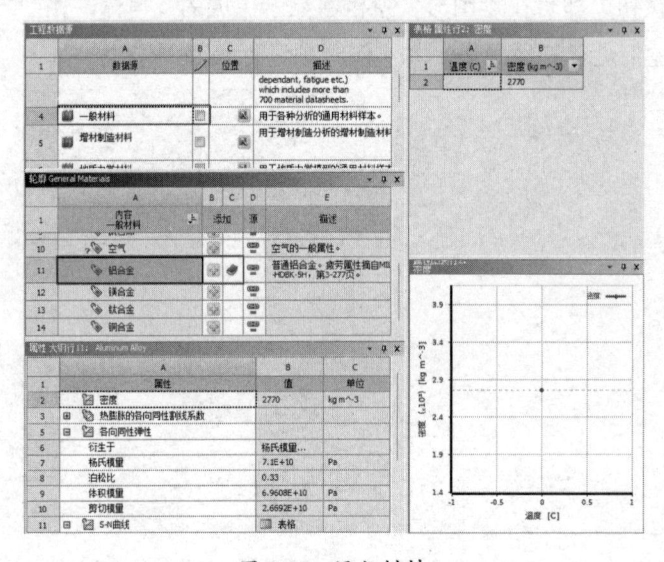

图 5-10 添加材料

④ 同步骤②，在界面的空白处右击，在弹出的快捷菜单中选择“工程数据源”命令，返回初始界面。

⑤ 根据实际工程材料的特性，在“属性 大纲行 11：Aluminum Alloy”表中可以修改材料的特性，如图 5-11 所示，本实例采用的是默认值。

图 5-11　修改材料的特性

⑥ 单击工具栏中的 项目 按钮，返回 ANSYS Workbench 平台主界面，完成材料库的添加。

5.2.5　添加模型材料属性

① 双击项目 A 中 A4 栏的“模型”，进入如图 5-12 所示的 Mechanical 平台界面，在该界面中可以进行网格的划分、分析设置、结果观察等操作。

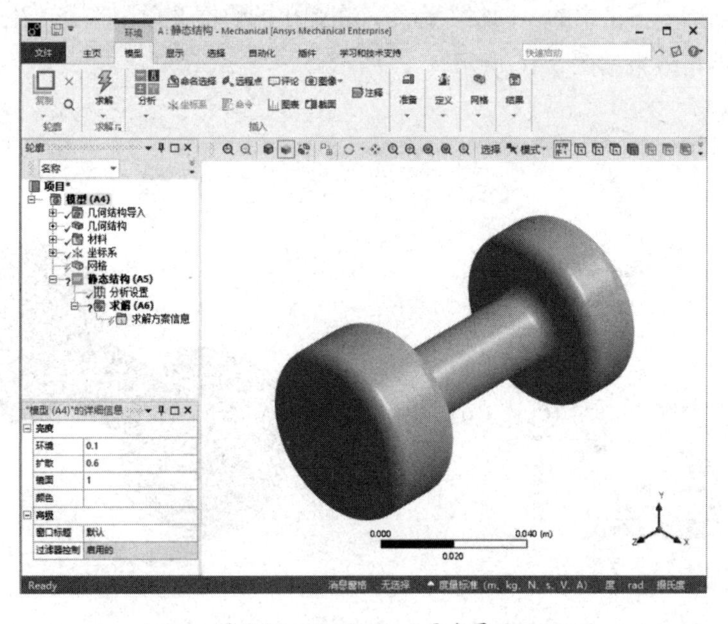

图 5-12　Mechanical 平台界面

② 选择 Mechanical 平台界面左侧“轮廓”窗格中的“几何结构”→“Bar”命令，即可在“‘Bar’的详细信息”窗格中给模型添加材料。

③ 单击“材料”→“任务”栏后的▸按钮，会出现刚刚设置的材料“铝合金”，选择该选项即可将其添加到模型中，如图 5-13 所示。如图 5-14 所示，表示材料已经添加成功。

图 5-13　添加材料

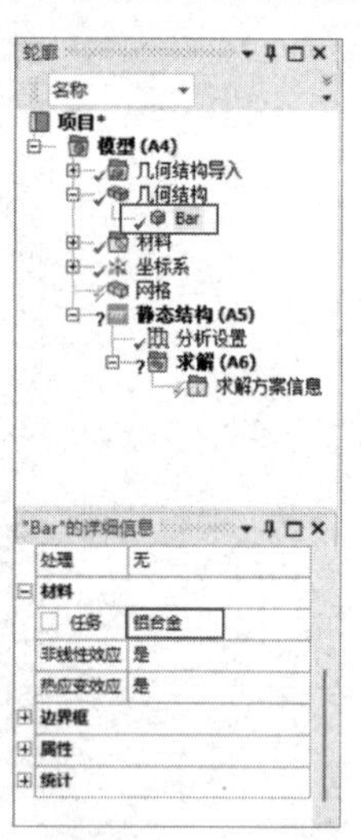

图 5-14　材料添加成功

5.2.6　划分网格

① 选择“轮廓”窗格中的“网格”命令，即可在“‘网格’的详细信息”窗格中修改网格参数，本实例在“默认值”→“单元尺寸”栏中输入“1.e-003m”，其余选项保持默认设置，如图 5-15 所示。

② 右击“轮廓”窗格中的“网格”命令，在弹出的快捷菜单中选择“生成网格”命令，最终的网格效果如图 5-16 所示。

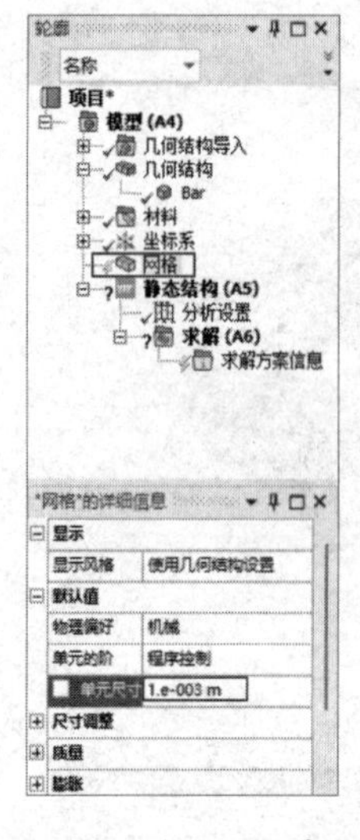

图 5-15　修改网格参数

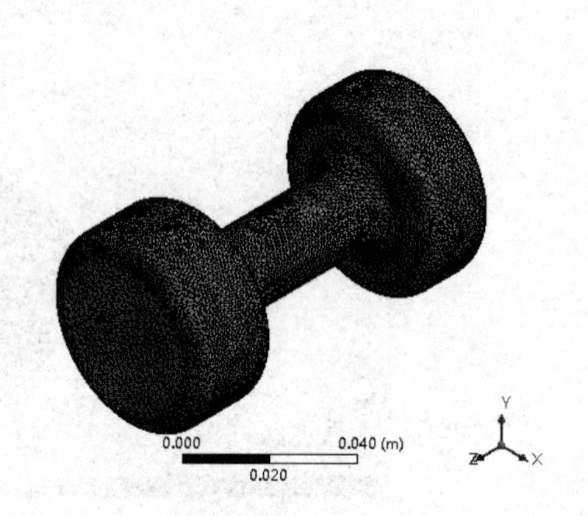

图 5-16　网格效果

5.2.7　施加载荷与约束

① 选择“轮廓”窗格中的“静态结构（A5）”命令，此时会出现如图 5-17 所示的“环境”选项卡。

② 选择“环境”选项卡中的“结构”→“固定的”命令，此时在“轮廓”窗格中会出现“固定支撑”命令，如图 5-18 所示。

图 5-17　“环境”选项卡

图 5-18　添加“固定支撑”命令

③ 选择“轮廓”窗格中的“固定支撑”命令，并选择需要施加固定约束的面，单击“‘固定支撑’的详细信息”窗格中“几何结构”栏的“应用”按钮，即可在选中的面上施加固定约束，如图 5-19 所示。

④ 同步骤②，选择“环境”选项卡中的“结构”→“力”命令，此时在“轮廓”窗格中会出现“力”命令，如图 5-20 所示。

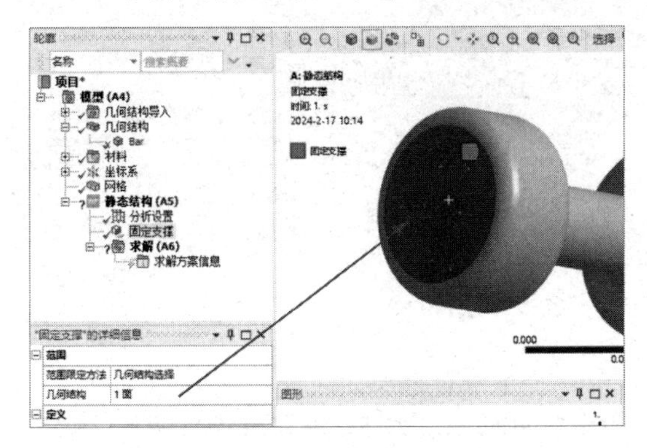

图 5-19　施加固定约束

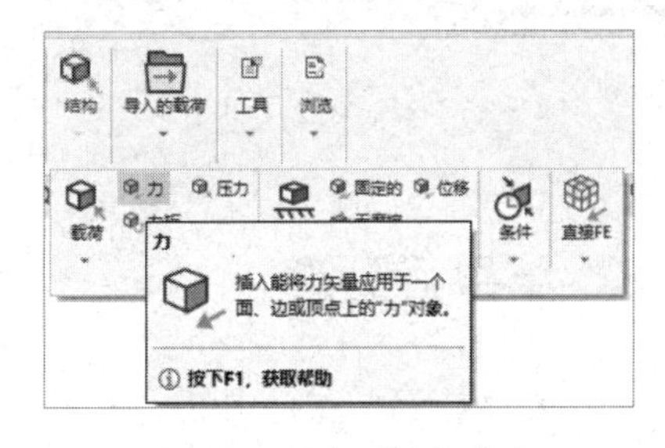

图 5-20　添加“力”命令

⑤ 选择“轮廓”窗格中的“力”命令，在“‘力’的详细信息”窗格中进行以下设置。

在“几何结构”栏中确保如图 5-21 所示的面被选中并单击“应用”按钮，此时在“几何结构”栏中会显示“1 面”，表明一个面已经被选中。

在“定义”→“大小”栏中输入“15000N（斜坡）”。

在“方向”栏中单击“应用”按钮，会在绘图窗格中弹出图标，可以切换载荷的方向，单击一次向右的箭头，此时施加在几何体上的载荷改变方向，其余选项保持默认设置。

⑥ 确定后的载荷方向及大小如图 5-22 所示。

⑦ 右击“轮廓”窗格中的“求解（A6）”命令，在弹出的快捷菜单中选择“求解”命令，进行计算，如图 5-23 所示。

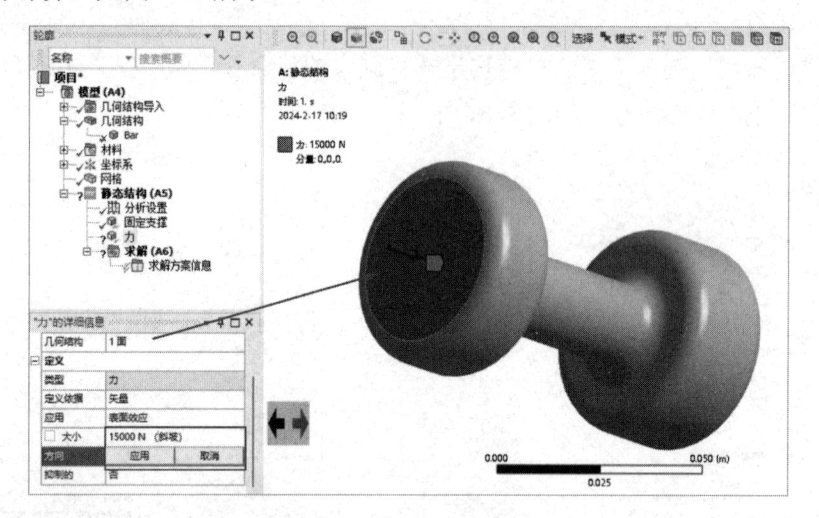

图 5-21　施加载荷

图 5-22　载荷方向及大小

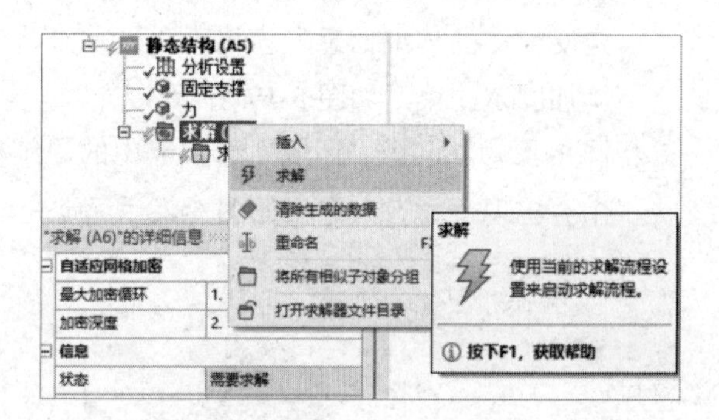

图 5-23　选择“求解”命令

5.2.8　结果后处理

① 选择“轮廓”窗格中的“求解（A6）”命令，此时会出现如图 5-24 所示的“求解”选项卡。

② 选择“求解”选项卡中的“结果”→“应力”→“等效（Von-Mises）”命令，此时在“轮廓”窗格中会出现“等效应力”命令，如图 5-25 所示。

③ 同步骤②，选择“求解”选项卡中的“结果”→“应变”→“等效（Von-Mises）”命令，此时在“轮廓”窗格中会出现“等效弹性应变”命令，如图 5-26 所示。

④ 同步骤②，选择“求解”选项卡中的“结果”→“变形”→“总计”命令，此时在“轮廓”窗格中会出现“总变形”命令，如图 5-27 所示。

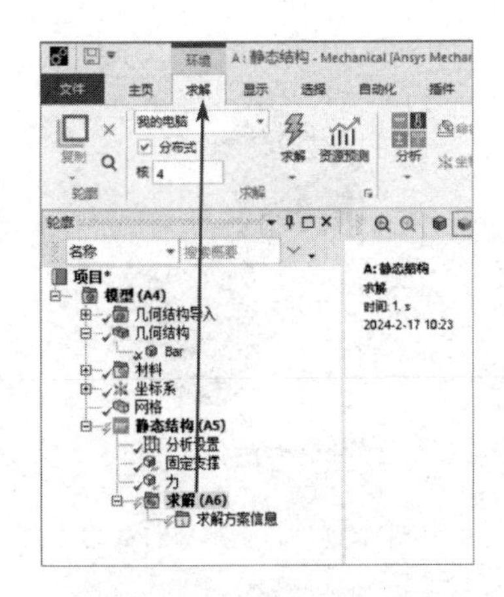

图 5-24　“求解”选项卡

图 5-25　添加“等效应力”命令

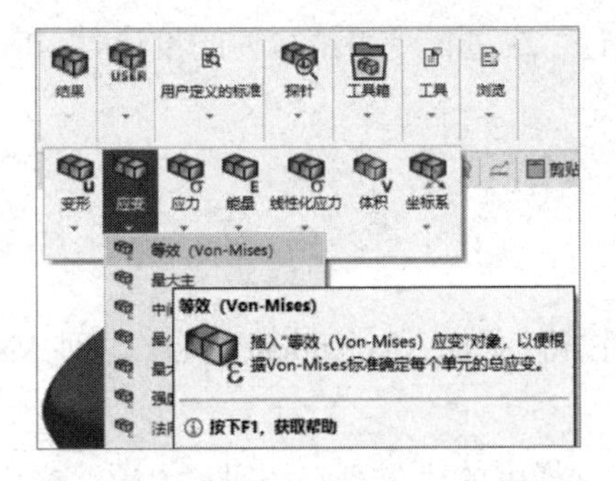

图 5-26　添加“等效弹性应变”命令

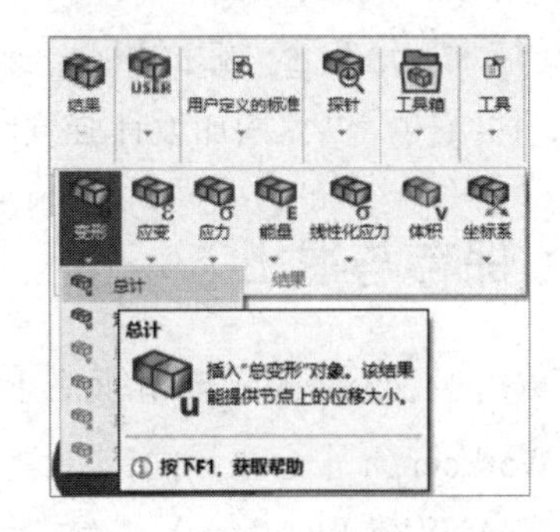

图 5-27　添加“总变形”命令

⑤ 右击“轮廓”窗格中的“求解（A6）”命令，在弹出的快捷菜单中选择“评估所有结果”命令，如图 5-28 所示。

⑥ 选择“轮廓”窗格中的“求解（A6）”→“等效应力”命令，此时会出现如图 5-29 所示的应力分析云图。

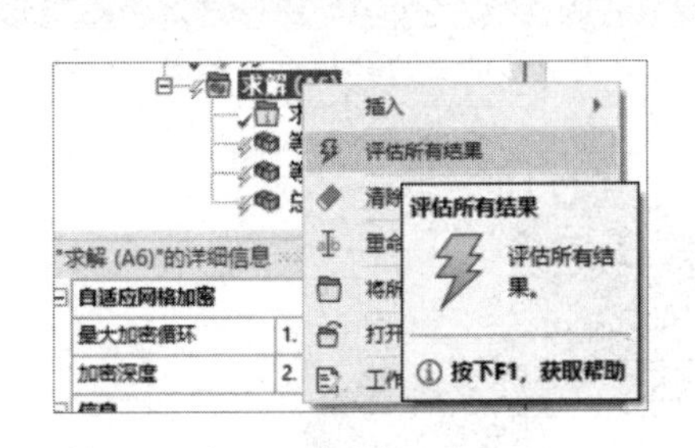

图 5-28　选择“评估所有结果”命令

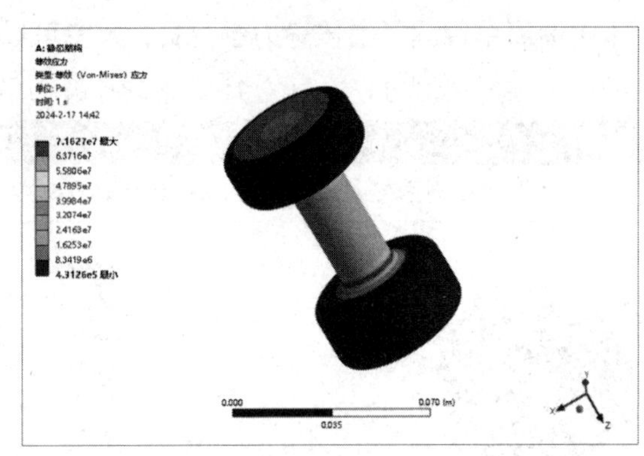

图 5-29　应力分析云图（1）

⑦ 选择“轮廓”窗格中的“求解（A6）”→“等效弹性应变”命令，此时会出现如图 5-30 所示的应变分析云图。

⑧ 选择“轮廓”窗格中的“求解（A6）”→“总变形”命令，此时会出现如图 5-31 所示的总变形分析云图。

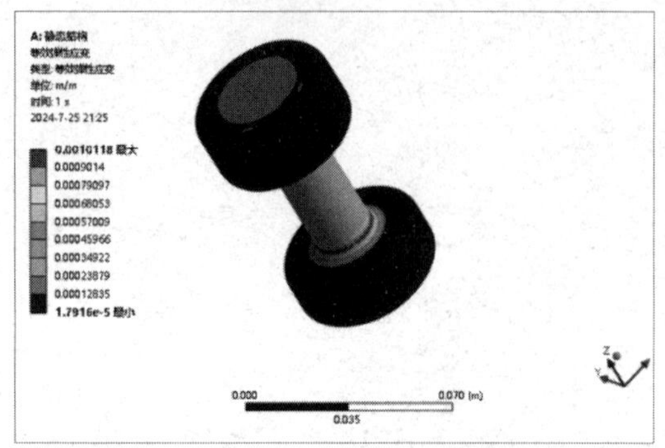

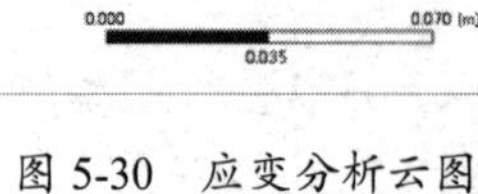

图 5-30　应变分析云图

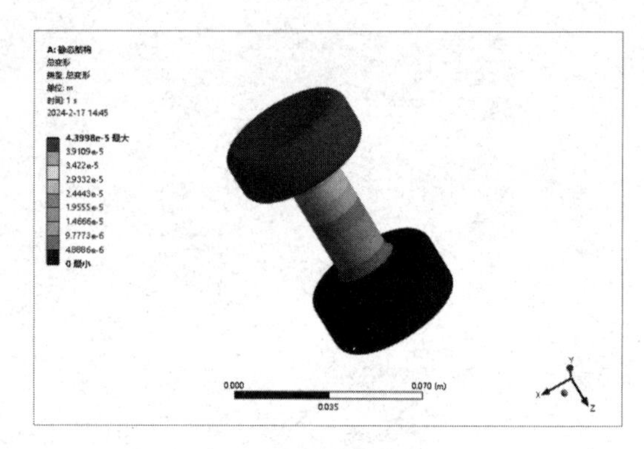

图 5-31　总变形分析云图

从以上分析可以看出，作用在铝合金模型中的恒定外载荷（压力）使得中间圆柱体位置的应力比较大，这符合“截面积小，应力大”的理论，在进行受力结构件的设计时，应该避免出现这种结构，以免增加设计强度。

5.2.9　保存与退出

① 单击 Mechanical 平台界面右上角的“关闭”按钮，关闭 Mechanical 平台，返回 ANSYS Workbench 平台主界面。

② 在 ANSYS Workbench 平台主界面中单击工具栏中的“保存”按钮，设置“文件名”为“SolidStaticStructure.wbpj”，保存包含分析结果的文件。

③ 单击右上角的“关闭”按钮，关闭 ANSYS Workbench 平台，完成项目分析。

5.2.10　读者演练

本实例简单讲解了实体静力学分析，读者可以根据前两章的内容，对本实例的几何体进行六面体主导网格划分，之后对几何体进行静力学分析并与以上结果进行对比。

提示

六面体主导网格划分完成的多区域网格模型如图 5-32 所示，计算完成后的应力分析云图如图 5-33 所示。

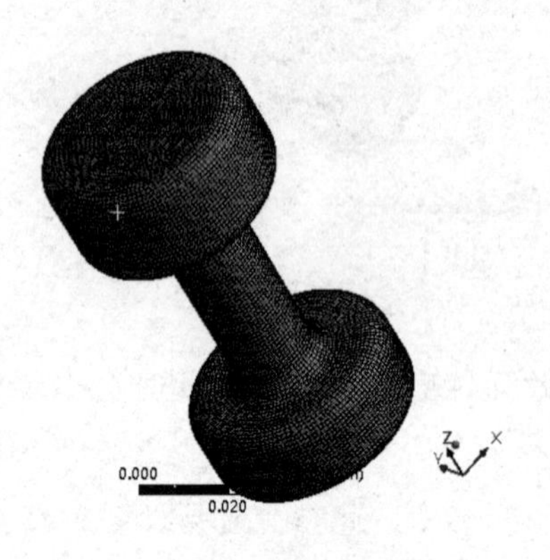

图 5-32　多区域网格模型

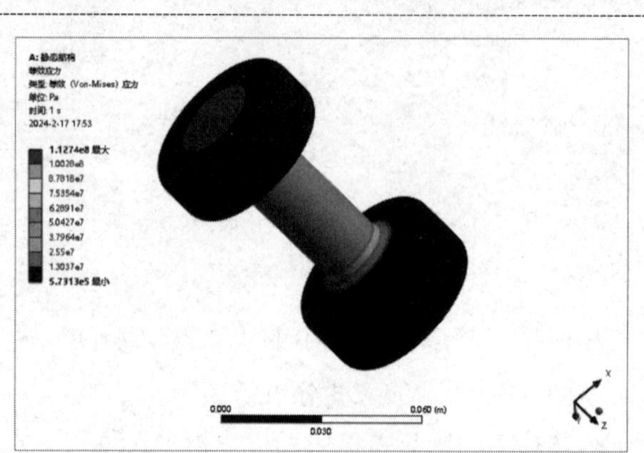

图 5-33　应力分析云图（2）

从以上两种网格划分方式的计算结果来看，网格质量的好坏对计算结果有一定的影响。

5.3　实例 2——梁单元静力学分析

5.2 节介绍了实体静力学分析的一般方法，从本节开始主要介绍使用 ANSYS Workbench 平台的 DesignModeler 模块建立梁单元模型，并对其进行静力学分析。

学习目标：

（1）熟练掌握使用 ANSYS Workbench 平台的 DesignModeler 模块建立梁单元模型的方法。

（2）掌握 ANSYS Workbench 梁单元静力学分析的方法及过程。

模型文件	无
结果文件	配套资源\Chapter05\char05-2\BeamStaticStructure.wbpj

5.3.1　问题描述

图 5-34 所示为一个等效的变截面梁单元模型，请使用 ANSYS Workbench 平台建模并分析在中间节点受到向下的力的作用时，加上自重，梁单元的受力情况。

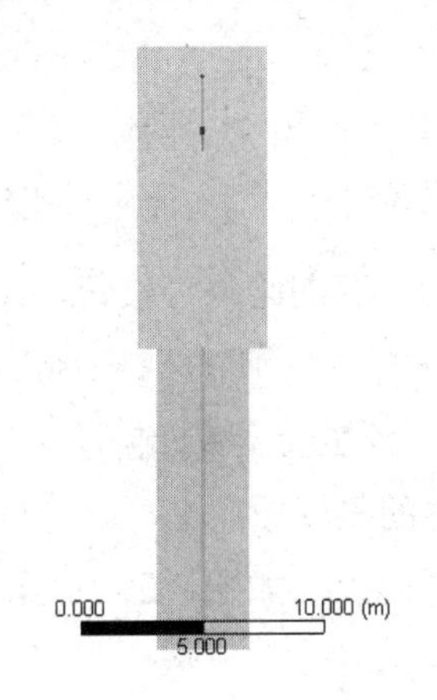

图 5-34　变截面梁单元模型

5.3.2　创建分析项目

① 在 Windows 系统下启动 ANSYS Workbench 平台，进入主界面。

② 双击主界面“工具箱”窗格中的“分析系统”→“静态结构”命令，即可在“项目原理图”窗格中创建分析项目 A，如图 5-35 所示。

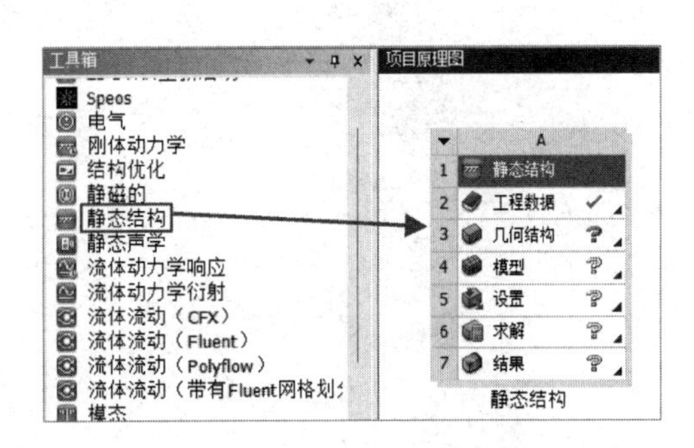

图 5-35　创建分析项目 A

5.3.3 创建几何体

① 双击项目 A 中 A3 栏的“几何结构”，此时会弹出如图 5-36 所示的 DesignModeler 平台界面。

② 选择“树轮廓”窗格中的 XY平面 命令，之后选择绘图平面，并单击按钮，使绘图平面与绘图区域平行，如图 5-37 所示。

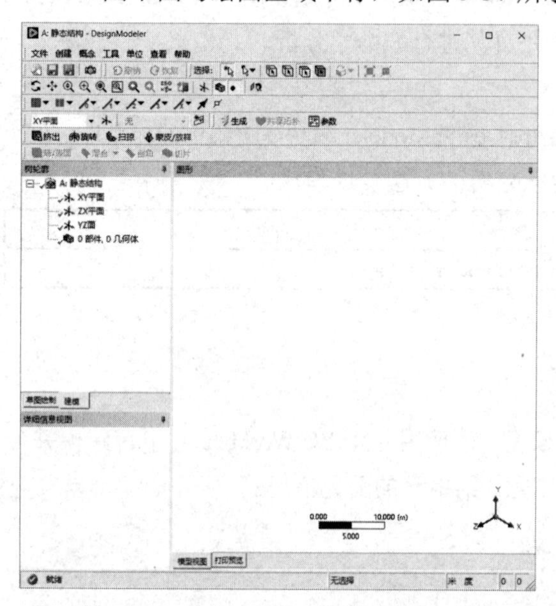

图 5-36 DesignModeler 平台界面

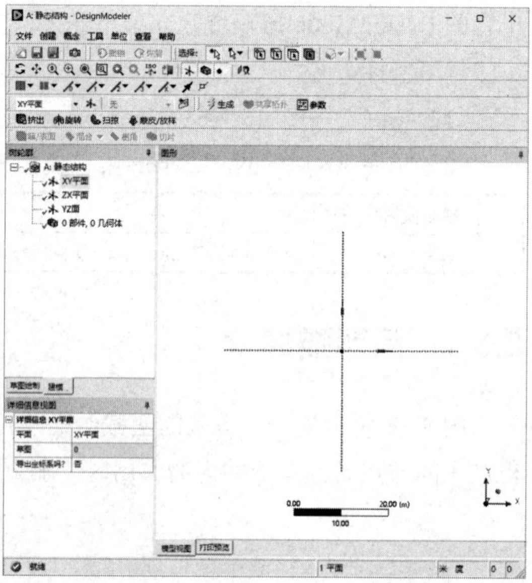

图 5-37 绘图平面与绘图区域平行

③ 单击“树轮廓”窗格下面的“草图绘制”按钮，此时会出现如图 5-38 所示的“草图工具箱”窗格，且绘制草图涉及的所有命令都在此窗格中。

④ 单击 线 按钮，此时 线 按钮会变成凹陷状态，表示本命令已经被选中，将鼠标指针移动到“图形”窗格中的坐标原点上，此时草图上会出现一个“P”提示符，表示创建的第一个点在坐标原点上，如图 5-39 所示。

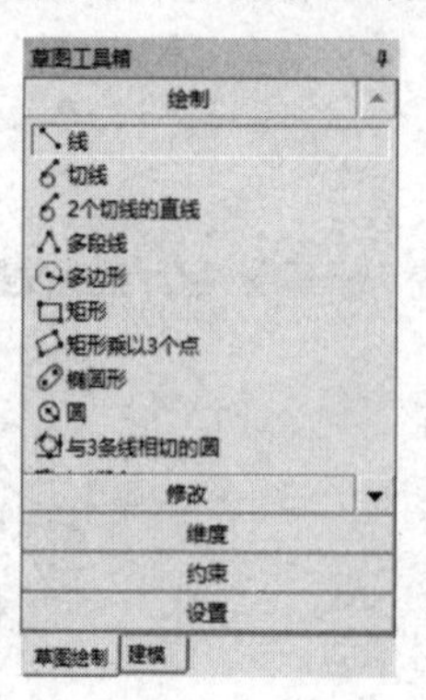

图 5-38 “草图工具箱”窗格

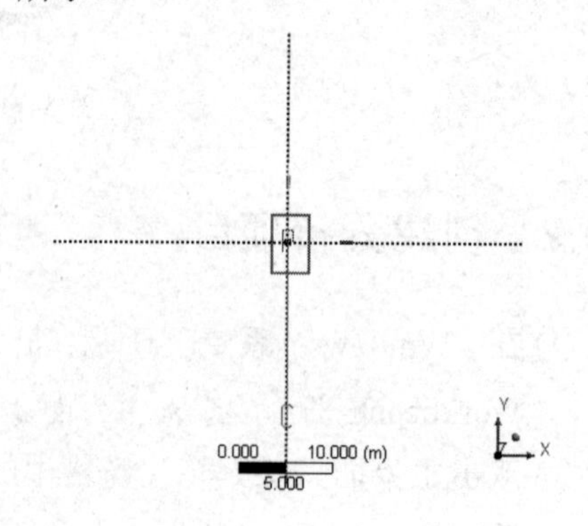

图 5-39 草图（1）

⑤ 向下移动鼠标指针，当出现“C”提示符后单击，在 Y 轴上创建第二个点，此时会出现一个“V”提示符，表示所绘制的线段是竖直方向的，如图 5-40 所示，单击完成

第一条线段的绘制。

注意

在绘制线段时，如果在“图形”窗格中出现了“V”（竖直）或“H”（水平）提示符，则说明绘制的直线为竖直或水平方向的。

⑥ 移动鼠标指针到刚绘制完的线段上端，此时会出现如图 5-41 所示的“P”提示符，说明下一条线段的起始点与该点重合，当“P”提示符出现后单击，确定第一个点的位置。

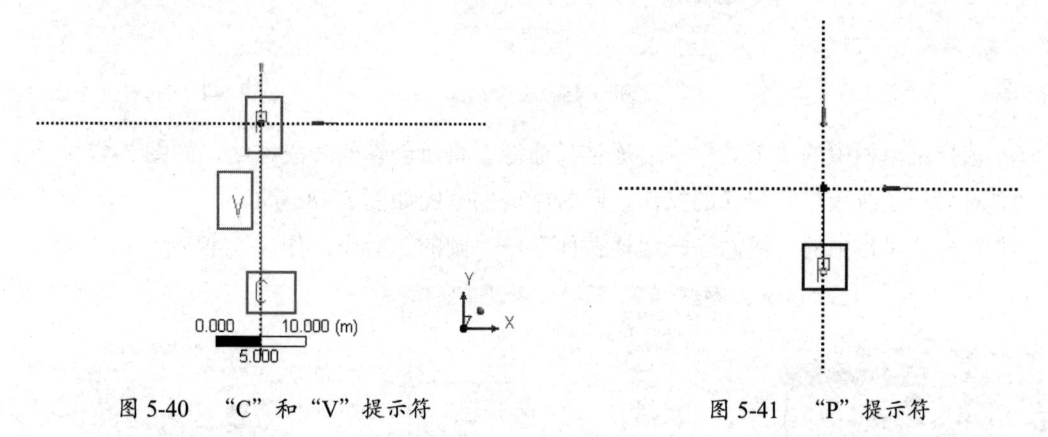

图 5-40　“C”和“V”提示符　　　　图 5-41　“P”提示符

⑦ 向下移动鼠标指针，此时会出现如图 5-42 所示的“V”提示符，说明要绘制的线段仍是竖直方向的。

⑧ 绘制完成的第二条竖直方向的线段如图 5-43 所示。

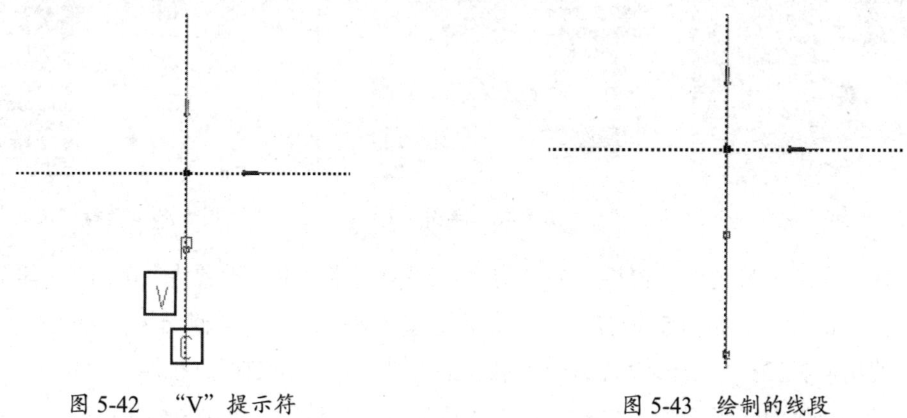

图 5-42　“V”提示符　　　　图 5-43　绘制的线段

⑨ 在“草图工具箱”窗格中单击“维度”按钮，会出现如图 5-44 所示的“维度”卷帘菜单，单击通用按钮。

⑩ 选中所绘制的两条线段进行标注，此时会出现如图 5-45 所示的尺寸标注，将标注的尺寸均设置为“12m”。

⑪ 单击“建模”按钮，选择菜单栏中的“概念”→“曲线”命令，在弹出的“详细信息视图”窗格的“点”栏中选择图中的两个点，如图 5-46 所示，并单击“应用”按钮，此时在“点”栏中会显示“2”，表示两个点被选中，单击生成按钮。

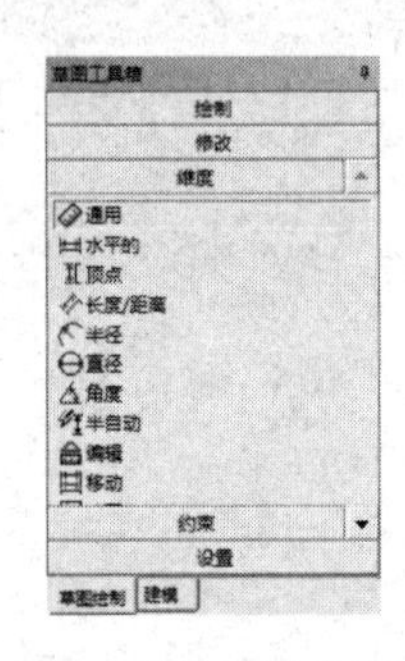

图 5-44 “维度”卷帘菜单

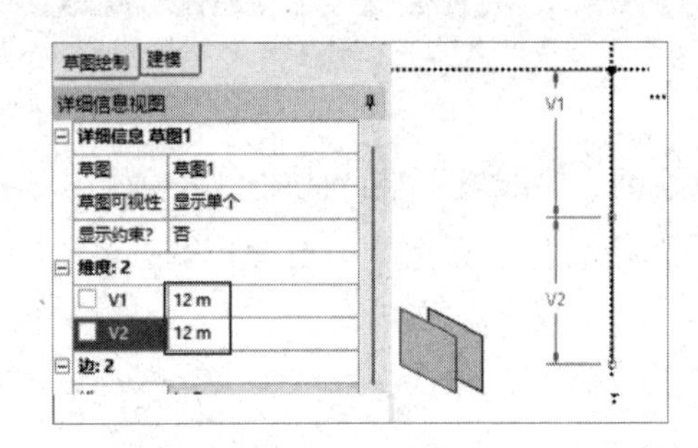

图 5-45 尺寸标注

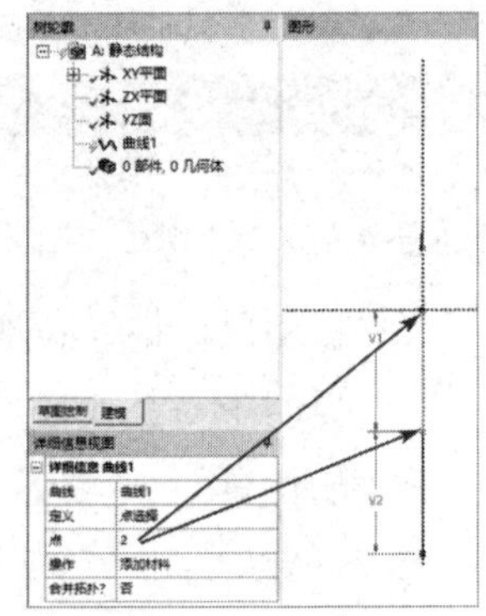

图 5-46 选择两个点

⑫ 选择菜单栏中的“工具”→“冻结”命令，将所创建的线段冻结，如图 5-47 所示。

⑬ 对另一条线段进行同样的操作，此时生成的草图如图 5-48 所示。

⑭ 选择菜单栏中的“概念”→“横截面”→“圆的”命令，如图 5-49 所示。

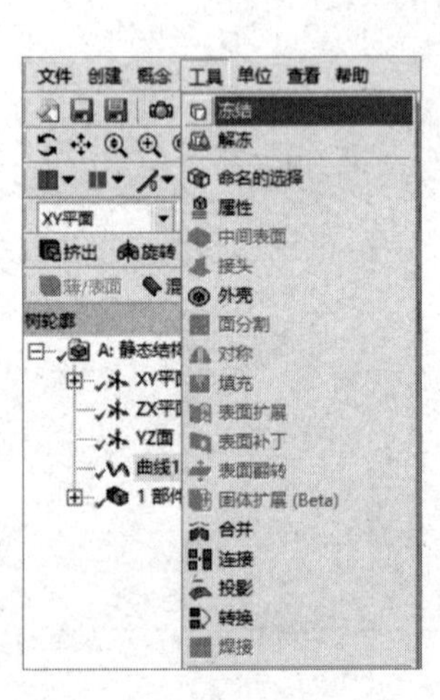

图 5-47 选择“冻结”命令

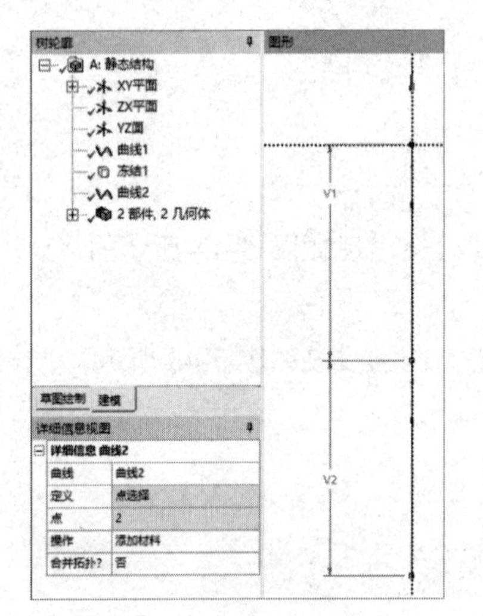

图 5-48 草图（2）

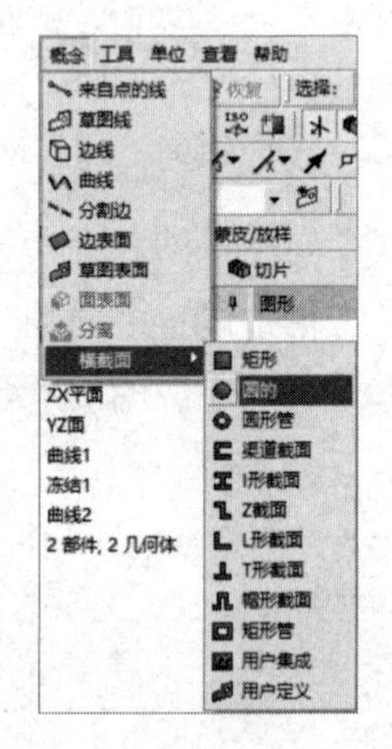

图 5-49 选择“圆的”命令

⑮ 在“详细信息视图”窗格中的“维度：1”下，将“R”设置为“0.1m”，其余选项保持默认设置，如图 5-50 所示，并单击生成按钮，创建悬臂梁单元截面形状。

⑯ 使用同样的操作方法设置另一个截面的参数，在“详细信息视图”窗格中的“维度：1”下，将“R”设置为“0.2m”，其余选项保持默认设置，如图 5-51 所示，并单击生成按钮，创建悬臂梁单元截面形状。

⑰ 如图 5-52 所示，选择“树轮廓”窗格中的线体命令，在“详细信息视图”窗格的“横截面”栏中选择“圆的 1”选项，其余选项保持默认设置，并单击生成按钮。

⑱ 如图 5-53 所示，选择菜单栏中的“查看”→“横截面固体”命令，使该命令前出现✔图标。

⑲ 如图 5-54 所示，选择“树轮廓”窗格中的线体命令，在“详细信息视图”窗格的“横截面”栏中选择“圆的 2”选项，其余选项保持默认设置，并单击生成按钮。

⑳ 创建的几何体如图 5-55 所示。

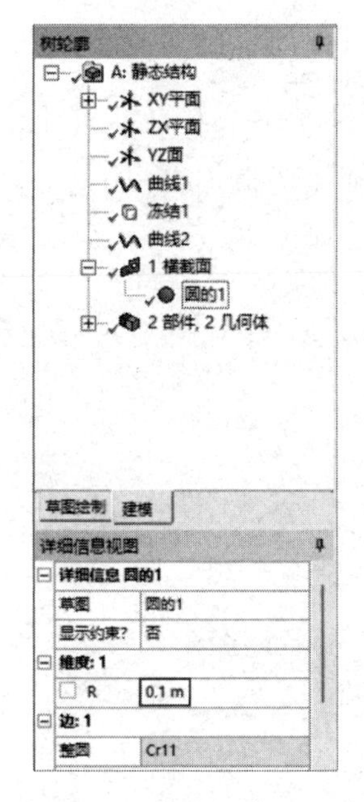

图 5-50　设置截面参数（1）

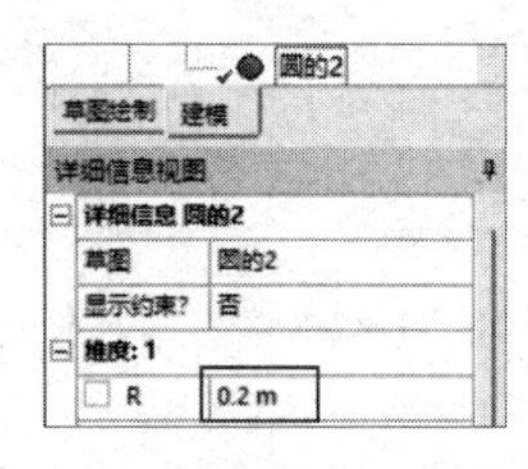

图 5-51　设置截面参数（2）

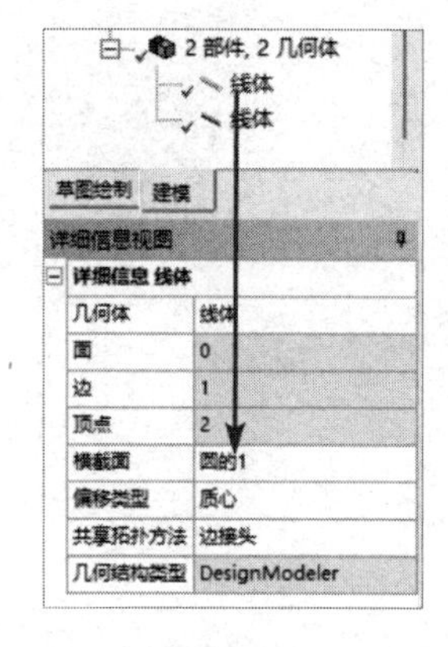

图 5-52　选择横截面形状（1）

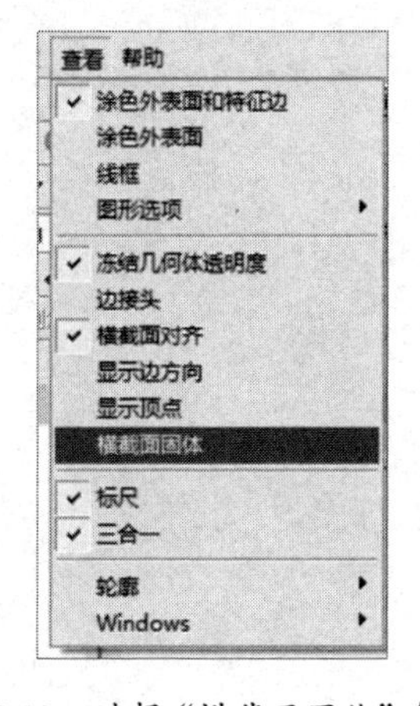

图 5-53　选择“横截面固体”命令

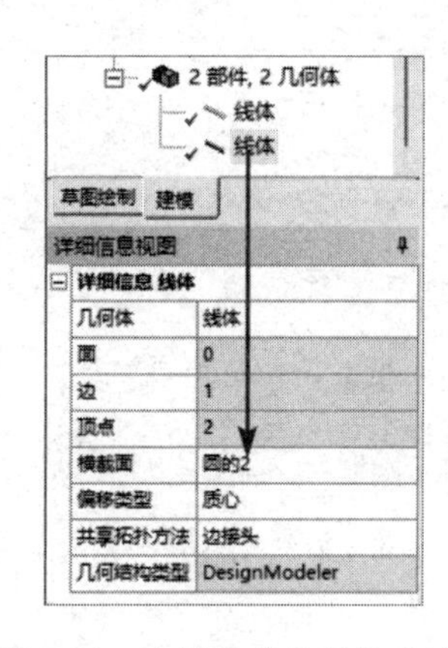

图 5-54　选择横截面形状（2）

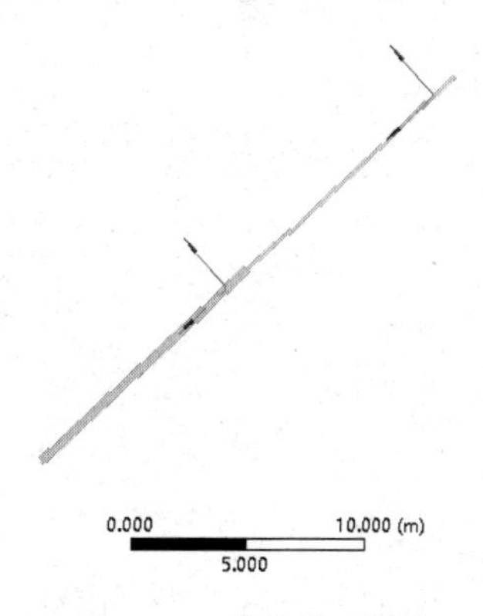

图 5-55　创建的几何体

㉑ 选中两个梁单元，右击并在弹出的快捷菜单中选择“形成新部件”命令，关闭 DesignModeler 平台，返回 ANSYS Workbench 平台主界面。

5.3.4　添加材料库

① 双击项目 A 中 A2 栏的“工程数据”，进入如图 5-56 所示的材料参数设置界面，在该界面中可以进行材料参数设置。

② 如图 5-57 所示，在“轮廓　原理图 A2：工程数据”表的 A4 栏中输入材料名“自定义_材料”，并在下面的表中添加以下属性。

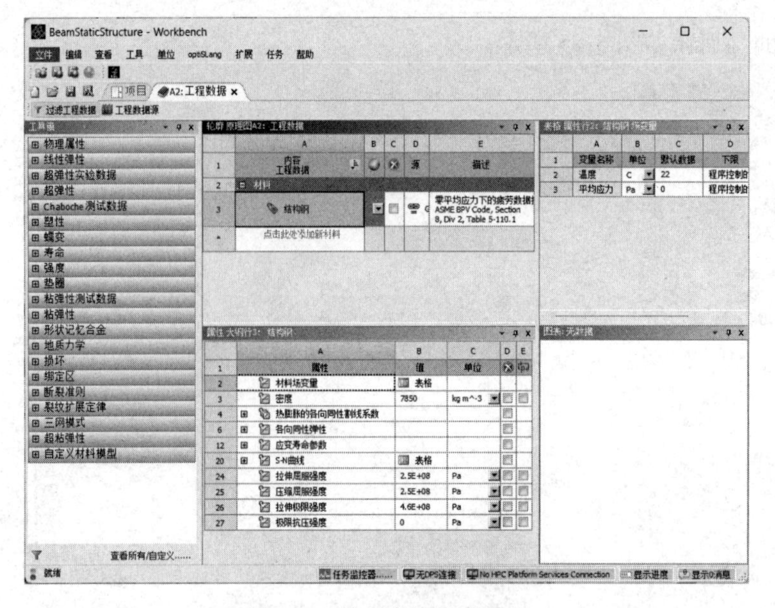

图 5-56　材料参数设置界面

图 5-57　修改材料的特性

添加“密度”为“0.2836”。

添加“杨氏模量”为“3E+07”。

添加“泊松比”为“0.3”。

添加“体积模量”为“2.5E+07”。

添加“剪切模量”为“1.1538E+07”。

③ 单击工具栏中的 项目 按钮，返回 ANSYS Workbench 平台主界面，完成材料库的添加。

5.3.5　添加模型材料属性

① 双击项目 A 中 A4 栏的“模型”，进入如图 5-58 所示的 Mechanical 平台界面，在该界面中可以进行网格的划分、分析设置、结果观察等操作。

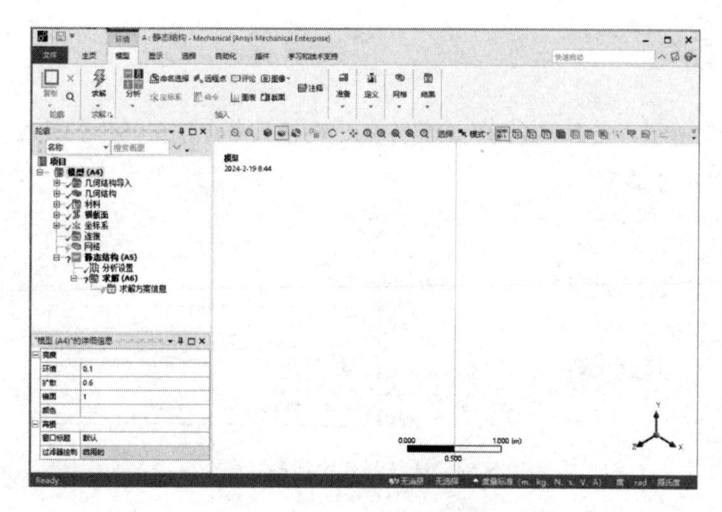

图 5-58　Mechanical 平台界面

② 显示截面。选择“显示”选项卡中的“类型”→“横截面”命令，如图 5-59 所示，此时梁单元的截面如图 5-60 所示。

③ 选择 Mechanical 平台界面左侧“轮廓”窗格中的“几何结构”→“部件”→“线体”命令，此时可以在“‘线体’的详细信息”窗格中给模型添加材料。

④ 单击“材料”→“任务”栏后的▸按钮，此时会出现刚刚设置的材料“自定义_材料”，选择该选项即可将其添加到模型中，如图 5-61 所示。如图 5-62 所示，表示材料已经添加成功。

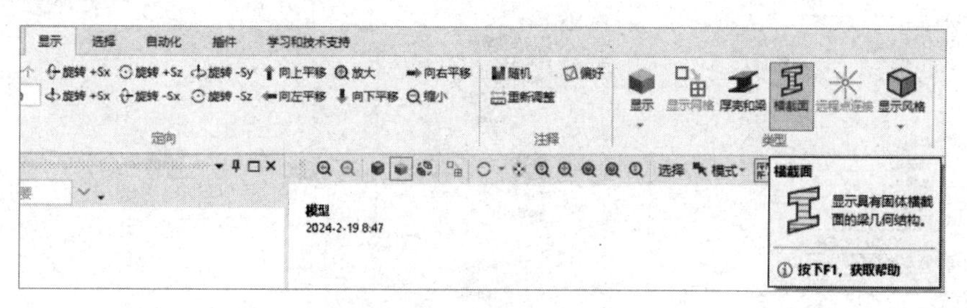

图 5-59　选择“横截面”命令

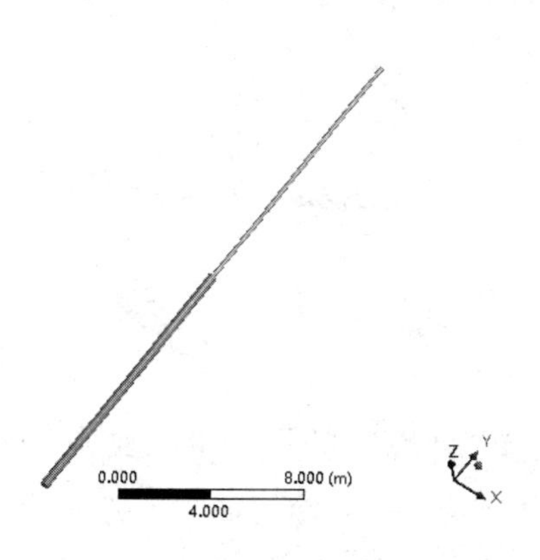

图 5-60　梁单元的截面

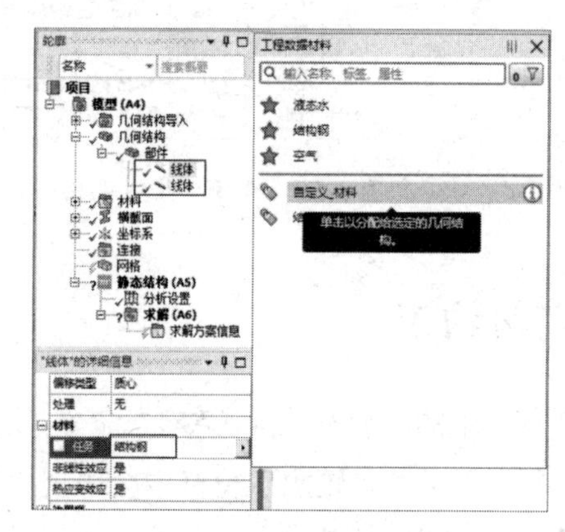

图 5-61　添加材料

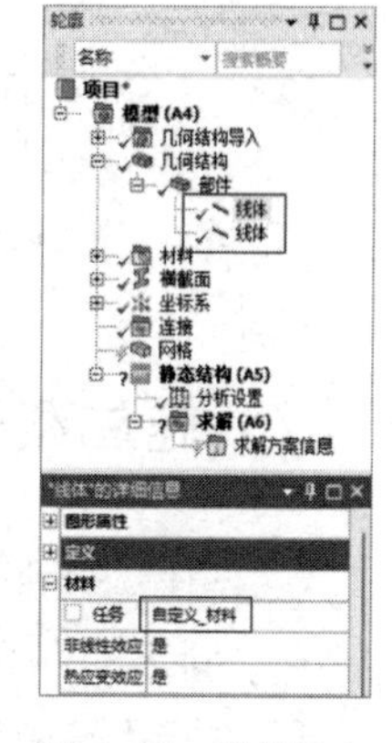

图 5-62　材料添加成功

5.3.6 划分网格

① 如图 5-63 所示，右击“轮廓”窗格中的“网格”命令，在弹出的快捷菜单中选择“插入”→“尺寸调整”命令。

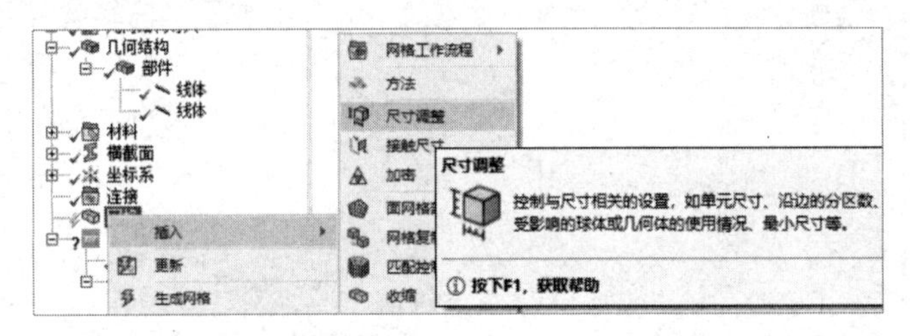

图 5-63 选择“尺寸调整”命令

② 如图 5-64 所示，选择“轮廓”窗格中的“网格”→“边缘尺寸调整”命令，此时可以在“‘边缘尺寸调整’-尺寸调整的详细信息”窗格中修改网格参数。

在“几何结构”栏中选中两个梁单元，显示为“2 边”。

在“类型”栏中选择“分区数量”选项，表示划分段数。

在“分区数量”栏中输入“20”，表示划分为 20 段，其余选项保持默认设置。

③ 右击“轮廓”窗格中的“网格”命令，在弹出的快捷菜单中选择“生成网格”命令，如图 5-65 所示，此时会弹出网格划分进度栏，表示网格正在划分，当网格划分完成后，进度栏会自动消失，最终的网格效果如图 5-66 所示。

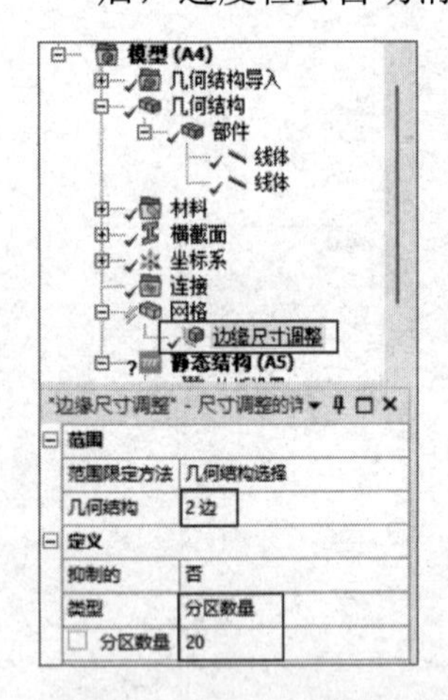

图 5-64 修改网格参数

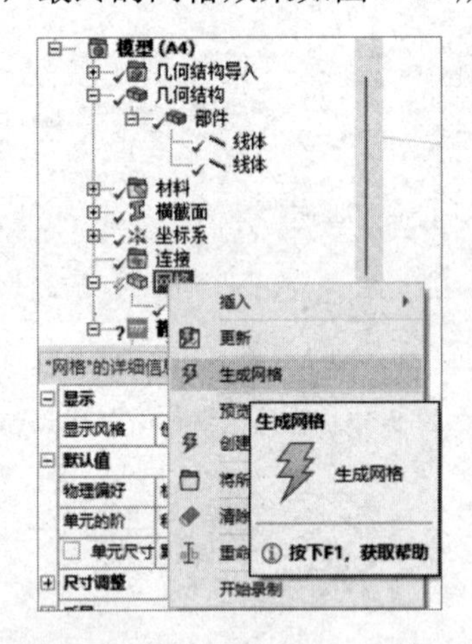

图 5-65 选择“生成网格”命令

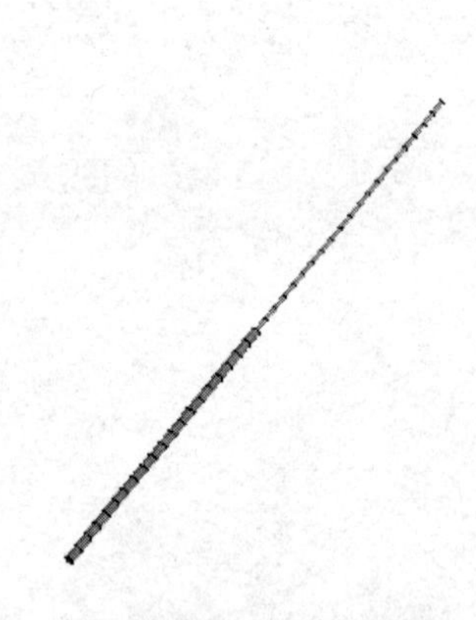

图 5-66 网格效果

5.3.7 施加载荷与约束

① 选择“轮廓”窗格中的“静态结构（A5）”命令，选择“环境”选项卡中的“结构”→“固定的”命令，此时在“轮廓”窗格中会出现“固定支撑”命令，如图 5-67 所示。

② 选择“轮廓”窗格中的“固定支撑”命令，在工具栏中单击按钮，选择一个节点，之后单击“‘固定支撑’的详细信息”窗格中“几何结构”栏的“应用”按钮，即可在选

中的面上施加固定约束，如图 5-68 所示。此时在“几何结构”栏中会显示“1 顶点”。

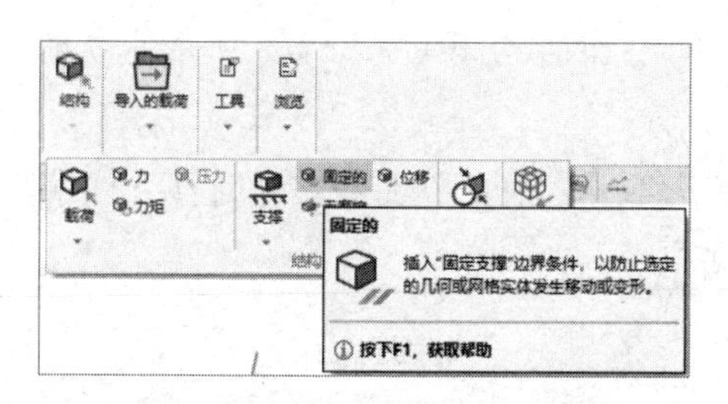

图 5-67　添加“固定支撑”命令

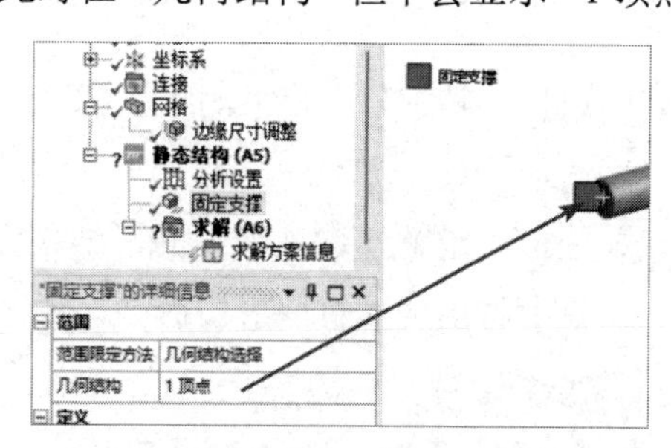

图 5-68　施加固定约束

③ 同步骤①，选择“环境”选项卡中的“结构”→“力”命令，此时在“轮廓”窗格中会出现“力”命令，如图 5-69 所示。

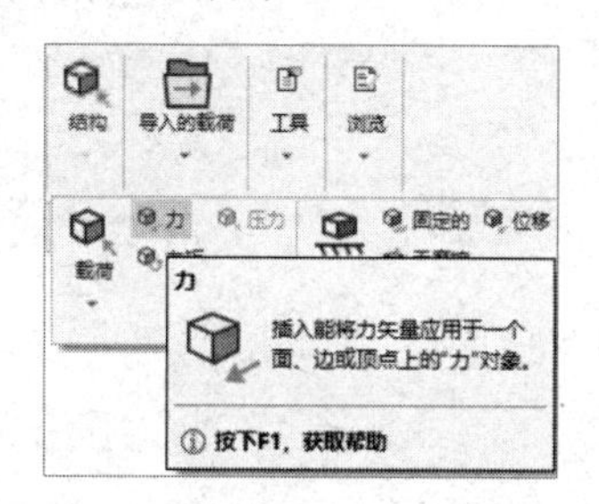

图 5-69　添加“力”命令

④ 同步骤②，选择“轮廓”窗格中的“力”命令，并选择需要施加载荷的点，单击“‘力’的详细信息”窗格中“几何结构”栏的“应用”按钮，即可在选中的点上施加载荷，之后在“定义依据”栏中选择“分量”选项，在“Z 分量”栏中输入“200N（斜坡）”，其余选项保持默认设置，如图 5-70 所示。

⑤ 添加重力加速度属性，如图 5-71 所示。

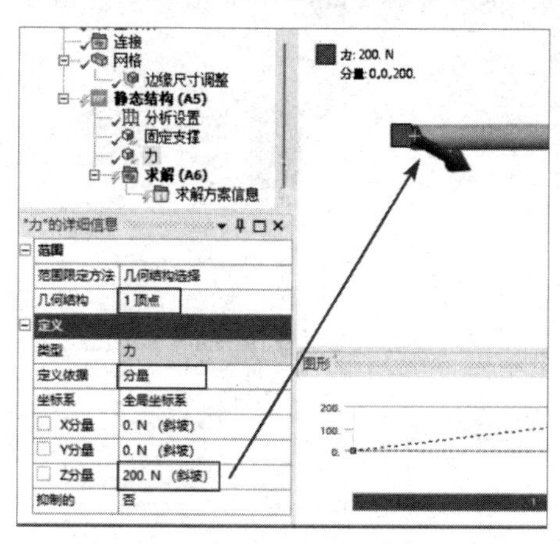

图 5-70　施加载荷

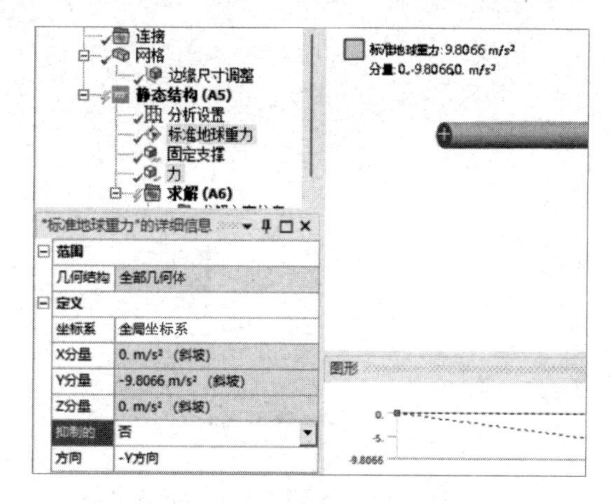

图 5-71　添加重力加速度属性

⑥ 右击“轮廓”窗格中的“静态结构（A5）”命令，在弹出的快捷菜单中选择“求解”命令，进行计算。

5.3.8　结果后处理

① 选择“轮廓”窗格中的“求解（A6）”命令，此时会出现如图 5-72 所示的“求解”选项卡。

② 选择“求解”选项卡中的“结果”→“变形”→“总计”命令，此时在“轮廓”窗格中会出现“总变形”命令，如图 5-73 所示。

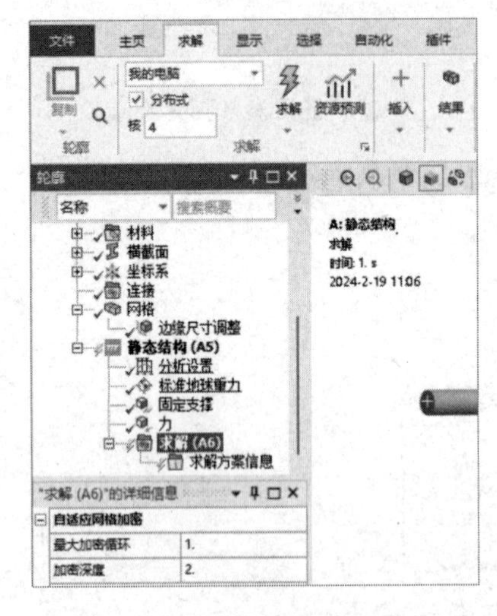

图 5-72　“求解”选项卡

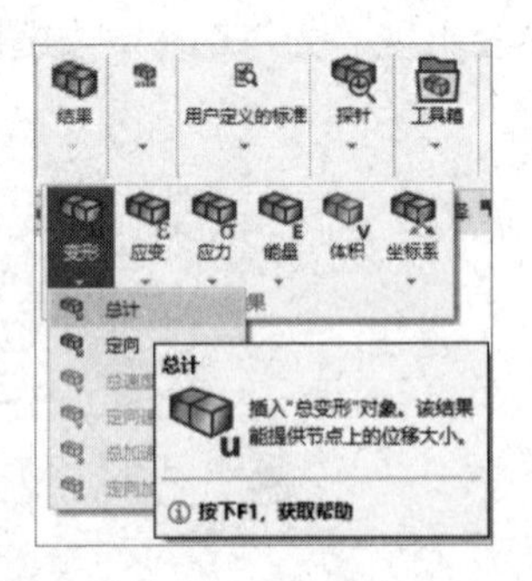

图 5-73　添加“总变形”命令

③ 右击“轮廓”窗格中的“求解（A6）”命令，在弹出的快捷菜单中选择“评估所有结果”命令。

④ 选择“轮廓”窗格中的“求解（A6）”→“总变形”命令，此时会出现如图 5-74 所示的总变形分析云图，显示了最下面节点和中间节点的位移值。

⑤ 选择“求解”选项卡中的“工具箱”→“梁工具”命令，此时在“轮廓”窗格中会出现“梁工具”命令，如图 5-75 所示。

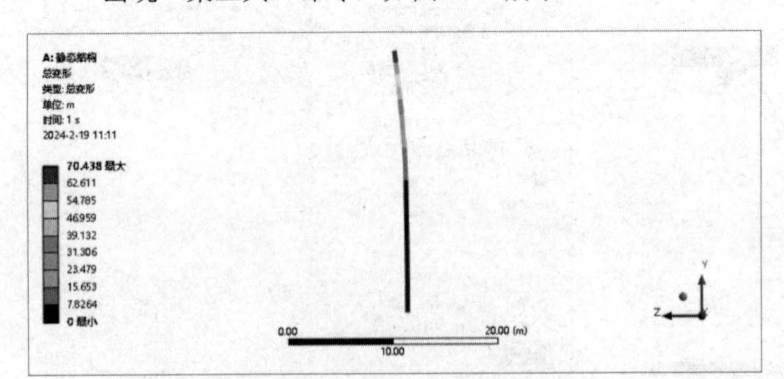

图 5-74　总变形分析云图

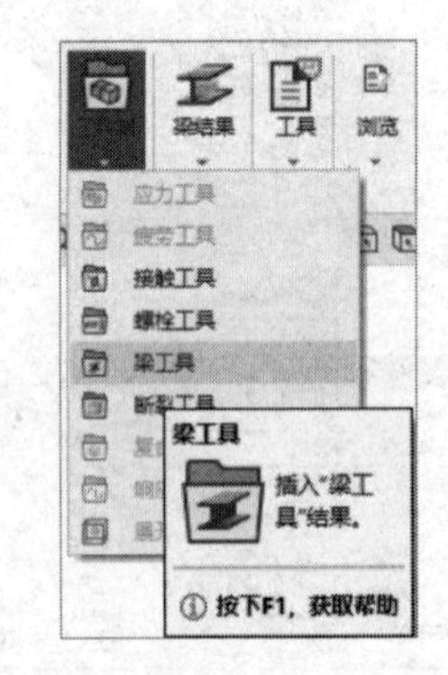

图 5-75　添加“梁工具”命令

⑥ 同步骤③，右击“轮廓”窗格中的“求解（A6）”命令，在弹出的快捷菜单中选择“评估所有结果”命令。

⑦ 选择“轮廓”窗格中的“求解（A6）”→“梁工具”→“直接应力”命令，此时会出

现如图 5-76 所示的梁单元应力分析云图。

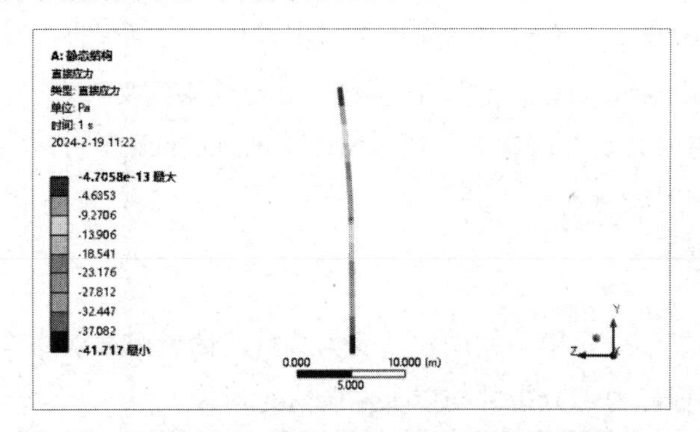

图 5-76　梁单元应力分析云图（1）

⑧ 选择“轮廓”窗格中的“求解（A6）”→“梁工具”→“最小复合应力”及“最大组合应力”命令，此时会出现如图 5-77 所示的梁单元应力分析云图。

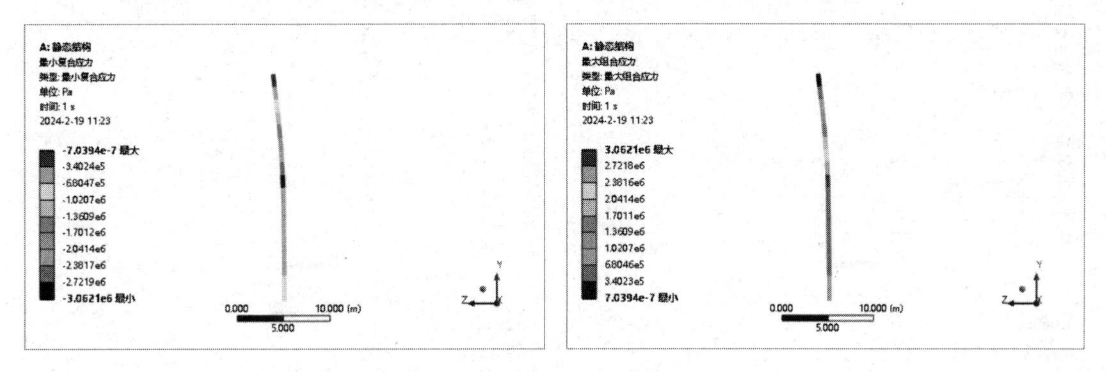

图 5-77　梁单元应力分析云图（2）

⑨ 反作用力值如图 5-78 所示。

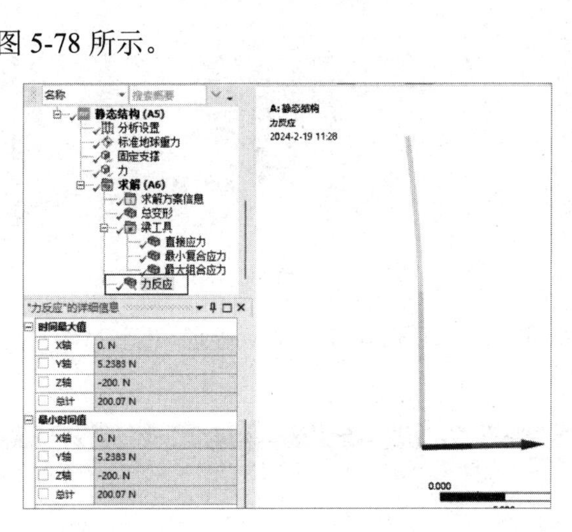

图 5-78　反作用力值

5.3.9　保存与退出

① 单击 Mechanical 平台界面右上角的“关闭”按钮，关闭 Mechanical 平台，返回 ANSYS

Workbench 平台主界面。

② 在 ANSYS Workbench 平台主界面中单击工具栏中的“保存”按钮，设置“文件名”为“BeamStaticStructure.wbpj”，保存包含分析结果的文件。

③ 单击右上角的“关闭”按钮，关闭 ANSYS Workbench 平台，完成项目分析。

5.3.10 读者演练

本实例简单讲解了梁单元模型的创建及受力分析，读者可以对本实例的网格进行细化，之后对梁单元模型进行静力学分析并与以上结果进行对比。

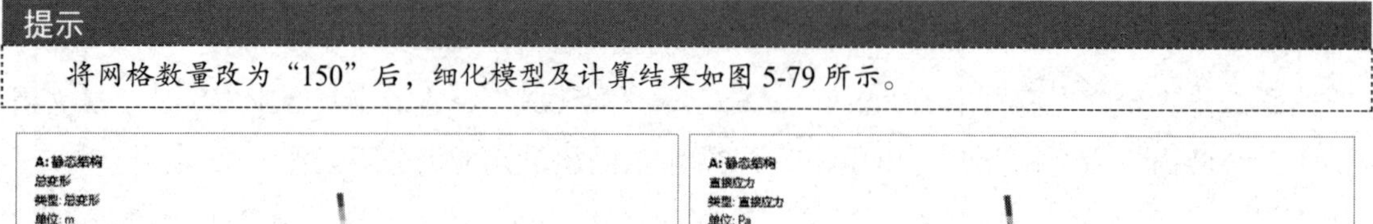

提示

将网格数量改为“150”后，细化模型及计算结果如图 5-79 所示。

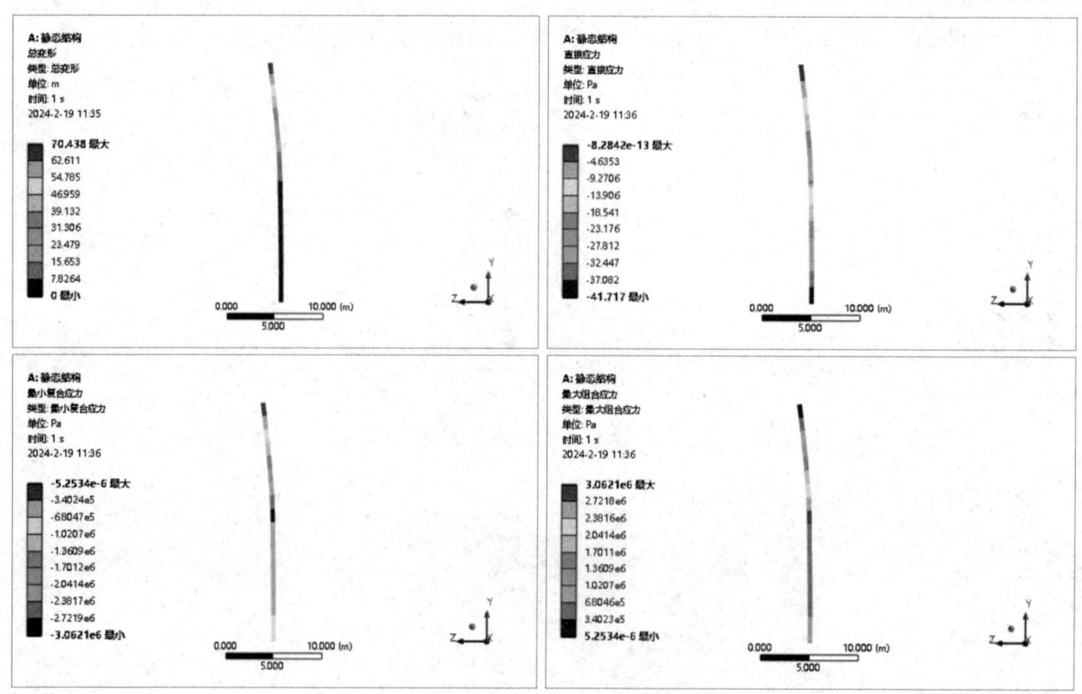

图 5-79　细化模型及计算结果

另外，读者可以通过选择如图 5-80 所示的后处理演示工具命令，对后处理结果进行动态演示。

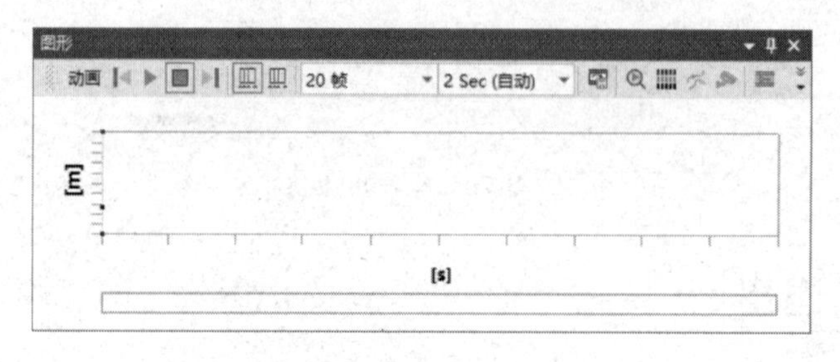

图 5-80　后处理演示工具命令

5.4　实例 3——板单元静力学分析

本节主要介绍 ANSYS Workbench 平台的结构静力学分析模块，并分析某板单元上端受力及应力分布情况。

学习目标：

（1）熟练掌握 ANSYS Workbench 板单元静力学分析的方法及过程。

（2）熟练掌握 ANSYS Workbench 平台中轴对称属性的设置。

模型文件	无
结果文件	配套资源\Chapter05\char05-3\Axy_Structural.wbpj

5.4.1　问题描述

图 5-81 所示为某二维轴对称模型（板单元模型），请使用 ANSYS Workbench 平台建模并分析二维轴对称单元受力及应力分布情况。

图 5-81　二维轴对称模型

5.4.2　创建分析项目

① 在 Windows 系统下启动 ANSYS Workbench 平台，进入主界面。

② 双击主界面“工具箱”窗格中的“分析系统”→“静态结构”命令，即可在“项目原理图”窗格中创建分析项目 A，如图 5-82 所示。

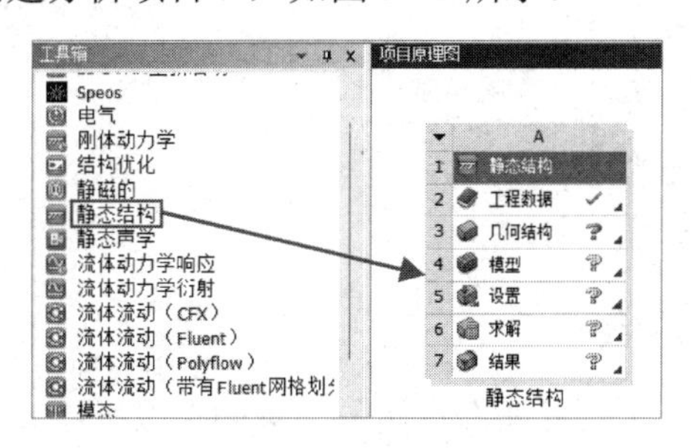

图 5-82　创建分析项目 A

5.4.3 创建几何体

① 右击项目 A 中 A3 栏的“几何结构”，在弹出的快捷菜单中选择“新的 DesignModeler 几何结构”命令，如图 5-83 所示。

② 在 DesignModeler 平台界面的“图形”窗格中绘制如图 5-84 所示的几何体。

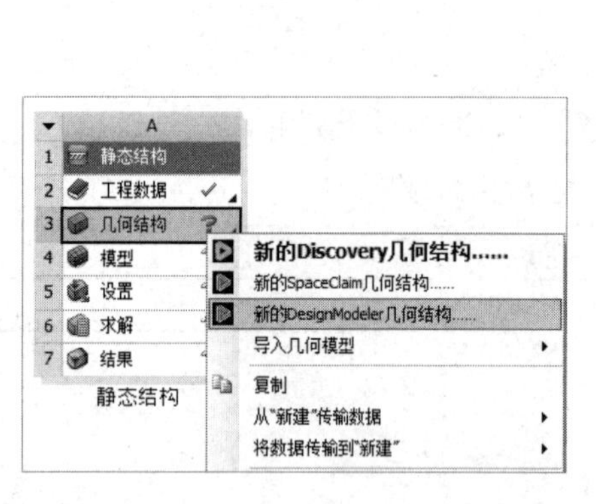

图 5-83 选择“新的 DesignModeler 几何结构”命令

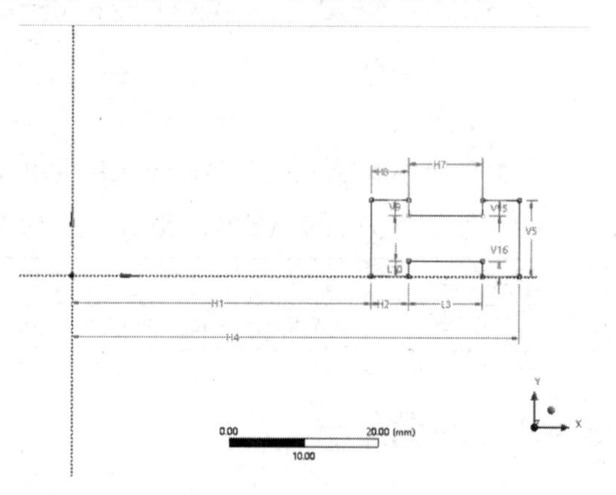

图 5-84 绘制几何体

对几何体进行标注：

H1=40mm；H4=60mm；L3=H7=10mm；V5=10mm；H2=H8=5mm；V9=V15=V16=L10=2mm。

③ 选择菜单栏中的“概念”→“草图表面”命令。

④ 在“详细信息视图”窗格中设置曲面属性，如图 5-85 所示。

⑤ 单击 生成 按钮，生成如图 5-86 所示的几何体。

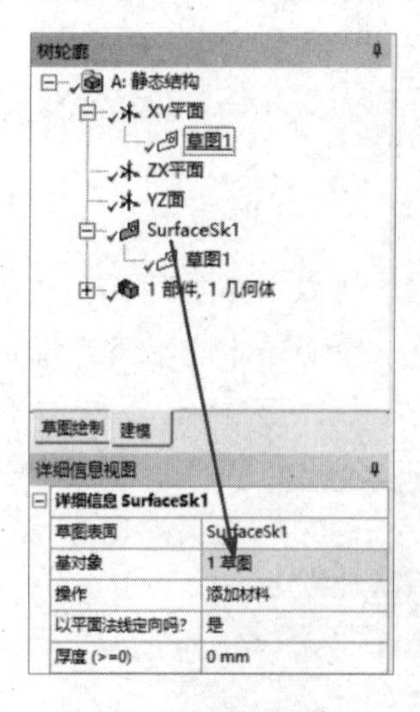

图 5-85 设置曲面属性

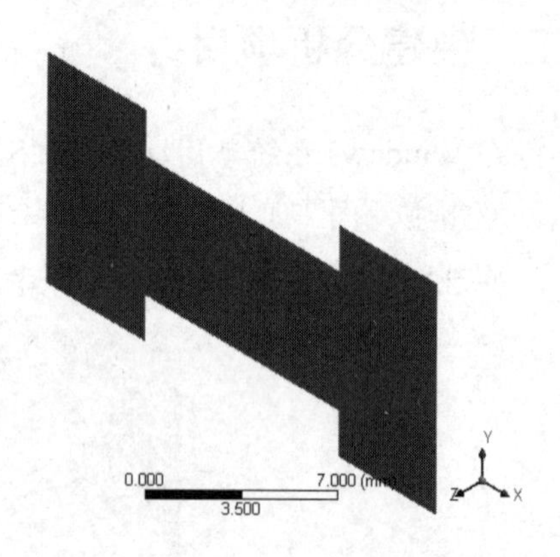

图 5-86 生成几何体

⑥ 单击 DesignModeler 平台界面右上角的“关闭”按钮，关闭 DesignModeler 平台，返回 ANSYS Workbench 平台主界面。

5.4.4　添加材料库

① 双击项目 A 中 A2 栏的“工程数据”，进入如图 5-87 所示的材料参数设置界面，在该界面中可以进行材料参数设置。

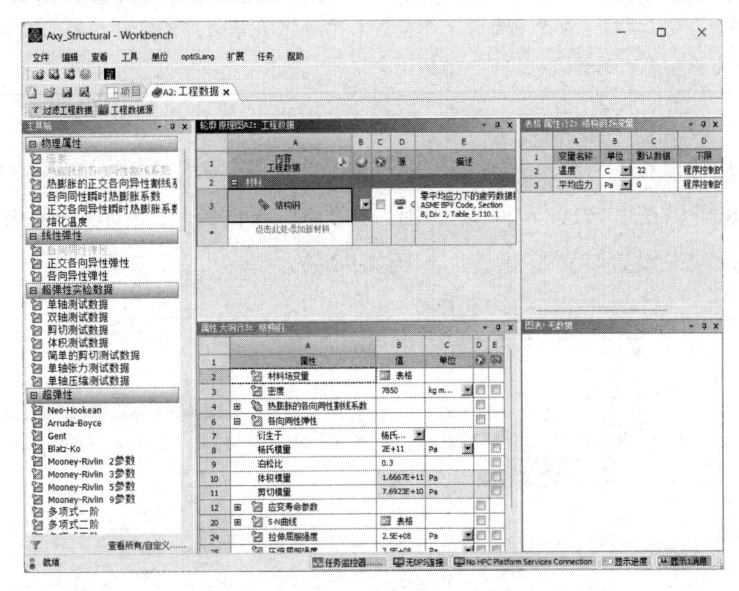

图 5-87　材料参数设置界面

② 如图 5-88 所示，在“轮廓 原理图 A2：工程数据”表的 A3 栏中输入材料名“Axy_材料”，并在下面的表中添加以下属性。

添加“杨氏模量”为“2E+11”。

添加“泊松比”为“0.3”。

添加“体积模量”为“1.6667E+11”。

添加“剪切模量”为“7.6923E+10”。

图 5-88　修改材料的特性

③ 单击工具栏中的 项目 按钮，返回 ANSYS Workbench 平台主界面，完成材料库的添加。

5.4.5 添加模型材料属性

① 双击项目 A 中 A4 栏的“模型”，进入 Mechanical 平台界面。

提示

“轮廓”窗格的“几何结构”命令前显示**?**图标，表示数据不完整，需要输入完整的数据。本实例出现**?**图标是因为没有为模型添加材料。

② 选择 Mechanical 平台界面左侧“轮廓”窗格中的“几何结构”→“表面几何体”命令，此时可以在“‘表面几何体’的详细信息”窗格中给模型添加材料，如图 5-89 所示。也可以在“‘表面几何体’的详细信息”窗格的“2D 行为”栏中通过选择“轴对称”选项来设置轴对称属性，如图 5-90 所示。

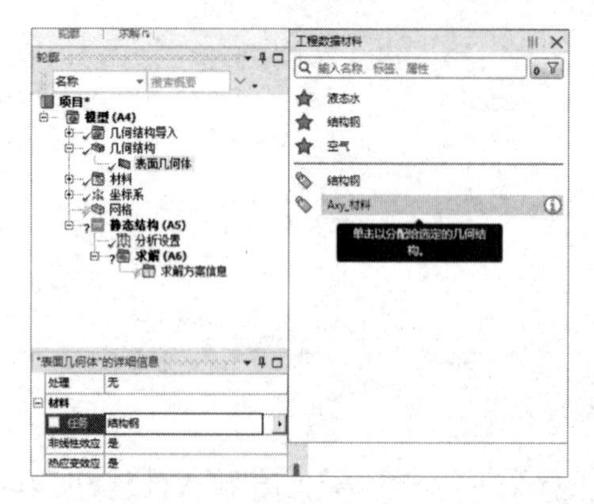

图 5-89 添加材料

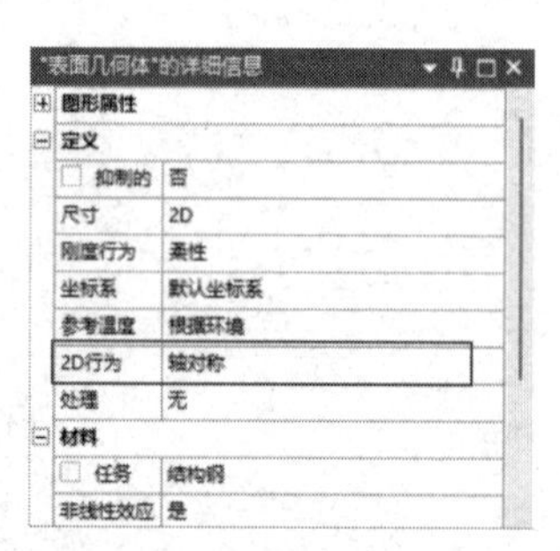

图 5-90 设置轴对称属性

5.4.6 划分网格

① 选择“轮廓”窗格中的“网格”命令，此时可以在“‘网格’的详细信息”窗格中修改网格参数，如图 5-91 所示。在“增长率”栏中输入“4.0”，在“单元尺寸”栏中输入“1.e-004m”，其余选项保持默认设置。

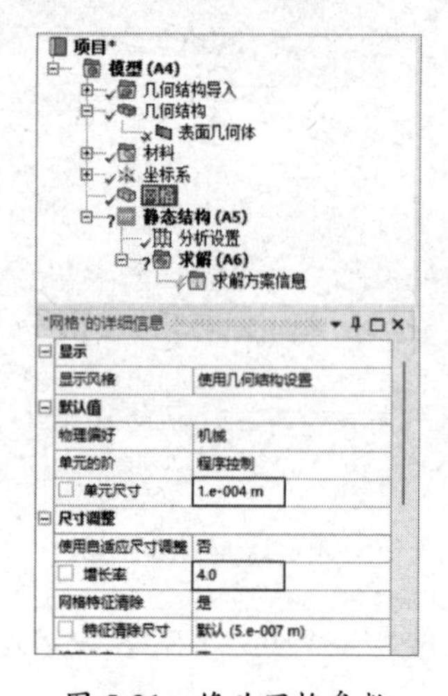

图 5-91 修改网格参数

② 右击“轮廓”窗格中的“网格”命令，在弹出的快捷菜单中选择“生成网格”命令，最终的网格效果如图 5-92 所示。

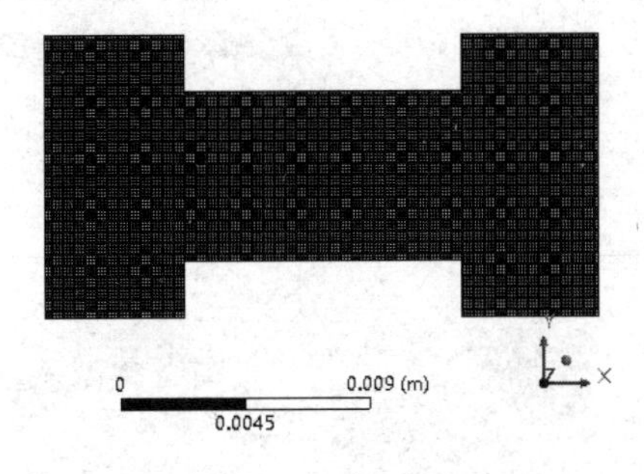

图 5-92　网格效果

5.4.7　施加载荷与约束

① 选择“轮廓”窗格中的“静态结构（A5）”命令，此时会出现如图 5-93 所示的“环境”选项卡。

② 选择“环境”选项卡中的“结构”→“固定的”命令，此时在“轮廓”窗格中会出现“固定支撑”命令，如图 5-94 所示。

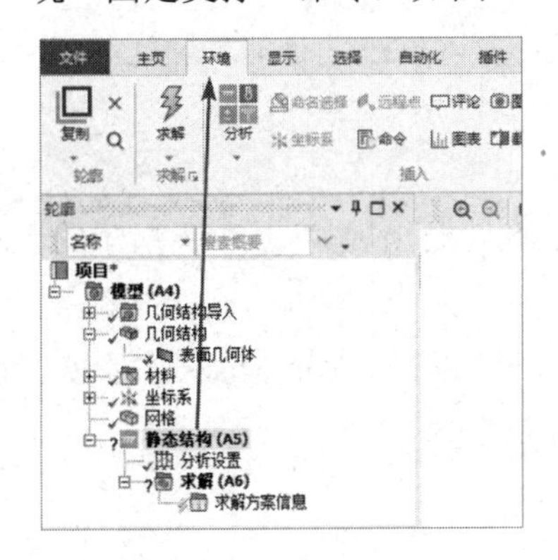

图 5-93　“环境”选项卡

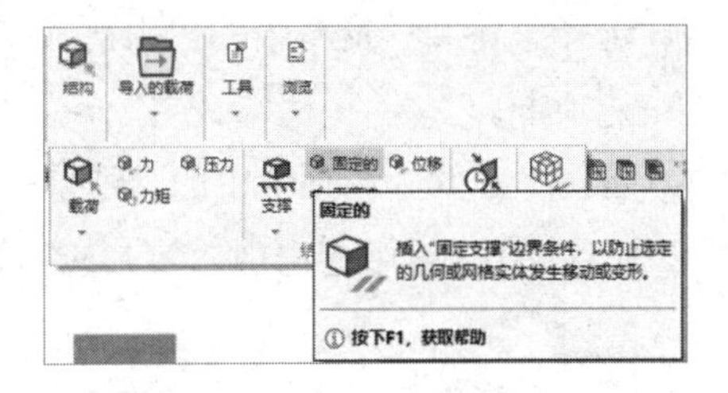

图 5-94　添加“固定支撑”命令

③ 选择“轮廓”窗格中的“固定支撑”命令，并选择需要施加固定约束的线，如图 5-95 所示。

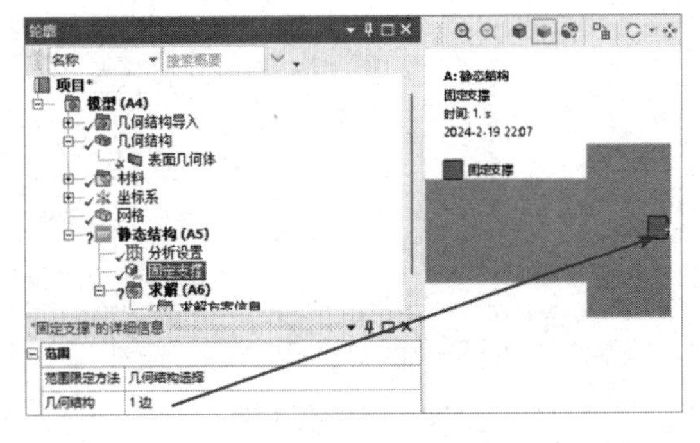

图 5-95　施加固定约束

④ 施加两个载荷，将其分别加载到左侧的上、下两条边线上，如图 5-96 所示，载荷大小均为 2513N，方向相反。

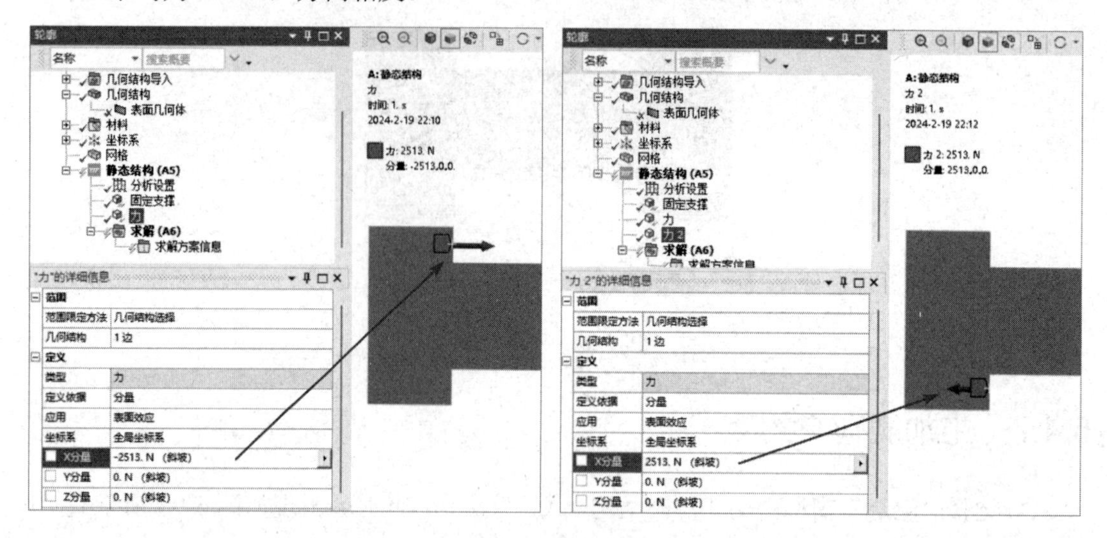

图 5-96　施加载荷

⑤ 右击“轮廓”窗格中的“静态结构（A5）”命令，在弹出的快捷菜单中选择“求解”命令，进行计算。

5.4.8　结果后处理

① 选择“轮廓”窗格中的“求解（A6）”命令，此时会出现如图 5-97 所示的“求解”选项卡。

② 选择“求解”选项卡中的“结果”→“应力”→“等效（Von-Mises）”命令，此时在“轮廓”窗格中会出现“等效应力”命令，如图 5-98 所示。

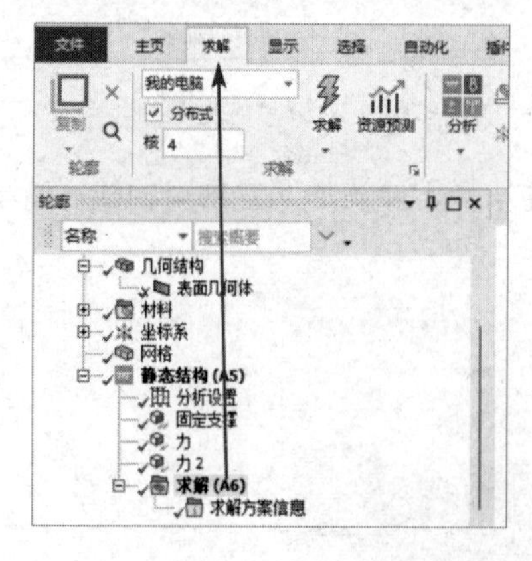

图 5-97　“求解”选项卡

图 5-98　添加“等效应力”命令

③ 同步骤②，选择“求解”选项卡中的“结果”→“应变”→“等效（Von-Mises）”命令，此时在“轮廓”窗格中会出现“等效弹性应变”命令，如图 5-99 所示。

④ 同步骤②，选择“求解”选项卡中的“结果”→“变形”→“总计”命令，此时在“轮

廓”窗格中会出现“总变形”命令，如图 5-100 所示。

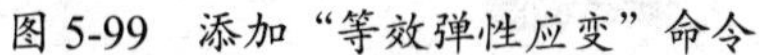
图 5-99　添加“等效弹性应变”命令

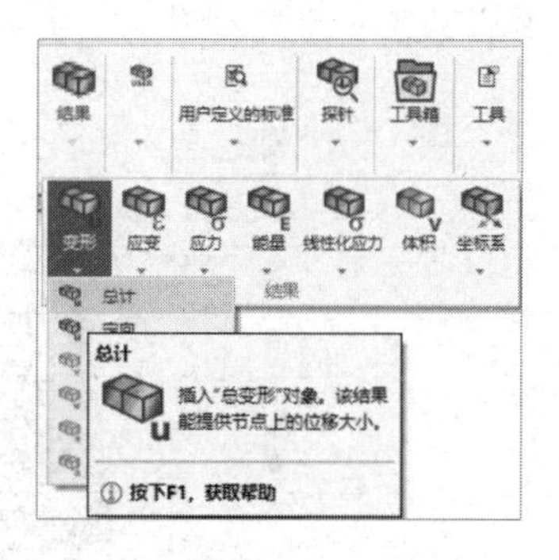

图 5-100　添加“总变形”命令

⑤ 右击“轮廓”窗格中的“求解（A6）”命令，在弹出的快捷菜单中选择“评估所有结果”命令。

⑥ 选择“轮廓”窗格中的“求解（A6）”→“等效应力”命令，此时会出现如图 5-101 所示的应力分析云图。

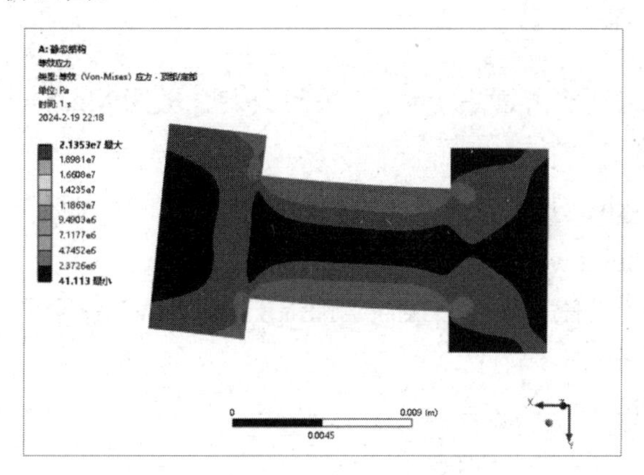

图 5-101　应力分析云图

⑦ 选择“轮廓”窗格中的“求解（A6）”→“等效弹性应变”命令，此时会出现如图 5-102 所示的应变分析云图。

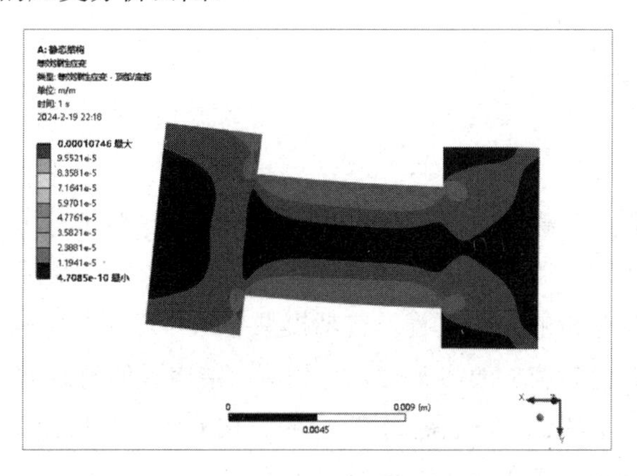

图 5-102　应变分析云图

⑧ 选择“轮廓”窗格中的“求解（A6）”→“总变形”命令，此时会出现如图 5-103 所示的总变形分析云图。

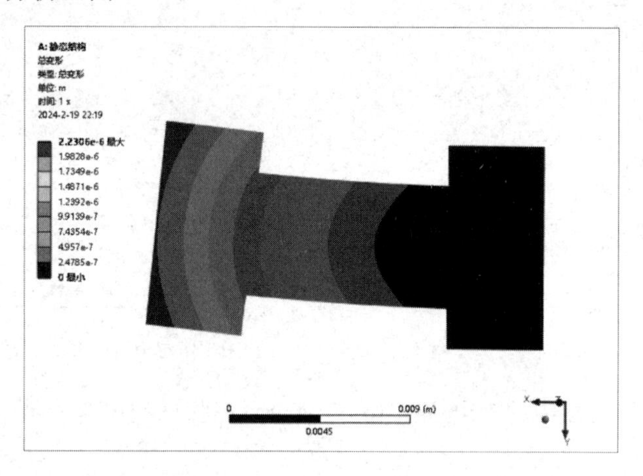

图 5-103　总变形分析云图

5.4.9　保存与退出

① 单击 Mechanical 平台界面右上角的“关闭”按钮，关闭 Mechanical 平台，返回 ANSYS Workbench 平台主界面。

② 在 ANSYS Workbench 平台主界面中单击工具栏中的“保存”按钮，设置“文件名”为“Axy_Structural.wbpj”。

③ 单击右上角的“关闭”按钮，关闭 ANSYS Workbench 平台，完成项目分析。

5.4.10　读者演练

本实例简单讲解了轴对称模型的受力分析，读者可以通过本实例了解轴对称模型的设置方法。另外，读者可以根据 5.2 节讲述的实体静力学分析，进行实体静力学分析，并对比数据结果。

5.5　本章小结

静力学分析是有限元分析中常见的分析类型。在工业、制造业、土木工程、医学研究、电力传输和电子设计等领域中经常用到此类分析。本章通过典型实例，分别介绍了实体单元、梁单元、板单元静力学分析的一般过程，包括模型导入与建模、材料选择与材料属性赋予、有限元网格的划分、对模型施加边界条件、力载荷、结构后处理及大变形的开启等。通过本章的学习，读者应当对 ANSYS Workbench 平台的结构静力学分析模块有了一个深入的了解，同时可以借助帮助文档进行深入学习，熟练掌握相应操作步骤与分析方法。

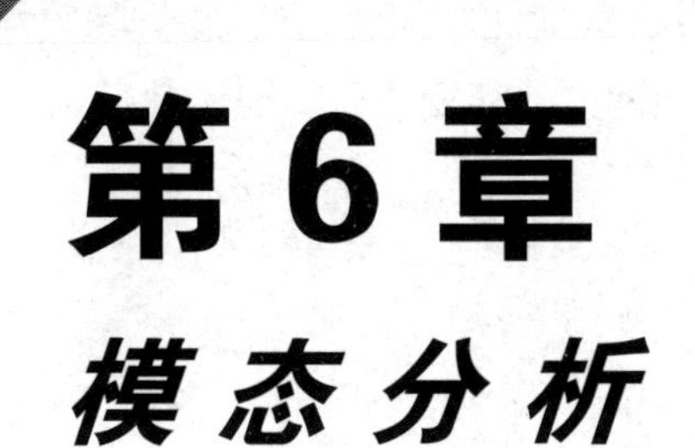

第 6 章 模态分析

本章内容

ANSYS Workbench 平台为用户提供了多种动力学分析工具，可以完成各种动力学现象的分析和模拟，包括模态分析、谐响应分析、响应谱分析、随机振动分析、线性屈曲分析、瞬态动力学分析及显式动力学分析等，其中显式动力学分析由 ANSYS Autodyn 及 ANSYS LS-DYNA 两个求解器完成。

本章将对 ANSYS Workbench 平台的模态分析模块进行讲解，并通过典型实例对各种分析的一般步骤进行详细讲解，包括几何建模（外部几何数据的导入）、材料赋予、网格设置与划分、边界条件的设定和后处理操作等。

学习要求

知 识 点	学 习 目 标			
	了解	理解	应用	实践
模态分析的基本知识	√			
模态分析的计算过程			√	√

6.1 结构动力学分析概述

动力学分析是用来确定惯性和阻尼在发挥重要作用时结构的动力学行为的技术，典型的动力学行为体现了结构的振动特性，如结构的振动和自振频率、载荷随时间变化的效应或交变载荷激励效应等。动力学分析可以模拟的物理现象包括振动冲击、交变载荷、地震载荷、随机载荷等。

6.1.1 结构动力学分析

由经典力学理论可知，物体的动力学通用方程为

$$\boldsymbol{M}\boldsymbol{x}'' + \boldsymbol{C}\boldsymbol{x}' + \boldsymbol{K}\boldsymbol{x} = \boldsymbol{F}(t) \tag{6-1}$$

式中，$\boldsymbol{M}$ 是质量矩阵；$\boldsymbol{C}$ 是阻尼矩阵；$\boldsymbol{K}$ 是刚度矩阵；$\boldsymbol{x}$ 是位移矢量；$\boldsymbol{F}(t)$ 是力矢量；$\boldsymbol{x}'$ 是速度矢量；$\boldsymbol{x}''$ 是加速度矢量。

动力学分析适用于快速加载、冲击碰撞的情况，在这种情况下，惯性和阻尼的影响不能被忽略。如果是静定结构，载荷速度较慢，则动力学计算结果将等同于静力学计算结果。

由于动力学问题需要考虑结构的惯性，因此对于结构动力学分析来说，材料参数必须包含密度，另外材料的弹性模量和泊松比也是必不可少的输入参数。

6.1.2 结构动力学分析的阻尼

结构动力学分析的阻尼是耗散振动能量的机制，可以使振动最终停下来，阻尼的大小取决于材料、运动速度和振动频率。阻尼参数在平衡方程（6-1）中由阻尼矩阵 $\boldsymbol{C}$ 描述，阻尼的大小与运动速度成比例。

动力学中常用的阻尼形式有阻尼比、α 阻尼和 β 阻尼，其中 α 阻尼和 β 阻尼被统称为瑞利阻尼（Rayleigh 阻尼），下面简单介绍一下以上 3 种阻尼的基本概念及公式。

（1）阻尼比 ξ：阻尼比 ξ 是阻尼系数与临界阻尼系数之比。临界阻尼系数定义为振荡与非振荡行为之间的临界点的阻尼值，此时阻尼比 ξ=1.0，对单自由度弹簧质量系统而言，如果质量为 m，圆频率为 ω，则临界阻尼 $C=2m\omega$。

（2）瑞利阻尼：包括 α 阻尼和 β 阻尼。如果质量矩阵为 $\boldsymbol{M}$，刚度矩阵为 $\boldsymbol{K}$，则瑞利阻尼矩阵为 $\boldsymbol{C}=\alpha\boldsymbol{M}+\beta\boldsymbol{K}$，所以 α 阻尼和 β 阻尼分别被称为质量阻尼和刚度阻尼。

阻尼比与瑞利阻尼之间的关系为：$\xi=\alpha/2\omega+\beta\omega/2$，从此公式可以看出，质量阻尼过滤低频部分（频率越低，阻尼越大），而刚度阻尼则过滤高频部分（频率越高，阻尼越大）。

（3）定义 α 阻尼和 β 阻尼。

运用关系式 $\xi=\alpha/2\omega+\beta\omega/2$，指定两个频率 ω_i 和 ω_j 对应的阻尼比 ξ_i 和 ξ_j，可以计算出 α 阻尼和 β 阻尼，即

$$
\begin{aligned}
\alpha &= \frac{2\omega_i\omega_j}{\omega_j^2-\omega_i^2}(\omega_j\zeta_i-\omega_i\zeta_j)\\
\beta &= \frac{2}{\omega_j^2-\omega_i^2}(\omega_j\zeta_j-\omega_i\zeta_i)
\end{aligned}
\tag{6-2}
$$

（4）阻尼值量级：以 α 阻尼为例，α=0.5 为很小的阻尼，α=2.5 为显著的阻尼，α=5～10 为非常显著的阻尼，α>10 为很大的阻尼。在不同阻尼值的情况下，结构的变形可能会有比较明显的差异。

6.2　模态分析概述

模态分析是计算结构振动特性的数值技术。结构振动特性包括固有频率和振型。模态分析是基本的动力学分析，是其他动力学分析的基础，如响应谱分析、随机振动分析、谐响应分析等都需要在模态分析的基础上进行。

模态分析虽然是非常简单的动力学分析，但具有非常广泛的实用价值。模态分析可以帮助设计人员确定结构的固有频率和振型，从而使设计的结构避免共振，并指导工程技术人员预测在不同载荷作用下结构的振动形式。

此外，模态分析还有助于估算其他动力学分析的参数。比如，在瞬态动力学分析中，为了保证动力响应的计算精度，通常要求结构的一个自振周期有不少于 25 个计算点，而模态分析可以确定结构的自振周期，从而帮助分析人员确定合理的瞬态分析时间。

6.2.1　模态分析简介

模态分析的好处在于：可以使设计的结构避免共振，或者以特定的频率进行振动；可以使工程技术人员认识到结构对不同类型的动力载荷是如何响应的；有助于在其他动力学分析中估算并求解控制参数。

ANSYS Workbench 模态求解器包括如图 6-1 所示的几种类型，默认类型为“程序控制”。除了常规的模态分析，ANSYS Workbench 平台还可以计算含有接触的模态分析及考虑预应力的模态分析。模态分析项目如图 6-2 所示，是使用 ANSYS Workbench 默认求解器进行的模态分析。

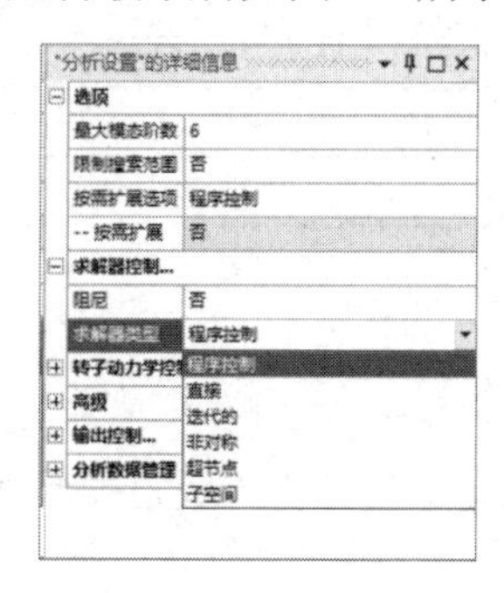

图 6-1　模态求解器类型

图 6-2　模态分析项目

6.2.2 模态分析基础

无阻尼模态分析是经典的特征值问题，动力学问题的运动方程为

$$\boldsymbol{M}\boldsymbol{x}'' + \boldsymbol{K}\boldsymbol{x} = 0 \tag{6-3}$$

结构的自由振动为简谐振动，位移为正弦函数，即

$$\boldsymbol{x} = \boldsymbol{x}\sin(\omega t) \tag{6-4}$$

代入式（6-3）得

$$(\boldsymbol{K} - \omega^2 \boldsymbol{M})\boldsymbol{x} = \{0\} \tag{6-5}$$

式（6-4）为经典的特征值问题，此方程的特征值为 ω_i^2，其开方 ω_i 就是自振圆频率，自振频率 $f = \dfrac{\omega_i}{2\pi}$。

特征值 ω_i^2 对应的特征向量 $\boldsymbol{x}_i$ 为自振频率 $f = \dfrac{\omega_i}{2\pi}$ 对应的振型。

提示

模态分析实际上就是进行特征值和特征向量的求解，也称模态提取。模态分析中材料的弹性模量、泊松比及材料密度是必须定义的。

6.2.3 预应力模态分析

结构中的应力可能会导致结构刚度发生变化，这方面的典型实例是琴弦，张紧的琴弦声音比松弛的琴弦声音尖锐，这是因为张紧的琴弦刚度更大，会导致自振频率更高。

叶轮叶片在转速很高的情况下，由于离心力产生的预应力的作用，其自振频率有增大的趋势，如果转速高到这种变化已经不能被忽略的程度，则需要考虑预应力对刚度的影响。

预应力模态分析就是分析含预应力结构的自振频率和振型，预应力模态分析和常规模态分析类似，但可以考虑载荷产生的应力对结构刚度的影响。

6.3 实例 1——方板模态分析

本节主要介绍 ANSYS Workbench 平台的模态分析模块，计算方板的自振频率。

学习目标：熟练掌握 ANSYS Workbench 模态分析的方法及过程。

模型文件	无
结果文件	配套资源\Chapter06\char06-1\Modal.wbpj

6.3.1 问题描述

图 6-3 所示为某方板模型，请使用 ANSYS Workbench 平台分析方板自振频率。

6.3.2　创建分析项目

① 在 Windows 系统下启动 ANSYS Workbench 平台，进入主界面。

② 双击主界面“工具箱”窗格中的“分析系统”→“模态”命令，即可在“项目原理图”窗格中创建分析项目 A，如图 6-4 所示。

图 6-3　方板模型

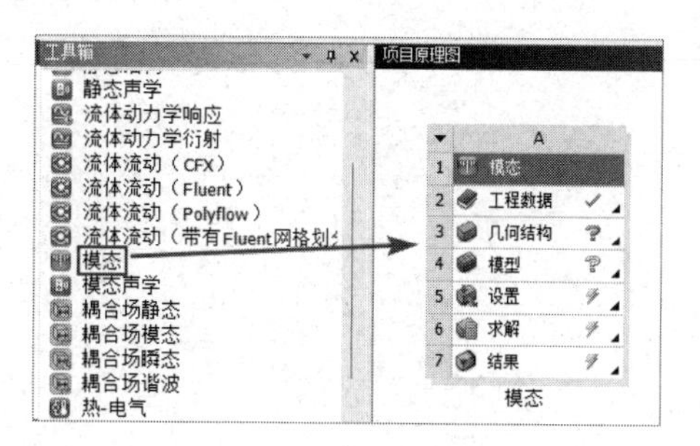

图 6-4　创建分析项目 A

6.3.3　创建几何体

① 双击项目 A 中 A3 栏的“几何结构”，进入 DesignModeler 平台界面，单击“草图绘制”按钮，在 *XY* 平面上绘制如图 6-5 所示的矩形，并对矩形进行标注：H1=100mm；V2=100mm。

② 选择菜单栏中的“概念”→“草图表面”命令，如图 6-6 所示，在“厚度”栏中输入“1mm”，单击“生成”按钮，生成几何体。

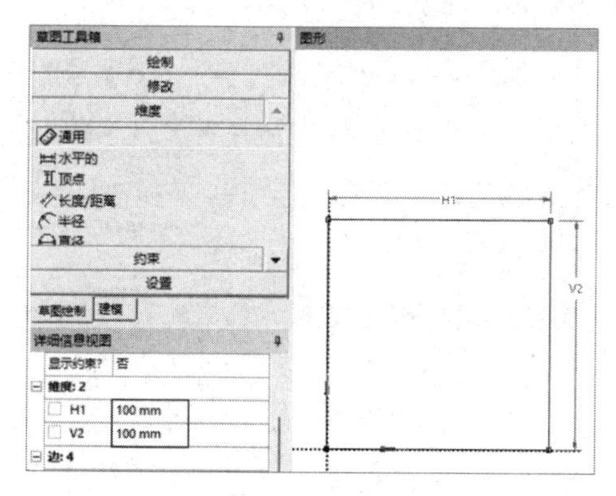

图 6-5　绘制矩形

图 6-6　选择“草图表面”命令

③ 单击 DesignModeler 平台界面右上角的“关闭”按钮，关闭 DesignModeler 平台，返回 ANSYS Workbench 平台主界面。

6.3.4　添加材料库

① 双击项目 A 中 A2 栏的“工程数据”，进入如图 6-7 所示的材料参数设置界面，在该界面中可以进行材料参数设置。

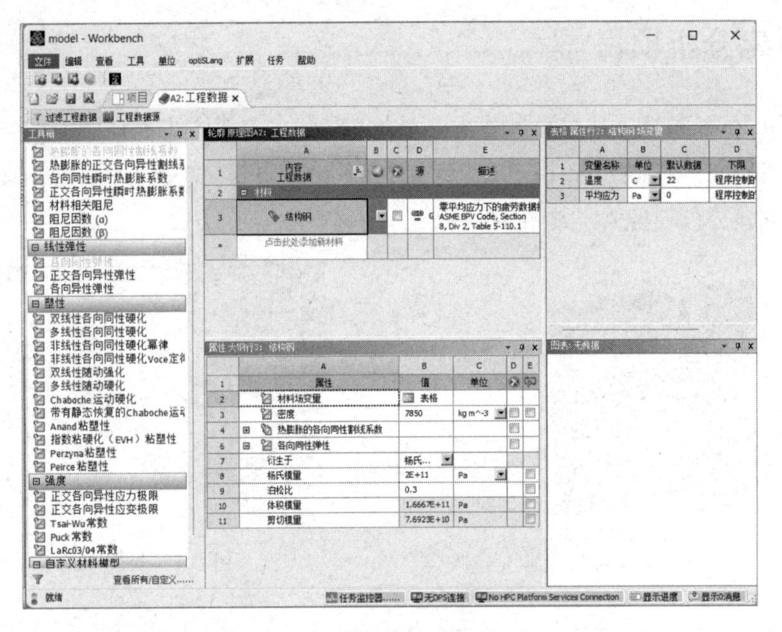

图 6-7　材料参数设置界面

② 在界面的空白处右击，在弹出的快捷菜单中选择“工程数据源”命令，如图 6-8 所示，之后原界面中的“轮廓 原理图 A2：工程数据”表消失，出现“工程数据源”及“轮廓 偏好”表。

③ 在“工程数据源”表中单击 A4 栏的“一般材料”，之后单击“轮廓 General Materials”表中 A4 栏的“不锈钢”后 B4 栏的 （添加）按钮，此时在 C4 栏中会显示 （使用中）图标，如图 6-9 所示，表示材料已经添加成功。

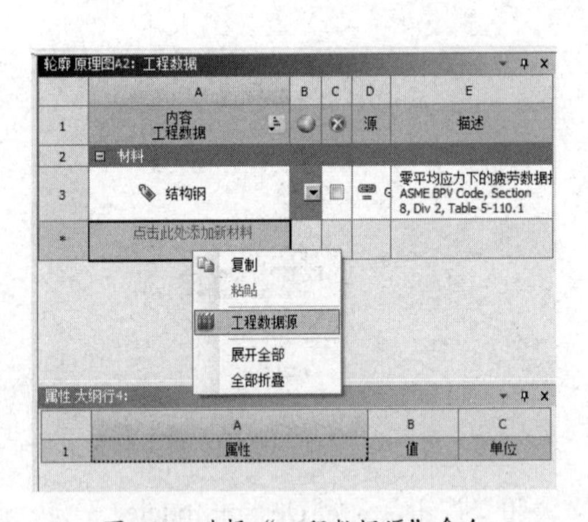

图 6-8　选择“工程数据源”命令

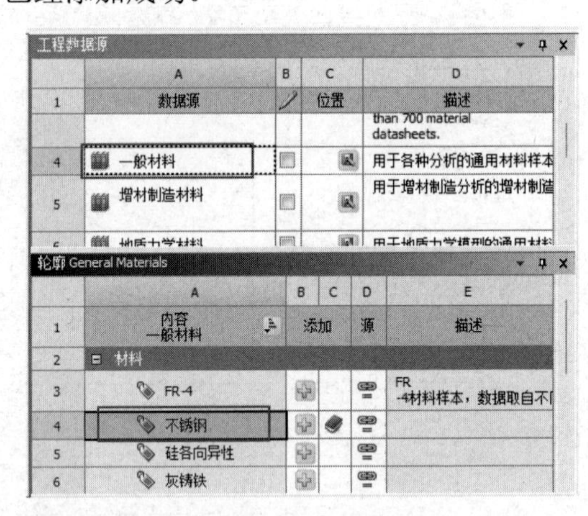

图 6-9　添加材料

④ 同步骤②，在界面的空白处右击，在弹出的快捷菜单中选择“工程数据源”命令，返回初始界面。

⑤ 根据实际工程材料的特性，在“属性 大纲行 4：Stainless Steel”表中可以修改材料的特性，如图 6-10 所示，本实例采用的是默认值。

图 6-10　修改材料的特性

⑥ 单击工具栏中的 项目 按钮，返回 ANSYS Workbench 平台主界面，完成材料库的添加。

6.3.5　添加模型材料属性

① 双击项目 A 中 A4 栏的“模型”，进入 Mechanical 平台界面，在该界面中可以进行网格的划分、分析设置、结果观察等操作。Mechanical 平台界面中的几何模型如图 6-11 所示。

② 选择 Mechanical 平台界面左侧“轮廓”窗格中的“几何结构”→“表面几何体”命令，此时可以在“‘表面几何体’的详细信息”窗格中给模型添加材料。

③ 单击“材料”→“任务”栏后的 ▸ 按钮，此时会出现刚刚设置的材料“不锈钢”，选择该选项即可将其添加到模型中，如图 6-12 所示。此时“轮廓”窗格中“几何结构”命令前的 ? 图标变为 ✓ 图标，表示材料已经添加成功，如图 6-13 所示。

图 6-11　几何模型

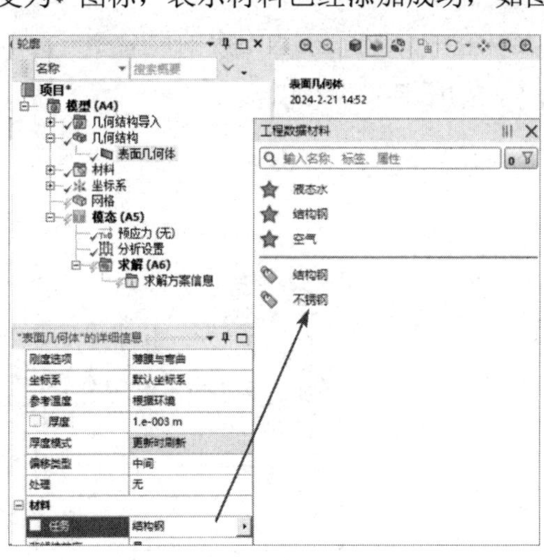

图 6-12　添加材料

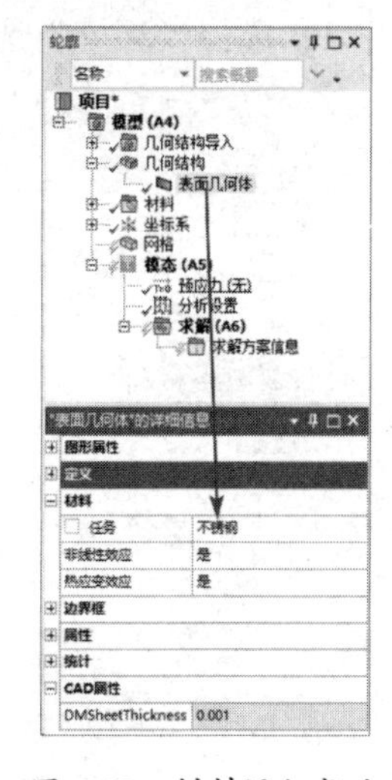

图 6-13　材料添加成功

6.3.6 划分网格

① 选择“轮廓”窗格中的“网格”命令，此时可以在“‘网格’的详细信息”窗格中修改网格参数，如图 6-14 所示。在“分辨率”栏中输入“4”，在“单元尺寸”栏中输入“5.e−003m”，其余选项保持默认设置。

② 右击“轮廓”窗格中的“网格”命令，在弹出的快捷菜单中选择“生成网格”命令，最终的网格效果如图 6-15 所示。

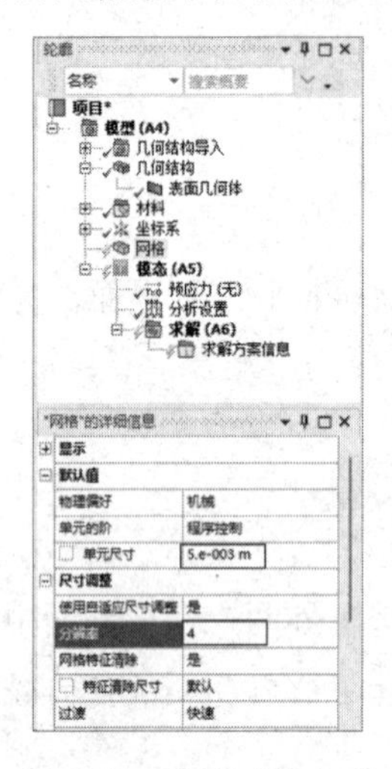

图 6-14 修改网格参数

图 6-15 网格效果

6.3.7 施加载荷与约束

① 选择“轮廓”窗格中的“模态（A5）”命令，此时会出现如图 6-16 所示的“环境”选项卡。

② 选择“环境”选项卡中的“结构”→“固定的”命令，此时在“轮廓”窗格中会出现“固定支撑”命令，如图 6-17 所示。

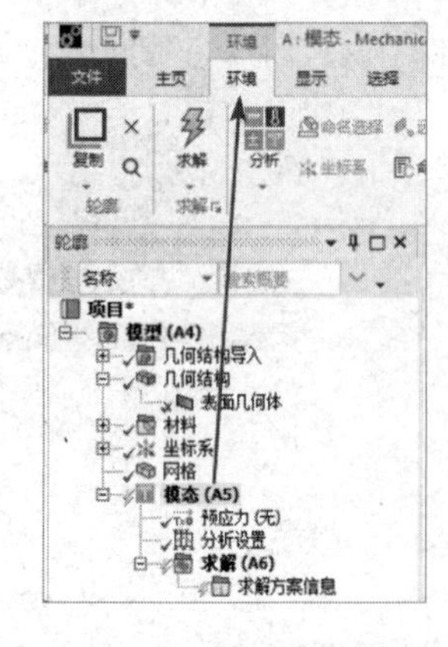

图 6-16 “环境”选项卡

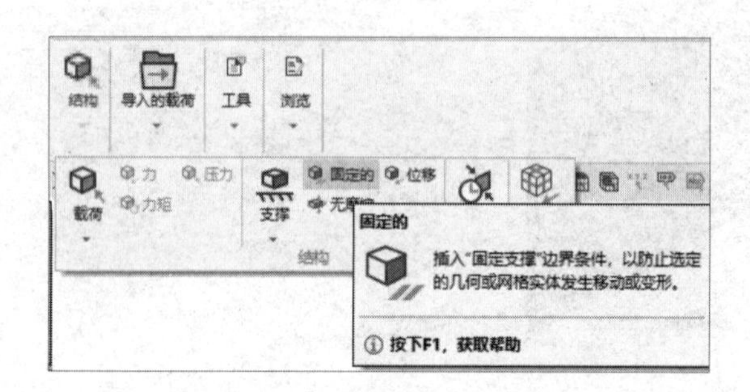

图 6-17 添加“固定支撑”命令

③ 选择“轮廓”窗格中的“固定支撑”命令，并选择需要施加固定约束的边，单击“‘固

定支撑’的详细信息”窗格中“几何结构”栏的“应用”按钮，即可在选中的边上施加固定约束，如图 6-18 所示。

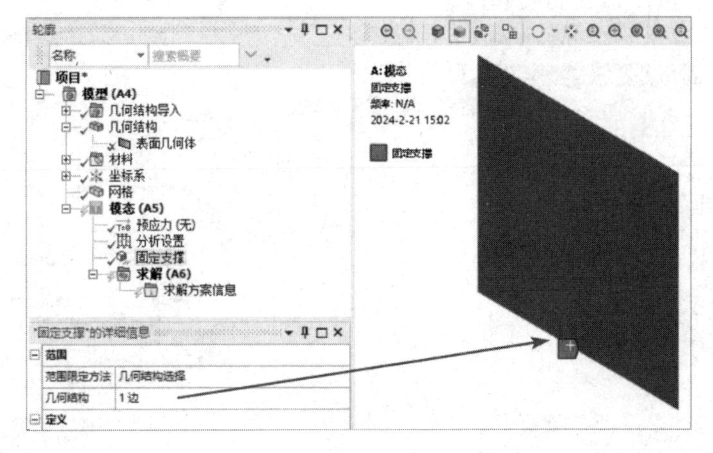

图 6-18　施加固定约束

④ 右击“轮廓”窗格中的“模态（A5）”命令，在弹出的快捷菜单中选择“求解”命令，进行计算，如图 6-19 所示。

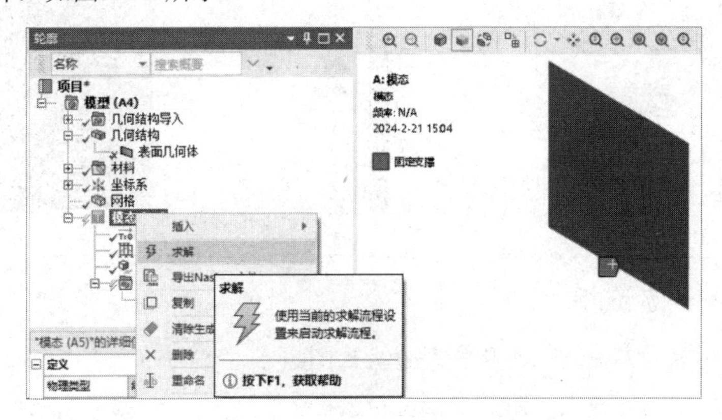

图 6-19　选择“求解”命令

6.3.8　结果后处理

① 选择“轮廓”窗格中的“求解（A6）”命令，此时会出现如图 6-20 所示的“求解”选项卡。

② 选择“求解”选项卡中的“结果”→“变形”→“总计”命令，此时在“轮廓”窗格中会出现“总变形”命令，如图 6-21 所示。

③ 右击“轮廓”窗格中的“求解（A6）”命令，在弹出的快捷菜单中选择“求解”命令，如图 6-22 所示。此时会弹出进度栏，表示正在计算，当计算完成后，进度栏会自动消失。

④ 选择“轮廓”窗格中的“求解（A6）”→“总变形”命令，此时会出现如图 6-23 所示的一阶总变形分析云图。

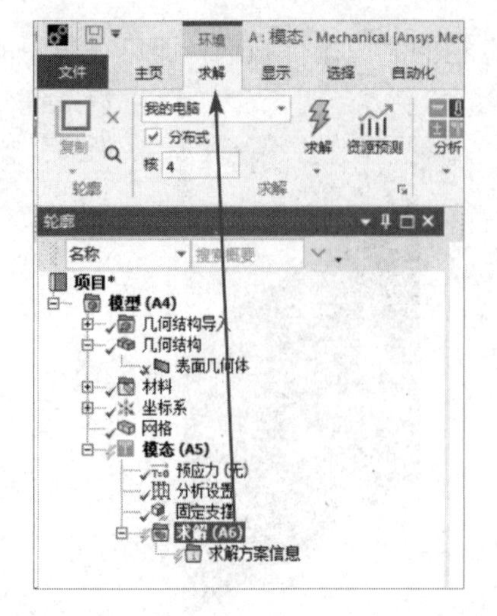

图 6-20 “求解”选项卡

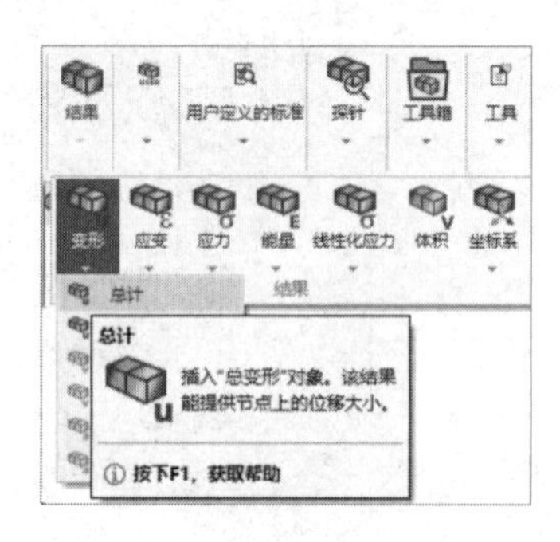

图 6-21 添加“总变形”命

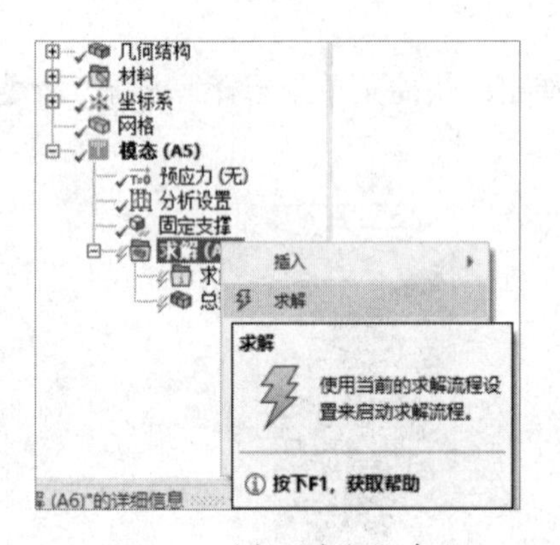

图 6-22 选择“求解”命令

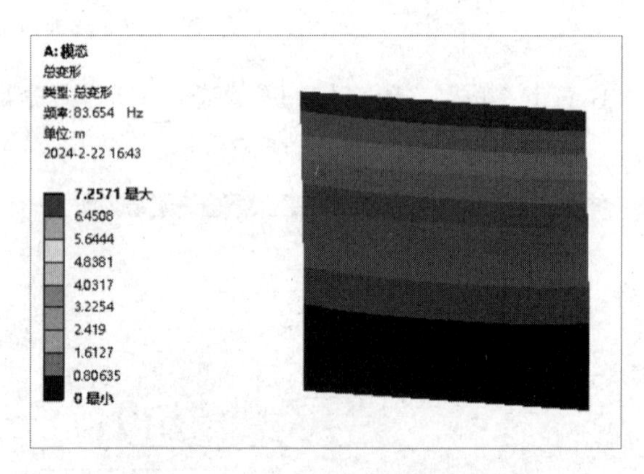

图 6-23 一阶总变形分析云图

⑤ 图 6-24 所示为方板的二阶总变形分析云图。

⑥ 图 6-25 所示为方板的三阶总变形分析云图。

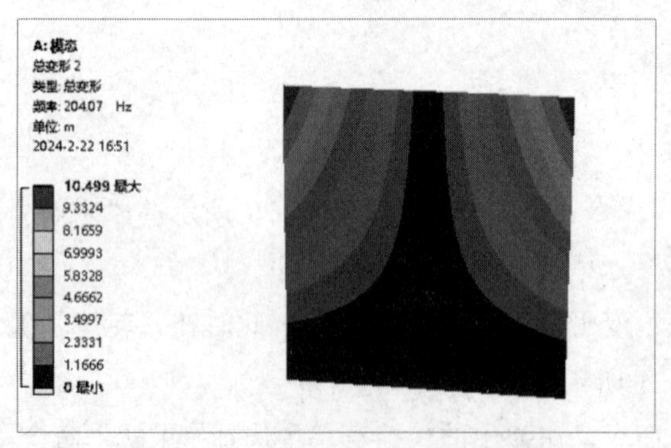

图 6-24 二阶总变形分析云图

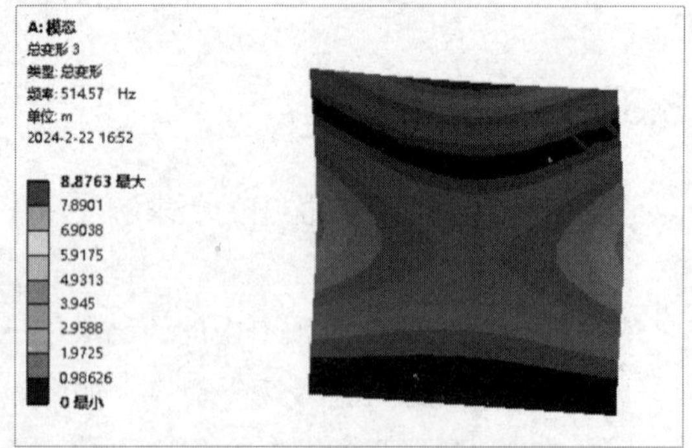

图 6-25 三阶总变形分析云图

⑦ 图 6-26 所示为方板的四阶总变形分析云图。

⑧ 图 6-27 所示为方板的五阶总变形分析云图。

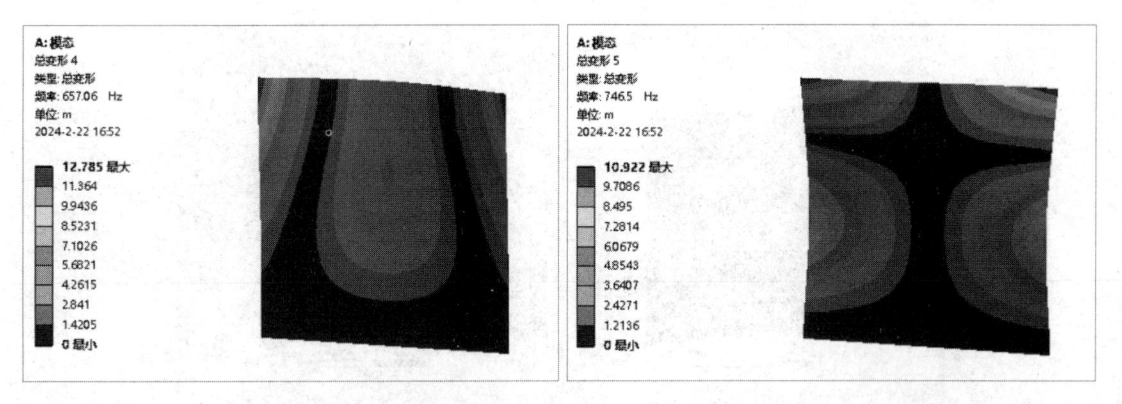

图 6-26　四阶总变形分析云图　　　　图 6-27　五阶总变形分析云图

⑨ 图 6-28 所示为方板的六阶总变形分析云图。

⑩ 图 6-29 所示为方板的各阶模态频率，ANSYS Workbench 模态计算的默认模态数量为 6。

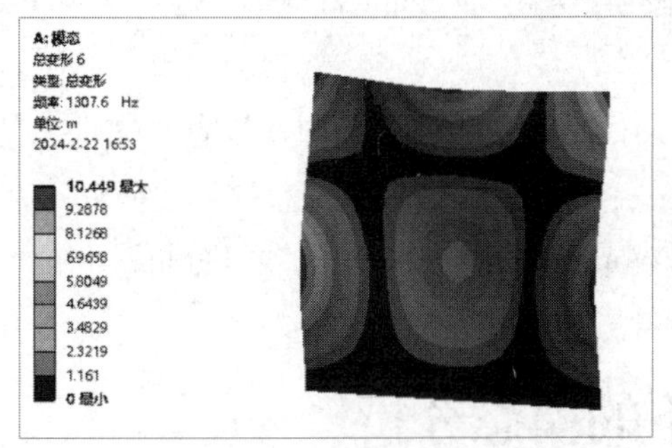

图 6-28　六阶总变形分析云图

	模式	频率 [
1	1.	83.654
2	2.	204.07
3	3.	514.57
4	4.	657.06
5	5.	746.5
6	6.	1307.6

图 6-29　各阶模态频率（1）

⑪ 选择“轮廓”窗格中的“模态（A5）”→“分析设置”命令，在“‘分析设置’的详细信息”窗格的“选项”操作面板中有“最大模态阶数”栏，在此栏中可以修改模态数量为“20”，如图 6-30 所示。

⑫ 重新计算得到的各阶模态频率如图 6-31 所示。

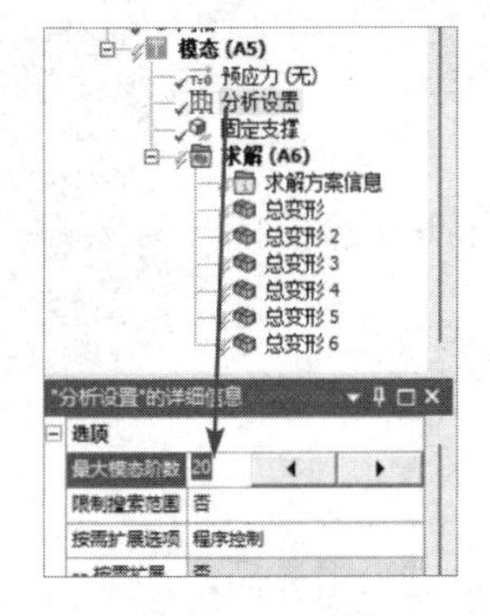

图 6-30　修改模态数量

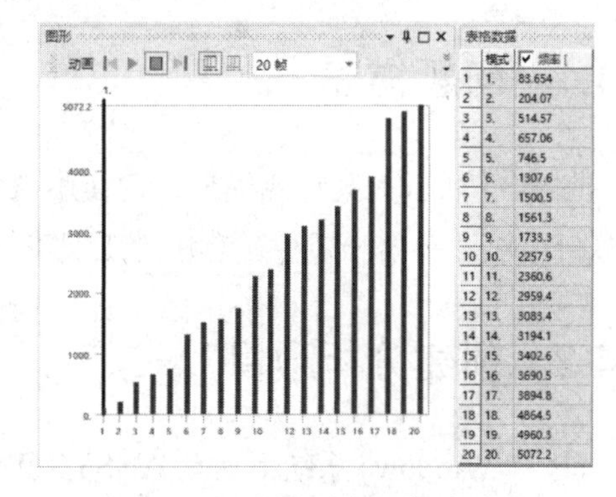

	模式	频率 [
1	1.	83.654
2	2.	204.07
3	3.	514.57
4	4.	657.06
5	5.	746.5
6	6.	1307.6
7	7.	1500.5
8	8.	1561.3
9	9.	1733.3
10	10.	2257.9
11	11.	2360.6
12	12.	2959.4
13	13.	3083.4
14	14.	3194.1
15	15.	3402.6
16	16.	3690.5
17	17.	3894.8
18	18.	4864.5
19	19.	4960.3
20	20.	5072.2

图 6-31　各阶模态频率（2）

⑬ 单击工具栏中的□按钮，在弹出的下拉列表中单击◫按钮，不同窗口会显示不同模态下的总变形，如图 6-32 所示。

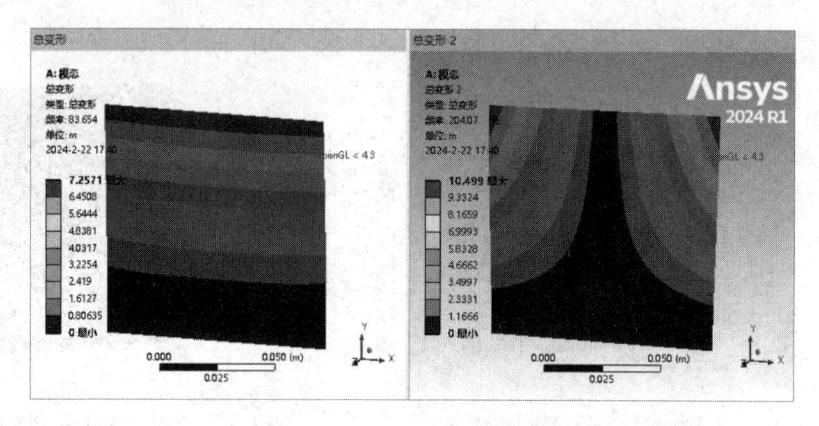

图 6-32　不同模态下的总变形

6.3.9　保存与退出

① 单击 Mechanical 平台界面右上角的“关闭”按钮，关闭 Mechanical 平台，返回 ANSYS Workbench 平台主界面。

② 在 ANSYS Workbench 平台主界面中单击工具栏中的“保存”按钮，设置“文件名”为“Modal.wbpj”，保存文件。

③ 单击右上角的“关闭”按钮，关闭 ANSYS Workbench 平台，完成项目分析。

6.4　实例 2——方板在有预压力下的模态分析

本节主要介绍 ANSYS Workbench 平台的模态分析模块，计算方板在有预压力下的模态。

学习目标：熟练掌握 ANSYS Workbench 预应力模态分析的方法及过程。

模型文件	无
结果文件	配套资源\Chapter06\char06-2\modal_compression.wbpj

6.4.1　问题描述

图 6-33 所示为某计算模型，请使用 ANSYS Workbench 平台的模态分析模块计算同一零件在有压力工况下的固有频率。

图 6-33　计算模型

6.4.2　创建分析项目

① 在 Windows 系统下启动 ANSYS Workbench 平台，进入主界面。

② 双击主界面“工具箱”窗格中的“定制系统”→“预应力模态”命令，即可在“项目原理图”窗格中同时创建分析项目 A（静态结构分析）及项目 B（模态分析），如图 6-34 所示。

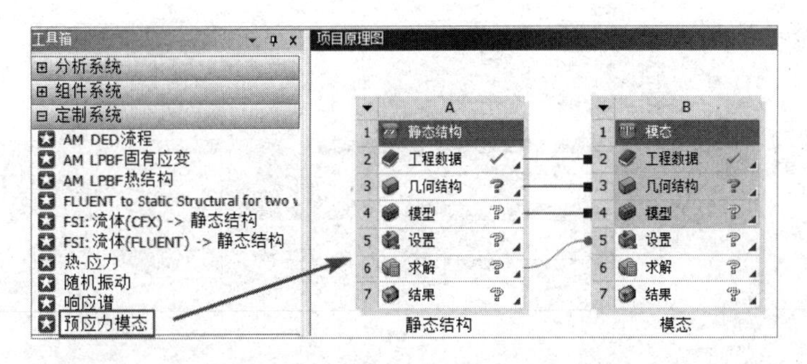

图 6-34　创建分析项目 A 及项目 B

6.4.3　创建几何体

① 双击项目 A 中 A3 栏的“几何结构”，进入 DesignModeler 平台界面，单击“草图绘制”按钮，在 *XY* 平面上绘制如图 6-35 所示的矩形，并对矩形进行标注：H1=100mm；V2=100mm。

② 选择菜单栏中的“概念”→“草图表面”命令，如图 6-36 所示，在“厚度”栏中输入“1mm”，单击 生成 按钮，生成几何体。

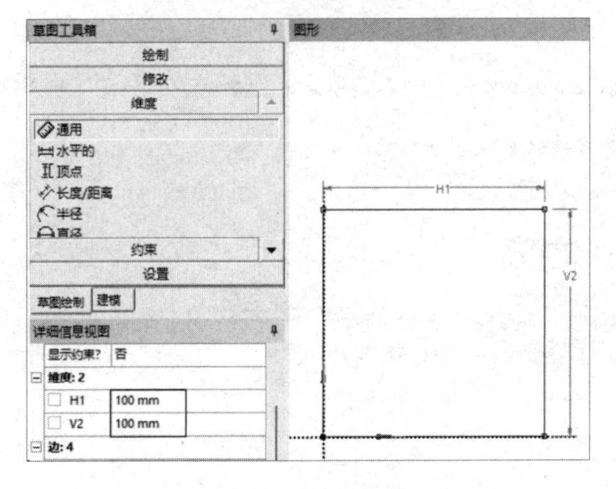

图 6-35　绘制矩形

图 6-36　选择“草图表面”命令

③ 单击 DesignModeler 平台界面右上角的“关闭”按钮，关闭 DesignModeler 平台，返回 ANSYS Workbench 平台主界面。

6.4.4　添加材料库

① 双击项目 A 中 A2 栏的“工程数据”，进入如图 6-37 所示的材料参数设置界面，在该界面中可以进行材料参数设置。

② 在界面的空白处右击，在弹出的快捷菜单中选择“工程数据源”命令，如图 6-38 所示，之后原界面中的“轮廓 原理图 A2,B2：工程数据”表消失，出现“工程数据源”及“轮廓 偏好”表。

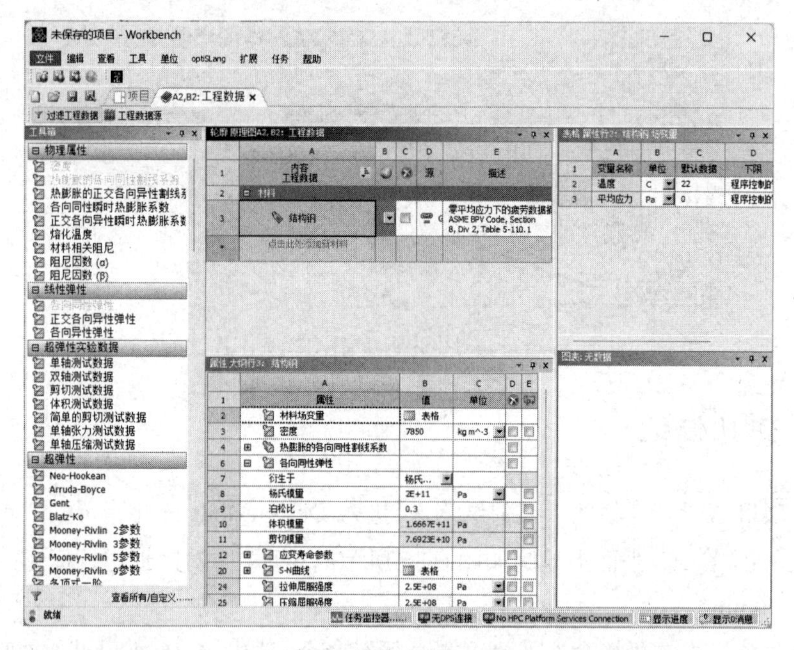

图 6-37　材料参数设置界面

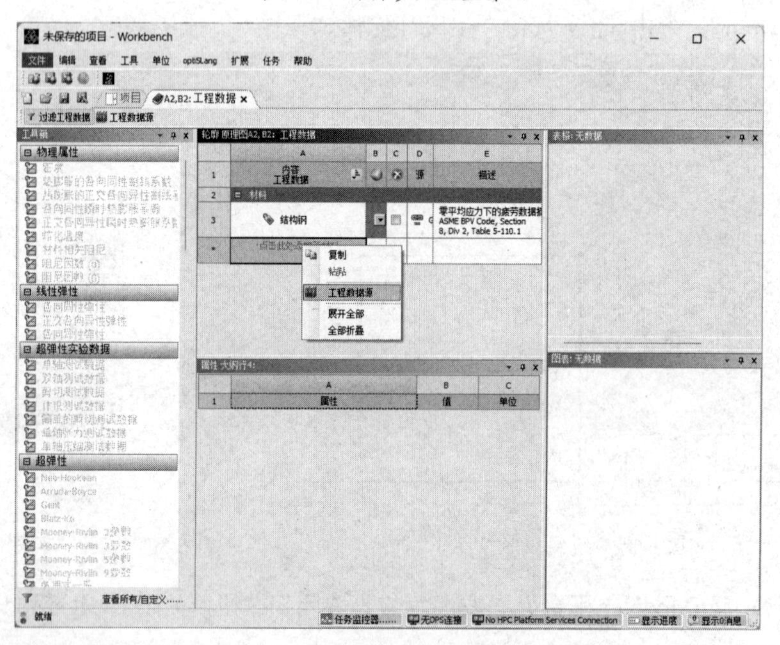

图 6-38　选择“工程数据源”命令

③ 在“工程数据源”表中单击 A4 栏的“一般材料”，之后单击“轮廓 General Materials”表中 A4 栏的“不锈钢”后 B4 栏的（添加）按钮，此时在 C4 栏中会显示（使用中）图标，如图 6-39 所示，表示材料已经添加成功。

④ 同步骤②，在界面的空白处右击，在弹出的快捷菜单中选择“工程数据源”命令，返回初始界面。

⑤ 根据实际工程材料的特性，在“属性 大纲行 4：Stainless Steel”表中可以修改材料的特性，如图 6-40 所示，本实例采用的是默认值。

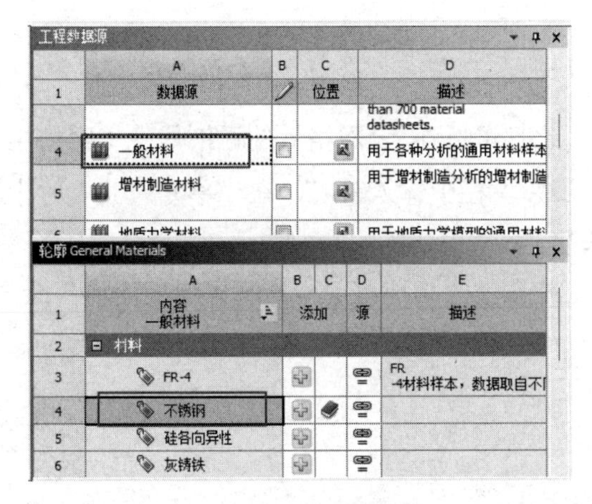

图 6-39　添加材料

图 6-40　修改材料的特性

⑥ 单击工具栏中的 项目 按钮，返回 ANSYS Workbench 平台主界面，完成材料库的添加。

6.4.5　添加模型材料属性

① 双击项目 A 中 A4 栏的“模型”，进入 Mechanical 平台界面，在该界面中可以进行网格的划分、分析设置、结果观察等操作。Mechanical 平台界面中的几何模型如图 6-41 所示。

② 选择 Mechanical 平台界面左侧“轮廓”窗格中的“几何结构”→“表面几何体”命令，此时可以在“‘表面几何体’的详细信息”窗格中给模型添加材料。

③ 单击“材料”→“任务”栏后的 ▸ 按钮，此时会出现刚刚设置的材料“不锈钢”，选择该选项即可将其添加到模型中，如图 6-42 所示。如图 6-43 所示，表示材料已经添加成功。

图 6-41　几何模型

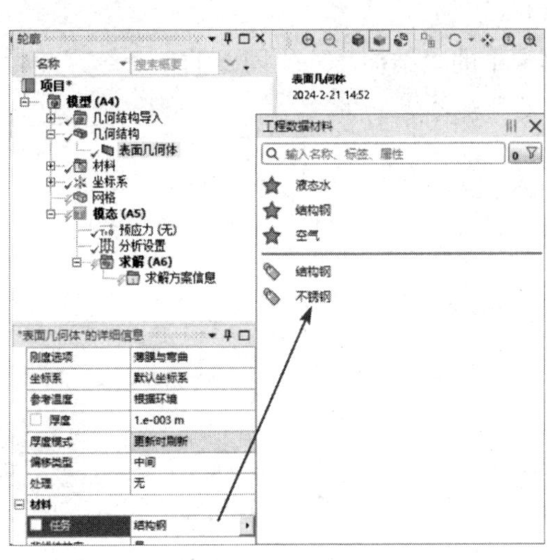

图 6-42　添加材料

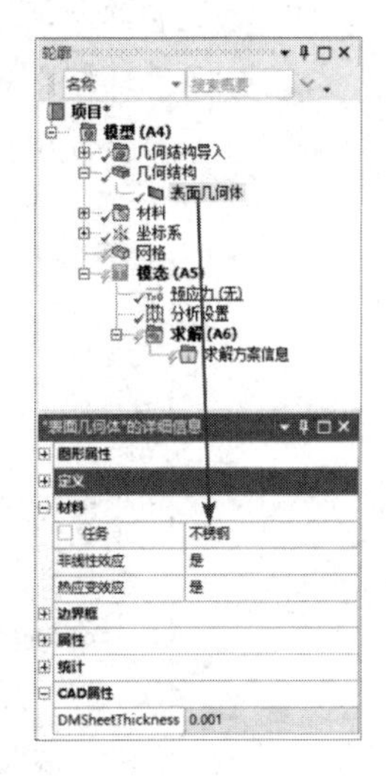

图 6-43　材料添加成功

6.4.6 划分网格

① 选择“轮廓”窗格中的“网格”命令，此时可以在“‘网格’的详细信息”窗格中修改网格参数，如图 6-44 所示。在“分辨率”栏中输入“4”，在“单元尺寸”栏中输入“5.e−003m”，其余选项保持默认设置。

② 右击“轮廓”窗格中的“网格”命令，在弹出的快捷菜单中选择“生成网格”命令，最终的网格效果如图 6-45 所示。

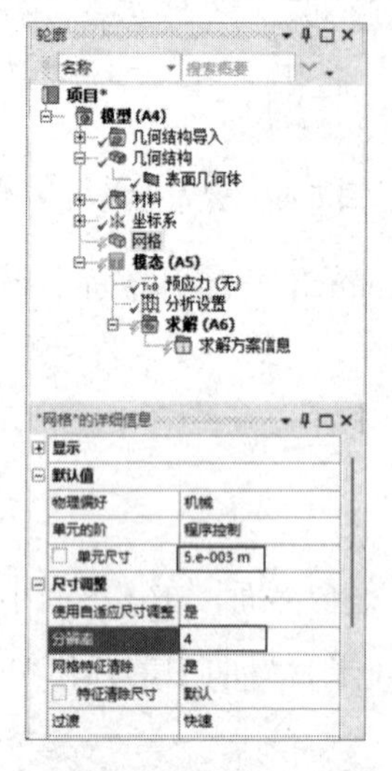

图 6-44 修改网格参数

图 6-45 网格效果

6.4.7 施加载荷与约束

① 选择“轮廓”窗格中的“静态结构（A5）”命令，此时会出现如图 6-46 所示的“环境”选项卡。

② 选择“环境”选项卡中的“结构”→“固定的”命令，此时在“轮廓”窗格中会出现“固定支撑”命令，如图 6-47 所示。

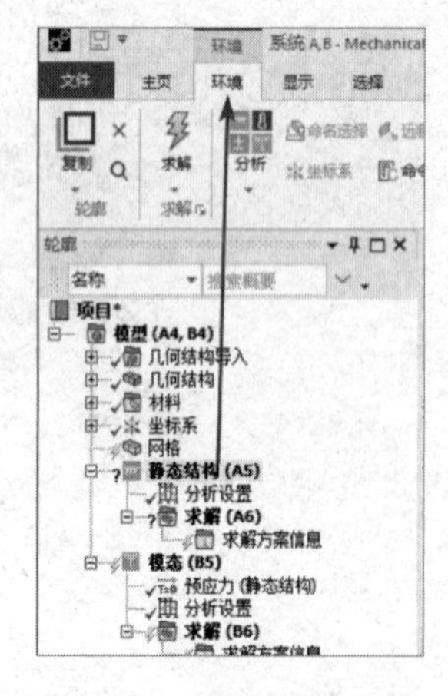

图 6-46 “环境”选项卡

图 6-47 添加“固定支撑”命令

③ 选择“轮廓”窗格中的“固定支撑”命令，并选择需要施加固定约束的边，单击“‘固定支撑’的详细信息”窗格中“几何结构”栏的“应用”按钮，即可在选中的边上施加固定约束，如图 6-48 所示。

④ 选择“环境”选项卡中的“结构”→“力”命令，此时在“轮廓”窗格中会出现“力”命令，如图 6-49 所示。

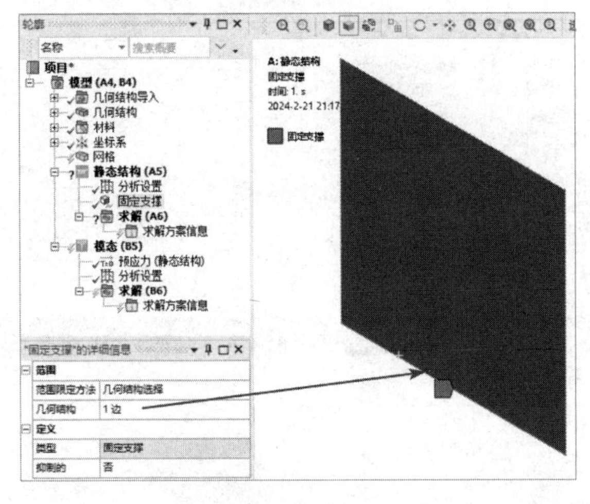

图 6-48　施加固定约束

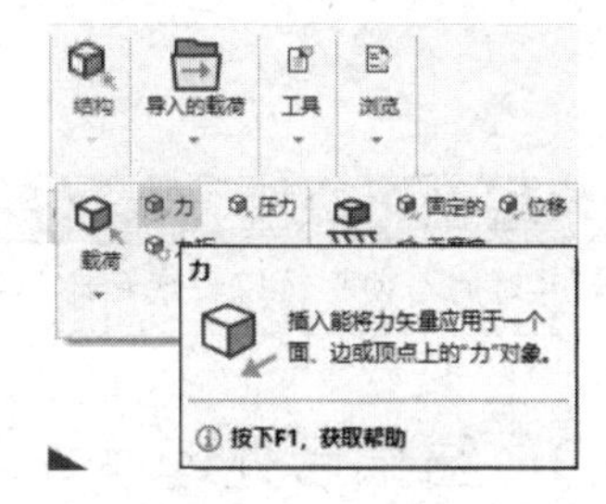

图 6-49　添加“力”命令

⑤ 选择“轮廓”窗格中的“力”命令，并选择需要施加固定约束的边，单击“‘力’的详细信息”窗格中“几何结构”栏的“应用”按钮，即可在选中的边上施加载荷，如图 6-50 所示。

在“定义依据”栏中选择“分量”选项。

在“Y 分量”栏中输入“-200N”，其余选项保持默认设置。

⑥ 右击“轮廓”窗格中的“静态结构（A5）”命令，在弹出的快捷菜单中选择“求解”命令。

⑦ 在“轮廓”窗格中添加“总变形”命令，并进行后处理运算，总变形分析云图如图 6-51 所示。

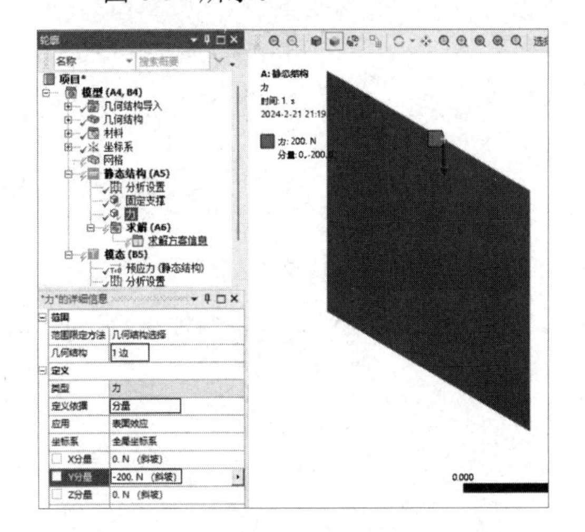

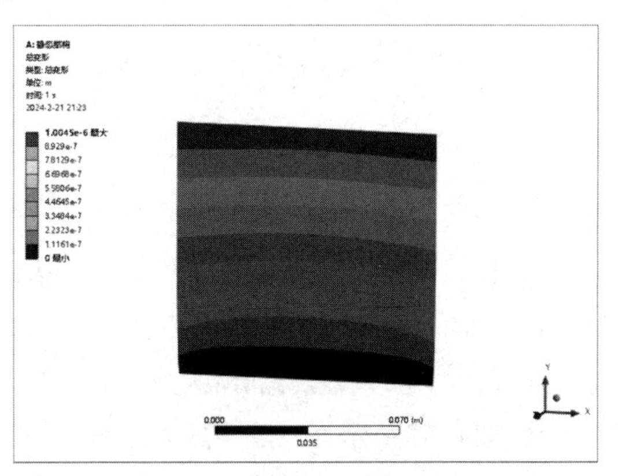

图 6-50　施加载荷

图 6-51　总变形分析云图

6.4.8 进行模态分析

右击“轮廓”窗格中的“模态（B5）”命令，在弹出的快捷菜单中选择“求解”命令，如图 6-52 所示。

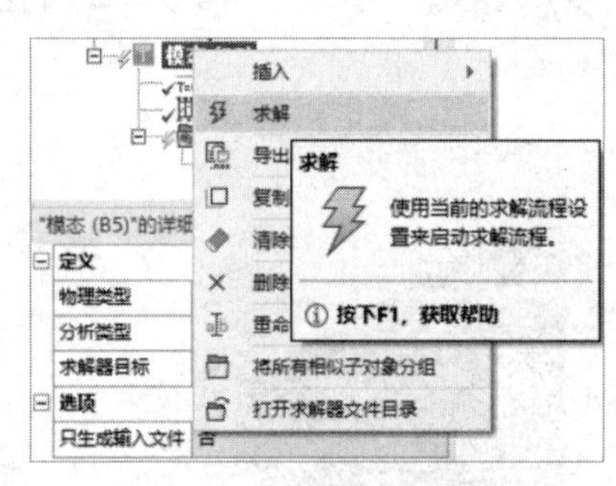

图 6-52 选择“求解”命令

注意

计算时间与网格疏密程度和计算机性能等有关。

6.4.9 结果后处理

① 选择“求解”选项卡中的“结果”→“变形”→“总计”命令，此时在“轮廓”窗格中会出现“总变形”命令，如图 6-53 所示。

② 右击“轮廓”窗格中的“求解（B6）”命令，在弹出的快捷菜单中选择“求解”命令，如图 6-54 所示。此时会弹出进度栏，表示正在计算，当计算完成后，进度栏会自动消失。

图 6-53 添加“总变形”命令

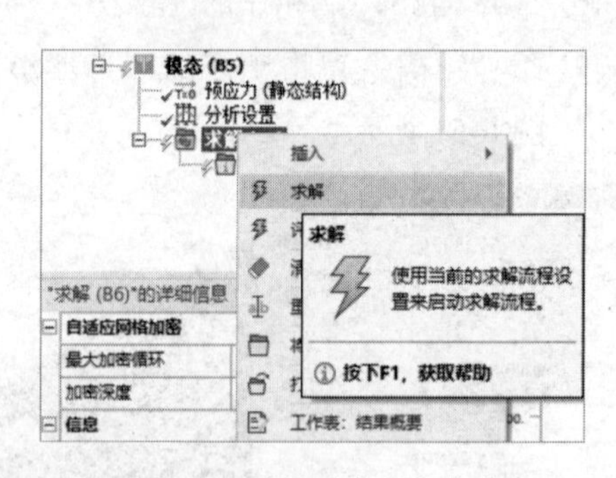

图 6-54 选择“求解”命令

③ 选择“轮廓”窗格中的“求解（B6）”→“总变形”命令，此时会出现如图 6-55 所示的一阶预压力振型云图。

④ 图 6-56 所示为二阶预压力振型云图。

⑤ 图 6-57 所示为三阶预压力振型云图。

⑥ 图 6-58 所示为四阶预压力振型云图。

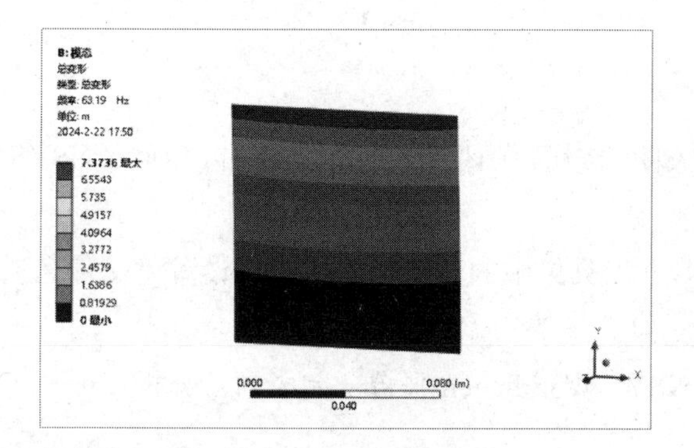

图 6-55　一阶预压力振型云图

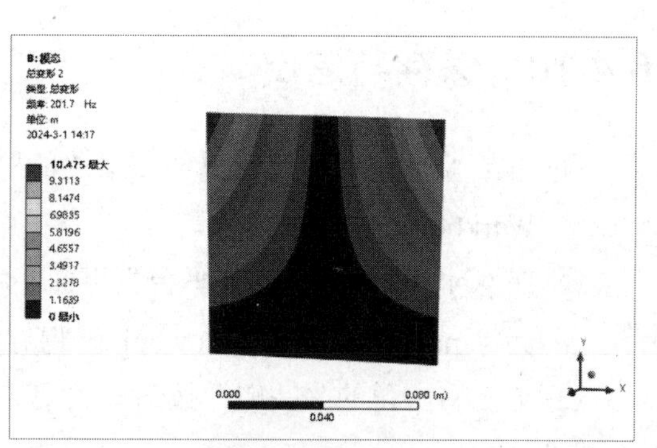

图 6-56　二阶预压力振型云图

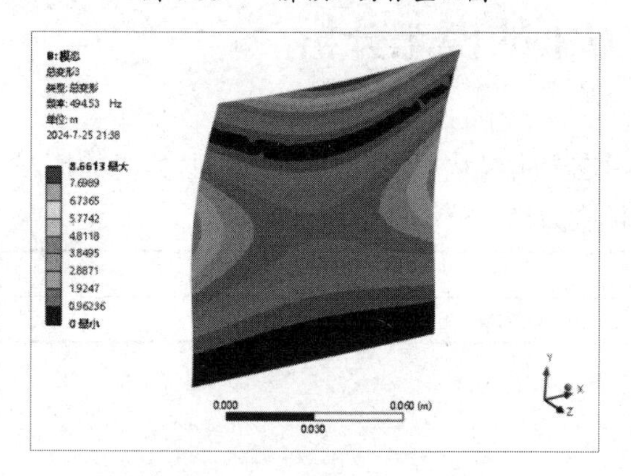

图 6-57　三阶预压力振型云图

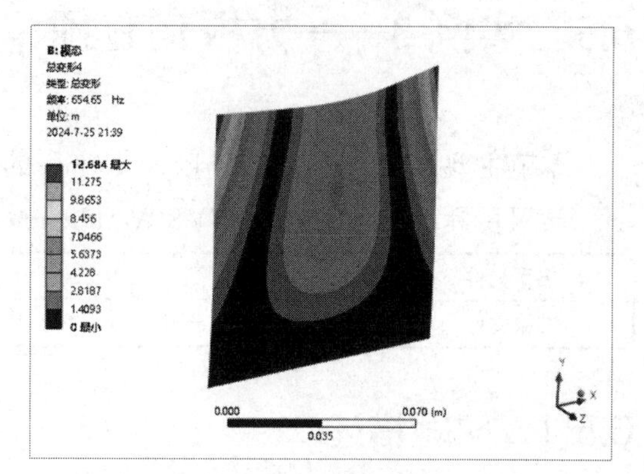

图 6-58　四阶预压力振型云图

⑦ 图 6-59 所示为五阶预压力振型云图。

⑧ 图 6-60 所示为六阶预压力振型云图。

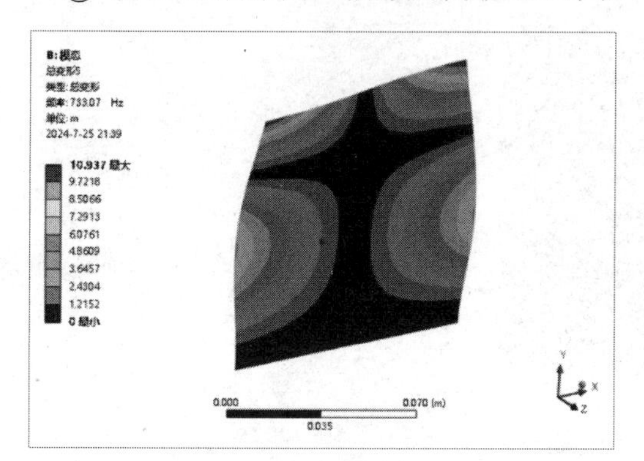

图 6-59　五阶预压力振型云图

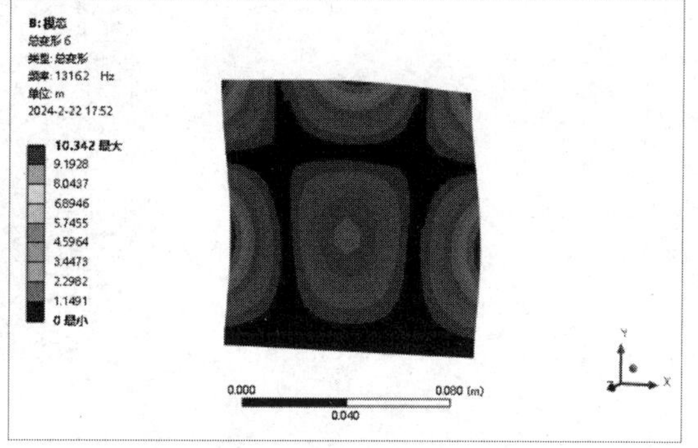

图 6-60　六阶预压力振型云图

⑨ 图6-61所示为模型的各阶模态频率，ANSYS Workbench 模态计算的默认模态数量为6。

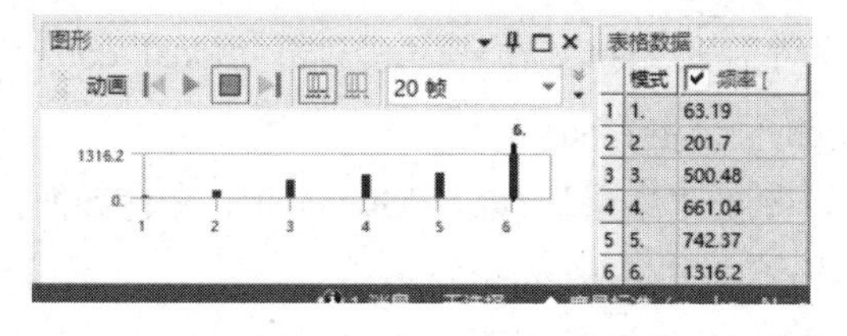

	模式	频率 [
1	1.	63.19
2	2.	201.7
3	3.	500.48
4	4.	661.04
5	5.	742.37
6	6.	1316.2

图 6-61　各阶模态频率

6.4.10 保存与退出

① 单击 Mechanical 平台界面右上角的“关闭”按钮，关闭 Mechanical 平台，返回 ANSYS Workbench 平台主界面。

② 在 ANSYS Workbench 平台主界面中单击工具栏中的“保存”按钮，设置“文件名”为“modal_compression.wbpj”，保存文件。

③ 单击右上角的“关闭”按钮，关闭 ANSYS Workbench 平台，完成项目分析。

6.5 实例 3——方板在有预拉力下的模态分析

本节主要介绍 ANSYS Workbench 平台的模态分析模块，计算方板在有预拉力下的模态。

学习目标：熟练掌握 ANSYS Workbench 预应力模态分析的方法及过程。

模型文件	无
结果文件	配套资源\Chapter06\char06-3\modal_extension.wbpj

6.5.1 问题描述

图 6-62 所示为某计算模型，请使用 ANSYS Workbench 平台的模态分析模块计算同一零件在有拉力工况下的固有频率。

图 6-62　计算模型

6.5.2 修改外载荷数据

① 复制实例 2 的文件到一个新文件夹中，双击 modal_compression.wbpj 文件，进入 ANSYS Workbench 平台主界面。

② 双击项目 A 中 A7 栏的“结果”，进入 Mechanical 平台界面，修改载荷方向，并保存工程文件的名称为“modal_extension.wbpj”。

③ 右击“轮廓”窗格中的“静态结构（A5）”命令，在弹出的快捷菜单中选择“求解”

命令。

④ 在“轮廓”窗格中添加“总变形”命令，并进行后处理运算，总变形分析云图如图 6-63 所示。

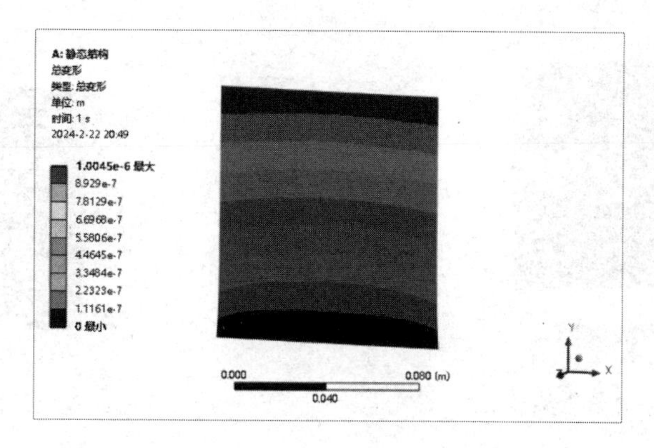

图 6-63　总变形分析云图

6.5.3　进行模态分析

右击“轮廓”窗格中的“模态（B5）”命令，在弹出的快捷菜单中选择“求解”命令。

6.5.4　结果后处理

① 选择“求解”选项卡中的“结果”→“变形”→“总计”命令，此时在“轮廓”窗格中会出现“总变形”命令。

② 右击“轮廓”窗格中的“求解（B6）”命令，在弹出的快捷菜单中选择“评估所有结果”命令。

③ 选择“轮廓”窗格中的“求解（B6）”→“总变形”命令，此时会出现如图 6-64 所示的一阶预拉力振型云图。

④ 图 6-65 所示为二阶预拉力振型云图。

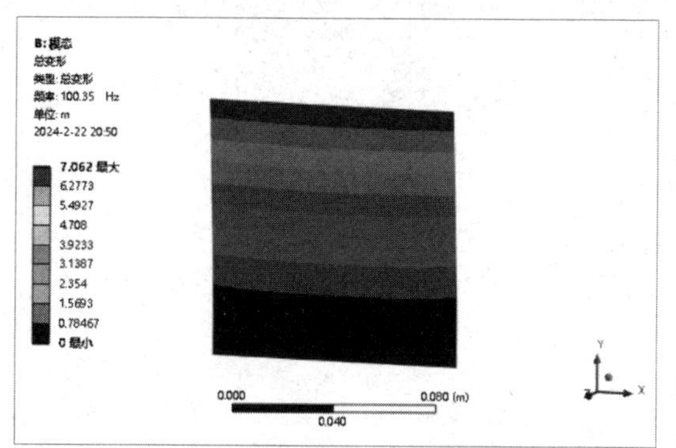

图 6-64　一阶预拉力振型云图

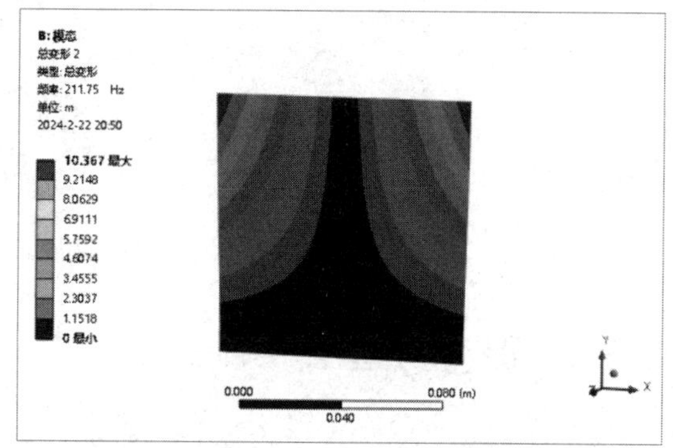

图 6-65　二阶预拉力振型云图

⑤ 图 6-66 所示为三阶预拉力振型云图。

⑥ 图 6-67 所示为四阶预拉力振型云图。

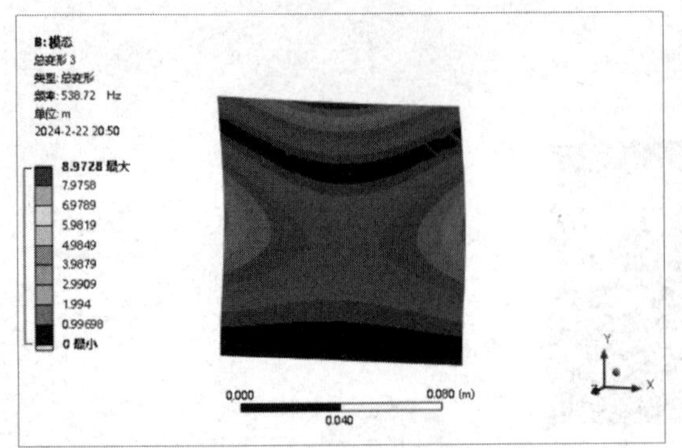

图 6-66　三阶预拉力振型云图

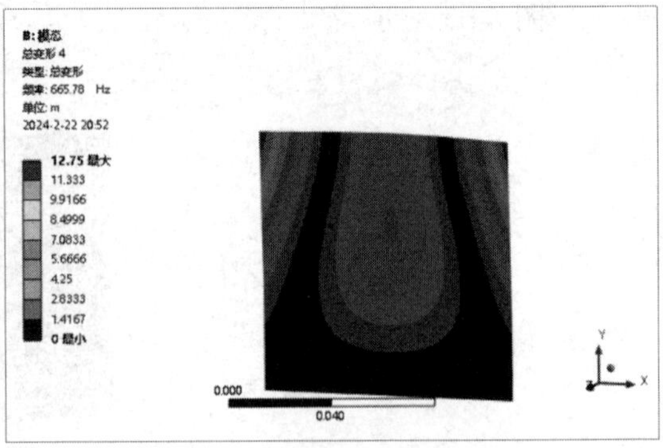

图 6-67　四阶预拉力振型云图

⑦ 图 6-68 所示为五阶预拉力振型云图。

⑧ 图 6-69 所示为六阶预拉力振型云图。

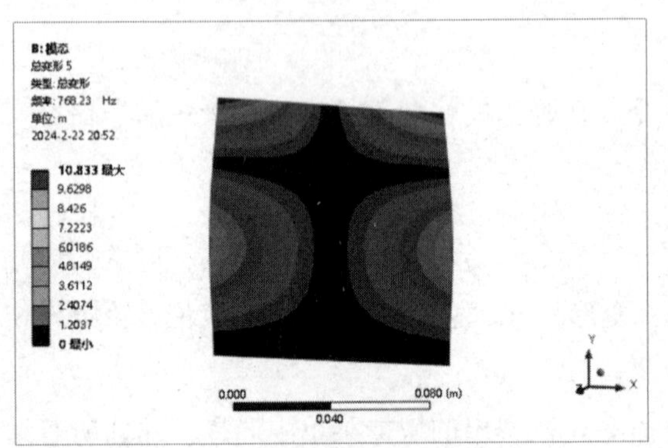

图 6-68　五阶预拉力振型云图

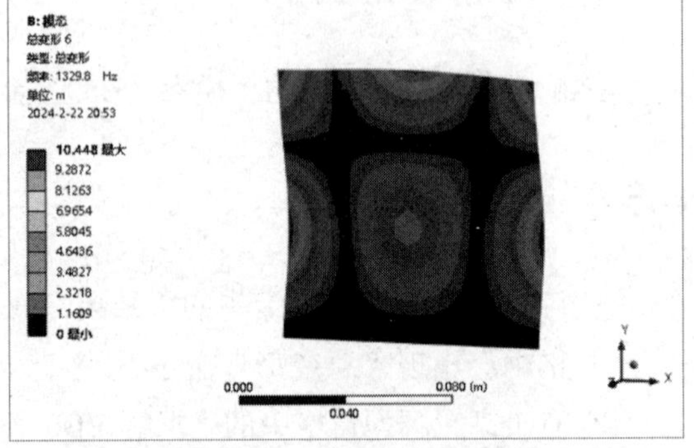

图 6-69　六阶预拉力振型云图

⑨ 图6-70所示为模型的各阶模态频率，ANSYS Workbench模态计算的默认模态数量为6。

表格数据

	模式	频率 [
1	1.	100.35
2	2.	211.75
3	3.	538.72
4	4.	665.78
5	5.	768.23
6	6.	1329.8

a 拉力模态

表格数据

	模式	频率 [
1	1.	63.19
2	2.	201.7
3	3.	500.48
4	4.	661.04
5	5.	742.37
6	6.	1316.2

b 压力模态

表格数据

	模式	频率 [
1	1.	83.654
2	2.	204.07
3	3.	514.57
4	4.	657.06
5	5.	746.5
6	6.	1307.6

c 自由模态

图 6-70　各阶模态频率

6.5.5　保存与退出

① 单击 Mechanical 平台界面右上角的“关闭”按钮，关闭 Mechanical 平台，返回 ANSYS Workbench 平台主界面。

② 在 ANSYS Workbench 平台主界面中单击工具栏中的“保存”按钮，设置“文件名”为“modal_extension.wbpj”，保存文件。

③ 单击右上角的“关闭”按钮，关闭 ANSYS Workbench 平台，完成项目分析。

6.5.6 结论

从以上分析可以得出，零件单纯受压或受拉时的自振频率相差较多，对第一阶自振频率而言，受拉时的模态值为 100.35Hz，受压时的模态值为 63.19Hz，自由时的模态值为 83.654Hz，受拉时的模态值比受压时的模态值大，说明压力可以使零件刚度软化，而拉力可以使零件刚度钢化。

6.6 实例 4——方板在有阻尼下的模态分析

本节主要介绍 ANSYS Workbench 平台的模态分析模块，计算方板在有阻尼下的模态。

学习目标：熟练掌握 ANSYS Workbench 预应力模态分析的方法及过程。

模型文件	无
结果文件	配套资源\Chapter06\char06-4\modal_Damp.wbpj

6.6.1 问题描述

继续以如图 6-62 所示的计算模型为例，请使用 ANSYS Workbench 平台的模态分析模块计算同一零件在有“0.02”阻尼工况下的固有频率。

6.6.2 进行模态分析

① 复制实例 3 的文件到一个新文件夹中，双击 modal_extension.wbpj 文件，进入 ANSYS Workbench 平台主界面。

② 双击项目 A 中 A7 栏的“结果”，进入 Mechanical 平台界面。选择“轮廓”窗格中的“模态（B5）”→“分析设置”命令，在“‘分析设置’的详细信息”窗格中进行以下设置。

在“求解器控制”→“阻尼”栏中选择“是”选项，表示启动阻尼，如图 6-71 所示。

在“阻尼控制”→“刚度系数”栏中输入“2.e-002”，如图 6-72 所示。

③ 右击“轮廓”窗格中的“模态（B5）”命令，在弹出的快捷菜单中选择“求解”命令。

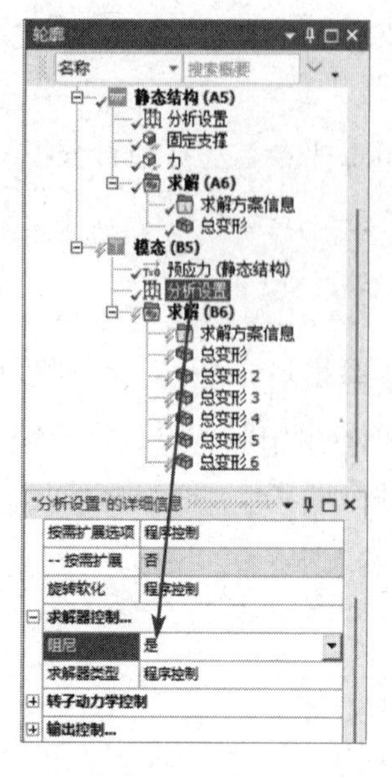
图 6-71　启动阻尼

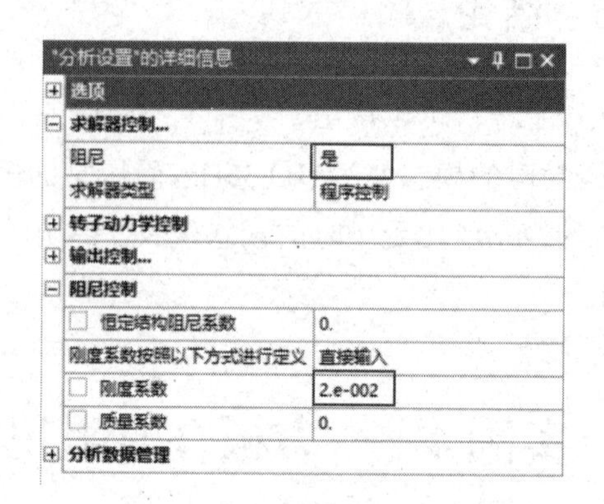
图 6-72　设置刚度阻尼

6.6.3　结果后处理

① 选择“求解”选项卡中的“结果”→“变形”→“总计”命令，此时在“轮廓”窗格中会出现“总变形”命令。

② 右击“轮廓”窗格中的“求解（B6）”命令，在弹出的快捷菜单中选择“评估所有结果”命令。

③ 选择“轮廓”窗格中的“求解（B6）”→“总变形”命令，此时会出现如图 6-73 所示的一阶预拉力振型云图。

④ 图 6-74 所示为二阶预拉力振型云图。

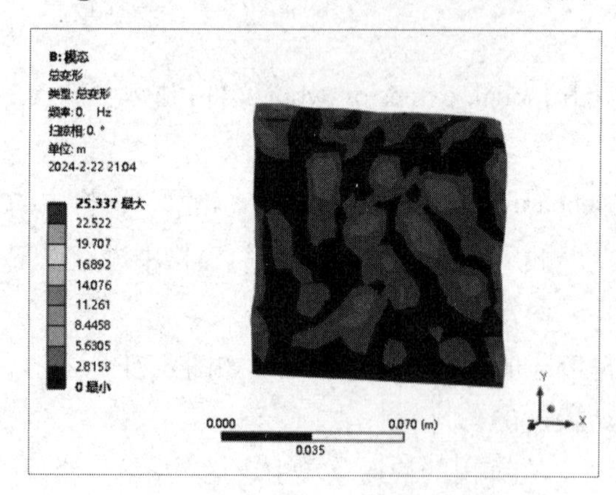
图 6-73　一阶预拉力振型云图

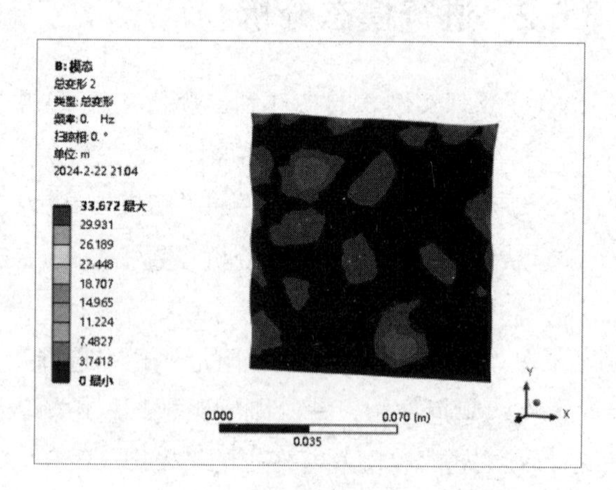
图 6-74　二阶预拉力振型云图

⑤ 图 6-75 所示为三阶预拉力振型云图。

⑥ 图 6-76 所示为四阶预拉力振型云图。

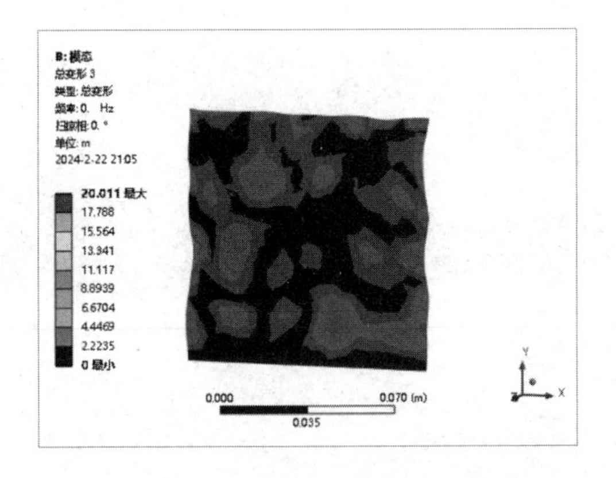

图 6-75　三阶预拉力振型云图

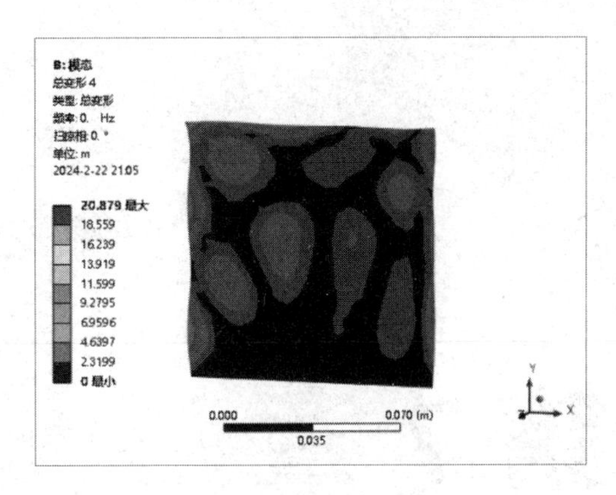

图 6-76　四阶预拉力振型云图

⑦ 图 6-77 所示为五阶预拉力振型云图。

⑧ 图 6-78 所示为六阶预拉力振型云图。

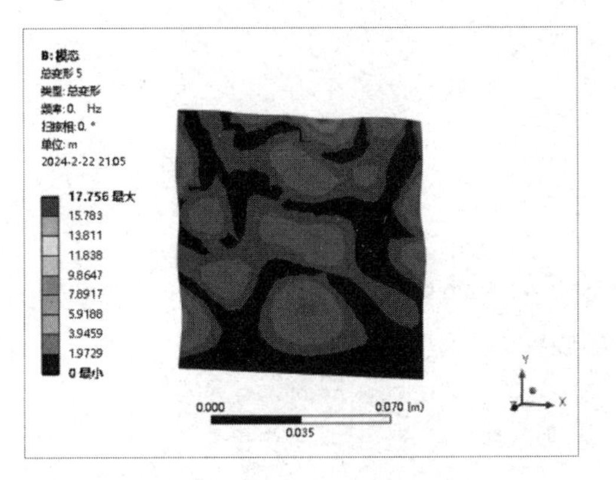

图 6-77　五阶预拉力振型云图

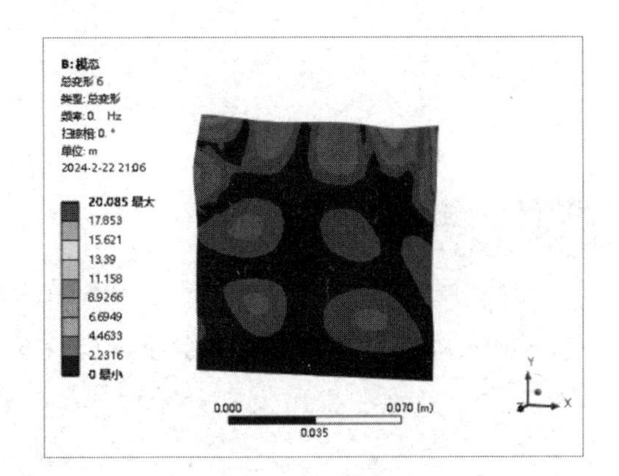

图 6-78　六阶预拉力振型云图

6.6.4　保存与退出

① 单击 Mechanical 平台界面右上角的“关闭”按钮，关闭 Mechanical 平台，返回 ANSYS Workbench 平台主界面。

② 在 ANSYS Workbench 平台主界面中单击工具栏中的“保存”按钮，设置“文件名”为“modal_Damp.wbpj”，保存文件。

③ 单击右上角的“关闭”按钮，关闭 ANSYS Workbench 平台，完成项目分析。

6.7　本章小结

本章通过简单的实例介绍了模态分析的方法及操作过程。读者在学习完本章的实例后，应该熟练掌握零件模态分析的基本方法，了解模态分析的应用。

另外，请读者参考帮助文档，对有阻尼的零件进行模态分析，并对比有无阻尼对零件变形的影响。

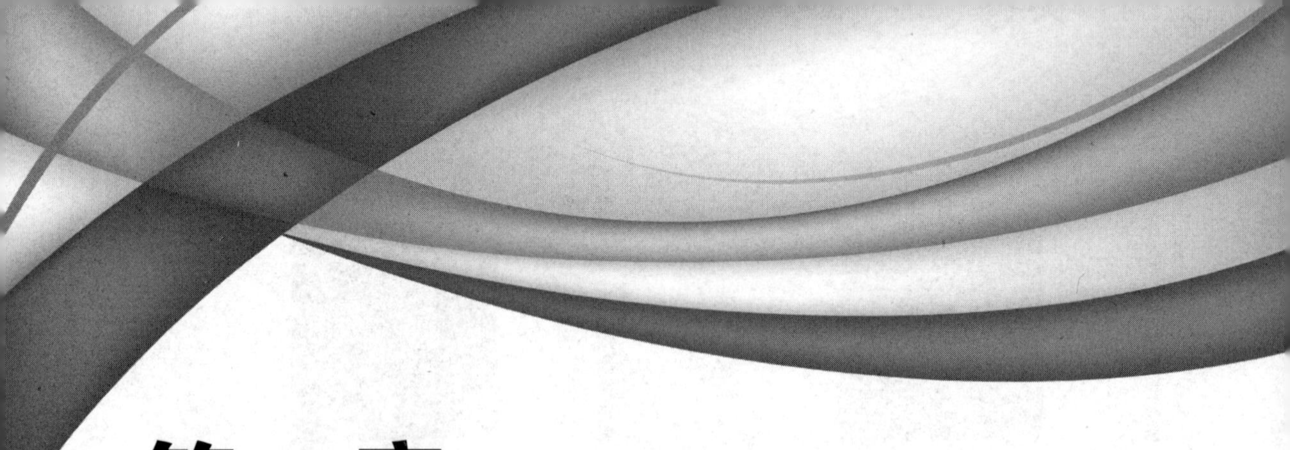

第 7 章
谐响应分析

本章内容

本章将对 ANSYS Workbench 平台的谐响应分析模块进行讲解，并通过典型应用对各种分析的一般步骤进行详细讲解，包括几何建模（外部几何数据的导入）、材料赋予、网格设置与划分、边界条件的设定和后处理操作等。

学习要求

知 识 点	学习目标			
	了解	理解	应用	实践
谐响应分析的基本知识	√			
谐响应分析的计算过程			√	√

7.1 谐响应分析概述

7.1.1 谐响应分析简介

谐响应分析，也称频率响应分析，用于确定结构在已知频率和幅值的正弦载荷作用下的稳态响应。

如图 7-1 所示，谐响应分析是一种时域分析，用于计算结构响应的时间历程，但局限于载荷为简谐变化的情况，只计算结构的稳态受迫振动，而不考虑激励开始时的瞬态自由振动。

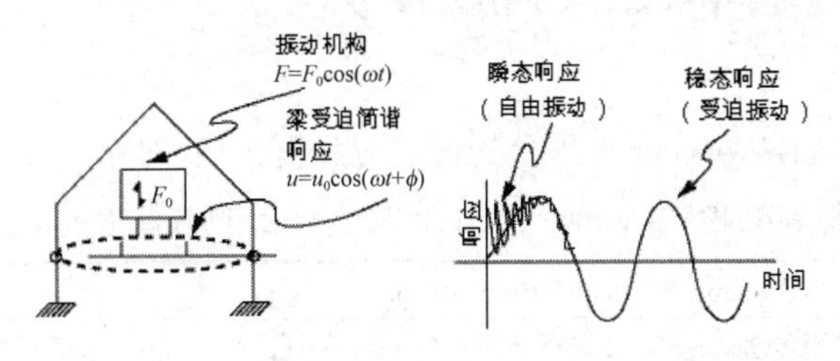

图 7-1　谐响应分析

谐响应分析可以进行扫频分析，分析结构在不同频率和幅值的简谐载荷作用下的响应，从而探测共振，指导设计人员避免结构发生共振（例如，借助阻尼器来避免共振），确保一个给定的结构能够经受住不同频率的各种简谐载荷（例如，以不同速度转动的发动机）。

谐响应分析的应用非常广泛，例如，旋转设备的偏心转动力会产生简谐载荷，因此旋转设备（如压缩机、发动机、泵、涡轮机械等）的支座、固定装置和部件等，经常需要应用谐响应分析来分析它们在不同频率和幅值的偏心简谐载荷作用下的刚度。另外，流体的旋涡运动也会产生简谐载荷，因此谐响应分析也经常被用于分析受涡流影响的结构，如涡轮叶片、飞机机翼、桥、塔等。

7.1.2 谐响应分析的载荷与输出

谐响应分析的载荷是随着时间变化而产生正弦变化的简谐载荷，这种类型的载荷可以用频率和幅值来描述。谐响应分析可以同时计算一系列不同频率和幅值的载荷引起的结构响应，这就是所谓的频率扫描（扫频）分析。

简谐载荷可以是加速度或力，载荷可以作用于指定节点或基础（所有约束节点）上，并且同时作用的多个激励载荷可以有不同的频率及相位角。

简谐载荷有两种描述方法：一种方法是采用频率、幅值、相位角来描述；另一种方法是采用频率、实部和虚部来描述。

谐响应分析的计算结果包括结构任意点的位移或应力的实部、虚部、幅值及等值图。实部和虚部反映了结构响应的相位角，如果定义了非零的阻尼，则响应会与载荷之间有相位差。

7.1.3 谐响应分析通用方程

由经典力学理论可知，物体的动力学通用方程为

$$\boldsymbol{M}\boldsymbol{x}'' + \boldsymbol{C}\boldsymbol{x}' + \boldsymbol{K}\boldsymbol{x} = \boldsymbol{F}(\boldsymbol{t}) \tag{7-1}$$

式中：$\boldsymbol{M}$ 是质量矩阵；$\boldsymbol{C}$ 是阻尼矩阵；$\boldsymbol{K}$ 是刚度矩阵；$\boldsymbol{x}$ 是位移矢量；$\boldsymbol{F}(\boldsymbol{t})$ 是力矢量；$\boldsymbol{x}'$ 是速度矢量；$\boldsymbol{x}''$ 是加速度矢量。

而在谐响应分析中，式（7-1）右侧为

$$\boldsymbol{F}(\boldsymbol{t}) = \boldsymbol{F}_0 \cos(\omega t) \tag{7-2}$$

7.2 实例 1——梁单元谐响应分析

本节主要介绍 ANSYS Workbench 平台的谐响应分析模块，对梁单元模型进行谐响应分析。

学习目标：熟练掌握 ANSYS Workbench 谐响应分析的方法及过程。

模型文件	配套资源\Chapter07\char07-1\beam.agdb
结果文件	配套资源\Chapter07\char07-1\beam_Response.wbpj

7.2.1 问题描述

图 7-2 所示为某梁单元模型，请计算在两个简谐载荷作用下梁单元的响应。

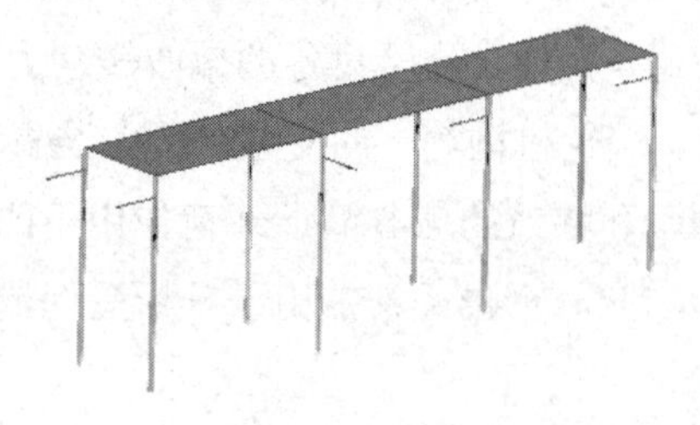

图 7-2　梁单元模型

7.2.2 创建分析项目

① 在 Windows 系统下启动 ANSYS Workbench 平台，进入主界面。

② 双击主界面“工具箱”窗格中的“组件系统”→“几何结构”命令，即可在“项目原理图”窗格中创建分析项目 A。如图 7-3 所示，右击项目 A 中 A2 栏的“几何结构”，在弹出的快捷菜单中选择“导入几何模型”→“浏览”命令。

③ 在弹出的“打开”对话框中进行以下设置。

在文件类型下拉列表中选择 AGDB 格式，即“*.agdb”。在“文件名”文本框中输入“beam.agdb”，并单击“打开”按钮。

④ 双击项目 A 中 A2 栏的“几何结构”，此时会进入 DesignModeler 平台界面，如图 7-4

所示，选择菜单栏中的“单位”→“毫米”命令，将长度单位设置为“mm”。

图 7-3　选择“浏览”命令

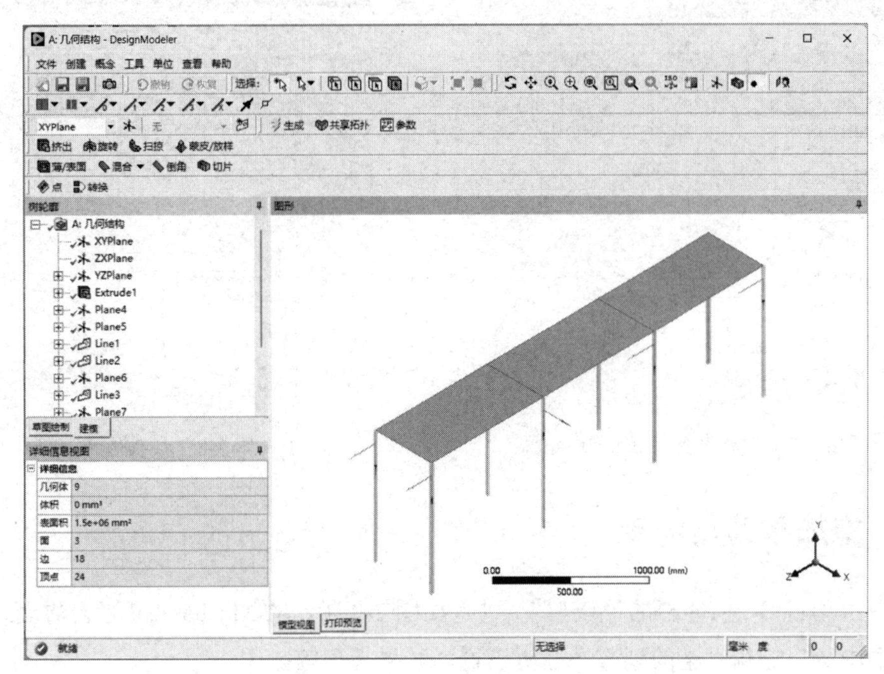

图 7-4　DesignModeler 平台界面

⑤ 单击“关闭”按钮，关闭 DesignModeler 平台。

7.2.3　创建模态分析项目

① 如图 7-5 所示，将“工具箱”窗格中的“模态”命令直接拖曳到项目 A 中 A2 栏的“几何结构”中。

② 如图 7-6 所示，此时项目 A 的几何数据将被共享到项目 B 中。

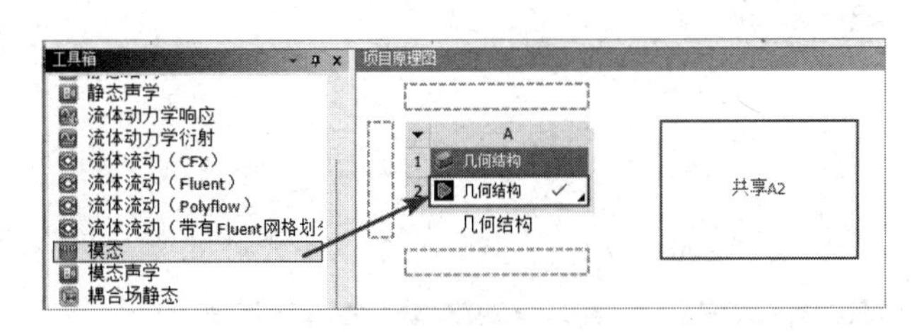

图 7-5　创建模态分析项目

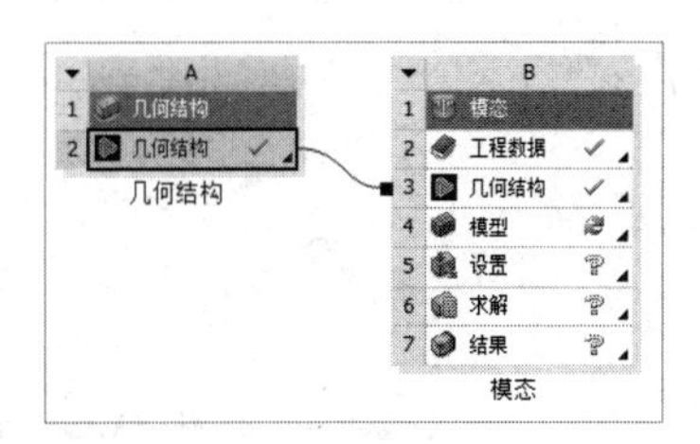

图 7-6　几何数据共享

7.2.4 材料选择

① 双击项目 B 中 B2 栏的“工程数据”，弹出如图 7-7 所示的材料参数设置界面。在工具栏中单击▇按钮，此时弹出工程材料数据库。

② 在工程材料数据库中选择“铝合金”材料，如图 7-8 所示。此时会在“轮廓 General Materials”表的 C11 栏中出现图标，表示此材料已经被选中，之后返回 ANSYS Workbench 平台主界面。

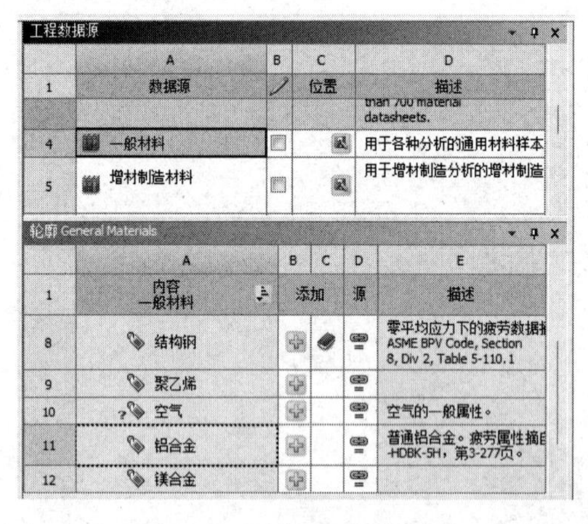

图 7-7 材料参数设置界面

图 7-8 材料选择

7.2.5 施加载荷与约束

① 双击项目 B 中 B4 栏的“模型”，进入如图 7-9 所示的 Mechanical 平台界面，在该界面中可以进行网格的划分、分析设置、结果观察等操作。

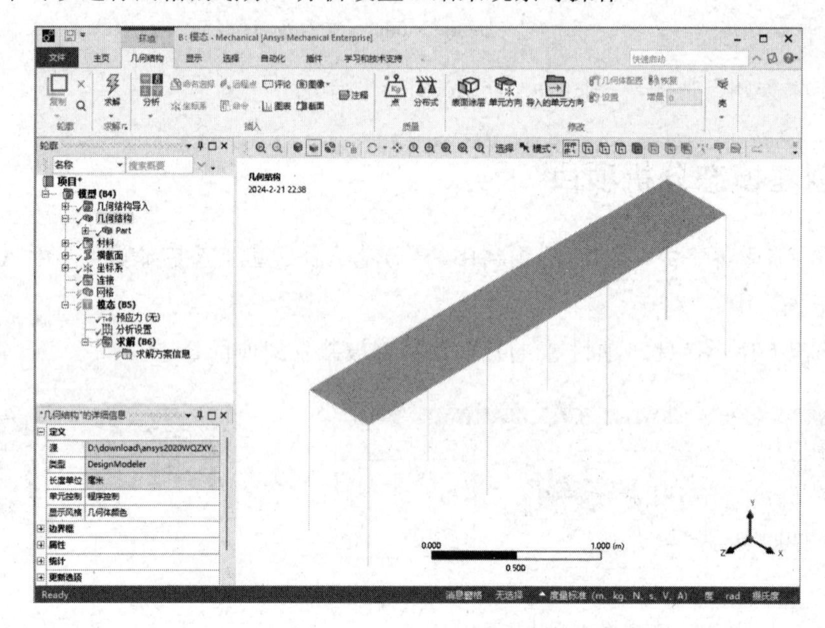

图 7-9 Mechanical 平台界面

② 如图 7-10 所示，选择 Mechanical 平台界面左侧“轮廓”窗格中的“模型（B4）”→“几何结构”→“Part”命令，在下面出现的“‘Part’的详细信息”窗格中选择“定义”→“任务”栏的“铝合金”选项。

注意

对梁单元也赋予“铝合金”材料。

③ 选择“轮廓”窗格中的“模型（B4）”→“网格”命令，在下面出现的“‘网格’的详细信息”窗格的“增长率”栏中输入“4.0”，如图 7-11 所示。

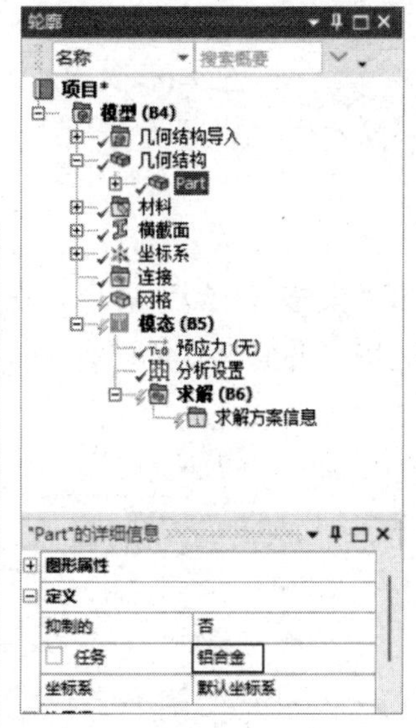

图 7-10　选择材料

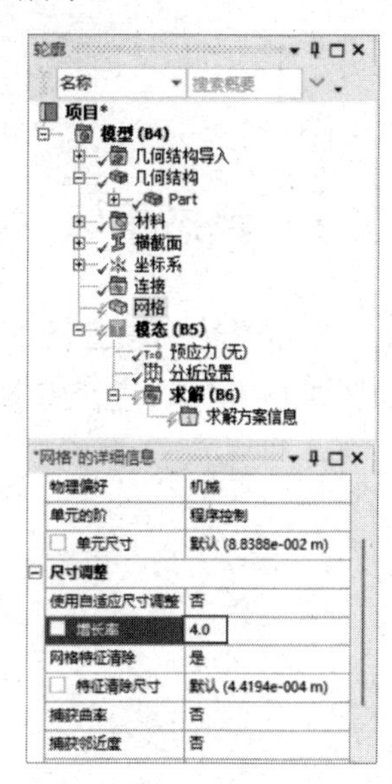

图 7-11　修改网格参数

④ 右击“轮廓”窗格中的“网格”命令，在弹出的快捷菜单中选择“生成网格”命令，如图 7-12 所示，进行网格划分。

⑤ 最终的网格效果如图 7-13 所示。

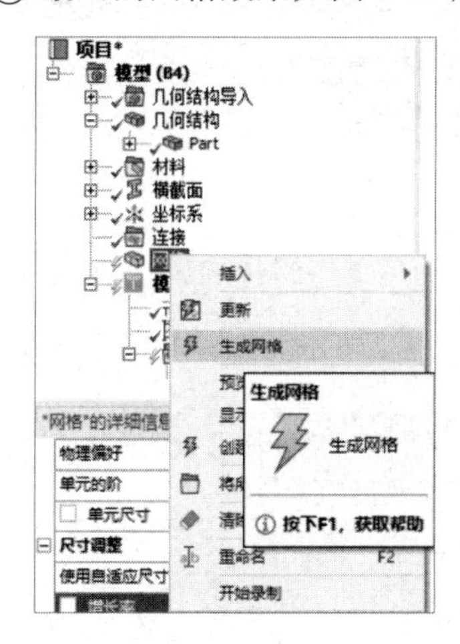

图 7-12　选择“生成网格”命令

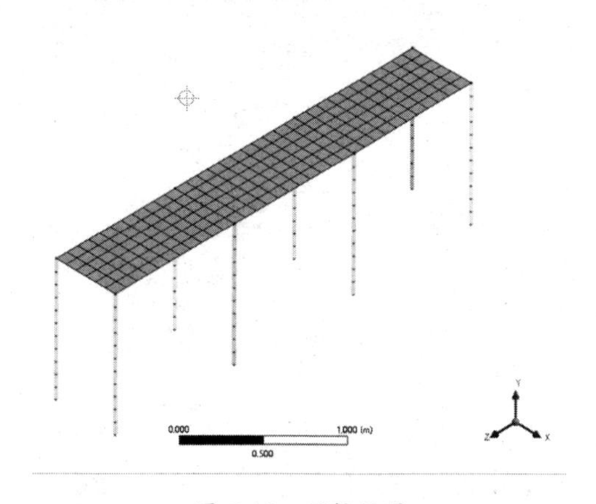

图 7-13　网格效果

⑥ 添加约束，固定梁单元下侧的 8 个节点，如图 7-14 所示。

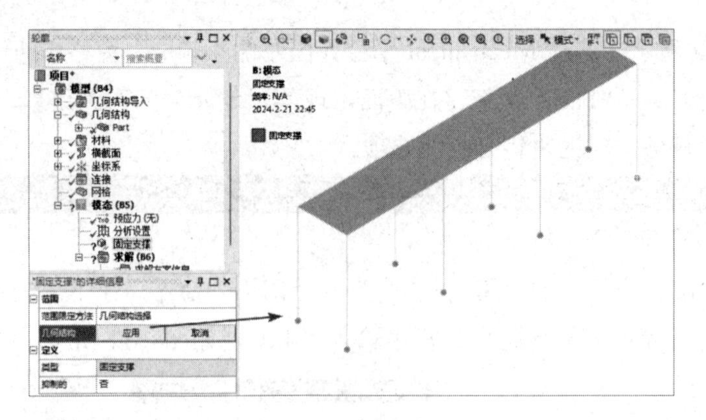

图 7-14　添加约束

7.2.6　模态求解

右击“轮廓”窗格中的“模态（B5）”命令，在弹出的快捷菜单中选择“求解”命令，如图 7-15 所示，进行模态分析，此时默认的阶数为 6 阶。

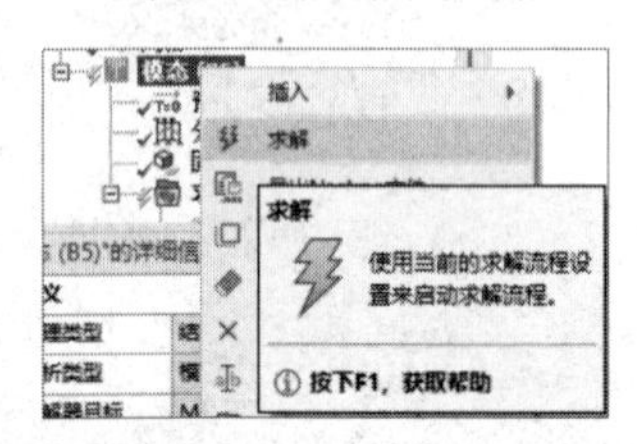

图 7-15　选择“求解”命令

7.2.7　结果后处理（1）

① 右击“轮廓”窗格中的“求解（B6）”命令，在弹出的快捷菜单中选择“插入”→“变形”→“总计”命令，此时在“轮廓”窗格中会出现“总变形”命令，如图 7-16 所示。

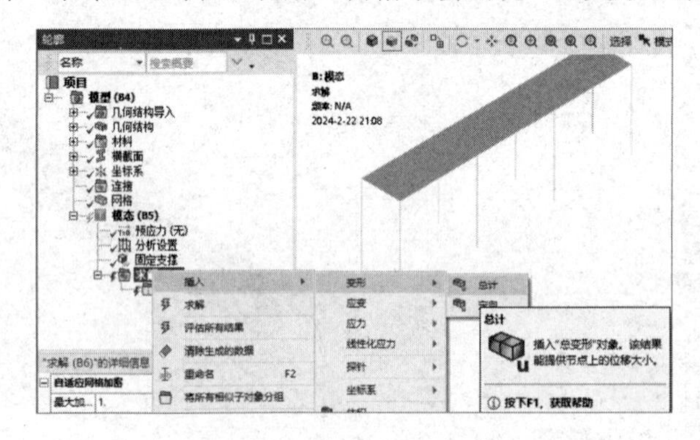

图 7-16　添加“总变形”命令

② 右击“轮廓”窗格中的“求解（B6）”命令，在弹出的快捷菜单中选择“评估所有结果”命令。

③ 在计算完成后，选择“轮廓”窗格中的“求解（B6）”→“总变形”命令，此时

在绘图窗格中会显示位移响应云图，如图 7-17 所示。在“‘总变形’的详细信息”窗格中将“模式”栏的数值设置为“1”，表示第一阶模态的位移响应。

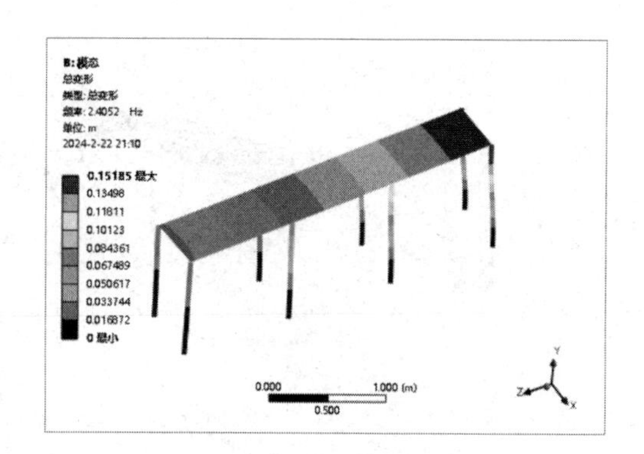

图 7-17 位移响应云图

④ 前六阶固有频率如图 7-18 所示。

⑤ 选中“图形”窗格中的所有模态柱状图并右击，在弹出的快捷菜单中选择“创建模型形状结果”命令，如图 7-19 所示。

⑥ 此时在“求解（B6）”命令下面自动创建 6 个后处理命令，如图 7-20 所示，分别用于显示不同频率下的总变形。

表格数据

	模式	频率 [
1	1.	2.4052
2	2.	2.9695
3	3.	3.1132
4	4.	57.381
5	5.	63.073
6	6.	73.603

图 7-18 前六阶固有频率

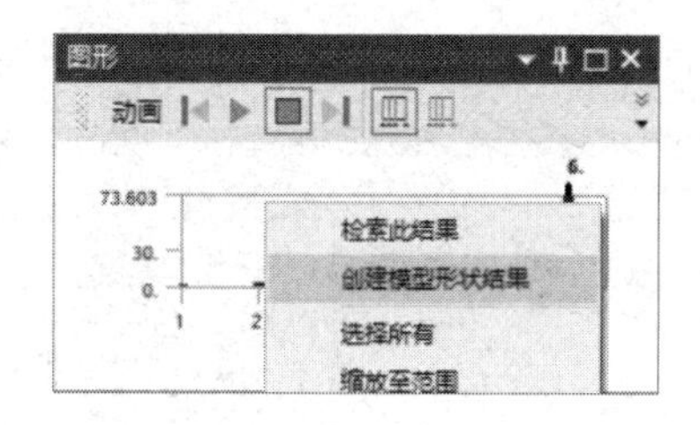

图 7-19 选择“创建模型形状结果”命令

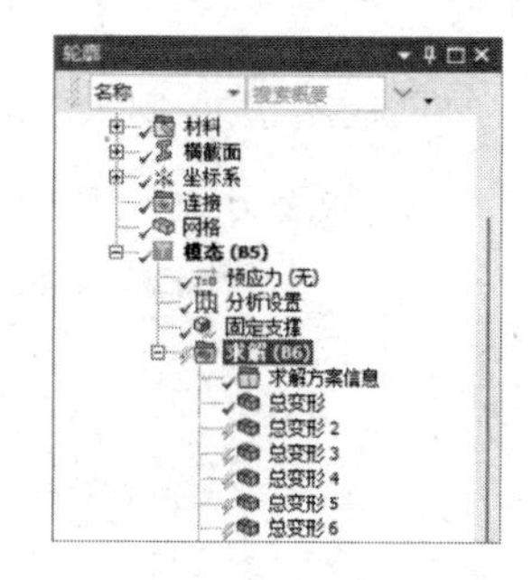

图 7-20 后处理命令

⑦ 计算完成后的各阶模态总变形分析云图如图 7-21 所示。

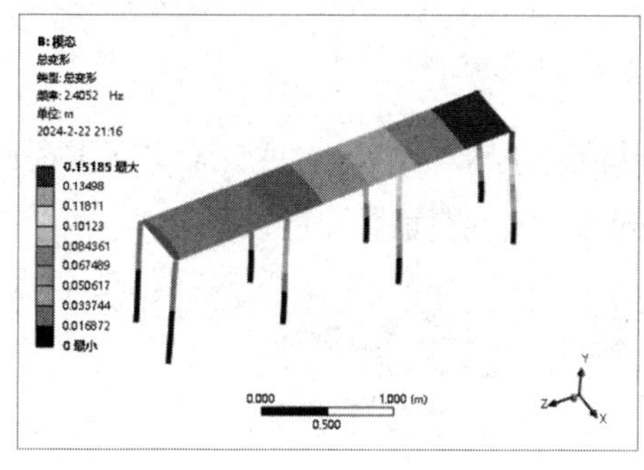

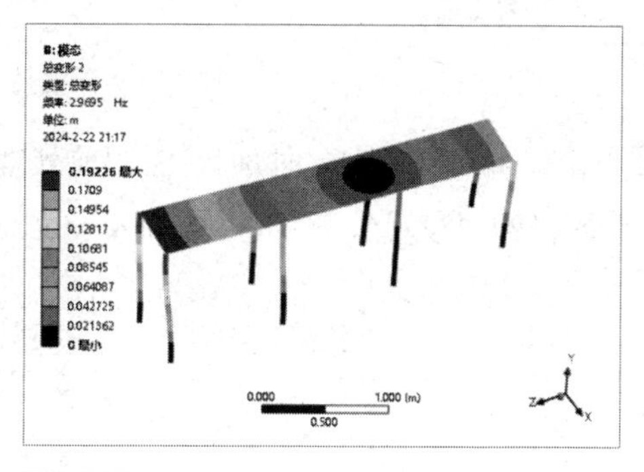

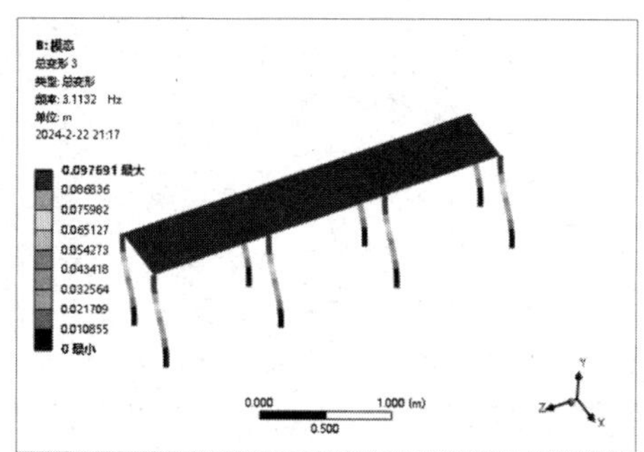

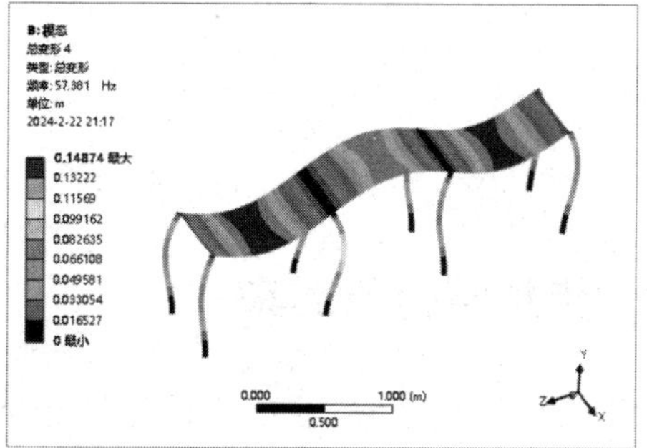

图 7-21 各阶模态总变形分析云图

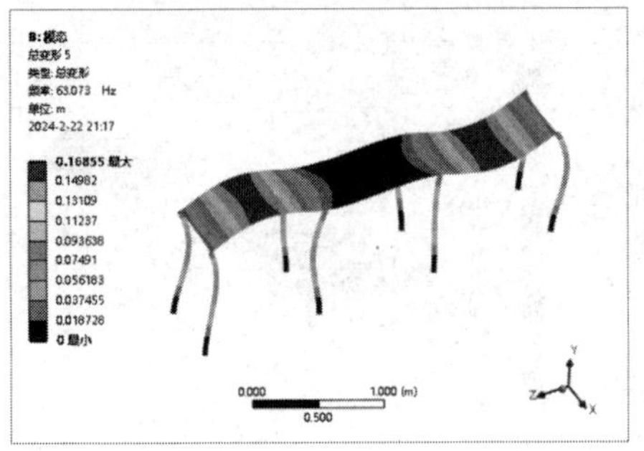

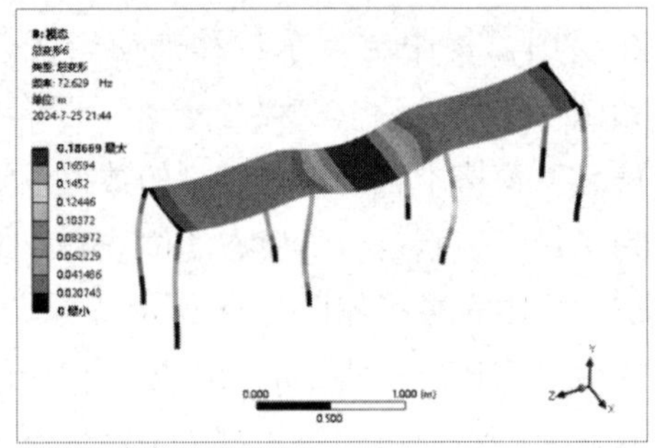

图 7-21　各阶模态总变形分析云图（续）

⑧ 单击“关闭”按钮，关闭 Mechanical 平台。

7.2.8　创建谐响应分析项目

① 如图 7-22 所示，将主界面“工具箱”窗格中的“谐波响应”命令直接拖曳到项目 B（模态分析）中 B6 栏的“求解”中，创建谐响应分析项目 C。

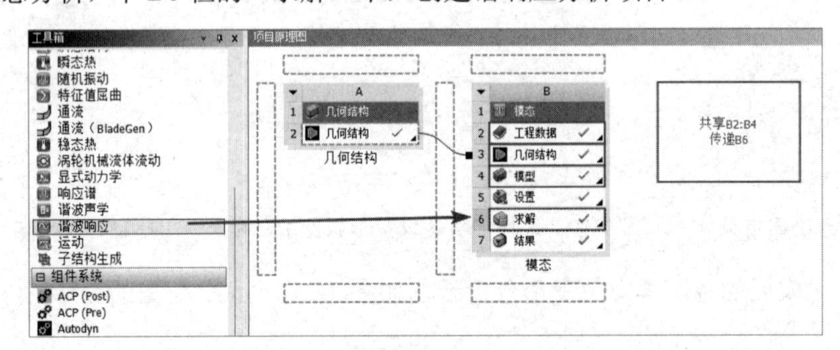

图 7-22　创建谐响应分析项目 C

② 如图 7-23 所示，此时项目 B 的前处理数据已经被全部导入项目 C。双击项目 C 中 C5 栏的“设置”，即可直接进入 Mechanical 平台界面。

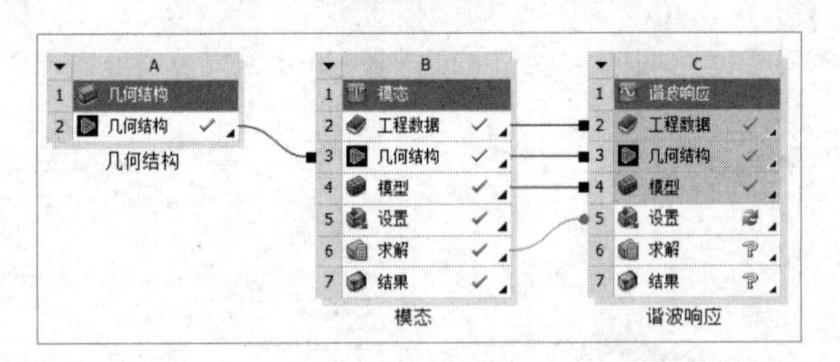

图 7-23　几何数据共享

7.2.9　施加载荷与约束

① 双击项目 C 中 C5 栏的“设置”，进入如图 7-24 所示的 Mechanical 平台界面，在该界面中可以进行网格的划分、分析设置、结果观察等操作。

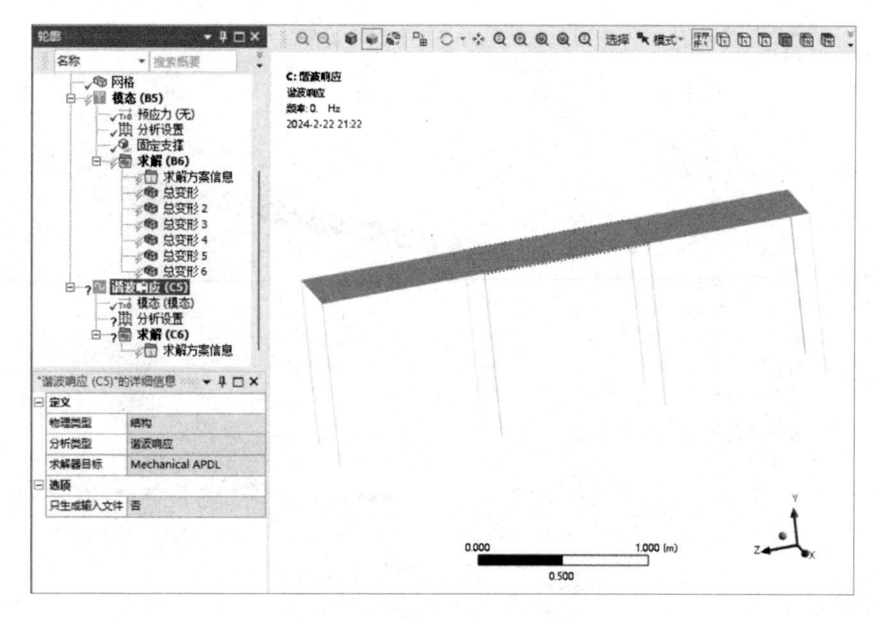

图 7-24　Mechanical 平台界面

② 右击“轮廓”窗格中的“模态（B5）”命令，在弹出的快捷菜单中选择“求解”命令。

③ 如图 7-25 所示，选择“轮廓”窗格中的“谐波响应（C5）”→“分析设置”命令，在下面出现的“‘分析设置’的详细信息”窗格的“选项”操作面板中进行以下设置。在“范围最小”栏中输入“0Hz”，在“范围最大”栏中输入“50Hz”，在“求解方案间隔”栏中输入“50”。

④ 选择“轮廓”窗格中的“谐波响应（C5）”命令，并选择“环境”选项卡中的“结构”→“力”命令，此时在“轮廓”窗格中会出现“力”命令，如图 7-26 所示。

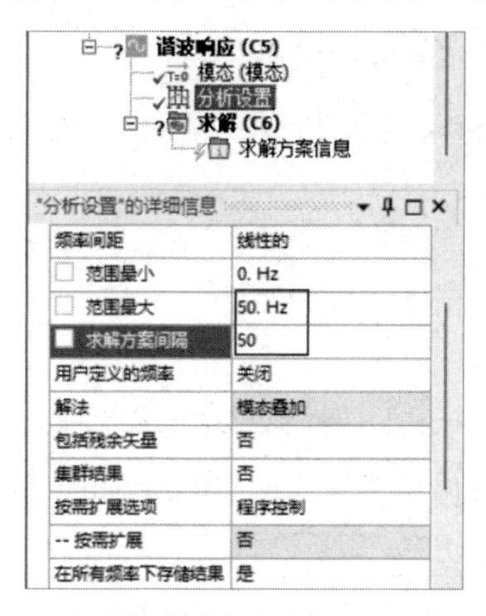

图 7-25　频率设置

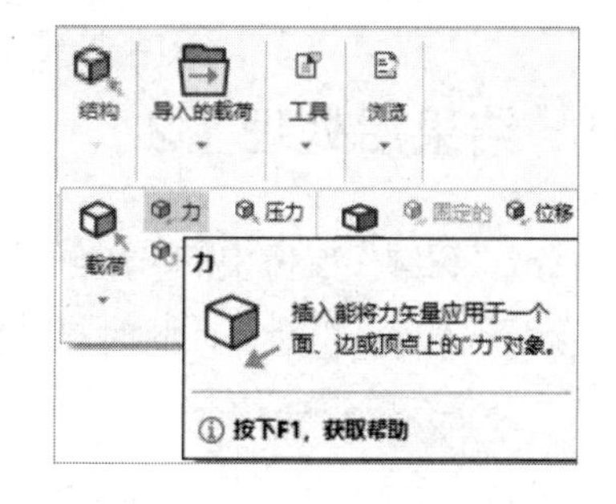

图 7-26　添加“力”命令

⑤ 如图 7-27 所示，选择“轮廓”窗格中的“力”命令，在“‘力’的详细信息”窗格的“范围”→“几何结构”栏中选择中间梁单元（此时在该栏中会显示“1 面”），在“定义依据”栏中选择“分量”选项，在“Y 分量”栏中输入“200N”，在“X 相角”“Y 相角”“Z 相角”栏中输入“0° ”，完成载荷的设置。

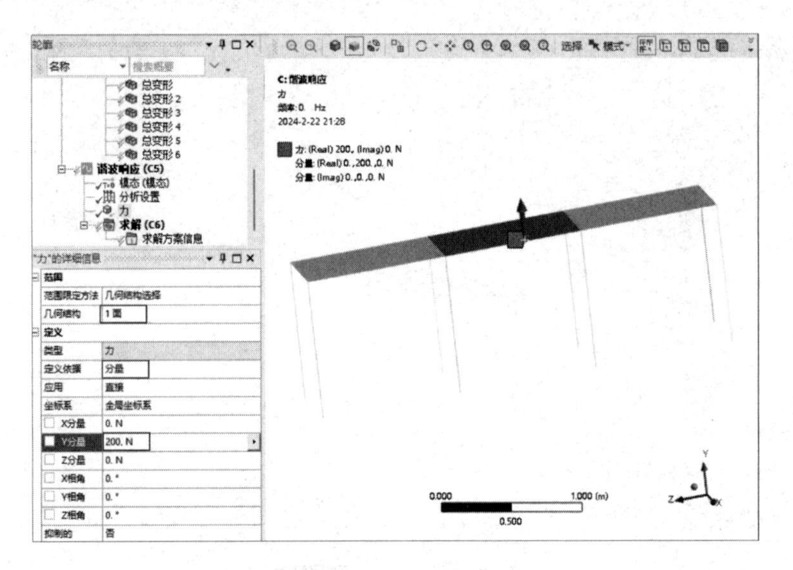

图 7-27　施加载荷

7.2.10　谐响应计算

如图 7-28 所示，右击“轮廓”窗格中的“谐波响应（C5）”命令，在弹出的快捷菜单中选择“求解”命令，进行计算。

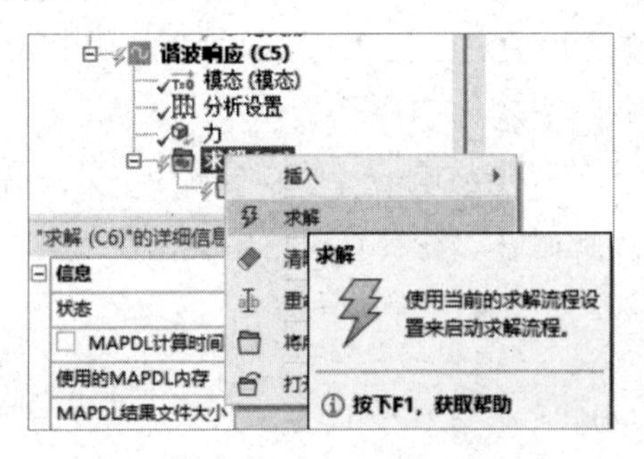

图 7-28　选择“求解”命令

7.2.11　结果后处理（2）

① 右击“轮廓”窗格中的“求解（C6）”命令，在弹出的快捷菜单中选择“插入”→“变形”→“总计”命令，此时在“轮廓”窗格中会出现“总变形”命令，如图 7-29 所示。

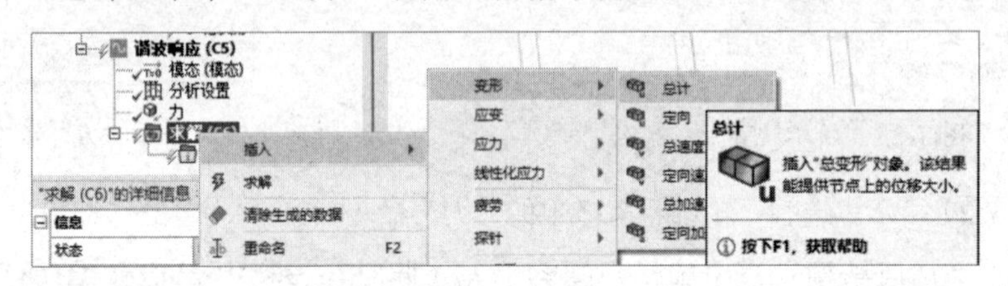

图 7-29　添加“总变形”命令

② 图 7-30 所示为频率为 50Hz、相位角为 0° 时的位移响应云图。

③ 如图 7-31 所示，选择“求解”选项卡中的“图表”→“频率响应”→“变形”命令，此时在“轮廓”窗格中会出现“频率响应”命令。选择该命令，在下面的“‘频率响应’的详细信息”窗格中进行以下设置。

在“几何结构”栏中保证 3 个几何平面被选中。

在“方向”栏中选择“Y 轴”选项，其余选项保持默认设置。

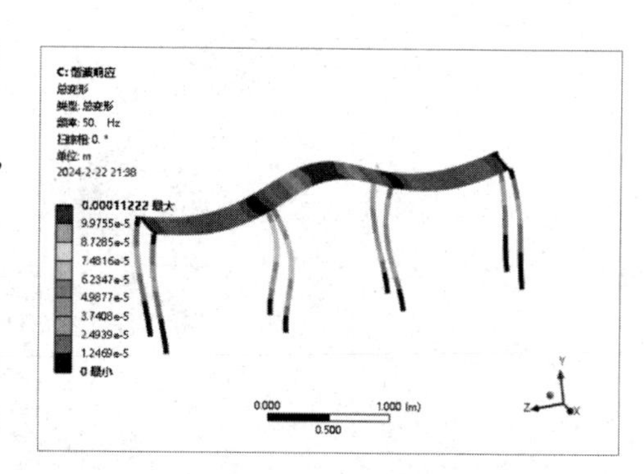

图 7-30　位移响应云图

④ 右击“轮廓”窗格中的“频率响应”命令，在弹出的快捷菜单中选择“评估所有结果”命令，如图 7-32 所示。

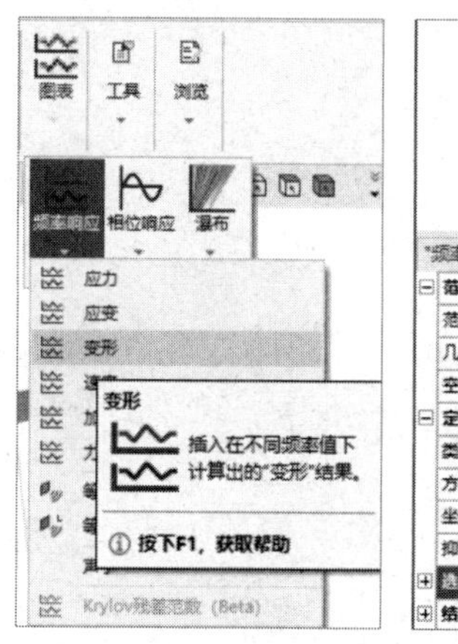

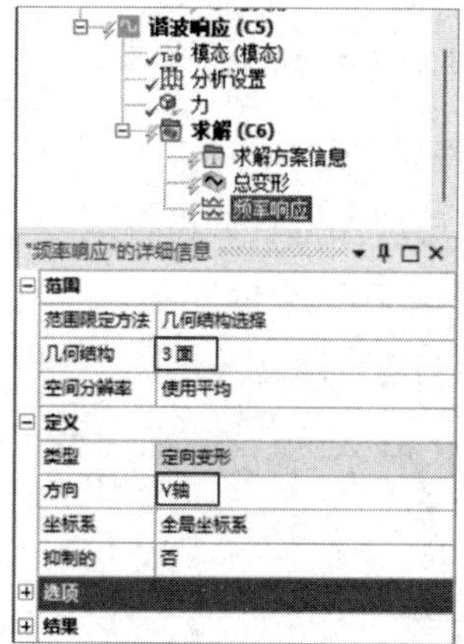

图 7-31　添加“频率响应”命令

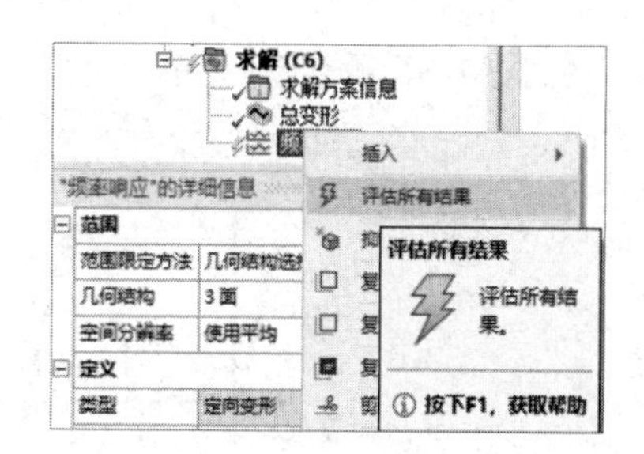

图 7-32　选择“评估所有结果”命令

⑤ 选择“轮廓”窗格中的“求解（C6）”→“频率响应”命令，此时会出现如图 7-33 所示的节点随频率变化的曲线。

⑥ 图 7-34 所示为梁单元的各阶频率响应及相位角。

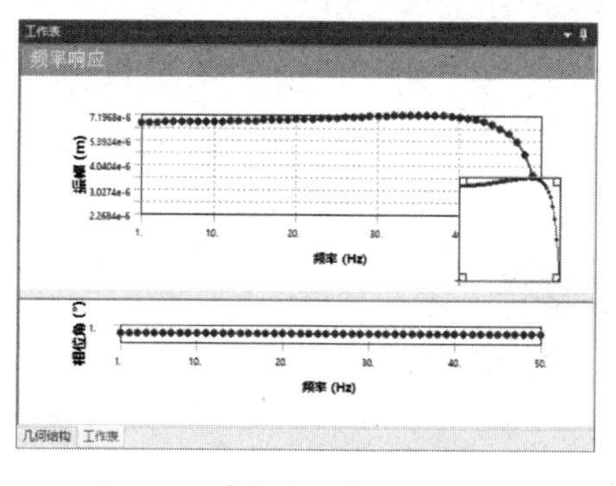

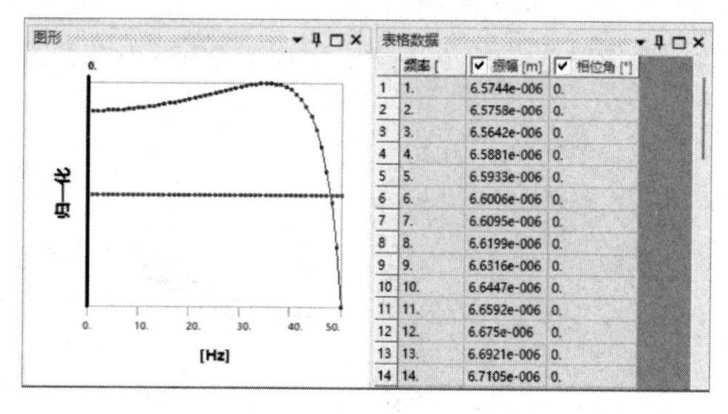

	频率 [	振幅 [m]	相位角 [°]
1	1.	6.5744e-006	0.
2	2.	6.5758e-006	0.
3	3.	6.5642e-006	0.
4	4.	6.5881e-006	0.
5	5.	6.5933e-006	0.
6	6.	6.6006e-006	0.
7	7.	6.6095e-006	0.
8	8.	6.6199e-006	0.
9	9.	6.6316e-006	0.
10	10.	6.6447e-006	0.
11	11.	6.6592e-006	0.
12	12.	6.675e-006	0.
13	13.	6.6921e-006	0.
14	14.	6.7105e-006	0.

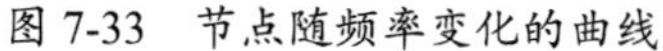

图 7-33　节点随频率变化的曲线

图 7-34　各阶频率响应及相位角

⑦ 选择曲面，之后选择“求解”选项卡中的“图表”→“相位响应”→“变形”命令，此时在“轮廓”窗格中会出现“相位响应”命令，如图 7-35 所示。选择该命令，在下面的“‘相位响应’的详细信息”窗格中进行以下设置。

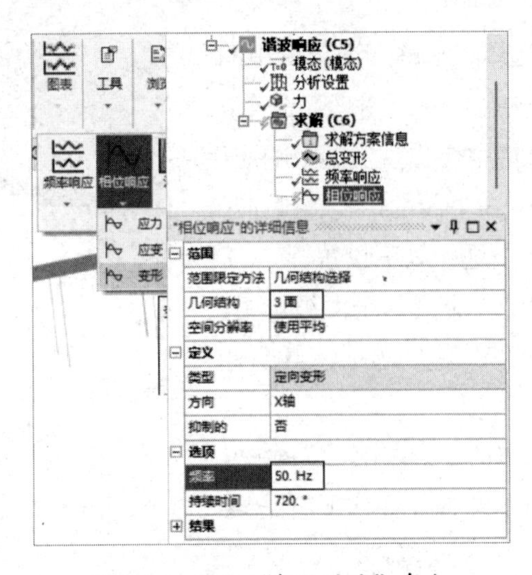

图 7-35　添加“相位响应”命令

在“几何结构”栏中保证 3 个几何平面被选中。

在“频率”栏中输入“50Hz”，其余选项保持默认设置。

⑧ 图 7-36 所示为梁单元的各阶相位响应及相位角。

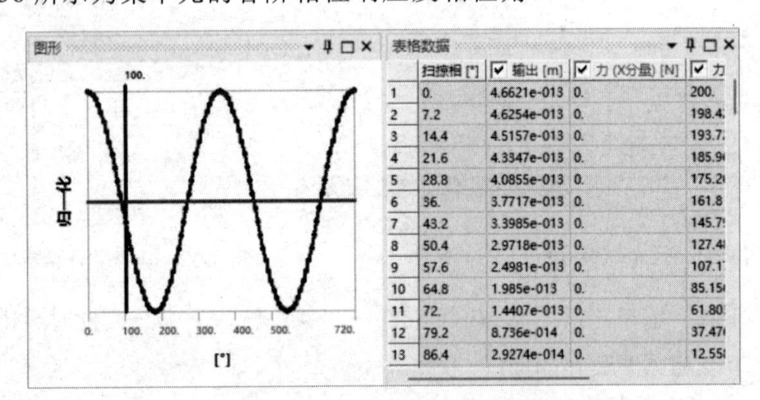

图 7-36　各阶相位响应及相位角

⑨ 图 7-37 所示为梁单元的应力分析云图。

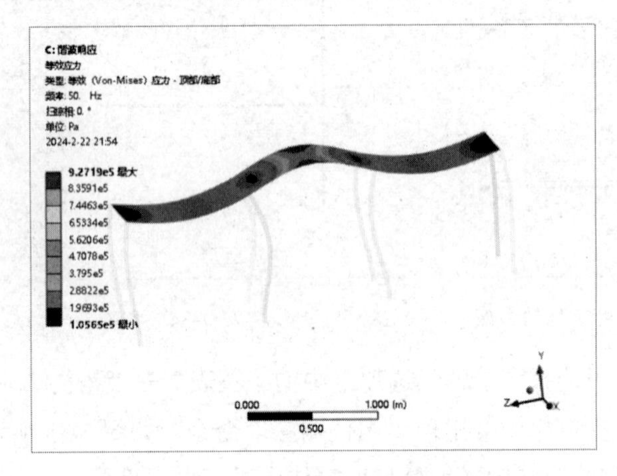

图 7-37　应力分析云图

7.2.12　保存与退出

① 单击 Mechanical 平台界面右上角的“关闭”按钮，关闭 Mechanical 平台，返回 ANSYS Workbench 平台主界面。此时主界面“项目原理图”窗格中显示的分析项目均已完成。

② 在 ANSYS Workbench 平台主界面中单击工具栏中的“保存”按钮，设置“文件名”为“beam_Response.wbpj”，保存文件。

③ 单击右上角的“关闭”按钮，关闭 ANSYS Workbench 平台，完成项目分析。

7.3　实例 2——实体谐响应分析

本节主要介绍 ANSYS Workbench 平台的谐响应分析模块，对实体模型进行谐响应分析。

学习目标：熟练掌握 ANSYS Workbench 谐响应分析的方法及过程。

模型文件	无
结果文件	配套资源\Chapter07\char07-2\Response.wbpj

7.3.1　问题描述

图 7-38 所示为某实体模型，请分析在一端受力的情况下，该实体模型结构的响应情况。

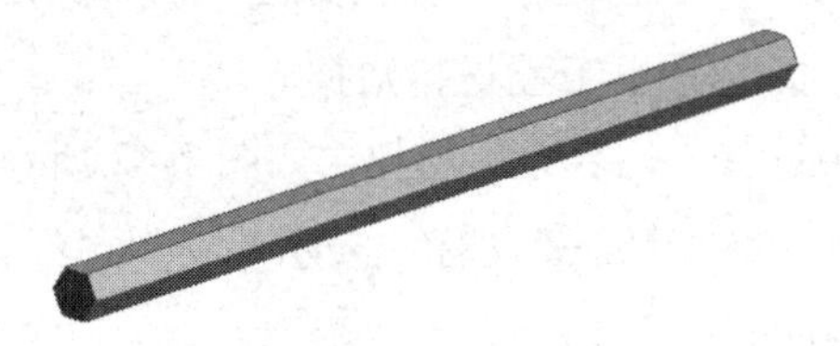

图 7-38　实体模型

7.3.2　创建分析项目

① 在 Windows 系统下启动 ANSYS Workbench 平台，进入主界面。

② 在“项目原理图”窗格中创建如图 7-39 所示的项目分析流程图表。

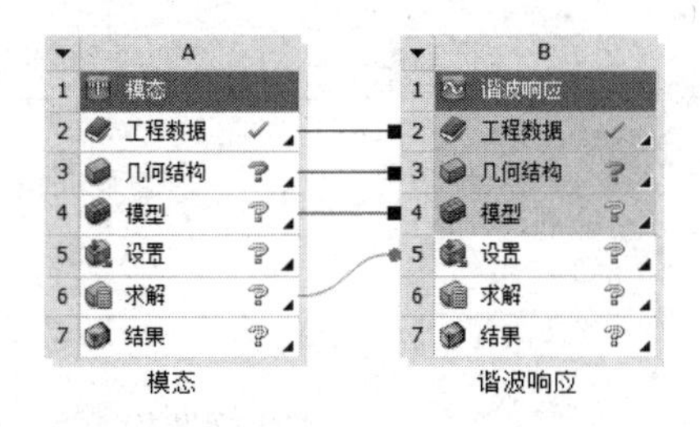

图 7-39　项目分析流程图表

③ 双击项目 A 中 A3 栏的“几何结构”，进入 DesignModeler 平台界面。

④ 如图 7-40 所示，绘制边长为 2.5154mm、长度为 100mm 的正六棱柱。

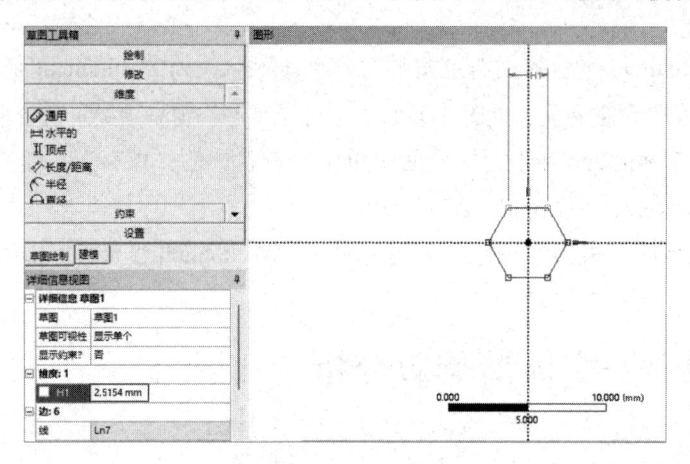

图 7-40 绘制正六棱柱

注意

选择菜单栏中的“单位”→“毫米”命令，将长度单位设置为“mm”。

⑤ 单击右上角的“关闭”按钮，关闭 DesignModeler 平台。

7.3.3 材料选择

① 双击项目 A 中 A2 栏的“工程数据”，弹出如图 7-41 所示的材料参数设置界面。在工具栏中单击按钮，此时弹出工程材料数据库。

② 在工程材料数据库中选择“铝合金”材料，如图 7-42 所示。此时会在“轮廓 General Materials”表的 C11 栏中出现图标，表示此材料已经被选中，之后返回 ANSYS Workbench 平台主界面。

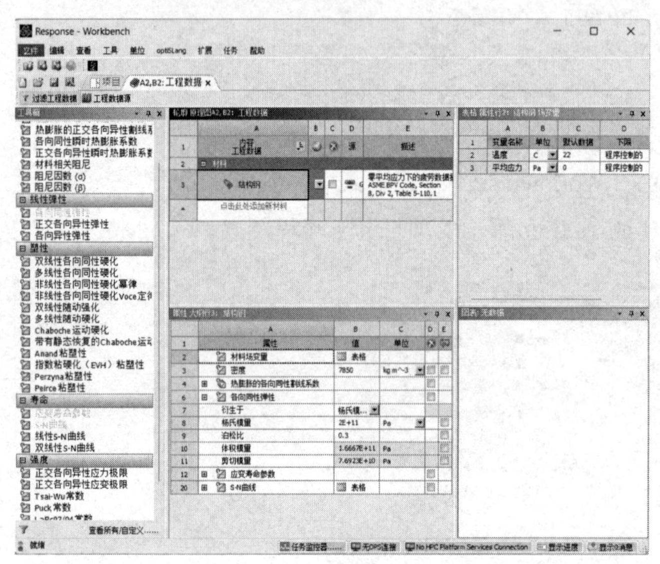

图 7-41 材料参数设置界面

图 7-42 材料选择

7.3.4　施加载荷与约束

① 双击项目 A 中 A4 栏的“模型”，进入如图 7-43 所示的 Mechanical 平台界面，在该界面中可以进行网格的划分、分析设置、结果观察等操作。

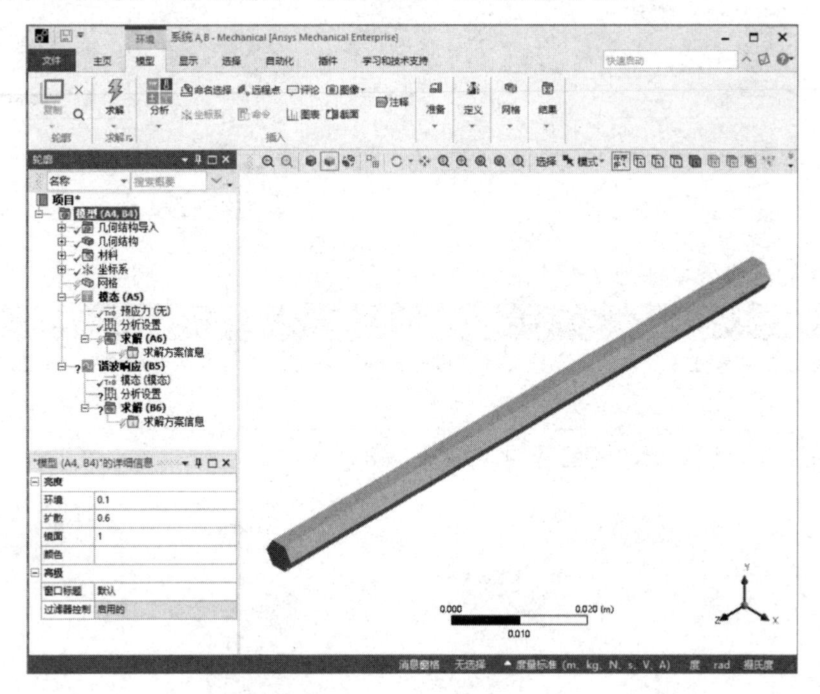

图 7-43　Mechanical 平台界面

② 如图 7-44 所示，选择 Mechanical 平台界面左侧“轮廓”窗格中的“模型（A4, B4）”→“几何结构”→“固体”命令，在下面出现的“‘固体’的详细信息”窗格的“材料”→“任务”栏中选择“铝合金”选项。

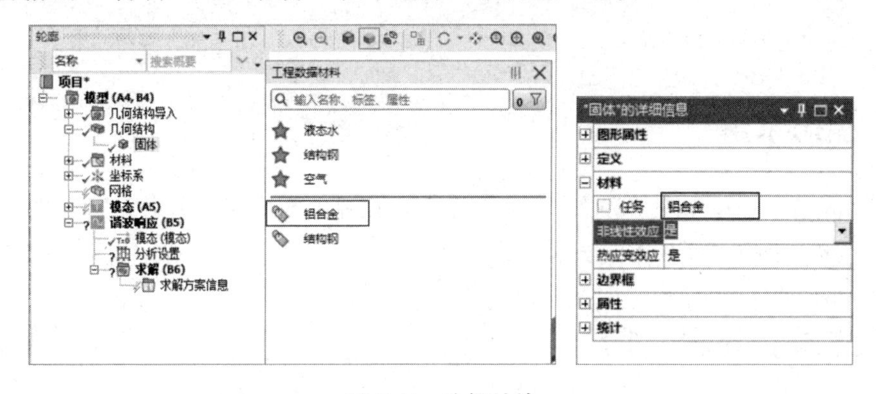

图 7-44　选择材料

③ 如图 7-45 所示，选择“轮廓”窗格中的“模型（A4,B4）”→“网格”命令，在下面出现的“‘网格’的详细信息”窗格的“分辨率”栏中输入“4”。

④ 右击“轮廓”窗格中的“网格”命令，在弹出的快捷菜单中选择“生成网格”命令，如图 7-46 所示，划分网格。

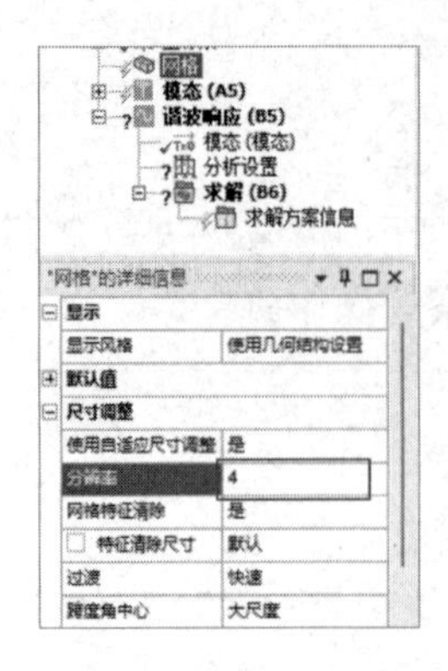

图 7-45 网格设置

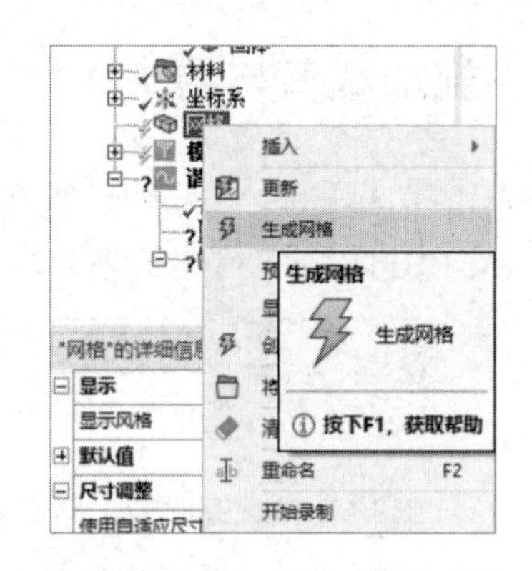

图 7-46 选择“生成网格”命令

⑤ 最终的网格效果如图 7-47 所示。

注意

本实例的重点不是网格划分，因此并未对网格进行详细介绍，请读者参考网格划分的相关内容进行网格划分。

⑥ 添加约束，固定梁单元的两侧，如图 7-48 所示。

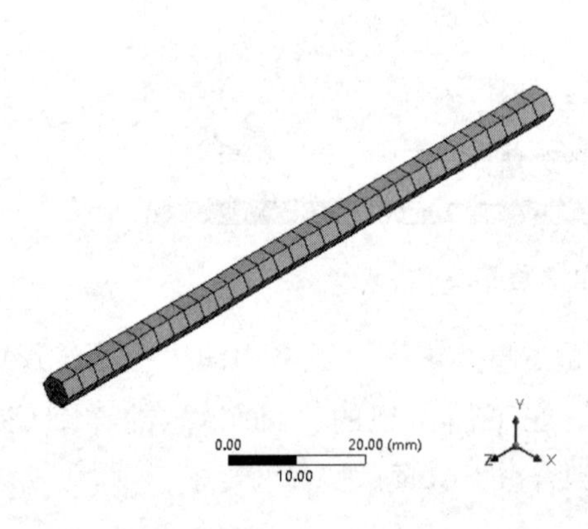

图 7-47 网格效果

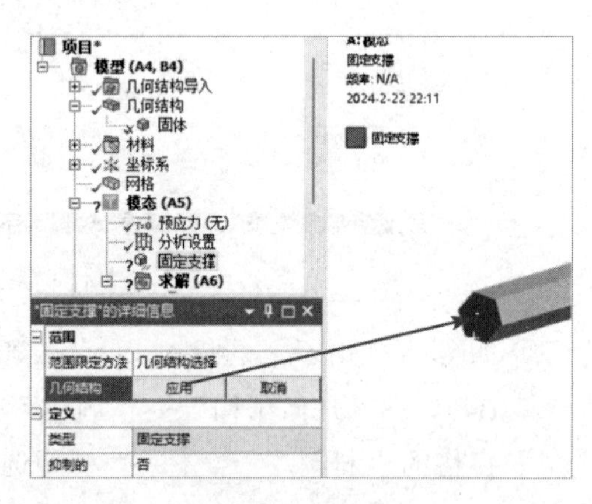

图 7-48 添加约束

7.3.5 模态求解

右击“轮廓”窗格中的“模态（A5）”命令，在弹出的快捷菜单中选择“求解”命令，进行模态计算，此时默认的阶数为 6 阶。

7.3.6 结果后处理（1）

① 右击“轮廓”窗格中的“求解（A6）”命令，在弹出的快捷菜单中选择“插入”→“变形”→“总计”命令，此时在“轮廓”窗格中会出现“总变形”命令，如图 7-49 所示。

② 右击“轮廓”窗格中的“求解（A6）”命令，在弹出的快捷菜单中选择“评估所有结果”命令。

图 7-49　添加“总变形”命令

③ 在计算完成后，选择“轮廓”窗格中的“求解（A6）”→“总变形”命令，此时在绘图窗格中会显示位移响应云图，如图 7-50 所示。在“‘总变形’的详细信息”窗格中将“模式”栏的数值设置为“1”，表示第一阶模态的位移响应。

④ 前六阶固有频率如图 7-51 所示。

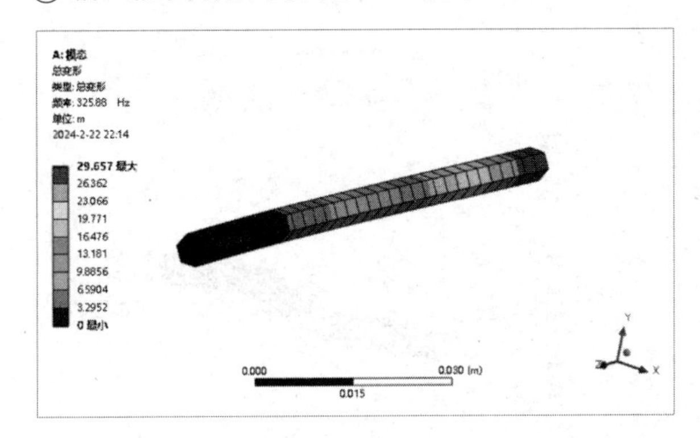

图 7-50　位移响应云图

表格数据

	模式	频率 [
1	1.	325.88
2	2.	325.9
3	3.	2027.8
4	4.	2027.9
5	5.	5615.
6	6.	5615.3

图 7-51　前六阶固有频率

⑤ 选中“图形”窗格中的所有模态柱状图并右击，在弹出的快捷菜单中选择“创建模型形状结果”命令，如图 7-52 所示。

⑥ 此时在“求解（A6）”命令下面会自动创建 6 个后处理命令，如图 7-53 所示，分别用于显示不同频率下的总变形。

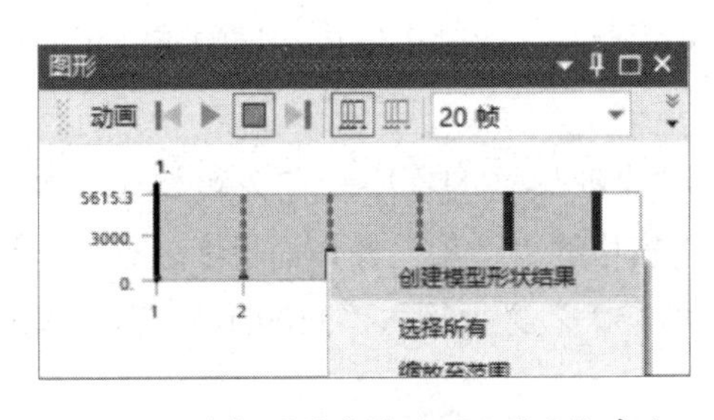

图 7-52　选择“创建模型形状结果”命令

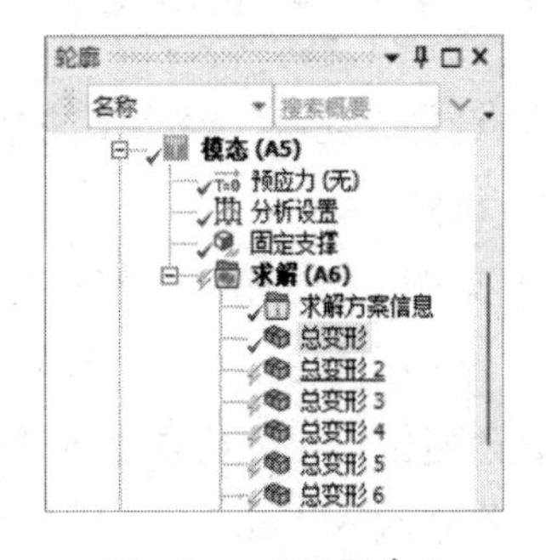

图 7-53　后处理命令

⑦ 计算完成后的各阶模态总变形分析云图如图 7-54 所示。

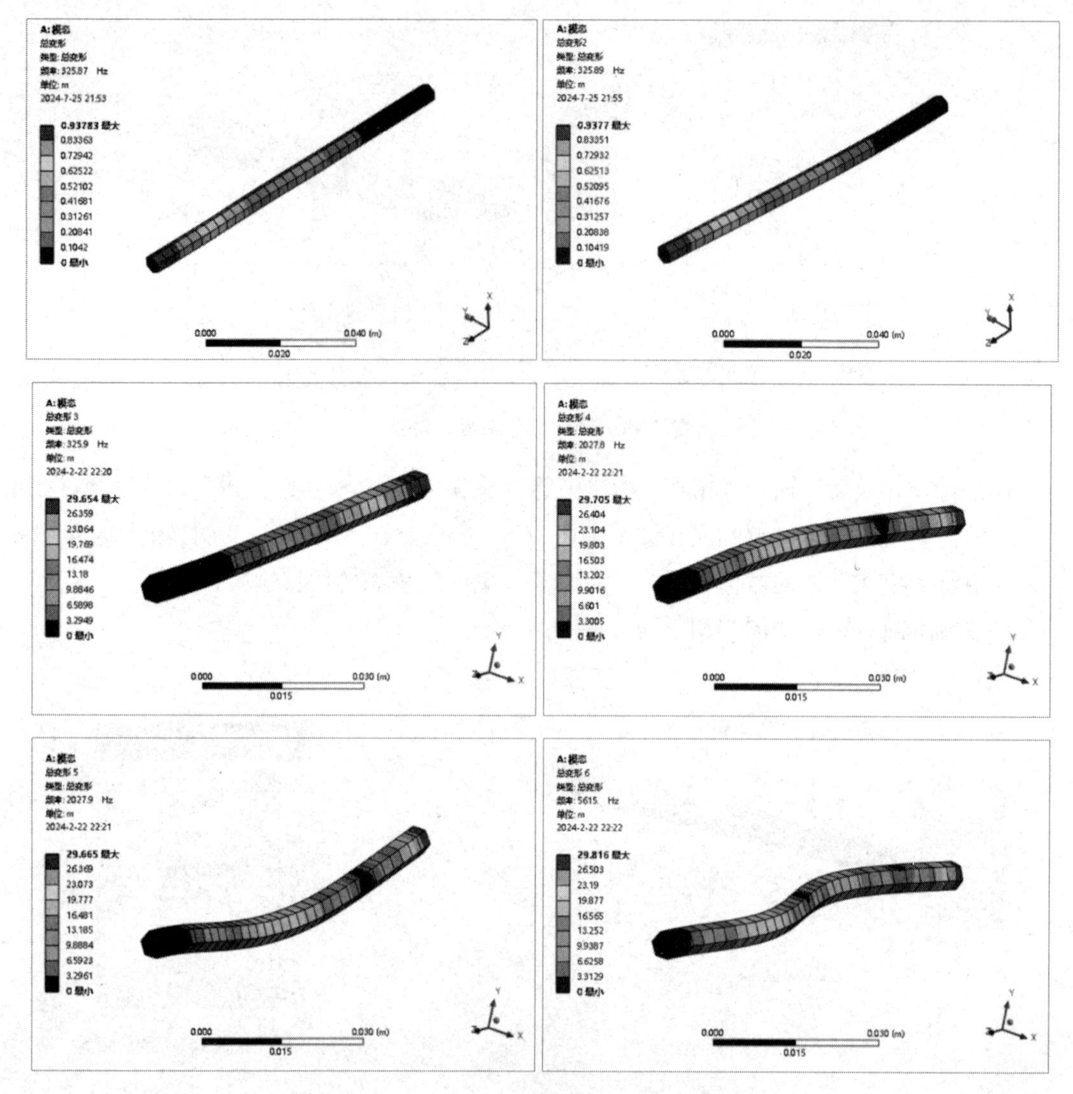

图 7-54 各阶模态总变形分析云图

⑧ 单击右上角的“关闭”按钮，关闭 Mechanical 平台。

7.3.7 进行谐响应分析

① 选择“轮廓”窗格中的“谐波响应（B5）”命令，此时可以进行谐响应分析的设定和求解。

② 如图 7-55 所示，选择“轮廓”窗格中的“谐波响应（B5）”→“分析设置”命令，在下面出现的“‘分析设置’的详细信息”窗格的“选项”操作面板中进行以下设置。

在“范围最小”栏中输入“0Hz”，在“范围最大”栏中输入“3500Hz”，在“求解方案间隔”栏中输入“40”。

③ 选择“轮廓”窗格中的“谐波响应（B5）”命令，并选择“环境”选项卡中的“结构”→“力”命令，此时在“轮廓”窗格中会出现“力”命令，如图 7-56 所示。

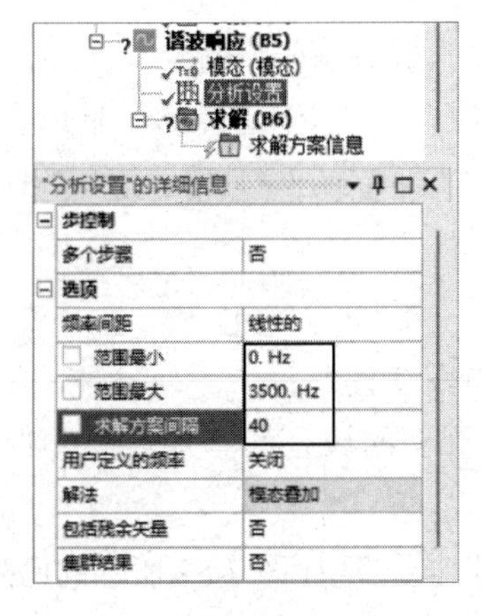

图 7-55　频率设置

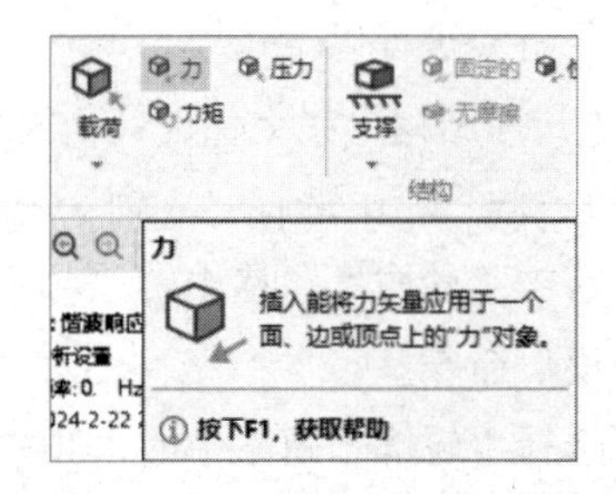

图 7-56　添加“力”命令

④ 如图 7-57 所示，选择“轮廓”窗格中的“力”命令，在“‘力’的详细信息”窗格的“范围”→“几何结构”栏中选择图中所示的面，在“定义依据”栏中选择“分量”选项，在“Y 分量”栏中输入“200N”，在“Y 相角”栏中输入“30°”，完成载荷的设置。

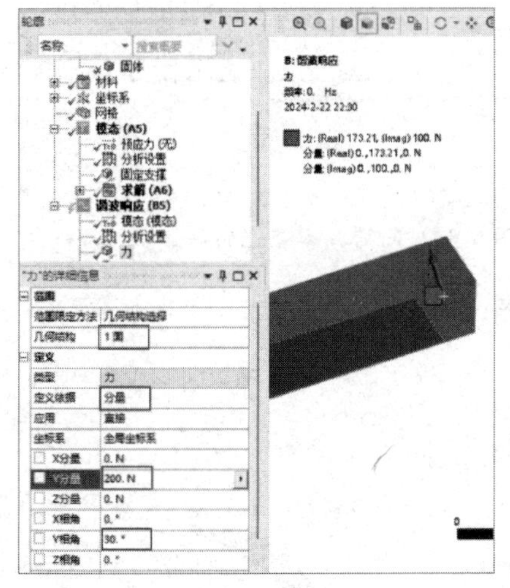

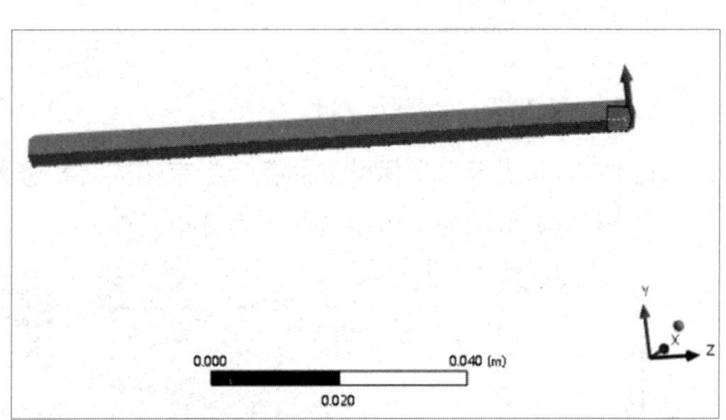

图 7-57　施加载荷

7.3.8　谐响应计算

右击“轮廓”窗格中的“谐波响应（B5）”命令，在弹出的快捷菜单中选择“求解”命令，进行计算。

7.3.9　结果后处理（2）

① 右击“轮廓”窗格中的“求解（B6）”命令，在弹出的快捷菜单中选择“插入”→“变形”→“总计”命令，此时在“轮廓”窗格中会出现“总变形”命令。

② 图 7-58 所示为频率为 3500Hz、相位角为 0° 时的位移响应云图。

③ 选择“求解”选项卡中的“图表”→“频率响应”→“变形”命令，此时在“轮廓”窗格中会出现“频率响应”命令。选择该命令，在下面的“‘频率响应’的详细信息”窗格中进行以下设置。

在“几何结构”栏中保证几何模型被选中。

在“方向”栏中选择“Y 轴”选项，其余选项保持默认设置。

④ 右击“轮廓”窗格中的“频率响应”命令，在弹出的快捷菜单中选择“评估所有结果”命令。

⑤ 选择“轮廓”窗格中的“频率响应”命令，此时会出现如图 7-59 所示的面随频率变化的曲线。

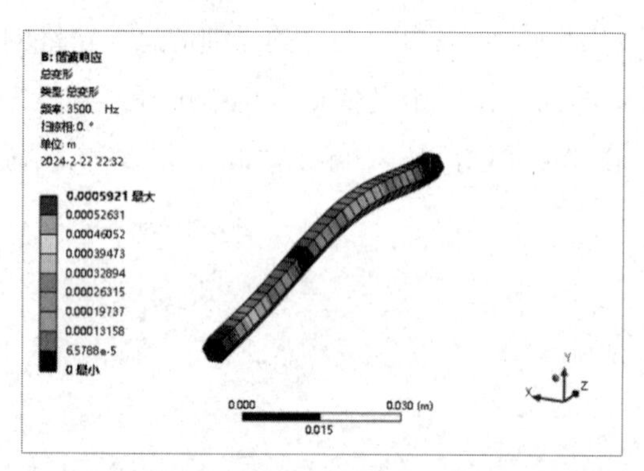

图 7-58　位移响应云图

图 7-59　面随频率变化的曲线

⑥ 图 7-60 所示为实体模型的各阶频率响应及相位角。

⑦ 图 7-61 所示为实体模型的应力分析云图。

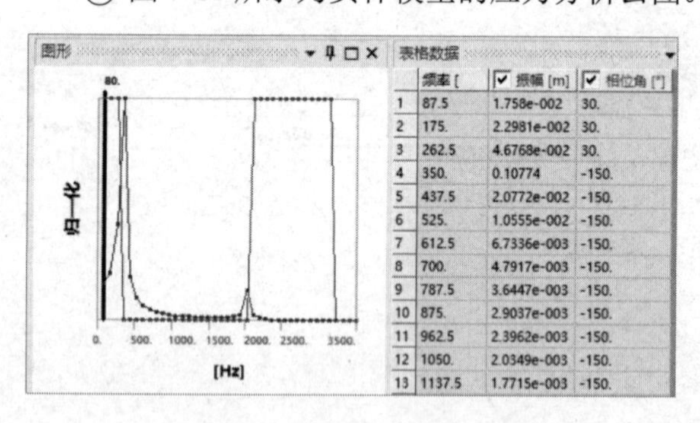

	频率 [	振幅 [m]	相位角 [°]
1	87.5	1.758e-002	30.
2	175.	2.2981e-002	30.
3	262.5	4.6768e-002	30.
4	350.	0.10774	-150.
5	437.5	2.0772e-002	-150.
6	525.	1.0555e-002	-150.
7	612.5	6.7336e-003	-150.
8	700.	4.7917e-003	-150.
9	787.5	3.6447e-003	-150.
10	875.	2.9037e-003	-150.
11	962.5	2.3962e-003	-150.
12	1050.	2.0349e-003	-150.
13	1137.5	1.7715e-003	-150.

图 7-60　各阶频率响应及相位角

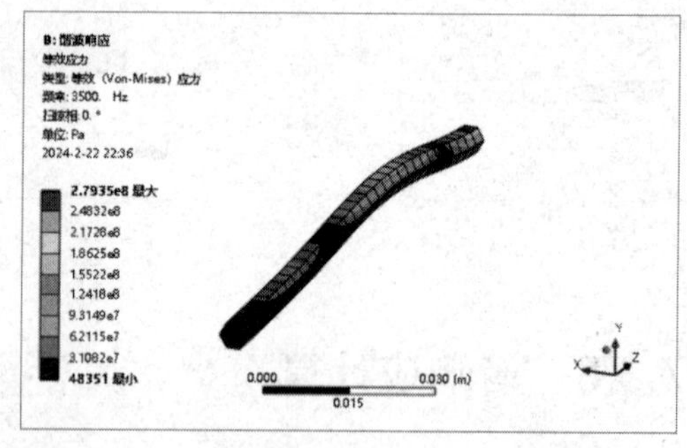

图 7-61　应力分析云图

⑧ 在“图形”窗格中的柱状图上任选一个频率下的竖条并右击，在弹出的快捷菜单中选择“检索此结果”命令，如图 7-62 所示。

注意

本实例中选择的频次为 15 次，在柱状图上侧有显示。

⑨ 在经过程序自动计算后，显示频次为 15 次的应力分析云图，如图 7-63 所示。

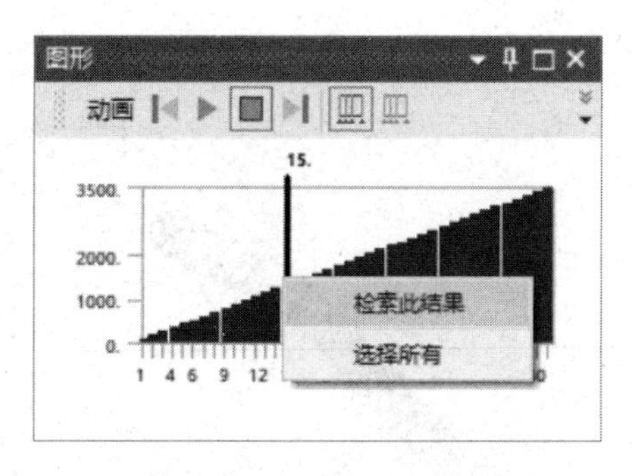

图 7-62　选择“检索此结果”命令

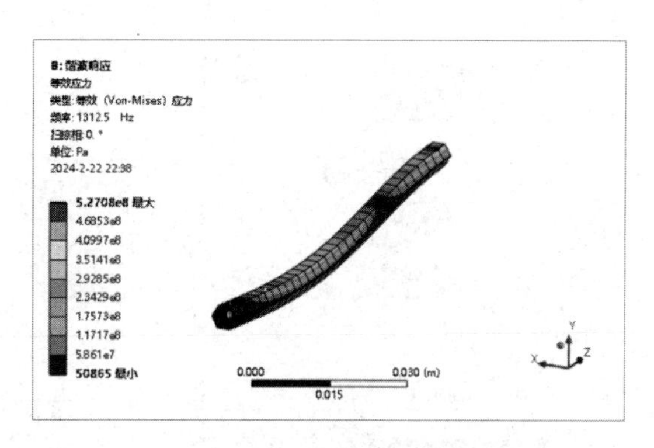

图 7-63　应力分析云图

7.3.10　保存与退出

① 单击 Mechanical 平台界面右上角的“关闭”按钮，关闭 Mechanical 平台，返回 ANSYS Workbench 平台主界面。此时主界面“项目原理图”窗格中显示的分析项目均已完成。

② 在 ANSYS Workbench 平台主界面中单击工具栏中的“保存”按钮，设置“文件名”为“Response.wbpj”，保存文件。

③ 单击右上角的“关闭”按钮，关闭 ANSYS Workbench 平台，完成项目分析。

在进行谐响应分析之前，应当对结构进行模态分析。需要引起用户重视但常常被用户忽略的地方是，设置频率上限值。此值应为模态分析时的最大模态频率值除以 1.5，即如果计算出来的最大模态频率值为 5596.8Hz，则在谐响应分析时的最大频率值应为 5596.8/1.5=3731.2Hz。如果输入的数值小于 3731.2Hz，则计算没有问题；如果输入的数值大于 3731.2Hz，则软件会出现提示，表明输入的频率上限值不是模态分析的最大模态频率值除以 1.5。

7.4　实例 3——含阻尼的谐响应分析

本节主要介绍 ANSYS Workbench 平台的谐响应分析模块，对实体模型进行含阻尼的谐响应分析。

学习目标：熟练掌握 ANSYS Workbench 谐响应分析的方法及过程。

模型文件	无
结果文件	配套资源\Chapter07\char07-3\Response_Damp.wbpj

① 基于 7.3 节的实例 2，如图 7-64 所示，选择“轮廓”窗格中的“谐波响应（B5）”→“分析设置”命令，在下面的“‘分析设置’的详细信息”窗格的“阻尼控制”操作面板中进行以下设置：在“阻尼比率”栏中输入“5.e−002”。

② 重新计算。

③ 图 7-65 所示为频率为 3500Hz、相位角为 0° 时的位移响应云图。

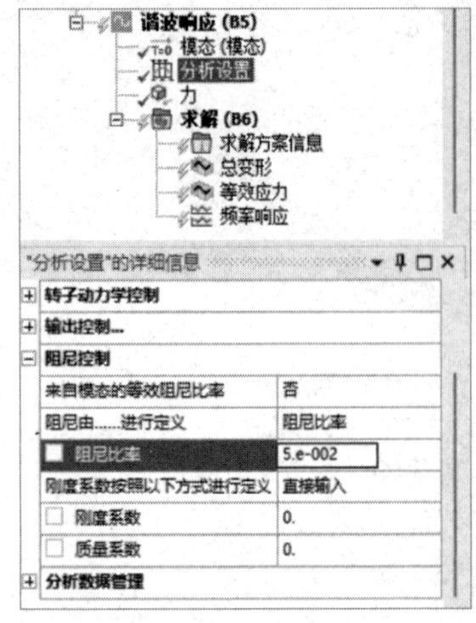

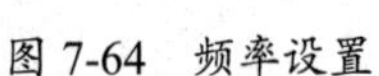

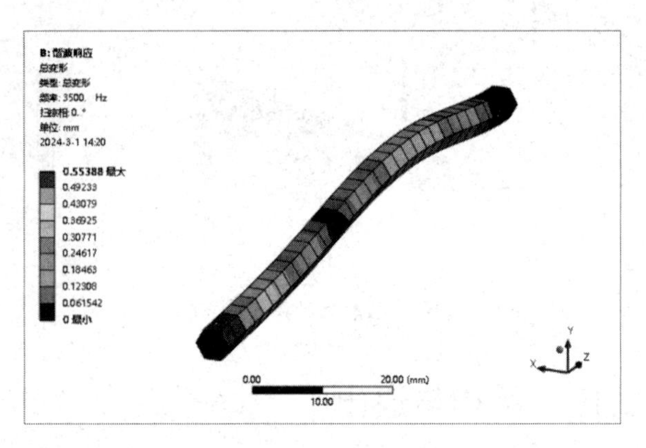

图 7-64　频率设置　　　　图 7-65　位移响应云图

④ 选择“求解”选项卡中的“图表”→“频率响应”→“变形”命令，此时在“轮廓”窗格中会出现“频率响应”命令。选择该命令，在下面的“‘频率响应’的详细信息”窗格中进行以下设置。

在“几何结构”栏中保证几何模型被选中。

在“方向”栏中选择“Y 轴”选项，其余选项保持默认设置。

⑤ 右击“轮廓”窗格中的“频率响应”命令，在弹出的快捷菜单中选择“评估所有结果”命令。

⑥ 选择“轮廓”窗格中的“求解（B6）”→“频率响应”命令，此时会出现如图 7-66 所示的面随频率变化的曲线。

⑦ 图 7-67 所示为实体模型的各阶频率响应及相位角。

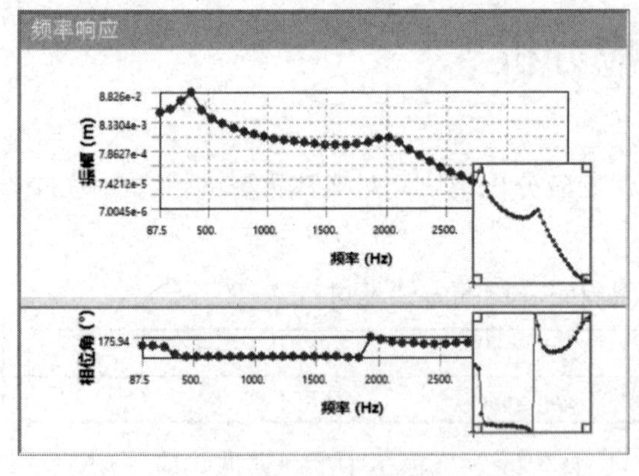

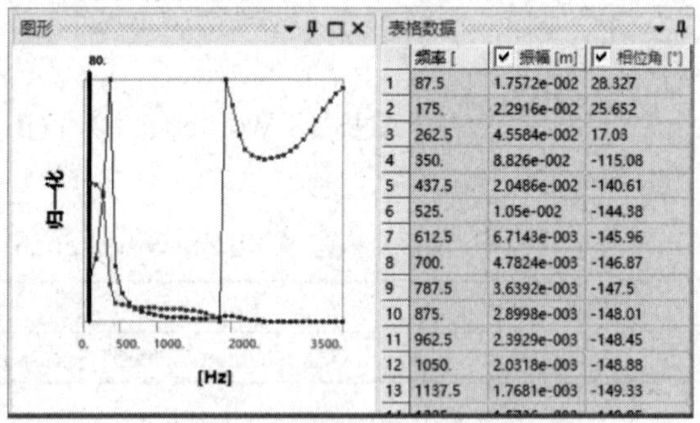

	频率 [	振幅 [m]	相位角 [°]
1	87.5	1.7572e-002	28.327
2	175.	2.2916e-002	25.652
3	262.5	4.5584e-002	17.03
4	350.	8.826e-002	-115.08
5	437.5	2.0486e-002	-140.61
6	525.	1.05e-002	-144.38
7	612.5	6.7143e-003	-145.96
8	700.	4.7824e-003	-146.87
9	787.5	3.6392e-003	-147.5
10	875.	2.8998e-003	-148.01
11	962.5	2.3929e-003	-148.45
12	1050.	2.0318e-003	-148.88
13	1137.5	1.7681e-003	-149.33

图 7-66　面随频率变化的曲线　　　　图 7-67　各阶频率响应及相位角

⑧ 图 7-68 所示为实体模型的应力分析云图。

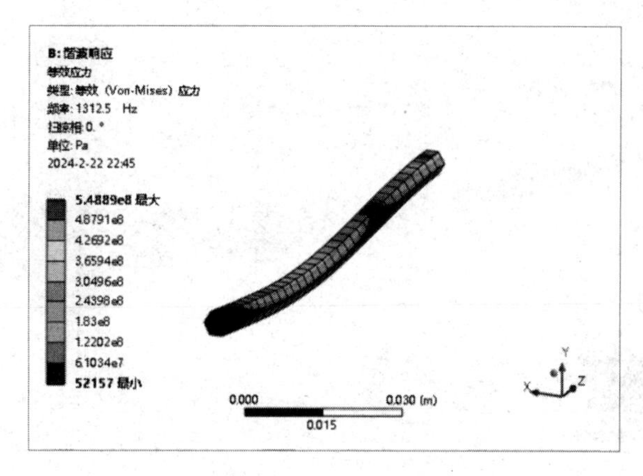

图 7-68　应力分析云图

7.5　本章小结

本章通过 3 个简单的实例对谐响应分析的操作方法进行了简单介绍。希望读者通过本章实例的学习，能够学会如何进行谐响应分析并正确判断共振的发生，从而避免可能发生共振的结构设计。

第 8 章

响应谱分析

本章内容

本章将对 ANSYS Workbench 平台的响应谱分析模块进行讲解，并通过典型实例对各种分析的一般步骤进行详细讲解，包括几何建模（外部几何数据的导入）、材料赋予、网格设置与划分、边界条件的设定和后处理操作等。

学习要求

知 识 点	学习目标			
	了解	理解	应用	实践
响应谱分析的基本知识	√			
响应谱分析的计算过程			√	√

8.1　响应谱分析概述

响应谱分析是一种频域分析，其输入载荷为振动载荷的频谱（如地震响应谱等）。常用的频谱为加速度频谱，也可以是速度频谱和位移频谱等。响应谱分析从频域的角度计算结构的峰值响应。

载荷频谱被定义为响应幅值与频率的关系曲线。响应谱分析用于计算结构各阶振型在给定的载荷频谱下的最大响应。这个最大响应是响应系数和振型的乘积，这些振型的最大响应组合在一起就给出了结构的总体响应。因此响应谱分析需要计算结构的固有频率和振型，并且必须在模态分析之后进行。

响应谱分析的替代方法是瞬态分析。使用瞬态分析可以得到结构响应随时间的变化情况，当然也可以得到结构的峰值响应。瞬态分析的结果更精确，但需要花费更多的时间。响应谱分析忽略了一些信息（如相位、时间历程等），但能够快速找到结构的最大响应，满足了很多动力设计的要求。

响应谱分析的应用非常广泛，典型的应用是土木行业的地震响应谱分析。响应谱分析是地震分析的标准分析方法，被应用于各种结构的地震分析中，如核电站、大坝、桥梁等。任何受到地震或其他振动载荷影响的结构、部件都可以用响应谱分析来进行校核。

8.1.1　频谱的定义

频谱，也称响应谱，是用来描述理想化振动系统在动力载荷激励作用下的响应曲线（通常为位移或加速度响应曲线）。

频谱是许多单自由度系统在给定激励下响应的最大值的包络线。响应谱分析的频谱数据包括频谱曲线和激励方向。

我们可以通过图 8-1 来进一步说明，考虑安装于振动台的 4 个单自由度系统，频率分别为 f_1、f_2、f_3、f_4，并且有 $f_1 < f_2 < f_3 < f_4$。给振动台施加一种振动载荷激励，记录下每个单自由度系统的最大响应 u，可以得到 u - f 关系曲线，此曲线就是给定激励的频谱（响应谱）曲线，如图 8-2 所示。

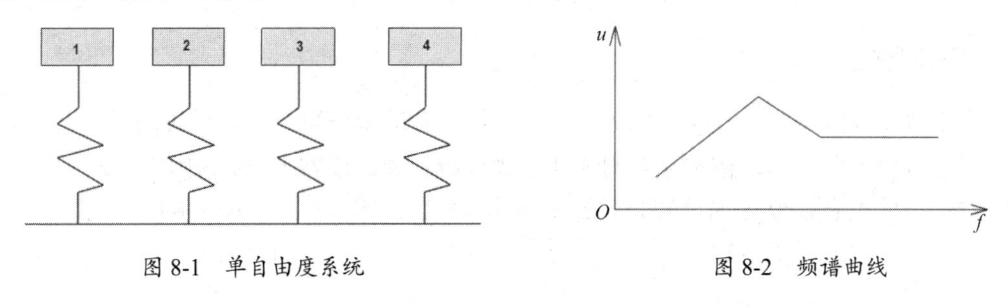

图 8-1　单自由度系统　　　图 8-2　频谱曲线

频率和周期具有倒数关系，频谱通常以“响应值-周期”关系曲线的形式给出。

8.1.2　响应谱分析的基本概念

在进行响应谱分析之前，要先进行模态分析。模态分析主要用来提取被激活振型的频率和振型，并且提取的频率应该在频谱曲线的频率范围内。

为了保证在计算时考虑所有具有显著影响的振型，通常频谱曲线的频率范围不应太小，应该一直延伸到谱值较小的频率区域，并且模态分析提取的频率也应该延伸到谱值较小的频率区域（仍然在频谱曲线范围内）。

谱分析（除了响应谱分析，还有随机振动分析）涉及以下几个概念：参与系数、模态系数、模态有效质量、模态组合。程序内部可以计算这些系数或进行相应的操作，用户并不需要直接面对这些概念，但了解这些概念有助于更好地理解谱分析。

1．参与系数

参与系数用于衡量模态振型在激励方向上对变形的影响程度（进而影响应力），是振型和激励方向的函数。对于结构的每一阶模态 i，程序都需要计算该模态在激励方向上的参与系数 γ_i。

参与系数的计算公式为

$$\gamma_i = \boldsymbol{u}_i^{\mathrm{T}} \boldsymbol{M} \boldsymbol{D} \tag{8-1}$$

式中，$\boldsymbol{u}_i$ 为第 i 阶模态按照质量归一化条件 $\boldsymbol{u}_i^{\mathrm{T}} \boldsymbol{M} \boldsymbol{u} = 1$ 归一化的振型位移向量，$\boldsymbol{M}$ 为质量矩阵，$\boldsymbol{D}$ 为描述激励方向的向量。

参与系数的物理意义很好理解，如图 8-3 所示，以悬臂梁为例，若在 Y 轴方向施加激励，则模态 1 的参与系数最大，模态 2 的参与系数次之，模态 3 的参与系数为 0；若在 X 轴方向施加激励，则模态 1 和模态 2 的参与系数都为 0，模态 3 的参与系数最大。

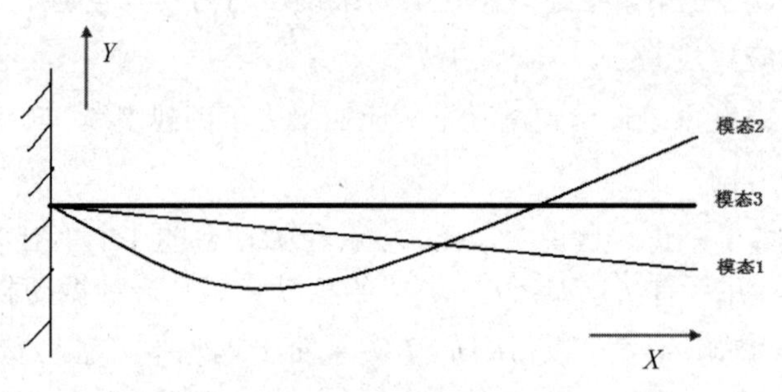

图 8-3　参与系数的物理意义

2．模态系数

模态系数是与振型相乘的一个比例因子，根据二者的乘积可以得到模态的最大响应。

根据频谱类型的不同，模态系数的计算公式有所不同，模态 i 在位移频谱、速度频谱、加速度频谱下的模态系数 A_i 的计算公式分别如式（8-2）、式（8-3）、式（8-4）所示。

$$A_i = S_{ui} \gamma_i \tag{8-2}$$

$$A_i = \frac{S_{vi}\gamma_i}{\omega_i} \tag{8-3}$$

$$A_i = \frac{S_{ai}\gamma_i}{\omega_i^2} \tag{8-4}$$

式中，S_{ui}、S_{vi}、S_{ai} 分别为第 i 阶模态频率对应的位移频谱值、速度频谱值、加速度频谱值，ω_i 为第 i 阶模态的圆频率，γ_i 为模态参与系数。

模态的最大位移响应为

$$\boldsymbol{u}_{i\text{Max}} = A_i \boldsymbol{u}_i \tag{8-5}$$

3．模态有效质量

模态 i 的有效质量为

$$\boldsymbol{M}_{ei} = \frac{\gamma_i^2}{\boldsymbol{u}_i^{\mathrm{T}} \boldsymbol{M} \boldsymbol{u}_i} \tag{8-6}$$

式中，$\boldsymbol{M}_{ei}$ 表示模态 i 的有效质量。由于模态位移满足质量归一化条件 $\boldsymbol{u}_i^{\mathrm{T}} \boldsymbol{M} \boldsymbol{u} = 1$，因此 $\boldsymbol{M}_{ei} = \gamma_i^2$。

4．模态组合

在得到每个模态在给定频谱下的最大响应后，将这些响应以某种方式进行组合就可以得到总响应。

ANSYS Workbench 平台提供了 3 种模态组合方法：SRSS（平方根法）、CQC（完全平方组合法）、ROSE（倍和组合法）。这 3 种组合方法的公式为

$$R = \left(\sum_{i=1}^{N} R_i^2 \right)^{\frac{1}{2}} \tag{8-7}$$

$$R = \left(\left| \sum_{i=1}^{N} \sum_{j=1}^{N} k\varepsilon_{ij} R_i R_j \right| \right)^{\frac{1}{2}} \tag{8-8}$$

$$R = \left(\sum_{i=1}^{N} \sum_{j=1}^{N} k\varepsilon_{ij} R_i R_j \right)^{\frac{1}{2}} \tag{8-9}$$

8.2　实例 1——梁单元响应谱分析

本节主要介绍 ANSYS Workbench 平台的响应谱分析模块，计算梁单元模型在给定加速度频谱下的响应。

学习目标：熟练掌握 ANSYS Workbench 响应谱分析的方法及过程。

模型文件	配套资源\ Chapter08\char08-1\simple_Beam.agdb
结果文件	配套资源\ Chapter08\char08-1\simple_Beam.wbpj

8.2.1 问题描述

图 8-4 所示为某梁单元模型，请使用 ANSYS Workbench 平台的响应谱分析模块计算梁单元模型在给定加速度频谱下的响应，水平加速度频谱数据如表 8-1 所示。

图 8-4 梁单元模型

表8-1 水平加速度频谱数据

自振周期/s	振动频率/Hz	水平地震谱值	自振周期/s	振动频率/Hz	水平地震谱值
0.10	0.002	1.00	0.070	8.67	0.200
0.11	0.003	1.11	0.088	10.00	0.165
0.13	0.003	1.25	0.105	11.11	0.153
0.14	0.005	1.43	0.110	12.50	0.140
0.17	0.006	1.67	0.130	14.29	0.131
0.20	0.006	2.00	0.150	18.67	0.121
0.25	0.010	2.50	0.200	18.00	0.111
0.33	0.021	3.33	0.255	25.00	0.100
0.50	0.032	4.00	0.265	50.00	0.100
0.67	0.047	5.00	0.255	50.00	0.100

8.2.2 创建分析项目

① 在 Windows 系统下启动 ANSYS Workbench 平台，进入主界面。

② 在“项目原理图”窗格中创建如图 8-5 所示的项目分析流程图表。

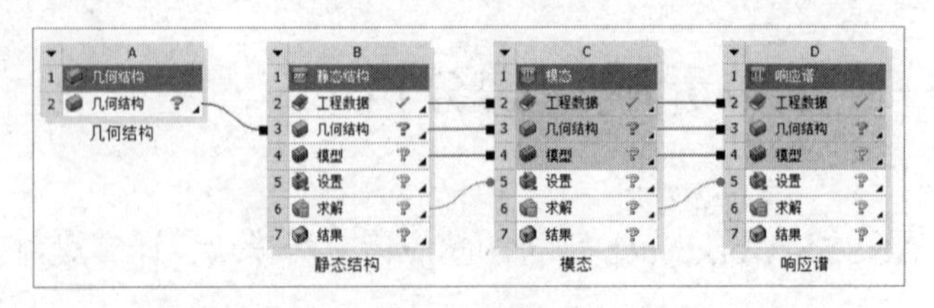

图 8-5 项目分析流程图表

注意

创建这样的项目分析流程图表的目的是：首先进行静力学分析，添加重力加速度作为内部载荷，然后在模态分析中进行预应力分析，预应力分析的详细步骤参考第 4 章的相关内容，最后进行响应谱分析。

8.2.3　导入几何体

① 右击项目 A 中 A2 栏的“几何结构”，在弹出的快捷菜单中选择“导入几何模型”→“浏览”命令，在弹出的“打开”对话框中导入几何体文件“simple_Beam.agdb”。

② 项目 A 中 A2 栏的“几何结构”后的 ? 图标变为 ✓ 图标，表示实体模型已经存在。

③ 双击项目 A 中 A2 栏的“几何结构”，此时会进入 DesignModeler 平台界面，在 DesignModeler 平台界面的“图形”窗格中会显示几何体，如图 8-6 所示。

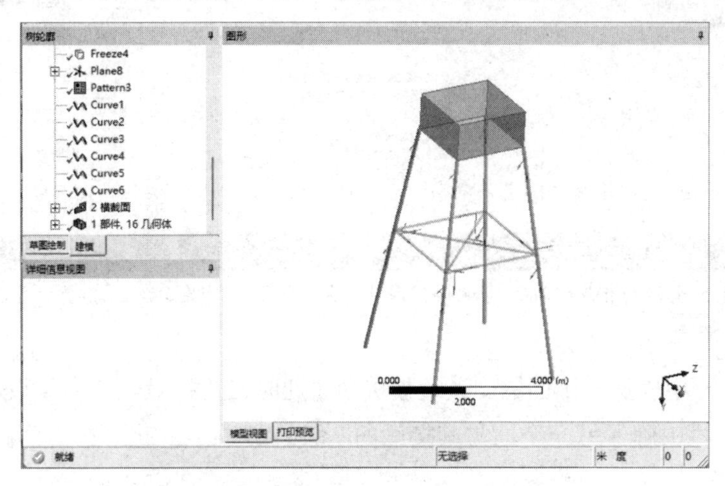

图 8-6　DesignModeler 平台界面

④ 单击工具栏中的“保存”按钮，在弹出的“另存为”对话框中设置“文件名”为“simple_Beam.wbpj”，单击“保存”按钮。

⑤ 单击 DesignModeler 平台界面右上角的“关闭”按钮，关闭 DesignModeler 平台，返回 ANSYS Workbench 平台主界面。

8.2.4　进行静力学分析

双击项目 B 中 B4 栏的“模型”，进入 Mechanical 平台界面，选择“显示”选项卡中的“类型”→“横截面”命令，显示几何体，如图 8-7 所示。

图 8-7　几何体

8.2.5　添加材料库

本实例选择的材料为“结构钢”，此材料为 ANSYS Workbench 平台默认被选中的材料，因此不需要设置。

8.2.6　接触设置

① 选择 Mechanical 平台界面左侧“轮廓”窗格中的“连接”命令，之后选择工具栏中

的“接触”→“接触”→“绑定”命令，添加“绑定”命令，如图 8-8 所示。

② 选择“轮廓”窗格中的“绑定-无选择至无选择”命令，在下面的“‘绑定-无选择至无选择’的详细信息”窗格中进行如图 8-9 所示的设置。

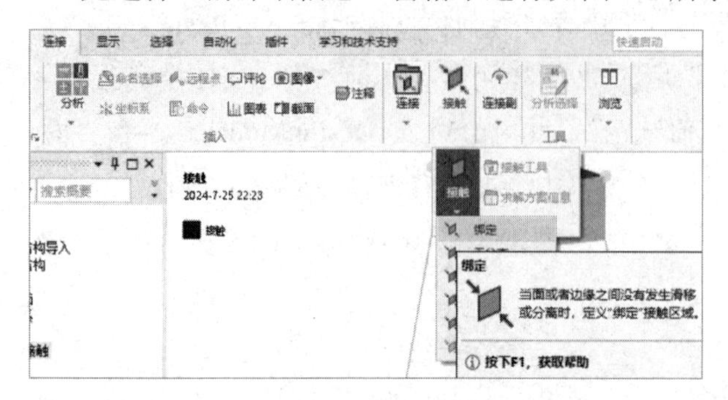

图 8-8　添加“绑定”命令

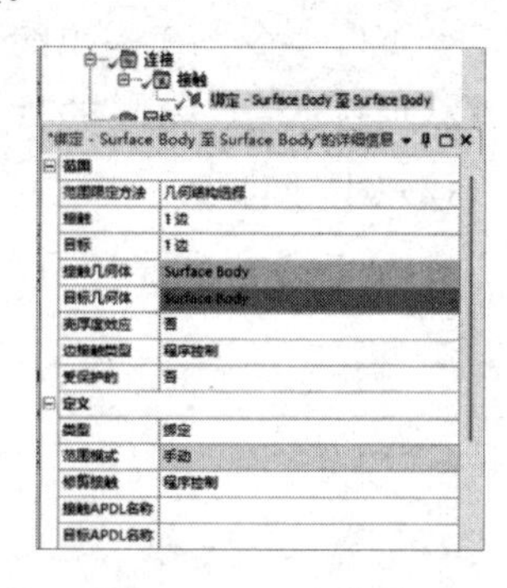

图 8-9　设置约束

注意

由于模型中的 5 个曲面相互之间没有连接，因此必须对其进行绑定约束，其余面之间的约束与上述步骤相同，这里不再赘述。

在“接触”栏中确保一个面的一条边被选中，此时在“接触”栏中会显示“1 边”。

在“目标”栏中确保另一个面与其接触的一条边被选中，此时在“目标”栏中会显示“1 边”。

注意

在以上选项设置完成后，窗格名称会由“‘绑定-无选择至无选择’的详细信息”变成“‘绑定-Surface Body 至 Surface Body’的详细信息”，以后操作都会出现类似情况，不再赘述。

③ 所有曲面都被约束后的效果如图 8-10 所示。

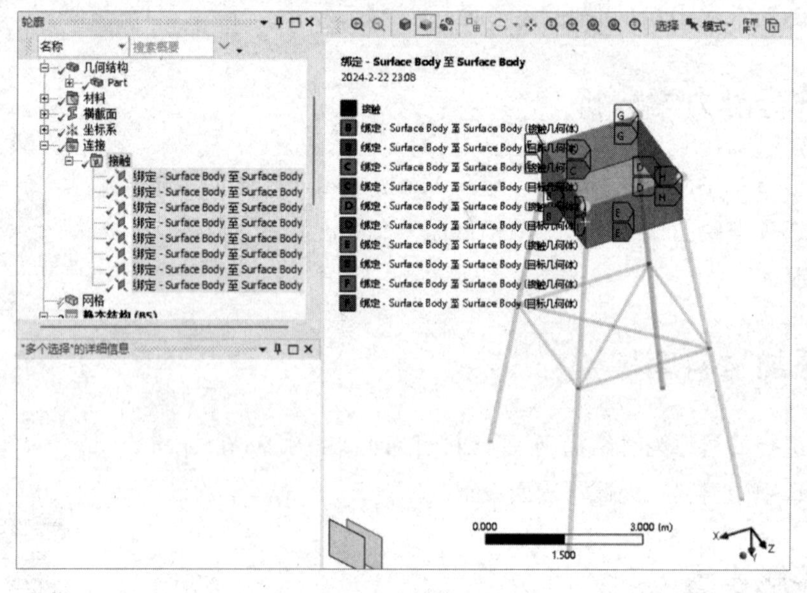

图 8-10　约束效果

8.2.7　完成网格划分

右击“轮廓”窗格中的“网格”命令，在弹出的快捷菜单中选择“生成网格”命令，最终的网格效果如图 8-11 所示。

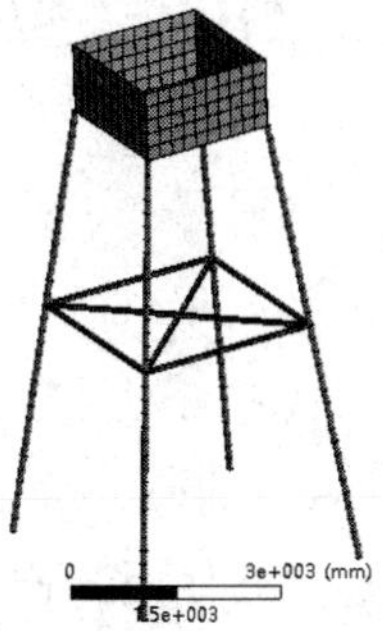

图 8-11　网格效果

8.2.8　施加约束

① 选择“环境”选项卡中的“结构”→“固定的”命令。

② 单击工具栏中的（选择点）按钮，之后单击工具栏中按钮的，在弹出的下拉列表中选择相应选项，使其变成（框选择）按钮。选择“轮廓”窗格中的“固定支撑”命令，并选择梁单元基础下端的 4 个节点，单击“‘固定支撑’的详细信息”窗格中“几何结构”栏的“应用”按钮，即可在选中的面上施加固定约束，此时在“几何结构”栏中会显示“4 顶点”，如图 8-12 所示。

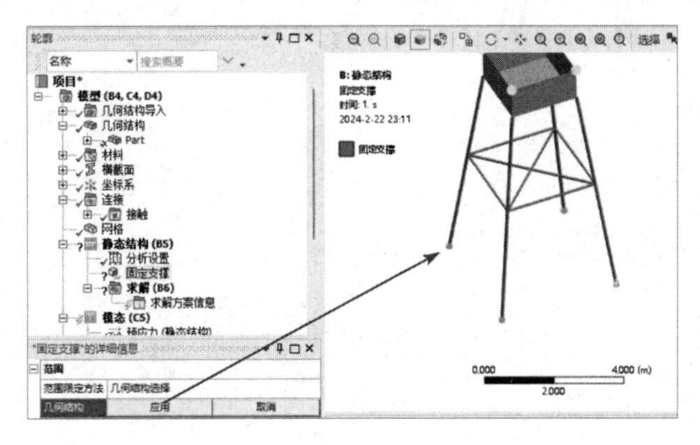

图 8-12　施加固定约束

③ 选择“环境”选项卡中的“惯性”→“标准地球重力”命令，添加“标准地球重力”命令，如图 8-13 所示。

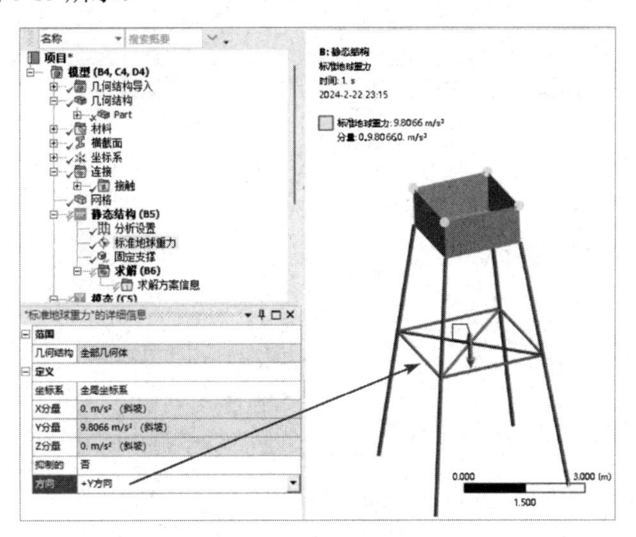

图 8-13　添加“标准地球重力”命令

注意

这里的重力加速度方向沿着 *Y* 轴负方向。

④ 右击“轮廓”窗格中的“静态结构（B5）”命令，在弹出的快捷菜单中选择“求解”命令，进行计算。

⑤ 右击“轮廓”窗格中的“求解（B6）”命令，在弹出的快捷菜单中选择“插入”→“变形”→“总计”命令，添加“总变形”命令，此时的总变形分析云图如图 8-14 所示。

⑥ 使用同样的方式添加“等效应力”命令，此时的应力分析云图如图 8-15 所示。

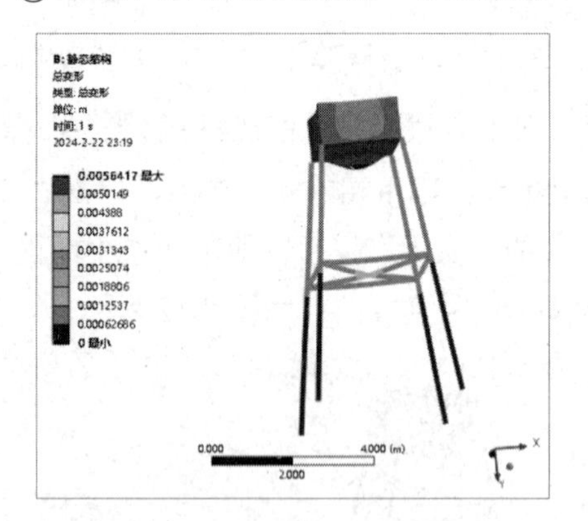

图 8-14　总变形分析云图

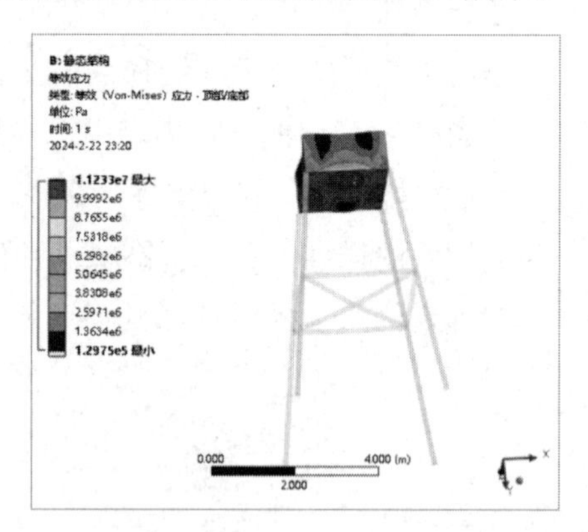

图 8-15　应力分析云图

⑦ 使用同样的方式添加梁单元后处理相关命令，此时的梁单元后处理云图如图 8-16 所示。

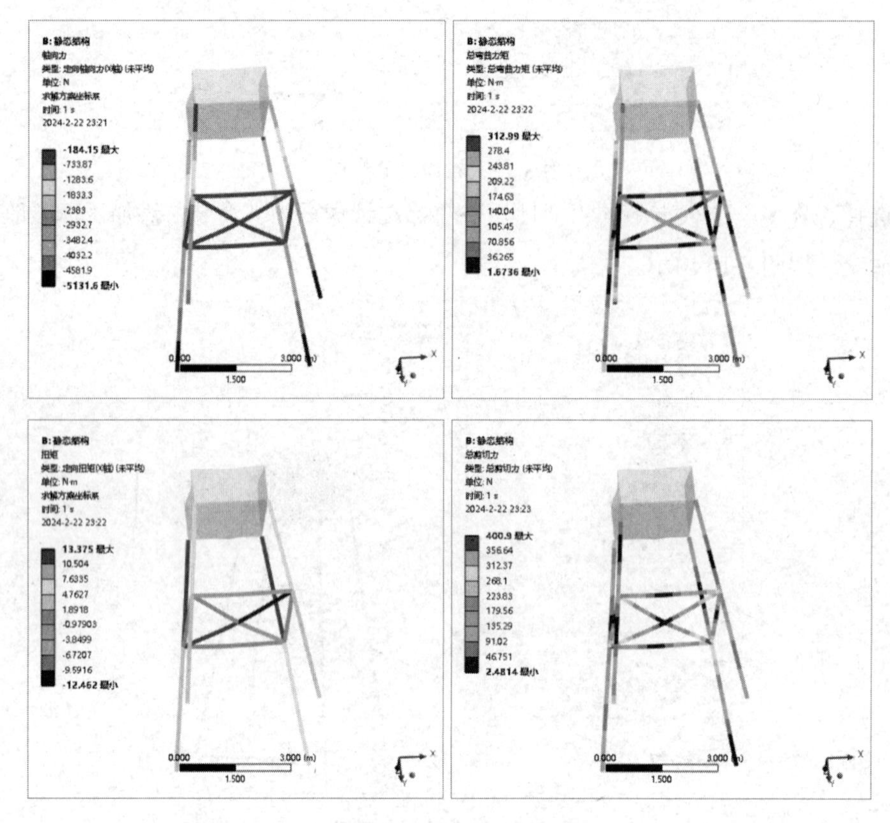

图 8-16　梁单元后处理云图

8.2.9　进行模态分析

右击“轮廓”窗格中的“模态（C5）”命令，在弹出的快捷菜单中选择“求解”命令，进行模态计算。

8.2.10　结果后处理（1）

① 选择“求解”选项卡中的“结果”→“变形”→“总计”命令，此时在“轮廓”窗格中会出现“总变形”命令。

② 右击“轮廓”窗格中的“求解（B6）”命令，在弹出的快捷菜单中选择“评估所有结果”命令。

③ 选择“轮廓”窗格中的“求解（B6）”→“总变形”命令，此时会出现第一阶模态总变形分析云图和第二阶模态总变形分析云图，分别如图 8-17 和图 8-18 所示。

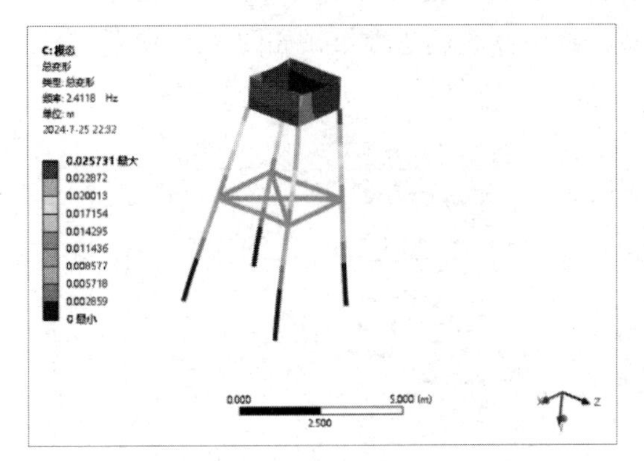

图 8-17　第一阶模态总变形分析云图

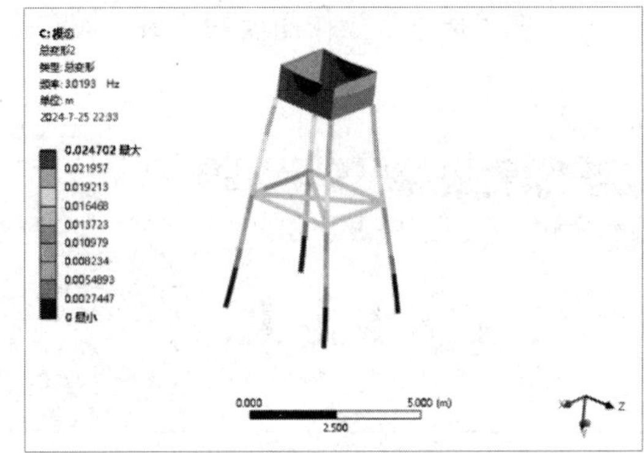

图 8-18　第二阶模态总变形分析云图

④ 单击工具栏中的□按钮，在下拉列表中单击⊞ 按钮，此时会在绘图窗格中出现 4 个窗格，可以同时显示如图 8-19 所示的第三阶到第六阶模态总变形分析云图。

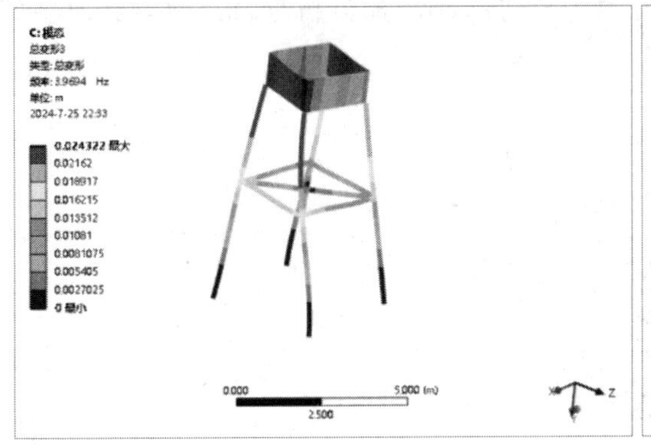

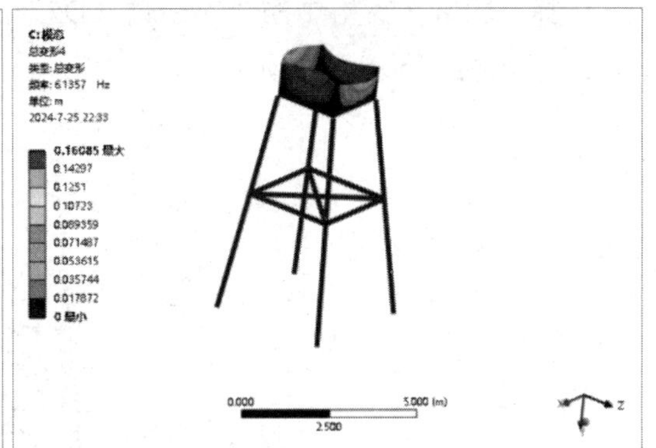

图 8-19　第三阶到第六阶模态总变形分析云图

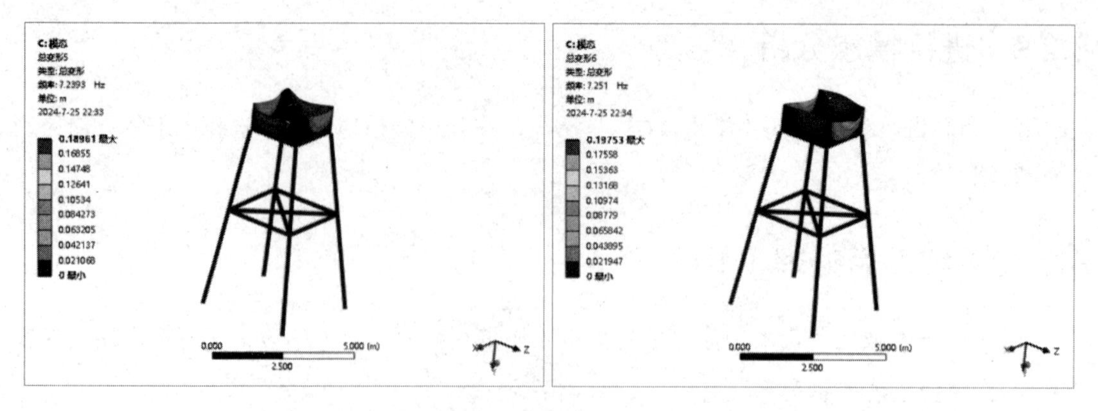

图 8-19 第三阶到第六阶模态总变形分析云图（续）

⑤ 图 8-20 所示为梁单元模型的各阶模态频率。

⑥ ANSYS Workbench 平台默认的模态阶数为 6 阶，选择“轮廓”窗格中的“模态（C5）”→“分析设置”命令，在下面的“‘分析设置’的详细信息”窗格中，可以在“选项”操作面板的“最大模态阶数”栏中修改模态数量，如图 8-21 所示。

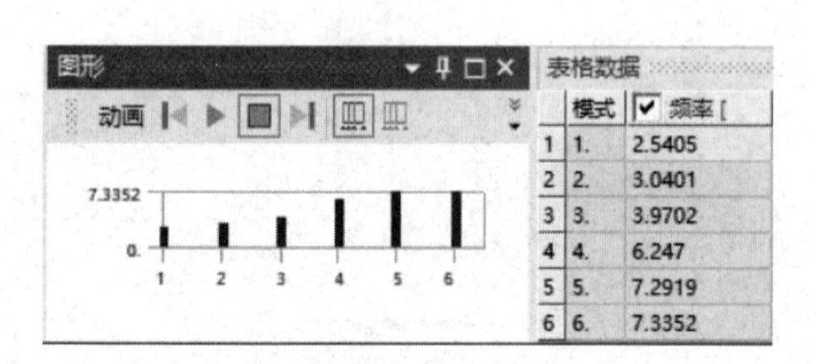

图 8-20 各阶模态频率

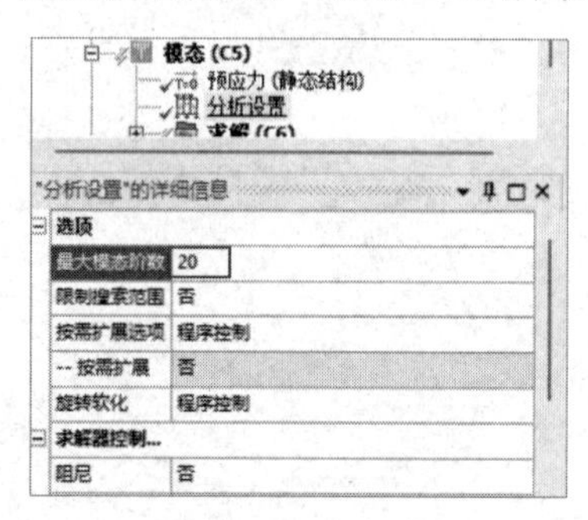

图 8-21 修改模态数量

8.2.11 进行响应谱分析

选择“轮廓”窗格中的“响应谱（D5）”命令，进入响应谱分析项目，此时会出现如图 8-22 所示的“环境”选项卡。

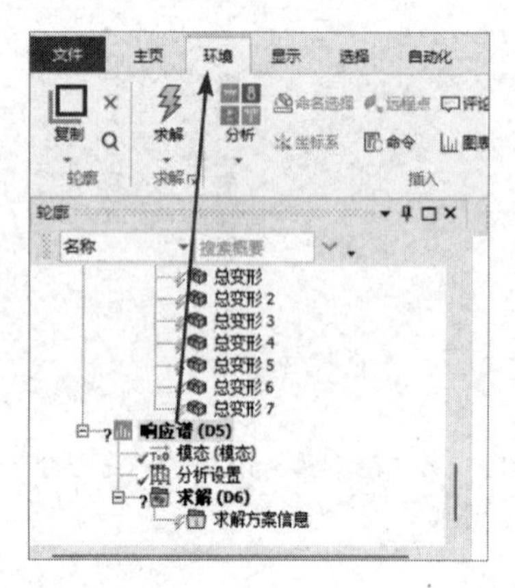

图 8-22 “环境”选项卡

8.2.12　添加加速度频谱

① 选择“环境”选项卡中的“响应谱”→“RS 加速度”命令，此时在“轮廓”窗格中会出现“RS 加速度”命令，如图 8-23 所示。

图 8-23　添加“RS 加速度”命令

② 选择“轮廓”窗格中的“响应谱（D5）”→“RS 加速度”命令，在下面出现的“‘RS 加速度’的详细信息”窗格中进行如图 8-24 所示的设置。

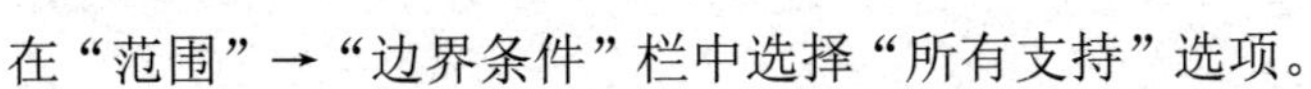

在“范围”→“边界条件”栏中选择“所有支持”选项。

在“定义”→“加载数据”栏中选择“表格数据”选项，之后在右侧的“表格数据”窗格中填入表 8-1 中的数据。

在“方向”栏中选择“Y 轴”选项，其余选项保持默认设置。

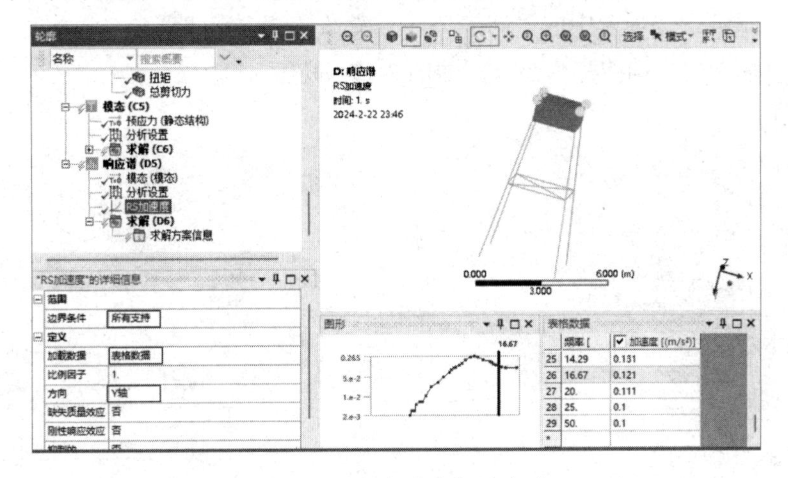

图 8-24　添加加速度频谱（1）

③ 选择“轮廓”窗格中的“响应谱 （D5）”→“RS 加速度 2”命令，在下面的“‘RS 加速度 2’的详细信息”窗格中进行如图 8-25 所示的设置。

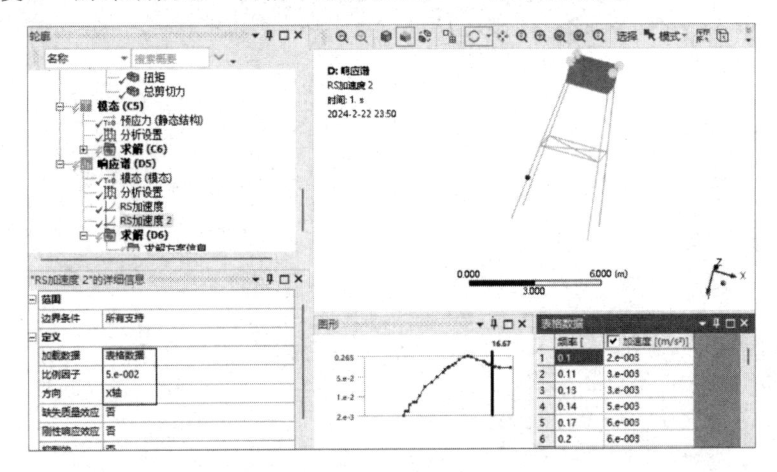

图 8-25　添加加速度频谱（2）

在“范围”→“边界条件”栏中选择“所有支持”选项。

在“定义”→“加载数据”栏中选择“表格数据”选项，之后在右侧的“表格数据”窗格中填入表 8-1 中的数据。

在“比例因子”栏中输入“5.e−002”。

在“方向”栏中选择“X 轴”选项，其余选项保持默认设置。

④ 右击“轮廓”窗格中的“响应谱（D5）”命令，在弹出的快捷菜单中选择“求解”命令。

8.2.13 结果后处理（2）

① 选择“轮廓”窗格中的“求解（D6）”命令，此时会出现如图 8-26 所示的“求解”选项卡。

② 选择“求解”选项卡中的“结果”→“变形”→“定向”命令，此时在“轮廓”窗格中会出现“定向变形”命令，如图 8-27 所示。

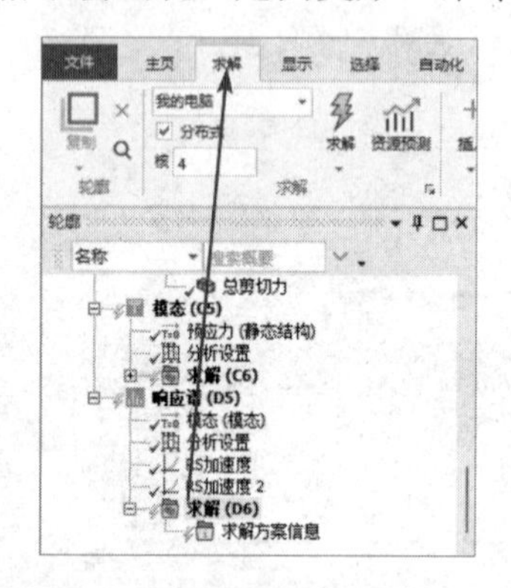

图 8-26 “求解”选项卡

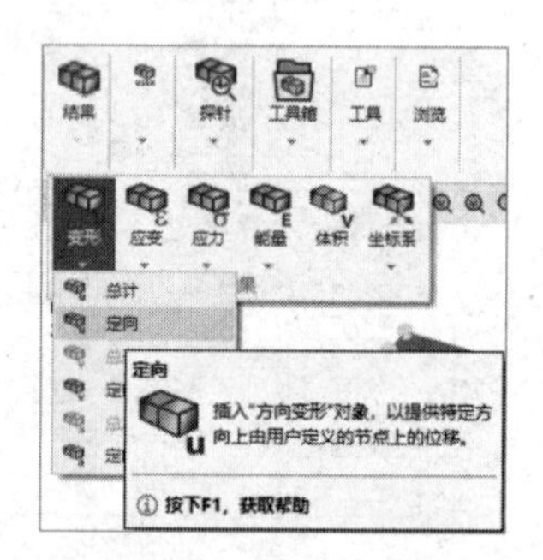

图 8-27 添加“定向变形”命令

③ 右击“轮廓”窗格中的“求解（D6）”命令，在弹出的快捷菜单中选择“评估所有结果”命令，如图 8-28 所示。

④ 选择“轮廓”窗格中的“求解（D6）”→“定向变形”命令，此时会出现如图 8-29 所示的定向变形分析云图。

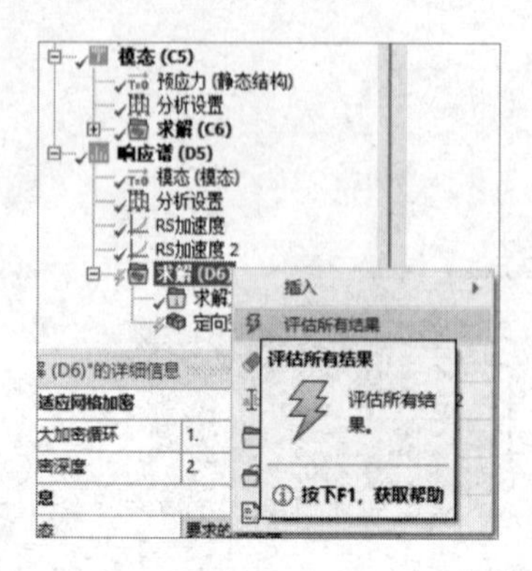

图 8-28 选择“评估所有结果”命令

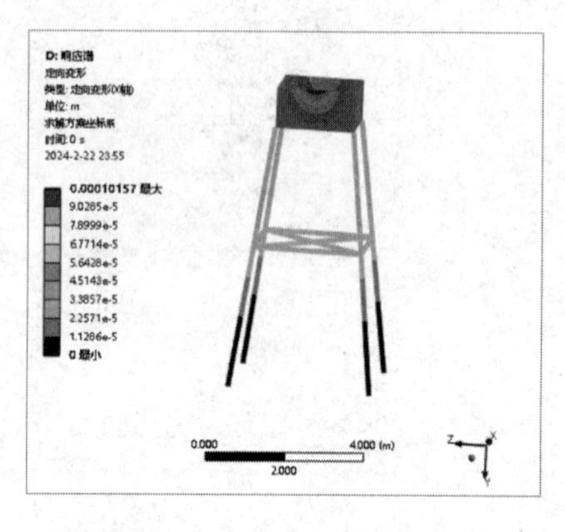

图 8-29 定向变形分析云图（1）

⑤ 添加应力、应变，并进行后处理计算，相应的云图如图 8-30 所示。

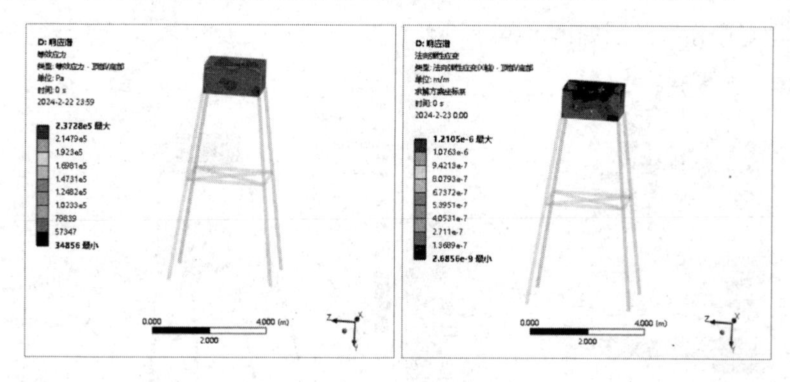

图 8-30　云图（1）

8.2.14　其他设置

① 选择“轮廓”窗格中的“响应谱（D5）”→“分析设置”命令，在下面的“‘分析设置’的详细信息”窗格中设置“模态组合类型”（默认为“SRSS”），同时可以设置“阻尼比率”。

② 设置“模态组合类型”为“CQC”，并设置“阻尼比率”为“5.e-002”，如图 8-31 所示。重新计算，得到的定向变形分析云图如图 8-32 所示。

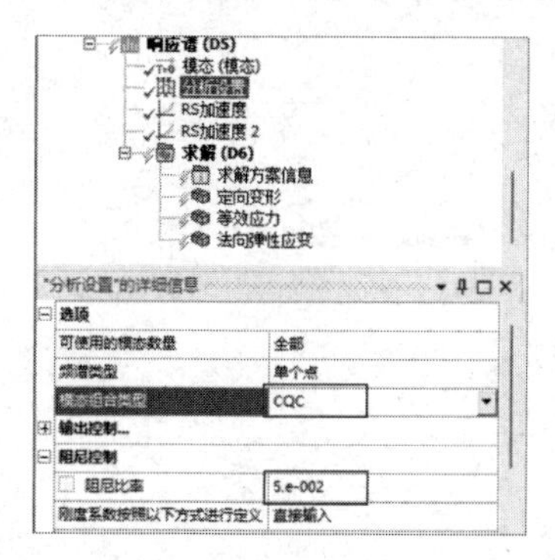

图 8-31　设置“模态组合类型”和“阻尼比率”

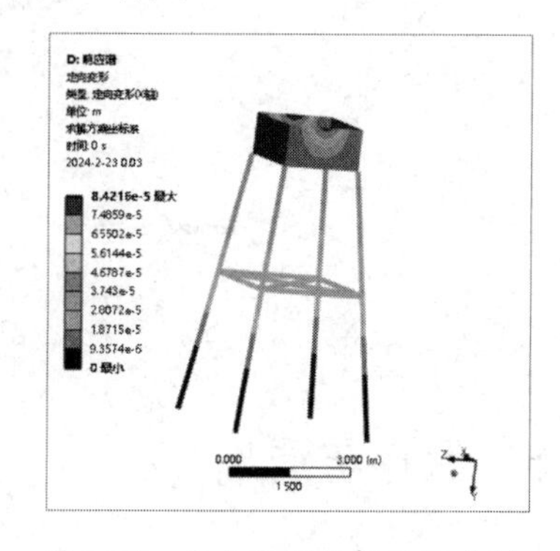

图 8-32　定向变形分析云图（2）

③ 添加应力、应变，并进行后处理计算，相应的云图如图 8-33 所示。

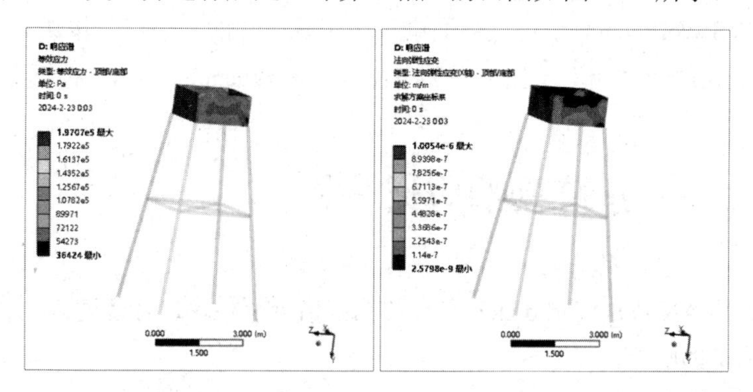

图 8-33　云图（2）

④ 设置模态组合类型为“ROSE”，并设置“阻尼比率”为“5.e-002”，重新计算，得到的定向变形分析云图如图 8-34 所示。

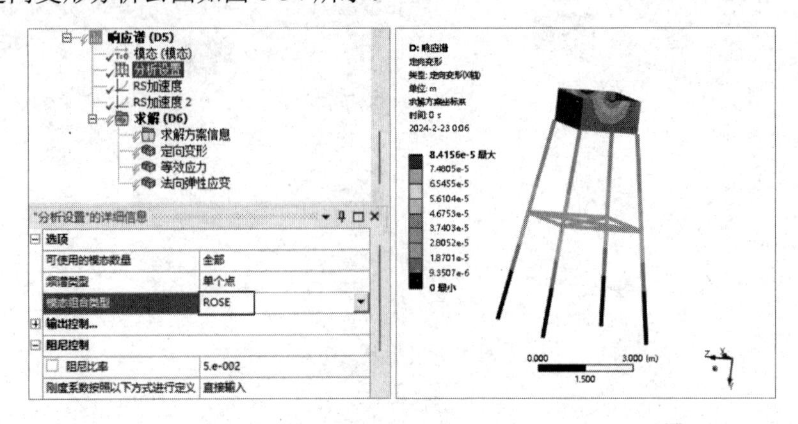

图 8-34　定向变形分析云图（3）

⑤ 添加应力、应变，并进行后处理计算，相应的云图如图 8-35 所示。

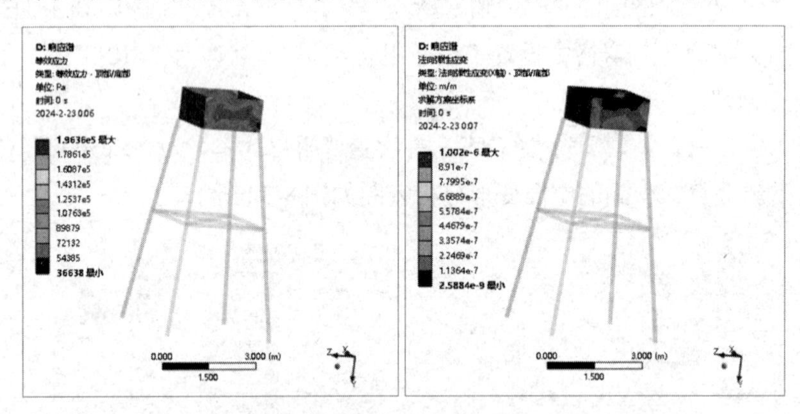

图 8-35　云图（3）

8.2.15　保存与退出

① 单击 Mechanical 平台界面右上角的“关闭”按钮，关闭 Mechanical 平台，返回 ANSYS Workbench 平台主界面。

② 在 ANSYS Workbench 平台主界面中单击工具栏中的“保存”按钮。

③ 单击右上角的“关闭”按钮，关闭 ANSYS Workbench 平台，完成项目分析。

8.3　实例 2——建筑物响应谱分析

本节主要介绍 ANSYS Workbench 平台的响应谱分析模块，计算建筑物框架模型在给定竖直加速度频谱下的响应。

学习目标：熟练掌握 ANSYS Workbench 响应谱分析的方法及过程。

模型文件	配套资源\ Chapter08\char08-2\Plate.x_t
结果文件	配套资源\ Chapter08\char08-2\building_Spectrum.wbpj

8.3.1　问题描述

图 8-36 所示为某建筑物框架模型，请使用 ANSYS Workbench 平台的响应谱分析模块计算建筑物框架模型在给定竖直加速度频谱下的响应，竖直加速度频谱数据如表 8-2 所示。

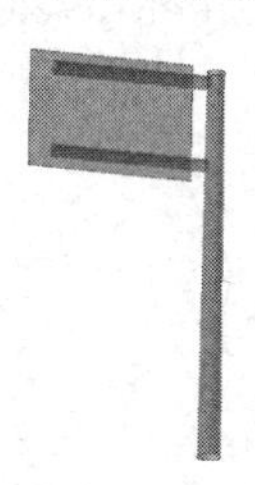

图 8-36　建筑物框架模型

表8-2　竖直加速度频谱数据

自振周期/s	振动频率/Hz	竖直地震谱值	自振周期/s	振动频率/Hz	竖直地震谱值
0.05	18.0	0.181 3	0.40	2.5	0.193 0
0.1	10.0	0.25	0.425	2.352 9	0.182 7
0.20	8.0	0.25	0.45	2.222 2	0.173 6
0.225	4.444 4	0.25	0.475	2.105 3	0.165 3
0.25	4.0	0.25	0.50	2.0	0.157 9
0.275	3.636 4	0.25	0.60	1.666 7	0.134 0
0.30	3.333 3	0.25	0.80	1.25	0.103 4
0.325	3.076 9	0.232 6	1.0	1.0	0.084 6
0.35	2.857 1	0.217 6	2.0	0.5	0.045 3
0.375	2.666 7	0.204 5	3.0	0.333 3	0.031 5

8.3.2　创建分析项目

① 在 Windows 系统下启动 ANSYS Workbench 平台，进入主界面。

② 双击主界面“工具箱”窗格中的“定制系统”→“预应力模态”命令，即可在“项目原理图”窗格中同时创建分析项目 A 及项目 B，如图 8-37 所示。

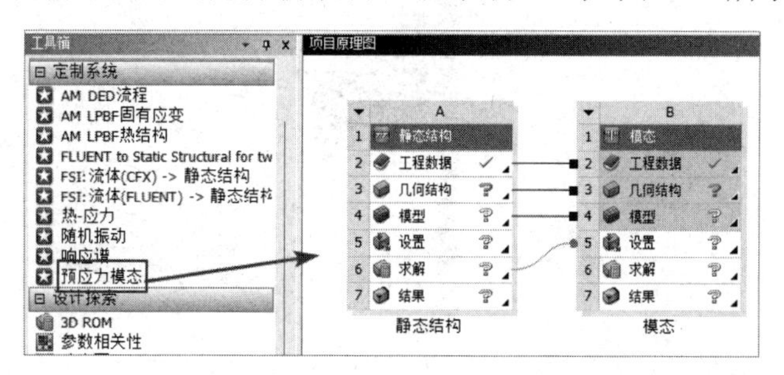

图 8-37　创建分析项目 A 及项目 B

8.3.3 导入几何体

① 右击项目 A 中 A3 栏的“几何结构”，在弹出的快捷菜单中选择“导入几何模型”→“浏览”命令，在弹出的“打开”对话框中选择文件，导入几何体文件“Plate.x_t”，此时 A3 栏的“几何结构”后的 ? 图标变为 ✓ 图标，表示实体模型已经存在。

② 双击项目 A 中 A3 栏的“几何结构”，此时会进入 DesignModeler 平台界面，单击常用命令栏中的 生成 按钮，在 DesignModeler 平台界面的“图形”窗格中会显示几何体，如图 8-38 所示。

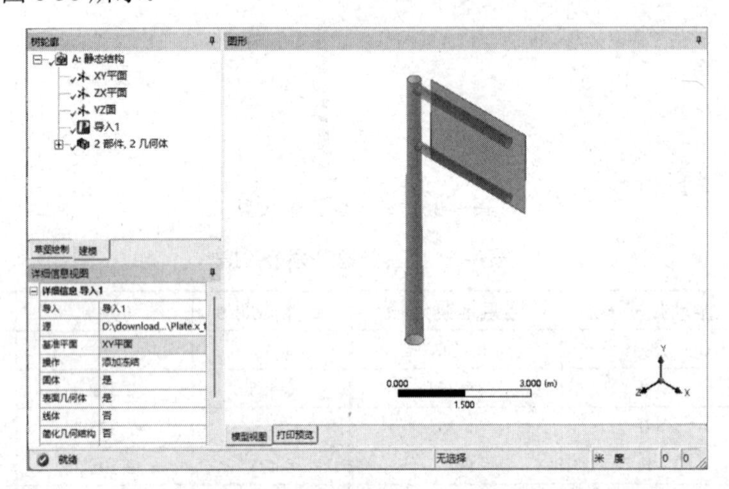

图 8-38 DesignModeler 平台界面

③ 单击工具栏中的“保存”按钮，在弹出的“另存为”对话框中设置“文件名”为“building_Spectrum.wbpj”，单击“保存”按钮。

④ 返回 DesignModeler 平台界面，并单击右上角的“关闭”按钮，关闭 DesignModeler 平台，返回 ANSYS Workbench 平台主界面。

8.3.4 进行静力学分析

双击项目 A 中 A4 栏的“模型”，进入 Mechanical 平台界面，选择“显示”选项卡中的“类型”→“横截面”命令，显示几何体，如图 8-39 所示。

图 8-39 几何体

8.3.5　添加材料库

本实例选择的材料为“结构钢”，此材料为 ANSYS Workbench 平台默认被选中的材料，因此不需要设置。

8.3.6　划分网格

右击“轮廓”窗格中的“网格”命令，在弹出的快捷菜单中选择“生成网格”命令，最终的网格效果如图 8-40 所示。

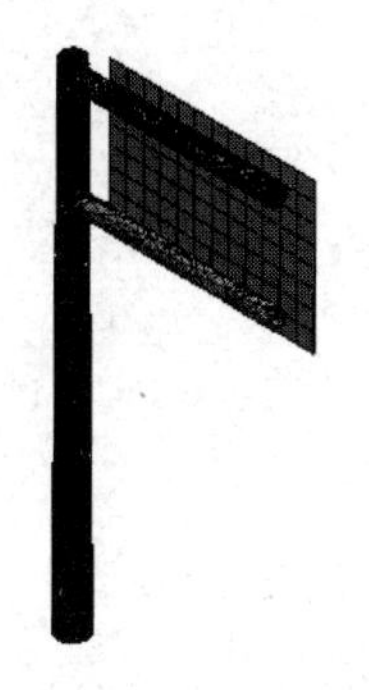

图 8-40　网格效果

8.3.7　施加曲面约束

① 添加“绑定”命令，如图 8-41 所示。选择“轮廓”窗格中的“绑定-无选择至无选择”命令，在下面的“‘绑定-无选择至无选择’的详细信息”窗格中进行如下设置。

在“接触”栏中确保实体板的两个面被选中，此时在“接触”栏中会显示“2 面”。

在“目标”栏中确保另一个实体与其接触的一个圆柱体面被选中，此时在“目标”栏中会显示“1 面”。

② 所有曲面都被约束后的效果如图 8-42 所示。

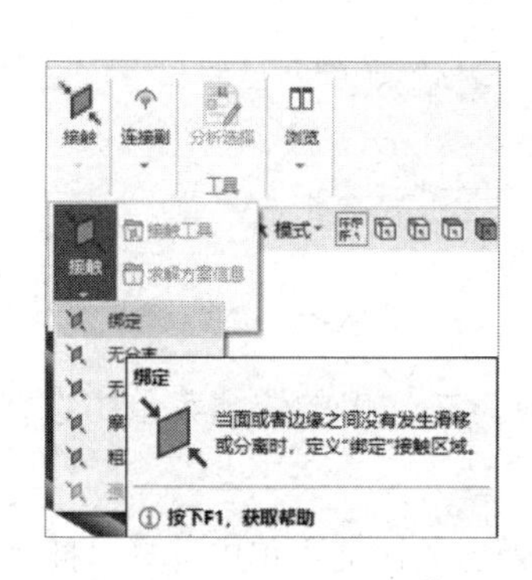

图 8-41　添加“绑定”命令

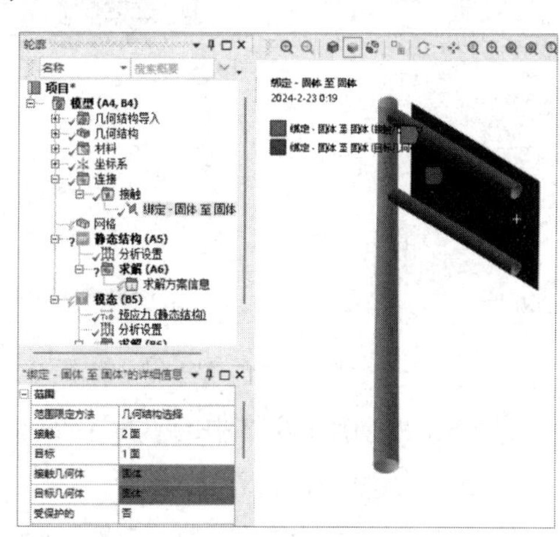

图 8-42　约束效果

8.3.8 施加固定约束

① 选择“环境”选项卡中的“结构”→“固定的”命令。

② 单击工具栏中的（选择点）按钮，选择“轮廓”窗格中的“固定支撑”命令，之后选择圆柱体下端面，单击“‘固定支撑’的详细信息”窗格的“几何结构”栏中的“应用”按钮，此时在“几何结构”栏中会显示“1 面”，如图 8-43 所示。

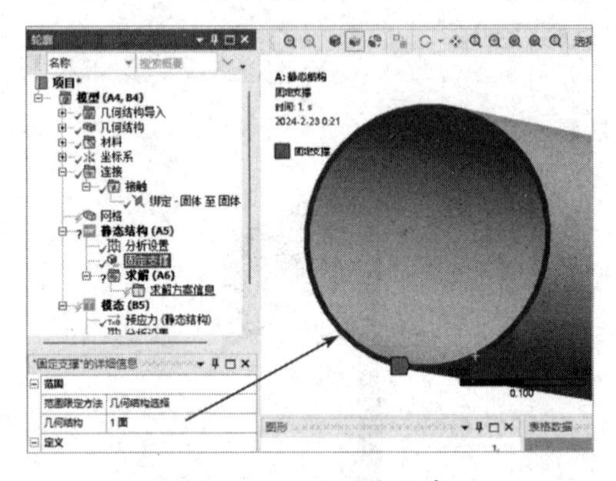

图 8-43 施加固定约束

③ 选择“环境”选项卡中的“惯性”→“标准地球重力”命令，添加“标准地球重力”命令，此时在“轮廓”窗格中会出现“标准地球重力”命令，如图 8-44 所示。

注意

这里的重力加速度方向沿着 Y 轴负方向。

④ 添加一个作用到平板上的压力，在“大小”栏中输入“2000Pa”，如图 8-45 所示。

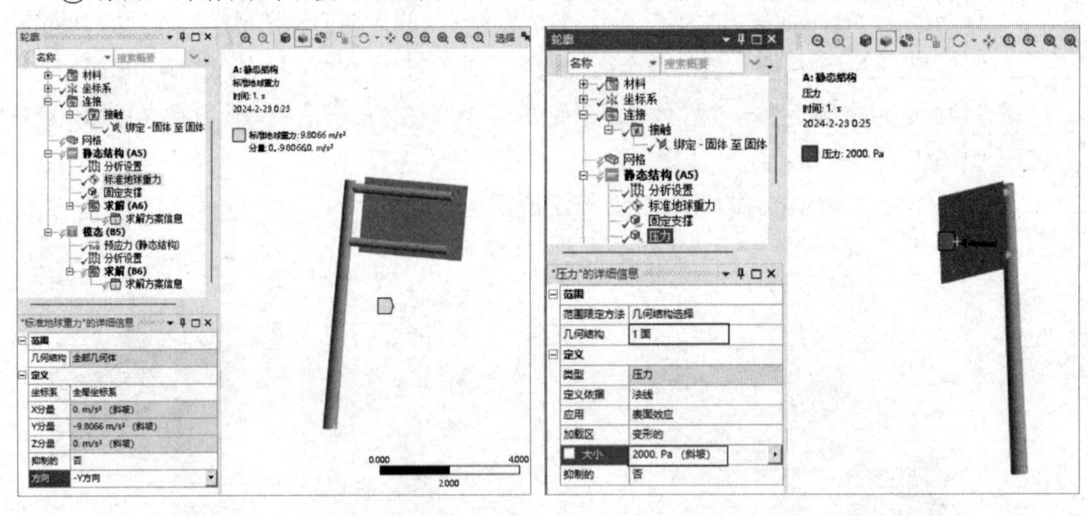

图 8-44 添加“标准地球重力”命令　　图 8-45 添加压力

⑤ 右击“轮廓”窗格中的“静态结构（A5）”命令，在弹出的快捷菜单中选择“求解”命令，进行计算。

⑥ 右击“轮廓”窗格中的“求解（A6）”命令，在弹出的快捷菜单中选择“插入”→“变形”→“总计”命令，添加“总变形”命令，并使用类似方法添加“等效应力”命

令，进行后处理，总变形分析及应力分析云图如图 8-46 所示。

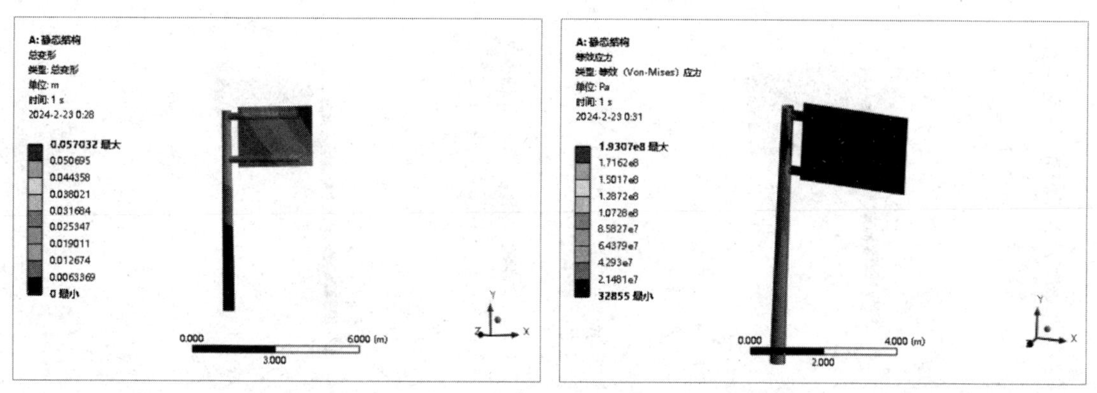

图 8-46 总变形分析及应力分析云图

8.3.9 进行模态分析

右击“轮廓”窗格中的“模态（B5）”命令，在弹出的快捷菜单中选择“求解”命令，进行模态计算。

8.3.10 结果后处理（1）

① 选择“求解”选项卡中的“结果”→“变形”→“总计”命令，此时在“轮廓”窗格中会出现“总变形”命令，如图 8-47 所示。

② 右击“轮廓”窗格中的“求解（B6）”命令，在弹出的快捷菜单中选择“评估所有结果”命令。

③ 选择“轮廓”窗格中的“求解（B6）”→“总变形”命令，此时会出现第一阶模态总变形分析云图及第二阶模态总变形分析云图，分别如图 8-48 和图 8-49 所示。

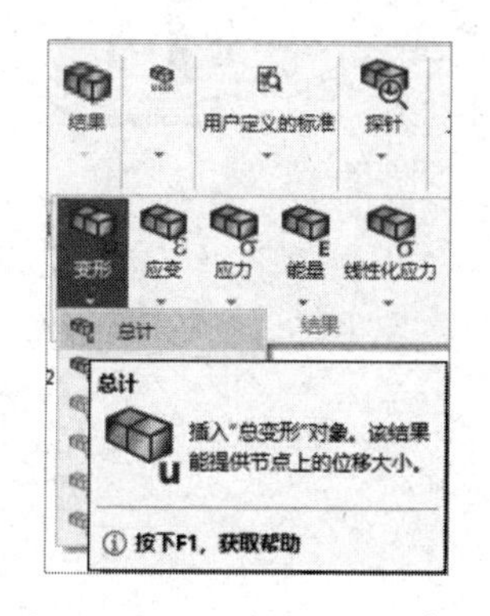

图 8-47 添加“总变形”命令

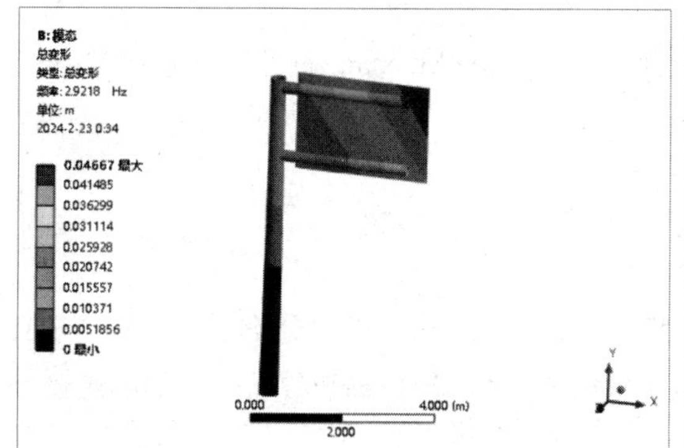

图 8-48 第一阶模态总变形分析云图

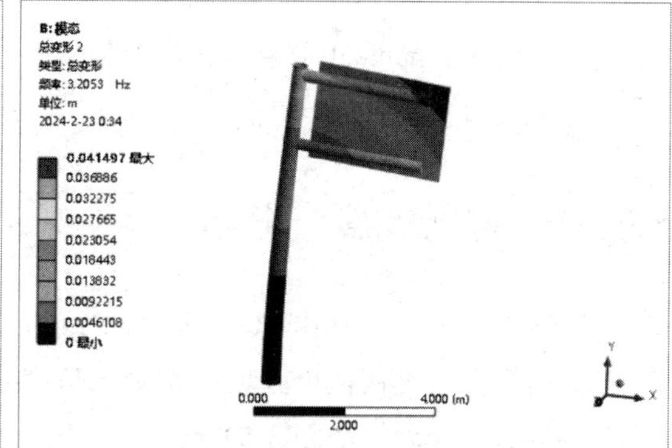

图 8-49 第二阶模态总变形分析云图

④ 图 8-50 所示为第三阶到第六阶模态总变形分析云图。

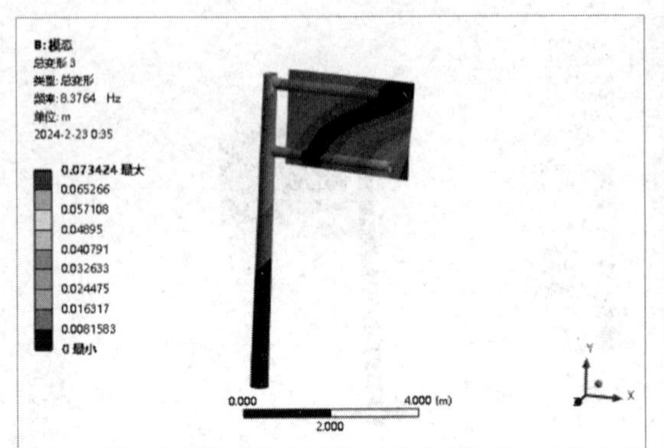

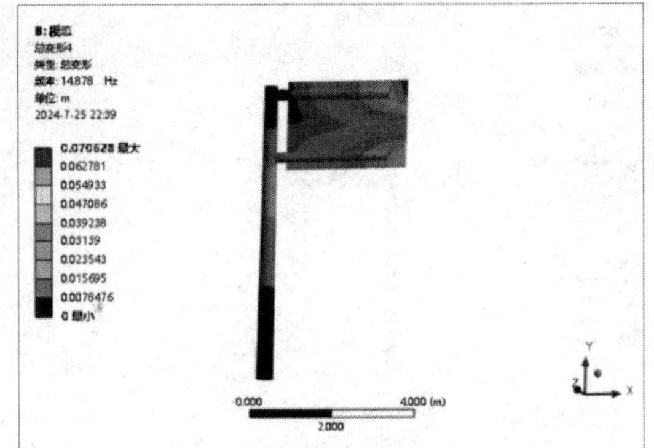

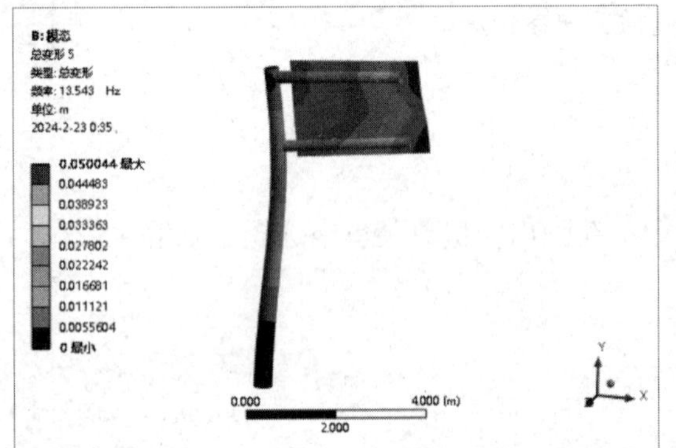

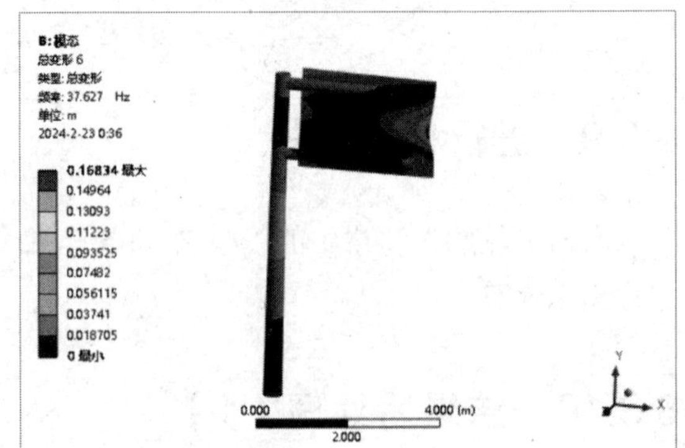

图 8-50　第三阶到第六阶模态总变形分析云图

⑤ 图 8-51 所示为建筑物框架模型的各阶模态频率。

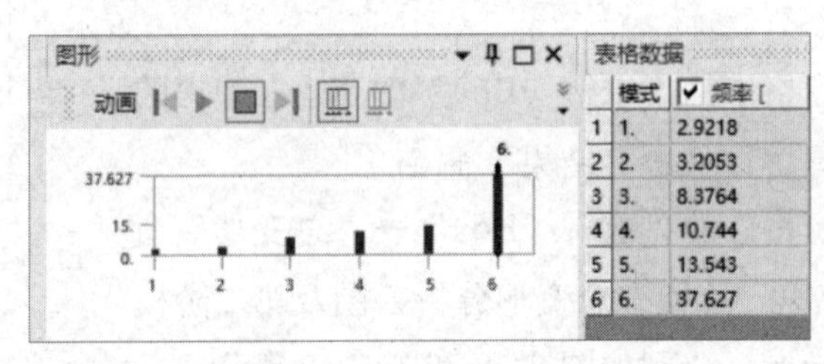

	模式	频率 [
1	1.	2.9218
2	2.	3.2053
3	3.	8.3764
4	4.	10.744
5	5.	13.543
6	6.	37.627

图 8-51　各阶模态频率

⑥ 单击 Mechanical 平台界面右上角的"关闭"按钮，关闭 Mechanical 平台，返回 ANSYS Workbench 平台主界面。

8.3.11　进行响应谱分析

① 返回 ANSYS Workbench 平台主界面，将"工具箱"窗格中的"分析系统"→"响应谱"命令直接拖曳到项目 B 中 B6 栏的"求解"中，创建基于模态分析的响应谱分析流程图表，如图 8-52 所示。

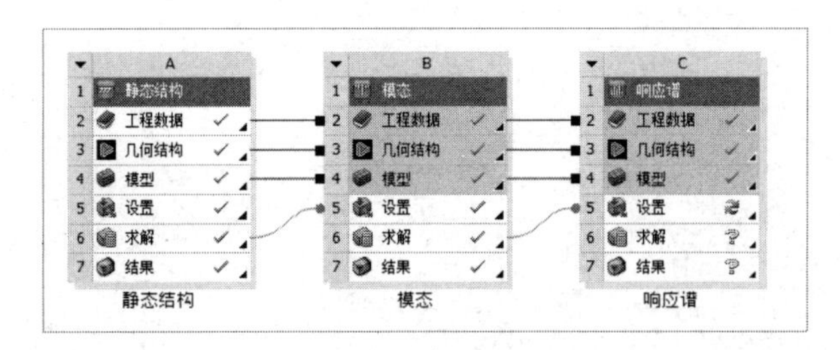

图 8-52 响应谱分析流程图表

② 双击项目 C 中 C5 栏的“设置”，进入 Mechanical 平台界面。

③ 右击“轮廓”窗格中的“模态（B5）”命令，在弹出的快捷菜单中选择“求解”命令。

8.3.12 添加加速度频谱

① 选择“轮廓”窗格中的“响应谱（C5）”命令，此时会出现如图 8-53 所示的“环境”选项卡。

② 选择“环境”选项卡中的“响应谱”→“RS 加速度”命令，此时在“轮廓”窗格中会出现“RS 加速度”命令，如图 8-54 所示。

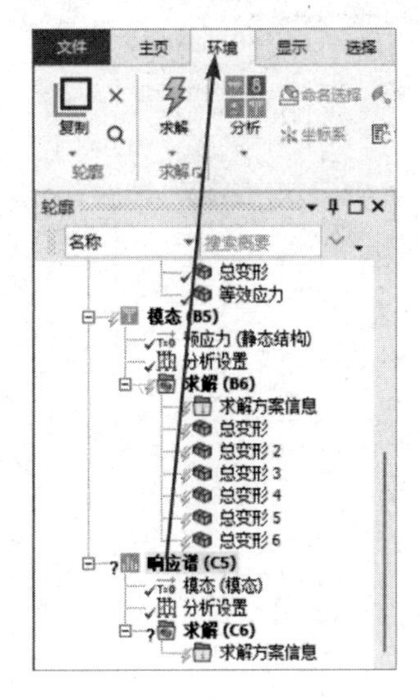

图 8-53 “环境”选项卡

图 8-54 添加“RS 加速度”命令

③ 选择“轮廓”窗格中的“响应谱（C5）”→“RS 加速度”命令，在下面的“‘RS 加速度’的详细信息”窗格中进行如图 8-55 所示的设置。

在“范围”→“边界条件”栏中选择“所有支持”选项。

在“定义”→“加载数据”栏中选择“表格数据”选项，之后在右侧的“表格数据”窗格中填入表 8-2 中的数据。

在“方向”栏中选择“Y 轴”选项，其余选项保持默认设置。

④ 选择“轮廓”窗格中的“响应谱 （C5）”→“RS 加速度 2”命令，在下面的“‘RS 加速度 2’的详细信息”窗格中进行如图 8-56 所示的设置。

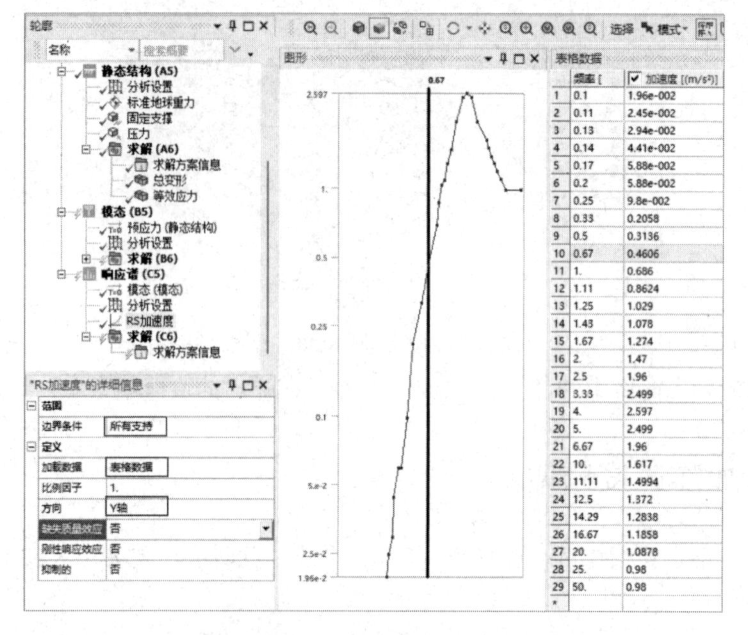

图 8-55　添加加速度频谱（1）

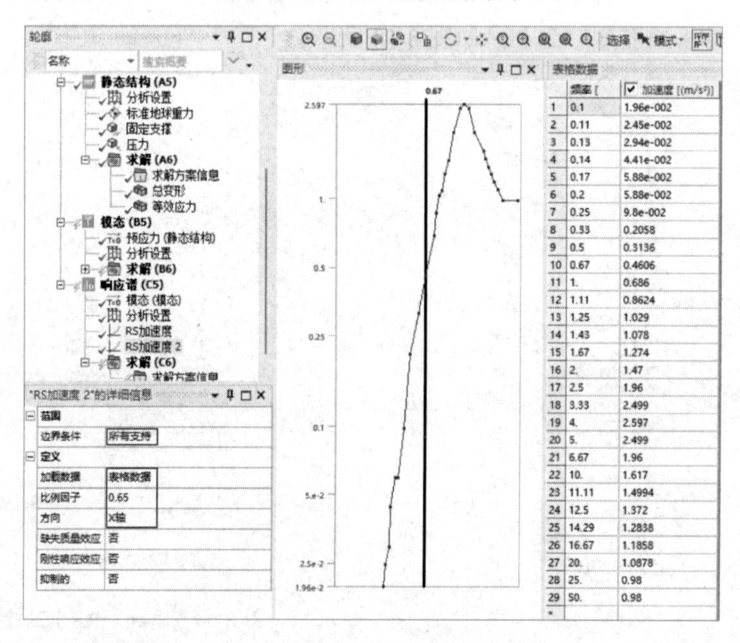

图 8-56　添加加速度频谱（2）

在“范围”→“边界条件”栏中选择“所有支持”选项。

在“定义”→“加载数据”栏中选择“表格数据”选项，之后在右侧的“表格数据”窗格中填入表 8-2 中的数据。

在“比例因子”栏中输入“0.65”。

在“方向”栏中选择“X 轴”选项，其余选项保持默认设置。

⑤ 右击“轮廓”窗格中的“响应谱（C5）”命令，在弹出的快捷菜单中选择“求解”命令，进行计算，如图 8-57 所示。

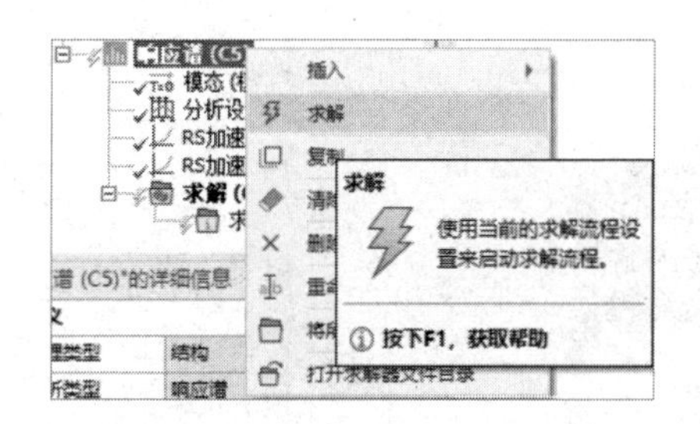

图 8-57　选择“求解”命令

8.3.13　结果后处理（2）

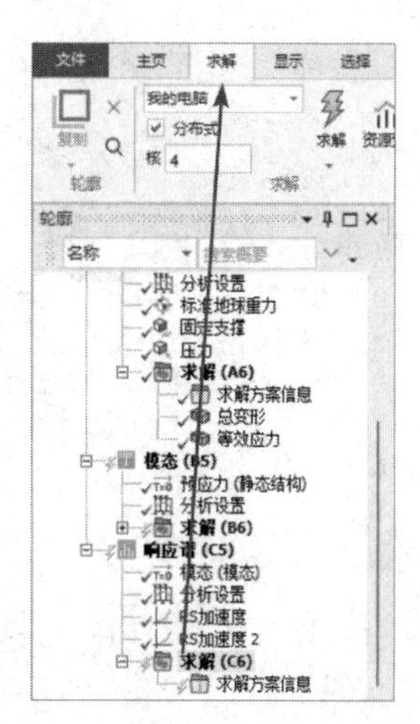

图 8-58　“求解”选项卡

① 选择“轮廓”窗格中的“求解（C6）”命令，此时会出现如图 8-58 所示的“求解”选项卡。

② 选择“求解”选项卡中的“结果”→“变形”→“定向”命令，此时在“轮廓”窗格中会出现“定向变形”命令，如图 8-59 所示，可选择 *Y* 轴方向进行计算。

③ 右击“轮廓”窗格中的“求解（C6）”命令，在弹出的快捷菜单中选择“评估所有结果”命令。

④ 选择“轮廓”窗格中的“求解（C6）”→“定向变形”命令，此时会出现如图 8-60 所示的定向变形分析云图。

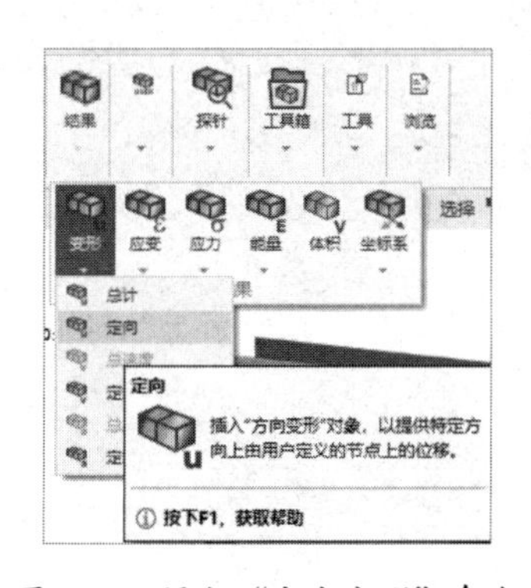

图 8-59　添加“定向变形”命令

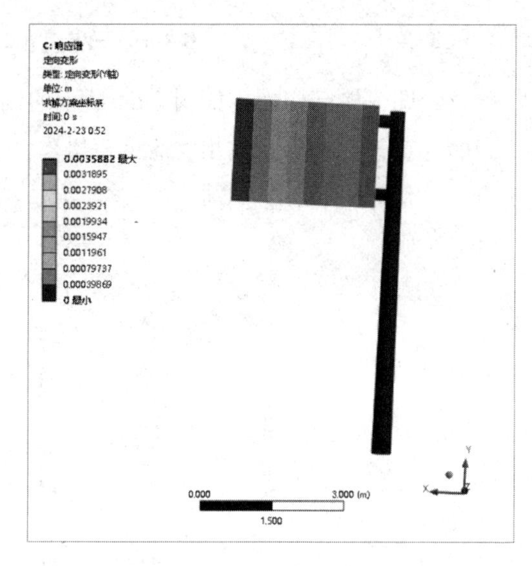

图 8-60　定向变形分析云图

⑤ 使用同样的操作方法显示如图 8-61 所示的应力分析云图及如图 8-62 所示的应变分析云图。

⑥ 选择“轮廓”窗格中的“求解（C6）”命令，之后选择工具栏中的“浏览”→“工作表”命令，如图 8-63 所示。

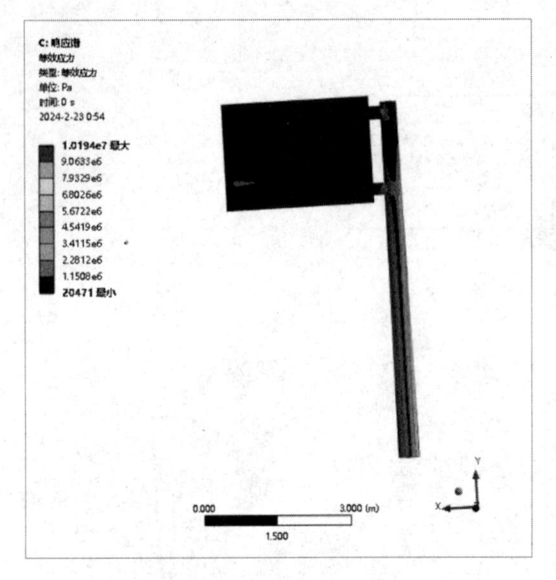

图 8-61　应力分析云图

图 8-62　应变分析云图

图 8-63　选择“工作表”命令

⑦ 此时绘图窗格会切换到如图 8-64 所示的结果参数统计一览表。读者可以单击该表格中的任意一行，并完成相关后处理操作。

○ 材料和单元类型信息

○ 求解器组件名称

○ 结果概要

类型	数据类型	数据格式	分量
U	节点	标量	X
U	节点	标量	Y
U	节点	标量	Z
U	节点	标量	SUM
U	节点	矢量	VECTORS
S	单元节点	标量	X
S	单元节点	标量	Y
S	单元节点	标量	Z
S	单元节点	标量	XY
S	单元节点	标量	YZ
S	单元节点	标量	XZ
S	单元节点	标量	1
S	单元节点	标量	2
S	单元节点	标量	3
S	单元节点	标量	INT
S	单元节点	标量	EQV
S	单元节点	张量	VECTORS
S	单元节点	标量	MAXSHEAR
EPEL	单元节点	标量	X
EPEL	单元节点	标量	Y
EPEL	单元节点	标量	Z
EPEL	单元节点	标量	XY
EPEL	单元节点	标量	YZ
EPEL	单元节点	标量	XZ
EPEL	单元节点	标量	1
EPEL	单元节点	标量	2
EPEL	单元节点	标量	3

图 8-64　结果参数统计一览表

⑧ 任意选择一行并右击，在弹出的快捷菜单中选择“评估所有结果”命令，即可完成用户自定义的后处理操作，如图 8-65 所示。

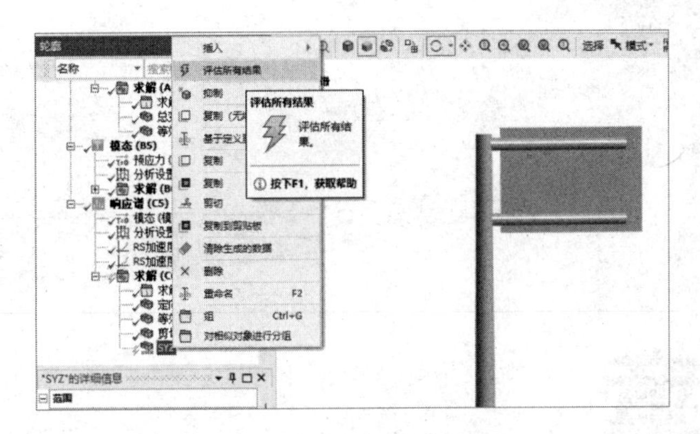

图 8-65　完成后处理操作

8.3.14　保存与退出

① 单击 Mechanical 平台界面右上角的“关闭”按钮，关闭 Mechanical 平台，返回 ANSYS Workbench 平台主界面。

② 在 ANSYS Workbench 平台主界面中单击工具栏中的“保存”按钮。

③ 单击右上角的“关闭”按钮，关闭 ANSYS Workbench 平台，完成项目分析。

响应谱分析一般用于对结构进行抗震分析。在得知当地的地震响应谱曲线后，使用响应谱分析对结构进行抗震计算，计算结构在指定的地震加速度曲线下是否存在较大的应力、弯矩及位移，从而对结构进行局部加强，增强结构的稳定性。

8.4　本章小结

本章通过两个简单的实例对响应谱分析进行了详细讲解。响应谱分析适用于分析随时间或随频率变化的载荷对物体的作用，请读者参考帮助文档进行深入学习。

第 9 章
随机振动分析

本章内容

本章将对 ANSYS Workbench 平台的随机振动分析模块进行讲解，并通过典型实例对各种分析的一般步骤进行详细讲解，包括几何建模（外部几何数据的导入）、材料赋予、网格设置与划分、边界条件的设定和后处理操作等。

学习要求

知 识 点	学习目标			
	了解	理解	应用	实践
随机振动分析的基本知识	√			
随机振动分析的计算过程			√	√

9.1　随机振动分析概述

随机振动分析，也称功率谱密度（PSD）分析，是一种基于概率统计学理论的谱分析技术。在很多情况下，载荷是不确定的，如火箭在每次发射时都会产生不同时间历程的振动载荷，汽车在路上行驶时每次的振动载荷也会有所不同。

由于时间历程的不确定性，因此不能选择瞬态分析进行模拟计算。从概率统计学角度出发，我们可以将时间历程的统计样本转变为功率谱密度函数——随机载荷时间历程的统计响应，在功率谱密度函数的基础上进行随机振动分析，得到响应的概率统计值。随机振动分析是一种频域分析，需要先进行模态分析。

功率谱密度函数是随机变量自相关函数的频域描述，能够反映随机载荷的频率成分。设随机载荷历程为 $a(t)$，则其自相关函数可以表述为

$$R(\tau)=\lim_{\tau\to\infty}\frac{1}{T}\int_{0}^{T}a(t)a(t+\tau)\mathrm{d}t \tag{9-1}$$

当 τ=0 时，自相关函数等于随机载荷的均方值，即 $R(0)=E(a^2(t))$。

自相关函数是一个实偶函数，它在 $R(\tau)$ - τ 图形上的频率反映了随机载荷的频率成分，并且满足 $\lim\limits_{\tau\to\infty}R(\tau)=0$，因此它符合傅里叶变换的条件，即 $\int_{-\infty}^{\infty}R(\tau)\mathrm{d}\tau<\infty$，可以进一步用傅里叶变换描述随机载荷的具体频率成分，如

$$R(\tau)=\int_{-\infty}^{\infty}F(f)\mathrm{e}^{2\pi f\tau}\mathrm{d}f \tag{9-2}$$

其中，f 表示圆频率，$F(f)=\int_{-\infty}^{\infty}R(\tau)\mathrm{e}^{2\pi f\tau}\mathrm{d}\tau$ 表示 $R(\tau)$ 的傅里叶变换，也就是随机载荷 $a(t)$ 的功率谱密度函数。

功率谱密度曲线为功率谱密度值 $F(f)$ 与频率 f 的关系曲线，f 通常以单位被转换为 Hz 的形式给出。

如果 τ=0，则可以得到 $R(0)=\int_{-\infty}^{\infty}F(f)\mathrm{d}f=E(a^2(t))$，这就是功率谱密度的特性：功率谱密度曲线下面的面积等于随机载荷的均方值。

在随机载荷的作用下，结构的响应也是随机的。随机振动分析的结果量的概率统计值为结果量（如位移、应力等）的标准差。如果结果量符合正态分布，则这就是结果量的 1σ 值，即结果量位于 $-1\sigma\sim1\sigma$ 内的概率为 68.3%，位于 $-2\sigma\sim2\sigma$ 内的概率为 99.4%，位于 $-3\sigma\sim3\sigma$ 内的概率为 99.7%。

在进行随机振动分析之前，要进行模态分析，之后在模态分析的基础上进行随机振动分析。模态分析主要用来提取被激活振型的频率和振型，并且提取的频率应该位于功率谱密度曲线的频率范围内。为了保证在计算时考虑所有具有显著影响的振型，通常功率谱密度曲线的频率范围不能太小，应该一直延伸到谱值较小的频率区域，并且模态分析提取的频率也应

该延伸到谱值较小的频率区域（仍然位于频谱曲线范围内）。

在随机振动分析中，载荷为 PSD 加速度频谱，作用在基础上，也就是作用在所有约束位置上。

9.2 实例 1——梁单元随机振动分析

本节主要介绍 ANSYS Workbench 平台的随机振动分析模块，计算梁单元模型在给定加速度频谱下的响应。

学习目标：熟练掌握 ANSYS Workbench 随机振动分析的方法及过程。

模型文件	配套资源\ Chapter09\char09-1\simple_Beam.agdb
结果文件	配套资源\ Chapter09\char09-1\simple_beam _Random.wbpj

9.2.1 问题描述

图 9-1 所示为某梁单元模型，请使用 ANSYS Workbench 平台的随机振动分析模块计算梁单元模型在给定加速度频谱下的响应，加速度频谱数据如表 9-1 所示。

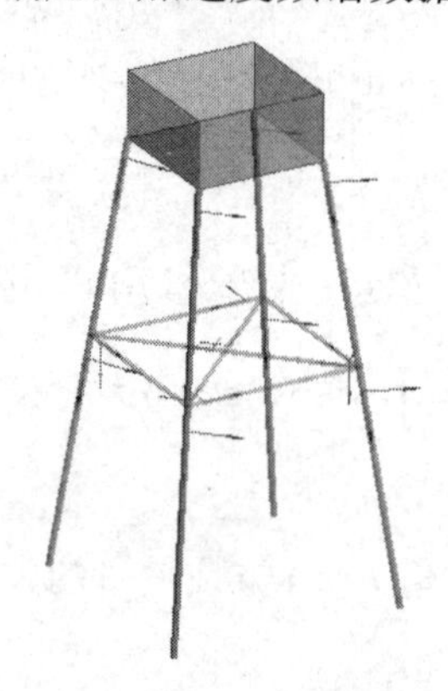

图 9-1 梁单元模型

表9-1 加速度频谱数据

序号	频率/Hz	加速度/（m·s-2）	序号	频率/Hz	加速度/（m·s-2）
1	18.0	0.181 3	5	2.5	0.193 0
2	10.0	0.25	6	2.0	0.157 9
3	5.0	0.25	7	1.0	0.084 6
4	4.0	0.25	8	0.5	0.045 3

9.2.2 创建分析项目

① 在 Windows 系统下启动 ANSYS Workbench 平台，进入主界面。

② 在“项目原理图”窗格中创建如图 9-2 所示的项目分析流程图表。

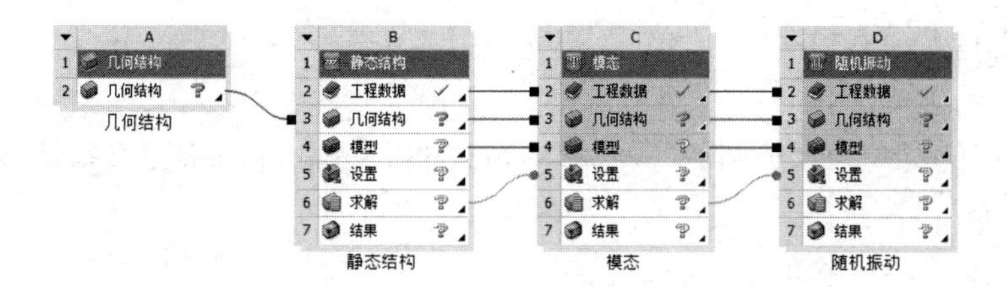

图 9-2　项目分析流程图表

9.2.3　导入几何体

① 右击项目 A 中 A2 栏的“几何结构”，在弹出的快捷菜单中选择“导入几何模型”→“浏览”命令，在弹出的“打开”对话框中导入几何体文件“simple_Beam.agdb”。

② 项目 A 中 A2 栏的“几何结构”后的 ? 图标变为✓图标，表示实体模型已经存在。

③ 双击项目 A 中 A2 栏的“几何结构”，此时会进入 DesignModeler 平台界面，在 DesignModeler 平台界面的“图形”窗格中会显示几何体，如图 9-3 所示。

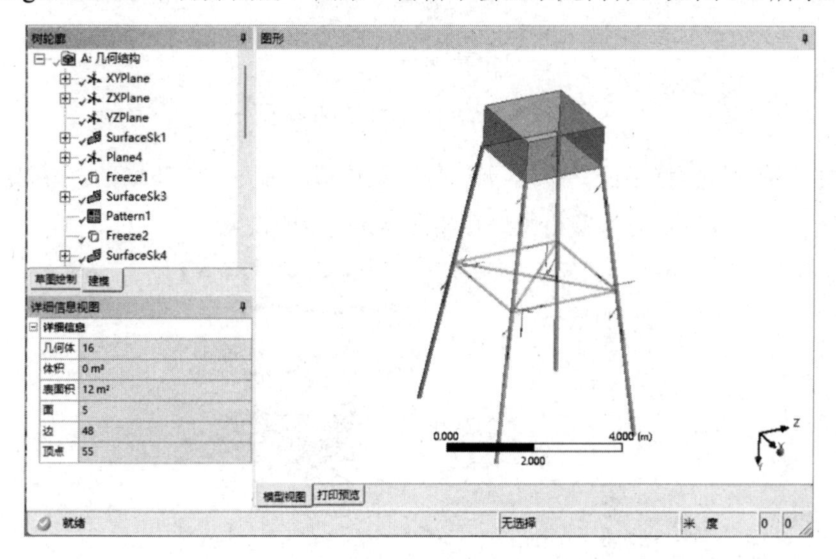

图 9-3　DesignModeler 平台界面

④ 单击工具栏中的“保存”按钮，在弹出的“另存为”对话框中设置“文件名”为“simple_beam_Random.wbpj”，单击“保存”按钮。

⑤ 单击 DesignModeler 平台界面右上角的“关闭”按钮，关闭 DesignModeler 平台，返回 ANSYS Workbench 平台主界面。

9.2.4　进行静力学分析

双击项目 B 中 B4 栏的“模型”，进入 Mechanical 平台界面，选择“显示”选项卡中的“类型”→“横截面”命令，显示几何体，如图 9-4 所示。

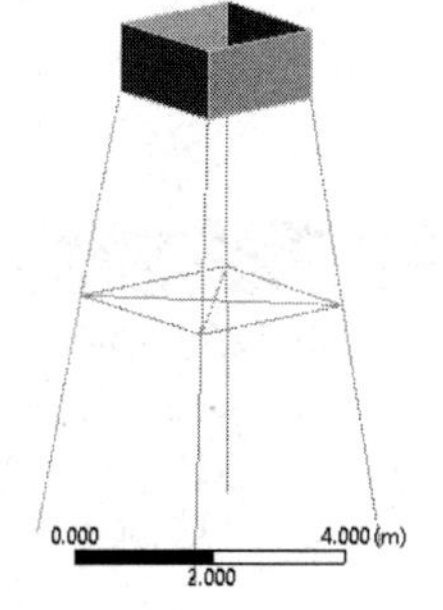

图 9-4　几何体

9.2.5 添加材料库

本实例选择的材料为“结构钢”，此材料为 ANSYS Workbench 平台默认被选中的材料，因此不需要设置。

9.2.6 接触设置

① 选择 Mechanical 平台界面左侧“轮廓”窗格中的“连接”命令，之后选择工具栏中的“接触”→“接触”→“绑定”命令，添加“绑定”命令，如图 9-5 所示。

图 9-5 添加“绑定”命令

② 选择“轮廓”窗格中的“绑定-无选择至无选择”命令，在下面的“‘绑定-无选择至无选择’的详细信息”窗格中进行如图 9-6 所示的设置。

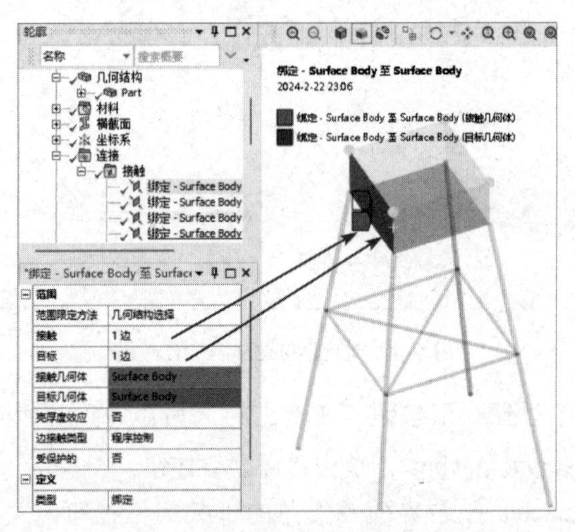

图 9-6 设置约束

注意

由于模型中的 5 个曲面相互之间没有连接，因此必须对其进行绑定约束，其余面之间的约束与上述步骤相同，这里不再赘述。

在“接触”栏中确保一个面的一条边被选中，此时在“接触”栏中会显示“1 边”。

在“目标”栏中确保另一个面与其接触的一条边被选中，此时在“目标”栏中会显示“1 边”。

③ 所有曲面都被约束后的效果如图 9-7 所示。

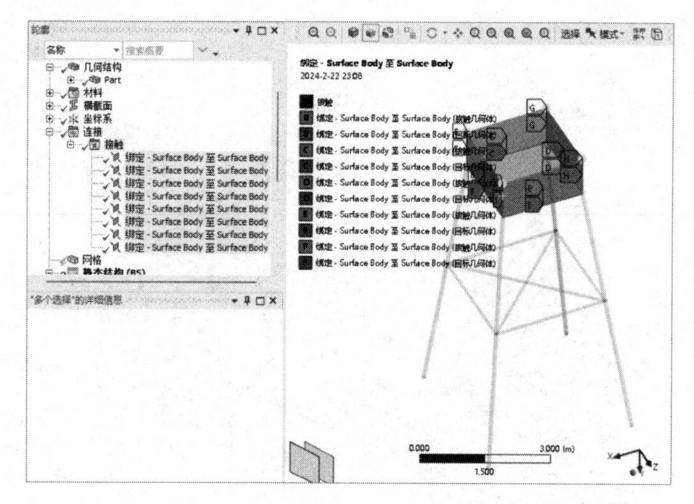

图 9-7　约束效果

9.2.7　完成网格划分

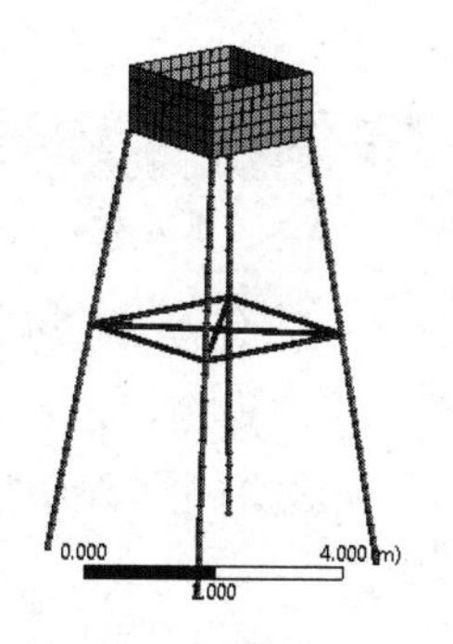

图 9-8　网格效果

右击“轮廓”窗格中的“网格”命令，在弹出的快捷菜单中选择“生成网格”命令，最终的网格效果如图 9-8 所示。

9.2.8　施加约束

① 选择“环境”选项卡中的“结构”→“固定的”命令，此时在“轮廓”窗格中会出现“固定支撑”命令。

② 单击工具栏中的（选择点）按钮，之后单击工具栏中按钮的，在弹出的下拉列表中选择相应选项，使其变成（框选择）按钮。选择“轮廓”窗格中的“固定支撑”命令，并选择梁单元基础下端的 4 个节点，单击“‘固定支撑’的详细信息”窗格中“几何结构”栏的“应用”按钮，即可在选中的面上施加固定约束，如图 9-9 所示。

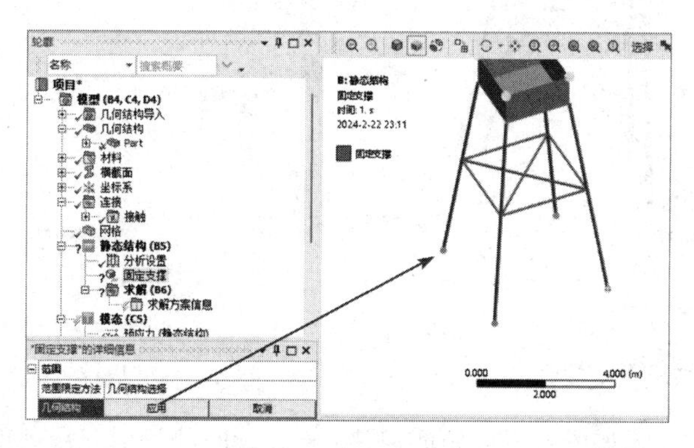

图 9-9　施加固定约束

③ 选择“环境”选项卡中的“惯性”→“标准地球重力”命令，添加“标准地球重力”命令，如图 9-10 所示。

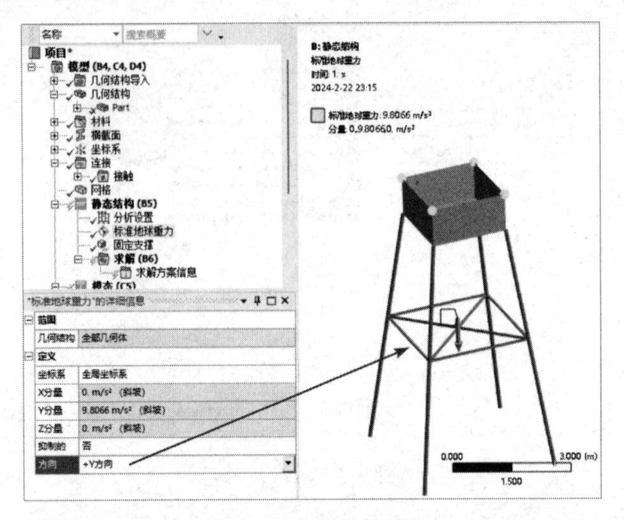

图 9-10　添加“标准地球重力”命令

注意

这里的重力加速度方向沿着 *Y* 轴负方向。

④ 右击“轮廓”窗格中的“静态结构（B5）”命令，在弹出的快捷菜单中选择“求解”命令，进行计算。

⑤ 右击“轮廓”窗格中的“求解（B6）”命令，在弹出的快捷菜单中选择“插入”→“变形”→“总计”命令，添加“总变形”命令，此时的总变形分析云图如图 9-11 所示。

⑥ 使用同样的方式添加“等效应力”命令，此时的应力分析云图如图 9-12 所示。

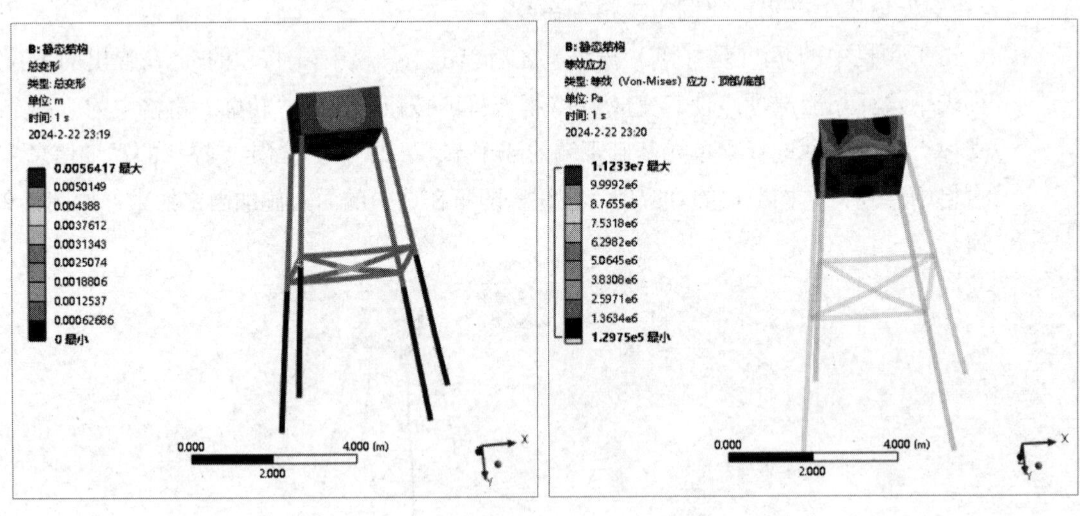

图 9-11　总变形分析云图　　　　图 9-12　应力分析云图

⑦ 使用同样的方式添加梁单元后处理相关命令，此时的梁单元后处理云图如图 9-13 所示。

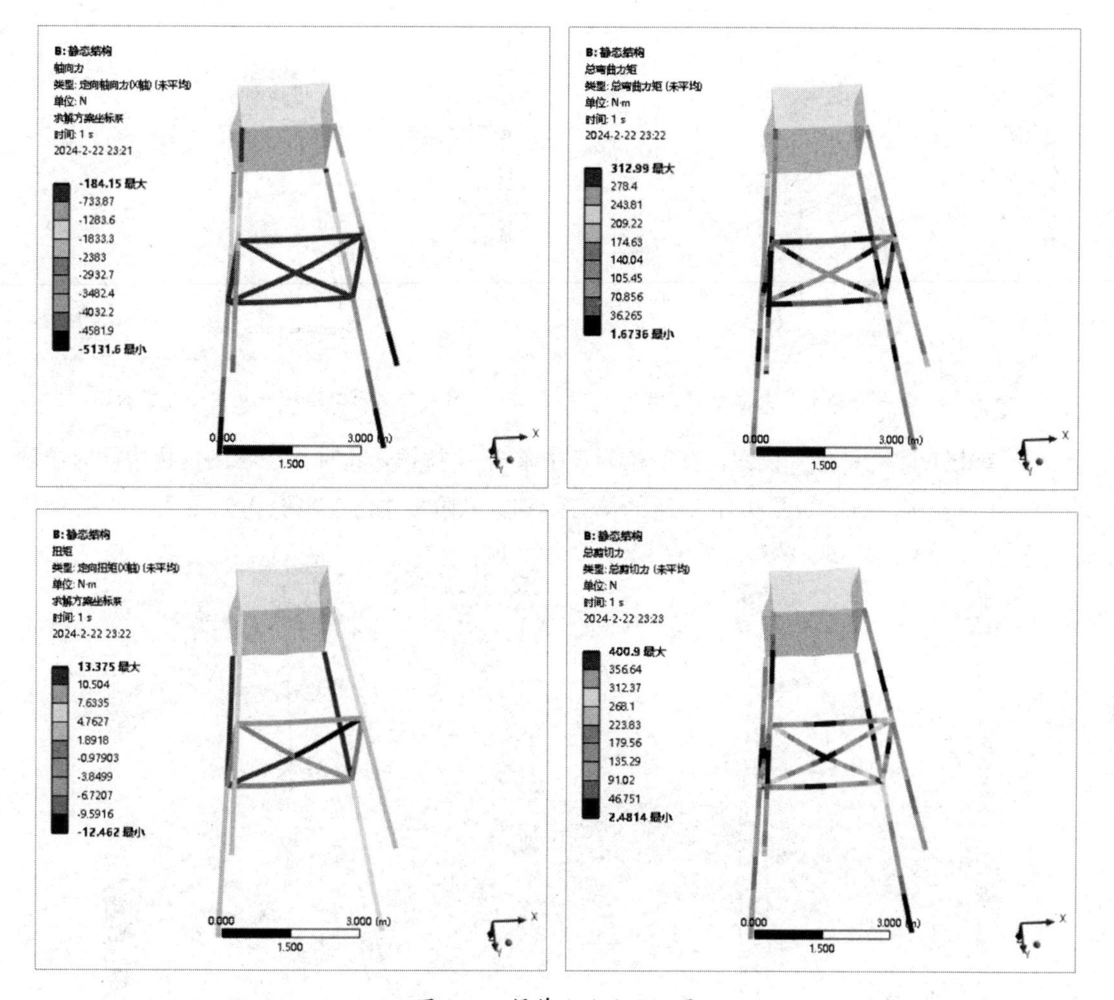

图 9-13　梁单元后处理云图

9.2.9　进行模态分析

右击“轮廓”窗格中的“模态（C5）”命令，在弹出的快捷菜单中选择“求解”命令，进行模态计算。

9.2.10　结果后处理（1）

① 选择“求解”选项卡中的“结果”→“变形”→“总计”命令，此时在“轮廓”窗格中会出现“总变形”命令。

② 右击“轮廓”窗格中的“求解（B6）”命令，在弹出的快捷菜单中选择“评估所有结果”命令。

③ 选择“轮廓”窗格中的“求解（B6）”→“总变形”命令，此时会出现第一阶模态总变形分析云图和第二阶模态总变形分析云图，分别如图 9-14 和图 9-15 所示。

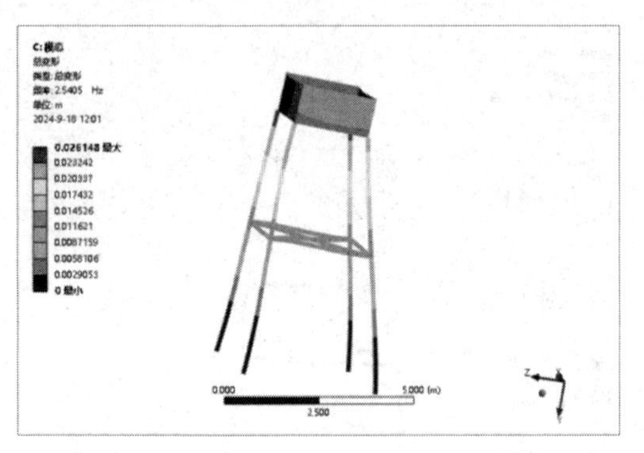

图 9-14　第一阶模态总变形分析云图

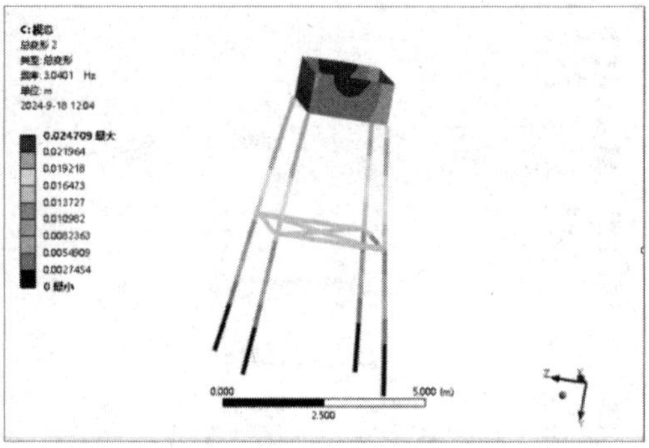

图 9-15　第二阶模态总变形分析云图

④ 单击工具栏中的按钮，在下拉列表中单击按钮，此时会在绘图窗格中同时出现 4 个窗格，显示如图 9-16 所示的第三阶到第六阶模态总变形分析云图。

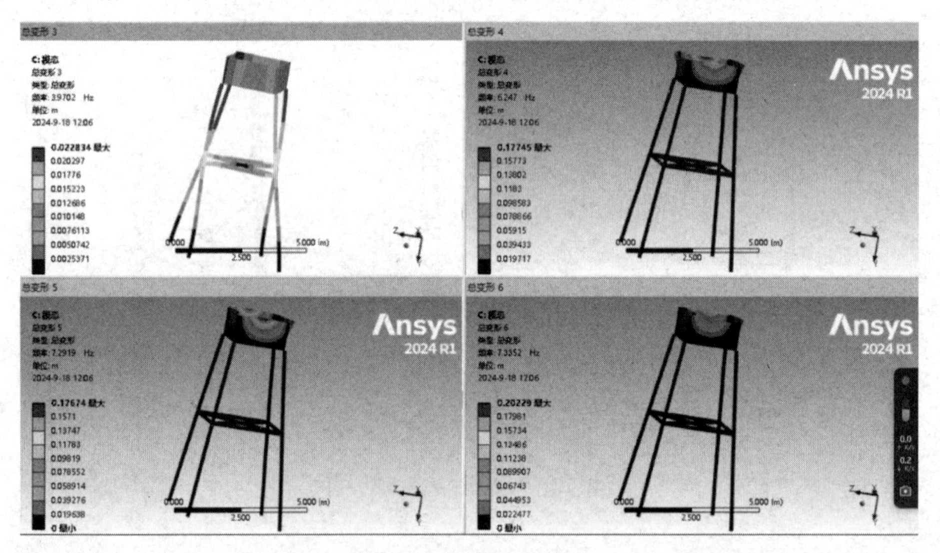

图 9-16　第三阶到第六阶模态总变形分析云图

⑤ 图 9-17 所示为梁单元模型的各阶模态频率。

⑥ ANSYS Workbench 平台默认的模态阶数为 6 阶，选择“轮廓”窗格中的“模态（C5）”→“分析设置”命令，在下面的“‘分析设置’的详细信息”窗格中，可以在“选项”操作面板的“最大模态阶数”栏中修改模态数量，如图 9-18 所示。

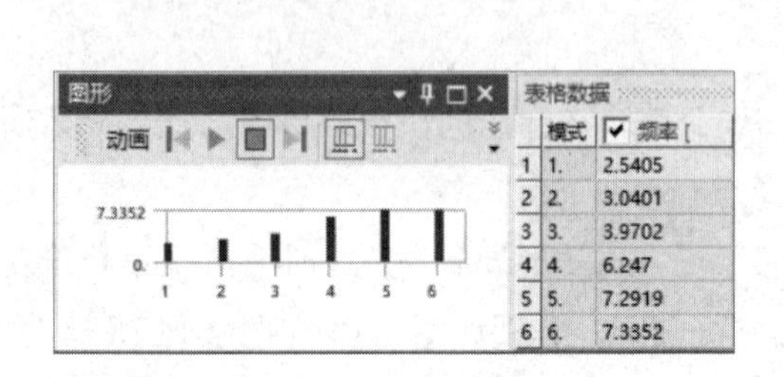

图 9-17　各阶模态频率

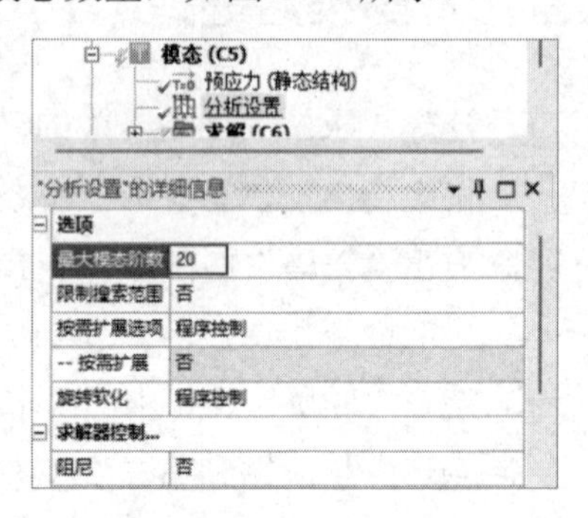

图 9-18　修改模态数量

9.2.11　进行随机振动分析

选择“轮廓”窗格中的“随机振动（D5）”命令，进入随机振动分析项目，此时会出现如图 9-19 所示的“环境”选项卡。

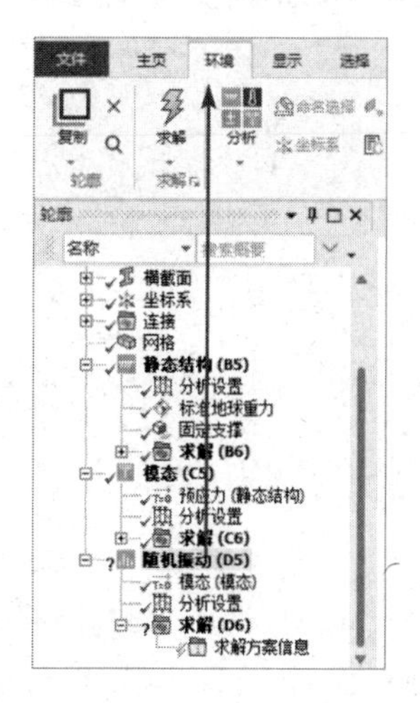

图 9-19　“环境”选项卡

9.2.12　添加加速度频谱

① 选择“环境”选项卡中的“随机振动”→“PSD 加速度”命令，此时在“轮廓”窗格中会出现“PSD 加速度”命令，如图 9-20 所示。

② 选择“轮廓”窗格中的“随机振动（D5）”→“PSD 加速度”命令，在下面的“‘PSD 加速度’的详细信息”窗格中进行如图 9-21 所示的设置。

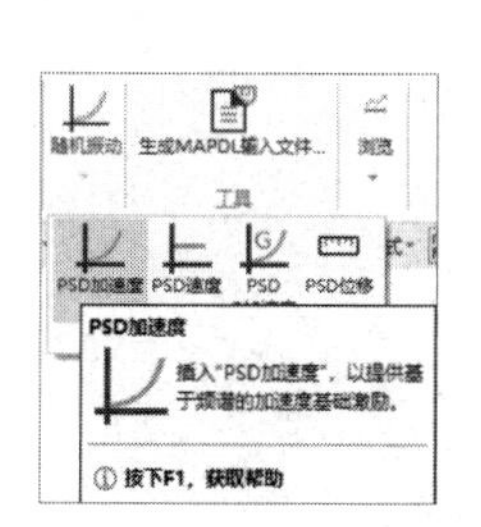

图 9-20　添加“PSD 加速度”命令

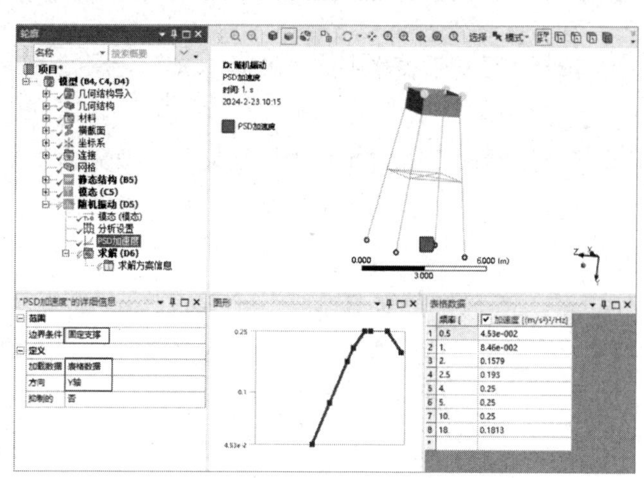

图 9-21　添加加速度频谱（1）

在“范围”→“边界条件”栏中选择“固定支撑”选项。

在“定义”→“加载数据”栏中选择“表格数据”选项，之后在右侧的“表格数据”窗格中填入表 9-1 中的数据。

在“方向”栏中选择“Y 轴”选项，其余选项保持默认设置。

③ 选择“轮廓”窗格中的“随机振动（D5）”→“PSD 加速度 2”命令，在下面的“‘PSD 加速度 2’的详细信息”窗格中进行如图 9-22 所示的设置。

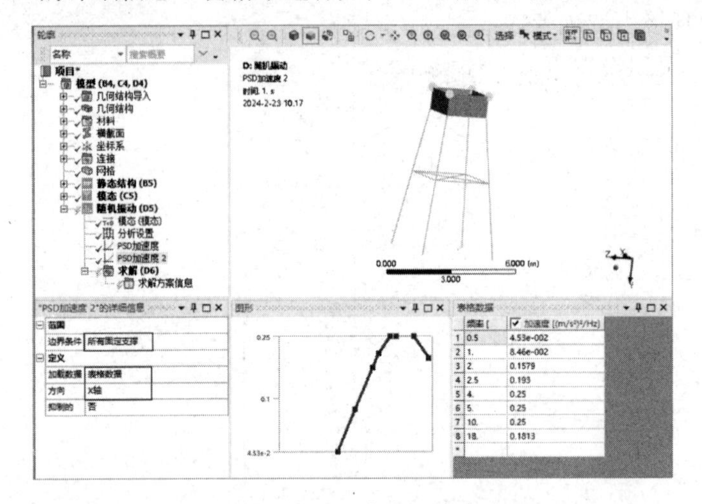

图 9-22 添加加速度频谱（2）

在“范围”→“边界条件”栏中选择“所有固定支撑”选项。

在“定义”→“加载数据”栏中选择“表格数据”选项，之后在右侧的“表格数据”窗格中填入表 9-1 中的数据。

在“方向”栏中选择“X 轴”选项，其余选项保持默认设置。

④ 右击“轮廓”窗格中的“随机振动（D5）”命令，在弹出的快捷菜单中选择“求解”命令。

9.2.13 结果后处理（2）

① 选择“轮廓”窗格中的“求解（D6）”命令，此时会出现如图 9-23 所示的“求解”选项卡。

② 选择“求解”选项卡中的“结果”→“变形”→“定向”命令，此时在“轮廓”窗格中会出现“定向变形”命令，如图 9-24 所示。

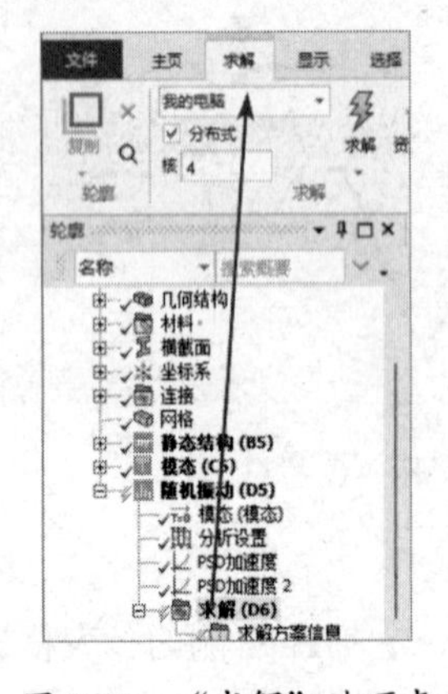

图 9-23 “求解”选项卡

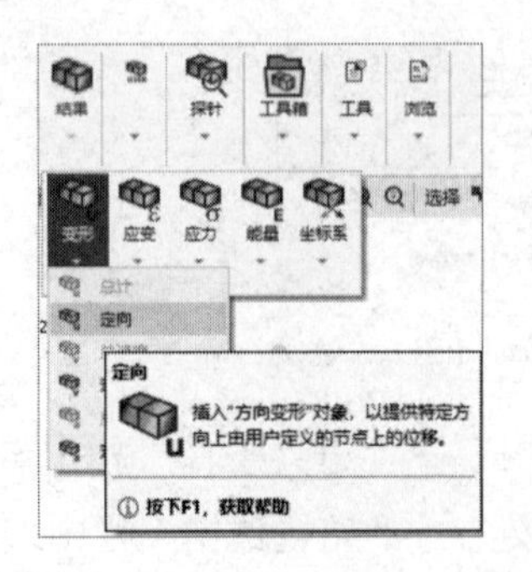

图 9-24 添加“定向变形”命令

③ 右击“轮廓”窗格中的“求解（D6）”命令，在弹出的快捷菜单中选择“评估所有结果”命令，如图 9-25 所示。

④ 选择“轮廓”窗格中的“求解（D6）”→“定向变形”命令，此时会出现如图 9-26 所示的定向变形分析云图。

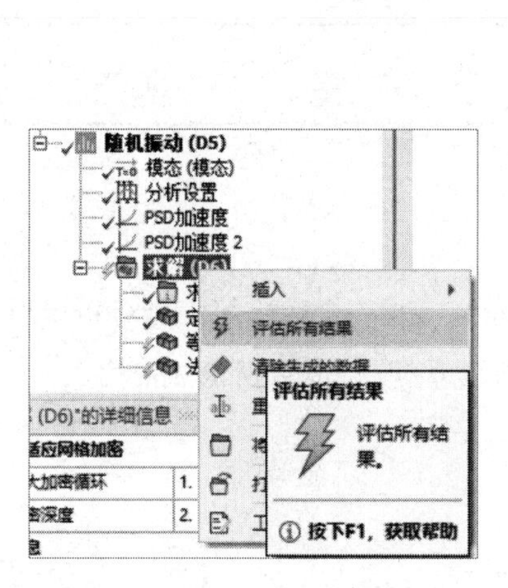

图 9-25　选择“评估所有结果”命令

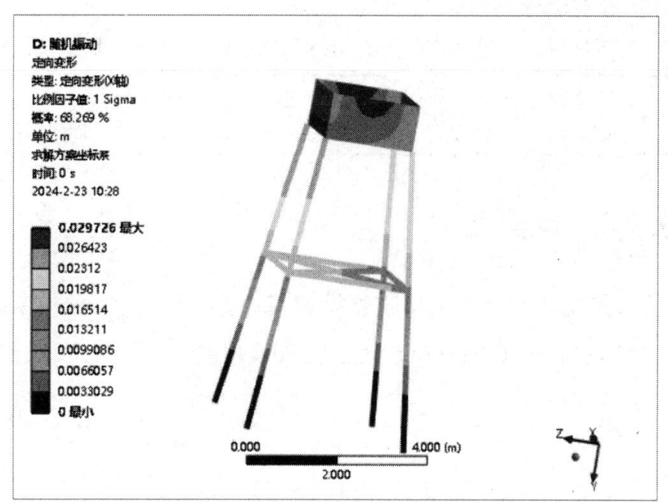

图 9-26　定向变形分析云图

⑤ 添加应力、应变，并进行后处理计算，相应的云图如图 9-27 所示。

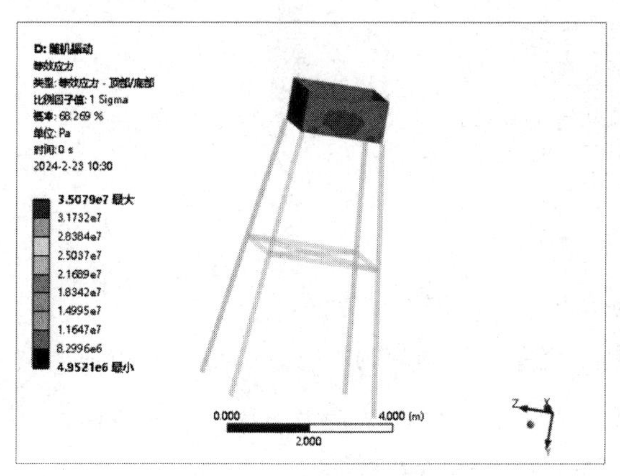

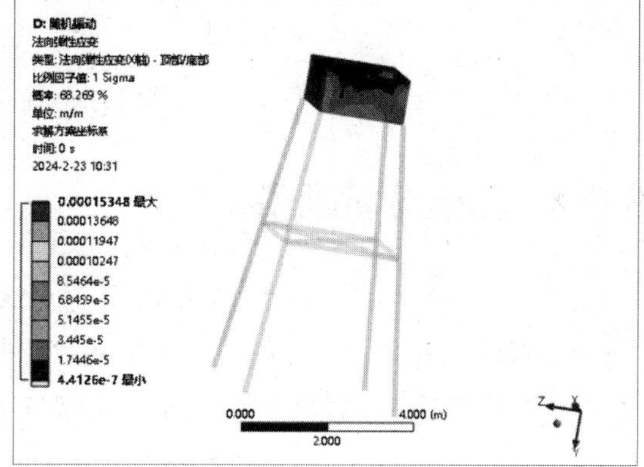

图 9-27　云图

9.2.14　保存与退出

① 单击 Mechanical 平台界面右上角的“关闭”按钮，关闭 Mechanical 平台，返回 ANSYS Workbench 平台主界面。

② 在 ANSYS Workbench 平台主界面中单击工具栏中的“保存”按钮。

③ 单击右上角的“关闭”按钮，关闭 ANSYS Workbench 平台，完成项目分析。

9.3 实例 2——建筑物随机振动分析

本节主要介绍 ANSYS Workbench 平台的随机振动分析模块，计算建筑物框架模型在给定竖直加速度频谱下的响应。

学习目标：熟练掌握 ANSYS Workbench 随机振动分析的方法及过程。

模型文件	配套资源\ Chapter09\char09-2\building.agdb
结果文件	配套资源\ Chapter09\char09-2\building_Random.wbpj

9.3.1 问题描述

图 9-28 所示为某建筑物框架模型，请使用 ANSYS Workbench 平台的随机振动分析模块计算建筑物框架模型在给定竖直加速度频谱下的响应，竖直加速度频谱数据依然使用表 9-1 中的数据。

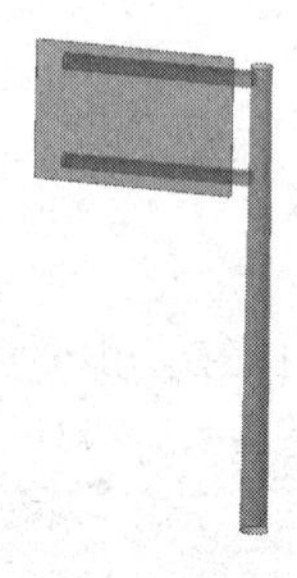

图 9-28　建筑物框架模型

9.3.2 创建分析项目

① 在 Windows 系统下启动 ANSYS Workbench 平台，进入主界面。

② 双击主界面“工具箱”窗格中的“定制系统”→“预应力模态”命令，即可在“项目原理图”窗格中同时创建分析项目 A 及项目 B，如图 9-29 所示。

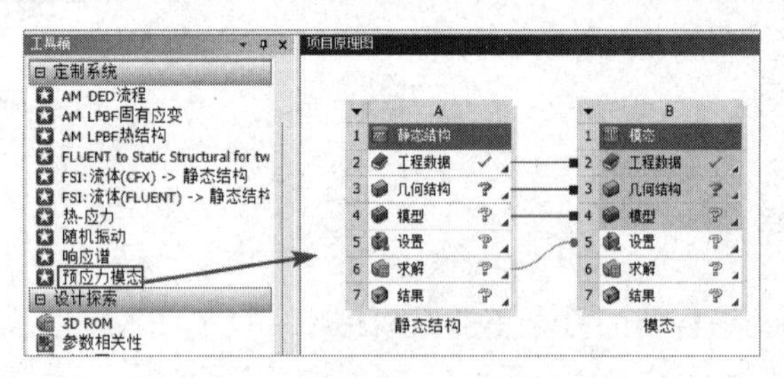

图 9-29　创建分析项目 A 及项目 B

9.3.3 导入几何体

① 右击项目 A 中 A3 栏的“几何结构”，在弹出的快捷菜单中选择“导入几何模型”→

"浏览"命令，在弹出的"打开"对话框中选择文件，导入几何体文件"building.agdb"，此时 A3 栏的"几何结构"后的 ? 图标变为 ✓ 图标，表示实体模型已经存在。

② 双击项目 A 中 A3 栏的"几何结构"，此时会进入 DesignModeler 平台界面，单击常用命令栏中的 生成 按钮，在 DesignModeler 平台界面的"图形"窗格中会显示几何体，如图 9-30 所示。

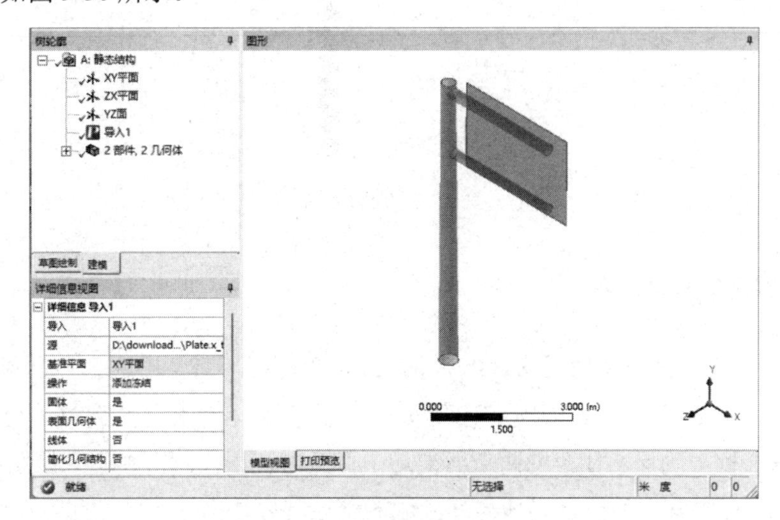

图 9-30　DesignModeler 平台界面

③ 单击工具栏中的"保存"按钮，在弹出的"另存为"对话框中设置"文件名"为"building_Random.wbpj"，单击"保存"按钮。

④ 返回 DesignModeler 平台界面，并单击右上角的"关闭"按钮，关闭 DesignModeler 平台，返回 ANSYS Workbench 平台主界面。

9.3.4　进行静力学分析

双击项目 A 中 A4 栏的"模型"，进入 Mechanical 平台界面，选择"显示"选项卡中的"类型"→"横截面"命令，显示几何体，如图 9-31 所示。

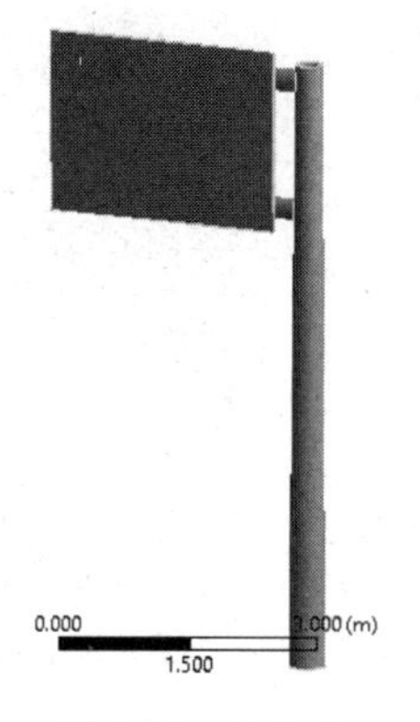

图 9-31　几何体

9.3.5　添加材料库

本实例选择的材料为"结构钢"，此材料为 ANSYS Workbench 平台默认被选中的材料，因此不需要设置。

9.3.6　划分网格

右击"轮廓"窗格中的"网格"命令，在弹出的快捷菜单中选择"生成网格"命令，最终的网格效果如图 9-32 所示。

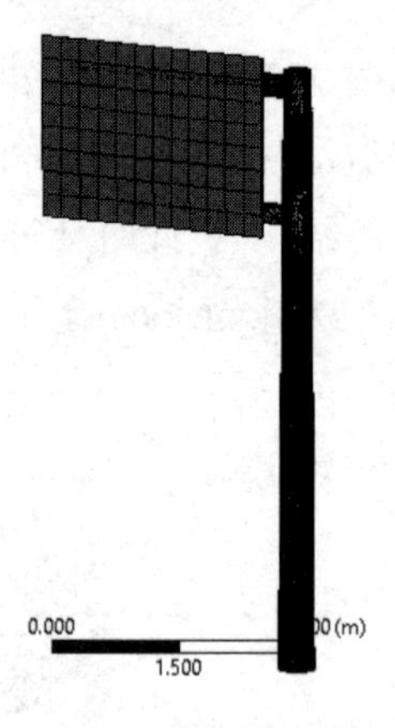

图 9-32　网格效果

9.3.7　施加曲面约束

① 添加“绑定”命令，如图 9-33 所示。选择“轮廓”窗格中的“绑定-无选择至无选择”命令，在下面的“‘绑定-无选择至无选择’的详细信息”窗格中进行如下设置。

在“接触”栏中确保实体板的两个面被选中，此时在“接触”栏中会显示“2 面”。

在“目标”栏中确保另一个实体与其接触的一个圆柱体面被选中，此时在“目标”栏中会显示“1 面”。

② 所有曲面都被约束后的效果如图 9-34 所示。

图 9-33　添加“绑定”命令

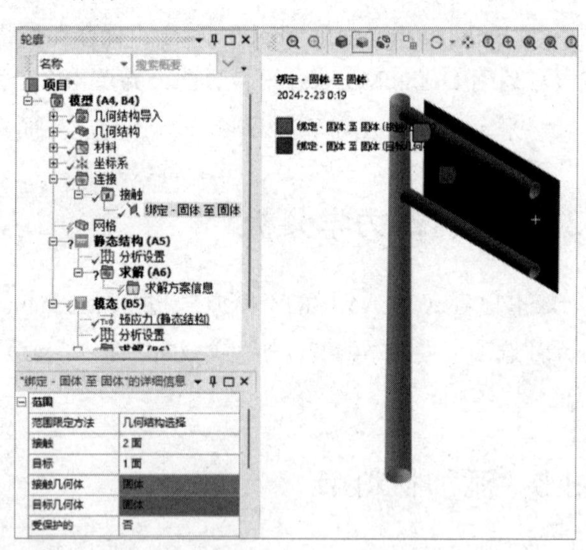

图 9-34　约束效果

9.3.8　施加固定约束

① 选择“环境”选项卡中的“结构”→“固定的”命令。

② 单击工具栏中的▣（选择点）按钮，选择“轮廓”窗格中的“固定支撑”命令，之

后选择圆柱体下端面，单击“‘固定支撑’的详细信息”窗格的“几何结构”栏中的“应用”按钮，此时在“几何结构”栏中会显示“1 面”，如图 9-35 所示。

③ 选择“环境”选项卡中的“惯性”→“标准地球重力”命令，添加“标准地球重力”命令，此时在“轮廓”窗格中会出现“标准地球重力”命令，如图 9-36 所示。

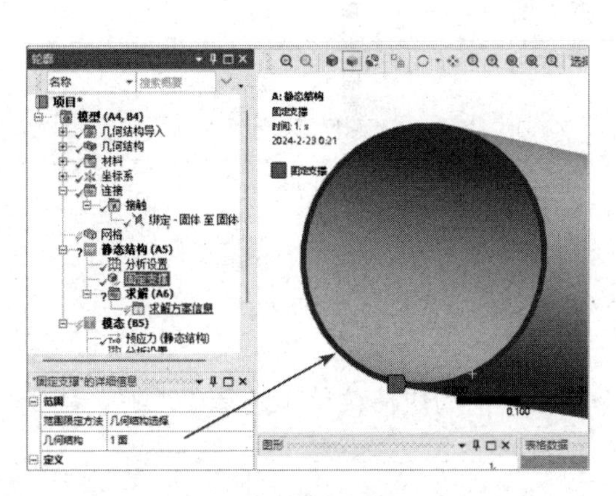

图 9-35　施加固定约束

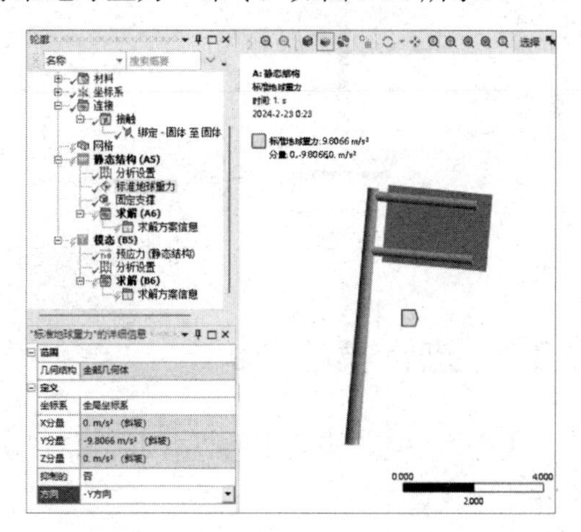

图 9-36　添加“标准地球重力”命令

注意

这里的重力加速度方向沿着 Y 轴负方向。

④ 添加一个作用到平板上的压力，在“大小”栏中输入“2000Pa”，如图 9-37 所示。

⑤ 右击“轮廓”窗格中的“静态结构（A5）”命令，在弹出的快捷菜单中选择“求解”命令，进行计算。

图 9-37　添加压力

⑥ 右击“轮廓”窗格中的“求解（A6）”命令，在弹出的快捷菜单中选择“插入”→“变形”→“总计”命令，添加“总变形”命令，并使用类似方法添加“等效应力”命令，进行后处理，总变形分析及应力分析云图如图 9-38 所示。

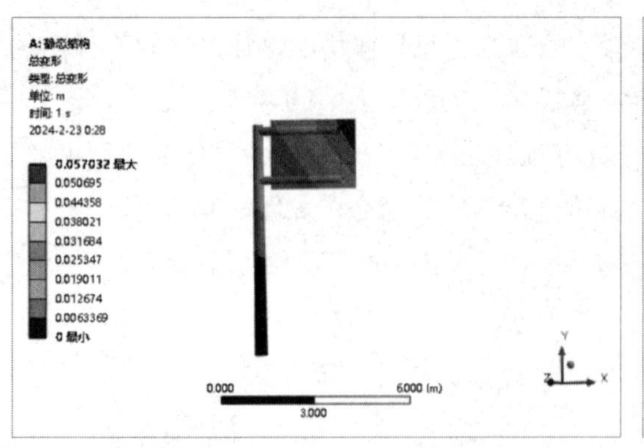

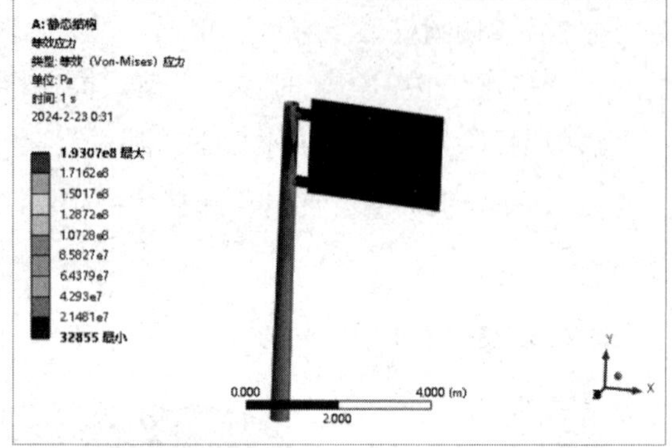

图 9-38　总变形分析及应力分析云图

9.3.9　进行模态分析

右击“轮廓”窗格中的“模态（B5）”命令，在弹出的快捷菜单中选择“求解”命令，进行模态计算。

9.3.10　结果后处理（1）

① 选择“求解”选项卡中的“结果”→“变形”→“总计”命令，此时在“轮廓”窗格中会出现“总变形”命令，如图 9-39 所示。

② 右击“轮廓”窗格中的“求解（B6）”命令，在弹出的快捷菜单中选择“评估所有结果”命令。

③ 选择“轮廓”窗格中的“求解（B6）”→“总变形”命令，此时会出现第一阶模态总变形分析云图及第二阶模态总变形分析云图，分别如图 9-40 和图 9-41 所示。

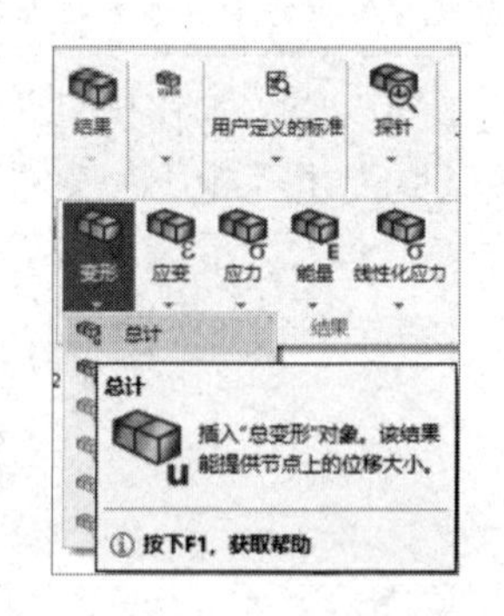

图 9-39　添加“总变形”命令

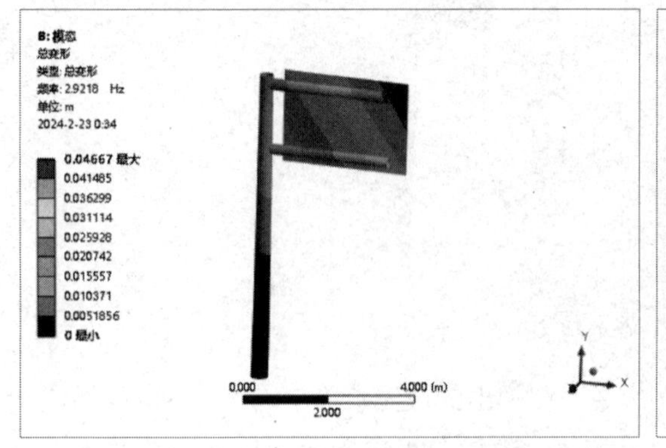

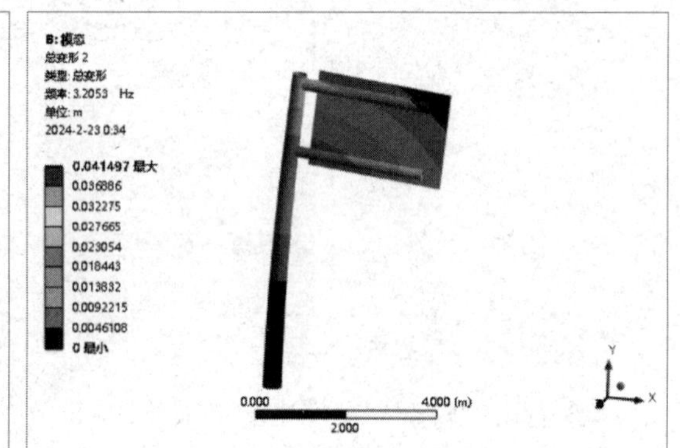

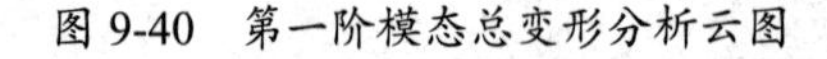
图 9-40　第一阶模态总变形分析云图

图 9-41　第二阶模态总变形分析云图

④ 图 9-42 所示为第三阶到第六阶模态总变形分析云图。

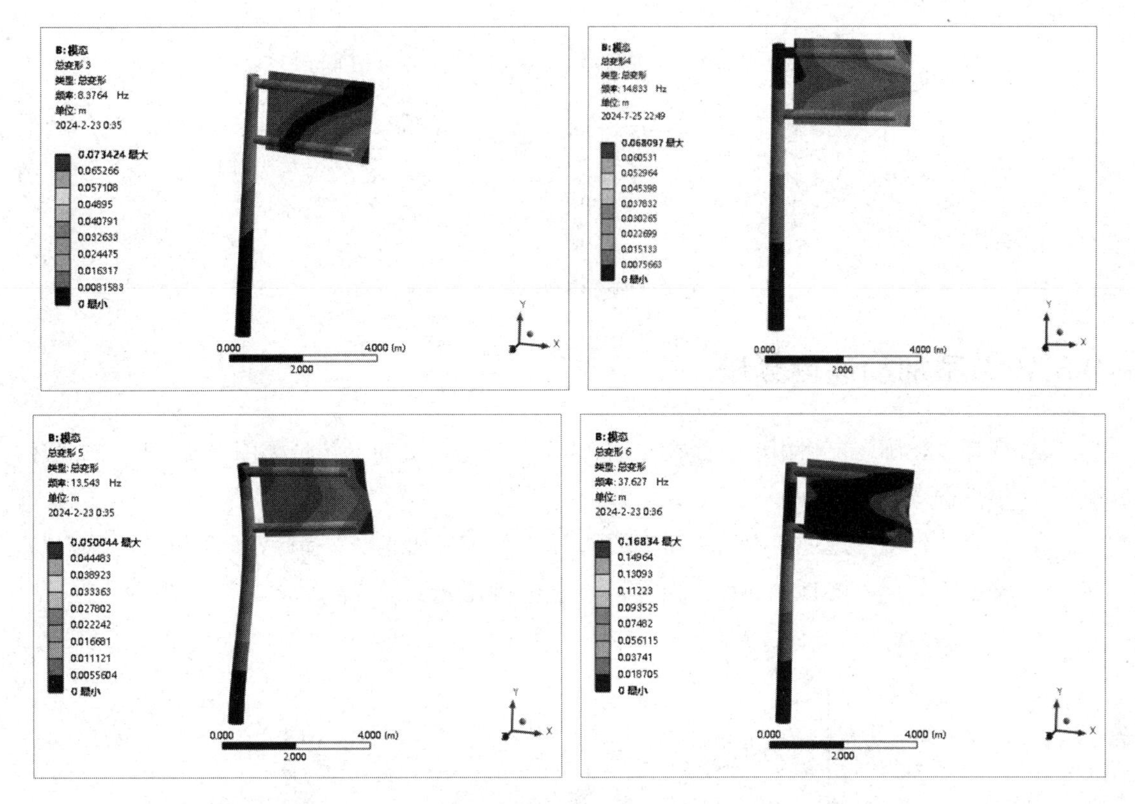

图 9-42 第三阶到第六阶模态总变形分析云图

⑤ 图 9-43 所示为建筑物框架模型的各阶模态频率。

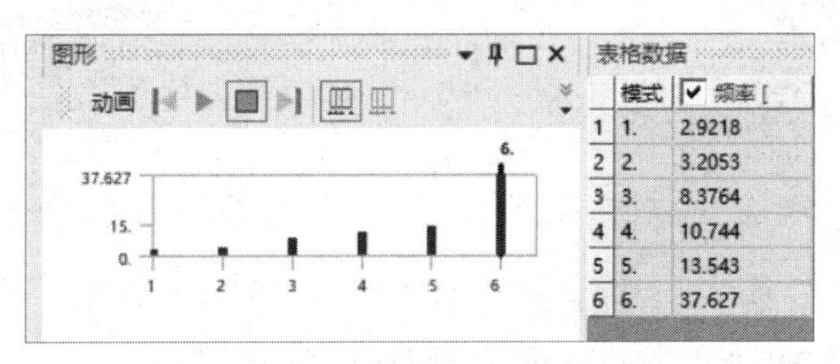

图 9-43 各阶模态频率

⑥ 单击 Mechanical 平台界面右上角的“关闭”按钮，关闭 Mechanical 平台，返回 ANSYS Workbench 平台主界面。

9.3.11 进行随机振动分析

① 返回 ANSYS Workbench 平台主界面，将“工具箱”窗格中的“分析系统”→“随机振动”命令直接拖曳到项目 B 中 B6 栏的“求解”中，创建基于模态分析的随机振动分析流程图表，如图 9-44 所示。

② 双击项目 C 中 C5 栏的“设置”，进入 Mechanical 平台界面。

③ 右击“轮廓”窗格中的“模态（B5）”命令，在弹出的快捷菜单中选择“求解”命令。

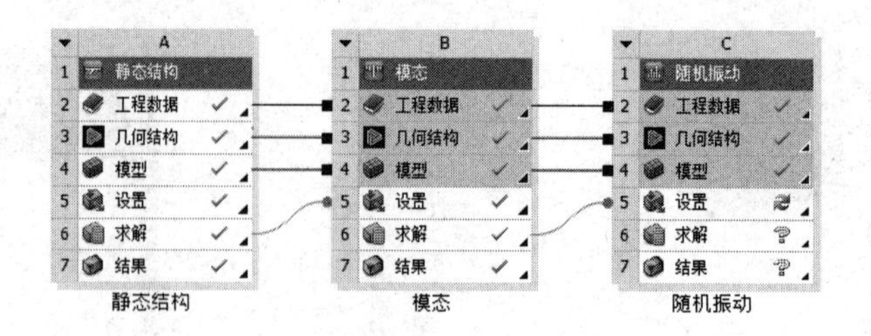

图 9-44　随机振动分析流程图表

9.3.12　添加加速度频谱

① 选择“轮廓”窗格中的“随机振动（C5）”命令，此时会出现如图 9-45 所示的“环境”选项卡。

② 选择“环境”选项卡中的“随机振动”→“PSD 加速度”命令，此时在“轮廓”窗格中会出现“PSD 加速度”命令，如图 9-46 所示。

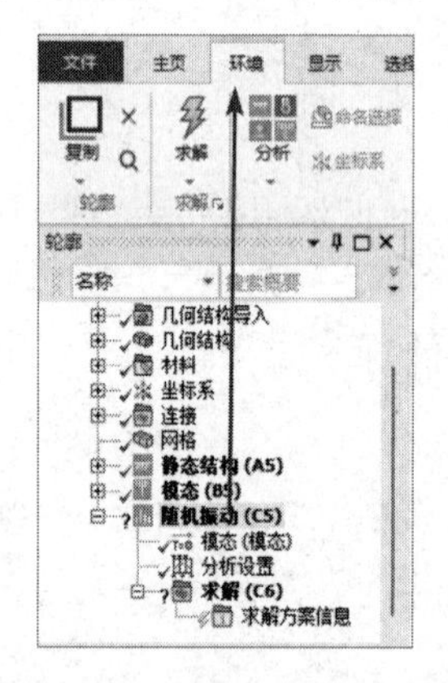

图 9-45　“环境”选项卡

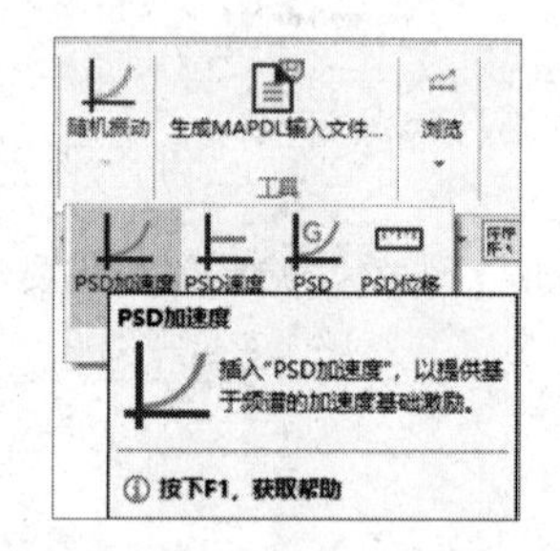

图 9-46　添加“PSD 加速度”命令

③ 选择“轮廓”窗格中的“随机振动（C5）”→“PSD 加速度”命令，在下面的“‘PSD 加速度’的详细信息”窗格中进行如图 9-47 所示的设置。

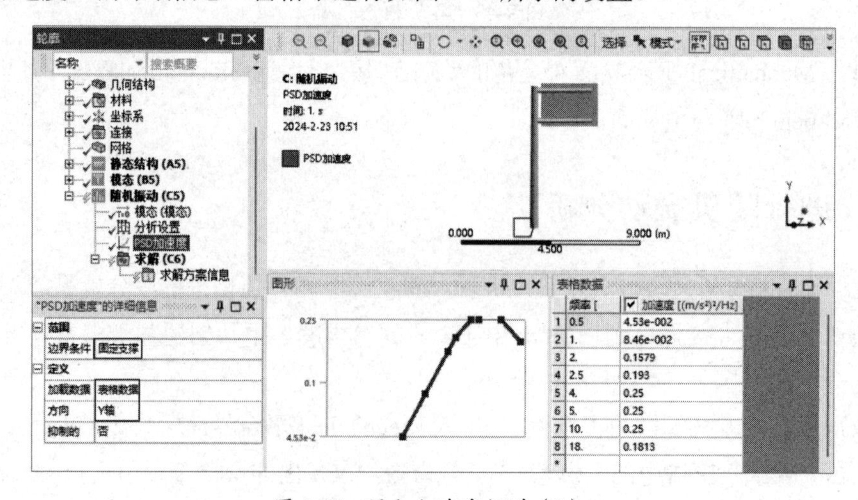

图 9-47　添加加速度频谱（1）

在“范围”→“边界条件”栏中选择“固定支撑”选项。

在“定义”→“加载数据”栏中选择“表格数据”选项，之后在右侧的“表格数据”窗格中填入表 9-1 中的数据。

在“方向”栏中选择“Y 轴”选项，其余选项保持默认设置。

④ 选择“轮廓”窗格中的“随机振动（C5）”→“PSD 加速度 2”命令，在下面的“‘PSD 加速度 2’的详细信息”窗格中进行如图 9-48 所示的设置。

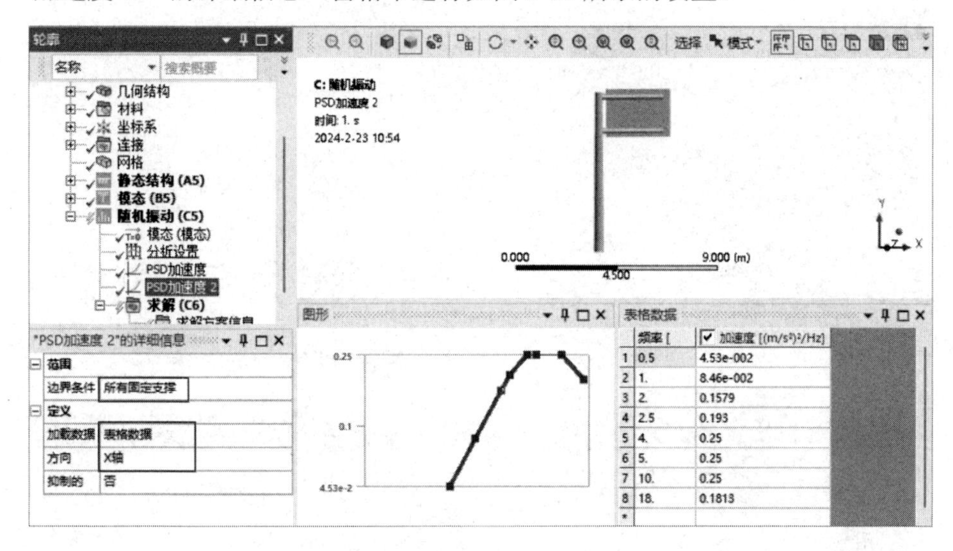

图 9-48　添加加速度频谱（2）

在“范围”→“边界条件”栏中选择“所有固定支撑”选项。

在“定义”→“加载数据”栏中选择“表格数据”选项，之后在右侧的“表格数据”窗格中填入表 9-1 中的数据。

在“方向”栏中选择“X 轴”选项，其余选项保持默认设置。

⑤ 右击“轮廓”窗格中的“随机振动（C5）”命令，在弹出的快捷菜单中选择“求解”命令，进行计算，如图 9-49 所示。

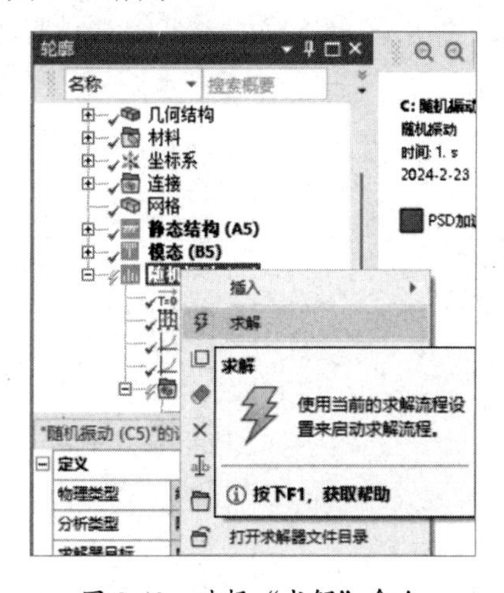

图 9-49　选择“求解”命令

9.3.13 结果后处理（2）

① 选择“轮廓”窗格中的“求解（C6）”命令，此时会出现如图 9-50 所示的“求解”选项卡。

② 选择“求解”选项卡中的“结果”→“变形”→“定向”命令，此时在“轮廓”窗格中会出现“定向变形”命令，可选择 *Y* 轴方向进行计算，如图 9-51 所示。

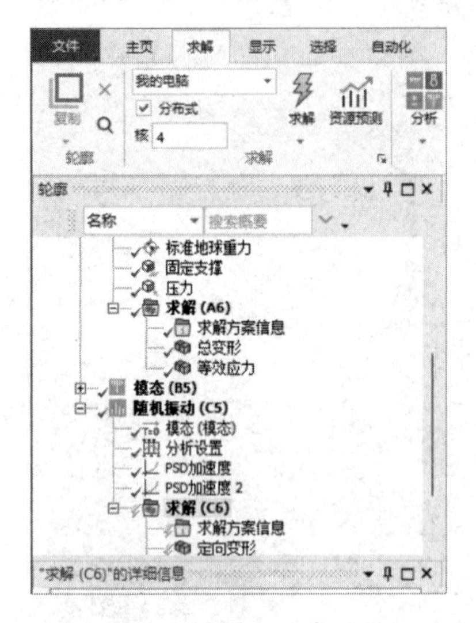

图 9-50 “求解”选项卡

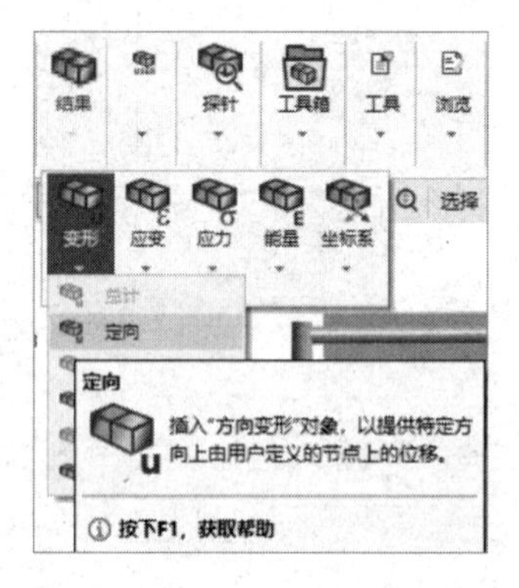

图 9-51 添加“定向变形”命令

③ 右击“轮廓”窗格中的“求解（C6）”命令，在弹出的快捷菜单中选择“评估所有结果”命令。

④ 选择“轮廓”窗格中的“求解（C6）”→“定向变形”命令，此时会出现如图 9-52 所示的定向变形分析云图。

⑤ 使用同样的操作方法显示如图 9-53 所示的应力分析云图及如图 9-54 所示的法向应力分析云图。

⑥ 选择“轮廓”窗格中的“求解（C6）”命令，之后选择工具栏中的“浏览”→“工作表”命令，如图 9-55 所示。

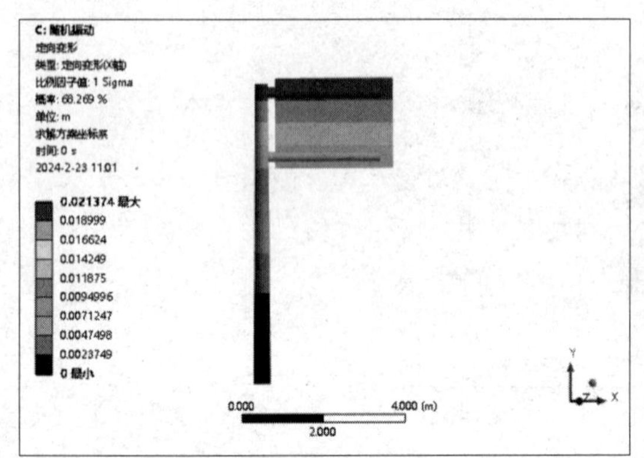

图 9-52 定向变形分析云图

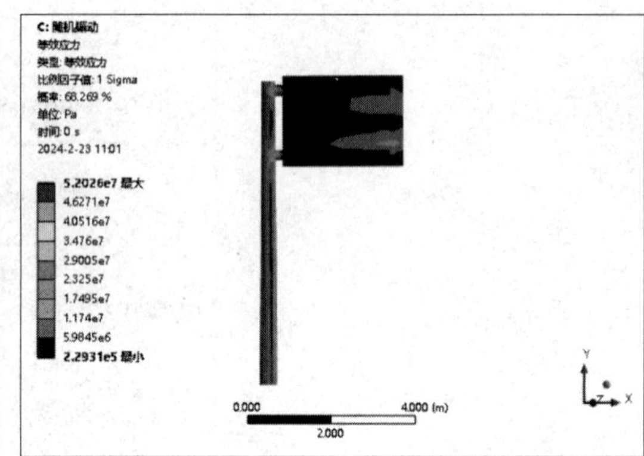

图 9-53 应力分析云图

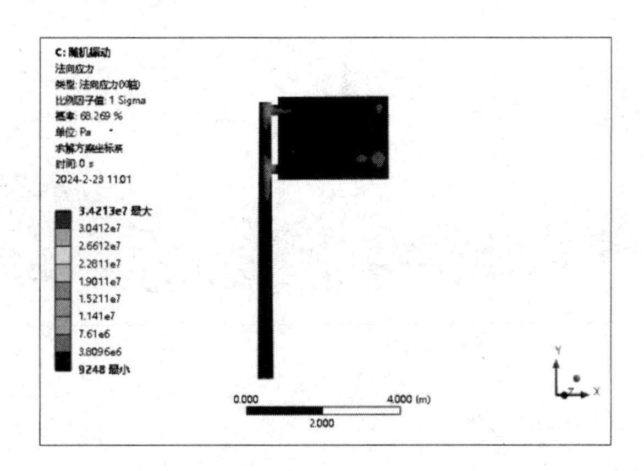
图 9-54　法向应力分析云图

图 9-55　选择"工作表"命令

⑦ 此时绘图窗格会切换到如图 9-56 所示的结果参数统计一览表。读者可以单击该表格中的任意一行，并完成相关后处理操作。

⑧ 任意选择一行并右击，在弹出的快捷菜单中选择"评估所有结果"命令，即可完成用户自定义的后处理操作，如图 9-57 所示。

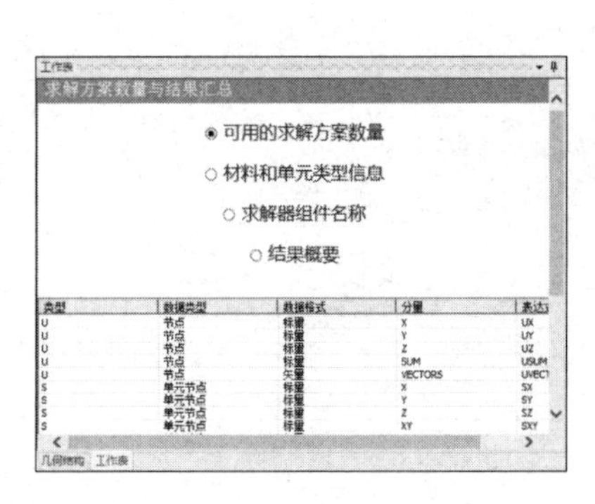

图 9-56　结果参数统计一览表

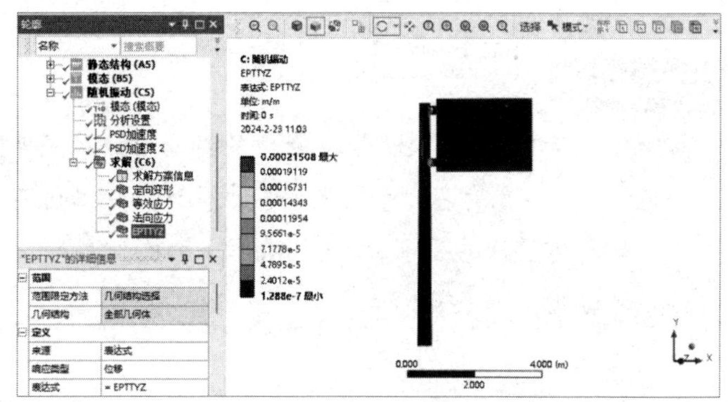
图 9-57　完成后处理操作

9.3.14　保存与退出

① 单击 Mechanical 平台界面右上角的"关闭"按钮，关闭 Mechanical 平台，返回 ANSYS Workbench 平台主界面。

② 在 ANSYS Workbench 平台主界面中单击工具栏中的"保存"按钮。

③ 单击右上角的"关闭"按钮，关闭 ANSYS Workbench 平台，完成项目分析。

9.4　本章小结

本章通过两个简单的实例对随机振动分析进行了详细讲解。随机振动分析适用于分析随时间或频率变化的载荷对物体的作用，请读者参考帮助文档进行深入学习。

第 10 章

瞬态动力学分析

本章内容

本章将对 ANSYS Workbench 平台的瞬态动力学分析模块进行讲解，并通过典型实例对各种分析的一般步骤进行详细讲解，包括几何建模（外部几何数据的导入）、材料赋予、网格设置与划分、边界条件的设定和后处理操作等。

学习要求

知 识 点	学习目标			
	了解	理解	应用	实践
瞬态动力学分析的基本知识	√			
瞬态动力学分析的计算过程			√	√

10.1　瞬态动力学分析概述

瞬态动力学分析是一种时域分析，用于分析结构在随时间任意变化的载荷作用下产生的动力响应过程。其输入数据是时间函数的载荷，而输出数据是随时间变化的位移或其他输出量，如应力、应变等。

瞬态动力学分析具有广泛的应用。对于承受各种冲击载荷的结构，如汽车的门、缓冲器、车架、悬挂系统等，或者承受各种随时间变化的载荷的结构，如桥梁、建筑物等，或者承受撞击和颠簸的设备，如电话、电脑、真空吸尘器等，我们都可以使用瞬态动力学分析对它们在动力响应过程中的刚度、强度进行模拟计算。

瞬态动力学分析包括线性瞬态动力学分析和非线性瞬态动力学分析两种类型。

所谓线性瞬态动力学分析，是指模型中不包括任何非线性行为，适用于线性材料、小位移、小应变、刚度不变的结构的瞬态动力学分析，其算法有两种，即直接法和模态叠加法。

非线性瞬态动力学分析具有更广泛的应用，可以考虑各种非线性行为，如材料非线性、大变形、大位移、接触、碰撞等。本章主要介绍线性瞬态动力学分析。

10.2　实例 1——钢结构地震分析

本节主要介绍 ANSYS Workbench 平台的瞬态动力学分析模块，对钢结构模型进行瞬态动力学分析。

学习目标：熟练掌握 ANSYS Workbench 瞬态动力学分析的方法及过程。

模型文件	配套资源\Chapter10\char10-1\GANGJIEGOU.agdb
结果文件	配套资源\Chapter10\char10-1\Transient_Structural.wbpj

10.2.1　问题描述

图 10-1 所示为某钢结构模型，请计算钢结构模型在给定地震加速度频谱下的响应，地震加速度频谱数据如表 10-1 所示。

图 10-1　钢结构模型

表10-1 地震加速度频谱数据

时间步/s	竖向加速度/（m·s⁻²）	水平加速度/（m·s⁻²）	时间步/s	竖向加速度/（m·s⁻²）	水平加速度/（m·s⁻²）
0.1	0	0	2.6	1.298 1	2.596 2
0.2	0.271 9	0.543 7	2.7	2.322 7	4.645 3
0.3	1.114 6	2.229 2	2.8	2.361 7	4.723 5
0.4	1.187 7	2.375 3	2.9	−2.803 5	−5.607
0.5	0.224 3	0.448 6	3.0	1.451	2.902 1
0.6	−2.273 4	−4.546 8	3.1	−5.447 3	−10.894 6
0.7	−0.951 5	−1.903	3.2	0.477 4	0.954 9
0.8	2.293 8	4.587 6	3.3	−10.164 2	−110.328 4
0.9	4.009 9	10.019 8	3.4	−0.363 6	−0.727 2
1.0	1.981 2	3.962 3	3.5	1.991 3	3.982 7
1.1	1.60 9	3.218 1	3.6	2.230 9	4.461 8
1.2	−1.503 7	−3.007 4	3.7	−5.082	−10.164
1.3	1.626	3.252 1	3.8	−3.868 7	−7.717 3
1.4	0.800 3	1.600 6	3.9	12.262 4	24.524 8
1.5	2.951 3	5.902 7	4.0	2.365 1	4.730 3
1.6	0.905 6	1.811 2	4.1	0.689 8	1.379 7
1.7	0.307 5	0.615 1	4.2	−10.256 1	−12.512 2
1.8	2.067 8	4.135 6	4.3	1.525 8	3.051 6
1.9	0.518 2	1.036 5	4.4	−3.520 5	−7.041 1
2.0	0.482 5	0.965 1	4.5	−0.429 9	−0.859 7
2.1	−3.381 2	−10.762 4	4.6	3.090 7	10.181 3
2.2	0.521 6	1.0534	4.7	−0.395 9	−0.791 8
2.3	−2.985 3	−5.970 6	4.8	1.412	2.823 9
2.4	−1.843 5	−3.687	4.9	−4.164 5	−10.329
2.5	−1.106 1	−2.212 2	5.0	1.158 8	2.317 6

10.2.2 创建分析项目

① 在 Windows 系统下启动 ANSYS Workbench 平台，进入主界面。

② 双击主界面“工具箱”窗格中的“组件系统”→“几何结构”命令，即可在“项目原理图”窗格中创建分析项目 A，如图 10-2 所示。

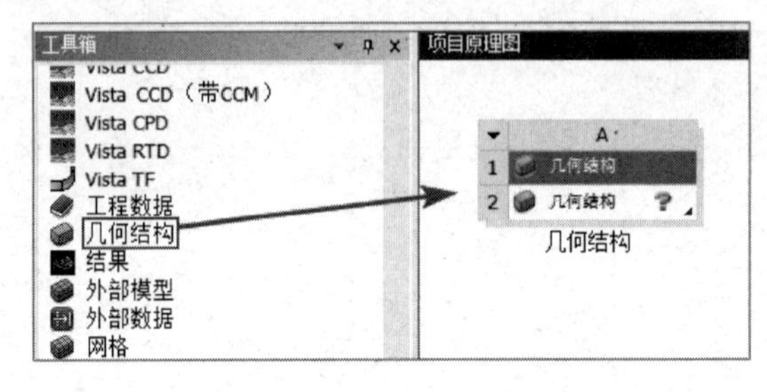

图 10-2 创建分析项目 A

10.2.3　创建几何体

① 右击项目 A 中 A2 栏的“几何结构”，在弹出的快捷菜单中选择“导入几何模型”→“浏览”命令，如图 10-3 所示。

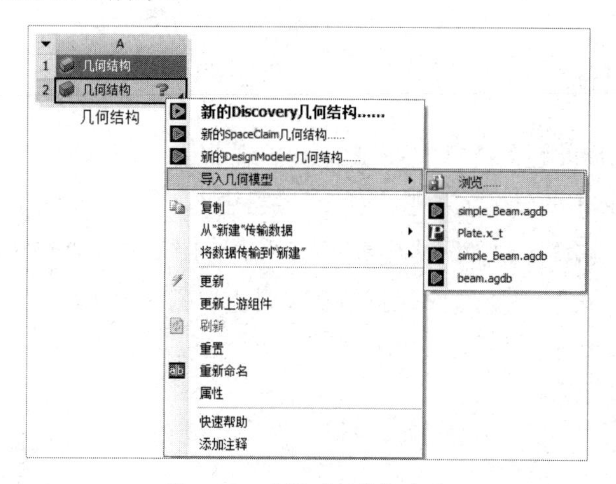

图 10-3　选择“浏览”命令

② 在弹出的“打开”对话框中选择文件，导入几何体文件“GANGJIEGOU.agdb”，此时项目 A 中 A2 栏的“几何结构”后的 ? 图标变为 ✓ 图标，表示实体模型已经存在。

③ 双击项目 A 中 A2 栏的“几何结构”，此时会进入 DesignModeler 平台界面，在 DesignModeler 平台界面的“图形”窗格中会显示几何体。

④ 单击工具栏中的“保存”按钮，在弹出的“另存为”对话框中设置“文件名”为“Transient_Structural.wbpj”，单击“保存”按钮。

⑤ 单击 DesignModeler 平台界面右上角的“关闭”按钮，关闭 DesignModeler 平台，返回 ANSYS Workbench 平台主界面。

10.2.4　进行瞬态动力学分析

① 双击主界面“工具箱”窗格中的“分析系统”→“瞬态结构”命令，即可在“项目原理图”窗格中创建分析项目 B，如图 10-4 所示。

② 如图 10-5 所示，将项目 A 中 A2 栏的“几何结构”直接拖曳到项目 B 中 B3 栏的“几何结构”中，实现几何数据共享。

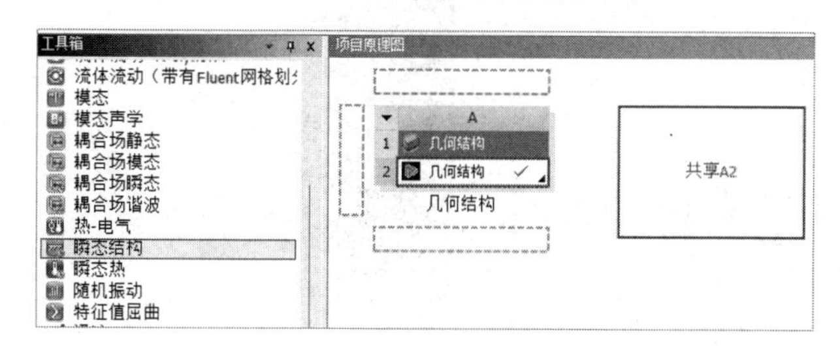

图 10-4　创建分析项目 B

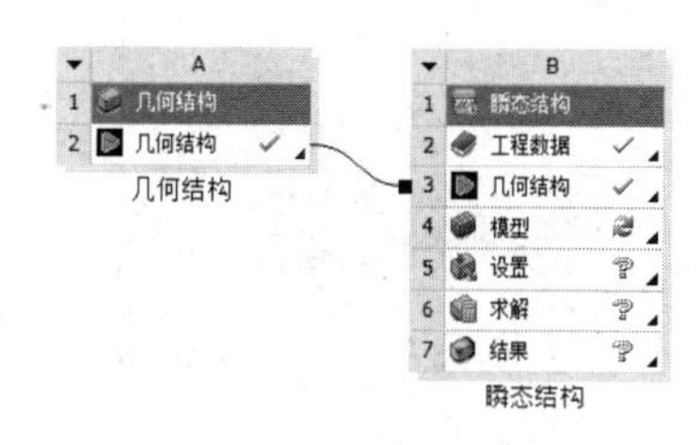

图 10-5　几何数据共享

10.2.5 添加材料库

本实例选择的材料为“结构钢”，此材料为 ANSYS Workbench 平台默认被选中的材料，因此不需要设置。

10.2.6 划分网格

① 双击项目 B 中 B4 栏的“模型”，此时会出现 Mechanical 平台界面，如图 10-6 所示。

② 选择 Mechanical 平台界面左侧“轮廓”窗格中的“网格”命令，此时可以在“‘网格’的详细信息”窗格中修改网格参数，如图 10-7 所示，在“默认值”→“单元尺寸”栏中输入“0.5m”，其余选项保持默认设置。

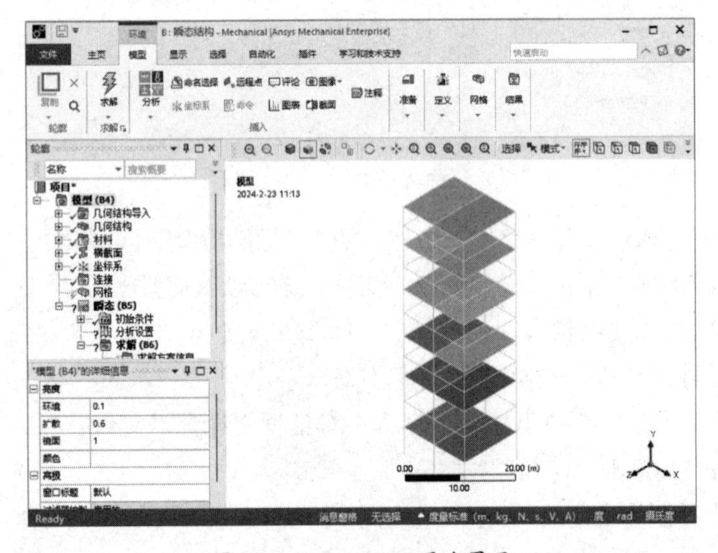

图 10-6 Mechanical 平台界面

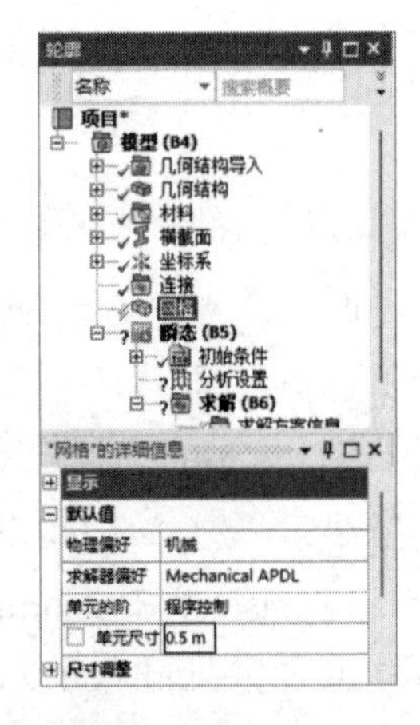

图 10-7 修改网格参数

③ 右击“轮廓”窗格中的“网格”命令，在弹出的快捷菜单中选择“生成网格”命令，如图 10-8 所示，此时会弹出网格划分进度栏，表示网格正在划分。当网格划分完成后，进度栏会自动消失，最终的网格效果如图 10-9 所示。

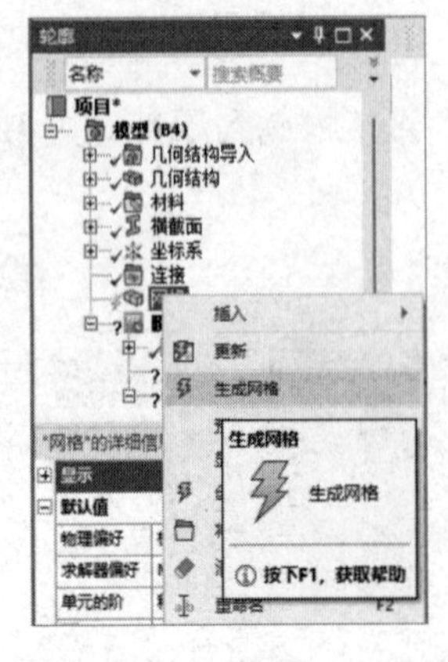

图 10-8 选择“生成网格”命令

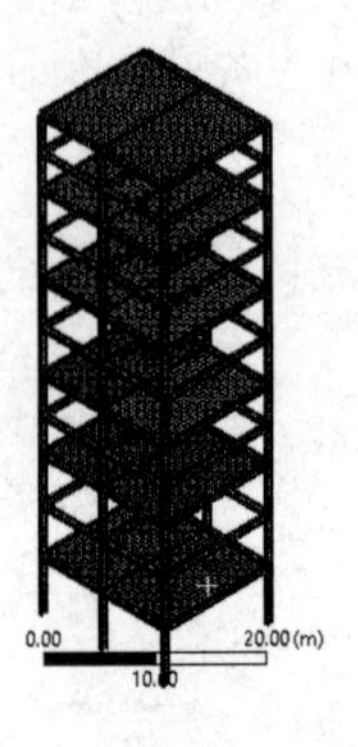

图 10-9 网格效果

10.2.7　施加约束

图 10-10　添加“固定支撑”命令

① 选择“环境”选项卡中的“结构”→“固定的”命令，此时在“轮廓”窗格中会出现“固定支撑”命令，如图 10-10 所示。

② 单击工具栏中的（选择点）按钮，之后单击工具栏中按钮的，在弹出的下拉列表中选择相应选项，使其变成（框选择）按钮。选择“轮廓”窗格中的“固定支撑”命令，并选择钢结构模型下端的 6 个节点，单击“‘固定支撑’的详细信息”窗格中“几何结构”栏的“应用”按钮，即可在选中的面上施加固定约束，如图 10-11 所示。

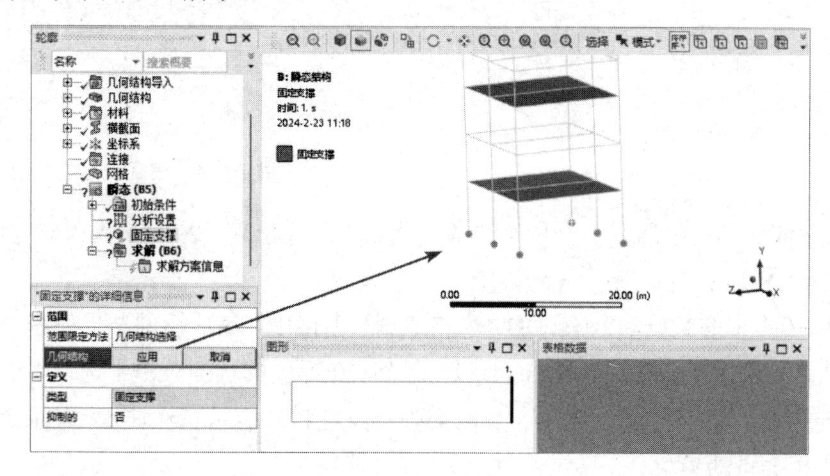

图 10-11　施加固定约束

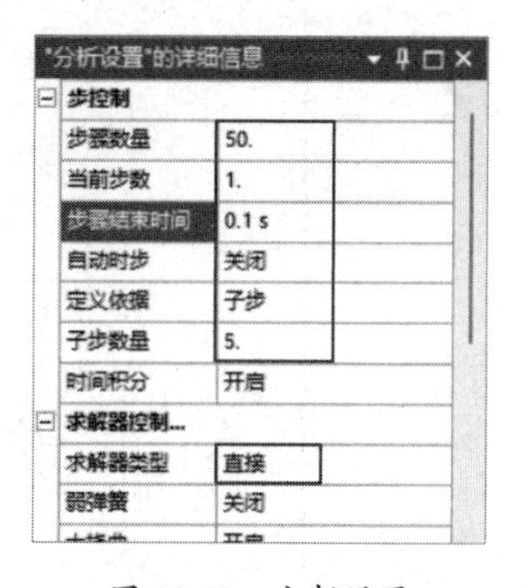

图 10-12　分析设置

③ 分析设置。选择“轮廓”窗格中的“瞬态（B5）”→“分析设置”命令，在下面的“‘分析设置’的详细信息”窗格中进行如图 10-12 所示的设置。

在“步骤数量”栏中输入“50”，设置总时间步为 50 个。

在“当前步数”栏中输入“1”，设置当前时间步为第 1 个。

在“步骤结束时间”栏中输入“0.1s”，设置第 1 个时间步结束的时间为 0.1s。

在“子步数量”栏中输入“5”，设置子时间步为 5 个。

在“求解器类型”栏中选择“直接”选项。

其余选项保持默认设置。

④ 使用同样的操作方法设置其余 49 个时间步的上述参数，时间步输入结果如图 10-13 所示。

⑤ 选择“轮廓”窗格中的“瞬态（B5）”命令，之后选择“环境”选项卡中的“惯性”→“加速度”命令，在“轮廓”窗格中添加“加速度”命令。接着选择“轮廓”窗格中

的“加速度”命令。在下面的“‘加速度’的详细信息”窗格中进行如图 10-14 所示的设置。

	步数	结束时间 [s]
1	1	0.1
2	2	0.2
3	3	0.3
4	4	0.4
5	5	0.5
6	6	0.6
7	7	0.7
8	8	0.8
9	9	0.9
10	10	1.
11	11	1.1
12	12	1.2
13	13	1.3
14	14	1.4
15	15	1.5
16	16	1.6
17	17	1.7
18	18	1.8
19	19	1.9
20	20	2.
21	21	2.1
22	22	2.2

	步数	结束时间 [s]
22	22	2.2
23	23	2.3
24	24	2.4
25	25	2.5
26	26	2.6
27	27	2.7
28	28	2.8
29	29	2.9
30	30	3.
31	31	3.1
32	32	3.2
33	33	3.3
34	34	3.4
35	35	3.5
36	36	3.6
37	37	3.7
38	38	3.8
39	39	3.9
40	40	4.
41	41	4.1
42	42	4.2
43	43	4.3

	步数	结束时间 [s]
30	30	3.
31	31	3.1
32	32	3.2
33	33	3.3
34	34	3.4
35	35	3.5
36	36	3.6
37	37	3.7
38	38	3.8
39	39	3.9
40	40	4.
41	41	4.1
42	42	4.2
43	43	4.3
44	44	4.4
45	45	4.5
46	46	4.6
47	47	4.7
48	48	4.8
49	49	4.9
50	50	5.
*		

图 10-13　时间步输入结果

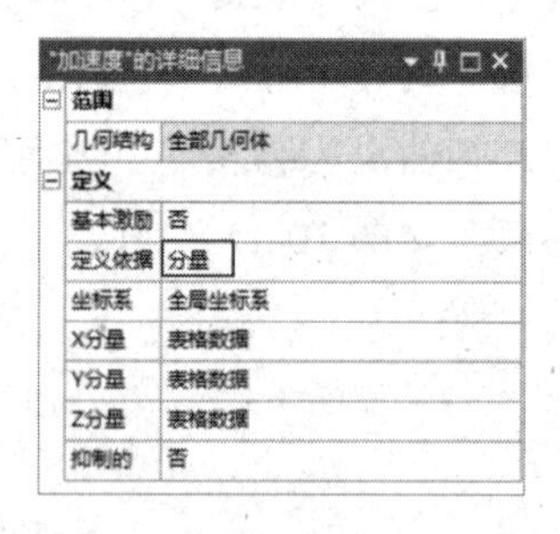

图 10-14　设置加速度类型

在“定义依据”栏中选择“分量”选项，此时下面会出现“X 分量”、“Y 分量”及“Z 分量”3 个输入栏。

⑥ 将表 10-1 中的数据填入右侧的“表格数据”窗格中，完成后的结果如图 10-15 所示。

⑦ 右击“轮廓”窗格中的“瞬态（B5）”命令，在弹出的快捷菜单中选择“求解”命令，进行计算，如图 10-16 所示。此时会弹出进度栏，表示正在计算，当计算完成后，进度栏会自动消失。

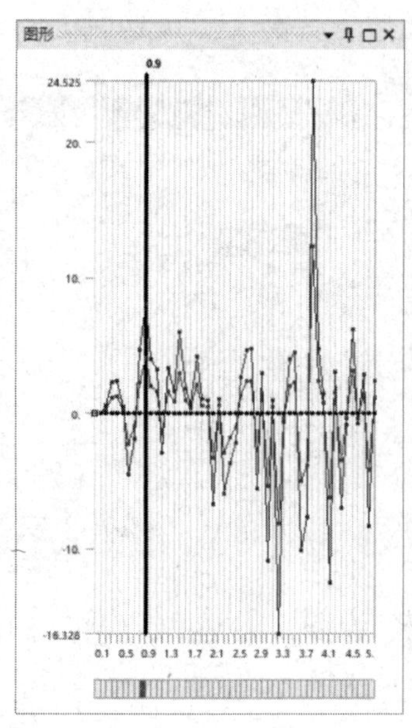

表格数据

	步数	时间 [s]	X [m/s²]	Y [m/s²]	Z [m/s
1	1	0.	= 0.	= 0.	= 0.
2	1	0.1	0.	0.	0.
3	2	0.2	0.5437	0.2719	0.
4	3	0.3	2.2292	1.1146	0.
5	4	0.4	2.3753	1.1877	0.
6	5	0.5	0.4486	0.2243	0.
7	6	0.6	-4.5468	-2.2734	0.
8	7	0.7	-1.903	-0.9515	0.
9	8	0.8	4.5876	2.2938	0.
10	9	0.9	8.0198	4.0099	0.
11	10	1.	3.9623	1.9812	0.
12	11	1.1	3.2181	1.609	0.
13	12	1.2	-3.0074	-1.5037	0.
14	13	1.3	3.2521	1.626	0.
15	14	1.4	1.6006	0.8003	0.
16	15	1.5	5.9027	2.9513	0.
17	16	1.6	1.8112	0.9056	0.
18	17	1.7	0.6151	0.3075	0.
19	18	1.8	4.1356	2.0678	0.
20	19	1.9	1.0365	0.5182	0.
21	20	2.	0.9651	0.4825	0.
22	21	2.1	-6.7624	-3.3812	0.
23	22	2.2	1.0534	0.5216	0.
24	23	2.3	-5.9706	-2.9853	0.
25	24	2.4	-3.687	-1.8435	0.
26	25	2.5	-2.2122	-1.1061	0.
27	26	2.6	2.5962	1.2981	0.

图 10-15　完成后的结果

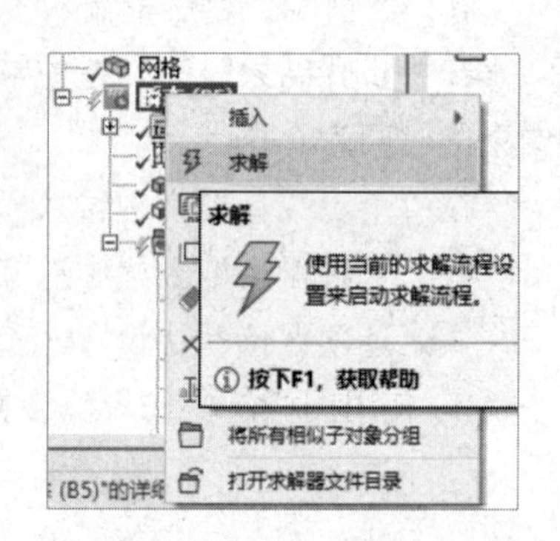

图 10-16　选择“求解”命令

10.2.8　结果后处理

图 10-17　添加“总变形”命令

① 选择“求解”选项卡中的“结果”→“变形”→“总计”命令，此时在“轮廓”窗格中会出现“总变形”命令，如图 10-17 所示。

② 右击“轮廓”窗格中的“求解（B6）”命令，在弹出的快捷菜单中选择“评估所有结果”命令，显示总变形分析云图，如图 10-18 所示。

③ 选择“求解”选项卡中的“结果”→“变形”→“总加速度”命令，此时在“轮廓”窗格中会出现“总加速度”命令。

④ 选择“轮廓”窗格中的“求解（B6）”→“总加速度”命令，此时会出现如图 10-19 所示的总加速度分析云图。

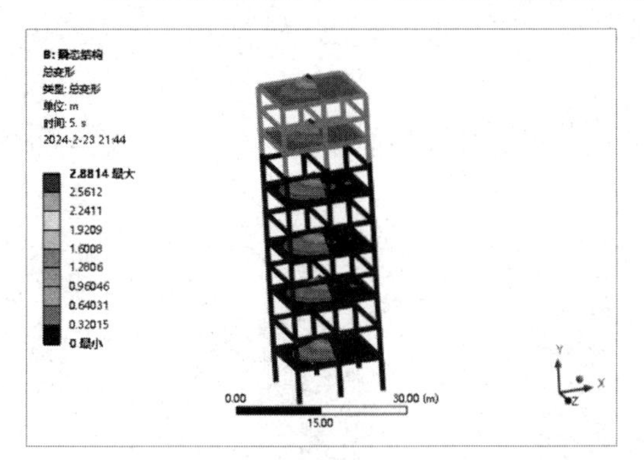

图 10-18　总变形分析云图

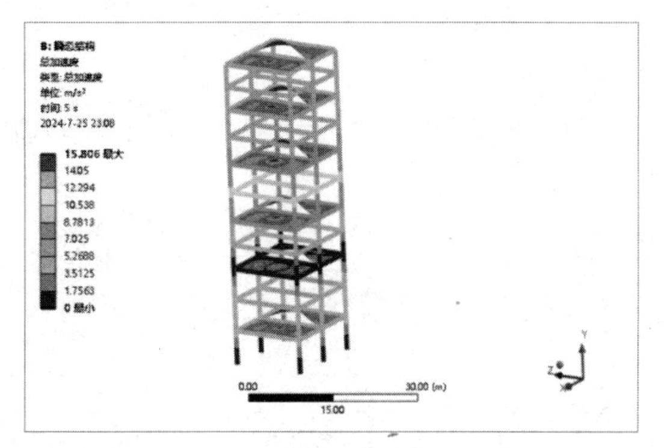

图 10-19　总加速度分析云图

⑤ 右击“轮廓”窗格中的“求解（B6）”命令，在弹出的快捷菜单中选择“插入”→“梁结果”→“轴向力”命令，添加“轴向力”命令，如图 10-20 所示。

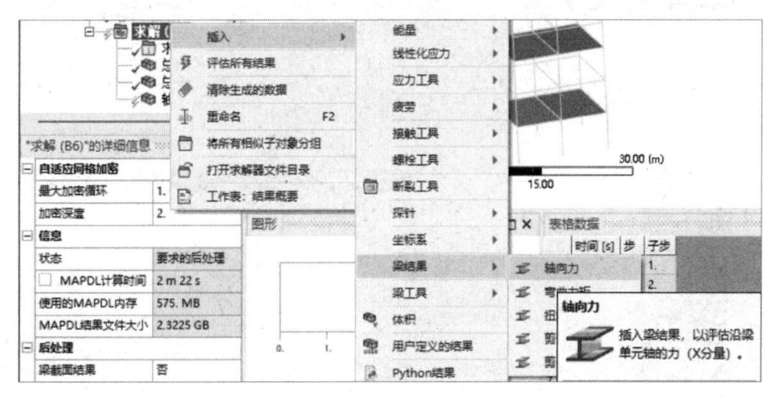

图 10-20　添加“轴向力”命令

⑥ 使用同样的步骤添加“弯曲力矩”、“扭矩”及“剪切力”命令。

⑦ 右击“轮廓”窗格中的“求解（B6）”命令，在弹出的快捷菜单中选择“评估所有结果”命令。

⑧ 选择“轮廓”窗格中的“求解（B6）”→“轴向力”命令，此时会出现如图 10-21 所

示的轴向力分析云图。

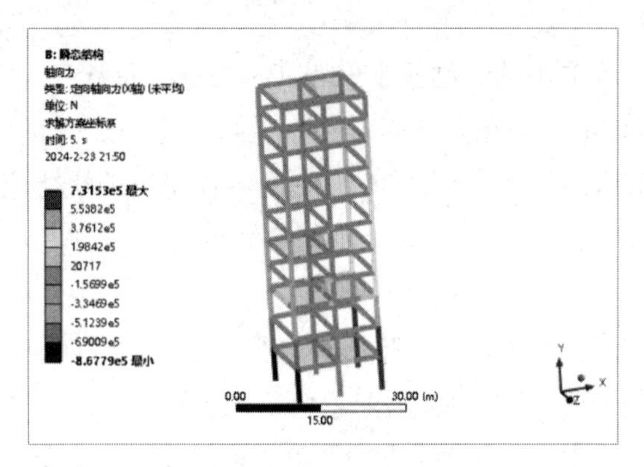

图 10-21　轴向力分析云图

⑨ 使用同样的步骤查看总弯曲力矩、扭矩及总剪切力分析云图，如图 10-22～图 10-24 所示。

⑩ 如图 10-25 所示，单击▶按钮可以播放相应后处理操作的动画，单击按钮可以输出动画。

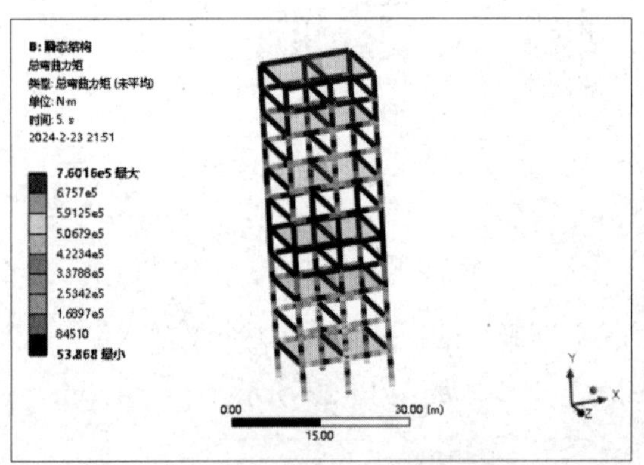

图 10-22　总弯曲力矩分析云图

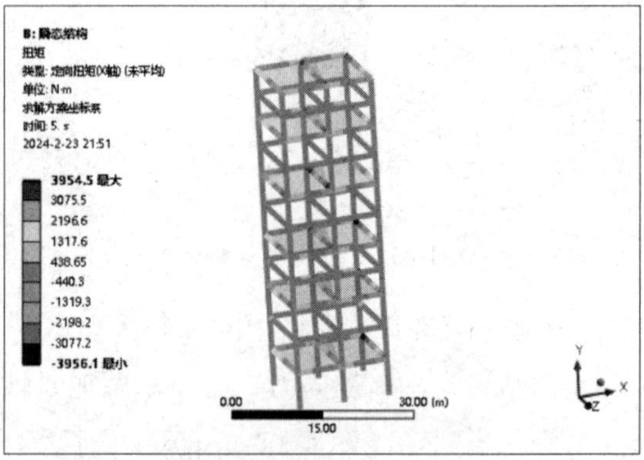

图 10-23　扭矩分析云图

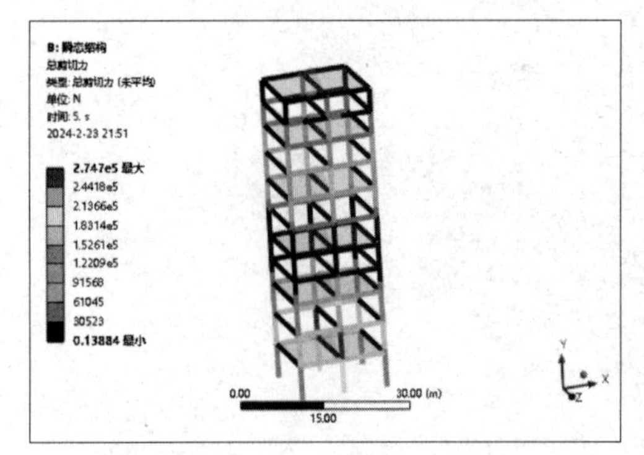

图 10-24　总剪切力分析云图

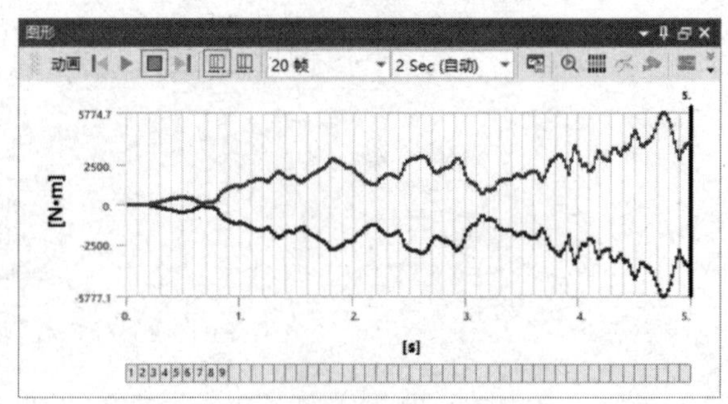

图 10-25　动画播放及动画输出

⑪ 右击“轮廓”窗格中的“求解（B6）”命令，在弹出的快捷菜单中选择“插入”→“探针”→“变形”命令，进行后处理，如图 10-26 所示。

⑫ 图 10-27 所示为节点在地震作用下的位移曲线。

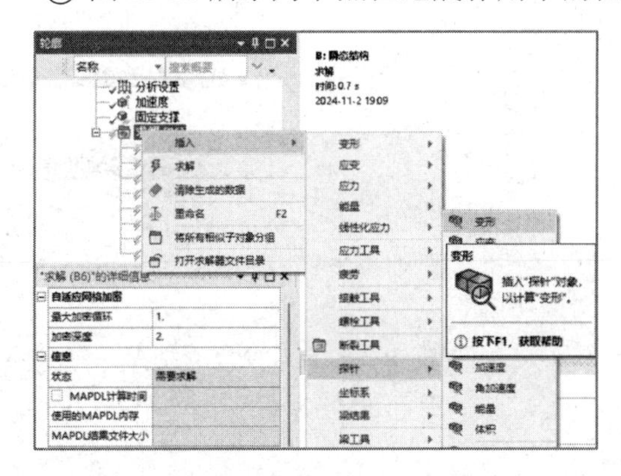

图 10-26　选择“变形”命令

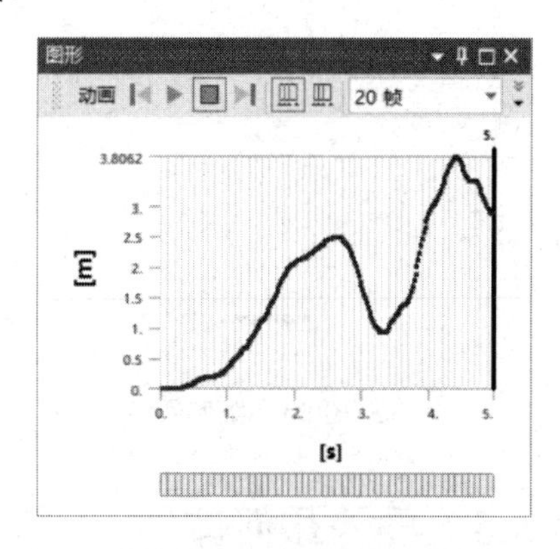

图 10-27　节点位移曲线

10.2.9　保存与退出

① 单击 Mechanical 平台界面右上角的“关闭”按钮，关闭 Mechanical 平台，返回 ANSYS Workbench 平台主界面。

② 在 ANSYS Workbench 平台主界面中单击工具栏中的“保存”按钮。

③ 单击右上角的“关闭”按钮，关闭 ANSYS Workbench 平台，完成项目分析。

10.3　实例 2——震动分析

本节主要介绍ANSYS Workbench平台的瞬态动力学分析模块，计算实体梁模型在1000N瞬态力作用下的位移响应。

学习目标：熟练掌握 ANSYS Workbench 瞬态动力学分析的方法及过程。

模型文件	配套资源\Chapter10\char10-2\Geom.agdb
结果文件	配套资源\Chapter10\char10-2\Transient.wbpj

10.3.1　问题描述

图 10-28 所示为某实体梁模型，请使用 ANSYS Workbench 平台的瞬态动力学分析模块计算该模型在 Y 轴负方向 1000N 瞬态力作用下的位移响应。

10.3.2　创建分析项目

① 在 Windows 系统下启动 ANSYS Workbench 平台，进入主界面。

② 双击主界面“工具箱”窗格中的“组件系统”→“几何结构”命令，即可在“项目原理图”窗格中创建分析项目 A，如图 10-29 所示。

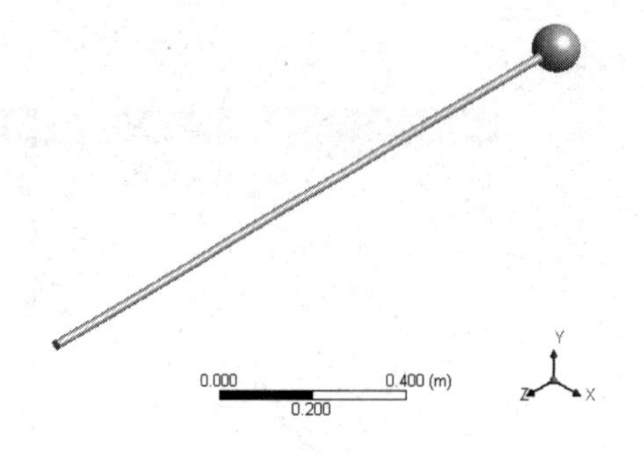

图 10-28　实体梁模型

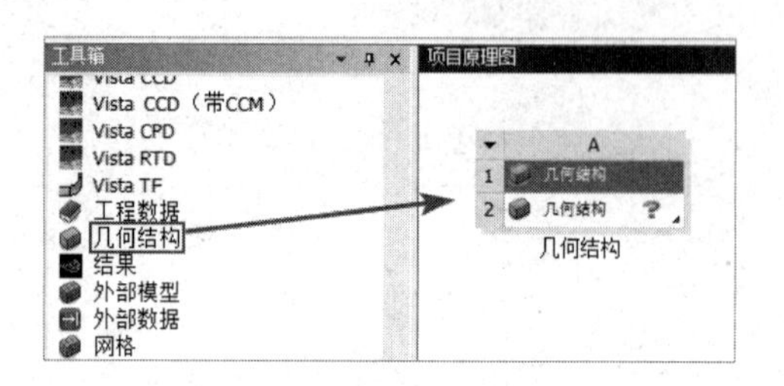

图 10-29　创建分析项目 A

10.3.3　导入几何体

① 右击项目 A 中 A2 栏的“几何结构”，在弹出的快捷菜单中选择“导入几何模型”→“浏览”命令，此时会出现“打开”对话框，选择几何体文件“Geom.agdb”，并单击“打开”按钮。

② 双击项目 A 中 A2 栏的“几何结构”，此时会进入 DesignModeler 平台界面。选择菜单栏中的“单位”→“毫米”命令，设置长度单位为“mm”。之后单击常用命令栏中的生成按钮，生成几何体，如图 10-30 所示。

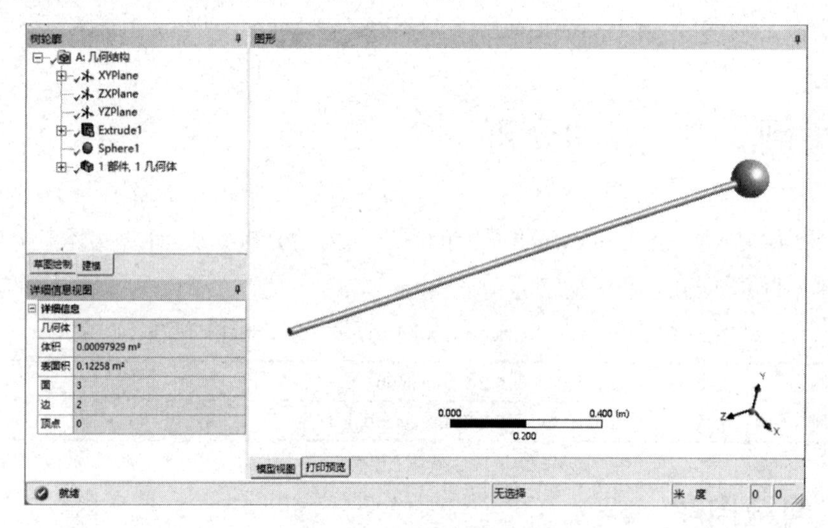

图 10-30　生成几何体

③ 单击 DesignModeler 平台界面右上角的“关闭”按钮，关闭 DesignModeler 平台，返回 ANSYS Workbench 平台主界面。

10.3.4　进行模态分析

如图 10-31 所示，将“工具箱”窗格中的“分析系统”→“模态”命令拖曳到项目 A 中 A2 栏的“几何结构”中，此时在项目 A 的右侧会出现一个项目 B，并且项目 A 与项目 B 实现几何数据共享。

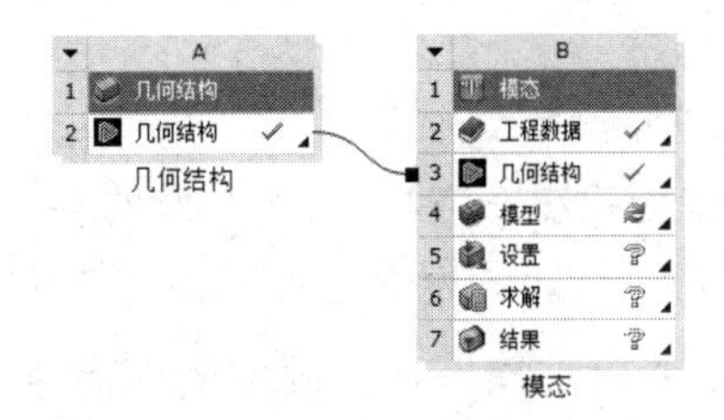

图 10-31　创建模态分析项目 B

10.3.5　划分网格

① 双击项目 B 中 B4 栏的“模型”，此时会出现 Mechanical 平台界面，如图 10-32 所示。

② 选择 Mechanical 平台界面左侧“轮廓”窗格中的“网格”命令，此时可以在“‘网格’的详细信息”窗格中修改网格参数，如图 10-33 所示，在“尺寸调整”→“使用自适应尺寸调整”栏中选择“否”选项，在“捕获曲率”栏中选择“是”选项，在“捕获邻近度”栏中选择“是”选项，其余选项保持默认设置。

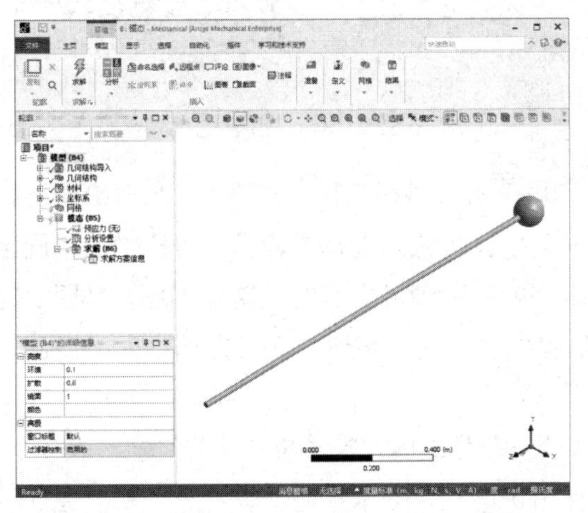

图 10-32　Mechanical 平台界面

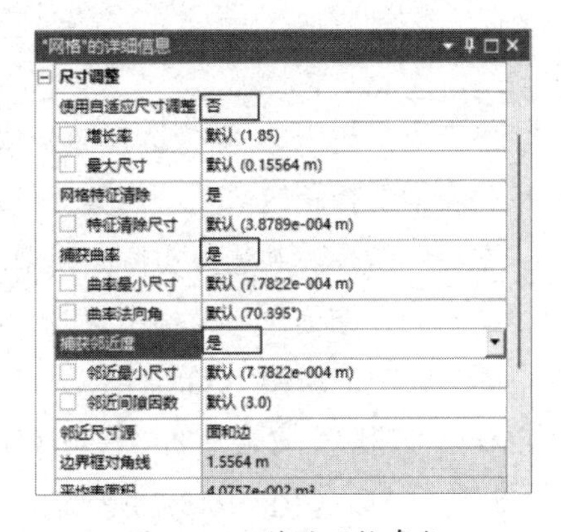

图 10-33　修改网格参数

③ 右击“轮廓”窗格中的“网格”命令，在弹出的快捷菜单中选择“生成网格”命令，如图 10-34 所示，此时会弹出网格划分进度栏，表示网格正在划分。当网格划分完成后，进度栏会自动消失，最终的网格效果如图 10-35 所示。

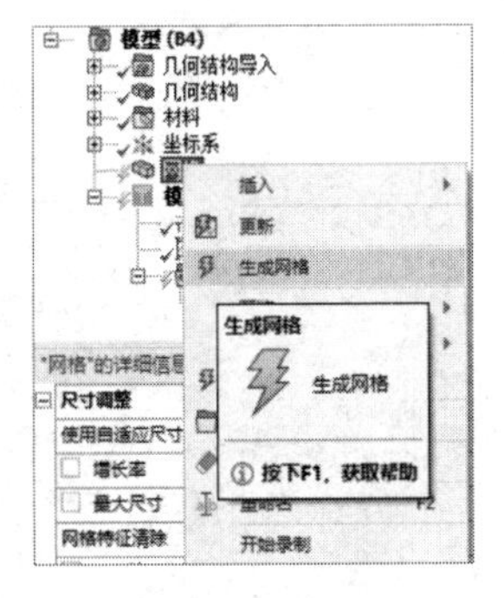

图 10-34　选择“生成网格”命令

图 10-35　网格效果

10.3.6 施加约束

① 选择“轮廓”窗格中的“模态（B5）”命令，此时会出现如图 10-36 所示的“环境”选项卡。

② 选择“环境”选项卡中的“结构”→“固定的”命令，此时在“轮廓”窗格中会出现“固定支撑”命令，如图 10-37 所示。

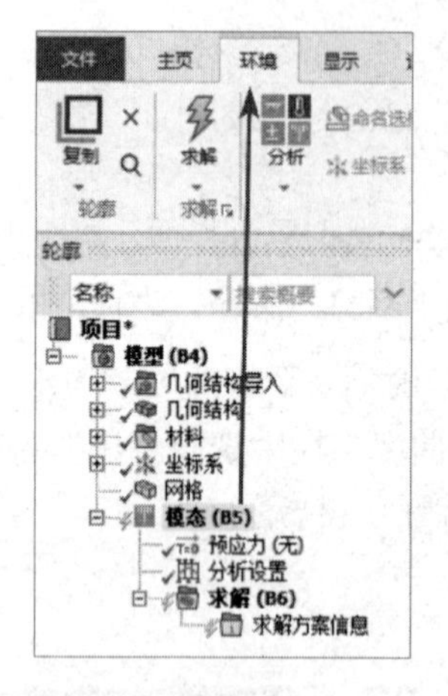

图 10-36 “环境”选项卡

图 10-37 添加“固定支撑”命令

③ 单击工具栏中的（选择面）按钮，之后单击工具栏中按钮的，在弹出的下拉列表中选择相应选项，使其变成（框选择）按钮。选择“轮廓”窗格中的“固定支撑”命令，并选择实体梁模型的一端（位于 Z 轴最大值的一端），单击“‘固定支撑’的详细信息”窗格中“几何结构”栏的“应用”按钮，即可在选中的面上施加固定约束，如图 10-38 所示。

④ 右击“轮廓”窗格中的“模态（B5）”命令，在弹出的快捷菜单中选择“求解”命令，进行计算，如图 10-39 所示。此时会弹出进度栏，表示正在计算，当计算完成后，进度栏会自动消失。

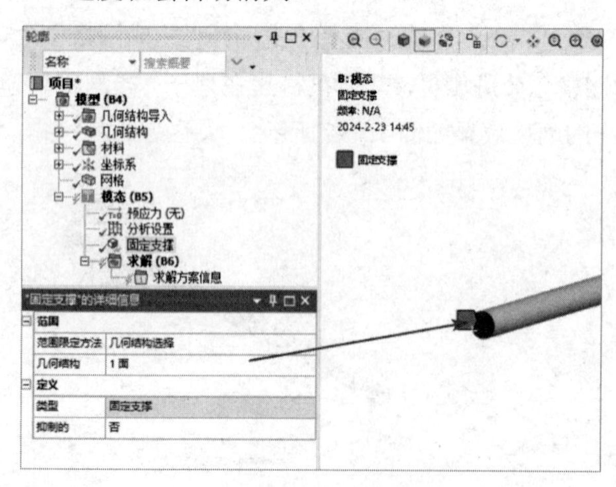

图 10-38 施加固定约束

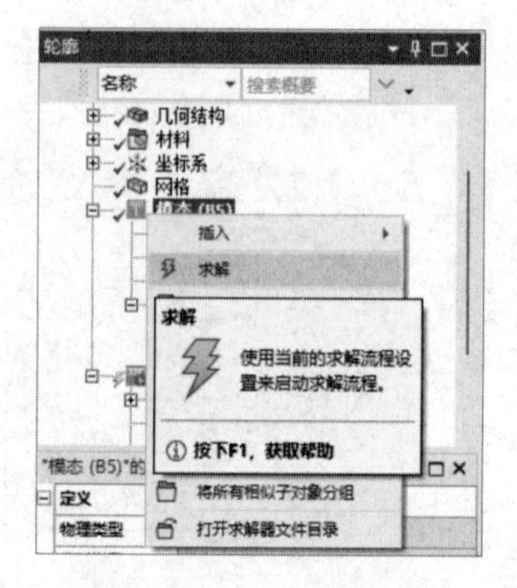

图 10-39 选择“求解”命令

10.3.7　结果后处理（1）

① 选择“轮廓”窗格中的“求解（B6）”命令，此时会出现如图 10-40 所示的“求解”选项卡。

② 选择“求解”选项卡中的“结果”→“变形”→“总计”命令，此时在“轮廓”窗格中会出现“总变形”命令，如图 10-41 所示。

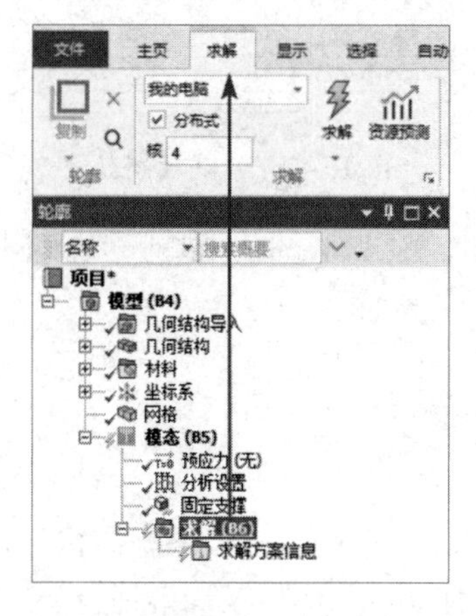

图 10-40　“求解”选项卡

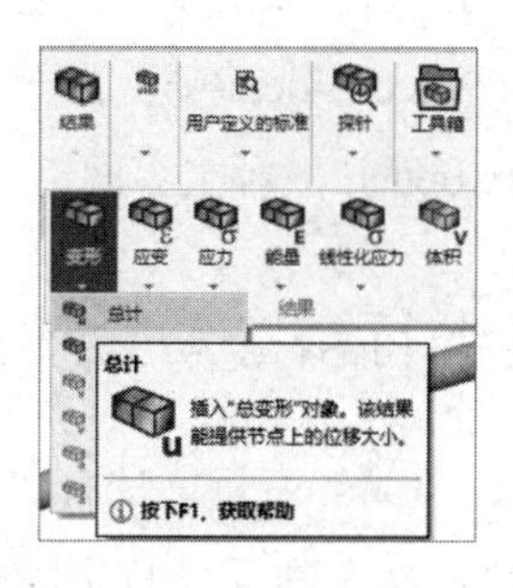

图 10-41　添加“总变形”命令

③ 右击“轮廓”窗格中的“求解（B6）”命令，在弹出的快捷菜单中选择“评估所有结果”命令，如图 10-42 所示。此时会弹出进度栏，表示正在评估，当评估完成后，进度栏会自动消失。

④ 选择“轮廓”窗格中的“求解（B6）”→“总变形”命令，此时会出现如图 10-43 所示的第一阶模态总变形分析云图。

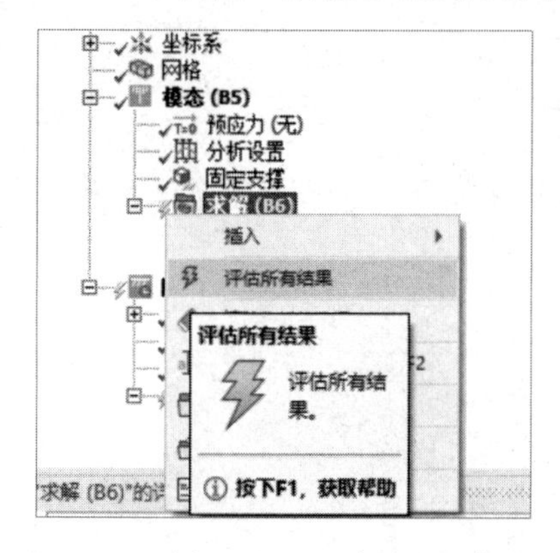

图 10-42　选择“评估所有结果”命令

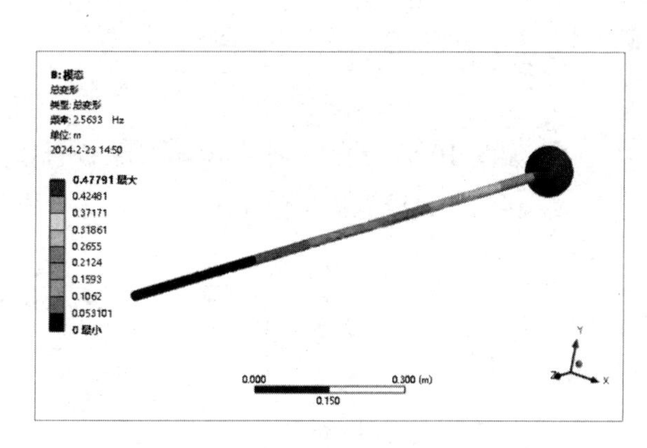

图 10-43　第一阶模态总变形分析云图

⑤ 图 10-44 所示为实体梁模型的各阶模态频率。

⑥ ANSYS Workbench 平台默认的模态阶数为 6 阶，选择“轮廓”窗格中的“模态（B5）”→“分析设置”命令，在下面的“‘分析设置’的详细信息”窗格的“选项”操作面板中，可以在“最大模态阶数”栏中修改模态数量，如图 10-45 所示。

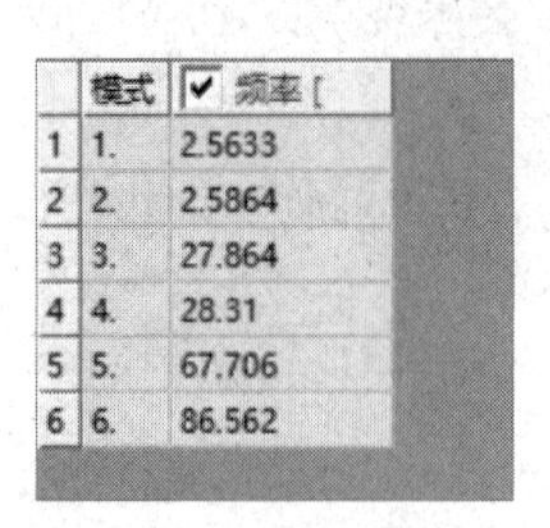

	模式	频率 [
1	1.	2.5633
2	2.	2.5864
3	3.	27.864
4	4.	28.31
5	5.	67.706
6	6.	86.562

图 10-44　各阶模态频率

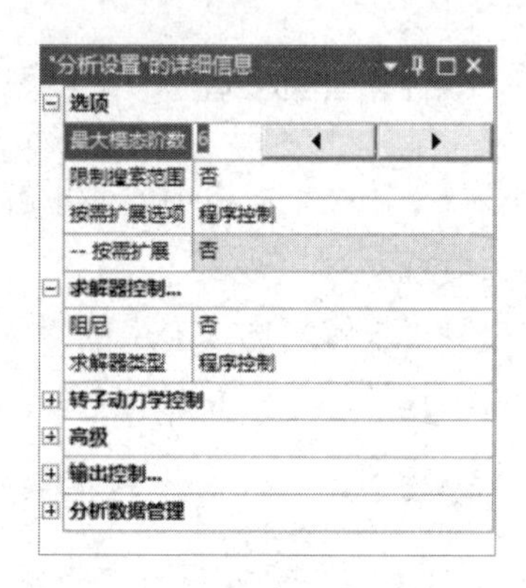

图 10-45　修改模态数量

⑦ 单击 Mechanical 平台界面右上角的“关闭”按钮，关闭 Mechanical 平台，返回 ANSYS Workbench 平台主界面。

10.3.8　进行瞬态动力学分析

① 如图 10-46 所示，选择“工具箱”窗格中的“分析系统”→“瞬态结构”命令，将其直接拖曳到项目 B 中 B6 栏的“求解”中，创建瞬态动力学分析项目 C。

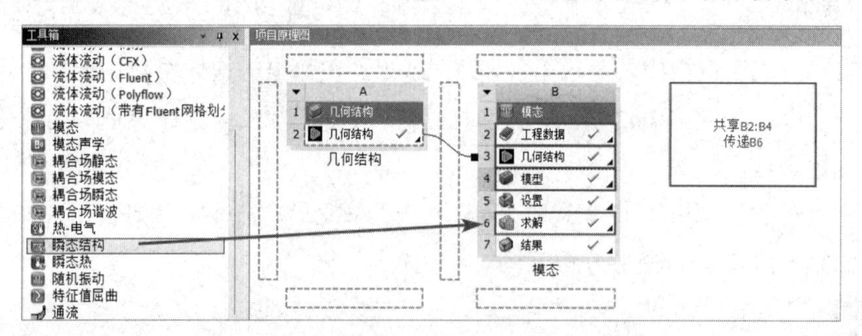

图 10-46　创建瞬态动力学分析项目 C

② 如图 10-47 所示，项目 B 与项目 C 直接实现了几何数据共享，此时在项目 C 中 C5 栏的“设置”后会出现图标。

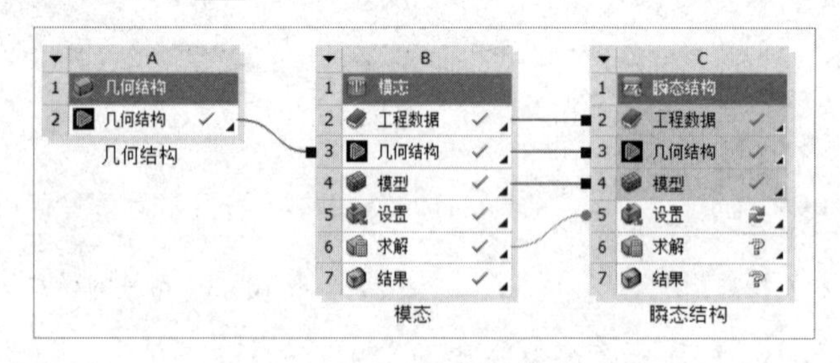

图 10-47　几何数据共享

③ 双击项目 C 中 C5 栏的“设置”，进入 Mechanical 平台界面，如图 10-48 所示。

④ 右击“轮廓”窗格中的“模态（B5）”命令，在弹出的快捷菜单中选择“求解”命令，进行模态计算，如图 10-49 所示。

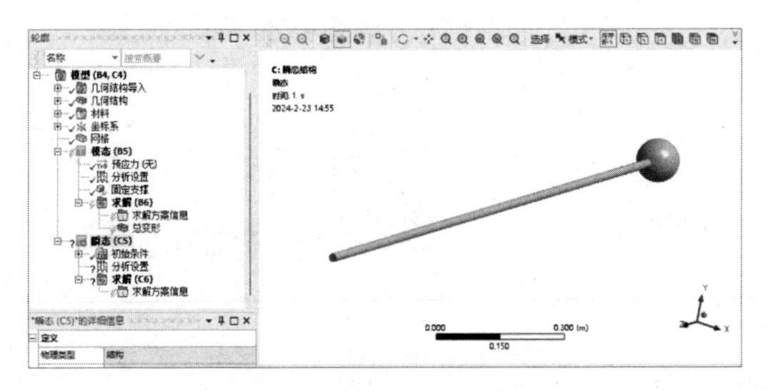

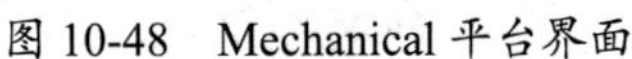

图 10-48　Mechanical 平台界面

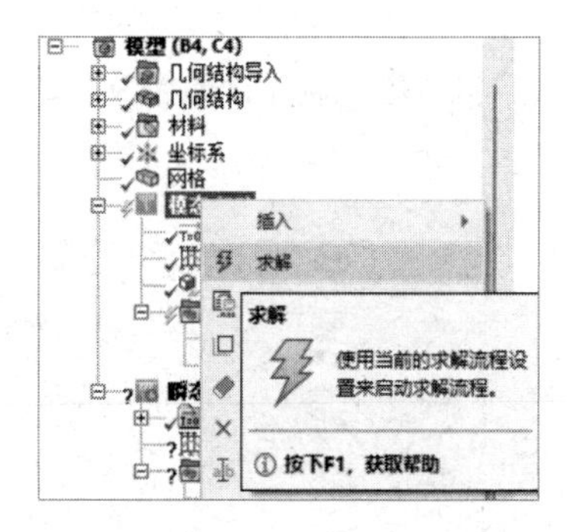

图 10-49　选择“求解”命令

10.3.9　添加动态力载荷

① 选择“轮廓”窗格中的“瞬态（C5）”命令，此时会出现如图 10-50 所示的“环境”选项卡。

② 选择“环境”选项卡中的“结构”→“力”命令，此时在“轮廓”窗格中会出现“力”命令，如图 10-51 所示。

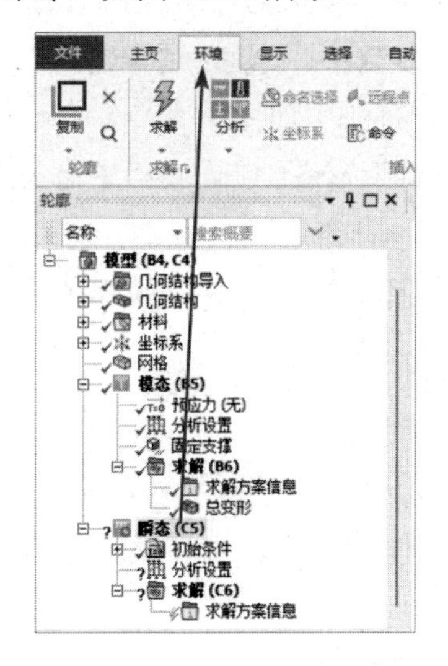

图 10-50　“环境”选项卡

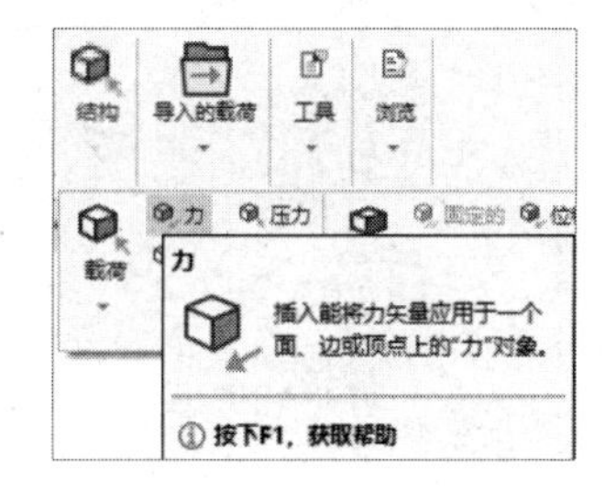

图 10-51　添加“力”命令

③ 选择“轮廓”窗格中的“瞬态（C5）”→“力”命令，在下面的“‘力’的详细信息”窗格中进行如图 10-52 所示的设置。

在“范围”→“几何结构”栏中选择圆柱体底面，此时在该栏中会显示“1 面”。

在“定义”→“定义依据”栏中选择“分量”选项，之后在“X 分量”栏中选择“表格（时间）”选项；保持“Y 分量”和“Z 分量”的值为“0N”。

④ 选择“轮廓”窗格中的“瞬态（C5）”→“分析设置”命令，在下面的“‘分析设置’的详细信息”窗格中进行如图 10-53 所示的设置。

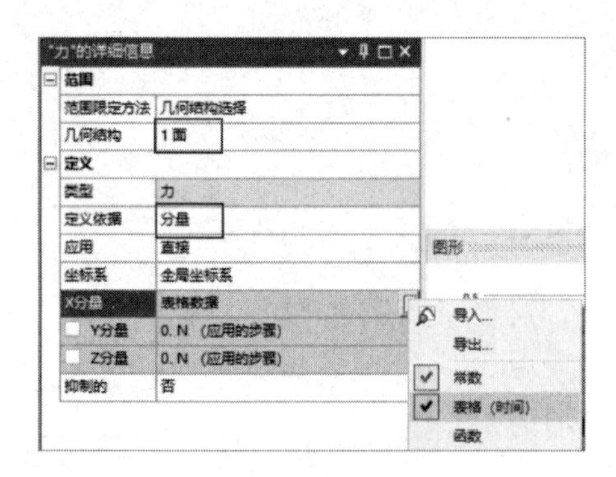

图 10-52 设置力属性

"分析设置"的详细信息	
步控制	
步骤数量	2.
当前步数	1.
步骤结束时间	0.1 s
自动时步	关闭
定义依据	时间
时步	1.e-002 s
时间积分	开启
选项	
包括残余矢量	否
按需扩展选项	程序控制
-- 按需扩展	否
模式选择方法	无
输出控制...	

图 10-53 设置时间步（1）

"分析设置"的详细信息	
步控制	
步骤数量	2.
当前步数	2.
步骤结束时间	10. s
自动时步	关闭
定义依据	时间
时步	1.e-002 s
时间积分	开启
选项	
包括残余矢量	否
按需扩展选项	程序控制
-- 按需扩展	否
模式选择方法	无
输出控制...	

图 10-54 设置时间步（2）

在“步骤数量”栏中输入“2”，设置总时间步为 2 个。

在“当前步数”栏中输入“1”，设置当前时间步为第 1 个。

在“步骤结束时间”栏中输入“0.1s”，设置第 1 个时间步结束的时间为 0.1s。

在“时步”栏中输入“1.e-002s”，设置时间步为 0.01s。

⑤ 同样地，如图 10-54 所示，在“当前步数”栏中输入“2”，在“步骤结束时间”栏中输入“10s”。

⑥ 选择“轮廓”窗格中的“力”命令，右下角会弹出一个“表格数据”窗格，在该窗格中输入数据，如图 10-55 所示。

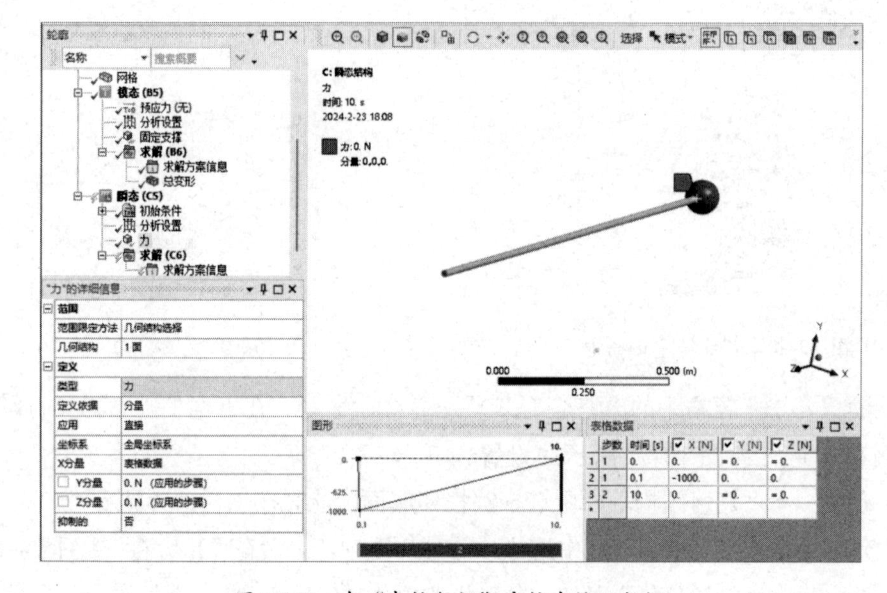

图 10-55 在“表格数据”窗格中输入数据

⑦ 选择“轮廓”窗格中的“瞬态（C5）”→“分析设置”命令，在下面的“‘分析设置’的详细信息”窗格中进行以下设置，如图 10-56 所示。

在“阻尼控制”→“数值阻尼”栏中选择“手动”选项。

在“数值阻尼值”栏中将阻尼比改为“0.002”。

⑧ 右击“轮廓”窗格中的“瞬态（C5）”命令，在弹出的快捷菜单中选择“求解”命令，如图 10-57 所示。此时会弹出进度栏，表示正在计算，当计算完成后，进度栏会自动消失。

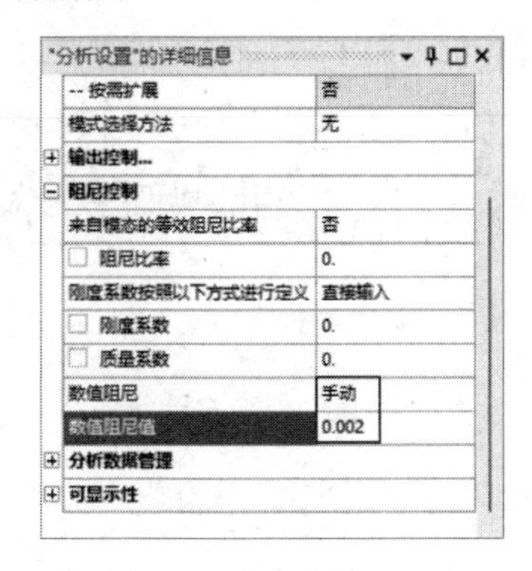

图 10-56　设置阻尼比

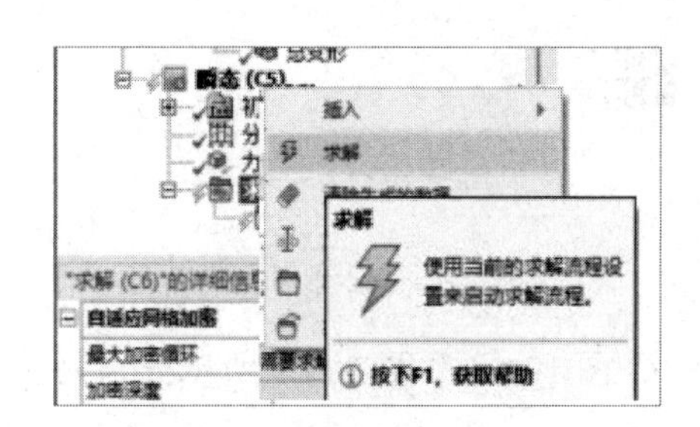

图 10-57　选择“求解”命令

10.3.10　结果后处理（2）

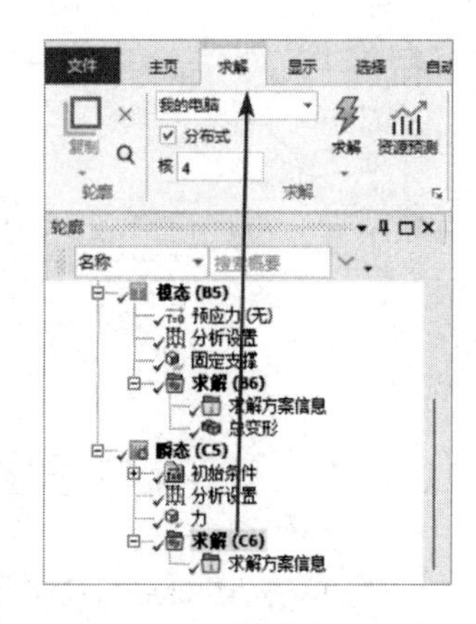

图 10-58　“求解”选项卡

① 选择“轮廓”窗格中的“求解（C6）”命令，此时会出现如图 10-58 所示的“求解”选项卡。

② 选择“求解”选项卡中的“结果”→“变形”→“总计”命令，此时在“轮廓”窗格中会出现“总变形”命令，如图 10-59 所示。

③ 右击“轮廓”窗格中的“求解（C6）”命令，在弹出的快捷菜单中选择“评估所有结果”命令，如图 10-60 所示。此时会弹出进度栏，表示正在评估，当评估完成后，进度栏会自动消失。

图 10-59　添加“总变形”命令

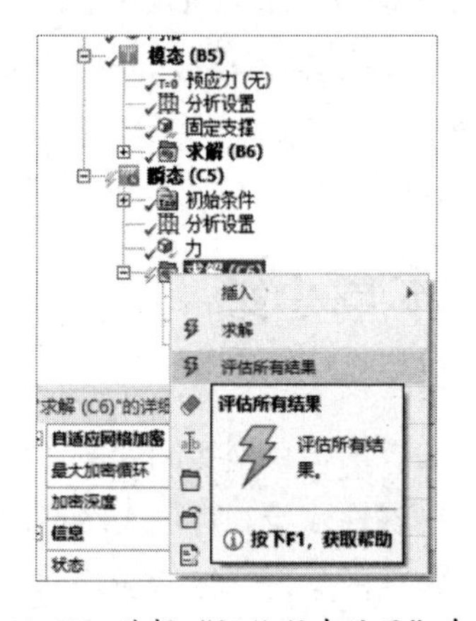

图 10-60　选择“评估所有结果”命令

④ 选择“轮廓”窗格中的“求解（C6）”→“总变形”命令，此时会出现如图 10-61 所

示的总变形分析云图。

⑤ 图 10-62 所示为位移随时间变化的响应曲线。

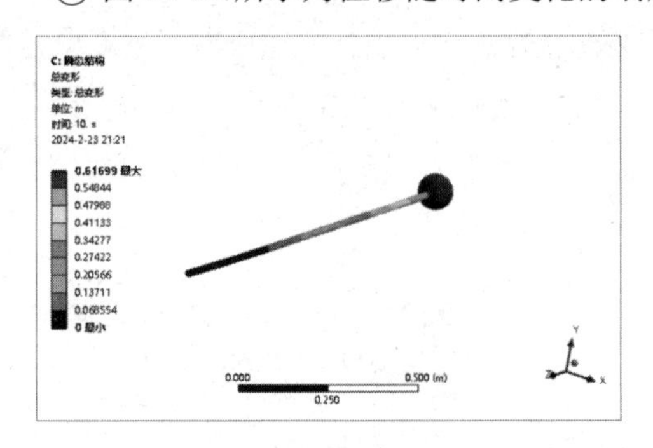

图 10-61　总变形分析云图

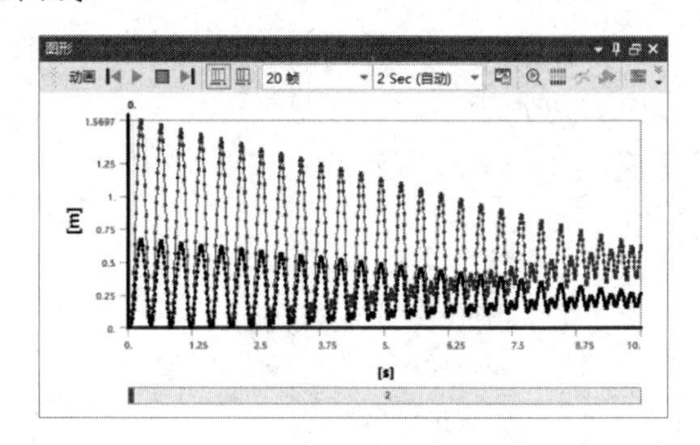

图 10-62　位移响应曲线

⑥ 图 10-63 和图 10-64 所示分别为应力分析云图和应力随时间变化的响应曲线。

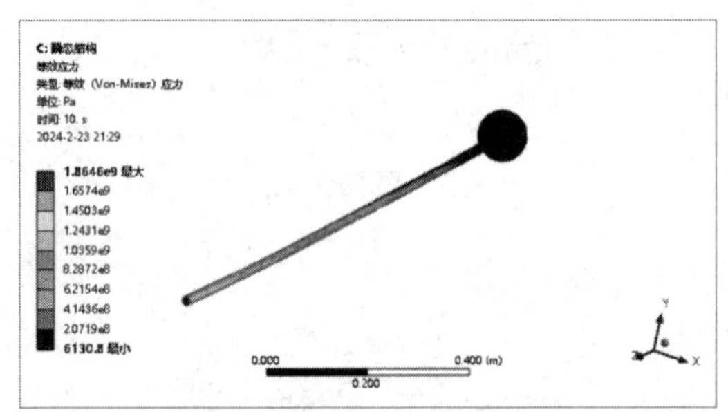

图 10-63　应力分析云图

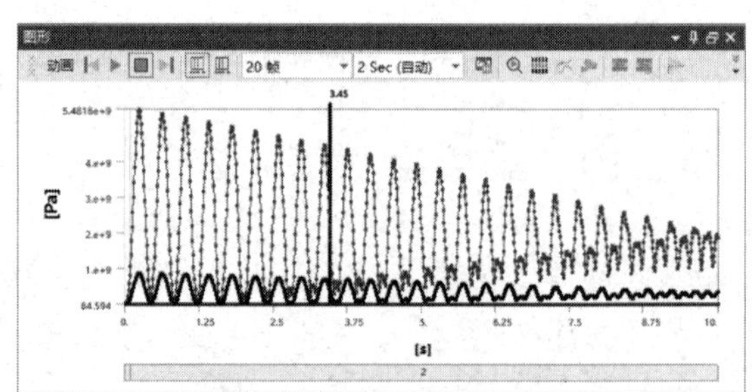

图 10-64　应力响应曲线

10.3.11　保存与退出

① 单击 Mechanical 平台界面右上角的“关闭”钮，关闭 Mechanical 平台，返回 ANSYS Workbench 平台主界面。此时主界面“项目原理图”窗格中显示的分析项目均已完成。

② 在 ANSYS Workbench 平台主界面中单击工具栏中的“保存”按钮，设置“文件名”为“Transient_Structural.wbpj”。

③ 单击右上角的“关闭”按钮，关闭 ANSYS Workbench 平台，完成项目分析。

10.4　本章小结

本章通过两个典型实例介绍了瞬态动力学分析的一般过程，包括材料导入与建模、材料选择与材料属性赋予、有限元网格的划分、对模型施加边界条件与外载荷，以及结构后处理等。通过本章的学习，读者应当对 ANSYS Workbench 平台的瞬态动力学分析模块及操作步骤有详细的了解，同时熟练掌握其操作步骤与分析方法。

第3篇

第11章 接触分析

本章内容

本章将对ANSYS Workbench平台的接触分析模块进行讲解，并通过几个典型实例对接触分析的一般步骤进行详细讲解，包括几何建模（外部几何数据的导入）、材料赋予、网格设置与划分、边界条件的设定和后处理操作等。

学习要求

知识点	学习目标			
	了解	理解	应用	实践
接触分析的基本知识	√			
接触分析的计算过程			√	√

11.1 接触分析概述

两个独立表面相互接触并相切，称为接触。从一般物理意义上来讲，接触的表面包含以下特征。

- 不会渗透。
- 可传递法向压力和切向摩擦力。
- 通常不传递法向拉伸力，即可以自由分离和移动。

提示

接触是非线性状态改变。也就是说，系统刚度取决于接触状态，即零件间处于接触或分离状态。

从物理意义上来讲，接触体间不会相互渗透，所以，程序必须建立两个表面之间的关系以阻止分析中的相互穿透。程序阻止穿透的性质称为强制接触协调性。

Mechanical 平台提供了几种不同的接触公式来表现接触截面的强制接触协调性，如表 11-1 所示。

表11-1　接触公式

控制方程	法　　向	切　　向	法向刚度	切向刚度	类　　型
Augmented Lagrange（增广拉格朗日法）	Augmented Lagrange（增广拉格朗日法）	Penalty（罚函数）	是	是	任何
Pure Penalty（罚函数法）	Penalty（罚函数）	Penalty（罚函数）	是	是	任何
MPC	MPC	MPC	—	—	绑定不分离
Normal Lagrange（拉格朗日法）	Lagrange Multiplier（拉格朗日乘子）	Penalty（罚函数）	—	是	任何

说明：—表示接触刚度不能由用户直接输入。

对于非线性实体表面接触，可以使用罚函数法或增广拉格朗日法。

（1）这两种方法都基于罚函数方程：$F_{normal}=k_{normal}\times x_{penetration}$。

（2）对于一个有限的接触力 F_{normal}，存在一个接触刚度 k_{normal} 的概念，并且接触刚度越高，穿透量 $x_{penetration}$ 越小，如图 11-1 所示。

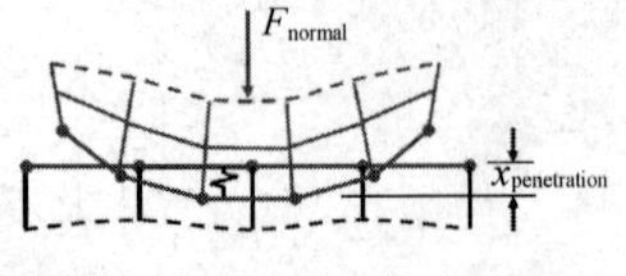

图 11-1　罚函数方程原理

（3）对于理想的、无限大的 k_{normal}，即零穿透在数值计算中是不可能的，但是只要 $x_{penetration}$ 足够小或可以被忽略，求解的结果就是精确的。

罚函数法和增广拉格朗日法的区别就是后者加大了接触力（压力）。

罚函数法：$F_{normal}=k_{normal}\times x_{penetration}$。

增广拉格朗日法：$F_{normal}=k_{normal}\times x_{penetration}+\lambda$。

由于存在额外因子 λ，因此增广拉格朗日法对接触刚度 k_{normal} 变得不敏感。

拉格朗日乘子公式：增广拉格朗日法增加了额外自由度（接触力）来满足接触协调性。因此，接触力可作为额外自由度被直接求解，而不通过接触刚度和穿透计算得到。同时，使用此方法可以得到 0 或接近 0 的穿透量，也不需要压力自由度的法向接触刚度（零弹性滑动），但是需要直接求解器，这样会付出更大的计算代价。

使用法向拉格朗日法会出现接触扰动，如图 11-2 所示。如果不允许渗透，则在间隙为 0 处，就无法判断接触状态是开放的还是闭合的（如阶跃函数）。这有时会导致收敛变得更加困难，因为接触点总是在打开/关闭之间来回振荡，这种情况就称为接触扰动。如果允许微小渗透，使用如图 11-3 所示的罚函数法，则收敛会变得更加容易，因为接触状态不再是一个阶跃变化。

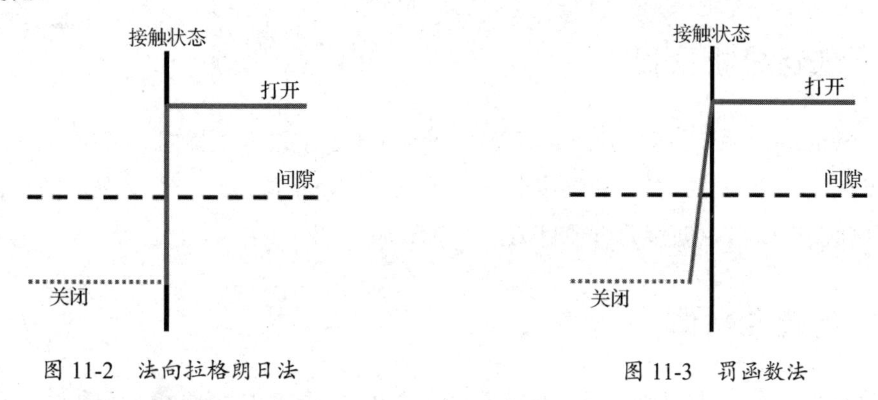

图 11-2 法向拉格朗日法　　图 11-3 罚函数法

值得一提的是，若算法不同，则接触探测不同。

罚函数法和增广拉格朗日法方程使用积分点探测，这会形成较多的探测点，如图 11-4 所示，这时有 10 个探测点。

拉格朗日法和 MPC 方程使用节点探测（目标法向），这会形成较少的探测点，如图 11-5 所示，这时有 6 个探测点。

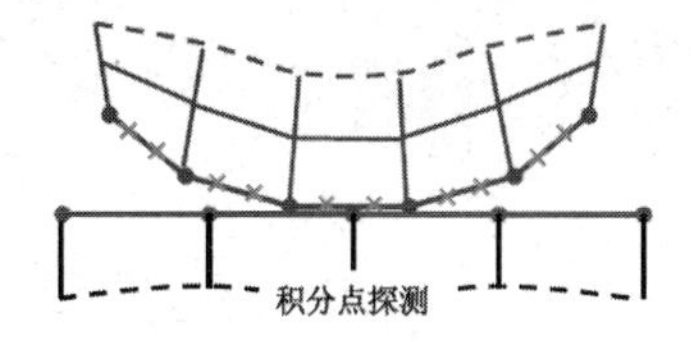

图 11-4 罚函数法和增广拉格朗日法方程

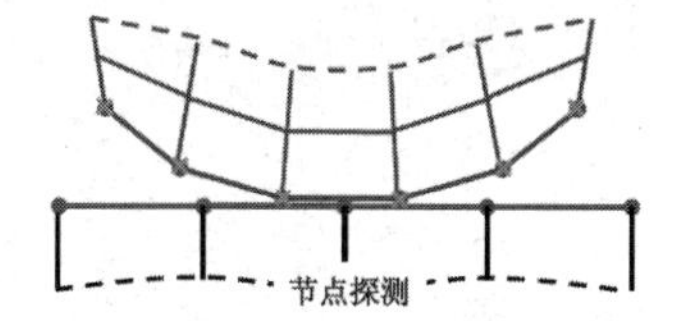

图 11-5 拉格朗日法和 MPC 方程

节点探测在处理边接触时会稍微好一些，但是，通过局部网格细化，积分点探测也可以实现同样的效果。

11.2 实例——铝合金板孔受力分析

本节主要介绍 ANSYS Workbench 平台的接触分析模块，分析含有直径为 32mm 的圆孔的铝合金板在孔位置处的受力情况。

学习目标：熟练掌握 ANSYS Workbench 接触设置，以及求解的方法及过程。

模型文件	无
结果文件	配套资源\ Chapter11\char11-1\接触.wbpj

11.2.1 问题描述

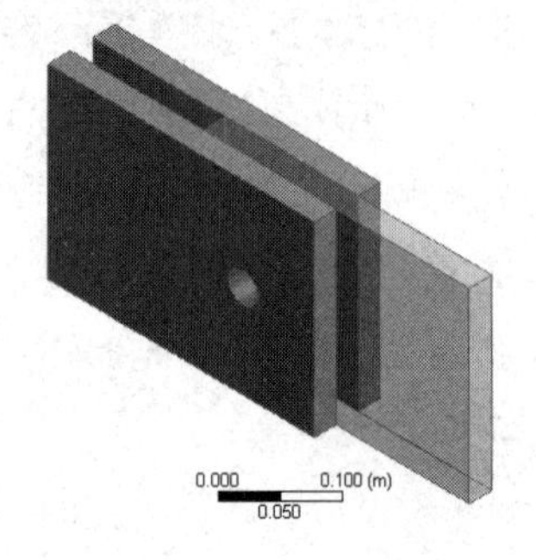

图 11-6 铝合金板模型

图 11-6 所示为某铝合金板模型，作用在其上的 75000N 拉力使得铝合金板的圆孔变形，分析铝合金板孔位置处的变形及应力大小。

11.2.2 创建分析项目

① 在 Windows 系统下启动 ANSYS Workbench 平台，进入主界面。

② 双击主界面“工具箱”窗格中的“分析系统”→“静态结构”命令，即可在“项目原理图”窗格中创建分析项目 A。

11.2.3 创建几何体

① 右击项目 A 中 A2 栏的“几何结构”，在弹出的快捷菜单中选择“新的 DesignModeler 几何结构”命令，进入 DesignModeler 平台界面。

② 如图 11-7 所示，绘制几何图形，并对几何图形进行标注：D5=32mm；H1=300mm；V2=204mm；L3=102mm；L4=70mm。

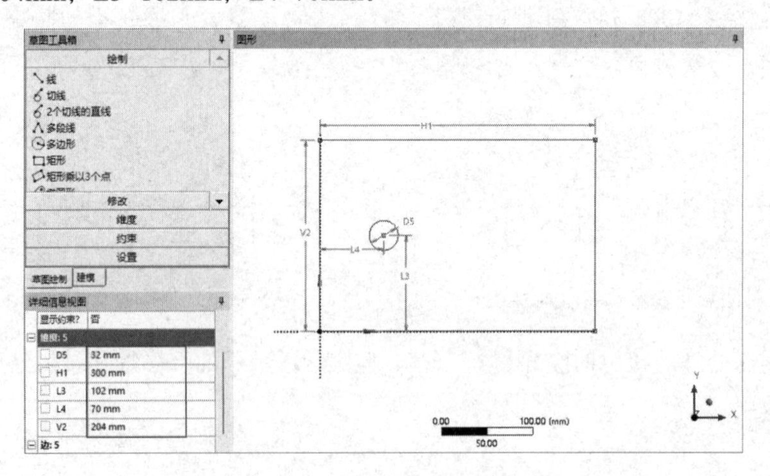

图 11-7 绘制几何图形并标注

③ 选择菜单栏中的“创建”→“挤出”命令，在下面的“详细信息视图”窗格中设置拉伸厚度为“25mm”，并单击常用命令栏中的 生成 按钮，完成几何体的创建，如图 11-8 所示。

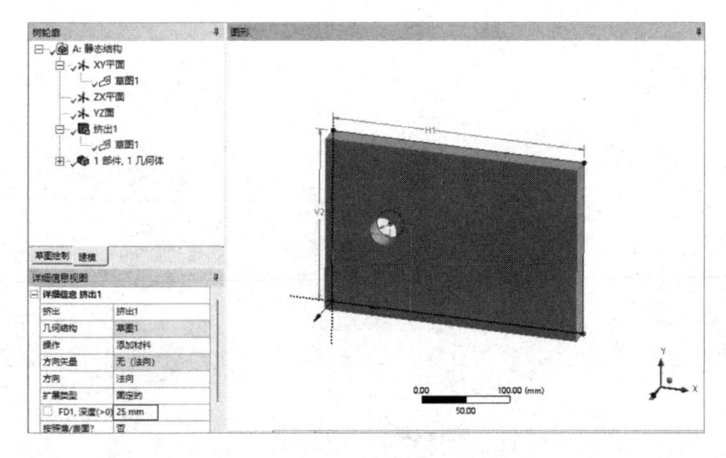

图 11-8　完成几何体的创建

④ 选择菜单栏中的“工具”→“冻结”命令，单击常用命令栏中的 生成 按钮，将创建的几何体冻结，冻结的目的是在后续创建圆柱体时，该几何体作为独立的几何体出现。

⑤ 创建圆柱体。在 *XY* 平面上新建一个坐标平面“平面 4”，如图 11-9 所示。

⑥ 在平面 4 上创建如图 11-10 所示的圆柱体，并进行标注：D1=30mm；H2=69mm。

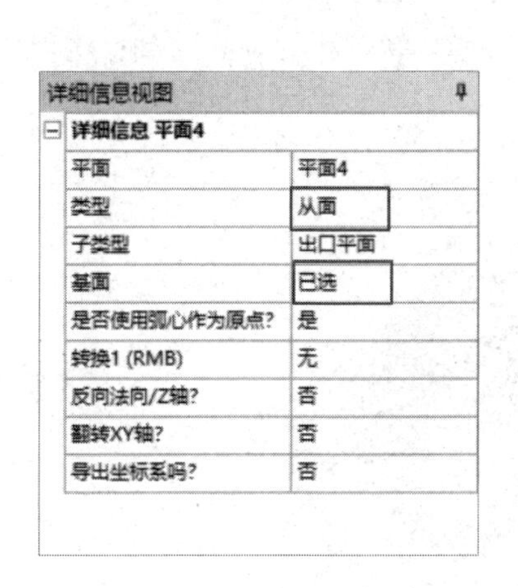

图 11-9　新建坐标平面

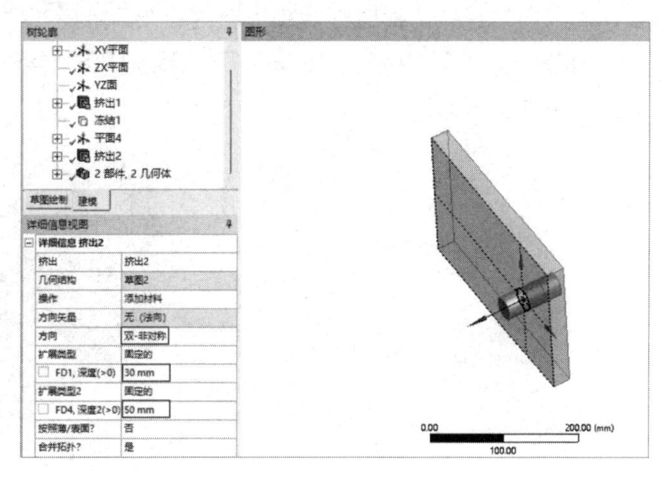

图 11-10　创建圆柱体并标注

⑦ 选择菜单栏中的“创建”→“挤出”命令，在下面的“详细信息视图”窗格中进行以下设置。

在“方向”栏中选择“双-非对称”选项。

在“FD1，深度（>0）”栏中输入“30mm”。

在“FD4，深度 2（>0）”栏中输入“50mm”，并单击常用命令栏中的 生成 按钮，完成圆柱体的创建。

⑧ 几何体的创建。如图 11-11 所示，以一个面为基准创建草绘平面，设置拉伸长度为“25mm”。

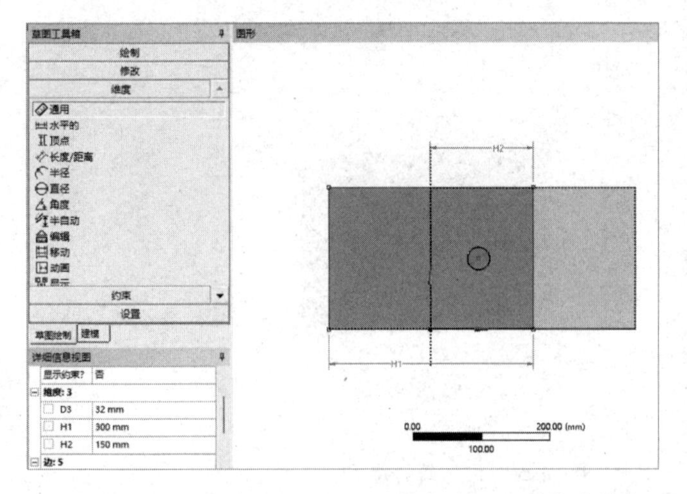

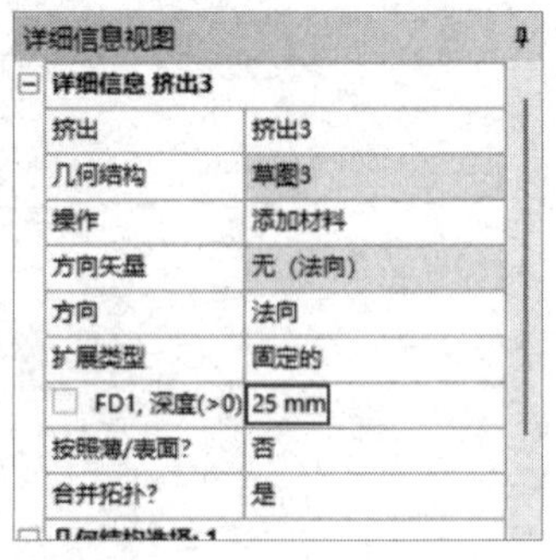

图 11-11　几何体的创建

⑨ 几何阵列。如图 11-12 所示，选择菜单栏中的“创建”→“模式”命令，在下面的“详细信息视图”窗格中进行以下设置。

在“几何结构”栏中确保要被镜像的实体被选中，此时在“几何结构”栏中会显示“1 几何体”。

在“方向”栏中选择图中箭头指向的边线，此时在“方向”栏中会显示“3D 边”。

在“FD1，偏移”栏中输入“50mm”，其余选项保持默认设置，单击常用命令栏中的 生成 按钮，生成几何体。

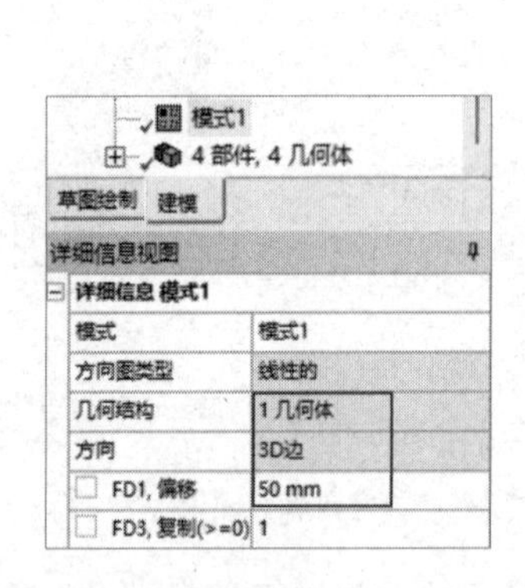

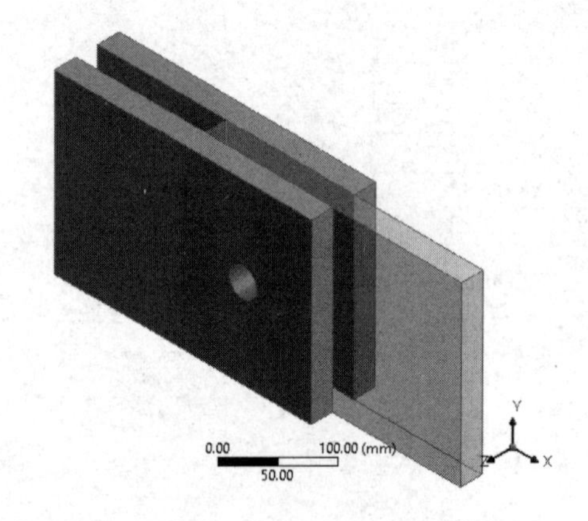

图 11-12　几何阵列

⑩ 几何体命名。将铝合金板命名为“铝”，将圆柱体和另外两个几何体命名为“Q235”，关闭 DesignModeler 平台。

11.2.4　添加材料库

① 双击项目 A 中 A2 栏的“工程数据”，进入材料参数设置界面，在工程材料数据库中选择“铝合金”材料。ANSYS Workbench 平台的材料默认为“结构钢”。

② 单击工具栏中的 项目 按钮，返回 ANSYS Workbench 平台主界面，完成材料库的添加。

11.2.5　添加模型材料属性

① 双击项目 A 中 A4 栏的“模型”，进入 Mechanical 平台界面，在该界面中可以进行网格的划分、分析设置、结果观察等操作。

② 选择 Mechanical 平台界面左侧“轮廓”窗格中的“几何结构”→“铝”命令，在“‘铝’的详细信息”窗格的“任务”栏中选择“铝合金”选项，如图 11-13 所示。

③ Q235 材料默认为结构钢。

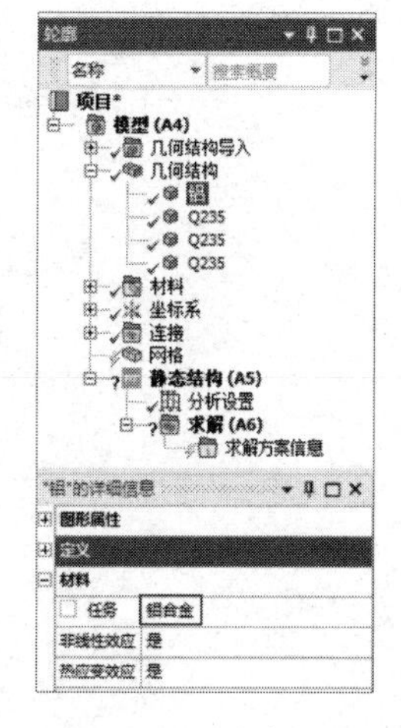

图 11-13　材料设置

11.2.6　创建接触

如图 11-14 所示，选择“轮廓”窗格中的“连接”→“接触”→“无分离-铝至 Q235”命令，在下面的“‘无分离-铝至 Q235’的详细信息”窗格中，在“定义”→“类型”栏中选择“无分离”选项，表示不分离。

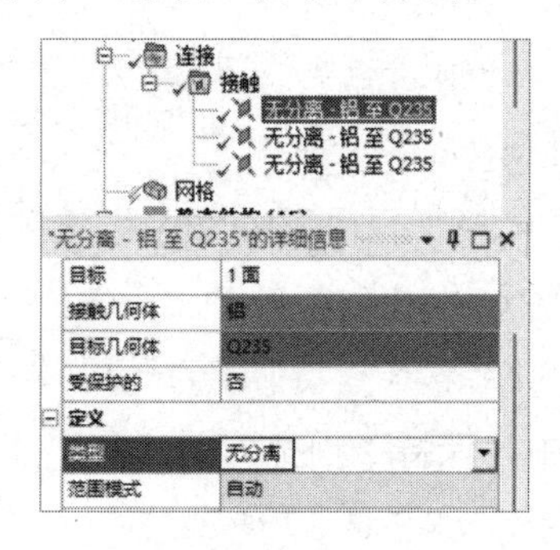

图 11-14　接触设置

11.2.7　划分网格

① 右击“轮廓”窗格中的“网格”命令，在弹出的快捷菜单中选择“插入”→“方法”命令，如图 11-15 所示。

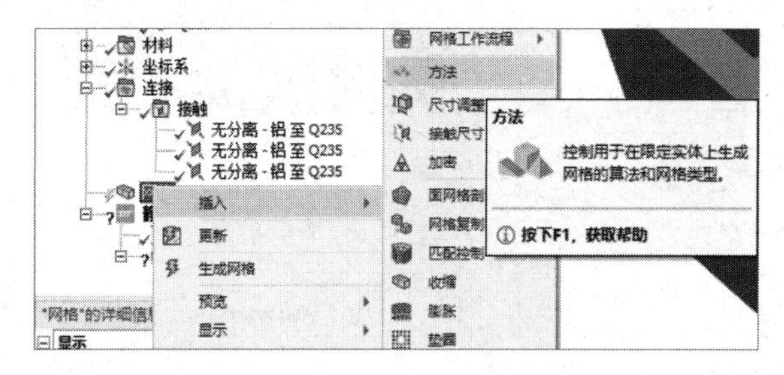

图 11-15　选择“方法”命令

② 如图 11-16 所示，选择“轮廓”窗格中的“网格”→“扫掠方法”命令，在下面的“‘扫掠方法’-方法的详细信息”窗格的“几何结构”栏中确定“铝”几何体被选中，并

单击“应用”按钮。

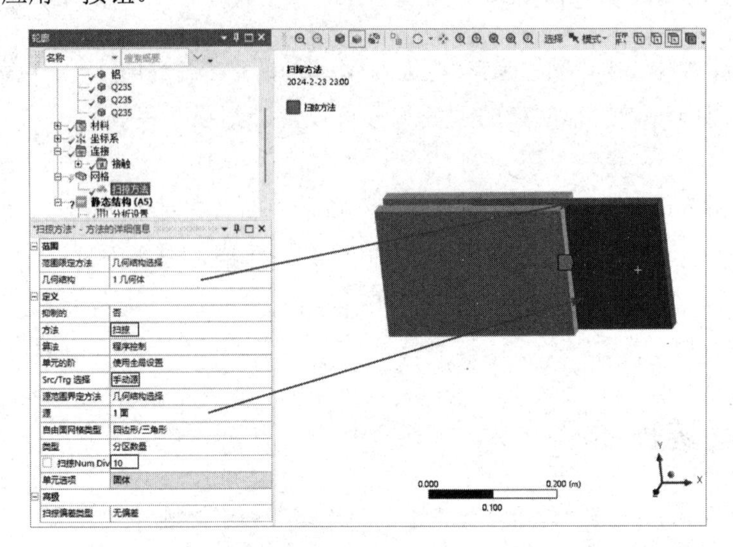

图 11-16　网格设置（1）

在“方法”栏中选择“扫掠”选项。

在“Src/Trg 选择”栏中选择“手动源”选项。

在“源”栏中选择“铝”几何体的一个面。

在“自由面网格类型”栏中选择“四边形/三角形”选项。

在“扫掠 Num Divs”栏中输入“10”。

③ 选择“轮廓”窗格中的“网格”→“扫掠方法 2”命令，在下面的“‘扫掠方法 2’- 方法的详细信息”窗格中，保持“扫掠 Num Divs”栏的“默认”设置，使其余选项采用与步骤②相同的设置，如图 11-17 所示。

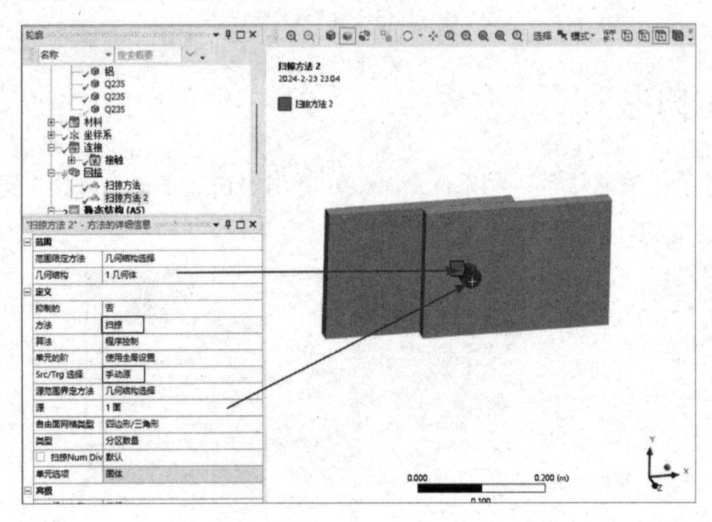

图 11-17　网格设置（2）

④ 右击“轮廓”窗格中的“网格”命令，在弹出的快捷菜单中选择“生成网格”命令，最终的网格效果如图 11-18 所示。

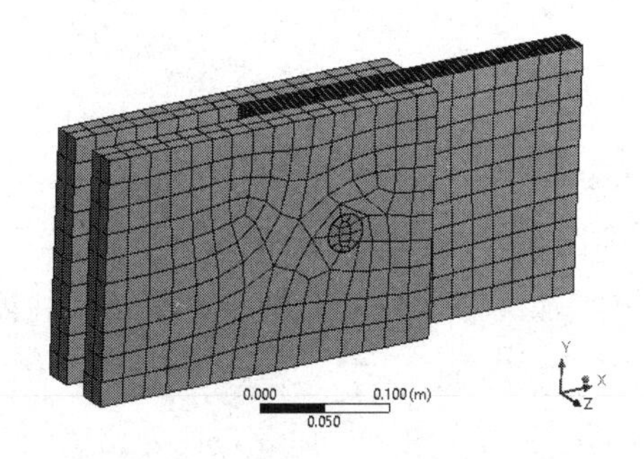

图 11-18 网格效果

11.2.8 施加载荷与约束

① 施加固定约束。选择“轮廓”窗格中的“静态结构（A5）”命令，之后选择“环境”选项卡中的“结构”→“固定的”命令，并选择如图 11-19 所示的几何平面作为固定约束施加面。

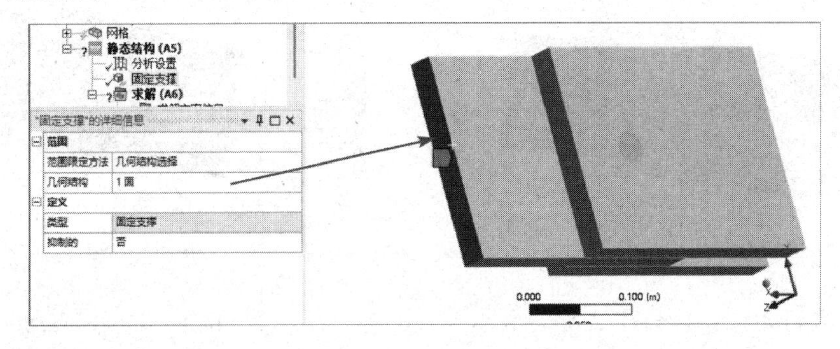

图 11-19 施加固定约束

② 施加载荷。选择“轮廓”窗格中的“静态结构（A5）”命令，之后选择“环境”选项卡中的“结构”→“力”命令，并选择如图 11-20 所示的端面作为载荷施加面，设置载荷大小为“3000N”。

③ 设置施加在另一个端面的载荷大小也为“3000N”，如图 11-21 所示。

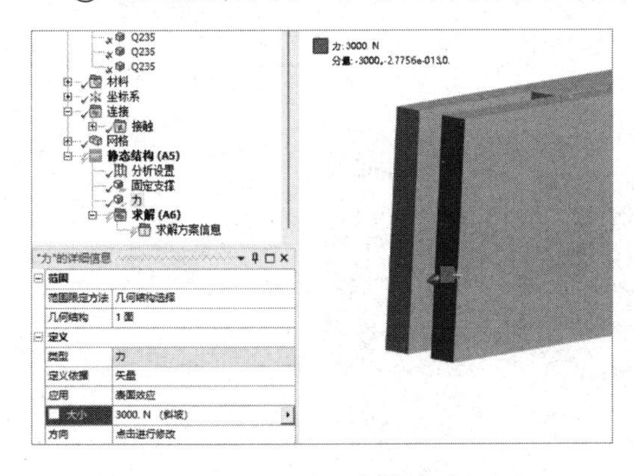

图 11-20 施加载荷（1）

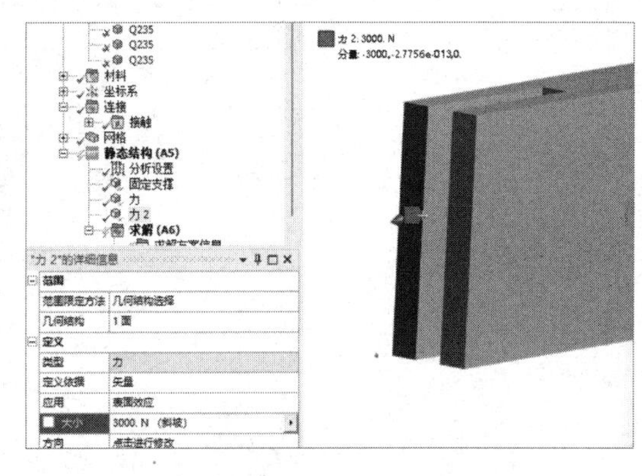

图 11-21 施加载荷（2）

④ 右击“轮廓”窗格中的“静态结构（A5）”命令，在弹出的快捷菜单中选择“求解”命令。

11.2.9　结果后处理

① 选择“轮廓”窗格中的“求解（A6）”命令，之后选择“求解”选项卡中的“结果”→“变形”→“总计”命令，添加“总变形”命令。

② 使用同样的操作方法添加“等效应力”命令，以及圆柱体的“等效应力”命令和铝几何体的“等效应力”命令。

③ 右击“轮廓”窗格中的“求解（A6）”命令，在弹出的快捷菜单中选择“评估所有结果”命令。

④ 如图 11-22 所示，选择“轮廓”窗格中的“求解（A6）”→“总变形”命令，查看总变形分析云图。

⑤ 使用同样的操作方法查看应力分析云图，如图 11-23 所示。

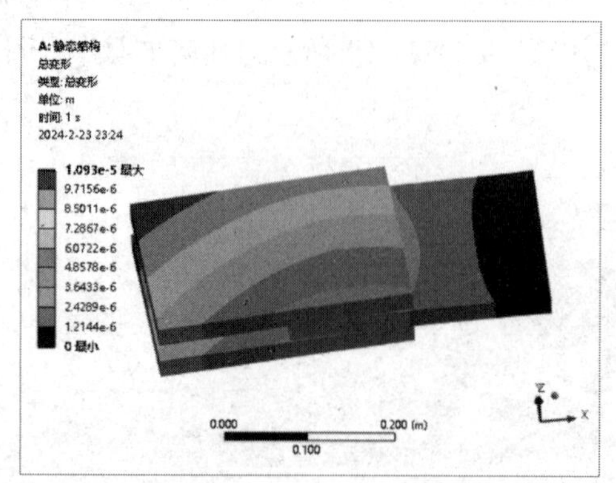

图 11-22　总变形分析云图

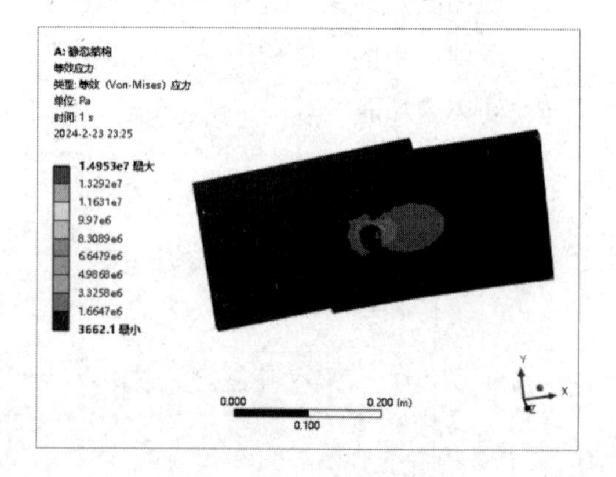

图 11-23　应力分析云图

⑥ 选择“轮廓”窗格中的“模型（A4）”命令，并选择工具栏中的“构造几何结构”命令，右击“轮廓”窗格中的“构造几何结构”命令，在弹出的快捷菜单中选择“路径”命令，之后在下面的“‘路径’的详细信息”窗格中设置启动端点坐标为(7.e−002m,0m,0m)、末端端点坐标为(7.e−002m,0.204m, 0m)，如图 11-24 所示。

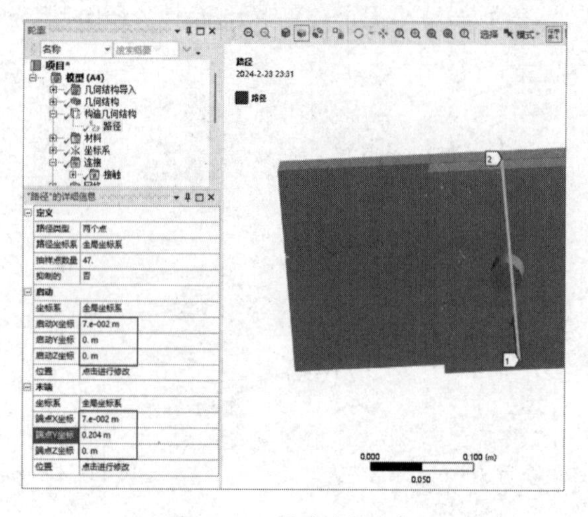

图 11-24　设置路径坐标

⑦ 如图 11-25 所示，右击“轮廓”窗格中的“求解（A6）”命令，在弹出的快捷菜单中选择“插入”→“线性化应力”→“等效（Von-Mises）”命令，进行后处理。

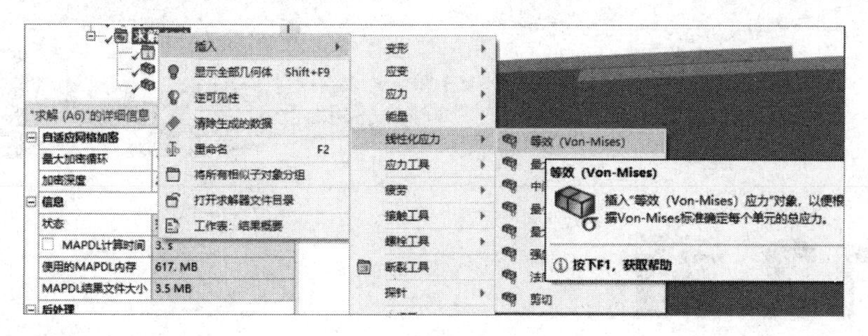

图 11-25　后处理

⑧ 如图 11-26 所示，显示了路径的应力变化云图。

⑨ 如图 11-27 所示，显示了应力随路径的变化曲线图。

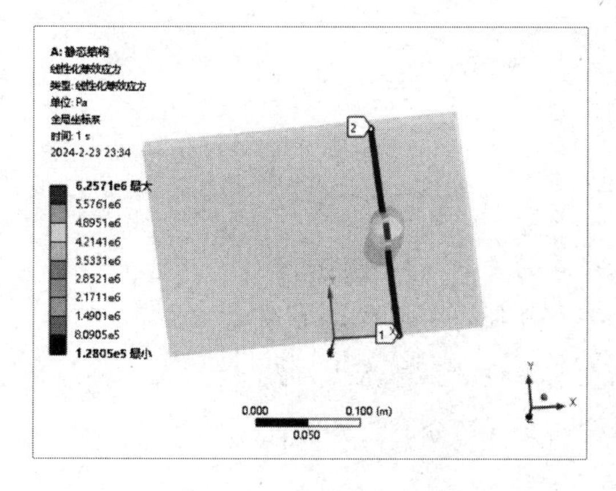

图 11-26　应力变化云图

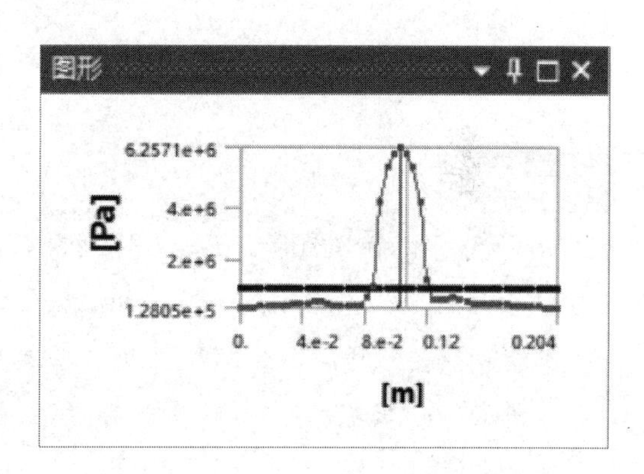

图 11-27　应力变化曲线图

11.2.10　保存与退出

① 单击 Mechanical 平台界面右上角的“关闭”按钮，关闭 Mechanical 平台，返回 ANSYS Workbench 平台主界面。

② 在 ANSYS Workbench 平台主界面中单击工具栏中的“保存”按钮，保存包含分析结果的文件。

③ 单击右上角的“关闭”按钮，关闭 ANSYS Workbench 平台，完成项目分析。

11.3　本章小结

本章通过一个简单的接触分析实例介绍了接触设置的一般步骤。通过本章的学习，读者应该基本了解 4 种接触公式的应用范围。接触分析适用于分析在起吊过程中吊钩与被吊物体之间的受力情况等，如果物体的质量较大，则需要对其进行接触分析，以保证起吊强度。

第 12 章

显式动力学分析

本章内容

ANSYS Workbench 平台已经将 LS-DYNA 的显式动力学分析作为一个单独的模块，本章将对 ANSYS Workbench 平台自带的 3 个显式动力学分析模块进行讲解，介绍显式动力学分析的一般步骤，包括几何建模（外部几何数据的导入）、材料赋予、网格设置与划分、边界条件的设定和后处理操作等。

学习要求

知 识 点	学习目标			
	了解	理解	应用	实践
显式动力学分析的基本知识	√			
显式动力学分析的计算过程			√	√

12.1　显式动力学分析概述

当数值仿真问题涉及瞬态、大应变、大变形、材料的破坏、材料的完全失效或复杂接触的结构问题时，通过显式动力学分析进行求解可以满足用户的需求。

ANSYS Workbench 平台的显式动力学分析模块包括：ANSYS Explicit STR、ANSYS Autodyn 及 Workbench LS-DYNA。此外，还有一个显式动力学输出 LS-DYNA 分析模块 Explicit Dynamics（LS-DYNA Export）。

1．ANSYS Explicit STR

基于 ANSYS Autodyn 分析程序的拉格朗日（结构）求解器的 ANSYS Explicit STR 软件已经被完全集成到统一的 ANSYS Workbench 平台中。在 ANSYS Workbench 平台中，可以方便、无缝地完成多物理场分析，包括电磁、热、结构和计算流体动力学的分析。

ANSYS Explicit STR 软件扩展了功能强大的 ANSYS Mechanical 系列软件分析问题的范围，这些问题往往涉及复杂的载荷工况和接触方式，比如：

- 抗冲击设计、跌落试验（电子和消费产品）。
- 低速-高速的碰撞问题分析（从运动器件分析到航空航天应用）。
- 高度非线性塑性变形分析（制造加工）。
- 复杂材料失效分析应用（国防和安全应用）。
- 破坏接触，如胶粘或焊接（电子和汽车工业）。

2．ANSYS Autodyn

ANSYS Autodyn 软件是一个功能强大的，用来解决固体、流体、气体，以及相互作用的高度非线性动力学问题的显式动力学分析模块。该软件不仅计算稳定、使用方便，而且提供了很多高级功能。

与其他显式动力学分析软件相比，ANSYS Autodyn 软件具有易学、易用、直观、方便、支持交互式图形界面的特性。

采用 ANSYS Autodyn 软件进行显式动力学分析可以大大降低工作量，提高工作效率和降低劳动成本。通过自定义接触和流固耦合界面，以及默认的参数，可以大大节约时间，提高工作效率。

ANSYS Autodyn 软件提供了如下求解技术：

- 有限元法，用于计算结构动力学。
- 有限体积法，用于快速瞬态计算流体动力学。
- 无网格粒子法，用于高速、大变形和碎裂状况下的求解。
- 多求解器耦合，用于多种物理现象耦合情况下的求解。

- 丰富的材料模型，包括材料本构响应和热力学计算。
- 串行计算，共享内存式和分布式并行计算。

ANSYS Workbench 平台提供了一个有效的仿真驱动产品开发环境：

- CAD 双向驱动。
- 显式动力学分析网格的自动生成。
- 自动接触面探测。
- 参数驱动优化。
- 仿真计算报告的全面生成。
- 通过 ANSYS DesignModeler 平台实现几何建模、修复和清理功能。

3．Workbench LS-DYNA

Workbench LS-DYNA 软件为功能成熟、输入要求复杂的程序提供了方便、实用的接口技术，用于连接有多年应用实践的显式动力学求解器。该软件在 1996 年一经推出，就帮助不同行业的用户解决了诸多复杂的设计问题。

在经典的 ANSYS 参数化设计语言（APDL）环境中，ANSYS Mechanical 平台的用户早已可以进行显式动力学分析。

目前，可以采用 ANSYS Workbench 平台中 Workbench LS-DYNA 模块强大和完整的 CAD 双向驱动工具、几何清理工具、自动划分与丰富的网格划分工具，来完成显式动力学分析中初始条件、边界条件的快速定义。

12.2 实例 1——钢球撞击金属网分析

本实例主要对 Workbench LS-DYNA 模块进行讲解，分析一个钢球撞击金属网的过程。

学习目标：熟练掌握 ANSYS Workbench 显式动力学分析的方法及过程。

模型文件	配套资源\chapter12\char12-1\Model_Ly.agdb
结果文件	配套资源\chapter12\char12-1\Implicit.wbpj

12.2.1 问题描述

图 12-1 所示为某钢球模型，请使用 ANSYS Workbench 平台的显式动力学分析模块来分析钢球撞击金属网的过程。

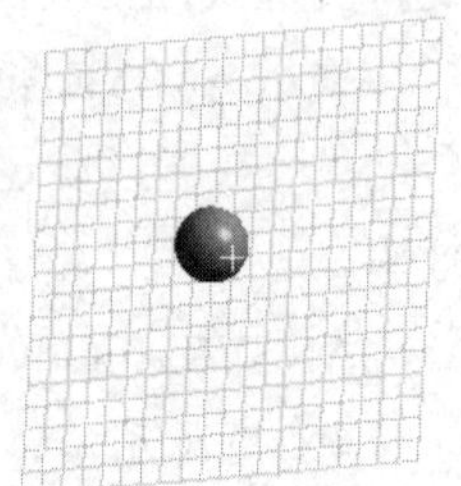
图 12-1 钢球模型

12.2.2 创建分析项目 A

① 在 Windows 系统下启动 ANSYS Workbench 平台，进入主界面。

② 双击主界面“工具箱”窗格中的“组件系统”→“几何结构”命令，即可在“项目

原理图”窗格中创建分析项目 A，如图 12-2 所示。

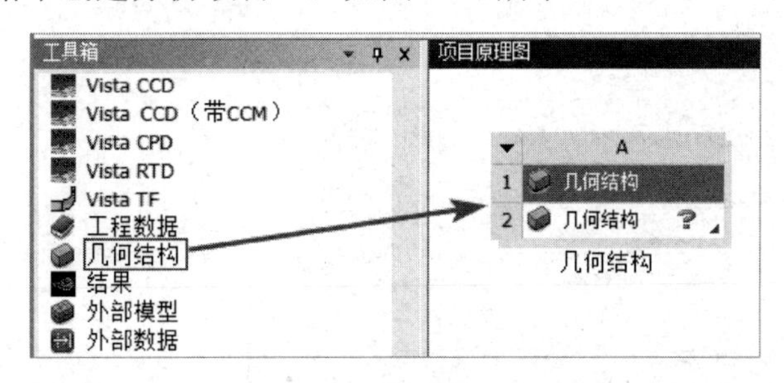

图 12-2　创建分析项目 A

③ 右击项目 A 中 A2 栏的“几何结构”，在弹出的快捷菜单中选择“导入几何模型”→“浏览”命令。

④ 在弹出的“打开”对话框中选择文件，导入几何体文件“Model_Ly.agdb”，此时 A2 栏的“几何结构”后的 ? 图标变为 ✓ 图标，表示实体模型已经存在。

12.2.3　启动 Workbench LS-DYNA 软件，创建分析项目 B

① 将“工具箱”窗格中的“分析系统”→“LS-DYNA”命令直接拖曳到项目 A 中 A2 栏的“几何结构”中，此时在“项目原理图”窗格中会出现项目 B，如图 12-3 所示。

② 将项目 A 中 A2 栏的“几何结构”直接拖曳到项目 B 中 B3 栏的“几何结构”中，如图 12-4 所示。

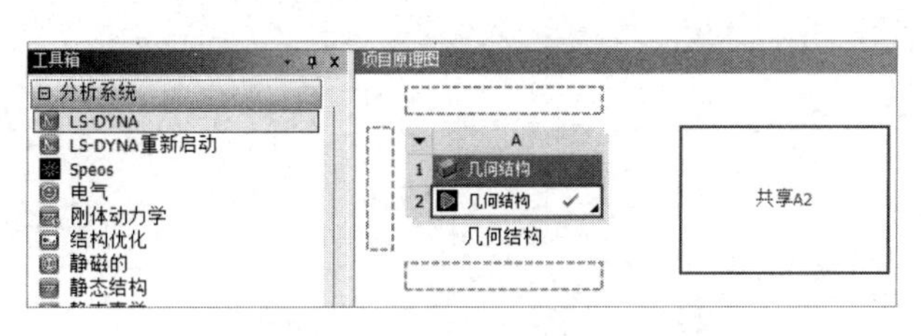

图 12-3　创建分析项目 B

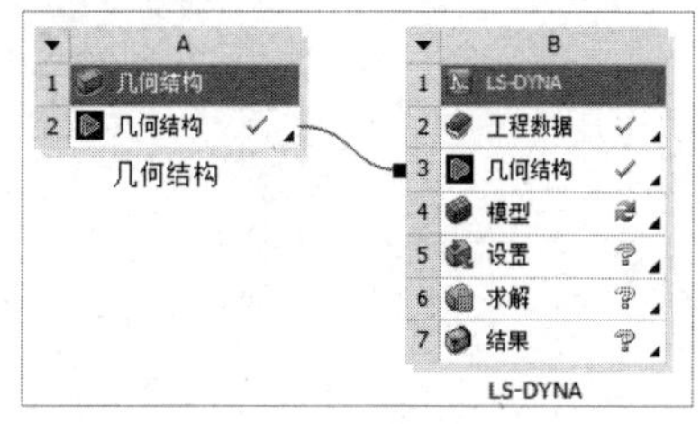

图 12-4　几何数据共享

12.2.4　材料选择

① 双击项目 B 中 B2 栏的“工程数据”，在弹出的材料参数设置界面的工具栏中单击 按钮，之后在“工程数据源”表中选择 A4 栏的“一般材料”，并单击“轮廓 General Materials”表中“铝合金”和“结构钢”两种材料后面的 （添加）按钮，选中两种材料，如图 12-5 所示。

注意

如果材料被选中，则在相应的材料名称后面会出现一个 （使用中）图标。

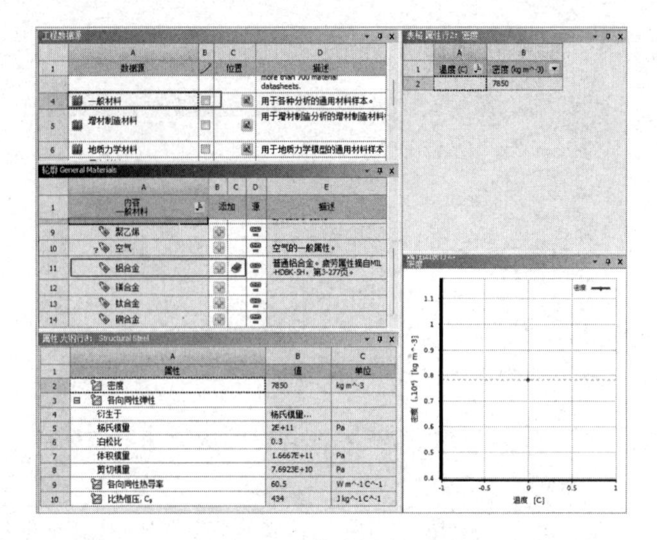

图 12-5 材料选择（局部）

② 单击工具栏中的 项目 按钮，退出材料库。

12.2.5 材料赋予

① 双击项目 B 中 B4 栏的“模型”，进入如图 12-6 所示的 Mechanical 平台界面，在该界面中可以进行材料赋予、网格划分、模型计算与后处理等操作。

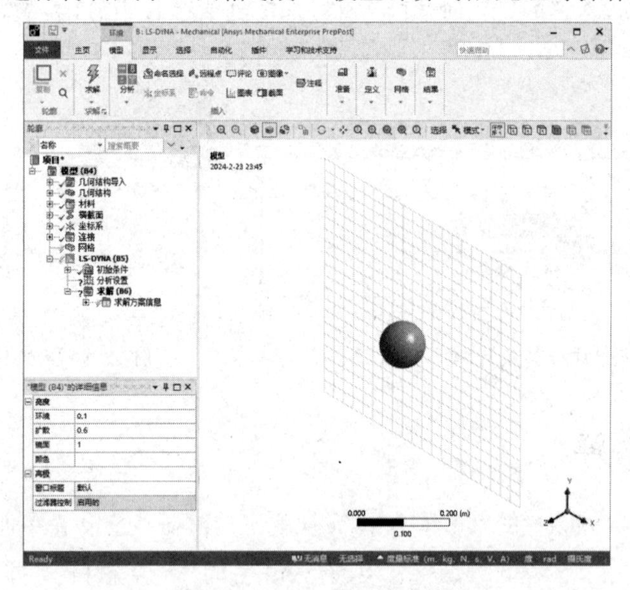

图 12-6 Mechanical 平台界面

在 Workbench LS-DYNA 的 Mechanical 平台中，可以添加一些 Workbench LS-DYNA 专用的程序命令。

② 如图 12-7 所示，选择“轮廓”窗格中的“模型（B4）”→“几何结构”→“Line Body”命令，在“‘Line Body’的详细信息”窗格的“材料”→“任务”栏中选择“铝合金”选项。

③ 如图 12-8 所示，按上述步骤将“结构钢”材料赋予“Solid”几何体。

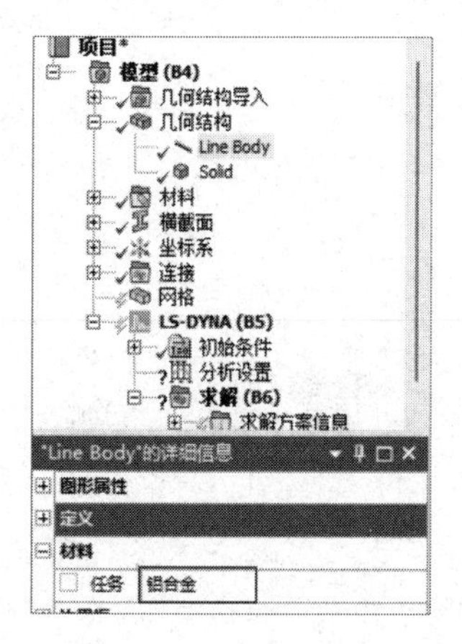

图 12-7　材料赋予（1）

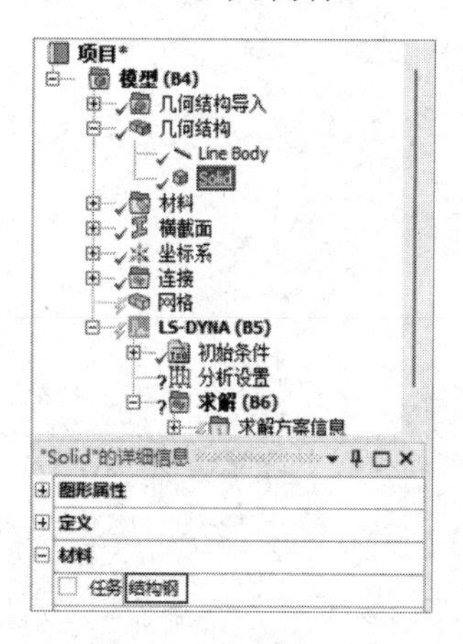

图 12-8　材料赋予（2）

12.2.6　分析前处理

① 如图 12-9 所示，两个几何体已经被程序自动设置好连接，本实例保持默认设置即可。

② 右击“轮廓”窗格中的“网格”命令，在弹出的快捷菜单中选择“生成网格”命令，进行网格划分，最终的网格效果如图 12-10 所示。

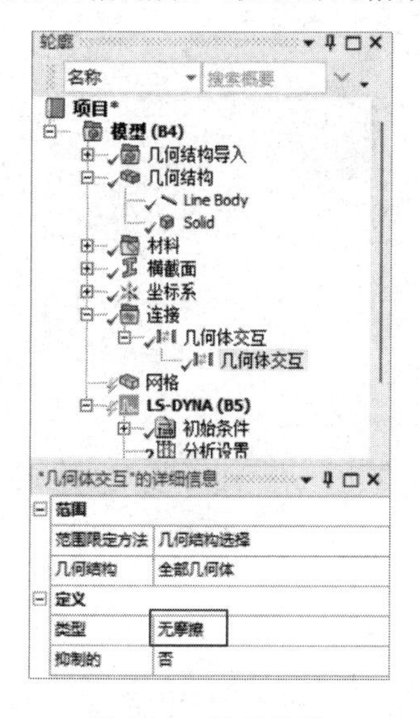

图 12-9　接触设置

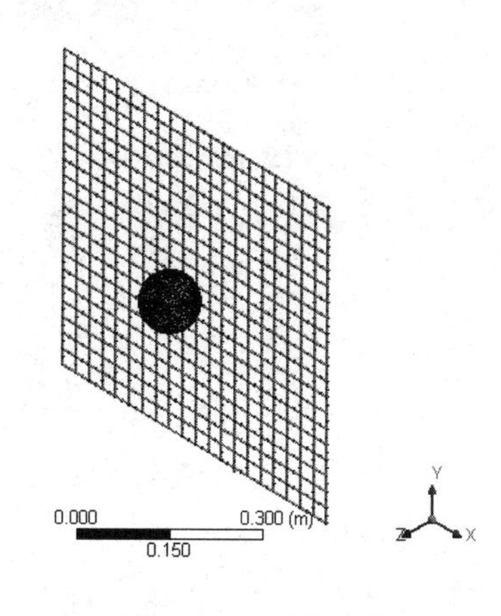

图 12-10　网格效果

12.2.7　施加载荷

① 选择“轮廓”窗格中的“LS-DYNA （B5)”→“初始条件”命令，此时会出现如图 12-11 所示的“初始条件”选项卡。

② 选择“初始条件”选项卡中的“条件”→“速度”命令，此时在“轮廓”窗格中会出现“速度”命令，如图 12-12 所示。

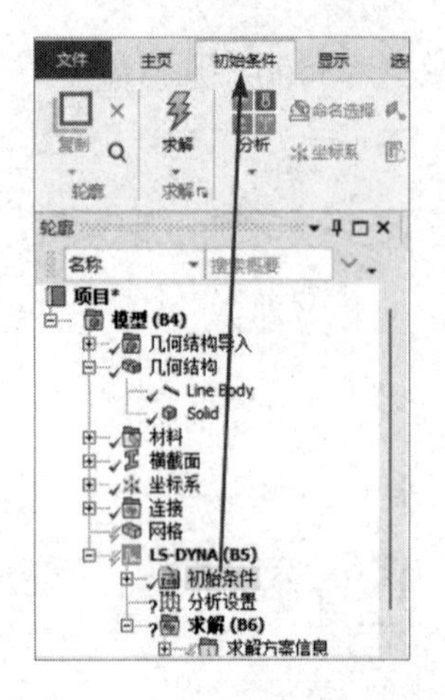

图 12-11 “初始条件”选项卡

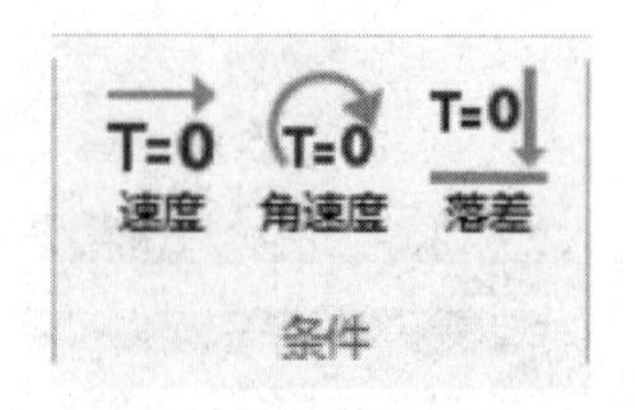

图 12-12 添加“速度”命令

③ 选择“轮廓”窗格中的“速度”命令，之后单击工具栏中的（选择体）按钮，选择钢球模型，在下面的“‘速度’的详细信息”窗格中进行如图 12-13 所示的设置。

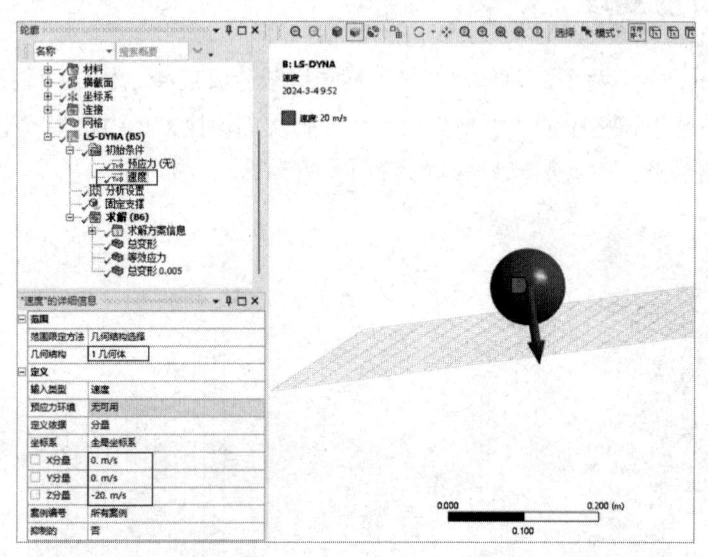

图 12-13 施加速度载荷

在“几何结构”栏中单击“应用”按钮。

在“定义依据”栏中选择“分量”选项。

在“X 分量”与“Y 分量”栏中均输入“0m/s”，在“Z 分量”栏中输入“-20m/s”。

④ 选择“轮廓”窗格中的“LS-DYNA（B5）”→“分析设置”命令，在下面的“‘分析设置’的详细信息”窗格的“结束时间”栏中输入“5e-2”，其余选项保持默认设置。

⑤ 选择“轮廓”窗格中的“LS-DYNA（B5）”命令，在出现的“环境”选项卡中选择“结构”→“固定的”命令，此时在“轮廓”窗格中会出现“固定支撑”命令，如图 12-14 所示。

图 12-14 添加“固定支撑”命令

⑥ 单击工具栏中的 （选择点）按钮，之后选择金属网的 4 个角点，设置约束，如图 12-15 所示。

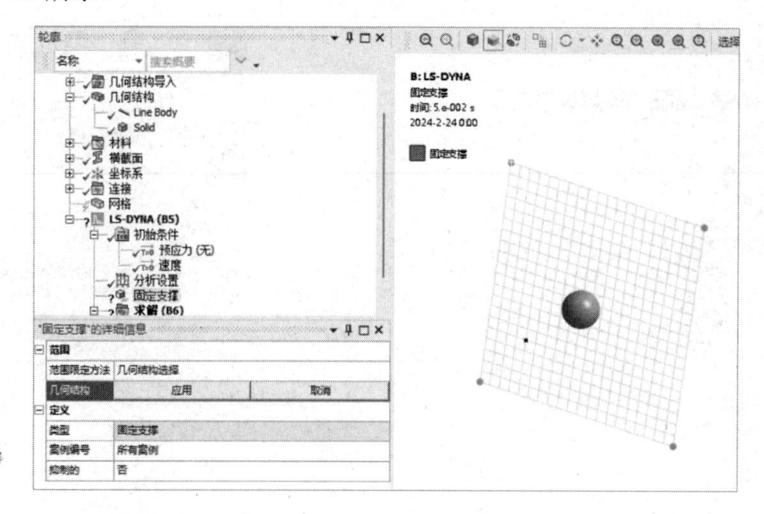

图 12-15　设置约束

⑦ 右击“轮廓”窗格中的“LS-DYNA （B5）”命令，在弹出的快捷菜单中选择“求解”命令，开始计算，如图 12-16 所示。

⑧ 在计算过程中，会出现进度栏，如图 12-17 所示，经过一段时间的处理，完成计算。

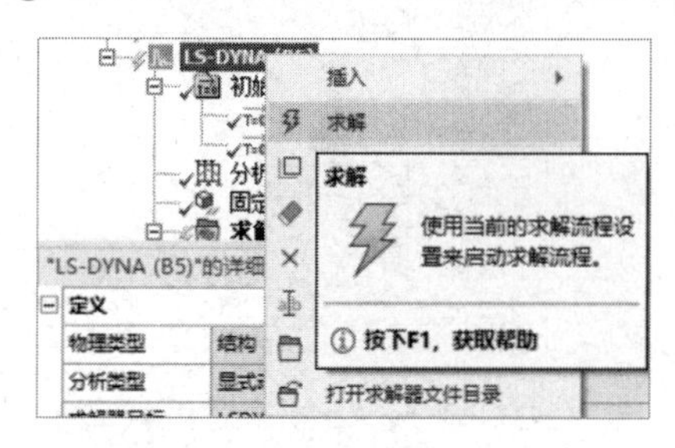

图 12-16　选择“求解”命令

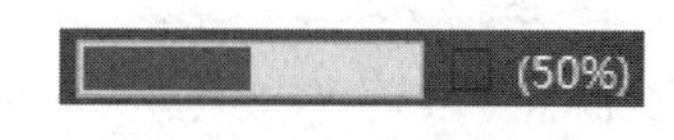

图 12-17　进度栏

12.2.8　结果后处理

① 选择“轮廓”窗格中的“求解（B6）”命令，此时会出现如图 12-18 所示的“求解”选项卡。

② 选择“求解”选项卡中的“结果”→“变形”→“总计”命令，此时在“轮廓”窗格中会出现“总变形”命令，如图 12-19 所示。

③ 选择“求解”选项卡中的“结果”→“应力”→“等效（Von-Mises）”命令，此时在“轮廓”窗格中会出现“等效应力”命令，如图 12-20 所示。

④ 同步骤②，选择“求解”选项卡中的“结果”→“变形”→“总计”命令，此时在“轮廓”窗格中会出现“总变形”命令，如图 12-21 所示。将其重命名为“总变形 0.005”，之后选择该命令，在下面的“‘总变形 0.005’的详细信息”窗格的“几何结构”栏中选择金属网几何体，在“显示时间”栏中输入“5.e−003s”，即可显示 0.005s 时的

总变形分析云图，同理创建 0.007s、0.009s、0.011s、0.05s 时的总变形分析云图。

图 12-18 “求解”选项卡

图 12-19 添加“总变形”命令（1）

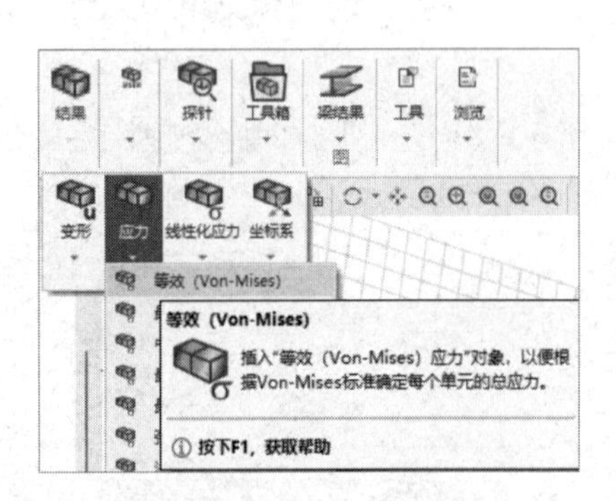

图 12-20 添加“等效应力”命令

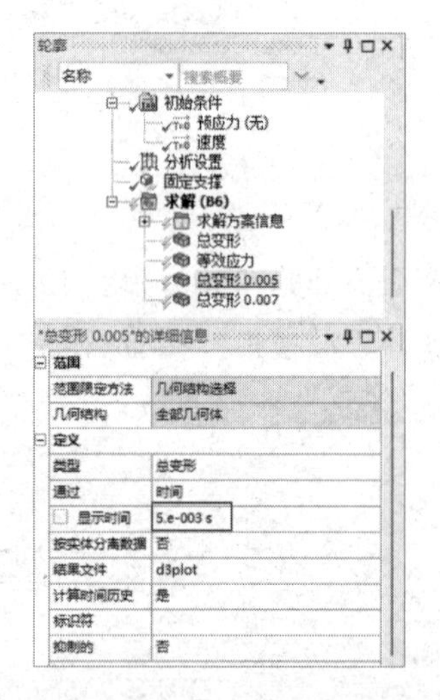

图 12-21 添加“总变形”命令（2）

⑤ 右击“轮廓”窗格中的“求解（B6）”命令，在弹出的快捷菜单中选择“评估所有结果”命令，如图 12-22 所示。

⑥ 选择“轮廓”窗格中的“求解（B6）”→“总变形”命令，此时会出现如图 12-23 所示的总变形分析云图。

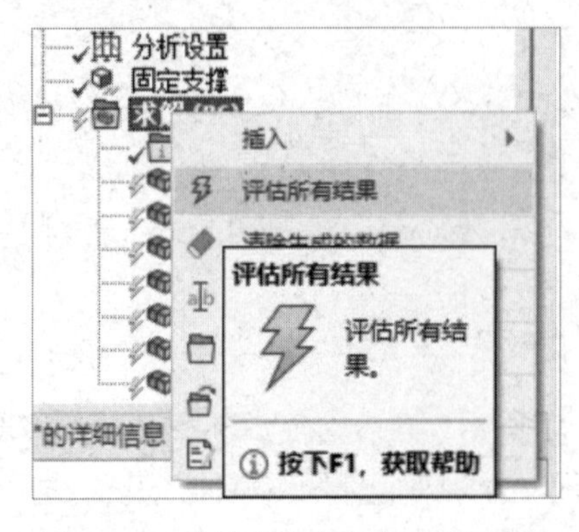

图 12-22 选择“评估所有结果”命令

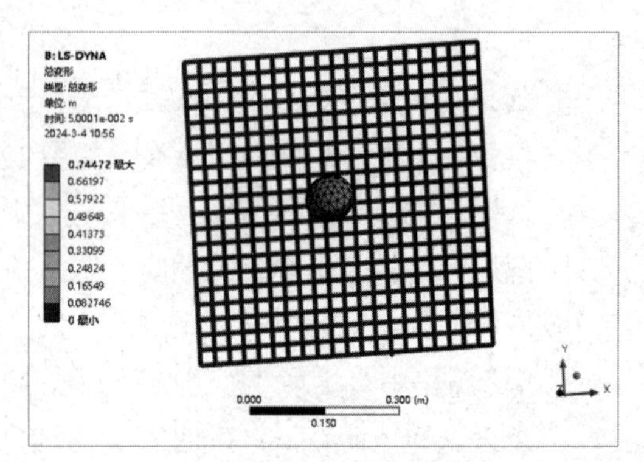

图 12-23 总变形分析云图

⑦ 选择“轮廓”窗格中的“求解（B6）”→“等效应力”命令，此时会出现如图 12-24 所示的应力分析云图。

⑧ 选择“轮廓”窗格中的“求解（B6）”→“总变形 0.005”命令，此时会出现如图 12-25 所示的 0.005s 时的总变形分析云图。

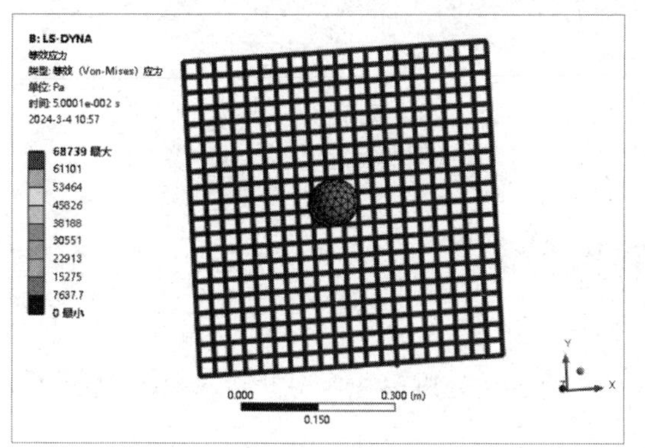

图 12-24　应力分析云图

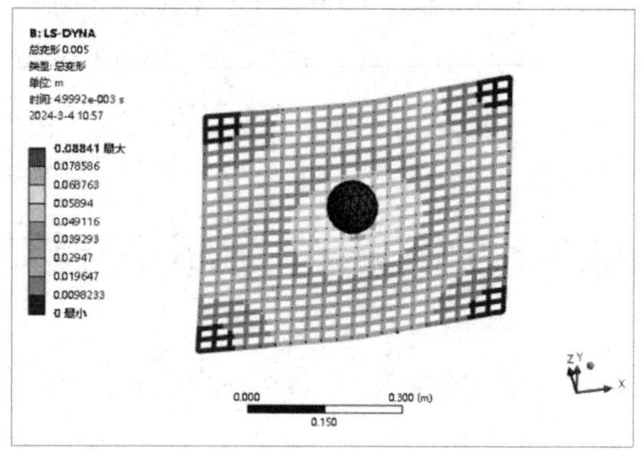

图 12-25　0.005s 时的总变形分析云图

⑨ 选择“轮廓”窗格中的“求解（B6）”→“总变形 0.007”命令，此时会出现如图 12-26 所示的 0.007s 时的总变形分析云图。同理，查看金属网在 0.009s、0.011s、0.05s 时的总变形分析云图，如图 12-27～图 12-29 所示。

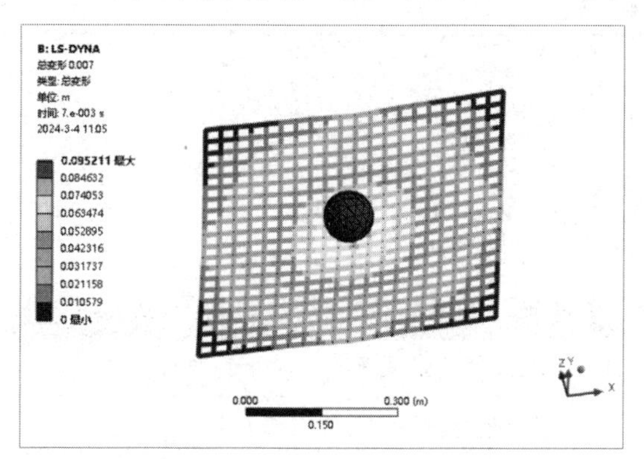

图 12-26　0.007s 时的总变形分析云图

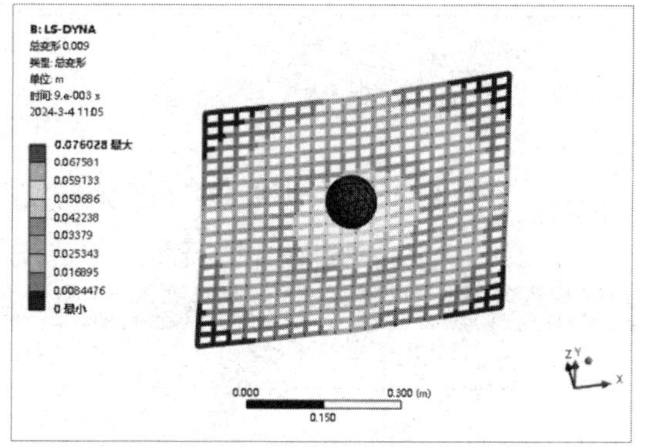

图 12-27　0.009s 时的总变形分析云图

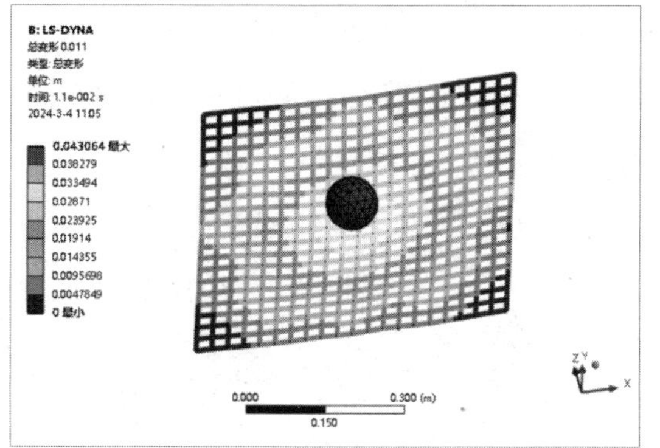

图 12-28　0.011s 时的总变形分析云图

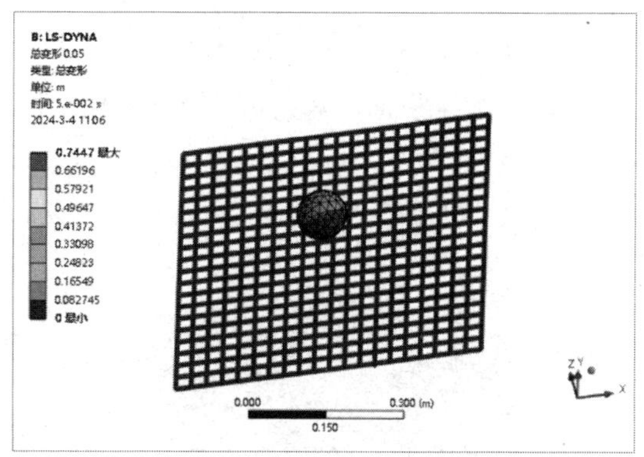

图 12-29　0.05s 时的总变形分析云图

12.2.9 保存与退出

① 单击 Mechanical 平台界面右上角的"关闭"按钮，关闭 Mechanical 平台，返回 ANSYS Workbench 平台主界面。

② 在 ANSYS Workbench 平台主界面中单击工具栏中的"保存"按钮，设置"文件名"为"Implicit.wbpj"，保存包含分析结果的文件。

③ 单击右上角的"关闭"按钮，关闭 ANSYS Workbench 平台，完成项目分析。

12.3 实例 2——金属块穿透钢板分析

本节主要介绍 ANSYS Workbench 平台的显式动力学分析模块，分析金属块穿透钢板时钢板的受力情况。

学习目标：

（1）熟练掌握 ANSYS Workbench 显式动力学分析的方法及过程。

（2）熟练掌握在 SpaceClaim 软件中建模的方法。

模型文件	配套资源\char12\char12-2\chongji.stp
结果文件	配套资源\char12\char12-2\autodyn_ex.wbpj

12.3.1 问题描述

图 12-30 所示为板型材和模具的几何模型，请使用 ANSYS Workbench 平台的显式动力学分析模块分析板型材被模具挤压成型的过程。

注意

在 SpaceClaim 软件中建模需要单独的模块支持，几何模型文件已经被保存为 STP 格式。

12.3.2 创建分析项目

① 在 Windows 系统下启动 ANSYS Workbench 平台，进入主界面。

② 双击主界面"工具箱"窗格中的"分析系统"→"显式动力学"命令，即可在"项目原理图"窗格中创建分析项目 A，如图 12-31 所示。

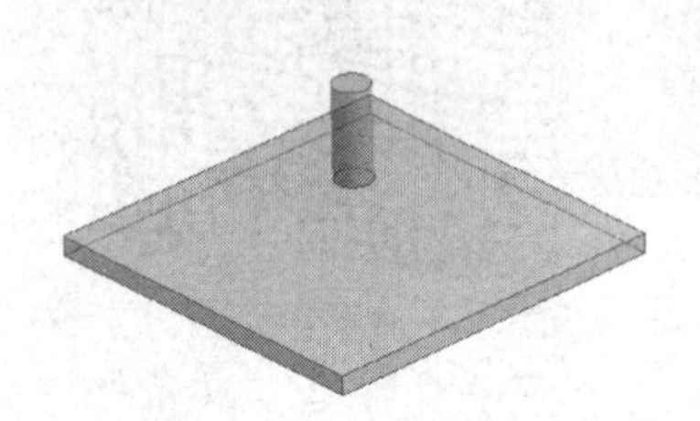

图 12-30 几何模型

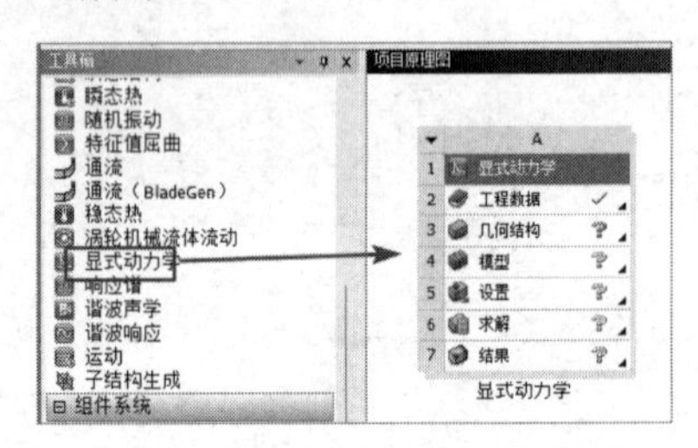

图 12-31 创建分析项目 A

12.3.3　导入几何体

① 右击项目 A 中 A3 栏的“几何结构”，在弹出的快捷菜单中选择“导入几何模型”→“浏览”命令。在弹出的“打开”对话框中选择几何体文件“chongji.stp”，并单击“打开”按钮。

② 双击项目 A 中 A3 栏的“几何结构”，进入 DesignModeler 平台界面，单击 生成 按钮，显示的几何体如图 12-32 所示。之后，退出 DesignModeler 平台，返回 ANSYS Workbench 平台主界面。

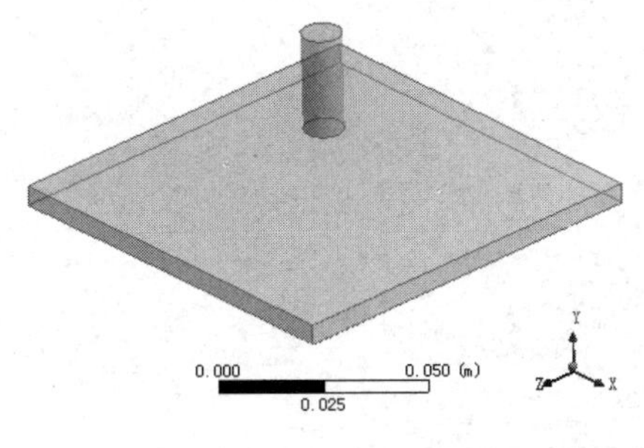

图 12-32　几何体

12.3.4　添加材料库

① 双击主界面“工具箱”窗格中的“组件系统”→“工程数据”命令，此时在“项目原理图”窗格中出现分析项目 B，如图 12-33 所示。

② 双击项目 A 中 A2 栏的“工程数据”，在弹出的材料参数设置界面的工具栏中单击 按钮，进入工程材料数据库，此时默认的工程材料数据库如图 12-34 所示，这些数据库会被用于各种类型的计算。

图 12-33　创建分析项目 B

工程数据源

	A	B	C	D
1	数据源		位置	描述
2	偏好			快速访问列表和默认项目
3	ANSYS GRANTA仿真材料数据（样本）			Sampling of ANSYS Granta material datasheets. Visit ANSYS GRANTA Materials Data for Simulation to learn about the full product with broader coverage of material data (e.g. linear, non-linear, temperature dependant, fatigue etc.) which includes more than 700 material datasheets.
4	一般材料			用于各种分析的通用材料样本。
5	增材制造材料			用于增材制造分析的增材制造材料样
6	地质力学材料			用于地质力学模型的通用材料样本。
7	复合材料			专门用于复合材料结构的材料样本。
8	一般非线性材料			用于非线性分析的通用材料样本。
9	显式材料			用于显式分析的材料样本。
10	超弹性材料			用于曲线拟合的材料应力-应变数据样本。
11	磁B-H曲线			专门用于磁分析的B-H曲线样本。
12	热材料			专门用于热分析的材料样本。
13	流体材料			专门用于流体分析的材料样本。
14	压电材料			专门用于压电分析的压电材料样本。
*	点击此处添加新库			

图 12-34　默认的工程材料数据库

③ 单击“工程数据源”表中最后一行 C 列中的“…”按钮，如图 12-35 所示。

④ 在弹出的“打开”对话框中选择“E:\Program files\ANSYS Inc\v241\Addins\Engineering Data\Samples\Fluid_Mixtures.xml”，并单击“打开”按钮。

⑤ 单击“工程数据源”表中 A15 栏的“Fluid_Mixtures”，如图 12-36 所示，将出现 Fluid 材料库。

工程数据源

	A	B	C	D
1	数据源		位置	描述
2	偏好			快速访问列表和默认项目
3	ANSYS GRANTA仿真材料数据（样本）			Sampling of ANSYS Granta material datasheets. Visit ANSYS GRANTA Materials Data for Simulation to learn about the full product with broader coverage of material data (e.g. linear, non-linear, temperature dependant, fatigue etc.) which includes more than 700 material datasheets.
4	一般材料			用于各种分析的通用材料样本。
5	增材制造材料			用于增材制造分析的增材制造材料样
6	地质力学材料			用于地质力学模型的通用材料样本。
7	复合材料			专门用于复合材料结构的材料样本。
8	一般非线性材料			用于非线性分析的通用材料样本。
9	显式材料			用于显式分析的材料样本。
10	超弹性材料			用于曲线拟合的材料应力-应变数据样本。
11	磁B-H曲线			专门用于磁分析的B-H曲线样本。
12	热材料			专门用于热分析的材料样本。
13	流体材料			专门用于流体分析的材料样本。
14	压电材料			专门用于压电分析的压电材料样本。
*	点击此处添加新库		…	

图 12-35 添加工程数据源

图 12-36 添加 Fluid 材料库

以上步骤为将 Fluid 材料库添加到 ANSYS Workbench 平台中的方法，而 ANSYS ACP 材料库的添加方法与上述方法相似。

12.3.5 添加材料

① 双击项目 A 中 A2 栏的“工程数据”，此时会出现如图 12-37 所示的材料参数设置界面。

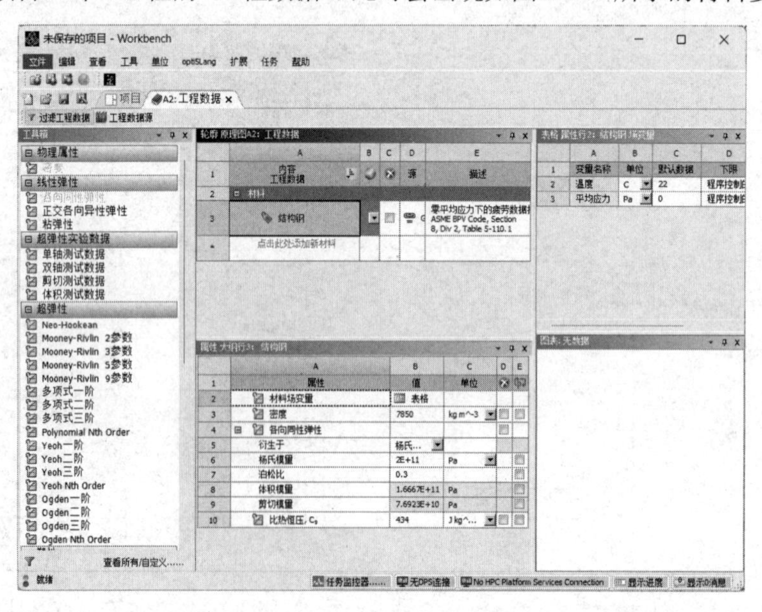

图 12-37 材料参数设置界面

② 单击▇按钮，进入如图 12-38 所示的工程材料数据库，在工程材料数据库中列举了应用于不同领域及分析方向的材料，其中部分材料需要单独添加。

③ 如图 12-39 所示，在工程材料数据库中选择“显式材料”，在“轮廓 Explicit Materials”表中选择“IRON-ARMCO”和“STEEL 1006”两种材料。

图 12-38　工程材料数据库

图 12-39　选择材料

④ 在选择完成后，单击工具栏中的 项目 按钮，返回 ANSYS Workbench 平台主界面。

12.3.6　显式动力学分析前处理

① 双击项目 A 中 A4 栏的“模型”，此时会出现 Mechanical 平台界面，如图 12-40 所示。

② 选择 Mechanical 平台界面左侧“轮廓”窗格中的“几何结构”→“Component1\1”命令，在“‘Component1\1’的详细信息”窗格中进行如图 12-41 所示的设置。

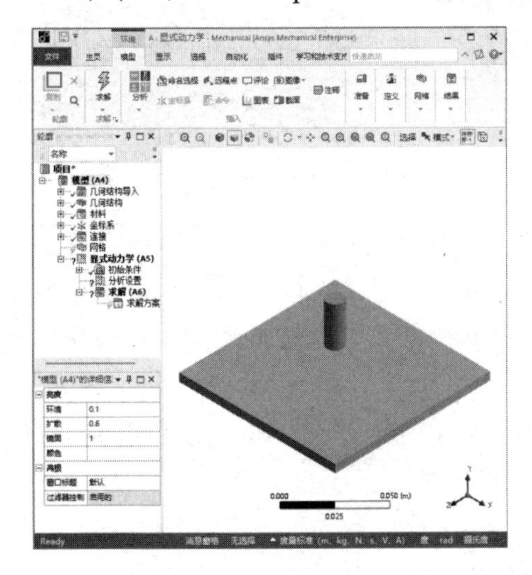

图 12-40　Mechanical 平台界面

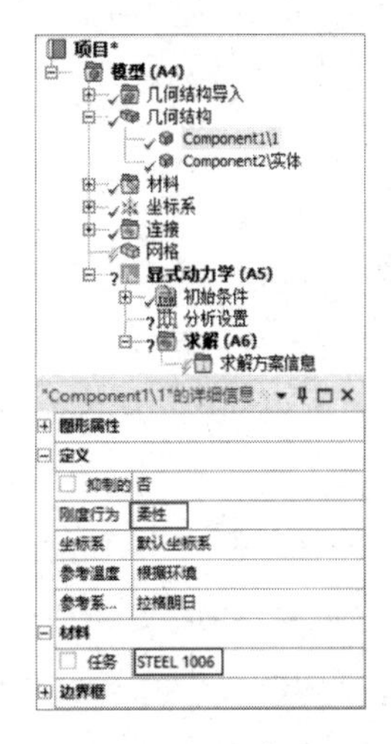

图 12-41　材料设置

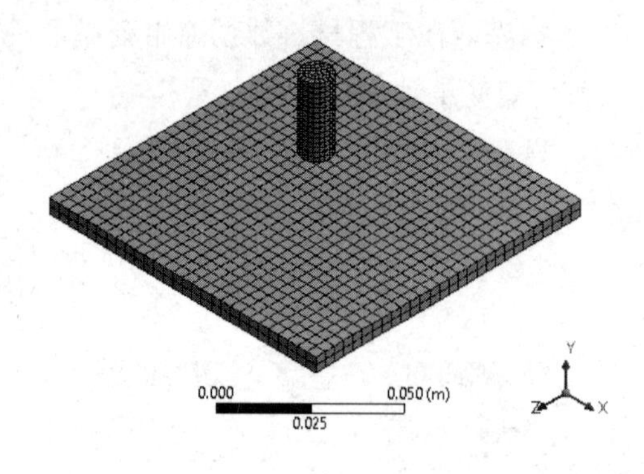

图 12-42　网格模型

在“刚度行为”栏中选择“柔性”选项（默认）。

在“材料”→“任务”栏中选择“STEEL 1006”选项。

设置“Component2\实体”几何体的材料为“IRON-ARMCO”，并在“刚度行为”栏中选择“刚性”选项。

③ 右击“轮廓”窗格中的“网格”命令，在弹出的快捷菜单中选择“生成网格”命令，划分网格。

④ 图 12-42 所示为划分好的网格模型。

12.3.7　施加约束

① 选择“轮廓”窗格中的“显式动力学（A5）”命令，此时会出现如图 12-43 所示的“环境”选项卡。

② 选择“环境”选项卡中的“结构”→“固定的”命令，此时在“轮廓”窗格中会出现“固定支撑”命令，如图 12-44 所示。

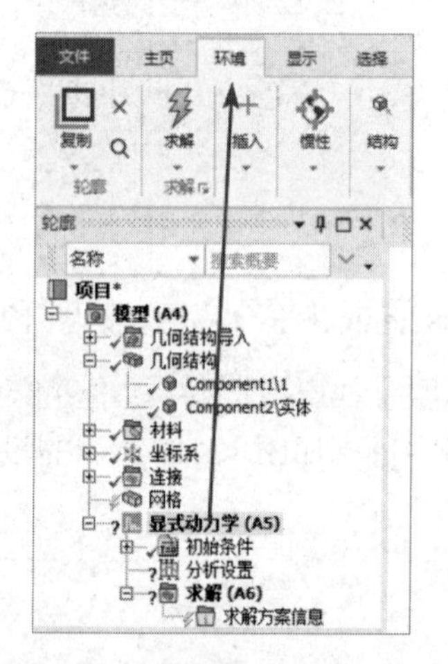

图 12-43　“环境”选项卡（1）

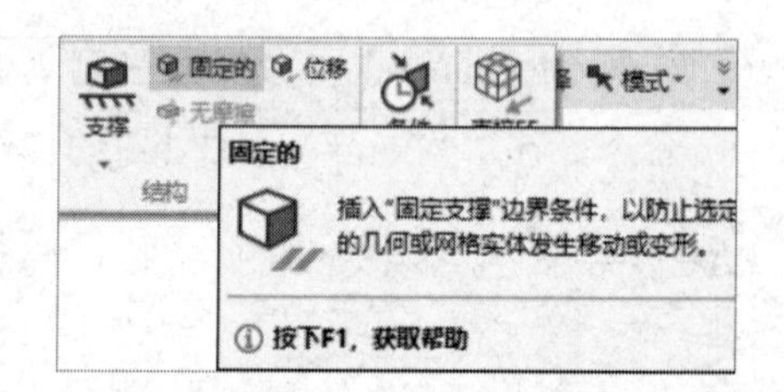

图 12-44　添加“固定支撑”命令

③ 选择“轮廓”窗格中的“固定支撑”命令，之后单击工具栏中的（选择线条）按钮，选择“Component1\1”几何体的所有线条，单击“‘固定支撑’的详细信息”窗格中“几何结构”栏的“应用”按钮，即可在选中的线条上施加固定约束，如图 12-45 所示。

④ 再次选择“轮廓”窗格中的“显式动力学（A5）”命令，此时会出现如图 12-46 所示的“环境”选项卡。

⑤ 选择“环境”选项卡中的“结构”→“支撑”→“速度”命令，此时在“轮廓”窗格中会出现“速度”命令，如图 12-47 所示。

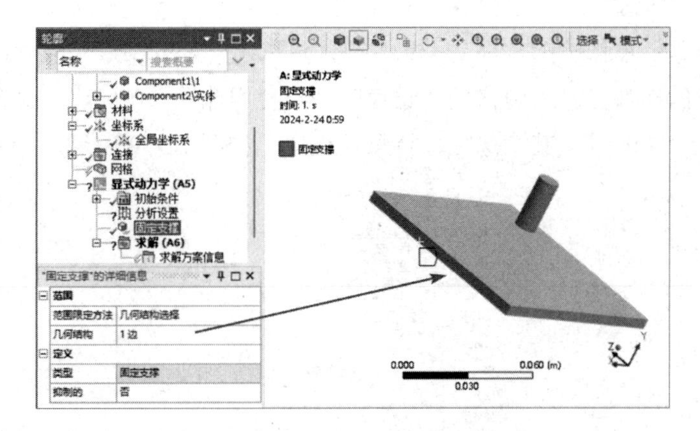

图 12-45　施加固定约束

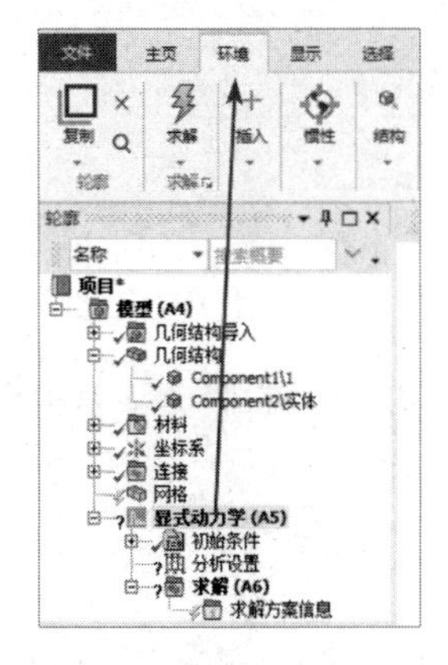

图 12-46　“环境”选项卡（2）

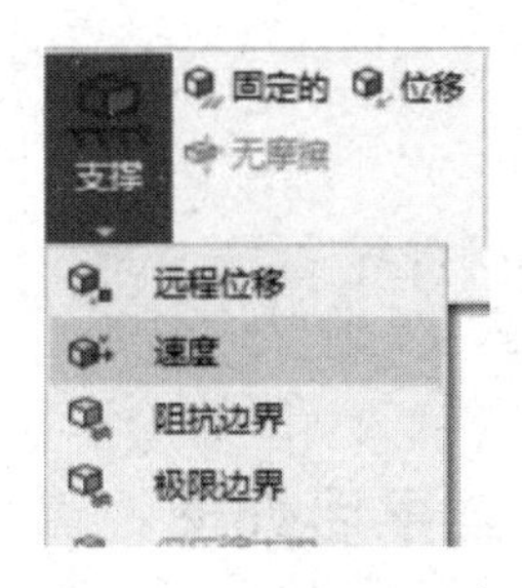

图 12-47　添加“速度”命令

⑥ 选择“轮廓”窗格中的“速度”命令，之后单击工具栏中的（选择实体）按钮，选择“Component2\实体”几何体，单击“‘速度’的详细信息”窗格中“几何结构”栏的“应用”按钮，在“Y 分量”栏中输入速度“-300m/s”，即可在选中的实体上施加速度约束，如图 12-48 所示。

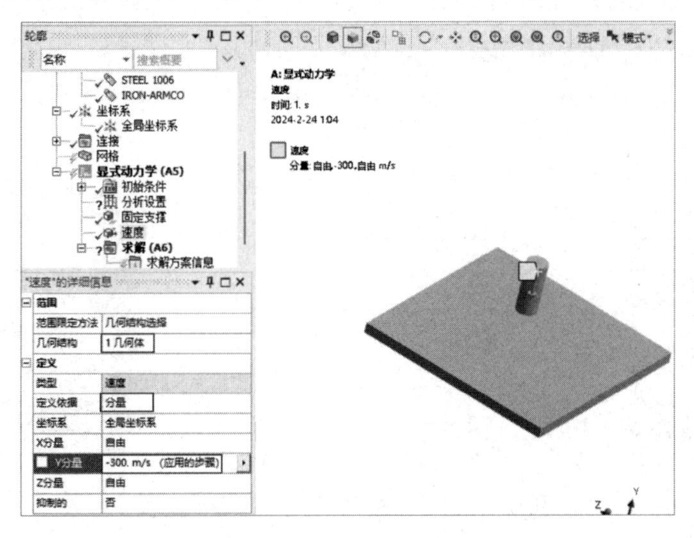

图 12-48　施加速度约束

⑦ 选择“轮廓”窗格中的“显式动力学（A5）”→“分析设置”命令，在下面的“‘分析设置’的详细信息”窗格的“结束时间”栏中输入“0.15s”，在“最大周期数量”栏中输入“10000”，其余选项保持默认设置，如图 12-49 所示。

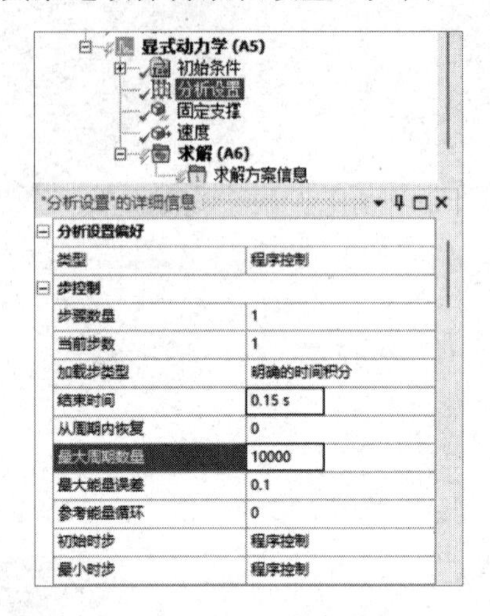

图 12-49　分析设置

⑧ 右击“轮廓”窗格中的“显式动力学（A5）”命令，在弹出的快捷菜单中选择“求解”命令。

12.3.8　结果后处理

① 选择“轮廓”窗格中的“求解（A6）”命令，此时会出现如图 12-50 所示的“求解”选项卡。

② 选择“求解”选项卡中的“结果”→“变形”→“总计”命令（见图 12-51）和“结果”→“应力”→“等效（Von-Mises）”命令，此时在“轮廓”窗格中会出现“总变形”和“等效应力”命令。

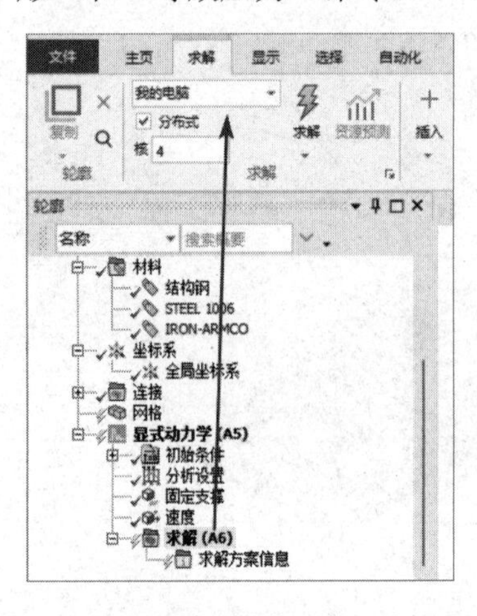

图 12-50　“求解”选项卡

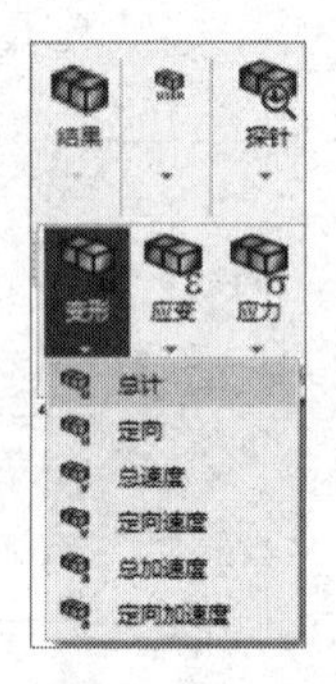

图 12-51　选择“总计”命令

③ 右击“轮廓”窗格中的“求解（A6）”命令，在弹出的快捷菜单中选择“评估所有结果”命令。

④ 选择“轮廓”窗格中的“求解（A6）”→“总变形”命令，此时会出现如图 12-52 所示的总变形分析云图。

⑤ 应力分析云图如图 12-53 所示。

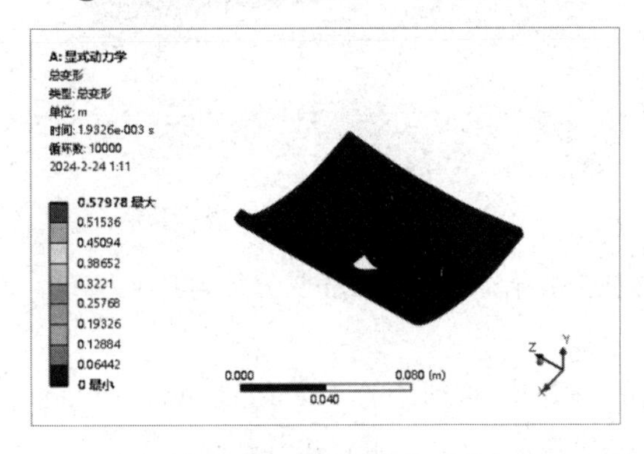

图 12-52　总变形分析云图

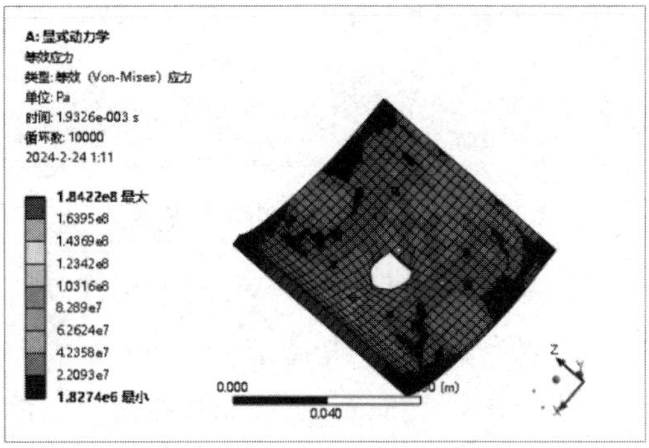

图 12-53　应力分析云图

⑥ 单击 ▶ 图标可以播放动画，如图 12-54 所示。

⑦ 单击 Mechanical 平台界面右上角的“关闭”按钮，关闭 Mechanical 平台，返回 ANSYS Workbench 平台主界面。

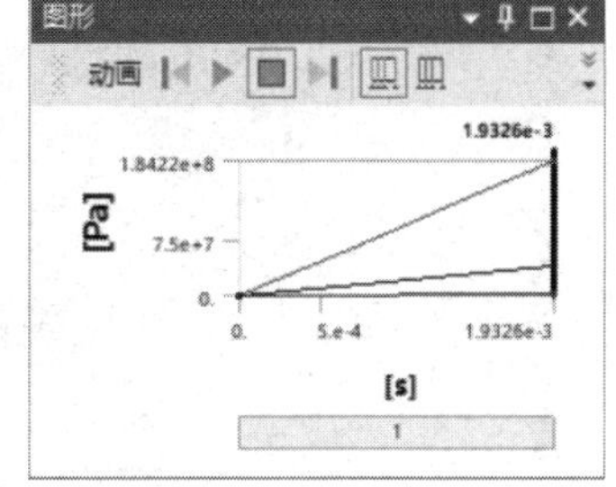

图 12-54　播放动画

12.3.9　启动 Autodyn 软件

① 如图 12-55 所示，将“工具箱”窗格中的“组件系统”→“Autodyn”命令直接拖曳到项目 A 中 A5 栏的“设置”中，此时在“项目原理图”窗格中会出现项目 B。

② 双击项目 A 中 A5 栏的“设置”，进行计算，计算完成后的几何数据共享如图 12-56 所示。双击项目 B 中 B2 栏的“设置”，即可启动 Autodyn 软件。

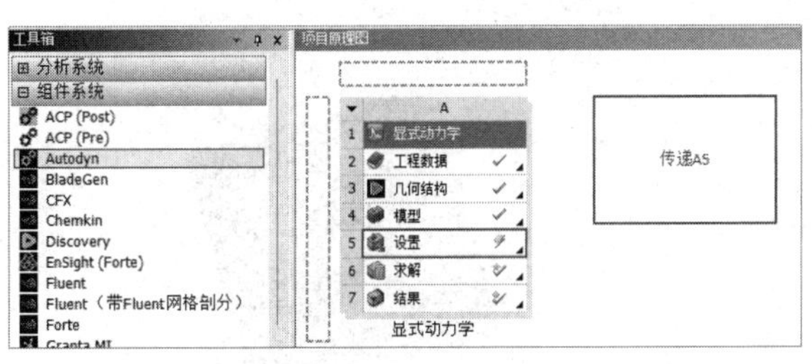

图 12-55　创建项目 B

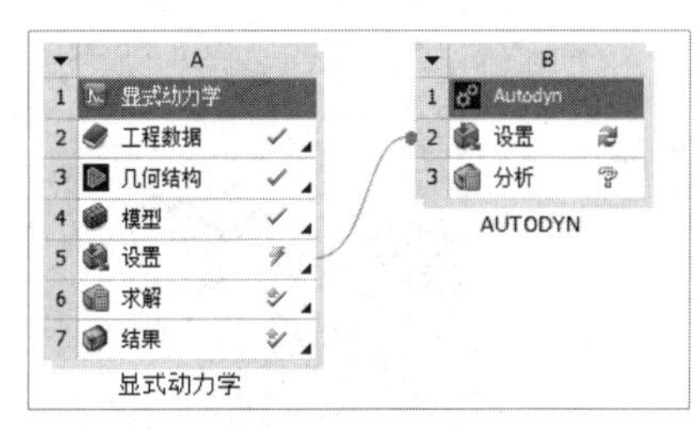

图 12-56　几何数据共享

③ 图 12-57 所示为 Autodyn 界面，此时所有几何数据均已经被读入 Autodyn 软件，在该软件中只需单击 ▶Run 按钮即可进行计算。

④ 图 12-58 所示为 Autodyn 计算数据显示。

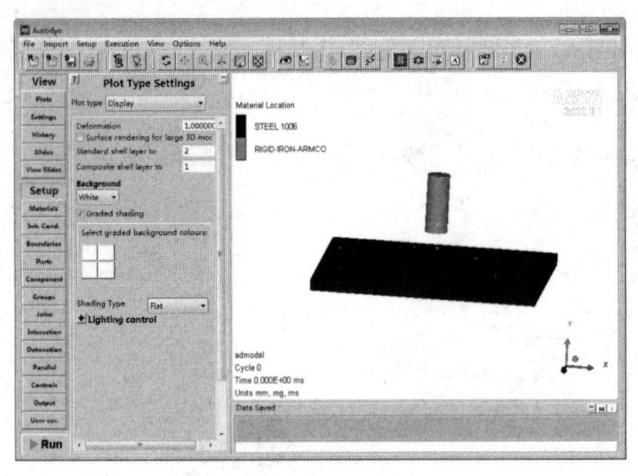

图 12-57　Autodyn 界面

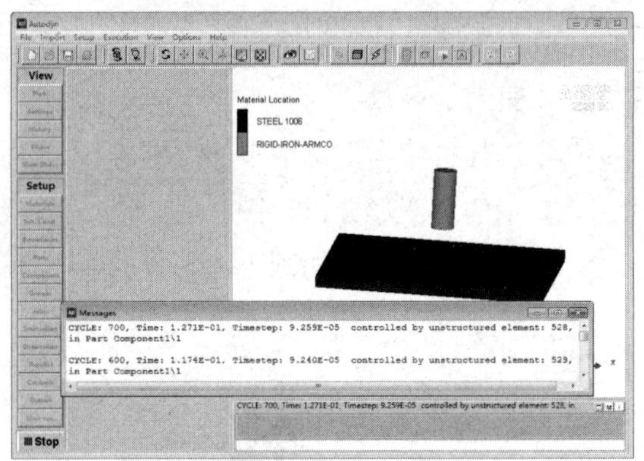

图 12-58　Autodyn 计算数据显示

⑤ 单击界面左侧的“View”→“Plots”按钮，显示经过 Autodyn 计算得到的应力分析云图，如图 12-59 所示。

⑥ 单击“Change variable”按钮，在弹出的如图 12-60 所示的“Select Contour Variable”窗口的“Variable”列表框中选择“PRESSURE”选项，并单击✓按钮。

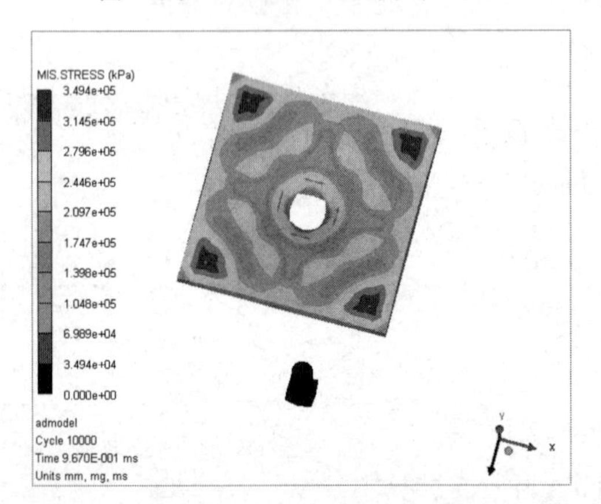

图 12-59　应力分析云图

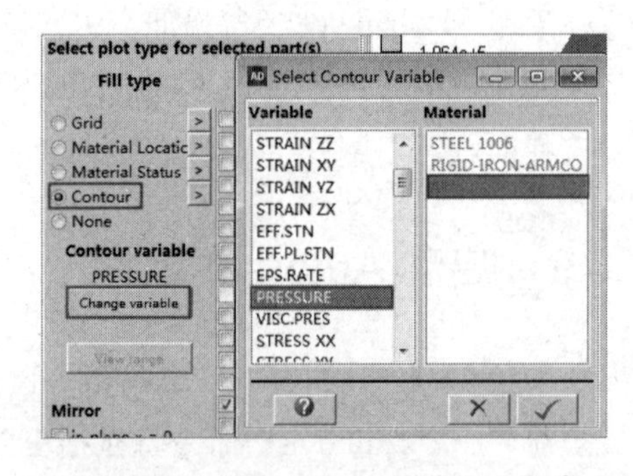

图 12-60　“Select Contour Variable”窗口

⑦ 压力分析云图如图 12-61 所示。

⑧ 位移分析云图如图 12-62 所示。

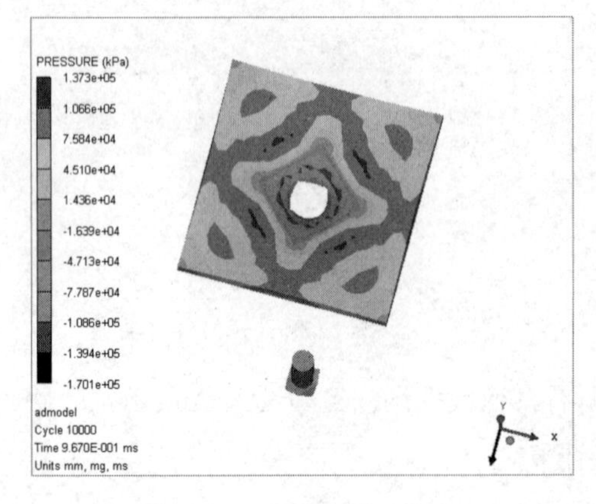

图 12-61　压力分析云图

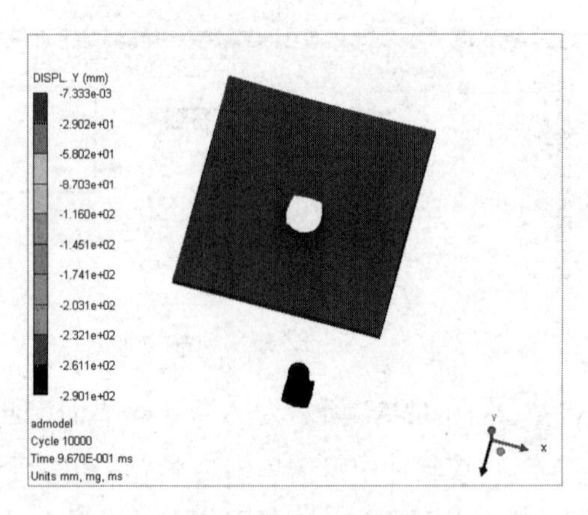

图 12-62　位移分析云图

⑨ 单击界面左侧的“View”→“History”按钮，并在界面右侧选中“Y momentum”单选按钮，显示曲线图，如图 12-63 所示。

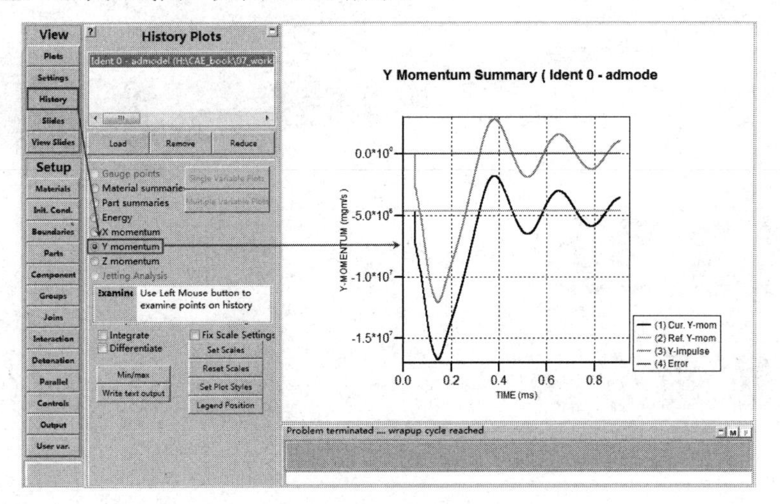

图 12-63　曲线图

⑩ 关闭 Autodyn 软件。

12.3.10　保存与退出

① 在 ANSYS Workbench 平台主界面中单击工具栏中的“保存”按钮，在弹出的“另存为”对话框中设置“文件名”为“autodyn_ex.wbpj”。

② 单击右上角的“关闭”按钮，关闭 ANSYS Workbench 平台，完成项目分析。

12.4　本章小结

本章详细介绍了 ANSYS Workbench 平台内置的显式动力学分析模块，包括几何体导入、网格划分、边界条件设定、后处理等操作，同时简单介绍了 LS-DYNA 和 Autodyn 两款软件的启动与数据导出方法。通过本章的学习，读者应该对显式动力学分析的过程有了详细的了解。

第 13 章

线性屈曲分析

本章内容

本章将对 ANSYS Workbench 平台的线性屈曲分析模块进行讲解，并通过几个典型实例对线性屈曲分析的一般步骤进行详细讲解，包括几何建模（外部几何数据的导入）、材料赋予、网格设置与划分、边界条件的设定和后处理操作等。

学习要求

知 识 点	学习目标			
	了解	理解	应用	实践
线性屈曲分析的基本知识		√		
线性屈曲分析的应用		√		
线性屈曲分析的计算过程			√	√

13.1　线性屈曲分析概述

许多结构件都需要进行结构稳定性计算，如细长柱、压缩部件、真空容器等。在本质上没有变化的载荷作用下（超过一个很小的动荡），这些结构件在开始不稳定（屈曲）时，X 轴方向上的微小位移就会使其结构有一个很大的改变。

13.1.1　线性屈曲分析简介

特征值或线性屈曲分析预测的是理想线弹性结构的理论屈曲强度（分歧点），而非理想和非线性行为阻止许多真实的结构达到它们理论上的弹性屈曲强度。

线性屈曲分析通常产生非保守的结果，但是线性屈曲分析有以下两个特征。

- 线性屈曲分析比非线性屈曲分析更节省时间，并且应当作为第一步计算来评估临界载荷（屈曲开始时的载荷）。
- 线性屈曲分析可以被用作决定产生什么样的屈曲模型形状的设计工具，为设计做指导。

13.1.2　线性屈曲分析方程

线性屈曲分析的一般方程为

$$([K]+\lambda_i[S])\{\psi_i\}=0 \quad (13\text{-}1)$$

式中，$[K]$ 和 $[S]$ 是常量；λ_i 是屈曲载荷因子；$\{\psi_i\}$ 是屈曲模态。

ANSYS Workbench 屈曲分析的操作步骤与其他有限元分析的操作步骤大同小异，软件支持在屈曲分析中存在接触行为，但是由于屈曲分析是线性分析，所以接触行为不同于非线性接触行为，如表 13-1 所示。

表13-1　线性屈曲分析的接触类型

接触类型	线性屈曲分析		
	初次接触	pindall 区域内	pindall 区域外
绑定	绑定	绑定	自由
不分离	不分离	不分离	自由
粗糙	绑定	自由	自由
无摩擦	不分离	自由	自由

下面通过几个实例简单介绍线性屈曲分析的操作步骤。

13.2　实例 1——钢管线性屈曲分析

本节主要介绍 ANSYS Workbench 平台的线性屈曲分析模块，分析钢管在外载荷作用下的稳定性，并计算屈曲载荷因子。

学习目标：熟练掌握 ANSYS Workbench 线性屈曲分析的方法及过程。

模型文件	无
结果文件	配套资源\Chapter13\char13-1\Pipe_Bukling.wbpj

13.2.1 问题描述

图 13-1 所示为某钢管模型，请使用 ANSYS Workbench 平台分析钢管模型在 1MPa 压力下的屈曲响应情况。

图 13-1 钢管模型

13.2.2 创建分析项目

① 在 Windows 系统下启动 ANSYS Workbench 平台，进入主界面。

② 双击主界面“工具箱”窗格中的“分析系统”→“静态结构”命令，即可在“项目原理图”窗格中创建分析项目 A，如图 13-2 所示。

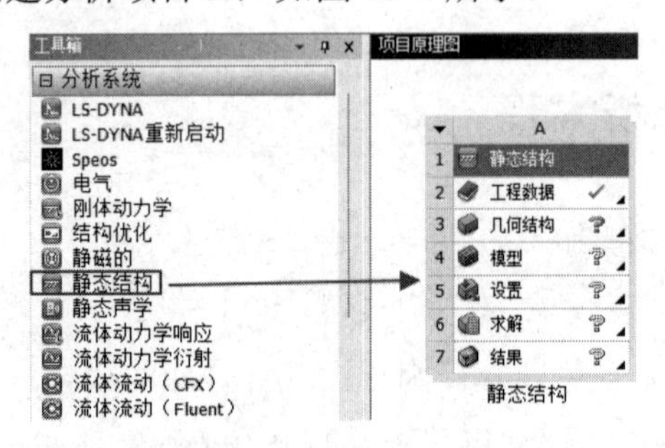

图 13-2 创建分析项目 A

13.2.3 创建几何体

① 双击项目 A 中 A3 栏的“几何结构”，弹出如图 13-3 所示的 DesignModeler 平台界面，选择菜单栏中的“单位”→“米”命令，设置长度单位为“m”。

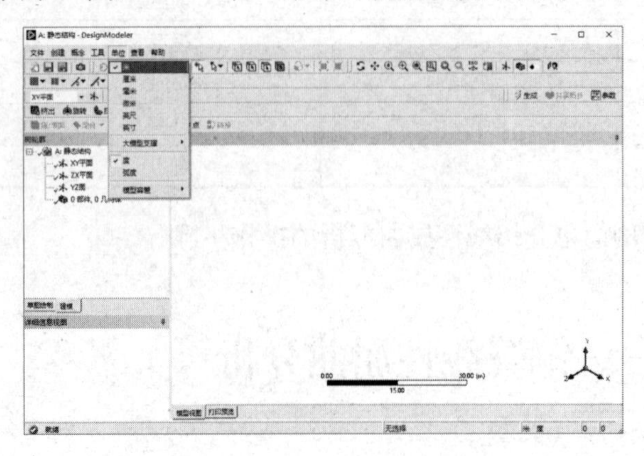

图 13-3 DesignModeler 平台界面

② 如图 13-4 所示，选择“树轮廓”窗格中的“ZX 平面”命令，将 *ZX* 平面作为绘图平面，之后单击 按钮，使绘图平面与绘图区域平行。

③ 单击“树轮廓”窗格下面的“草图绘制”按钮，此时会弹出如图 13-5 所示的“草图工具箱”窗格，所有的草绘命令都在“草图工具箱”窗格中。

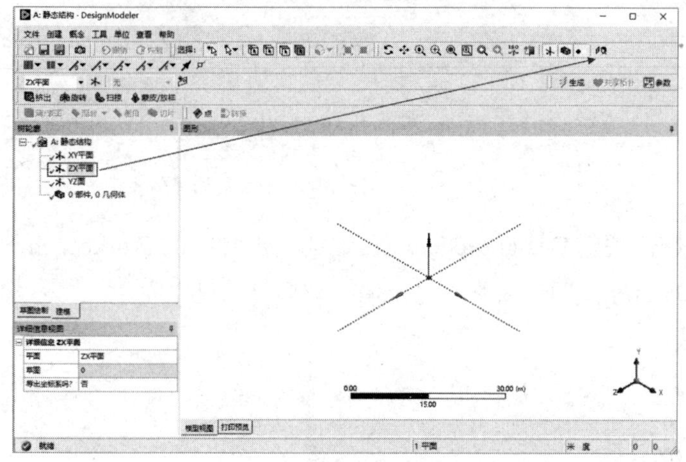

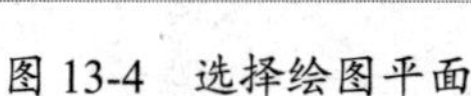
图 13-4 选择绘图平面

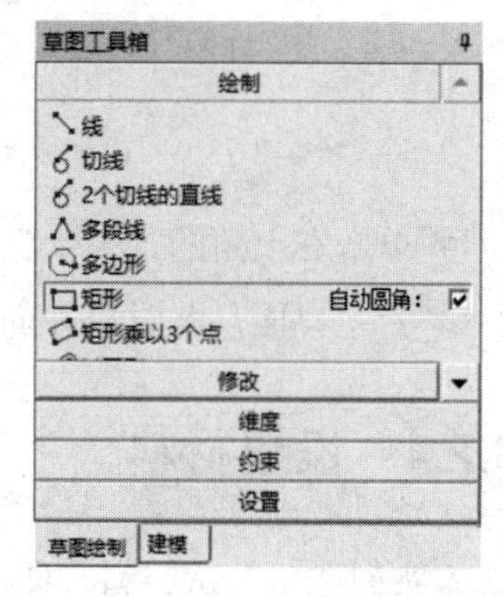

图 13-5 “草图工具箱”窗格

④ 在“绘制”卷帘菜单中选择“矩形”命令（并勾选“自动圆角”复选框），此时该命令变成凹陷状态，表示命令已被选中。将鼠标指针移动到绘图区域的坐标原点处，此时会出现一个“P”提示符，表示在坐标原点处创建矩形的一个角点，如图 13-6 所示。

⑤ 当出现“P”提示符后单击，在坐标原点处创建矩形的第一个角点，之后向上移动鼠标指针并单击，创建第二个角点，如图 13-7 所示。

⑥ 重复上述步骤创建另一个矩形，如图 13-8 所示。

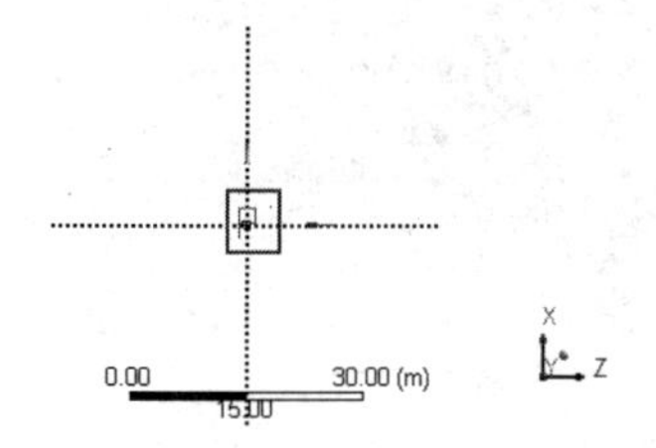

图 13-6 坐标原点提示符

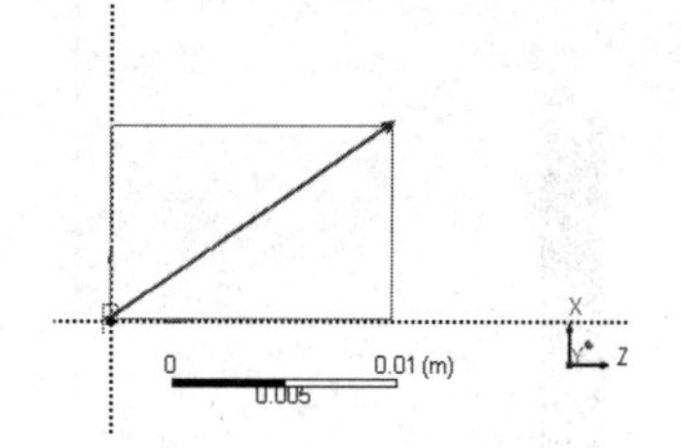

图 13-7 创建矩形的两个角点

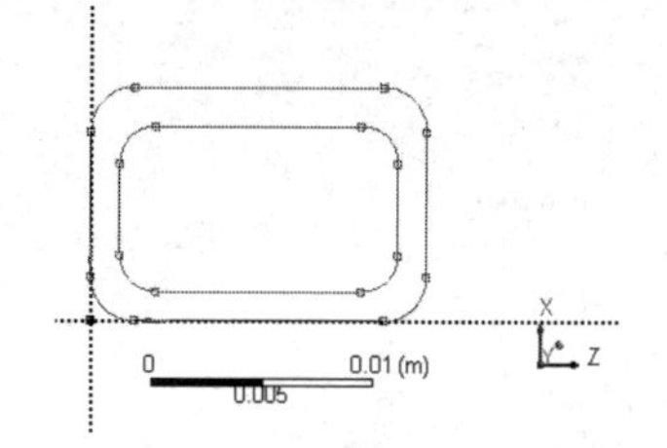

图 13-8 创建另一个矩形

⑦ 创建如图 13-9 所示的尺寸标注，在“H3”栏中输入“0.01m”，在“H7”栏中输入“0.1m”，在“H8”栏中输入“0.12m”，在“R10”栏中输入“0.005m”，在“R9”栏中输入“0.005m”，在“V4”栏中输入“0.01m”，在“V5”栏中输入“0.04m”，在“V6”栏中输入“0.06m”。

⑧ 选择工具栏中的“挤出”命令，在“详细信息视图”窗格的“几何结构”栏中选择“草图 1”选项并单击“应用”按钮；在“FD1，深度（>70）”栏中输入拉伸长度值“1m”，之后单击工具栏中的 生成 按钮，生成几何体，如图 13-10 所示。

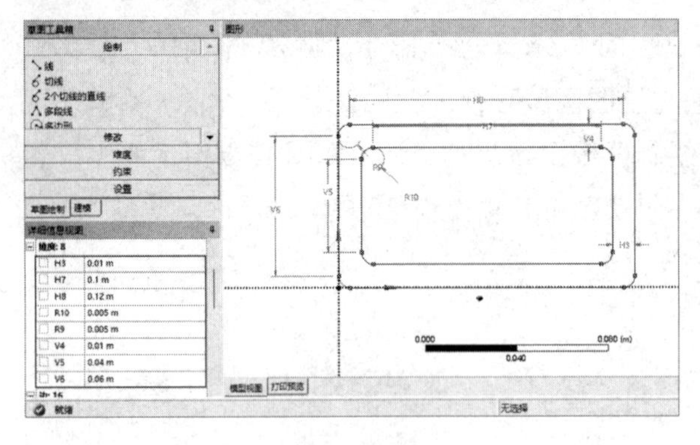

图 13-9　尺寸标注

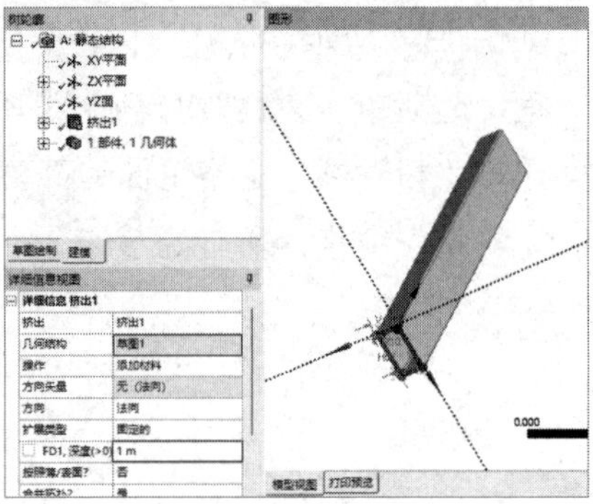

图 13-10　生成几何体

⑨ 单击右上角的“关闭”按钮，关闭 DesignModeler 平台，返回 ANSYS Workbench 平台主界面，此时主界面“项目原理图”窗格中显示的分析项目均已完成。

13.2.4　设置材料

本实例选用默认材料，即结构钢。

13.2.5　添加模型材料属性

① 在“项目原理图”窗格中双击项目 A 中 A4 栏的“模型”，进入如图 13-11 所示的 Mechanical 平台界面，在该界面中可以进行网格的划分、分析设置、结果观察等操作。

② 如图 13-12 所示，此时“结构钢”材料已经被自动赋予模型。

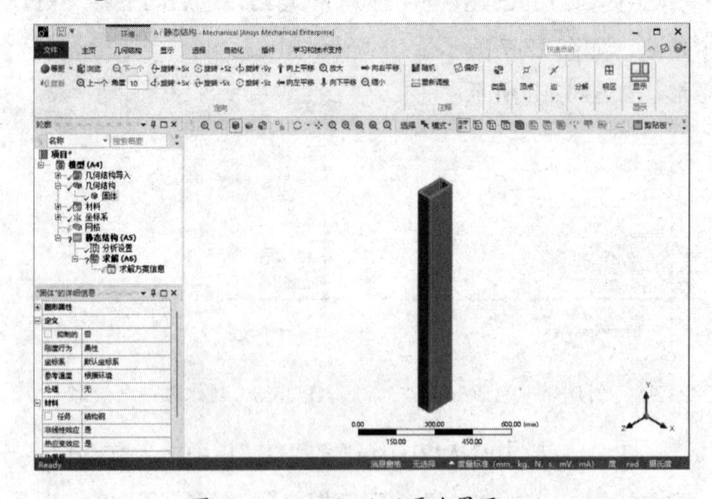

图 13-11　Mechanical 平台界面

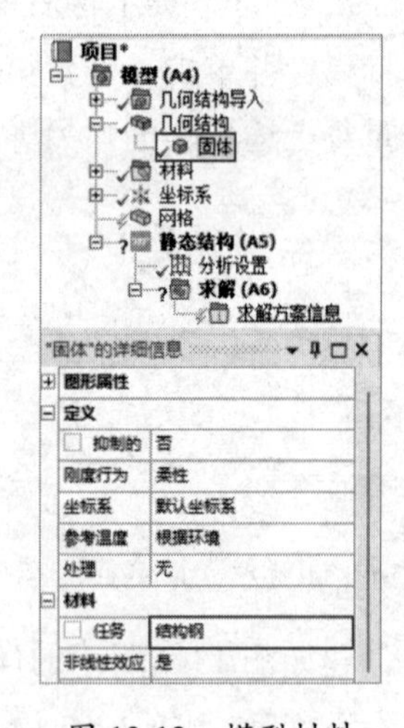

图 13-12　模型材料

13.2.6　划分网格

① 如图 13-13 所示，右击 Mechanical 平台界面左侧“轮廓”窗格中的“网格”命令，在弹出的快捷菜单中选择“插入”→“面网格剖分”命令。

② 如图 13-14 所示，在“‘面网格剖分’-映射的面网格”窗格中进行如下设置。

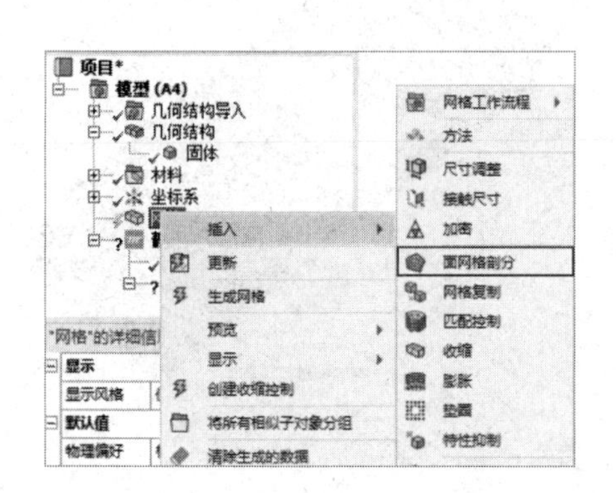

图 13-13　选择“面网格剖分”命令

图 13-14　设置面网格

选择模型上表面，单击“几何结构”栏中的“应用”按钮。

在“分区的内部数量”栏中输入“10”。

③ 如图 13-15 所示，右击“轮廓”窗格中的“网格”命令，在弹出的快捷菜单中选择“插入”→“尺寸调整”命令。

④ 如图 13-16 所示，选择“轮廓”窗格中的“网格”→“几何体尺寸调整”命令，在下面的“‘几何体尺寸调整’-尺寸调整”窗格中进行如下设置。

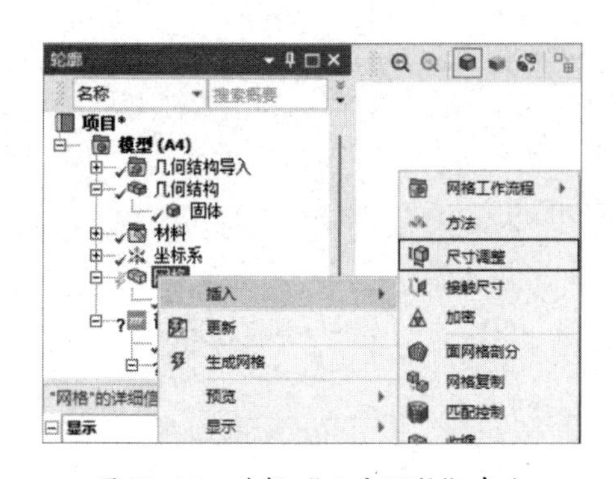

图 13-15　选择“尺寸调整”命令

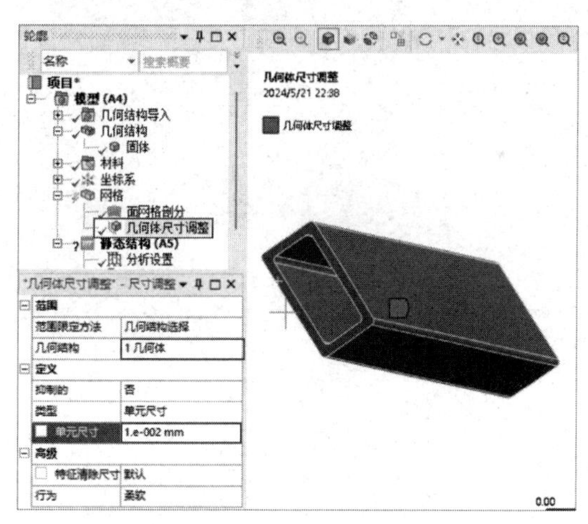

图 13-16　调整几何体尺寸

选择几何体，之后在“几何结构”栏中单击“应用”按钮，此时在“几何结构”栏中会显示“1 几何体”，表示一个几何体被选中。

在“单元尺寸”栏中输入“1.e-002mm”。

⑤ 如图 13-17 所示，右击“轮廓”窗格中的“网格”命令，在弹出的快捷菜单中选择“生成网格”命令。

⑥ 最终的网格效果如图 13-18 所示。

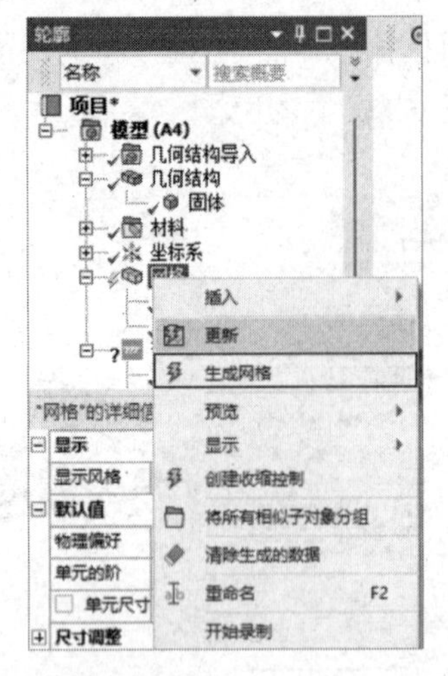

图 13-17　选择“生成网格”命令

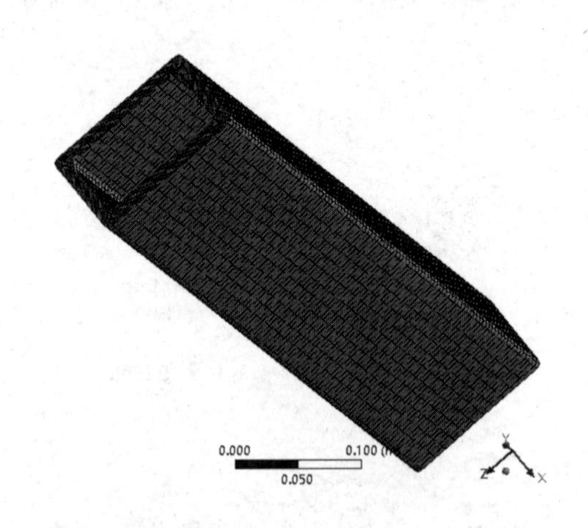

图 13-18　网格效果

13.2.7　施加载荷与约束（1）

① 选择“轮廓”窗格中的“静态结构（A5）”命令，此时会出现如图 13-19 所示的“环境”选项卡。

② 选择“环境”选项卡中的“结构”→“固定的”命令，此时在“轮廓”窗格中会出现“固定支撑”命令，如图 13-20 所示。

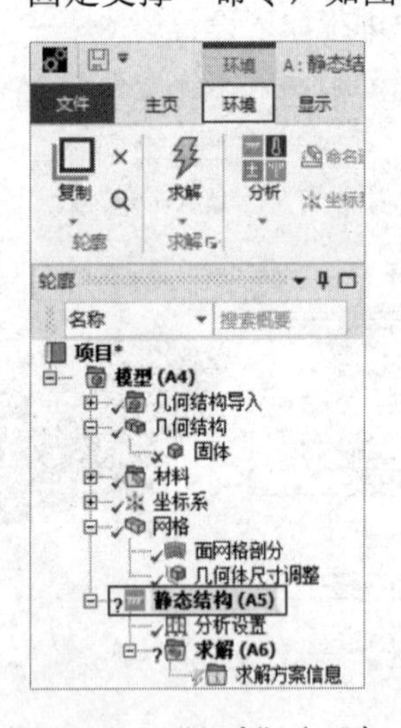

图 13-19　“环境”选项卡

图 13-20　添加“固定支撑”命令

③ 选择“轮廓”窗格中的“固定支撑”命令，在工具栏中单击按钮并选择如图 13-21 所示的矩形钢管模型底面，单击“几何结构”栏中的“应用”按钮，即可在选中的面上施加固定约束。

④ 同步骤②，选择“环境”选项卡中的“结构”→“压力”命令，此时在“轮廓”窗格中会出现“压力”命令，如图 13-22 所示。

⑤ 同步骤③，选择“轮廓”窗格中的“压力”命令，并选择钢管模型上侧面，在下面

的“‘压力’的详细信息”窗格中单击“几何结构”栏中的“应用”按钮，此时在“几何结构”栏中会显示“1 面”，同时在“定义”→“大小”栏中输入“1.e+006MPa”，如图 13-23 所示。

⑥ 右击“轮廓”窗格中的“静态结构（A5）”命令，在弹出的快捷菜单中选择“求解”命令，如图 13-24 所示。此时会弹出进度栏，表示正在计算，当计算完成后，进度栏会自动消失。

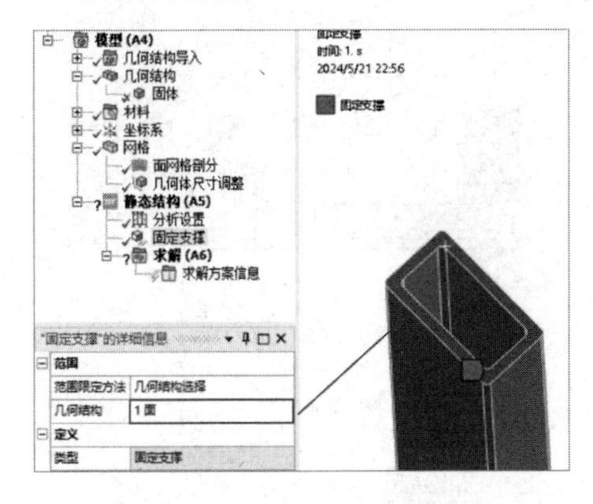

图 13-21　施加固定约束

图 13-22　添加“压力”命令

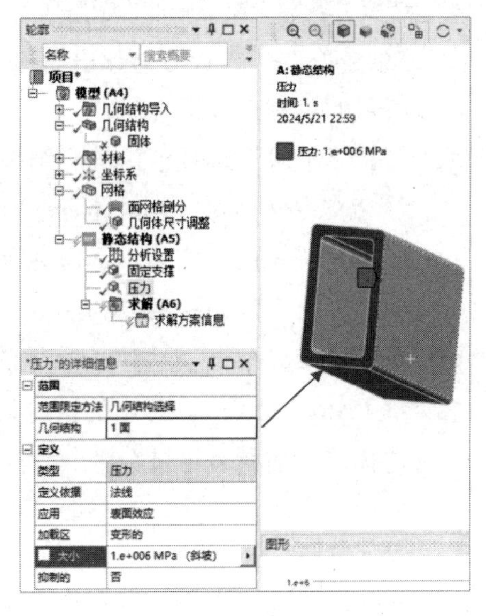

图 13-23　施加载荷

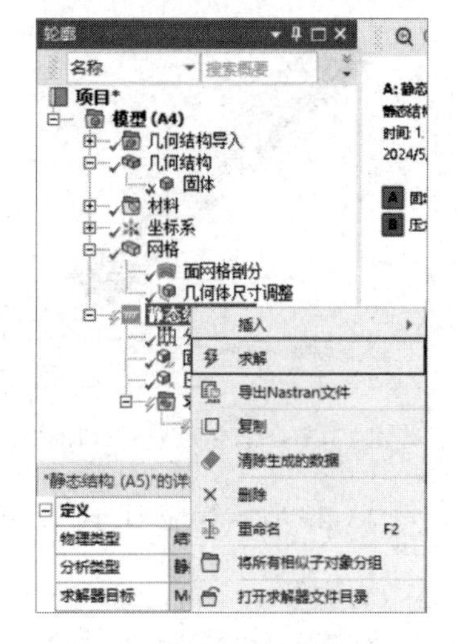

图 13-24　选择“求解”命令

13.2.8　结果后处理

① 选择“轮廓”窗格中的“求解（A6）”命令，此时会弹出如图 13-25 所示的“求解”选项卡。

② 选择“求解”选项卡中的“结果”→“变形”→“总计”命令，此时在“轮廓”窗格中会出现“总变形”命令，如图 13-26 所示。

③ 右击“轮廓”窗格中的“求解（A6）”命令，在弹出的快捷菜单中选择“评估所有结

果”命令。

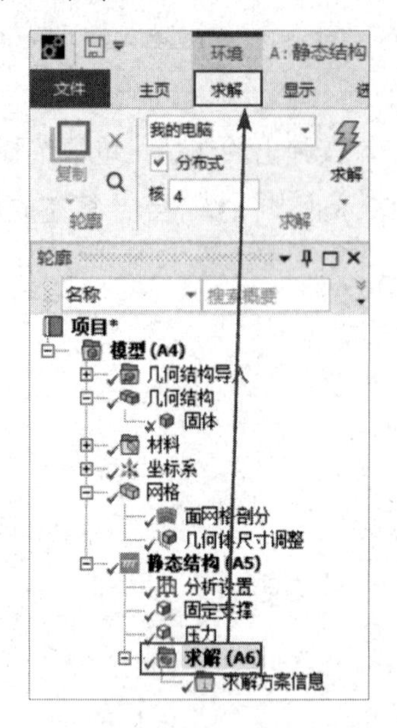

图 13-25 “求解”选项卡

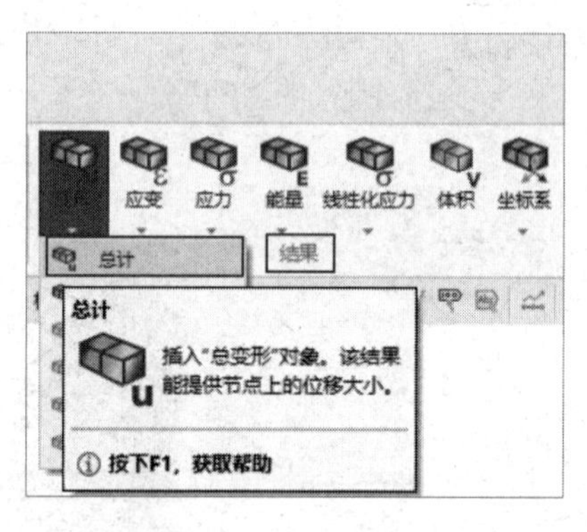

图 13-26 添加“总变形”命令

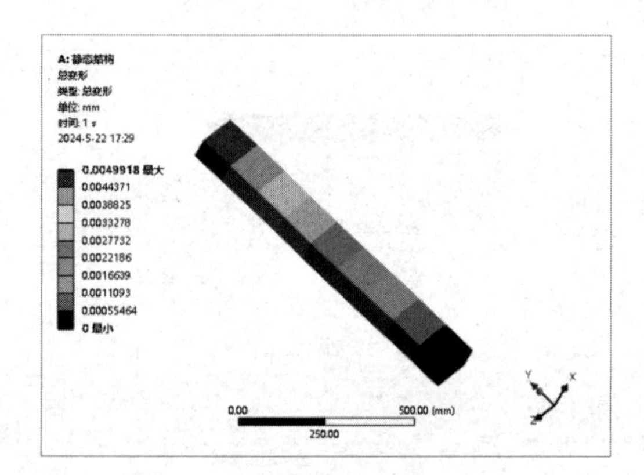

图 13-27 总变形分析云图

④ 选择“轮廓”窗格中的“求解（A6）”→“总变形”命令，此时会弹出如图 13-27 所示的总变形分析云图。

⑤ 选择“求解”选项卡中的“结果”→“应力”→“等效（Von-Mises）”命令，此时在“轮廓”窗格中会出现“等效应力”命令，如图 13-28 所示。

⑥ 同步骤③，右击“轮廓”窗格中的“求解（A6）”命令，在弹出的快捷菜单中选择“评估所有结果”命令。

⑦ 图 13-29 所示为应力分析云图。

图 13-28 添加“等效应力”命令

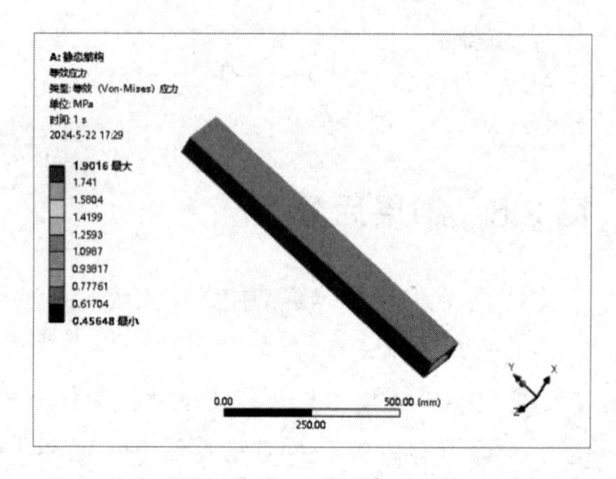

图 13-29 应力分析云图

13.2.9　进行线性屈曲分析

① 如图 13-30 所示，将主界面“工具箱”窗格中的“特征值屈曲”命令直接拖曳到项目 A 中 A6 栏的“求解”中，创建线性屈曲分析项目 B。

② 如图 13-31 所示，项目 A 的前处理数据已经被全部导入项目 B。

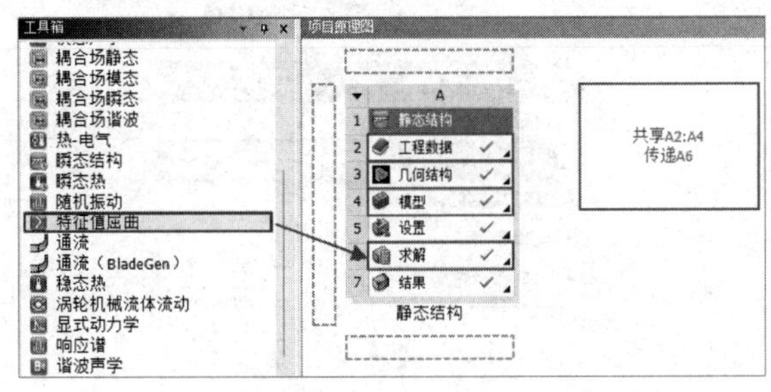

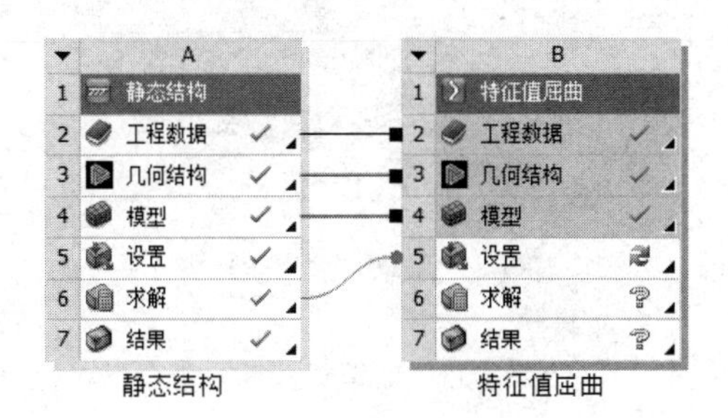

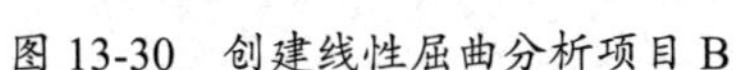
图 13-30　创建线性屈曲分析项目 B

图 13-31　几何数据共享

13.2.10　施加载荷与约束（2）

① 双击项目 B 中 B4 栏的“模型”，进入如图 13-32 所示的 Mechanical 平台界面，在该界面中可以进行网格的划分、分析设置、结果观察等操作。

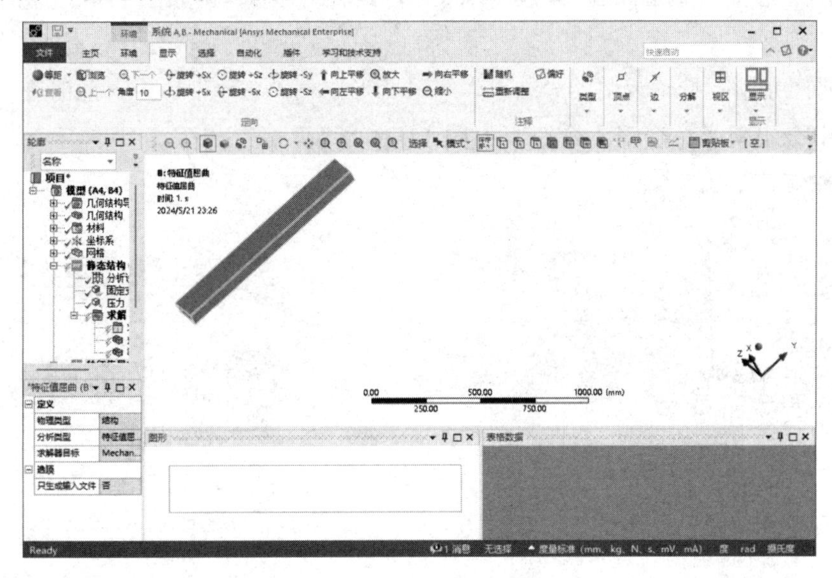

图 13-32　Mechanical 平台界面

② 右击“轮廓”窗格中的“静态结构（A5）”命令，在弹出的快捷菜单中选择“求解”命令，如图 13-33 所示。此时会弹出进度栏，表示正在计算，当计算完成后，进度栏自动消失。

③ 如图 13-34 所示，选择“轮廓”窗格中的“特征值屈曲（B5）”→“分析设置”命令，在下面的“‘分析设置’的详细信息”窗格的“选项”操作面板中进行如下设置。

在“最大模态阶数”栏中输入“10”，表示 10 阶模态将被计算。

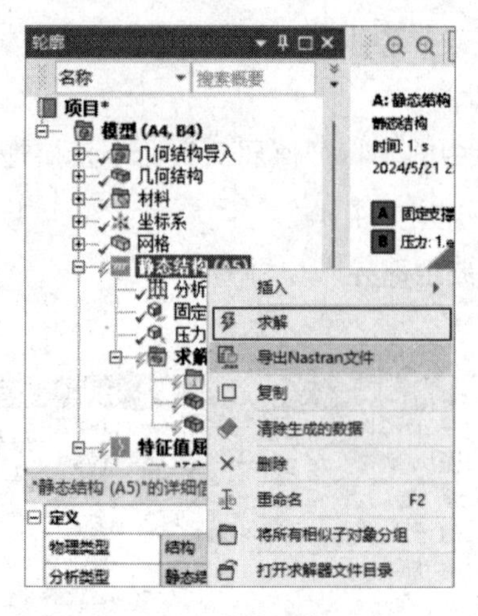

图 13-33　选择“求解”命令

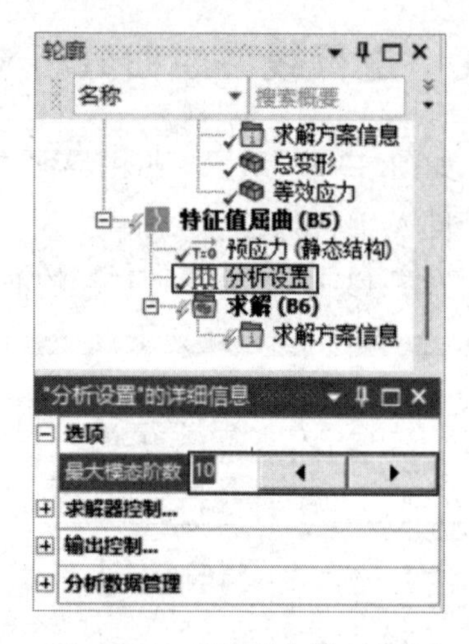

图 13-34　设置最大模态阶数

④ 右击“轮廓”窗格中的“特征值屈曲（B5）”命令，在弹出的快捷菜单中选择“求解”命令。此时会弹出进度栏，表示正在计算，当计算完成后，进度栏会自动消失。

13.2.11　结果后处理

① 选择“轮廓”窗格中的“求解（B6）”命令，此时会弹出如图 13-35 所示的“求解”选项卡。

② 选择“求解”选项卡中的“结果”→“变形”→“总计”命令，此时在“轮廓”窗格中会出现“总变形”命令，如图 13-36 所示。

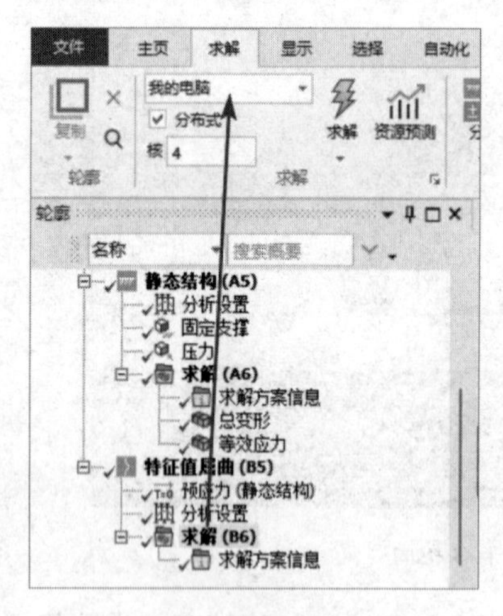

图 13-35　“求解”选项卡

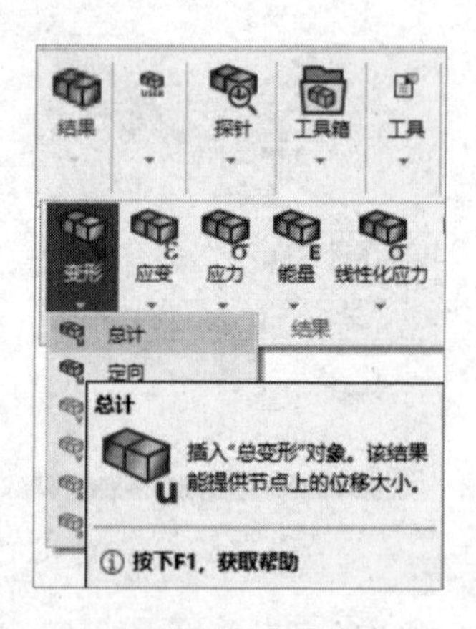

图 13-36　添加“总变形”命令

③ 选择“轮廓”窗格中的“总变形”命令，在下面的“‘总变形’的详细信息”窗格的“定义”→“模式”栏中输入“1”，如图 13-37 所示。

④ 右击“轮廓”窗格中的“求解（B6）”命令，在弹出的快捷菜单中选择“求解”命令，如图 13-38 所示。计算完成后的变形形状，即第一阶屈曲模态的云图如图 13-39 所示。

图 13-37 设置模式

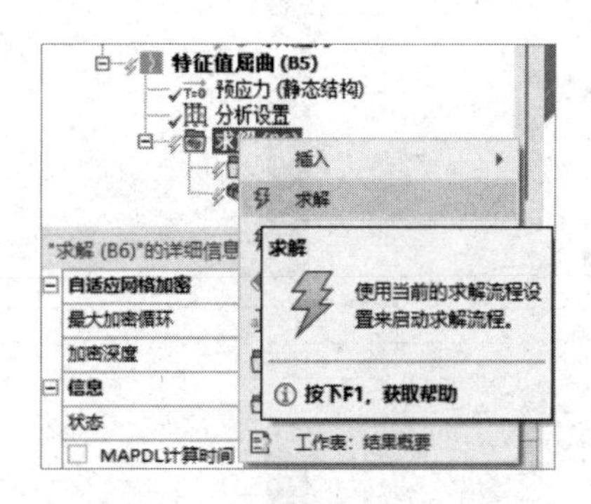

图 13-38 选择“求解”命令

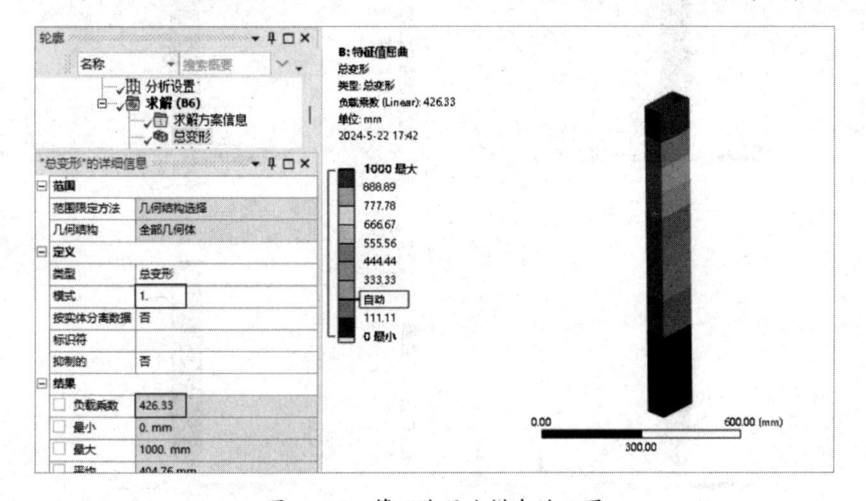

图 13-39 第一阶屈曲模态的云图

在图 13-39 左下方的“结果”操作面板中可以看到，第一阶屈曲载荷因子（即负载乘数）为 426.33，由于施加载荷为 1MPa，因此钢管模型的屈曲压力为 426.33×1=426.33MPa，变形形状为图 13-39 中右侧云图所示。

综上所述，第一阶临界载荷为 426.33MPa。第一阶为屈曲载荷的最低值，这意味着在理论上，当压力达到 426.33MPa 时，钢管模型将失稳。

⑤ 图 13-40 所示为前十阶屈曲模态的频率；图 13-41 所示为第二阶～第十阶屈曲模态的云图。

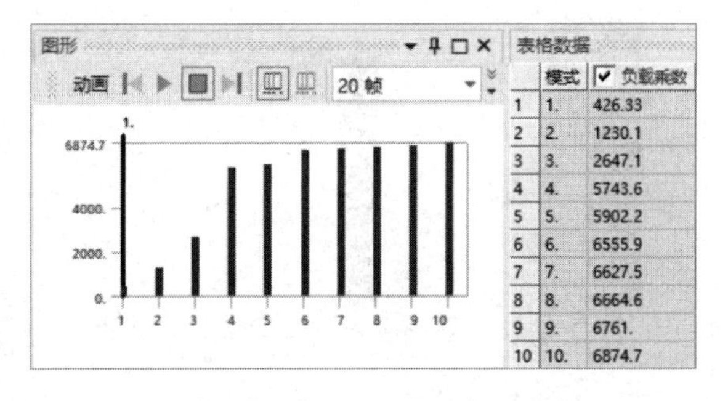

	模式	负载乘数
1	1.	426.33
2	2.	1230.1
3	3.	2647.1
4	4.	5743.6
5	5.	5902.2
6	6.	6555.9
7	7.	6627.5
8	8.	6664.6
9	9.	6761.
10	10.	6874.7

图 13-40 前十阶屈曲模态的频率

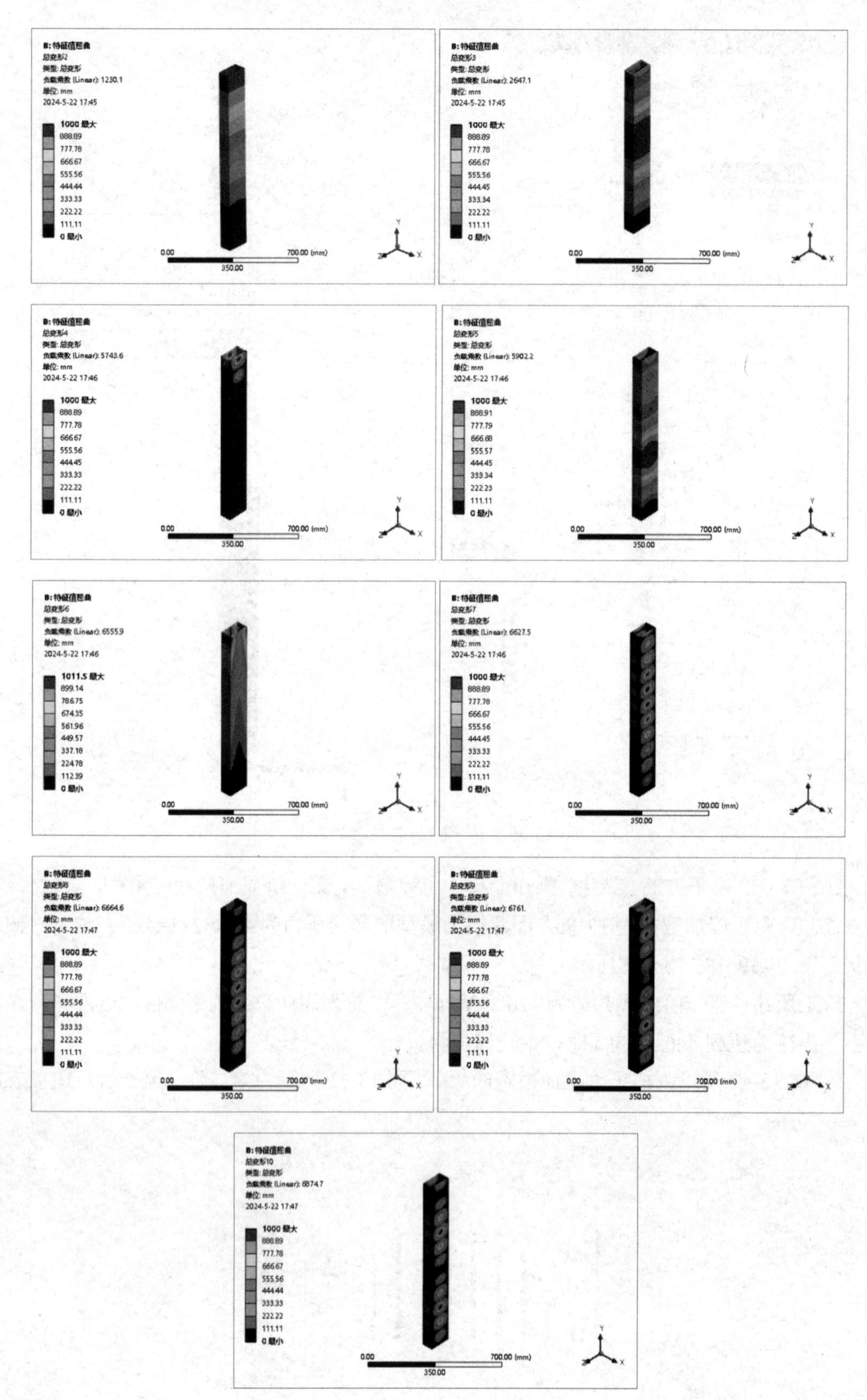

图 13-41　第二阶～第十阶屈曲模态的云图

13.2.12　保存与退出

① 单击 Mechanical 平台界面右上角的“关闭”按钮，关闭 Mechanical 平台，返回 ANSYS Workbench 平台主界面。

② 在 ANSYS Workbench 平台主界面中单击常用工具栏中的“保存”按钮，设置“文件名”为“Pipe_Bukling.wbpj”。

③ 单击右上角的“关闭”按钮，关闭 ANSYS Workbench 平台，完成项目分析。

13.3　实例 2——金属容器线性屈曲分析

本节主要介绍 ANSYS Workbench 平台的线性屈曲分析模块，分析金属容器在外载荷作用下的稳定性，并计算屈曲载荷因子。

学习目标：熟练掌握 ANSYS Workbench 线性屈曲分析的方法及过程。

模型文件	无
结果文件	配套资源\ Chapter13\char13-2\Shell_Bukling.wbpj

13.3.1　问题描述

图 13-42 所示为某金属容器模型，请使用 ANSYS Workbench 平台分析金属容器模型在 1MPa 压力下的屈曲响应情况。

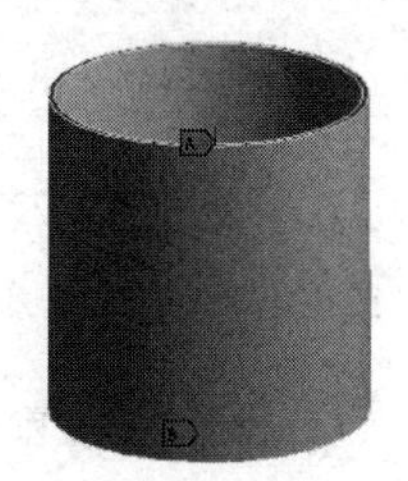

图 13-42　金属容器模型

13.3.2　创建分析项目

① 在 Windows 系统下启动 ANSYS Workbench 平台，进入主界面。

② 双击主界面“工具箱”窗格中的“分析系统”→“静态结构”命令，即可在“项目原理图”窗格中创建分析项目 A，如图 13-43 所示。

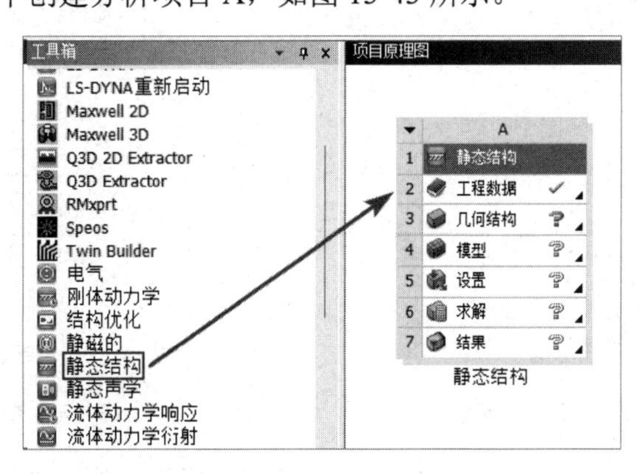

图 13-43　创建分析项目 A

13.3.3 创建几何体

① 双击项目 A 中 A3 栏的“几何结构”，弹出 DesignModeler 平台界面，选择菜单栏中的“单位”→“米”命令，设置长度单位为“m”，如图 13-44 所示。

② 如图 13-45 所示，选择“树轮廓”窗格中的“ZX 平面”命令，将 *ZX* 平面作为绘图平面，之后单击按钮，使绘图平面与绘图区域平行。

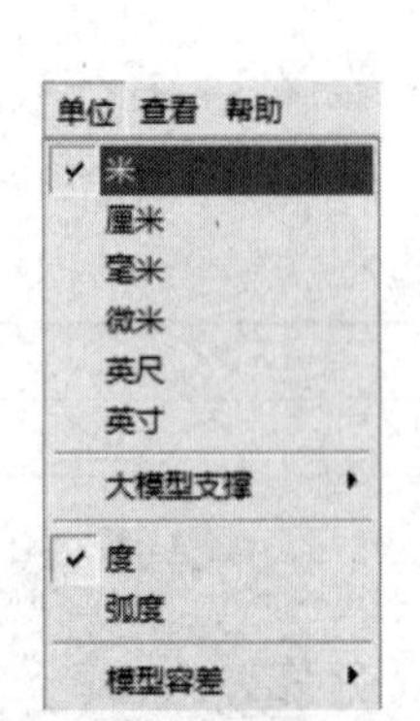

图 13-44 设置长度单位

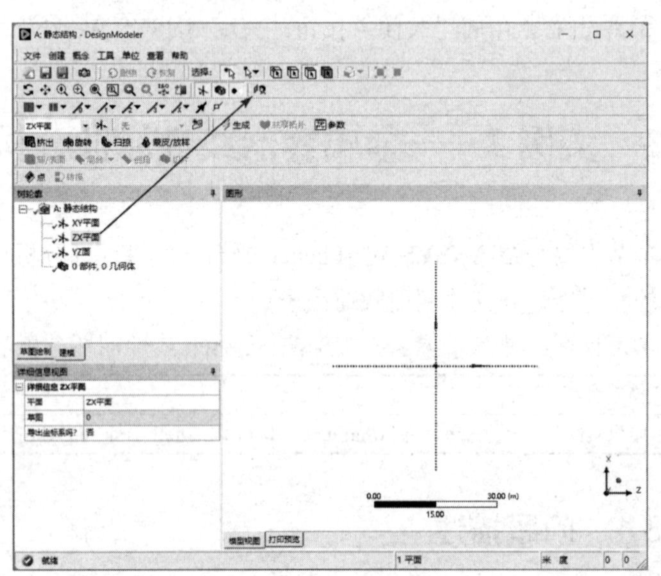

图 13-45 选择绘图平面

③ 单击“树轮廓”窗格下面的“草图绘制”按钮，此时会弹出如图 13-46 所示的“草图工具箱”窗格，所有的草绘命令都在“草图工具箱”窗格中。

④ 在“绘制”卷帘菜单中选择“圆”命令，此时该命令变成凹陷状态，表示本命令已被选中。将鼠标指针移动到绘图区域的坐标原点处，此时会出现一个“P”提示符，表示在坐标原点处创建圆形的圆心，如图 13-47 所示。

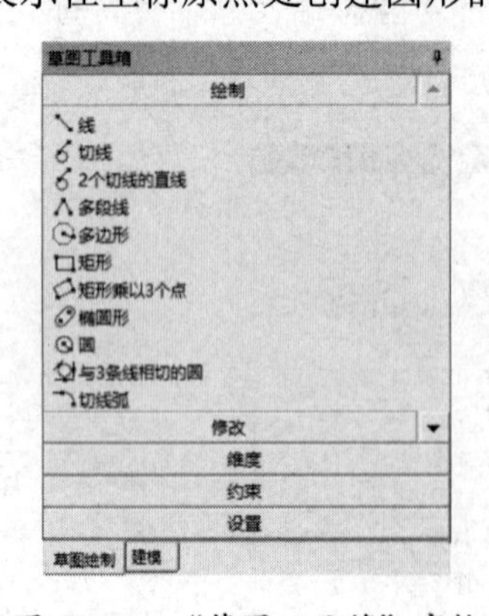

图 13-46 “草图工具箱”窗格

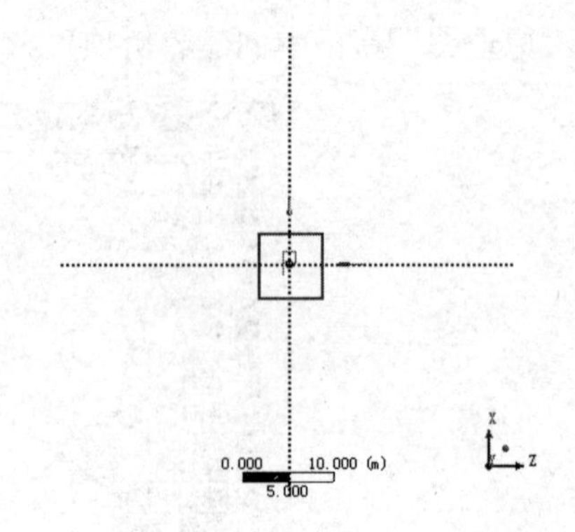

图 13-47 坐标原点提示符

⑤ 当出现“P”提示符后单击，在坐标原点处创建圆心，之后向上移动鼠标指针并单击，创建如图 13-48 所示的圆形。

⑥ 选择“草图工具箱”窗格中的“维度”→“直径”命令，创建如图 13-49 所示的直径标注，在“D1”栏中输入“0.1m”。

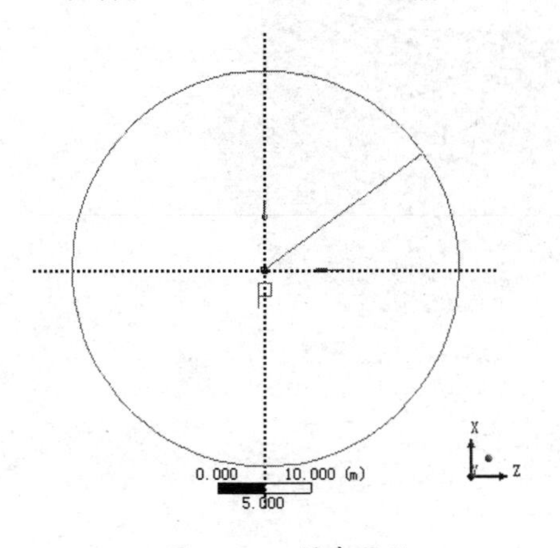

图 13-48　创建圆形

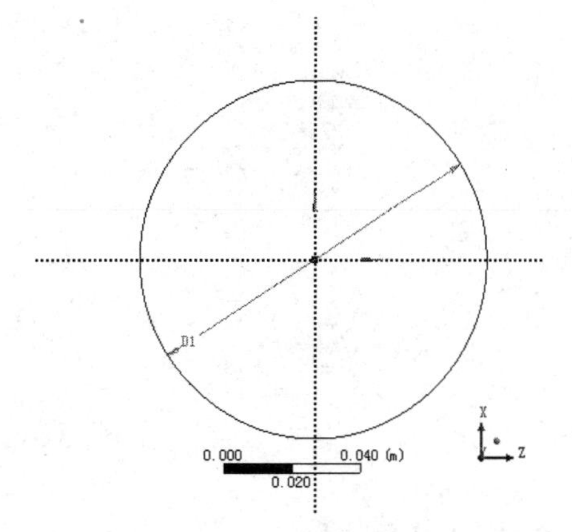

图 13-49　创建直径标注

⑦ 选择工具栏中的“挤出”命令，在“详细信息视图”窗格中进行如下设置。

在“几何结构”栏中选择“草图 1”选项并单击“应用”按钮。

在“FD1，深度（>0）”栏中输入拉伸长度值“0.1m”。

在“按照薄/表面？”栏中选择“是”选项。

在“FD2，内部厚度（>=0）”和“FD3，外部厚度（>=0）”栏中均输入“0.001m”，之后单击工具栏中的生成按钮，生成几何体，如图 13-50 所示。

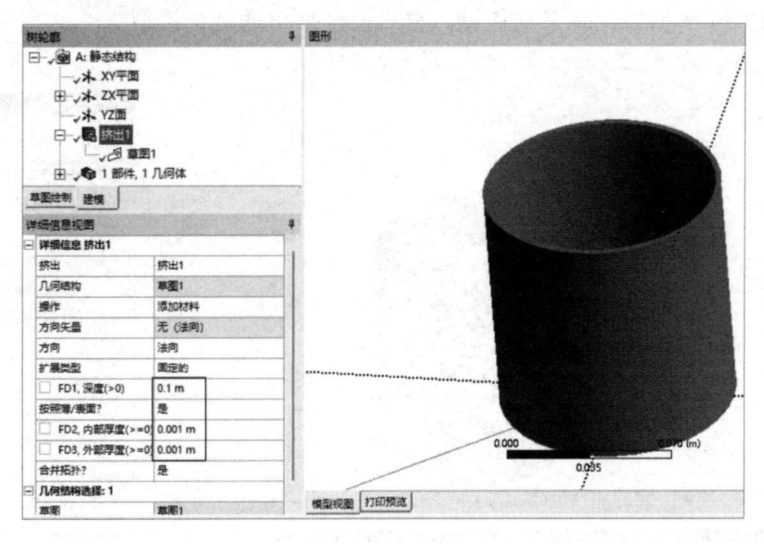

图 13-50　生成几何体（1）

⑧ 选择工具栏中的“挤出”命令，在“详细信息视图”窗格的“几何结构”栏中选择“草图 1”选项并单击“应用”按钮，在“FD1，深度（>0）”栏中输入拉伸长度值“0.002m”，之后单击工具栏中的生成按钮，生成几何体，如图 13-51 所示。

⑨ 单击右上角的“关闭”按钮，关闭 DesignModeler 平台，返回 ANSYS Workbench 平台主界面，此时主界面“项目原理图”窗格中显示的分析项目均已完成。

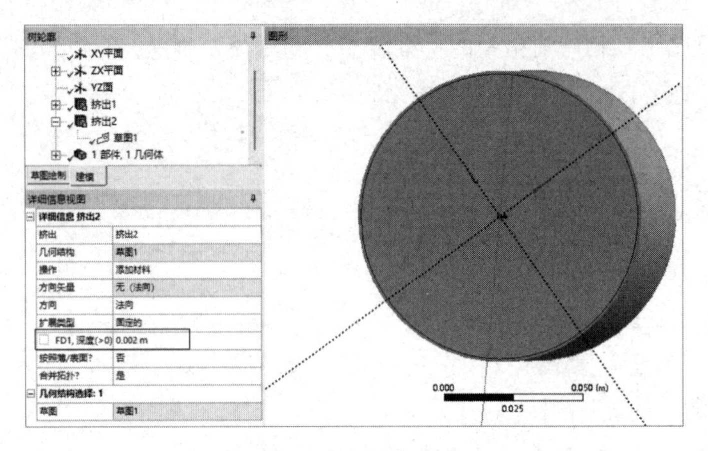

图 13-51 生成几何体（2）

13.3.4 设置材料

本实例选用默认材料，即结构钢。

13.3.5 添加模型材料属性

① 在“项目原理图”窗格中双击项目 A 中 A4 栏的“模型”，进入如图 13-52 所示的 Mechanical 平台界面，在该界面中可以进行网格的划分、分析设置、结果观察等操作。

② 如图 13-53 所示，此时“结构钢”材料已经被自动赋予模型。

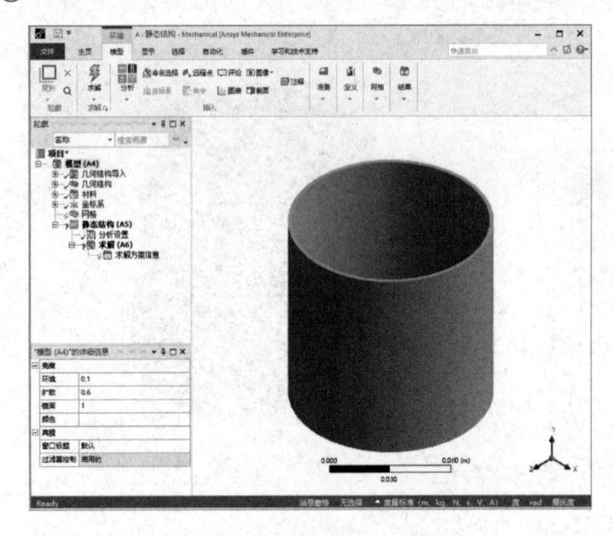

图 13-52 Mechanical 平台界面

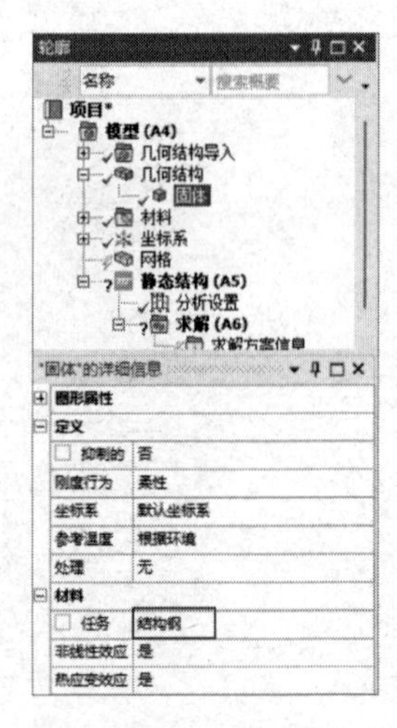

图 13-53 模型材料

13.3.6 划分网格

① 如图 13-54 所示，选择 Mechanical 平台界面左侧“轮廓”窗格中的“网格”命令，在“‘网格’的详细信息”窗格的“单元尺寸”栏中输入“2.e-003m”，其余选项保

持默认设置。

② 如图 13-55 所示，右击“轮廓”窗格中的“网格”命令，在弹出的快捷菜单中选择“生成网格”命令。

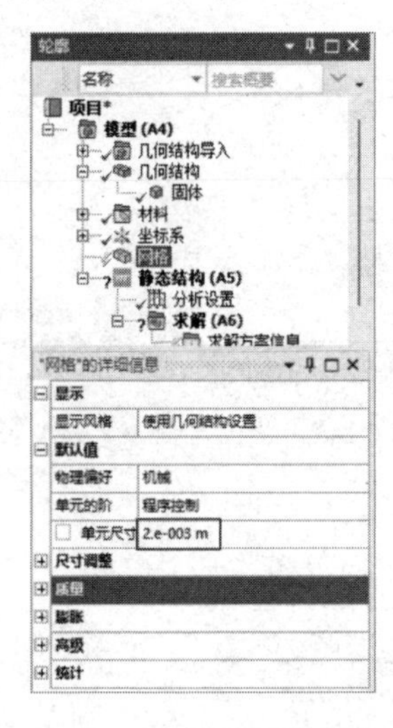

图 13-54　设置网格尺寸

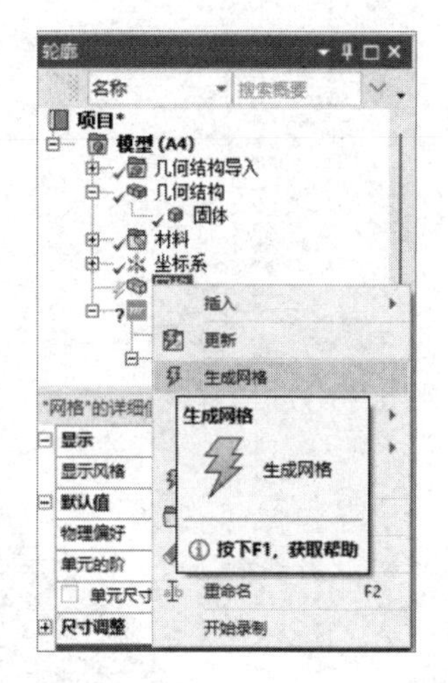

图 13-55　选择“生成网格”命令

③ 最终的网格效果如图 13-56 所示。

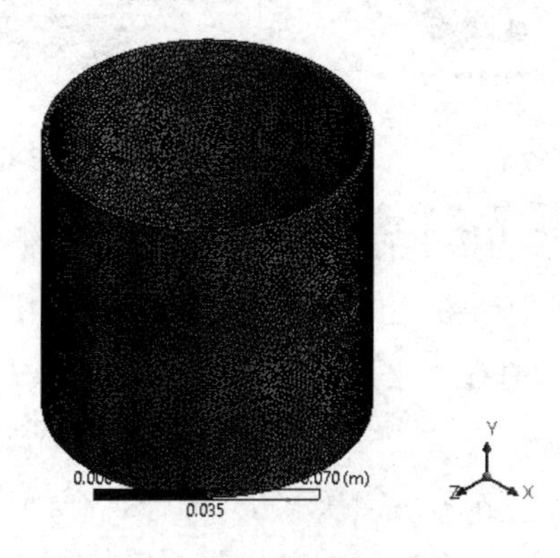

图 13-56　网格效果

13.3.7　施加载荷与约束（1）

① 选择“轮廓”窗格中的“静态结构（A5）”命令，此时会弹出如图 13-57 所示的“环境”选项卡。

② 选择“环境”选项卡中的“结构”→“固定的”命令，此时在“轮廓”窗格中会出现“固定支撑”命令，如图 13-58 所示。

③ 选择“轮廓”窗格中的“固定支撑”命令，在工具栏中单击按钮并选择钢管模型底面，在“‘固定支撑’的详细信息”窗格中单击“几何结构”栏的“应用”按钮，即可在选中的面上施加固定约束，如图 13-59 所示。

④ 同步骤②，选择“环境”选项卡中的“结构”→“压力”命令，此时在“轮廓”窗

格中会出现“压力”命令，如图 13-60 所示。

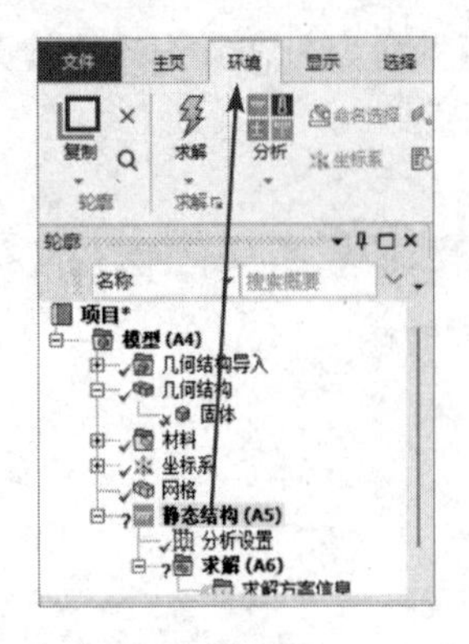

图 13-57 “环境”选项卡

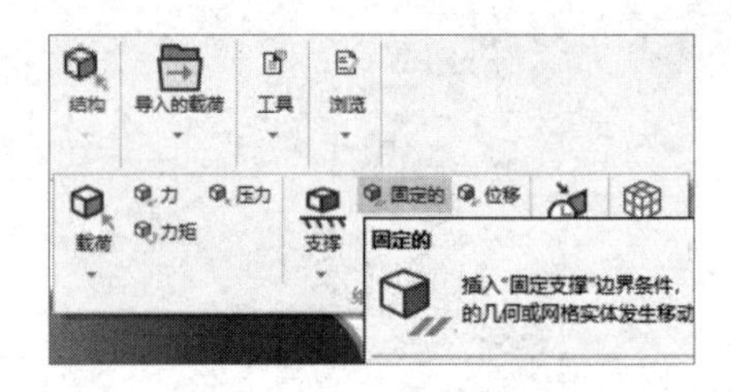

图 13-58 添加“固定支撑”命令

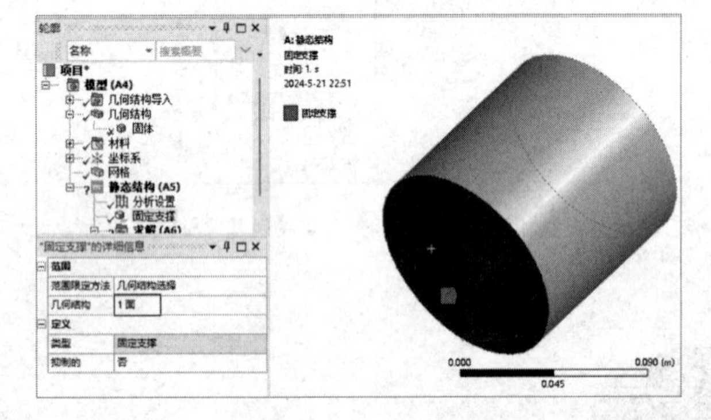

图 13-59 施加固定约束

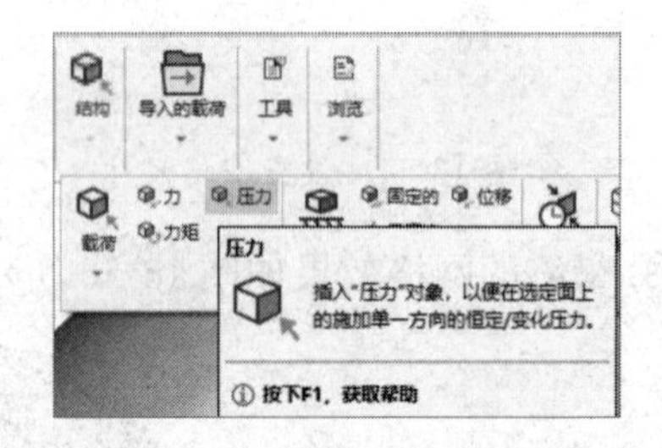

图 13-60 添加“压力”命令

⑤ 同步骤③，选择“轮廓”窗格中的“压力”命令，选择钢管模型顶面，在下面的“‘压力’的详细信息”窗格中单击“几何结构”栏的“应用”按钮，此时在“几何结构”栏中会显示“1 面”，同时在“定义”→“大小”栏中输入“1.e+006Pa，”如图 13-61 所示。

⑥ 右击“轮廓”窗格中的“静态结构（A5）”命令，在弹出的快捷菜单中选择“求解”命令，如图 13-62 所示。此时会弹出进度栏，表示正在计算，当计算完成后，进度栏会自动消失。

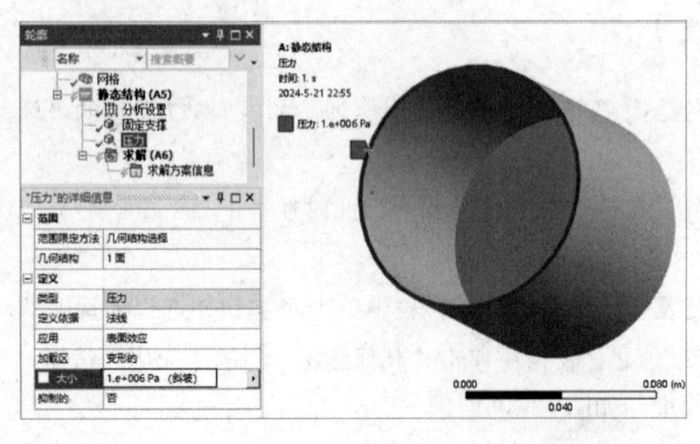

图 13-61 施加载荷

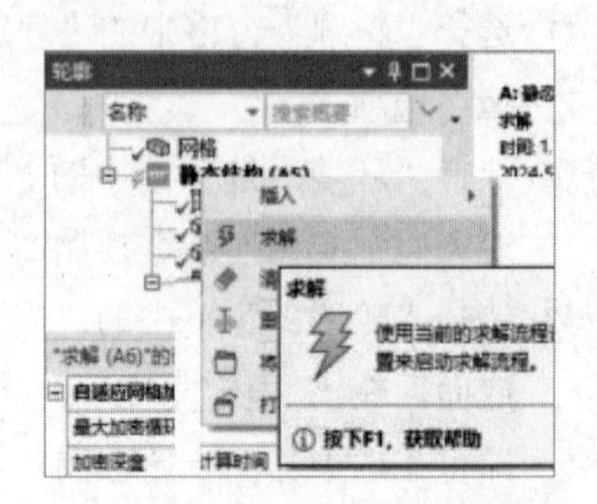

图 13-62 选择“求解”命令

13.3.8　结果后处理

① 选择“轮廓”窗格中的“求解（A6）”命令，此时会弹出如图 13-63 所示的“求解”选项卡。

② 选择“求解”选项卡中的“结果”→“变形”→“总计”命令，此时在“轮廓”窗格中会出现“总变形”命令，如图 13-64 所示。

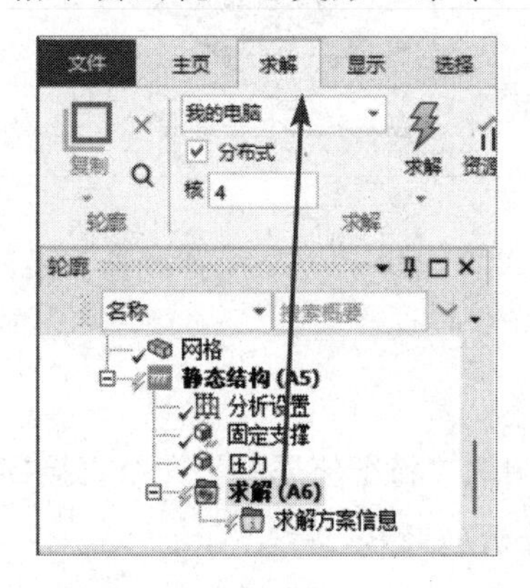

图 13-63　“求解”选项卡

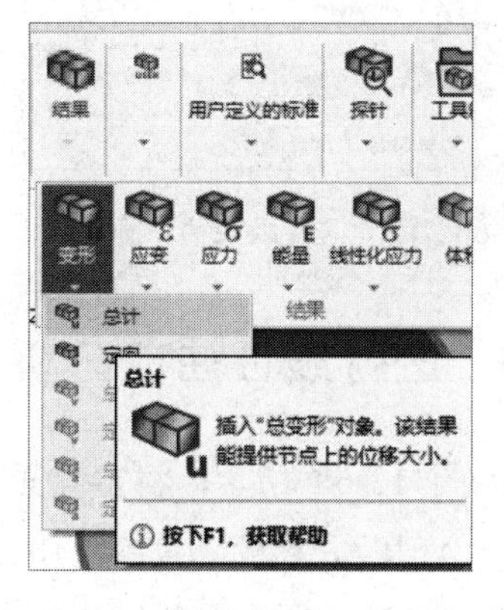

图 13-64　添加“总变形”命令

③ 右击“轮廓”窗格中的“求解（A6）”命令，在弹出的快捷菜单中选择“评估所有结果”命令。

④ 选择“轮廓”窗格中的“求解（A6）”→“总变形”命令，此时会弹出如图 13-65 所示的总变形分析云图。

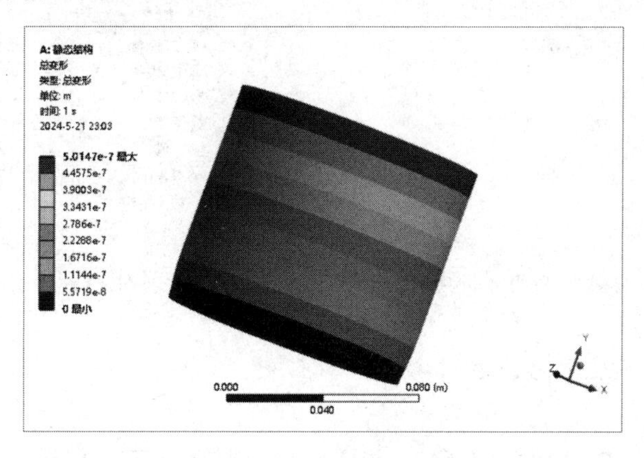

图 13-65　总变形分析云图

⑤ 选择“求解”选项卡中的“结果”→“应力”→“等效（Von-Mises）”命令，此时在“轮廓”窗格中会出现“等效应力”命令，如图 13-66 所示。

⑥ 同步骤③，右击“轮廓”窗格中的“求解（A6）”命令，在弹出的快捷菜单中选择“评估所有结果”命令。

⑦ 图 13-67 所示为应力分析云图。

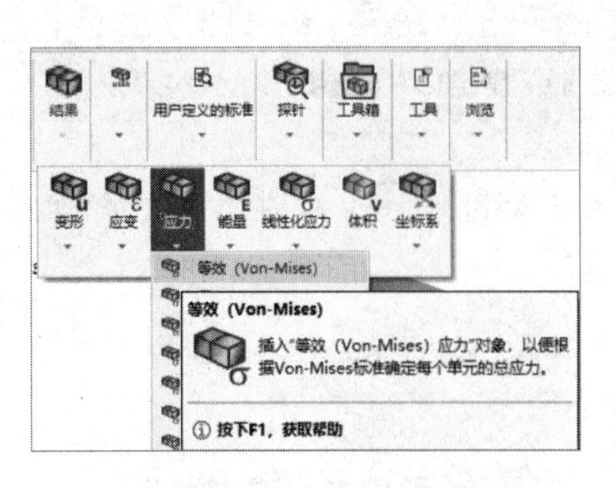

图 13-66　添加“等效应力”命令

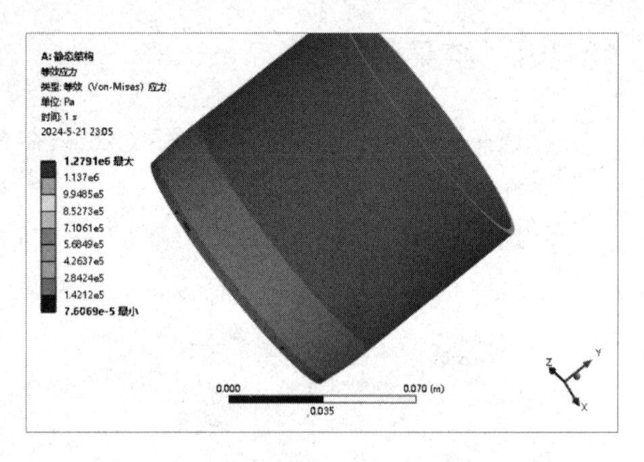

图 13-67　应力分析云图

13.3.9　进行线性屈曲分析

① 如图 13-68 所示，将主界面“工具箱”窗格中的“特征值屈曲”命令直接拖曳到项目 A 中 A6 栏的“求解”中，创建线性屈曲分析项目 B。

② 如图 13-69 所示，项目 A 的前处理数据已经被全部导入项目 B。

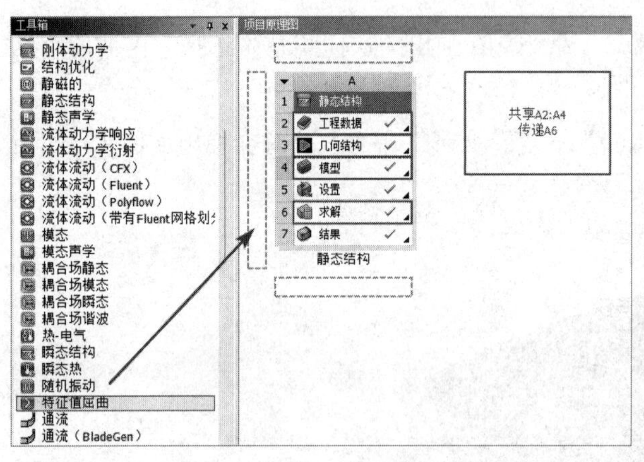

图 13-68　创建线性屈曲分析项目 B

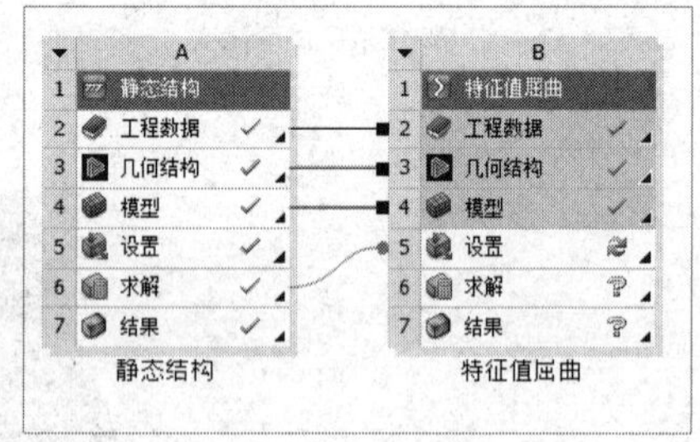

图 13-69　几何数据共享

13.3.10　施加载荷与约束（2）

① 双击项目 B 中 B5 栏的“设置”，进入如图 13-70 所示的 Mechanical 平台界面，在该界面中可以进行网格的划分、分析设置、结果观察等操作。

② 右击“轮廓”窗格中的“静态结构（A5）”命令，在弹出的快捷菜单中选择“求解”命令，如图 13-71 所示。此时会弹出进度栏，表示正在计算，当计算完成后，进度栏会自动消失。

③ 如图 13-72 所示，选择“轮廓”窗格中的“特征值屈曲（B5）”→“分析设置”命令，在下面的“‘分析设置’的详细信息”窗格的“选项”操作面板中进行如下设置。

在“最大模态阶数”栏中输入“10”，表示 10 阶模态将被计算。

④ 右击“轮廓”窗格中的“特征值屈曲（B5）”命令，在弹出的快捷菜单中选择“求解”命令，如图 13-73 所示。此时会弹出进度栏，表示正在计算，当计算完成后，进度栏会自动消失。

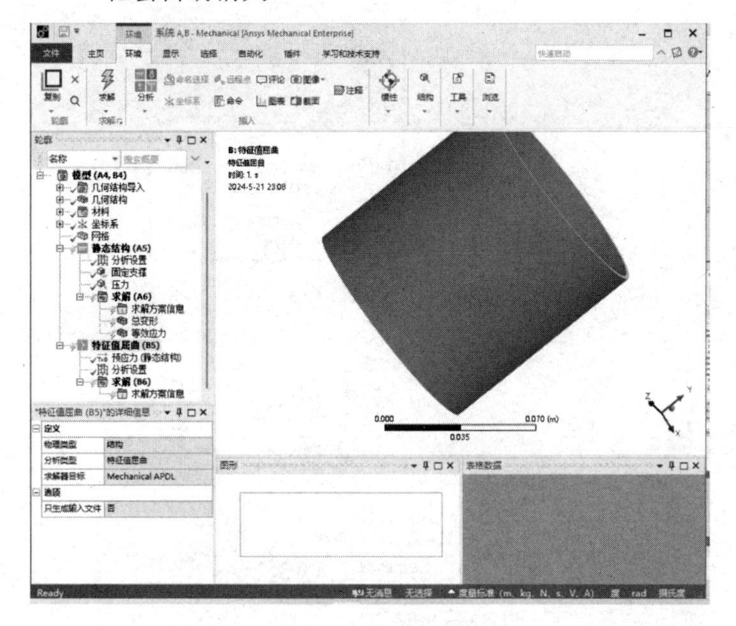

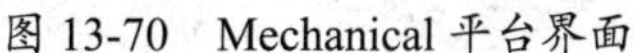
图 13-70　Mechanical 平台界面

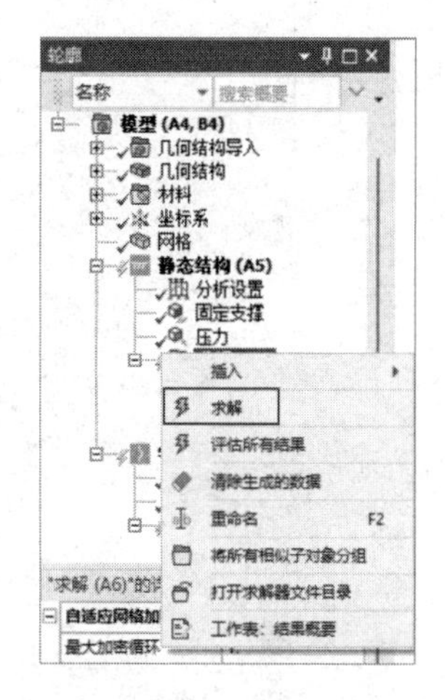

图 13-71　选择“求解”命令（1）

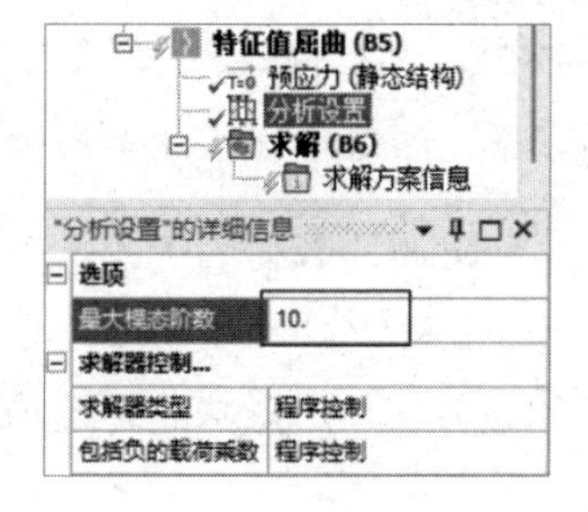

图 13-72　设置最大模态阶数

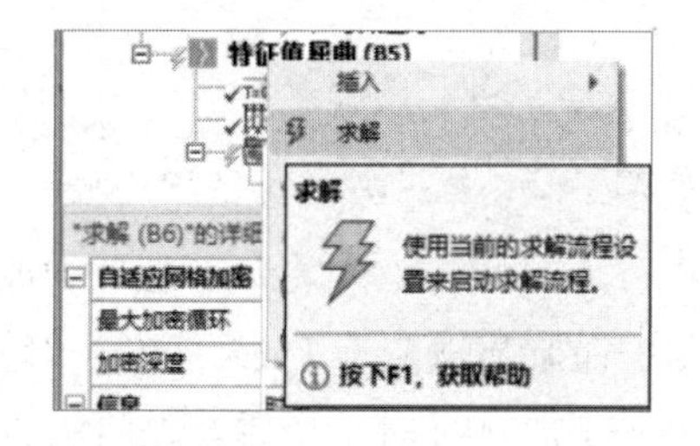

图 13-73　选择“求解”命令（2）

13.3.11　结果后处理

① 选择“轮廓”窗格中的“求解（B6）”命令，此时会出现如图 13-74 所示的“求解”选项卡。

② 选择“求解”选项卡中的“结果”→“变形”→“总计”命令，此时在“轮廓”窗格中会出现“总变形”命令，如图 13-75 所示。

③ 选择“轮廓”窗格中的“总变形”命令，在下面的“‘总变形’的详细信息”窗格的“定义”→“模式”栏中输入“1”，如图 13-76 所示。

④ 右击“轮廓”窗格中的“求解（B6）”→“总变形”命令，在弹出的快捷菜单中选择“评估所有结果”命令，如图 13-77 所示。计算完成后的变形形状，即第一阶屈曲模态的云图如图 13-78 所示。

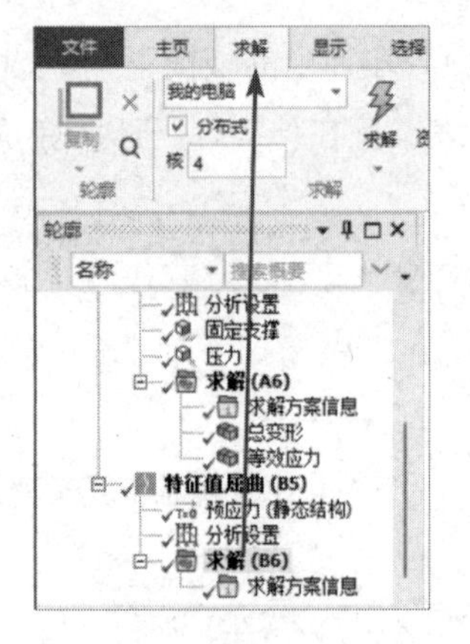

图 13-74 “求解”选项卡

图 13-75 添加“总变形”命令

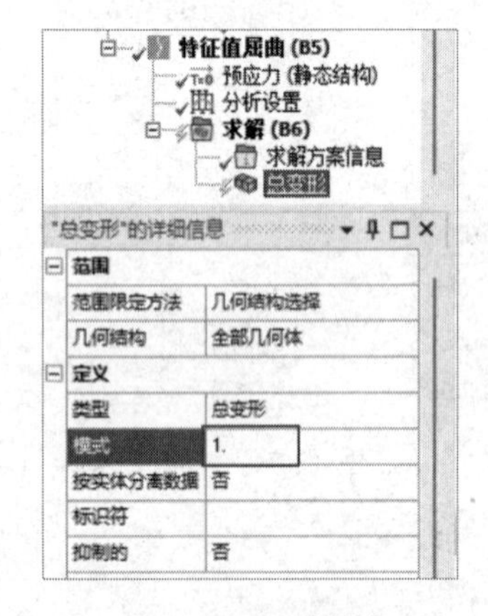

图 13-76 设置模式

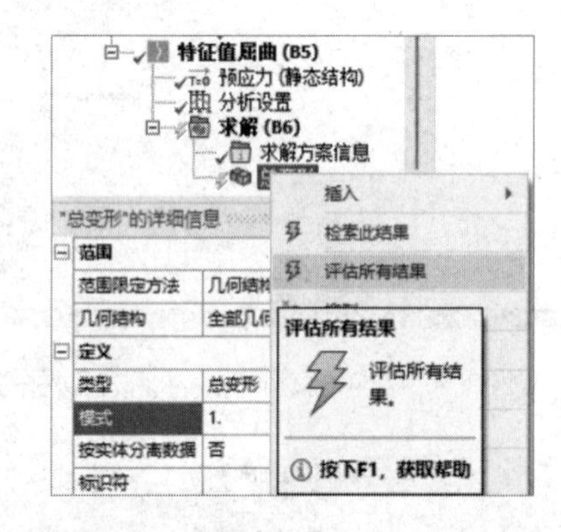

图 13-77 选择“评估所有结果”命令

从图 13-78 左下方的“结果”操作面板中可以查到第一阶屈曲载荷因子为 1516.3，由于施加载荷为 1MPa，因此金属容器的屈曲压力为 1516.3×1=1516.3MPa。

第一阶临界载荷为 1516.3MPa。第一阶为屈曲载荷的最低值，这意味着在理论上，当压力达到 1516.3MPa 时，金属容器将失稳。

⑤ 图 13-79 所示为前十阶屈曲模态的频率；图 13-80 所示为第二阶～第五阶屈曲模态的云图。

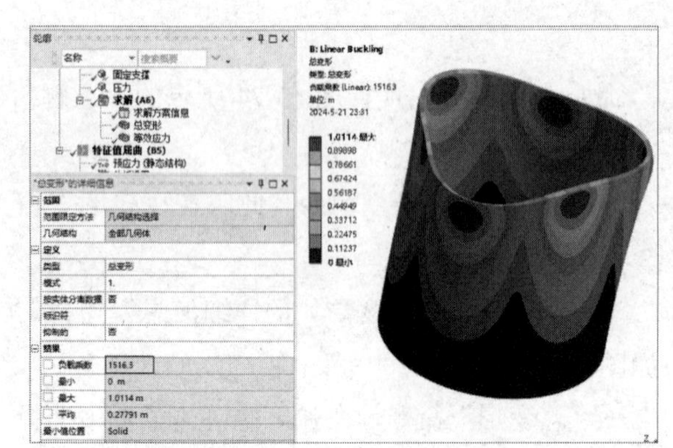

图 13-78 第一阶屈曲模态的云图

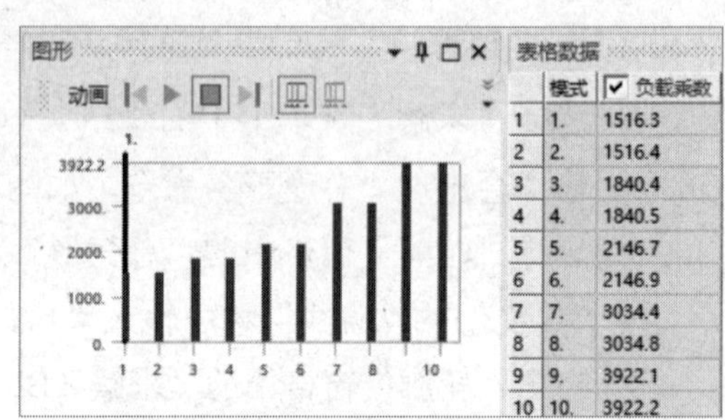

	模式	负载乘数
1	1.	1516.3
2	2.	1516.4
3	3.	1840.4
4	4.	1840.5
5	5.	2146.7
6	6.	2146.9
7	7.	3034.4
8	8.	3034.8
9	9.	3922.1
10	10.	3922.2

图 13-79 前十阶屈曲模态的频率

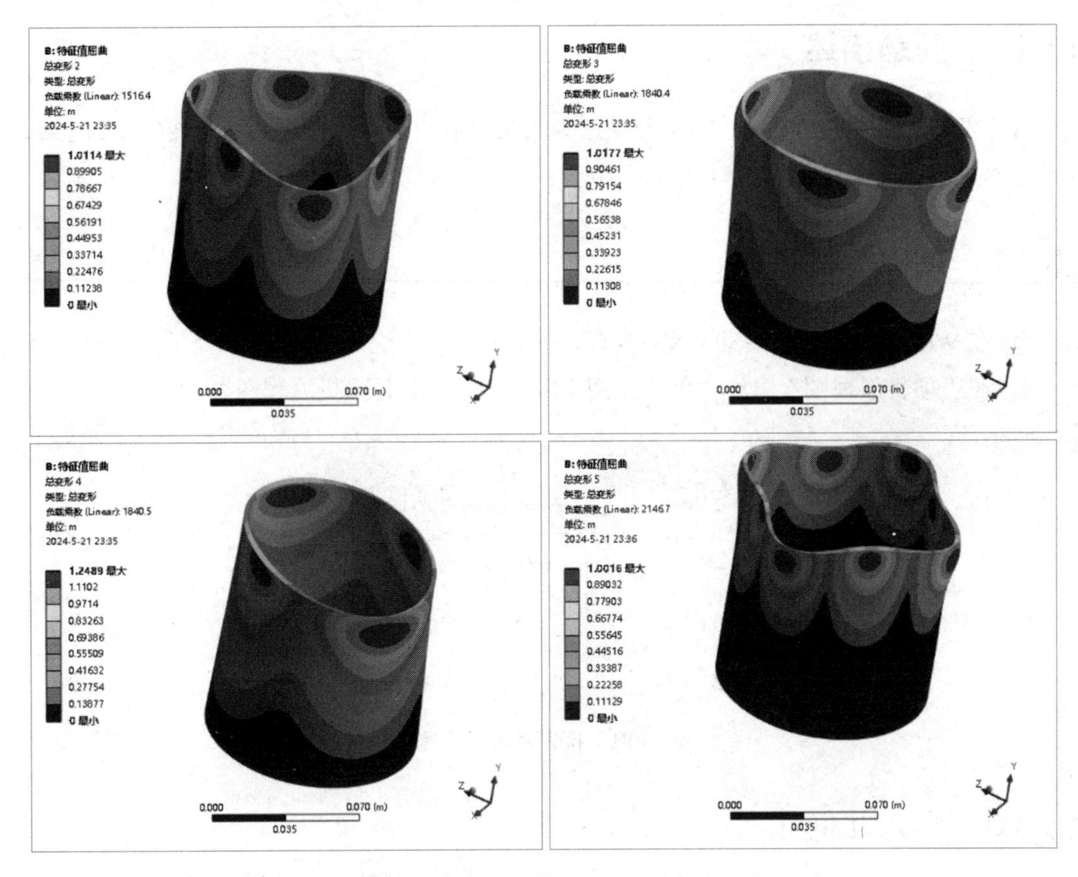

图 13-80　第二阶～第五阶屈曲模态的云图

13.3.12　保存与退出

① 单击 Mechanical 平台界面右上角的“关闭”按钮，关闭 Mechanical 平台，返回 ANSYS Workbench 平台主界面。

② 在 ANSYS Workbench 平台主界面中单击工具栏中的“保存”按钮，设置“文件名”为“Shell_Bukling.wbpj”。

③ 单击右上角的“关闭”按钮，关闭 ANSYS Workbench 平台，完成项目分析。

13.4　实例 3——梁结构线性屈曲分析

本节将通过一个梁结构线性屈曲分析的实例来帮助读者学习线性屈曲分析的操作步骤。

学习目标：熟练掌握 ANSYS Workbench 线性屈曲分析的方法及过程。

模型文件	配套资源\ Chapter13\char13-3\simple_Beam.agdb
结果文件	配套资源\ Chapter13\char13-3\ simple_Beam_Vro.wbpj

13.4.1　问题描述

工字梁是工程中常用的梁结构，而受压力的长梁屈曲通常是造成梁结构被破坏的主要原因，因此我们需要对梁结构进行线性屈曲分析。

13.4.2　创建分析项目

① 在 Windows 系统下启动 ANSYS Workbench 平台，进入主界面。

② 在“项目原理图”窗格中创建如图 13-81 所示的项目分析流程图表。

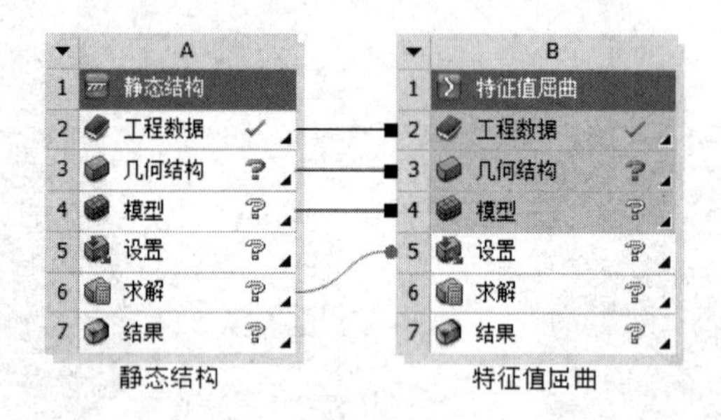

图 13-81　项目分析流程图表

13.4.3　导入几何体

① 右击项目 A 中 A3 栏的“几何结构”，在弹出的快捷菜单中选择“导入几何模型”→“浏览”命令，在弹出的“打开”对话框中选择如图 13-82 所示的几何体文件。

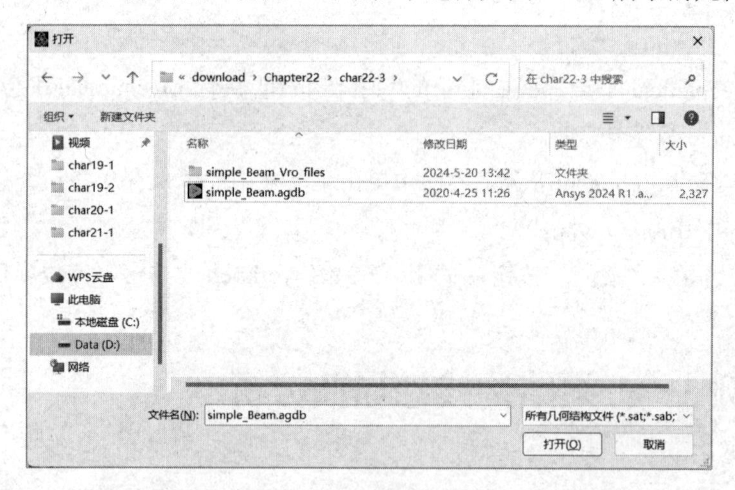

图 13-82　选择几何体文件

② 此时项目 A 中 A3 栏的“几何结构”后的 ? 图标变为 ✓ 图标，表示实体模型已经存在。

③ 双击项目 A 中 A3 栏的“几何结构”，此时会弹出如图 13-83 所示的 DesignModeler 平台界面，在 DesignModeler 平台界面的“图形”窗格中会显示几何体。

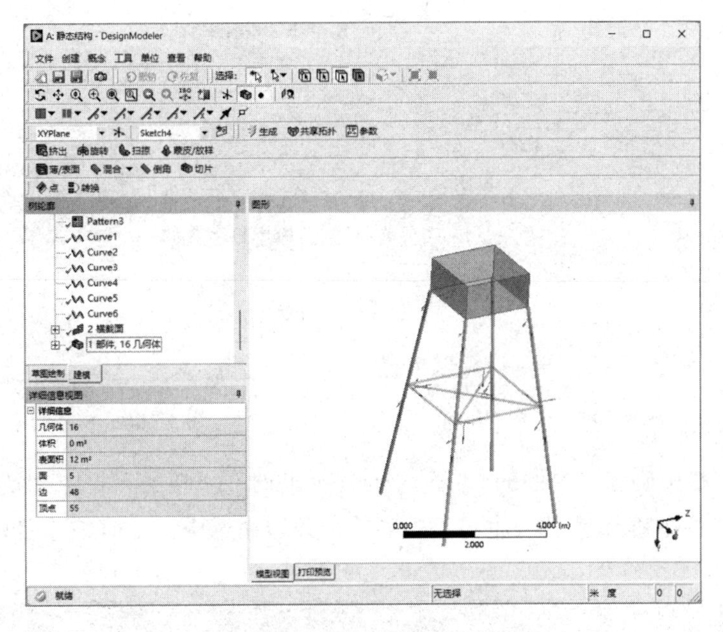

图 13-83　DesignModeler 平台界面

④ 单击工具栏中的“保存”按钮，在弹出的“另存为”对话框中设置“文件名”为“simple_Beam.agdb”，单击“保存”按钮。

⑤ 返回 DesignModeler 平台界面并单击右上角的“关闭”按钮，关闭 DesignModeler 平台，返回 ANSYS Workbench 平台主界面。

13.4.4　进行静力学分析

双击项目 A 中 A4 栏的“模型”，进入 Mechanical 平台界面，选择“显示”选项卡中的“类型”→“横截面”命令，显示几何模型，如图 13-84 所示。

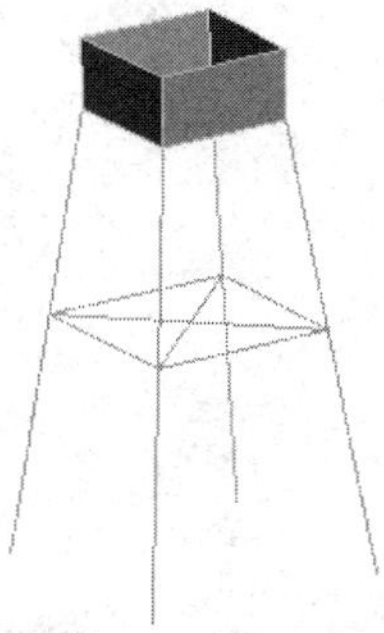

图 13-84　几何模型

13.4.5　添加材料库

本实例选择的材料为结构钢，此材料为 ANSYS Workbench 平台默认被选中的材料，因此不需要设置。

13.4.6　接触设置

① 选择 Mechanical 平台界面左侧“轮廓”窗格中的“连接”命令，之后选择工具栏中的“接触”→“接触”→“绑定”命令，添加“绑定”命令，如图 13-85 所示。

② 选择“轮廓”窗格中的“绑定-无选择至无选择”命令，在下面的“‘绑定-无选择至无选择’的详细信息”窗格中进行如下设置，如图 13-86 所示。

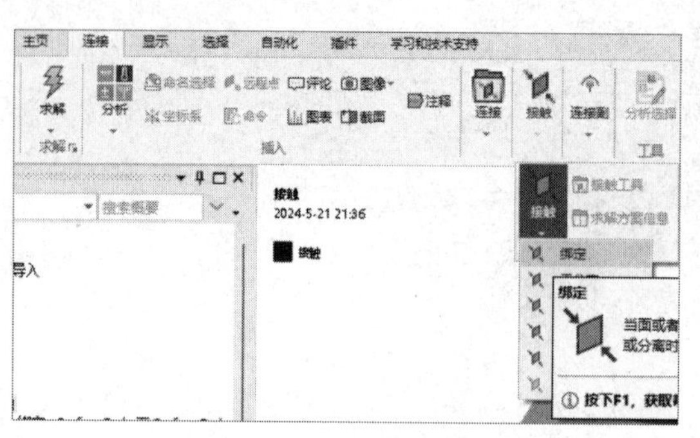

图 13-85 添加“绑定”命令

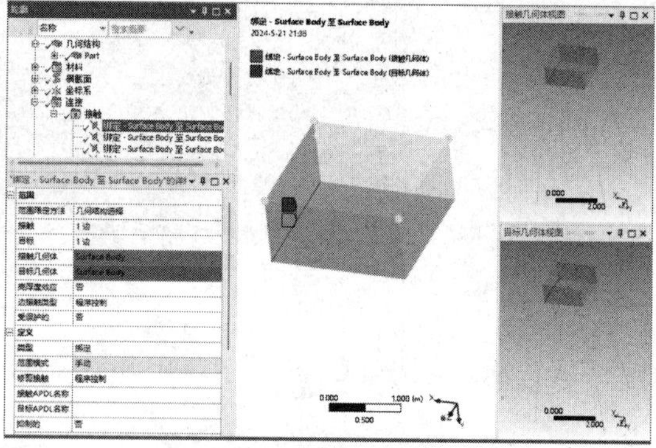

图 13-86 绑定约束设置

在“接触”栏中确保一个面的一条边被选中，此时在“接触”栏中会显示“1 边”。

在“目标”栏中确保另一个面与其接触的一条边被选中，此时在“目标”栏中会显示“1 边”。

注意

由于模型中的 5 个曲面构成的几何体相互之间没有连接，因此必须对其进行绑定约束，其余面之间的约束与上述步骤相同，这里不再赘述。

③ 所有曲面都约束完成后，效果如图 13-87 所示。

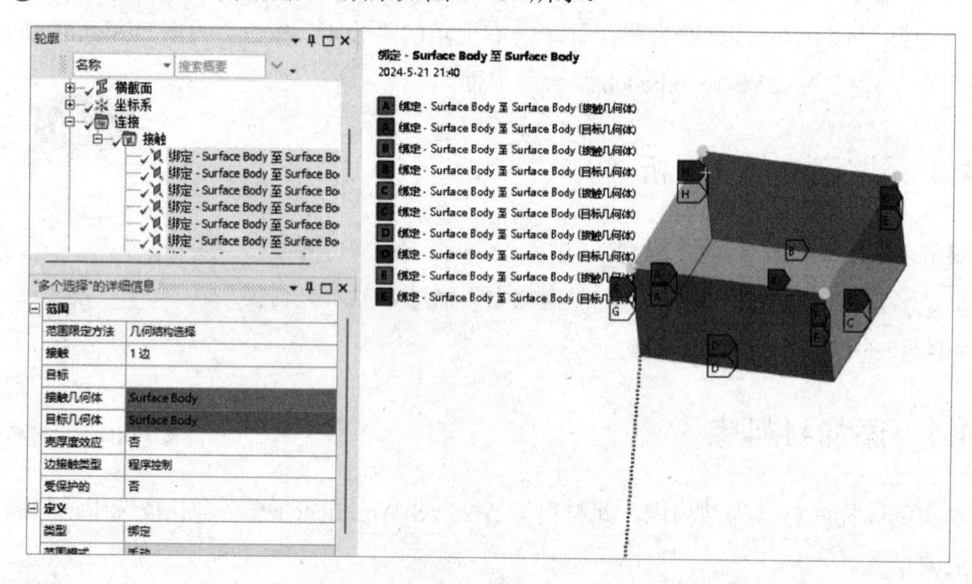

图 13-87 约束效果

13.4.7 划分网格

右击“轮廓”窗格中的“网格”命令，在弹出的快捷菜单中选择“生成网格”命令，最终的网格效果如图 13-88 所示。

图 13-88　网格效果

13.4.8　施加约束与结果后处理

① 选择工具栏中的“结构”→“固定的”命令，在“轮廓”窗格中会出现“固定支撑”命令。

② 单击工具栏中的 (选择点) 按钮，之后单击工具栏中 按钮的，在弹出的下拉列表中选择相应选项，使其变成 (框选择) 按钮。选择“轮廓”窗格中的“固定支撑”命令，并选择梁结构下端的 4 个节点，在“‘固定支撑’的详细信息”窗格中单击“几何结构”栏中的“应用”按钮，即可在选中的面上施加固定约束，此时在“几何结构”栏中会显示“4 顶点”，如图 13-89 所示。

③ 选择“连接”选项卡中的“惯性”→“标准地球重力”命令，在“轮廓”窗格中会出现“标准地球重力”命令，如图 13-90 所示。

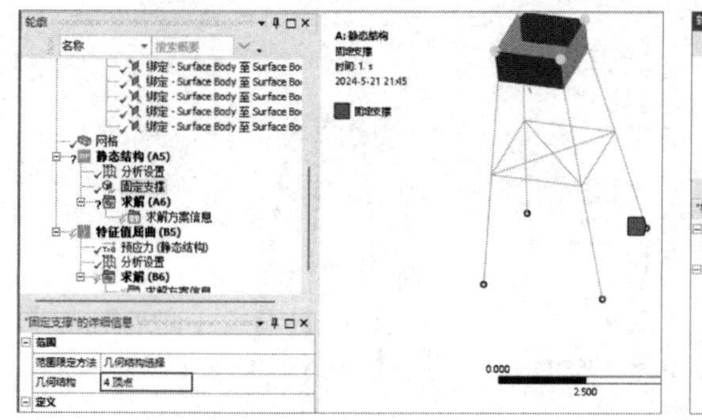

图 13-89　施加固定约束

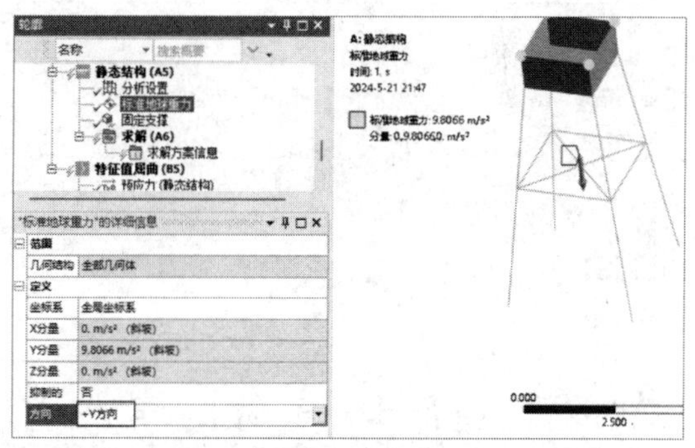

图 13-90　添加“标准地球重力”命令

注意

这里的重力加速度方向为 Y 轴负方向。

④ 右击“轮廓”窗格中的“静态结构（A5）”命令，在弹出的快捷菜单中选择“求解”命令，进行计算。

⑤ 右击“轮廓”窗格中的“求解（A6）”命令，在弹出的快捷菜单中选择“插入”→“变形”→“总计”命令，此时的总变形分析云图如图 13-91 所示。

⑥ 以同样的方式添加应力，此时应力分析云图如图 13-92 所示。

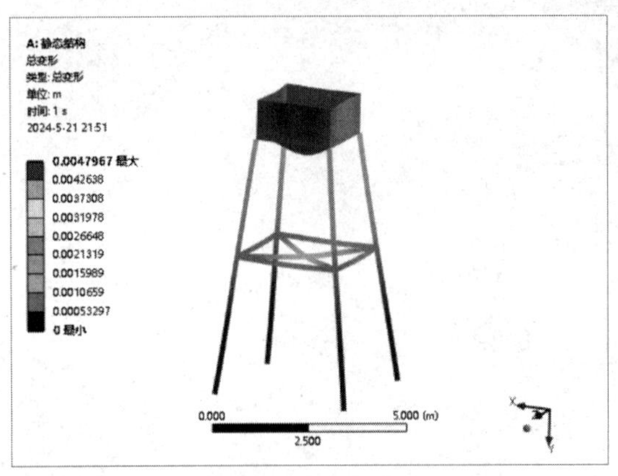

图 13-91 总变形分析云图

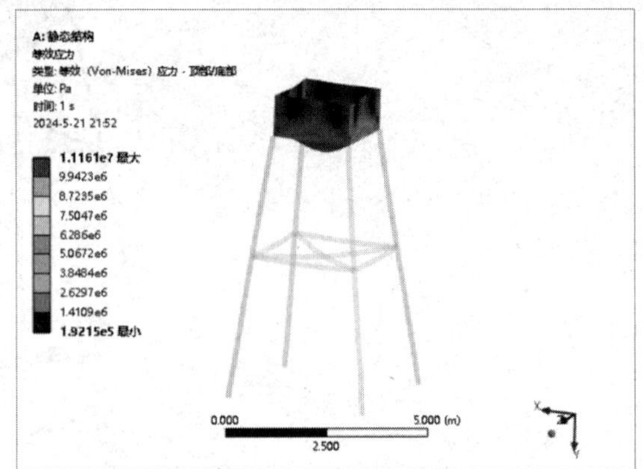

图 13-92 应力分析云图

⑦ 以同样的方式添加梁单元处理工具，此时梁单元应力后处理云图如图 13-93 所示。

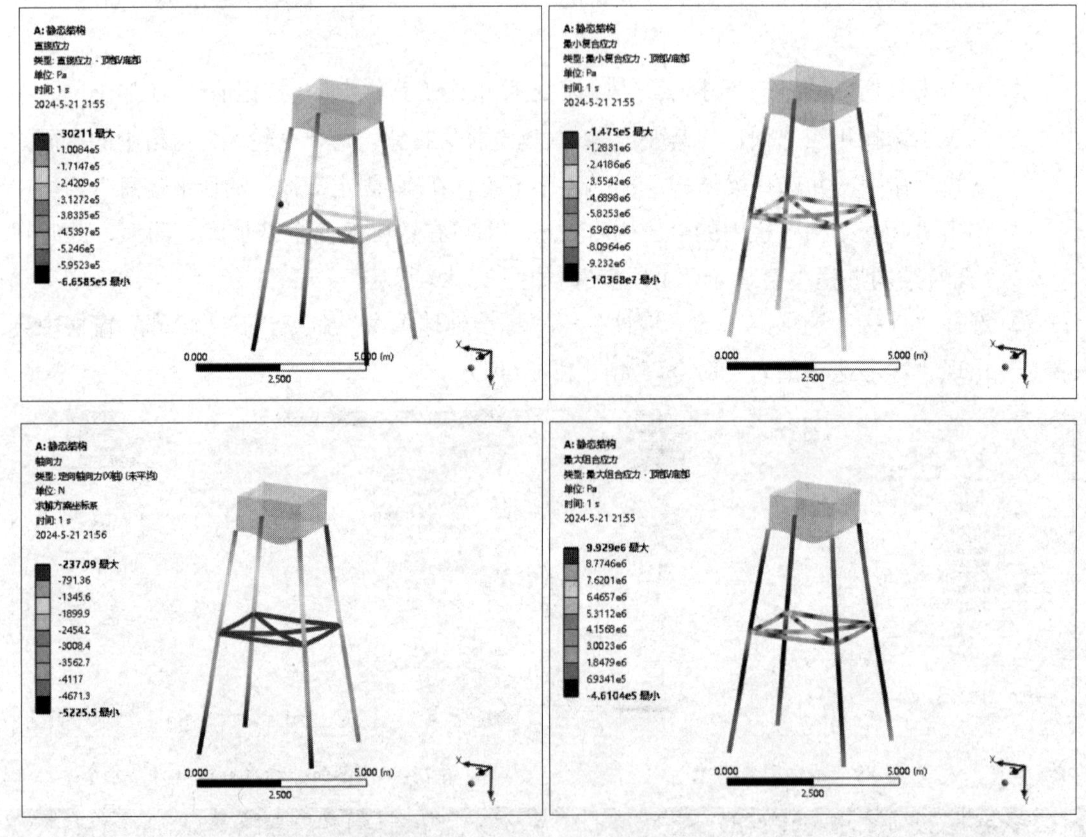

图 13-93 梁单元应力后处理云图

13.4.9 进行线性屈曲分析

① 双击项目 B 中 B5 栏的“设置”，进入如图 13-94 所示的 Mechanical 平台界面，在该界面中可以进行网格的划分、分析设置、结果观察等操作。

② 如图 13-95 所示，右击“轮廓”窗格中的“求解（A6）”命令，在弹出的快捷菜单中选择“评估所有结果”命令，若“求解（A6）”命令前显示✓，则表示计算完成。

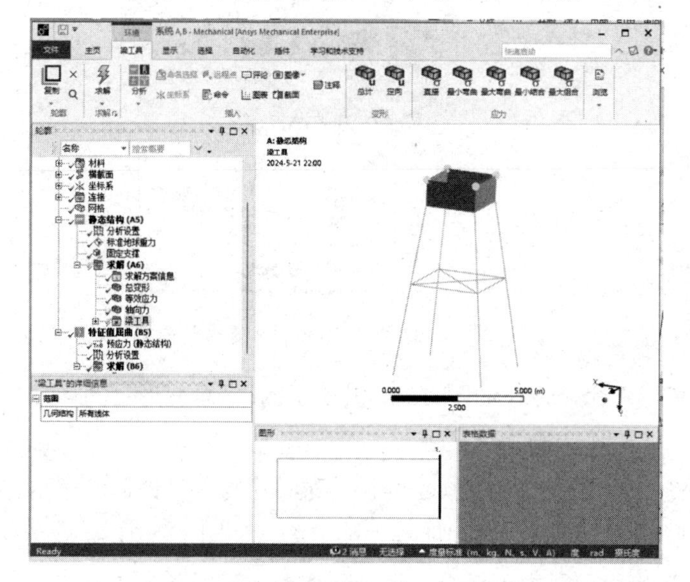

图 13-94　Mechanical 平台界面

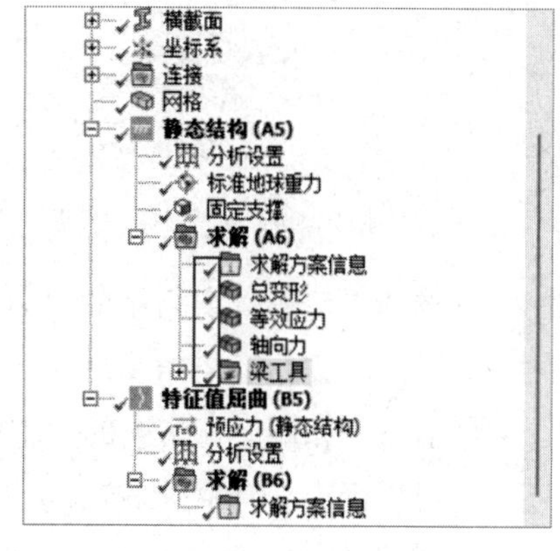

图 13-95　静力学计算

③ 如图 13-96 所示，选择“轮廓”窗格中的“特征值屈曲（B5）”→“分析设置”命令，在下面的“‘分析设置’的详细信息”窗格的“选项”操作面板中进行如下设置。

在“最大模态阶数”栏中输入“10”，表示 10 阶模态将被计算。

④ 右击“轮廓”窗格中的“特征值屈曲（B5）”命令，在弹出的快捷菜单中选择“求解”命令，如图 13-97 所示。此时会弹出进度栏，表示正在计算，当计算完成后，进度栏会自动消失。

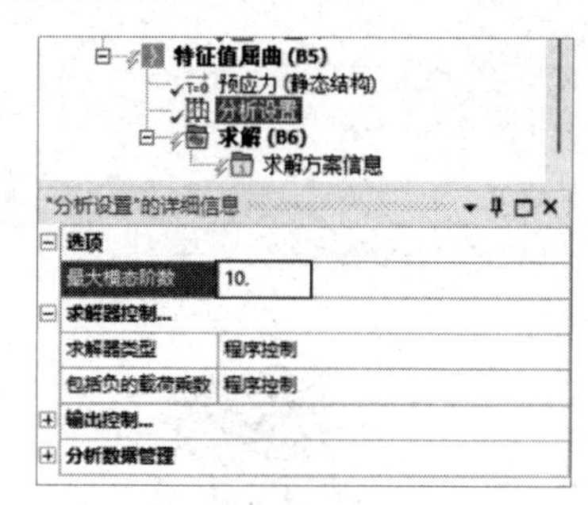

图 13-96　设置最大模态阶数

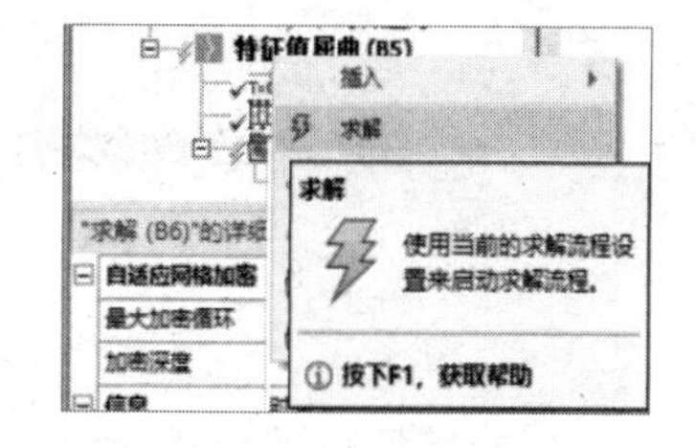

图 13-97　选择“求解”命令

13.4.10　结果后处理

① 选择“轮廓”窗格中的“求解（B6）”命令，此时会弹出如图 13-98 所示的“求解”选项卡。

② 选择“求解”选项卡中的“结果”→“变形”→“总计”命令，此时在“轮廓”窗格中会出现“总变形”命令，如图 13-99 所示。

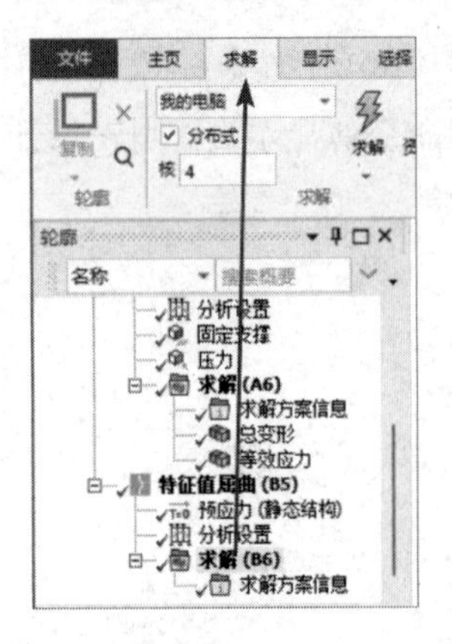

图 13-98 “求解”选项卡

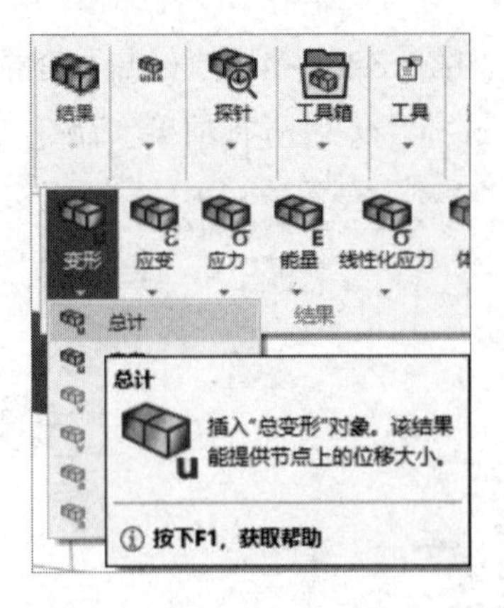

图 13-99 添加“总变形”命令

③ 选择“轮廓”窗格中的“总变形”命令，在如图 13-100 所示的“‘总变形’的详细信息”窗格的“定义”→“模式”栏中输入“1”。

④ 右击“轮廓”窗格中的“求解（B6）”命令，在弹出的快捷菜单中选择“评估所有结果”命令。计算完成后的变形形状，即第一阶屈曲模态的云图，如图 13-101 所示。从图 13-101 左下方的“结果”操作面板中可以查到第一阶屈曲载荷因子为 41.387。

图 13-100 设置模式

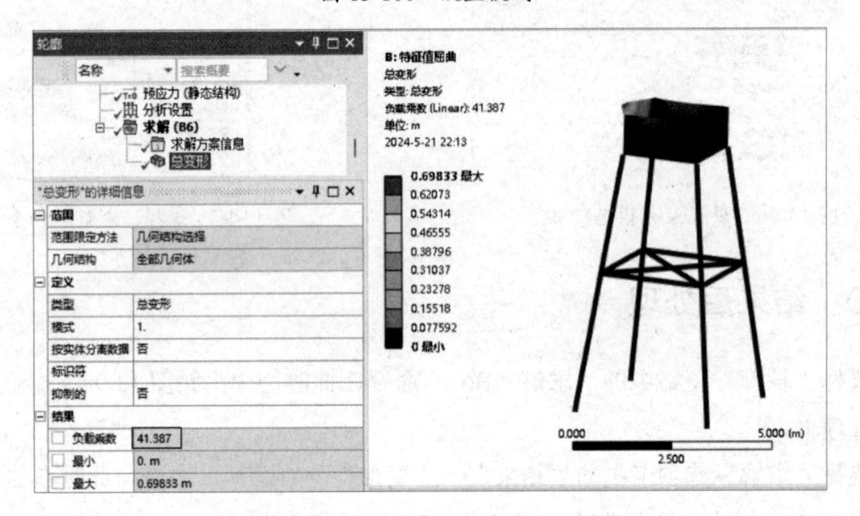

图 13-101 第一阶屈曲模态的云图

⑤ 图 13-102 所示为前十阶屈曲模态的频率；图 13-103 所示为前四阶屈曲模态的云图。

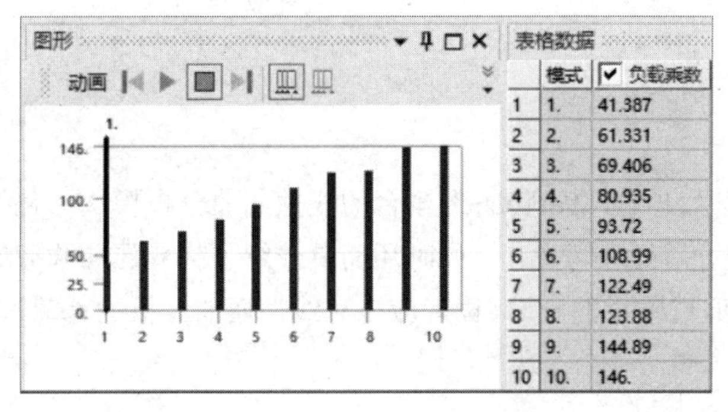

	模式	负载乘数
1	1.	41.387
2	2.	61.331
3	3.	69.406
4	4.	80.935
5	5.	93.72
6	6.	108.99
7	7.	122.49
8	8.	123.88
9	9.	144.89
10	10.	146.

图 13-102　前十阶屈曲模态的频率

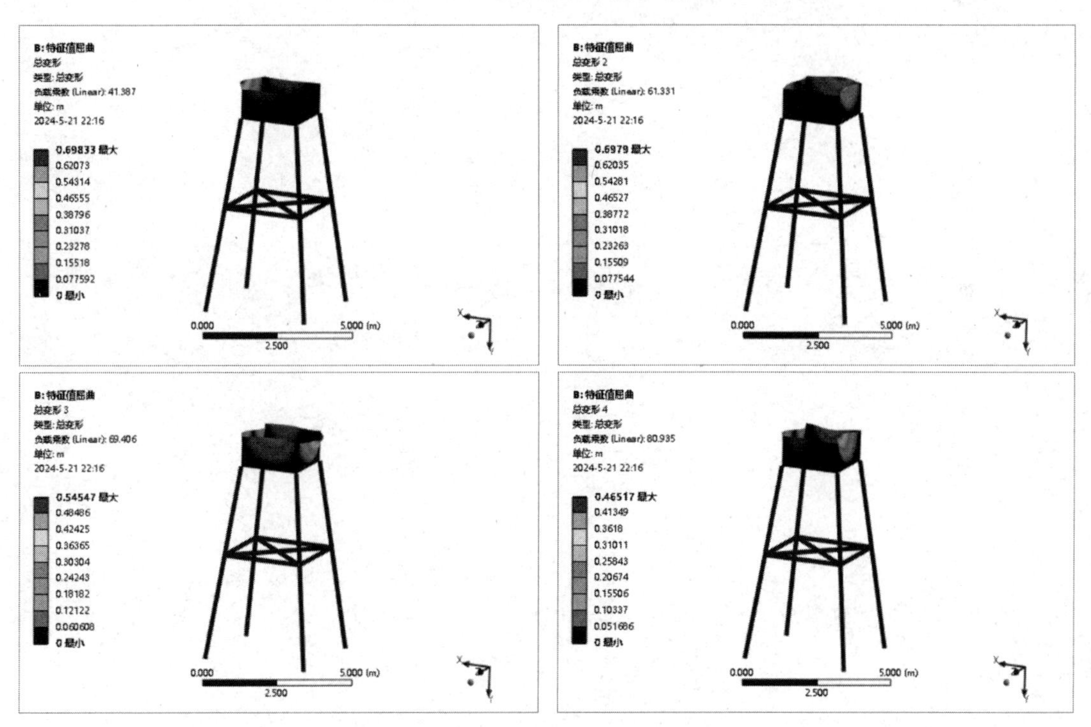

图 13-103　前四阶屈曲模态的云图

13.4.11　保存与退出

① 单击 Mechanical 平台界面右上角的“关闭”按钮，关闭 Mechanical 平台，返回 ANSYS Workbench 平台主界面。

② 在 ANSYS Workbench 平台主界面中单击工具栏中的“保存”按钮，设置“文件名”为“simple_Beam_Vro.wbpj”。

③ 单击右上角的“关闭”按钮，关闭 ANSYS Workbench 平台，完成项目分析。

13.5 本章小结

本章详细介绍了 ANSYS Workbench 平台的线性屈曲分析模块，包括几何体导入、网格划分、边界条件设定、后处理等操作，同时还简单介绍了临界屈曲载荷的求解方法与屈曲载荷因子的计算方法。通过本章的学习，读者应该对线性屈曲分析的计算过程有了详细的了解。

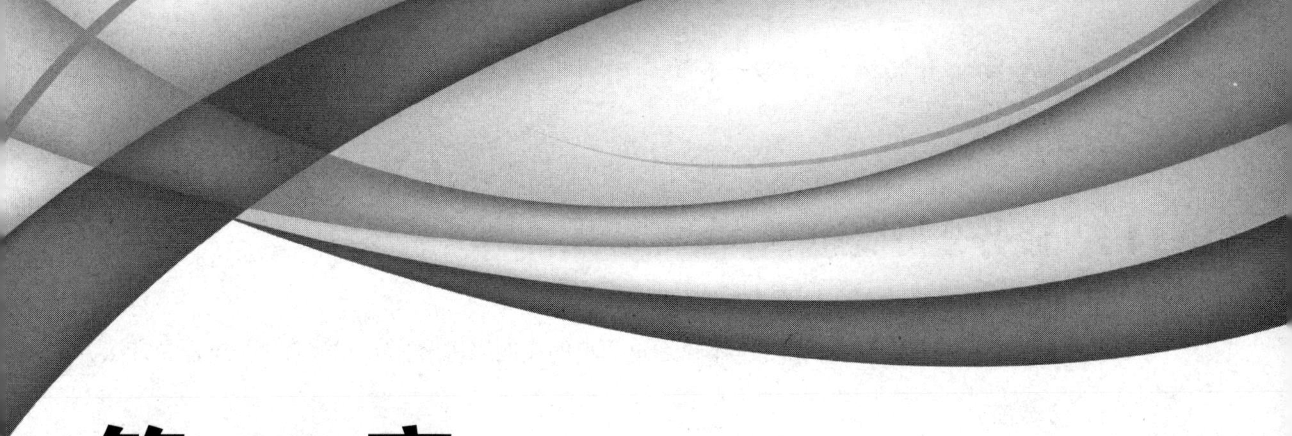

第 14 章

疲劳分析

本章内容

结构失效的一个常见原因是疲劳，其造成的破坏与重复加载有关，比如，长期转动的齿轮、叶轮等都会存在不同程度的疲劳破坏，轻则导致零件损坏，重则导致工作人员出现生命危险。为了在设计阶段研究零件的预期疲劳程度，可以通过有限元法对零件进行疲劳分析。本章主要介绍 ANSYS Workbench 平台中疲劳分析工具的使用方法及疲劳分析的计算过程。

学习要求

知　识　点	学习目标			
	了解	理解	应用	实践
疲劳分析的基本知识	√			
疲劳分析的计算过程			√	√

14.1 疲劳分析概述

疲劳失效是一种常见的失效形式，本章通过简单的实例来讲解疲劳分析的计算过程和方法。

1. 疲劳简介

疲劳通常分为两类：高周疲劳和低周疲劳。

高周疲劳是在载荷的循环（重复）次数较高（如 1e4～1e9）的情况下产生的，应力通常比材料的极限强度低，因此应力疲劳一般用于高周疲劳计算；低周疲劳是在载荷的循环次数相对较低的情况下产生的，且塑性变形常常伴随低周疲劳，因此应变疲劳一般用于低周疲劳计算。

在设计仿真中，疲劳分析模块拓展程序基于的是应力疲劳理论，它适用于高周疲劳计算。下面将对基于应力疲劳理论的处理方法进行讨论。

2. 恒定振幅载荷

当最大和最小的应力水平恒定时，称为恒定振幅载荷，我们将针对这种简单的形式进行讨论。当最大和最小的应力水平不恒定时，称为变化振幅载荷或非恒定振幅载荷。

3. 比例载荷与非比例载荷

载荷可以是比例载荷，也可以是非比例载荷。比例载荷指主应力的比例是恒定的，并且主应力的削减不随时间变化而变化，这意味着由于载荷的增加或反作用造成的响应可以很容易地得到计算。

相反地，非比例载荷没有隐含各应力的相互关系，典型情况包括：

- σ_1/σ_2 为一个常数（constant），如图 14-1 所示。

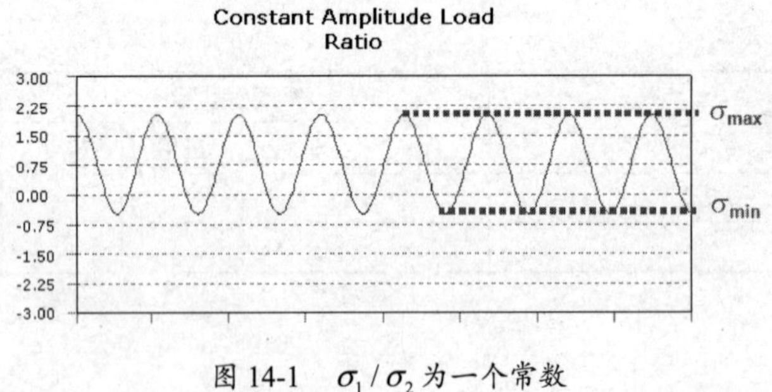

图 14-1　σ_1/σ_2 为一个常数

- 在两个不同载荷工况间的交替变化。
- 交变载荷叠加在静态载荷上。
- 非线性边界条件。

4．应力定义

在最大应力值 σ_{max} 和最小应力值 σ_{min} 作用下的比例载荷、恒定振幅的情况：

- 应力范围 $\Delta\sigma$ 定义为 $\sigma_{max}-\sigma_{min}$。
- 平均应力 σ_m 定义为（$\sigma_{max}+\sigma_{min}$）/2。
- 应力幅或交变应力 σ_a 定义为 $\Delta\sigma/2$。
- 应力比 R 定义为 $\sigma_{min}/\sigma_{max}$。

当施加的是大小相等且方向相反的载荷时，会发生对称循环载荷，这时 $\sigma_m=0$，$R=-1$。

当施加载荷后又撤除该载荷时，会发生脉动循环载荷，这时 $\sigma_m=\sigma_{max}/2$，$R=0$。

5．总结

疲劳分析模块允许用户采用基于应力疲劳理论的处理方法来解决高周疲劳问题。以下情况可以使用疲劳分析模块来处理：

- 恒定振幅，比例载荷。
- 变化振幅，比例载荷。
- 恒定振幅，非比例载荷。

需要输入的数据是材料的应力-寿命曲线。

应力-寿命曲线是从疲劳试验中获得的，而且本质上可能是单轴的，但在实际的分析中，部件可能处于多轴应力状态。

应力-寿命曲线的绘制取决于许多因素，如平均应力。在不同平均应力值作用下的应力-寿命曲线的应力值可以直接输入，或者通过采用平均应力修正理论来得到。

14.2　疲劳分析方法

下面介绍一下如何对基于应力疲劳理论的问题进行处理。

14.2.1　疲劳程序

疲劳分析是基于线性静力学分析进行的，所以不需要对所有的步骤进行详尽的阐述。疲劳分析是在线性静力学分析完成后，通过设计仿真自动执行的。

注意

（1）对于疲劳分析工具的添加，无论是在求解之前还是在求解之后都可以进行，因为疲劳计算过程与应力分析过程是相互独立的。

（2）尽管疲劳与循环或交变载荷有关，但使用的结果是基于线性静力学分析的，而不是基于谐响应分析的。模型中可能会存在非线性情况，需要谨慎处理，因为疲劳分析是假设线性的。

ANSYS Workbench 平台的疲劳分析模块目前还不能支持线体输出应力结果，所以疲劳计算对线体是无效的。但是线体仍然可以被包括在模型中以给结构提供刚性，只是不参与疲劳计算。

由于有线性静力学分析，因此需要用到弹性模量和泊松比。如果有惯性载荷，则需要输入质量密度；如果有热载荷，则需要输入热膨胀系数和热传导率。如果使用应力工具，则需要输入应力极限数据，而且该数据也用于疲劳分析中的平均应力修正。

疲劳分析模块也需要使用在工程数据分支下的材料特性中的应力-寿命曲线数据，并且要求数据类型在“疲劳特性”下说明。应力-寿命曲线数据是在材料特性分支下的“交变应力-循环”选项中输入的，如果需要应用于不同的平均应力或应力比情况，则需要将多重应力-寿命曲线数据输入到程序中。

14.2.2　应力–寿命曲线

对于载荷与疲劳失效的关系，通常采用应力-寿命曲线（S-N 曲线）来表示，如图 14-2 所示。

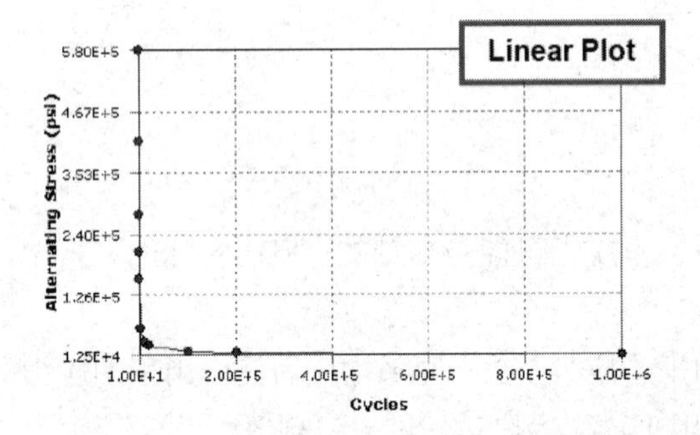

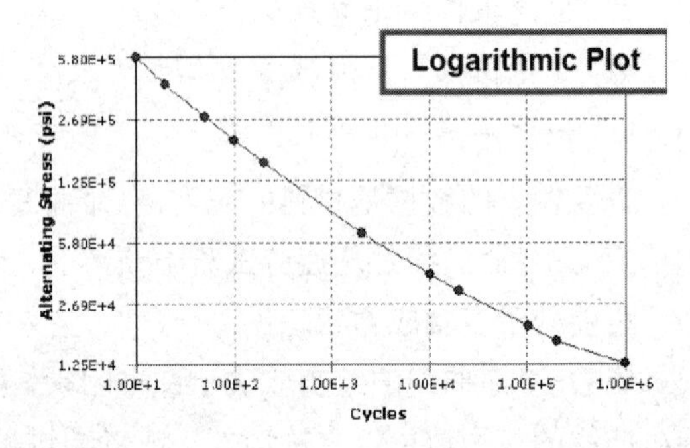

图 14-2　S-N 曲线

（1）某一部件在承受循环载荷，并经过一定的循环次数后，该部件的裂纹或破坏将会发展，并且可能导致失效。

（2）若同一部件在更高的载荷作用下，则导致失效的载荷循环次数会减少。

（3）S-N 曲线可以展示出应力幅与失效循环次数的关系。

S-N 曲线是通过对试件进行疲劳测试得到的弯曲或轴向测试结果，反映的是单轴的应力状态。影响 S-N 曲线的因素很多，如材料的延展性和材料的加工工艺；几何形状信息，包括表面光滑度、残余应力及存在的集中应力；载荷环境，包括平均应力、温度和化学环境。

一个部件通常处于多轴应力状态。如果疲劳数据是从反映单轴应力状态的测试中得到的，那么在计算寿命时就要注意：

① 设计仿真为用户提供了把结果和 S-N 曲线相关联的选择，包括多轴应力的选择。

② 双轴应力结果有助于计算给定位置的情况。

③ 平均应力会影响疲劳寿命，并且在 S-N 曲线的上方位置与下方位置变换（反映出在给定应力幅下的寿命长短）。

④ 对于不同的平均应力或应力比，设计仿真允许输入多重 S-N 曲线（试验数据）。

⑤ 若没有太多的多重 S-N 曲线（试验数据），则设计仿真也允许采用多种平均应力修正

理论。

前面提到的影响疲劳寿命的其他因素，也可以在设计仿真中使用一个修正因子来解释。

14.2.3　疲劳材料特性

在材料特性的工作表中，可以定义下列输入类型的 S-N 曲线：插入的图标可以是线性的、半对数的或双对数的曲线，同时 S-N 曲线与平均应力有关。如果 S-N 曲线被应用于不同的平均应力情况，则需要输入多重 S-N 曲线，并且每条 S-N 曲线可以在不同的平均应力下输入，也可以在不同的应力比下输入。

多重 S-N 曲线可以通过单击“Add”按钮进行添加，并指定相应的平均应力数值，每个平均应力都对应一个交变应力数值表，如图 14-3 所示。

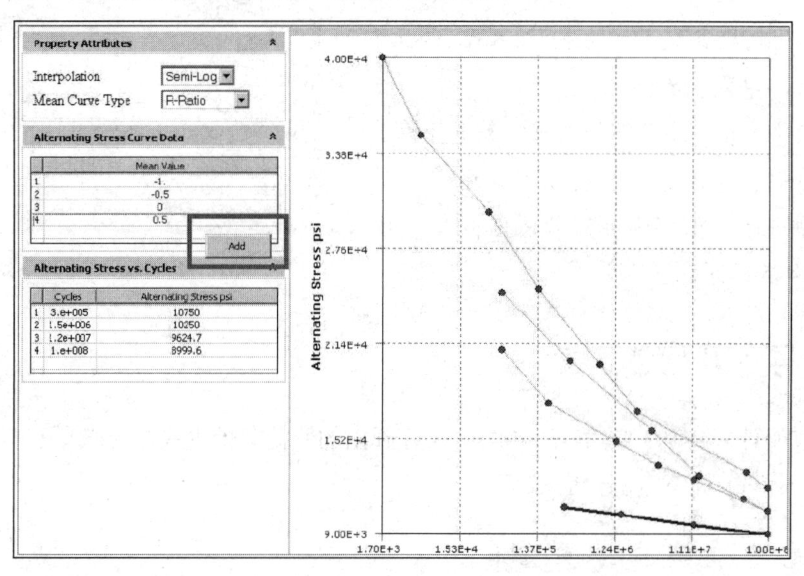

图 14-3　多重 S-N 曲线

14.3　实例 1——座椅疲劳分析

本节主要介绍 ANSYS Workbench 平台的静力学分析模块的疲劳分析功能，计算座椅在外部载荷下的寿命与安全系数等。

学习目标：熟练掌握 ANSYS Workbench 静力学分析模块的疲劳分析的一般方法及过程。

模型文件	配套资源\Chapter14\char14-1\Chair.x_t.agdb
结果文件	配套资源\Chapter14\char14-1\Chair_Fatigue.wbpj

14.3.1　问题描述

图 14-4 所示为某座椅模型，请使用 ANSYS Workbench 平台分析，在人坐到座椅上时，

座椅的位移与应力分布情况。假设人对座椅的均布载荷 q 为 10000Pa。

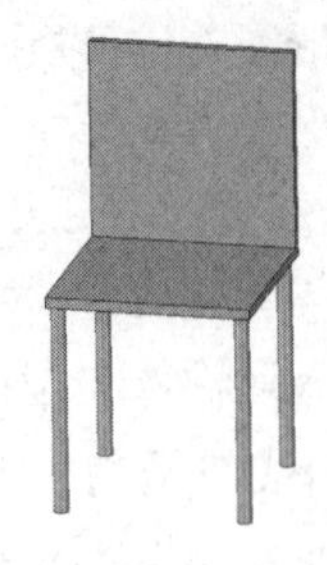

图 14-4　座椅模型

14.3.2　创建分析项目

① 在 Windows 系统下启动 ANSYS Workbench 平台，进入主界面。

② 双击主界面“工具箱”窗格中的“分析系统”→“静态结构”命令，即可在“项目原理图”窗格中创建分析项目 A，如图 14-5 所示。

图 14-5　创建分析项目 A

14.3.3　导入几何体

① 右击项目 A 中 A3 栏的“几何结构”，在弹出的快捷菜单中选择“导入几何模型”→“浏览”命令，如图 14-6 所示。

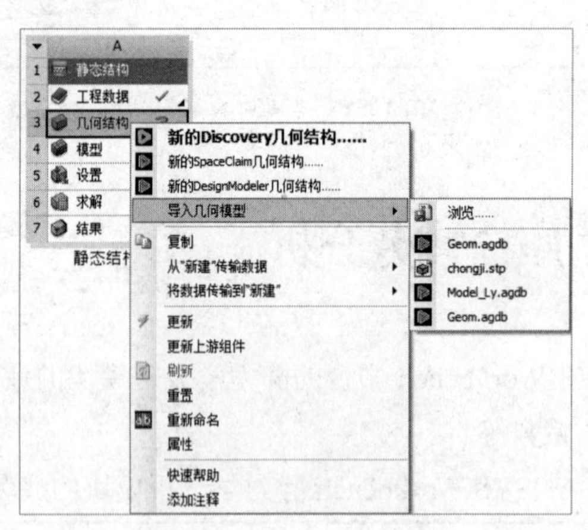

图 14-6　选择“浏览”命令

② 在弹出的“打开”对话框中选择文件，导入几何体文件“Chair.x_t.agdb”，此时 A3 栏的“几何结构”后的 ? 图标变为 ✓ 图标，表示实体模型已经存在。

③ 双击项目 A 中 A3 栏的“几何结构”，进入 DesignModeler 平台界面，此时在“树轮廓”窗格中的“导入 1”命令前会显示⚡图标，表示需要生成几何体，如图 14-7 所示。同时，

在“图形”窗格中没有图形显示。

④ 单击常用命令栏中的 生成 按钮，即可显示生成的几何体，如图 14-8 所示，此时可以在几何体上进行其他操作，本实例无须进行操作。

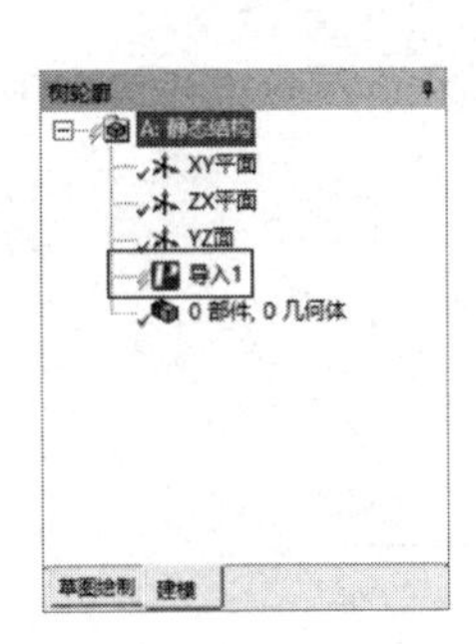

图 14-7　“树轮廓”窗格

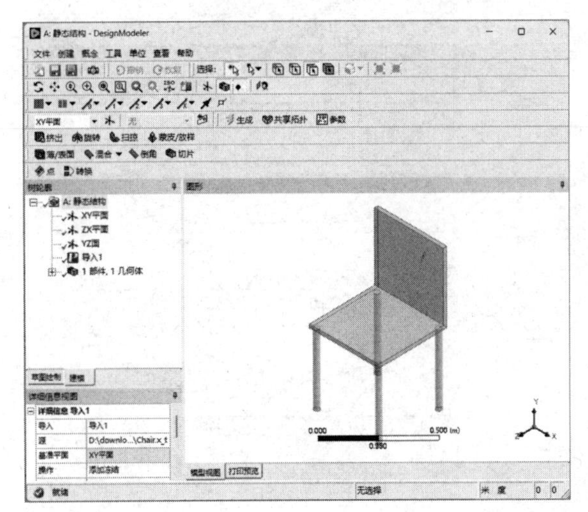

图 14-8　生成几何体后的 DesignModeler 平台界面

⑤ 单击 DesignModeler 平台界面右上角的“关闭”按钮，关闭 DesignModeler 平台，返回 ANSYS Workbench 平台主界面。

14.3.4　添加材料库

① 双击项目 A 中 A2 栏的“工程数据”，进入如图 14-9 所示的材料参数设置界面，在该界面中可以进行材料参数设置。

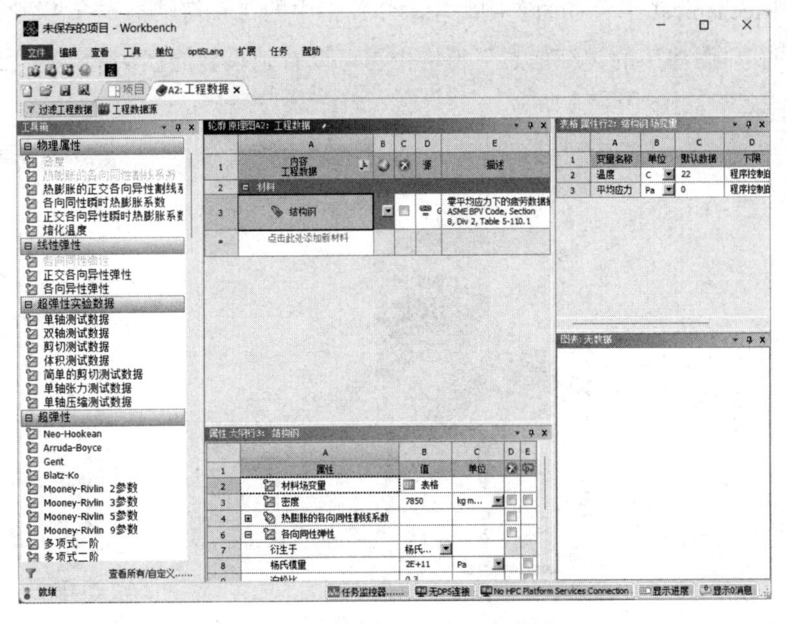

图 14-9　材料参数设置界面（1）

② 选择“属性 大纲行 3：结构钢”表中的 B20 栏，会在图表右侧弹出循环次数表和 S-N 曲线，如图 14-10 所示。

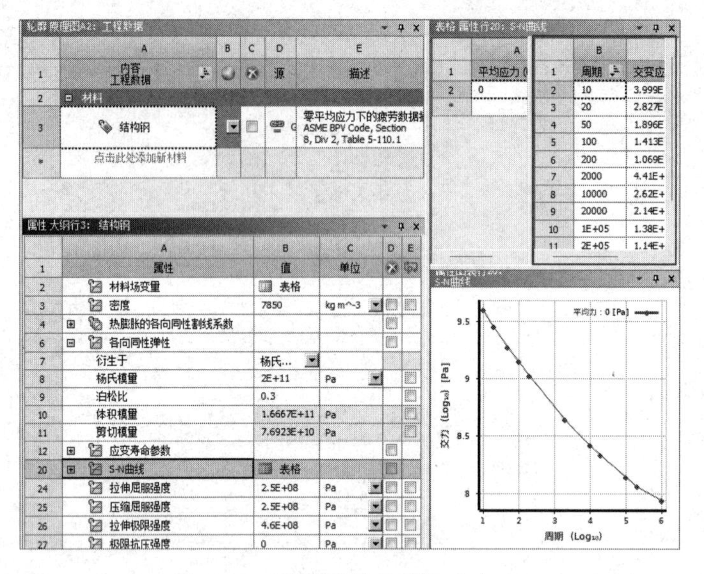

图 14-10　材料参数设置界面（2）

③ 单击工具栏中的 项目 按钮，返回 ANSYS Workbench 平台主界面，完成材料库的添加。

14.3.5　添加模型材料属性

① 双击项目 A 中 A4 栏的“模型”，进入如图 14-11 所示的 Mechanical 平台界面，在该界面中可以进行网格的划分、分析设置、结果观察等操作。

② 选择 Mechanical 平台界面左侧“轮廓”窗格中的“几何结构”→“固体”命令，在下面的“‘固体’的详细信息”窗格中，可以看到模型的默认材料为“结构钢”，如图 14-12 所示。

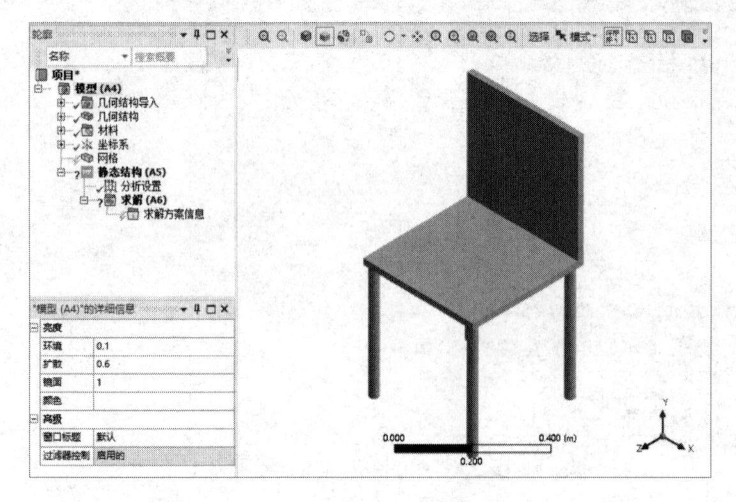

图 14-11　Mechanical 平台界面

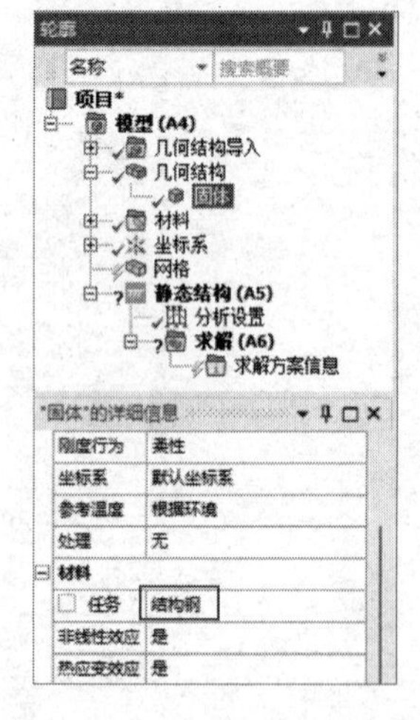

图 14-12　模型的默认材料

14.3.6　划分网格

① 选择“轮廓”窗格中的“网格”命令，此时可以在“‘网格’的详细信息”窗格中修改网格参数，本实例在“默认值”→“单元尺寸”栏中输入“5.e-003m”，其余选项保持默认设置，如图 14-13 所示。

② 右击“轮廓”窗格中的“网格”命令，在弹出的快捷菜单中选择“生成网格”命令，此时会弹出网格划分进度栏，表示网格正在划分，在网格划分完成后，进度栏会自动消失，最终的网格效果如图 14-14 所示。

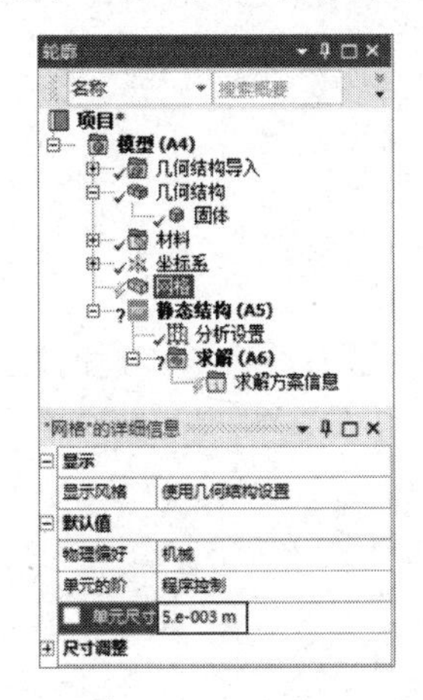

图 14-13　修改网格参数

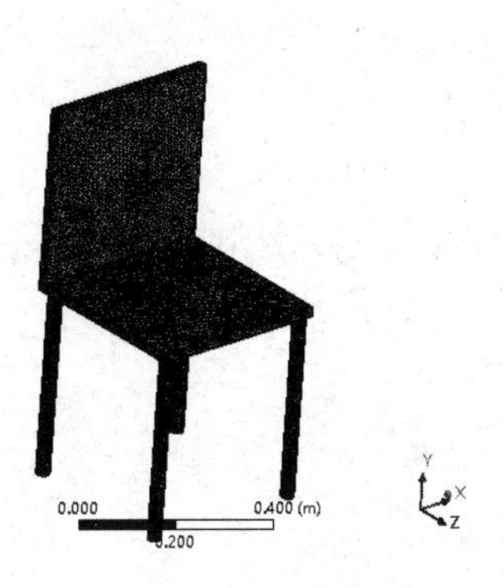

图 14-14　网格效果

14.3.7　施加载荷与约束

① 选择“轮廓”窗格中的“静态结构（A5）”命令，此时会出现如图 14-15 所示的“环境”选项卡。

② 选择“环境”选项卡中的“结构”→“固定的”命令，此时在“轮廓”窗格中会出现“固定支撑”命令，如图 14-16 所示。

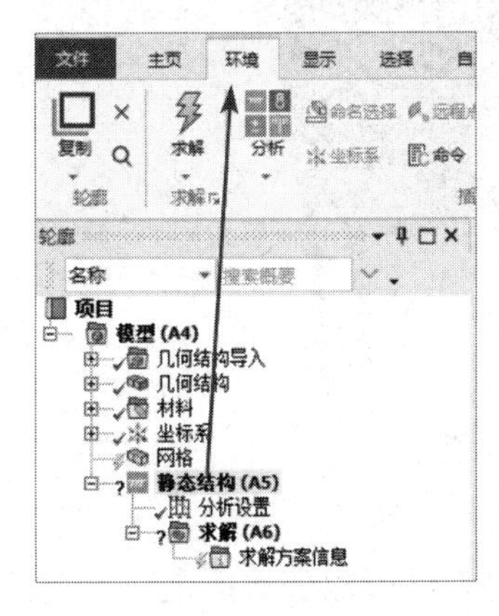

图 14-15　“环境”选项卡

图 14-16　添加“固定支撑”命令

③ 选择“轮廓”窗格中的“固定支撑”命令，并选择需要施加固定约束的面，单击“‘固

定支撑’的详细信息”窗格中“几何结构”栏的“应用”按钮，即可在选中的面上施加固定约束，如图 14-17 所示。

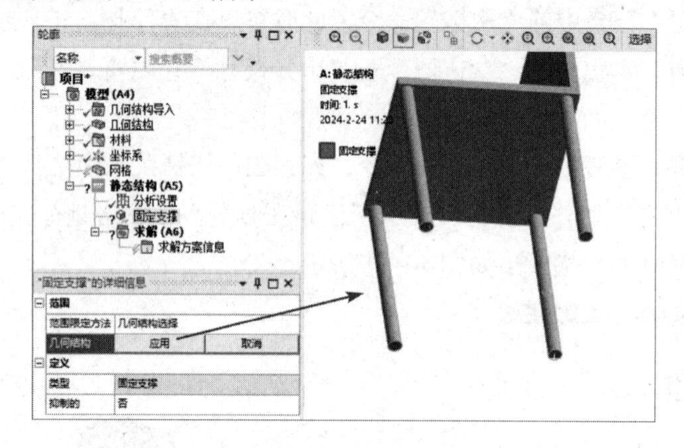

图 14-17　施加固定约束

④ 同步骤②，选择“环境”选项卡中的“结构”→“压力”命令，此时在“轮廓”窗格中会出现“压力”命令，如图 14-18 所示。

图 14-18　添加“压力”命令

⑤ 同步骤③，选择“轮廓”窗格中的“压力”命令，并选择需要施加载荷的面，单击“‘压力’的详细信息”窗格中“几何结构”栏的“应用”按钮，同时在“大小”栏中输入压力值“10000Pa”，如图 14-19 所示。

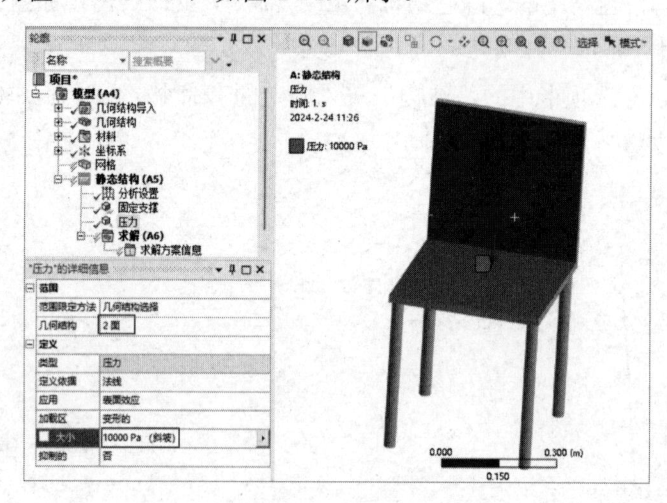

图 14-19　施加载荷

⑥ 右击“轮廓”窗格中的“静态结构（A5）”命令，在弹出的快捷菜单中选择“求解”命令，如图 14-20 所示。此时会弹出进度栏，表示正在计算，当计算完成后，进度栏会自动消失。

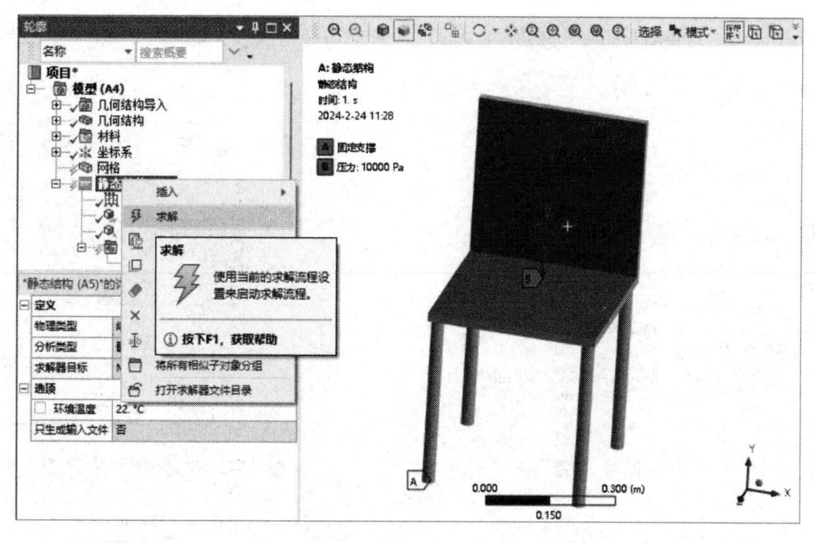

图 14-20　选择“求解”命令

14.3.8　结果后处理

① 选择“轮廓”窗格中的“求解（A6）”命令，此时会出现如图 14-21 所示的“求解”选项卡。

② 选择“求解”选项卡中的“结果”→“应力”→“等效（Von-Mises）”命令，此时在“轮廓”窗格中会出现“等效应力”命令，如图 14-22 所示。

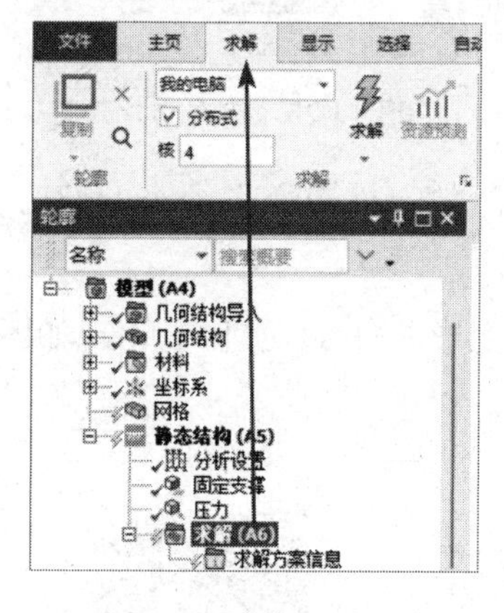

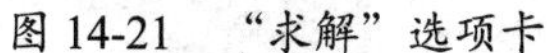
图 14-21　“求解”选项卡

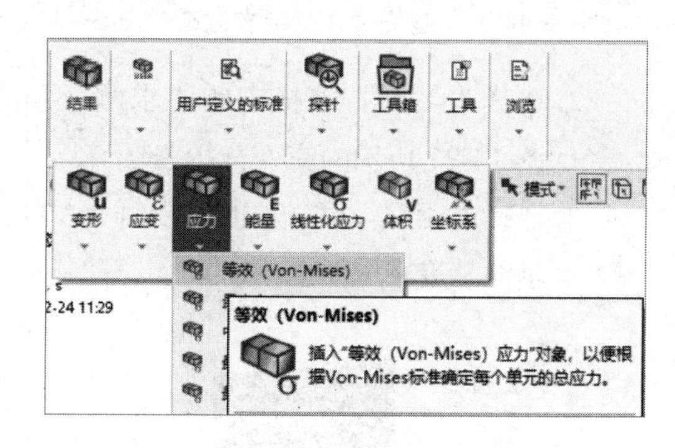

图 14-22　添加“等效应力”命令

③ 同步骤②，选择“求解”选项卡中的“结果”→“应变”→“等效（Von-Mises）”命令，此时在“轮廓”窗格中会出现“等效弹性应变”命令，如图 14-23 所示。

④ 同步骤②，选择“求解”选项卡中的“结果”→“变形”→“总计”命令，此时在“轮廓”窗格中会出现“总变形”命令，如图 14-24 所示。

⑤ 右击“轮廓”窗格中的“求解（A6）”命令，在弹出的快捷菜单中选择“评估所有结果”命令，如图 14-25 所示。此时会弹出进度栏，表示正在计算，当计算完成后，进度栏会自动消失。

⑥ 选择“轮廓”窗格中的“求解（A6）”→“等效应力”命令，此时会出现如图 14-26 所示的应力分析云图。

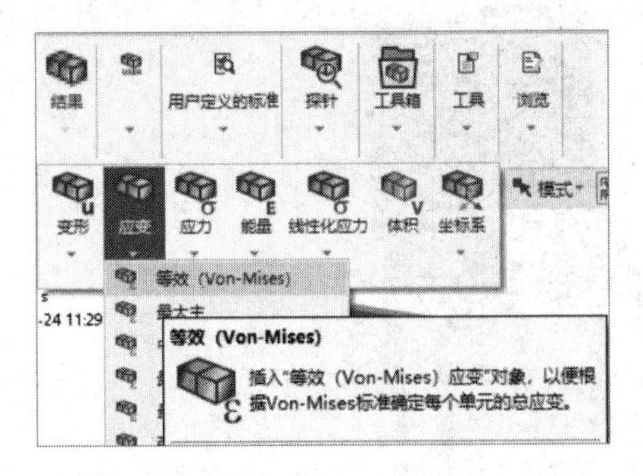

图 14-23　添加“等效弹性应变”命令

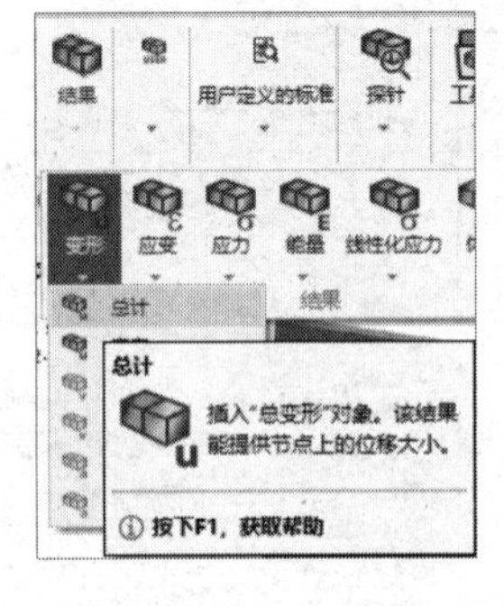

图 14-24　添加“总变形”命令

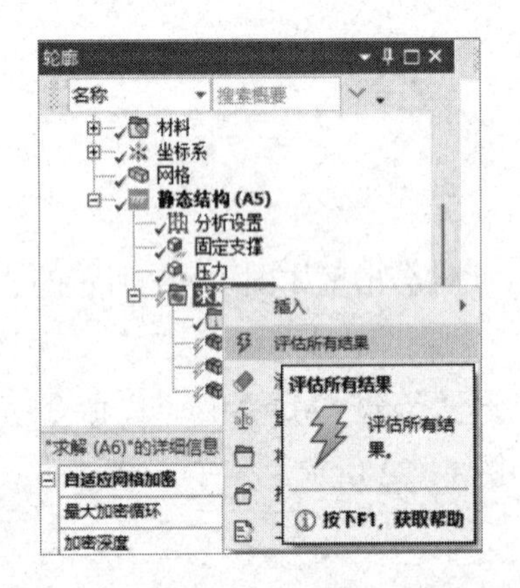

图 14-25　选择“评估所有结果”命令

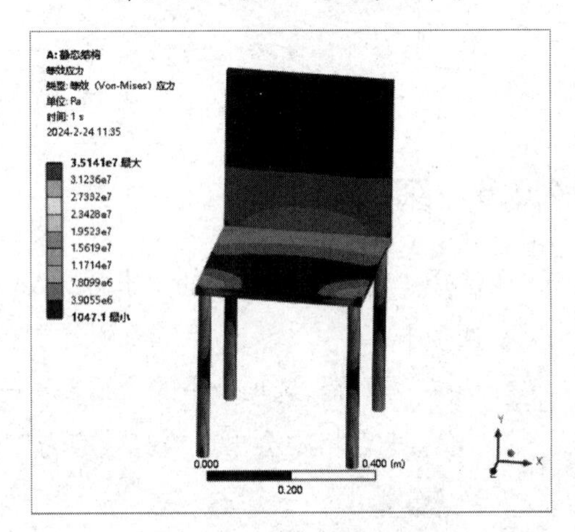

图 14-26　应力分析云图

⑦ 选择“轮廓”窗格中的“求解（A6）”→“等效弹性应变”命令，此时会出现如图 14-27 所示的应变分析云图。

⑧ 选择“轮廓”窗格中的“求解（A6）”→“总变形”命令，此时会出现如图 14-28 所示的总变形分析云图。

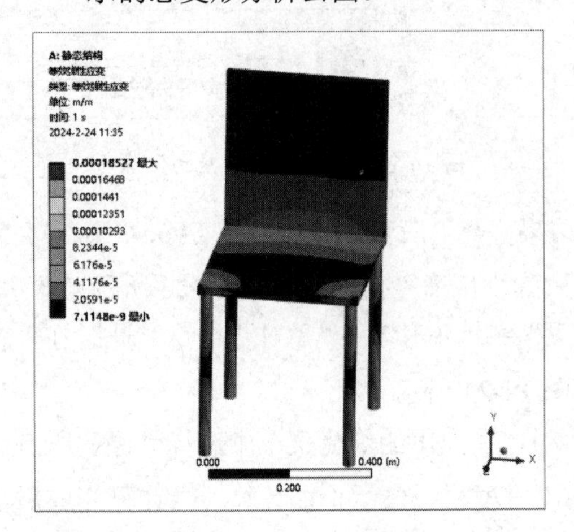

图 14-27　应变分析云图

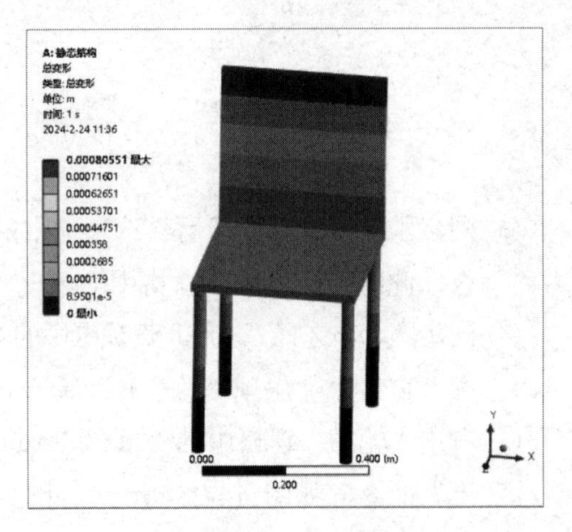

图 14-28　总变形分析云图

14.3.9　保存文件

① 在 ANSYS Workbench 平台主界面中单击工具栏中的“另存为”按钮，在弹出的“另存为”对话框的“文件名”文本框中输入“Chair_Fatigue.wbpj”，单击“保存”按钮，保存文件，如图 14-29 所示。

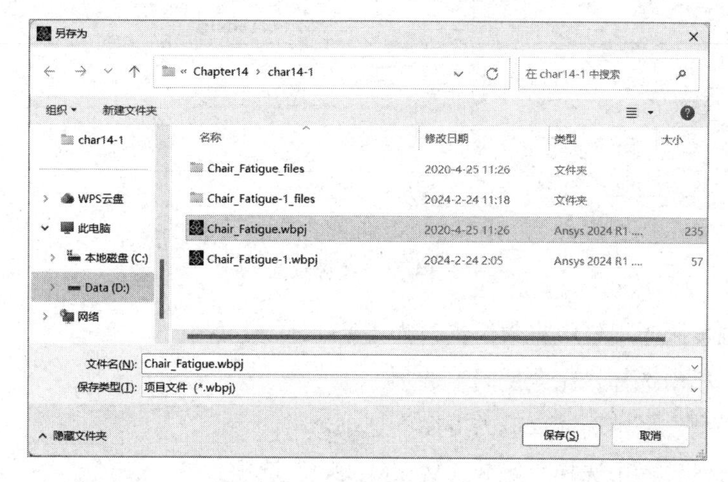

图 14-29　“另存为”对话框

② 双击项目 A 中 A7 栏的“结果”，此时会进入 Mechanical 平台界面。

14.3.10　添加疲劳分析命令

① 右击“轮廓”窗格中的“求解（A6）”命令，在弹出的快捷菜单中选择“插入”→“疲劳”→“疲劳工具”命令，添加“疲劳工具”命令，如图 14-30 所示。

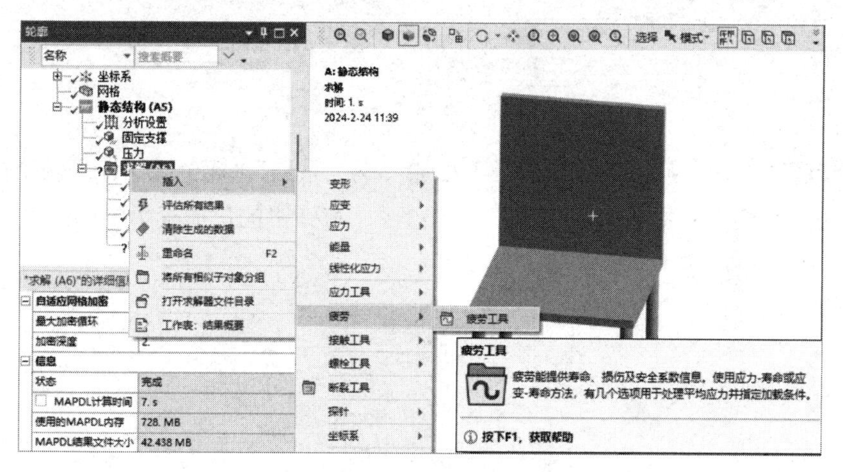

图 14-30　添加“疲劳工具”命令

② 如图 14-31 所示，选择“轮廓”窗格中的“疲劳工具”命令，在下面的“‘疲劳工具’的详细信息”窗格中进行以下设置。

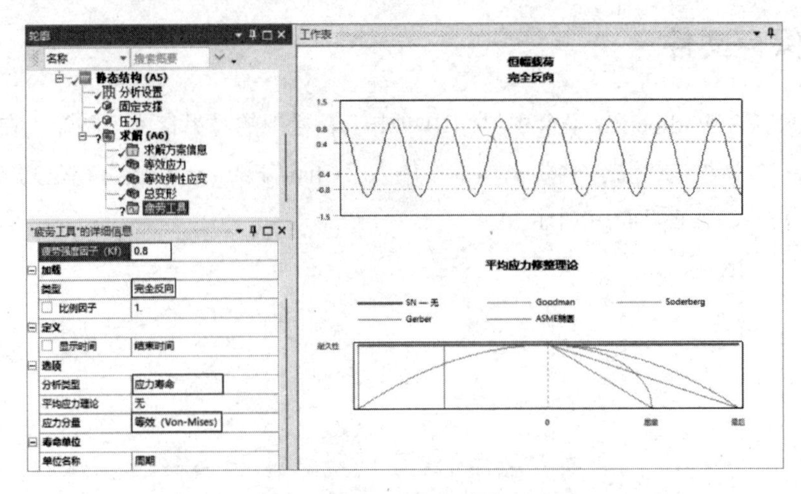

图 14-31　疲劳设置

在“疲劳强度因子”栏中将数值更改为“0.8”。

在“类型”栏中选择“完全反向”选项。

在“分析类型”栏中选择“应力寿命”选项。

在“应力分量”栏中选择“等效（Von-Mises）”选项。

③ 右击“轮廓”窗格中的“疲劳工具”命令，在弹出的快捷菜单中选择“插入”→“寿命”命令，添加“寿命”命令，如图 14-32 所示。

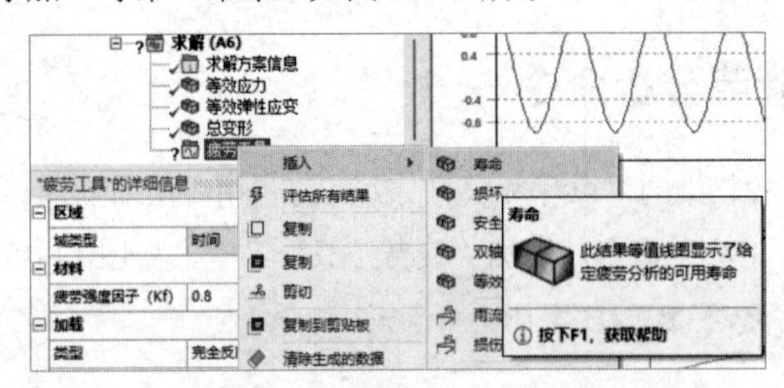

图 14-32　添加“寿命”命令

④ 同步骤③，在“疲劳工具”命令下添加“安全系数”“疲劳敏感性”两个命令。

⑤ 右击“轮廓”窗格中的“疲劳工具”命令，在弹出的快捷菜单中选择“评估所有结果”命令，如图 14-33 所示。

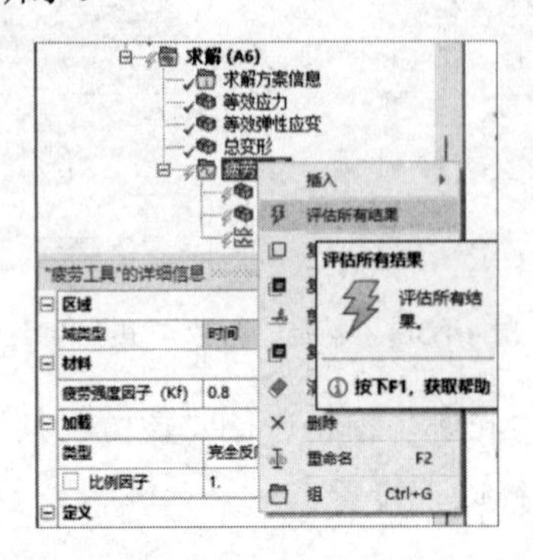

图 14-33　选择“评估所有结果”命令

⑥ 图 14-34 所示为疲劳寿命云图。

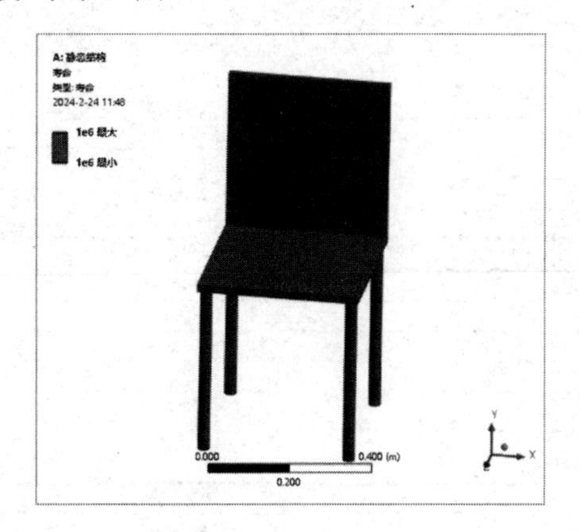

图 14-34　疲劳寿命云图

⑦ 图 14-35 所示为安全因子云图。

⑧ 图 14-36 所示为疲劳-寿命曲线。

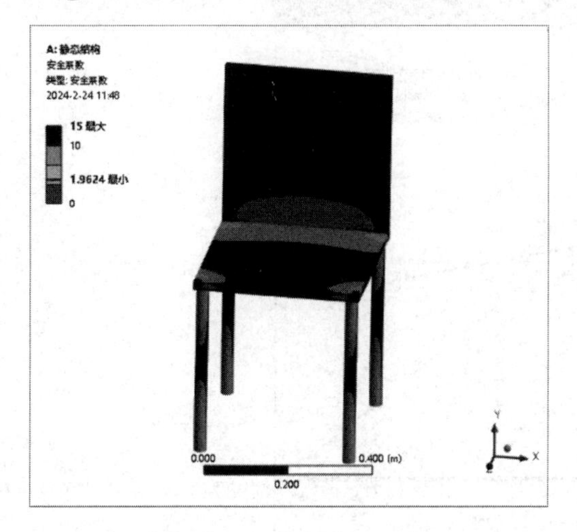

图 14-35　安全因子云图

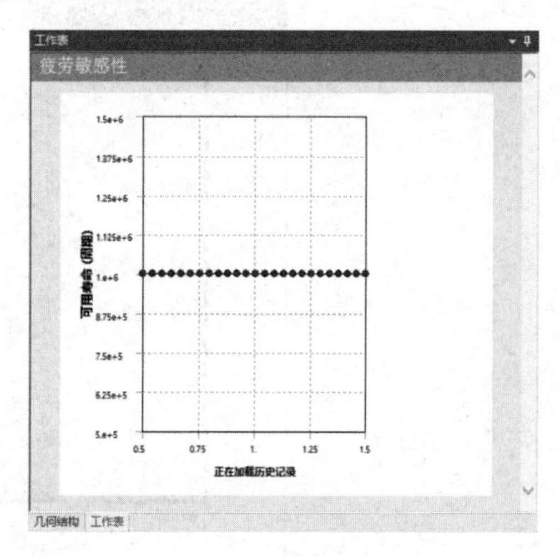

图 14-36　疲劳-寿命曲线

14.3.11　保存与退出

① 单击 Mechanical 平台界面右上角的“关闭”按钮，关闭 Mechanical 平台，返回 ANSYS Workbench 平台主界面。

② 在 ANSYS Workbench 平台主界面中单击工具栏中的“保存”按钮。

③ 单击右上角的“关闭”按钮，关闭 ANSYS Workbench 平台，完成项目分析。

本节通过一个简单的实例介绍了疲劳分析的简单过程。在疲劳分析过程中，最重要的是材料关于疲劳的属性设置。图 14-37 所示为材料属性列表；图 14-38 所示为材料疲劳分析的相关曲线。

在工程项目中进行疲劳分析时，需要通过试验获得材料的以上数据。本节实例仅使用了软件自带的材料进行疲劳分析。

属性 大纲行3：结构钢

	A	B	C	D	E
1	属性	值	单位		
6	⊟ 各向同性弹性				
7	衍生于	杨氏模量与泊...			
8	杨氏模量	2E+11	Pa		
9	泊松比	0.3			
10	体积模量	1.6667E+11	Pa		
11	剪切模量	7.6923E+10	Pa		
12	⊟ 应变寿命参数				
13	显示曲线类型	应变寿命			
14	强度系数	9.2E+08	Pa		
15	强度指数	-0.106			
16	延性系数	0.213			
17	延性指数	-0.47			
18	周期性强度系数	1E+09	Pa		
19	周期性应变硬化指数	0.2			
20	⊟ S-N曲线	表格			
21	插值	重对数			
22	比例	1			
23	偏移	0	Pa		

图 14-37　材料属性列表

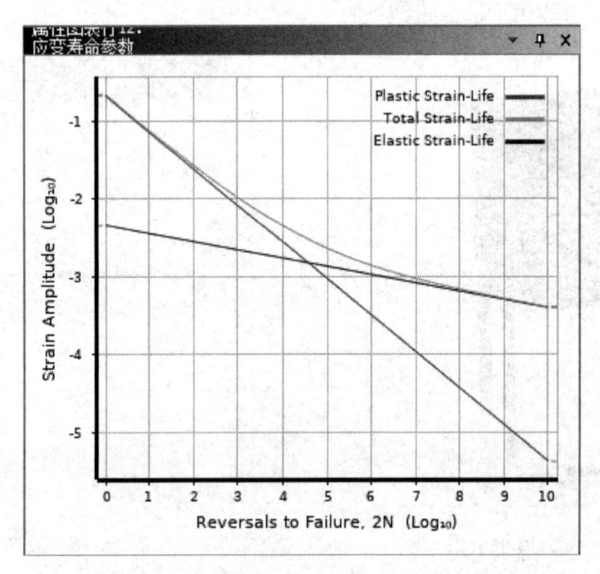

图 14-38　材料疲劳分析的相关曲线

14.4　实例 2——板模型疲劳分析

当所设计的产品承受周期性载荷时，即使其所受的应力完全处于安全静力范围内，也可能发生结构失效。这种失效形式——疲劳，经常主导着产品的结构设计。

学习目标：熟练掌握 ANSYS Workbench 谐响应分析模块的疲劳分析的一般方法及过程。

模型文件	配套资源\Chapter14\char14-2\vib_model.agdb
结果文件	配套资源\Chapter14\char14-2\vib_model.wbpj

14.4.1 问题描述

图 14-39 所示为某板模型，请使用 ANSYS Workbench 平台分析板模型的疲劳过程。

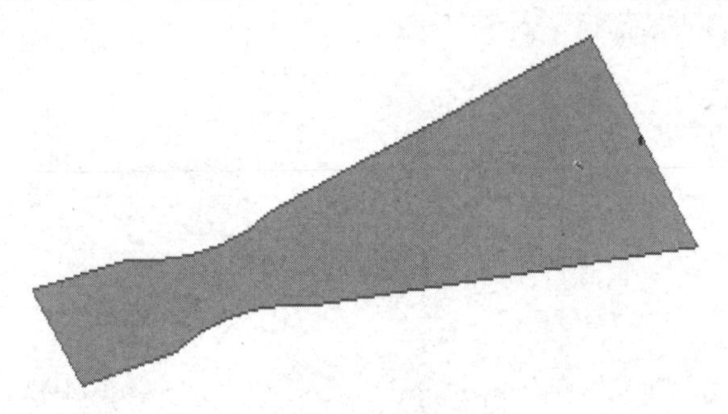

图 14-39 板模型

14.4.2 创建分析项目

① 在 Windows 系统下启动 ANSYS Workbench 平台，进入主界面。

② 双击主界面“工具箱”窗格中的“分析系统”→“谐波响应”命令，即可在“项目原理图”窗格中创建分析项目 A，如图 14-40 所示。

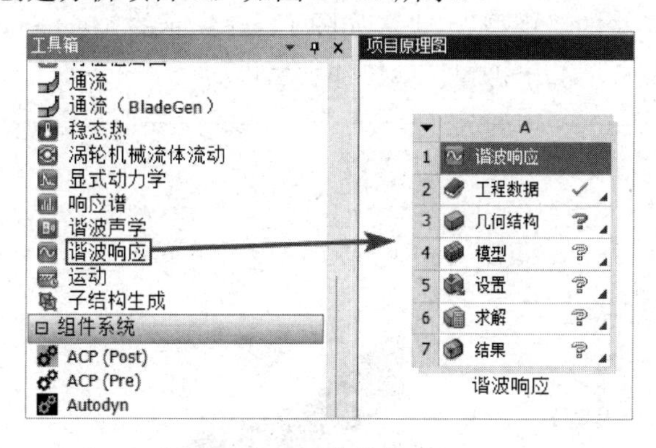

图 14-40 创建分析项目 A

14.4.3 导入几何体

① 右击项目 A 中 A3 栏的“几何结构”，在弹出的快捷菜单中选择“导入几何模型”→“浏览”命令，如图 14-41 所示。

② 在弹出的“打开”对话框中选择文件，导入几何体文件“vib_model.agdb”，此时 A3 栏的“几何结构”后的？图标变为✓图标，表示实体模型已经存在。

③ 双击项目 A 中 A3 栏的“几何结构”，此时会进入 DesignModeler 平台界面，显示的几何体如图 14-42 所示。

④ 单击 DesignModeler 平台界面右上角的“关闭”按钮，关闭 DesignModeler 平台，返回 ANSYS Workbench 平台主界面。

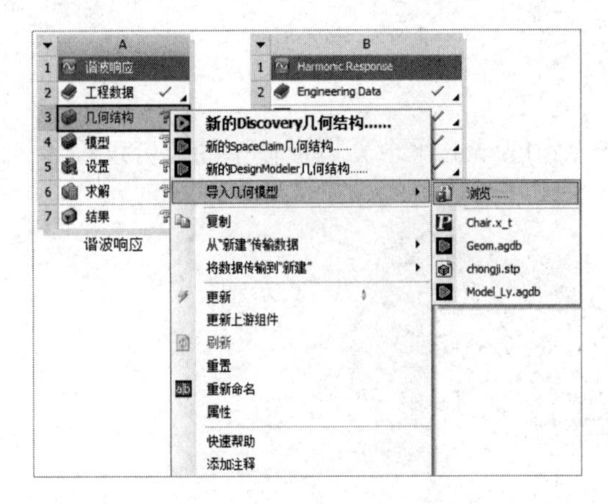

图 14-41　选择“浏览”命令

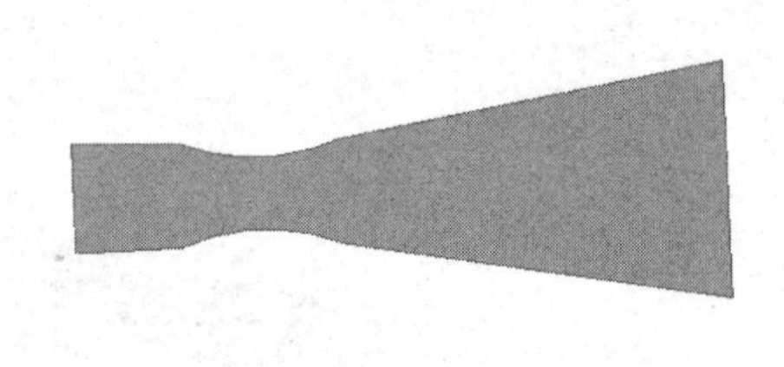

图 14-42　几何体

14.4.4　添加材料库

本实例使用 6061-T6 材料，该材料被存储在 Code 软件材料库中。

14.4.5　添加模型材料属性

双击项目 A 中 A4 栏的“模型”，进入如图 14-43 所示的 Mechanical 平台界面，在该界面中可以进行网格的划分、分析设置、结果观察等操作。

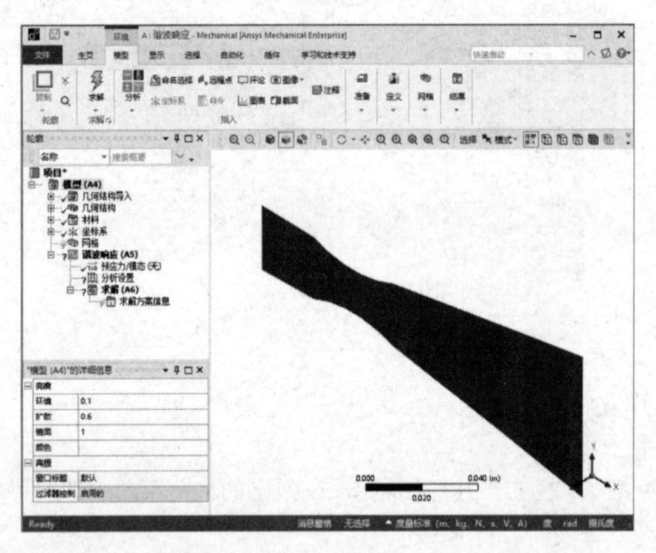

图 14-43　Mechanical 平台界面

14.4.6　划分网格

① 右击 Mechanical 平台界面左侧“轮廓”窗格中的“网格”命令，在弹出的快捷菜单中选择“插入”→“方法”命令，添加“自动方法”命令。之后选择“轮廓”窗格中的“网格”→“自动方法”命令，在下面的“‘自动方法’-方法的详细信息”

窗格中修改网格参数，如图 14-44 所示。

在“几何结构”栏中保证几何体被选中。

在“方法”栏中选择“Quadrilateral Dominant”选项。

在“单元的阶”栏中选择“使用全局设置”选项。

在“自由面网格类型”栏中选择“四边形/三角形”选项，其余选项保持默认设置。

选择“轮廓”窗格中的“网格”命令，在下面的““网格’的详细信息”窗格中修改网格参数，如图 14-45 所示。

在“分辨率”栏中输入“默认（2）”。

在“单元尺寸”栏中输入“2.e-003m”，其余选项保持默认设置。

② 右击“轮廓”窗格中的“网格”命令，在弹出的快捷菜单中选择“生成网格”命令，最终的网格效果如图 14-46 所示。

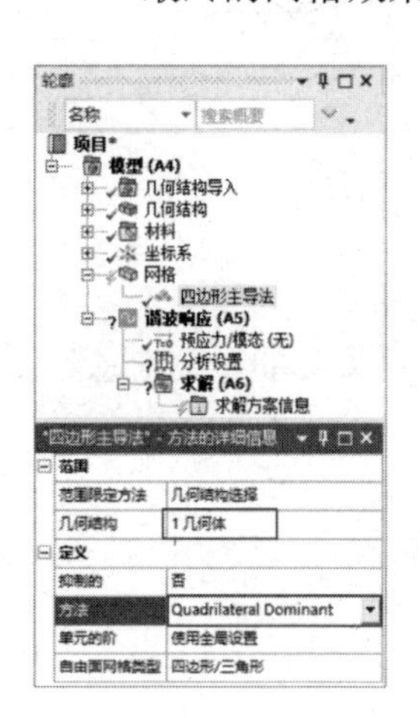

图 14-44　修改网格参数（1）

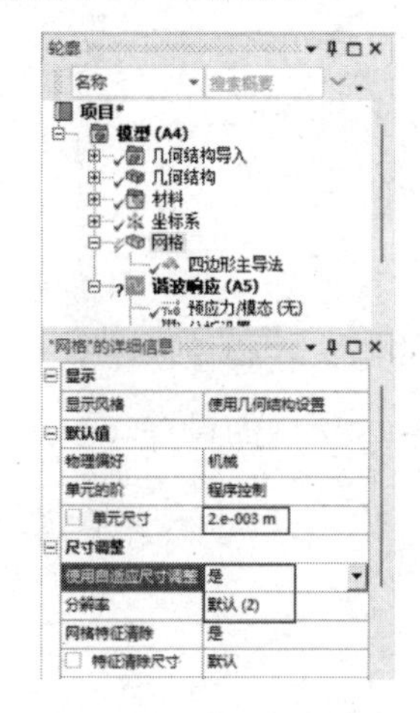

图 14-45　修改网格参数（2）

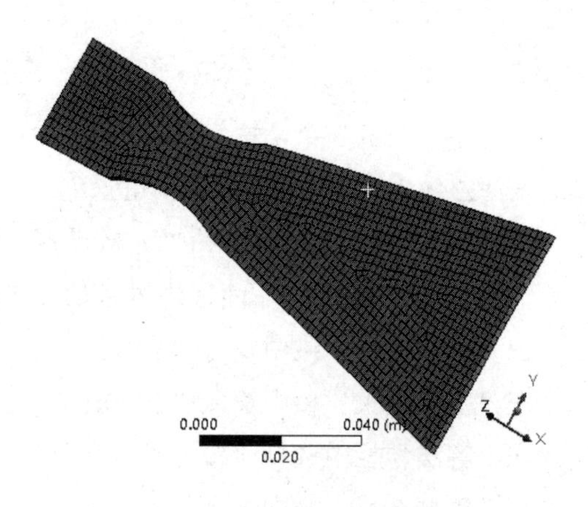

图 14-46　网格效果

14.4.7　施加载荷与约束

① 施加一个固定约束，如图 14-47 所示，选择加亮边线。

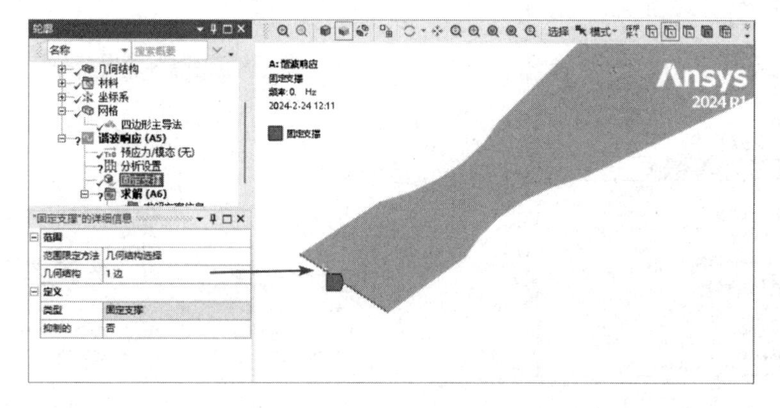

图 14-47　施加一个固定约束

② 添加“加速度”命令，如图 14-48 所示。

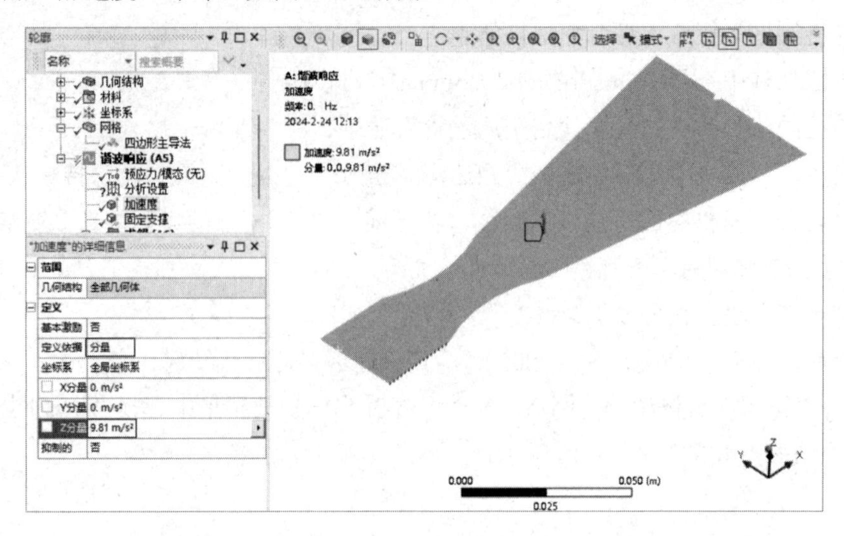

图 14-48　添加“加速度”命令

在“定义依据”栏中选择“分量”选项。

在“Z 分量”栏中输入“9.81m/s² ”。

③ 选择“轮廓”窗格中的“分析设置”命令，在弹出的“‘分析设置’的详细信息”窗格的“选项”操作面板中进行如图 14-49 所示的设置。

在“范围最小”栏中输入“10Hz”。

在“范围最大”栏中输入“1000Hz”。

在“解法”栏中选择“模态叠加”选项。

在“集群结果”栏中选择“是”选项。

在“在所有频率下存储结果”栏中选择“是”选项。

④ 右击“轮廓”窗格中的“谐波响应（A5）”命令，在弹出的快捷菜单中选择“求解”命令，进行计算，如图 14-50 所示。

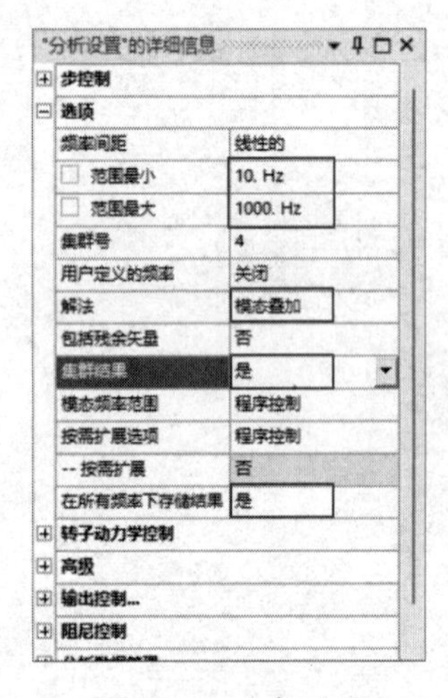

图 14-49　分析设置

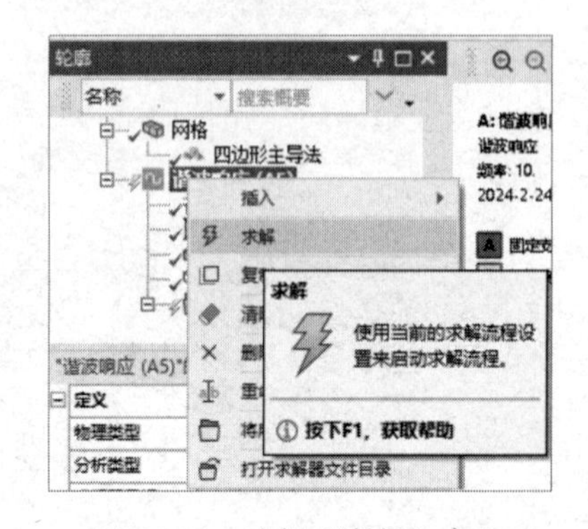

图 14-50　选择“求解”命令

14.4.8　结果后处理

① 选择“轮廓”窗格中的“求解（A6）”命令，并在“求解”选项卡中选择“结果”→“变形”→“总计”命令，此时在“轮廓”窗格中会出现“总变形”命令。选择“轮廓”窗格中的“总变形”命令，即可显示如图 14-51 所示的总变形分析云图。

② 图 14-52 所示为应力分析云图。

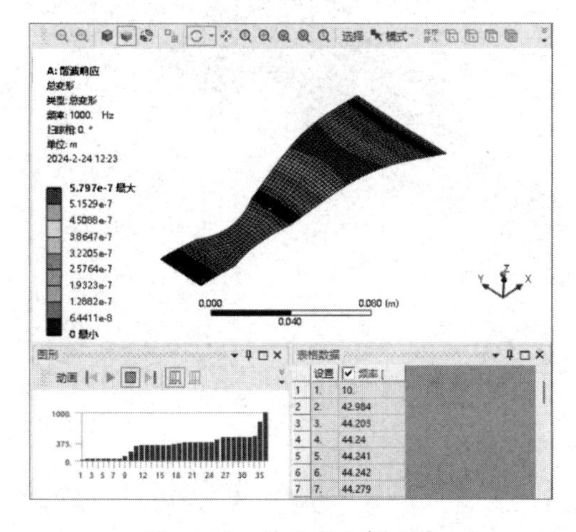

图 14-51　总变形分析云图

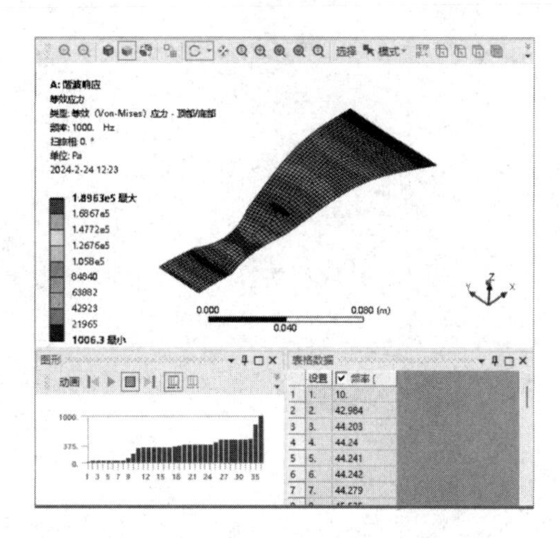

图 14-52　应力分析云图

14.4.9　保存文件

① 单击 Mechanical 平台界面右上角的“关闭”按钮，关闭 Mechanical 平台，返回 ANSYS Workbench 平台主界面。

② 在 ANSYS Workbench 平台主界面中单击工具栏中的“保存”按钮，设置“文件名”为“vib_model.wbpj”，保存包含分析结果的文件。

14.4.10　添加疲劳分析命令

① 右击“轮廓”窗格中的“求解（A6）”命令，在弹出的快捷菜单中选择“插入”→“疲劳”→“疲劳工具”命令，添加“疲劳工具”命令，如图 14-53 所示。

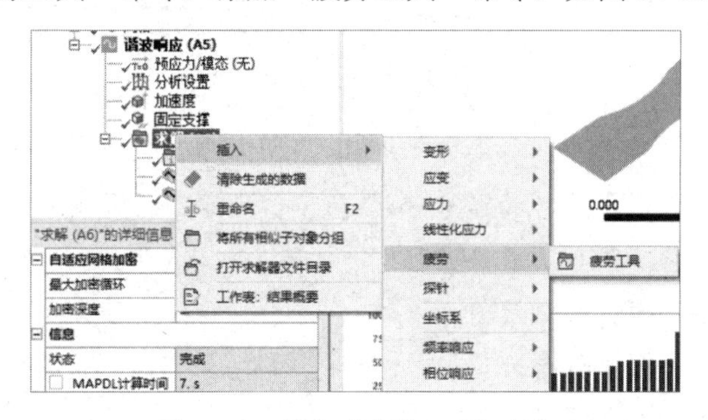

图 14-53　添加“疲劳工具”命令

② 如图 14-54 所示，选择“轮廓”窗格中的“疲劳工具”命令，在下面的“‘疲劳工具’的详细信息”窗格中进行以下设置。

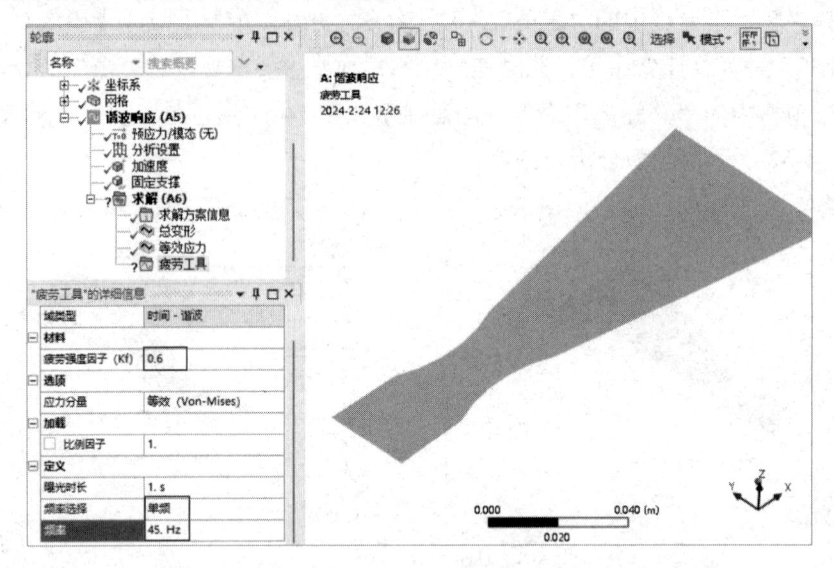

图 14-54 疲劳设置

在“疲劳强度因子（Kf）”栏中将数值更改为“0.6”。

在“应力分量”栏中选择“等效（Von-Mises）”选项。

在“频率选择”栏中选择“单频”选项。

在“频率”栏中输入“45Hz”，其余选项保持默认设置。

③ 右击“轮廓”窗格中的“疲劳工具”命令，在弹出的快捷菜单中选择“插入”→“寿命”命令，添加“寿命”命令，如图 14-55 所示。

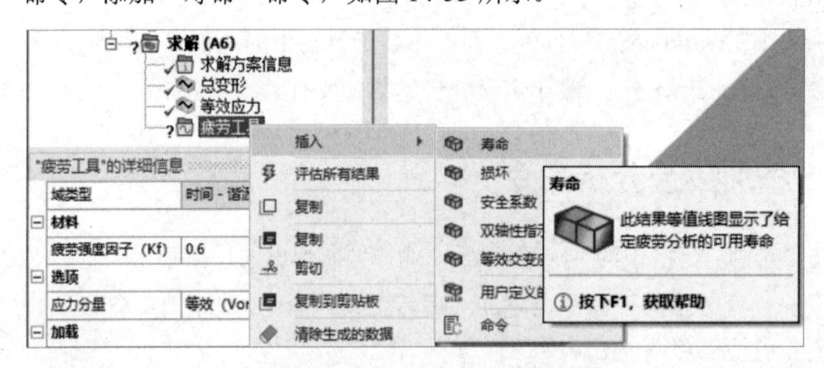

图 14-55 添加“寿命”命令

④ 同步骤③，在“疲劳工具”命令下添加“损坏”“安全系数”两个命令。

⑤ 右击“轮廓”窗格中的“求解（A6）”命令，在弹出的快捷菜单中选择“评估所有结果”命令，如图 14-56 所示。

⑥ 图 14-57 所示为疲劳寿命云图。

⑦ 图 14-58 所示为损坏分布云图。

⑧ 图 14-59 所示为安全因子云图。

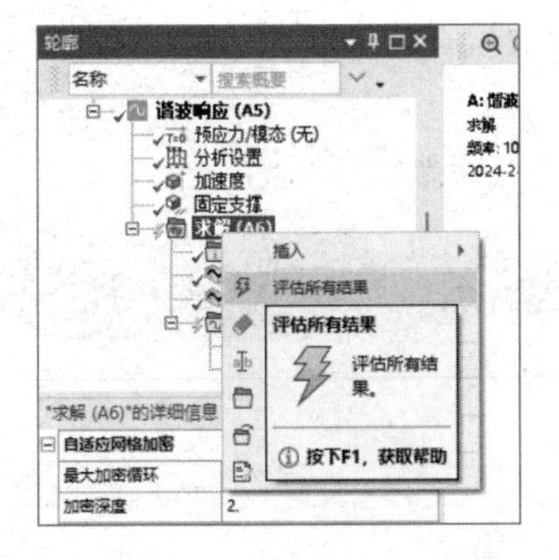

图 14-56　选择“评估所有结果”命令

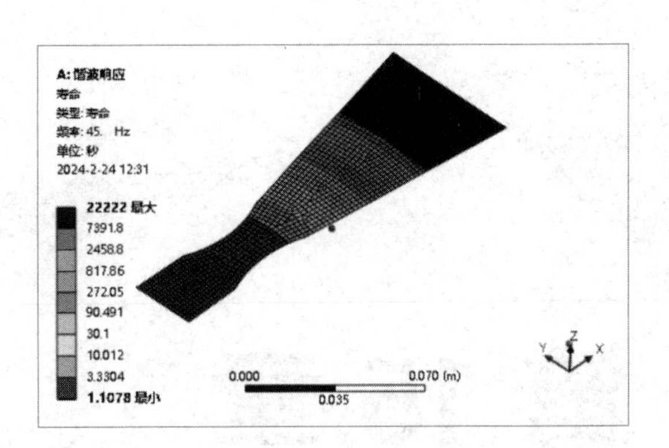

图 14-57　疲劳寿命云图

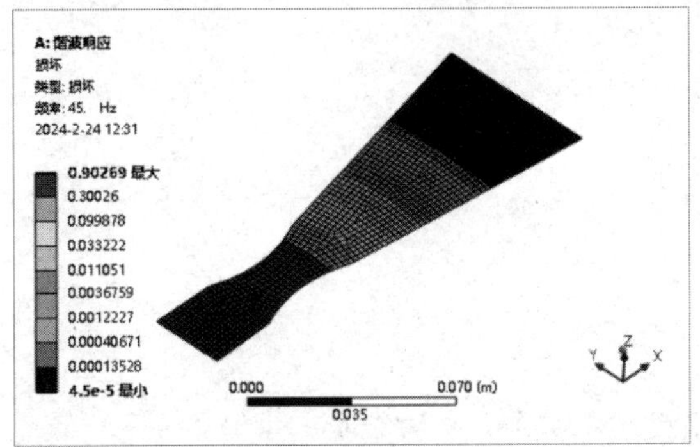

图 14-58　损坏分布云图

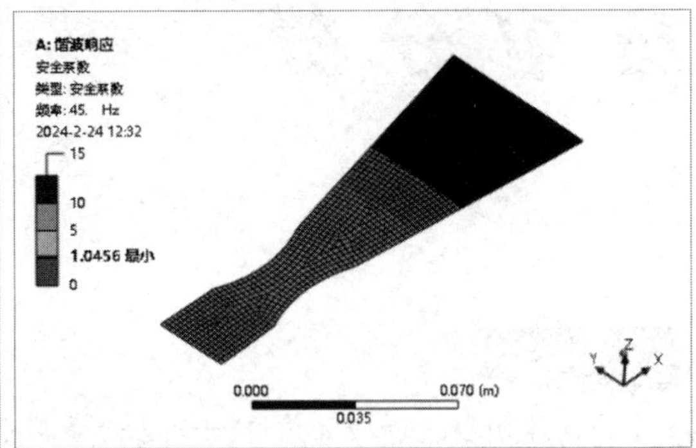

图 14-59　安全因子云图

14.4.11　保存与退出

① 单击 Mechanical 平台界面右上角的“关闭”按钮，关闭 Mechanical 平台，返回 ANSYS Workbench 平台主界面。

② 在 ANSYS Workbench 平台主界面中单击工具栏中的“保存”按钮。

③ 单击右上角的“关闭”按钮，关闭 ANSYS Workbench 平台，完成项目分析。

14.5　本章小结

本章通过简单的实例介绍了 ANSYS Workbench 平台及疲劳分析工具应用的简单过程。在疲劳分析过程中，最重要的是材料关于疲劳的属性设置。另外，本章以 ANSYS Workbench 平台的谐响应分析为依据，利用疲劳分析工具的疲劳分析功能对板模型进行疲劳分析，得到板模型的损坏分布云图。

第 15 章 压电分析

本章内容

本章首先对压电材料的基本知识进行简要介绍，然后通过典型实例详细讲解正压电分析及逆压电分析的操作步骤。
ANSYS Workbench 平台最大的亮点在于扩展模块的引入。通过扩展模块，用户可以完成一些非常规的计算并得到希望的参数。

学习要求

知 识 点	学 习 目 标			
	了解	理解	应用	实践
压电材料的基本知识	√			
压电分析的计算过程			√	√

15.1　压电材料的基本知识

压电材料是指可以将形变、振动等迅速转变为电信号，或者将电信号转变为形变、振动等的机电耦合功能材料。

15.1.1　压电材料的概念

当用户在点燃煤气灶或打开热水器时，压电陶瓷已经为用户服务了一次。生产厂家在这类压电点火装置内放置了一块压电陶瓷，当用户按下点火装置的弹簧时，传动装置就会把压力施加在压电陶瓷上，使它产生很高的电压，进而将电能引向燃气的出口放电。于是，燃气就被电火花点燃了。

压电陶瓷的这种功能称为压电效应。压电效应的原理是，如果对压电材料施加压力，它就会产生电位差（称为正压电效应）；如果对压电材料施加电压，它就会产生机械应力（称为逆压电效应）。如果压力是一种高频振动，则产生的是高频电流。

如果将高频电信号施加在压电陶瓷上，则产生高频声信号（机械振动），这就是我们平常所说的超声波信号。也就是说，压电陶瓷具有在机械能与电能之间进行转换和逆转换的功能。

压电材料可以因机械变形产生电场，也可以因电场作用产生机械变形，这种固有的机-电耦合效应使得压电材料在工程中得到了广泛的应用。

例如，压电材料已经被用来制作智能结构，此类结构除具有自承载功能外，还具有自诊断性、自适应性和自修复性等功能，在未来飞行器设计中具有重要的作用。

15.1.2　压电材料的主要特性

（1）机电转换性能：应具有较大的压电系数。

（2）机械性能：压电元件作为受力元件，通常要求它的机械强度高、机械刚度大，以期获得较大的线性范围和较高的固有频率。

（3）电性能：应具有较高的电阻率和较大的介电常数，以减少电荷泄漏并获得良好的低频特性。

（4）温度和湿度稳定性：应具有较高的居里点，以得到较宽的工作温度范围。

（5）时间稳定性：其电压特性不应随时间的推移而突变。

压电材料的主要特性参数包括：

（1）压电常数。

（2）弹性常数。

（3）介电常数。

（4）机电耦合系数。

（5）电阻。

（6）居里点。

15.1.3 压电材料的分类

压电材料可分为 3 类：压电晶体（单晶）、压电陶瓷（多晶）和新型压电材料。其中，压电晶体中的石英晶体和压电陶瓷中的钛酸钡与锆钛酸铅系压电陶瓷的应用较为普遍。

1．压电晶体

1）石英晶体

石英晶体是典型的压电晶体，分为天然石英晶体和人工石英晶体，其化学成分是二氧化硅（SiO_2），其压电常数为 2.1×10^{-12}C/N，虽然压电常数较小，但时间和温度稳定性极好，在20℃～200℃范围内，其压电系数几乎不变；在达到 573℃时，石英晶体就会失去压电特性，该温度称为居里点，并无热释电性。另外，石英晶体的机械性能稳定，机械强度和机械品质因素高，刚度大，固有频率高，并且动态特性、绝缘性、重复性好。下面以石英晶体为例来说明压电晶体内部发生极化，产生压电效应的物理过程。

在一个石英晶体的单元体中，有 3 个硅离子和 6 个氧离子，后者是成对的，可以构成六边形。在没有外力作用时，电荷互相平衡，外部没有带电现象。当在 *X* 轴方向或 *Y* 轴方向受力时，由于离子之间形成错位，电荷的平衡关系受到破坏，因此会产生极化现象，使表面产生电荷。当在 *Z* 轴方向受力时，由于离子对称平移，因此表面不呈现电荷，没有压电效应。这就是石英晶体产生压电效应的原理。

2）其他压电晶体

锂盐类压电晶体和铁电晶体，如铌酸锂（$LiNbO_3$）、钽酸锂（$LiTaO_3$）、锗酸锂（$LiGeO_3$）等压电材料，也得到了广泛应用，其中以铌酸锂为典型代表。铌酸锂是一种无色或浅黄色透明铁电晶体。从结构上来看，它是一种多畴单晶，必须通过极化处理后才能成为单畴单晶，从而呈现出类似于单晶体的特点，即机械性能各向异性。它的时间稳定性好，居里点高达1200℃，在高温、强辐射条件下，仍具有良好的压电特性和机械性能，如机电耦合系数、介电常数、频率等均保持不变。此外，它还具有良好的光电、声光效应，因此在光电、微声和激光等器件方面都有重要应用。不足之处是，它的质地脆、抗机械冲击性和热冲击性差。

2．压电陶瓷

压电陶瓷是人工合成的多晶体压电材料，它由无数细微的电畴组成。这些电畴实际上是自发极化的小区域，自发极化的方向完全是任意排列的，在无外电场作用时，各电畴的极化作用相互抵消，因此不具有压电效应，只有在经过极化处理后才具有压电效应。在一定的温度和强电场（如 20～30kV/cm 直流电场）作用下，内部电畴自发极化方向都趋向于电场的方向。在极化处理后，压电陶瓷具有一定的极化强度。

在去除外电场后，各电畴的自发极化在一定程度上按原外电场方向取向，其内部仍存在很强的剩余极化强度，使得压电陶瓷极化的两端出现束缚电荷（一端为正电荷，另一端为负电荷）。由于束缚电荷的作用，因此在压电陶瓷的电极表面会吸附自由电荷。这些自由电荷与压电陶瓷内的束缚电荷符号相反但数值相等。

当压电陶瓷受到与极化方向平行的外力作用而产生压缩变形时，电畴会发生偏转，内部的正、负束缚电荷之间的距离变小，剩余极化强度也变小，因此，在原来吸附的自由电荷中，有一部分会被释放而出现放电现象。

在撤销外力后，压电陶瓷会恢复原状，内部的正、负束缚电荷之间的距离变大，极化强度也变大，电极上因吸附一部分自由电荷而出现充电现象。充、放电电荷的多少与外力的大小形成比例关系，这种由机械能转变为电能的现象，称为压电陶瓷的正压电效应。同样地，压电陶瓷也存在逆压电效应。

通常将压电陶瓷的极化方向定义为 Z 轴，在垂直于 Z 轴的平面上任意选择一个正交轴系作为 X 轴和 Y 轴。对于 X 轴和 Y 轴，其压电效应是相同的（即压电常数相等），这与石英晶体不同。

常见的压电陶瓷有锆钛酸铅（PZT）压电陶瓷、钛酸钡（$BaTiO_3$）压电陶瓷，以及铌酸盐系压电陶瓷，如铌镁酸铅（PMN）压电陶瓷等。压电陶瓷的特点是压电常数大，灵敏度高，制造工艺成熟，可通过人工控制来达到所要求的性能。

压电陶瓷除具有压电特性外，还具有热释电性，因此它可以制作热电传感器件并用于红外探测器中。但在作为压电元件应用时，压电陶瓷会给压电传感器造成热干扰，降低稳定性。所以，对于高稳定性的传感器，压电陶瓷的应用会受到限制。

另外，压电陶瓷的成形工艺性较好，成本低廉，有利于广泛应用。压电陶瓷按照受力和变形的形式可以制成各种形状的压电元件，常见的有片状和管状压电元件。管状压电元件的极化方向可以是轴向的，也可以是圆环径向的。

3. 新型压电材料

新型压电材料可分为压电半导体材料和有机高分子压电材料。

1）压电半导体材料

硫化锌（ZnS）、碲化镉（CdTe）、氧化锌（ZnO）、硫化镉（CdS）等材料具有显著的特点，既具有压电特性又具有半导体特性，称为压电半导体材料。因此，针对这些材料，既可使用其压电特性研制传感器，又可使用其半导体特性制作电子器件，也可以结合两种特性，集元件与线路于一体，研制新型集成压电传感器测试系统。

2）有机高分子压电材料

一些合成的高分子聚合物，如聚氟乙烯（PVF）、聚二氟乙烯（PVF2）、聚氯乙烯（PVC）等经过延展拉伸和电极化后可以制成压电材料，即有机高分子压电材料。这种材料质地柔软、不易破碎，在较宽的频率范围内有平坦的响应，其性能稳定，可以和空气的声阻抗自然匹配。另外，在高分子聚合物中掺杂 PZT 或 $BaTiO_3$ 粉末也可以制成高分子压电薄膜。

15.1.4 压电材料的应用

压电材料的应用领域可以粗略分为两大类：换能器的应用，包括电声换能器、水声换能器和超声换能器等，以及其他传感器和驱动器的应用。

1. 换能器

换能器是将机械振动转变为电信号，或者在电场驱动下产生机械振动的器件。压电聚合物电声换能器利用了聚合物的横向压电效应，而换能器则利用了聚合物压电双晶片或压电单晶片在外电场驱动下的弯曲振动。利用上述原理可生产电声器件，如麦克风、立体声耳机和高频扬声器。

目前，对压电聚合物电声换能器的研究主要集中在利用压电聚合物的特点，研制使用其他现行技术难以实现的且具有特殊电声功能的器件，如抗噪声电话、宽带超声信号发射系统等。

压电聚合物水声换能器在研究初期侧重于军事应用，如用于水下探测的大面积传感器阵列和监视系统等，随后其应用领域逐渐拓展到地球物理探测、声波测试等方面。

为了满足特定要求而开发的各种原型水声器件，采用了不同类型和形状的压电聚合物材料，如薄片、薄板、叠片、圆筒和同轴线等，以充分发挥压电聚合物的高弹性、低密度、易于制备为不同截面大小的元件，以及声阻抗与水数量级相同等特点。其中，最后一个特点使得由压电聚合物制备的水声换能器可以放置在被测声场中，感知声场内的声压，并且避免因其自身的存在而使被测声场受到扰动。

另外，聚合物的高弹性可以减小水声换能器内的瞬态振荡，从而进一步增强压电聚合物水声换能器的性能。将压电聚合物换能器应用于生物医学传感器领域，尤其是超声成像中，如超声换能器，获得了成功。

2. 压电驱动器和聚合物驱动器

压电驱动器利用逆压电效应，将电能转变为机械能。聚合物驱动器利用横向效应和纵向效应两种方式，基于聚合物双晶片开展的驱动器应用研究包括显示器件控制、微位移产生系统等。要使这些创造性的设想得到实际应用，还需要进行大量研究。

3. 压电式压力传感器

压电式压力传感器是利用压电材料所具有的压电效应制成的。由于压电材料的电荷量是一定的，因此在连接时要特别注意，避免漏电。

压电式压力传感器的优点是具有自生信号，输出信号强，响应频率高，体积小，结构坚固；缺点是只能用于动能测量，并且需要特殊电缆，在突然发生振动或受到过大压力时，自我恢复速度较慢。

4．压电式加速度传感器

压电元件一般由两块压电晶片组成。在压电晶片的两个表面上镀有电极，并且包含引线。在压电晶片上放置一个质量块，该质量块一般采用比较大的金属钨或高比重的合金制成。之后使用一个硬弹簧或螺栓、螺母对质量块预加载荷，将整个组件装在一个原基座的金属壳体中。

为了避免试件的任何应变传送到压电元件上而产生假信号输出，一般要加厚基座或选用刚度较大的材料来制造，同时壳体和基座的质量大约占传感器质量的 1/2。在测量时，将传感器基座与试件刚性地固定在一起。

当传感器受振动力作用时，由于基座和质量块的刚度相当大，而质量块的质量相对较小，可以认为质量块的惯性很小，因此质量块会进行与基座相同的运动，并受到与加速度方向相反的惯性力的作用。这样，质量块就有与加速度成正比的应力作用在压电晶片上。

由于压电晶片具有压电效应，因此在它的两个表面上会产生交变电荷（电压）。当加速度频率远低于传感器的固有频率时，传感器输出的电压与作用力成正比，即与试件的加速度成正比，输出电量由传感器输出端输出，在输入前置放大器后，就可以用普通的测量仪器测试出试件的加速度。如果在放大器中加入适当的积分电路，就可以测试试件的振动速度或位移。

5．机器人接近觉传感器（超声传感器）

机器人安装接近觉传感器的主要目的包括：

（1）在接触物体之前，获得必要的信息，为下一步运动做好准备工作。

（2）探测机器人的手和足的运动空间中有无障碍物。如果发现障碍物，则及时采取一定的措施，避免发生碰撞。

（3）获取物体表面形状的大致信息。

超声波是人耳可以听见的一种机械波，频率在 20kHz 以上。人耳能听到的声音的振动频率范围为 20～20 000Hz。超声波因其波长较短、绕射小而能形成声波射线并进行定向传播，机器人采用超声传感器的目的是探测与被测物体的距离。

超声传感器一般用来探测周围环境中距离较大的物体，不能探测距离小于 30mm 的物体。超声传感器包括超声发射器、超声接收器、定时电路和控制电路 4 个主要部分。它的工作原理大致如下。

超声发射器向被测物体方向发射脉冲式的超声波，在发出一连串超声波后就自行关闭，停止发射。同时超声接收器开始检测回声信号，定时电路也开始计时。

当超声波遇到物体后，就被反射回来。在超声接收器收到回声信号后，定时电路就停止计时。此时定时电路所记录的时间，是从发射超声波开始到收到回声信号的传播时间。

利用传播时间，可以换算出被测物体到超声传感器之间的距离。这个换算公式很简单，即超声波传播时间的 1/2 乘以超声波在介质中的传播速度。超声传感器的整个工作过程都是在控制电路的控制下有序进行的。压电材料除了以上应用，还有其他相当广泛的应用，如鉴频器、压电振荡器、变压器、滤波器等。

15.1.5　压电复合材料的有限元分析方法

我们通常使用细观力学方法分析压电复合材料的有效性能，主要目的是建立材料的宏观有效性能，包括弹性、压电和介电性能，以及细观结构的定量关系，以指导材料的设计和制造。但是对一般的细观力学方法来说，如 Dilute 模型、自洽方法、Mori-Tanaka 模型和微分方法等，它们建立的力学模型中涉及大量复杂的积分和微分公式，使用普通的解析法一般无法求出正确解。例如，Dunn 和 Taya 使用细观力学方法的自洽方法、Mori-Tanaka 模型和微分方法对压电复合材料的压电系数进行预报，并与试验数据进行比较。

结果表明：在体积分数较小时，这些方法给出了比较接近的数值结果，但是在体积分数较大时，其数值结果与试验结果有很大的差别。压电复合材料作为由两种或两种以上材料组成的宏观非均匀材料，可以用合适的、具有某种周期分布的微结构材料来表示。这样针对某一周期的非均匀材料单元，使用常用的有限元及边界元分析方法，就可以在数值上求得纤维、基体及界面处的应力分布。在此基础上，可以预报复合材料的有效性，这弥补了使用常规细观力学方法无法预报纤维或高体积分数，以及具有复杂微结构材料等情况的不足。

15.1.6　基本耦合公式

压电线性理论的基本耦合公式为

$$T_p = C_{pq}^E S_q - e_{pk} E_k \tag{15-1}$$

$$D_i = e_{iq} S_q + \varepsilon_{ik}^S E_k \tag{15-2}$$

这个压电耦合公式也可以用矩阵表示为

$$\boldsymbol{T} = \boldsymbol{C}\boldsymbol{S} - \boldsymbol{e}^{\mathrm{T}} \boldsymbol{E} \tag{15-3}$$

$$\boldsymbol{D} = \boldsymbol{e}\boldsymbol{S} + \boldsymbol{\varepsilon}\boldsymbol{E} \tag{15-4}$$

式中，$\boldsymbol{T}$ 为应力矩阵，$\boldsymbol{D}$ 为电荷密度矩阵，$\boldsymbol{S}$ 为应变矩阵，$\boldsymbol{E}$ 为电场强度矩阵，$\boldsymbol{C}$ 为刚度矩阵，$\boldsymbol{e}$ 为压电应力常数矩阵，$\boldsymbol{\varepsilon}$为介电常数矩阵。

15.1.7　压电材料的主要参数

1．自由介电常数（Free Permittivity）

自由介电常数 εT33 是电介质在应变为零（或常数）时的介电常数，其单位为 F/m。

2．相对介电常数（Relative Permittivity）

相对介电常数 εTr3 是自由介电常数 εT33 与真空介电常数 ε0 的比值，即 εTr3=εT33/ε0，是一个无因次的物理量。

3．介质损耗（Dielectric Loss）

介质损耗是电介质在电场作用下，由于电极化弛豫和漏导等所损耗的能量。

4．损耗角正切（Tangent of Loss Angle）

理想电介质在正弦交变电场作用下流过的电流比电压的相位角超前 90°，但是在压电陶瓷试样中因有能量损耗，电流超前的相位角 ψ 小于 90°，而它的余角 δ（$\delta+\psi=90°$）称为损耗角。损耗角是一个无因次的物理量，人们通常用损耗角正切 $\tan\delta$ 来表示介质损耗的大小。$\tan\delta$ 表示电介质的有功功率（损失功率）P 与无功功率 Q 之比。

电学品质因数（Electrical Quality Factor）的值等于试样的损耗角正切值的倒数，用 Qe 表示，它是一个无因次的物理量。若用并联等效电路表示交变电场中的压电陶瓷的试样，则 $Qe=1/\tan\delta=\omega CR$。

5．机械品质因数（Mechanical Quanlity Factor）

压电振子在谐振时存储的机械能与在一个周期内损耗的机械能之比称为机械品质因数，用 Qm 表示。

6．泊松比（Poisson’s Ratio）

泊松比是指固体在应力作用下的横向相对收缩与纵向相对伸长之比，是一个无因次的物理量，用 δ 表示：$\delta=-S12/S11$。

7．串联谐振频率（Series Resonance Frequency）

压电振子等效电路中串联支路的谐振频率称为串联谐振频率，用 fs 表示。

8．并联谐振频率（Parallel Resonance Frequency）

压电振子等效电路中并联支路的谐振频率称为并联谐振频率，用 fp 表示。

9．谐振频率（Resonance Frequency）

使压电振子的电纳为零的一对频率中较低的一个频率称为谐振频率，用 fr 表示。

10．反谐振频率（Antiresonance Frequency）

使压电振子的电纳为零的一对频率中较高的一个频率称为反谐振频率，用 fa 表示。

11．最大导纳频率（Maximum Admittance Frequency）

压电振子导纳最大时的频率称为最大导纳频率，这时压电振子的阻抗最小，因此又称最小阻抗频率，用 fm 表示。

12．最小导纳频率（Minimum Admittance Frequency）

压电振子导纳最小时的频率称为最小导纳频率，这时压电振子的阻抗最大，因此又称最大阻抗频率，用 fn 表示。

13．基频（Fundamental Frequency）

在给定的一种振动模式中，最低的谐振频率称为基音频率，通常简称为基频。

14．泛音频率（Overtone Frequency）

在给定的一种振动模式中，基频以外的谐振频率称为泛音频率。

15．温度稳定性（Temperature Stability）

温度稳定性是指压电陶瓷的性能随温度的变化而变化的特性。在某一温度下，当温度变化 1℃时，某频率的数值变化与该温度下频率的数值之比，称为频率的温度系数，用 TKf 表示。另外，通常用最大相对漂移来表示某一参数的温度稳定性。

16．机电耦合系数（Electro Mechanical Coupling Coefficient）

机电耦合系数 K 是描述压电振子在振动过程中机械能与电能之间相互转换程度的参数。压电陶瓷常用以下 5 个基本耦合系数。

（1）平面机电耦合系数 KP（反映薄片沿厚度方向的极化和电激励，作为径向伸缩振动的机电耦合效应的参数）。

（2）横向机电耦合系数 K31（反映细长条沿厚度方向的极化和电激励，作为横向长度伸缩振动的机电耦合效应的参数）。

（3）纵向机电耦合系数 K33（反映细棒沿长度方向的极化和电激励，作为纵向长度伸缩振动的机电耦合效应的参数）。

（4）厚度伸缩机电耦合系数 KT（反映薄片沿厚度方向的极化和电激励，作为厚度方向伸缩振动的机电耦合效应的参数）。

（5）厚度切变机电耦合系数 K15（反映矩形板沿长度方向的极化，激励电场的方向垂直于极化方向，作为厚度切变伸缩振动的机电耦合效应的参数）。

17．压电应变常数（Piezoelectric Strain Constant）

压电应变常数 D 是在应力 *T* 和电场分量 EM（M≠I）都为常数的条件下，电场分量 EI 的变化所引起的应变分量 SI 的变化与 EI 的变化之比。

18．压电电压常数（Piezoelectric Voltage Constant）

压电电压常数 G 是在电位移 *D* 和应力分量 TN（N≠I）都为常数的条件下，应力分量 TI 的变化所引起的电场强度分量 EI 的变化与 TI 的变化之比。

19．居里温度（Curie Temperature）

压电陶瓷只在某一温度范围内具有压电效应，也就是说，会有一个临界温度 TC，当温度高于 TC 时，压电陶瓷结构会发生转变，这个临界温度 TC 称为居里温度。

20．十倍时间老化率（Ageing Rate Per Decade）

十倍时间老化率表示某一参数的频率常数。对于径向和横向长度伸缩振动模式，其频率常数为串联谐振频率与决定此频率的振子尺寸（直径或长度）的乘积；对于纵向长度、厚度方向和厚度切变伸缩振动模式，其频率常数为并联谐振频率与决定此频率的振子尺寸（长度或厚度）的乘积，其单位为 Hz·m。

15.2　压电分析模块的安装

ANSYS Workbench 平台的压电分析除了可以通过 ANSYS APDL 进行，在添加扩展模块后，还可以将压电分析模块作为一个接口程序。在购买 ANSYS 程序后，程序默认的模块中并没有集成压电分析模块。用户可以通过 ANSYS 官方网站下载安装包，适用于 ANSYS Workbench 平台的安装包的名称为 PiezoAndMEMS.wbex，下面介绍如何安装压电分析模块。

为了方便用户对程序进行系统化管理，可以在 ANSYS 安装目录的 v201 文件夹中创建一个新文件夹，并将其命名为 ACT，将下载的压电分析模块安装包复制到该文件夹中，如图 15-1 所示。

图 15-1　复制压电分析模块安装包

注意

若操作系统为 Vista 以上的版本，则需要以管理员身份操作。

启动 ANSYS Workbench 平台，选择菜单栏中的“扩展”→“安装扩展”命令，在弹出的“打开”对话框中选择 ACT 文件夹中的“PiezoAndMEMS.wbex”文件，并单击“打开”按钮，如图 15-2 所示。

注意

如果已经安装，则会显示是否覆盖安装的提示信息。

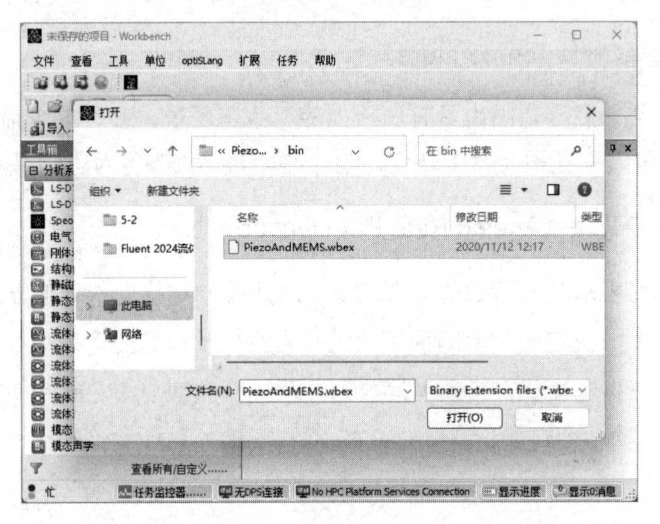

图 15-2　安装扩展模块

选择菜单栏中的“扩展”→“管理扩展”命令，在弹出的“扩展管理器”窗口中勾选“PiezoAndMEMS”复选框，并单击“关闭”按钮，如图 15-3 所示。

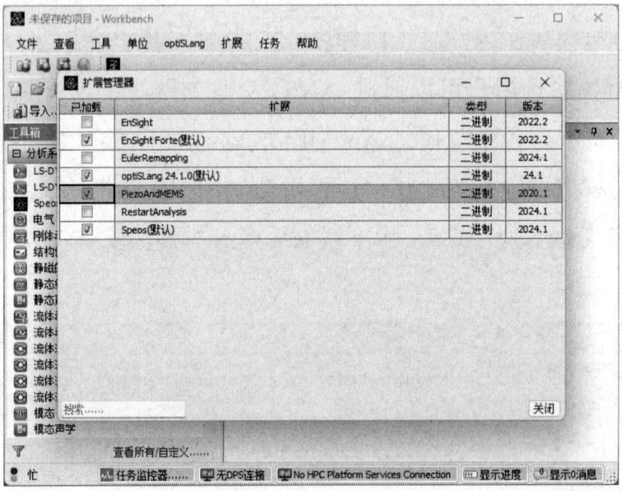

已加载	扩展	类型	版本
☐	EnSight	二进制	2022.2
☑	EnSight Forte(默认)	二进制	2022.2
☐	EulerRemapping	二进制	2024.1
☑	optiSLang 24.1.0(默认)	二进制	24.1
☑	PiezoAndMEMS	二进制	2020.1
☐	RestartAnalysis	二进制	2024.1
☑	Speos(默认)	二进制	2024.1

图 15-3　管理扩展模块

新建一个分析项目，在计算模块中将出现如图 15-4 所示的压电分析命令行。

图 15-4　压电分析命令行

15.3　实例 1——正压电分析

在对压电材料施加一定的物理压力时，材料内的电偶极矩会因压缩而变小，此时压电材料为抵抗这种变化会在材料相对的表面上产生等量的正负电荷，以保持原状。这种由于变形而产生电极化的现象称为正压电效应。正压电效应实际上就是将机械能转变为电能的过程。

下面通过一个简单的实例讲解 ANSYS Workbench 平台的正压电分析的一般步骤。

学习目标：熟练掌握正压电分析的建模方法及求解过程。

模型文件	配套资源\Chapter15\char15-1\pzt si.x_t
结果文件	配套资源\Chapter15\char15-1\正压电.wbpj

15.3.1　问题描述

图 15-5 所示为装配结构组成的压电材料，其上端面受到 1MPa 的压力作用，下端面固定，试分析其电压分布情况。

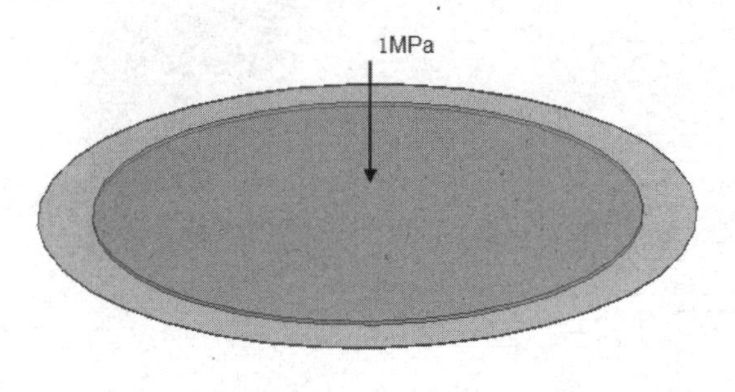

图 15-5　压电材料

15.3.2　创建分析项目

① 在 Windows 系统下启动 ANSYS Workbench 平台，进入主界面。

② 双击主界面“工具箱”窗格中的“组件系统”→“几何结构”命令，即可在“项目原理图”窗格中创建分析项目 A，如图 15-6 所示。

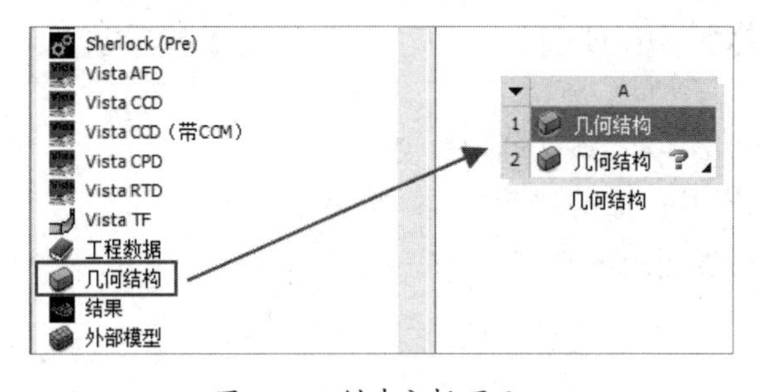

图 15-6　创建分析项目 A

15.3.3 导入几何体

① 右击项目 A 中 A2 栏的“几何结构”，在弹出的快捷菜单中选择“导入几何模型”→“浏览”命令。

② 在弹出的“打开”对话框中选择文件，导入几何体文件“pzt si.x_t”，此时 A2 栏的“几何结构”后的 ? 图标变为✓图标，表示实体模型已经存在。

③ 双击项目 A 中 A2 栏的“几何结构”，进入 DesignModeler 平台界面。选择菜单栏中的“单位”→“毫米”命令，设置长度单位为“mm”，此时“树轮廓”窗格中的“导入 1”命令前会显示⚡图标，表示需要生成几何体，同时“图形”窗格中没有图形显示。

④ 单击常用命令栏中的⚡生成按钮，即可显示生成的几何体，如图 15-7 所示，此时可以在几何体上进行其他操作，本实例无须进行操作。

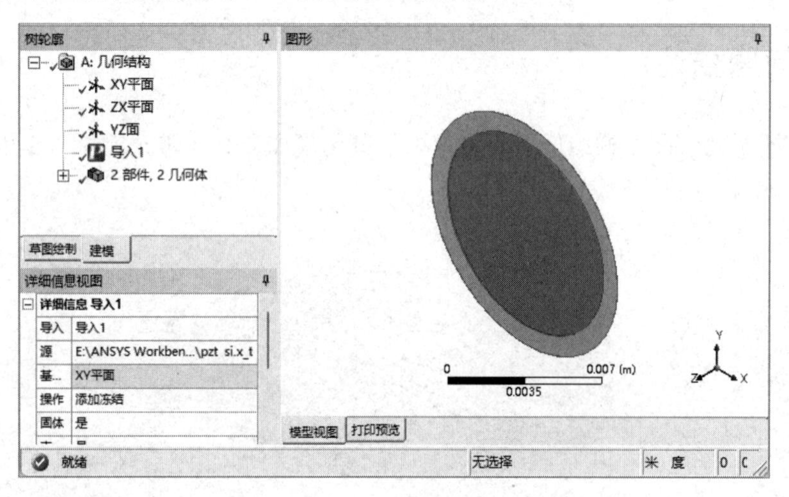

图 15-7 生成几何体后的 DesignModeler 平台界面

⑤ 单击 DesignModeler 平台界面右上角的 “关闭”按钮，关闭 DesignModeler 平台，返回 ANSYS Workbench 平台主界面。

15.3.4 添加材料库

由于压电分析中不需要设置材料属性，因此材料保持默认设置即可。

15.3.5 创建静态分析项目

① 创建如图 15-8 所示的静态分析项目 B。

② 双击项目 B 中 B4 栏的“模型”，进入 Mechanical 平台界面。

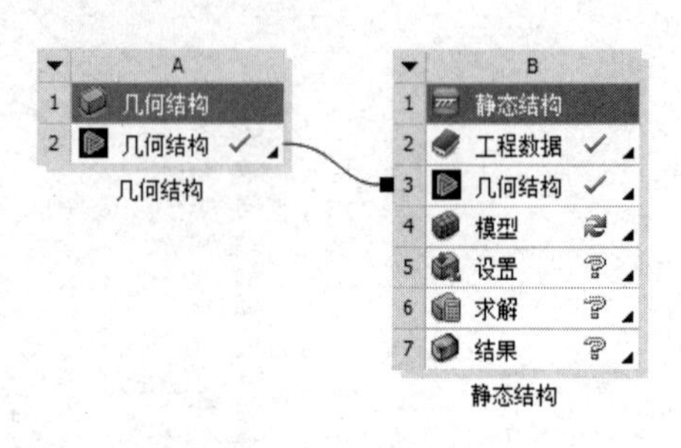

图 15-8 创建静态分析项目 B

15.3.6　网格与属性

① 右击“轮廓”窗格中的“网格”命令，在弹出的快捷菜单中选择“生成网格”命令，如图 15-9 所示，最终的网格效果如图 15-10 所示。

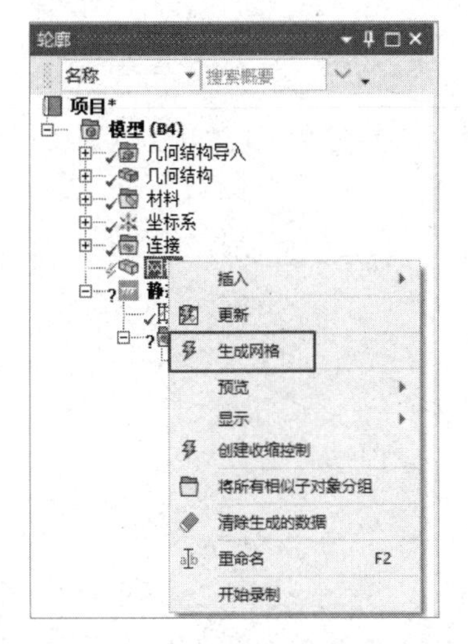

图 15-9　选择“生成网格”命令

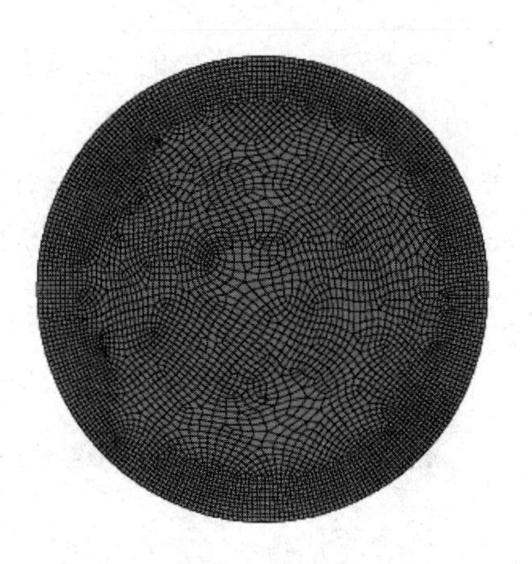

图 15-10　网格效果

② 选择“轮廓”窗格中的“静态结构（B5）”命令，在“Piezoelectric And MEMS”选项卡中选择“Piezoelectric And MEMS Body”→“Piezoelectric Body”命令，添加“Piezoelectric Body”命令，如图 15-11 所示。

③ 选择“轮廓”窗格中的“静态结构（B5）”→“Piezoelectric Body”命令，在下面的“‘Piezoelectric Body’的详细信息”窗格中进行如图 15-12 所示的设置。

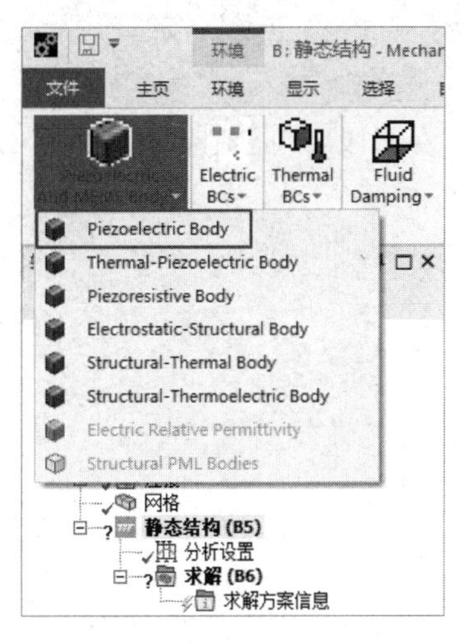

图 15-11　添加“Piezoelectric Body”命令

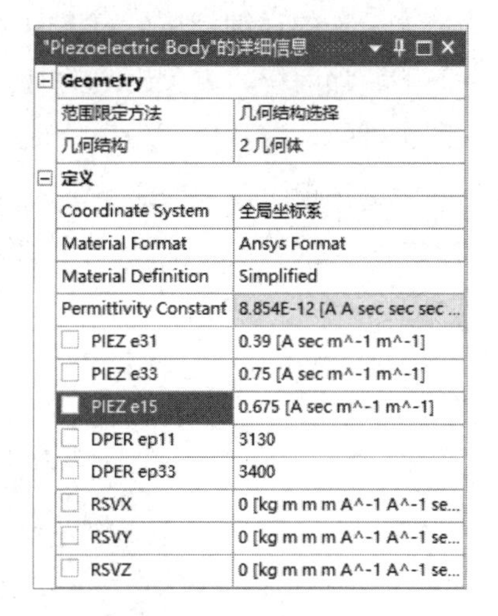

图 15-12　压电参数设置

在“几何结构”栏中确保图中的两个几何体全部被选中，并单击“应用”按钮。

在“定义”→“PIEZ e31”栏中输入“0.39”，单位保持默认设置即可。

在“定义”→“PIEZ e33”栏中输入“0.75”，单位保持默认设置即可。

在“定义”→“PIEZ e15”栏中输入“0.675”，单位保持默认设置即可。

在“定义”→“DPER ep11”栏中输入“3130”，单位保持默认设置即可。

在“定义”→“DPER ep33”栏中输入“3400”，单位保持默认设置即可。

15.3.7 施加载荷与约束

① 选择“轮廓”窗格中的“静态结构（B5）”命令，此时会出现如图 15-13 所示的“环境”选项卡。

② 选择“环境”选项卡中的“结构”→“固定的”命令，此时在“轮廓”窗格中会出现“固定支撑”命令，如图 15-14 所示。

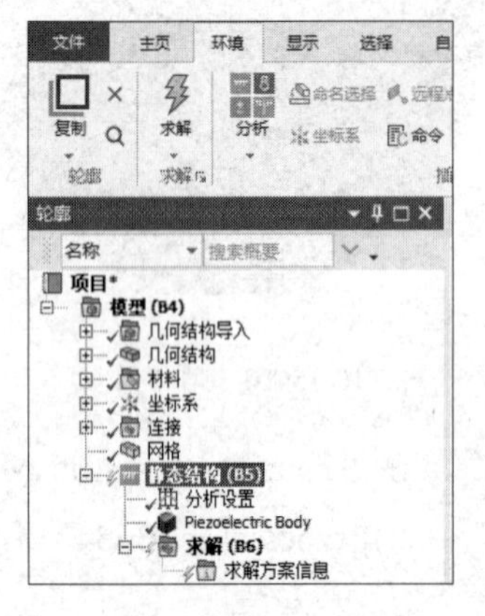

图 15-13 “环境”选项卡

图 15-14 添加“固定支撑”命令

③ 选择“轮廓”窗格中的“固定支撑”命令，并选择需要施加固定约束的面，在“‘固定支撑’的详细信息”窗格中单击“几何结构”栏的“应用”按钮，即可在选中的面上施加固定约束，如图 15-15 所示。

④ 同步骤②，选择“环境”选项卡中的“结构”→“压力”命令，此时在“轮廓”窗格中会出现“压力”命令，如图 15-16 所示。

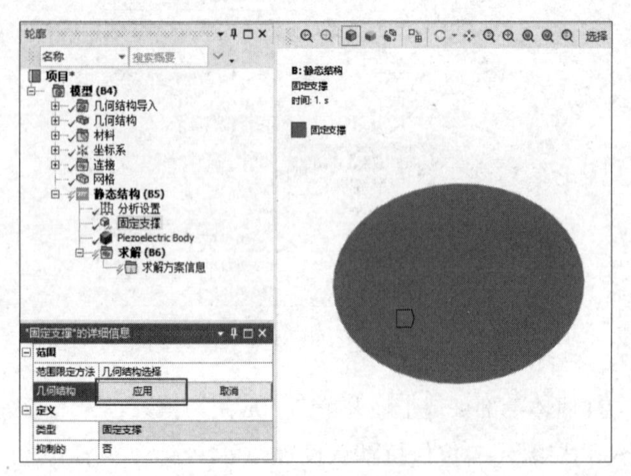

图 15-15 施加固定约束

图 15-16 添加“压力”命令

⑤ 如图 15-17 所示，选择“轮廓”窗格中的“压力”命令，在“‘压力’的详细信息”窗格中进行以下设置。

在“几何结构”栏中确保如图 15-17 所示的面被选中并单击“应用”按钮。

在“定义”→“大小”栏中输入“1.e+006 Pa”。

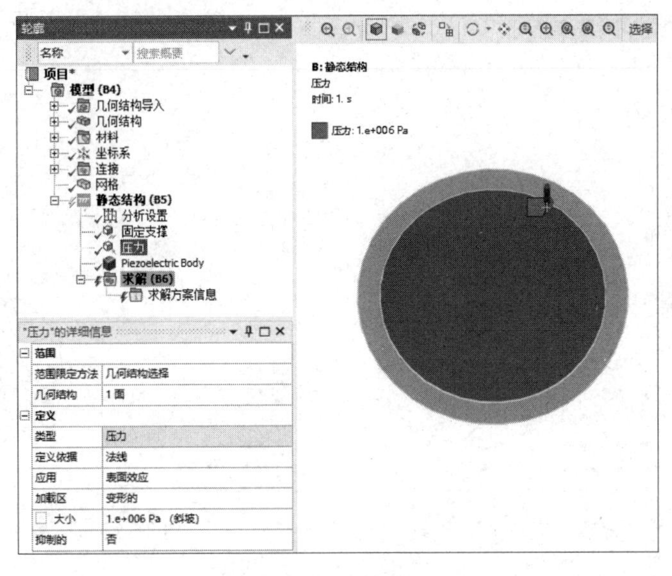

图 15-17　添加面载荷

⑥ 右击“轮廓”窗格中的“静态结构（B5）”命令，在弹出的快捷菜单中选择“求解”命令。

15.3.8　结果后处理

① 选择“轮廓”窗格中的“求解（B6）”命令，打开如图 15-18 所示的“Piezoelectric And MEMS”选项卡。

② 选择“Piezoelectric And MEMS”选项卡中的“Electric Results”→“Voltage”命令，此时在“轮廓”窗格中会出现“Voltage”命令，如图 15-19 所示。

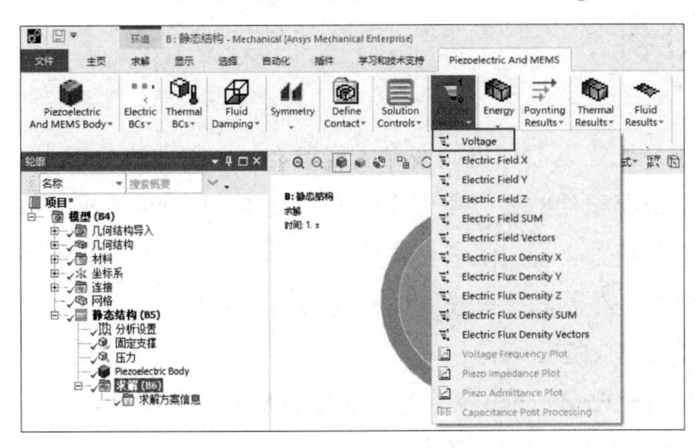

图 15-18　“Piezoelectric And MEMS”选项卡

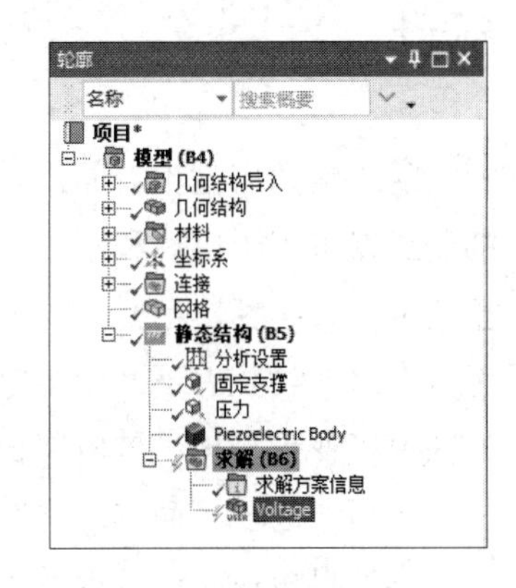

图 15-19　添加“Voltage”命令

③ 右击“轮廓”窗格中的“求解（B6）”命令，在弹出的快捷菜单中选择“评估所有结果”命令，如图 15-20 所示。

④ 选择“轮廓”窗格中的“求解（B6）”→“Voltage”命令，此时会出现如图 15-21 所示的电压分布云图。

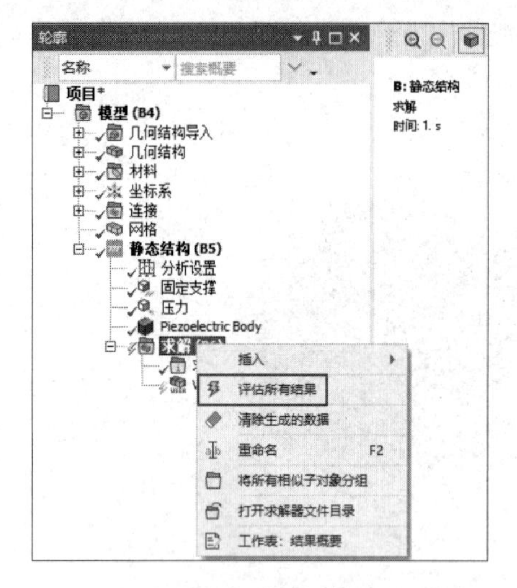

图 15-20　选择“评估所有结果”命令

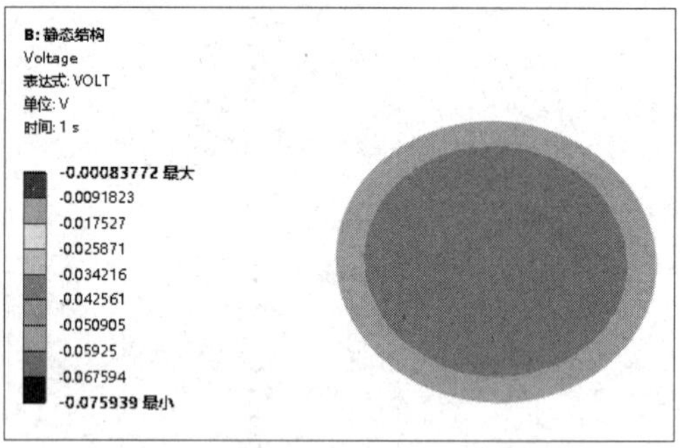

图 15-21　电压分布云图

从以上分析可以看出，作用在压电材料上的力将使压电材料两端产生电压差。

15.3.9　保存与退出

① 单击 Mechanical 平台界面右上角的“关闭”按钮，关闭 Mechanical 平台，返回 ANSYS Workbench 平台主界面。

② 在 ANSYS Workbench 平台主界面中单击工具栏中的“保存”按钮，设置“文件名”为“正压电.wbpj”，保存包含分析结果的文件。

③ 单击右上角的“关闭”按钮，关闭 ANSYS Workbench 平台，完成项目分析。

15.4　实例 2——逆压电分析

逆压电效应是指对晶体施加交变电场而引发晶体机械变形的现象。使用逆压电效应制造的变送器可用于电声和超声工程。压电敏感元件的受力变形有厚度变形型、长度变形型、体积变形型、厚度切变型、平面切变型 5 种基本类型。压电晶体是各向异性的，并非所有晶体都能在这 5 种状态下产生压电效应。例如，石英晶体就没有体积变形型压电效应，但具有良好的厚度变形型压电效应和长度变形型压电效应。

下面通过一个简单的实例讲解 ANSYS Workbench 平台的逆压电分析的一般步骤。

学习目标：熟练掌握逆压电分析的建模方法及求解过程。

模型文件	配套资源\Chapter15\char15-2\pzt si.x_t
结果文件	配套资源\Chapter15\char15-2\逆压电.wbpj

15.4.1　问题描述

图 15-22 所示为装配结构组成的压电材料，其上端面受到 1V 的电压作用，下端面接地（即电压为 0V），试分析其变形及应力分布情况。

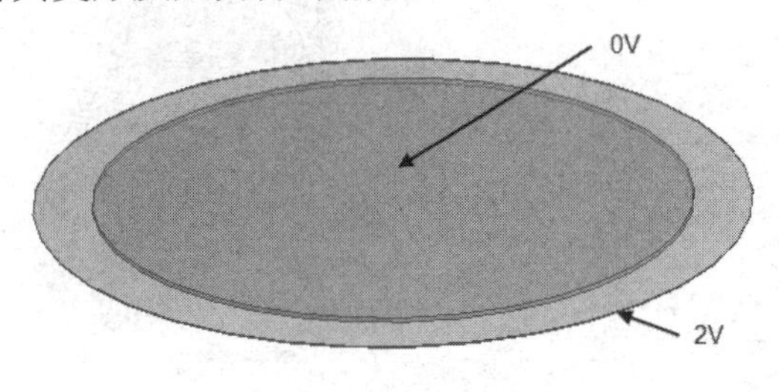

图 15-22　压电材料

15.4.2　创建分析项目

① 在 Windows 系统下启动 ANSYS Workbench 平台，进入主界面。

② 双击主界面“工具箱”窗格中的“组件系统”→“几何结构”命令，即可在“项目原理图”窗格中创建分析项目 A，如图 15-23 所示。

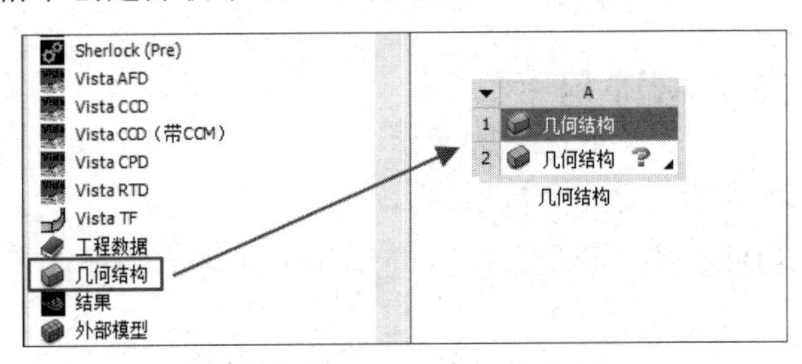

图 15-23　创建分析项目 A

15.4.3　导入几何体

① 右击项目 A 中 A2 栏的“几何结构”，在弹出的快捷菜单中选择“导入几何模型”→“浏览”命令。

② 在弹出的“打开”对话框中选择文件，导入几何体文件“pzt si.x_t”，此时 A2 栏的“几何结构”后的 ? 图标变为 ✓ 图标，表示实体模型已经存在。

③ 双击项目 A 中 A2 栏的“几何结构”，进入 DesignModeler 平台界面。选择菜单栏中的“单位”→“毫米”命令，设置长度单位为“mm”，此时“树轮廓”窗格中的“导入 1”命令前会显示⚡图标，表示需要生成几何体，同时“图形”窗格中没有图形显示。

④ 单击常用命令栏中的 ⚡生成 按钮，即可显示生成的几何体，如图 15-24 所示，此时可

以在几何体上进行其他操作，本实例无须进行操作。

⑤ 单击 DesignModeler 平台界面右上角的“关闭”按钮，关闭 DesignModeler 平台，返回 ANSYS Workbench 平台主界面。

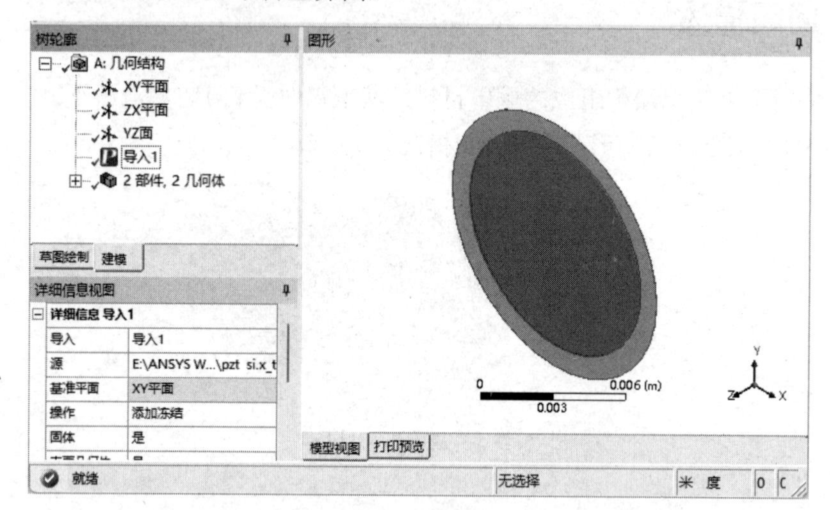

图 15-24　生成几何体后的 DesignModeler 平台界面

15.4.4　添加材料库

由于压电分析中不需要设置材料属性，因此材料保持默认设置即可。

15.4.5　创建静态分析项目

① 创建如图 15-25 所示的静态分析项目 B。

② 双击项目 B 中 B4 栏的“模型”，进入 Mechanical 平台界面。

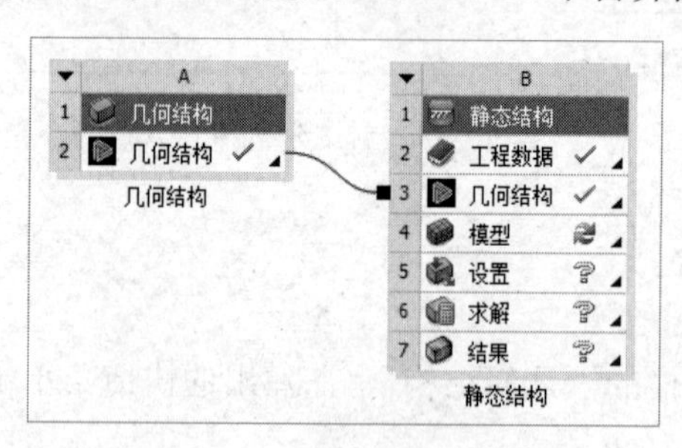

图 15-25　创建静态分析项目 B

15.4.6　网格与属性

① 右击“轮廓”窗格中的“网格”命令，在弹出的快捷菜单中选择“生成网格”命令，如图 15-26 所示，最终的网格效果如图 15-27 所示。

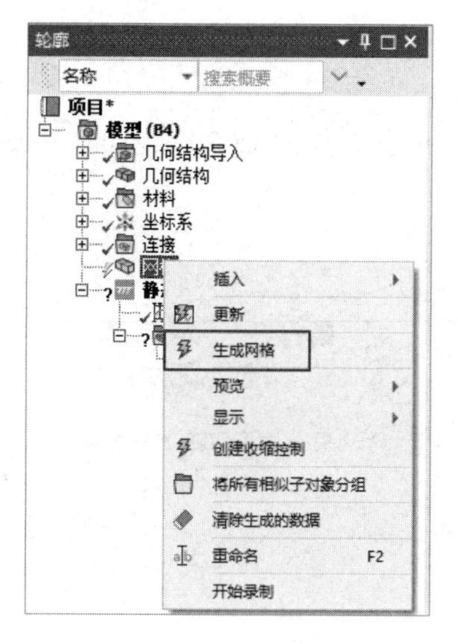

图 15-26　选择“生成网格”命令

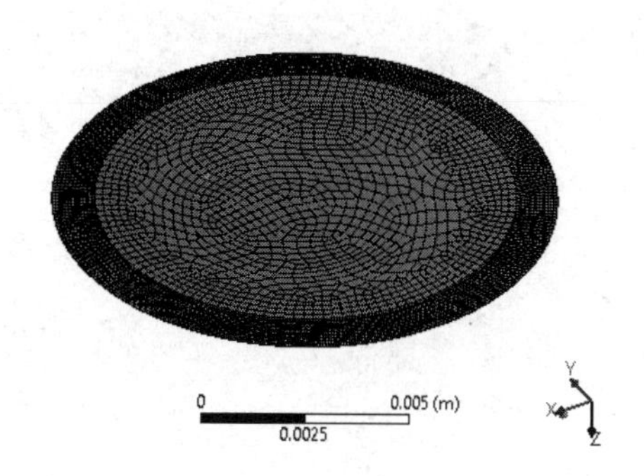

图 15-27　网格效果

② 选择“轮廓”窗格中的“静态结构（B5）”命令，在“Piezoelectric And MEMS”选项卡中选择“Piezoelectric And MEMS Body”→“Piezoelectric Body”命令，添加“Piezoelectric Body”命令，如图 15-28 所示。

③ 选择“轮廓”窗格中的“静态结构（B5）”→“Piezoelectric Body”命令，在下面的“‘Piezoelectric Body’的详细信息”窗格中进行如图 15-29 所示的设置。

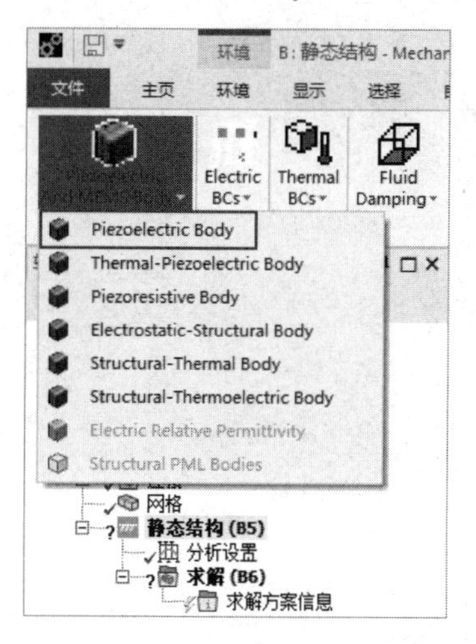

图 15-28　添加“Piezoelectric Body”命令

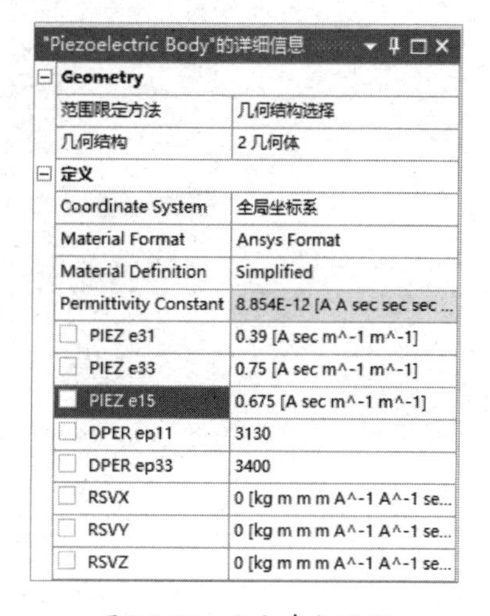

图 15-29　压电参数设置

在“几何结构”栏中确保图中的两个几何体全部被选中，并单击“应用”按钮。

在“定义”→“PIEZ e31”栏中输入“0.39”，单位保持默认设置即可。

在“定义”→“PIEZ e33”栏中输入“0.75”，单位保持默认设置即可。

在“定义”→“PIEZ e15”栏中输入“0.675”，单位保持默认设置即可。

在“定义”→“DPER ep11”栏中输入“3130”，单位保持默认设置即可。

在“定义”→“DPER ep33”栏中输入“3400”，单位保持默认设置即可。

15.4.7 施加载荷与约束

① 选择“轮廓”窗格中的“静态结构（B5）”命令，打开如图 15-30 所示的“Piezoelectric And MEMS”选项卡。

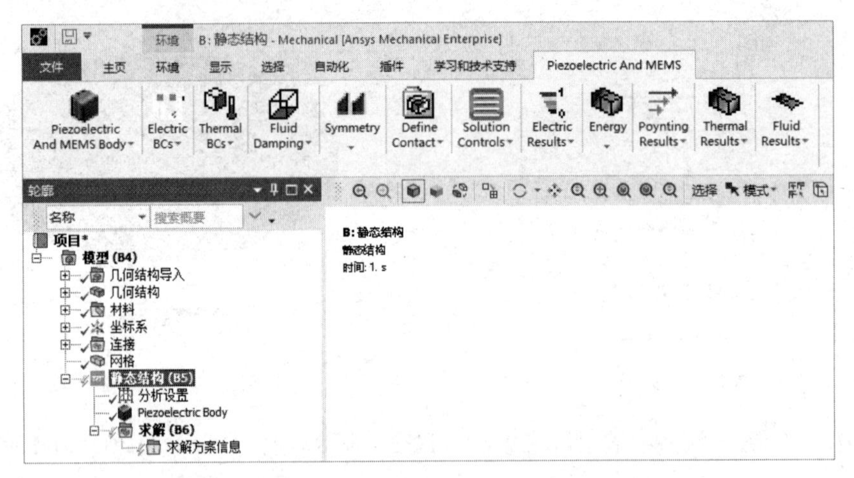

图 15-30 “Piezoelectric And MEMS”选项卡

② 选择“Piezoelectric And MEMS”选项卡中的“Electric BCs”→“Voltage”命令，此时在“轮廓”窗格中会出现“Voltage”命令，如图 15-31 所示。

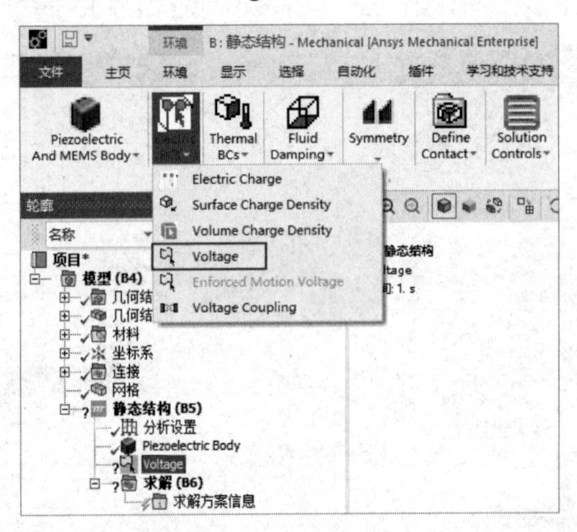

图 15-31 添加“Voltage”命令

③ 选择“轮廓”窗格中的“Voltage”命令，并选择需要施加电压约束的面，在“‘Voltage’的详细信息”窗格中单击“几何结构”栏的“应用”按钮，即可在选中的面上施加电压约束，如图 15-32 所示。施加的电压为 2V。

④ 同步骤②，选择“Piezoelectric And MEMS”选项卡中的“Electric BCs”→“Voltage”命令，此时在“轮廓”窗格中会出现“Voltage 2”命令。之后参照步骤③在选中的面上施加电压约束，如图 15-33 所示。施加的电压为 0V。

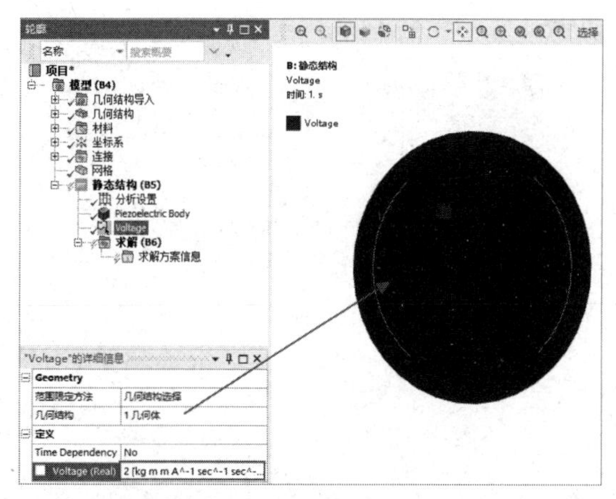

图 15-32　施加电压约束（1）

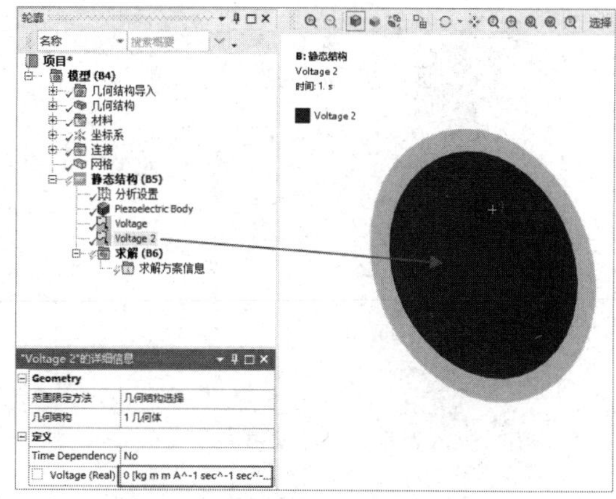

图 15-33　施加电压约束（2）

⑤ 右击“轮廓”窗格中的“静态结构（B5）”命令，在弹出的快捷菜单中选择“求解”命令。

15.4.8　结果后处理

① 选择“轮廓”窗格中的“求解（B6）”命令，此时会出现如图 15-34 所示的“求解”选项卡。

② 选择“求解”选项卡中的“结果”→“应力”→“等效（Von-Mises）”命令，此时在“轮廓”窗格中会出现“等效应力”命令，如图 15-35 所示。

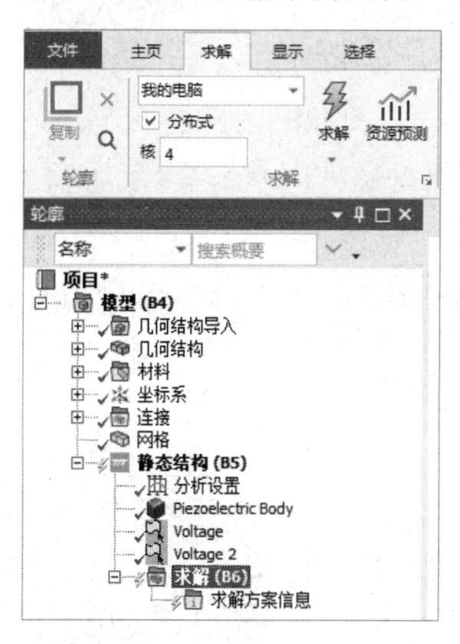

图 15-34　“求解”选项卡

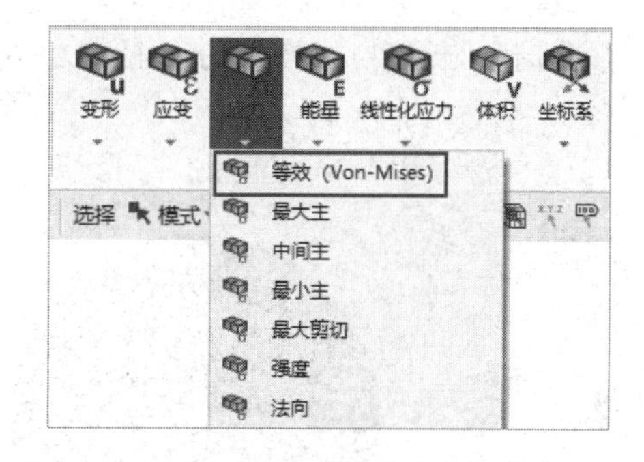

图 15-35　添加“等效应力”命令

③ 同步骤②，选择“求解”选项卡中的“结果”→“应变”→“等效（Von-Mises）”命令，此时在“轮廓”窗格中会出现“等效弹性应变”命令，如图 15-36 所示。

④ 同步骤②，选择“求解”选项卡中的“结果”→“变形”→“总计”命令，此时在“轮廓”窗格中会出现“总变形”命令，如图 15-37 所示。

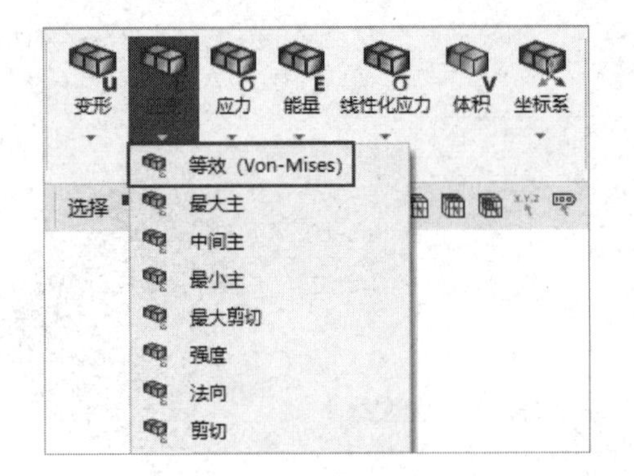

图 15-36　添加“等效弹性应变”命令

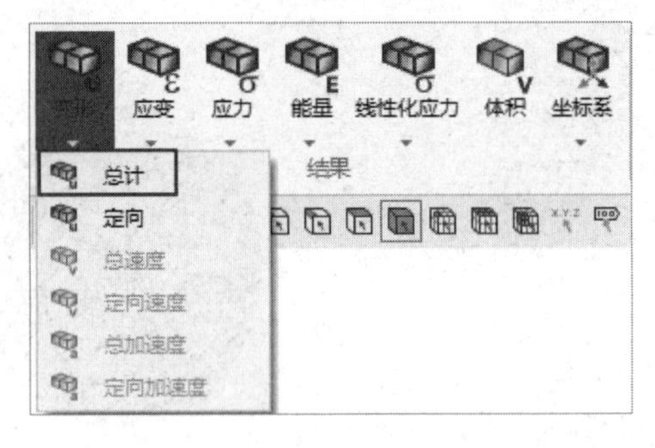

图 15-37　添加“总变形”命令

⑤ 右击“轮廓”窗格中的“求解（B6）”命令，在弹出的快捷菜单中选择“求解”命令，如图 15-38 所示。

⑥ 选择“轮廓”窗格中的“求解（B6）”→“等效应力”命令，此时会出现如图 15-39 所示的应力分析云图。

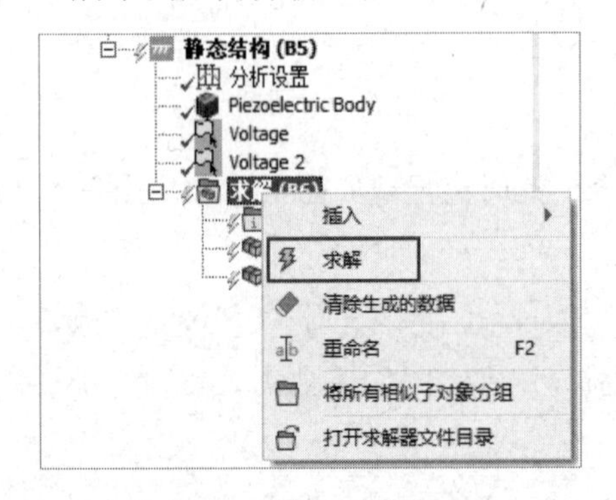

图 15-38　选择“求解”命令

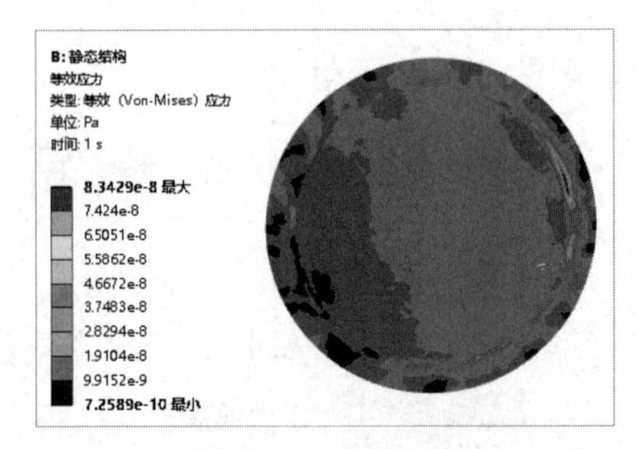

图 15-39　应力分析云图

⑦ 选择“轮廓”窗格中的“求解（B6）”→“等效弹性应变”命令，此时会出现如图 15-40 所示的应变分析云图。

⑧ 选择“轮廓”窗格中的“求解（B6）”→“总变形”命令，此时会出现如图 15-41 所示的总变形分析云图。

图 15-40　应变分析云图

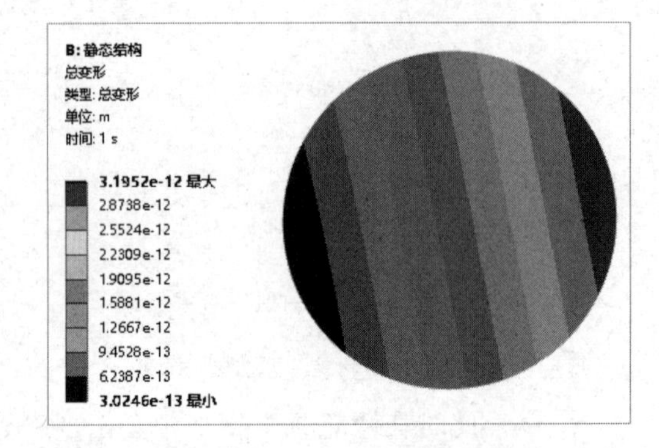

图 15-41　总变形分析云图

从以上分析可以看出，作用在压电材料上的电压将使压电材料产生变形。

15.4.9　保存与退出

① 单击 Mechanical 平台界面右上角的“关闭”按钮，关闭 Mechanical 平台，返回 ANSYS Workbench 平台主界面。

② 在 ANSYS Workbench 平台主界面中单击工具栏中的“保存”按钮，设置“文件名”为“逆压电.wbpj”，保存包含分析结果的文件。

③ 单击右上角的“关闭”按钮，关闭 ANSYS Workbench 平台，完成项目分析。

15.5　本章小结

本章通过两个简单的实例，分别介绍了正压电、逆压电的建模方法及求解过程。由于篇幅限制，本章并未对压电材料理论进行过多的讲解。如果读者想深入学习，请参考相关书籍进行学习。

第 4 篇

第 16 章 稳态热力学分析

本章内容

热传递是物理场中常见的一种现象。在工程项目分析中，热传递包括热传导、热对流和热辐射 3 种基本方式。热力学分析在工程项目应用中至关重要，比如，在高温作用下的压力容器，如果温度过高，则会导致内部气体膨胀，使该压力容器爆裂；在刹车制动时瞬间产生大量热，容易使刹车片产生热应力等。本章主要介绍 ANSYS Workbench 平台的稳态热力学分析模块，讲解稳态热力学分析的计算过程。

学习要求

知 识 点	学 习 目 标			
	了解	理解	应用	实践
稳态热力学分析的基本知识	√			
稳态热力学分析的计算过程			√	√

16.1　稳态热力学分析概述

在石油、化工、动力、核能等许多重要的部门中，在变温条件下工作的结构和部件通常都存在温度应力问题。

在正常情况下存在稳态的温度应力，在启动或关闭过程中还会产生随时间变化的瞬态温度应力。这些应力已经占有相当大的比重，甚至可以成为设计和运行过程中的控制应力。要计算稳态或瞬态应力，首先需要计算稳态或瞬态温度场。

16.1.1　热力学分析目的

热力学分析的目的是计算模型内的温度分布及热梯度、热流密度等物理量。热载荷包括热源、热对流、热辐射、热流量、外部温度场等。

16.1.2　稳态热力学分析方程

ANSYS Workbench 平台可以进行两种热力学分析，即稳态热力学分析和瞬态热力学分析。稳态热力学分析的一般方程为

$$\boldsymbol{KT}=\boldsymbol{Q} \tag{16-1}$$

式中，$\boldsymbol{K}$ 是传导矩阵，包括热系数、对流系数、辐射系数和形状系数；$\boldsymbol{T}$ 是节点温度向量；$\boldsymbol{Q}$ 是节点热流向量，包含热生成。

16.1.3　基本热传递方式

基本热传递方式有：热传导、热对流及热辐射。

1. 热传导

当物体内部存在温差时，热量从高温部分传递到低温部分；当不同温度的物体接触时，热量从高温物体传递到低温物体。这种热传递方式称为热传导。

热传导遵循傅里叶定律，即

$$q''=-k\frac{\mathrm{d}T}{\mathrm{d}x} \tag{16-2}$$

式中，q'' 是热流密度，其单位为 $\mathrm{W/m^2}$；k 是导热系数，其单位为 $\mathrm{W/(m\cdot {}^\circ C)}$。

2. 热对流

热对流是指温度不同的各个部分之间发生相对运动而引起热传递的方式。高温物体表面附近的空气因受热膨胀，使密度降低而向上流动，同时密度较大的冷空气会向下流动替代原

来的受热空气，从而引发对流现象。热对流分为自然对流和强迫对流两种。

热对流满足牛顿冷却方程，即

$$q'' = h(T_s - T_b) \tag{16-3}$$

式中，h 是对流换热系数（或称膜系数）；T_s 是固体表面温度；T_b 是周围流体温度。

3．热辐射

热辐射是指物体发射电磁能，并被其他物体吸收转变为热能的热传递方式。与热传导和热对流不同，热辐射不需要任何传热介质。

实际上，真空的热辐射效率最高。同一物体在温度不同时的热辐射能力不同，温度相同的不同物体的热辐射能力也不一定相同。在同一温度下，黑体的热辐射能力最强。

在工程项目中通常考虑两个或两个以上物体之间的辐射，系统中的每个物体都会同时辐射并吸收热量。它们之间的净热量传递可用斯蒂芬波尔兹曼方程来计算，即

$$q = \varepsilon\sigma A_1 F_{12}(T_1^4 - T_2^4) \tag{16-4}$$

式中，q 为热流率；ε为辐射率（黑度）；σ为黑体辐射常数，$\sigma \approx 5.67\times10^{-8}\,\mathrm{W/(m^2\cdot K^4)}$；$A_1$ 为辐射面 1 的面积；F_{12} 为从辐射面 1 到辐射面 2 的形状系数；T_1 为辐射面 1 的绝对温度；T_2 为辐射面 2 的绝对温度。

从热辐射的方程可知，如果分析中包含热辐射，则该分析为高度非线性的。

16.2 实例 1——热传导分析

本节主要介绍 ANSYS Workbench 平台的稳态热力学分析模块，计算实体模型的稳态温度分布及热流密度。

学习目标：熟练掌握 ANSYS Workbench 建模方法，以及稳态热力学分析的方法及过程。

模型文件	配套资源\Chapter16\char16-1\model.agdb
结果文件	配套资源\Chapter16\char16-1\Conductor.wbpj

16.2.1 问题描述

图 16-1 所示为某圆柱体模型，该模型的一个端面的温度是 500℃，另一个端面的温度是 22℃，请使用 ANSYS Workbench 平台的稳态热力学分析模块分析其内部的温度场分布情况。

16.2.2 创建分析项目 A

① 在 Windows 系统下启动 ANSYS Workbench 平台，进入主界面。

② 双击主界面“工具箱”窗格中的“组件系统”→“几何结构”命令，即可在“项目原理图”窗格中创建分析项目 A，如图 16-2 所示。

图 16-1　圆柱体模型

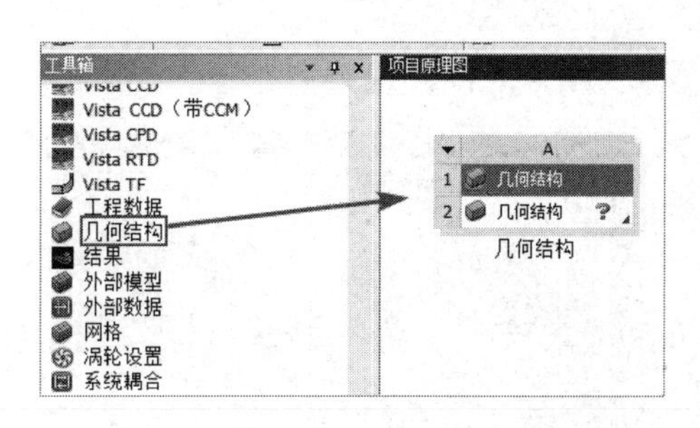

图 16-2　创建分析项目 A

16.2.3　导入几何体

① 右击项目 A 中 A2 栏的“几何结构”，在弹出的快捷菜单中选择“导入几何模型”→“浏览”命令，如图 16-3 所示。

② 在弹出的“打开”对话框中选择文件，导入几何体文件“model.agdb”，此时 A2 栏的“几何结构”后的 ? 图标变为 ✓ 图标，表示实体模型已经存在。

③ 双击项目 A 中 A2 栏的“几何结构”，进入 DesignModeler 平台界面，显示几何体如图 16-4 所示。

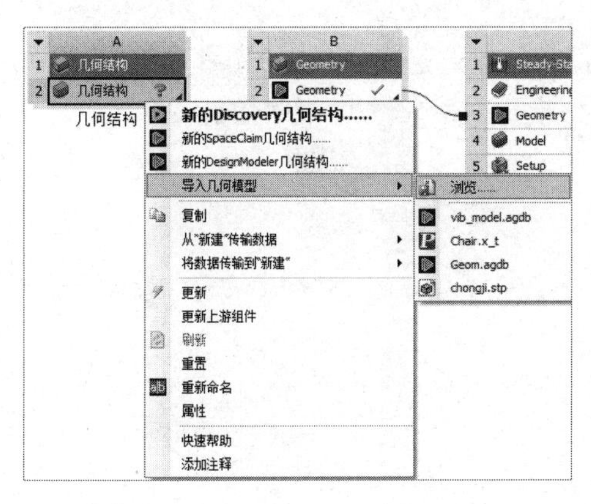

图 16-3　选择“浏览”命令

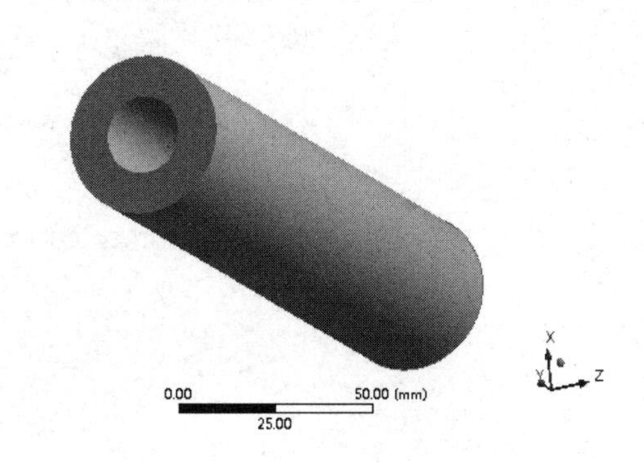

图 16-4　几何体

④ 单击工具栏中的“保存”按钮，在弹出的“另存为”对话框的“文件名”文本框中输入“Conductor.wbpj”，并单击“保存”按钮。

⑤ 返回 DesignModeler 平台界面，单击右上角的“关闭”按钮，关闭 DesignModeler 平台，返回 ANSYS Workbench 平台主界面。

16.2.4　创建分析项目 B

① 如图 16-5 所示，选择主界面“工具箱”窗格中的“分析系统”→“稳态热”命令，并将其直接拖曳到项目 A 中 A2 栏的“几何结构”中。

② 如图 16-6 所示，此时会出现项目 B，同时在项目 A 中 A2 栏的“几何结构”与项目 B 中 B3 栏的“几何结构”之间出现一条蓝色的连接线，说明几何数据在项目 A 与项

目 B 之间实现共享。

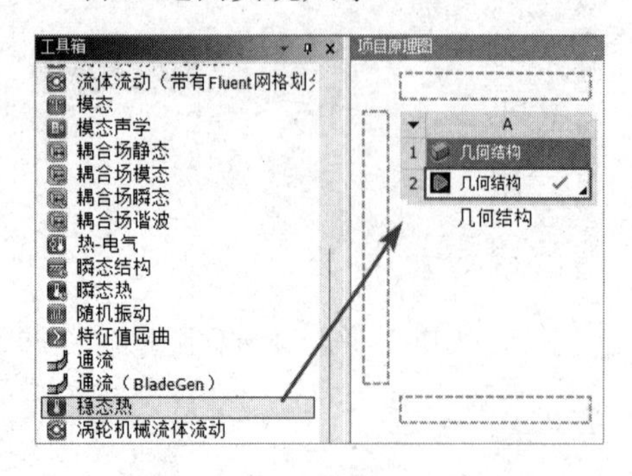

图 16-5　拖曳“稳态热”命令

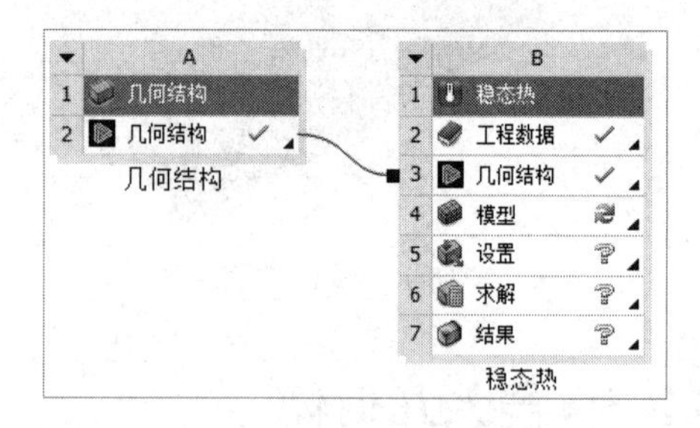

图 16-6　几何数据共享

16.2.5　添加材料库

① 双击项目 B 中 B2 栏的“工程数据”，进入如图 16-7 所示的材料参数设置界面，在该界面中可以进行材料参数设置。

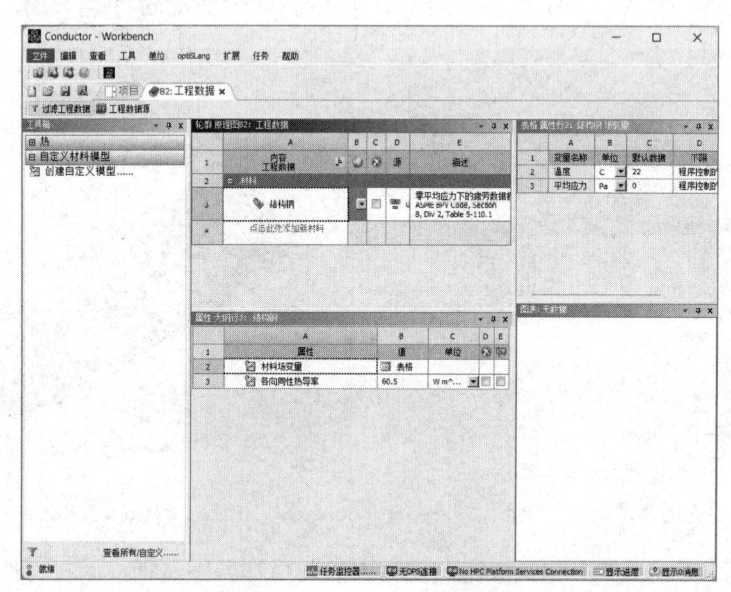

图 16-7　材料参数设置界面

② 如图 16-8 所示，在“轮廓 原理图 B2：工程数据”表的 A4 栏中输入新材料名称“新材料”，此时新材料名称前会出现一个 ? 图标，表示需要对新材料添加属性。

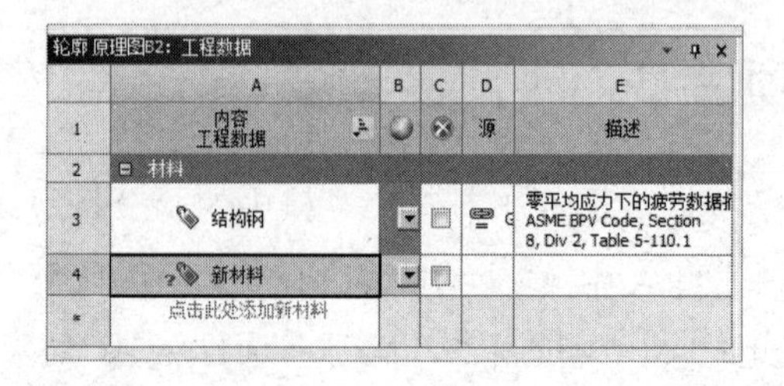

图 16-8　材料参数设置

③ 如图 16-9 所示，选择主界面“工具箱”窗格中的“热”→“各向同性热导率”命令，并将其直接拖曳到“属性 大纲行 4：新材料”表的 A3 栏中，此时各向同性热导率会被添加到新材料属性中。

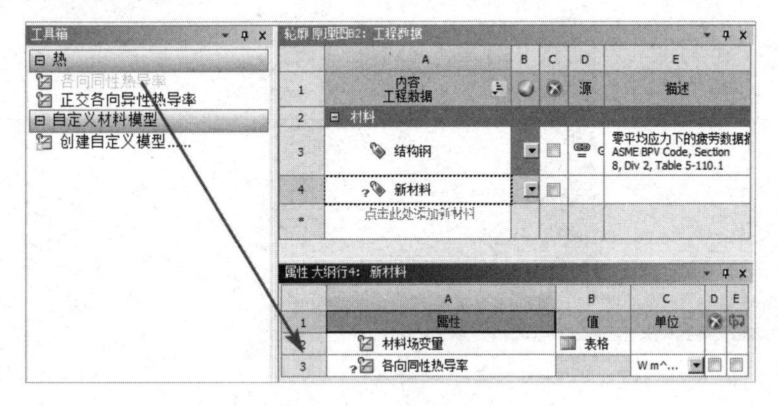

图 16-9　添加材料属性（1）

④ 在“属性 大纲行 4：新材料”表 A3 栏的“各向同性热导率”后的 B3 栏中输入“60.5”，并使用默认单位，如图 16-10 所示，完成材料属性的添加。

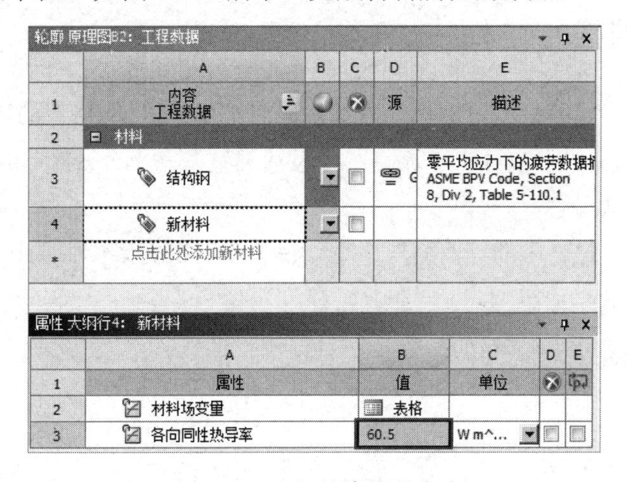

图 16-10　添加材料属性（2）

⑤ 单击工具栏中的 项目 按钮，返回 ANSYS Workbench 平台主界面，完成材料库的添加。

16.2.6　添加模型材料属性

① 双击项目 B 中 B4 栏的“模型”，进入如图 16-11 所示的 Mechanical 平台界面，在该界面中可以进行网格的划分、分析设置、结果观察等操作。

② 选择 Mechanical 平台界面左侧“轮廓”窗格中的“几何结构”→“Solid”命令，此时可以在“‘Solid’的详细信息”窗格中修改材料属性，如图 16-12 所示。

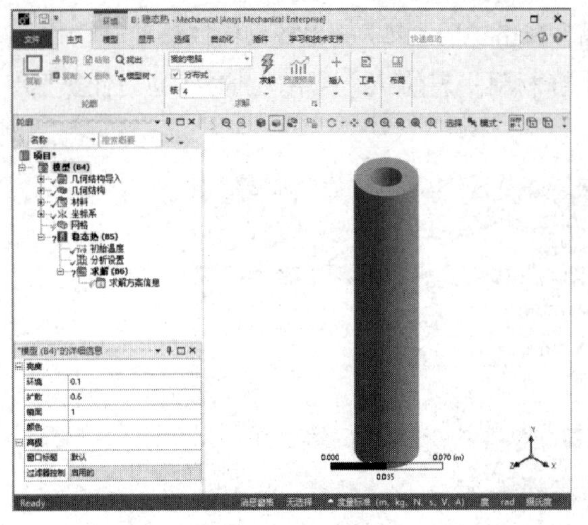

图 16-11 Mechanical 平台界面

图 16-12 修改材料属性

③ 单击“材料”→“任务”栏后的▸按钮，此时会出现刚刚设置的“新材料”材料，选择该选项即可将其添加到模型中，其余选项保持默认设置即可。

16.2.7 划分网格

① 选择“轮廓”窗格中的“网格”命令，此时可以在“‘网格’的详细信息”窗格中修改网格参数，如图 16-13 所示，在“尺寸调整”→“分辨率”栏中输入“6”，其余选项保持默认设置。

② 右击“轮廓”窗格中的“网格”命令，在弹出的快捷菜单中选择“生成网格”命令，最终的网格效果如图 16-14 所示。

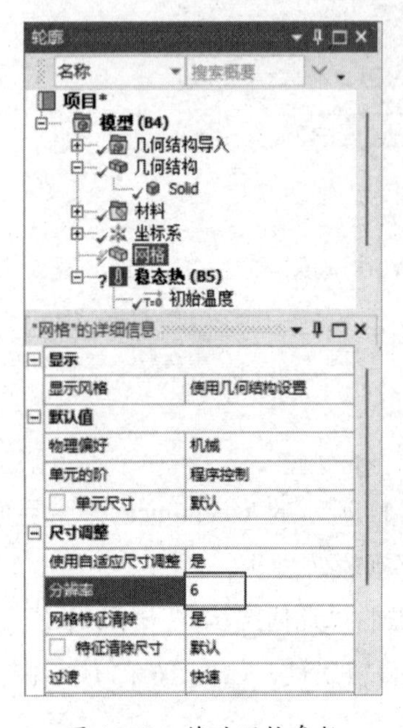

图 16-13 修改网格参数

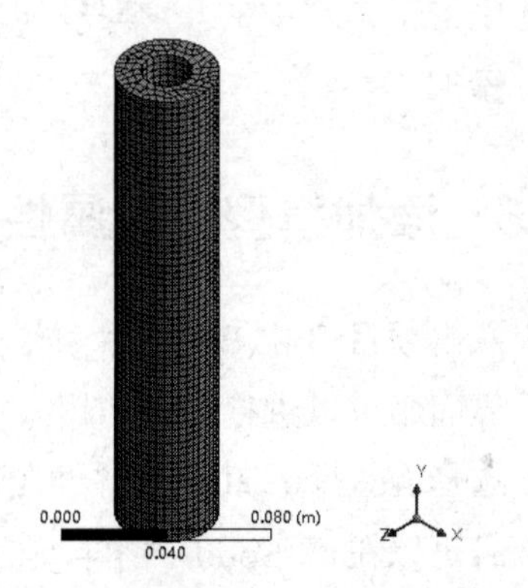

图 16-14 网格效果

16.2.8　施加载荷与约束

① 选择“轮廓”窗格中的“稳态热（B5）”命令，此时会出现如图 16-15 所示的“环境”选项卡。

② 选择“环境”选项卡中的“热”→“温度”命令，此时在“轮廓”窗格中会出现“温度”命令，如图 16-16 所示。

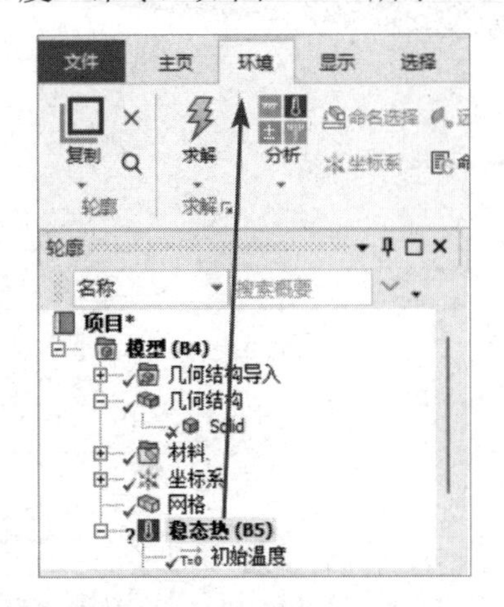

图 16-15　“环境”选项卡

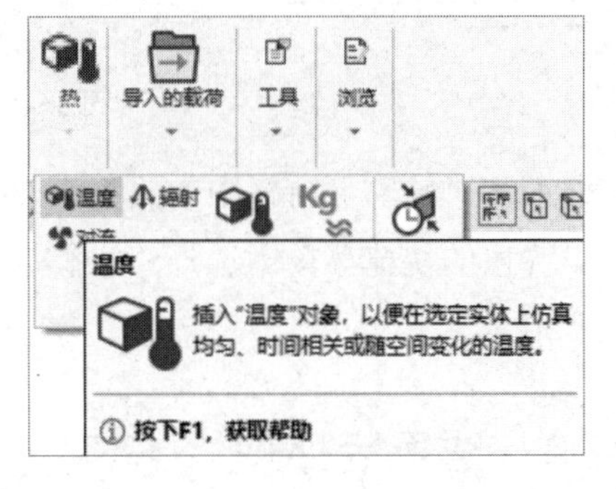

图 16-16　添加“温度”命令

③ 如图 16-17 所示，选择“轮廓”窗格中的“温度”命令，并选择模型底面，在“‘温度’的详细信息”窗格中单击“几何结构”栏的“应用”按钮，在“定义”→“大小”栏中输入“400℃”，完成一个热载荷的添加。

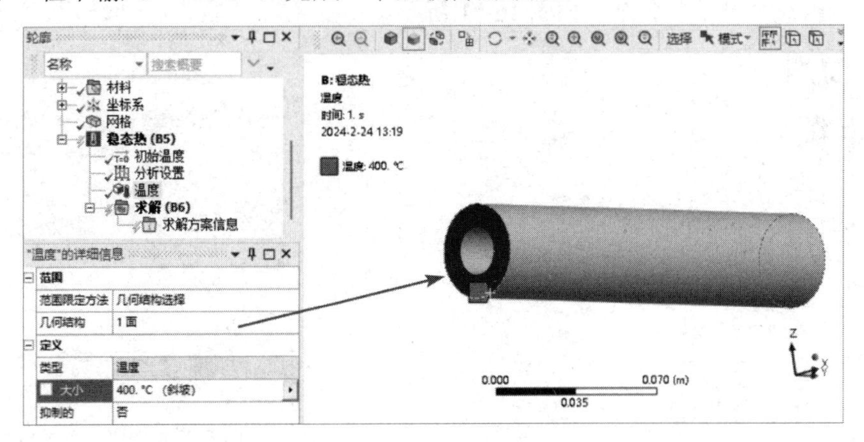

图 16-17　添加热载荷（1）

④ 如图 16-18 所示，选择“轮廓”窗格中的“温度 2”命令，并选择模型底面，在“‘温度 2’的详细信息”窗格中单击“几何结构”栏的“应用”按钮，在“定义”→“大小”栏中输入“22℃”，完成另一个热载荷的添加。

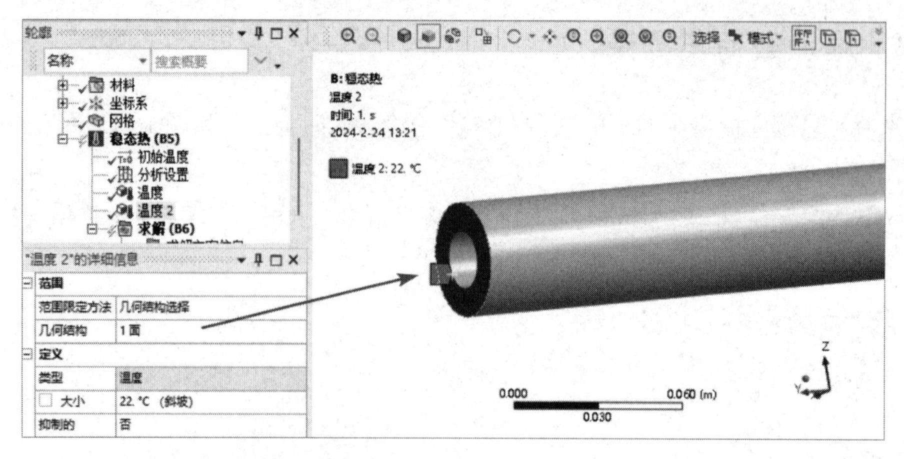

图 16-18　添加热载荷（2）

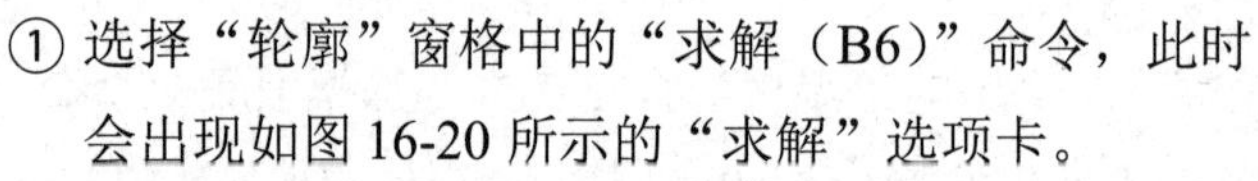

⑤ 右击“轮廓”窗格中的“稳态热（B5）”命令，在弹出的快捷菜单中选择“求解”命令，如图 16-19 所示。

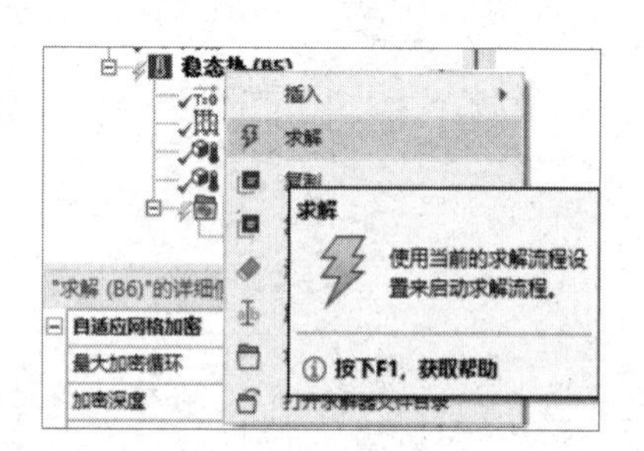

图 16-19　选择“求解”命令

16.2.9　结果后处理

① 选择“轮廓”窗格中的“求解（B6）”命令，此时会出现如图 16-20 所示的“求解”选项卡。

② 选择“求解”选项卡中的“结果”→“热”→“温度”命令，此时在“轮廓”窗格中会出现“温度”命令，如图 16-21 所示。

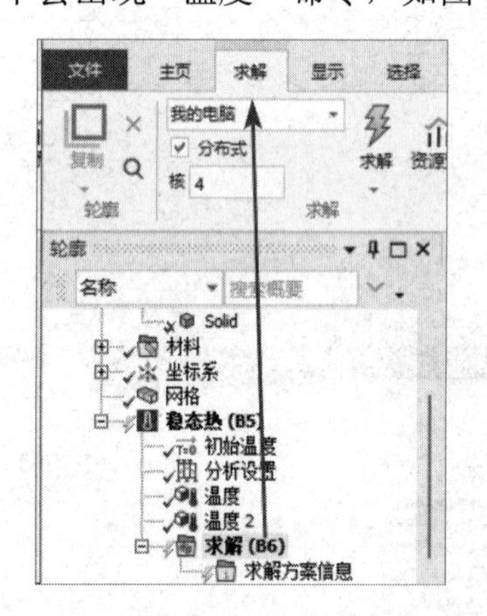

图 16-20　“求解”选项卡

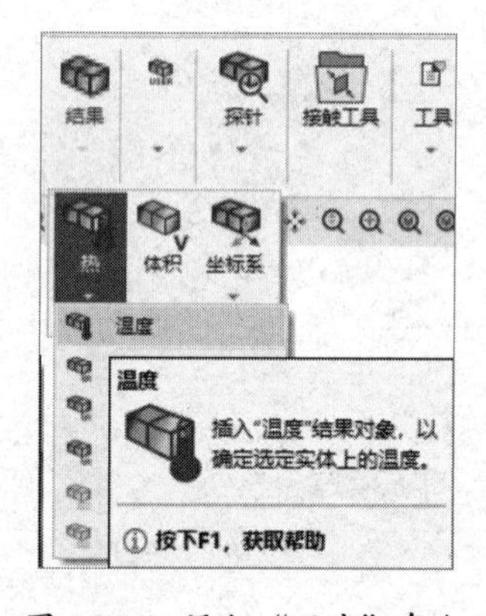

图 16-21　添加“温度”命令

③ 右击“轮廓”窗格中的“求解（B6）”命令，在弹出的快捷菜单中选择“评估所有结果”命令，如图 16-22 所示。此时会弹出进度栏，表示正在计算，当计算完成后，进度栏会自动消失。

④ 选择“轮廓”窗格中的“求解（B6）”→“温度”命令，显示温度分布云图，如图 16-23 所示。

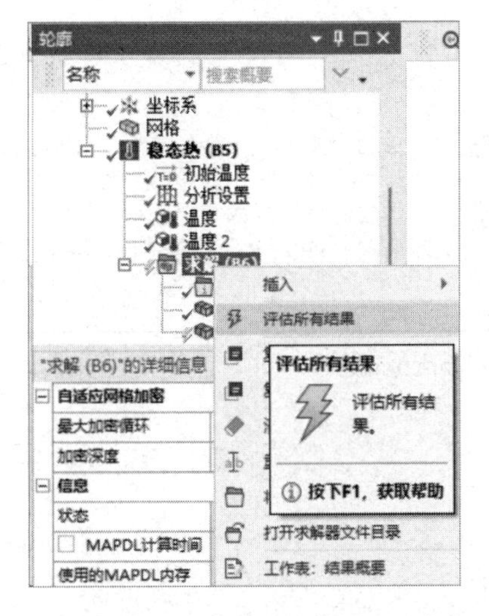

图 16-22　选择“评估所有结果”命令

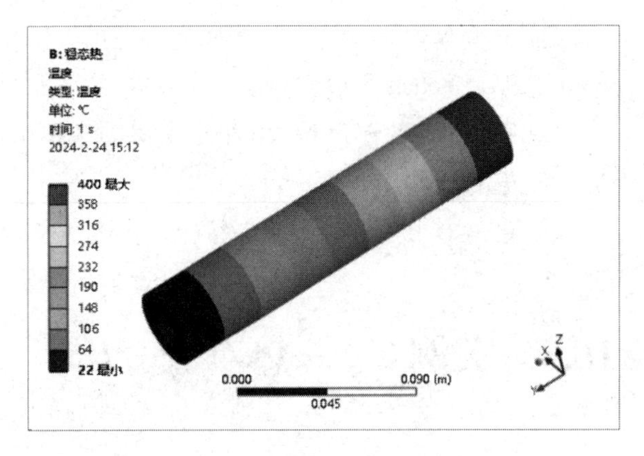

图 16-23　温度分布云图

⑤ 使用同样的操作方法查看热流量云图，如图 16-24 所示。

⑥ 在绘图窗格中单击 *Y* 轴，使图形的 *Y* 轴垂直于绘图平面，如图 16-25 所示。

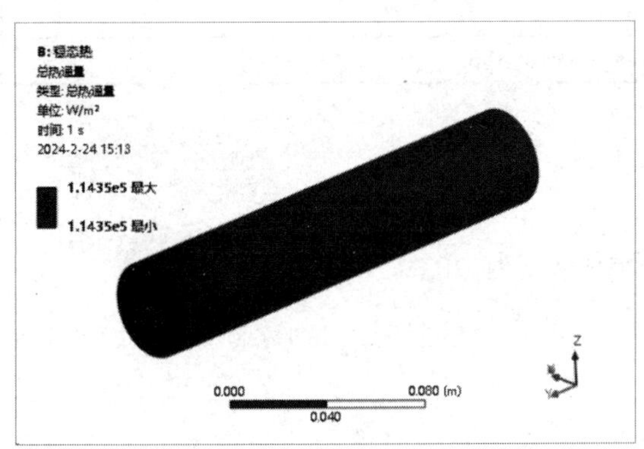

图 16-24　热流量云图

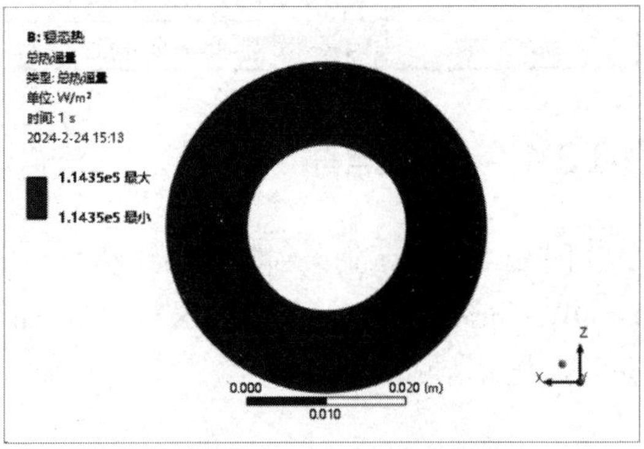

图 16-25　绘图窗格

⑦ 单击工具栏中的按钮，在绘图窗格中从右侧向左侧绘制一条直线，即剖面线，如图 16-26 所示。

⑧ 旋转视图，可以看到温度场在圆柱体内部的分布情况，如图 16-27 所示。

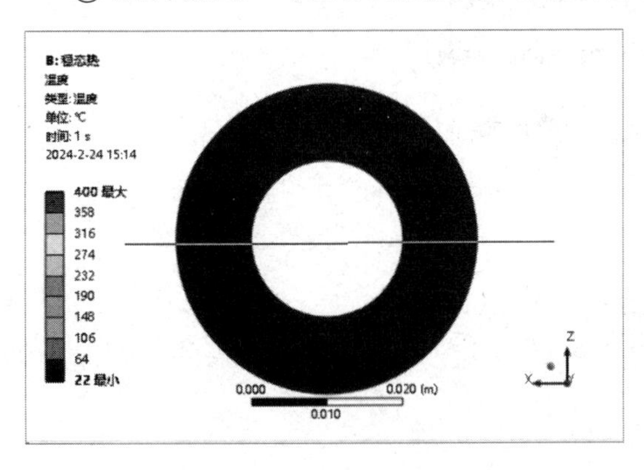

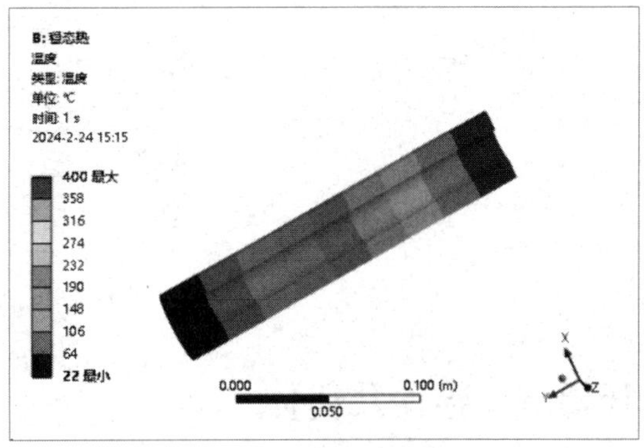

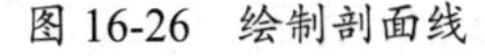

图 16-26　绘制剖面线

图 16-27　温度场在圆柱体内部的分布情况

16.2.10 保存与退出

① 单击 Mechanical 平台界面右上角的“关闭”按钮，关闭 Mechanical 平台，返回 ANSYS Workbench 平台主界面。

② 在 ANSYS Workbench 平台主界面中单击工具栏中的“保存”按钮，保存包含分析结果的文件。

③ 单击右上角的“关闭”按钮，关闭 ANSYS Workbench 平台，完成项目分析。

16.3 实例 2——热对流分析

本节主要介绍 ANSYS Workbench 平台的稳态热力学分析模块，计算实体模型的稳态温度分布及热流密度。

学习目标：熟练掌握 ANSYS Workbench 建模方法，以及稳态热力学分析的方法及过程。

模型文件	配套资源\Chapter16\char16-2\sanrepian.x_t
结果文件	配套资源\Chapter16\char16-2\sanrepian_Thermal.wbpj

16.3.1 问题描述

图 16-28 所示为某铝制散热片模型，其周围温度为 20℃，h=40W/（m^2·K），请使用 ANSYS Workbench 平台分析温度沿着散热片的分布情况。

图 16-28 铝制散热片模型

16.3.2 创建分析项目 A

① 在 Windows 系统下启动 ANSYS Workbench 平台，进入主界面。

② 双击主界面“工具箱”窗格中的“组件系统”→“几何结构”命令，即可在“项目原理图”窗格中创建分析项目 A，如图 16-29 所示。

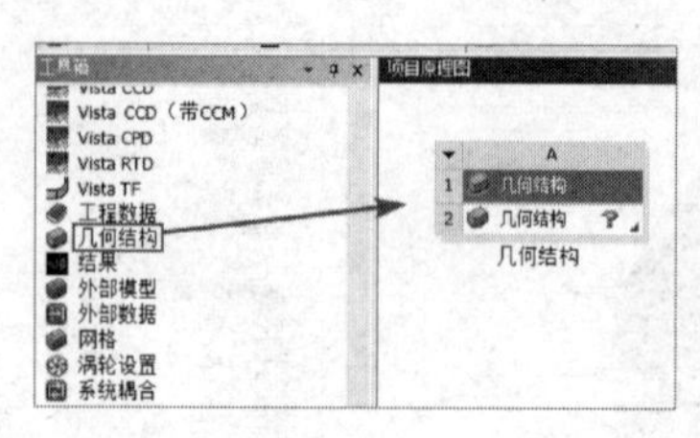

图 16-29 创建分析项目 A

16.3.3 导入几何体

① 右击项目 A 中 A2 栏的“几何结构”，在弹出的快捷菜单中选择“导入几何模型”→

“浏览”命令。

② 在弹出的“打开”对话框中选择文件，导入几何体文件“sanrepian.x_t”，此时 A2 栏的“几何结构”后的 ? 图标变为✓图标，表示实体模型已经存在。

③ 双击项目 A 中 A2 栏的“几何结构”，进入 DesignModeler 平台界面。选择菜单栏中的“单位”→“米”命令，设置长度单位为“m”，之后单击常用命令栏中的 生成 按钮，生成几何体，如图 16-30 所示。

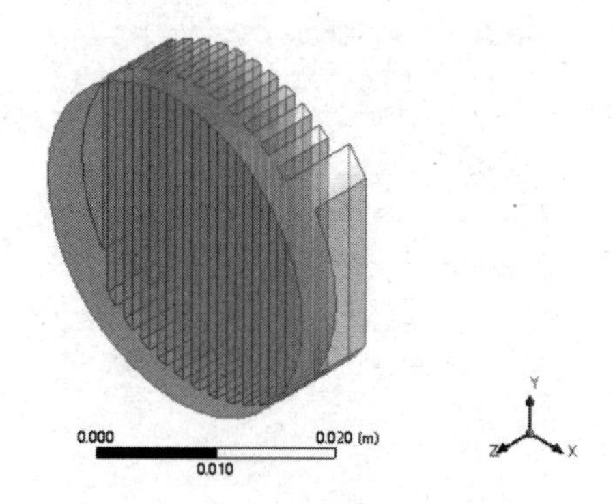

图 16-30　DesignModeler 平台界面中的几何体

④ 单击工具栏中的“保存”按钮，在弹出的“另存为”对话框的“文件名”文本框中输入“sanrepian_Thermal.wbpj”，并单击“保存”按钮。

⑤ 返回 DesignModeler 平台界面，单击右上角的“关闭”按钮，关闭 DesignModeler 平台，返回 ANSYS Workbench 平台主界面。

16.3.4　创建分析项目 B

① 如图 16-31 所示，选择主界面“工具箱”窗格中的“分析系统”→“稳态热”命令，并将其直接拖曳到项目 A 中 A2 栏的“几何结构”中。

② 如图 16-32 所示，此时会出现项目 B，同时在项目 A 中 A2 栏的“几何结构”与项目 B 中 B3 栏的“几何结构”之间出现一条蓝色的连接线，说明几何数据在项目 A 与项目 B 之间实现共享。

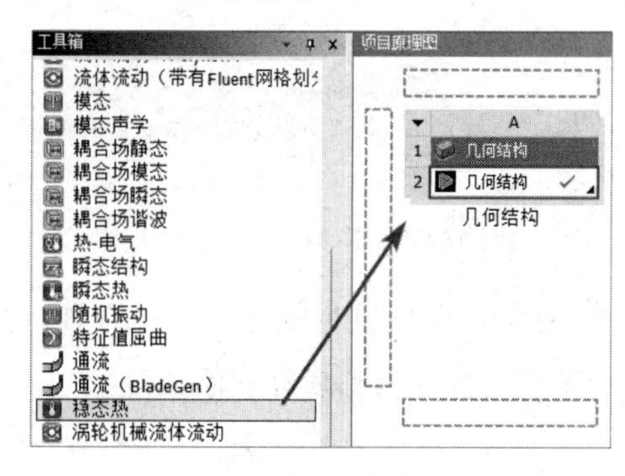

图 16-31　拖曳“稳态热”命令

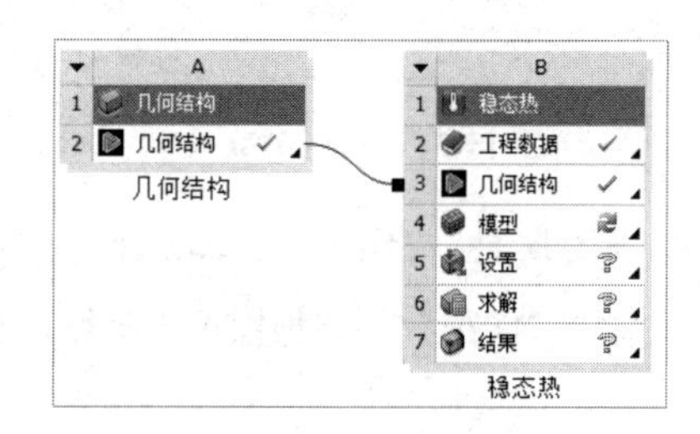

图 16-32　几何数据共享

16.3.5 添加材料库

① 双击项目 B 中 B2 栏的“工程数据”，进入如图 16-33 所示的材料参数设置界面，在该界面中可以进行材料参数设置。

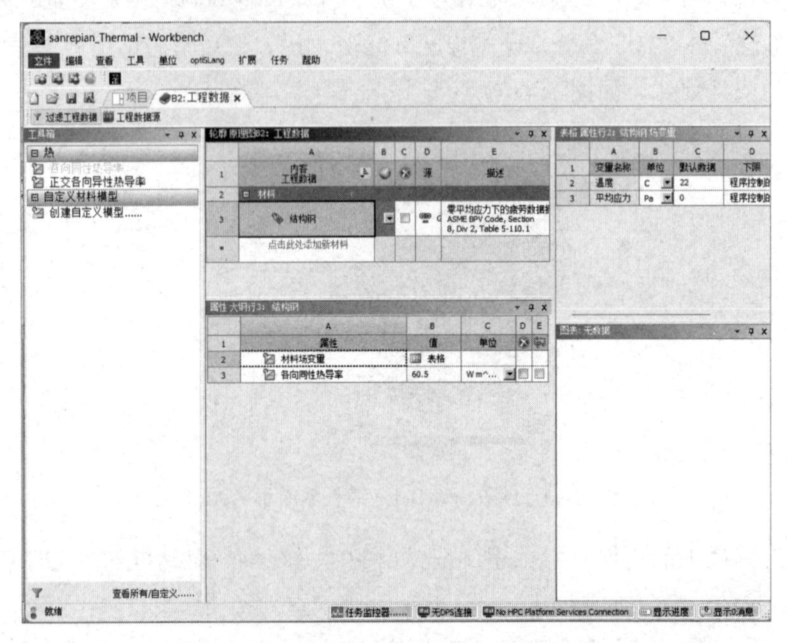

图 16-33 材料参数设置界面

② 如图 16-34 所示，在“轮廓 原理图 B2：工程数据”表的 A3 栏中输入新材料名称“sanrepian_材料”，此时新材料名称前会出现一个 ? 图标，表示需要对新材料添加属性。

③ 如图 16-35 所示，选择主界面“工具箱”窗格中的“热”→“各向同性热导率”命令，并将其直接拖曳到“属性 大纲行 3：sanrepian_材料”表的 A3 栏中，此时各向同性热导率会被添加到新材料属性中。

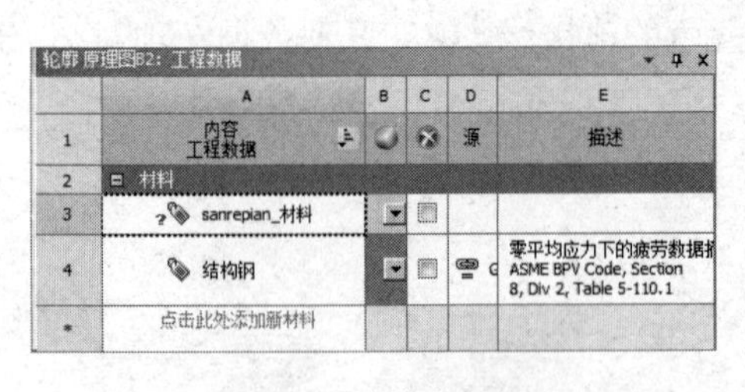

图 16-34 材料参数设置

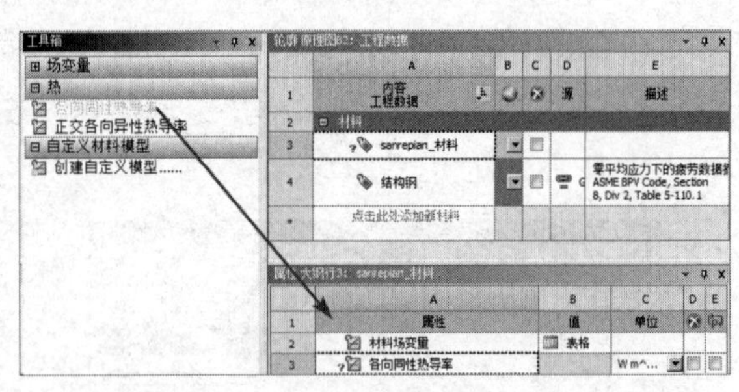

图 16-35 添加材料属性（1）

④ 在“属性 大纲行 3：sanrepian_材料”表 A3 栏的“各向同性热导率”后的 B3 栏中输入“170”，并使用默认单位，如图 16-36 所示，完成材料属性的添加。

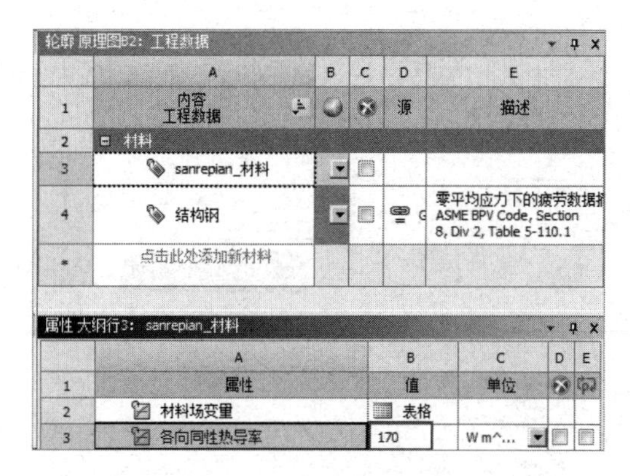

图 16-36　添加材料属性（2）

⑤ 单击工具栏中的 项目 按钮，返回 ANSYS Workbench 平台主界面，完成材料库的添加。

16.3.6　添加模型材料属性

① 双击项目 B 中 B4 栏的“模型”，进入如图 16-37 所示的 Mechanical 平台界面，在该界面中可以进行网格的划分、分析设置、结果观察等操作。

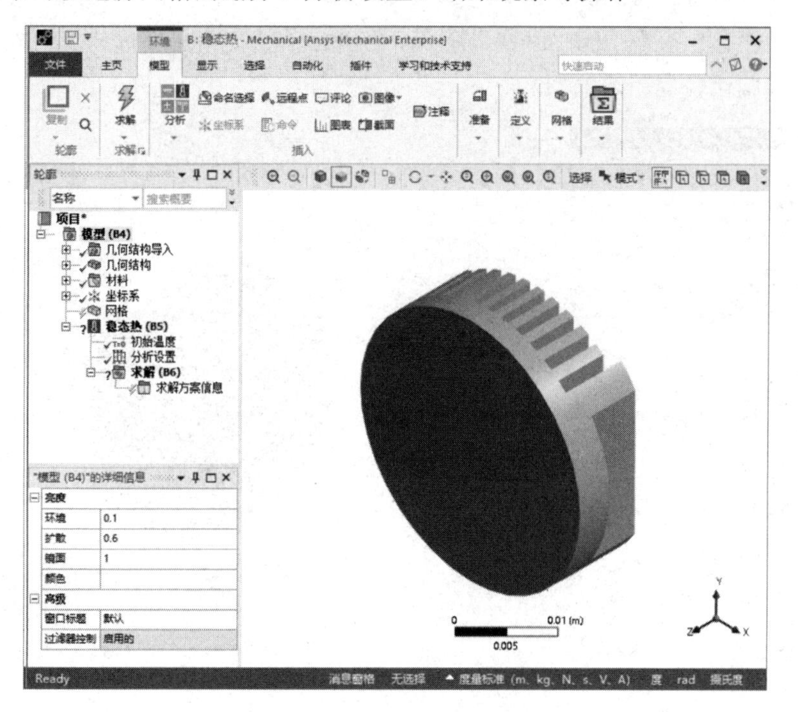

图 16-37　Mechanical 平台界面

② 选择 Mechanical 平台界面左侧“轮廓”窗格中的“几何结构”→“固体”命令，此时可以在“‘固体’的详细信息”窗格中修改材料属性，如图 16-38 所示。

③ 单击“材料”→“任务”栏后的 ▸ 按钮，此时会出现刚刚设置的“sanrepian_材料”材料，选择该选项即可将其添加到模型中，其余选项保持默认设置即可。

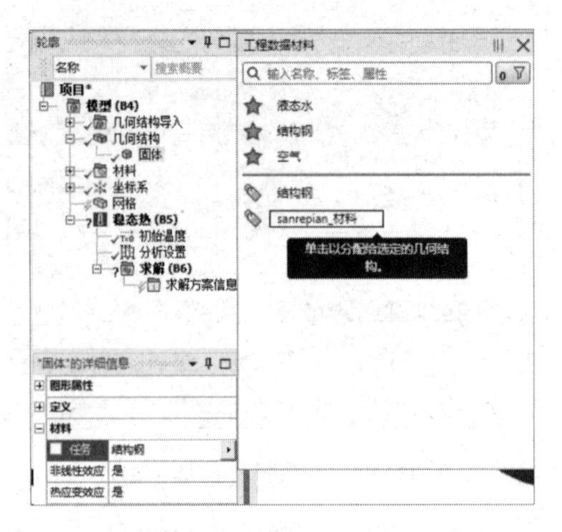

图 16-38　修改材料属性

16.3.7　划分网格

① 选择“轮廓”窗格中的“网格”命令，此时可以在“‘网格’的详细信息”窗格中修改网格参数，如图 16-39 所示，在“尺寸调整”→“分辨率”栏中输入“6”，其余选项保持默认设置。

② 右击“轮廓”窗格中的“网格”命令，在弹出的快捷菜单中选择“生成网格”命令，最终的网格效果如图 16-40 所示。

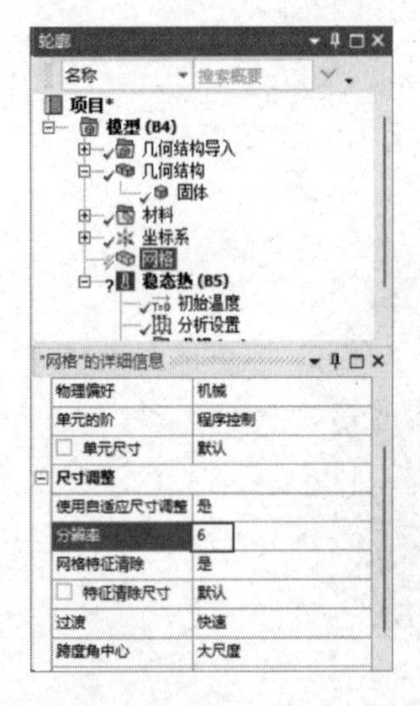

图 16-39　修改网格参数

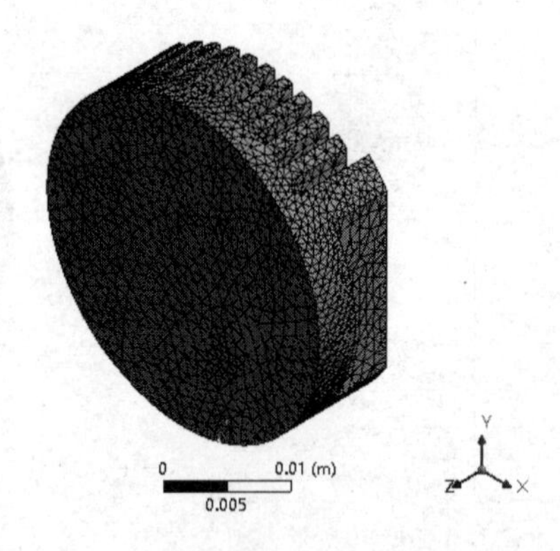

图 16-40　网格效果

16.3.8　施加载荷与约束

① 选择“轮廓”窗格中的“稳态热（B5）”命令，此时会出现如图 16-41 所示的“环境”选项卡。

② 选择“环境”选项卡中的“热”→“热流”命令，此时在“轮廓”窗格中会出现“热

流”命令，如图 16-42 所示。

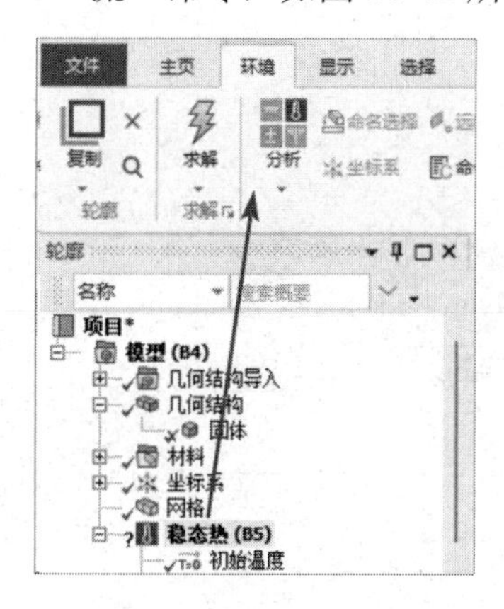

图 16-41　“环境”选项卡

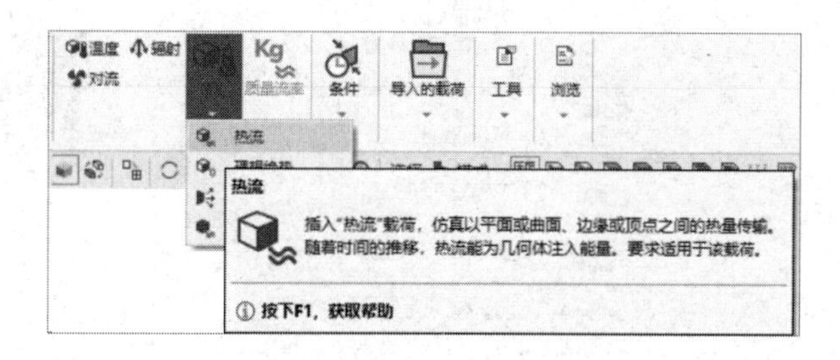

图 16-42　添加“热流”命令

③ 如图 16-43 所示，选择“轮廓”窗格中的“热流”命令，并选择模型底面，在“‘热流’的详细信息”窗格中单击“几何结构”栏的“应用”按钮，在“定义”→“大小”栏中输入“50W”，完成一个热载荷的添加。

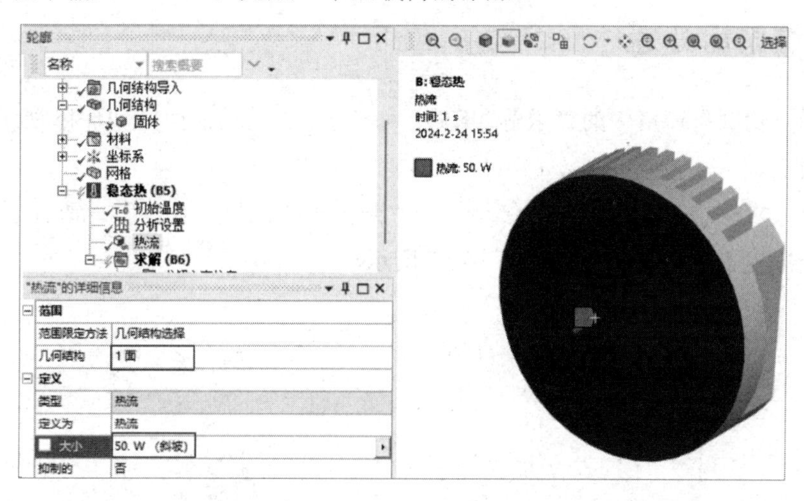

图 16-43　添加热载荷

④ 选择“环境”选项卡中的“热”→“对流”命令，此时在“轮廓”窗格中会出现“对流”命令，如图 16-44 所示。

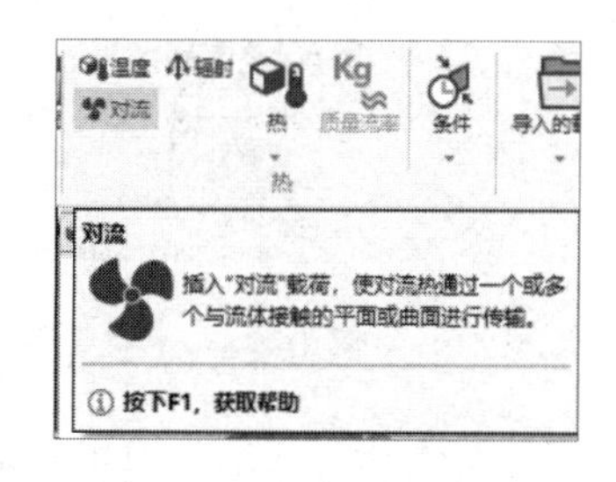

图 16-44　添加“对流”命令

⑤ 如图 16-45 所示，选择“轮廓”窗格中的“对流”命令，并选择模型顶面，在“‘对流’的详细信息”窗格中单击“几何结构”栏的“应用”按钮，在“定义”→“薄膜系数”栏中输入“50W/m²·℃”，在“环境温度”栏中输入“22℃”，完成一个对流的添加。

注意

此处的面为除热源以外的所有面。

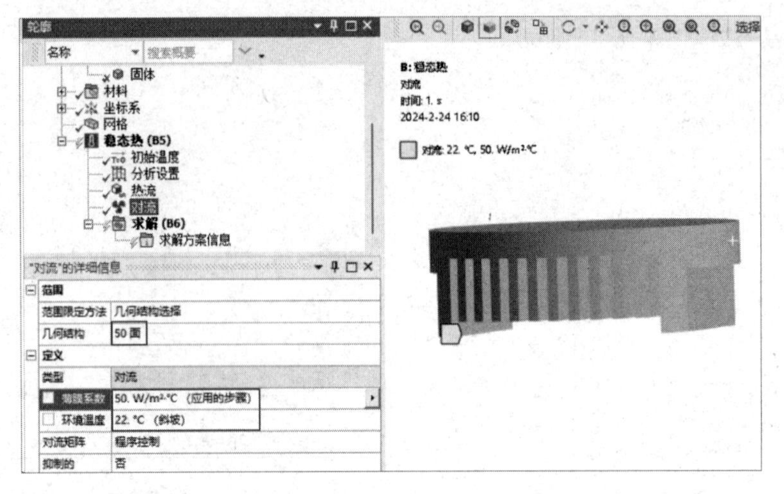

图 16-45　添加对流

⑥ 右击“轮廓”窗格中的“稳态热（B5）”命令，在弹出的快捷菜单中选择“求解”命令。

16.3.9　结果后处理

① 选择“轮廓”窗格中的“求解（B6）”命令，此时会出现如图 16-46 所示的“求解”选项卡。

② 选择“求解”选项卡中的“结果”→“热”→“温度”命令，此时在“轮廓”窗格中会出现“温度”命令，如图 16-47 所示。

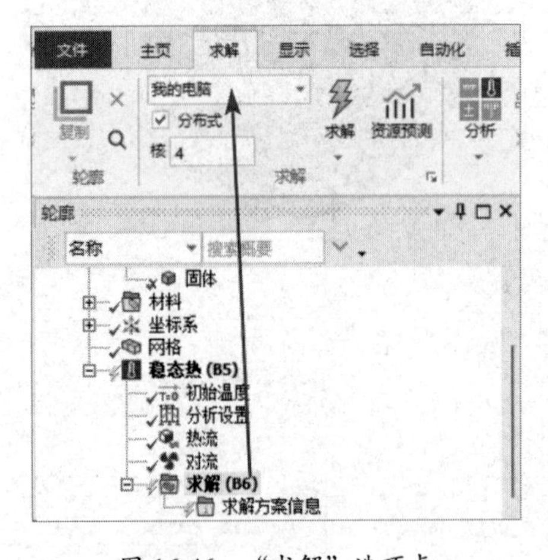

图 16-46　“求解”选项卡

图 16-47　添加“温度”命令

③ 右击“轮廓”窗格中的“求解（B6）”命令，在弹出的快捷菜单中选择“评估所有结果”命令，如图 16-48 所示。此时会弹出进度栏，表示正在计算，当计算完成后，进度栏会自动消失。

④ 选择“轮廓”窗格中的“求解（B6）”→“温度”命令，显示温度分布云图，如图 16-49 所示。

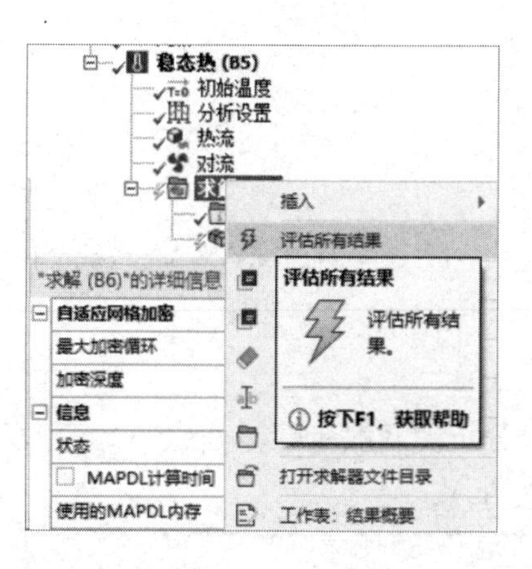

图 16-48　选择“评估所有结果”命令

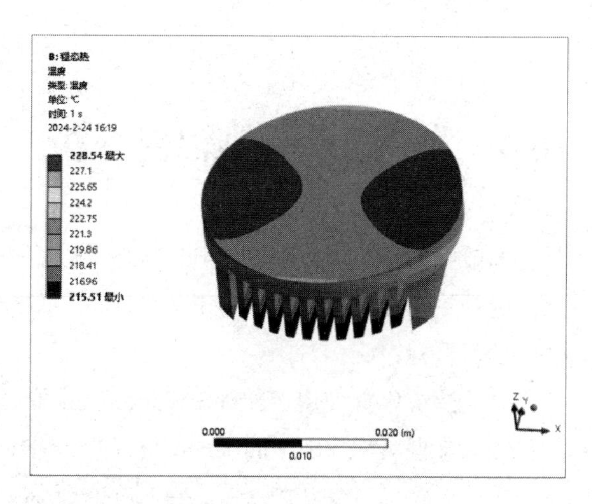

图 16-49　温度分布云图

⑤ 使用同样的操作方法查看热流量云图及矢量图，如图 16-50 所示。

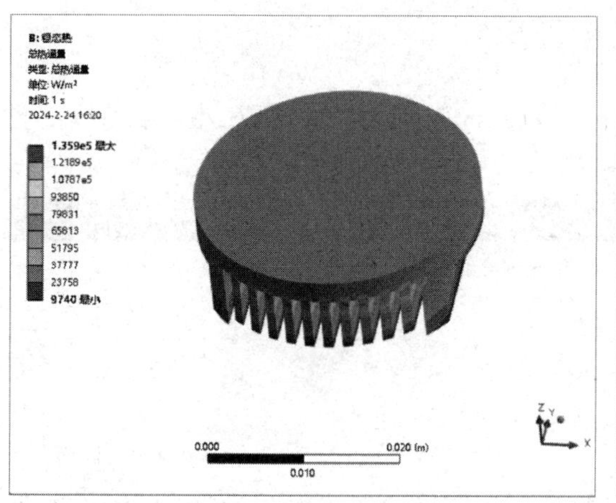

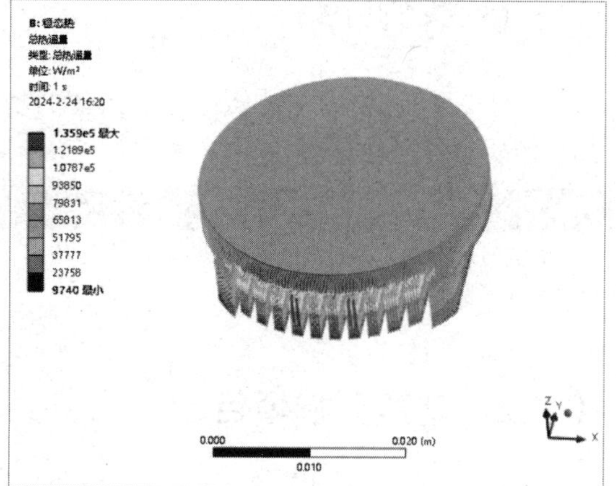

图 16-50　热流量云图及矢量图

16.3.10　保存与退出

① 单击 Mechanical 平台界面右上角的“关闭”按钮，关闭 Mechanical 平台，返回 ANSYS Workbench 平台主界面。

② 在 ANSYS Workbench 平台主界面中单击工具栏中的“保存”按钮，保存包含分析结果的文件。

③ 单击右上角的“关闭”按钮，关闭 ANSYS Workbench 平台，完成项目分析。

16.3.11　读者演练

参考前面章节所讲述的操作方法，请读者完成热流密度的后处理操作，并使用探针命令查看关键节点上的温度值。

16.4 实例 3——热辐射分析

本节主要介绍 ANSYS Workbench 平台的热力学分析模块，以及使用 ANSYS Workbench 平台进行热辐射分析的一般步骤。

学习目标：

（1）熟练掌握使用 ANSYS Workbench 平台进行热辐射分析的一般步骤。

（2）掌握 ANSYS Workbench 平台的 APDL 命令的插入方法。

模型文件	配套资源\Chapter16\char16-3\Geom.x_t
结果文件	配套资源\Chapter16\char16-3\radia.wbpj

16.4.1 实例介绍

在一块平板上有 4 根加热丝，加热丝的功率均为 1200W，试分析平板在热辐射情况下的温度分布情况。

注意

本实例采用的是 ANSYS SpaceClaim 平台建模，这里不对建模进行详细介绍，请读者参考前面章节的内容学习建模方法。

16.4.2 创建分析项目

启动 ANSYS Workbench 平台，在“项目原理图”窗格中创建如图 16-51 所示的项目分析流程图表。

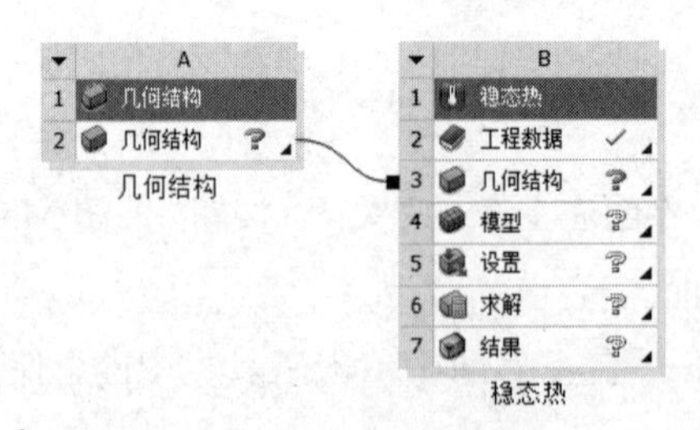

图 16-51 项目分析流程图表

16.4.3 添加模型材料属性

① 双击项目 B 中 B2 栏的“工程数据”，并对模型材料添加属性。

② 在“轮廓 原理图 B2：工程数据”表的 A3 栏中输入材料名称“MINE”，在下面的“属性 大纲行 4：MINE”表中添加“各向同性热导率”属性，并在该表的 B3 栏中输入

“1.7367E-07”，使用默认单位，如图 16-52 所示。

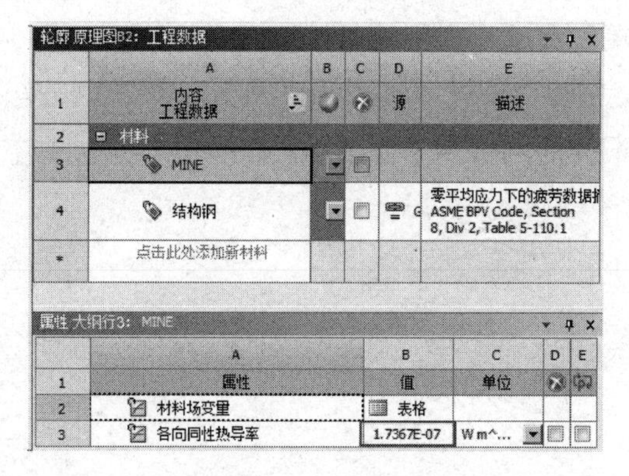

图 16-52　添加材料属性

③ 在完成材料参数的定义后，单击 项目 按钮，返回 ANSYS Workbench 平台主界面。

16.4.4　创建几何体

① 双击项目 A 中 A2 栏的“几何结构”，进入 ANSYS SpaceClaim 平台界面，创建几何体，如图 16-53 所示。读者也可以直接导入几何体文件“Geom.x_t”。

② 关闭 ANSYS SpaceClaim 平台。

图 16-53　几何体

16.4.5　划分网格

① 双击项目 B 中 B4 栏的“模型”，进入 Mechanical 平台界面。

② 选择“轮廓”窗格中的“模型（B4）”→“几何结构”→“固体”命令（多个），在下面的“‘多个选择’的详细信息”窗格的“任务”栏中选择“MINE”选项，如图 16-54 所示。

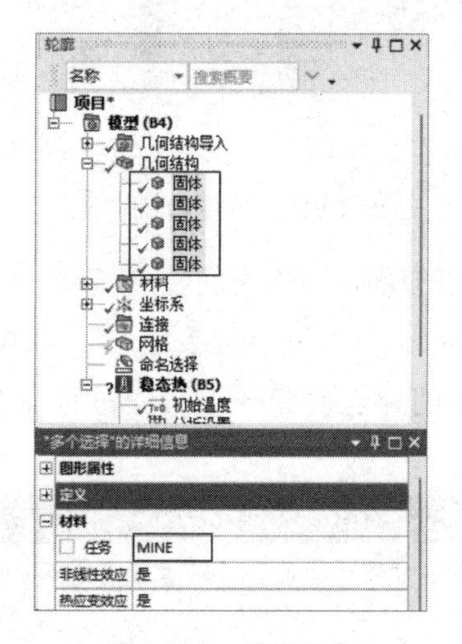

图 16-54　设置任务

③ 选择“轮廓”窗格中的“模型（B4）”→“网格”命令，在下面的“‘网格’的详细信息”窗格的“单元尺寸”栏中输入“5.e-003m”，如图 16-55 所示。

④ 右击“轮廓”窗格中的“模型（B4）”→“网格”命令，在弹出的快捷菜单中选择“生成网格”命令，最终的网格效果如图 16-56 所示。

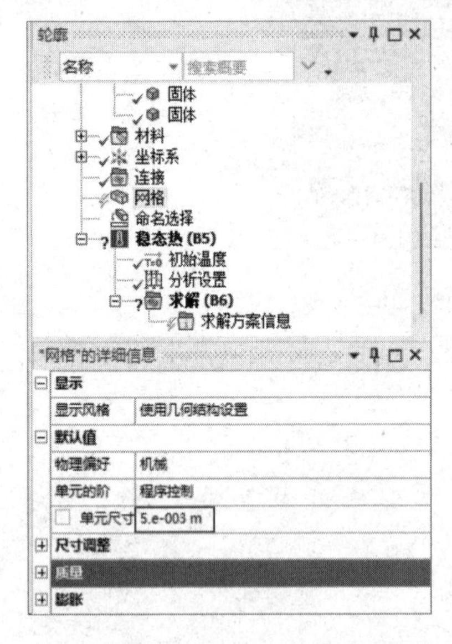

图 16-55　设置网格尺寸

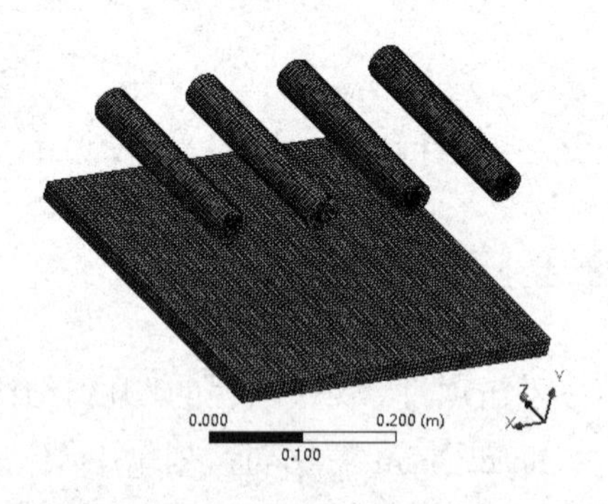

图 16-56　网格效果

⑤ 继续查看“‘网格’的详细信息”窗格，在“统计”操作面板中可以看到节点数量、单元数量及扭曲程度等网格统计数据，如图 16-57 所示。

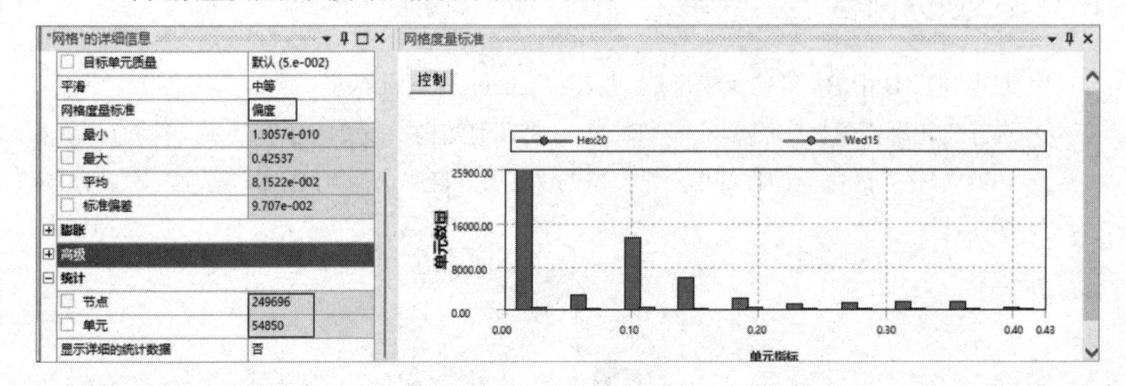

图 16-57　网格统计数据

⑥ 右击其中一个圆柱体的外表面，在弹出的快捷菜单中选择“创建命名选择”命令，如图 16-58 所示，在弹出的对话框中输入“表面 1”，并单击常用命令栏中的 生成 按钮。

⑦ 依次对剩余 3 个圆柱体的外表面和一个平面进行命名操作，命名完成后的效果如图 16-59 所示。

注意

命名的目的是在后面插入命令时，方便选择面，请读者在完成后面的分析后，体会一下本操作的用处。

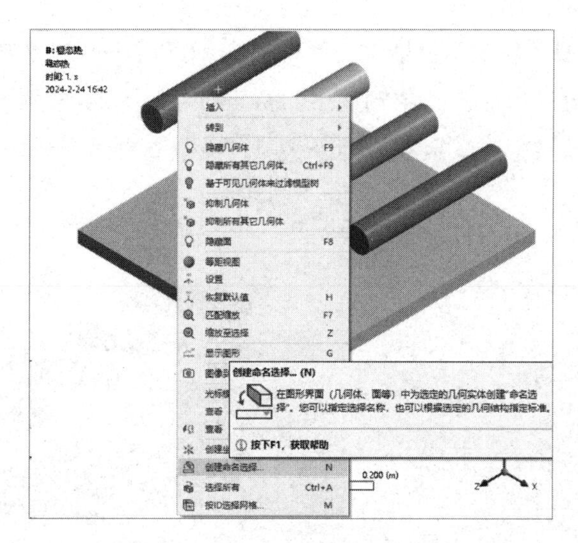

图 16-58　选择“创建命名选择”命令

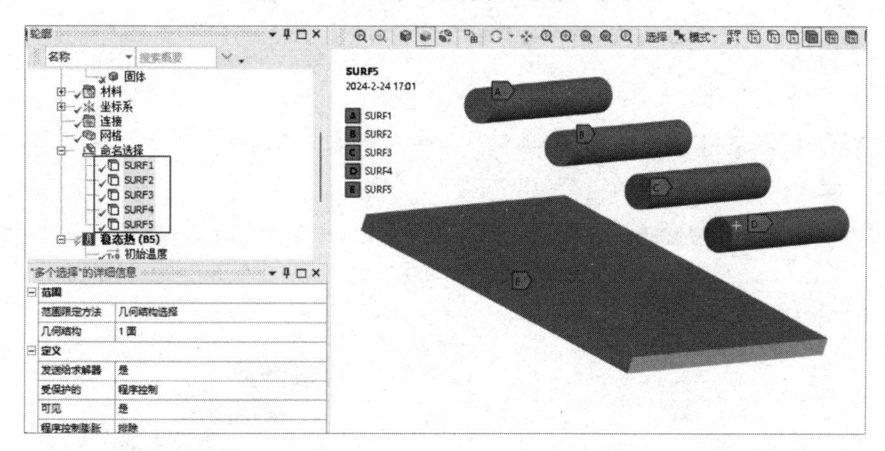

图 16-59　命名完成后的效果

16.4.6　定义载荷

① 定义温度。选择“轮廓”窗格中的“稳态热（B5）”→“温度”命令，在“几何结构”栏中保证模型底面被选中，在“大小”栏中输入温度值“22℃”，如图 16-60 所示。

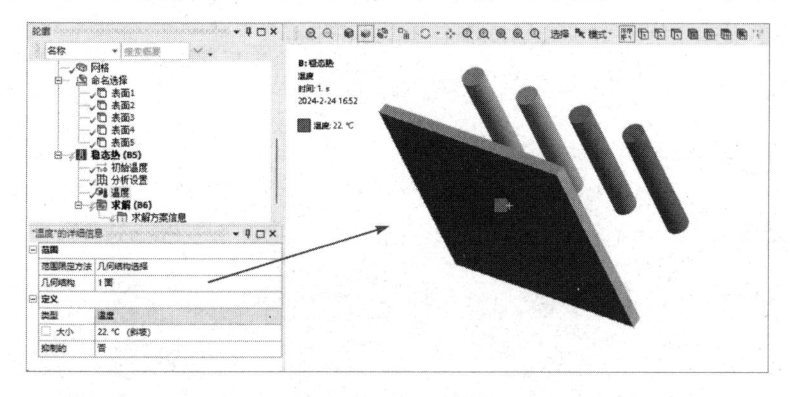

图 16-60　定义温度

② 定义功率。选择“轮廓”窗格中的“稳态热（B5）”→“内部热生成”命令，并选择 4 个圆柱体，在“大小”栏中输入“0.5W/m³”，如图 16-61 所示。

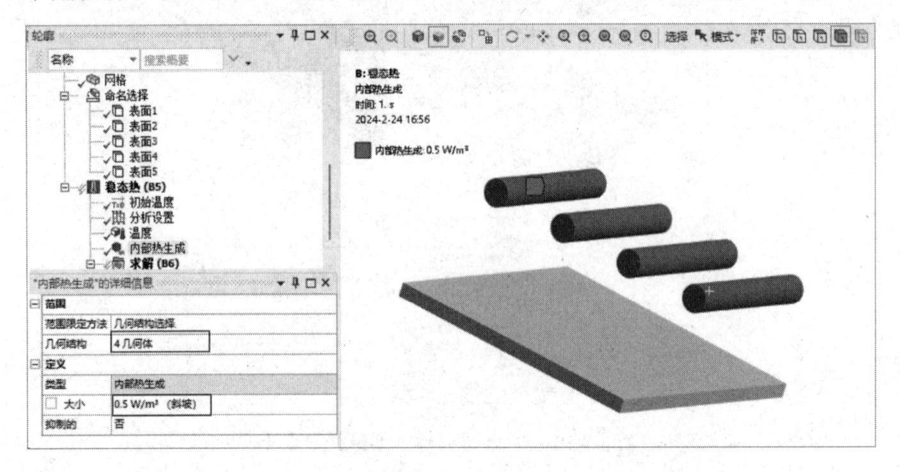

图 16-61　定义功率

③ 插入命令。这部分是本节的重点内容。

右击“轮廓”窗格中的“稳态热（B5）”命令，在弹出的快捷菜单中选择“插入”→“命令”命令，插入一个命令，如图 16-62 所示。

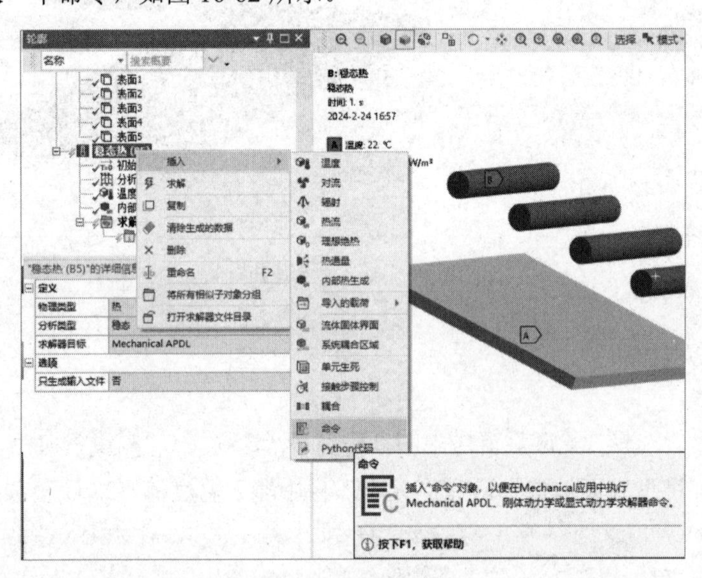

图 16-62　插入一个命令

④ 在命令中输入以下内容。

```
sf,SURF1,rdsf,0.7,1
sf,SURF2,rdsf,0.7,1
sf,SURF3,rdsf,0.7,1
sf,SURF4,rdsf,0.7,1
sf,SURF5,rdsf,0.7,1
spctemp,1,100
stef,5.67e-8
radopt,0.9,1.E-5,0,1000,0.1,0.9
```

```
toff,273
```

在输入上述内容前，请确保单位制为国际单位制。输入命令如图 16-63 所示。

```
命令
1   !   Commands inserted into this file will be executed just prior to the ANS
2   !   These commands may supersede command settings set by Workbench.
3
4   !   Active UNIT system in Workbench when this object was created:  Metric (
5   !   NOTE:  Any data that requires units (such as mass) is assumed to be in
6   !              See Solving Units in the help system for more information.
7
8
9   sf,SURF1,rdsf,0.7,1
10  sf,SURF2,rdsf,0.7,1
11  sf,SURF3,rdsf,0.7,1
12  sf,SURF4,rdsf,0.7,1
13  sf,SURF5,rdsf,0.7,1
14  spctemp,1,100
15  stef,5.67e-8
16  radopt,0.9,1.E-5,0,1000,0.1,0.9
17  toff,273
```

图 16-63　输入命令

16.4.7　结果后处理

① 在确认输入参数都正确后，选择“轮廓”窗格中的“求解（B6）”命令，开始执行此次稳态热分析的求解。

② 先选择“求解”选项卡中的“结果”→“热”→“温度”（见图 16-64）或“总热通量”命令，然后选择相应后处理命令，即可进行结果后处理运算。

③ 图 16-65 所示为平板的热流量云图。

④ 图 16-66 所示为平板的温度分布云图，从该图中可以看出平板的温度分布比较均匀，总体的温度分布约为 100℃，温度差很小。

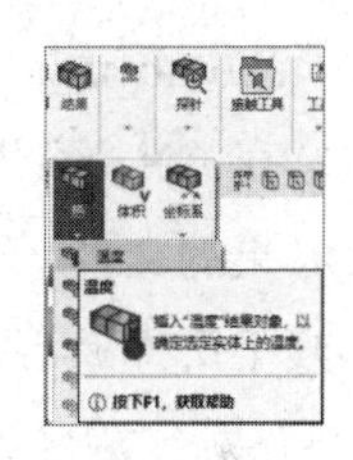

图 16-64　选择“温度”命令

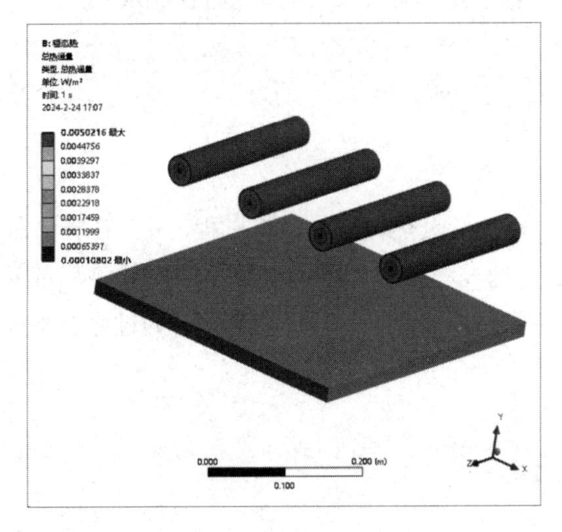

图 16-65　热流量云图

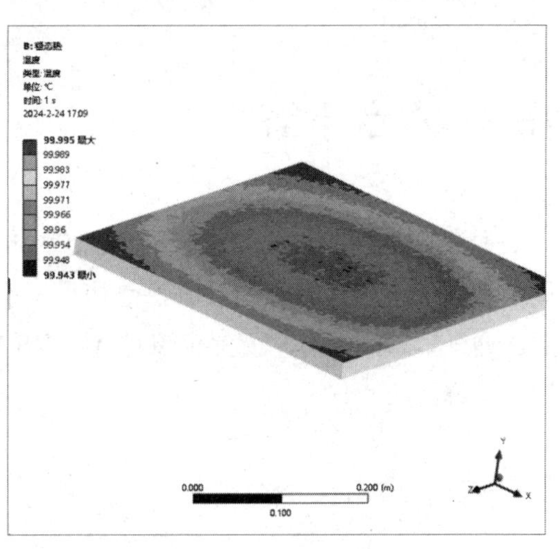

图 16-66　温度分布云图

⑤ 如图 16-67 所示，分别显示了不同部位的温度分布云图。

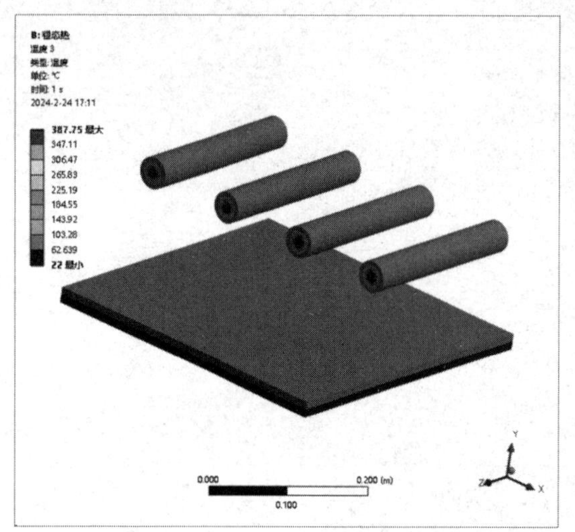

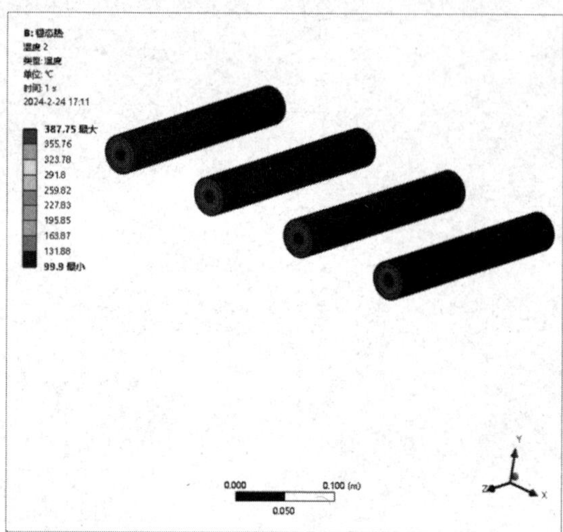

图 16-67　不同部位的温度分布云图

16.4.8　保存并退出

① 单击 Mechanical 平台界面右上角的“关闭”按钮，关闭 Mechanical 平台，返回 ANSYS Workbench 平台主界面。

② 在 ANSYS Workbench 平台主界面中单击工具栏中的“保存”按钮，保存包含分析结果的文件。

③ 单击界面右上角的“关闭”按钮，关闭 ANSYS Workbench 平台，完成项目分析。

热辐射分析在热分析中属于高度非线性分析。在 ANSYS Workbench 平台中，没有直接的操作用于热辐射分析，需要读者对 APDL 命令有一定的了解。

热辐射分析的应用领域比较广泛，可以应用在涉及辐射加热的行业或领域中。

16.5　本章小结

本章通过典型实例分别介绍了稳态热传导、热对流及热辐射的操作过程，并且在分析过程中考虑了与周围空气的对流换热边界，在后处理过程中得到了温度分布云图及热流量云图。通过本章的学习，读者应该对 ANSYS Workbench 平台的稳态热力学分析的过程有了详细的了解。

第 17 章

瞬态热力学分析

本章内容

本章主要介绍 ANSYS Workbench 平台的瞬态热力学分析模块，讲解瞬态热力学分析的计算过程。

学习要求

知识点	学习目标			
	了解	理解	应用	实践
瞬态热力学分析的基本知识		√		
瞬态热力学分析的计算过程			√	√

17.1 瞬态热力学分析简介

前面给出了稳态热力学分析的一般方程，而瞬态热力学分析的一般方程为

$$C\dot{T} + KT = Q \tag{17-1}$$

式中，C 是比热矩阵，考虑系统内能的增加；$\dot{T}$ 是节点温度对时间的导数；K 是传导矩阵，包括热系数、对流系数、辐射系数和形状系数；T 是节点温度向量；Q 是节点热流向量，包含热生成。

17.2 实例 1——散热片瞬态热力学分析

本节主要介绍 ANSYS Workbench 平台的瞬态热力学分析模块，分析铝制散热片的瞬态温度分布情况。

学习目标：熟练掌握 ANSYS Workbench 瞬态热力学分析的方法及过程。

模型文件	配套资源\Chapter17\char17-1\sanrepian_Thermal.wbpj
结果文件	配套资源\Chapter17\char17-1\sanrepian_Transient_Thermal.wbpj

17.2.1 问题描述

图 17-1 所示为某铝制散热片模型，请使用 ANSYS Workbench 平台的瞬态热力学分析模块分析其内部的瞬态温度分布情况。

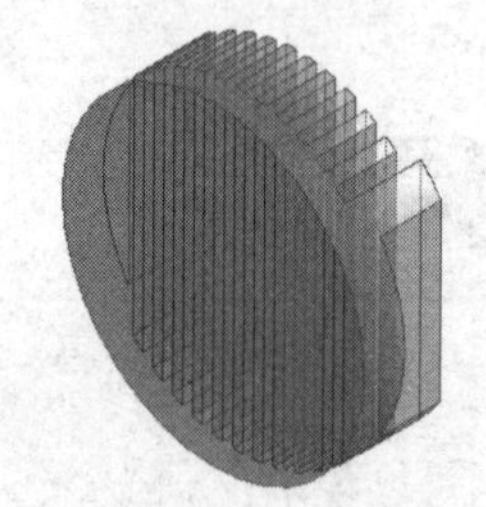

图 17-1 铝制散热片模型

17.2.2 创建分析项目

① 在 Windows 系统下启动 ANSYS Workbench 平台，进入主界面。

② 加载 16.3 节的工程文件“sanrepian_Thermal.wbpj”，创建分析项目，如图 17-2 所示。

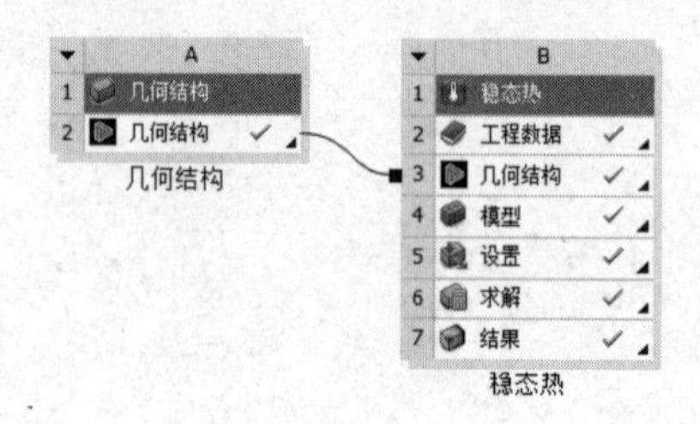

图 17-2 创建分析项目

③ 保存文件，将文件命名为“sanrepian_Transient_Thermal.wbpj”。

17.2.3　创建瞬态热分析项目

选择主界面“工具箱”窗格中的“分析系统”→“瞬态热”命令，并将其直接拖曳到项目 B 中 B6 栏的“求解”中，实现几何数据共享，如图 17-3 所示。

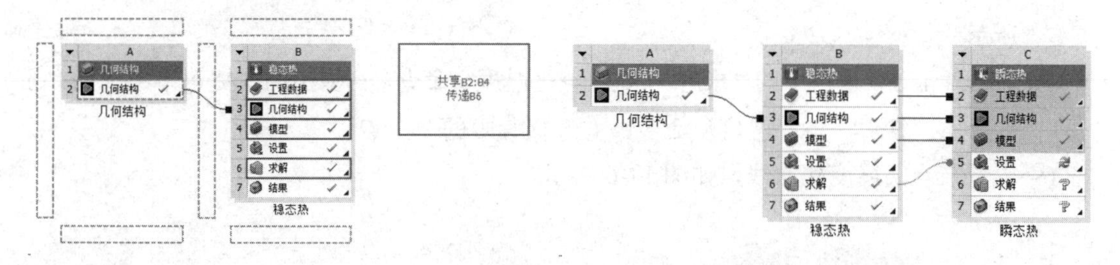

图 17-3　几何数据共享

此时会出现瞬态热分析项目 C，并且项目 B 与项目 C 之间的材料属性及几何数据可以共享，此外，项目 B 中 B6 栏的结果数据将作为项目 C 中 C5 栏的激励条件。

17.2.4　施加载荷与约束

① 进入 Mechanical 平台界面，选择“轮廓”窗格中的“稳态热（B5）”→“对流”命令，并将其直接拖曳到“瞬态热（C5）”命令下，完成边界条件的设置，如图 17-4 所示。

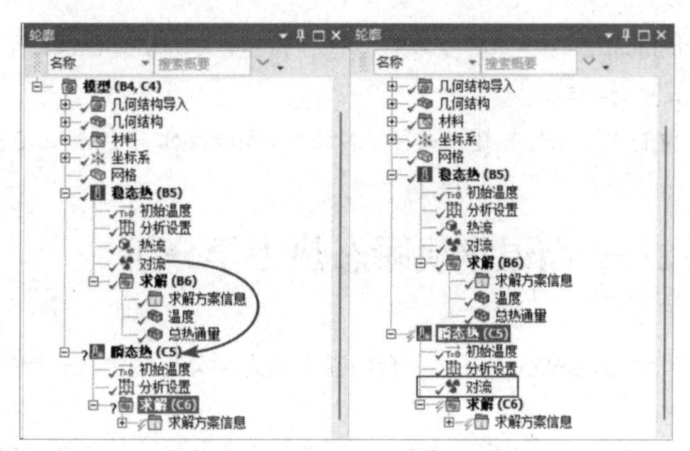

图 17-4　完成边界条件的设置

② 选择“轮廓”窗格中的“瞬态热（C5）”→“分析设置”命令，在下面的“‘分析设置’的详细信息”窗格的“步骤结束时间”栏中输入“100s”。

③ 右击“轮廓”窗格中的“瞬态热（C5）”命令，在弹出的快捷菜单中选择“求解”命令。

17.2.5　结果后处理

① 选择“轮廓”窗格中的“求解（C6）”命令，并选择“求解”选项卡中的“结果”→

“热”→“温度”命令，此时在“轮廓”窗格中会出现“温度”命令。

② 右击“轮廓”窗格中的“求解（C6）”命令，在弹出的快捷菜单中选择“评估所有结果”命令。

③ 选择“轮廓”窗格中的“求解（C6）”→“温度”命令，显示温度分布云图，如图 17-5 所示。

④ 右击“轮廓”窗格中的“求解（C6）”→“温度”命令，在弹出的快捷菜单中选择“插入”→“探针”→“温度”命令，并选择其中的一个点。

⑤ 查看节点温度变化曲线，如图 17-6 所示。

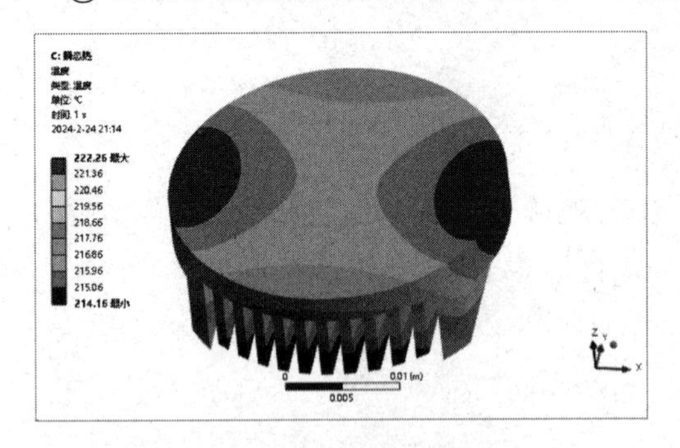

图 17-5　温度分布云图

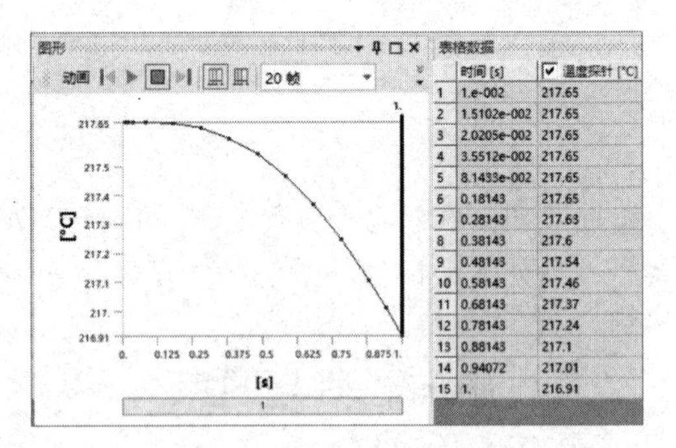

图 17-6　节点温度变化曲线

17.2.6　保存与退出

① 单击 Mechanical 平台界面右上角的“关闭”按钮，关闭 Mechanical 平台，返回 ANSYS Workbench 平台主界面。

② 单击右上角的“关闭”按钮，关闭 ANSYS Workbench 平台，完成项目分析。

17.3　实例 2——高温钢块瞬态热力学分析

本节主要介绍 ANSYS Workbench 平台的瞬态热力学分析模块，分析高温钢块在入水过程中的瞬态温度分布情况。

学习目标：熟练掌握 ANSYS Workbench 瞬态热力学分析的方法及过程。

模型文件	配套资源\Chapter17\char17-2\Geom.x_t
结果文件	配套资源\Chapter17\char17-2\Transient.wbpj

17.3.1　问题描述

图 17-7 所示为钢块与水的模型，请使用 ANSYS Workbench 平台分析其内部的瞬态温度分布情况。

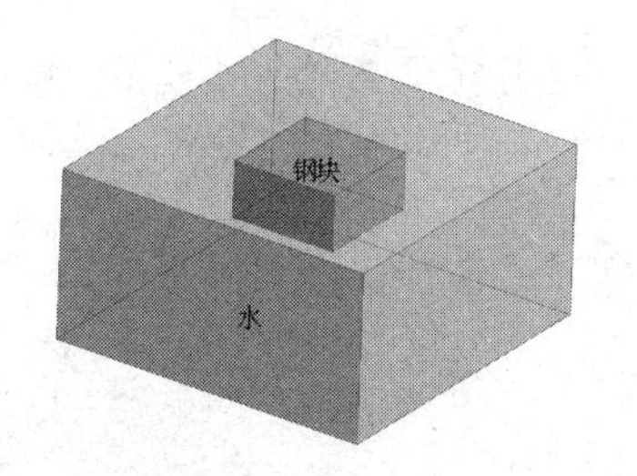

图 17-7　钢块与水的模型

17.3.2　创建分析项目

① 在 Windows 系统下启动 ANSYS Workbench 平台，进入主界面。

② 创建如图 17-8 所示的瞬态热分析流程图表。

③ 右击项目 A 中 A3 栏的“几何结构”，在弹出的快捷菜单中选择“导入几何模型”→“浏览”命令，在弹出的“打开”对话框中选择几何体文件“Geom.x_t”，单击“打开”按钮。

图 17-8　瞬态热分析流程图表

④ 双击项目 A 中 A3 栏的“几何结构”，进入 DesignModeler 平台界面。选择菜单栏中的“单位”→“米”命令，设置长度单位为“m”，之后单击常用命令栏中的 生成 按钮，生成几何体。

⑤ 关闭 DesignModeler 平台，返回 ANSYS Workbench 主界面。

17.3.3　定义材料

① 双击项目 A 中 A2 栏的“工程数据”，进入材料参数设置界面，输入自定义材料，将其分别命名为“box”和“qiu”，并设置材料属性，如图 17-9 所示。

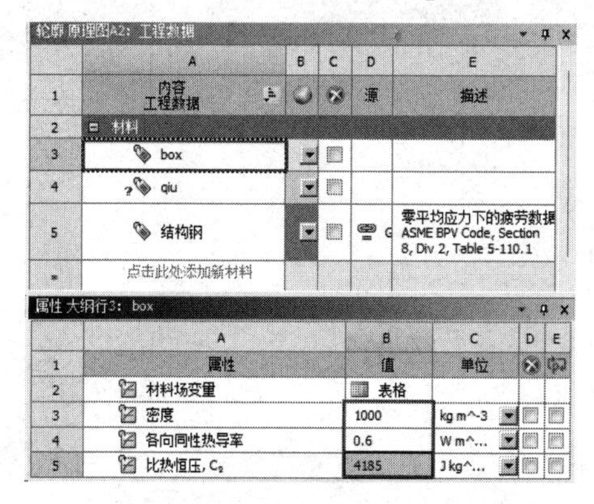

图 17-9　设置材料属性

材料“box”的密度为 1000，各向同性热导率为 0.6，比热恒压为 4185；材料“qiu”的密度为 7800，各向同性热导率为 70，比热恒压为 448，注意以上数据的单位均为国际制单位。

② 退出材料参数设置界面，双击项目 A 中 A4 栏的“模型”，进入 Mechanical 平台界面。

③ 将材料“box”的属性赋予“__;”几何结构，如图 17-10 所示。

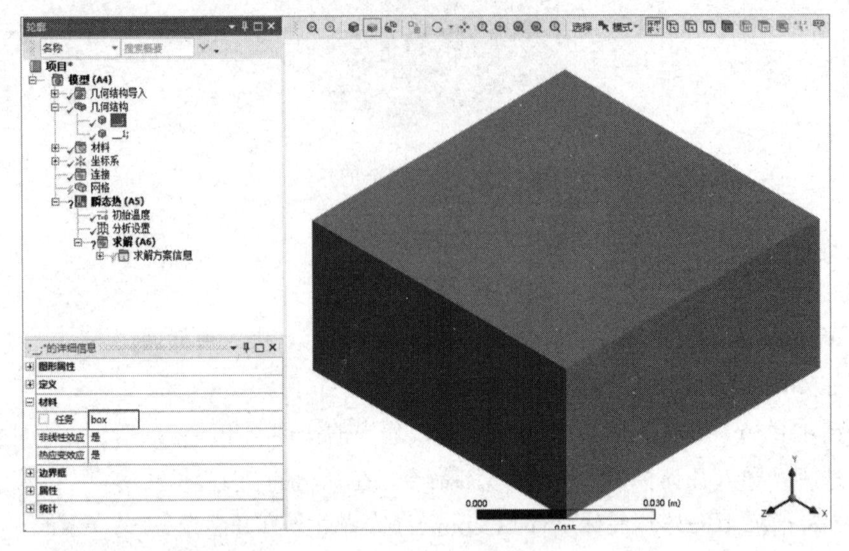

图 17-10　材料赋予（1）

④ 将材料“qiu”的属性赋予“__1;”几何结构，如图 17-11 所示。

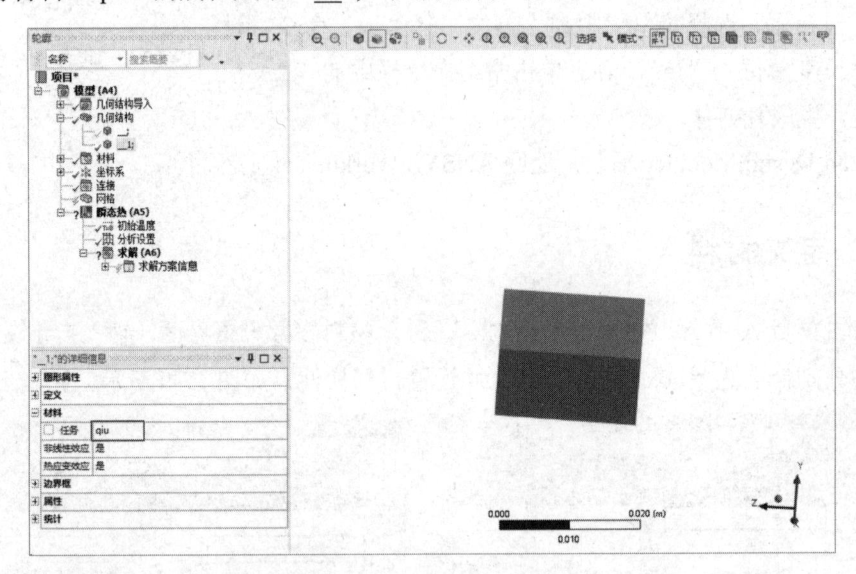

图 17-11　材料赋予（2）

17.3.4　施加载荷与约束

① 设置对称属性。选择“轮廓”窗格中的“模型（A4）”→“对称”→“对称区域”命令，之后选择绘图窗格中的对称平面，如图 17-12 所示。

② 划分网格。选择“轮廓”窗格中的“网格”命令，在下面的“‘网格’的详细信息”窗格中设置“单元尺寸”为“5.e−003m”，进行网格划分，最终的网格效果如图 17-13 所示。

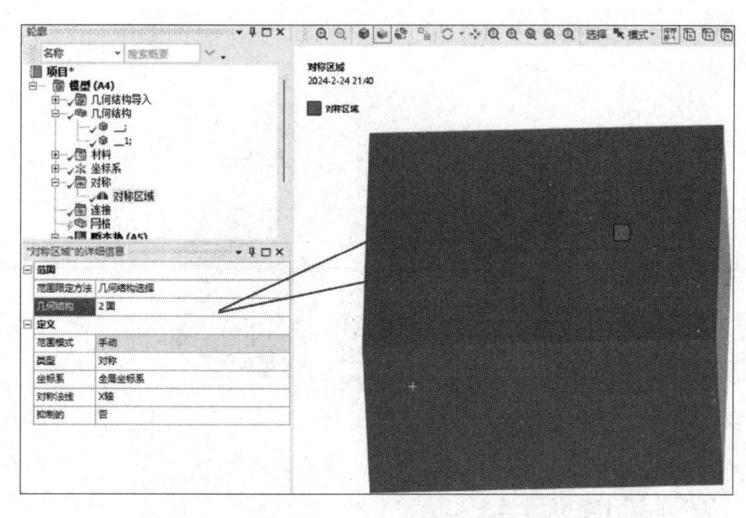

图 17-12　选择对称平面

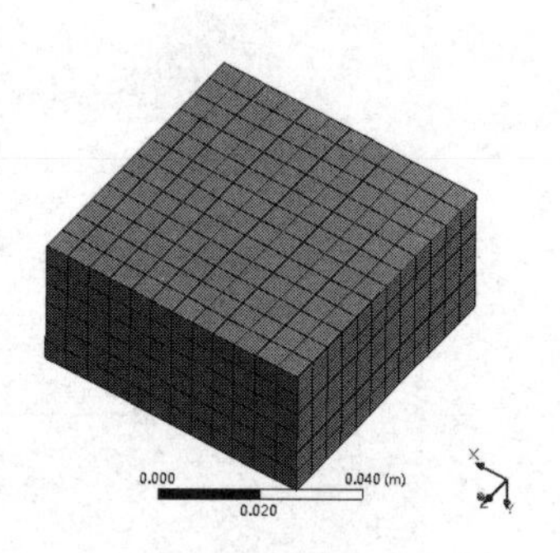

图 17-13　网格效果

③ 选择“轮廓”窗格中的“瞬态热（A5）”→“分析设置”命令，在下面的“‘分析设置’的详细信息”窗格中设置“步骤结束时间”为“500s”。

④ 选择“轮廓”窗格中的“瞬态热（A5）”→“温度”命令，在下面的“‘温度’的详细信息”窗格的“几何结构”栏中选择中心部分的方块，此时在该栏中会显示“1几何体”，之后设置初始温度为 90℃、最终温度为 22℃，如图 17-14 所示。

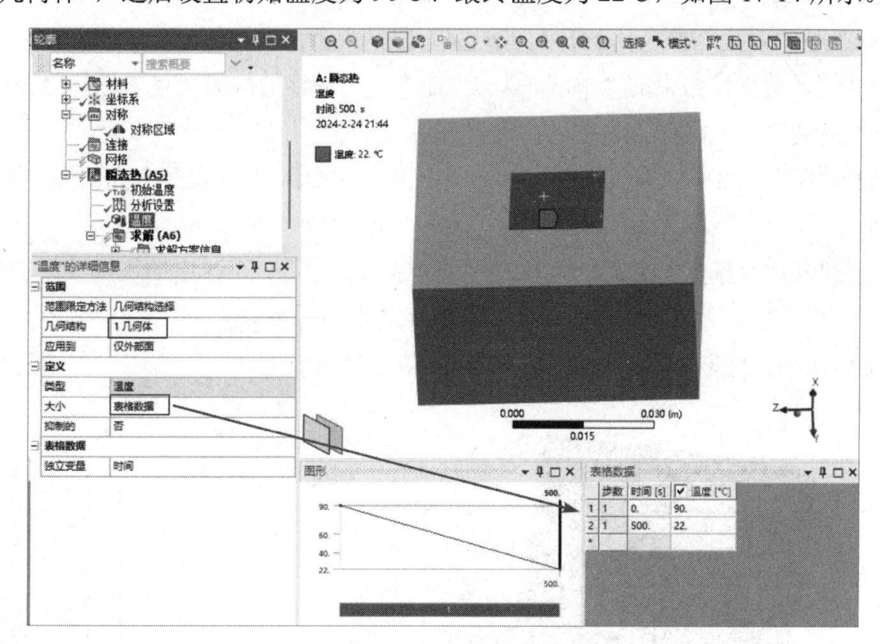

图 17-14　设置温度（1）

⑤ 选择“轮廓”窗格中的“瞬态热（A5）”→“对流”命令，在下面的“‘对流’的详细信息”窗格的“几何结构”栏中选择长方体的 5 个外表面，设置对称边界的表面，设置“薄膜系数”为“5W/m²·℃”、“环境温度”为“22℃”，如图 17-15 所示。

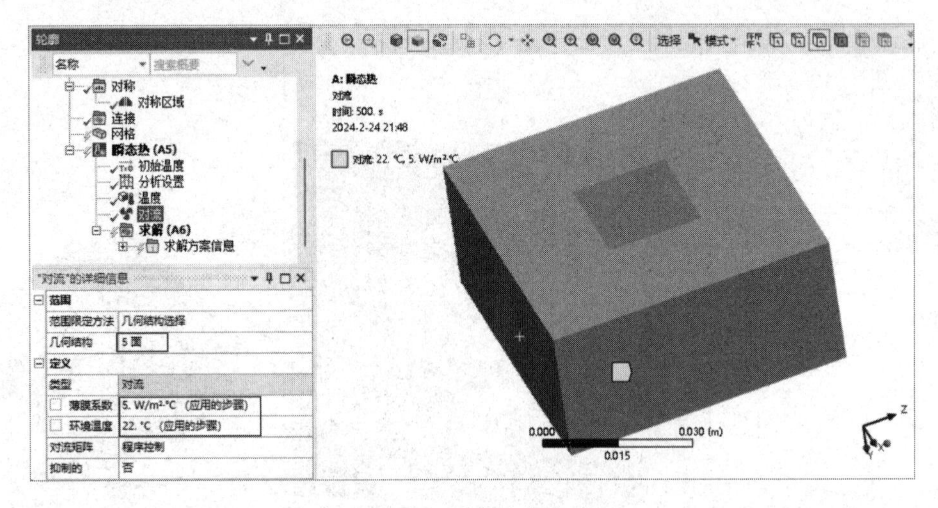

图 17-15　设置温度（2）

⑥ 右击“轮廓”窗格中的“瞬态热（A5）”命令，在弹出的快捷菜单中选择“求解”命令。

17.3.5　结果后处理

① 选择“轮廓”窗格中的“求解（A6）”命令，并选择“求解”选项卡中的“结果”→“热”→“温度”命令，此时在“轮廓”窗格中会出现“温度”命令。

② 右击“轮廓”窗格中的“求解（A6）”命令，在弹出的快捷菜单中选择“评估所有结果”命令。

③ 选择“轮廓”窗格中的“求解（A6）”→“温度”命令，显示温度分布云图，如图 17-16 所示。

④ 右击“轮廓”窗格中的“求解（A6）”→“温度”命令，在弹出的快捷菜单中选择“插入”→“探针”→“温度”命令，并选择其中的一个点。

⑤ 查看节点温度变化曲线，如图 17-17 所示。

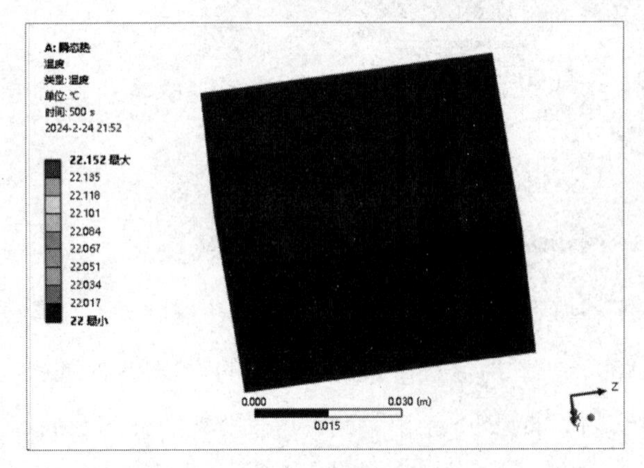

图 17-16　温度分布云图

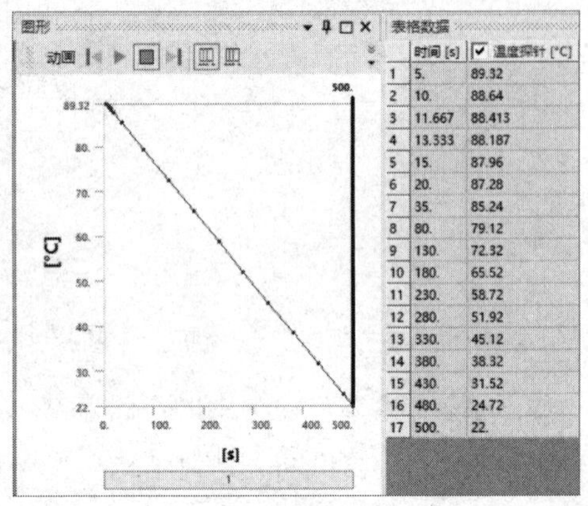

	时间 [s]	温度探针 [°C]
1	5.	89.32
2	10.	88.64
3	11.667	88.413
4	13.333	88.187
5	15.	87.96
6	20.	87.28
7	35.	85.24
8	80.	79.12
9	130.	72.32
10	180.	65.52
11	230.	58.72
12	280.	51.92
13	330.	45.12
14	380.	38.32
15	430.	31.52
16	480.	24.72
17	500.	22.

图 17-17　节点温度变化曲线

17.3.6　保存与退出

① 单击 Mechanical 平台界面右上角的“关闭”按钮，关闭 Mechanical 平台，返回 ANSYS Workbench 平台主界面。

② 单击右上角的“关闭”按钮，关闭 ANSYS Workbench 平台，完成项目分析。

17.4　本章小结

通过瞬态热力学分析，读者可以对物体的加热或高温物体的冷却进行分析，得到物体的单个节点随着时间推移的温度变化曲线。

通过本章的学习，读者可以了解瞬态热力学分析的一般步骤和时间步的设置，可以根据计算结果得到时间-温度曲线，从而对物体的升温及降温曲线进行优化。

第 18 章

计算流体动力学分析

本章内容

ANSYS Workbench 平台的计算流体动力学分析程序有 ANSYS CFX 和 ANSYS Fluent 两种，这两种计算流体动力学分析程序各有优点。本章将主要讲解 ANSYS CFX 及 ANSYS Fluent 的流体动力学分析流程，包括几何体导入、网格划分、前处理、求解及后处理操作等。

学习要求

知 识 点	学 习 目 标			
	了解	理解	应用	实践
计算流体动力学的基本知识	√			
ANSYS CFX 的计算过程			√	√
ANSYS Fluent 的计算过程			√	√
ANSYS Icepak 的计算过程			√	√

18.1　计算流体动力学概述

计算流体动力学（Computational Fluid Dynamics，CFD）是流体动力学的一个分支，它通过计算机模拟获得某种流体在特定条件下的有关信息，实现了用计算机替代试验装置完成计算试验的功能，为工程技术人员提供了实际工况模拟仿真的操作平台，已被广泛应用于各种工程技术领域。

本章将介绍关于 CFD 的一些重要基础知识，帮助读者熟悉 CFD 的基本理论和基本概念，为读者设置计算时的边界条件、对计算结果进行分析与整理提供参考。

18.1.1　CFD 简介

1．CFD 的概念

CFD 是通过计算机数值计算和图像显示，对包含流体流动和热传导等相关物理现象的系统所进行的分析。

CFD 的基本思想可以归结为：把原来在时间域及空间域上连续的物理量的场，如速度场和压力场，用一系列有限个离散点上的变量值集合来替代，并通过一定的原则和方式建立反映这些离散点上的场变量之间关系的代数方程组，之后求解代数方程组，获得场变量的近似值。CFD 可以在流动基本方程（质量守恒方程、动量守恒方程、能量守恒方程）的控制下对流动进行数值模拟。

通过这种数值模拟，可以得到极其复杂的流场内各个位置上的基本物理量（如速度、压力、温度、浓度等）的分布，以及这些物理量随时间变化的情况，从而确定旋涡分布特性、空化特性及脱流区等；可以据此计算出其他相关的物理量，如旋转式流体机械的转矩、水力损失和效率等；与 CAD 联合，还可以进行结构优化设计等。

CFD 方法与传统的理论分析方法、试验测量方法组成了研究流体流动问题的完整体系。图 18-1 所示为表征三者关系的“三维”流体力学示意图。

理论分析方法的优点在于所得到的结果具有普遍性，各种影响因素清晰可见，是指导实验研究和验证新的数值计算方法的理论基础。但是，它往往要求对计算对象进行抽象和简化，只有这样才有可能得出理论解。对于非线性情况，只有少数流动问题才能给出解析结果。

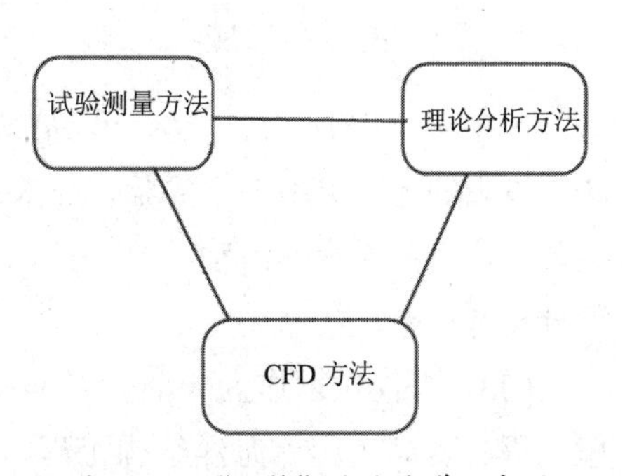

图 18-1　“三维”流体力学示意图

试验测量方法所得到的结果真实可信，它是理论分析方法和数值计算方法的基础，重要性不言而喻。然而，试验往往受到模型尺寸、流场扰动、人身安全和测量精度的限制，有时可能很难通过试验得到结果。此外，试验还会遇到经费、人力和物力的巨大耗费，以及周期过长等许多困难。

而 CFD 方法恰好克服了前面两种方法的弱点，在计算机上进行一次特定的计算，就像在计算机上进行一次试验。例如，对于机翼的绕流，通过计算并将其结果显示在屏幕上，可以看到流场的各种细节，如激波的运动、强度，涡的生成与传播，流体的分离，表面的压力分布、受力大小及其随时间的变化等。因此，数值模拟可以形象地再现流动情景。

2．CFD 的特点

CFD 的优点是适应性强、应用面广。首先，流动问题的控制方程一般是非线性的，其自变量多，计算域的几何形状和边界条件复杂，很难求得解析结果，而使用 CFD 方法有可能找出满足工程需要的数值解；其次，利用计算机可以进行各种数值试验，例如，选择不同流动参数进行物理方程涉及的各项有效性和敏感性试验，从而进行方案比较，而 CFD 方法不受物理模型和试验模型的限制，省钱、省时，具有较大的灵活性，能给出详细和完整的资料，并且很容易地模拟特殊尺寸、高温、有毒、易燃等真实条件和试验中只能接近而无法达到的理想条件。当然，CFD 也存在一定的局限性。

第一，数值模拟是一种离散、近似的计算方法，依赖于物理上合理、数学上适用且适合在计算机上进行离散计算的有限数学模型，而最终结果不能提供任何形式的解析表达式，只是有限个离散点上的数值解，并有一定的计算误差。

第二，它不像物理模型试验一样在一开始就能给出流动现象并对其进行定性的描述，它往往需要由原体观测或物理模型试验提供某些流动参数，并对建立的数学模型进行验证。

第三，程序的编制及资料的收集、整理与正确利用，在很大程度上依赖于经验与技巧。此外，数值计算方法等可能会导致计算结果不真实，如产生数值黏性和频散等伪物理效应。

当然，某些缺点或局限性可以通过某种方式来克服或弥补，这在本书中会有相应介绍。此外，CFD 涉及大量数值计算，因此，通常需要较高的计算机软硬件配置。

CFD 方法有自己的原理、方法和特点，数值计算与理论分析和试验测量相互联系、相互促进，不能完全替代理论分析方法和试验测量方法，三者具有各自的适用场景。在实际工作中，需要注意对三者进行有机的结合，做到取长补短。

3．CFD 的应用领域

多年来，CFD 有了很大的发展，替代了经典流体动力学中的一些近似计算方法和图解法。过去的一些典型教学实验，如 Reynolds 实验，现在完全可以借助 CFD 方法在计算机上实现。所有涉及流体流动、热交换、分子输运等现象的问题，几乎都可以通过 CFD 方法进行分析和模拟。

CFD 不仅可以作为一个研究工具，而且可以作为设计工具在水利工程、土木工程、环境工程、食品工程、海洋结构工程、工业制造等领域发挥作用。其典型的应用场合及相关的工程问题包括：

- 水轮机、风机和泵等流体机械内部的流体流动。
- 飞机和航天飞机等飞行器的设计。
- 汽车流线外形对性能的影响。
- 洪水波及河口潮流计算。
- 风载荷对高层建筑物稳定性及结构的影响。
- 温室、室内的空气流动及环境分析。
- 电子元器件的冷却。
- 换热器性能的分析及换热器片形状的选取。
- 河流中污染物的扩散。
- 汽车尾气对街道环境的污染。
- 食品中细菌的运移。

对于这些问题，以往主要借助基本理论分析和大量物理模型试验，而现在大多采用 CFD 方法进行分析和解决。CFD 方法现在已经发展到完全可以分析三维黏性湍流及旋涡运动等复杂问题的程度。

4．CFD 方法的分支

经过多年的发展，CFD 方法出现了多种数值解法。这些解法的区别在于对控制方程的离散方式。根据离散的不同原理，CFD 方法大体上可以分为 3 个分支。

- 有限差分法（Finite Difference Method，FDM）。
- 有限元法（Finite Element Method，FEM）。
- 有限体积法（Finite Volume Method，FVM）。

有限差分法是应用最早、最经典的 CFD 方法，它先将求解域划分为差分网格，用有限个网格节点替代连续的求解域，然后将偏微分方程的导数用差商替代，推导出含有离散点上有限个未知数的差分方程组。求出的差分方程组的解，就是微分方程定解问题的数值近似解。有限差分法是一种直接将微分问题转变为代数问题的近似数值解法。

这种方法发展较早，比较成熟，较多地应用于求解双曲型和抛物型问题。在此基础上发展起来的方法有 PIC（Particle-in-Cell）法、MAC（Marker-and-Cell）法，以及由美籍华人学者陈景仁提出的有限分析法（Finite Analytic Method）等。

有限元法是 20 世纪 80 年代开始应用的一种数值解法，它吸收了有限差分法中离散处理的内核，又采用了变分计算中选择逼近函数对区域进行积分的合理方法。有限元法由于求解速度比有限差分法和有限体积法慢，因此应用不是特别广泛。在有限元法的基础上，C.A.Brebbia 等提出了边界元法和混合元法等方法。

有限体积法将计算区域划分为一系列控制体积，并使用待解微分方程对每个控制体积积分得出离散方程。有限体积法的关键是在导出离散方程的过程中，需要对界面中的被求函数本身及其导数的分布进行某种形式的假定。使用有限体积法导出的离散方程必然具有守恒特性，并且离散方程系数的物理意义明确，计算量相对较小。

1980年，S.V.Patanker在*Numerical Heat Transfer and FluidFlow*中对有限体积法进行了全面的阐述。此后，该方法得到了广泛应用，是目前CFD方法中应用最广泛的方法之一。当然，对这种方法的研究和扩展也在不断进行，如P.Chow提出了适用于任意多边形非结构网格的扩展有限体积法等。

18.1.2 CFD基础

1．流体的连续介质模型

流体质点（Fluid Particle）：几何尺寸与流动空间相比为极小量，并且含有大量分子的微元体。

连续介质（Continuum/Continuous Medium）：质点连续地充满所占空间的流体或固体。

连续介质模型（Continuum/Continuous Medium Model）：把流体视为没有间隙地充满它所占据的整个空间的一种连续介质，并且其所有的物理量是空间坐标和时间的连续函数的一种假设模型，即$u=u(t,x,y,z)$。

2．流体的性质

1）惯性

惯性（Fluid Inertia）是指流体不受外力作用时，保持其原有运动状态的属性。惯性与质量有关，质量越大，惯性就越大。单位体积流体的质量称为密度（Density），用ρ表示，单位为kg/m^3。对均质流体而言，设其体积为V，质量为m，则其密度为

$$\rho=\frac{m}{V} \tag{18-1}$$

对非均质流体而言，密度随点而异。若取包含某点在内的体积ΔV和质量Δm，则该点的密度需要用极限方式表示，即

$$\rho=\lim_{\Delta V\to 0}\frac{\Delta m}{\Delta V} \tag{18-2}$$

2）压缩性

作用在流体上的压力变化可引起流体的体积变化或密度变化，这一现象称为流体的可压缩性。压缩性（Compressibility）可以使用体积压缩率k来度量，即

$$k=-\frac{\mathrm{d}V/V}{\mathrm{d}p}=\frac{\mathrm{d}\rho/\rho}{\mathrm{d}p} \tag{18-3}$$

式中，p为外部压强。

在研究流体流动的过程中，若考虑流体的压缩性，则将其称为可压缩流动，相应地，将流体称为可压缩流体，如高速流动的气体。若不考虑流体的压缩性，则将其称为不可压缩流动，相应地，将流体称为不可压缩流体，如水、油等。

3）黏性

黏性（Viscosity）是指在运动的状态下，流体所产生的抵抗剪切变形的性质。黏性大小由黏度来度量。流体的黏度是由流动流体的内聚力和分子的动量交换引起的。黏度分为动力黏度 μ 和运动黏度 ν。动力黏度由牛顿内摩擦定律导出，即

$$\tau = \mu \frac{\mathrm{d}u}{\mathrm{d}y} \tag{18-4}$$

式中，τ 为切应力，单位为 Pa；μ 为动力黏度，单位为 Pa · s；$\frac{\mathrm{d}u}{\mathrm{d}y}$ 为流体的剪切变形速率。

运动黏度与动力黏度的关系为

$$\nu = \frac{\mu}{\rho} \tag{18-5}$$

式中，ν 为运动黏度，单位为 $\mathrm{m^2/s}$。

在研究流体流动的过程中，若考虑流体的黏性，则将其称为黏性流动，相应地，将流体称为黏性流体；若不考虑流体的黏性，则将其称为理想流体的流动，相应地，将流体称为理想流体。

根据流体是否满足牛顿内摩擦定律，可以将流体分为牛顿流体和非牛顿流体。牛顿流体严格满足牛顿内摩擦定律且 μ 保持为常数。非牛顿流体的切应力与速度梯度不成正比，一般又分为塑性流体、假塑性流体、胀塑性流体 3 种。

塑性流体（如牙膏等）有一个保持不产生剪切变形的初始应力 τ_0。只有在克服了这个初始应力后，其切应力才与速度梯度成正比，即

$$\tau = \tau_0 + \mu \frac{\mathrm{d}u}{\mathrm{d}y} \tag{18-6}$$

假塑性流体（如泥浆等）的切应力与速度梯度的关系为

$$\tau = \mu \left(\frac{\mathrm{d}u}{\mathrm{d}y} \right)^n, \quad n < 1 \tag{18-7}$$

胀塑性流体（如乳化液等）的切应力与速度梯度的关系为

$$\tau = \mu \left(\frac{\mathrm{d}u}{\mathrm{d}y} \right)^n, \quad n > 1 \tag{18-8}$$

3. 流体动力学中的力与压强

1）质量力

与流体微团质量大小有关且集中在微团质量中心的力称为质量力（Body Force）。在重力场中，重力等于 mg；在直线运动时，惯性力等于 ma。质量力是一个矢量，一般用单位质量所具有的力来表示，其形式为

$$\boldsymbol{f} = f_x \boldsymbol{i} + f_y \boldsymbol{j} + f_z \boldsymbol{k} \tag{18-9}$$

式中，f_x、f_y、f_z 为单位质量力在各轴上的投影。

2）表面力

大小与表面的面积有关且分布、作用在流体表面上的力称为表面力（Surface Force）。表

面力按照作用方向可以分为两种：一种是沿表面内法线方向的压力，称为正压力；另一种是沿表面切向的摩擦力，称为切向力。

对于理想流体的流动，流体质点所受到的作用力只有正压力，没有切向力；对于黏性流体的流动，流体质点所受到的作用力既有正压力，又有切向力。

作用在静止流体上的表面力只有沿表面内法线方向的正压力。单位面积上所受到的表面力称为这一点处的静压强。静压强具有两个特征。

- 静压强的方向垂直指向作用面。
- 流场内一点处静压强的大小与方向无关。

3）表面张力

在液体表面上，液体间的相互作用力称为张力。液体表面有自动收缩的趋势，而收缩的液面存在相互作用的与该处液面相切的拉力，称为液体的表面张力（Surface Tension）。正是因为这种表面张力的存在，使得弯曲液面内外出现压强差及常见的毛细现象等。

试验表明，表面张力的大小与液面的截线长度 L 成正比，即

$$T = \sigma L \tag{18-10}$$

式中，σ 为表面张力系数，表示液面上单位长度截线上的表面张力，其大小由物质种类决定，单位为N/m。

4）绝对压强、相对压强及真空度

标准大气压是101 325Pa（760mm 汞柱），通常用 p_{atm} 表示。若压强大于标准大气压，则以该压强为计算基准得到的压强称为相对压强（Relative Pressure），也称为表压强，通常用 p_r 表示。若压强小于标准大气压，则压强低于标准大气压的值称为真空度（Vacuum），通常用 p_v 表示。如果以0Pa压强为计算基准，则这个压强称为绝对压强（Absolute Pressure），通常用 p_s 表示。这三者的关系为

$$p_r = p_s - p_{atm} \tag{18-11}$$

$$p_v = p_{atm} - p_s \tag{18-12}$$

在流体力学中，压强都用符号 p 表示，但一般来说，有一个约定：液体压强采用相对压强；气体压强，特别是马赫数大于0.1的流动（应视为可压缩流动），采用绝对压强。

压强的单位较多，一般用Pa，也可以用bar，还可以用汞柱、水柱，这些单位之间的换算如下：

1Pa=1N/m^2

1bar=105Pa

1p_{atm}=760mm 汞柱=10.33m 水柱=101 325Pa

5）静压强、动压强和总压强

静止状态下的流体只有静压强，而流动状态下的流体有静压强（Static Pressure）、动压强（Dynamic Pressure）、测压管压强（Manometric Tube Pressure）和总压强（Total Pressure）。下面通过伯努利方程分析它们的意义。

伯努利方程阐述了一条流线上流体质点的机械能守恒。对于理想流体的不可压缩流动，

其表达式为

$$\frac{p}{\rho g}+\frac{v^2}{2g}+z=H \tag{18-13}$$

式中，$p/\rho g$ 称为压强水头，也是压能项，为静压强；$v^2/2g$ 称为速度水头，也是动能项；z 称为位置水头，也是重力势能项，这三项之和就是流体质点的总机械能；H 称为总的水头高。

将式（18-13）两边同时乘以 ρg，则有

$$p+\frac{1}{2}\rho v^2+\rho gz=\rho gH \tag{18-14}$$

式中，p 称为静压强，简称静压；$\frac{1}{2}\rho v^2$ 称为动压强，简称动压；ρgH 称为总压强，简称总压。对于不考虑重力的流动，总压就是静压和动压之和。

4．流体运动的描述

1）流体运动的描述方法

流体运动有两种描述方法：一种是拉格朗日描述，另一种是欧拉描述。

拉格朗日描述，也称随体描述。它着眼于流体质点，认为流体质点的物理量是随流体质点及时间的变化而变化的，即把流体质点的物理量表示为拉格朗日坐标与时间的函数。设拉格朗日坐标为(a,b,c)，则以此坐标表示的流体质点的物理量，如矢径、速度、压强等在任意时刻 t 的值，可以写为 a、b、c 及 t 的函数。

若以 f 表示流体质点的某一物理量，则使用拉格朗日描述的数学表达式为

$$f=f(a,b,c,t) \tag{18-15}$$

例如，设时刻 t 流体质点的矢径（即时刻 t 流体质点的位置）以 r 表示，则使用拉格朗日描述的数学表达式为

$$r=r(a,b,c,t) \tag{18-16}$$

同样地，质点的速度使用拉格朗日描述的数学表达式为

$$v=v(a,b,c,t) \tag{18-17}$$

欧拉描述，也称空间描述。它着眼于空间点，认为流体的物理量是随空间点及时间的变化而变化的，即把流体的物理量表示为欧拉坐标及时间的函数。设欧拉坐标为(x,y,z)，则以此坐标表示的各空间点上的流体质点的物理量，如速度、压强等在任一时刻 t 的值，可以写为 x、y、z 及 t 的函数。

从数学分析可知，当某时刻一个物理量在空间的分布确定后，该物理量就会在此空间内形成一个场。因此，欧拉描述实际上描述了一个个物理量的场。

若以 f 表示流体的某一物理量，则使用欧拉描述的数学表达式为

$$f=F(x,y,z,t)=F(r,t) \tag{18-18}$$

如流体速度使用欧拉描述的数学表达式为

$$v=v(x,y,z,t) \tag{18-19}$$

2）拉格朗日描述与欧拉描述之间的关系

拉格朗日描述着眼于流体质点，将物理量视为流体质点坐标（拉格朗日坐标）与时间的函数；欧拉描述着眼于空间点，将物理量视为空间点坐标（欧拉坐标）与时间的函数。它们可以描述同一物理量，并且必定相关。设表达式 $f=f(a,b,c,t)$ 表示流体质点(a,b,c)在时刻 t 的物理量；表达式 $f=F(x,y,z,t)$ 表示空间点(x,y,z)在时刻 t 的物理量。如果流体质点(a,b,c)在时刻 t 恰好运动到空间点(x,y,z)上，则应有

$$\begin{cases} x=x(a,b,c,t) \\ y=y(a,b,c,t) \\ z=z(a,b,c,t) \end{cases} \tag{18-20}$$

$$F(x,y,z,t)=f(a,b,c,t) \tag{18-21}$$

事实上，将式（18-20）代入式（18-21）的左端，则有

$$F[x(a,b,c,t),y(a,b,c,t),z(a,b,c,t),t]=f(a,b,c,t) \tag{18-22}$$

或者反解式（18-20），可得

$$\begin{cases} a=a(x,y,z,t) \\ b=b(x,y,z,t) \\ c=c(x,y,z,t) \end{cases} \tag{18-23}$$

将式（18-23）代入式（18-21）的右端，则有

$$F(x,y,z,t)=f[a(x,y,z,t),b(x,y,z,t),c(x,y,z,t),t] \tag{18-24}$$

由此，拉格朗日描述可以推出欧拉描述，同样地，欧拉描述也可以推出拉格朗日描述。

3）随体导数

流体质点的物理量随时间变化的变化率称为随体导数（Substantial Derivative）或物质导数、质点导数。

根据拉格朗日描述，将物理量 f 表示为 $f=f(a,b,c,t)$，则 f 的随体导数就是跟随流体质点(a,b,c)的物理量 f 对时间 t 的偏导数 $\partial f/\partial t$。例如，速度 $v(a,b,c,t)$ 是矢径 $r(a,b,c,t)$ 对时间的偏导数，即

$$v(a,b,c,t)=\frac{\partial r(a,b,c,t)}{\partial t} \tag{18-25}$$

也就是说，随体导数就是偏导数。

根据欧拉描述，将物理量 f 表示为 $f=F(x,y,z,t)$，但 $\partial F/\partial t$ 并不表示随体导数，它只表示物理量在空间点 (x,y,z,t) 上的时间变化率。而随体导数必须跟随时刻 t 位于空间点 (x,y,z,t) 上的那个流体质点，表示其物理量 f 的时间变化率。

由于该流体质点是运动的，即 x、y、z 是变化的，若以 a、b、c 表示该流体质点的拉格朗日坐标，则 x、y、z 将按照式（18-20）变化，$f=F(x,y,z,t)$的变化依据连锁法则处理，因此物理量 $f=F(x,y,z,t)$的随体导数为

$$
\begin{aligned}
\frac{\mathrm{D}F(x,y,z,t)}{\mathrm{D}t} &= \frac{\mathrm{D}F[x(a,b,c,t),y(a,b,c,t),z(a,b,c,t),t]}{\mathrm{D}t} \\
&= \frac{\partial F}{\partial x}\frac{\partial x}{\partial t}+\frac{\partial F}{\partial y}\frac{\partial y}{\partial t}+\frac{\partial F}{\partial z}\frac{\partial z}{\partial t}+\frac{\partial F}{\partial t} \\
&= \frac{\partial F}{\partial x}u+\frac{\partial F}{\partial y}v+\frac{\partial F}{\partial z}w+\frac{\partial F}{\partial t} \\
&= (v\cdot\nabla)F+\frac{\partial F}{\partial t}
\end{aligned} \tag{18-26}
$$

式中，$\mathrm{D}/\mathrm{D}t$ 表示随体导数。

从中可以看出，对于流体质点物理量的随体导数，欧拉描述与拉格朗日描述大不相同。前者是二者之和，而后者是直接的偏导数。

4）定常流动与非定常流动

根据流体流动过程中流体的物理量是否与时间相关，可以将流动分为定常流动（Steady Flow）与非定常流动（Unsteady Flow）。

定常流动：在流体流动过程中，各物理量均与时间无关，这种流动称为定常流动。

非定常流动：在流体流动过程中，某个或某些物理量与时间有关，这种流动称为非定常流动。

5）迹线与流线

迹线（Track）与流线（Streamline）常用来描述流体的流动。

迹线：随着时间的变化，空间内某一点处的流体质点在流动过程中所留下的痕迹称为迹线。在 $t=0$ 时，位于空间坐标(a,b,c)处的流体质点的迹线方程为

$$
\begin{cases}
\mathrm{d}x(a,b,c,t)=u\mathrm{d}t \\
\mathrm{d}y(a,b,c,t)=v\mathrm{d}t \\
\mathrm{d}z(a,b,c,t)=w\mathrm{d}t
\end{cases} \tag{18-27}
$$

式中，u、v、w 分别为流体质点速度的 3 个分量；a、b、c 为此流体质点在时刻 t 的空间位置。

流线：在同一时刻，由无数个不同的流体质点组成的一条曲线称为流线。在该曲线上，每个点的切线都与该点处流体质点的运动方向平行。流场在某一时刻 t 的流线方程为

$$
\frac{\mathrm{d}x}{u(x,y,z,t)}=\frac{\mathrm{d}y}{v(x,y,z,t)}=\frac{\mathrm{d}z}{w(x,y,z,t)} \tag{18-28}
$$

对于定常流动，流线的形状不随时间的变化而变化，并且流体质点的迹线与流线重合。在实际流场中，除驻点或奇点外，流线不能相交，不能突然转折。

6）流量与净通量

流量（Flux）：单位时间内流过某一控制面的流体体积称为该控制面的流量，用 Q 表示，单位为 $\mathrm{m^3/s}$。若单位时间内流过的流体是以质量计算的，则称为质量流量，用 Q_m 表示。当没有说明时，“流量”一词概指体积流量。在曲面控制面上有

$$Q = \iint_A v \cdot n\mathrm{d}A \tag{18-29}$$

净通量（Net Flux）：在流场中取整个封闭曲面作为控制面 A，取封闭曲面内的空间作为控制体，有流体经一部分控制面流入控制体，同时有流体经另一部分控制面从控制体中流出，此时流出的流体减去流入的流体，所得出的流量称为流过封闭控制面 A 的净流量（即净通量），可得

$$q = \iint_A v \cdot n\mathrm{d}A \tag{18-30}$$

对于不可压缩流体来说，流过任意封闭控制面的净通量等于 0。

7）有旋流动与有势流动

由速度分解定理可知，流体质点的运动可以分解为以下几项。

- 随同其他质点的平动。
- 自身的旋转运动。
- 自身的变形运动，如拉伸变形和剪切变形。

在流体流动过程中，若流体质点自身进行无旋运动，则称流动为无旋流动（Irrotational Flow），否则称流动为有旋流动（Rotational Flow）。流体质点的旋度是一个矢量，通常用 $\boldsymbol{\omega}$ 表示，其大小为

$$\boldsymbol{\omega} = \frac{1}{2}\begin{vmatrix} \boldsymbol{i} & \boldsymbol{j} & \boldsymbol{k} \\ \dfrac{\partial}{\partial x} & \dfrac{\partial}{\partial y} & \dfrac{\partial}{\partial z} \\ u & v & w \end{vmatrix} \tag{18-31}$$

若 $\boldsymbol{\omega}=0$，则称流动为无旋流动，否则称流动为有旋流动。

$\boldsymbol{\omega}$ 与流体的流线或迹线形状无关。黏性流动一般为有旋流动。对于无旋流动，伯努利方程适用于流场中任意两点之间。无旋流动又称有势流动（Potential Flow），即存在一个势函数 $\varphi(x,y,z,t)$，满足

$$V = \mathrm{grad}\varphi \tag{18-32}$$

即

$$u = \frac{\partial\varphi}{\partial x},\ v = \frac{\partial\varphi}{\partial y},\ w = \frac{\partial\varphi}{\partial z} \tag{18-33}$$

8）层流与湍流

流体的流动分为层流（Laminar Flow）与湍流（Turbulent Flow）。从试验的角度来看，层流中流体的层与层之间没有任何干扰，层与层之间既没有质量的传递又没有动量的传递；而湍流中流体的层与层之间有干扰，并且干扰的力度会随着流动而加大，层与层之间既有质量的传递又有动量的传递。

判断流动是层流还是湍流，要看其雷诺数是否超过临界雷诺数。雷诺数的定义为

$$Re = \frac{VL}{v} \tag{18-34}$$

式中，V 为截面的平均速度；L 为特征长度；ν 为流体的运动黏度。

对于圆形管道内的流动，特征长度 L 取圆形管道的直径 d。一般认为临界雷诺数为 2320，雷诺数的表达式为

$$Re=\frac{Vd}{\nu} \tag{18-35}$$

当 $Re<2320$ 时，管道内的流动是层流；当 $Re>2320$ 时，管道内的流动是湍流。

对于异型管道内的流动，如果特征长度取水力直径 d_H，则雷诺数的表达式为

$$Re=\frac{Vd_H}{\nu} \tag{18-36}$$

异型管道的水力直径为

$$d_H=\frac{4A}{S} \tag{18-37}$$

式中，A 为过流断面的面积；S 为过流断面上流体与固体接触的周长。

此时临界雷诺数根据管道截面形状的不同而有所差别。根据试验，几种异型管道的临界雷诺数如表 18-1 所示。

表18-1　几种异型管道的临界雷诺数

管道截面形状	正方形	正三角形	偏心缝隙
雷诺数 Re	$\frac{Va}{\nu}$	$\frac{Va}{\sqrt{3}\nu}$	$\frac{V}{\nu}(D-d)$
临界雷诺数	2070	1930	1000

对于平板的外部绕流，特征长度取沿流动方向的长度，其临界雷诺数为 5×10^5～3×10^6。

18.2　实例 1——CFX 流场分析

CFX 是 ANSYS 公司的模拟工程实际传热与流动问题的商用程序包，是全球第一个在复杂几何、网格、求解这 3 个 CFD 传统瓶颈问题上均获得重大突破的商用 CFD 软件包，其特点如下。

（1）精确的数值计算方法：CFX 采用了基于有限元法的有限体积法，在有限体积法的守恒特性基础上，吸收了有限元法的数值精确性。

（2）快速、稳健的求解技术：CFX 是全球第一个发展和使用全隐式多网格耦合求解技术的商用程序包，这种革命性的求解技术克服了传统算法，采用“假设压力项→求解→修正压力项”的反复迭代过程，可以同时求解动量方程和连续性方程。

（3）丰富的物理模型：CFX 拥有包含流体流动、传热、辐射、多项流、化学反应、燃

烧等问题的丰富的通用物理模型；还拥有包含气蚀、凝固、沸腾、多孔介质、相间传质、非牛顿流、喷雾干燥、动静干涉等大量复杂现象的实用模型。

（4）领先的流固耦合技术：借助 ANSYS 在多物理场方面深厚的技术基础，以及 CFX 在流体力学分析方面的领先优势，ANSYS 与 CFX 强强联合，推出了目前世界上优秀的流固耦合（FSI）技术，能够完成流固单向耦合及流固双向耦合分析。

（5）集成环境与优化技术：ANSYS Workbench 平台提供了从分析开始到分析结束的统一环境，提高了用户的工作效率。在 ANSYS Workbench 平台下，所有设置都是统一的，并且可以和 CAD 数据相互关联，进行参数化传递。

本节主要介绍 ANSYS Workbench 平台的流体动力学分析模块 CFX，分析 T 形管内流体的流动特性及热流耦合特性。

学习目标：熟练掌握 CFX 流场分析的基本方法及操作过程。

模型文件	配套资源\Chapter18\char18-1\mixing_tee.msh
结果文件	配套资源\Chapter18\char18-1\pipe.wbpj

18.2.1 问题描述

图 18-2 所示为某 T 形管模型，inlety 流速为 5m/s、温度为 10℃，inletz 流速为 3m/s、温度为 90℃，出口设置为标准大气压，请使用 ANSYS CFX 模块分析管内流体的流动特性及温度场分布情况。

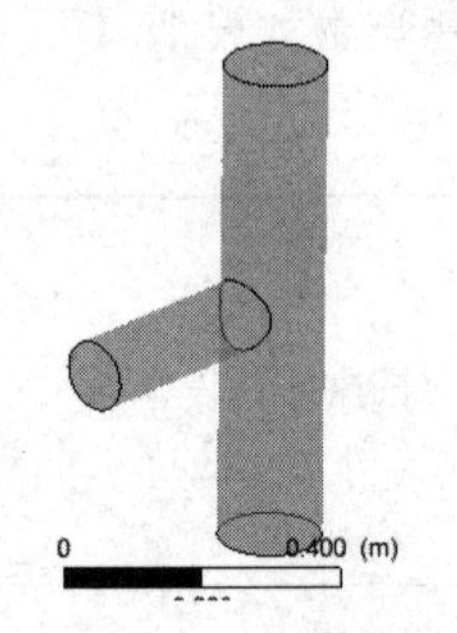

图 18-2 T 形管模型

18.2.2 创建分析项目

① 在 Windows 系统下启动 ANSYS Workbench 平台，进入主界面。

② 双击主界面“工具箱”窗格中的“分析系统”→“流体流动（CFX）”命令，即可在“项目原理图”窗格中创建分析项目 A，如图 18-3 所示。

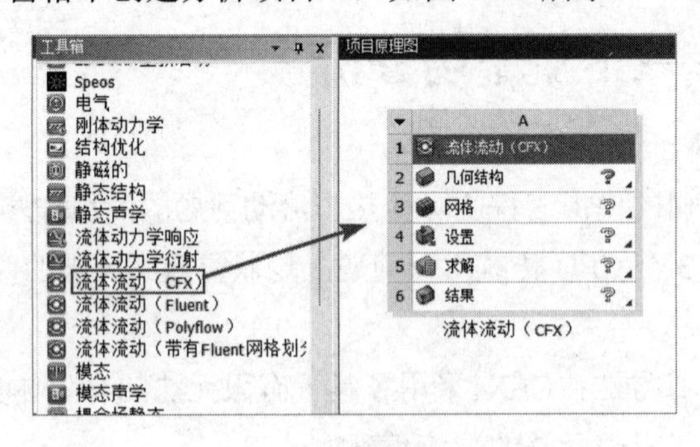

图 18-3 创建分析项目 A

18.2.3 导入几何体

① 右击项目 A 中 A3 栏的“网格”，在弹出的快捷菜单中选择“导入网格文件”→“浏

览”命令，如图 18-4 所示。

② 在弹出的“打开”对话框中选择几何体文件“mixing_tee.msh”，并单击“打开”按钮。

③ 双击项目 A 中 A3 栏的“网格”，进入 CFX 平台界面，显示的几何体如图 18-5 所示。

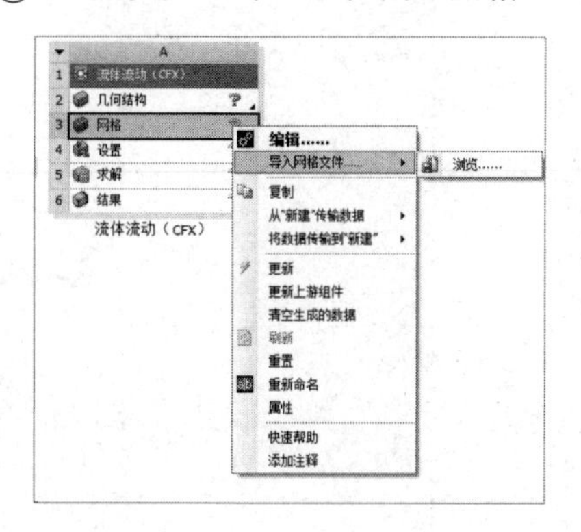

图 18-4　选择“浏览”命令

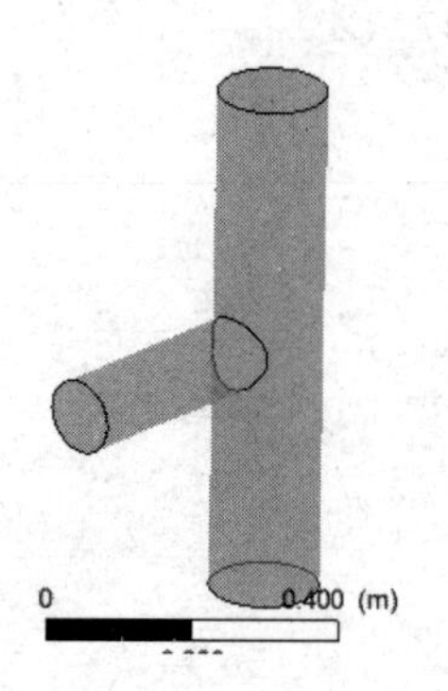

图 18-5　显示的几何体

18.2.4　前处理设置

① 如图 18-6 所示，右击“Outline”窗格中的“Default Domain”命令，在弹出的快捷菜单中选择“Rename”命令，并输入新名称“junction”。

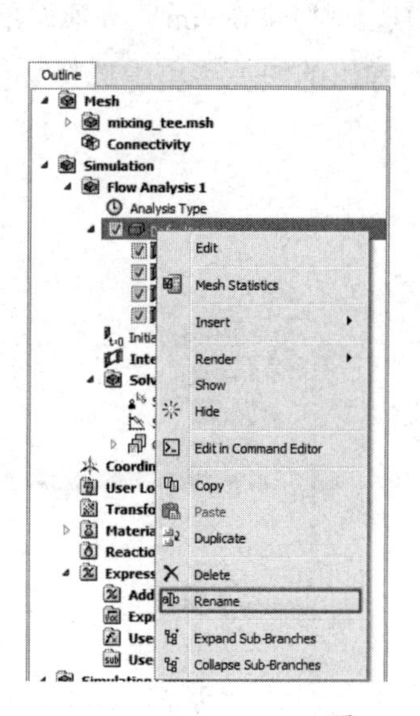

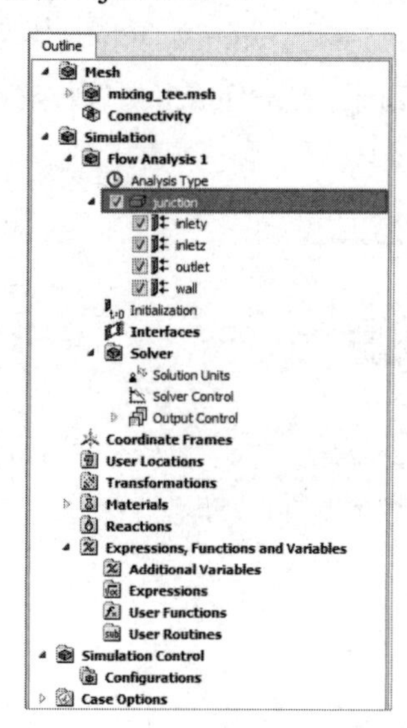

图 18-6　命名

② 双击“junction”命令，在出现的“Domain：junction”设置面板中进行如图 18-7 所示的设置。

在“Material”下拉列表中选择“Water” 选项。

注意

CFX 平台中有大量的材料可供选择，在“Material”下拉列表中包括常用的几种材料，如果想获得更多的材料，请单击右侧的 ... 按钮，并在弹出的如图 18-8 所示的“Material”对话框中进行选择。

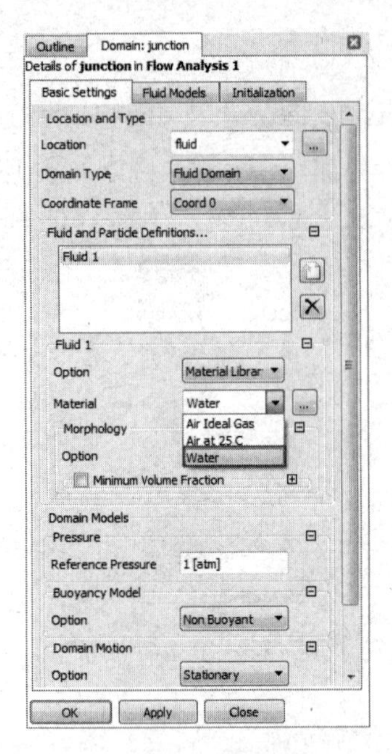

图 18-7　设置材料

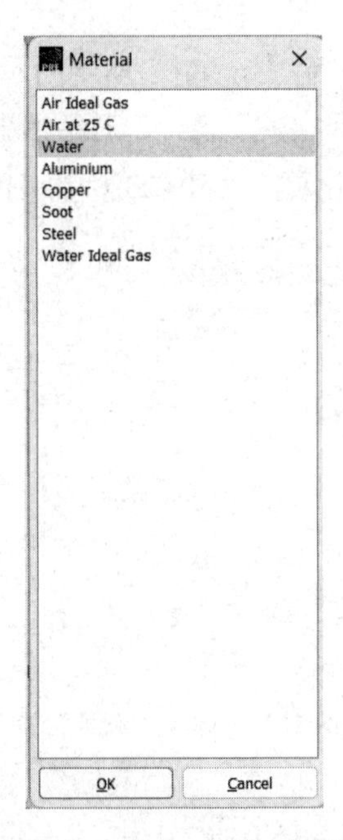

图 18-8　“Material”对话框

③ 切换到“Fluid Models”选项卡，如图 18-9 所示，在该选项卡中进行以下设置。

在“Heat Transfer”→“Option”下拉列表中选择“Thermal Energy”选项。

在“Turbulence”→“Option”下拉列表中选择“k-Epsilon”选项，单击“OK”按钮。

④ 如图 18-10 所示，右击“junction”命令，在弹出的快捷菜单中选择“Insert”→“Boundary”命令。

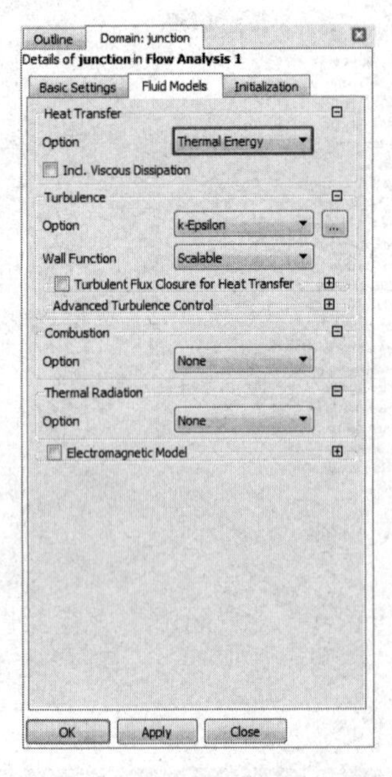

图 18-9　“Fluid Models”选项卡

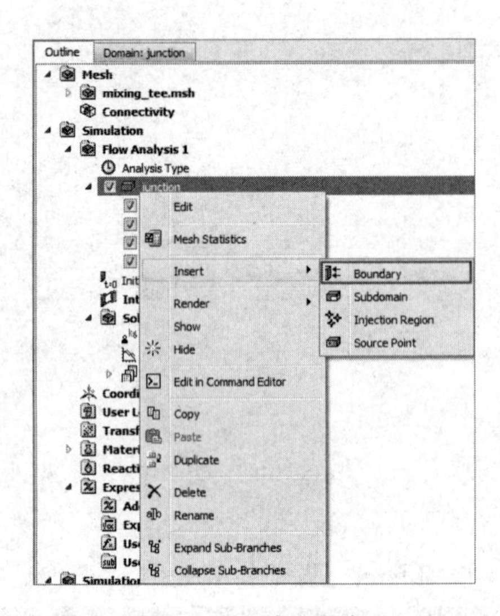

图 18-10　创建边界条件

⑤ 在弹出的如图 18-11 所示的“Insert Boundary”对话框中，设置“Name”为“inlety”，并单击“OK”按钮。

⑥ 在弹出的如图 18-12 所示的“Boundary：inlety”设置面板中进行以下设置。

在“Boundary Type”下拉列表中选择“Inlet”选项。

在“Location”下拉列表中选择“inlet y”选项。

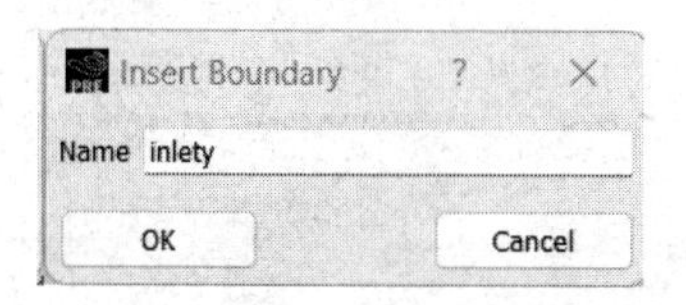

图 18-11　“Insert Boundary”对话框（1）

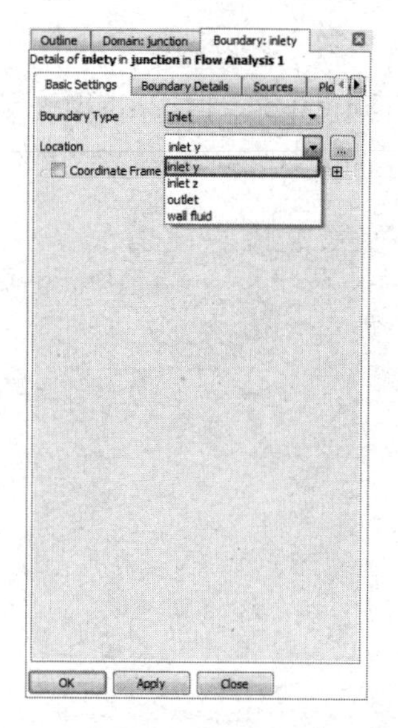

图 18-12　“Boundary：inlety”设置面板

⑦ 切换到“Boundary Details”选项卡，如图 18-13 所示，在该选项卡中进行以下设置。

在“Normal Speed”文本框中输入“5”，单位为 m/s。

在“Static Temperature”文本框中输入“10”，单位为℃，单击“OK”按钮。

⑧ 右击“junction”命令，在弹出的快捷菜单中选择“Insert”→“Boundary”命令。

⑨ 在弹出的如图 18-14 所示的“Insert Boundary”对话框中，设置“Name”为“inletz”，并单击“OK”按钮。

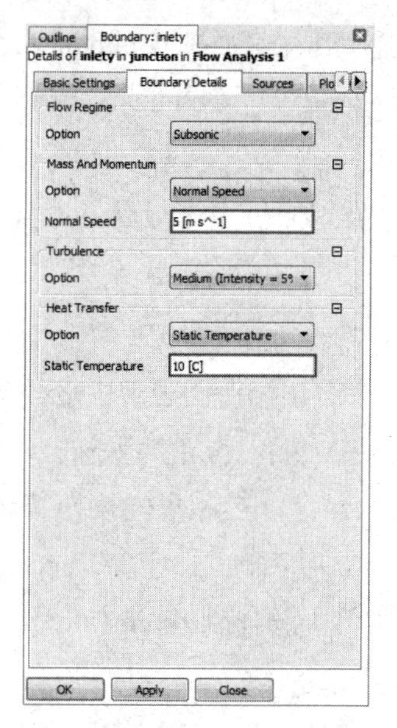

图 18-13　“Boundary Details”选项卡（1）

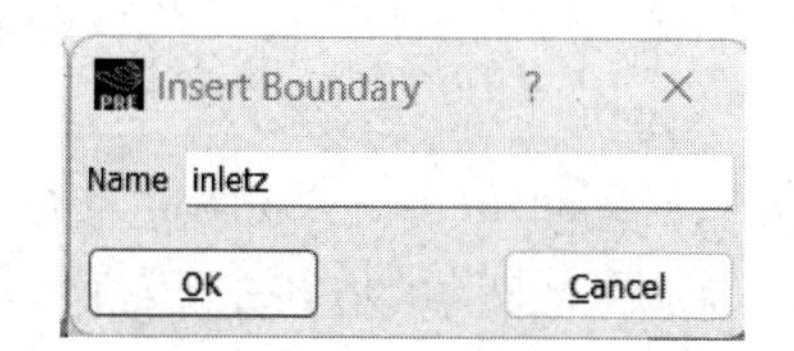

图 18-14　“Insert Boundary”对话框（2）

⑩ 在弹出的如图 18-15 所示的“Boundary：inletz”设置面板中进行以下设置。

在“Boundary Type”下拉列表中选择“Inlet”选项。

在“Location”下拉列表中选择“inlet z”选项。

⑪ 切换到“Boundary Details”选项卡，如图 18-16 所示，在该选项卡中进行以下设置。

在“Normal Speed”文本框中输入“3”，单位为 m/s。

在“Static Temperature”文本框中输入“90”，单位为℃，单击“OK”按钮。

图 18-15 “Boundary：inletz”设置面板

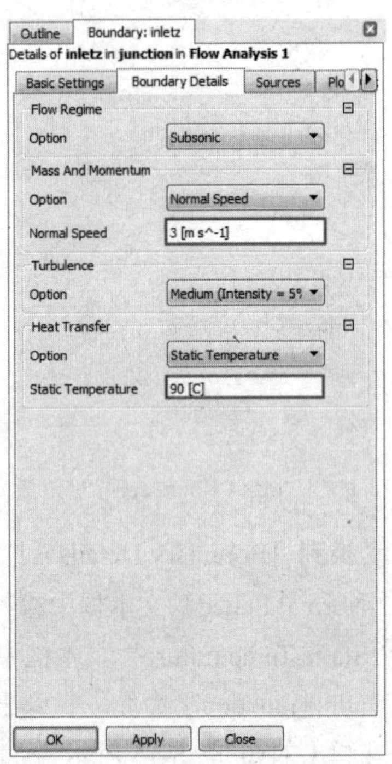

图 18-16 “Boundary Details”选项卡（2）

⑫ 右击“junction”命令，在弹出的快捷菜单中选择“Insert”→“Boundary”命令。

⑬ 在弹出的“Insert Boundary”对话框中，设置“Name”为“outlet”，并单击“OK”按钮。

⑭ 在弹出的如图 18-17 所示的“Boundary：outlet”设置面板中进行以下设置。

在“Boundary Type”下拉列表中选择“Outlet”选项。

在“Location”下拉列表中选择“outlet”选项。

⑮ 切换到“Boundary Details”选项卡，如图 18-18 所示，在该选项卡中进行以下设置。

在“Relative Pressure”文本框中输入“0”，单位为 Pa，单击“OK”按钮。

⑯ 如图 18-19 所示，右击“junction”→“Default”命令，在弹出的快捷菜单中选择“Rename”命令，输入新名称“wall”。

⑰ 右击“junction”→“inlety”命令，在弹出的快捷菜单中选择“Edit in Command Editor”命令，如图 18-20 所示，此时将弹出如图 18-21 所示的 CCL 命令行。

从命令行中可以看到之前定义的速度、温度流动状态等。

关于 CCL 命令的知识，这里不再赘述。

图 18-17　“Boundary：outlet”设置面板

图 18-18　“Boundary Details”选项卡（3）

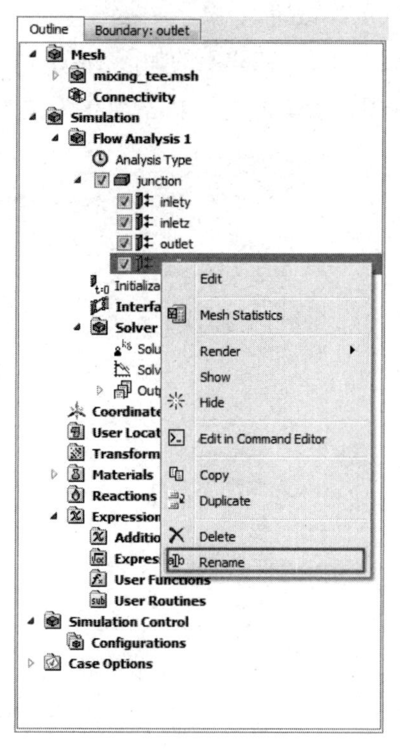

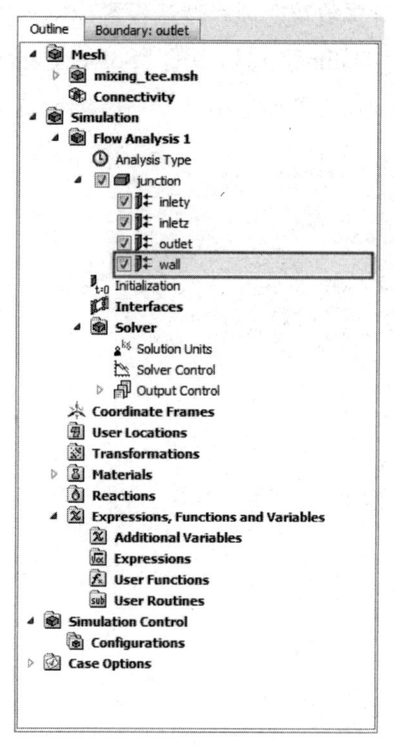

图 18-19　重命名

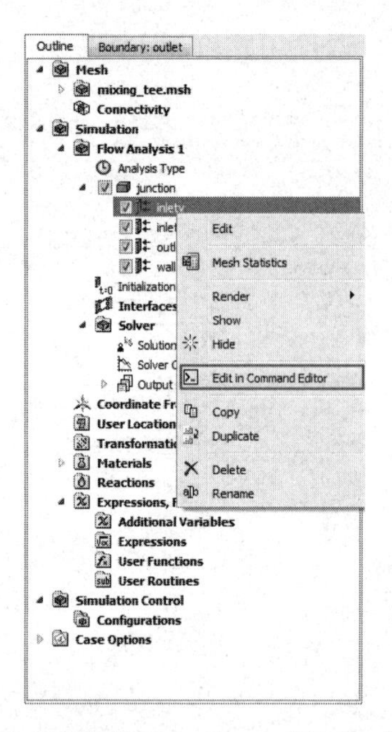

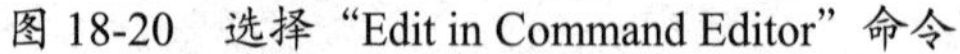
图 18-20　选择“Edit in Command Editor”命令

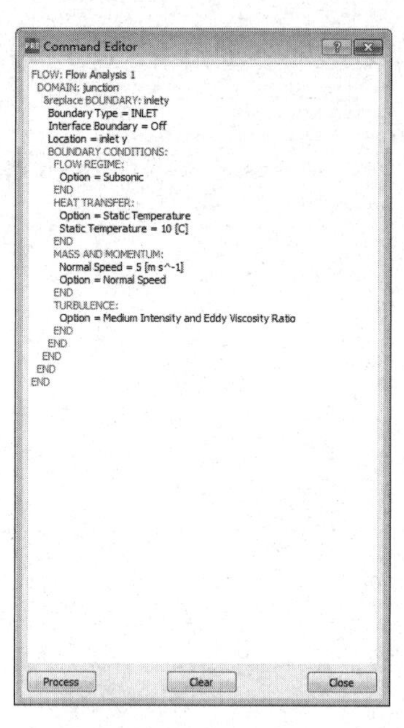

图 18-21　CCL 命令行

18.2.5　初始化及求解控制

① 单击工具栏中的 $t=0$ 按钮，在弹出的如图 18-22 所示的“Initialization”设置面板中保持所有参数及选项为默认设置，单击“OK”按钮。

② 双击“Outline”窗格中的“Solver Control”命令，在弹出的如图 18-23 所示的“Solver Control”设置面板中保持所有参数及选项为默认设置，单击“OK”按钮。

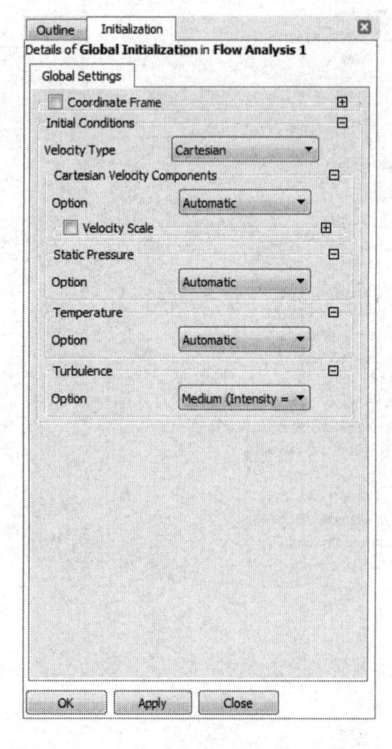

图 18-22　“Initialization”设置面板

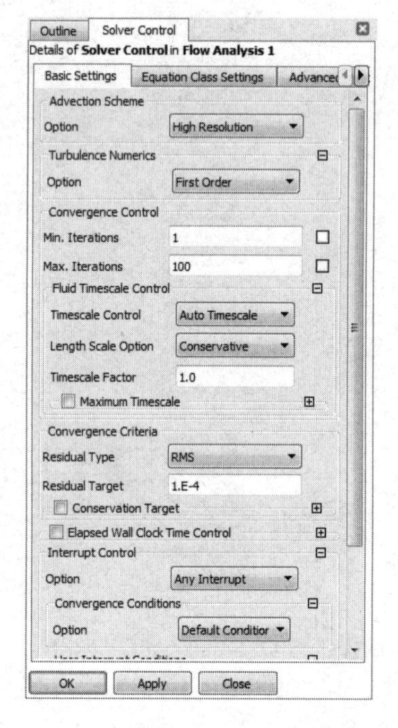

图 18-23　“Solver Control”设置面板

③ 双击“Outline”窗格中的“Output Control”命令，在弹出的如图 18-24 所示的“Output Control”设置面板中进行以下设置。

切换到“Monitor”选项卡。

勾选“Monitor Objects”复选框。

在“Monitor Points and Expressions”选项组中单击按钮。

在弹出的对话框中设置“Name”为“p inlety”，并单击“OK”按钮。

此时在“Monitor Points and Expressions”选项组的列表框中会显示“p inlety”选项。

在“p inlety”选项组的“Option”下拉列表中选择“Expression”选项。

单击“Expression Value”右侧的按钮，此时可以在左侧的文本框中输入表达式。在此文本框中输入“areaAve(Pressure)@inlety”，如图 18-25 所示。

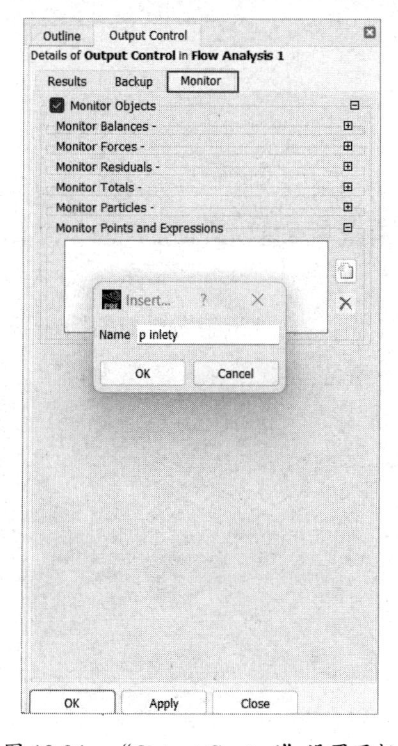

图 18-24　“Output Control”设置面板

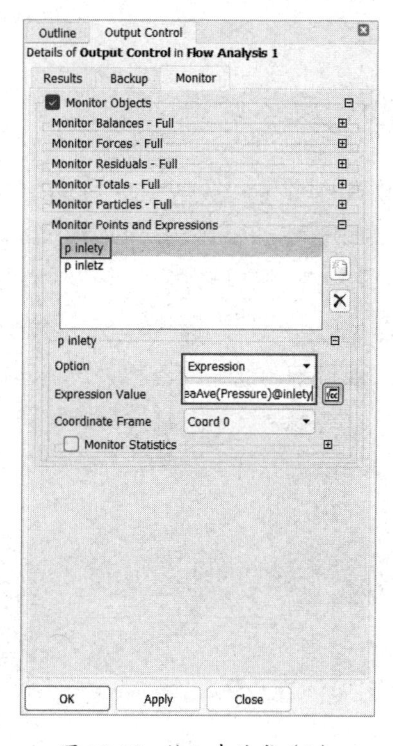

图 18-25　输入表达式（1）

④ 在“Monitor Points and Expressions”选项组中单击按钮。

在弹出的对话框中设置为“Name”为“p inletz”，单击“确定”按钮。

此时在“Monitor Points and Expressions”选项组的列表框中会显示“p inletz”选项。

在“p inletz”选项组的“Option”下拉列表中选择“Expression”选项。

单击“Expression Value”右侧的按钮，此时可以在左侧的文本框中输入表达式。在此文本框中输入“areaAve(Pressure)@inletz”，如图 18-26 所示。

⑤ 单击工具栏中的“保存”按钮，并单击 CFX 平台界面右上角的“关闭”按钮，关闭 CFX 平台，返回 ANSYS Workbench 平台主界面。

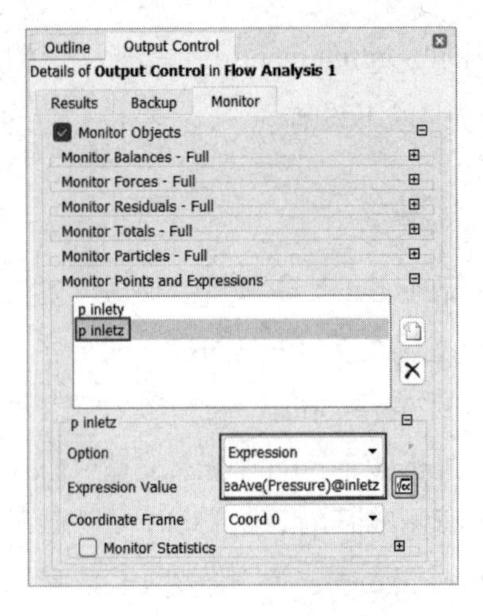

图 18-26 输入表达式（2）

18.2.6 流体计算

① 在 ANSYS Workbench 平台主界面中双击项目 A 中 A5 栏的“求解”，此时会弹出如图 18-27 所示的“Define Run”对话框。所有选项保持默认设置，单击“Start Run”按钮，进行计算。

② 此时会出现如图 18-28 所示的计算过程监察窗口，窗口左侧为残差曲线，右侧为计算过程。通过修改相关设置，可以观察许多变量的曲线变化，这里不详细介绍，请读者参考其他书籍或帮助文档。

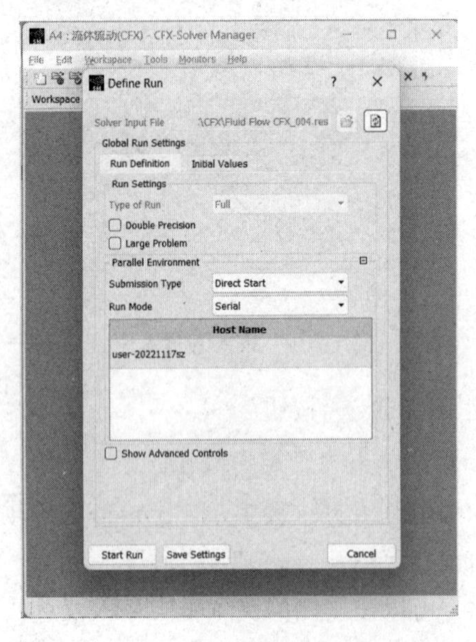

图 18-27 “Define Run”对话框

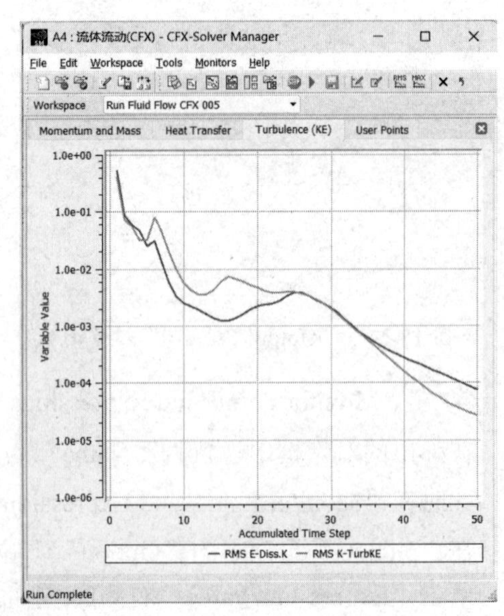

图 18-28 计算过程监察窗口

③ 图 18-29 所示为刚刚定义的监测点的收敛曲线。

④ 在计算成功完成后，会弹出如图 18-30 所示的提示对话框，表示求解完成，单击“OK”按钮。

⑤ 单击 CFX 平台界面右上角的“关闭”按钮，关闭 CFX 平台，返回 ANSYS Workbench 平台主界面。

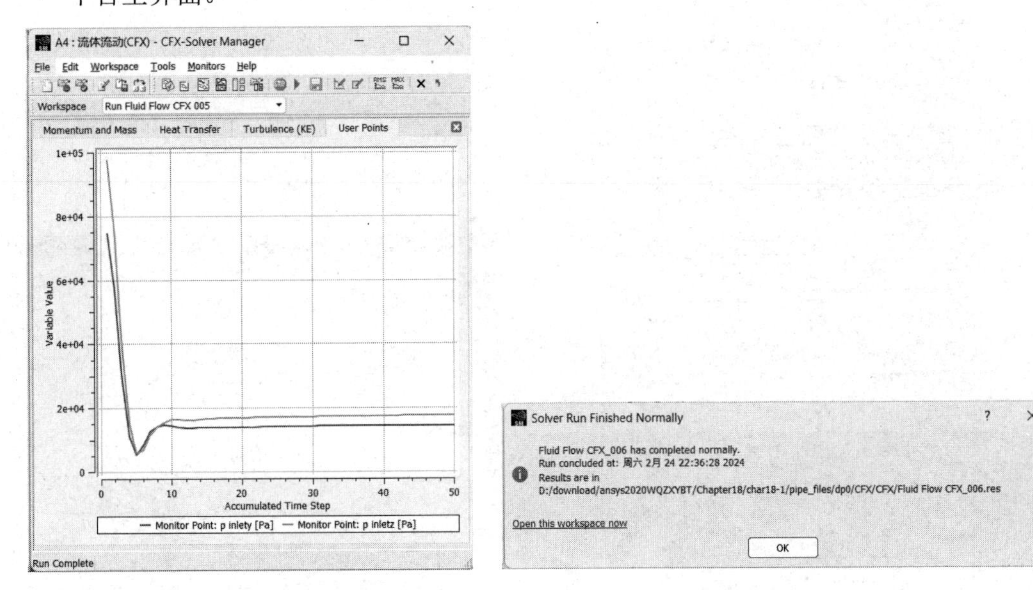

图 18-29　监测点的收敛曲线　　　　图 18-30　提示对话框

18.2.7　结果后处理

① 双击项目 A 中 A6 栏的“结果”，此时会出现如图 18-31 所示的 CFD-Post 平台界面。

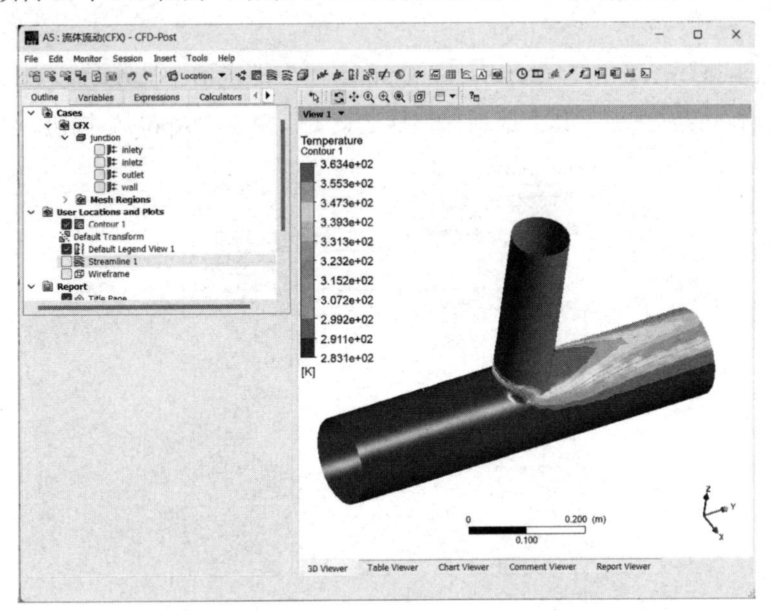

图 18-31　CFD-Post 平台界面

② 在工具栏中单击 按钮，在弹出的对话框中保持名称的默认设置，单击“OK”按钮。

③ 如图 18-32 所示，在“Details of Streamline 1”面板的“Start From”下拉列表中选择“inlety,inletz”选项，其余选项保持默认设置，单击“Apply”按钮。

④ 图 18-33 所示为流体流速迹线云图。

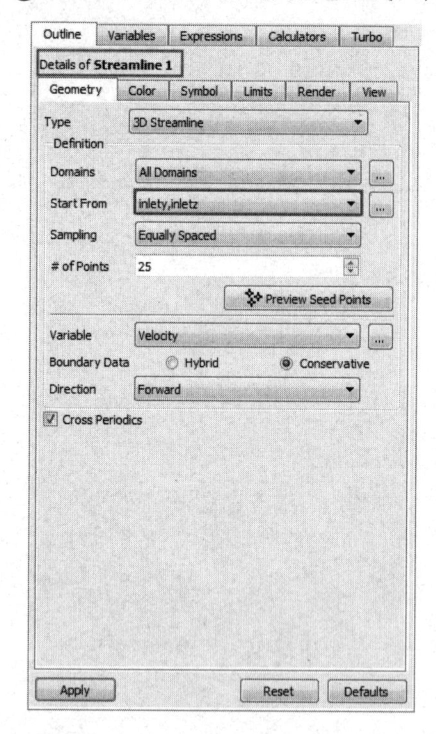

图 18-32　设置流体流速迹线

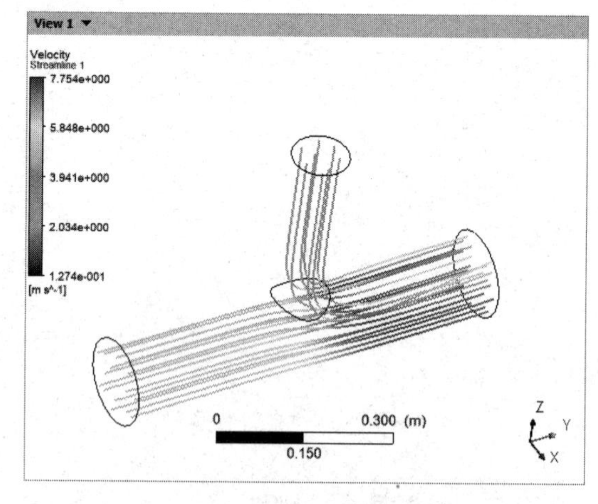

图 18-33　流体流速迹线云图

⑤ 在工具栏中单击 按钮，在弹出的对话框中保持名称的默认设置，单击“OK”按钮。

⑥ 如图 18-34 所示，在“Details of Contour 1”面板的“Variable”下拉列表中选择“Temperature”选项，其余选项保持默认设置，单击“Apply”按钮。

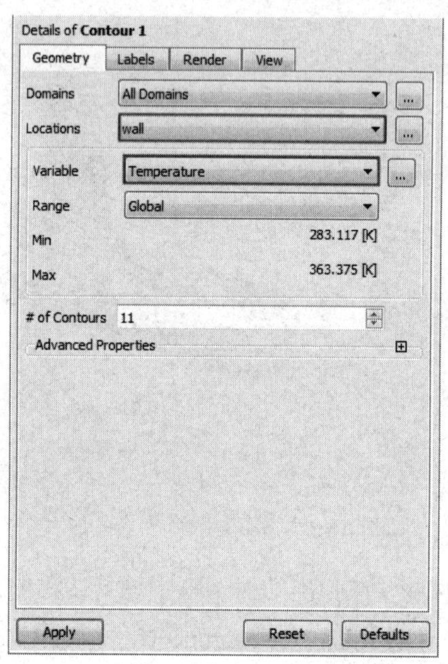

图 18-34　设置变量

⑦ 图 18-35 所示为流体温度场分布云图。

⑧ 图 18-36 所示为流体压力分布云图。

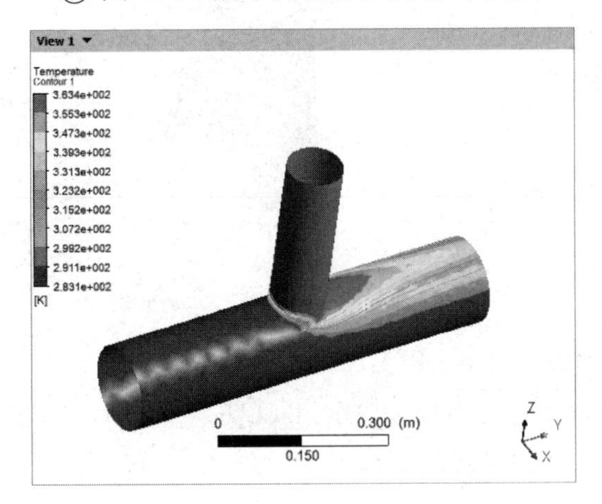

图 18-35 流体温度场分布云图

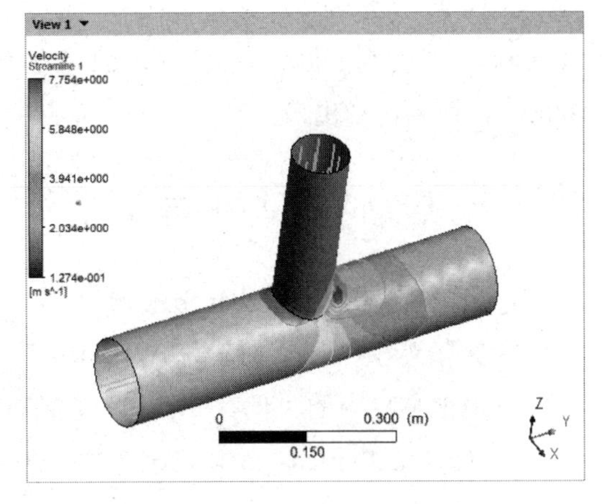

图 18-36 流体压力分布云图

⑨ 读者也可以在工具栏中添加其他命令，这里不再赘述。

⑩ 单击工具栏中的“保存”按钮，单击 CFD-Post 平台界面右上角的“关闭”按钮，关闭 CFD-Post 平台，返回 ANSYS Workbench 平台主界面。

18.3 实例 2——Fluent 流场分析

Fluent 是用于模拟具有复杂外形的流体流动及热传导的程序包。它提供了极大的网格灵活性，用户可以使用非结构网格，如二维的三角形或四边形网格，三维的四面体、六面体或金字塔形网格来解决具有复杂外形结构的流体流动问题。Fluent 具有以下模拟能力。

- 用非结构自适应网格模拟二维或三维流场。
- 不可压缩流动或可压缩流动。
- 定常状态或过渡分析。
- 无黏、层流和湍流。
- 牛顿流和非牛顿流。
- 对流热传导，包括自然对流和强迫对流。
- 耦合传热和对流。
- 辐射换热传导模型等。

本节主要介绍 ANSYS Workbench 平台的流体动力学分析模块 Fluent 的流场分析方法及求解过程，分析流场及温度分布情况。

学习目标：熟练掌握 Fluent 的流场分析方法及求解过程。

模型文件	配套资源\Chapter18\char18-2\fluid_FLUENT.x_t
结果文件	配套资源\Chapter18\char18-2\fluid_FLUENT.wbpj

18.3.1 问题描述

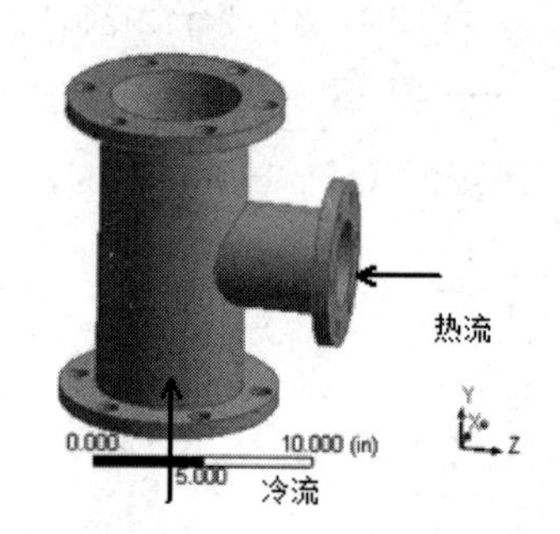

图 18-37 三通管道模型

图 18-37 所示为某三通管道模型，模型的热流入口流速为 20m/s、温度为 500K，冷流入口流速为 10m/s、温度为 300K，出口为自由出口。

18.3.2 启动平台与保存文件

① 启动 ANSYS Workbench 平台。

② 保存文件。进入 ANSYS Workbench 平台主界面，单击工具栏中的“保存”按钮，保存工程文件的名称为“fluid_FLUENT.wbpj”，单击“Getting Started”窗口右上角的“关闭”按钮将其关闭。

18.3.3 导入几何体

① 选择主界面“工具箱”窗格中的“组件系统”→“几何结构”命令，并将其拖曳到“项目原理图”窗格中，创建分析项目 A。

② 右击项目 A 中 A2 栏的“几何结构”，在弹出的快捷菜单中选择“导入几何模型”→“浏览”命令，并通过弹出的“打开”对话框导入几何体文件“fluid_FLUENT.x_t”。

③ 双击项目 A 中 A2 栏的“几何结构”，进入 DesignModeler 平台界面，如图 18-38 所示，在 DesignModeler 平台界面中可以对几何体进行修改，本实例不进行修改。

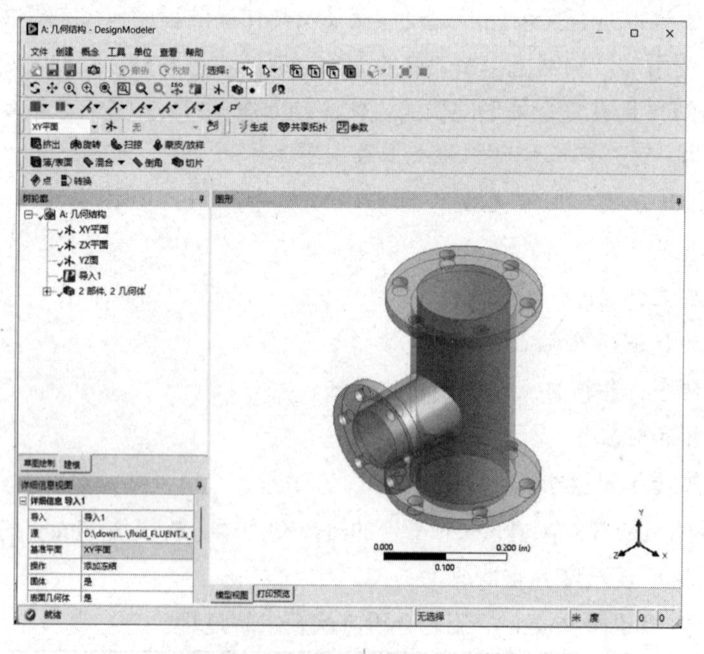

图 18-38 DesignModeler 平台界面

④ 关闭 DesignModeler 平台，返回 ANSYS Workbench 平台主界面。

18.3.4 网格划分

① 选择主界面“工具箱”窗格中的“分析系统”→“流体流动（Fluent）”命令，并将其直接拖曳到项目 A 中 A2 栏的“几何结构”中，创建基于 Fluent 求解器的流体分析项目 B，如图 18-39 所示。

图 18-39 创建流体分析项目 B

② 双击项目 B 中 B3 栏的“网格”，进入网格平台。在网格平台中可以进行网格划分。

③ 右击“轮廓”窗格中的“项目”→“模型（B3）”→“几何结构”→“PIPE”命令，在弹出的快捷菜单中选择“抑制几何体”命令，如图 18-40 所示。

注意

由于在进行流体分析时，除了流体模型，其他模型均不参与计算，因此需要将其抑制。

④ 右击“轮廓”窗格中的“项目”→“模型（B3）”→“网格”命令，在弹出的快捷菜单中选择“插入”→“膨胀”命令，如图 18-41 所示。

注意

在进行流体分析之前，需要对流体几何体进行网格划分，且在对流体进行网格划分时一般需要设置膨胀层。

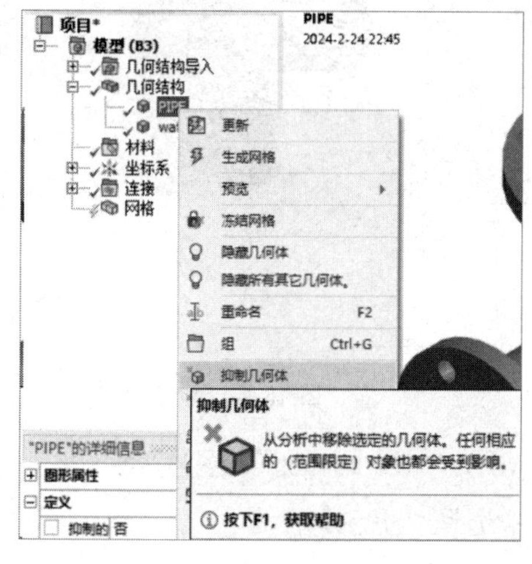

图 18-40 选择“抑制几何体”命令

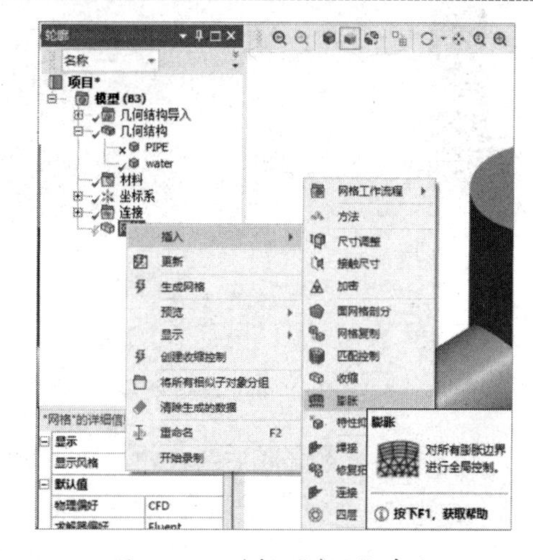

图 18-41 选择“膨胀”命令

⑤ 在“‘膨胀’-膨胀的详细信息”窗格中进行膨胀层设置，如图 18-42 所示。

在“几何结构”栏中保证流体几何体被选中。

在“边界”栏中选择流体几何体外表面（此处选择圆柱体的面），其余选项保持默认设置。

⑥ 右击“轮廓”窗格中的“网格”命令，在弹出的快捷菜单中选择“生成网格”命令，进行网格划分，划分完成后的网格模型如图 18-43 所示。

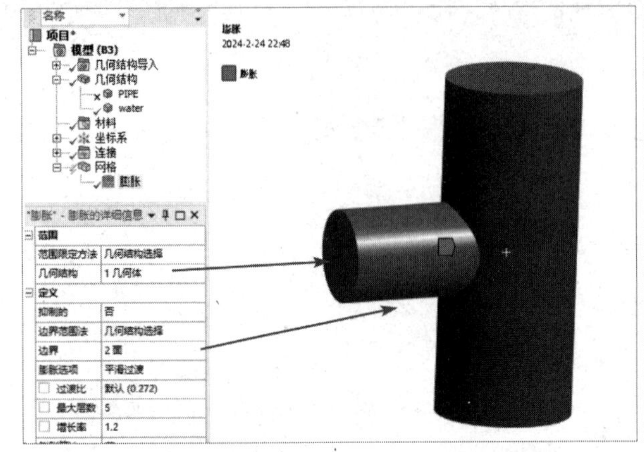

图 18-42　膨胀层设置

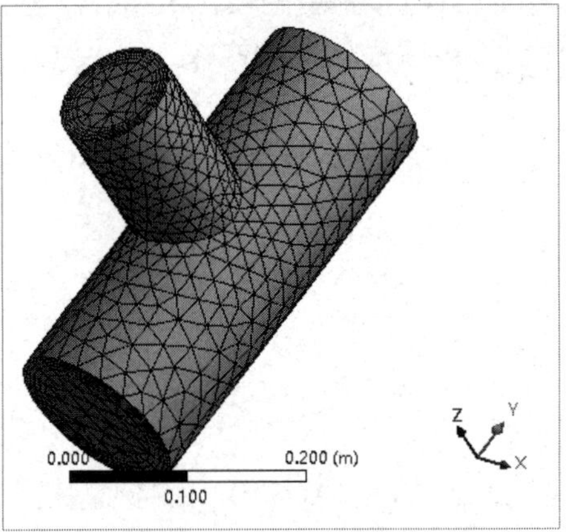

图 18-43　网格模型

⑦ 端面命名。选择 Y 轴方向最大位置的一个圆柱体端面，在弹出的快捷菜单中选择“创建命名选择”命令，并在弹出的“选择名称”对话框中输入“coolinlet”，单击“OK”按钮，如图 18-44 所示。

⑧ 使用同样的操作方法对其他几何体端面进行命名，结果如图 18-45 所示。

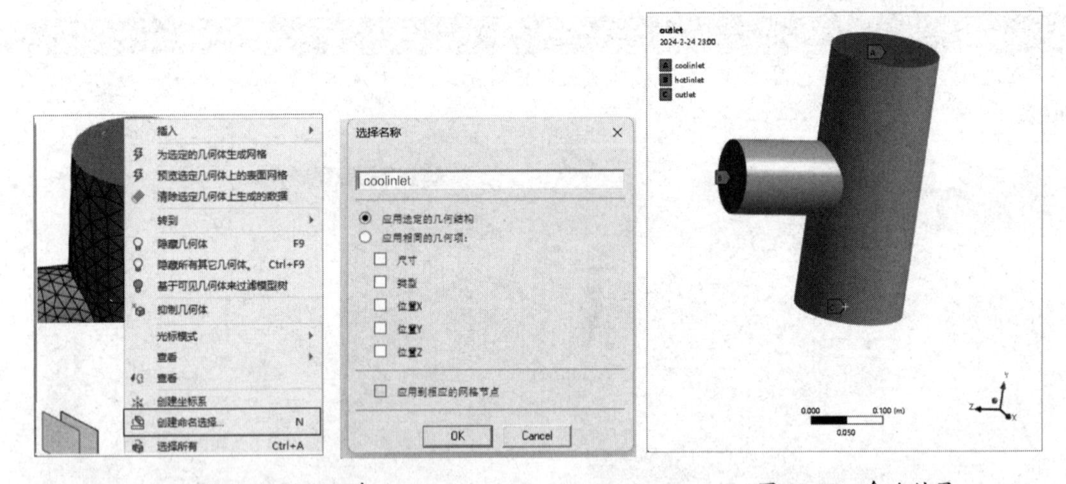

图 18-44　端面命名　　　　　　　　　　图 18-45　命名结果

⑨ 在网格设置完成后，关闭网格平台，返回 ANSYS Workbench 平台主界面，右击项目 B 中 B3 栏的“网格”，在弹出的快捷菜单中选择“更新”命令。

18.3.5　进入 Fluent 平台

① Fluent 前处理操作。双击项目 B 中 B4 栏的“设置”，弹出如图 18-46 所示的 Fluent 启动设置界面，保持界面中的所有选项为默认设置，单击“Start”按钮。

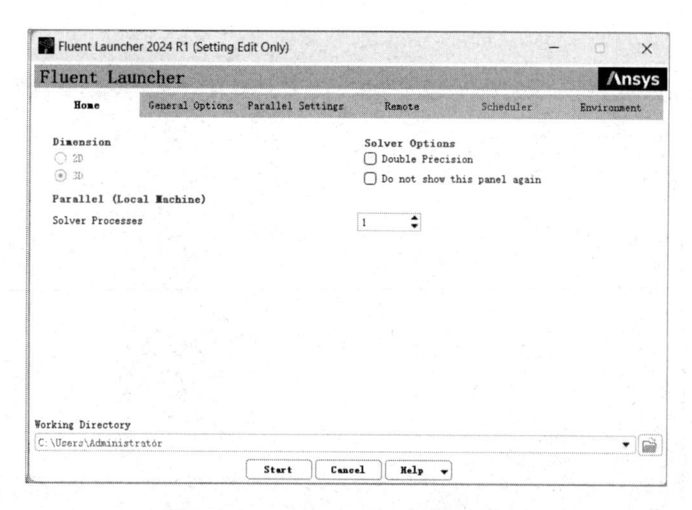

图 18-46　Fluent 启动设置界面

注意

在 Fluent 启动设置界面中可以设置计算维度、精度及处理器数量等。本实例仅为了演示相关功能，读者在进行实际工程项目分析时，应根据实际需要进行选择，以保证计算精度。关于设置的问题，请读者参考帮助文档。

② 此时会出现如图 18-47 所示的 Fluent 操作界面，在 Fluent 操作界面中可以完成本实例的计算及一些简单的后处理操作。

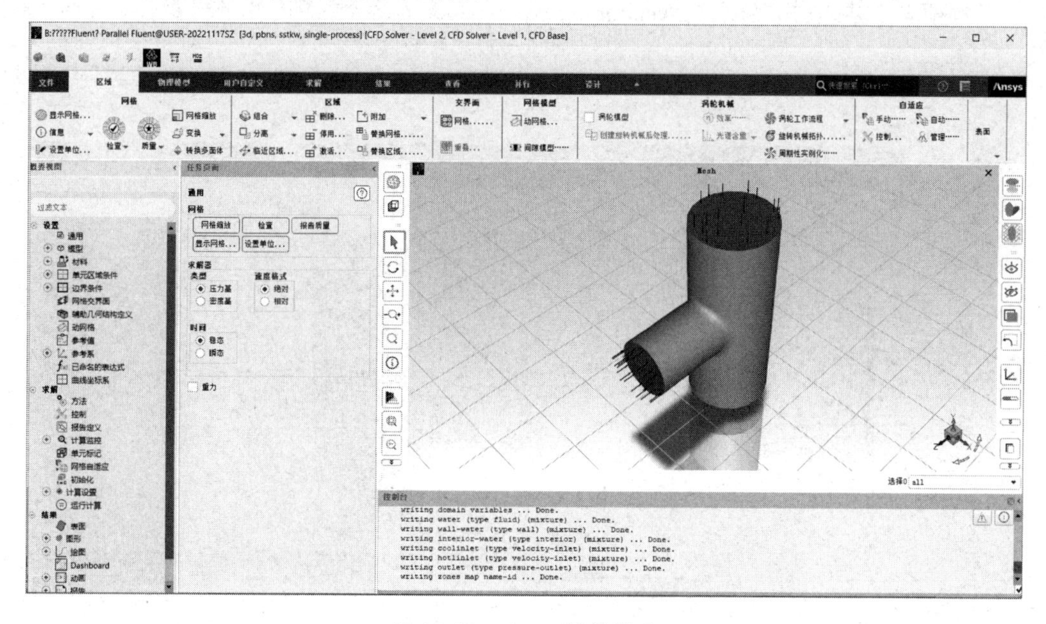

图 18-47　Fluent 操作界面

Fluent 操作界面具有强大的流体动力学分析功能，由于篇幅有限，这里仅对流体中的简单流动进行分析，让初学者对 Fluent 流体动力学分析有一个初步的认识。

③ 选择“概要视图”窗格中的“通用”命令，在出现的“通用”操作面板中单击“检查”按钮，此时在右下角的“控制台”窗格中会出现命令行，用于检查最小体积是否出现负数，如图 18-48 所示。

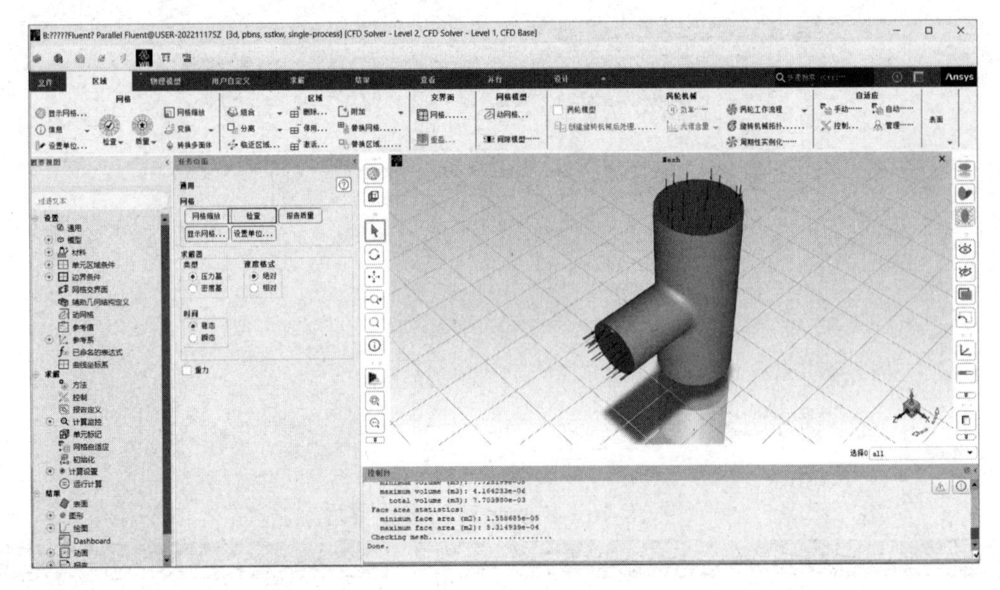

图 18-48　检查最小体积是否出现负数

因为在进行网格划分时，容易出现最小体积为负数的情况，所以在进行流体分析时，需要对网格的大小进行检查，以免计算出错。

④ 双击“概要视图”窗格中的“模型”→“粘性（SST k-omega）”命令，在弹出的“粘性模型”对话框中选中“k-epsilon（2 eqn）”单选按钮，并单击“OK”按钮，如图 18-49 所示。

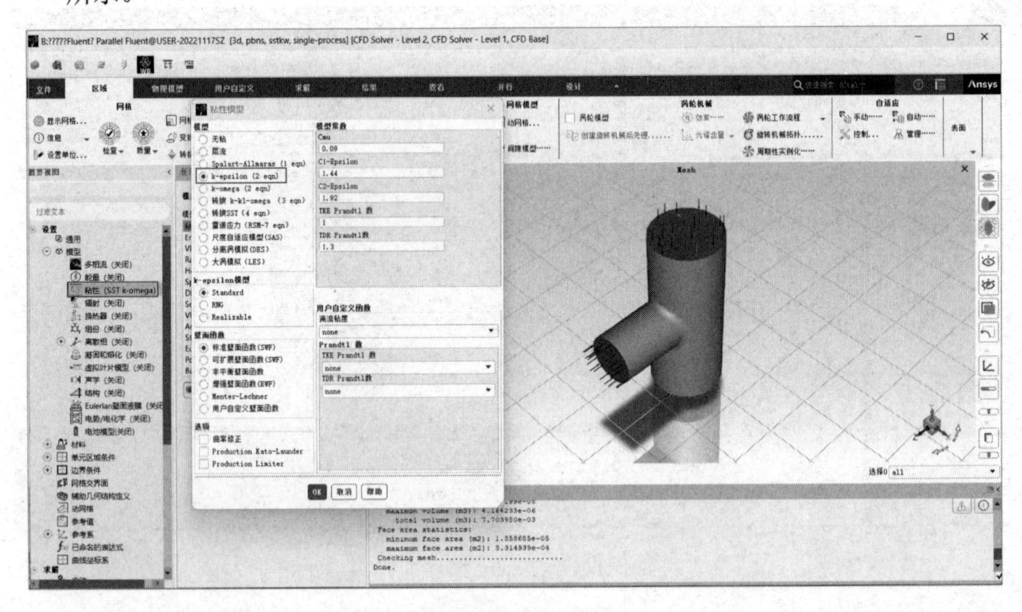

图 18-49　选择模型

注意

在进行流体分析时，根据流体的流动特性，需要选择相应的流体动力学分析模型进行模拟，这里使用简单的层流模型，此模型不一定适合实际的工程计算，本实例的目的是演示相关功能。

⑤ 双击“概要视图”窗格中的“模型”→“能量（关闭）”命令，在弹出的“能量”对

话框中勾选“能量方程”复选框，并单击“OK”按钮，如图 18-50 所示。

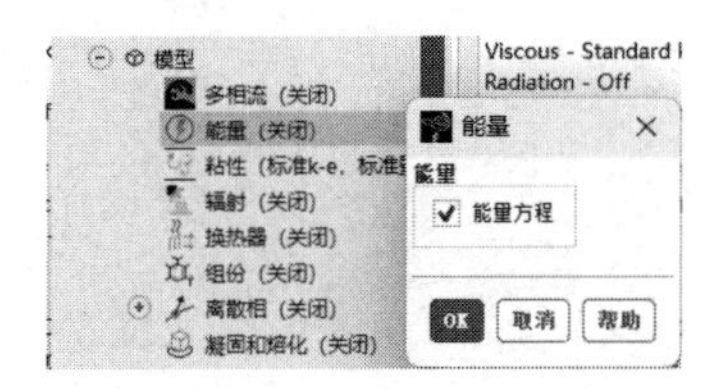

图 18-50　选择能量选项

18.3.6　选择材料

选择“概要视图”窗格中的“材料”命令，在出现的“材料”操作面板中单击“创建/编辑”按钮，并在弹出的“创建/编辑材料”对话框中单击“Fluent 数据库”按钮，之后在弹出的“Fluent 数据库材料”对话框中选择“water-liquid（h2o<l>）”选项，如图 18-51 所示。

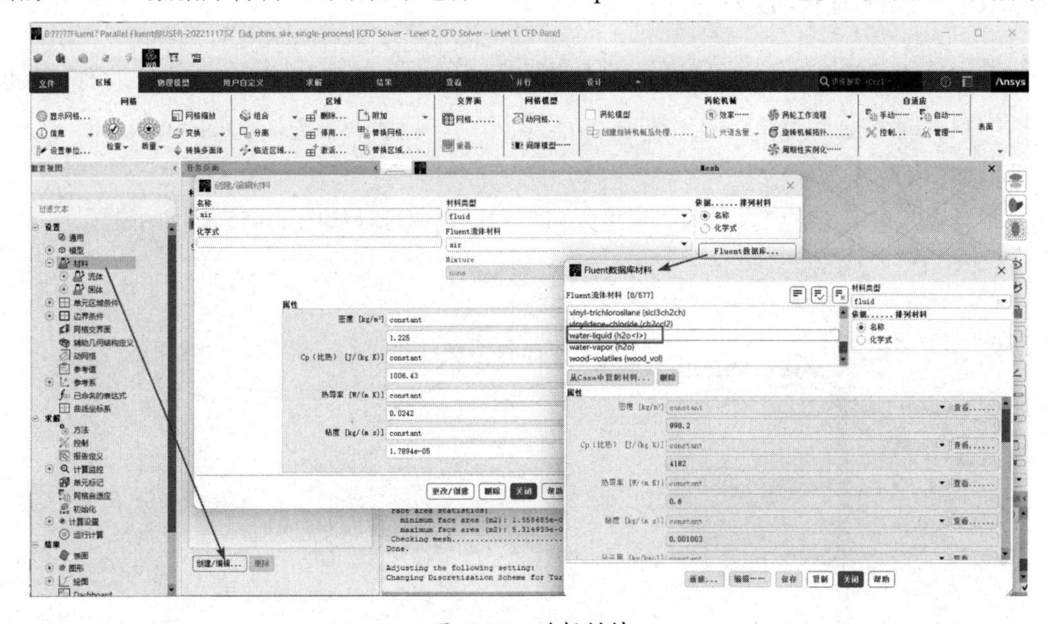

图 18-51　选择材料

注意

此处使用液态水进行模拟，读者可以在材料库中选择其他流体材料进行模拟，另外，读者可以在此定义自己想要的材料并修改一些材料的属性。

18.3.7　设置几何体属性

① 选择“概要视图”窗格中的“单元区域条件”命令，在出现的“单元区域条件”操作面板的列表框中选择“water”选项，在“类型”下拉列表中选择“fluid”选项，如图 18-52 所示。

② 在弹出的“流体”对话框的“材料名称”下拉列表中选择“water-liquid”选项，单击“应用”按钮，如图 18-53 所示。

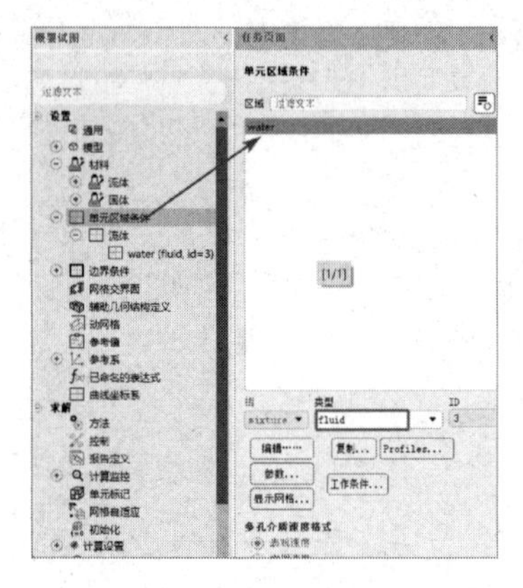

图 18-52　设置几何体属性

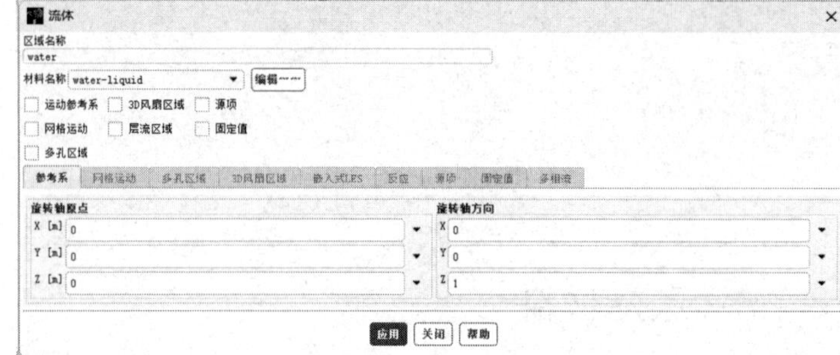

图 18-53　“流体”对话框

18.3.8　设置流体边界条件

① 选择“概要视图”窗格中的“边界条件”命令，在出现的“边界条件”操作面板的列表框中选择“hotlinlet”选项，在“类型”下拉列表中选择“velocity-inlet”选项，如图 18-54 所示。

② 设置入口流速。在弹出的“速度入口”对话框中进行如图 18-55 所示的设置。

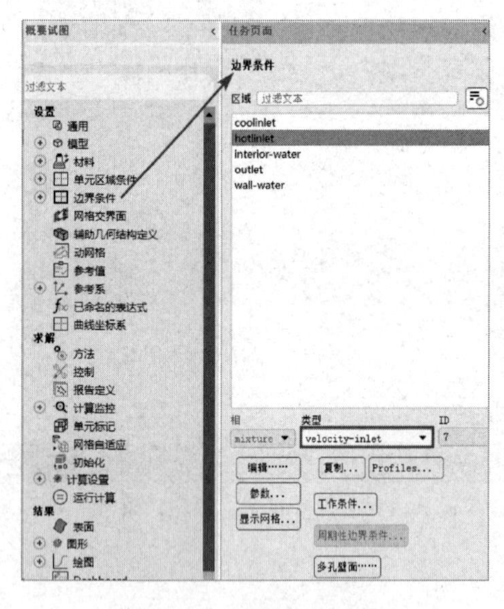

图 18-54　设置入口边界

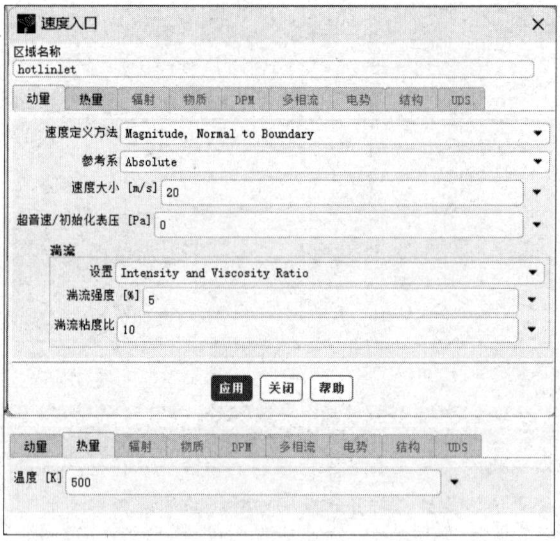

图 18-55　设置入口流速

在“速度大小［m/s］”文本框中输入“20”。

在“设置”下拉列表中选择“Intensity and Viscosity Ratio”选项。

在“热量”选项卡的“温度（K）”文本框中输入“500”，并单击“应用”按钮。

③ 选择“概要视图”窗格中的“边界条件”命令，在出现的“边界条件”操作面板的列表框中选择“coolinlet”选项，在“类型”下拉列表中选择“velocity-inlet”选项，如图 18-56 所示。

④ 设置出口流速。在弹出的“速度入口”对话框中进行如图 18-57 所示的设置。

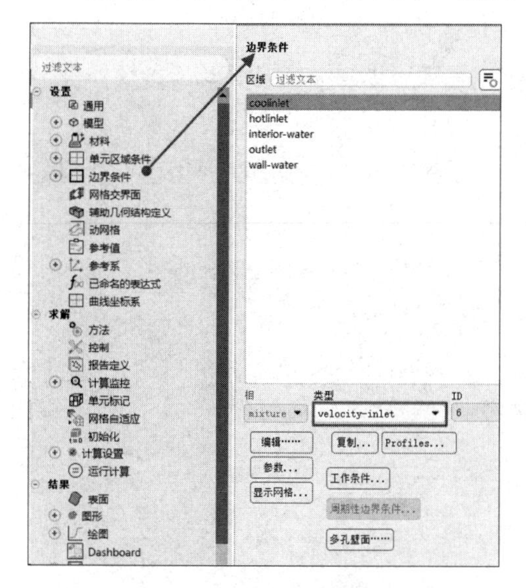

图 18-56　设置出口边界

图 18-57　设置出口流速

在“速度大小［m/s］”文本框中输入“10”。

在“设置”下拉列表中选择“Intensity and Viscosity Ratio”选项。

在“热量”选项卡的“温度［K］”文本框中输入“300”，并单击“应用”按钮。

⑤ 同样地，设置“outlet”选项对应的“类型”为“Pressure-outlet”，在“压力出口”对话框中保持所有参数为默认设置，如图 18-58 所示。

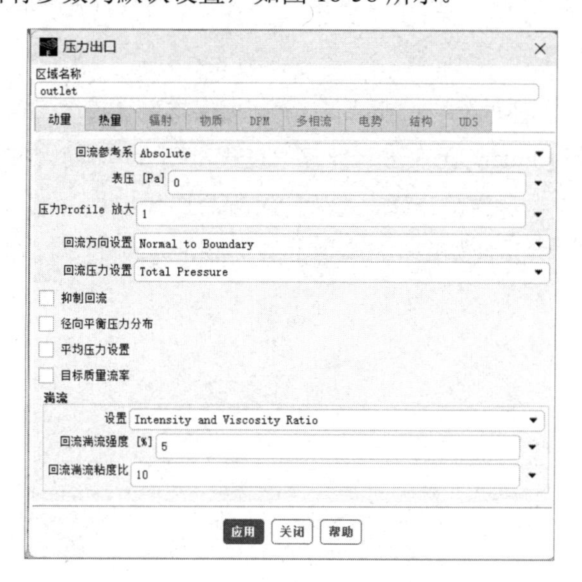

图 18-58　设置压力出口

18.3.9　设置求解器

① 选择“概要视图”窗格中的“求解”→“初始化”命令，在出现的“解决方案初始

化”操作面板中进行如图 18-59 所示的设置。

在“初始化方法”选项组中选中“标准初始化”单选按钮。

在“计算参考位置”下拉列表中选择“hotlinlet”选项，其余选项保持默认设置，并单击“初始化”按钮。

② 选择“概要视图”窗格中的“求解”→“运行计算”命令，在出现的“运行计算”操作面板中进行如图 18-60 所示的设置。

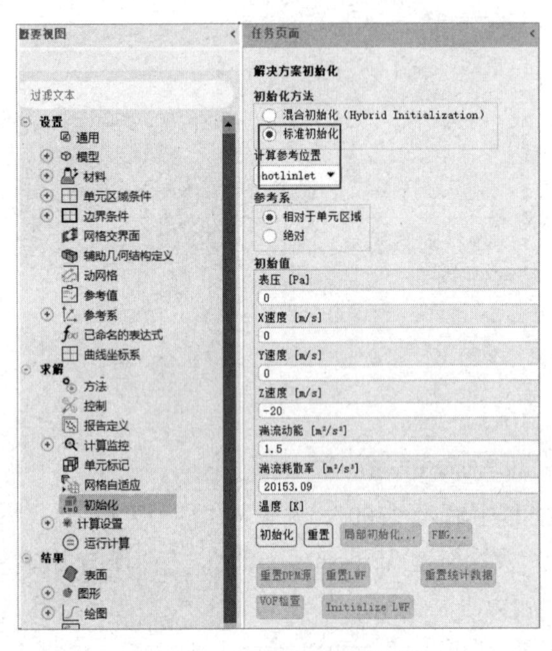

图 18-59 初始化设置

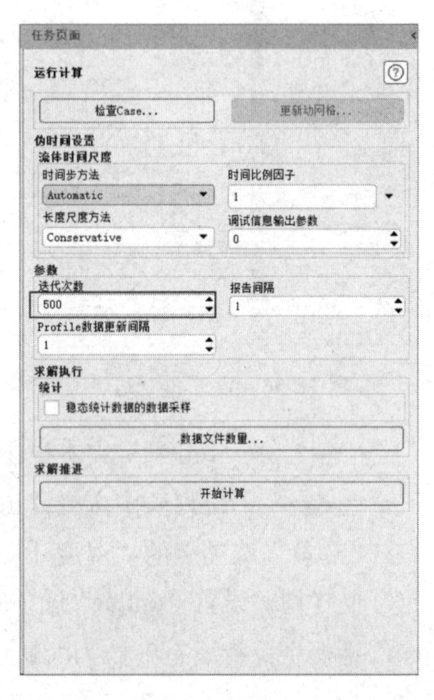

图 18-60 步长设置

在“迭代次数”文本框中输入“500”，其余选项保持默认设置，单击“开始计算”按钮。

③ 图 18-61 所示为 Fluent 正在求解计算的过程，图表中显示的是能量变化曲线与残差曲线，文本框中显示的是计算时迭代的过程与迭代步数。

④ 在求解完成后，会出现如图 18-62 所示的“Information”对话框，单击“OK”按钮。

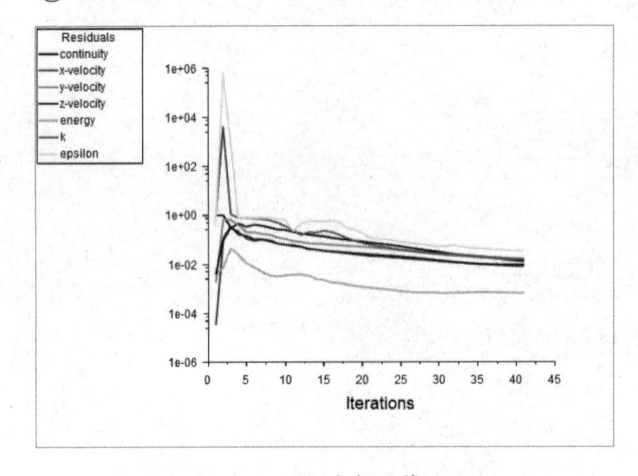

图 18-61 Fluent 求解计算的过程

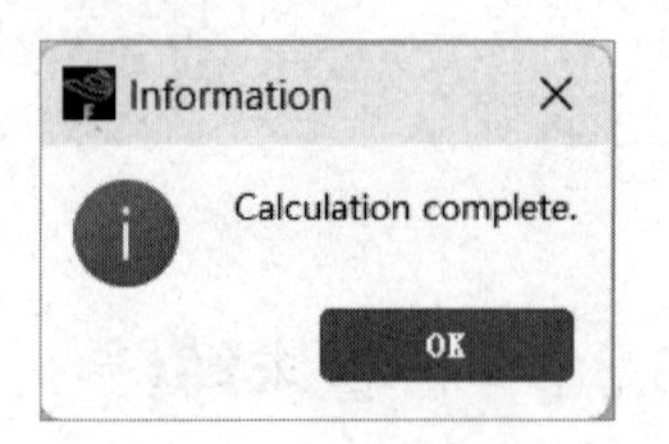

图 18-62 “Information”对话框

18.3.10 结果后处理

① 选择“概要视图”窗格中的“结果”→“图形”命令，如图 18-63 所示，在出现的“图形和动画”操作面板中双击“Contours”选项。

② 在弹出的“云图”对话框中进行如图 18-64 所示的设置。

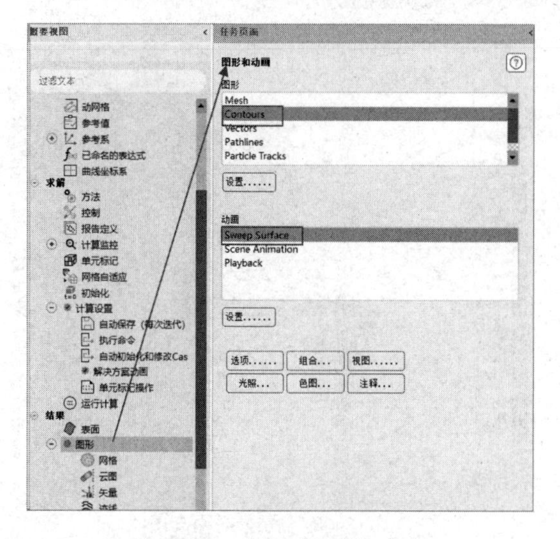

图 18-63 选择“图形”命令

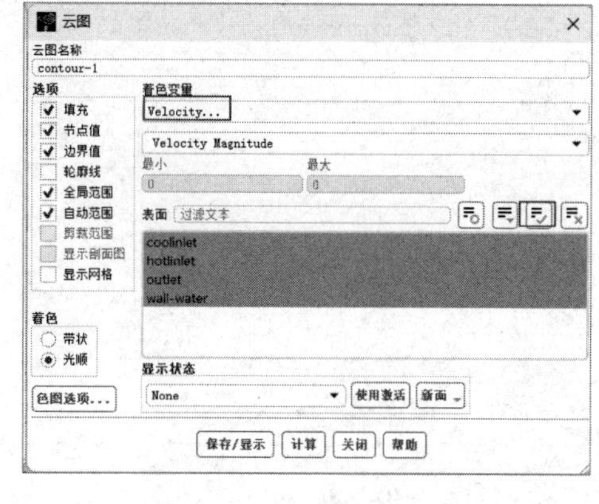

图 18-64 后处理设置（1）

在“着色变量”下拉列表中选择“Velocity”选项。

单击“表面”文本框后面的按钮，选择所有边界。

其余选项保持默认设置，并单击“保存/显示”按钮。

③ 图 18-65 所示为流速分布云图，从该图中可以看出，粗管流速的变化受到 3 个细管的影响较大。

④ 选择“轮廓”窗格中的“结果”→“图形”命令，在出现的“图形和动画”操作面板的“图形”列表框中双击“Vectors”选项，如图 18-66 所示。

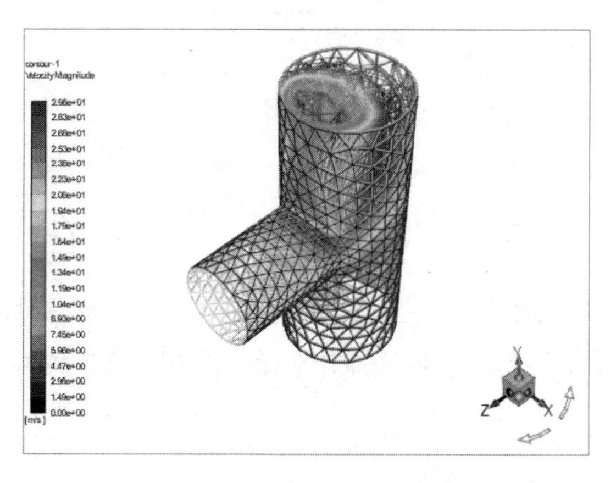

图 18-65 流速分布云图

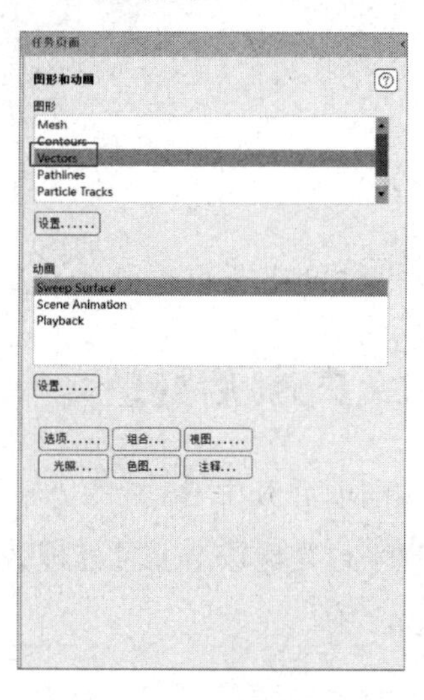

图 18-66 双击“Vectors”选项

⑤ 在弹出的“矢量”对话框中进行如图 18-67 所示的设置。

在“矢量定义”下拉列表中选择“Velocity”选项。

单击“表面”文本框后面的按钮，选择所有边界。

其余选项保持默认设置，并单击“保存/显示”按钮。

⑥ 图 18-68 所示为流速矢量云图，箭头的大小表示速度的大小。

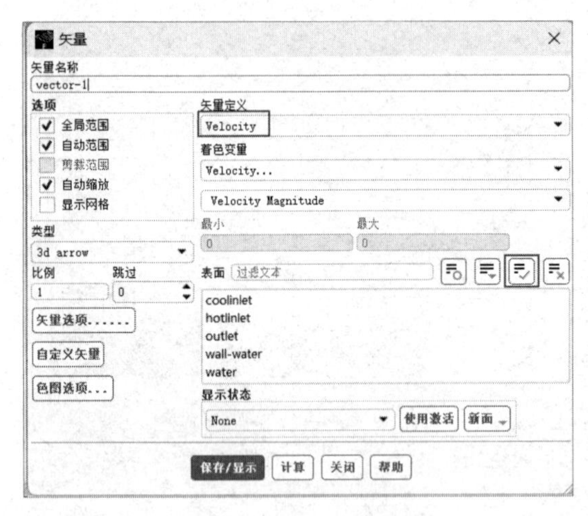

图 18-67　后处理设置（2）

图 18-68　流速矢量云图

⑦ 重复以上操作，查看温度场分布云图，如图 18-69 所示。

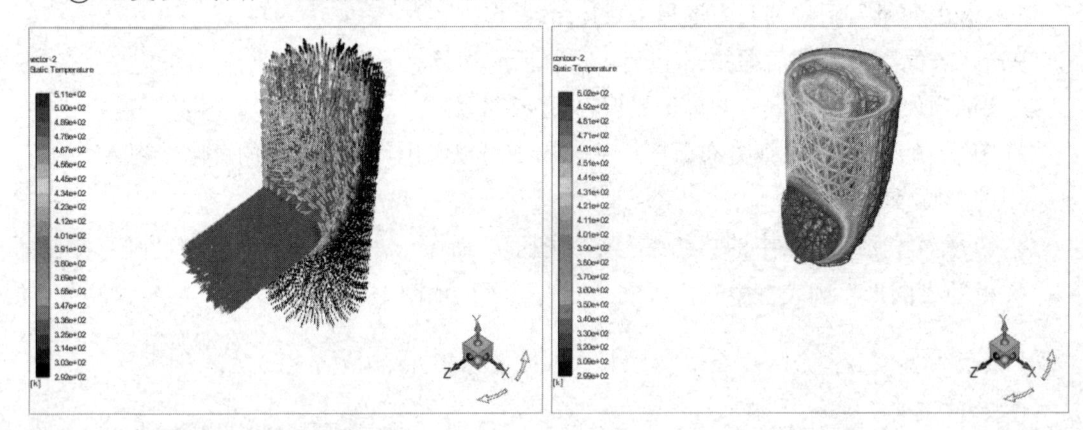

图 18-69　温度场分布云图

⑧ 关闭 Fluent 平台。

18.3.11　Post 后处理

① 双击项目 B 中 B6 栏的“结果”，进入 Post 后处理平台，如图 18-70 所示。Post 后处理平台是比较专业且处理效果特别好的后处理平台，其操作简单，对初学者来说容易上手。

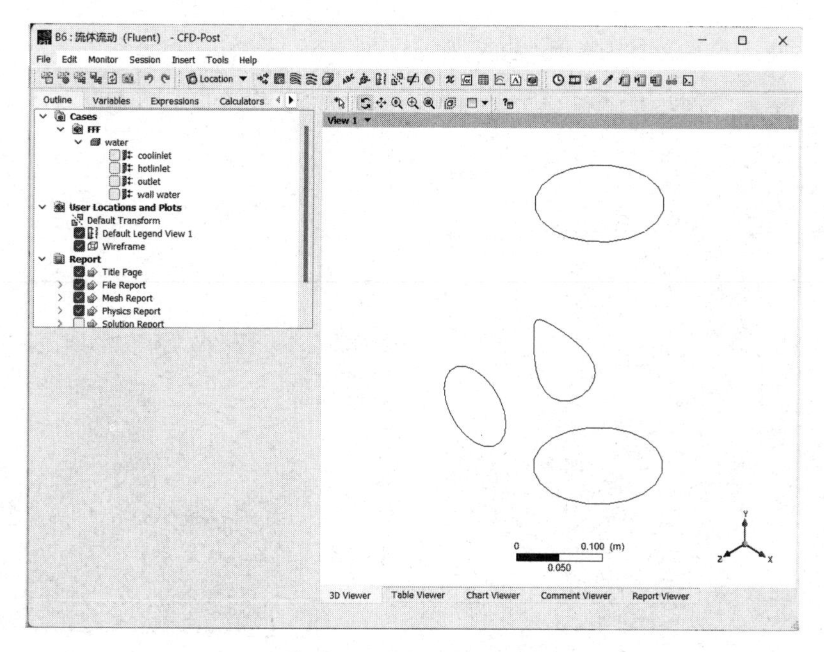

图 18-70　Post 后处理平台

② 单击工具栏中的 按钮，在弹出的对话框中保持名称的默认设置，单击“OK”按钮。

③ 如图 18-71 所示，在“Details of Streamline 1”面板的“Start From”下拉列表中选择“coolinlet,hotinlet”选项，其余选项保持默认设置，单击“Apply”按钮。

④ 图 18-72 所示为流体流速迹线云图。

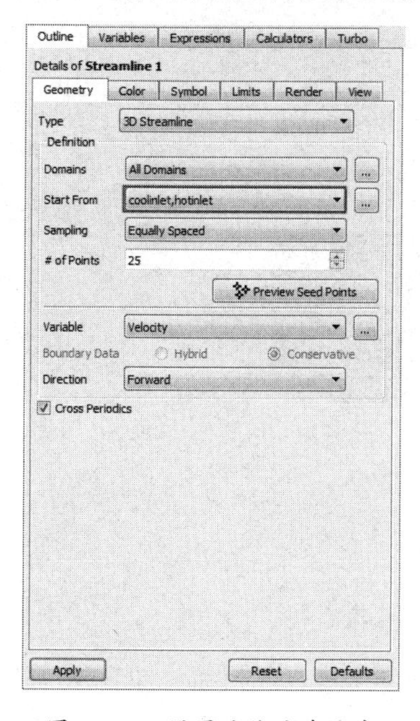

图 18-71　设置流体流速迹线

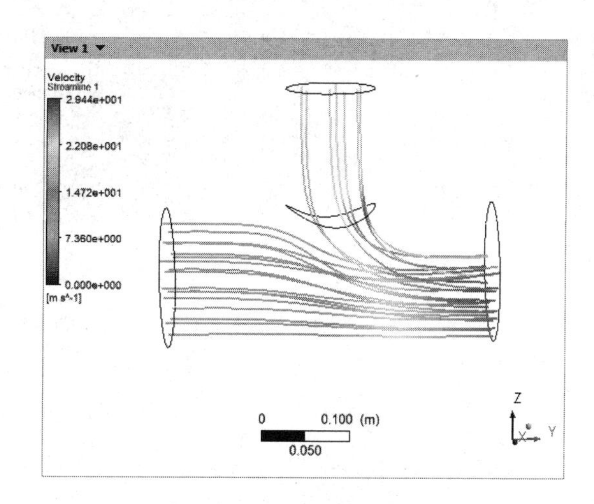

图 18-72　流体流速迹线云图

⑤ 单击工具栏中的 按钮，在弹出的对话框中保持名称的默认设置，单击“OK”按钮。

⑥ 如图 18-73 所示，在“Details of Contour 1”面板的“Variable”下拉列表中选择“Temperature”选项，其余选项保持默认设置，单击“Apply”按钮。

⑦ 图 18-74 所示为流体温度场分布云图。

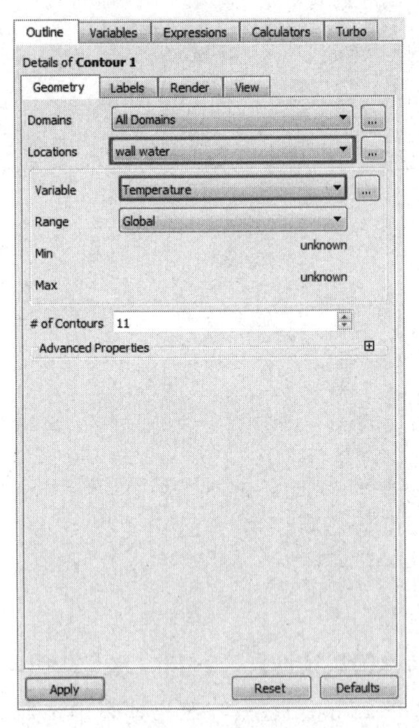

图 18-73　设置变量

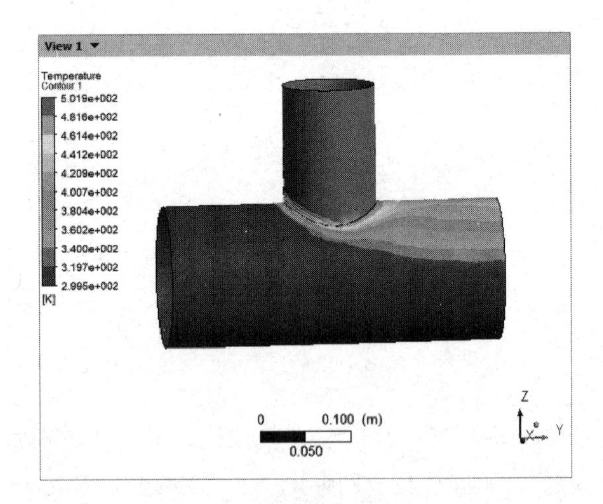

图 18-74　流体温度场分布云图

⑧ 图 18-75 所示为流体压力分布云图。

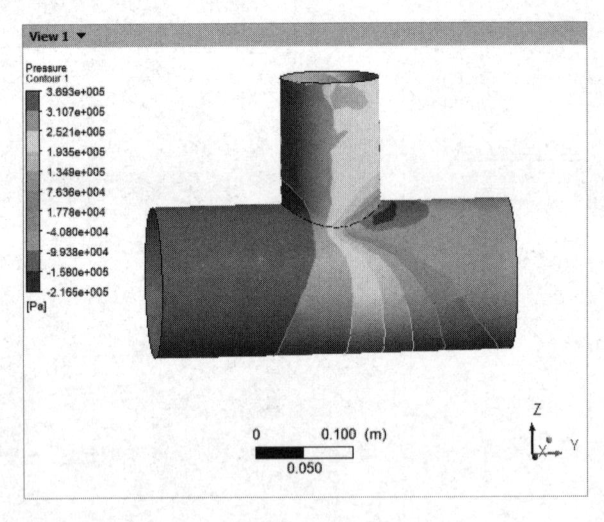

图 18-75　流体压力分布云图

⑨ 单击工具栏中 Location 按钮下面的 Plane 按钮，在 *YZ* 平面上创建一个平面，单击“OK”按钮。选择“Outline”窗格中的“Contour 1”命令，在“Details of Contour 1”面板的“Locations”下拉列表中选择刚刚创建的平面，单击“Apply”按钮，如图 18-76 所示。

⑩ 此时显示如图 18-77 所示的平面上的压力分布云图。

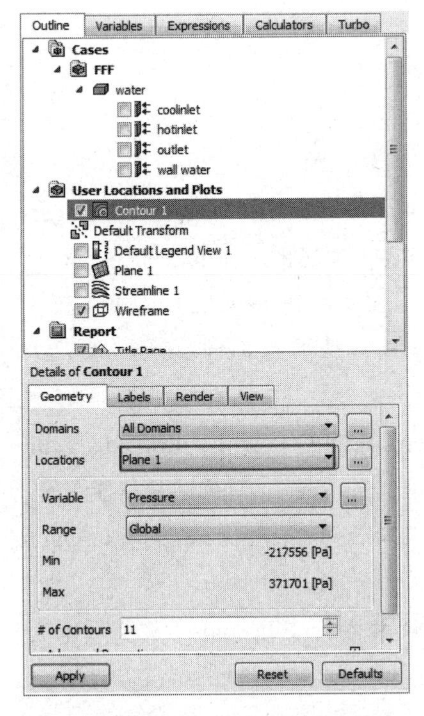

图 18-76　设置定位平面

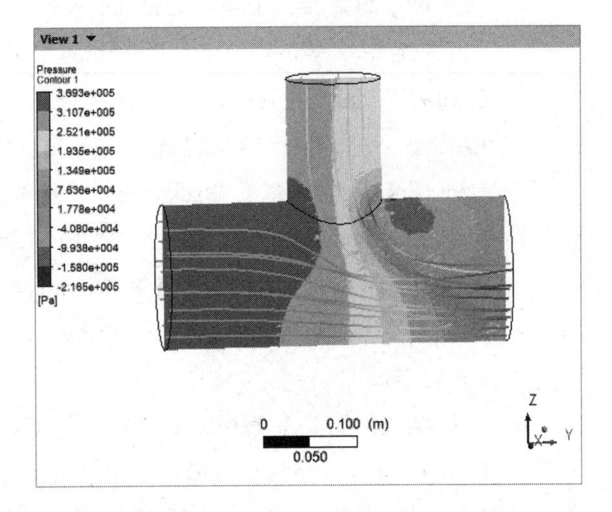

图 18-77　平面上的压力分布云图

注意

对比 Post 后处理与 Fluent 后处理可以看出，前者的后处理能力要强于后者，并且操作简单。

⑪ 返回 ANSYS Workbench 平台主界面，单击“保存”按钮保存文件，并单击“关闭”按钮关闭 ANSYS Workbench 平台。

18.4　实例 3——Icepak 流场分析

Icepak 是强大的 CAE 仿真软件。它能够对电子产品的传热、流动进行模拟，从而提高产品的质量，大大缩短产品的上市时间。Icepak 能够计算部件级、板级和系统级的问题。它能够帮助工程技术人员完成试验不可能实现的情况，能够监控到无法测量的位置的数据。

Icepak 采用的是 Fluent 求解器。该求解器能够完成灵活的网格划分，能够利用非结构化网格求解复杂的几何问题。多点离散求解算法能够加速求解时间。

Icepak 提供了其他商用软件不具备的功能，这些功能包括：

- 非矩形设备的精确模拟。
- 接触热阻模拟。
- 各向异性导热率。
- 非线性风扇曲线。
- 集中参数散热器。
- 辐射角系数的自动计算。

Icepak 具有以下优势。

1. 强大的几何建模工具

Icepak 本身拥有强大的几何建模工具，具有以下几种建模方式。

- 基于对象的建模，主要有 Cabinets（机柜）、Networks（网络模型）、Heat Exchangers（热交换器）、Wires（线）、Openings（开孔）、Grilles（过滤网）、Sources（热源）、Printed Circuit Boards（PCBs，PCB 板）、Enclosures（腔体）、Plates（板）、Walls（壁）、Blocks（块）、Fans（with Hubs）（风扇）、Blowers（离心风机）、Resistances（阻尼）、Heat Sinks（散热器）、Packages（封装）等。
- 基于 Macros 宏的建模，主要有 JEDEC Test Chambers（JEDEC 试验室）、Printed Circuit Boards（PCB）、Ducts（管道）、Compact Models for Heat Sinks（简化的散热器）等。
- 二维模型，主要有 Rectangular（矩形板）、Circular（圆形板）、Inclined（斜板）、Polygon（多边形板）。
- 三维模型，主要有 Prisms（四面体）、Cylinders（圆柱体）、Ellipsoids（椭圆柱体）、Prisms of Polygonal and Varying Cross-Section（多面体）、Ducts of Arbitrary Cross-Section（任意形状的管道）等。

除此之外，Icepak 还支持从第三方几何建模软件中导入几何模型，也可以从第三方 CAE 软件中导入网格模型，并支持 IGES、STEP、IDF 和 DXF 等格式数据的直接导入。

2. 网格划分功能

Icepak 采用的是自动非结构化网格，可以生成四面体、五面体、六面体及混合网格，同时可以控制粗网格、细网格及非连续网格的生成，并且有强大的网格检测工具，可以对网格进行检测。

3. 丰富的材料库

Icepak 具有丰富的材料库，材料库中包含各向异性材料、属性随温度变化的材料等。

4. 丰富的物理模型

与 CFX 和 Fluent 一样，Icepak 也具有丰富的物理模型，用于模拟不同工况的流动，包括层流/湍流模型、稳态/瞬态分析、强迫对流/自然对流/混合对流、传导、流固耦合、辐射、体积阻力、接触阻尼、非线性风扇曲线及集中参数的 Fans、Resistances 和 Grilles 等，其中，湍流模型主要有混合长度方程（0-方程）、双方程（标准 k-ε方程）、DNG k-ε、增强双方程（标准 k-ε方程带有增强壁面处理）及 Spalart-Allmaras 湍流模型。

5. 边界条件

Icepak 具有以下几种边界条件。

- 壁和表面边界条件，包括热流密度、温度、传热系数、辐射和对称边界条件。

- 开孔和过滤网。
- 风扇。
- 热交换器。
- 与时间和温度相关的热源。
- 随时间变化的环境温度。

6. 强大的求解器

Icepak 内核基于 Fluent 求解器，采用有限体积法进行离散化求解，其算法具有以下几个特点。

- 使用多重网格算法来缩短求解时间。
- 先使用一阶迎风格式进行初始计算，再使用高阶迎风格式提高计算精度。

7. 可视化后处理

- 3D 建模和后处理。
- 可视化速度向量、云图、粒子、网格、切面和等值面。
- 点跟踪和 *XY* 图表。
- 速度、温度、压力、热流密度、传热系数、热流、湍流参数等云图。
- 速度、温度、压力最大值。
- 迹线动画。
- 瞬态动画。
- 切面动画。
- 输出为 AVI、MPEG、FLI 及 GIF 格式。

Icepak 具有广泛的工程应用领域，包括计算机机箱、通信设备、芯片封装和 PCB 板、系统模拟、散热器、数字风洞及热管模拟等。

下面主要介绍 ANSYS Workbench 平台的流体动力学分析模块 Icepak 的流场分析方法及求解过程，分析流场及温度分布情况。

学习目标：

（1）熟练掌握 Icepak 的流场分析方法及求解过程。

（2）熟练掌握 Post 后处理平台的后处理方法。

注意

本实例仅对操作过程进行详细介绍，请读者根据实际产品的情况对材料进行详细设置，以免影响计算精度。

模型文件	配套资源\Chapter18\char18-3\graphics_card_simple.stp
结果文件	配套资源\Chapter18\char18-3\ice_wb.wbpj

18.4.1 问题描述

图 18-78 所示为某 PCB 板模型，板上装有电容器、存储卡等，试分析 PCB 板的热流云图。

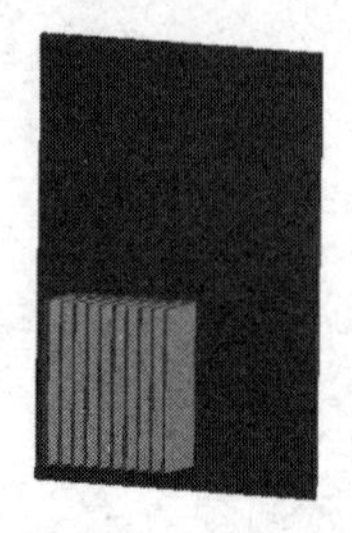

图 18-78 PCB 板模型

18.4.2 启动平台与保存文件

① 启动 ANSYS Workbench 平台。

② 保存文件。进入 ANSYS Workbench 平台主界面，单击工具栏中的“保存”按钮，保存工程文件的名称为“ice_wb.wbpj”，单击“Getting Started”窗口右上角的“关闭”按钮将其关闭。

18.4.3 导入几何体

① 选择主界面“工具箱”窗格中的“组件系统”→“几何结构”命令，并将其拖曳到“项目原理图”窗格中，创建分析项目 A。右击项目 A 中 A2 栏的“几何结构”，在弹出的快捷菜单中选择“导入几何模型”→“浏览”命令，并通过弹出的“打开”对话框导入几何体文件“graphics_card_simple.stp”，如图 18-79 所示。

② 双击项目 A 中 A2 栏的“几何结构”，进入 DesignModeler 平台界面。选择菜单栏中的“单位”→“米”命令，设置长度单位为“m”，之后单击常用命令栏中的 生成 按钮，生成几何体，如图 18-80 所示。

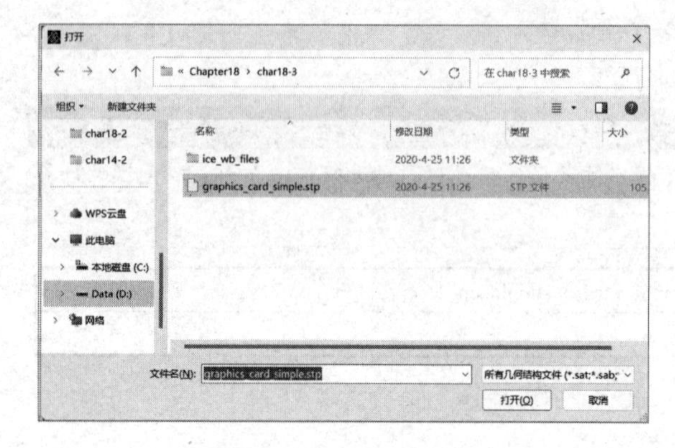

图 18-79 导入几何体文件

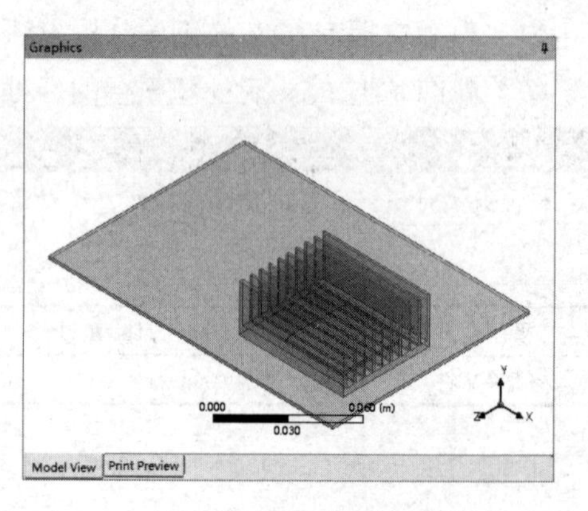

图 18-80 生成几何体

注意

读者应确定几何建模平台为 DesignModeler 平台。

③ 如图 18-81 所示，选择“树轮廓”窗格中的“A：几何结构”→“简化 1”命令，在下面的“详细信息视图”窗格中进行以下设置。

在“简化类型”栏中选择“级别 2（多边形拟合）”选项。

在“选择几何体”栏中确保所有几何体被选中，单击常用命令栏中的 生成 按钮。

④ 此时的几何体如图 18-82 所示。

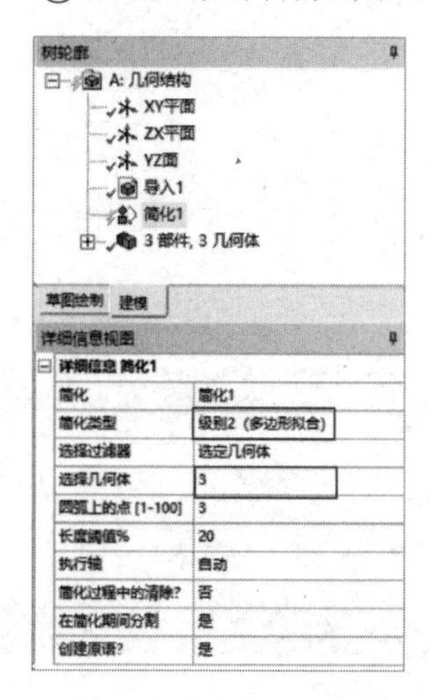

图 18-81　“详细信息视图”窗格

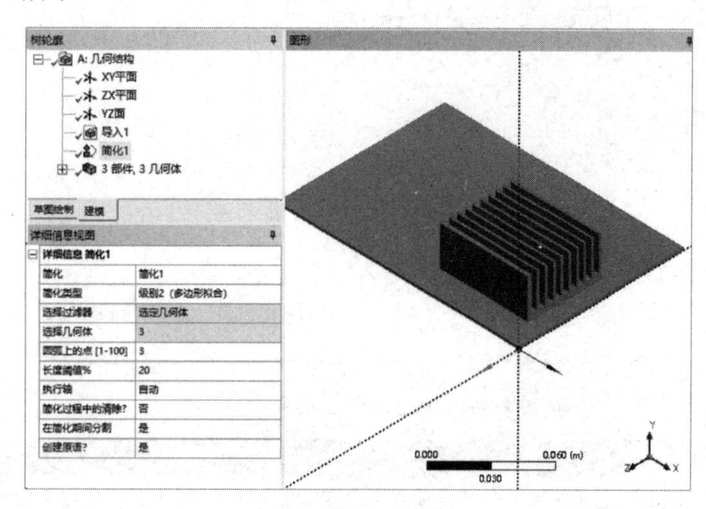

图 18-82　几何体

⑤ 关闭 DesignModeler 平台，返回 ANSYS Workbench 平台主界面。

18.4.4　添加 Icepak 模块

① 选择主界面“工具箱”窗格中的“组件系统”→“Icepak”命令，并将其直接拖曳到项目 A 中 A2 栏的“几何结构”中，创建基于 Icepak 求解器的流体分析项目 B，如图 18-83 所示。

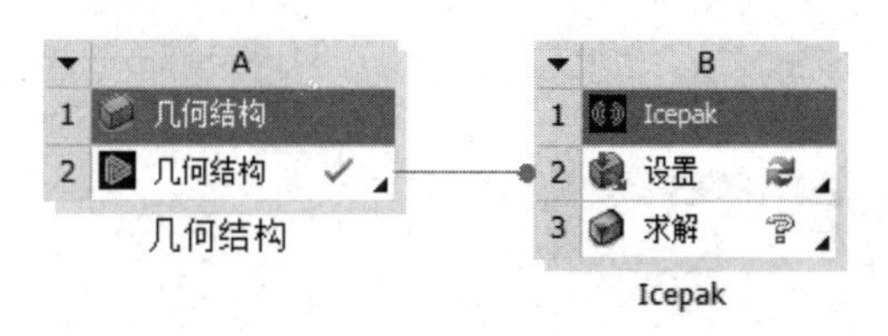

图 18-83　创建流体分析项目 B

② 双击项目 B 中 B2 栏的“设置”，进入如图 18-84 所示的 Icepak 平台界面，在该平台界面中可以进行网格划分、材料添加及后处理等操作。

③ 在界面左侧的“Project”面板中，选择“Model”→“Cabinet”命令，并在右下角出现的面板中进行如图 18-85 所示的设置。

在“Geom”下拉列表中选择“Prism”选项。

在“xS”文本框中输入“-0.19”，设置单位为“m”。

在“xE”文本框中输入“0.03”，设置单位为“m”。

在“zS”文本框中输入“-0.11”，设置单位为“m”。

在“yE”文本框中输入“0.028487”，设置单位为“m”。

在“zE”文本框中输入“1e-6”，设置单位为“m”，并单击“Apply”按钮，完成几何体尺寸的设置。

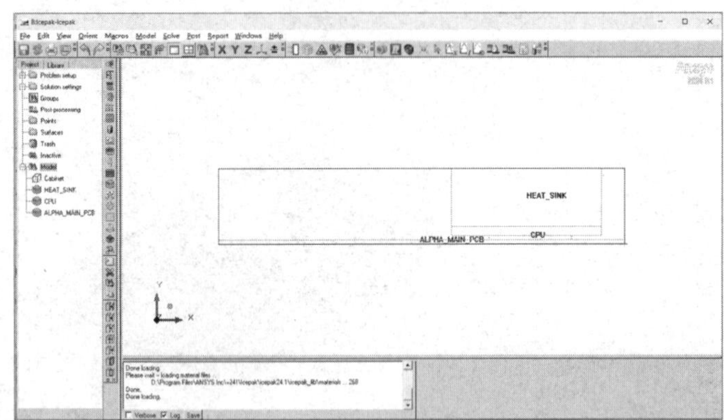

图 18-84 Icepak 平台界面

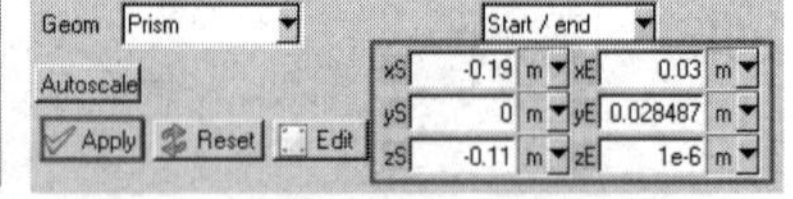

图 18-85 几何体尺寸设置

注意

由于流体分析只针对流体模型，因此需要抑制其他不参与计算的模型。

④ 单击“Edit”按钮，弹出“Cabinet”对话框，设置“Min X”和“Max X”的“Wall type”属性为“Opening”，如图 18-86 所示。

⑤ 单击“Max X”后的“Edit”按钮，在弹出的“Openings”对话框中选择“Properties”选项卡，并勾选“X Velocity”复选框，在该文本框中输入速度值“-0.001”，设置单位为“m/s”，单击“Update”按钮，如图 18-87 所示。

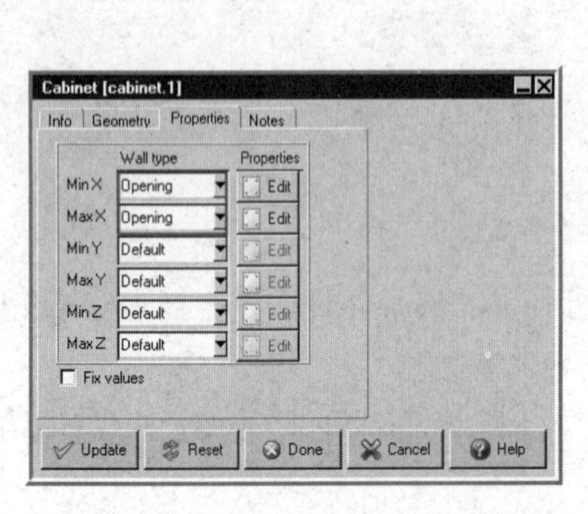

图 18-86 设置“Wall type”属性

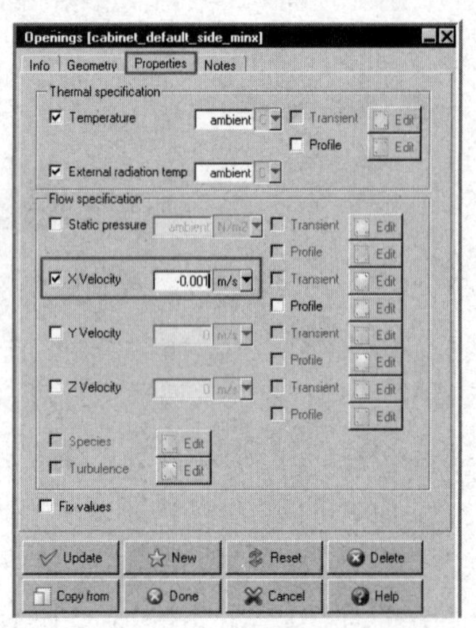

图 18-87 设置速度

⑥ 创建装配体。单击工具栏中的按钮，在弹出的面板的“Name”文本框中输入名称“Sembly”，将“HEAT_SINK”和“CPU”两个几何体添加到“Sembly”中，单击“Apply”按钮，如图 18-88 所示。

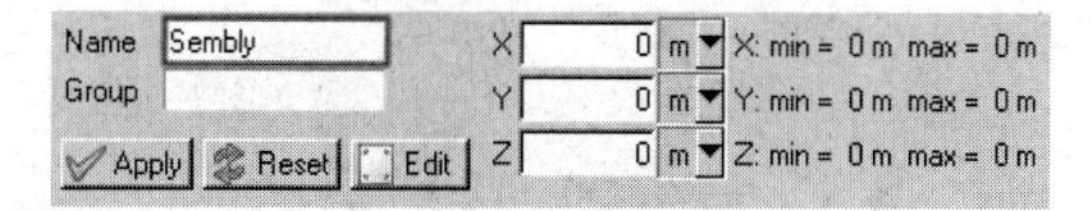

图 18-88　创建装配体

⑦ 单击工具栏中的按钮，在弹出的“Mesh control”对话框的“Settings”选项卡中进行如图 18-89 所示的设置。

在“Mesh type”下拉列表中选择“Mesher-HD”选项，设置单位为“mm”。

在“Max element size”选项组中设置“X”为“7”、“Y”为“1”、“Z”为“3”。

在“Minimum gap”选项组中设置“X”为“1”、单位为“mm”，“Y”为“0.16”、单位为“mm”，“Z”为“1”、单位为“mm”。

勾选“Set uniform mesh params”复选框。

⑧ 单击“Generate”按钮，进行网格划分，并在划分完成后选择“Display”选项卡，在该选项卡中进行如图 18-90 所示的设置。

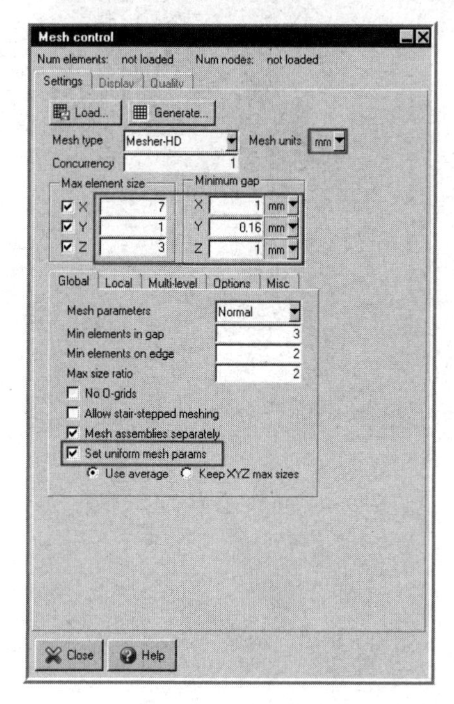

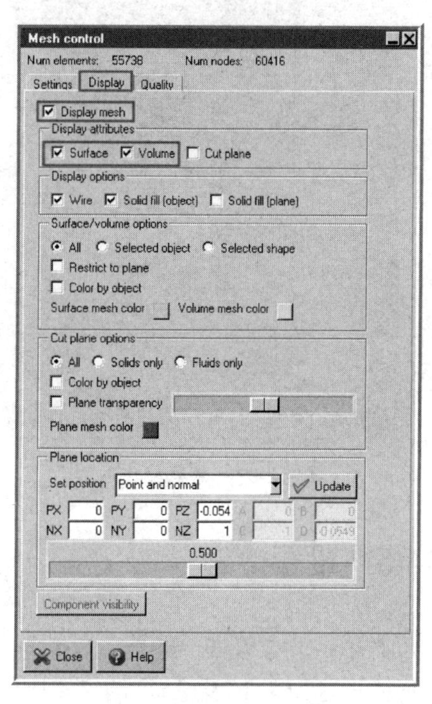

图 18-89　网格设置

图 18-90　显示网格设置

在最上端显示了单元数量和节点数量。

勾选“Display mesh”复选框。

在“Display attributes”选项组中勾选前两个复选框。

在“Display options”选项组中勾选前两个复选框，此时的网格模型如图 18-91 所示。

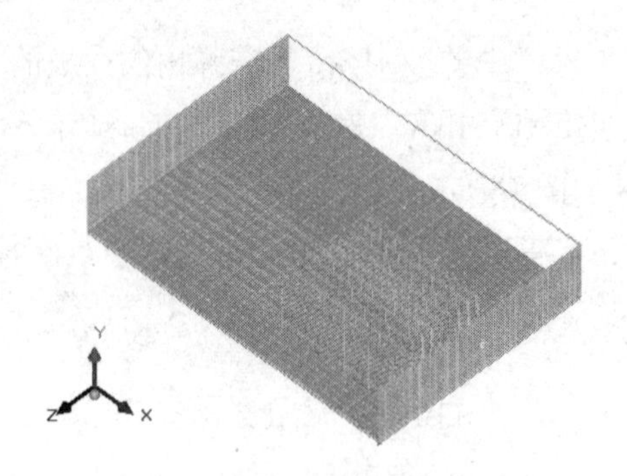

图 18-91　网格模型

⑨ 选择“Quality”选项卡，选中“Volume”单选按钮，此时会出现网格的体积柱状图，如图 18-92 所示。

⑩ 选中“Skewness”单选按钮，此时会出现网格的扭曲柱状图，如图 18-93 所示。

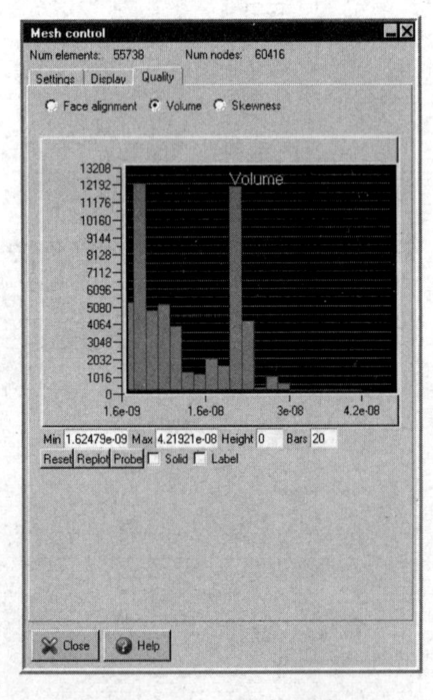

图 18-92　体积柱状图

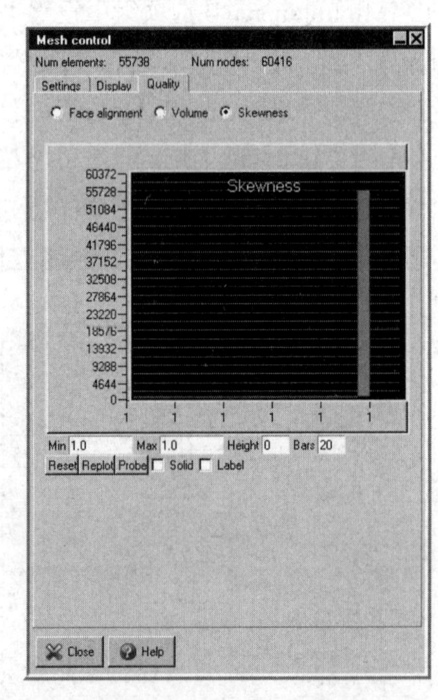

图 18-93　扭曲柱状图

18.4.5　设置热源

在 Icepak 平台界面左侧的“Project”面板中，双击“CPU”命令，在弹出的“Blocks”对话框中进行如图 18-94 所示的设置。

选择“Properties”选项卡，在“Solid material”下拉列表中选择“Ceramic_material”选项。

选中“Total power”单选按钮，并在“Total power”文本框中输入“60”，设置单位为“W”，单击“Done”按钮。

右击“Project”面板中的“CPU”命令，在弹出的快捷菜单中选择“Edit”命令，也可以完成同样的操作。

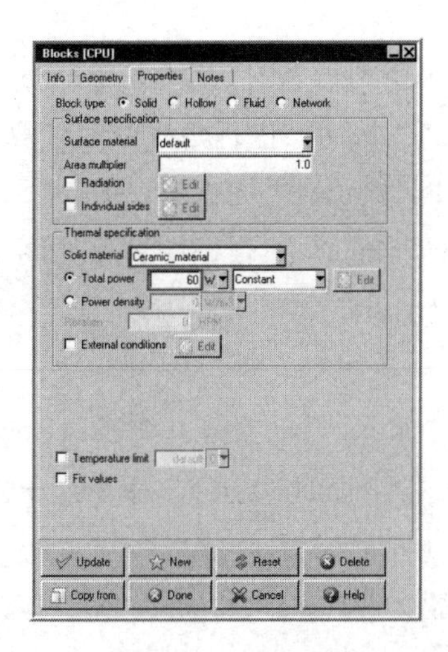

图 18-94　热源设置

18.4.6　求解分析

① 在 Icepak 平台界面左侧的“Project”面板中，双击“Problem setup”→“Basic parameters”命令，在弹出的“Basic parameters”对话框中进行如图 18-95 所示的设置。

在“Variables solved”选项组中勾选“Flow（velocity/pressure）”和“Temperature”复选框。

在“Radiation”选项组中选中“On”单选按钮。

在“Flow regime”选项组中选中“Turbulent”单选按钮，并在其后面的下拉列表中选择“Zero equation”选项。

在“Natural convection”选项组中勾选“Gravity vector”复选框，并设置“X”为“-9.80665”，单位为“m/s^2”。

之后在“Radiation”选项组中选中“Surface to surface radiation model”单选按钮，并单击其后面的“Options”按钮，在弹出的“Form factors”对话框中进行如图 18-96 所示的设置。

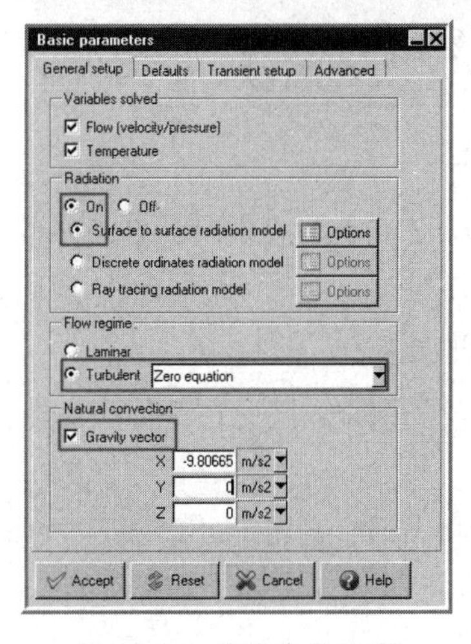

图 18-95　基本参数设置

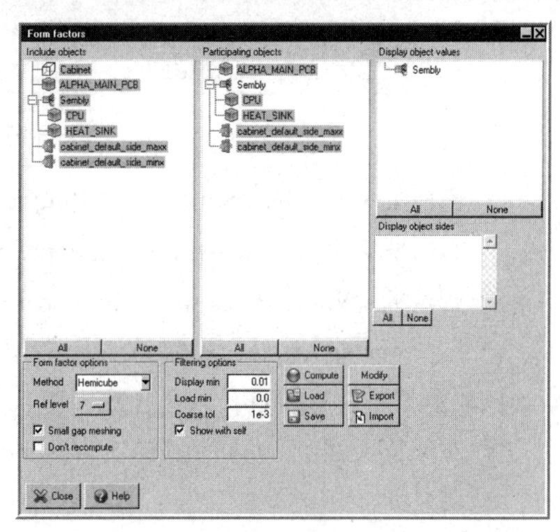

图 18-96　形状因子设置

在“Include objects”选项组中单击“All”按钮，在“Participating objects”选项组中单击“All”按钮，之后单击“Compute”按钮，进行角系数的计算，在计算完成后，关闭对话框。

② 在 Icepak 平台界面左侧的“Project”面板中，双击“Solution settings”→“Basic setup”命令，在弹出的“Basic settings”对话框中进行如图 18-97（左）所示的设置。

在“Flow”文本框中输入“0.001”。

在“Energy”文本框中输入“1e-7”。

在“Joule heating”文本框中输入“1e-7”，并单击“Accept”按钮。

双击“Solution settings”→“Advanced setup”命令，在弹出的“Advanced solver setup”对话框中进行如图 18-97（右）所示的设置。

在中间位置的“Pressure”文本框中输入“0.7”。

在中间位置的“Momentum”文本框中输入“0.3”，并单击“Accept”按钮。

图 18-97 求解设置

③ 选择菜单栏中的“Solve”→“Run Solve”命令，在弹出的如图 18-98 所示的“Solve”对话框中直接单击“Start solution”按钮进行计算，在计算过程中将出现如图 18-99 所示的“Solution residuals for IcepakProj01”对话框。

由于在进行网格划分时，容易出现最小体积为负数的情况，因此在进行流体计算时，需要对网格的大小进行检查，以免计算出错。

④ 在计算完成后，返回 ANSYS Workbench 平台主界面，添加后处理项目，如图 18-100 所示。

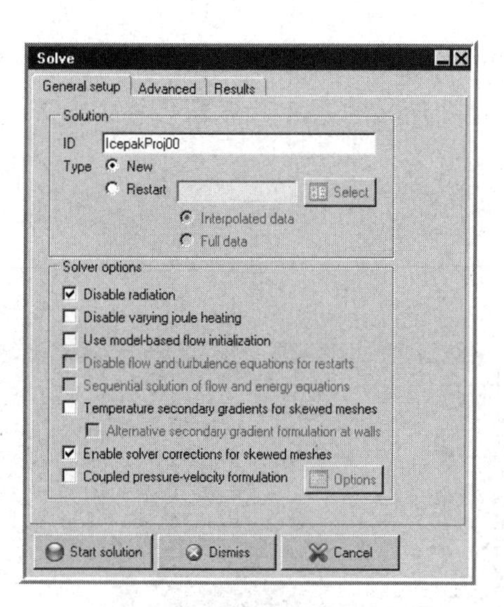

图 18-98 “Solve”对话框

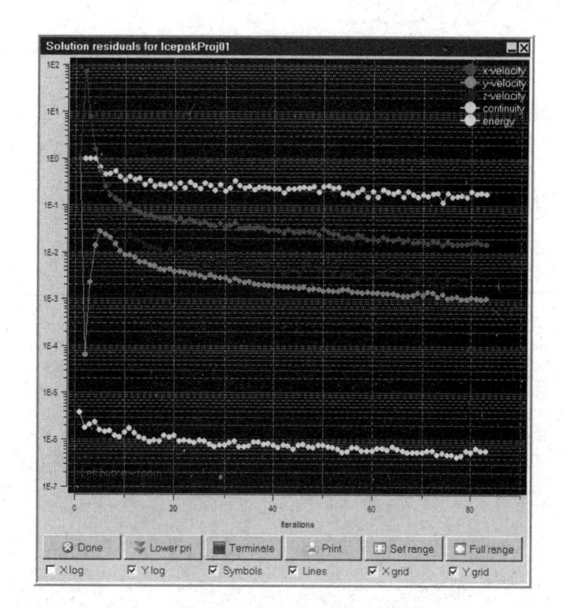

图 18-99 “Solution residuals for IcepakProj01”对话框

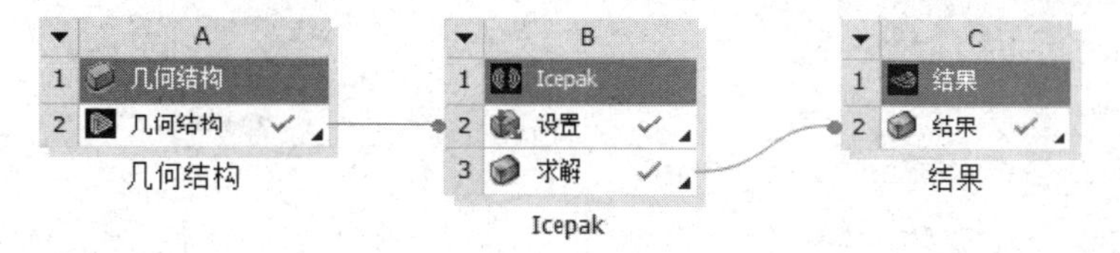

图 18-100 添加后处理项目

18.4.7 Post 后处理

① 双击项目 C 中 C2 栏的“结果”，进入 Post 后处理平台，如图 18-101 所示。

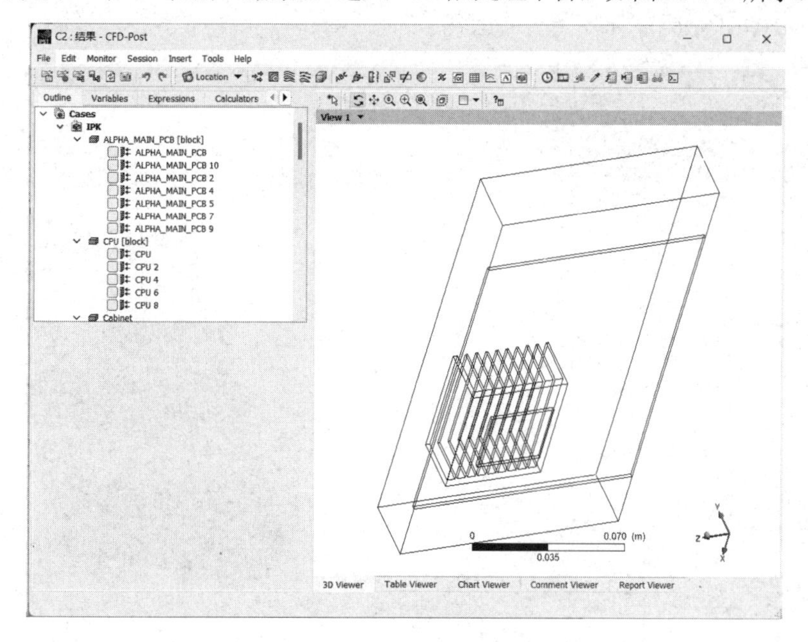

图 18-101 Post 后处理平台

② 单击工具栏中的按钮，在弹出的对话框中保持名称的默认设置，单击“OK”按钮。

③ 如图 18-102 所示，在“Details of Streamline 1”面板的“Start From”下拉列表中选择“Cabinet”选项，其余选项保持默认设置，单击“Apply”按钮。

④ 图 18-103 所示为流体流速迹线云图。

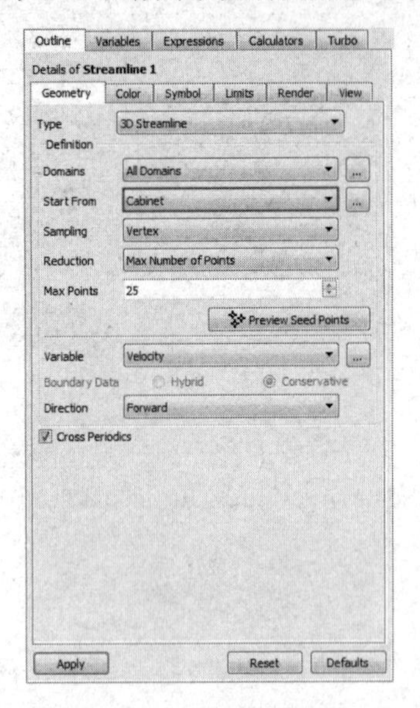

图 18-102　设置流体流速迹线

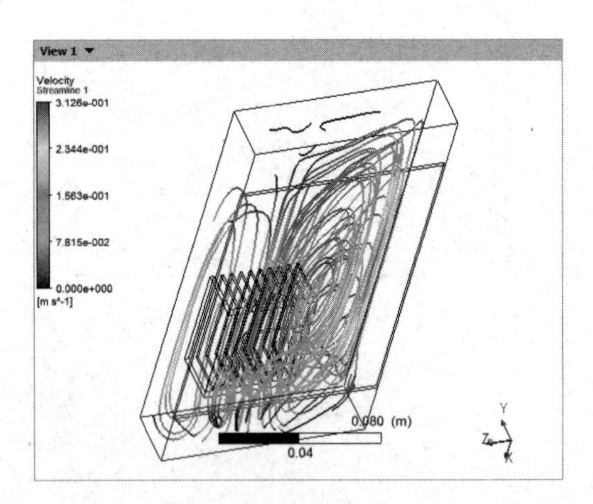

图 18-103　流体流速迹线云图

⑤ 单击工具栏中的按钮，在弹出的对话框中保持名称的默认设置，单击“OK”按钮。

⑥ 如图 18-104 所示，在“Details of Contour 1”面板的“Locations”下拉列表中选择“cabinet_1 maxy,cabinet_1 maxz,cabinet”选项，其余选项保持默认设置，单击“Apply”按钮。

⑦ 图 18-105 所示为流体压力分布云图。

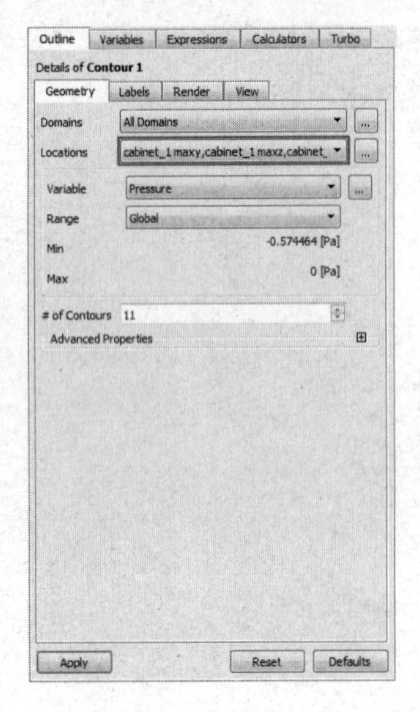

图 18-104　设置位置

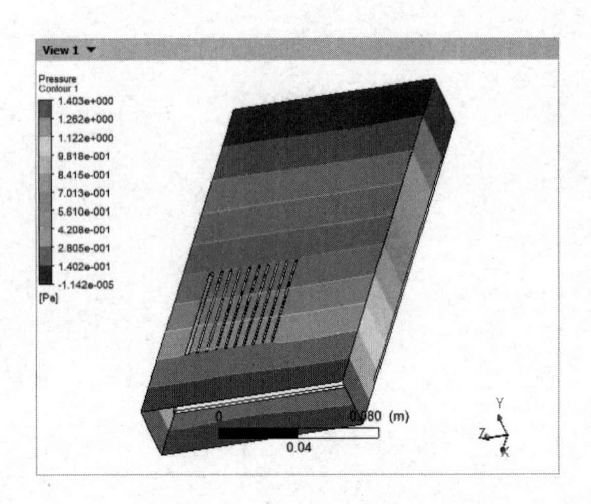

图 18-105　流体压力分布云图

18.4.8　静力学分析

① 创建一个静力学分析项目 D，如图 18-106 所示。

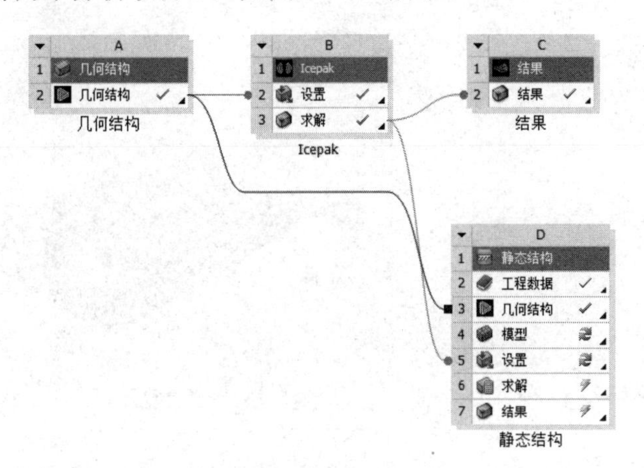

图 18-106　创建静力学分析项目 D

② 在 Mechanical 平台界面中，右击“轮廓”窗格中的“网格”命令，在弹出的快捷菜单中选择“生成网格”命令，最终的网格效果如图 18-107 所示。

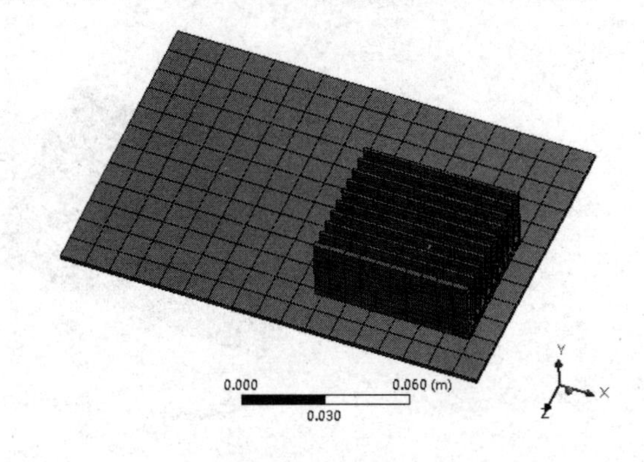

图 18-107　网格效果

③ 右击“轮廓”窗格中的“导入的载荷（B3）”命令，在弹出的快捷菜单中选择“插入”→“几何体温度”命令，如图 18-108 所示。

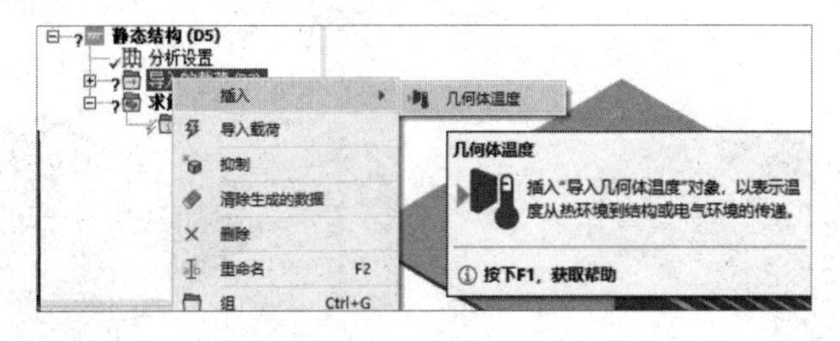

图 18-108　选择“几何体温度”命令

④ 选择“轮廓”窗格中的“导入的几何体温度”命令，在下面的“‘导入的几何体温度’的详细信息”窗格中进行以下设置。

在“几何结构”栏中选中所有几何体，如图 18-109 所示。

⑤ 单击常用命令栏中的 生成 按钮，显示温度分布云图，如图 18-110 所示。

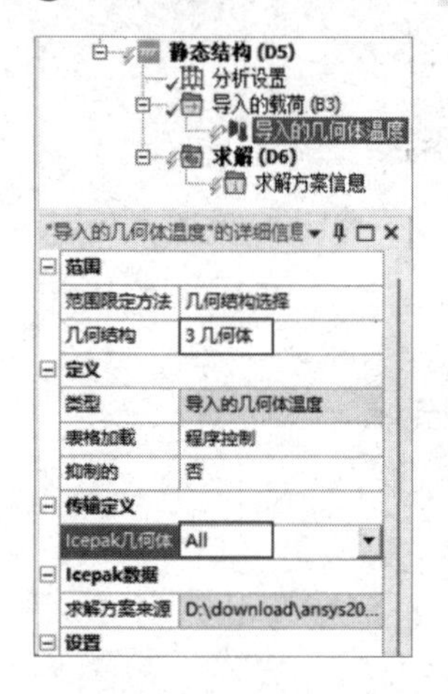

图 18-109　选中所有几何体

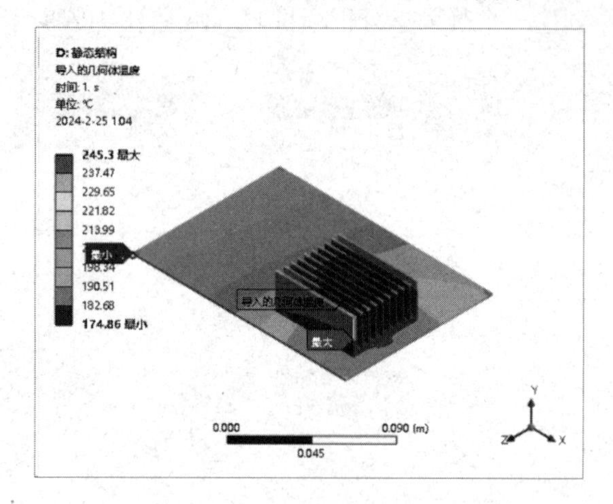

图 18-110　温度分布云图

⑥ 固定 PCB 板下端面，如图 18-111 所示。选择“求解”命令，进行计算。

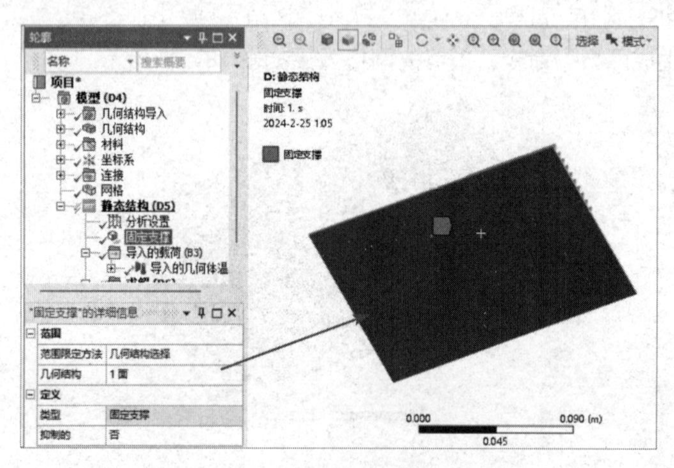

图 18-111　固定 PCB 板下端面

⑦ 热变形云图如图 18-112 所示，热应力云图如图 18-113 所示。

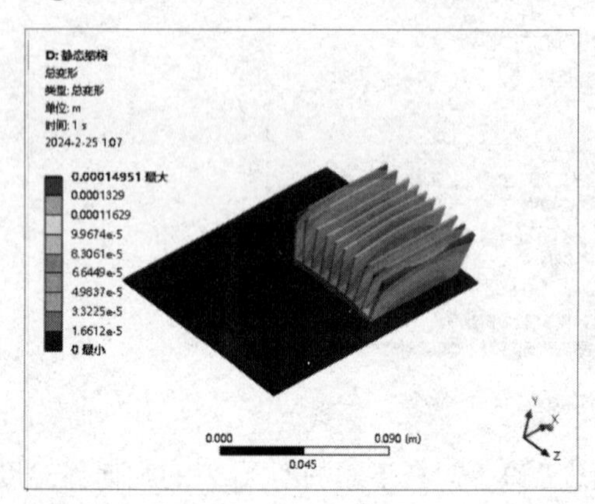

图 18-112　热变形云图

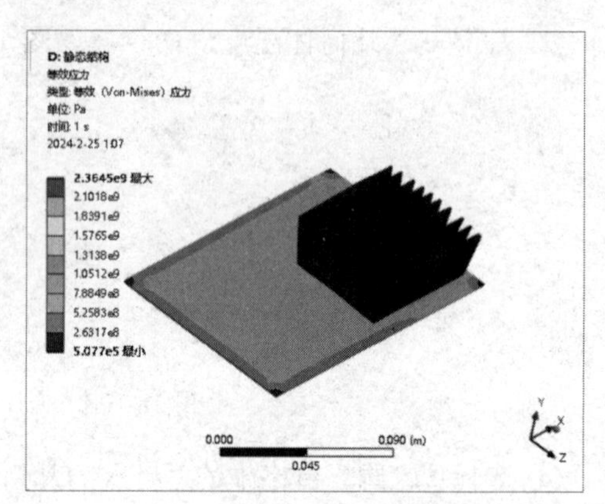

图 18-113　热应力云图

⑧ 返回 ANSYS Workbench 平台主界面，单击“保存”按钮保存文件，之后单击“关闭”按钮，关闭 ANSYS Workbench 平台。

18.5　本章小结

本章介绍了 ANSYS CFX、ANSYS Fluent 及 ANSYS Icepak 模块的流体动力学分析功能，并通过 3 个典型实例详细介绍了使用 ANSYS CFX、ANSYS Fluent 及 ANSYS Icepak 进行流体动力学分析的一般步骤，其中包括几何体的导入、网格的划分、求解器的设置、求解计算及后处理操作等。通过本章的学习，读者应当对计算流体动力学分析有了详细的了解。

第 19 章
电场分析

本章内容

自 2007 年 ANSYS 公司收购 Ansoft 系列软件后，ANSYS 公司的电磁场分析部分已经停止研发，并将计算交由 Ansoft 系列软件完成。本章将通过两个简单的实例介绍集成在 ANSYS Workbench 平台中的 Maxwell 模块的启动方法及电场分析的一般步骤。

学习要求

知 识 点	学 习 目 标			
	了解	理解	应用	实践
电磁场的基本知识	√			
电场分析的计算过程			√	√

19.1　电磁场基本理论

在电磁学中，电磁场是一种由带电物体产生的物理场。处于电磁场的带电物体会受到电磁场的作用。电磁场与带电物体（电荷或电流）之间的相互作用可以用麦克斯韦方程组和洛伦兹力定律来描述。

电磁场是有内在联系、相互依存的电场和磁场的统一体的总称。随时间变化的电场产生磁场，随时间变化的磁场产生电场，二者互为因果，形成电磁场。

电磁场可以由变速运动的带电粒子引起，也可以由强弱变化的电流引起，但是无论由何种因素引起，电磁场总是以光速向四周传播，形成电磁波。电磁场是电磁作用的媒介，具有能量和动量，是物质存在的一种形式。电磁场的性质、特征及运动变化规律由麦克斯韦方程组确定。

19.1.1　麦克斯韦方程组

电磁场理论由麦克斯韦方程组描述，分析和研究电磁场的出发点就是对麦克斯韦方程组的研究，包括求解与验证。

麦克斯韦方程组实际上由 4 个定律组成，分别是安培环路定律、法拉第电磁感应定律、高斯电通定律（简称高斯定律）和高斯磁通定律（或称磁通连续性定律）。

1．安培环路定律

无论介质和磁场强度 $\boldsymbol{H}$ 如何分布，磁场中的磁场强度沿任何一条闭合路径的线积分等于穿过该积分路径所确定的曲面 Ω 的电流的总和。这里的电流包括传导电流（自由电荷产生）和位移电流（电场变化产生）。用积分形式表示为

$$\oint_{\Gamma} \boldsymbol{H} \mathrm{d}l = \iint_{\Omega} \left(\boldsymbol{J} + \frac{\partial \boldsymbol{D}}{\partial t} \right) \mathrm{d}S \tag{19-1}$$

式中，$\boldsymbol{J}$ 为传导电流密度矢量（单位为 $\mathrm{A/m^2}$）；$\frac{\partial \boldsymbol{D}}{\partial t}$ 为位移电流密度；$\boldsymbol{D}$ 为电通密度矢量（单位为 $\mathrm{C/m^2}$）。

2．法拉第电磁感应定律

闭合回路中的感应电动势与穿过此回路的磁通量随时间的变化率成正比。用积分形式表示为

$$\oint_{\Gamma} \boldsymbol{E}\, \mathrm{d}l = -\iint_{\Omega} \left(\boldsymbol{J} + \frac{\partial \boldsymbol{B}}{\partial t} \right) \mathrm{d}S \tag{19-2}$$

式中，$\boldsymbol{E}$ 为电场强度（单位为 V/m）；$\boldsymbol{B}$ 为磁感应强度（单位为 T 或 $\mathrm{Wb/m^2}$）。

3．高斯电通定律

在电场中，无论电解质与电通密度矢量的分布如何，穿出任何一个闭合曲面的电通量等于这个已闭合曲面所包围的电荷量。这里指出电通量（也就是电通密度矢量）对此闭合曲面的积分，用积分形式表示为

$$\oiint_S \boldsymbol{D}\mathrm{d}S = \iiint_v \rho \mathrm{d}V \tag{19-3}$$

式中，ρ 为电荷体密度（$\mathrm{C/m^3}$）；V 为闭合曲面 S 所围成的体积区域。

4．高斯磁通定律

在磁场中，无论磁介质与磁通密度矢量的分布如何，穿出任何一个闭合曲面的磁通量恒等于零。这里指出磁通量（也就是磁通密度矢量）对此闭合曲面的有向积分，用积分形式表示为

$$\oiint_S \boldsymbol{B}\mathrm{d}S = 0 \tag{19-4}$$

式（19-1）～式（19-4）分别有自己的偏微分形式，也就是偏微分形式的麦克斯韦方程组，它们分别对应式（19-5）～式（19-8）：

$$\boldsymbol{\nabla} \times \boldsymbol{H} = \boldsymbol{J} + \frac{\partial \boldsymbol{D}}{\partial t} \tag{19-5}$$

$$\boldsymbol{\nabla} \times \boldsymbol{E} = \frac{\partial \boldsymbol{B}}{\partial t} \tag{19-6}$$

$$\boldsymbol{\nabla} \cdot \boldsymbol{D} = \rho \tag{19-7}$$

$$\boldsymbol{\nabla} \cdot \boldsymbol{B} = 0 \tag{19-8}$$

19.1.2 一般形式的电磁场偏微分方程

在电磁场计算中，经常对上述偏微分方程进行简化，以便使用分离变量法、格林函数等解得电磁场的解析解，其解得形式为三角函数的指数形式，以及一些使用特殊函数（如贝塞尔函数、勒让德多项式等）表示的形式。

但在工程实践中，要精确得到问题的解析解，除了极个别情况，通常是很困难的。只能根据具体情况给定的边界条件和初始条件，用数值计算方法求出其数值解。有限元法就是其中非常有效、应用较广的一种数值计算方法。

1．矢量磁势和标量电势

对于电磁场的计算，为了使问题得到简化，通常通过定义两个量把电场和磁场变量进行分离，分别形成一个独立的电场和磁场的偏微分方程，这样有利于数值求解。这两个量中的一个是矢量磁势 $\boldsymbol{A}$（亦称磁矢位），另一个是标量电势 $\boldsymbol{\phi}$，其定义如下。

矢量磁势定义为

$$\boldsymbol{B} = \boldsymbol{\nabla} \times \boldsymbol{A} \tag{19-9}$$

也就是说，磁势的旋度等于磁通量的密度。而标量电势定义为

$$\boldsymbol{E} = -\boldsymbol{\nabla} \cdot \boldsymbol{\phi} \tag{19-10}$$

2. 电磁场偏微分方程

按式（19-9）及式（19-10）定义的矢量磁势和标量电势可以自动满足法拉第电磁感应定律和高斯磁通定律。将它们应用到安培环路定律和高斯电通定律中，经过推导，分别得到磁场偏微分方程（19-11）和电场偏微分方程（19-12），即

$$\boldsymbol{\nabla}^2 \boldsymbol{A} - \mu\varepsilon \frac{\partial^2 \boldsymbol{A}}{\partial t^2} = -\mu \boldsymbol{J} \tag{19-11}$$

$$\boldsymbol{\nabla}^2 \boldsymbol{\phi} - \mu\varepsilon \frac{\partial^2 \boldsymbol{\phi}}{\partial t^2} = -\frac{\rho}{\varepsilon} \tag{19-12}$$

式中，μ 和 ε 分别为介质的磁导率和介电常数，$\boldsymbol{\nabla}^2$ 为拉普拉斯算子，即

$$\boldsymbol{\nabla}^2 = \left(\frac{\partial^2}{\partial x^2} + \frac{\partial^2}{\partial y^2} + \frac{\partial^2}{\partial z^2} \right) \tag{19-13}$$

显然，式（19-11）和式（19-12）具有相同的形式，是彼此对称的，这意味着求解方法相同。至此，我们可以对式（19-11）和式（19-12）进行数值求解，如先采用有限元法解得磁势和电势的场分布值，再经过转化（即后处理）得到电磁场的各种物理量，如磁感应强度、储能。

19.1.3 电磁场中的常见边界条件

在电磁场问题的实际求解过程中，有各种各样的边界条件，但归结起来可以概括为3种：狄利克雷（Dirichlet）边界条件、诺依曼（Neumann）边界条件及二者的组合。

狄利克雷边界条件可表示为

$$\boldsymbol{\phi}|_{\Gamma} = g(\Gamma) \tag{19-14}$$

式中，Γ 为狄利克雷边界；$g(\Gamma)$ 是位置的函数（值可以为常数或零），当为零时，此狄利克雷边界条件为奇次边界条件。例如，平行板电容器的一个极板电势可被假定为零，而另一个极板电势为常数，此时为零的边界条件就是奇次边界条件。

诺依曼边界条件可表示为

$$\frac{\delta \boldsymbol{\phi}}{\delta \boldsymbol{n}}|_{\Gamma} + f(\Gamma)\boldsymbol{\phi}|_{\Gamma} = h(\Gamma) \tag{19-15}$$

式中，Γ 为诺依曼边界；$\boldsymbol{n}$ 为边界 Γ 的外法线矢量；$f(\Gamma)$ 和 $h(\Gamma)$ 为一般函数（值可以为常数或零），当为零时，此诺依曼条件为奇次诺依曼条件。

在实际电磁场微分方程的求解中，只有在受到边界条件和初始条件的限制时，电磁场才有确定解。鉴于此，我们通常将此类问题称为边值问题和初值问题。

19.1.4 ANSYS Workbench 平台电磁场分析

ANSYS 公司除使用原有的 Emag 模块进行电磁场分析外，自收购 Ansoft 公司后，就将 ANSYS Workbench 平台中的绝大部分电磁场分析功能交给了 Ansoft 系列软件来完成。

Ansoft 系列软件可以分析以下设备中的电磁场：电力发电机、磁带及磁盘驱动器、变压器、波导、螺线管传动器、谐振腔、电动机、连接器、磁成像系统、天线辐射、图像显示设备传感器、滤波器、回旋加速器等。

一般在电磁场分析中涉及的典型物理量有：磁通密度、能量损耗、磁场强度、漏磁、磁力及磁矩、s-参数、阻抗、品质因数 Q、电感、回波损耗、涡流、本征频率等。

19.1.5 Ansoft 系列软件电磁场分析

Ansoft 系列软件包括低频电磁场分析软件 Maxwell、高频电磁场分析软件 HFSS 及多域机电系统设计与仿真分析软件 Simplorer，除此之外，还包括 Designer、Nexxim、Q3D Extractor、SIwave 及 TPA 等用于分析和提取不同计算结果的软件。

电机、变压器等电力设备行业常用的软件为 Maxwell，下面以低频电磁场分析软件 Maxwell 进行简要介绍。

1. Maxwell 软件的边界条件

Maxwell 软件的最新版本为 Electronics Desktop 2024（截至本书编写完成时），其求解电磁场问题时的边界条件除了 19.1.3 节介绍的狄利克雷边界条件和诺依曼边界条件，还有以下几种边界条件。

- 自然边界条件：自然边界条件是软件系统的默认边界条件，不需要用户指定，是不同介质交界面场量的切向和法向边界条件。
- 对称边界条件：对称边界条件包括奇对称边界条件和偶对称边界条件两大类。奇对称边界条件用于模拟一个设备的对称面，对称面两侧的电荷、电位及电流等满足大小相等、符号相反的条件。偶对称边界条件用于模拟一个设备的对称面，对称面两侧的电荷、电位及电流等满足大小相等且符号相同的条件。采用对称边界条件可以减小模型的尺寸，有效地节省计算资源。
- 匹配边界条件：匹配边界条件用于模拟周期性结构的对称面，使主边界和从边界场量具有相同的幅度（对于时谐量和相位来说），方向相同或相反。
- 气球边界条件：气球边界条件是 Maxwell 2D 求解器常见的边界条件，常常在求解域的边界处指定，用于模拟绝缘系统等。

2. Maxwell 2D/3D 电场分析模块分类

1）Maxwell 2D 电场求解器

- 静电场求解器：静电场求解器用于分析由直流电压源、永久极化材料、高压绝缘体中的电荷/电荷密度、套管、断路器及其他静态泄放装置所引起的静电场。材料类型包括各种绝缘体（各向异性及特性随位置变化的材料）及理想导体。该模块能自动计算力、转矩、电容及储能等参数。

- 恒定电场求解器：假定电机只在模型截面中运动，用于分析直流电压分布，计算损耗介质中流动的电流、电纳和储能（如在印刷线路板中，电流在绝缘基板上非常薄的轨迹中流动，由于轨迹非常薄，其厚度可以忽略，因此该电流可以应用于一个俯视投影来建模）。用户可以得到电流的分布，也可以获得轨迹上的电阻值。
- 交变电场求解器：除电介质及正弦电压源的传导损耗外，该求解器与静电场求解器类似，通过计算系统的电容与电导，得到绝缘介质的损耗。
- 瞬态求解器：瞬态求解器通过求解某些涉及运动和任意波形的电压、电流源激励的设备（如电动机、无摩擦轴承、涡流断路器），获得设备的预测性能。由于该模块能同时求解磁场、电路及运动等强耦合的方程，因此使用该模块可以轻而易举地解决上述装置的性能分析问题。

2）Maxwell 3D 电场求解器

Maxwell 3D 电场求解器可以用于分析由静态电荷分布和电压引起的静电问题。利用直接求得的标量电位，仿真器可以自动计算出静电场及电通量的密度，用户可以根据这些基本的场量求得力、转矩、能量及电容值。在分析高压绝缘体、套管及静电设备中的电荷分布产生的电场时，Maxwell 3D 电场求解器尤为适用。

19.2　实例 1——平行极板电容器的电容值计算

本节将介绍利用 Maxwell 模块的电场分析功能计算平行极板电容器的电容值。

实例描述：设平行极板电容器的主体结构为立方体，边长为 10mm，平行极板之间的间距 H 为 10mm，求平行极板电容器的电容值。

模型文件	无
结果文件	配套资源\ Chapter19\char19-2\Calculate C.wbpj

19.2.1　创建分析项目

① 在 Windows 系统下启动 ANSYS Workbench 平台，进入主界面。

② 双击主界面“工具箱”窗格中的“分析系统”→“Maxwell 3D”命令，此时在“项目原理图”窗格中会出现分析项目 A，如图 19-1 所示。

③ 双击项目 A 中 A2 栏的“Geometry”，进入 Maxwell 平台界面，如图 19-2 所示，在该界面中可以完成几何模型基于有限元分析的流程操作。

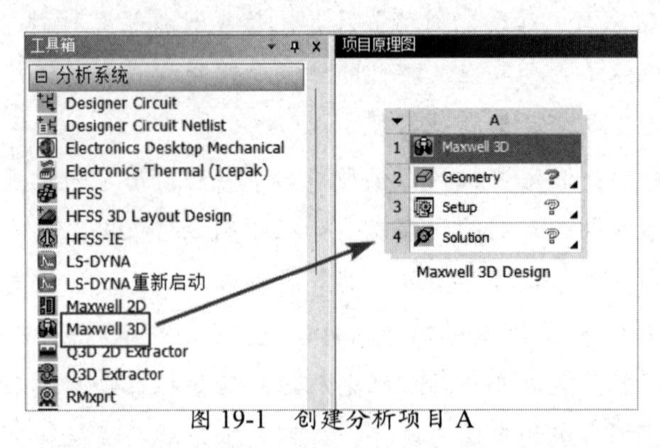

图 19-1 创建分析项目 A

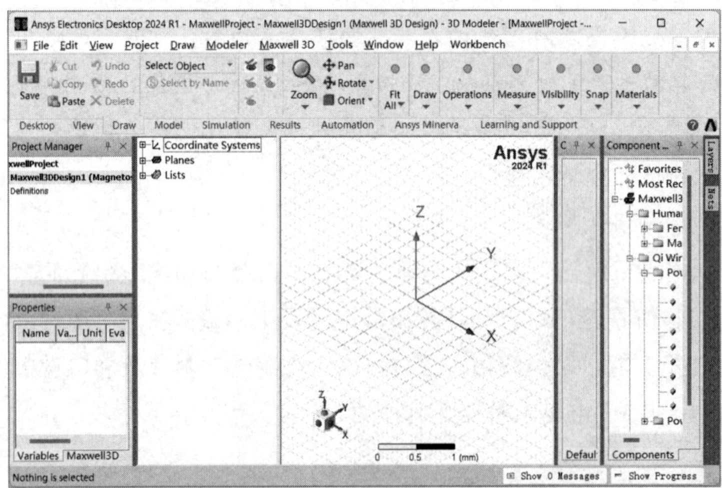

图 19-2 Maxwell 平台界面

19.2.2 创建几何体

① 单击工具栏中的 按钮，创建立方体。在右下角弹出的坐标输入框中输入如下坐标值："X" 为 "0"；"Y" 为 "0"；"Z" 为 "0"。之后按 Enter 键，确定立方体第一个点的坐标，如图 19-3 所示。

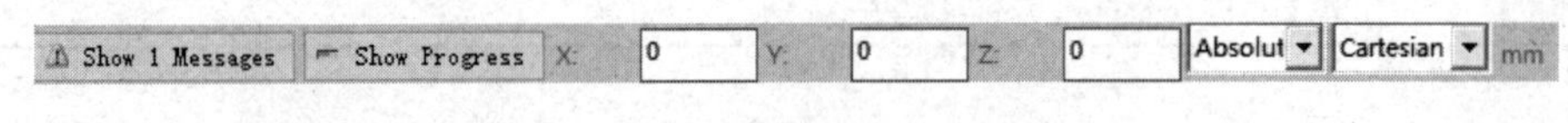

图 19-3 创建第一个点

② 在坐标输入框中输入如下坐标值："dX" 为 "10"；"dY" 为 "10"；"dZ" 为 "0"。之后按 Enter 键，确定第二个点的坐标，如图 19-4 所示。

图 19-4 创建第二个点

③ 在坐标输入框中输入如下坐标值："dX" 为 "0"；"dY" 为 "0"；"dZ" 为 "10"。之后按 Enter 键，确定第三个点的坐标，如图 19-5 所示。

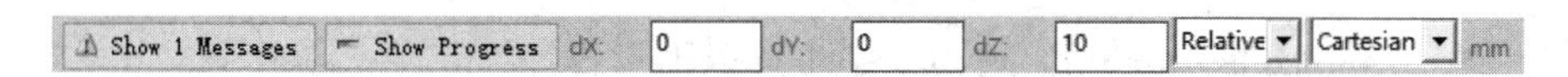

图 19-5　创建第三个点

④ 单击工具栏中的按钮，将几何体全部显示在界面中。

19.2.3　创建求解器

选择菜单栏中的“Maxwell 3D”→“Solution Type”命令，在弹出的对话框中设置求解器，选中“Electrostatic”单选按钮，并单击“OK”按钮，如图 19-6 所示。

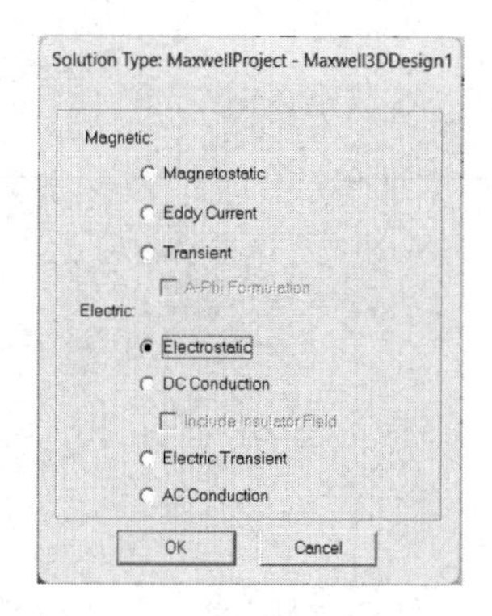

图 19-6　设置求解器

19.2.4　添加材料

材料默认为真空。

19.2.5　网格划分

① 选择菜单栏中的“Maxwell 3D”→“Analysis Setup”→“Add Solve Setup”命令，添加求解器，在弹出的“Solve Setup”对话框中保持默认设置，单击“确定”按钮。

② 右击“Project Manager”窗格中的“Maxwell3DDesign1（Electrostatic）”→“Analysis”→“Setup1”命令，在弹出的快捷菜单中选择“Generate Mesh”命令，如图 19-7 所示。

③ 选择所有几何体并右击，在弹出的快捷菜单中选择“Plot Mesh”命令，完成网格模型的划分，如图 19-8 所示。

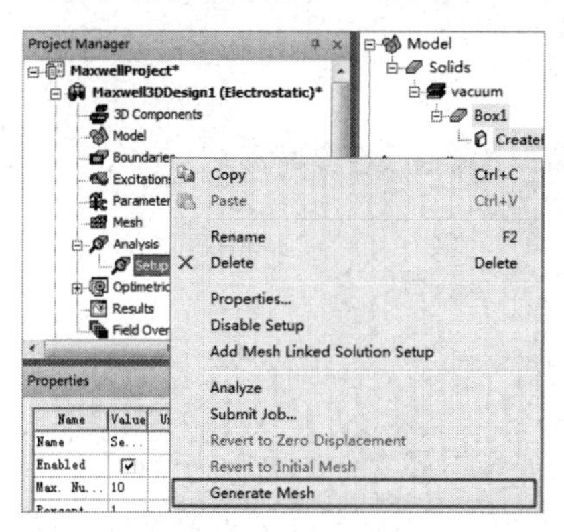

图 19-7　选择“Generate Mesh”命令

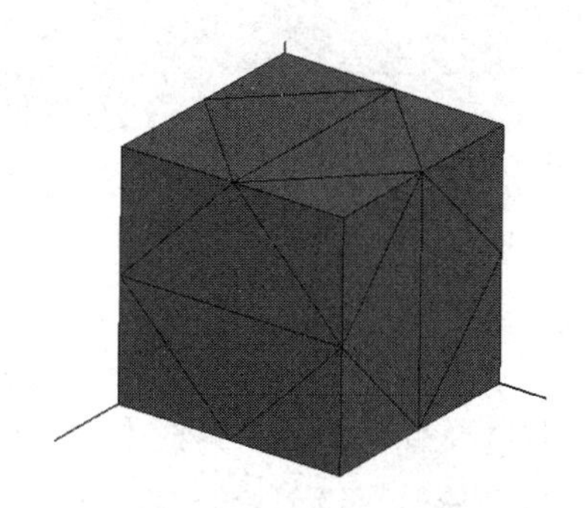

图 19-8　网格模型

注意

本实例的目的是介绍如何计算电容值，对网格划分没有过多介绍，关于网格划分请参考前面章节的内容。

④ 添加激励。选择立方体上端面（远离坐标原点处的端面），之后选择菜单栏中的“Maxwell 3D”→“Excitations”→“Assign”→“Voltage”命令，在弹出的如图 19-9 所

示的“Voltage Excitation”对话框中进行以下设置。

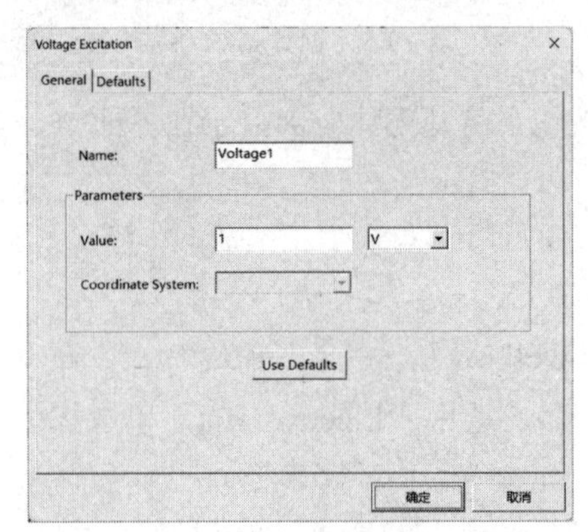

图 19-9 “Voltage Excitation”对话框（1）

在“Value”文本框中输入“1”，设置单位为“V”，其余选项保持默认设置，单击“确定”按钮。

⑤ 使用同样的方法设置立方体另一个端面的电压为 0V，如图 19-10 所示。

⑥ 选择菜单栏中的 “Maxwell 3D” → “Parameters” → “Assign” → “Matrix” 命令，在弹出的如图 19-11 所示的“Matrix”对话框中勾选“Voltage1”和“Voltage2”复选框，并单击“确定”按钮。

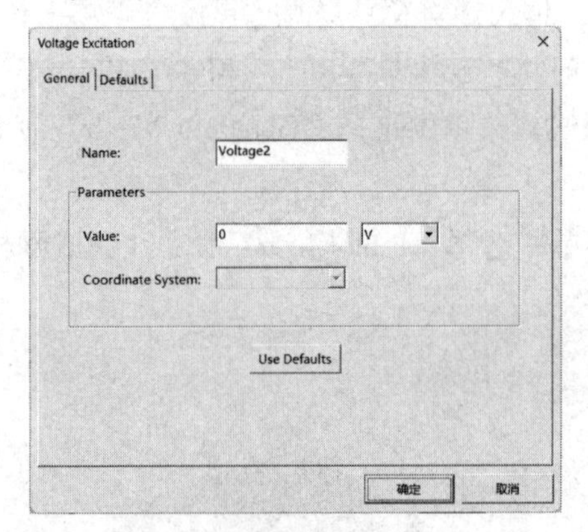

图 19-10 “Voltage Excitation”对话框（2）

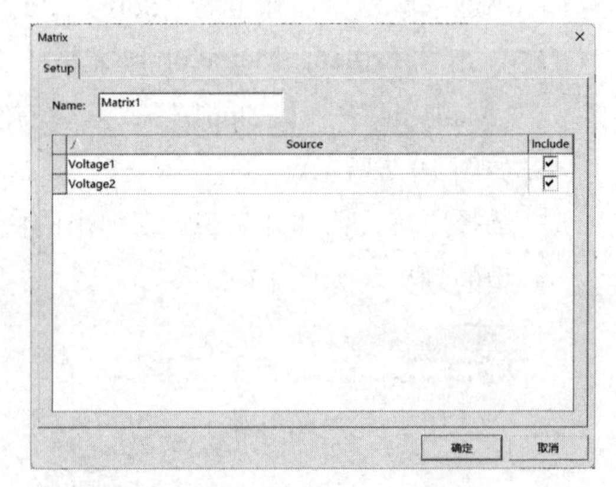

图 19-11 “Matrix”对话框

19.2.6 求解计算

① 保存文件。单击工具栏中的“保存”按钮，保存工程文件的名称为“C”。

② 模型检测。模型检测是为了检测几何模型的创建、边界条件的设置是否有问题。选择菜单栏中的“Maxwell 3D” → “Validation Check”命令，此时会弹出如图 19-12 所示的模型检测对话框。

③ 计算。选择菜单栏中的“Maxwell 3D” → “Analyze All”命令，此时程序开始计算。

④ 选择菜单栏中的“Maxwell 3D” → “Results” → “Solution Data”命令，或者单击工具栏中的按钮，在弹出的对话框中查看求解信息。

⑤ 选择“Matrix”选项卡，设置电容值，如图 19-13 所示，平行极板电容器的电容值约为 8.85E−014F。

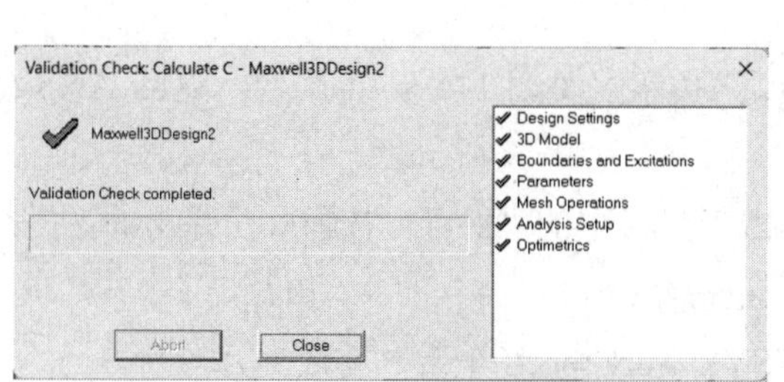

图 19-12 模型检测对话框

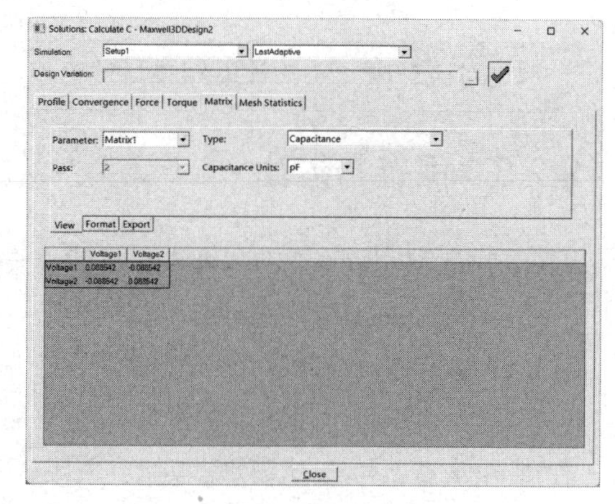

图 19-13 设置电容值

⑥ 选中几何体，此时几何体在绘图窗格中加亮显示，并选择菜单栏中的“Maxwell 3D”→“Fields”→“Fields”→“Voltage”命令，在弹出的如图 19-14 所示的“Create Field Plot”对话框的“In Volume”列表框中选择“AllObjects”选项，在下面勾选“Plot on surface only”复选框，并单击“Done”按钮。

⑦ 此时绘图窗格中的几何模型会显示如图 19-15 所示的电压分布云纹图。

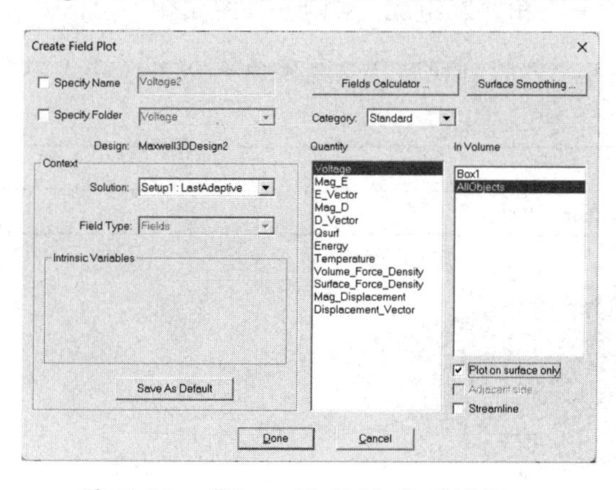

图 19-14 “Create Field Plot”对话框

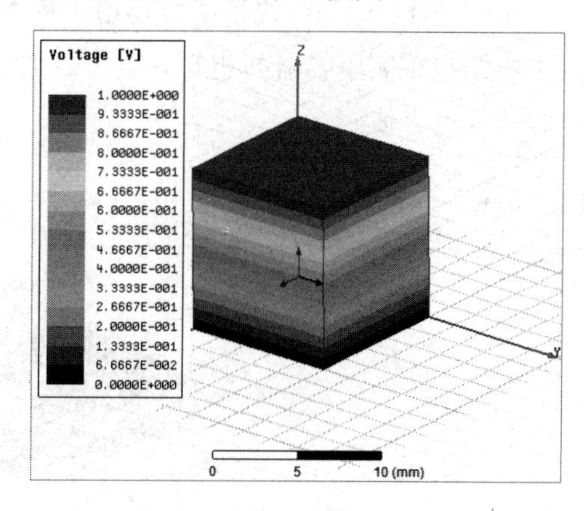

图 19-15 电压分布云纹图

19.2.7 手动计算电容值

上面介绍了如何通过有限元法计算平行极板电容器的电容值，下面通过公式从理论上计算电容器的电容值。

通过电磁场理论相关书籍可以查阅到圆形截面电容器的电容值计算公式为

$$C=\frac{\varepsilon_r\varepsilon_0 S}{4\pi kd}\approx\frac{\varepsilon_r\varepsilon_0 S}{d}(\mathrm{F}) \tag{19-16}$$

式中，$\varepsilon_0=8.8542\times10^{-12}$（F/m），$\varepsilon_r=1$。

将参数值代入式（19-16），即

$$C=\frac{\varepsilon_r\varepsilon_0 S}{d}=\frac{8.8542\times10^{-12}(\mathrm{F/m})\times0.01^2(\mathrm{m}^2)}{0.01(\mathrm{m})}=8.8542\times10^{-14}(\mathrm{F}) \qquad (19\text{-}17)$$

通过对比有限元法的计算结果与理论值，可以看出电容值的计算结果几乎相同。

19.2.8 保存与退出

① 单击 Maxwell 平台界面右上角的“关闭”按钮，关闭 Maxwell 平台，返回 ANSYS Workbench 平台主界面。

② 在 ANSYS Workbench 平台主界面中单击工具栏中的“保存”按钮，在弹出的“另存为”对话框中设置“文件名”为“Calculate C.wbpj”。

③ 单击右上角的“关闭”按钮，关闭 ANSYS Workbench 平台，完成项目分析。

19.3 实例 2——并联电容器的电容值计算

19.2 节简单介绍了 Maxwell 模块的电场分析功能，进行了单个电容器的电容值计算，本节将介绍利用 Maxwell 模块的电场分析功能计算并联电容器的电容值。

实例描述：设平行极板电容器由 3 种结构串联和并联组成，结构示意图如图 19-16 所示，其中下侧和左侧电容器的相对介电常数为 1.5，右侧电容器的相对介电常数为 3.5，求此并联电容器的电容值。

模型文件	无
结果文件	配套资源\ Chapter19\char19-2\Calculate C2.wbpj

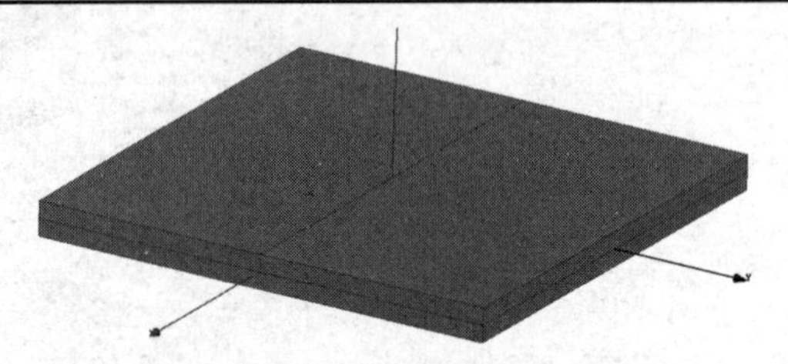

图 19-16　结构示意图

19.3.1 创建分析项目

① 在 Windows 系统下启动 ANSYS Workbench 平台，进入主界面。

② 双击主界面“工具箱”窗格中的“分析系统”→“Maxwell 3D”命令，此时在“项目原理图”窗格中会出现分析项目 A，如图 19-17 所示。

③ 双击项目 A 中 A2 栏的“Geometry”，进入 Maxwell 平台界面，如图 19-18 所示，在该界面中可以完成几何模型基于有限元分析的流程操作。

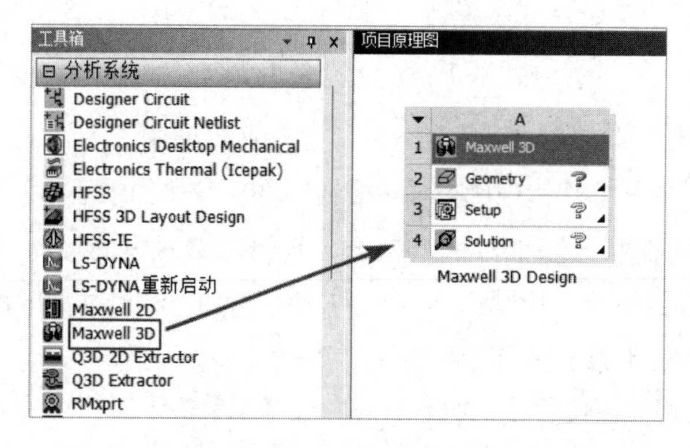

图 19-17　创建分析项目 A

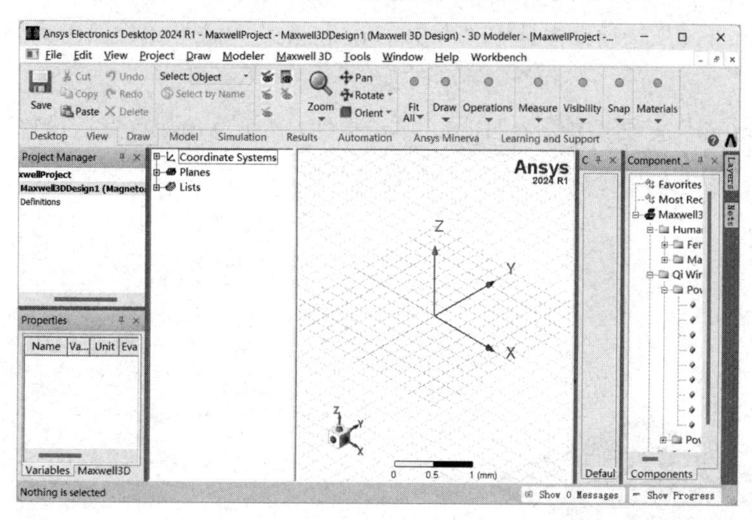

图 19-18　Maxwell 平台界面

19.3.2　创建几何体

① 单击工具栏中的 按钮，创建长方体。在右下角弹出的坐标输入框中输入如下坐标值：“X” 为 “0”；“Y” 为 “0”；“Z” 为 “0”。之后按 Enter 键，确定长方体第一个点的坐标，如图 19-19 所示。

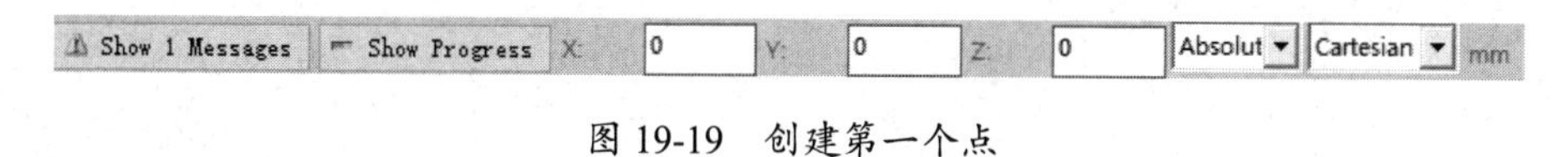

图 19-19　创建第一个点

② 在坐标输入框中输入如下坐标值：“dX” 为 “1414”；“dY” 为 “1414”；“dZ” 为 “0”。之后按 Enter 键，确定第二个点的坐标，如图 19-20 所示。

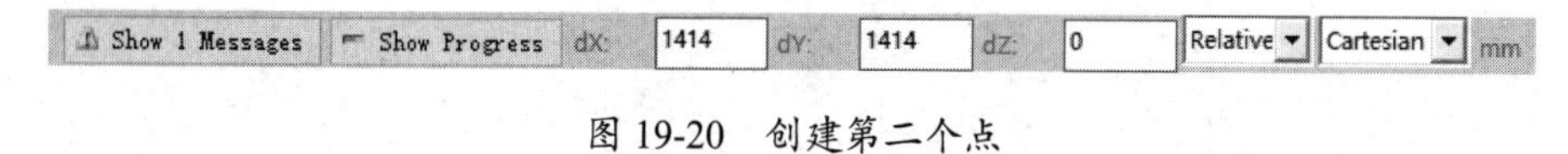

图 19-20　创建第二个点

③ 在坐标输入框中输入如下坐标值：“dX” 为 “0”；“dY” 为 “0”；“dZ” 为 “50”。之后按 Enter 键，确定第三个点的坐标，如图 19-21 所示。

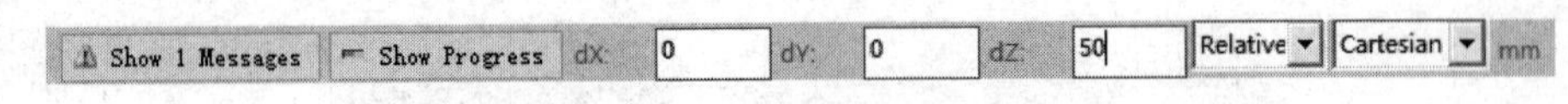

图 19-21 创建第三个点

④ 单击工具栏中的按钮，将几何体全部显示在界面中。

⑤ 选中几何体，单击工具栏中的 Move 按钮，将几何体的中心点移动到坐标原点，即先沿着 *X* 轴和 *Y* 轴两个方向移动-707mm，再沿着 *Z* 轴方向移动-50mm。

⑥ 以同样的方法创建一个长度和宽度均为 1414mm，厚度为 50mm 的长方体，使其位于上述长方体的下方，如图 19-22 所示。

⑦ 选中上面的几何体，使其处于加亮状态，选择菜单栏中的“Modeler”→“Boolean”→“Split”命令，在弹出的“Split”对话框中进行以下设置。

在“Split method”选项组中选中“Split using plane”单选按钮，并在其下拉列表中选择“XY”选项。

在“Keep result”选项组中选中“Both”单选按钮，其余选项保持默认设置，并单击“OK”按钮，如图 19-23 所示。

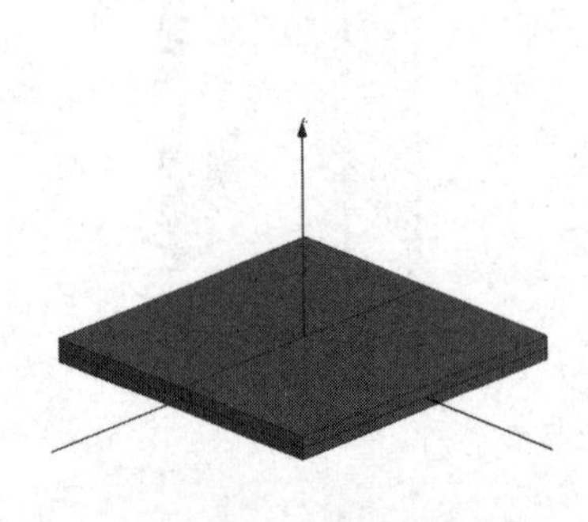

图 19-22 创建长方体

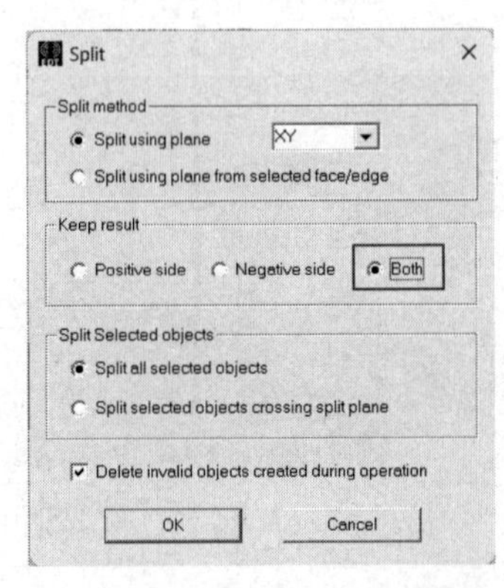

图 19-23 “Split”对话框

19.3.3 创建求解器

选择菜单栏中的“Maxwell 3D”→“Solution Type”命令，在弹出的对话框中设置求解器，选中“Electrostatic”单选按钮，并单击“OK”按钮，如图 19-24 所示。

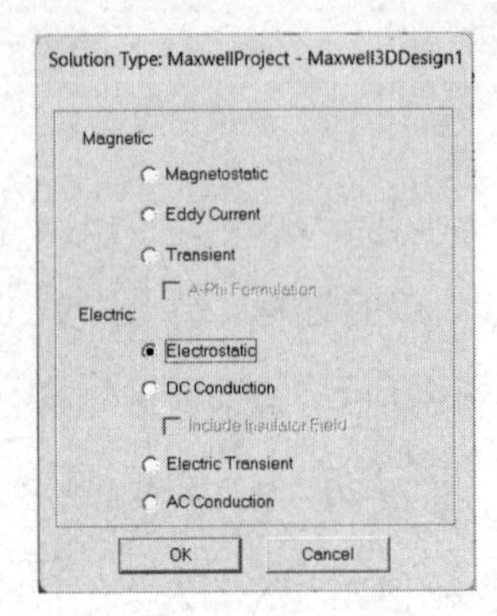

图 19-24 设置求解器

19.3.4　添加材料

① 选中左侧的几何体并右击，在弹出的快捷菜单中选择“Assign Material”命令，如图 19-25 所示。

② 添加一种名称为“r1”的新材料，设置材料的相对介电常数为 1.5，如图 19-26 所示，并将“r1”赋予长方体的下侧和左侧端面。

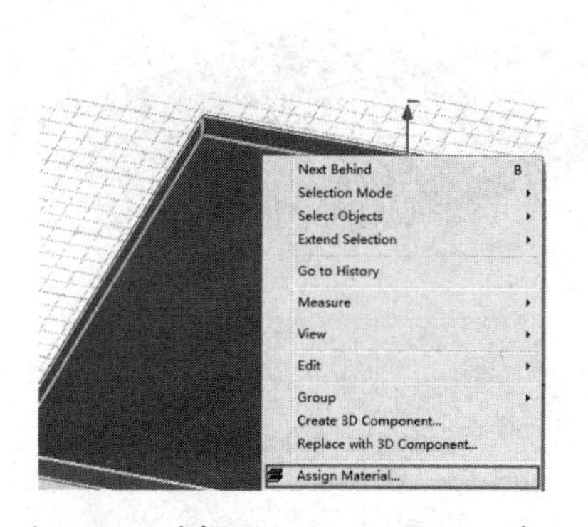

图 19-25　选择“Assign Material”命令

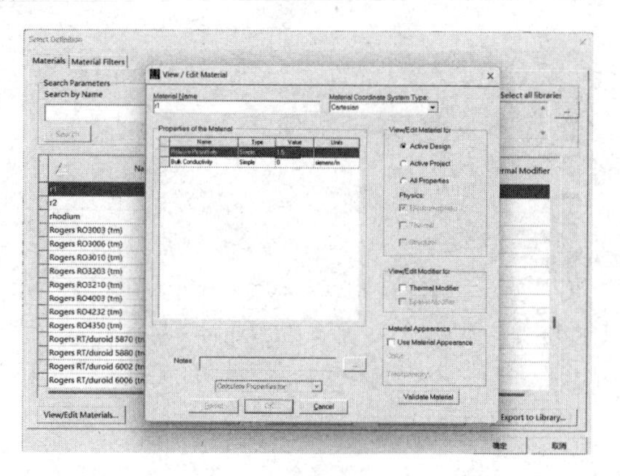

图 19-26　添加材料（1）

③ 使用同样的操作方法添加一种名称为“r2”的新材料，设置材料的相对介电常数为 3.5，如图 19-27 所示，并将“r2”赋予长方体的右侧端面。

④ 设置网格长度。选中所有几何体，之后选择菜单栏中的“Maxwell 3D”→“Mesh Operation”→“Assign”→“Inside Selection”→“Length Based”命令，弹出如图 19-28 所示的对话框，在该对话框中设置网格最大长度为 0.1m，并单击“OK”按钮。

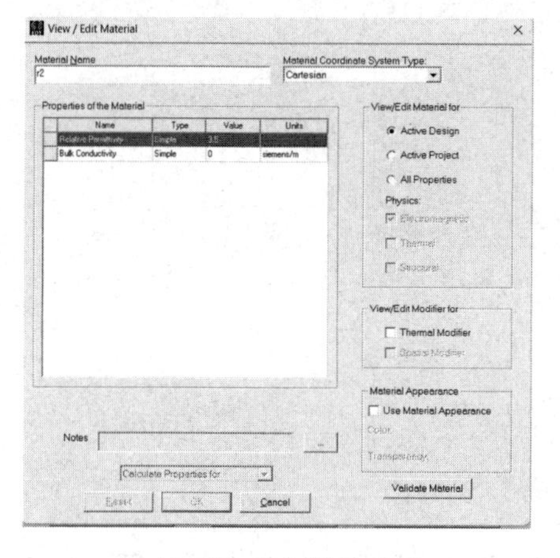

图 19-27　添加材料（2）

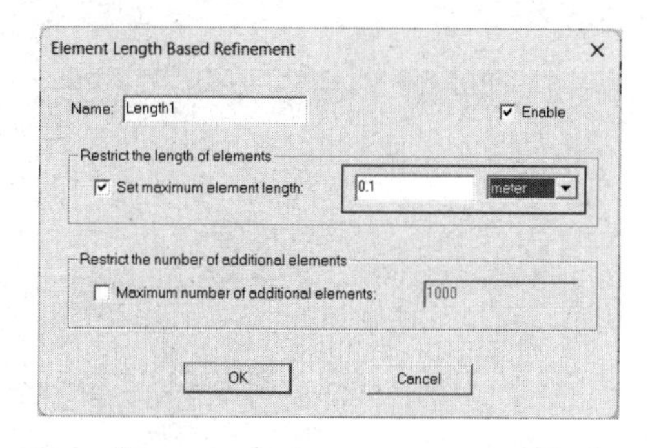

图 19-28　“Element Length Based Refinement”对话框

19.3.5　网格划分

① 选择菜单栏中的“Maxwell 3D”→“Analysis Setup”→“Add Solve Setup”命令，添加求解器，在弹出的“Solve Setup”对话框中保持默认设置，单击“确定”按钮。

② 右击“Project Manager”窗格中的“Maxwell3DDesign1（Electrostatic）”→“Analysis”→“Setup1”命令，在弹出的快捷菜单中选择“Generate Mesh”命令，如图 19-29 所示。

③ 选中所有几何体并右击，在弹出的快捷菜单中选择“Plot Mesh”命令，完成网格模型的划分，如图 19-30 所示。

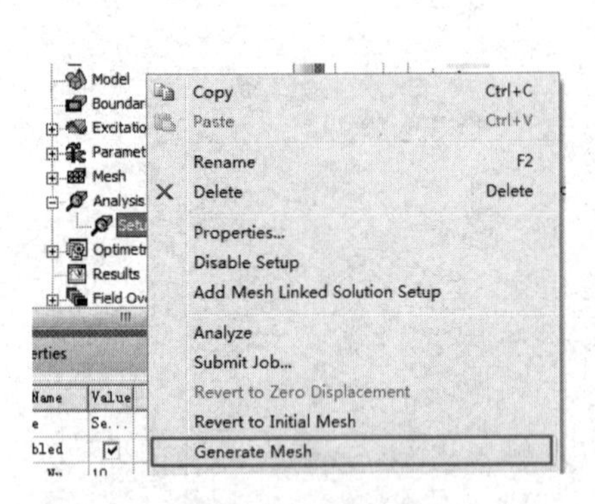

图 19-29 选择“Generate Mesh”命令

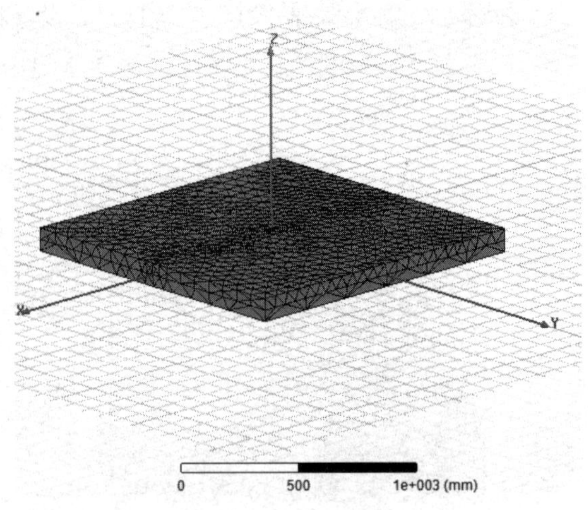

图 19-30 网格模型

注意

本实例的目的是介绍如何计算电容值，对网格划分没有过多介绍，关于网格划分请参考前面章节的内容。

④ 添加激励。选择下侧长方体上端面（远离坐标原点处的端面），之后选择菜单栏中的“Maxwell 3D”→“Excitations”→“Assign”→“Voltage”命令，在弹出的如图 19-31 所示的“Voltage Excitation”对话框中进行以下设置。

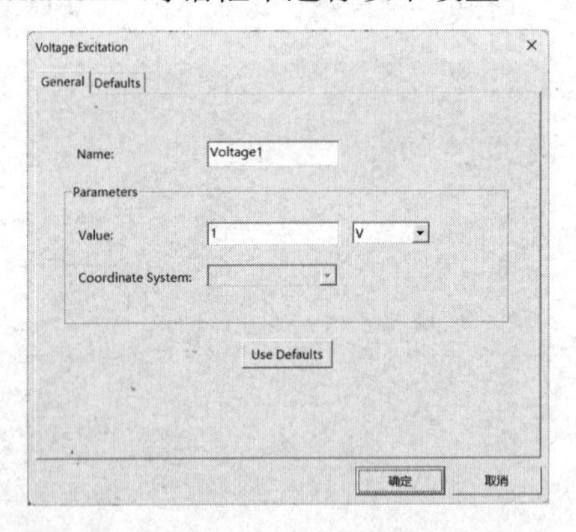

图 19-31 “Voltage Excitation”对话框（1）

在“Value”文本框中输入“1”，设置单位为“V”，其余选项保持默认设置，单击“确定”按钮。

⑤ 使用同样的方法设置下侧长方体下端面的电压为 0V，如图 19-32 所示。

⑥ 选择菜单栏中的“Maxwell 3D”→“Parameters”→“Assign”→“Matrix”命令，在弹出的如图 19-33 所示的“Matrix”对话框中勾选“Voltage1”和“Voltage2”复选框，并单击“确定”按钮。

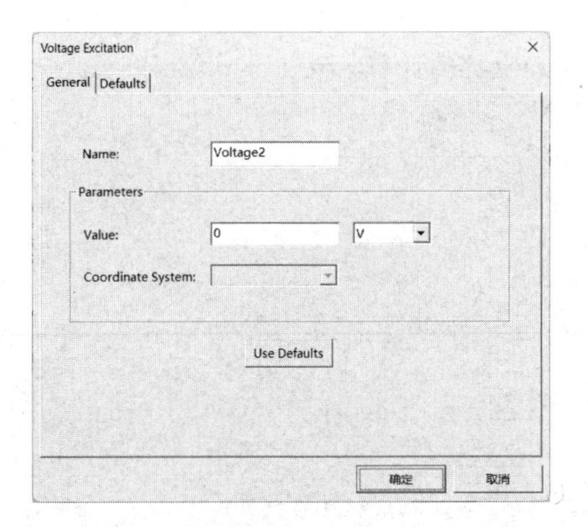

图 19-32　“Voltage Excitation”对话框（2）

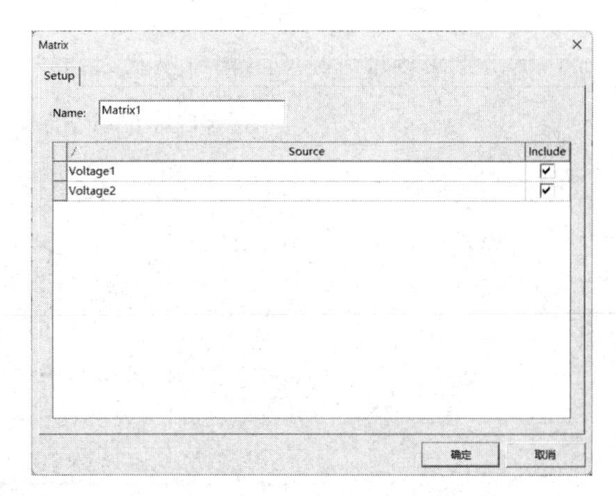

图 19-33　“Matrix”对话框

19.3.6　求解计算

① 保存文件。单击工具栏中的“保存”按钮，保存工程文件的名称为“C2”。

② 模型检测。选择菜单栏中的“Maxwell 3D”→“Validation Check”命令，此时会弹出如图 19-34 所示的模型检测对话框。

③ 计算。选择菜单栏中的“Maxwell 3D”→“Analyze All”命令，此时程序开始计算。

④ 选择菜单栏中的“Maxwell 3D”→“Results”→“Solution Data”命令，或者单击工具栏中的按钮，在弹出的对话框中查看求解信息。

⑤ 选择“Matrix”选项卡，设置电容值，如图 19-35 所示，并联电容器的电容值为 3.1918E-10F。

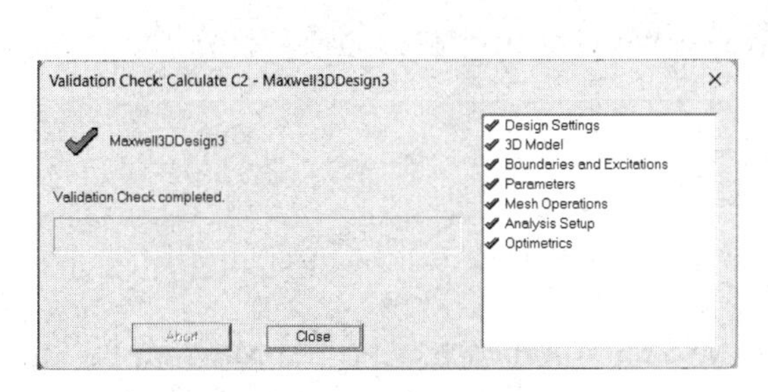

图 19-34　模型检测对话框

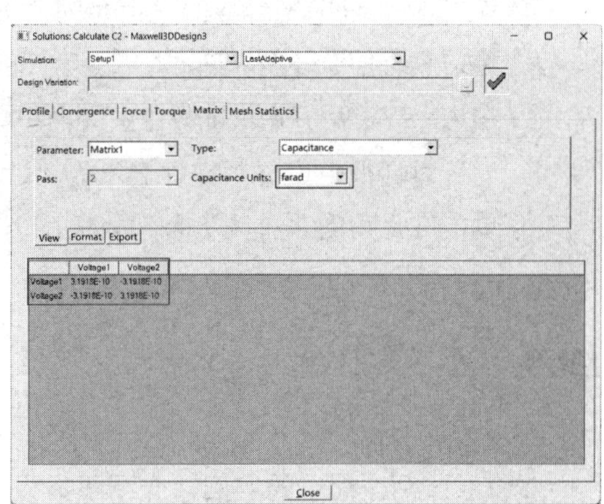

图 19-35　设置电容值

19.3.7　手动计算电容值

上面介绍了如何通过有限元法计算并联电容器的电容值，下面通过公式从理论上计算电容器的电容值。

通过电磁场理论相关书籍可以查阅到并联电容器的电容值计算公式为

$$C = C_1 + C_2(\mathrm{F}), \quad C_1 = \frac{\varepsilon_r \varepsilon_0 S}{4\pi k d} \approx \frac{\varepsilon_r \varepsilon_0 S}{d}(\mathrm{F}) \tag{19-18}$$

式中，$\varepsilon_0 = 8.8542\times10^{-12}(\mathrm{F/m})$，$\varepsilon_{r1} = 1.5$，$\varepsilon_{r2} = 3.5$。

将参数值代入式（19-18），即

$$C_1 = \frac{\varepsilon_{r1}\varepsilon_0 S}{d} = \frac{1.5\times8.8542\times10^{-12}(\mathrm{F/m})\times1(\mathrm{m}^2)}{0.5（\mathrm{m}）} \approx 26.56\times10^{-12}(\mathrm{F})$$

$$C_2 = \frac{\varepsilon_{r2}\varepsilon_0 S}{d} = \frac{3.5\times8.8542\times10^{-12}(\mathrm{F/m})\times1(\mathrm{m}^2)}{0.5（\mathrm{m}）} \approx 61.98\times10^{-12}(\mathrm{F}) \tag{19-19}$$

$$C_3 = \frac{\varepsilon_{r2}\varepsilon_0 S}{d} = \frac{1.5\times8.8542\times10^{-12}(\mathrm{F/m})\times2(\mathrm{m}^2)}{0.5（\mathrm{m}）} \approx 53.13\times10^{-12}(\mathrm{F})$$

$$C = \frac{(C_1 + C_2)C_3}{C_1 + C_2 + C_3} = \frac{(26.56 + 61.98)\times53.13}{26.56 + 61.98 + 53.13}\times10^{-12} \approx 33.20\times10^{-12}(\mathrm{F}) \tag{19-20}$$

通过对比有限元法计算结果与理论值，可以看出电容值的计算结果几乎相同。

上面的实例讲解了并联电容器的有限元与理论计算两种方法，读者可以计算一下串联电容器的电容值，这里不再赘述。

提示：

根据电容器的特性来计算，即使用 $C = \dfrac{C_1 \times C_2}{C_1 + C_2}$ 公式完成串联电容器电容值的计算。

19.3.8 保存与退出

① 单击 Maxwell 平台界面右上角的“关闭”按钮，关闭 Maxwell 平台，返回 ANSYS Workbench 平台主界面。

② 在 ANSYS Workbench 平台主界面中单击工具栏中的“保存”按钮，在弹出的“另存为”对话框中设置“文件名”为“Calculate C2.wbpj”。

③ 单击右上角的“关闭”按钮，关闭 ANSYS Workbench 平台，完成项目分析。

19.4 本章小结

本章通过两个简单的实例，介绍了集成在 ANSYS Workbench 平台中的 Maxwell 模块的电场分析的基本方法及操作步骤。读者通过以上两个实例的学习，应当对电场分析有了深入的理解。

第 20 章

磁场分析

本章内容

本章将通过 3 个简单的实例介绍集成在 ANSYS Workbench 平台中的 Maxwell 模块的启动方法及磁场分析的一般步骤。

学习要求

知识点	学习目标			
	了解	理解	应用	实践
电磁场的基本知识	√			
静态磁场分析的计算过程			√	√
涡流磁场分析的计算过程			√	√

20.1　电磁场基本理论

1. Maxwell 2D 电磁分析模块分类

- 静态磁场求解器：静态磁场求解器可以用于分析由恒定电流、永磁体及外部激励引起的磁场，适用于激励器、传感器、电机及永磁体等。分析的对象包括非线性的磁性材料（如钢材、铁氧体、钕铁硼永磁体）和各向异性材料。它能自动计算磁场力、转矩、电感和储能。
- 涡流磁场求解器：涡流磁场求解器可以用于分析受涡流、趋肤效应、临近效应影响的系统，且求解的频率范围可以从零到数百兆赫兹，应用范围覆盖母线、电机、变压器、绕组及无损系统。它能自动计算损耗、铁损，以及不同频率所对应的阻抗、力、转矩、电感与储能。此外，它还能以云图或矢量图的形式给出整个相位的磁力线、磁通密度和磁场强度的分布、电流的分布及能量密度等结果。

2. Maxwell 3D 电磁分析模块分类

- 三维静磁场：三维静磁场可以用于准确地仿真直流电压和电流源、永磁体及外加磁场激励引起的磁场，典型的应用包括激励器、传感器、永磁体。三维静磁场可以直接用于计算磁场强度和电流分布，之后由磁场强度获得磁通密度。此外，它还能计算力、转矩、电感，并解决各种线性、非线性和各向异性材料的饱和问题。
- 三维交流场：三维交流场可以用于分析不可忽视涡流、位移电流、趋肤效应及邻近效应作用的系统，并分析母线、变压器、线圈中涡流的整体特性。在交流磁场模块中，它采用吸收边界条件的方式来仿真装置的辐射电磁场。这种全波特性使它既可以分析汽车遥控开关，又可以分析油井探测天线类低频系统。
- 三维瞬态场：三维瞬态场可以用于设计任意波形的电压、电流，以及包含直线或旋转运动的装置。利用线路图绘制器和嵌入式仿真器，它可以与外部电路协同仿真，从而支持包括电力电子开关电路和绕组连接方式在内的任意拓扑结构的仿真。

20.2　静态磁场分析实例 1——导体磁场计算

实例描述：设有一根无限长的圆形长直导体，其截面如图 20-1 所示。该导体由两部分组成，其内部导体半径 R_1 为 20mm，外部导体半径 R_2 为 60mm，相对磁导率分别为 1000 和 2000。在 R_1 导体截面上的载流密度为 250A/mm^2，分析导体与周围空间的磁场分布情况。

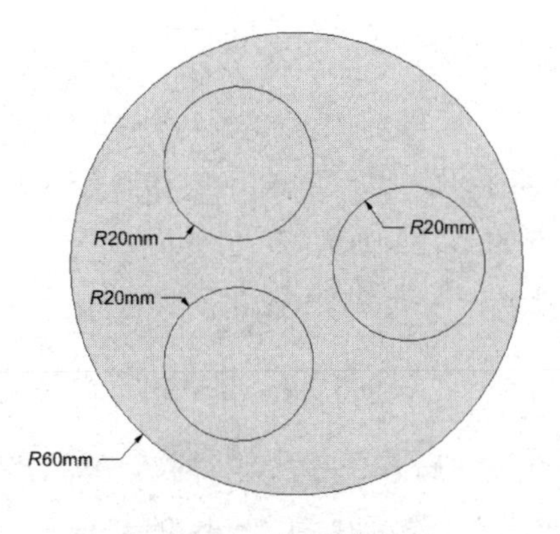

图 20-1　导体截面

注意

空气域半径 R_3 为 300mm。

模型文件	无
结果文件	配套资源\Chapter20\char20-1\EX01.wbpj

20.2.1　创建分析项目

① 在 Windows 系统下执行"开始"→"所有应用"→"Ansys EM Suite 2024 R1"→"Ansys Electronics Desktop 2024 R1"命令，启动 ANSYS Maxwell，如图 20-2 所示。

② 单击工具栏中的 按钮，进入二维模块，出现如图 20-3 所示的电磁场分析环境。

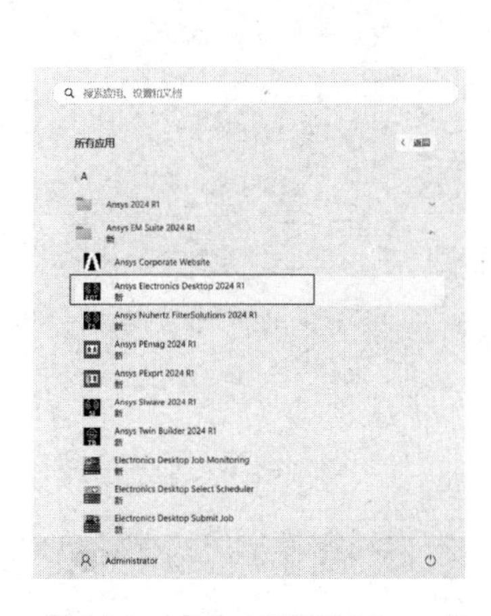

图 20-2　启动 ANSYS Maxwell

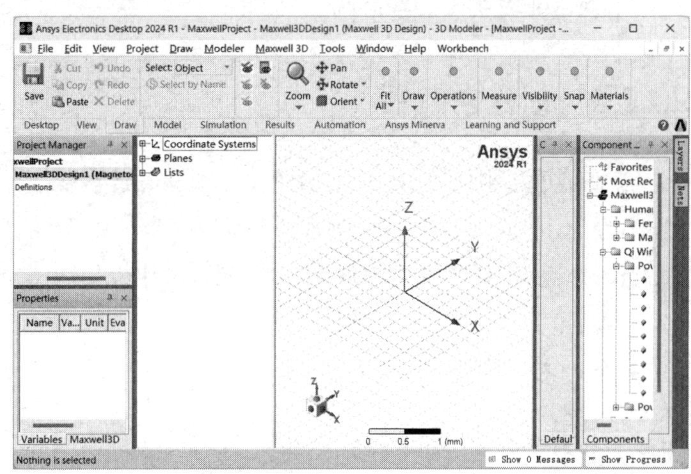

图 20-3　电磁场分析环境

20.2.2　创建几何体

① 单击工具栏中的 按钮，创建圆，在右下角弹出的坐标输入框中输入如下坐标值："X"为"0"；"Y"为"0"；"Z"为"0"。之后按 Enter 键，确定圆的圆心，如图 20-4 所示。

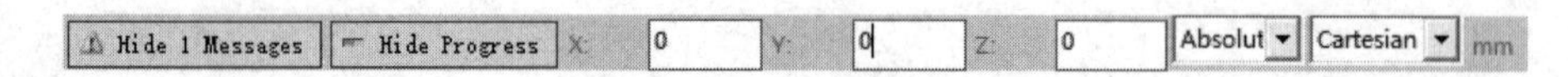

图 20-4　确定圆的圆心

② 在坐标输入框中输入如下坐标值："dX"为"60"；"dY"为"0"；"dZ"为"0"。之后按 Enter 键，确定圆的半径，如图 20-5 所示。

图 20-5　确定圆的半径

③ 单击工具栏中的图标，将几何体全部显示在界面中，如图 20-6 所示。

④ 使用同样的方法分别创建 3 个半径为 20mm 的圆与 1 个半径为 30mm 的圆，创建完成的几何体如图 20-7 所示。

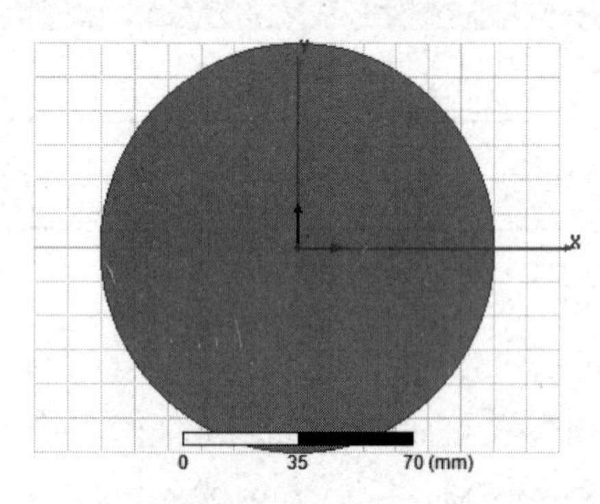

图 20-6　几何体（1）

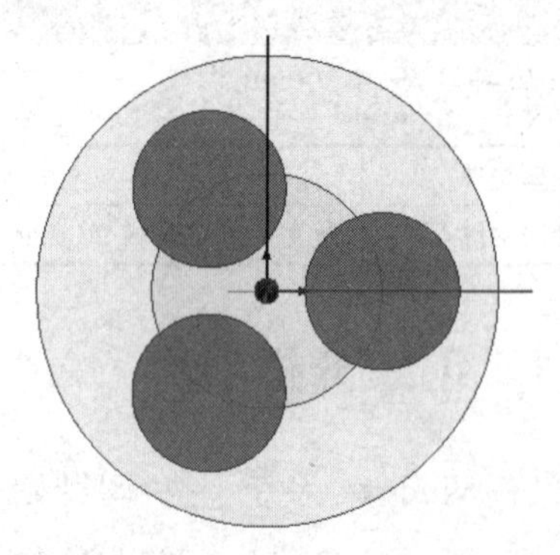

图 20-7　几何体（2）

⑤ 删除半径为 30mm 的圆。

20.2.3　创建求解器

选择菜单栏中的"Maxwell 2D"→"Solution Type"命令，在弹出的对话框中设置求解器，保持默认设置，即选中"Magnetostatic"单选按钮，并单击"OK"按钮，如图 20-8 所示。

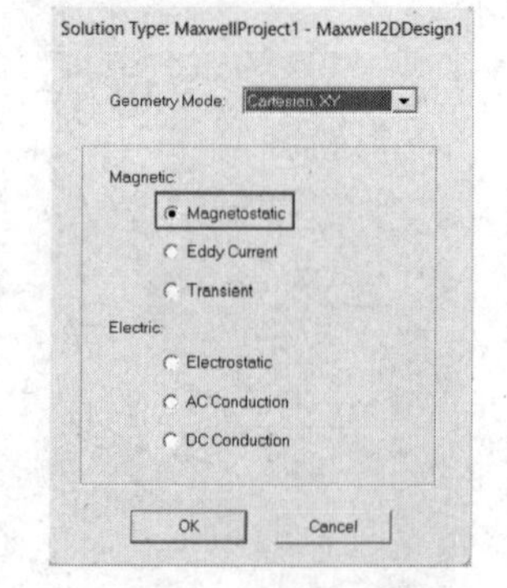

图 20-8　设置求解器

20.2.4　添加材料

① 选择半径为 20mm 的 3 个圆，使其处于加亮状态，之后右击，在弹出的快捷菜单中选择"Assign Material"命令，如图 20-9 所示。

② 在弹出的"Select Definition"对话框中单击"Add Material"按钮，并在弹出的"View/Edit Material"对话框中进行如图 20-10 所示的设置。

在"Material Name"文本框中输入"R1"。

在"Relative Permeability"一行的"Value"栏中输入"1000"，并单击"OK"按钮。

③ 使用同样的操作方法对半径为 60mm 的圆添加材料，在其"Relative Permeability"一行的"Value"栏中输入"2000"，并设置材料名称为"R220"，如图 20-11 所示。

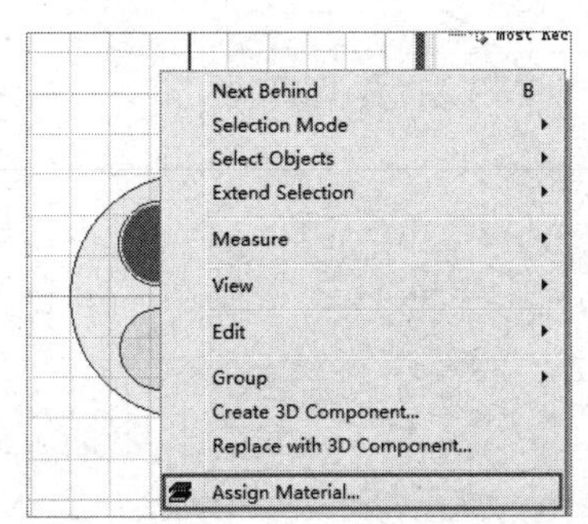

图 20-9 选择“Assign Material”命令

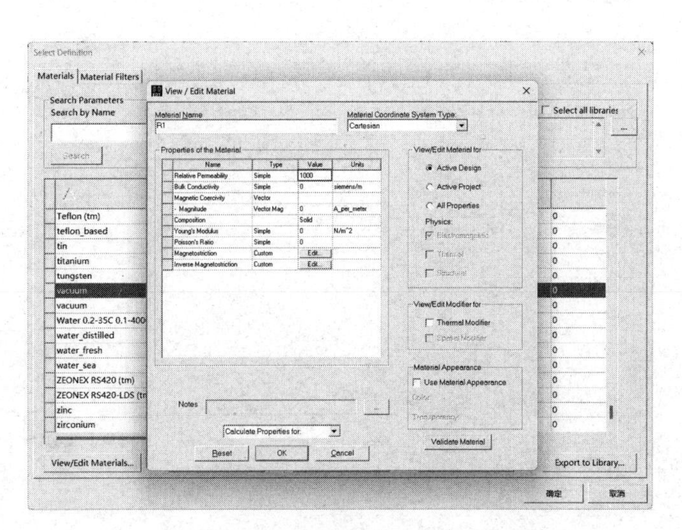

图 20-10 设置材料属性（1）

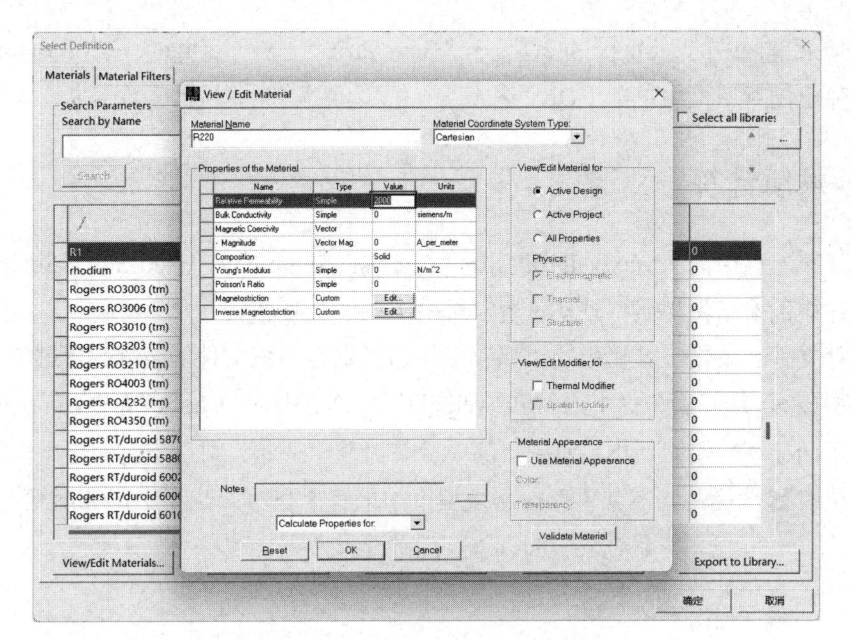

图 20-11 设置材料属性（2）

20.2.5 边界条件与激励

① 选择半径为 20mm 的 3 个圆，之后选择菜单栏中的“Maxwell 2D”→“Excitations”→“Assign”→“Current Density”命令，弹出如图 20-12 所示的对话框，在“Value”文本框中输入“0.00025”，单击“确定”按钮。

② 单击工具栏中的 按钮，创建计算域，在弹出的如图 20-13 所示的对话框中，在“Percentage Offset”一行的“Value”栏中输入“500”，并单击“OK”按钮。

③ 按快捷键 E（使输入法处于 EN 状态），或者选择菜单栏中的“Edit”→“Select”→“Edge”命令，并选择计算域的 4 条边，使其处于加亮状态。

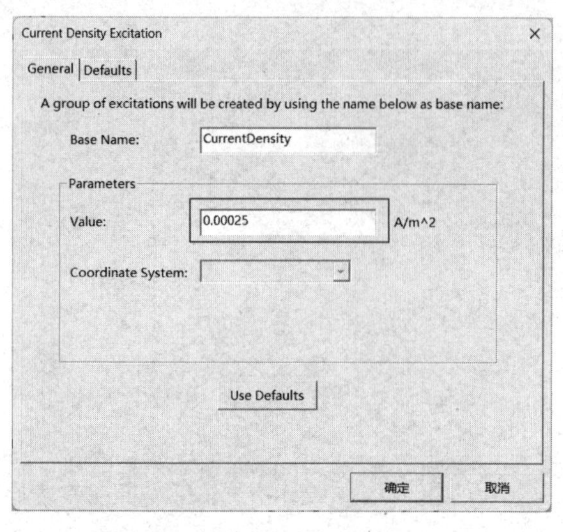

图 20-12 “Current Density Excitation”对话框

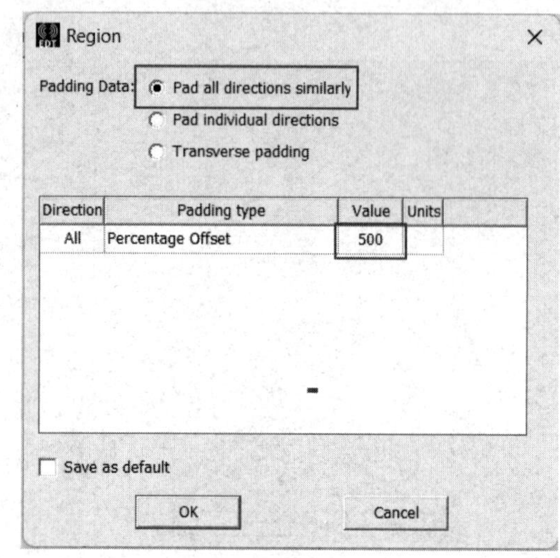

图 20-13 “Region”对话框

④ 选择菜单栏中的“Maxwell 2D”→“Boundaries”→“Assign”→“Balloon”命令，在弹出的对话框中单击“OK”按钮，完成边界条件的设置。

20.2.6 求解计算

① 选择菜单栏中的“Maxwell 2D”→“Analysis Setup”→“Add Solve Setup”命令，在弹出的对话框中保持默认设置，单击“确定”按钮。

② 保存文件。单击工具栏中的“保存”按钮，保存工程文件的名称为“EX01.wbpj”。

③ 模型检测。选择菜单栏中的“Maxwell 2D”→“Validation Check”命令，弹出如图 20-14 所示的模型检测对话框。如果全部项目前都有✓图标，则说明前处理操作没有问题；如果有✖图标，则需要重新检测模型；如果有❗图标，也不会影响后续计算。

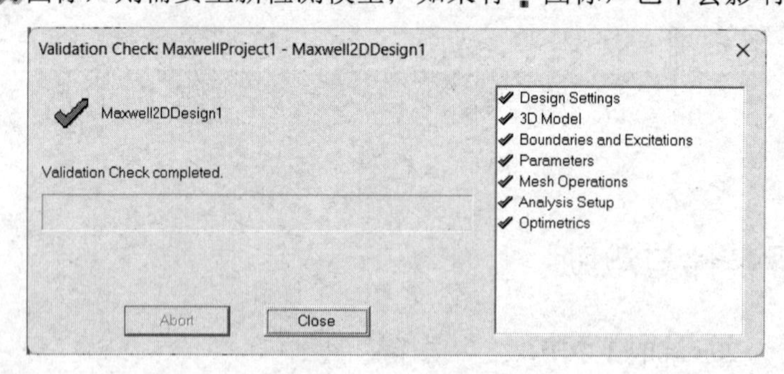

图 20-14 模型检测对话框

④ 计算。选择菜单栏中的“Maxwell 2D”→“Analyze All”命令，此时程序开始计算。

⑤ 选择菜单栏中的“Maxwell 2D”→“Results”→“Solution Data”命令，或者单击工具栏中的 按钮，在弹出的对话框中查看求解信息，如图 20-15 所示。

⑥ 选择“Mesh Statistics”选项卡，查看网格信息，如图 20-16 所示。

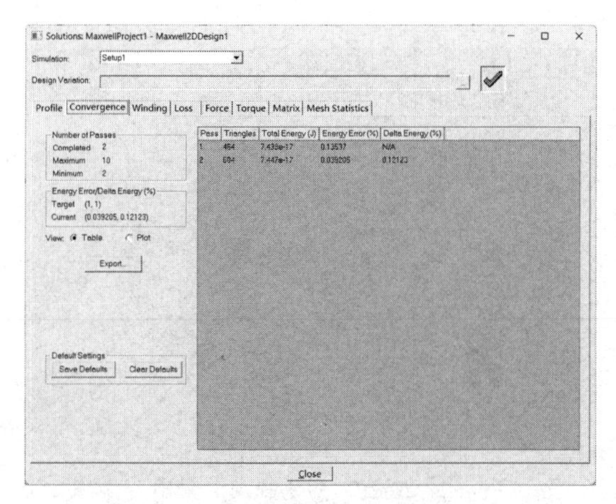

图 20-15　查看求解信息

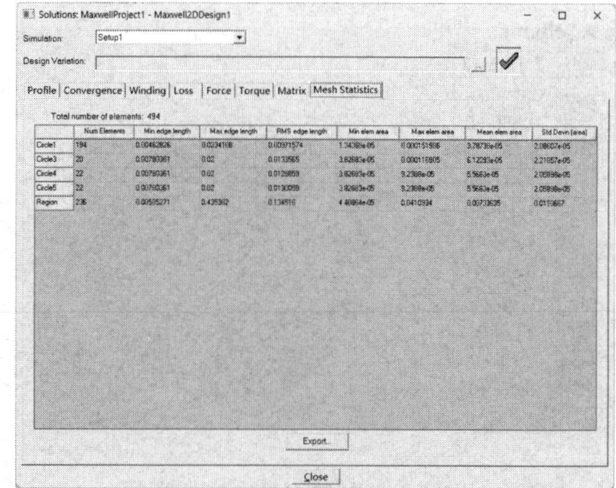

图 20-16　查看网格信息

⑦ 选择所有几何体，此时几何体处于加亮状态，之后选择菜单栏中的“Maxwell 2D”→“Fields”→“Plot Mesh”命令，在弹出的对话框中单击“确定”按钮，此时绘图窗格中会显示网格模型，如图 20-17 所示。

⑧ 选择所有几何体，此时几何体处于加亮状态，之后选择菜单栏中的“Maxwell 2D”→“Fields”→“Fields”→“A”→“Flux_Lines”命令，在弹出的对话框的“In Volume”列表框中选择“AllObjects”选项，单击“Done”按钮，如图 20-18 所示。

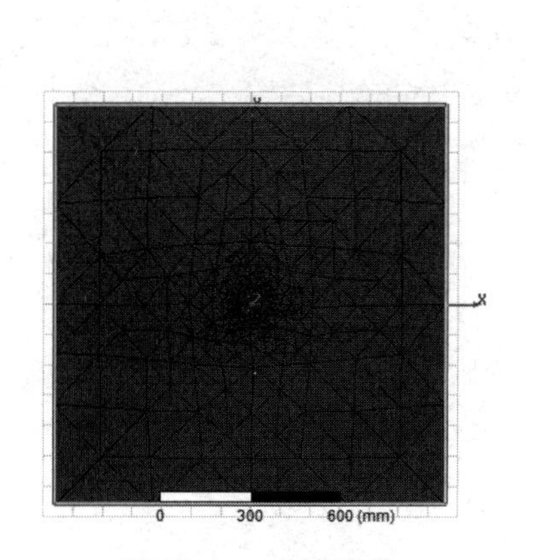

图 20-17　网格模型

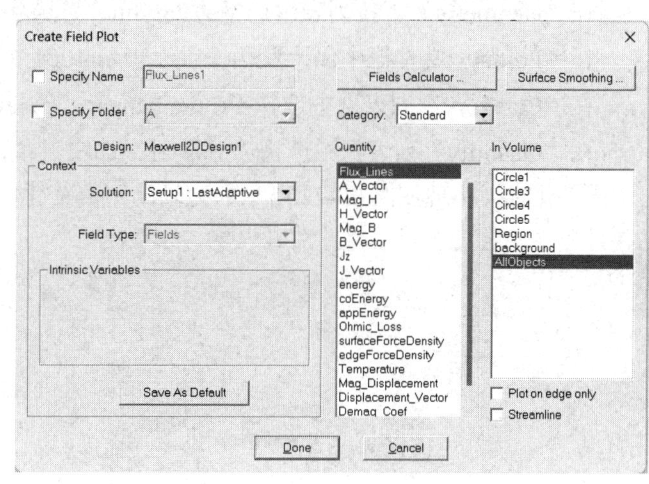

图 20-18　“Create Field Plot”对话框

⑨ 此时绘图窗格中会显示如图 20-19 所示的磁力线分布线图。从图中可以看出真空中的漏磁通几乎为零，主要原因是导体的相对磁导率比较大，尤其是半径为 60mm 的导体的相对磁导率。

⑩ 选择所有几何体，此时几何体处于加亮状态，之后选择菜单栏中的“Maxwell 2D”→“Fields”→“B”→“B_Vector”命令，在弹出的对话框的“In Volume”列表框中选择“AllObjects”选项，单击“Done”按钮，此时绘图窗格中会显示磁感强度矢量图，如图 20-20 所示。

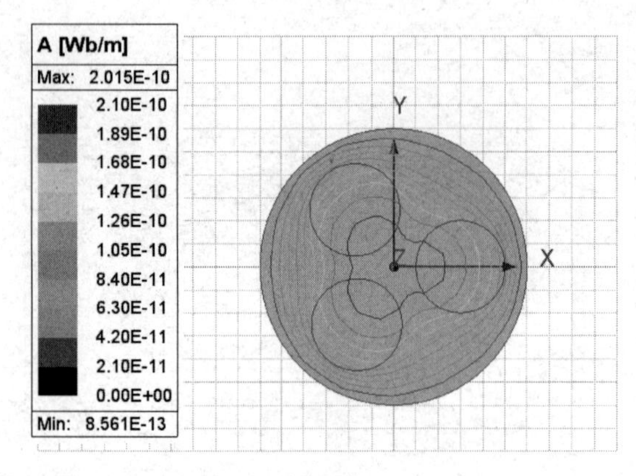

图 20-19　磁力线分布线图

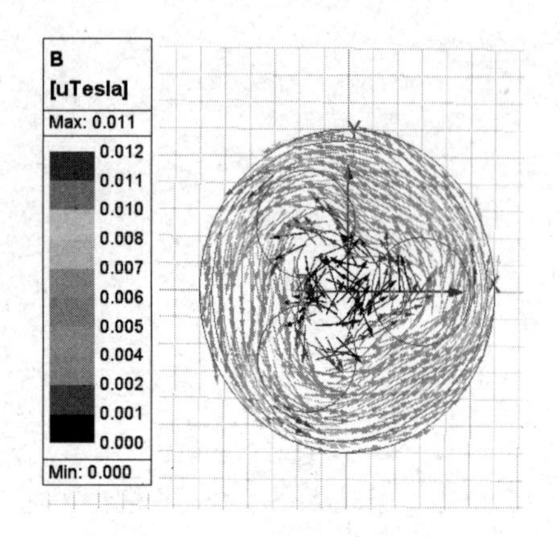

图 20-20　磁感强度矢量图

20.2.7　图表显示

① 选择菜单栏中的“Draw”→“Line”命令，在弹出的对话框中单击“确定”按钮，绘制一条从圆心开始到 X=60mm 的直线。

② 选择菜单栏中的“Maxwell 2D”→“Results”→“Create Fields Report”→“Rectangular Plot”命令，在弹出的对话框中进行如图 20-21 所示的设置。

在“Geometry”下拉列表中选择“Polyline1”选项。

在“Points”文本框中保持默认设置，表示 1001 个节点。

在“Category”列表框中选择“Calculator Expressions”选项。

在“Quantity”列表框中选择“Mag_H”选项，单击“New Report”按钮。

③ 此时会出现如图 20-22 所示的磁场随距离变化的曲线图。

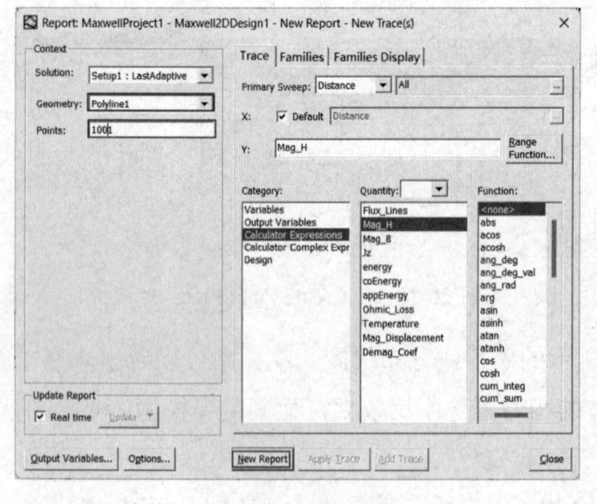

图 20-21　设置参数

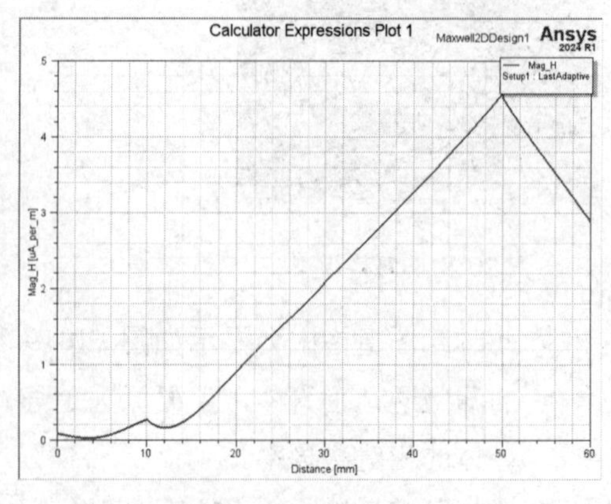

图 20-22　磁场随距离变化的曲线图

④ 保存文件。

20.2.8　保存与退出

① 在 ANSYS Workbench 平台主界面中单击工具栏中的“保存”按钮，在弹出的“另存为”对话框中设置“文件名”为“EX01.wbpj”。

② 单击右上角的“关闭”按钮，关闭 ANSYS Workbench 平台，完成项目分析。

20.3　静态磁场分析实例 2——电感计算

本节将利用 Maxwell 模块创建一个半径为 5mm、长度为 100mm 的圆柱体导线，并计算其电感。

模型文件	无
结果文件	配套资源\ Chapter20\char20-2\Calculate L.wbpj

20.3.1　创建分析项目

① 在 Windows 系统下启动 ANSYS Workbench 平台，进入主界面。

② 双击主界面“工具箱”窗格中的“分析系统”→“Maxwell 3D”命令，此时在“项目原理图”窗格中会出现分析项目 A，如图 20-23 所示。

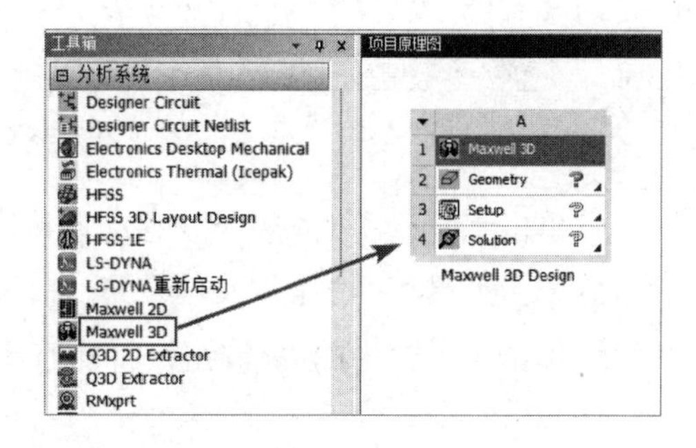

图 20-23　创建分析项目 A

③ 双击项目 A 中 A2 栏的“Geometry”，进入 Maxwell 平台界面，如图 20-24 所示，在该界面中可以完成几何模型基于有限元分析的流程操作。

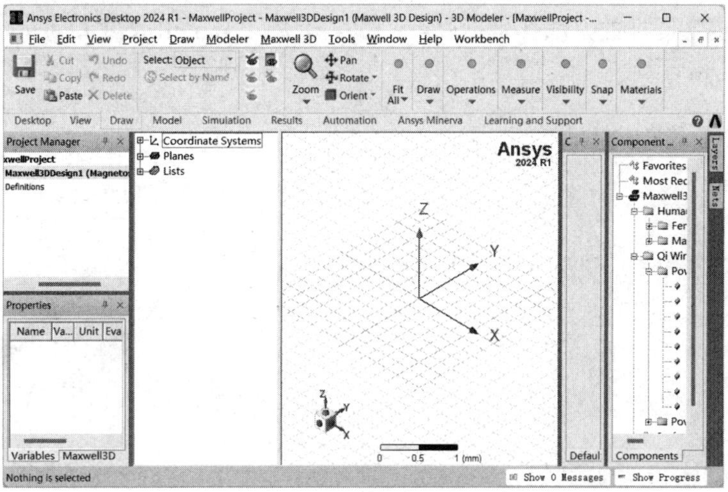

图 20-24　Maxwell 平台界面

20.3.2 创建几何体

① 单击工具栏中的 按钮，创建圆柱体。在右下角弹出的坐标输入框中输入如下坐标值：“X”为“0”；“Y”为“0”；“Z”为“0”。之后按 Enter 键，确定圆柱体第一个点（原点）的坐标，如图 20-25 所示。

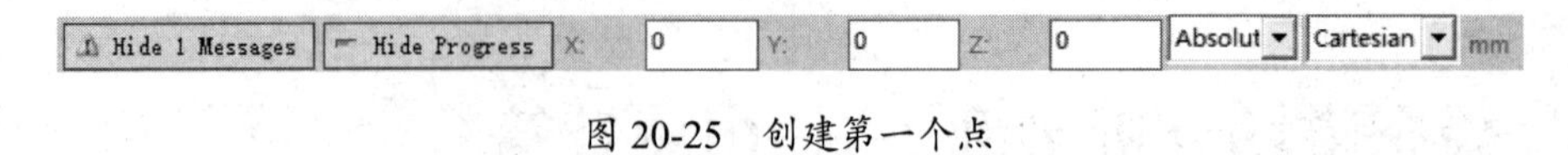

图 20-25 创建第一个点

② 在坐标输入框中输入如下坐标值：“dX”为“5”；“dY”为“0”；“dZ”为“0”。之后按 Enter 键，确定第二个点的坐标，表示圆柱体的半径为 5mm，如图 20-26 所示。

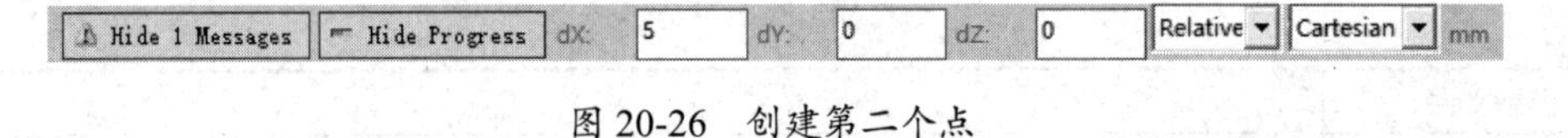

图 20-26 创建第二个点

③ 在坐标输入框中输入如下坐标值：“dX”为“0”；“dY”为“0”；“dZ”为“100”。之后按 Enter 键，确定第三个点的坐标，表示圆柱体的导线长度为 100mm，如图 20-27 所示。

图 20-27 创建第三个点

④ 单击工具栏中的 Move（移动）按钮，将几何体沿 *Y* 轴方向移动 20mm。

⑤ 单击工具栏中的 Along Line（复制移动）按钮，将几何体沿 *Y* 轴负方向移动 40mm。

⑥ 单击工具栏中的 按钮，将几何体全部显示在界面中。

20.3.3 创建求解器

① 选择菜单栏中的“Maxwell 3D”→“Solution Type”命令，在弹出的对话框中设置求解器，选中“Magnetostatic”单选按钮，并单击“OK”按钮，如图 20-28 所示。

② 使用与前文同样的方法在坐标原点创建半径 *R* 为 55mm，长度 *L* 为 100mm 的圆柱体，如图 20-29 所示。

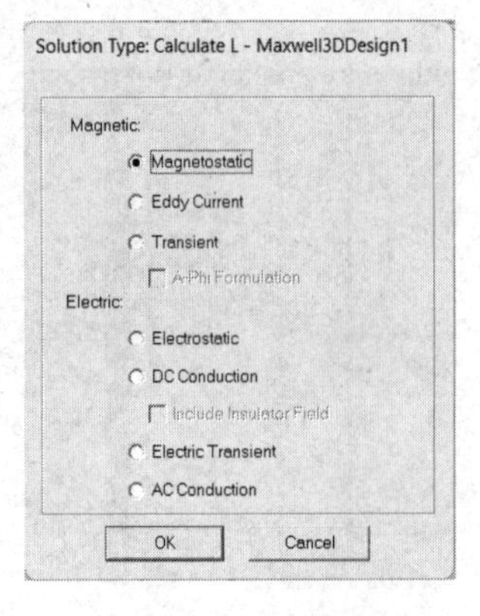

图 20-28 设置求解器

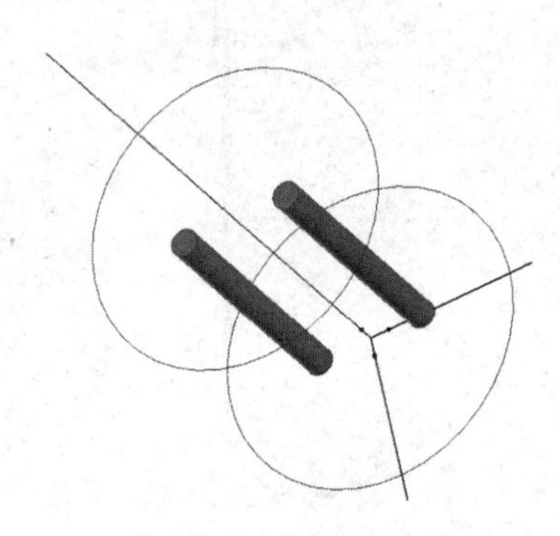

图 20-29 创建圆柱体

20.3.4　添加材料

① 选择半径 *R* 为 5mm 的圆柱体导线，使其处于加亮状态，之后右击，在弹出的快捷菜单中选择“Assign Material”命令，如图 20-30 所示。

② 在弹出的“Select Definition”对话框中单击“Add Material”按钮，在弹出的“View/Edit Material”对话框中进行如图 20-31 所示的设置。

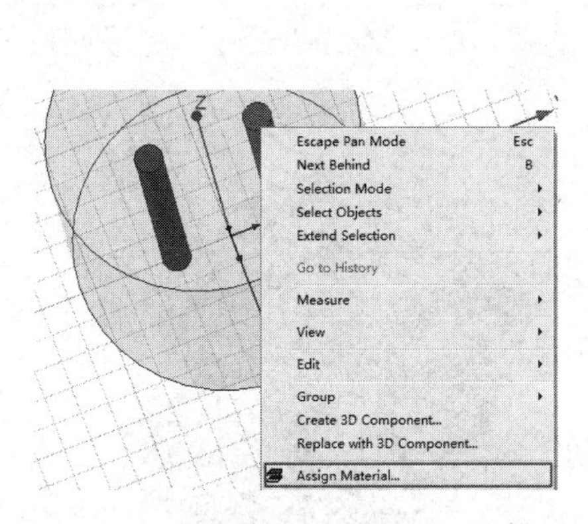

图 20-30　选择“Assign Material”命令

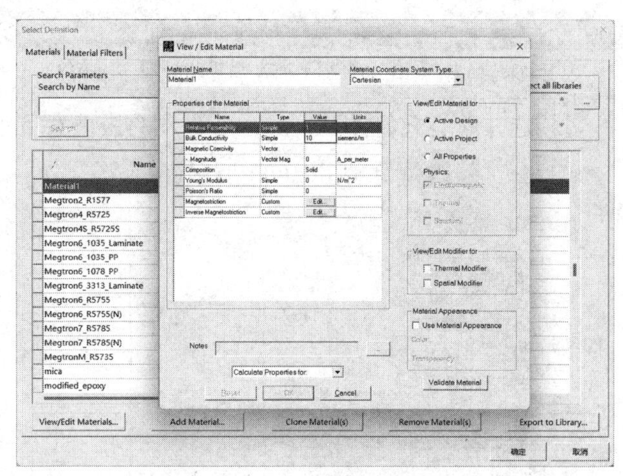

图 20-31　设置材料属性

在“Relative Permeability”一行的“Value”栏中输入“1”。

在“Bulk Conductivity”一行的“Value”栏中输入“10”，单击“OK”按钮。

③ 求解域的材料默认为真空。

④ 右击半径 *R* 为 5mm 的圆柱体导线，之后选择菜单栏中的“Maxwell 3D”→“Mesh”→“Assign Mesh Operation”→“Inside Selection”→“Length Based”命令，在弹出的对话框中勾选“Set maximum element length”复选框，并设置其值为 2mm，如图 20-32 所示。

注意

其他圆柱导体的网格设置相同。

⑤ 使用同样的操作方法设置计算域的网格长度为 10mm，如图 20-33 所示。

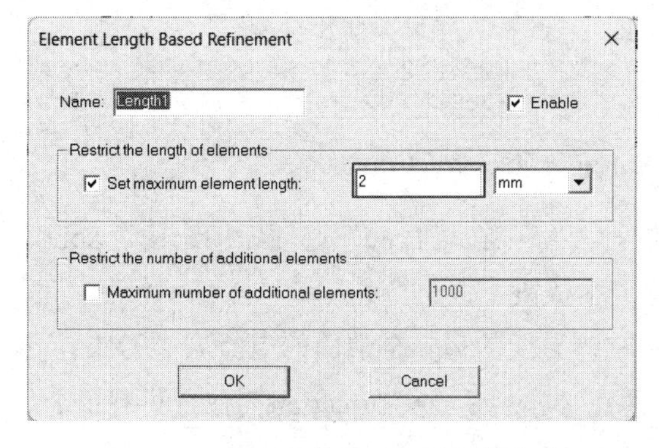

图 20-32　设置计算域的网格长度（1）

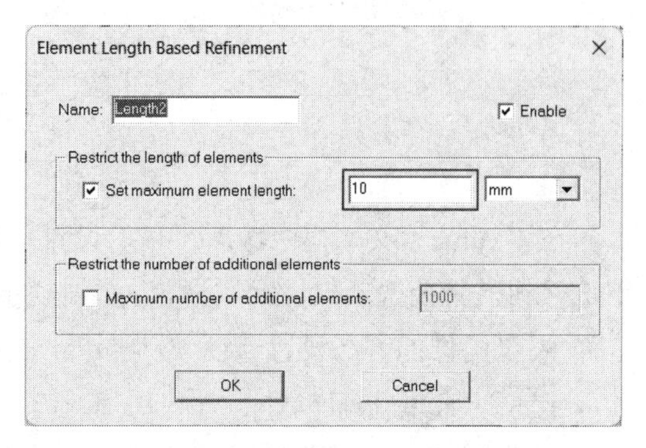

图 20-33　设置计算域的网格长度（2）

20.3.5　网格划分

① 选择菜单栏中的“Maxwell 3D”→“Analysis Setup”→“Add Solve Setup”命令，添加求解器，在弹出的“Solve Setup”对话框中保持默认设置，单击“确定”按钮。

② 右击“Project Manager”窗格中的“Maxwell3DDesign1（Electrostatic）”→“Analysis”→“Setup1”命令，在弹出的快捷菜单中选择“Generate Mesh”命令，如图 20-34 所示。

注意

对于不同的计算机，网格划分所需要的时间不一样！

③ 选择所有几何体并右击，在弹出的快捷菜单中选择“Plot Mesh”命令，完成网格划分，网格模型如图 20-35 所示。

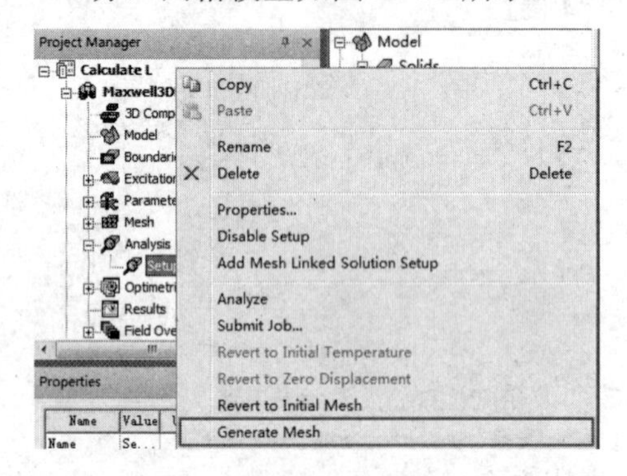

图 20-34　选择“Generate Mesh”命令

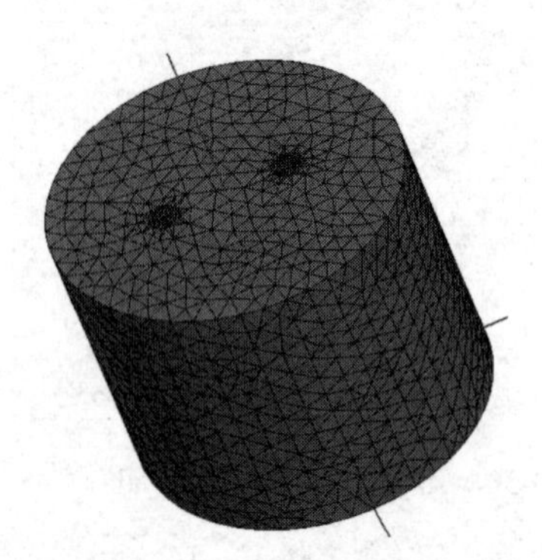

图 20-35　网格模型

④ 添加激励。选择半径 R 为 5mm 的圆柱体导线的一个端面（离坐标原点近的端面），之后选择菜单栏中的“Maxwell 3D”→“Excitations”→“Assign”→“Current”命令，在弹出的如图 20-36 所示的“Current Excitation”对话框中进行以下设置。

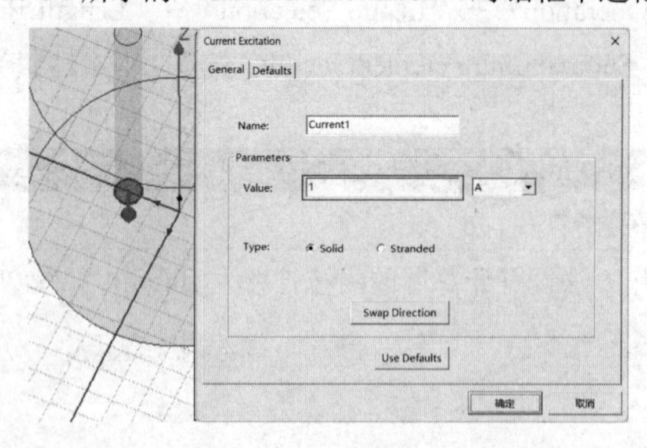

图 20-36　“Current Excitation”对话框（1）

在“Value”文本框中输入“1”，设置单位为“A”；在“Type”选项组中选中“Solid”单选按钮，其余选项保持默认设置，单击“确定”按钮。

⑤ 以同样的方法设置半径 R 为 5mm 的圆柱体导线的另一个端面的电流大小为 1A，电流方向与上面设置的方向相同，可以通过单击“Swap Direction”按钮进行调整，如图 20-37 所示。

⑥ 选择菜单栏中的“Maxwell 3D”→“Parameters”→“Assign”→“Matrix”命令，在弹出的如图 20-38 所示的“Matrix”对话框中勾选“Current2”和“Current4”复选框，并单击“确定”按钮。

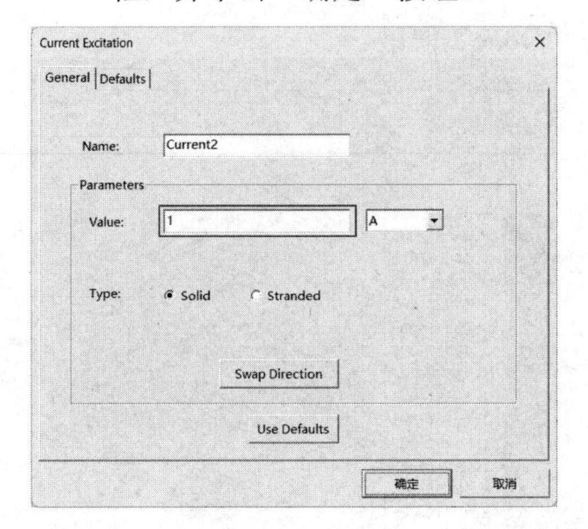

图 20-37　“Current Excitation”对话框（2）

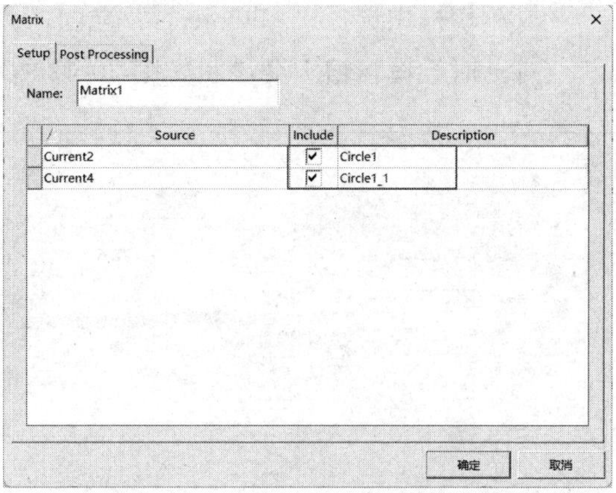

图 20-38　“Matrix”对话框

20.3.6　求解计算

① 保存文件。单击工具栏中的“保存”按钮，保存工程文件的名称为“L”。

② 模型检测。选择菜单栏中的“Maxwell 3D”→“Validation Check”命令，此时会弹出如图 20-39 所示的模型检测对话框。如果全部项目前都有✓图标，则说明前处理操作没有问题；如果有✖图标，则需要重新检测模型；如果有❗图标，也不会影响后续计算。

③ 计算。选择菜单栏中的“Maxwell 3D”→“Analyze All”命令，此时程序开始计算。

④ 选择菜单栏中的“Maxwell 3D”→“Results”→“Solution Data”命令，或者单击工具栏中的 按钮，在弹出的对话框中查看求解信息。

⑤ 选择“Matrix”选项卡，查看电感值，如图 20-40 所示，圆柱体导线的电感值约为 5.02E−05mH。

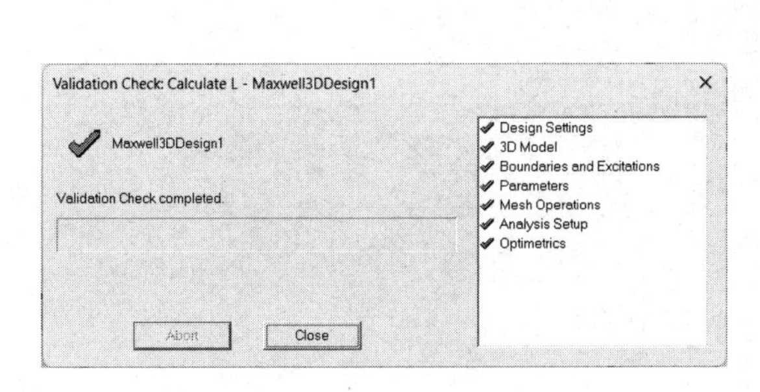

图 20-39　模型检测对话框

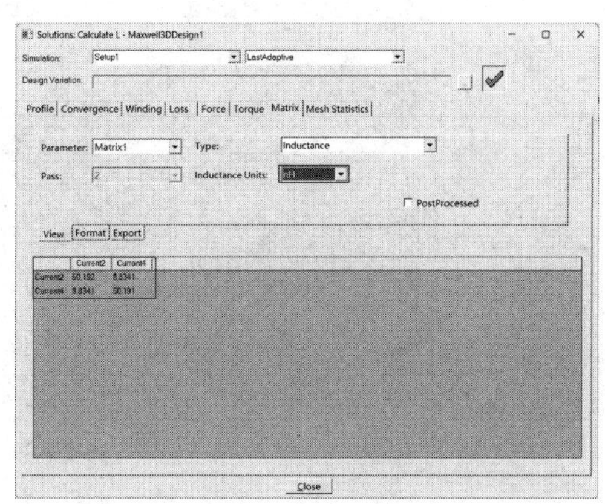

图 20-40　查看电感值

⑥ 选择“Project Manager”窗格中的“Global：XY”命令，此时 *XY* 平面在绘图窗格中加亮显示，之后选择菜单栏中的“Maxwell 3D”→“Fields”→“Fields”→“B”→“B_Vector”命令，在弹出的如图 20-41 所示的“Create Field Plot”对话框的“In Volume”列表框中选择“AllObjects”选项，并单击“Done”按钮。

⑦ 此时绘图窗格中会显示如图 20-42 所示的矢量图。

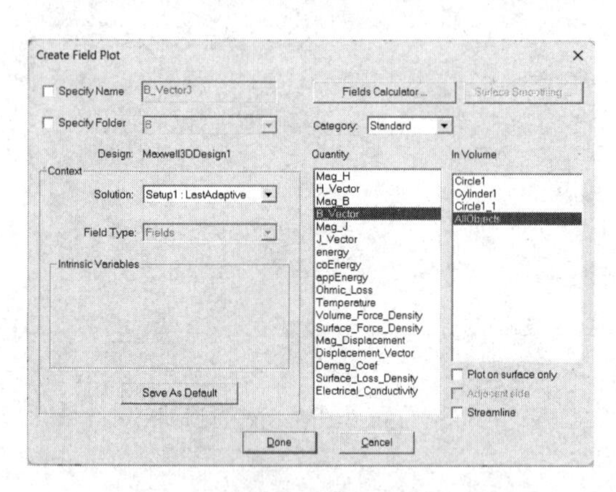

图 20-41 “Create Field Plot”对话框

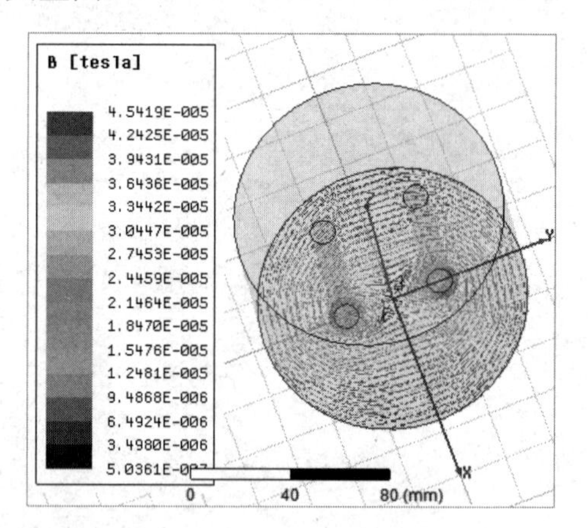

图 20-42 矢量图

20.3.7 计算互感系数

选择菜单栏中的“Maxwell 3D”→“Results”→“Solution Data”命令，并在弹出的对话框中单击“Matrix”→“Export”→“Export Circuit”→“Preview”按钮，在弹出的“Circuit Model Preview”对话框中可以看到互感系数，如图 20-43 所示。

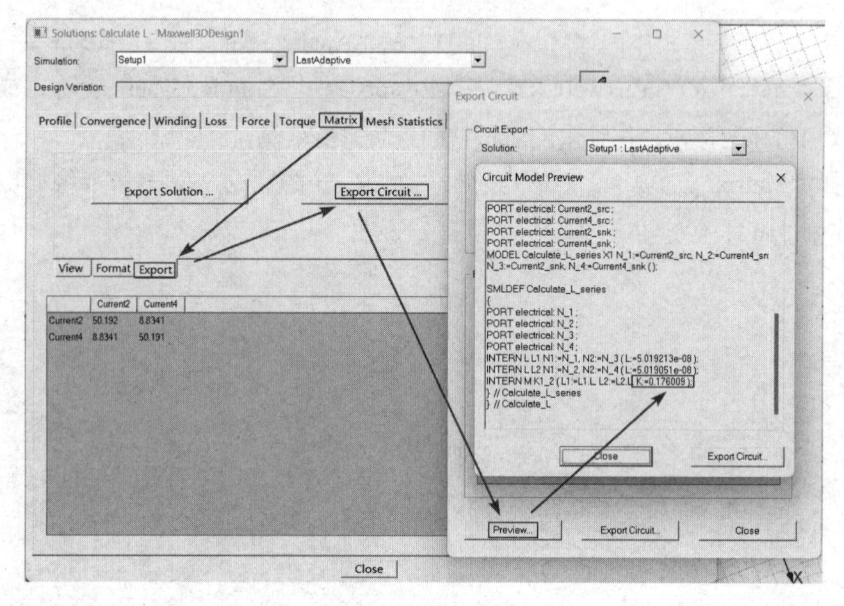

图 20-43 计算互感系数

20.3.8 保存与退出

① 单击 Maxwell 平台界面右上角的“关闭”按钮，关闭 Maxwell 平台，返回 ANSYS Workbench 平台主界面。

② 在 ANSYS Workbench 平台主界面中单击工具栏中的“保存”按钮，在弹出的“另存为”对话框中设置“文件名”为“Calculate L.wbpj”。

③ 单击右上角的“关闭”按钮，关闭 ANSYS Workbench 平台，完成项目分析。

20.4 涡流磁场分析实例——金属块涡流损耗

本节将利用 Maxwell 平台计算在一个通有交流电的导体上方的金属块的涡流损耗，得到涡流损耗分布云图及损耗值。

学习目标：

（1）熟练掌握 Maxwell 涡流磁场分析模块的几何体导入方法。

（2）熟练掌握 Maxwell 涡流磁场分析模块中边界条件及激励的添加方法。

（3）熟练掌握 Maxwell 场计算器的简单使用方法。

模型文件	无
结果文件	配套资源\ Chapter20\char20-3\Eddy_Current.wbpj

20.4.1 创建分析项目

① 在 Windows 系统下启动 ANSYS Workbench 平台，进入主界面。

② 双击主界面“工具箱”窗格中的“分析系统”→“Maxwell 3D”命令，此时在“项目原理图”窗格中会出现分析项目 A，如图 20-44 所示。

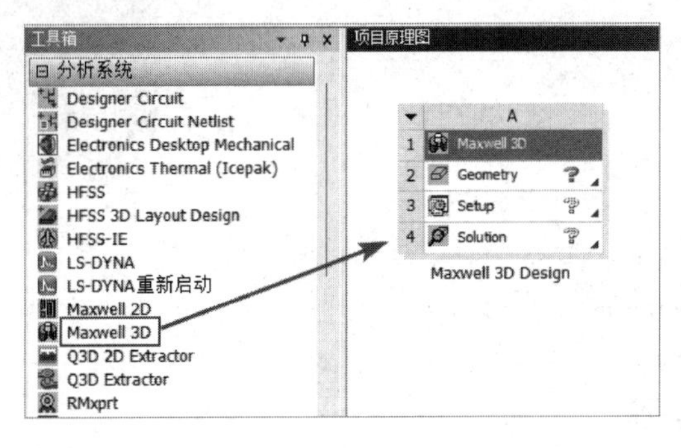

图 20-44 创建分析项目 A

③ 双击项目 A 中 A2 栏的“Geometry”，进入 Maxwell 平台界面，如图 20-45 所示，在该界面中可以完成几何模型基于有限元分析的流程操作。

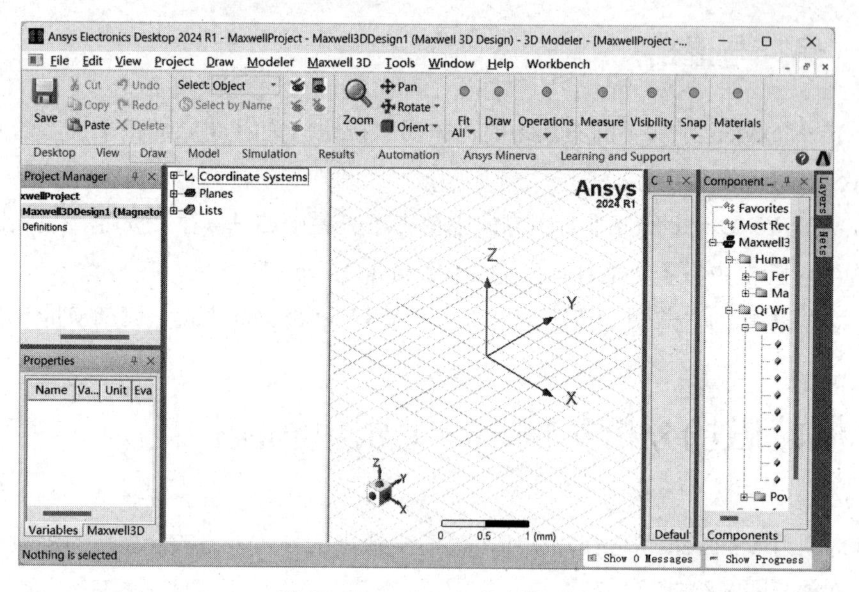

图 20-45　Maxwell 平台界面

20.4.2　导入几何体

① 选择菜单栏中的“Modeler”→“Import”命令，弹出如图 20-46 所示的“Import File”对话框，先在该对话框的“文件类型”下拉列表中选择“All Modeler Files”选项，然后选择文件名为“Eddy_Current_Model.sat”的文件，单击“打开”按钮。

② 此时会导入如图 20-47 所示的几何体。

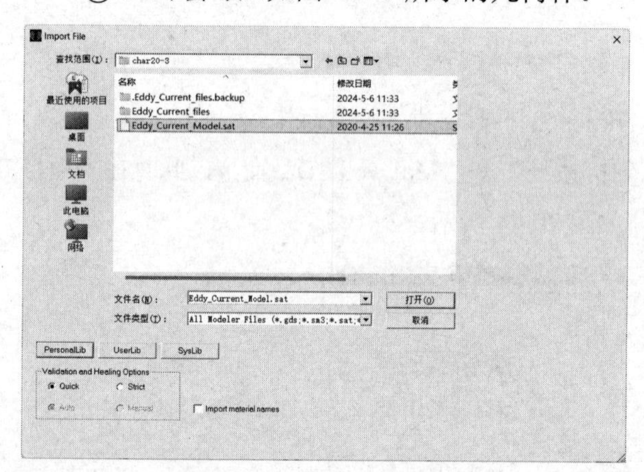

图 20-46　“Import File”对话框

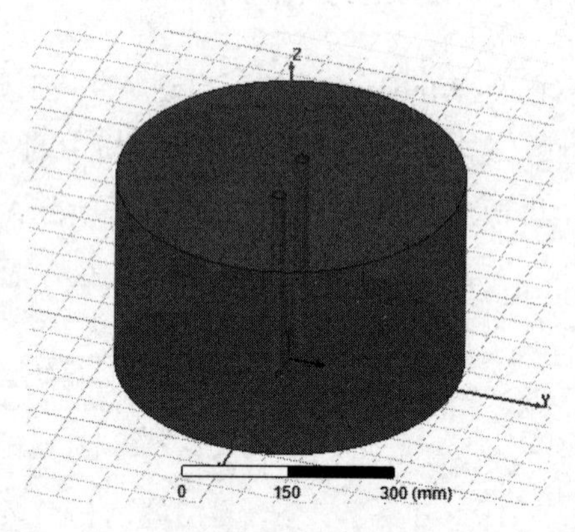

图 20-47　几何体

20.4.3　创建求解器

选择菜单栏中的“Maxwell 3D”→“Solution Type”命令，在弹出的对话框中设置求解器，选中“Eddy Current”单选按钮，并单击“OK”按钮，如图 20-48 所示。

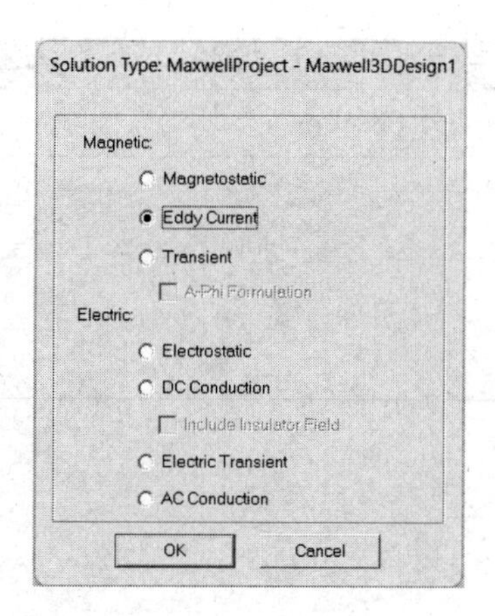

图 20-48　设置求解器

20.4.4　添加材料

① 选择“Box1”几何体，使其处于加亮状态，之后右击，在弹出的快捷菜单中选择“Assign Material”命令，如图 20-49 所示。

② 在弹出的“Select Definition”对话框中选择材料“aluminum”，并单击“确定”按钮，如图 20-50 所示。

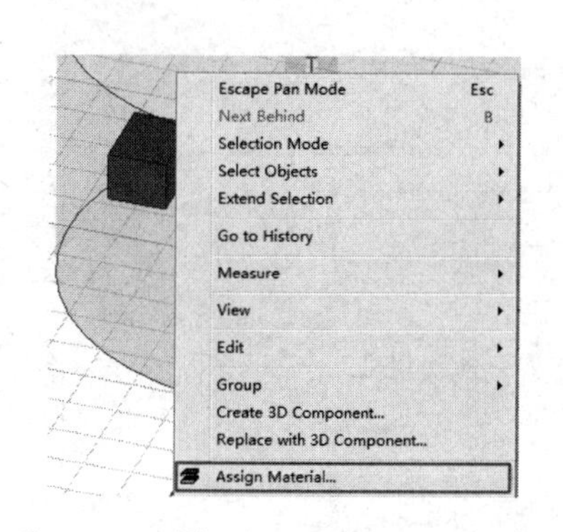

图 20-49　选择“Assign Material”命令

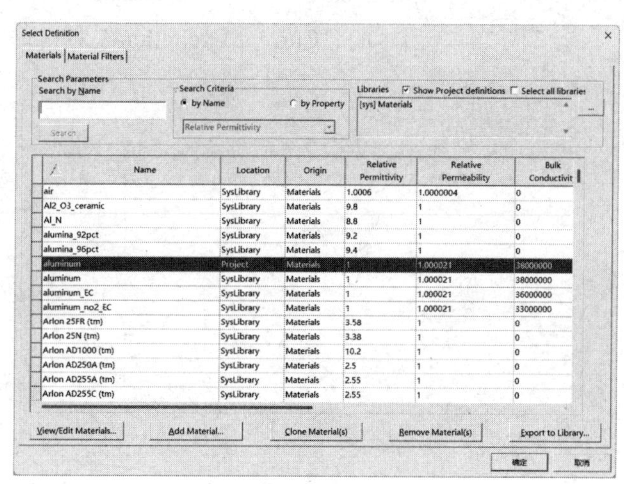

图 20-50　选择材料

③ 使用同样的操作方法设置“Cylinder2”几何体的材料为“Copper”，并设置“Cylinder1”几何体的材料为“vacuum”。

20.4.5　边界条件设定

① 按快捷键 F，将鼠标选择器切换到选择面，选择 Z 坐标为 0 的“Cylinder2”几何体的一个端面，如图 20-51 所示，使其处于加亮状态。

注意

在使用键盘按键时，请确保输入法为 EN 状态。

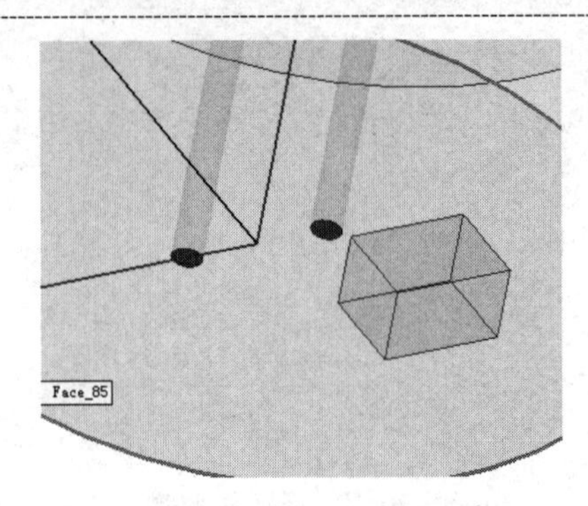

图 20-51　选择几何体的端面

② 添加激励。选择菜单栏中的“Maxwell 3D”→“Excitations”→“Assign”→“Current”命令，在弹出的如图 20-52 所示的“Current Excitation”对话框中进行以下设置。

在“Value”文本框中输入“24”，设置单位为“A”。

在“Type”选项组中选中“Solid”单选按钮，其余选项保持默认设置，单击“确定”按钮。

③ 继续添加激励。选择“Cylinder2”几何体在 Z 轴最大位置处的端面，之后选择菜单栏中的“Maxwell 3D”→“Excitations”→“Assign”→“Current”命令，在弹出的如图 20-53 所示的“Current Excitation”对话框中进行以下设置。

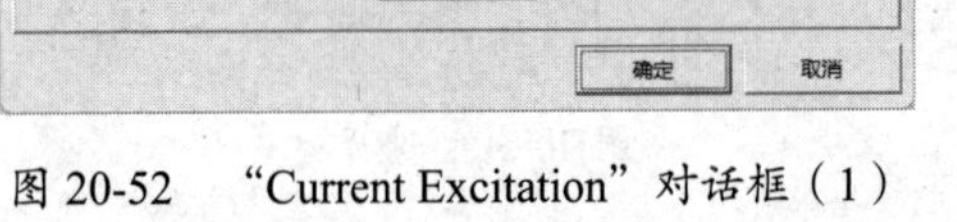

图 20-52　“Current Excitation”对话框（1）

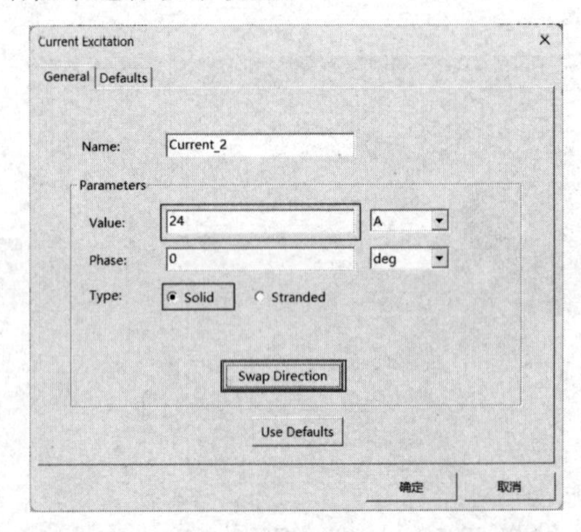

图 20-53　“Current Excitation”对话框（2）

在“Value”文本框中输入“24”，设置单位为“A”。

在“Type”选项组中选中“Solid”单选按钮。

单击“Swap Direction”按钮，执行反向命令，其余选项保持默认设置，单击“确定”按钮。

20.4.6　求解计算

① 选择菜单栏中的“Maxwell 3D”→“Analysis Setup”→“Add Solve Setup”命令，

在弹出的如图 20-54 所示的对话框中进行以下设置。

切换到“Solver”选项卡，设置“Adaptive Frequency”为“50”、单位为“Hz”，其余选项保持默认设置，单击“确定”按钮。

② 保存文件。单击工具栏中的“保存”按钮，保存工程文件的名称为“Eddy_Current”。

③ 模型检测。选择菜单栏中的“Maxwell 3D”→“Validation Check”命令，此时会弹出如图 20-55 所示的模型检测对话框。如果全部项目前都有✓图标，则说明前处理操作没有问题；如果有✖图标，则需要重新检测模型；如果有❗图标，也不会影响后续计算。

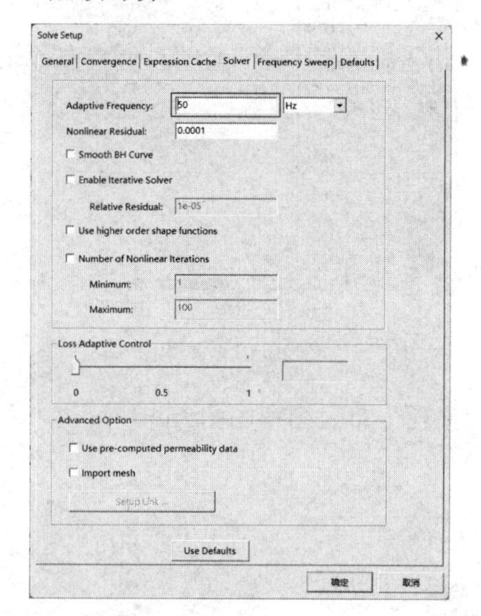

图 20-54　“Solve Setup”对话框

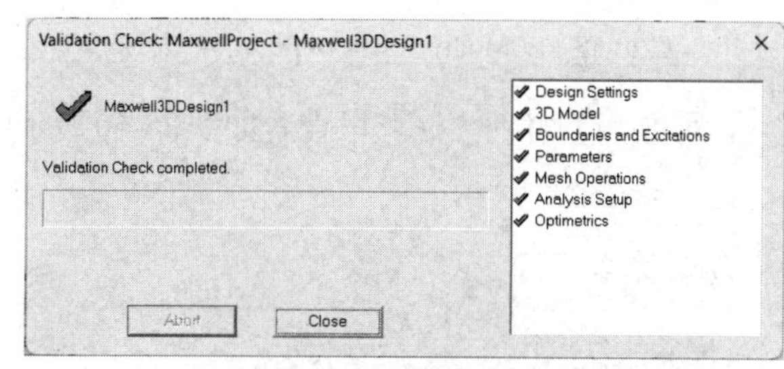

图 20-55　模型检测对话框

④ 计算。选择菜单栏中的“Maxwell 3D”→“Analyze All”命令，此时程序开始计算。

⑤ 选择菜单栏中的“Maxwell 3D”→“Results”→“Solution Data”命令，或者单击工具栏中的按钮，在弹出的对话框中查看求解信息，如图 20-56 所示。

⑥ 选择“Mesh Statistics”选项卡，查看网格数量，如图 20-57 所示。

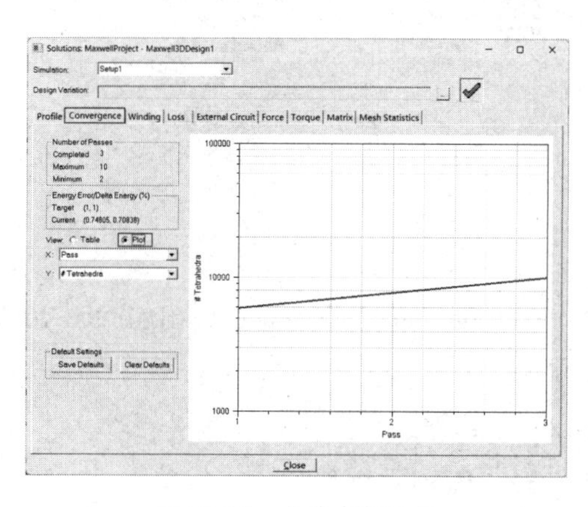

图 20-56　查看求解信息

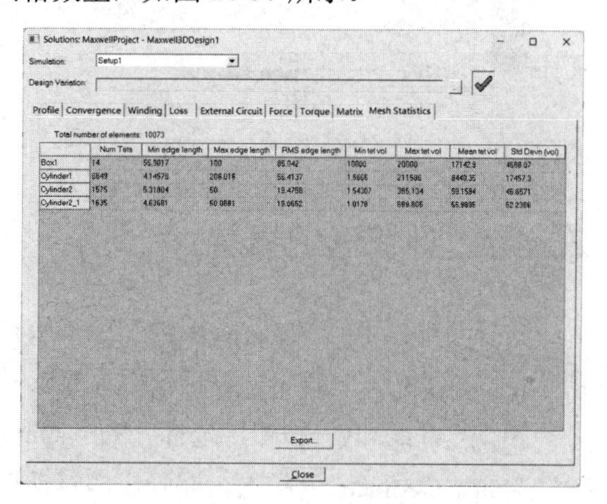

图 20-57　查看网格数量

⑦ 选择“Cylinder1”几何体在 Z 坐标为 0 处的端面，使其处于加亮状态，之后选择菜单栏中的“Maxwell 3D”→“Fields”→“Fields”→“H”→“Vector_H”命令，弹出如图 20-58 所示的“Modify Field Plot”对话框，在“In Volume”列表框中选择“AllObjects”选项，并单击“Done”按钮。

⑧ 此时绘图窗格中会显示如图 20-59 所示的矢量图。

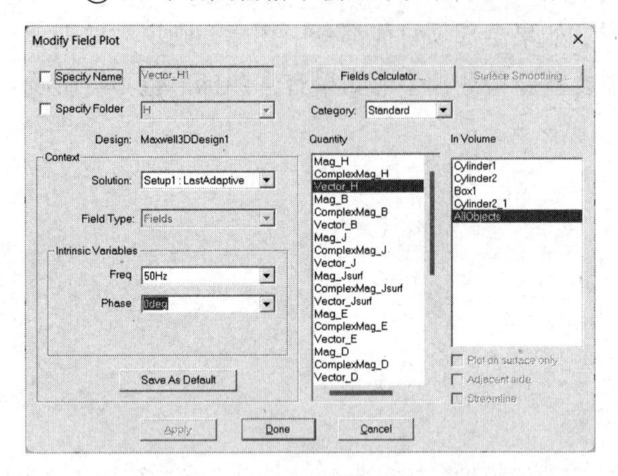

图 20-58 “Modify Field Plot”对话框

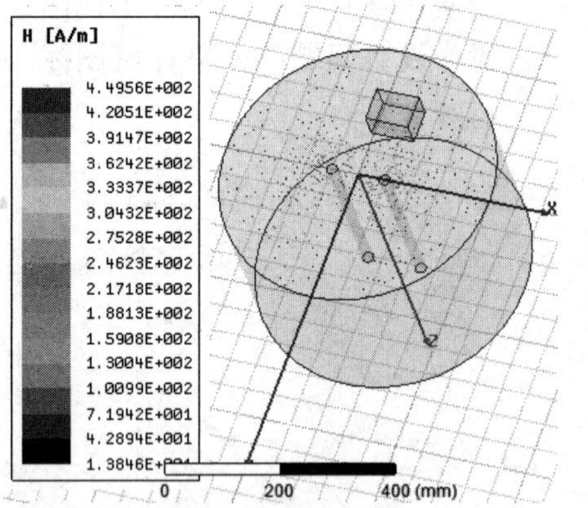

图 20-59 矢量图

⑨ 使用同样的方法可以查看如图 20-60 所示的损耗分布云图和如图 20-61 所示的涡流矢量云图。

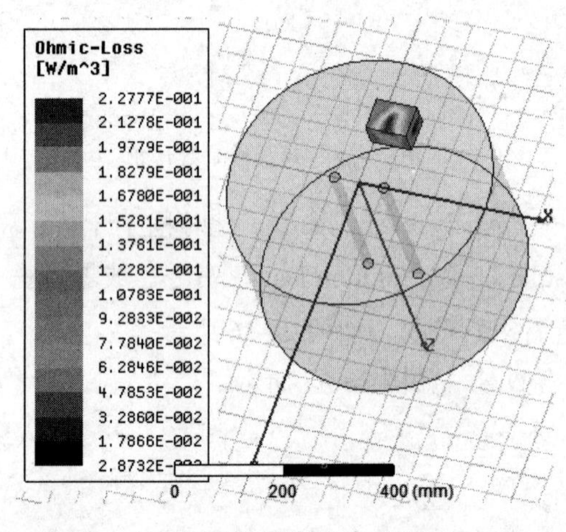

图 20-60 损耗分布云图

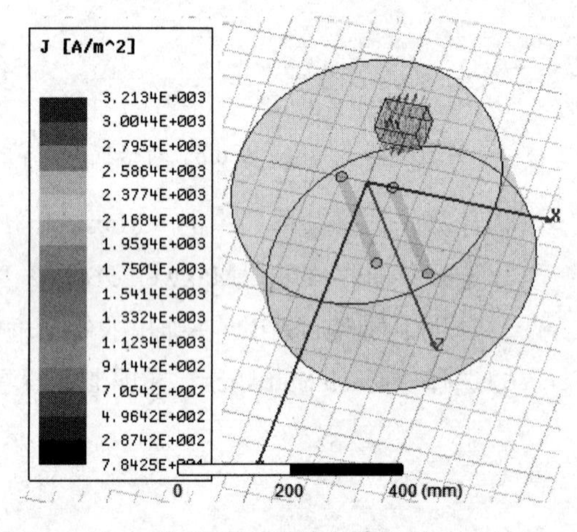

图 20-61 涡流矢量云图

20.4.7 计算涡流损耗

选择菜单栏中的“Maxwell 3D”→“Fields”→“Calculator”命令，在弹出的如图 20-62 所示的“Fields Calculator”对话框中进行以下设置。

单击“Quantity”按钮，选择“Scl：Ohmic-Loss”选项。

单击“Geometry”按钮，在弹出的对话框中选择“Box1”选项。

单击“Scalar”选项组中的“∫”按钮。

单击“Output”选项组中的“Eval”按钮，进行计算。

从计算器中可以看出“Box1”几何体的涡流损耗约为 2.9W。

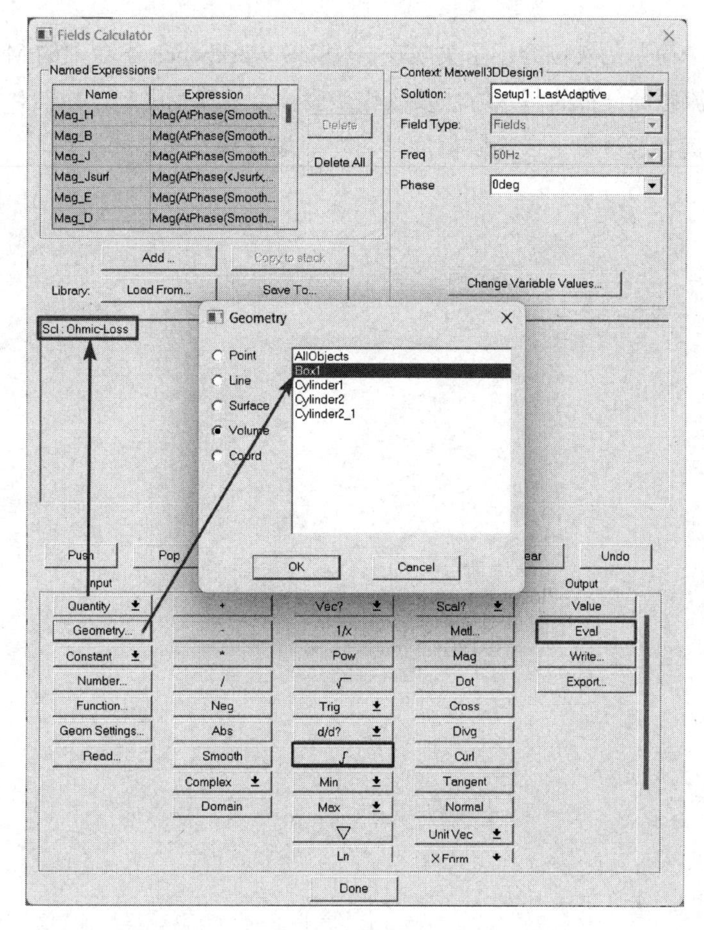

图 20-62　“Fields Calculator”对话框

20.4.8　损耗计算应用

读者可以根据以上步骤，将“Box1”几何体的材质分别改为铝合金和铁并计算，同时对比得到的 3 个涡流损耗数据，通过涡流损耗分布云图观察哪种材料的趋肤效应比较明显。

20.4.9　保存与退出

① 单击 Maxwell 平台界面右上角的“关闭”按钮，关闭 Maxwell 平台，返回 ANSYS Workbench 平台主界面。

② 在 ANSYS Workbench 平台主界面中单击工具栏中的“保存”按钮，在弹出的“另存为”对话框中设置“文件名”为“Eddy_Current.wbpj”。

③ 单击右上角的“关闭”按钮，关闭 ANSYS Workbench 平台，完成项目分析。

20.5 本章小结

本章通过 3 个简单的实例介绍了集成在 ANSYS Workbench 平台中的 Maxwell 模块的静态磁场分析、涡流磁场分析的基本方法及操作步骤，由于篇幅限制，并未对每种类型的分析展开介绍，希望读者通过以上 3 个实例的学习对磁场分析有一定的了解。

反侵权盗版声明